国际化学品安全卡

2-丁氧乙基乙酸酯			ICSC 编号：0839
CAS 登记号：112-07-2 RTECS 号：KJ8925000 EC 编号：607-038-00-2		中文名称：2-丁氧乙基乙酸酯；丁基乙二醇乙酸酯；乙二醇单丁醚乙酸酯；2-丁氧乙醇乙酸酯；丁基溶纤剂醋酸酯 英文名称：2-BUTOXYETHYL ACETATE; Butyl glycol acetate; Ethylene glycol monobutyl ether acetate; 2- Butoxyethanol acetate; Butyl cellosolve acetate	
分子量：160.2		化学式：$C_8H_{16}O_3/C_4H_9OCH_2CH_2OOCCH_3$	
危害/接触类型	急性危害/症状	预防	急救/消防
火　灾	可燃的	禁止明火	干粉，抗溶性泡沫，雾状水，二氧化碳
爆　炸	高于 71℃，可能形成爆炸性蒸气/空气混合物	高于 71℃，使用密闭系统、通风	
接　触		防止产生烟云！	
# 吸入	咳嗽。头痛。头晕。倦睡。恶心	通风，局部排气通风或呼吸防护	新鲜空气，休息。给予医疗护理
# 皮肤	可能被吸收！发红。皮肤干燥	防护手套。防护服	脱去污染的衣服。冲洗，然后用水和肥皂清洗皮肤
# 眼睛	发红	安全护目镜	先用大量水冲洗几分钟（如可能尽量摘除隐形眼镜），然后就医
# 食入	咽喉和胸腔灼烧感。呕吐。（另见吸入）	工作时不得进食，饮水或吸烟	漱口。饮用 1～2 杯水。不要催吐。给予医疗护理
泄漏处置	通风。将泄漏液收集在可密闭的容器中。用砂土或惰性吸收剂吸收残液，并转移到安全场所。个人防护用具：适用于该物质空气中浓度的有机气体和蒸气过滤呼吸器		
包装与标志	欧盟危险性类别：Xn 符号　R:20/21　S:2-24		
应急响应	美国消防协会法规：H1（健康危险性）；F2（火灾危险性）；R0（反应危险性）		
储存	与强氧化剂和强碱分开存放。阴凉场所。保存在暗处		
重要数据	**物理状态、外观**：无色液体，有特殊气味 **化学危险性**：该物质可能生成爆炸性过氧化物。与强氧化剂和强碱发生反应，有着火和爆炸危险 **职业接触限值**：阈限值：20ppm（时间加权平均值），A3（确认的动物致癌物，但未知与人类相关性）（美国政府工业卫生学家会议，2003 年）。最高容许浓度：（以空气中 2-丁氧基乙醇和 2-丁氧基乙基乙酸酯的总浓度计）10ppm，66mg/m³；最高限值种类：I(2)；皮肤吸收；致癌物类别：4；妊娠风险等级：C（德国，2009 年） **接触途径**：该物质可通过吸入其蒸气，经皮肤和食入吸收到体内 **短期接触的影响**：蒸气刺激眼睛，皮肤和呼吸道。该物质可能对中枢神经系统有影响。远高于职业接触限值接触，可能导致神志不清。该物质可能对血液有影响，导致血细胞损伤和肾损伤 **长期或反复接触的影响**：液体使皮肤脱脂。该物质可能对血液有影响，导致贫血和肾损伤		
物理性质	沸点：192℃ 熔点：-64℃ 相对密度（水=1）：0.94 水中溶解度：20℃时 1.7 g/100 mL（适度溶解） 蒸气压：20℃时 31Pa 蒸气相对密度（空气=1）：5.5 蒸气/空气混合物的相对密度（20℃，空气=1）：1.00 闪点：71℃（闭杯） 自燃温度：340℃ 爆炸极限：空气中 0.9%（93℃）～8.5%（体积）（135℃） 辛醇/水分配系数的对数值：1.51		
环境数据	该物质对水生生物是有害的		
注解	蒸馏前检验过氧化物，如有，将其去除		

IPCS
International
Programme on
Chemical Safety

国际化学品安全卡

乙酸仲丁酯			ICSC 编号：0840
CAS 登记号：105-46-4 RTECS 号：AF7380000 UN 编号：1123 EC 编号：607-026-00-7 中国危险货物编号：1123		中文名称：乙酸仲丁酯；1-甲基丙基乙酸酯；醋酸-2-丁酯 英文名称：sec-BUTYL ACETATE; 1-Methylpropyl acetate; Acetic acid, 2-butyl ester	
分子量：116.16		化学式：$C_6H_{12}O_2$/$CH_3COOCH(CH_3)CH_2CH_3$	
危害/接触类型	急性危害/症状	预防	急救/消防
火　灾	高度易燃	禁止明火，禁止火花和禁止吸烟	泡沫，抗溶性泡沫，干粉，二氧化碳
爆　炸	蒸气/空气混合物有爆炸性	密闭系统，通风，防爆型电气设备和照明。不要使用压缩空气灌装、卸料或转运	着火时，喷雾状水保持料桶等冷却
接　触			
# 吸入	咳嗽。咽喉痛。头晕。头痛	通风，局部排气通风或呼吸防护	新鲜空气，休息。给予医疗护理
# 皮肤	皮肤干燥	防护手套	脱去污染的衣服。冲洗，然后用水和肥皂清洗皮肤
# 眼睛	发红	安全眼镜	先用大量水冲洗几分钟（如可能尽量摘除隐形眼镜），然后就医
# 食入	恶心	工作时不得进食，饮水或吸烟	漱口。不要催吐。给予医疗护理
泄漏处置	转移全部引燃源。通风。尽可能将泄漏液收集在可密闭的容器中。用砂土或惰性吸收剂吸收残液，并转移到安全场所。不要冲入下水道。个人防护用具：适用于有机气体和蒸气的过滤呼吸器		
包装与标志	欧盟危险性类别：F 符号　标记：C　R:11-66　S:2-16-23-25-29-33 联合国危险性类别：3　联合国包装类别：II 中国危险性类别：第 3 类易燃液体　中国包装类别：II		
应急响应	运输应急卡：TEC(R)-30S1123-II 美国消防协会法规：H1（健康危险性）；F3（火灾危险性）；R0（反应危险性）		
储存	耐火设备（条件）。与强氧化剂、强碱、强酸分开存放		
重要数据	物理状态、外观：无色液体，有特殊气味 物理危险性：蒸气与空气充分混合，容易形成爆炸性混合物 化学危险性：与强氧化剂、强酸和强碱发生反应，有着火和爆炸危险 职业接触限值：阈限值：200ppm（时间加权平均值）（美国政府工业卫生学家会议，2003 年）。最高容许浓度：IIb（未制定标准，但可提供数据）（德国，2006 年） 接触途径：该物质可通过吸入其蒸气吸收到体内 吸入危险性：20℃时，该物质蒸发相当慢地达到空气中有害污染浓度 短期接触的影响：该蒸气轻微刺激眼睛和呼吸道。该物质可能对中枢神经系统有影响。远高于职业接触限值接触时，能够造成意识降低 长期或反复接触的影响：液体使皮肤脱脂		
物理性质	沸点：112℃ 熔点：−99℃ 相对密度（水=1）：0.87 水中溶解度：20℃时 0.8g/100mL 蒸气压：20℃时 1.33kPa 蒸气相对密度（空气=1）：4.0 蒸气/空气混合物的相对密度（20℃，空气=1）：1.04（计算值） 闪点：17℃（闭杯） 爆炸极限：空气中 1.7%～9.8%（体积） 辛醇/水分配系数的对数值：1.51		
环境数据			
注解	对接触该物质的健康影响未进行充分调查。对接触该物质的环境影响未进行充分调查		

IPCS
International
Programme on
Chemical Safety

UNEP

国际化学品安全卡

丁基化羟基甲苯			ICSC 编号：0841
CAS 登记号：128-37-0 RTECS 号：GO7875000 分子量：220.34	中文名称：丁基化羟基甲苯；2,6-二叔丁基-4-甲基苯酚；2,6-二叔丁基对甲酚；BHT 英文名称：BUTYLATED HYDROXYTOLUENE; 2,6-Di-tert-butyl-4-methylphenol; 2,6-Di-tert-butyl-p-cresol; BHT 化学式：$C_{15}H_{24}O/C_6H_2(OH)(CH_3)(C(CH_3)_3)_2$		
危害/接触类型	急性危害/症状	预防	急救/消防
火　灾	可燃的	禁止明火	干粉、雾状水、泡沫、二氧化碳
爆　炸			着火时，喷雾状水保持料桶等冷却
接　触		防止粉尘扩散！	
# 吸入	咳嗽，咽喉痛	局部排气通风或呼吸防护	新鲜空气，休息，给予医疗护理
# 皮肤	发红	防护手套	脱去污染的衣服，冲洗，然后用水和肥皂清洗皮肤
# 眼睛	发红，疼痛	安全护目镜	先用大量水冲洗几分钟（如可能尽量摘除隐形眼镜），然后就医
# 食入	腹部疼痛，意识模糊，头晕，恶心，呕吐	工作时不得进食，饮水或吸烟	漱口，休息，给予医疗护理
泄漏处置	将泄漏物清扫进容器中。如果适当，首先润湿防止扬尘。小心收集残余物，然后转移到安全场所。不要让该化学品进入环境。个人防护用具：适用于有害颗粒物的 P2 过滤呼吸器		
包装与标志			
应急响应			
储存	与强氧化剂、强碱分开存放。严格密封		
重要数据	**物理状态、外观**：无色到淡黄色晶体或粉末 **化学危险性**：燃烧时和与氧化剂接触时，该物质分解 **职业接触限值**：阈限值：2mg/m^3（可吸入粉尘和蒸气）；致癌物类别：A4（美国政府工业卫生学家会议，2005 年）。最高容许浓度：20 mg/m^3（可吸入粉尘）；最高限值种类：II（2）；致癌物类别：4；妊娠风险等级：C（德国，2008 年） **接触途径**：该物质可通过吸入其气溶胶和经食入吸收到体内 **吸入危险性**：20℃时该物质蒸发不会或很缓慢地达到空气中有害浓度 **短期接触的影响**：该物质刺激眼睛和皮肤 **长期或反复接触的影响**：反复或长期与皮肤接触可能引起皮炎。该物质可能对肝有影响		
物理性质	沸点：265℃ 熔点：70℃ 密度：1.03～1.05g/cm^3 水中溶解度：25℃时 0.00006g/100mL 蒸气压：20℃时 1.3Pa 蒸气相对密度（空气=1）：7.6 闪点：127℃（闭杯） 辛醇/水分配系数的对数值：5.1		
环境数据	该物质对水生生物是有害的		
注解	商品名称有：Ionol, Antioxidant 4K, Paranox 441, Sustane BHT, Topanol-o-, Tenox BHT, Impruvol 和 Vulkanox KB		

IPCS
International
Programme on
Chemical Safety

国际化学品安全卡

叔丁基过氧化氢（70%水溶液）			ICSC 编号：0842
CAS 登记号：75-91-2 RTECS 号：EQ4900000 UN 编号：3109 中国危险货物编号：3109 分子量：90.1	中文名称：叔丁基过氧化氢（70%水溶液）；1,1-二甲基乙基羟基过氧化氢；2-过氧化氢-2-甲基丙烷 英文名称：tert-BUTYL HYDROPEROXIDE (70 % AQUEOUS SOLUTION); 1,1-Dimethylethylhydroxiperoxide; 2-Hydroperoxy-2-methylpropane 化学式：$C_4H_{10}O_2/(CH_3)_3COOH$		
危害/接触类型	急性危害/症状	预防	急救/消防
火　灾	易燃的。许多反应可能引起火灾或爆炸	禁止明火、禁止火花和禁止吸烟。禁止与易燃物质接触	干砂，干粉、抗溶性泡沫、雾状水、二氧化碳
爆　炸	高于 43℃，可能形成爆炸性蒸气/空气混合物。加热时有着火和爆炸危险	高于 43℃，使用密闭系统、通风和防爆型电气设备	着火时，喷雾状水保持料桶等冷却。从掩蔽位置灭火
接　触		防止产生烟云！	
# 吸入	灼烧感，咳嗽，呼吸困难	通风，局部排气通风或呼吸防护	新鲜空气，休息，给予医疗护理
# 皮肤	疼痛，发红，水疱	防护手套，防护服	脱去污染的衣服，用大量水冲洗皮肤或淋浴，给予医疗护理
# 眼睛	发红，疼痛，严重深度烧伤	面罩，或眼睛防护结合呼吸防护	先用大量水冲洗几分钟（如可能尽量摘除隐形眼镜），然后就医
# 食入	胃痉挛，灼烧感，虚弱	工作时不得进食，饮水或吸烟	漱口，不要催吐，给予医疗护理
泄漏处置	撤离危险区域！向专家咨询！将泄漏液收集在可密闭的容器中。用砂土或惰性吸收剂吸收残液，并转移到安全场所。不要用锯末或其他可燃吸收剂吸收。个人防护用具：化学防护服包括自给式呼吸器		
包装与标志	联合国危险性类别：5.2　联合国包装类别：II 中国危险性类别：第 5.2 项有机过氧化物　中国包装类别：II		
应急响应	运输应急卡：TEC(R)-839 美国消防协会法规：H1（健康危险性）；F4（火灾危险性）；R4（反应危险性）；OX（氧化剂）		
储存	耐火设备（条件）。与可燃物质和还原性物质分开存放。阴凉场所。经常查看以鉴别是否鼓胀和泄漏		
重要数据	物理状态、外观：无色液体，有刺鼻气味 化学危险性：加热时可能发生爆炸。该物质是一种强氧化剂。与可燃物质和还原性物质、金属化合物和硫化物激烈反应 职业接触限值：阈限值未制定标准 接触途径：该物质可通过吸入，经皮肤和食入吸收到体内 吸入危险性：未指明 20℃时该物质蒸发达到空气中有害浓度的速率 短期接触的影响：该物质腐蚀眼睛，皮肤和呼吸道		
物理性质	沸点：89℃（分解） 熔点：-3℃ 相对密度（水=1）：0.93 水中溶解度：混溶 蒸气压：20℃时 3.07kPa（计算值） 蒸气相对密度（空气=1）：3.1 蒸气/空气混合物的相对密度（20℃，空气=1）： 闪点：43℃ 自燃温度：238℃ 爆炸极限：空气中 5%～10%（体积） 辛醇/水分配系数的对数值：-1.3（计算值）		
环境数据			
注解	用大量水冲洗工作服（有着火危险）。非水溶液的溶剂叔丁基过氧化氢的 UN 编号是 3105。商品名称有 TBHP-70 和 Trigonox A-75		

IPCS
International
Programme on
Chemical Safety

国际化学品安全卡

毒杀芬			ICSC 编号：0843
CAS 登记号：8001-35-2 RTECS 号：XW5250000 UN 编号：2761 EC 编号：602-044-00-1 中国危险货物编号：2761 分子量：413.8		中文名称：毒杀芬；氯化莰烯(60%)；多氯莰烯 英文名称：CAMPHECHLOR; Toxaphene; Chlorinated camphene (60%); Polychlorocamphene 化学式：$C_{10}H_{10}Cl_8$（大致）	
危害/接触类型	急性危害/症状	预防	急救/消防
火　灾	含有机溶剂的液体制剂可能是易燃的。在火焰中释放出刺激性或有毒烟雾（或气体）		泡沫，干粉，二氧化碳。禁止用水
爆　炸	爆炸危险性取决于制剂中使用的溶剂		着火时，喷雾状水保持料桶等冷却，但避免该物质与水接触
接　触		严格作业环境管理！	一切情况均向医生咨询！
# 吸入		局部排气通风或呼吸防护	新鲜空气，休息
# 皮肤	可能被吸收！发红	防护手套，防护服	脱去污染的衣服。冲洗，然后用水和肥皂清洗皮肤
# 眼睛	发红	护目镜，或面罩	先用大量水冲洗几分钟（如可能尽量摘除隐形眼镜），然后就医
# 食入	惊厥，头晕，恶心，呕吐	工作时不得进食，饮水或吸烟	用水冲服活性炭浆。催吐（仅对清醒病人!），休息。给予医疗护理
泄漏处置	不要冲入下水道。将泄漏物清扫进可密闭容器中。如果适当，首先润湿，防止扬尘。小心收集残余物，然后转移到安全场所		
包装与标志	不得与食品和饲料一起运输。污染海洋物质 欧盟危险性类别：T 符号 N 符号 R:21-25-37/38-40-50/53　S:1/2-36/37-45-60-61 联合国危险性类别：6.1 中国危险性类别：第 6.1 项 毒性物质		
应急响应	运输应急卡：TEC(R)-61G53b		
储存	注意收容灭火产生的废水。与食品和饲料分开存放。保存在暗处		
重要数据	物理状态、外观：黄色至琥珀色蜡状固体，有特殊气味 化学危险性：加热、燃烧时和/或在碱、强阳光和铁催化剂的作用下，该物质分解生成有毒烟雾。浸蚀铁。与强碱性农药性质相互抵触 职业接触限值：阈限值：0.5mg/m^3（时间加权平均值，经皮）；1mg/m^3（短期接触限值，经皮）；致癌物类别：A3（确定动物致癌物，但未知与人类的相关性）（美国政府工业卫生学家会议，2008 年）。最高容许浓度：皮肤吸收，致癌物类别：2（德国，2006 年） 接触途径：该物质可经皮肤和食入吸收到体内 短期接触的影响：该物质轻微刺激皮肤。该物质可能对中枢神经系统有影响，导致震颤和惊厥。高浓度接触可能导致死亡 长期或反复接触的影响：该物质可能是人类致癌物		
物理性质	熔点：65～90℃ 相对密度（水=1）：1.65 水中溶解度：不溶	蒸气压：25℃时 53Pa 蒸气相对密度（空气=1）：14.3 辛醇/水分配系数的对数值：3.3	
环境数据	该物质可能对环境有危害，对水生生物、某些陆生物种和鸟类应给予特别注意。在对人类重要的食物链中发生生物蓄积作用，特别是在水生生物种中		
注解	接近沸点时发生分解。毒杀芬是一种含 67%～69%氯的氯化莰烯的反应混合物。除非没有适当的替代品，不应鼓励使用这种有机氯农药。根据接触程度，建议定期进行医疗检查。商业制剂中使用的载体溶剂可能改变其物理和毒理学性质。不要将工作服带回家中。商品名有：Alltox, Chem-Phene, M 5055, Clor Chem T-590, Crestoxo, Estonox, Fasco-Terpene, Geniphene, Gy-phene, Hercules 3956, Melipex, Penphene, Phenacide, Phenatox, Strobane-T, Toxakil, Toxyphene 和 Toxon 63		

IPCS
International
Programme on
Chemical Safety

国际化学品安全卡

氯乙腈			ICSC 编号：0844
CAS 登记号：107-14-2 RTECS 号：AL8225000 UN 编号：2668 EC 编号：608-008-00-1 中国危险货物编号：2668 分子量：75.5		中文名称：氯乙腈；一氯乙腈；氯甲基氰化物 英文名称：CHLOROACETONITRILE; Chloroethanenitrile; Monochloroacetonitrile; Chloromethyl cyanide 化学式：$C_2H_2ClN/ClCH_2CN$	
危害/接触类型	急性危害/症状	预防	急救/消防
火　灾	易燃的。在火焰中释放出刺激性或有毒烟雾（或气体）	禁止明火、禁止火花和禁止吸烟	干粉、雾状水、泡沫、二氧化碳
爆　炸	高于 47℃，可能形成爆炸性蒸气/空气混合物	高于 47℃，使用密闭系统、通风	着火时，喷雾状水保持料桶等冷却
接　触		严格作业环境管理！	一切情况均向医生咨询！
# 吸入	咽喉痛，咳嗽，头痛，呼吸困难，虚弱，神志不清	通风，局部排气通风或呼吸防护	新鲜空气，休息，必要时进行人工呼吸，给予医疗护理
# 皮肤	可能被吸收！发红。（见吸入）	防护手套，防护服	脱去污染的衣服，用大量水冲洗皮肤或淋浴，给予医疗护理
# 眼睛	发红	面罩，或眼睛防护结合呼吸防护	先用大量水冲洗几分钟（如可能尽量摘除隐形眼镜），然后就医
# 食入	（另见吸入）	工作时不得进食，饮水或吸烟。进食前洗手	漱口，催吐（仅对清醒病人!），给予医疗护理
泄漏处置	撤离危险区域!向专家咨询!尽可能将泄漏液收集在可密闭的容器中。用砂土或惰性吸收剂吸收残液，并转移到安全场所。不要冲入下水道,不要让该化学品进入环境。个人防护用具:全套防护服包括自给式呼吸器		
包装与标志	不得与食品和饲料一起运输 **欧盟危险性类别**：T 符号 N 符号 R:23/24/25-51/53 S:1/2-45-61 **联合国危险性类别**：6.1 **联合国次要危险性**：3 **联合国包装类别**：II **中国危险性类别**：第 6.1 项 毒性物质 **中国次要危险性**：3 **中国包装类别**：II		
应急响应	运输应急卡：TEC(R)-61G61b 美国消防协会法规：H3（健康危险性）；F2（火灾危险性）；R0（反应危险性）		
储存	耐火设备（条件）。与强氧化剂、强碱、强酸、食品和饲料分开存放。严格密封。阴凉场所。沿地面通风		
重要数据	**物理状态、外观**：无色液体，有刺鼻气味 **化学危险性**：加热时，该物质分解生成含氰化氢有毒和易燃蒸气。与强氧化剂、还原剂、酸类、碱类和蒸汽反应，生成剧毒和易燃烟雾 **职业接触限值**：阈限值未制定标准。最高容许浓度未制定标准 **接触途径**：该物质可通过吸入其气溶胶，经皮肤和食入吸收到体内 **吸入危险性**：20℃时，该物质蒸发相当快地达到空气中有害污染浓度 **短期接触的影响**：该物质刺激眼睛、皮肤和呼吸道。该物质可能对细胞呼吸有影响，导致发绀。影响可能推迟显现。需进行医学观察		
物理性质	沸点：126℃ 相对密度（水=1）：1.19 水中溶解度：不溶 蒸气压：20℃时 1.16kPa 蒸气相对密度（空气=1）：2.61 闪点：47℃ 爆炸极限：空气中 1.0%～?%（体积） 辛醇/水分配系数的对数值：0.23		
环境数据	该物质对水生生物是有毒的		
注解	急性中毒症状直到几个小时以后才变得明显。该物质中毒时须采取必要的治疗措施。必须提供有指示说明的适当方法。还可参考卡片#0088（乙腈）		

IPCS
International
Programme on
Chemical Safety

国际化学品安全卡

氯乙酰氯	ICSC 编号：0845
CAS 登记号：79-04-9 RTECS 号：AO6475000 UN 编号：1752 EC 编号：607-080-00-1 中国危险货物编号：1752 分子量：112.9	中文名称：氯乙酰氯；氯乙酸氯化物；一氯乙酰基氯 英文名称：CHLOROACETYL CHLORIDE; Chloroacetic acid chloride; Monochloroacetyl chloride 化学式：$C_2H_2Cl_2O$/$ClCH_2COCl$

危害/接触类型	急性危害/症状	预防	急救/消防
火　灾	不可燃。在火焰中释放出刺激性或有毒烟雾（或气体）		干粉、二氧化碳、抗溶性泡沫。禁止用水，禁用含水灭火剂
爆　炸			着火时，喷雾状水保持料桶等冷却，但避免该物质与水直接接触
接　触		避免一切接触！	一切情况均向医生咨询！
# 吸入	咳嗽，呼吸困难，灼烧感，嘴唇或指甲发青，气促，咽喉疼痛。症状可能推迟显现（见注解）	通风，局部排气通风或呼吸防护	新鲜空气，休息，半直立体位，必要时进行人工呼吸，给予医疗护理
# 皮肤	可能被吸收！发红，疼痛，严重皮肤烧伤，起疱	防护手套，防护服	脱掉污染的衣服，用大量水冲洗皮肤或淋浴，给予医疗护理
# 眼睛	疼痛，发红，视力模糊，严重深度烧伤	面罩或眼睛防护结合呼吸防护	首先用大量水冲洗几分钟（如可能尽量摘除隐形眼镜），然后就医
# 食入	灼烧感，腹部疼痛，腹泻，休克或虚脱	工作时不得进食、饮水或吸烟。进食前洗手	漱口，不要催吐，不要饮用任何东西，给予医疗护理。见注解
泄漏处置	用干砂土覆盖泄漏物。尽可能将泄漏液收集在有盖容器中。然后转移到安全场所。切勿直接向液体上喷水。个人防护用具：全套防护服包括自给式呼吸器		
包装与标志	不易破碎包装，将易破碎包装放在不易破碎密闭容器中。不要与食品和饲料一起运输 欧盟危险性类别：T 符号 C 符号 N 符号 R:14-23/24/25-35-48/23-50 S:(1/2)7/8-9-26-36/37/39-45-61 联合国危险性类别：6.1　联合国次要危险性：8 联合国包装类别：I 中国危险性类别：第 8 类腐蚀性物质 中国次要危险性：8　中国包装类别：I		
应急响应	运输应急卡：TEC(R)-61G61a 美国消防协会法规：H3（健康危险性）；F0（火灾危险性）；R1（反应危险性）		
储存	与食品和饲料分开存放。见化学危险性。干燥。保存在通风良好室内		
重要数据	物理状态、外观：无色至黄色液体，有刺鼻气味 物理危险性：蒸气比空气重 化学危险性：加热时，该物质分解生成含光气、氯化氢的有毒和腐蚀性烟雾。与水、醇、金属粉末和许多有机物激烈反应，有中毒、着火和爆炸危险。与空气接触时，释放出腐蚀性气体 职业接触限值：阈限值 0.05ppm、0.23mg/m³（时间加权平均值，经皮）；0.15ppm、0.69mg/m³（（短期接触限值，经皮）（美国政府工业卫生学家会议，1997 年）。最高容许浓度：IIb(未制定标准，但可提供数据)，皮肤吸收（德国，2008 年） 接触途径：该物质可通过吸入其蒸气和气溶胶，经皮肤和食入吸收到体内 吸入危险性：20℃时，该物质蒸发可迅速地达到空气中有害浓度 短期接触的影响：催泪。该物质刺激眼睛，腐蚀皮肤和呼吸道。食入有腐蚀性。吸入蒸气或气溶胶可能引起肺水肿（见注解）。该物质可能对心血管系统有影响。远高于职业接触限接触时，可能造成死亡。影响可能推迟显现。需要进行医学观察 长期或反复接触的影响：反复或长期皮肤接触可能引起皮炎。反复或长期接触时，肺可能受影响		
物理性质	沸点：106℃ 熔点：-21.8℃ 水中溶解度：反应 蒸气压：20℃时 2.5kPa	蒸气相对密度（空气=1）：3.9 蒸气/空气混合物的相对密度（20℃，空气=1）：1.07 辛醇/水分配系数的对数值：1.4	
环境数据			
注解	肺水肿症状常常经过几小时以后才变得明显，体力劳动使症状加重。因此休息和医学观察是必要的。不要将工作服带回家中		

IPCS
International
Programme on
Chemical Safety

国际化学品安全卡

对硝基氯苯			ICSC 编号：0846
CAS 登记号：100-00-5 RTECS 号：CZ1050000 UN 编号：1578 EC 编号：610-005-00-5 中国危险货物编号：1578		中文名称：对硝基氯苯；1-氯-4-硝基苯 英文名称：p-NITROCHLOROBENZENE; 1-Chloro-4-nitrobenzene; PCNB; PNCB	
分子量：157.6		化学式：$NO_2C_6H_4Cl$	
危害/接触类型	急性危害/症状	预防	急救/消防
火　灾	可燃的。许多反应可能引起火灾或爆炸	禁止明火	干粉，雾状水，泡沫，二氧化碳
爆　炸			从掩蔽位置灭火
接　触		严格作业环境管理！	
# 吸入	嘴唇或指甲发青，眩晕，头痛，恶心，呕吐，虚弱	局部排气通风或呼吸防护	新鲜空气，休息，给予医疗护理
# 皮肤	可能被吸收！（见吸入）	防护手套，防护服	先用大量水冲洗，然后脱去污染的衣服并再次冲洗，用大量水冲洗皮肤或淋浴，给予医疗护理
# 眼睛		如果为粉末，护目镜，面罩或眼睛防护结合呼吸防护	首先用大量水冲洗几分钟（如可能尽量摘除隐形眼镜），然后就医
# 食入	（见吸入）		漱口，催吐（仅对清醒病人！）
泄漏处置	将泄漏物扫入有盖容器中。如果适当，首先湿润防止扬尘。小心收集残余物，然后转移到安全场所。不要用锯末或其他可燃吸收剂吸收。不要让这种化学品进入环境。个人防护用具：全套防护服包括自给式呼吸器		
包装与标志	不要与食品和饲料一起运输 欧盟危险性类别：T 符号 N 符号 R:23/24/25-40-48/20/21/22-68-51/53 S:(1/2)-28-36/37-45-61 联合国危险性类别：6.1 联合国包装类别：II 中国危险性类别：第 6.1 项毒性物质 中国包装类别：II		
应急响应	运输应急卡：TEC(R)-877 美国消防协会法规：H3（健康危险性）；F1（火灾危险性）；R2（反应危险性）		
储存	与可燃物和还原性物质、食品和饲料分开存放。保存在通风良好室内		
重要数据	**物理状态、外观**：黄色晶体，有特殊气味 **化学危险性**：加热时，该物质分解生成含氮氧化物、氯化氢、光气和氯气的有毒气体。该物质是一种强氧化剂。与可燃物质和还原性物质激烈反应 **职业接触限值**：阈限值 0.1ppm（时间加权平均值）；A3（经皮）（确认的动物致癌物，但未知与人类相关性）（经皮）；公布生物暴露指数（美国政府工业卫生学家会议，2008 年）。最高容许浓度：皮肤吸收；致癌物类别：3B（德国，2008 年） **接触途径**：该物质可通过吸入，经皮肤和食入吸收到体内 **吸入危险性**：20℃时蒸发可忽略不计，但可以较快地达到空气中颗粒物有害浓度 **短期接触的影响**：该物质可能对血液有影响，形成正铁血红蛋白。见注解 **长期或反复接触的影响**：反复或长期接触可能引起皮肤过敏		
物理性质	沸点：242℃ 熔点：82～84℃ 相对密度（水=1）：1.3 水中溶解度：不溶 蒸气压：30℃时 20Pa 蒸气相对密度（空气=1）：5.44 闪点：127℃（闭杯） 辛醇/水分配系数的对数值：2.39		
环境数据	该物质对水生生物是有毒的。该物质可能对水生环境造成长期影响		
注解	根据接触程度，建议定期进行医疗检查		

IPCS
International
Programme on
Chemical Safety

国际化学品安全卡

铪粉			ICSC 编号：0847
CAS 登记号：7440-58-6 RTECS 号：MG4600000 UN 编号：2545 中国危险货物编号：2545 分子量：178.5（原子量）		中文名称：铪粉（干的） 英文名称：HAFNIUM POWDER; (powder) 化学式：Hf	
危害/接触类型	急性危害/症状	预防	急救/消防
火　灾	易燃的。见化学危险性	禁止明火，禁止火花和禁止吸烟	专用粉末，干砂，大量水
爆　炸	微细分散的颗粒物在空气中形成爆炸性混合物。有着火和爆炸危险（见化学危险性）	不要受摩擦或震动。防止粉尘沉积、密闭系统、防止粉尘爆炸型电气设备和照明	
接　触		严格作业环境管理！	
# 吸入		避免吸入粉尘。密闭系统	新鲜空气，休息
# 皮肤		防护手套	用大量水冲洗工作服（有着火危险）。脱去污染的衣服。冲洗，然后用水和肥皂清洗皮肤
# 眼睛	发红	安全眼镜	用大量水冲洗（如可能尽量摘除隐形眼镜）
# 食入		工作时不得进食，饮水或吸烟。进食前洗手	漱口
泄漏处置	撤离危险区域！向专家咨询！转移全部引燃源。个人防护用具：适应于该物质空气中浓度的颗粒物过滤呼吸器。不要冲入下水道。不要用锯末或其他可燃吸收剂吸收。将泄漏物清扫进充水的、可密闭容器中。小心收集残余物，然后转移到安全场所		
包装与标志	联合国危险性类别：4.2　　联合国包装类别：I 中国危险性类别：第 4.2 项 易于自燃的物质　中国包装类别：I GHS 分类：信号词：危险 图形符号：火焰 危险说明：暴露在空气中会自燃		
应急响应			
储存	耐火设备（条件）。与强氧化剂、强酸、卤素分开存放。保存在惰性气体下。储存在原始容器中		
重要数据	物理状态、外观：灰色粉末 物理危险性：以粉末或颗粒形状与空气混合，可能发生粉尘爆炸 化学危险性：与空气接触时，该物质可能发生自燃。受撞击、摩擦或震动时，可能发生爆炸性分解。受热时可能发生爆炸。与卤素、强酸和强氧化剂发生剧烈反应，有爆炸的危险 职业接触限值：阈限值：0.5mg/m^3（时间加权平均值）（美国政府工业卫生学家会议，2010 年）。最高容许浓度：IIb（未制定标准，但可提供数据）（德国，2009 年）		
物理性质	沸点：4602℃ 熔点：2227℃ 相对密度（水=1）：13.31 水中溶解度：不溶 自燃温度：20℃		
环境数据			
注解	该物质对人体健康的影响数据不充分，因此应当特别注意。粉末通常以不少于 25%的水润湿后进行处置，以减少着火和爆炸的危险。UN 编号 2545 是干粉的编号，按照粉末的规格，包装类别可以是 I、II 或 III。GHS 分类将会由于粉末规格的不同而不同。其他 UN 编号是：1326，铪粉，湿的，含水不低于 25%；危险性类别：4.1；包装类别：II		

IPCS
International
Programme on
Chemical Safety

国际化学品安全卡

五氟一氯乙烷			ICSC 编号：0848
CAS 登记号：76-15-3 RTECS 号：KH7877500 UN 编号：1020 中国危险货物编号：1020	中文名称：五氟一氯乙烷；1,1,2,2,2-五氟一氯乙烷；氟碳-115；CFC-115（钢瓶） 英文名称：CHLOROPENTAFLUOROETHANE; 1-Chloro-1,1,2,2,2-pentafluoroethane; Fluorocarbon 115; CFC-115(cylinder)		
分子量：154.5	化学式：$C_2ClF_5/CClF_2\text{-}CF_3$		
危害/接触类型	急性危害/症状	预防	急救/消防
火　灾	不可燃。在火焰中释放出刺激性或有毒烟雾（或气体）。加热引起压力升高，容器有爆裂危险		周围环境着火时，允许使用各种灭火剂
爆　炸			着火时喷雾状水保持料桶等冷却
接　触			
# 吸入	窒息。（见注解）	通风	新鲜空气，休息，必要时进行人工呼吸，给予医疗护理
# 皮肤	与液体接触，发生冻伤	保温手套	冻伤时用大量水冲洗，不要脱去衣服，给予医疗护理
# 眼睛	（见皮肤）	安全护目镜或眼睛防护结合呼吸防护	先用大量水冲洗几分钟（如可能尽量摘除隐形眼镜），然后就医
# 食入			
泄漏处置	通风。切勿直接向液体上喷水。个人防护用具：化学防护服，包括自给式呼吸器		
包装与标志	联合国危险性类别：2.2 中国危险性类别：第 2.2 项非易燃无毒气体		
应急响应	运输应急卡：TEC（R）-20G39		
储存	如果在室内，耐火设备（条件）。阴凉场所		
重要数据	物理状态、外观：无气味，无色压缩液化气体 物理危险性：蒸气比空气重，可能积聚在低层空间，造成缺氧 化学危险性：与高温表面或火焰接触时，该物质分解生成氯化氢和氟化氢有毒烟雾 职业接触限值：阈限值：1000ppm、6320mg/m^3（时间加权平均值）（美国政府工业卫生学家会议，1997 年）。最高容许浓度未制定标准 接触途径：该物质可通过吸入吸收到体内 吸入危险性：容器漏损时，迅速地达到空气中该气体有害浓度 短期接触的影响：液体的迅速蒸发可能引起冻伤		
物理性质	沸点：-39℃ 熔点：-106℃ 相对密度（水=1）：1.3 水中溶解度：不溶 蒸气压：20℃时 797kPa 蒸气相对密度（空气=1）：5.3 辛醇/水分配系数的对数值：2.4		
环境数据	该物质可能对环境有危害，对臭氧层应给予特别注意		
注解	空气中高浓度引起缺氧，有神志不清或死亡危险。进入污染的工作场所前检验氧含量。转动泄漏钢瓶，使漏口朝上，防止液态气体逸出。商品名称有：Arcton 115, Freon 115, Frigen 115, Genetron 115, Kaltron 115 和 Refrigerant R 115		

IPCS
International
Programme on
Chemical Safety

国际化学品安全卡

<table>
<tr><td colspan="3">邻氯苯酚</td><td>ICSC 编号：0849</td></tr>
<tr><td colspan="2">CAS 登记号：95-57-8
RTECS 号：SK2625000
UN 编号：2021
EC 编号：604-008-00-0
中国危险货物编号：2021</td><td colspan="2">中文名称：邻氯苯酚；2-氯苯酚；2-氯-1-羟基苯；2-羟基氯苯
英文名称：o-CHLOROPHENOL; 2-Chlorophenol;
2-Chloro-1-hydroxybenzene; 2-Hydroxychlorobenzene</td></tr>
<tr><td colspan="2">分子量：128.6</td><td colspan="2">化学式：C_6H_5ClO/C_6H_4ClOH</td></tr>
<tr><td>危害/接触类型</td><td>急性危害/症状</td><td>预防</td><td>急救/消防</td></tr>
<tr><td>火　灾</td><td>可燃的。在火焰中释放出刺激性或有毒烟雾（或气体）</td><td>禁止明火</td><td>干粉、雾状水、泡沫、二氧化碳</td></tr>
<tr><td>爆　炸</td><td>高于 64℃，可能形成爆炸性蒸气/空气混合物</td><td>高于 64℃，使用密闭系统、通风</td><td>着火时，喷雾状水保持料桶等冷却</td></tr>
<tr><td>接　触</td><td></td><td>防止产生烟云！</td><td></td></tr>
<tr><td># 吸入</td><td>咳嗽，气促，咽喉痛。（见食入）。症状可能推迟显现（见注解）</td><td>通风，局部排气通风或呼吸防护</td><td>新鲜空气，休息，半直立体位，必要时进行人工呼吸，给予医疗护理</td></tr>
<tr><td># 皮肤</td><td>可能被吸收！发红，疼痛</td><td>防护手套，防护服</td><td>脱去污染的衣服，冲洗，然后用水和肥皂清洗皮肤，给予医疗护理</td></tr>
<tr><td># 眼睛</td><td>发红，疼痛，视力模糊</td><td>面罩，或眼睛防护结合呼吸防护</td><td>先用大量水冲洗几分钟（如可能尽量摘除隐形眼镜），然后就医</td></tr>
<tr><td># 食入</td><td>腹部疼痛，倦睡，虚弱，惊厥</td><td>工作时不得进食，饮水或吸烟</td><td>漱口，不要催吐，给予医疗护理</td></tr>
<tr><td>泄漏处置</td><td colspan="3">将泄漏液收集在有盖的容器中。小心收集残余物，然后转移到安全场所。不要让该化学品进入环境。化学防护服。个人防护用具：适用于有机气体和蒸气的过滤呼吸器</td></tr>
<tr><td>包装与标志</td><td colspan="3">不得与食品和饲料一起运输。污染海洋物质
欧盟危险性类别：Xn 符号 N 符号 标记：C　R:20/21/22-51/53　S:2-28-61
联合国危险性类别：6.1 联合国包装类别：III
中国危险性类别：第 6.1 项毒性物质 中国包装类别：III</td></tr>
<tr><td>应急响应</td><td colspan="3">运输应急卡：TEC(R)-799
美国消防协会法规：H3（健康危险性）；F2（火灾危险性）；R0（反应危险性）</td></tr>
<tr><td>储存</td><td colspan="3">与强氧化剂、食品和饲料分开存放。严格密封</td></tr>
<tr><td>重要数据</td><td colspan="3">物理状态、外观：无色液体，有特殊气味
物理危险性：蒸气比空气重
化学危险性：燃烧时，该物质分解生成盐酸和氯有毒和腐蚀性烟雾。与氧化剂发生反应
职业接触限值：阈限值未制定标准
接触途径：该物质可通过吸入其蒸气，经皮肤和食入吸收到体内
吸入危险性：未指明 20℃时该物质蒸发达到空气中有害浓度的速率
短期接触的影响：该物质强烈地刺激眼睛、皮肤和呼吸道。吸入气溶胶可能引起肺水肿（见注解）。该物质可能对中枢神经系统有影响</td></tr>
<tr><td>物理性质</td><td colspan="3">沸点：175℃
熔点：9.3～9.8℃
相对密度（水=1）：1.3
水中溶解度：20℃时 2.85g/100mL
蒸气压：20℃时 230Pa
蒸气相对密度（空气=1）：4.4
蒸气/空气混合物的相对密度（20℃，空气=1）：1.08
闪点：64℃（闭杯）
辛醇/水分配系数的对数值：2.15</td></tr>
<tr><td>环境数据</td><td colspan="3">该物质对水生生物是有毒的。该物质可能在水生环境中造成长期影响</td></tr>
<tr><td>注解</td><td colspan="3">肺水肿症状常常经过几个小时以后才变得明显，体力劳动使症状加重。因而休息和医学观察是必要的。应当考虑由医生或医生指定的人立即采取适当吸入治疗法。商品名称有：Pine-O Disinfectant 和 Septi-Kleen</td></tr>
</table>

IPCS
International
Programme on
Chemical Safety

UNEP

国际化学品安全卡

对氯苯酚 ICSC 编号：0850

CAS 登记号：106-48-9
RTECS 号：SK2800000
UN 编号：2020
EC 编号：604-008-00-0
中国危险货物编号：2020

中文名称：对氯苯酚；4-氯苯酚；4-氯-1-羟基苯；4-羟基氯苯
英文名称：*p*-CHLOROPHENOL; 4-Chlorophenol; 4-Chloro-1-hydroxybenzene; 4-Hydroxychlorobenzene

分子量：128.6 化学式：C_6H_5ClO/C_6H_4ClOH

危害/接触类型	急性危害/症状	预防	急救/消防
火 灾	可燃的。在火焰中释放出刺激性或有毒烟雾（或气体）	禁止明火	干粉、雾状水、泡沫、二氧化碳
爆 炸			
接 触		防止粉尘扩散！	
# 吸入	咳嗽，头晕，头痛，呼吸困难，恶心，咽喉痛，呕吐，虚弱	通风（如果没有粉末时），局部排气通风或呼吸防护	新鲜空气，休息，给予医疗护理
# 皮肤	可能被吸收！发红，疼痛	防护手套，防护服	脱去污染的衣服，冲洗，然后用水和肥皂清洗皮肤，给予医疗护理
# 眼睛	发红，疼痛，视力模糊	面罩，或眼睛防护结合呼吸防护	先用大量水冲洗几分钟（如可能尽量摘除隐形眼镜），然后就医
# 食入	腹部疼痛，神志不清。（另见吸入）	工作时不得进食，饮水或吸烟	漱口，不要催吐，给予医疗护理

泄漏处置	将泄漏物清扫进容器中。小心收集残余物，然后转移到安全场所。不要让该化学品进入环境。化学防护服。个人防护用具：适用于有机气体和蒸气的过滤呼吸器
包装与标志	不得与食品和饲料一起运输。污染海洋物质 欧盟危险性类别：Xn 符号 N 符号 标记：C R:20/21/22-51/53 S:2-28-61 联合国危险性类别：6.1 联合国包装类别：III 中国危险性类别：第 6.1 项毒性物质 中国包装类别：III
应急响应	运输应急卡：TEC(R)-804 美国消防协会法规：H3（健康危险性）；F1（火灾危险性）；R0（反应危险性）
储存	与强氧化剂、食品和饲料分开存放。严格密封
重要数据	物理状态、外观：无色至黄色晶体，有特殊气味 化学危险性：燃烧时，该物质分解生成盐酸和氯有毒和腐蚀性烟雾。与氧化剂发生反应 职业接触限值：阈限值未制定标准 接触途径：该物质可通过吸入其气溶胶，经皮肤和食入吸收到体内 吸入危险性：未指明 20℃时该物质蒸发达到空气中有害浓度的速率 短期接触的影响：该物质强烈刺激眼睛、皮肤和呼吸道。该物质可能对中枢神经系统有影响 长期或反复接触的影响：该物质可能对中枢神经系统有影响
物理性质	沸点：220℃ 熔点：43℃ 密度：1.3g/cm³ 水中溶解度：20℃时 2.7g/100mL 蒸气压：20℃时 13Pa 蒸气相对密度（空气=1）：4.44 蒸气/空气混合物的相对密度（20℃，空气=1）：1.00 闪点：121℃（闭杯） 辛醇/水分配系数的对数值：2.39
环境数据	该物质对水生生物是有毒的。该物质可能在水生环境中造成长期影响
注解	

IPCS
International
Programme on
Chemical Safety

UNEP

国际化学品安全卡

毒死蜱			ICSC 编号：0851
CAS 登记号：2921-88-2 RTECS 号：TF6300000 UN 编号：2783 EC 编号：015-084-00-4 中国危险货物编号：2783 分子量：350.6	中文名称：毒死蜱；*O,O*-二乙基-*O*-3,5,6-三氯-2-吡啶基硫代磷酸酯 英文名称：CHLORPYRIFOS; *O,O*-Diethyl *O*-3,5,6-trichloro-2-pyridylphosphorothioate 化学式：$C_9H_{11}Cl_3NO_3PS$		
危害/接触类型	急性危害/症状	预防	急救/消防
火　灾	可燃的。含有机溶剂的液体制剂可能是易燃的。在火焰中释放出刺激性或有毒烟雾（或气体）	禁止明火	干粉，雾状水，泡沫，二氧化碳
爆　炸			
接　触		严格作业环境管理！避免青少年和儿童接触！	一切情况均向医生咨询！
# 吸入	瞳孔收缩，肌肉痉挛，多涎。出汗。头晕。恶心。呕吐。腹泻。肌肉抽搐。惊厥。神志不清	局部排气通风或呼吸防护	新鲜空气，休息，必要时进行人工呼吸，给予医疗护理
# 皮肤	可能被吸收！（另见吸入）	防护手套，防护服	脱掉污染的衣服，冲洗，然后用水和肥皂洗皮肤，给予医疗护理
# 眼睛	视力模糊	面罩，或如果为粉末，眼睛防护结合呼吸防护	首先用大量水冲洗几分钟（如可能尽量摘除隐形眼镜），然后就医
# 食入	（见吸入）	工作时不得进食、饮水或吸烟。进食前洗手	催吐（仅对清醒病人!），用水冲服活性炭浆，立即给予医疗护理
泄漏处置	不要让该化学品进入环境。将泄漏物清扫进容器中，如果适当，首先润湿防止扬尘。小心收集残余物，然后转移到安全场所。化学防护服，包括自给式呼吸器		
包装与标志	不要与食品和饲料一起运输。严重污染海洋物质 **欧盟危险性类别**：T 符号 N 符号 R:24/25-50/53 S:1/2-28-36/37-45-60-61 **联合国危险性类别**：6.1 **联合国包装类别**：III **中国危险性类别**：第 6.1 项毒性物质 **中国包装类别**：III		
应急响应	运输应急卡：TEC(R)-61GT7-III		
储存	储存在没有排水管或下水道的场所。保存在通风良好的室内。与强碱、强酸、食品和饲料分开存放		
重要数据	**物理状态、外观**：无色至白色晶体，有特殊气味 **化学危险性**：加热至大约 160℃时，该物质分解生成含氯化氢、光气、氧化亚磷、氮氧化物和硫氧化物的有毒和腐蚀性烟雾。与强碱和酸类发生反应 **职业接触限值**：阈限值：$0.1mg/m^3$（可吸入蒸气和气溶胶）（经皮）；A4（不能分类为人类致癌物）；公布生物暴露指数（美国政府工业卫生学家会议，2005 年）。最高容许浓度未制定标准 **接触途径**：该物质可通过吸入其气溶胶，经皮肤和食入吸收到体内 **吸入危险性**：喷洒或扩散时可较快地达到空气中颗粒物有害浓度，尤其是粉末 **短期接触的影响**：该物质可能对神经系统有影响，导致惊厥和呼吸抑制。胆碱酯酶抑制剂。远高于职业接触限值接触可能导致死亡。影响可能推迟显现。需进行医学观察 **长期或反复接触的影响**：胆碱酯酶抑制剂，可能有累积影响：见急性危害/症状		
物理性质	**沸点**：低于沸点在 160℃分解 **熔点**：41～42℃ **密度**：$1.4g/cm^3$	**水中溶解度**：1.4 mg/L（难溶） **蒸气压**：25℃时 0.0024Pa **辛醇/水分配系数的对数值**：4.7～5.27	
环境数据	该物质对水生生物有极高毒性。该物质可能对环境有危害，对鸟类和蜜蜂应给予特别注意。该化学品可能沿食物链，例如在鱼类和藻类中发生生物蓄积。该物质可能在水生环境中造成长期影响。该物质在正常使用过程中进入环境，但是要特别注意避免任何额外的释放，例如通过不适当处置活动		
注解	如果该农药以含烃类溶剂的制剂形式存在，不要催吐。根据接触程度，建议定期进行医疗检查。该物质中毒时，需采取必要的治疗措施；必须提供有指示说明的适当方法。如果该物质用溶剂配制，可参考这些溶剂的卡片。商业制剂中使用的载体溶剂可能改变其物理和毒理学性质。不要将工作服带回家中		

IPCS
International
Programme on
Chemical Safety

国际化学品安全卡

氯硫酰胺			ICSC 编号：0852
CAS 登记号：1918-13-4 RTECS 号：CV3850000 EC 编号：616-005-00-1 分子量：206.1		中文名称：氯硫酰胺；2,6-二氯硫苯甲酰胺；2,6-二氯苯甲硫酰胺 英文名称：CHLORTHIAMID; 2,6－Dichlorothiobenzamide; 2,6-Dichlorobenzenecarbothio amide; DCBN 化学式：$C_7H_5Cl_2NS/C_6H_3Cl_2CSNH_2$	
危害/接触类型	急性危害/症状	预防	急救/消防
火　灾	不可燃。在火焰中释放出刺激性或有毒烟雾（或气体）		周围环境着火时，允许使用各种灭火剂
爆　炸			
接　触		防止粉尘扩散！避免青少年和儿童接触！	
# 吸入		局部排气通风	新鲜空气，休息
# 皮肤		防护手套	脱掉污染的衣服，冲洗，然后用水和肥皂洗皮肤
# 眼睛		安全护目镜	先用大量水冲洗几分钟（如可能尽量摘除隐形眼镜），然后就医
# 食入		工作时不得进食、饮水或吸烟。进食前洗手	漱口，给予医疗护理
泄漏处置	不要冲入下水道。将泄漏物清扫进可密闭容器中。如果适当，首先润湿防止扬尘。小心收集残余物，然后转移到安全场所。个人防护用具：适用于有害颗粒物的 P2 过滤呼吸器		
包装与标志	不得与食品和饲料一起运输 欧盟危险性类别：Xn 符号　R:22　S:2-36		
应急响应			
储存	注意收容灭火产生的废水。与强碱、食品和饲料分开存放		
重要数据	**物理状态、外观**：反白色各种形态固体 **化学危险性**：加热或燃烧时，该物质分解生成氯化氢、硫氧化物和氮氧化物有毒和腐蚀性烟雾。与碱反应，生成敌草腈 **职业接触限值**：阈限值未制定标准。最高容许浓度未制定标准 **接触途径**：该物质可通过吸入其气溶胶、经皮肤和食入吸收到体内 **吸入危险性**：未指明 20℃时该物质蒸发达到空气中有害浓度的速率		
物理性质	熔点：151～152℃ 水中溶解度：21℃时 0.095g/100mL 蒸气压：20℃时＜0.1Pa		
环境数据	该物质可能对环境有危害，对鱼类应给予特别注意		
注解	参见卡片#0867（敌草腈）。敌草腈是氯硫酰胺的主要代谢产物。商品名为 Prefix		

IPCS
International
Programme on
Chemical Safety

国际化学品安全卡

氯化胆碱			ICSC 编号：0853
CAS 登记号：67-48-1 RTECS 号：KH2975000	中文名称：氯化胆碱；(2-羟基乙基)三甲基氯化铵；盐酸胆碱；2-羟基-*N,N,N*-三甲基乙烷氯化铵 英文名称：CHOLINE CHLORIDE; (2-Hydroxyethyl) trimethylammonium chloride; Choline hydrochloride; 2-Hydroxy-*N,N,N*-trimethyl ethanaminium chloride; Cholinium chloride		
分子量：139.6	化学式：$C_5H_{14}NOCl$		
危害/接触类型	急性危害/症状	预防	急救/消防
火　灾	可燃的。在火焰中释放出刺激性或有毒烟雾（或气体）	禁止明火	雾状水，干粉
爆　炸			
接　触			
# 吸入		通风	新鲜空气，休息
# 皮肤		防护手套	冲洗，然后用水和肥皂洗皮肤
# 眼睛		安全眼镜	首先用大量水冲洗几分钟（如可能尽量摘除隐形眼镜），然后就医
# 食入		工作时不得进食、饮水或吸烟	
泄漏处置	将泄漏物清扫进容器中。如果适当，首先湿润防止扬尘		
包装与标志			
应急响应			
储存	与强氧化剂分开存放		
重要数据	**物理状态、外观：** 白色吸湿晶体 **化学危险性：** 燃烧时，生成含氯化氢有毒和腐蚀性烟雾。与强氧化剂发生反应 **职业接触限值：** 阈限值未制定标准。最高容许浓度未制定标准 **吸入危险性：** 扩散时可较快地达到空气中颗粒物公害污染浓度		
物理性质	**熔点：** 305℃ **水中溶解度：** 混溶 **辛醇/水分配系数的对数值：** -5.16		
环境数据			
注解			

IPCS
International
Programme on
Chemical Safety

国际化学品安全卡

铬酰氯			ICSC 编号：0531
CAS 登记号：14977-61-8 RTECS 号：GB5775000 UN 编号：1758 EC 编号：024-005-00-2 中国危险货物编号：1758 分子量：154.9		中文名称：铬酰氯；氯氧化铬；二氯二氧化铬 英文名称：CHROMYL CHLORIDE; Chromic oxychloride; Dichlorodioxochromium; Chromium dichloride dioxide 化学式：CrO_2Cl_2	
危害/接触类型	急性危害/症状	预防	急救/消防
火　灾	不可燃，但可助长其他物质燃烧。许多反应可能引起火灾或爆炸	禁止与易燃物质接触	二氧化碳，专用粉末。禁用含水灭火剂。周围环境着火时，除非为了防备有毒气体，禁止用水
爆　炸			着火时，喷雾状水保持料桶等冷却，但避免该物质与水接触
接　触		避免一切接触！	一切情况均向医生咨询！
# 吸入	咳嗽。呼吸困难。气促。咽喉痛	通风，局部排气通风或呼吸防护	新鲜空气，休息。半直立体位。必要时进行人工呼吸。给予医疗护理
# 皮肤	发红。皮肤烧伤。疼痛。水疱	防护手套。防护服	脱去污染的衣服。用大量水冲洗皮肤或淋浴。给予医疗护理
# 眼睛	发红。疼痛。发红	面罩，或眼睛防护结合呼吸防护	先用大量水冲洗几分钟（如可能尽量摘除隐形眼镜），然后就医
# 食入	腹部疼痛。灼烧感。休克或虚脱	工作时不得进食，饮水或吸烟	漱口。不要催吐。给予医疗护理
泄漏处置	撤离危险区域！通风。将泄漏液收集在可密闭的容器中。用砂土或惰性吸收剂吸收残液，并转移到安全场所。不要冲入下水道。不要用锯末或其他可燃吸收剂吸收。切勿直接向液体上喷水。个人防护用具：化学防护服包括自给式呼吸器		
包装与标志	气密。不得与食品和饲料一起运输 **欧盟危险性类别**：O 符号 T 符号 C 符号 N 符号 标记：E R:49-46-8-35-43-50/53 S:53-45-60-61 **联合国危险性类别**：8 **联合国包装类别**：I **中国危险性类别**：第 8 类 腐蚀性物质 **中国包装类别**：I		
应急响应	**运输应急卡**：TEC(R)-80GC1-I-X **美国消防协会法规**：H3（健康危险性）；F0（火灾危险性）；R2（反应危险性）；W（禁止用水）		
储存	耐火设备（条件）。与可燃物质和还原性物质、食品和饲料分开存放。干燥。保存在暗处。保存在通风良好的室内		
重要数据	**物理状态、外观**：暗红色发烟液体，有刺鼻气味 **化学危险性**：与水接触时，该物质激烈分解生成氯化氢、氯、三氧化铬和三氯化铬有毒和腐蚀性烟雾。该物质是一种强氧化剂。与可燃物质和还原性物质激烈反应。与水、非金属卤化物、非金属氢化物、氨和某些常用溶剂，如醇、醚、丙酮和松节油激烈反应，有着火和爆炸危险。有水存在时，浸蚀许多金属。与塑料性质相互抵触。可以引燃可燃物质 **职业接触限值**：阈限值：0.025ppm（时间加权平均值）（美国政府工业卫生学家会议，2003 年）。最高容许浓度：皮肤致敏剂；致癌物类别：2（德国，2008 年） **接触途径**：该物质可通过吸入其蒸气或气溶胶和经食入吸收到体内 **吸入危险性**：20℃时该物质蒸发，迅速达到空气中有害污染浓度 **短期接触的影响**：该物质腐蚀眼睛、皮肤和呼吸道。食入有腐蚀性。吸入蒸气可能引起肺水肿（见注解） **长期或反复接触的影响**：反复或长期与皮肤接触可能引起皮炎。反复或长期接触可能引起皮肤过敏。该物质很可能是人类致癌物		
物理性质	**沸点**：117℃ **熔点**：-96.5℃ **相对密度（水=1）**：1.91	**水中溶解度**：反应 **蒸气压**：20℃时 2.67kPa **蒸气相对密度（空气=1）**：5.3	
环境数据	强烈建议不要让该化学品进入环境		
注解	溶解三氧化铬形成一种强氧化剂。与灭火剂，如水激烈反应。根据接触程度，建议定期进行医疗检查。肺水肿症状常常经过几个小时以后才变得明显，体力劳动使症状加重。因而休息和医学观察是必要的。不要将工作服带回家中。用大量水冲洗工作服（有着火危险）		

IPCS
International
Programme on
Chemical Safety

国际化学品安全卡

柠檬酸			ICSC 编号：0855
CAS 登记号：77-92-9 RTECS 号：GE7350000	中文名称：柠檬酸；无水柠檬酸；β-羟基丙三羧酸；2-羟基-1,2,3-丙三羧酸 英文名称：CITRIC ACID; Anhydrous citric acid; beta-Hydroxytricarballylic acid; 2-Hydroxy-1,2,3-propanetricarboxylic acid		
分子量：192.1	化学式：$C_6H_8O_7/CH_2COOH\text{-}C(OH)COOH\text{-}CH_2COOH$		
危害/接触类型	急性危害/症状	预防	急救/消防
火　灾	可燃的	禁止明火	干粉，雾状水，泡沫，二氧化碳
爆　炸	微细分散的颗粒物在空气中形成爆炸性混合物	防止粉尘沉积，密闭系统，防止粉尘爆炸型电气设备与照明	
接　触		防止粉尘扩散！	
# 吸入	咳嗽，气促，咽喉痛	通风（如果没有粉末时）	新鲜空气，休息，给予医疗护理
# 皮肤	发红	防护手套	用大量水冲洗皮肤或淋浴，给予医疗护理
# 眼睛	发红，疼痛	安全护目镜	先用大量水冲洗几分钟（如可能尽量摘除隐形眼镜），然后就医
# 食入	腹痛，咽喉痛	工作时不得进食、饮水或吸烟	漱口，给予医疗护理
泄漏处置	将泄漏物清扫进容器中。如果适当，首先润湿防止扬尘。用大量水冲净残余物。个人防护用具：适用于有害颗粒物的 P2 过滤呼吸器		
包装与标志			
应急响应			
储存	与强氧化剂、强碱、金属硝酸盐和金属分开存放。干燥		
重要数据	**物理状态、外观：**无色晶体 **物理危险性：**如果以粉末或颗粒形式与空气混合，可能发生粉尘爆炸 **化学危险性：**加热到 175℃以上时，该物质发生分解。水溶液是一种中强酸。与氧化剂和碱类发生反应。浸蚀金属 **职业接触限值：**阈限值未制定标准。最高容许浓度：IIb（未制定标准 ，但可提供数据）（德国，2008 年） **接触途径：**该物质可通过吸入或食入吸收到体内 **吸入危险性：**20℃时蒸发可忽略不计，但扩散时可较快地达到空气中颗粒物有害浓度 **短期接触的影响：**该物质刺激眼睛、皮肤和呼吸道 **长期或反复接触的影响：**该物质可能对牙齿有影响，导致牙侵蚀		
物理性质	**沸点：**低于 175℃分解 **熔点：**153℃ **水中溶解度：**20℃时 59g/100mL **闪点：**100℃ **爆炸极限：**空气中 0.28%～2.29%（体积） **辛醇/水分配系数的对数值：**-1.7		
环境数据			
注解			

IPCS
International
Programme on
Chemical Safety

国际化学品安全卡

异氰酸环己基酯			ICSC 编号：0856
CAS 登记号：3173-53-3 RTECS 号：NQ8650000 UN 编号：2488 中国危险货物编号：2488 分子量：125.17	中文名称：异氰酸环己基酯；异氰酸根合环己烷 英文名称：CYCLOHEXYL ISOCYANATE; Isocyanatocyclohexane; Isocyanic acid cyclohexyl ester; CHI 化学式：$C_7H_{11}NO/C_6H_{11}$-N=C=O		
危害/接触类型	**急性危害/症状**	**预防**	**急救/消防**
火　灾	易燃的。在火焰中释放出刺激性或有毒烟雾（或气体）	禁止明火，禁止火花和禁止吸烟	干粉，干砂，抗溶性泡沫，二氧化碳
爆　炸	高于48℃时，可能形成爆炸性蒸气/空气混合物	高于48℃时，密闭系统，通风和防爆型电气设备。防止静电荷积聚（例如，通过接地）	着火时喷雾状水保持料桶等冷却，但避免该物质与水接触。从掩蔽位置灭火
接　触		避免一切接触！	一切情况均向医生咨询！
# 吸入	咳嗽，头痛，咽喉痛，气促，呼吸困难。症状可能推迟显现。（见注解）	通风，局部排气通风或呼吸防护	新鲜空气，休息，必要时进行人工呼吸，给予医疗护理
# 皮肤	发红	防护手套，防护服	脱掉污染的衣服，用大量水冲洗皮肤或淋浴，给予医疗护理。急救时戴防护手套
# 眼睛	眼睛润湿，发红，疼痛，视力模糊，严重深度烧伤	面罩或眼睛防护结合呼吸防护	先用大量水冲洗几分钟（如可能尽量摘除隐形眼镜），然后就医
# 食入		工作时不得进食、饮水或吸烟	用水冲服活性炭浆，不要催吐，给予医疗护理
泄漏处置	向专家咨询！通风。尽量将泄漏液收集在可密闭容器中。用砂土或惰性吸收剂吸收残液并转移到安全场所。不要冲入下水道。个人防护用具：全套防护服，包括自给式呼吸器		
包装与标志	不得与食品和饲料一起运输 联合国危险性类别：6.1　　联合国次要危险性：3 联合国包装类别：I 中国危险性类别：第6.1项毒性物质 中国次要危险性：3 中国包装类别：I		
应急响应	运输应急卡：TEC（R）-625		
储存	耐火设备（条件）。与强氧化剂、强碱、强酸、食品和饲料分开存放。干燥。储存在通风良好的室内		
重要数据	**物理状态、外观**：无色液体，有刺鼻气味 **物理危险性**：蒸气比空气重，可能沿地面流动，可能造成远处着火 **化学危险性**：加热和在有机金属化合物作用下，该物质可能聚合。燃烧时，该物质分解生成氰化氢和氮氧化物有毒烟雾。与氧化剂、强碱、水、醇、酸和胺发生反应 **职业接触限值**：阈限值未制定标准。最高容许浓度未制定标准 **接触途径**：该物质可通过吸入和食入吸收到体内 **吸入危险性**：未指明20℃时该物质蒸发达到空气中有害浓度的速率 **短期接触的影响**：流泪。该物质刺激眼睛、皮肤和呼吸道 **长期或反复接触的影响**：反复或长期接触可能引起皮肤过敏，反复或长期吸入接触时，可能引起哮喘（见注解）		
物理性质	沸点：168℃ 相对密度（水=1）：0.98 水中溶解度：反应 蒸气相对密度（空气=1）：4.3 闪点：48℃（闭杯）		
环境数据			
注解	根据接触程度，建议定期进行医疗检查。哮喘症状常常几小时以后才变得明显，体力劳动使症状加重。因而休息和医学观察是必要的。已出现哮喘症状的人切勿再与该物质接触。该物质的人体健康影响数据不充分，因此，应当特别注意		

IPCS
International
Programme on
Chemical Safety

国际化学品安全卡

环戊二烯 ICSC 编号：0857

CAS 登记号：542-92-7
RTECS 号：GY1000000
UN 编号：1993
中国危险货物编号：1993

中文名称：环戊二烯；1,3-环戊二烯；焦戊二烯亚戊基
英文名称：CYCLOPENTADIENE; 1,3-Cyclopentadiene; Pentole; Pyropentylene

分子量：66.1 化学式：C_5H_6

危害/接触类型	急性危害/症状	预防	急救/消防
火 灾	易燃的	禁止明火、禁止火花和禁止吸烟	干粉，泡沫，二氧化碳
爆 炸	高于25℃时可能形成爆炸性蒸气/空气混合物	高于25℃时，密闭系统，通风和防爆型电气设备	着火时喷雾状水保持料桶等冷却
接 触		防止烟雾产生！	
# 吸入	咳嗽，咽喉痛	通风，局部排气通风或呼吸防护	新鲜空气，休息，给予医疗护理
# 皮肤		防护手套	脱掉污染的衣服，冲洗，然后用水和肥皂洗皮肤
# 眼睛	发红，疼痛	安全护目镜	先用大量水冲洗几分钟（如可能尽量摘除隐形眼镜），然后就医
# 食入		工作时不得进食、饮水或吸烟	漱口，给予医疗护理
泄漏处置	通风。尽量将泄漏液收集在可密闭容器中。用砂土或惰性吸收剂吸收残液并转移到安全场所。个人防护用具：自给式呼吸器		
包装与标志	气密 联合国危险性类别：3 联合国包装类别：III 中国危险性类别：第3类 易燃液体 中国包装类别：III		
应急响应	运输应急卡：TEC（R）-30G35		
储存	耐火设备（条件）。与强氧化剂、强酸和氢氧化钾分开存放。阴凉场所。稳定后储存		
重要数据	**物理状态、外观**：无色液体，有特殊气味 **物理危险性**：蒸气比空气重 **化学危险性**：与强氧化剂、强酸，如发烟硝酸和硫酸反应，有着火和爆炸危险。与空气接触时，会生成爆炸性过氧化物。该物质易聚合成二聚物，有着火和爆炸危险。过氧化物和三氯乙酸加速二聚反应。与氢氧化钾激烈反应 **职业接触限值**：阈限值：75ppm、203mg/m^3（美国政府工业卫生学家会议，1995～1996年）。最高容许浓度：IIb（未制定标准，但可提供数据）（德国，2008年） **接触途径**：该物质可通过吸入吸收到体内 **吸入危险性**：20℃时该物质蒸发可相当快地达到空气中有害污染浓度 **短期接触的影响**：该物质刺激眼睛和呼吸道		
物理性质	**沸点**：41.5～42℃ **熔点**：-85℃ **相对密度（水=1）**：0.8 **水中溶解度**：难溶 **蒸气相对密度（空气=1）**：2.3 **闪点**：25℃（开杯） **自燃温度**：640℃		
环境数据			
注解	虽然该物质是可燃的，且闪点为<55℃，但爆炸极限未见文献报道。添加稳定剂或阻聚剂可能改变其物理和毒理学性质。向专家咨询		

IPCS
International
Programme on
Chemical Safety

国际化学品安全卡

<table>
<tr><td colspan="2">PP-321 功夫菊酯</td><td colspan="2">ICSC 编号：0858</td></tr>
<tr><td colspan="2">CAS 登记号：68085-85-8
RTECS 号：GZ1227770
UN 编号：2902
中国危险货物编号：2902</td><td colspan="2">中文名称：PP-321 功夫菊酯；(RS)-a-氰基-3-苯氧基苄基(Z)-(1RS,3RS)-(2-氯-3,3,3-三氟丙烯基)-2,2-二甲基环丙烷羧酸酯；3-(2-氯-3,3,3-三氟-1-丙烯基)-2,2-二甲基环丙烷羧酸氰基(3-苯氧基苯基)甲酯
英文名称：CYHALOTHRIN; (RS)-alpha-Cyano-3-phenoxybenzyl(Z)-(1RS,3RS)-(2-chloro-3,3,3-trifluoropro-penyl)-2,2-dimethylcyclopropanecarboxylate; Cyclopropanecarboxylic acid,3-(2-chloro-3,3,3- trifluoro-1-propenyl) -2,2-dimethyl-,cyano (3-phenoxyphenyl) methyl ester</td></tr>
<tr><td colspan="2">分子量：449.9</td><td colspan="2">化学式：$C_{23}H_{19}ClF_3NO_3$</td></tr>
<tr><th>危害/接触类型</th><th>急性危害/症状</th><th>预防</th><th>急救/消防</th></tr>
<tr><td>火　灾</td><td>可燃的。含有机溶剂的液体制剂可能是易燃的。在火焰中释放出刺激性或有毒烟雾（或气体）</td><td>禁止明火</td><td>抗溶性泡沫，干砂，干粉，二氧化碳。禁止用水</td></tr>
<tr><td>爆　炸</td><td></td><td></td><td></td></tr>
<tr><td>接　触</td><td></td><td>防止产生烟云！严格作业环境管理！避免青少年和儿童接触！</td><td></td></tr>
<tr><td># 吸入</td><td>灼烧感，咳嗽，咽喉疼痛</td><td>通风，局部排气通风或呼吸防护</td><td>新鲜空气，休息</td></tr>
<tr><td># 皮肤</td><td>面部皮肤有感，发红</td><td>防护手套，防护服</td><td>脱掉污染的衣服,冲洗,然后用水和肥皂洗皮肤</td></tr>
<tr><td># 眼睛</td><td>发红，疼痛</td><td>护目镜，或面罩</td><td>首先用大量水冲洗几分钟(如可能尽量摘除隐形眼镜），然后就医</td></tr>
<tr><td># 食入</td><td></td><td>工作时不得进食、饮水或吸烟。进食前洗手</td><td>漱口，不要催吐，给予医疗护理</td></tr>
<tr><td>泄漏处置</td><td colspan="3">尽可能将泄漏液收集在有盖容器中。用石灰、湿锯末、砂土或惰性吸收剂吸收残液并转移到安全场所。不得冲入下水道</td></tr>
<tr><td>包装与标志</td><td colspan="3">不要与食品和饲料一起运输
联合国危险性类别：6.1 联合国包装类别：III
中国危险性类别：第 6.1 项毒性物质　中国包装类别：III</td></tr>
<tr><td>应急响应</td><td colspan="3">运输应急卡：TEC(R)-61G43c</td></tr>
<tr><td>储存</td><td colspan="3">注意收容灭火产生的废水。与强氧化剂、食品和饲料分开存放。严格密封。保存在通风良好的室内</td></tr>
<tr><td>重要数据</td><td colspan="3">物理状态、外观：黄棕色黏稠液体（原药），有特殊气味
化学危险性：加热至 275℃以上时，该物质分解生成有毒烟雾。与强氧化剂发生反应
职业接触限值：阈限值未制定标准
接触途径：该物质可通过吸入其气溶胶和食入吸收到体内
吸入危险性：20℃时蒸发可忽略不计，但喷洒时可较快地达到空气中颗粒物有害浓度
短期接触的影响：该物质刺激眼睛、皮肤和呼吸道。该物质可能对皮肤上神经末端有影响，导致以刺痛、灼烧或麻木感为特征的主观面部皮肤感觉
长期或反复接触的影响：反复或长期接触可能引起皮肤过敏</td></tr>
<tr><td>物理性质</td><td colspan="3">沸点：低于沸点在 275℃分解
熔点：<10℃
相对密度（水=1）：1.2
水中溶解度：不溶
蒸气压：20℃时<0.001Pa
闪点：<80℃
辛醇/水分配系数的对数值：6.9</td></tr>
<tr><td>环境数据</td><td colspan="3">该物质对水生生物有极高毒性。该物质可能对环境有危害，对蜜蜂应给予特别注意。避免在非正常使用情况下释放到环境中</td></tr>
<tr><td>注解</td><td colspan="3">PP-321 功夫菊酯是一种农用除虫菊类杀虫剂，也用于公共卫生和动物卫生。如果该物质由溶剂配制，也可参考溶剂卡片。商业制剂中使用的载体溶剂可能改变其物理和毒理学性质。商品名有 Grenade。也可参考卡片＃0859，l-PP-321 功夫菊酯</td></tr>
</table>

IPCS
International
Programme on
Chemical Safety

国际化学品安全卡

λ-*PP*-321 功夫菊酯			ICSC 编号：0859
CAS 登记号：91465-08-6 RTECS 号：GZ1227780 UN 编号：2588 EC 编号：607-252-00-6 中国危险货物编号：2588 分子量：449.9	中文名称：λ-*PP*-321 功夫菊酯 英文名称：LAMBDA-CYHALOTHRIN 化学式：$C_{23}H_{19}ClF_3NO_3$		
危害/接触类型	**急性危害/症状**	**预防**	**急救/消防**
火　灾	含有机溶剂的液体制剂可能是易燃的。在火焰中释放出刺激性或有毒烟雾（或气体）		抗溶性泡沫，干砂，干粉，二氧化碳
爆　炸	如果制剂中含有易燃/爆炸性溶剂，有着火和爆炸危险		
接　触		防止粉尘扩散！严格作业环境管理！	一切情况均向医生咨询！
# 吸入	灼烧感。惊厥。咳嗽。呼吸困难。呼吸短促。咽喉痛	局部排气通风或呼吸防护	新鲜空气，休息
# 皮肤	发红。疼痛	防护服	脱掉污染的衣服，冲洗，然后用水和肥皂洗皮肤
# 眼睛	发红。疼痛	安全眼镜	首先用大量水冲洗几分钟（如可能尽量摘除隐形眼镜），然后就医
# 食入	腹部疼痛。咳嗽	工作时不得进食、饮水或吸烟。进食前洗手	不要催吐，给予医疗护理
泄漏处置	不要冲入下水道。不要让该化学品进入环境。将泄漏物扫入有盖容器中。小心收集残余物，然后转移到安全场所。个人防护用具：适用于有毒颗粒物的 P3 过滤呼吸器		
包装与标志	不要与食品和饲料一起运输 **欧盟危险性类别：**T+符号 N 符号　R：21-25-26-50/53　S：1/2-28-36/37/39-38-45-60-61 **联合国危险性类别：**6.1　**联合国包装类别：**III **中国危险性类别：**第 6.1 项毒性物质　**中国包装类别：**III		
应急响应	**运输应急卡：**TEC(R)-61GT7-III		
储存	注意收容灭火产生的废水。与食品和饲料分开存放。阴凉场所。保存在通风良好的室内		
重要数据	**物理状态、外观：**无色至米色固体（原药） **化学危险性：**燃烧时，该物质分解生成含氮氧化物、氯化氢和氟化氢的有毒烟雾 **职业接触限值：**阈限值未制定标准 **接触途径：**该物质可通过吸入微细粉尘和烟云和经食入吸收到体内 **长期或反复接触的影响：**该物质刺激眼睛，皮肤和呼吸道。该物质可能对末梢神经系统有影响，导致惊厥，共济失调		
物理性质	**沸点：**低于沸点在 275℃分解 **熔点：**49.2℃ **相对密度（水=1）：**1.3 **水中溶解度：**不溶 **蒸气压：**20℃时<0.001Pa **辛醇/水分配系数的对数值：**7.0		
环境数据	该物质对水生生物有极高毒性。该物质可能对环境有危害，对哺乳动物和蜜蜂应给予特别注意。该物质可能在水生环境中造成长期影响。该物质在正常使用过程中进入环境，但是要特别注意避免任何额外的释放，例如通过不适当处置活动		
注解	液体制剂可被吸入肺中，导致化学肺炎，出现震颤和惊厥。如果该物质用溶剂配制，可参考这些溶剂的卡片。商业制剂中使用的载体溶剂可能改变其物理和毒理学性质。不要将工作服带回家中。本卡片的建议也适用于 PP-321 功夫菊酯。商品名称有 Karate, Charge, Commodore, Excalibur, Hallmark, Icon, Matador, PP 321, Saber 和 Sentinel		

IPCS
International
Programme on
Chemical Safety

国际化学品安全卡

氟化亚锡			ICSC 编号：0860
CAS 登记号：7783-47-3 RTECS 号：XQ3450000 UN 编号：3288 中国危险货物编号：3288		中文名称：氟化亚锡；氟化锡（II）；二氟化锡 英文名称：TIN (II) FLUORIDE; Stannous fluoride; Tin bifluoride; Tin difluoride	
分子量：156.7		化学式：SnF_2	
危害/接触类型	急性危害/症状	预防	急救/消防
火　灾	不可燃。在火焰中释放出刺激性或有毒烟雾（或气体）		周围环境着火时，使用适当的灭火剂
爆　炸			
接　触			
# 吸入	咳嗽。咽喉痛	局部排气通风或呼吸防护	新鲜空气，休息
# 皮肤		防护手套	用大量水冲洗皮肤或淋浴
# 眼睛	发红。疼痛	安全护目镜，或眼睛防护结合呼吸防护	先用大量水冲洗几分钟（如可能尽量摘除隐形眼镜），然后就医
# 食入	腹部疼痛。灼烧感。休克或虚脱	工作时不得进食，饮水或吸烟	饮用 1～2 杯水。不要催吐。给予医疗护理
泄漏处置	将泄漏物清扫进有盖的容器中。个人防护用具：适用于有害颗粒物的 P2 过滤呼吸器		
包装与标志	不得与食品和饲料一起运输 **联合国危险性类别**：6.1　**联合国包装类别**：III **中国危险性类别**：第 6.1 项 毒性物质　**中国包装类别**：III		
应急响应	运输应急卡：TEC(R)-61GT5-III		
储存	与酸、氯和食品和饲料分开存放		
重要数据	**物理状态、外观**：白色晶体粉末 **化学危险性**：与酸反应生成氟化氢。与氯激烈反应，有着火的危险 **职业接触限值**：阈限值：[氧化锡和无机锡化合物，氢化锡除外，以 Sn 计]2mg/m^3（时间加权平均值）（美国政府工业卫生学家会议，2004 年）。阈限值：（以 F 计）2.5mg/m^3（时间加权平均值），A4（不能分类为人类致癌物）（美国政府工业卫生学家会议，2004 年）。欧盟职业接触限值：（无机锡化合物，以 Sn 计）2mg/m^3（时间加权平均值）（欧盟，2004 年）；（无机氟化物）2.5mg/m^3（时间加权平均值）（欧盟，2000 年） **接触途径**：该物质可通过吸入其气溶胶和经食入吸收到体内 **吸入危险性**：扩散时可较快地达到空气中颗粒物有害浓度，尤其是粉末 **短期接触的影响**：食入有腐蚀性。该物质刺激眼睛 **长期或反复接触的影响**：该物质可能对牙齿和骨骼有影响（氟中毒）		
物理性质	沸点：850℃ 熔点：213℃ 密度：4.57g/cm^3 水中溶解度：20℃时 30g/100mL		
环境数据			
注解			

IPCS
International
Programme on
Chemical Safety

国际化学品安全卡

内吸磷			ICSC 编号：0861
CAS 登记号：8065-48-3 RTECS 号：TF3150000 UN 编号：3018 EC 编号：015-118-00-8 中国危险货物编号：3018 分子量：258.34	中文名称：内吸磷（混合异构体） 英文名称：DEMETON (MIXED ISOMERS) 化学式：$(C_2H_5O)_2PS{\cdot}OCH_2CH_2SC_2H_5/(C_2H_5O)_2PO{\cdot}SCH_2CH_2SC_2H_5$		
危害/接触类型	**急性危害/症状**	**预防**	**急救/消防**
火　灾	可燃的。在火焰中释放出刺激性或有毒烟雾（或气体）。含有机溶剂的液体制剂可能是易燃的	禁止明火	雾状水，泡沫，二氧化碳，抗溶性泡沫，干粉
爆　炸			
接　触		防止产生烟云！避免一切接触！	一切情况均向医生咨询！
# 吸入	惊厥，头晕，呼吸困难，恶心，呕吐，瞳孔收缩，肌肉痉挛，多涎，出汗，神志不清	通风，局部排气通风或呼吸防护	新鲜空气，休息。必要时进行人工呼吸。给予医疗护理
# 皮肤	可能被吸收！（另见吸入）	防护服。防护手套	脱去污染的衣服，冲洗，然后用水和肥皂清洗皮肤。给予医疗护理
# 眼睛	液体或气溶胶将被吸收！发红。疼痛	面罩，或眼睛防护结合呼吸防护	先用大量水冲洗几分钟（如可能尽量摘除隐形眼镜），然后就医
# 食入	胃痉挛。腹泻。呕吐。（另见吸入）	工作时不得进食，饮水或吸烟。进食前洗手	用水冲服活性炭浆。见注解。给予医疗护理
泄漏处置	尽可能将泄漏液收集在可密闭的容器中。用砂土或惰性吸收剂吸收残液，并转移到安全场所。不要让该化学品进入环境。化学防护服包括自给式呼吸器		
包装与标志	不得与食品和饲料一起运输 **欧盟危险性类别：** T+符号 N 符号　R:27/28-50　S:1/2-28-36/37-45-61 **联合国危险性类别：** 6.1　**联合国次要危险性：** 3 **联合国包装类别：** I **中国危险性类别：** 第 6.1 项 毒性物质 **中国次要危险性：** 3　**中国包装类别：** I		
应急响应	**运输应急卡：** TEC(R)-61GT6-I		
储存	与强氧化剂、食品和饲料分开存放。保存在通风良好的室内。储存在没有排水管或下水道的场所。注意收容灭火产生的废水		
重要数据	**物理状态、外观：** 无色液体 **化学危险性：** 燃烧时，该物质分解生成含氧化磷和硫氧化物有毒烟雾。与强氧化剂激烈反应。浸蚀塑料 **职业接触限值：** 阈限值：$0.05mg/m^3$（经皮）；公布生物暴露指数（美国政府工业卫生学家会议，2002 年）。最高容许浓度：IIb（ 未制定标准，但可提供数据）（德国，2008 年） **接触途径：** 该物质可通过吸入其气溶胶，经皮肤和食入吸收到体内 **吸入危险性：** 20℃时该物质蒸发相当慢达到空气中有害污染浓度，但喷洒或扩散时要快得多 **短期接触的影响：** 该物质可能对神经系统有影响，导致心脏病、惊厥、发绀和呼吸衰竭。碱酯酶抑制剂。接触可能导致死亡。需进行医学观察。影响可能推迟显现 **长期或反复接触的影响：** 胆碱酯酶抑制剂。可能发生累积影响：见急性危害/症状		
物理性质	**沸点：** 0.27kPa 时 134℃ **相对密度（水=1）：** 1.1 **水中溶解度：** 微溶 **蒸气压：** 20℃时<10Pa **自燃温度：** 464℃		
环境数据	该物质对水生生物有极高毒性。该物质可能对环境有危害，对鸟类、蜜蜂和哺乳动物应给予特别注意。该物质在正常使用过程中进入环境。但是要特别注意避免任何额外的释放，例如通过不适当的处置活动		
注解	该物质是内吸磷-*O* 和内吸磷-*S* 两种异构体的混合物（见卡片#0864）。不要将工作服带回家中。该物质中毒时需采取必要的治疗措施。必须提供有指示说明的适当方法。根据接触程度，建议定期进行医疗检查。商业制剂中使用的载体溶剂可能改变其物理和毒理学性质		

IPCS
International
Programme on
Chemical Safety

国际化学品安全卡

甲基内吸磷			ICSC 编号：0862
CAS 登记号：8022-00-2 RTECS 号：TG1760000 UN 编号：3018 EC 编号：015-031-00-5 中国危险货物编号：3018		中文名称：甲基内吸磷；*S*-2-乙基硫代乙基-*O*,*O*-二甲基硫代磷酸酯 英文名称：DEMETON-METHYL; *S*-2-Ethylthioethyl *O*,*O*-dimethyl phosphorothioate; *S* (and *O*)-2-ethylthioethyl *O*,*O*-dimethyl phosphorothioate	
分子量：230.3		化学式：$C_6H_{15}O_3PS_2$	
危害/接触类型	急性危害/症状	预防	急救/消防
火　灾	可燃的。含有机溶剂的液体制剂可能是易燃的。在火焰中释放出刺激性或有毒烟雾（或气体）	禁止明火	干粉、雾状水、泡沫、二氧化碳
爆　炸			
接　触		防止产生烟云！严格作业环境管理！避免青少年和儿童接触！	一切情况均向医生咨询！
# 吸入	惊厥，头晕，呼吸困难，恶心，瞳孔收缩，肌肉痉挛，多涎，出汗，神志不清	通风，局部排气通风或呼吸防护	新鲜空气，休息，给予医疗护理
# 皮肤	可能被吸收！见吸入	防护服。防护手套	脱去污染的衣服，冲洗，然后用水和肥皂清洗皮肤，给予医疗护理
# 眼睛	瞳孔收缩，视力模糊	面罩，或眼睛防护结合呼吸防护	先用大量水冲洗几分钟（如可能尽量摘除隐形眼镜），然后就医
# 食入	胃痉挛，腹泻，呕吐。见吸入	工作时不得进食，饮水或吸烟。进食前洗手	漱口。催吐（仅对清醒病人!），给予医疗护理
泄漏处置	尽可能将泄漏液收集在可密闭的容器中。用砂土或惰性吸收剂吸收残液，并转移到安全场所。不要让该化学品进入环境。个人防护用具：适用于有害颗粒物的 P2 过滤呼吸器		
包装与标志	不得与食品和饲料一起运输 **欧盟危险性类别**：T 符号 N 符号　R:24/25-51/53　S:1/2-28-36/37-45-61 **联合国危险性类别**：6.1　**联合国包装类别**：III **中国危险性类别**：第 6.1 项 毒性物质　**中国包装类别**：III		
应急响应	运输应急卡：TEC(R)-61G43b		
储存	保存在通风良好的室内。与食品和饲料分开存放。储存在没有排水管或下水道的场所。注意收容灭火产生的废水		
重要数据	**物理状态、外观**：无色至黄色油状液体，有特殊气味 **化学危险性**：燃烧时，该物质分解生成氧化亚磷和硫氧化物。　**职业接触限值**：阈限值：可吸入颗粒或蒸气：0.05mg/m^3（时间加权平均值，经皮）；公布生物暴露指数（美国政府工业卫生学家会议，2008 年）。最高容许浓度：0.5ppm，4.8mg/m^3；最高限值类别：II(2)，皮肤吸收（德国，2008 年） **接触途径**：该物质可通过吸入，经皮肤和食入吸收到体内 **吸入危险性**：20℃时蒸发可忽略不计，但喷洒时可较快地达到空气中颗粒物有害浓度 **短期接触的影响**：该物质可能对中枢神经系统有影响。胆碱酯酶抑制剂。需进行医学观察。影响可能推迟显现。接触可能导致死亡		
物理性质	**相对密度（水=1）**：1.2 **水中溶解度**：20℃时 2.2g/100mL **蒸气压**：20℃时 0.04Pa **辛醇/水分配系数的对数值**：1.32		
环境数据	该物质对水生生物是有毒的。该物质可能对环境有危害，对蜜蜂、哺乳动物和鸟类应给予特别注意。避免非正常使用情况下释放到环境中		
注解	甲基内吸磷是 *S*-甲基内吸磷和 *O*-甲基内吸磷的混合物。如果该物质用溶剂配制，可参考该溶剂的卡片。商业制剂中使用的载体溶剂可能改变其物理和毒理学性质。可参考卡片#0429 *O*-甲基内吸磷和卡片#0705 *S*-甲基内吸磷。该物质中毒时需采取必要治疗措施。必须提供有指示说明的适当方法。 根据接触程度，建议定期进行医疗检查。商品名称为 Metasystox		

IPCS
International
Programme on
Chemical Safety

国际化学品安全卡

内吸磷-*S*			ICSC 编号：0864
CAS 登记号：126-75-0 RTECS 号：TF3130000 UN 编号：3018 EC 编号：015-029-00-4 中国危险货物编号：3018 分子量：258.3		中文名称：内吸磷-*S*；*O,O*-二乙基-*S*-2-乙基硫代乙基硫代磷酸酯；一〇五九 英文名称：DEMETON-*S*; *O,O*-Diethyl *S*-2-ethylthioethyl phosphorothioate; Demethonthiol 化学式：$C_8H_{19}O_3PS_2$	
危害/接触类型	**急性危害/症状**	**预防**	**急救/消防**
火　灾	可燃的，含有机溶剂的液体制剂可能是易燃的，在火焰中释放出刺激性或有毒烟雾（或气体）	禁止明火	泡沫，干粉，二氧化碳
爆　炸			
接　触		防止产生烟云！避免一切接触！避免青少年和儿童接触！	一切情况均向医生咨询！
# 吸入	头晕，恶心，呕吐，瞳孔收缩，肌肉痉挛，多涎。呼吸困难，惊厥，神志不清	通风，局部排气通风或呼吸防护	新鲜空气，休息。必要时进行人工呼吸。给予医疗护理。见注解
# 皮肤	可能被吸收！肌肉抽搐。另见吸入	防护手套。防护服	脱去污染的衣服，冲洗，然后用水和肥皂清洗皮肤，给予医疗护理
# 眼睛	发红。疼痛	面罩	先用大量水冲洗几分钟（如可能尽量摘除隐形眼镜），然后就医
# 食入	胃痉挛。腹泻。另见吸入	工作时不得进食，饮水或吸烟。进食前洗手	用水冲服活性炭浆。休息。给予医疗护理。见注解
泄漏处置	尽可能将泄漏液收集在可密闭的容器中。用砂土或惰性吸收剂吸收残液，并转移到安全场所。不要让该化学品进入环境。化学防护服，包括自给式呼吸器		
包装与标志	不得与食品和饲料一起运输 **欧盟危险性类别**：T+符号　R:27/28　S:1/2-28-36/37-45 **联合国危险性类别**：6.1　**联合国包装类别**：I **中国危险性类别**：第 6.1 项 毒性物质 **中国包装类别**：I **GHS 分类**：**警示词**：危险 **图形符号**：骷髅和交叉骨-健康危险 **危险说明**：吞咽致命；对神经系统造成损害		
应急响应	运输应急卡：TEC (R)-61 GT6-I		
储存	与食品和饲料分开存放。干燥。保存在通风良好的室内。储存在没有排水管或下水道的场所		
重要数据	**物理状态、外观**：无色油状液体 **化学危险性**：加热时，该物质分解生成含有氧化磷和硫氧化物的有毒和腐蚀性烟雾 **职业接触限值**：阈限值未制定标准。最高容许浓度未制定标准 **接触途径**：该物质可通过吸入其气溶胶，经皮肤和食入吸收到体内 **吸入危险性**：未指明 20℃时该物质蒸发达到空气中有害浓度的速率 **短期接触的影响**：该物质可能对中枢神经系统有影响，导致惊厥、呼吸抑制。胆碱酯酶抑制剂。接触可能导致死亡。影响可能推迟显现。需进行医学观察。见注解		
物理性质	沸点：在 0.1kPa 时 128℃ 相对密度（水=1）：1.13 水中溶解度：20℃时 0.2g/100mL 蒸气压：20℃时 0.035Pa 蒸气相对密度（空气=1）：8.92		
环境数据	该物质可能对环境有危害，对鱼和蜜蜂应给予特别注意。该物质在正常使用过程中进入环境，但是要特别注意避免任何额外的释放，例如通过不适当的处置活动		
注解	根据接触程度，建议定期进行医学检查。该物质中毒时，需采取必要的治疗措施，必须提供有指示说明的适当方法。商业制剂中使用的载体溶剂可能改变其物理和毒理学性质。不要将工作服带回家中		

IPCS
International
Programme on
Chemical Safety

国际化学品安全卡

葡萄糖			ICSC 编号：0865
CAS 登记号：50-99-7 RTECS 号：LZ6600000		中文名称：葡萄糖；*D*-葡萄糖；右旋糖；葡萄糖 英文名称：GLUCOSE; *D*-Glucose; Dextrose; Grape sugar	
分子量：180.2		化学式：$C_6H_{12}O_6$	
危害/接触类型	急性危害/症状	预防	急救/消防
火　灾	可燃的	禁止明火	干粉，雾状水，泡沫，二氧化碳
爆　炸	微细分散的颗粒物在空气中形成爆炸性混合物	防止粉尘沉积、密闭系统、防止粉尘爆炸型电气设备和照明	
接　触			
# 吸入	咳嗽	通风（如果没有粉末时）	新鲜空气，休息
# 皮肤			
# 眼睛		安全护目镜	先用大量水冲洗几分钟（如可能尽量摘除隐形眼镜），然后就医
# 食入			漱口
泄漏处置	将泄漏物清扫进容器中。用大量水冲净残余物		
包装与标志			
应急响应			
储存	与强氧化剂分开存放。严格密封		
重要数据	物理状态、外观：白色粉末，有甜味 物理危险性：如果以粉末或颗粒形状与空气混合，可能发生粉尘爆炸 化学危险性：与强氧化剂激烈反应 职业接触限值：阈限值未制定标准。最高容许浓度未制定标准 接触途径：该物质可通过食入吸收到体内		
物理性质	熔点：146℃ 相对密度（水=1）：1.56 水中溶解度：可溶解 辛醇/水分配系数的对数值：-3.3		
环境数据			
注解	商品名称有：Dextrosol, Glucolin 和 Dextropur		

IPCS
International
Programme on
Chemical Safety

国际化学品安全卡

二烯丙基胺			ICSC 编号：0866
CAS 登记号：124-02-7 RTECS 号：UC6650000 UN 编号：2359 中国危险货物编号：2359 分子量：97.2	中文名称：二烯丙基胺；二-2-丙烯基胺；*N*-2-丙烯基-2-丙烯-1-胺 英文名称：DIALLYLAMINE; Di-2-propenylamine; *N*-2-Propenyl-2-propen-1-amine 化学式：$C_6H_{11}N/(CH_2=CHCH_2)_2NH$		
危害/接触类型	**急性危害/症状**	**预防**	**急救/消防**
火　灾	高度易燃。在火焰中释放出刺激性或有毒烟雾（或气体）	禁止明火，禁止火花和禁止吸烟	雾状水，泡沫，干粉，二氧化碳
爆　炸	蒸气/空气混合物有爆炸性	密闭系统，通风，防爆型电气设备和照明。不要使用压缩空气灌装、卸料或转运。防止静电荷积聚（例如，通过接地）	着火时，喷雾状水保持料桶等冷却
接　触		严格作业环境管理！	一切情况均向医生咨询！
# 吸入	咳嗽。头痛。恶心。咽喉痛。呼吸困难。呼吸短促。症状可能推迟显现（见注解）	局部排气通风或呼吸防护	新鲜空气，休息。半直立体位。立即给予医疗护理
# 皮肤	发红。疼痛。严重的皮肤烧伤	防护手套。防护服	先用大量水冲洗至少 15min，然后脱去污染的衣服并再次冲洗。立即给予医疗护理
# 眼睛	引起流泪。发红。疼痛。视力模糊。严重烧伤。视力丧失	面罩，眼睛防护结合呼吸防护	用大量水冲洗（如可能尽量摘除隐形眼镜）。立即给予医疗护理
# 食入	口腔和咽喉烧伤。咽喉和胸腔有灼烧感。腹部疼痛。呕吐。腹泻。休克或虚脱	工作时不得进食，饮水或吸烟	漱口。不要催吐。立即给予医疗护理
泄漏处置	撤离危险区域！向专家咨询！转移全部引燃源。将泄漏液收集在可密闭的容器中。用砂土或惰性吸收剂吸收残液，并转移到安全场所。不要让该化学品进入环境。个人防护用具：气密式化学防护服，包括自给式呼吸器		
包装与标志	不易破碎包装，将易破碎包装放在不易破碎的密闭容器中。不得与食品和饲料一起运输 **联合国危险性类别**：3　**联合国次要危险性**：6.1 和 8　**联合国包装类别**：II **中国危险性类别**：第 3 类 易燃液体 中国次要危险性：6.1 和 8　**中国包装类别**：II GHS 分类：信号词：危险 图形符号：火焰-腐蚀-骷髅和交叉骨 危险说明：高度易燃液体和蒸气；吞咽有害；皮肤接触会中毒；吸入(蒸气)有害；造成严重皮肤灼伤和眼睛损伤；可能造成呼吸刺激作用；对水生生物有毒		
应急响应			
储存	注意收容灭火产生的废水。耐火设备（条件）。与强氧化剂、强酸、食品和饲料分开存放。严格密封。储存在没有排水管或下水道的场所		
重要数据	**物理状态、外观**：无色液体，有特殊气味 **物理危险性**：蒸气与空气充分混合，容易形成爆炸性混合物。由于流动、搅拌等，可能产生静电 **化学危险性**：燃烧时该物质分解，生成含有氮氧化物的有毒烟雾。水溶液是一种中强碱。与强酸、氧化剂和氯发生剧烈反应。浸蚀金属铝、铜、锡、锌 **职业接触限值**：阈限值未制定标准。最高容许浓度未制定标准 **接触途径**：该物质可通过吸入其蒸气、经皮肤和食入吸收到体内。各种接触途径均产生严重的局部影响 **吸入危险性**：未指明 20℃时该物质蒸发达到空气中有害浓度的速率 **短期接触的影响**：该物质腐蚀眼睛，皮肤和呼吸道。食入有腐蚀性。吸入其烟雾可能引起肺水肿（见注解）。接触可能导致严重咽喉肿胀。该物质可能对心血管系统和神经系统有影响，导致心脏病和功能损伤。影响可能推迟显现。需进行医学观察 **长期或反复接触的影响**：反复或长期与皮肤接触可能引起皮炎。该物质可能对呼吸道和肺有影响，导致慢性炎症和功能损伤		
物理性质	**沸点**：111℃ **熔点**：-88.4℃ **相对密度（水=1）**：0.8 **水中溶解度**：20℃时 9g/100mL **蒸气压**：20℃时 2.42kPa **蒸气相对密度（空气=1）**：3.4	**蒸气/空气混合物的相对密度（20℃，空气=1）**：1.06 **闪点**：7℃ **自燃温度**：273℃ **爆炸极限**：空气中 2.2%～22%（体积） **辛醇/水分配系数的对数值**：1.11	
环境数据	该物质对水生生物是有毒的。强烈建议不要让该化学品进入环境		
注解	不要将工作服带回家中。肺水肿症状常常经过几个小时以后才变得明显，体力劳动使症状加重。因而休息和医学观察是必要的		

IPCS
International Programme on Chemical Safety

国际化学品安全卡

<table>
<tr><td colspan="2">敌草腈</td><td colspan="2">ICSC 编号：0867</td></tr>
<tr><td colspan="2">CAS 登记号：1194-65-6
RTECS 号：DI3500000
EC 编号：608-015-00-X</td><td colspan="2">中文名称：敌草腈；2,6-二氯苯苄腈；DBN；2,6-二氯苯氰
英文名称：DICHLOBENIL; 2,6-Dichlorobenzonitrile; DBN; 2,6-Dichlorophenylcyanide</td></tr>
<tr><td colspan="2">分子量： 172.0</td><td colspan="2">化学式：$C_7H_3Cl_2N/C_6H_3Cl_2(CN)$</td></tr>
<tr><th>危害/接触类型</th><th>急性危害/症状</th><th>预防</th><th>急救/消防</th></tr>
<tr><td>火　灾</td><td>不可燃。在火焰中释放出刺激性或有毒烟雾（或气体）</td><td></td><td>周围环境着火时，使用适当的灭火剂</td></tr>
<tr><td>爆　炸</td><td></td><td></td><td></td></tr>
<tr><td>接　触</td><td>见长期或反复接触的影响</td><td></td><td></td></tr>
<tr><td># 吸入</td><td>咳嗽</td><td>通风（如果没有粉末时），局部排气通风或呼吸防护</td><td>新鲜空气，休息</td></tr>
<tr><td># 皮肤</td><td>可能被吸收！</td><td>防护手套</td><td>脱去污染的衣服。冲洗，然后用水和肥皂清洗皮肤</td></tr>
<tr><td># 眼睛</td><td>发红</td><td>安全护目镜</td><td>先用大量水冲洗几分钟（如可能尽量摘除隐形眼镜），然后就医</td></tr>
<tr><td># 食入</td><td></td><td>工作时不得进食，饮水或吸烟</td><td>漱口。不要催吐。给予医疗护理</td></tr>
<tr><td>泄漏处置</td><td colspan="3">将泄漏物清扫进可密闭容器中，如果适当，首先润湿防止扬尘。小心收集残余物，然后转移到安全场所。不要让该化学品进入环境。个人防护用具：适用于有害颗粒物的 P2 过滤呼吸器</td></tr>
<tr><td>包装与标志</td><td colspan="3">不得与食品和饲料一起运输
欧盟危险性类别：Xn 符号 N 符号　R:21-51/53　S:2-36/37-61</td></tr>
<tr><td>应急响应</td><td colspan="3"></td></tr>
<tr><td>储存</td><td colspan="3">注意收容灭火产生的废水。与氧化剂、食品和饲料分开存放。储存在没有排水管或下水道的场所</td></tr>
<tr><td>重要数据</td><td colspan="3">物理状态、外观：白色至米色晶体，有特殊气味
化学危险性：加热时，该物质分解生成氯化氢有毒和腐蚀性烟雾。与氧化剂激烈反应
职业接触限值：阈限值未制定标准。最高容许浓度未制定标准
接触途径：该物质可通过吸入、经皮肤和食入吸收到体内
吸入危险性：扩散时可较快地达到空气中颗粒物有害浓度
长期或反复接触的影响：该物质可能对皮肤有影响，导致氯痤疮</td></tr>
<tr><td>物理性质</td><td colspan="3">沸点：270℃
熔点：145～146℃
密度：1.3g/cm^3
水中溶解度：不溶
蒸气压：20℃时 0.073Pa
辛醇/水分配系数的对数值：2.64</td></tr>
<tr><td>环境数据</td><td colspan="3">该物质对水生生物是有毒的。该物质在正常使用过程中进入环境。但是应当注意避免任何额外的释放，例如通过不适当的处置活动</td></tr>
<tr><td>注解</td><td colspan="3">敌草腈是草克乐的主要代谢产物。其他熔点：139～145℃（原药）。商品名称有：Casoron, Decabane, Prefix D, Cyclomec, Niagara 5006 和 5996 以及 Norosac。参见卡片#0852 （草克乐）</td></tr>
</table>

IPCS
International
Programme on
Chemical Safety

国际化学品安全卡

二氯乙酸			ICSC 编号：0868
CAS 登记号：79-43-6 RTECS 号：AG6125000 UN 编号：1764 EC 编号：607-066-00-5 中国危险货物编号：1764 分子量：128.9	中文名称：二氯乙酸；DCA；2,2-二氯乙酸 英文名称：DICHLOROACETIC ACID; Bichloroacetic acid; Dichlorethanoic acid; DCA; 2,2-Dichloroacetic acid 化学式：$C_2H_2Cl_2O_2$/$CHCl_2COOH$		
危害/接触类型	急性危害/症状	预防	急救/消防
火　灾	不可燃。在火焰中释放出刺激性或有毒烟雾（或气体）		周围环境着火时，允许使用各种灭火剂
爆　炸			
接　触		避免一切接触！	一切情况均向医生咨询！
# 吸入	灼烧感，咽喉痛，咳嗽，呼吸困难，气促。症状可能推迟显现。（见注解）	通风，局部排气通风或呼吸防护	新鲜空气，休息，半直立体位，给予医疗护理
# 皮肤	发红，疼痛，水疱，严重皮肤烧伤	防护手套，防护服	脱去污染的衣服，用大量水冲洗皮肤或淋浴，给予医疗护理
# 眼睛	发红，疼痛，严重深度烧伤	面罩，或眼睛防护结合呼吸防护	先用大量水冲洗几分钟（如可能尽量摘除隐形眼镜），然后就医
# 食入	腹部疼痛，灼烧感，休克或虚脱	工作时不得进食，饮水或吸烟	漱口，不要催吐，给予医疗护理
泄漏处置	不要让该化学品进入环境。将泄漏液收集在可密闭的容器中。小心中和残余物，然后用大量水冲净。个人防护用具：全套防护服包括自给式呼吸器		
包装与标志	不易破碎包装，将易破碎包装放在不易破碎的密闭容器中。不得与食品和饲料一起运输 **欧盟危险性类别**：C 符号 N 符号　R:35-50 S:1/2-26-45-61 **联合国危险性类别**：8　**联合国包装类别**：II **中国危险性类别**：第 8 类 腐蚀性物质 **中国包装类别**：II		
应急响应	运输应急卡：TEC(R)-80GC3-II+III		
储存	与金属、可燃物质与还原性物质、强氧化剂、强碱、食品和饲料分开存放。严格密封。沿地面通风。储存在没有排水管或下水道的场所		
重要数据	**物理状态、外观**：无色液体，有刺鼻气味 **化学危险性**：加热时，该物质分解生成含氯化氢有毒和腐蚀性烟雾。该物质是一种强酸。与碱激烈反应并有腐蚀性 **职业接触限值**：阈限值：0.5ppm（时间加权平均值）（经皮）；A3（确认的动物致癌物，但未知与人类相关性）（美国政府工业卫生学家会议，2005 年）。最高容许浓度：致癌物类别：3A（德国，2009 年） **接触途径**：该物质可通过吸入其气溶胶和经皮肤吸收到体内 **吸入危险性**：未指明 20℃时该物质蒸发达到空气中有害浓度的速率 **短期接触的影响**：有腐蚀性。该物质腐蚀眼睛、皮肤和呼吸道。食入有腐蚀性。吸入蒸气可能引起肺水肿（见注解）。接触可能导致死亡。需进行医学观察		
物理性质	**沸点**：194℃ **熔点**：13.5℃ **相对密度（水=1）**：1.56 **水中溶解度**：混溶 **蒸气压**：20℃时 19Pa **蒸气相对密度（空气=1）**：4.4 **辛醇/水分配系数的对数值**：0.92		
环境数据	该物质对水生生物是有害的		
注解	肺水肿症状常常经过几个小时以后才变得明显，体力劳动使症状加重。因而休息和医学观察是必要的。应当考虑由医生或医生指定的人立即采取适当吸入治疗法。切勿将水喷洒在该物质上，溶解或稀释时总要缓慢将它加入到水中		

IPCS
International
Programme on
Chemical Safety

国际化学品安全卡

2,2-二氯乙酰氯			ICSC 编号：0869
CAS 登记号：79-36-7 RTECS 号：AO6650000 UN 编号：1765 EC 编号：607-067-00-0 中国危险货物编号：1765 **分子量**：147.4		**中文名称**：2,2-二氯乙酰氯；二氯乙酰氯 **英文名称**：2,2－DICHLOROACETYL CHLORIDE；Dichloroacetyl chloride **化学式**：$C_2HCl_3O/Cl_2CHCOCl$	
危害/接触类型	急性危害/症状	预防	急救/消防
火　灾	可燃的。在火焰中释放出刺激性或有毒烟雾（或气体）	禁止明火，禁止与水接触	干粉，二氧化碳。禁止用水
爆　炸	高于 66℃时可能形成爆炸性蒸气/空气混合物	高于 66℃密闭系统，通风	着火时，喷雾状水保持料桶等冷却，但避免该物质与水接触
接　触		防止烟云产生！避免一切接触！	
# 吸入	咽喉痛，灼烧感，咳嗽，气促，呼吸困难。症状可能推迟显现。（见注解）	通风，局部排气通风或呼吸防护	新鲜空气，休息，半直立体位，必要时进行人工呼吸，给予医疗护理
# 皮肤	发红，疼痛，水疱，皮肤烧伤	防护手套，防护服	先用大量水冲洗，然后脱去污染的衣服并再次冲洗，给予医疗护理
# 眼睛	发红，疼痛，严重深度烧伤，视力丧失	面罩，或眼睛防护结合呼吸防护	先用大量水冲洗几分钟（如可能尽量摘除隐形眼镜），然后就医
# 食入	胃痉挛，灼烧感，休克或虚脱	工作时不得进食、饮水或吸烟	漱口，不要催吐，不饮用任何东西，给予医疗护理
泄漏处置	撤离危险区域。向专家咨询！通风。将泄漏液收集在可密闭容器中。用砂土或惰性吸收剂吸收残液，并转移到安全场所。用大量水冲净残液。个人防护用具：全套防护服，包括自给式呼吸器		
包装与标志	不得与食品和饲料一起运输 **欧盟危险性类别**：C 符号 N 符号 R:35-50 S:1/2-9-26-45-61 **联合国危险性类别**：8　　**联合国包装类别**：II **中国危险性类别**：第 8 类 腐蚀性物质 **中国包装类别**：II		
应急响应	**运输应急卡**：TEC（R）-80G14 **美国消防协会法规**：H3（健康危险性）；F2（火灾危险性）；R1（反应危险性）；W（禁止用水）		
储存	与强碱、强氧化剂、醇类、水、食品和饲料分开存放。严格密封。干燥。保存在通风良好的室内		
重要数据	**物理状态、外观**：无色至黄色发烟液体，有刺鼻气味 **化学危险性**：加热时或与湿气、金属粉末接触时，该物质分解生成氯化氢和光气有毒烟雾，有着火和爆炸危险。与强氧化剂、醇类和水发生反应。浸蚀许多金属，生成易燃/爆炸性气体氢（见卡片＃0001） **职业接触限值**：阈限值未制定标准，最高容许浓度未制定标准 **接触途径**：该物质可通过吸入，经皮肤和食入吸收到体内 **吸入危险性**：未指明 20℃时该物质蒸发达到空气中有害浓度的速率 **短期接触的影响**：流泪。该物质腐蚀眼睛、皮肤和呼吸道。食入有腐蚀性。吸入可能引起肺水肿（见注解）。接触可能导致死亡		
物理性质	**沸点**：107～108℃ **相对密度（水=1）**：1.5 **水中溶解度**：发生分解 **蒸气压**：20℃时 3.1kPa **蒸气相对密度（空气=1）**：5.1 **闪点**：66℃ **自燃温度**：585℃ **爆炸极限**：空气中 11.9%～？（体积）		
环境数据	该物质可能对环境有危害，对水体应给予特别注意		
注解	与灭火剂，如水激烈反应。肺水肿症状常常几个小时以后才变得明显，体力劳动使症状加重。因此，休息和医学观察是必要的。应当考虑由医生或医生指定的人员立即采取适当吸入治疗法		

IPCS
International
Programme on
Chemical Safety

国际化学品安全卡

二甲基二氯硅烷			ICSC 编号：0870
CAS 登记号：75-78-5 RTECS 号：VV3150000 UN 编号：1162 EC 编号：014-003-00-X 中国危险货物编号：1162 分子量：129.1		中文名称：二甲基二氯硅烷；氯二甲基硅烷 英文名称：DIMETHYLDICHLOROSILANE; Chlorodimethylsilane 化学式：$C_2H_6Cl_2Si/(CH_3)_2SiCl_2$	

危害/接触类型	急性危害/症状	预防	急救/消防
火　灾	高度易燃。在火焰中释放出刺激性或有毒烟雾（或气体）	禁止明火、禁止火花和禁止吸烟。禁止与高温表面接触	水成膜泡沫，二氧化碳，干砂，专用粉末。禁用含水灭火剂。禁止用水
爆　炸	蒸气/空气混合物有爆炸性	密闭系统、通风、防爆型电气设备和照明。不要使用压缩空气灌装、卸料或转运	着火时，喷雾状水保持料桶等冷却，但避免该物质与水接触
接　触		严格作业环境管理！	一切情况均向医生咨询！
# 吸入	灼烧感，咳嗽，咽喉痛，呼吸困难，气促。症状可能推迟显现。（见注解）	通风，局部排气通风或呼吸防护	新鲜空气，休息，半直立体位。必要时进行人工呼吸，给予医疗护理。见注解
# 皮肤	发红，疼痛，水疱，皮肤烧伤	防护手套	脱去污染的衣服。用大量水冲洗皮肤或淋浴，给予医疗护理
# 眼睛	发红，疼痛，严重深度烧伤	安全护目镜，面罩	先用大量水冲洗几分钟（如可能尽量摘除隐形眼镜），然后就医
# 食入	灼烧感，腹部疼痛，休克或虚脱	工作时不得进食，饮水或吸烟	漱口，不要催吐，不要饮用任何东西，给予医疗护理
泄漏处置	撤离危险区域！向专家咨询！将泄漏液收集在可密闭的容器中。不要使用塑料容器。用砂土或惰性吸收剂吸收残液，并转移到安全场所。不要冲入下水道。个人防护用具：全套防护服包括自给式呼吸器气密。不易破碎包装，将易破碎包装放在不易破碎的密闭容器中		
包装与标志	欧盟危险性类别：F 符号 Xi 符号　R:11-36/37/38　S:(2) 联合国危险性类别：3 联合国次要危险性：8 联合国包装类别：II 中国危险性类别：第 3 类易燃液体　中国次要危险性：8 中国包装类别：II		
应急响应	运输应急卡：TEC(R)-30GFC-II-X		
储存	耐火设备（条件）。与性质相互抵触的物质（见化学危险性）分开存放。阴凉场所。干燥。保存在惰性气体中。严格密封		
重要数据	物理状态、外观：无色发烟液体，有刺鼻气味 物理危险性：蒸气比空气重，可能沿地面流动，可能造成远处着火 化学危险性：加热时，该物质分解生成含氯化氢和光气有毒和腐蚀性烟雾。与水激烈反应，生成氯化氢（见卡片#0163）。与醇类、胺类激烈反应，有着火和爆炸危险。有水存在时，浸蚀许多金属 职业接触限值：阈限值未制定标准 接触途径：该物质可通过吸入其蒸气和食入吸收到体内 吸入危险性：未指明 20℃时该物质蒸发达到空气中有害浓度的速率 短期接触的影响：该物质和蒸气腐蚀眼睛、皮肤和呼吸道。食入有腐蚀性。吸入可能引起肺水肿（见注解）。接触可能导致死亡。需进行医学观察。见注解		
物理性质	沸点：71℃ 熔点：−76℃ 相对密度（水=1）：1.07 水中溶解度：反应 蒸气压：20℃时 14.5kPa	蒸气相对密度（空气=1）：4.4 闪点：−9℃（闭杯） 自燃温度：380℃ 爆炸极限：空气中 1.4%～9.5%（体积）	
环境数据			
注解	与灭火剂，如水激烈反应。肺水肿症状常常几个小时以后才变得明显，体力劳动使症状加重。因而休息和医学观察是必要的。应当考虑由医生或医生指定的人立即采取适当吸入治疗法。毒理学性质是由甲基二氯硅烷（见卡片#0297）推定的		

IPCS
International
Programme on
Chemical Safety

UNEP

国际化学品安全卡

氯硝胺			ICSC 编号：0871
CAS 登记号：99-30-9 RTECS 号：BX2975000	中文名称：氯硝胺；2,6-二氯-4-硝基苯胺 英文名称：DICLORAN; 2,6-Dichloro-4-nitroaniline; 2,6-Dichloro-4-nitrobenzenamine; DCNA		
分子量：207	化学式：$C_6H_4Cl_2N_2O_2$/$C_6H_2Cl_2(NO_2)(NH_2)$		
危害/接触类型	急性危害/症状	预防	急救/消防
火　灾	可燃的。在火焰中释放出刺激性或有毒烟雾（或气体）	禁止明火	干粉，泡沫，雾状水，二氧化碳
爆　炸	微细分散的颗粒物在空气中形成爆炸性混合物	防止粉尘沉积、密闭系统、防止粉尘爆炸型电气设备和照明	
接　触		防止粉尘扩散！避免青少年和儿童接触！	
# 吸入	咳嗽，咽喉痛	局部排气通风或呼吸防护	新鲜空气，休息
# 皮肤	发红	防护手套	脱去污染的衣服，冲洗，然后用水和肥皂洗皮肤
# 眼睛	发红，疼痛	安全护目镜	先用大量水冲洗几分钟（如可能尽量摘除隐形眼镜），然后就医
# 食入		工作时不得进食、饮水或吸烟	漱口
泄漏处置	不要冲入下水道。将泄漏物清扫到容器中。如果适当，首先润湿防止扬尘。小心收集残余物，然后转移到安全场所。个人防护用具：适用于有害颗粒物的 P2 过滤呼吸器		
包装与标志			
应急响应			
储存	注意收容灭火产生的废水。与食品和饲料分开存放		
重要数据	**物理状态、外观**：无气味黄色晶体 **物理危险性**：如果以粉末或颗粒形状与空气混合，可能发生粉尘爆炸 **化学危险性**：加热或燃烧时，该物质分解生成氯化氢和氮氧化物腐蚀性和有毒烟雾 **职业接触限值**：阈限值未制定标准。最高容许浓度未制定标准 **接触途径**：该物质可通过吸入其气溶胶和食入吸收到体内 **吸入危险性**：未指明 20℃时该物质蒸发达到空气中有害浓度的速率 **短期接触的影响**：该物质刺激眼睛、皮肤和呼吸道		
物理性质	**沸点**：0.27kPa 时 130℃ **熔点**：195℃ **水中溶解度**：不溶 **蒸气压**：20℃时 0.00016Pa **辛醇/水分配系数的对数值**：1.80		
环境数据	该物质可能对环境有危害，对鱼类和甲壳纲动物应给予特别注意		
注解	商品名称有：Allisan, Botran 和 Ditranil		

IPCS
International
Programme on
Chemical Safety

国际化学品安全卡

百治磷			ICSC 编号：0872
CAS 登记号：141-66-2 RTECS 号：TC3850000 UN 编号：3018 EC 编号：015-073-00-4 中国危险货物编号：3018 分子量：237.2	中文名称：百治磷；(*E*)-3(二甲基氨基)-1-甲基-3-氧代丙-1-烯基二甲基磷酸酯；二甲基顺式-2-二甲基氨基甲酰基-1-甲基乙烯基磷酸酯 英文名称：DICROTOPHOS; (*E*)-3(dimethyloamino)-1-methyl-3-oxoprop-1-enyl dimethyl phosphate; Dimethyl cis-2-dimethylcarbamoyl-1-methylvinyl phosphate 化学式：$C_8H_{16}NO_5P$		

危害/接触类型	急性危害/症状	预防	急救/消防
火　灾	可燃的。含有机溶剂液体制剂可能是易燃的。在火焰中释放出刺激性或有毒烟雾（或气体）	禁止明火	干粉，雾状水，泡沫，二氧化碳
爆　炸	高于 93℃能形成爆炸性蒸气/空气混合物。如果配方含易燃/爆炸性溶剂，有着火和爆炸危险	高于 93℃使用密闭系统，通风	
接　触		防止产生烟云！严格作业环境管理！避免青少年和儿童接触！	一切情况均向医生咨询！
# 吸入	恶心，眩晕，呕吐，呼吸困难，出汗，瞳孔收缩，肌肉痉挛，过量流涎，神志不清，惊厥	通风，局部排气通风或呼吸防护	新鲜空气，休息，给予医疗护理
# 皮肤	可能被吸收！开始时肌肉抽搐。（另见吸入）	防护手套，防护服	脱掉污染的衣服，冲洗，然后用水和肥皂洗皮肤，给予医疗护理
# 眼睛	视力模糊	面罩或眼睛防护结合呼吸防护	用大量水冲洗几分钟（如可能尽量摘除隐形眼镜），然后就医
# 食入	胃痉挛，腹泻，呕吐。（另见吸入）	工作时不得进食，饮水或吸烟。进食前洗手	催吐（仅对清醒病人!），给予医疗护理

泄漏处置	尽可能将泄漏液收集在密封的容器中。用砂土或惰性吸收剂吸收残液并转移到安全场所。不要让该化学品进入环境。个人防护用具：全套防护服包括自给式呼吸器	
包装与标志	不要与食品和饲料一起运输。海洋污染物 欧盟危险性类别：T+符号 N 符号 R:24-28-50/53 S:1/2-28-36/37-45-60-61 联合国危险性类别：6.1　　联合国包装类别：II 中国危险性类别：第 6.1 项 毒性物质　中国包装类别：II	
应急响应	运输应急卡：TEC(R)-61G43b	
储存	与食品和饲料分开存放。保存在通风良好的室内。 储存在没有排水管或下水道的场所。注意收容灭火产生的废水	
重要数据	物理状态、外观：黄色至棕色液体，有特殊气味 化学危险性：加热和燃烧时，该物质分解生成含氮氧化物、磷氧化物、一氧化碳的有毒和腐蚀性烟雾。浸蚀许多种金属。长期储存后，该物质可能分解。（见注解） 职业接触限值：阈限值：0.05mg/m³（可吸入粉尘或蒸气，经皮）；致癌物类别：A4；公布生物暴露指数（美国政府工业卫生学家会议，2008 年）。最高容许浓度未制定标准 接触途径：该物质可通过吸入其气溶胶，经皮肤和食入吸收到体内 吸入危险性：20℃时蒸发可忽略不计，但喷洒时可以较快地达到空气中颗粒物有害浓度 短期接触的影响：该物质可能对神经系统有影响，导致惊厥，呼吸衰竭。胆碱酯酶抑制剂。远高于职业接触限值接触时，可能造成死亡。影响可能推迟显现。需要进行医学观察 长期或反复接触的影响：胆碱酯酶抑制剂；可能有累积影响：见急性危害/症状	
物理性质	沸点：低于沸点 75℃时 31 天后，90℃时 7 天后发生分解 相对密度（水=1）：15℃时 1.216 水中溶解度：混溶	蒸气压：20℃时 0.013Pa 闪点：>93℃（闭杯） 辛醇/水分配系数的对数值：-0.49
环境数据	该物质对水生生物是有毒的。该物质可能对环境有危害，对鸟类应给予特别注意。避免在非正常使用情况下释放到环境中	
注解	储存于玻璃或聚乙烯容器中 40℃以下时，该物质是稳定的。该物质是可燃的，但爆炸极限未见文献报道。根据接触程度，建议定期进行医疗检查。该物质中毒时需采取必要的治疗措施。必须提供有指示说明的适当方法。如果该物质由溶剂配制，可参考该溶剂卡片。商业制剂中使用的载体溶剂可能改变其物理和毒理学性质。不要将工作服带回家中。商品名有 Bidrin, Carbicron, Ektafos 和 Diapadrin	

IPCS
International
Programme on
Chemical Safety

国际化学品安全卡

双环戊二烯			ICSC 编号：0873
CAS 登记号：77-73-6 RTECS 号：PC1050000 UN 编号：2048 EC 编号：601-044-00-9 中国危险货物编号：2048	中文名称：双环戊二烯；3*a*,4,7,7*a*-四氢-4,7-亚甲基茚；3*a*,4,7,7*a*-四氢-4,7-亚甲基-1*H*-茚；1,3-二环戊二烯 英文名称：DICYCLOPENTADIENE; 3*a*,4,7,7*a*-Tetrahydro-4,7-methanoindene; 3*a*,4,7,7*a*-Tetrahydro-4,7-methano-1*H*-indene; 1,3-Dicyclopentadiene		
分子量：132.2	化学式：$C_{10}H_{12}$		
危害/接触类型	急性危害/症状	预防	急救/消防
火 灾	易燃的	禁止明火，禁止火花和禁止吸烟	泡沫，二氧化碳，干粉，大量水
爆 炸	高于 32℃，可能形成爆炸性蒸气/空气混合物	高于 32℃，使用密闭系统、通风和防爆型电气设备	着火时，喷雾状水保持料桶等冷却
接 触			
# 吸入	咳嗽。咽喉痛。头痛	通风（如果没有粉末时），局部排气通风或呼吸防护	新鲜空气，休息
# 皮肤	发红。疼痛	防护手套	脱去污染的衣服。冲洗，然后用水和肥皂清洗皮肤
# 眼睛	发红。疼痛	安全护目镜	先用大量水冲洗几分钟（如可能尽量摘除隐形眼镜），然后就医
# 食入	腹部疼痛。恶心	工作时不得进食，饮水或吸烟	漱口。给予医疗护理
泄漏处置	转移全部引燃源。将泄漏物清扫进可密闭容器中。然后转移到安全场所。不要让该化学品进入环境。个人防护用具：适用于有机蒸气和有害粉尘的 A/P2 过滤呼吸器		
包装与标志	欧盟危险性类别：F 符号 Xn 符号 N 符号 R:11-20/22-36/37/38-51/53 S:2-36/37-61 联合国危险性类别：3 联合国包装类别：III 中国危险性类别：第 3 类易燃液体 中国包装类别：III		
应急响应	运输应急卡：TEC(R)-30S2048 或 30GF1-III 美国消防协会法规：H3（健康危险性）；F3（火灾危险性）；R1（反应危险性）		
储存	稳定后储存。储存在没有排水管或下水道的场所。耐火设备（条件）。阴凉场所。保存在暗处。与强氧化剂分开存放		
重要数据	物理状态、外观：无色晶体，有特殊气味 化学危险性：该物质能生成爆炸性过氧化物。加热至 170℃以上时，该物质分解。与氧化剂发生反应。 职业接触限值：阈限值：5ppm（时间加权平均值）（美国政府工业卫生学家会议，2005 年）。最高容许浓度：0.5ppm，2.7mg/m^3；最高限值种类：I（1）；妊娠风险等级：D（德国，2008 年） 接触途径：该物质可通过吸入和经食入吸收到体内 吸入危险性：20℃时，该物质蒸发相当慢地达到空气中有害污染浓度，但喷洒或扩散时要快得多 短期接触的影响：该物质刺激眼睛、皮肤和呼吸道		
物理性质	沸点：170～172℃（分解） 熔点：32～34℃ 密度：0.98g/cm^3 水中溶解度：25℃时 0.002g/100mL 蒸气压：20℃时 180Pa 蒸气相对密度（空气=1）：4.6～4.7 蒸气/空气混合物的相对密度（20℃，空气=1）：1.01 闪点：32℃（开杯） 自燃温度：503℃ 爆炸极限：空气中 0.8%～6.3%（体积） 辛醇/水分配系数的对数值：2.78		
环境数据	该物质对水生生物是有毒的		
注解	添加稳定剂或阻聚剂会影响该物质的毒理学性质。向专家咨询。蒸馏前检验过氧化物，如有，将其去除。其他熔点：11～13℃（工业品）		

IPCS
International
Programme on
Chemical Safety

国际化学品安全卡

3-戊酮			ICSC 编号：0874
CAS 登记号：96-22-0 RTECS 号：SA8050000 UN 编号：1156 EC 编号：606-006-00-5 中国危险货物编号：1156		中文名称：3-戊酮；二乙基甲酮；二甲基丙酮甲基丙酮 英文名称：3-PENTANONE; Diethyl ketone; Dimethylacetone; Methacetone	
分子量：86.1		化学式：$C_5H_{10}O/CH_3CH_2COCH_2CH_3$	
危害/接触类型	急性危害/症状	预防	急救/消防
火　灾	高度易燃	禁止明火，禁止火花，禁止吸烟	抗溶性泡沫，干粉，二氧化碳
爆　炸	蒸气/空气混合物有爆炸性	密闭系统，通风，防爆型电气设备和照明。不要使用压缩空气灌装，卸料或转运	着火时喷雾状水保持料桶等冷却
接　触			
# 吸入	咳嗽，气促	通风	新鲜空气，休息，给予医疗护理
# 皮肤	皮肤干燥，发红	防护手套	脱去污染的衣服，用大量水冲洗皮肤或淋浴
# 眼睛	发红	安全护目镜	先用大量水冲洗几分钟（如可能尽量摘除隐形眼镜），然后就医
# 食入		工作时不得进食、饮水或吸烟	漱口
泄漏处置	通风。将泄漏液收集在可密闭的低碳钢金属容器中。用砂土或惰性吸收剂吸收残液并转移到安全场所。不要冲入下水道。个人防护用具：适用于有机气体和蒸气的过滤呼吸器		
包装与标志	欧盟危险性类别：F 符号 Xi 符号 R 符号　R:11-37-66-67　S:2-9-16-25-33 联合国危险性类别：3　联合国包装类别：II 中国危险性类别：第 3 类 易燃液体　中国包装类别：II		
应急响应	运输应急卡：TEC（R）-30G30 美国消防协会法规：H1（健康危险性）；F3（火灾危险性）；R0（反应危险性）		
储存	耐火设备（条件）。与氧化剂分开存放		
重要数据	**物理状态、外观**：无色液体，有特殊气味 **物理危险性**：蒸气比空气重，可能沿地面流动，可能造成远处着火。蒸气与空气充分混合，易形成爆炸性混合物 **化学危险性**：与氧化剂激烈反应，有着火和爆炸危险。浸蚀许多塑料 **职业接触限值**：阈限值：200ppm（时间加权平均值），300ppm（短期接触限值）（美国政府工业卫生学家会议，2008 年）。最高容许浓度未制定标准 **接触途径**：该物质可通过吸入其蒸气吸收到体内 **吸入危险性**：20℃时该物质蒸发相当快地达到空气中有害污染浓度 **短期接触的影响**：该物质刺激眼睛、皮肤和呼吸道 **长期或反复接触的影响**：液体使皮肤脱脂		
物理性质	**沸点**：102℃ **熔点**：-42℃ **相对密度（水=1）**：25℃时 0.81 **水中溶解度**：适度溶解 **蒸气压**：20℃时 2.0kPa **蒸气相对密度（空气=1）**：3.0 **蒸气/空气混合物的相对密度（20℃，空气=1）**：1.01 **闪点**：13℃（开杯） **自燃温度**：452℃ **爆炸极限**：空气中 1.6%～3%（体积） **辛醇/水分配系数的对数值**：0.99（估算值）		
环境数据			
注解			

IPCS
International
Programme on
Chemical Safety

国际化学品安全卡

二异癸基酞酸酯			ICSC 编号：0875
CAS 登记号：26761-40-0 RTECS 号：TI1270000	中文名称：二异癸基酞酸酯；1,2-苯二甲酸二异癸基酯；双（8-甲基壬基）酞酸酯 英文名称：DIISODECYL PHTHALATE; 1,2-Benzenedi-carboxylic acid, diisodecyl ester; bis(8-Methylnonyl) phthalate; DIDP		
分子量：446.7	化学式：$C_{28}H_{46}O_4/C_6H_4(COO(CH_2)_7CH(CH_3)_2)_2$		

危害/接触类型	急性危害/症状	预防	急救/消防
火　灾	可燃的	禁止明火	干粉，抗溶性泡沫，雾状水，二氧化碳
爆　炸			
接　触			
# 吸入		通风，局部排气通风或呼吸防护	新鲜空气，休息
# 皮肤	发红	防护手套	脱掉污染的衣服，用大量水冲洗皮肤或淋浴
# 眼睛	发红	护目镜	首先用大量水冲洗几分钟（如可能尽量摘除隐形眼镜），然后就医
# 食入	眩晕，恶心，呕吐	工作时不得进食、饮水或吸烟	漱口，休息

泄漏处置	尽可能将泄漏液收集在有盖塑料或金属容器中。用砂土或惰性吸收剂吸收残液并转移到安全场所
包装与标志	
应急响应	美国消防协会法规：H0（健康危险性）；F1（火灾危险性）；R0（反应危险性）
储存	
重要数据	物理状态、外观：清澈、黏稠液体 化学危险性：浸蚀某些塑料 职业接触限值：阈限值未制定标准 接触途径：该物质可通过吸入其蒸气吸收到体内 吸入危险性：未指明 20℃时该物质蒸发达到空气中有害浓度的速率 短期接触的影响：该物质刺激眼睛、皮肤 长期或反复接触的影响：该物质可能对肝脏有影响
物理性质	沸点：0.5kPa 时 250～257℃ 熔点：-50℃ 相对密度（水=1）：0.96 水中溶解度：不溶 蒸气压：200℃时 147Pa 闪点：229℃（闭杯） 自燃温度：402℃ 爆炸极限：下限值 264℃时空气中 0.3%（体积） 辛醇/水分配系数的对数值：4.9
环境数据	
注解	商品名有 Palatinol Z, Sicol 184, PX-120, Plasticized DDP, Vestinol DZ

IPCS
International
Programme on
Chemical Safety

国际化学品安全卡

邻苯二甲酸二异辛酯			ICSC 编号：0876
CAS 登记号：27554-26-3 RTECS 号：TI1300000		中文名称：邻苯二甲酸二异辛酯；1,2-苯二甲酸二异辛酯 英文名称：DIISOOCTYL PHTHALATE; 1,2-Benzenedicar boxylic acid, diisooctylester; DIOP	
分子量：390.6		化学式：$C_{24}H_{38}O_4$/$(C_8H_{17}COO)_2C_6H_4$	
危害/接触类型	急性危害/症状	预防	急救/消防
火　灾	可燃的	禁止明火	干粉，雾状水，泡沫，二氧化碳
爆　炸			
接　触			
# 吸入		通风	新鲜空气，休息
# 皮肤		防护手套	脱去污染的衣服，用大量水冲洗皮肤或淋浴
# 眼睛		安全眼镜	先用大量水冲洗几分钟（如可能尽量摘除隐形眼镜），然后就医
# 食入		工作时不得进食、饮水或吸烟	漱口
泄漏处置	尽可能将泄漏液收集在可密闭的金属容器中。用砂土或惰性吸收剂吸收残液，并转移到安全场所		
包装与标志			
应急响应	美国消防协会法规：H0（健康危险性）；F1（火灾危险性）；R0（反应危险性）		
储存	与强氧化剂分开存放		
重要数据	物理状态、外观：无色黏稠液体 化学危险性：与强氧化剂发生反应。燃烧时，该物质分解生成刺激性烟雾 职业接触限值：阈限值未制定标准。最高容许浓度未制定标准 吸入危险性：20℃时该物质蒸发不会或很缓慢地达到空气中有害污染浓度		
物理性质	沸点：370℃ 熔点：-45℃ 相对密度（水=1）：0.99 水中溶解度：不溶 蒸气压：20℃时可忽略不计 蒸气相对密度（空气=1）：13.5 闪点：227℃（闭杯） 自燃温度：393℃ 辛醇/水分配系数的对数值：3～4（估算值）		
环境数据			
注解	商品名称有：Hexaflex Diop, Staflex Diop, Corflex 880, Hexaplas M/O 和 Flexol Plasticizer Diop。通用名称：DIOP		

IPCS
International
Programme on
Chemical Safety

国际化学品安全卡

N,N-二甲基苯胺			ICSC 编号：0877
CAS 登记号：121-69-7 RTECS 号：BX4725000 UN 编号：2253 EC 编号：612-016-00-0 中国危险货物编号：2253 分子量：121.2	中文名称：*N,N*-二甲基苯胺；*N,N*-二甲基苯基胺 英文名称：*N,N*-DIMETHYLANILINE; *N,N*-Dimethylphenylamine 化学式：$C_8H_{11}N/C_6H_5N(CH_3)_2$		
危害/接触类型	急性危害/症状	预防	急救/消防
火　灾	可燃的。在火焰中释放出刺激性或有毒烟雾（或气体）	禁止明火，禁止与氧化剂接触	干粉，雾状水，泡沫，二氧化碳
爆　炸	高于 62℃，可能形成爆炸性蒸气/空气混合物	高于 62℃，使用密闭系统，通风	着火时，喷雾状水保持料桶等冷却。从掩蔽位置灭火
接　触			
# 吸入	腹部疼痛，嘴唇或指甲发青，皮肤发青，意识模糊，惊厥，眩晕，头痛，呼吸困难，恶心，神志不清，呕吐，耳鸣，视觉障碍	通风，局部排气通风或呼吸防护	新鲜空气，休息，给予医疗护理
# 皮肤	可能被吸收！发红	防护手套，防护服	脱掉污染的衣服，用大量水冲洗皮肤或淋浴
# 眼睛	发红，疼痛	面罩或眼睛防护结合呼吸防护	首先用大量水冲洗几分钟（如可能尽量摘除隐形眼镜），然后就医
# 食入	（见吸入）	工作时不得进食、饮水或吸烟	漱口，用水冲服活性炭浆，休息，给予医疗护理
泄漏处置	尽可能将泄漏液收集在有盖金属或玻璃容器中。用砂土或惰性吸收剂吸收残液并转移到安全场所。不要让这种化学品进入环境。化学防护服。个人防护用具：适用于有机气体和蒸气的过滤呼吸器		
包装与标志	不要与食品和饲料一起运输 欧盟危险性类别：T 符号 N 符号 R:23/24/25-40-51/53 S:1/2-28-36/37-45-61 联合国危险性类别：6.1 联合国包装类别：II 中国危险性类别：第 6.1 项 毒性物质 中国包装类别：II		
应急响应	运输应急卡：TEC(R)-846-2 美国消防协会法规：H3（健康危险性）；F2（火灾危险性）；R0（反应危险性）		
储存	与强氧化剂、食品和饲料分开存放。沿地面通风		
重要数据	物理状态、外观：黄色油状液体，有特殊气味。接触空气后变棕色 化学危险性：加热时，该物质分解生成苯胺、氮氧化物极高毒性烟雾。与氧化剂发生反应 职业接触限值：阈限值 5ppm（时间加权平均值），10ppm（短期接触限值）（经皮）；致癌物类别：A4；公布生物暴露指数（美国政府工业卫生学家会议，2008 年）。最高容许浓度：5ppm，25mg/m^3；最高限值类别：II(2)；皮肤吸收；致癌物类别：3B，妊娠风险等级：D（德国，2008 年） 接触途径：该物质可通过吸入，经皮肤和食入吸收到体内 吸入危险性：20℃时该物质蒸发，可相当缓慢地达到空气中有害浓度 短期接触的影响：如果吞咽液体吸入肺中，可能引起化学肺炎。该物质可能对血液有影响，导致形成正铁血红蛋白。远高于职业接触限值接触时，可能造成意识降低。影响可能推迟显现。需要进行医学观察 长期或反复接触的影响：反复或长期皮肤接触可能引起皮炎		
物理性质	沸点：192～194℃ 熔点：2.5℃ 相对密度（水=1）：0.96 水中溶解度：不溶 蒸气压：20℃时 67Pa 蒸气相对密度（空气=1）：4.2	蒸气/空气混合物的相对密度（20℃，空气=1）：1.002 闪点：62℃ 自燃温度：371℃ 爆炸极限：空气中 1%～7%（休积） 辛醇/水分配系数的对数值：2.3	
环境数据	该物质对水生生物是有害的		
注解	根据接触程度，建议定期进行医疗检查。该物质中毒时需采取必要的治疗措施。必须提供有指示说明的适当方法		

IPCS
International
Programme on
Chemical Safety

国际化学品安全卡

甲硫醚			ICSC 编号：0878
CAS 登记号：75-18-3 RTECS 号：PV5075000 UN 编号：1164 中国危险货物编号：1164 分子量：62.1		中文名称：甲硫醚；硫代二甲烷；二甲硫 英文名称：DIMETHYLSULPHIDE; Thiobismethane; Methylsulphide 化学式：$C_2H_6S/(CH_3)_2S$	
危害/接触类型	急性危害/症状	预防	急救/消防
火　灾	高度易燃。在火焰中释放出刺激性或有毒烟雾（或气体）	禁止明火、禁止火花和禁止吸烟	干粉、泡沫、二氧化碳
爆　炸	蒸气/空气混合物有爆炸性	密闭系统、通风、防爆型电气设备和照明。不要使用压缩空气灌装、卸料或转运	着火时，喷雾状水保持料桶等冷却
接　触			
# 吸入	咳嗽，恶心，咽喉痛，虚弱	局部排气通风或呼吸防护	新鲜空气，休息，给予医疗护理
# 皮肤	发红，疼痛	防护手套	脱去污染的衣服，冲洗，然后用水和肥皂清洗皮肤
# 眼睛	发红	安全护目镜	先用大量水冲洗几分钟（如可能尽量摘除隐形眼镜），然后就医
# 食入	虚弱	工作时不得进食，饮水或吸烟	漱口，催吐（仅对清醒病人！），饮用 1～2 杯水，给予医疗护理
泄漏处置	撤离危险区域！向专家咨询！将泄漏液收集在可密闭的容器中。不要冲入下水道。个人防护用具：适用于有机气体和蒸气的过滤呼吸器		
包装与标志	联合国危险性类别：3　联合国包装类别：II 中国危险性类别：第 3 类 易燃液体　中国包装类别：II		
应急响应	运输应急卡：TEC(R)-30G30 美国消防协会法规：H2（健康危险性）；F4（火灾危险性）；R0（反应危险性）		
储存	耐火设备（条件）。与强氧化剂分开存放。阴凉场所		
重要数据	物理状态、外观：无色液体，有特殊气味 物理危险性：蒸气比空气重，可能沿地面流动，可能造成远处着火 化学危险性：燃烧时，该物质分解生成硫氧化物有毒和腐蚀性烟雾。与氧化剂激烈反应，有着火和爆炸的危险 职业接触限值：阈限值：10ppm（时间加权平均值）（美国政府工业卫生学家会议，2008 年）。最高容许浓度：IIb（未制定标准，但可提供数据）（德国，2008 年） 接触途径：该物质可通过吸入其蒸气和经食入吸收到体内 吸入危险性：20℃时该物质蒸发，相当快地达到空气中有害污染浓度 短期接触的影响：该物质刺激眼睛和皮肤		
物理性质	沸点：37.3℃ 熔点：−98℃ 相对密度（水=1）：0.85 水中溶解度：不溶 蒸气压：20℃时 53.2kPa 蒸气相对密度（空气=1）：2.1 蒸气/空气混合物的相对密度（20℃，空气=1）：1.6 闪点：−49℃ 自燃温度：205℃ 爆炸极限：空气中 2.2%～19.7%（体积） 辛醇/水分配系数的对数值：0.84		
环境数据			
注解			

IPCS
International
Programme on
Chemical Safety

国际化学品安全卡

2,4,5-三氯苯酚			ICSC 编号：0879
CAS 登记号：95-95-4 RTECS 号：SN1400000 UN 编号：2020 EC 编号：604-017-00-X 中国危险货物编号：2020	中文名称：2,4,5-三氯苯酚；2,4,5-TCP；1-羟基-2,4,5-三氯苯 英文名称：2,4,5-TRICHLOROPHENOL; 2,4,5-TCP; 1-Hydroxy-2,4,5-trichlorobenzene		
分子量：197.5	化学式：$C_6H_3Cl_3O/C_6H_2Cl_3(OH)$		

危害/接触类型	急性危害/症状	预防	急救/消防
火　灾	在特定条件下是可燃的。在火焰中释放出刺激性或有毒烟雾（或气体）。	禁止明火。禁止与强氧化剂接触。	雾状水，干粉。
爆　炸			
接　触		防止粉尘扩散！	
# 吸入	咳嗽。	局部排气通风或呼吸防护。	新鲜空气，休息。
# 皮肤	发红。疼痛。	防护手套。防护服。	先用大量水冲洗，然后脱去污染的衣服并再次冲洗。给予医疗护理。
# 眼睛	发红。疼痛。视力模糊。	安全护目镜，面罩，如为粉末，眼睛防护结合呼吸防护。	先用大量水冲洗几分钟（如可能尽量摘除隐形眼镜），然后就医。
# 食入	腹部疼痛。腹泻。头晕。头痛。呕吐。疲劳。出汗。	工作时不得进食、饮水或吸烟。进食前洗手。	漱口。给予医疗护理。
泄漏处置	将泄漏物清扫进可密闭容器中，如果适当，首先润湿防止扬尘。小心收集残余物，然后转移到安全场所。不要让该化学品进入环境。个人防护用具：适用于有机蒸气和有害粉尘的 A/P2 过滤呼吸器		
包装与标志	不得与食品和饲料一起运输。海洋污染物 欧盟危险性类别：Xn 符号 N 符号　R:22-36/38-50/53　S:2-26-28-60-61 联合国危险性类别：6.1　联合国包装类别：III 中国危险性类别：第 6.1 毒性物质　中国包装类别：III		
应急响应	运输应急卡：TEC(R)-804		
储存	与强氧化剂、食品和饲料分开存放。储存在没有排水管或下水道的场所。注意收容灭火产生的废水		
重要数据	物理状态、外观：无色晶体或灰色薄片，有特殊气味 化学危险性：受热分解时，可能发生爆炸。加热时和与强氧化剂接触时，该物质分解，生成有毒和刺激性烟雾（氯，盐酸）。该物质是一种弱酸。在碱性介质中，高温时发生反应，生成高毒的氯化二噁英 职业接触限值：阈限值未制定标准。最高容许浓度：IIb（未制定标准，但可提供数据）（德国，2008 年） 接触途径：该物质可通过吸入、经皮肤和经食入吸收到体内 吸入危险性：未指明 20℃时该物质蒸发达到空气中有害浓度的速率 短期接触的影响：该物质刺激眼睛、皮肤和呼吸道 长期或反复接触的影响：反复或长期与皮肤接触可能引起皮炎。该物质可能对肝和肾有影响。（见注解）		
物理性质	沸点：253℃ 熔点：67℃ 密度：1.8g/cm^3 水中溶解度：25℃时 0.1g/100mL 蒸气压：25℃时 2.9Pa 辛醇/水分配系数的对数值：3.7		
环境数据	该物质对水生生物有极高毒性。该物质可能在水生环境中造成长期影响。该物质在正常使用过程中进入环境。避免在非正常使用情况下释放到环境中		
注解	工业品中可能含高毒性杂质，如多氯二苯并二噁英和二苯并呋喃。该物质是可燃的，但闪点未见文献报道。根据接触程度，建议定期进行医学检查。如果该物质用溶剂配制，亦可参考这些溶剂的卡片。商业制剂中使用的载体溶剂可能改变其物理和毒理学性质。商品名称有 Caswell No. 879, Collunosol, Dowicide 2, NCI-C61187, Nurelle, Preventol I。还可参考化学品安全卡#0588（2,3,4-三氯苯酚），#0589（2,3,5-三氯苯酚），#0590（2,3,6-三氯苯酚）和#1122（2,4,6-三氯苯酚）		

IPCS
International
Programme on
Chemical Safety

国际化学品安全卡

氧（液化的）			ICSC 编号：0880
CAS 登记号：7782-44-7 RTECS 号：RS2060000 UN 编号：1073 EC 编号：008-001-00-8 中国危险货物编号：1073	中文名称：氧（液化的）；氧冷冻液；LOX；液氧 英文名称：OXYGEN (LIQUEFIED); Oxygen, refrigerated liquid; LOX; Liquid oxygen		
分子量：32	化学式：O_2		
危害/接触类型	急性危害/症状	预防	急救/消防
火　灾	不可燃，但可助长其他物质燃烧	禁止明火、禁止火花和禁止吸烟。禁止与易燃物质接触。禁止与还原剂接触	周围环境着火时，允许使用各种灭火剂
爆　炸	与可燃物质、还原剂接触时，有着火和爆炸危险		着火时，喷雾状水保持料桶等冷却，但避免该物质与水接触。从掩蔽位置灭火
接　触			
# 吸入	咳嗽，头晕，咽喉痛。（见注解）		新鲜空气，休息，给予医疗护理
# 皮肤	与液体接触：冻伤	保温手套，防护服	冻伤时，用大量水冲洗，不要脱去衣服，给予医疗护理
# 眼睛	见皮肤	护目镜，面罩	先用大量水冲洗几分钟（如可能尽量摘除隐形眼镜），然后就医
# 食入		工作时不得进食，饮水或吸烟	
泄漏处置	通风。移除全部引燃源。不要用锯末或其他可燃吸收剂吸收。切勿直接向液体上喷水		
包装与标志	特殊绝缘容器 欧盟危险性类别：O 符号　R:8　S:2-17 联合国危险性类别：2.2　联合国次要危险性：5.1 中国危险性类别：第 2.2 项非易燃无毒气体 中国次要危险性：5.1		
应急响应	运输应急卡：TEC(R)-20S1073 或 20G3O 美国消防协会法规：H3（健康危险性）；F0（火灾危险性）；R0（反应危险性）；OX（氧化剂）		
储存	耐火设备（条件）。与可燃物质和还原性物质分开存放。阴凉场所		
重要数据	物理状态、外观：液化气体，无色至蓝色极冷液体 物理危险性：气体比空气重 化学危险性：该物质是一种强氧化剂。与可燃物质和还原性物质发生反应，有着火和爆炸危险 职业接触限值：阈限值未制定标准。最高容许浓度未制定标准 接触途径：该物质可通过吸入吸收到体内 短期接触的影响：液体迅速蒸发可能引起冻伤。该物质在极高浓度时刺激呼吸道。该物质可能对中枢神经系统有影响		
物理性质	沸点：-183℃ 熔点：-218.4℃ 水中溶解度：20℃时 3.1mL/100mL 蒸气压：-118℃时 5080kPa 蒸气相对密度（空气=1）：1.1 辛醇/水分配系数的对数值：0.65		
环境数据			
注解	浸饱液氧的工作服可能有严重的火灾危险。不要在火焰或高温表面附近或焊接时使用。吸入症状仅仅是暴露在极高浓度氧下的特征。可参考卡片#0138（氧）		

IPCS
International
Programme on
Chemical Safety

国际化学品安全卡

敌螨普（混合异构体）			ICSC 编号：0881
CAS 登记号：39300-45-3 RTECS 号：GQ5775000 EC 编号：609-023-00-6	中文名称：敌螨普（混合异构体）；2,4-二硝基-6-（2-辛基）苯基巴豆酸酯；2（或 4）-异辛基-4,6（或 2,6）-二硝基苯基-2-丁烯酸酯 英文名称：DINOCAP(ISOMER MIXTURE); 2,4-Dinitro-6-(2-octyl)phenyl crotonate ; 2-Butenoic acid, 2(or 4)-isooctyl-4,6(or 2,6)dinitrophenyl ester ; DPC		
分子量：364.4	化学式：$C_{18}H_{24}N_2O_6$		
危害/接触类型	急性危害/症状	预防	急救/消防
火　灾	可燃的。在火焰中释放出刺激性或有毒烟雾（或气体）	禁止明火	干粉，雾状水，泡沫，二氧化碳
爆　炸			着火时，喷雾状水保持料桶等冷却
接　触		严格作业环境管理！避免孕妇接触！避免青少年和儿童接触！	
# 吸入	呼吸困难。（见食入）	通风，局部排气通风或呼吸防护	新鲜空气，休息，必要时进行人工呼吸，给予医疗护理
# 皮肤	疼痛，发红	防护手套，防护服	脱去污染的衣服，冲洗，用水和肥皂洗皮肤，给予医疗护理
# 眼睛		安全护目镜	先用大量水冲洗几分钟（如可能尽量摘除隐形眼镜），然后就医
# 食入	恶心，呕吐	工作时不得进食、饮水或吸烟	漱口，给予医疗护理
泄漏处置	尽可能将泄漏液收集在可密闭容器中。用砂土或惰性材料吸收残液并转移到安全场所。不要让该化学品进入环境。个人防护用具：适用于有机蒸气和有害粉尘的 A/P2 过滤呼吸器		
包装与标志	欧盟危险性类别：T 符号　N 符号　标记：E　R:61-20-22-38-43-48/22-50/53　S:53-45-60-61		
应急响应			
储存	注意收容灭火产生的废水。与食品和饲料分开存放。见化学危险性。严格密封。阴凉场所		
重要数据	**物理状态、外观**：暗棕色液体 **化学危险性**：燃烧时，该物质分解生成氮氧化物有毒烟雾。该物质是一种弱酸。与强氧化剂反应，有着火和爆炸危险。加热到 32℃以上时可能分解 **职业接触限值**：阈限值未制定标准 **接触途径**：该物质可通过吸入其气溶胶或食入吸收到体内 **吸入危险性**：未指明 20℃时该物质蒸发达到空气中有害浓度的速率 **短期接触的影响**：该物质刺激皮肤 **长期或反复接触的影响**：反复或长期接触可能引起皮肤过敏。动物实验表明，该物质可能引起人类婴儿畸形		
物理性质	沸点：0.007kPa 时 138～140℃ 相对密度（水=1）：1.10 水中溶解度：不溶 蒸气压：20℃时可忽略不计		
环境数据	该物质对水生生物有极高毒性。避免非正常使用时释放到环境中		
注解	该物质与油、油雾和石灰硫磺混剂性质相互抵触。商业制剂中使用的载体溶剂可能改变其物理和毒理学性质。商品名称有：Caprane, Crotothane 和 Karathane		

IPCS
International
Programme on
Chemical Safety

国际化学品安全卡

地乐酯	ICSC 编号：0882
CAS 登记号：2813-95-8 RTECS 号：AF7140000 UN 编号：3014 EC 编号：609-026-00-2 中国危险货物编号：3014	中文名称：地乐酯；2-仲丁基-4,6-二硝基苯基乙酸酯；2-(1-甲基丙基)-4,6-二硝基苯基乙酸酯；DNBPA 英文名称：DINOSEB ACETATE; 2-sec-Butyl-4,6-dinitrophenyl acetate; 2-(1-Methylpropyl)-4,6-dinitrophenyl acetate (ester); DNBPA
分子量：282.3	化学式：$C_{12}H_{14}N_2O_6$

危害/接触类型	急性危害/症状	预防	急救/消防
火　灾	可燃的。含有机溶剂的液体制剂可能是易燃的。在火焰中释放出刺激性或有毒烟雾（或气体）	禁止明火	雾状水，泡沫，干粉，二氧化碳
爆　炸	置于和暴露在高温下，有着火和爆炸的危险		从掩蔽位置灭火
接　触		避免一切接触！避免青少年和儿童接触！	一切情况均向医生咨询！
# 吸入	出汗，头痛，呼吸困难，呕吐，发烧或体温升高，惊厥，神志不清，发绀	通风（如果没有粉末时），局部排气通风或呼吸防护	新鲜空气，休息。必要时进行人工呼吸。立即给予医疗护理
# 皮肤	易于吸收。发红。（另见吸入）	防护手套。防护服	脱去污染的衣服，冲洗，然后用水和肥皂清洗皮肤，立即给予医疗护理
# 眼睛	发红。疼痛	面罩，或眼睛防护结合呼吸防护	先用大量水冲洗几分钟（如可能尽量摘除隐形眼镜），然后就医
# 食入	腹部疼痛。（另见吸入）	工作时不得进食，饮水或吸烟。进食前洗手	漱口。休息。用水冲服活性炭浆。立即给予医疗护理
泄漏处置	个人防护用具：适应于该物质空气中浓度的有机气体和颗粒物过滤呼吸器。不要让该化学品进入环境。将泄漏物清扫进可密闭容器中，如果适当，首先润湿防止扬尘。小心收集残余物，然后转移到安全场所		
包装与标志	不得与食品和饲料一起运输。污染海洋物质 **欧盟危险性类别**：T 符号 N 符号 标记：A 和 E R:61-62-24/25-36-44-50/53 S:53-45-60-61 **联合国危险性类别**：6.1　　**联合国包装类别**：III **中国危险性类别**：第 6.1 项 毒性物质 **中国包装类别**：III GHS 分类：信号词：危险 图形符号：骷髅和交叉骨-健康危险-环境 危险说明：吞咽致命；皮肤接触致命；吸入致命；造成严重眼睛刺激；可能损害未出生胎儿的生育能力；对水生生物毒性非常大并具有长期持续影响		
应急响应			
储存	注意收容灭火产生的废水。与强碱、食品和饲料分开存放。阴凉场所。保存在通风良好的室内。严格密封。储存在没有排水管或下水道的场所		
重要数据	**物理状态、外观**：黄色晶体。棕色黏稠油状液体，有特殊气味 **化学危险性**：加热时或燃烧时，该物质分解，生成含有氮氧化物的有毒烟雾。水溶液是一种弱酸。在酸和碱的作用下，被水解成地乐酚（见化学品安全卡#0149）。有水存在时，浸蚀许多金属 **职业接触限值**：阈限值未制定标准。最高容许浓度未制定标准 **接触途径**：该物质可通过吸入、经皮肤和经食入吸收到体内 **吸入危险性**：20℃时，该物质蒸发不会或仅很缓慢地达到空气中有害污染浓度；但喷洒或扩散时要快得多 **短期接触的影响**：该物质刺激眼睛。该物质可能对中枢神经系统有影响。高浓度接触时可能导致死亡 **长期或反复接触的影响**：该物质可能对造血系统有影响。可能造成人类生殖毒性		
物理性质	**沸点**：在 0.53kPa 时 170℃ **熔点**：26～27℃ **水中溶解度**：20℃时 0.22g/100mL	**蒸气压**：20℃时 0.08Pa **蒸气相对密度（空气=1）**：9.7 **闪点**：>100℃	
环境数据	该物质对水生生物有极高毒性。该物质可能对环境有危害，对鸟类、蜜蜂、哺乳动物应给予特别注意。该物质在正常使用过程中进入环境。但是要特别注意避免任何额外的释放，例如通过不适当处置活动		
注解	分解温度未见文献报道。根据接触程度，建议定期进行医学检查。商业制剂中使用的载体溶剂可能改变其物理和毒理学性质。如果该物质用溶剂配制，可参考这些溶剂的卡片。不要将工作服带回家中。还可参考化学品安全卡#0149（地乐酚）		

IPCS
International
Programme on
Chemical Safety

国际化学品安全卡

敌杀磷（混合异构体）			ICSC 编号：0883
CAS 登记号：78-34-2 RTECS 号：TE3350000 UN 编号：3018 EC 编号：015-063-00-X 中国危险货物编号：3018 分子量：456.5	中文名称：敌杀磷（混合异构体）；*S,S'*-（1,4-二烷-2,3-二基）*O,O,O',O'*-四乙基-双（二硫代磷酸酯） 英文名称：DIOXATHION (ISOMERMIXTURE); *S,S'*-(1,4-Dioxane-2,3-diyl) *O, O, O',O'*-tetraethyl-bis-(phosphorodithioate) 化学式：$C_{12}H_{26}O_6P_2S_4$		
危害/接触类型	**急性危害/症状**	**预防**	**急救/消防**
火　灾	不可燃。含有机溶剂的液体制剂可能是易燃的。在火焰中释放出刺激性或有毒烟雾（或气体）	禁止明火	周围环境着火时，使用干粉，雾状水，泡沫，二氧化碳灭火
爆　炸	如果配方中含有易燃/爆炸性溶剂，有着火和爆炸危险		
接　触		防止产生烟雾！严格作业环境管理！避免青少年和儿童接触！	一切情况均向医生咨询！
# 吸入	瞳孔收缩，肌肉痉挛，过量流涎，出汗，恶心，眩晕，呼吸困难，惊厥，神志不清	通风，局部排气通风或呼吸防护	新鲜空气，休息，必要时进行人工呼吸，给予医疗护理
# 皮肤	可能被吸收！（见吸入）	防护手套，防护服	脱掉污染的衣服，冲洗，然后用水和肥皂洗皮肤，给予医疗护理
# 眼睛	视力模糊	面罩或眼睛防护结合呼吸防护	首先用大量水冲洗几分钟（如可能尽量摘除隐形眼镜），然后就医
# 食入	胃痉挛，腹泻，呕吐。（另见吸入）	工作时不得进食、饮水或吸烟。饭前洗手	催吐（仅对清醒病人!），给予医疗护理
泄漏处置	尽可能将泄漏液收集在有盖容器中。用砂土或惰性吸收剂吸收残液并转移到安全场所。不得冲入下水道。不要让该化学品进入环境。个人防护用具：全套防护服包括自给式呼吸器		
包装与标志	海洋污染物。不要与食品和饲料一起运输 **欧盟危险性类别**：T+符号 N 符号 R:24-26/28-50/53 S:1/2-28-36/37-45-60-61 **联合国危险性类别**：6.1 **联合国包装类别**：II **中国危险性类别**：第 6.1 项 毒性物质 **中国包装类别**：II		
应急响应	**运输应急卡**：TEC(R)-61GT6-II		
储存	与食品和饲料分开存放。干燥。保存在通风良好的室内。储存在没有排水管或下水道的场所。注意收容灭火产生的废水		
重要数据	**物理状态、外观**：棕色黏稠液体 **化学危险性**：加热至 135℃以上时，该物质分解生成含磷氧化物、硫氧化物的有毒烟雾。浸蚀铁和锡表面。遇碱水解 **职业接触限值**：阈限值 0.1mg/m³（时间加权平均值）（经皮）；A4（不能分类为人类致癌物）；公布生物暴露指数（美国政府工业卫生学家会议，2008 年）。最高容许浓度未制定标准 **接触途径**：该物质可通过吸入其气溶胶，经皮肤和食入吸收到体内 **吸入危险性**：20℃时蒸发可忽略不计，但喷洒时可较快地达到空气中颗粒物有害浓度 **短期接触的影响**：该物质可能对神经系统有影响，导致惊厥，呼吸衰竭。胆碱酯酶抑制剂。接触高浓度的该物质，可能造成死亡。需要进行医学观察 **长期或反复接触的影响**：胆碱酯酶抑制剂。可能有累积影响：见急性危害/症状		
物理性质	**熔点**：−20℃ **相对密度（水=1）**：26℃时 1.26 **水中溶解度**：不溶 **辛醇/水分配系数的对数值**：3.0		
环境数据	该物质对水生生物有极高毒性。避免在非正常使用情况下释放到环境中		
注解	根据接触程度，建议定期进行医疗检查。急性中毒症状常常经过 30min 到 2h 以后才变得明显。该物质中毒时需采取必要的治疗措施。必须提供有指示说明的适当方法。如果该物质由溶剂配制，可参考该溶剂卡片。商业制剂中使用的载体溶剂可能改变其物理和毒理学性质。不要将工作服带回家中。商品名有 Delnav (hercules AC258), Deltic 和 Navadel		

IPCS
International
Programme on
Chemical Safety

国际化学品安全卡

二丙二醇一甲醚		ICSC 编号：0884
CAS 登记号：34590-94-8 RTECS 号：JM1575000	中文名称：二丙二醇一甲醚；DPGME；（2-甲氧基甲基乙氧基）丙醇 英文名称：DIPROPYLENEGLYCOL MONOMETHYL ETHER; DPGME; (2-Methoxymethylethoxy)-propanol	
分子量：148.2	化学式：$C_7H_{16}O_3/H_3COC_3H_6OC_3H_6OH$	

危害/接触类型	急性危害/症状	预防	急救/消防
火　灾	可燃的	禁止明火	干粉、抗溶性泡沫、雾状水、二氧化碳
爆　炸	高于 74℃，可能形成爆炸性蒸气/空气混合物	高于 74℃，使用密闭系统、通风	着火时，喷雾状水保持料桶等冷却
接　触		防止产生烟云！	
# 吸入	咳嗽，头晕，倦睡	通风，局部排气通风或呼吸防护	新鲜空气，休息，给予医疗护理
# 皮肤	可能被吸收！皮肤干燥。（见吸入）	防护手套，防护服	脱去污染的衣服，冲洗，然后用水和肥皂清洗皮肤
# 眼睛	发红，疼痛	安全护目镜	先用大量水冲洗几分钟（如可能尽量摘除隐形眼镜），然后就医
# 食入	（见吸入）	工作时不得进食，饮水或吸烟	漱口，给予医疗护理
泄漏处置	将泄漏液收集在可密闭的塑料容器中。用大量水冲净泄漏液		
包装与标志			
应急响应	美国消防协会法规：H0（健康危险性）；F2（火灾危险性）；R0（反应危险性）		
储存	与强氧化剂分开存放。沿地面通风		
重要数据	**物理状态、外观：**无色液体，有特殊气味 **化学危险性：**与空气接触时，该物质可能生成爆炸性过氧化物。与氧化剂激烈反应。浸蚀许多金属，生成易燃/爆炸性气体氢（见卡片#0001） **职业接触限值：**阈限值：100ppm（经皮）（美国政府工业卫生学家会议，1999 年）。阈限值：150ppm（短期接触限值，经皮）（美国政府工业卫生学家会议，1999 年）。最高容许浓度：50ppm，$310mg/m^3$；最高限值类别：I(1)；妊娠风险等级：D（德国，2008 年） **接触途径：**该物质可通过吸入其蒸气，经皮肤和食入吸收到体内 **吸入危险性：**20℃时，该物质蒸发相当慢地达到空气中有害污染浓度 **短期接触的影响：**蒸气刺激眼睛和呼吸道。该物质可能对中枢神经系统有影响，导致昏迷 **长期或反复接触的影响：**液体使皮肤脱脂		
物理性质	沸点：190℃ 熔点：-80℃ 相对密度（水=1）：0.95 水中溶解度：易溶 蒸气压：26℃时 53.3Pa 蒸气相对密度（空气=1）：5.1 蒸气/空气混合物的相对密度（20℃，空气=1）：1.0 闪点：74℃ 自燃温度：270℃ 爆炸极限：空气中 1.3%～10.4%（体积）		
环境数据			
注解	蒸馏前检验过氧化物，如有，将其去除。商品名称有：Dowanol DPM, Dowanol 50 B 和 Ucar Solvent 2LM		

IPCS
International
Programme on
Chemical Safety

国际化学品安全卡

二乙烯基苯（混合异构体）			ICSC 编号：0885
CAS 登记号：1321-74-0 RTECS 号：CZ9370000 分子量：130.2		中文名称：二乙烯基苯（混合异构体）；乙烯基苯乙烯 英文名称：DIVINYLBENZENE(MIXED ISOMERS); Vinylstyrene; DVB 化学式：$C_{10}H_{10}/C_6H_4(CH{=}CH_2)_2$	
危害/接触类型	急性危害/症状	预防	急救/消防
火　灾	可燃的。加热引起压力升高，容器有爆裂危险	禁止明火	干粉，泡沫，二氧化碳
爆　炸	高于 76℃时可能形成爆炸性蒸气/空气混合物	高于 76℃密闭系统，通风	着火时，喷雾状水保持料桶等冷却
接　触		防止烟雾产生！	
# 吸入	咳嗽，咽喉疼痛	通风，局部排气通风或呼吸防护	新鲜空气，休息
# 皮肤	发红	防护手套	脱去污染的衣服，用大量水冲洗皮肤或淋浴
# 眼睛	发红，疼痛	安全护目镜	先用大量水冲洗几分钟（如可能尽量摘除隐形眼镜），然后就医
# 食入		工作时不得进食、饮水或吸烟。进食前洗手	漱口，不要催吐，休息，给予医疗护理
泄漏处置	尽可能将泄漏液收集在可密闭金属容器中。用砂土或惰性吸收剂吸收残液并转移到安全场所。个人防护用具：适用于有机蒸气的过滤呼吸器		
包装与标志			
应急响应	美国消防协会法规：H2（健康危险性）；F2（火灾危险性）；R2（反应危险性）		
储存	与氧化剂分开存放。阴凉场所。稳定后贮存		
重要数据	**物理状态、外观**：无色液体，有特殊气味 **化学危险性**：加热时，该物质能够聚合，有着火或爆炸危险。与氧化剂激烈反应 **职业接触限值**：阈限值：10ppm、53mg/m^3（美国政府工业卫生学家会议，1996 年）。最高容许浓度：IIb（未制定标准，但可提供数据）（德国，2008 年） **接触途径**：该物质可通过吸入其蒸气吸收到体内 **吸入危险性**：未指明 20℃时该物质蒸发达到空气中有害浓度的速率 **短期接触的影响**：该物质刺激眼睛、皮肤和呼吸道 **长期或反复接触的影响**：反复或长期与皮肤接触可能引起皮炎		
物理性质	沸点：195℃ 熔点：-66.9～-52℃ 相对密度（水=1）：0.9 水中溶解度：不溶 蒸气压：32.7℃时 133Pa 蒸气相对密度（空气=1）：4.48 蒸气/空气混合物的相对密度（20℃，空气=1）： 闪点：57℃（开杯） 自燃温度：500℃ 爆炸极限：空气中 1.1%～6.2%（体积） 辛醇/水分配系数的对数值：3.59（估算值）		
环境数据			
注解	商业乙烯基苯含有三种游离异构体，但是以间乙烯基苯异构体为主。该物质对人体健康影响数据不充分，因此，应当特别注意。添加稳定剂或阻聚剂会影响该物质的毒理学性质，向专家咨询。商品名称有：DVB-22 和 DVB-55。参见卡片＃0073（苯乙烯）		

IPCS
International
Programme on
Chemical Safety

国际化学品安全卡

乙二胺四乙酸	ICSC 编号：0886
CAS 登记号：60-00-4 RTECS 号：AH4025000	中文名称：乙二胺四乙酸；*N,N'*-1,2-乙二基双(*N*-羧甲基)-甘氨酸；EDTA；乙底酸；乙二胺四醋酸 英文名称：ETHYLENEDIAMINETETRAACETIC ACID; *N,N'*-1,2-Ethanediylbis (*N*-carboxymethyl)-glycine; EDTA; Edetic acid
分子量：292.2	化学式：$C_{10}H_{16}N_2O_8$/$((HOOCCH_2)_2NCH_2)_2$

危害/接触类型	急性危害/症状	预防	急救/消防
火　灾	可燃的。在火焰中释放出刺激性或有毒烟雾（或气体）	禁止明火	雾状水，泡沫，二氧化碳，干粉
爆　炸	微细分散的颗粒物在空气中形成爆炸性混合物	防止粉尘沉积、密闭系统、防止粉尘爆炸型电气设备和照明	
接　触		防止粉尘扩散！	
# 吸入	咳嗽	避免吸入粉尘	新鲜空气，休息
# 皮肤		防护手套	用大量水冲洗皮肤或淋浴
# 眼睛	发红。疼痛	安全护目镜	用大量水冲洗（如可能尽量摘除隐形眼镜）
# 食入	腹部疼痛。腹泻	工作时不得进食、饮水或吸烟	漱口，饮用 1 杯或 2 杯水
泄漏处置	将泄漏物清扫进非金属容器中。小心收集残余物，然后转移到安全场所。个人防护用具：适应于该物质空气中浓度的颗粒物过滤呼吸器		
包装与标志	GHS 分类：警示词：警告　危险说明：吞咽可能有害；造成眼睛刺激		
应急响应			
储存	与强氧化剂、金属、食品和饲料分开存放		
重要数据	物理状态、外观：无色晶体或白色粉末 物理危险性：以粉末或颗粒形状与空气混合，可能发生粉尘爆炸 化学危险性：加热时，该物质分解生成氮氧化物的有毒烟雾。与强氧化剂发生反应。浸蚀某些金属和橡胶 职业接触限值：阈限值未制定标准。最高容许浓度：II(b)（未制定标准，但可提供数据）（德国，2009 年） 接触途径：该物质可通过吸入粉尘或气溶胶和经食入吸收到体内 吸入危险性：可较快地达到空气中颗粒物公害污染浓度 短期接触的影响：该物质刺激眼睛		
物理性质	熔点：在 220～245℃时分解 相对密度（水=1）：0.86 水中溶解度：20℃时 0.05g/100mL（难溶） 辛醇/水分配系数的对数值：-3.34；-5.01（计算值）		
环境数据			
注解			

IPCS
International
Programme on
Chemical Safety

国际化学品安全卡

安氟醚			ICSC 编号：0887
CAS 登记号：13838-16-9 RTECS 号：KN6800000		中文名称：安氟醚；2-氯-1,1,2-三氟乙基二氟甲基醚；2-氯-1-(二氟甲氧基)-1,1,2-三氟乙烷 英文名称：ENFLURANE; 2-Chloro-1,1,2-trifluoroethyl difluoromethyl ether; 2-Chloro-1-(difluoromethoxy)-1,1,2-trifluoroethane; Ethrane; Ether, 2-chloro-1,1,2-trifluoroethyl difluoromethyl	
分子量：184.5		化学式：$C_3H_2ClF_5O/CHF_2OCF_2CHClF$	
危害/接触类型	急性危害/症状	预防	急救/消防
火　灾	不可燃。在火焰中释放出刺激性或有毒烟雾（或气体）		周围环境着火时，使用适当的灭火剂
爆　炸			
接　触			
# 吸入	咳嗽。咽喉痛。倦睡。虚弱。神志不清。（见注解）	通风，局部排气通风或呼吸防护	新鲜空气，休息。必要时进行人工呼吸。给予医疗护理
# 皮肤	发红。皮肤干燥	防护手套	脱去污染的衣服。用大量水冲洗皮肤或淋浴
# 眼睛	发红。疼痛	安全护目镜，或眼睛防护结合呼吸防护	先用大量水冲洗几分钟（如可能尽量摘除隐形眼镜），然后就医
# 食入	（另见吸入）	工作时不得进食，饮水或吸烟	漱口。给予医疗护理
泄漏处置	通风。尽可能将泄漏液收集在可密闭的容器中。用砂土或惰性吸收剂吸收残液，并转移到安全场所。个人防护用具：自给式呼吸器		
包装与标志			
应急响应			
储存	保存在通风良好的室内		
重要数据	**物理状态、外观**：无色液体，有特殊气味 **物理危险性**：蒸气比空气重，可能积聚在低层空间，造成缺氧 **化学危险性**：加热时，该物质分解生成氯化氢、氟化氢有毒和腐蚀性烟雾。浸蚀某些塑料和橡胶 **职业接触限值**：阈限值：75ppm（时间加权平均值），A4（不能分类为人类致癌物）（美国政府工业卫生学家会议，2002 年）。最高容许浓度：20ppm；最高限值种类：II（8）；妊娠风险等级：C（德国，2002 年） **接触途径**：该物质可通过吸入其蒸气和经食入吸收到体内 **吸入危险性**：20℃时该物质蒸发相当快达到空气中有害污染浓度 **短期接触的影响**：该物质刺激眼睛、皮肤和呼吸道。该物质可能对中枢神经系统和心血管系统有影响。高浓度接触可能导致神志不清		
物理性质	沸点：56.5℃ 相对密度（水=1）：1.52 水中溶解度：微溶 蒸气压：20℃时 23.3kPa 蒸气相对密度（空气=1）：1.9 蒸气/空气混合物的相对密度（20℃，空气=1）：1.12 爆炸极限：空气中 4.25%～?%（体积）		
环境数据			
注解	其他名称有：Anesthetic compound no. 347，NCS-115944，Alyrane，Efrane 和 Ohio 347。其他 CAS 登记号：（+）安氟醚 CAS 登记号 22194-21-4；（-）安氟醚 CAS 登记号 22194-22-5。进入工作区域前，检验氧含量。空气中高浓度造成缺氧，有神志不清或死亡危险		

IPCS
International
Programme on
Chemical Safety

国际化学品安全卡

乙硫磷			ICSC 编号：0888
CAS 登记号：563-12-2 RTECS 号：TE4550000 UN 编号：3018 EC 编号：015-047-00-2 中国危险货物编号：3018 分子量：384.5	中文名称：乙硫磷；*O,O,O',O'*-四乙基-*S,S'*-亚甲基双二硫代磷酸酯 英文名称：ETHION; Diethion; *O, O, O',O'*-Tetraethyl *S,S'*-methylene-bisphosphorodithioate 化学式：$C_9H_{22}O_4P_2S_4$		
危害/接触类型	急性危害/症状	预防	急救/消防
火　灾	可燃的。含有机溶剂的液体制剂可能是易燃的。在火焰中释放出刺激性或有毒烟雾（或气体）	禁止明火	喷水，抗溶性泡沫，干粉，二氧化碳
爆　炸	如果配方中含有易燃/爆炸性溶剂，有着火和爆炸危险		
接　触		防止产生烟云！严格作业环境管理！避免青少年和儿童接触！	一切情况均向医生咨询！
# 吸入	瞳孔收缩，肌肉痉挛，过量流涎，出汗，恶心，眩晕，呼吸困难，惊厥，神志不清	通风，局部排气通风或呼吸防护	新鲜空气，休息，必要时进行人工呼吸，给予医疗护理
# 皮肤	可能被吸收！（见吸入）	防护手套，防护服	脱掉污染的衣服，冲洗，然后用水和肥皂洗皮肤，给予医疗护理
# 眼睛		面罩或眼睛防护结合呼吸防护	首先用大量水冲洗几分钟（如可能尽量摘除隐形眼镜），然后就医
# 食入	胃痉挛，腹泻，呕吐。（另见吸入）	工作时不得进食、饮水或吸烟，进食前洗手	催吐（仅对清醒病人!），给予医疗护理
泄漏处置	尽可能将泄漏液收集在有盖容器中。用砂土或惰性吸收剂吸收残液并转移到安全场所。不得冲入下水道。不要让该化学品进入环境。个人防护用具：全套防护服包括自给式呼吸器		
包装与标志	不要与食品和饲料一起运输。海洋污染物 **欧盟危险性类别**：T 符号　N 符号　R:21-25-50/53　　S:1/2-25-36/37-45-60-61 **联合国危险性类别**：6.1　　　**联合国包装类别**：II **中国危险性类别**：第 6.1 项　毒性物质　**中国包装类别**：II		
应急响应	运输应急卡：TEC(R)-61GT6-II		
储存	与食品和饲料分开存放。严格密封。　储存在没有排水管或下水道的场所。注意收容灭火产生的废水		
重要数据	**物理状态、外观**：无色液体 **化学危险性**：加热或燃烧时，该物质分解生成含磷氧化物、硫氧化物的有毒和腐蚀性烟雾 **职业接触限值**：阈限值 0.05mg/m^3（时间加权平均值）（经皮）；A4（不能分类为人类致癌物）；公布生物暴露指数（美国政府工业卫生学家会议，2008 年）。最高容许浓度未制定标准 **接触途径**：该物质可通过吸入其气溶胶，经皮肤和食入吸收到体内 **吸入危险性**：20℃时蒸发可忽略不计，但喷洒时可以较快地达到空气中颗粒物有害浓度 **短期接触的影响**：该物质可能对神经系统有影响，导致惊厥，呼吸衰竭。胆碱酯酶抑制剂。接触可能造成神志不清、死亡。影响可能推迟显现。需要进行医学观察 **长期或反复接触的影响**：胆碱酯酶抑制剂。可能有累积影响：见急性危害/症状		
物理性质	**熔点**：−12/ −13℃ **相对密度（水=1）**：1.2 **水中溶解度**：20℃时 0.0001g/100mL **蒸气压**：25℃时 0.0002Pa **辛醇/水分配系数的对数值**：5.073		
环境数据	该物质对水生生物有极高毒性。避免在非正常使用情况下释放到环境中		
注解	根据接触程度，建议定期进行医疗检查。该物质中毒时需采取必要的治疗措施。必须提供有指示说明的适当方法。如果该物质由溶剂配制，可参考该溶剂卡片。商业制剂中使用的载体溶剂可能改变其物理和毒理学性质。不要将工作服带回家中。商品名有 Nialate, Nigara 1240, Rhodocide 和 Vegfru fosmite		

IPCS
International
Programme on
Chemical Safety

国际化学品安全卡

乙基正丁基甲酮			ICSC 编号：0889
CAS 登记号：106-35-4 RTECS 号：MJ5250000 UN 编号：1224 EC 编号：606-003-00-9 中国危险货物编号：1224		中文名称：乙基正丁基甲酮；3-庚酮；丁基乙基甲酮 英文名称：ETHYL n-BUTYL KETONE; 3-Heptanone; Butyl ethyl ketone	
分子量：114.21		化学式：$C_7H_{14}O/CH_3(CH_2)_3COCH_2CH_3$	
危害/接触类型	急性危害/症状	预防	急救/消防
火　灾	易燃的	禁止明火、禁止火花和禁止吸烟	干粉、泡沫、二氧化碳
爆　炸	高于 46℃，可能形成爆炸性蒸气/空气混合物	高于 46℃，使用密闭系统、通风和防爆型电气设备	着火时，喷雾状水保持料桶等冷却
接　触			
# 吸入	咳嗽，头晕，头痛，咽喉痛，神志不清	通风，局部排气通风或呼吸防护	新鲜空气，休息，给予医疗护理
# 皮肤	皮肤干燥，发红	防护手套	脱去污染的衣服，用大量水冲洗皮肤或淋浴
# 眼睛	发红，疼痛	护目镜	先用大量水冲洗几分钟（如可能尽量摘除隐形眼镜），然后就医
# 食入		工作时不得进食，饮水或吸烟。进食前洗手	漱口，休息，给予医疗护理
泄漏处置	通风。尽可能将泄漏液收集在可密闭的金属容器中。用干砂土或惰性吸收剂吸收残液，并转移到安全场所。不要冲入下水道。个人防护用具：适用于有机蒸气的 A 过滤呼吸器		
包装与标志	欧盟危险性类别：Xn 符号　R:10-20-36　S:2-24 联合国危险性类别：3 中国危险性类别：第 3 类 易燃液体		
应急响应	运输应急卡：TEC(R)-30G35 美国消防协会法规：H1（健康危险性）；F2（火灾危险性）；R0（反应危险性）		
储存	通风。尽可能将泄漏液收集在可密闭的金属容器中。用干砂土或惰性吸收剂吸收残液，并转移到安全场所。不要冲入下水道。个人防护用具：适用于有机蒸气的 A 过滤呼吸器		
重要数据	物理状态、外观：无色液体，有特殊气味 职业接触限值：阈限值：50ppm（时间加权平均值）；75ppm（短期接触限值）（美国政府工业卫生学家会议，2008 年）。最高容许浓度：10ppm，47mg/m^3；最高限值类别：I(2)；妊娠风险等级：D（德国，2008 年） 接触途径：该物质可通过吸入其蒸气吸收到体内 吸入危险性：20℃时该物质蒸发，相当快地达到空气中有害污染浓度 短期接触的影响：该物质刺激眼睛、皮肤和呼吸道。该物质可能对中枢神经系统有影响。接触能够造成意识降低 长期或反复接触的影响：反复或长期与皮肤接触可能引起皮炎		
物理性质	沸点：147℃ 熔点：-39℃ 相对密度（水=1）：0.8 水中溶解度：微溶 蒸气压：25℃时 187Pa 蒸气相对密度（空气=1）：3.9 蒸气/空气混合物的相对密度（20℃，空气=1）：1.01 闪点：46℃（开杯）		
环境数据			
注解			

IPCS
International
Programme on
Chemical Safety

国际化学品安全卡

2-乙基己醇			ICSC 编号：0890
CAS 登记号：104-76-7 RTECS 号：MP0350000 分子量：130.3	中文名称：2-乙基己醇；2-乙基-1-己醇 英文名称：2-ETHYL HEXANOL; 2-Ethyl-1-hexanol; 2-Ethylhexyl alcohol 化学式：$C_8H_{18}O/CH_3(CH_2)_3CH(CH_2CH_3)CH_2OH$		
危害/接触类型	急性危害/症状	预防	急救/消防
火　灾	可燃的	禁止明火	干粉，水成膜泡沫，泡沫，二氧化碳
爆　炸	高于 73℃可能形成蒸气/空气爆炸性混合物	高于 73℃密闭系统，通风和防爆型电气设备	着火时喷雾状水保持料桶等冷却
接　触		防止烟云产生！	
# 吸入	咳嗽，头晕，头痛，咽喉痛，虚弱	通风，局部排气通风或呼吸防护	新鲜空气，休息，给予医疗护理
# 皮肤	发红	防护手套，防护服	脱去污染的衣服，用大量水冲洗皮肤或淋浴
# 眼睛	发红，疼痛	安全护目镜，或眼睛防护结合呼吸防护	先用大量水冲洗几分钟（如可能尽量摘除隐形眼镜），然后就医
# 食入	（见吸入）	工作时不得进食、饮水或吸烟	漱口，给予医疗护理
泄漏处置	尽可能将泄漏液收集在可密闭容器中。用砂土或惰性吸收剂吸收残液并转移到安全场所。不要让该化学品进入环境。个人防护用具：适用于有机气体和蒸气的过滤呼吸器		
包装与标志			
应急响应	美国消防协会法规：H2（健康危险性）；F2（火灾危险性）；R0（反应危险性）		
储存	与强氧化剂分开存放		
重要数据	物理状态、外观：无色液体，有特殊气味 化学危险性：与强氧化剂激烈反应 职业接触限值：阈限值未制定标准。最高容许浓度：20ppm，110mg/m³；最高限值种类：I（1）；妊娠风险等级：C（德国，2005 年） 接触途径：该物质可通过吸入其蒸气和食入吸收到体内 吸入危险性：未指明 20℃时该物质蒸发达到空气中有害浓度的速率 短期接触的影响：该物质刺激眼睛、皮肤和呼吸道。该物质可能对中枢神经系统有影响		
物理性质	沸点：184～185℃ 熔点：<-76℃ 相对密度（水=1）：0.83 水中溶解度：微溶 蒸气压：20℃时 48Pa 蒸气相对密度（空气=1）：4.5 闪点：73℃ 自燃温度：231℃ 爆炸极限：空气中 0.88%～9.7%（体积）		
环境数据	该物质对水生生物是有害的		
注解	该物质常被称为辛醇		

IPCS
International
Programme on
Chemical Safety

国际化学品安全卡

甲酰胺 ICSC 编号：0891

CAS 登记号：75-12-7 中文名称：甲酰胺

RTECS 号：LQ05250000 英文名称：FORMAMIDE; Methanamide; Carbamaldehyde

EC 编号：616-052-00-8

分子量：45 化学式：$CH_3NO/HCONH_2$

危害/接触类型	急性危害/症状	预防	急救/消防
火 灾	可燃的。在火焰中释放出刺激性或有毒烟雾（或气体）	禁止明火	干粉，抗溶性泡沫，雾状水，二氧化碳
爆 炸			
接 触		防止烟雾产生！避免孕妇接触！	
# 吸入	倦睡，头痛，恶心，神志不清	通风	新鲜空气，休息，必要时进行人工呼吸，给予医疗护理
# 皮肤	可能被吸收！发红	防护服	脱去污染的衣服，用大量水冲洗皮肤或淋浴
# 眼睛	发红	面罩	先用大量水冲洗几分钟（如可能尽量摘除隐形眼镜），然后就医
# 食入	腹部疼痛。（另见吸入）	工作时不得进食、饮水或吸烟。进食前洗手	漱口，休息，给予医疗护理
泄漏处置	尽可能将泄漏液收集在可密闭金属（非铜制）容器中。用大量水冲净残液		
包装与标志	欧盟危险性类别：T 符号 R：61 S：53-45		
应急响应	美国消防协会法规：H2（健康危险性）；F1（火灾危险性）；R（反应危险性）		
储存	与氧化剂分开存放。干燥		
重要数据	物理状态、外观：无色吸湿黏稠液体 化学危险性：燃烧时，生成氮氧化物有毒气体。加热到 180℃时，该物质分解生成氨、水、一氧化碳和氰化氢。与氧化剂发生反应。浸蚀金属如铝、铁、铜和天然橡胶 职业接触限值：阈限值：10ppm（经皮）（美国政府工业卫生学家会议，2004 年） 接触途径：该物质可通过吸入其蒸气、经皮肤和食入吸收到体内 吸入危险性：20℃时该物质蒸发不会或很缓慢地达到空气中有害污染浓度 短期接触的影响：该物质刺激眼睛和皮肤。该物质可能对中枢神经系统有影响 长期或反复接触的影响：动物实验表明，该物质可能对人类生殖造成毒性影响		
物理性质	沸点：210℃（分解） 熔点：2.5℃ 相对密度（水=1）：1.13 水中溶解度：易溶 蒸气压：20℃时约 2Pa 蒸气相对密度（空气=1）：1.6 闪点：154℃（开杯） 自燃温度：＞500℃ 爆炸极限：		
环境数据			
注解	根据接触程度，建议定期进行医疗检查		

IPCS
International
Programme on
Chemical Safety

国际化学品安全卡

D-山梨醇			ICSC 编号：0892
CAS 登记号：50-70-4 RTECS 号：LZ4290000	中文名称：D-山梨醇；六羟基醇 英文名称：*D*-SORBITOL; D-glucitol; Hexahydric alcohol; Glucitol		
分子量：182.2	化学式：$C_6H_{14}O_6$		

危害/接触类型	急性危害/症状	预防	急救/消防
火　灾	可燃的	禁止明火	周围环境着火时，使用适当的灭火剂
爆　炸	微细分散的颗粒物在空气中形成爆炸性混合物	防止粉尘沉积；密闭系统，防止粉尘爆炸型电气设备和照明	
接　触		防止粉尘扩散！	
# 吸入			
# 皮肤			
# 眼睛		安全护目镜，如为粉末，眼睛防护结合呼吸防护	
# 食入	胃痉挛。腹部疼痛。腹泻	工作时不得进食，饮水或吸烟	
泄漏处置	将泄漏物清扫进容器中		
包装与标志			
应急响应			
储存			
重要数据	物理状态、外观：白色吸湿的各种形态固体 职业接触限值：阈限值未制定标准 吸入危险性：扩散时，可较快达到空气中颗粒物公害污染浓度 短期接触的影响：该物质可能对胃肠道有影响		
物理性质	熔点：110～112℃ 密度：1.5g/cm^3 水中溶解度：20℃时 220g/100mL 辛醇/水分配系数的对数值：-2.2		
环境数据			
注解	虽然进行过广泛调查，但未发现接触该物质的健康影响		

IPCS
International
Programme on
Chemical Safety

国际化学品安全卡

石墨（天然）			ICSC 编号：0893
CAS 登记号：7782-42-5 RTECS 号：MD9659600		中文名称：石墨（天然）；黑铅 英文名称：GRAPHITE(NATURAL); Plumbago; Black lead; Mineral carbon	
化学式：C			
危害/接触类型	急性危害/症状	预防	急救/消防
火　灾	在特定情况下是可燃的	禁止明火	干粉，雾状水，泡沫，二氧化碳
爆　炸	微细分散的颗粒物在空气中形成爆炸性混合物	防止粉尘沉积、密闭系统、防止粉尘爆炸型电气设备和照明	着火时喷雾状水保持料桶等冷却
接　触		防止粉尘扩散！	
# 吸入	咳嗽	通风，局部排气通风或呼吸防护	新鲜空气，休息
# 皮肤	粗糙	防护手套	冲洗，然后用水肥皂清洗皮肤
# 眼睛		如为粉末，安全护目镜或眼睛防护结合呼吸防护	先用大量水冲洗几分钟（如可能尽量摘除隐形眼镜），然后就医
# 食入			漱口，休息
泄漏处置	将泄漏物清扫到容器中。如果适当，首先润湿防止扬尘。然后用大量水冲净残余物。个人防护用具：适用于惰性颗粒物的 P1 过滤呼吸器		
包装与标志			
应急响应			
储存	与强氧化剂分开存放。干燥。保存在通风良好的室内		
重要数据	**物理状态、外观**：黑色薄片，块，粉末或碎片 **物理危险性**：如果以粉末和颗粒形式与空气混合，可能发生粉尘爆炸 **职业接触限值**：阈限值：2mg/m^3（可吸入粉尘）（时间加权平均值）（美国政府工业卫生学家会议，2008 年）。 最高容许浓度：1.5mg/m^3（可达肺泡区的粉尘）；4mg/m^3（可进入下呼吸道的粉尘）；妊娠风险等级：C（德国，2008 年） **接触途径**：该物质可通过吸入吸收到体内 **吸入危险性**：20℃时蒸发可忽略不计，但是可较快地达到空气中颗粒物的有害浓度 **长期或反复接触的影响**：反复或长期吸入粉尘可能对肺产生损害，导致石墨尘肺		
物理性质	**升华点**：3652℃ **相对密度（水=1）**：2.09～2.23 **水中溶解度**：难溶		
环境数据			
注解	见合成石墨（CAS 登记号：7440-44-0）。合成石墨和天然石墨可以混合，许多石墨产品含有人工添加剂，如白硅石、黏土、煤和石油产品。天然石墨通常含有云母、氧化铁、花岗石和游离硅石杂质，含量在 2%～25%之间		

IPCS
International
Programme on
Chemical Safety

国际化学品安全卡

盐酸胍			ICSC 编号：0894
CAS 登记号：50-01-1 RTECS 号：MF4300000 EC 编号：607-148-00-0 分子量：95.5	中文名称：盐酸胍；氨基甲脒盐酸盐；胍盐酸盐 英文名称：GUANIDINE HYDROCHLORIDE; Aminoformamidine hydrochloride; Aminomethanamidine hydrochloride; Carbamidine hydrochloride; Iminourea hydrochloride 化学式：$CH_6ClN_3/CH_5N_3 \cdot ClH$		
危害/接触类型	急性危害/症状	预防	急救/消防
火　灾	可燃的	禁止明火	泡沫，干粉
爆　炸			
接　触		防止粉尘扩散！	
# 吸入	咳嗽	局部排气通风或呼吸防护	新鲜空气，休息
# 皮肤	发红	防护手套，防护服	用大量水冲洗皮肤或淋浴
# 眼睛	发红，疼痛	护目镜，或眼睛防护结合呼吸防护	先用大量水冲洗几分钟（如可能尽量摘除隐形眼镜），然后就医
# 食入	腹泻	工作时不得进食，饮水或吸烟	漱口，大量饮水，催吐（仅对清醒病人！）
泄漏处置	将泄漏物清扫进容器中。如果适当，首先润湿防止扬尘。用大量水冲净残余物。个人防护用具：适用于有害颗粒物的 P2 过滤呼吸器		
包装与标志	欧盟危险性类别：Xn 符号　R:22-36/38　S:2-22		
应急响应			
储存	严格密封。干燥		
重要数据	物理状态、外观：吸湿的晶体粉末 化学危险性：燃烧时，生成含氯化氢和氮氧化物有毒和腐蚀性烟雾。水溶液是一种弱酸 职业接触限值：阈限值未制定标准。最高容许浓度未制定标准 接触途径：该物质可经食入吸收到体内 吸入危险性：20℃时蒸发可忽略不计，但扩散时可较快地达到空气中颗粒物有害浓度 短期接触的影响：该物质刺激眼睛和皮肤		
物理性质	熔点：178～185℃ 密度：$1.3g/cm^3$ 水中溶解度：20℃时 215g/100mL 辛醇/水分配系数的对数值：-1.7		
环境数据			
注解	该物质对人体健康影响数据不充分，因此应当特别注意		

IPCS
International
Programme on
Chemical Safety

国际化学品安全卡

六氯苯			ICSC 编号：0895
CAS 登记号：118-74-1 RTECS 号：DA2975000 UN 编号：2729 EC 编号：602-065-00-6 中国危险货物编号：2729 分子量：284.8		中文名称：六氯苯；全氯苯；HCB；五氯苯基氯化物 英文名称：HEXACHLOROBENZENE; Perchlorobenzene; HCB; Pentachlorophenylchloride; Phenyl perchloryl 化学式：C_6Cl_6	
危害/接触类型	**急性危害/症状**	**预防**	**急救/消防**
火　灾	可燃的	禁止明火	雾状水，泡沫，干粉，二氧化碳
爆　炸			
接　触		防止粉尘扩散！避免一切接触！	
# 吸入		局部排气通风或呼吸防护	新鲜空气，休息，给予医疗护理
# 皮肤	可能被吸收！	防护手套，防护服	冲洗，然后用水和肥皂清洗皮肤，给予医疗护理
# 眼睛		面罩，或眼睛防护结合呼吸防护	先用大量水冲洗几分钟（如可能尽量摘除隐形眼镜），然后就医
# 食入		工作时不得进食，饮水或吸烟	漱口，给予医疗护理
泄漏处置	将泄漏物清扫进可密闭容器中。如果适当，首先润湿防止扬尘。小心收集残余物，然后转移到安全场所。不要让该化学品进入环境。化学防护服。个人防护用具：适用于有毒颗粒物的 P3 过滤呼吸器		
包装与标志	不得与食品和饲料一起运输 欧盟危险性类别：T 符号 N 符号 标记：E　R:45-48/25-50/53　S:53-45-60-61 联合国危险性类别：6.1 联合国包装类别：III 中国危险性类别：第 6.1 项毒性物质 中国包装类别：III		
应急响应	运输应急卡：TEC(R)-61GT2-III		
储存	与食品和饲料分开存放。严格密封		
重要数据	物理状态、外观：无色至白色各种形态固体 化学危险性：加热时，该物质分解生成有毒烟雾 职业接触限值：阈限值：0.002mg/m³（时间加权平均值）（经皮）；A3（确认的动物致癌物，但未知与人类相关性）（美国政府工业卫生学家会议，2004 年）。最高容许浓度：皮肤吸收；致癌物类别：4；妊娠风险等级：D（德国，2004 年） 接触途径：该物质可通过吸入其气溶胶，经皮肤和食入吸收到体内 吸入危险性：20℃时蒸发可忽略不计，但喷洒时可较快地达到空气中颗粒物有害浓度 长期或反复接触的影响：该物质可能对肝和神经系统有影响，导致器官功能损伤和皮肤损害。该物质可能是人类致癌物。动物实验表明，该物质可能对人类生殖造成毒性影响		
物理性质	沸点：323～326℃ 熔点：231℃ 密度：1.21g/cm³ 水中溶解度：20℃时 0.0000005g/100mL 蒸气压：20℃时 0.001Pa 蒸气相对密度（空气=1）：9.8 闪点：242℃（闭杯） 辛醇/水分配系数的对数值：5.5～6.2		
环境数据	该物质对水生生物有极高毒性。在对人类重要的食物链中发生生物蓄积作用，特别是在植物和鱼中。该物质可能在水生环境中造成长期影响。避免非正常使用情况下释放到环境中		
注解	根据接触程度，建议定期进行医疗检查。不要将工作服带回家中。商品名称有：Amatin, Anticarie, Bunt-cure, No Bunt 80, Bunt-no-more (Dow chemicals), Co-op-hexa (Bayer chemicals), Sanocide 和 Snieciotox		

IPCS
International
Programme on
Chemical Safety

国际化学品安全卡

<table>
<tr><td colspan="2">六氯丁二烯</td><td colspan="2">ICSC 编号：0896</td></tr>
<tr><td colspan="2">CAS 登记号：87-68-3
RTECS 号：EJ0700000
UN 编号：2279
中国危险货物编号：2279</td><td colspan="2">中文名称：六氯丁二烯；1,1,2,3,4,4-六氯-1,3-丁二烯；六氯-1,3-丁二烯；全氯丁二烯
英文名称：HEXACHLOROBUTADIENE; 1,1,2,3,4,4,-Hexachloro-1,3-butadiene; Perchlorobutabiene</td></tr>
<tr><td colspan="2">分子量：260.8</td><td colspan="2">化学式：$C_4Cl_6/CCl_2=CClCCl=CCl_2$</td></tr>
<tr><td>危害/接触类型</td><td>急性危害/症状</td><td>预防</td><td>急救/消防</td></tr>
<tr><td>火 灾</td><td>可燃的。在火焰中释放出刺激性或有毒烟雾（或气体）</td><td>禁止明火</td><td>干粉，雾状水，泡沫，二氧化碳</td></tr>
<tr><td>爆 炸</td><td></td><td></td><td>着火时喷雾状水保持料桶等冷却</td></tr>
<tr><td>接 触</td><td></td><td>避免一切接触！</td><td></td></tr>
<tr><td># 吸入</td><td>灼烧感，咳嗽，咽喉痛，昏迷。症状可能推迟显现。（见注解）</td><td>通风，局部排气通风或呼吸防护</td><td>新鲜空气，休息，给予医疗护理</td></tr>
<tr><td># 皮肤</td><td>可能被吸收！发红，疼痛，水疱，皮肤烧伤</td><td>防护手套，防护服</td><td>脱去污染的衣服，用大量水冲洗皮肤或淋浴，给予医疗护理</td></tr>
<tr><td># 眼睛</td><td>疼痛，发红，严重深度烧伤，视力丧失</td><td>面罩，或眼睛防护结合呼吸防护</td><td>先用大量水冲洗几分钟（如可能尽量摘除隐形眼镜），然后就医</td></tr>
<tr><td># 食入</td><td>灼烧感，腹痛，休克或虚脱</td><td>工作时不得进食、饮水或吸烟</td><td>漱口，催吐（仅对清醒病人），大量饮水，给予医疗护理</td></tr>
<tr><td>泄漏处置</td><td colspan="3">尽可能将泄漏液收集在可密闭容器内。用砂土或惰性吸收剂吸收残液，并转移到安全场所处。不要让该化学物质进入环境。个人防护用具：自给式呼吸器</td></tr>
<tr><td>包装与标志</td><td colspan="3">不得与食品和饲料一起运输。严重污染海洋物质
联合国危险性类别：6.1　　联合国包装类别：III
中国危险性类别：第 6.1 项 毒性物质 中国包装类别：III</td></tr>
<tr><td>应急响应</td><td colspan="3">运输应急卡：TEC（R）-613
美国消防协会法规：H2（健康危险性）；F1（火灾危险性）；R1（反应危险性）</td></tr>
<tr><td>储存</td><td colspan="3">与食品和饲料分开存放。沿地面通风。严格密封。储存在没有排水管或下水道的场所。注意收容灭火产生的废水</td></tr>
<tr><td>重要数据</td><td colspan="3">物理状态、外观：无色液体，有特殊气味
物理危险性：蒸气比空气重
化学危险性：燃烧时，该物质分解生成氯化氢和光气有毒和腐蚀性烟雾。浸蚀橡胶和某些塑料
职业接触限值：阈限值：0.02ppm、0.21mg/m^3，A2（可疑人类致癌物）（时间加权平均值）（经皮）（美国政府工业卫生学家会议，1997 年）。 最高容许浓度：皮肤吸收；致癌物类别：3B（德国，2008 年）
接触途径：该物质可通过吸入其蒸气、经皮肤和食入吸收到体内
吸入危险性：20℃时该物质蒸发可相当快达到空气中有害污染浓度
短期接触的影响：蒸气刺激眼睛，皮肤和呼吸道。液体有腐蚀性。该物质可能对肾有影响
长期或反复接触的影响：反复或长期接触可能引起皮肤过敏。可能引起人类遗传损害</td></tr>
<tr><td>物理性质</td><td colspan="3">沸点：212℃
熔点：−18℃
相对密度（水=1）：1.68
水中溶解度：不溶
蒸气压：20℃时 20Pa
蒸气相对密度（空气=1）：9.0
蒸气/空气混合物的相对密度（20℃，空气=1）：1.00
闪点：90℃
自燃温度：610℃
辛醇/水分配系数的对数值：4.90</td></tr>
<tr><td>环境数据</td><td colspan="3">该物质对水生生物是有毒的。在人类重要的食物链中发生生物蓄积，特别是在鱼体内。该物质可能对水生环境有长期影响</td></tr>
<tr><td>注解</td><td colspan="3"></td></tr>
<tr><td colspan="4">IPCS
International
Programme on
Chemical Safety    </td></tr>
<tr><td colspan="4">本卡片由 IPCS 和 EC 合作编写 © 2004～2012</td></tr>
</table>

国际化学品安全卡

硫酸胺	ICSC 编号：0897
CAS 登记号：10046-00-1 UN 编号：3077 EC 编号：612-123-00-2 中国危险货物编号：3077	**中文名称**：硫酸胺；硫酸氢羟基铵；硫酸二（羟基胺）；硫酸羟基胺(1:1)；硫酸氢氧化胺 **英文名称**：HYDROXYLAMINE HYDROSULPHATE; Hydroxylammonium hydrogensulfate; Di (hydroxylamine) sulfate; Hydroxylamine sulfate (1:1); Hydroxylamine sulfate
分子量：131.1	化学式：$H_5NO_5S/NH_2OH \cdot H_2SO_4$

危害/接触类型	急性危害/症状	预防	急救/消防
火　灾	不可燃。在火焰中释放出刺激性或有毒烟雾（或气体）	禁止明火	干粉，抗溶性泡沫，大量水，二氧化碳
爆　炸			着火时，喷雾状水保持料桶等冷却
接　触		防止粉尘扩散！	
# 吸入	嘴唇发青或指甲发青。皮肤发青。意识模糊。头晕。头痛。恶心。见食入	通风，局部排气通风或呼吸防护	新鲜空气，休息。给予医疗护理
# 皮肤	发红。疼痛	防护手套	脱去污染的衣服。用大量水冲洗皮肤或淋浴。给予医疗护理
# 眼睛	发红	安全护目镜，或眼睛防护结合呼吸防护	先用大量水冲洗几分钟（如可能尽量摘除隐形眼镜），然后就医
# 食入		工作时不得进食，饮水或吸烟	漱口。用水冲服活性炭浆。给予医疗护理

泄漏处置	将泄漏物清扫进容器中。小心收集残余物，然后转移到安全场所。不要让该化学品进入环境。个人防护用具：适用于有害颗粒物的 P2 过滤呼吸器
包装与标志	**欧盟危险性类别**：Xn 符号 N 符号　R:22-36/38-43-48/22-50　S:2-22-24-37-61 **联合国危险性类别**：9　**联合国包装类别**：III **中国危险性类别**：第 9 类 杂项危险物质和物品　**中国包装类别**：III
应急响应	**运输应急卡**：TEC(R)-90GM7-III
储存	与强碱分开存放。储存在没有排水管或下水道的场所
重要数据	**物理状态、外观**：白色至棕色吸湿的晶体 **化学危险性**：加热时，该物质分解生成腐蚀性烟雾。该物质是一种弱酸。浸蚀许多金属，生成易燃/爆炸性气体（氢，见卡片#0001） **职业接触限值**：阈限值未制定标准 **接触途径**：该物质可通过吸入其气溶胶吸收到体内 **吸入危险性**：扩散时可较快地达到空气中颗粒物有害浓度 **短期接触的影响**：该物质刺激皮肤。该物质可能对血液有影响，导致形成正铁血红蛋白。吸入该物质可能引起肺水肿。见注解 **长期或反复接触的影响**：反复或长期接触可能引起皮肤过敏
物理性质	**沸点**：沸点以下在 57℃分解 **熔点**：57℃（分解） **相对密度（水=1）**：1.9 **水中溶解度**：溶解
环境数据	物质对水生生物有极高毒性。强烈建议不要让该化学品进入环境
注解	根据接触程度，建议定期进行医学检查。肺水肿症状常常经过几个小时以后才变得明显，体力劳动使症状加重。因而休息和医学观察是必要的。该物质中毒时，需采取必要的治疗措施，必须提供有指示说明的适当方法

IPCS
International
Programme on
Chemical Safety

国际化学品安全卡

<table>
<tr><td colspan="2">硫酸羟胺</td><td colspan="2">ICSC 编号：0898</td></tr>
<tr><td colspan="2">CAS 登记号：10039-54-0
RTECS 号：NC5425000
UN 编号：2865
EC 编号：612-123-00-2
中国危险货物编号：2865

分子量：164.1</td><td colspan="2">中文名称：硫酸羟胺；硫酸化羟氨
英文名称：BIS(HYDROXYLAMINE) SULFATE; Oxammonium sulphate

化学式：$(NH_2OH)_2 \cdot H_2SO_4$</td></tr>
<tr><td>危害/接触类型</td><td>急性危害/症状</td><td>预防</td><td>急救/消防</td></tr>
<tr><td>火　灾</td><td>可燃的。在火焰中释放出刺激性或有毒烟雾（或气体）</td><td>禁止明火</td><td>干粉，抗溶性泡沫，大量水，二氧化碳</td></tr>
<tr><td>爆　炸</td><td></td><td></td><td>着火时，喷雾状水保持料桶等冷却</td></tr>
<tr><td>接　触</td><td></td><td>避免一切接触！</td><td></td></tr>
<tr><td># 吸入</td><td>见食入</td><td>通风，局部排气通风或呼吸防护</td><td>新鲜空气，休息。给予医疗护理</td></tr>
<tr><td># 皮肤</td><td>可能被吸收！发红</td><td>防护手套。防护服</td><td>脱去污染的衣服。用大量水冲洗皮肤或淋浴。给予医疗护理</td></tr>
<tr><td># 眼睛</td><td>发红。疼痛</td><td>安全护目镜，或眼睛防护结合呼吸防护</td><td>先用大量水冲洗几分钟（如可能尽量摘除隐形眼镜），然后就医</td></tr>
<tr><td># 食入</td><td>嘴唇发青或指甲发青。皮肤发青。意识模糊。惊厥。头晕。头痛。恶心。神志不清</td><td>工作时不得进食，饮水或吸烟</td><td>漱口。用水冲服活性炭浆。催吐（仅对清醒病人！）。给予医疗护理</td></tr>
<tr><td>泄漏处置</td><td colspan="3">将泄漏物清扫进容器中。小心收集残余物，然后转移到安全场所。不要让该化学品进入环境。个人防护用具：适用于有害颗粒物的 P2 过滤呼吸器</td></tr>
<tr><td>包装与标志</td><td colspan="3">污染海洋物质
欧盟危险性类别：Xn 符号 N 符号　R:22-36/38-43-48/22-50　S:2-22-24-37-61
联合国危险性类别：8　联合国包装类别：III
中国危险性类别：第 8 类腐蚀性物质　中国包装类别：III</td></tr>
<tr><td>应急响应</td><td colspan="3">运输应急卡：TEC(R)-80GC2-II+III</td></tr>
<tr><td>储存</td><td colspan="3">与氧化剂、硝酸盐、亚硝酸盐和可燃物质分开存放</td></tr>
<tr><td>重要数据</td><td colspan="3">物理状态、外观：白色晶体或粉末
化学危险性：与高温表面或火焰接触时，该物质分解生成硫氧化物腐蚀性烟雾。水溶液是一种中强酸。该物质是一种强还原剂，与氧化剂、金属粉末、硝酸盐，亚硝酸盐和重金属盐激烈反应
职业接触限值：阈限值未制定标准
接触途径：该物质可通过吸入其气溶胶，经皮肤和食入吸收到体内
吸入危险性：扩散时可较快达到空气中颗粒物有害浓度
短期接触的影响：该物质刺激眼睛和皮肤。该物质可能对血液有影响，导致形成正铁血红蛋白
长期或反复接触的影响：反复或长期接触可能引起皮肤过敏。该物质可能对血液有影响，导致贫血</td></tr>
<tr><td>物理性质</td><td colspan="3">熔点：120℃（分解）
密度：1.88g/cm^3
水中溶解度：20℃时 58.7g/100mL
辛醇/水分配系数的对数值：-3.6</td></tr>
<tr><td>环境数据</td><td colspan="3">该物质对水生生物是有毒的</td></tr>
<tr><td>注解</td><td colspan="3">根据接触程度，建议定期进行医疗检查。该物质中毒时需采取必要的治疗措施。必须提供有指示说明的适当方法</td></tr>
</table>

IPCS
International
Programme on
Chemical Safety

国际化学品安全卡

丙烯酸（-2-羟丙基酯） ICSC 编号：0899

CAS 登记号：999-61-1
RTECS 号：AT1925000
UN 编号：2927
EC 编号：607-108-00-2
中国危险货物编号：2927

中文名称：丙烯酸(-2-羟丙基)酯；丙烯酸-*β*-羟丙基酯；1,2-丙二醇-1-丙烯酸酯；丙烯酸-2-羟基丙基酯；丙二醇单丙烯酸酯
英文名称：2-HYDROXYPROPYL ACRYLATE; beta-Hydroxypropyl acrylate; 1,2-propanediol-1-acrylate; Acrylic acid, 2-hydroxypropyl ester; Propylene glycol monoacrylate

分子量：130.2

化学式：$C_6H_{10}O_3/CH_2{=}CHCOOCH_2CH(CH_3)OH$

危害/接触类型	急性危害/症状	预防	急救/消防
火　灾	可燃的。在火焰中释放出刺激性或有毒烟雾（或气体）	禁止明火	雾状水，干粉，抗溶性泡沫，二氧化碳
爆　炸	高于 65℃，可能形成爆炸性蒸气/空气混合物	高于 65℃，使用密闭系统、通风	着火时，喷雾状水保持料桶等冷却
接　触		避免一切接触！防止产生烟云！	
# 吸入	咳嗽。咽喉痛。灼烧感。呼吸短促。呼吸困难	通风，局部排气通风或呼吸防护	新鲜空气，休息。半直立体位。立即给予医疗护理
# 皮肤	可能被吸收！发红。疼痛。皮肤烧伤。水疱	防护手套。防护服	脱去污染的衣服。用大量水冲洗皮肤或淋浴。立即给予医疗护理
# 眼睛	发红。疼痛。视力模糊。严重深度烧伤	面罩，或眼睛防护结合呼吸防护	用大量水冲洗（如可能尽量摘除隐形眼镜）。立即给予医疗护理
# 食入	口腔和咽喉烧伤。腹部疼痛。呕吐。休克或虚脱	工作时不得进食，饮水或吸烟	漱口。不要催吐。立即给予医疗护理

泄漏处置	将泄漏液收集在有盖的容器中。用砂土或惰性吸收剂吸收残液，并转移到安全场所。不要让该化学品进入环境。个人防护用具：全套防护服包括自给式呼吸器
包装与标志	不得与食品和饲料一起运输 **欧盟危险性类别**：T 符号 标记：C 和 D R:23/24/25-34-43 S:1/2-26-36/37/39-45 **联合国危险性类别**：6.1 **联合国次要危险性**:8 **联合国包装类别**：I **中国危险性类别**：第 6.1 项 毒性物质 **中国次要危险性**：第 8 类 腐蚀性物质 **中国包装类别**：I
应急响应	**美国消防协会法规**：H3（健康危险性）；F1（火灾危险性）；R2（反应危险性）
储存	与食品和饲料分开存放。阴凉场所。保存在暗处。只能稳定后储存。（见注解）。注意收容灭火产生的废水。储存在没有排水管或下水道的场所
重要数据	**物理状态、外观**：无色液体 **化学危险性**：受热和在光、过氧化物的作用下，该物质可能发生聚合。加热时该物质分解，生成含有丙烯醛的有毒和腐蚀性烟雾。与强酸、强碱、强氧化剂和过氧化物发生激烈反应，有着火的危险 **职业接触限值**：阈限值：0.5ppm。最高容许浓度未制定标准 **接触途径**：该物质可经皮肤和经食入吸收到体内。各种接触途径均产生严重的局部影响 **吸入危险性**：20℃时，该物质蒸发相当慢地达到空气中有害污染浓度 **短期接触的影响**：该物质腐蚀眼睛、皮肤、和呼吸道。食入有腐蚀性。吸入可能引起肺水肿，但只在对眼睛和/或呼吸道的最初腐蚀性影响已经显现后。如果吞咽该物质，可能引起呕吐，导致吸入性肺炎。见注解 **长期或反复接触的影响**：反复或长期与皮肤接触可能引起皮炎。反复或长期接触可能引起皮肤过敏。见注解
物理性质	**沸点**：191℃ **相对密度（水=1）**：1.1 **水中溶解度**：25℃时 100g/100mL（溶解） **蒸气压**：20℃时 5Pa **蒸气相对密度（空气=1）**：4.5 **蒸气/空气混合物的相对密度**（20℃，空气=1）：1.0 **闪点**：65℃ **爆炸极限**：空气中 1.4%～?%（体积） **辛醇/水分配系数的对数值**：0.35
环境数据	该物质对水生生物是有毒的。强烈建议不要让该化学品进入环境
注解	不要将工作服带回家中。可能与其他丙烯酸盐引起皮肤交叉过敏。添加稳定剂或阻聚剂会影响该物质的毒理学性质，向专家咨询。酚类阻聚剂的效果取决于氧的存在。储存在空气中而不是惰性气体中。见丙烯酸羟丙基酯，异构体（见国际化学品安全卡#1742）

IPCS
International
Programme on
Chemical Safety

国际化学品安全卡

碘苯腈			ICSC 编号：0900
CAS 登记号：1689-83-4 RTECS 号：DI4025000 UN 编号：2588 EC 编号：608-007-00-6 中国危险货物编号：2588 分子量：370.9	中文名称：碘苯腈；4-羟基-3,5-二碘苯甲腈；4-羟基-3,5-二碘苯基氰；4-氰基-2,6-二碘苯酚 英文名称：IOXYNIL; 4-Hydroxy-3,5-diiodobenzonitrile; 4-Hydroxy-3,5-diiodophenyl cyanide; 4-Cyano-2,6-diiodophenol 化学式：$C_7H_3I_2NO$		
危害/接触类型	急性危害/症状	预防	急救/消防
火　灾	可燃的。在火焰中释放出刺激性或有毒烟雾（或气体）。含有机溶剂的液体制剂可能是易燃的	禁止明火	干粉，雾状水，泡沫，二氧化碳
爆　炸	微细分散的颗粒物在空气中形成爆炸混合物	防止粉尘沉积，密闭系统，防止粉尘爆炸型电气设备和照明	
接　触		严格作业环境管理！避免孕妇接触！避免青少年和儿童接触！	一切情况均向医生咨询
# 吸入	头晕，头痛，出汗，呕吐，虚弱，发烧	局部排气通风或呼吸防护	新鲜空气，休息，给予医疗护理
# 皮肤	可能被吸收！疼痛，发红	防护手套，防护服	脱去污染的衣服，冲洗，然后用水和肥皂洗皮肤，并给予医疗护理
# 眼睛	疼痛，发红	安全护目镜或面罩	先用大量水冲洗几分钟（如可能尽量摘除隐形眼镜），然后就医
# 食入	（另见吸入）	工作时不得进食、饮水或吸烟。进食前洗手	催吐（仅对清醒病人），给予医疗护理
泄漏处置	将泄漏物收集到容器中。如果适当，首先润湿防止扬尘。小心收集残余物，然后转移到安全场所。不要让该化学品进入环境。个人防护用具：适用于有毒颗粒物的 P3 过滤呼吸器		
包装与标志	不得与食品和饲料一起运输。污染海洋物质 欧盟危险性类别：T 符号　N 符号　R:21-23/25-36-48/22-63-50/53　S:1/2-36/37-45-60-61-63 联合国危险性类别：6.1　联合国包装类别：III 中国危险性类别：第 6.1 项毒性物质　中国包装类别：III		
应急响应	运输应急卡：TEC（R）-61GT7-III 美国消防协会法规：H2（健康危险性）；F1（火灾危险性）；R0（反应危险性）		
储存	注意收容灭火产生的废水。与强氧化剂、食品和饲料分开存放		
重要数据	物理状态、外观：无气味，无色晶体 物理危险性：如果以粉末或颗粒形式与空气混合，可能发生粉尘爆炸 化学危险性：燃烧时，该物质分解生成碘化物、氰化物和氮氧化物有毒烟雾 职业接触限值：阈限值未制定标准 接触途径：该物质可通过吸入其气溶胶、经皮肤和食入吸收到体内 吸入危险性：未指明 20℃时该物质蒸发达到有害空气污染浓度的速率 短期接触的影响：该物质轻微刺激眼睛和皮肤 长期或反复接触的影响：动物实验表明，该物质可能造成人类婴儿畸形		
物理性质	熔点：212～213℃ 水中溶解度：不溶 蒸气压：20℃时＜0.001Pa 辛醇/水分配系数的对数值：3.51		
环境数据	该物质对水生生物是有毒的。避免非正常使用时释放到环境中		
注解	商业制剂中使用的载体溶剂可能改变其物理和毒理学性质。商品名称有：Actril, Bantrol, Certol, Lotril 和 Toxynil		

IPCS
International
Programme on
Chemical Safety

国际化学品安全卡

异丁烷	ICSC 编号：0901
CAS 登记号：75-28-5 RTECS 号：TZ4300000 UN 编号：1969 EC 编号：601-004-00-0 中国危险货物编号：1969	中文名称：异丁烷；2-甲基丙烷；1,1-二甲基乙烷；三甲基甲烷（钢瓶） 英文名称：ISOBUTANE; 2-Methylpropane; 1,1-Dimethylethane; Trimethylmethane (cylinder)
分子量：58.1	化学式：$C_4H_{10}/(CH_3)_2CHCH_3$

危害/接触类型	急性危害/症状	预防	急救/消防
火　灾	极易燃	禁止明火、禁止火花和禁止吸烟	切断气源，如不可能并对周围环境无危险，让火自行燃尽。其他情况雾状水灭火
爆　炸	气体/空气混合物有爆炸性	密闭系统、通风、防爆型电气设备和照明。如果为液体，防止静电荷积聚（例如，通过接地）	着火时，喷雾状水保持钢瓶冷却。从掩蔽位置灭火
接　触			
# 吸入	气促，窒息	通风，局部排气通风或呼吸防护	新鲜空气，休息，给予医疗护理
# 皮肤	与液体接触：冻伤	保温手套，防护服	冻伤时，用大量水冲洗，不要脱去衣服，给予医疗护理
# 眼睛		护目镜，面罩	先用大量水冲洗几分钟（如可能尽量摘除隐形眼镜），然后就医
# 食入		工作时不得进食，饮水或吸烟	
泄漏处置	撤离危险区域！向专家咨询！通风。移除全部引燃源。切勿直接向液体上喷水。个人防护用具：适用于低沸点有机蒸气的过滤呼吸器		
包装与标志	欧盟危险性类别：F+符号 标记：C　R:12　S:2-9-16 联合国危险性类别：2.1 中国危险性类别：第 2.1 项 易燃气体		
应急响应	运输应急卡：TEC(R)-501 美国消防协会法规：H1（健康危险性）;F4（火灾危险性）;R0（反应危险性）		
储存	耐火设备（条件）。阴凉场所		
重要数据	物理状态、外观：无色压缩液化气体，有特殊气味 物理危险性：气体比空气重，可能沿地面流动，可能造成远处着火。由于流动、搅拌等，可能产生静电 化学危险性：与强氧化剂，乙炔，卤素和氧化亚氮发生反应，有着火和爆炸的危险 职业接触限值：阈限值：（脂肪烃气体，*C*1～*C*4 烷）1000ppm（时间加权平均值）。最高容许浓度：1000ppm，2400mg/m^3；最高限值种类：II(4)；妊娠风险等级：D（德国，2008 年） 接触途径：该物质可通过吸入吸收到体内 吸入危险性：容器漏损时，迅速达到空气中该气体的有害浓度 短期接触的影响：液体迅速蒸发可能引起冻伤。该物质可能对心血管系统有影响，导致功能损伤和呼吸衰竭。高浓度下接触可能导致死亡		
物理性质	沸点：-12℃ 熔点：-160℃ 相对密度（水=1）：0.6（液体） 水中溶解度：20℃时不溶 蒸气压：20℃时 304kPa 蒸气相对密度（空气=1）：2 闪点：易燃气体 自燃温度：460℃ 爆炸极限：空气中 1.8%～8.4%（体积） 辛醇/水分配系数的对数值：2.8		
环境数据			
注解	转动泄漏钢瓶使漏口朝上，防止液态气体逸出。预防一节提到的措施也适用于该气体的生产、钢瓶灌装和贮存		

IPCS
International
Programme on
Chemical Safety

本卡片由 **IPCS** 和 **EC** 合作编写 © 2004～2012

国际化学品安全卡

异丁基醛			ICSC 编号：0902
CAS 登记号：78-84-2 RTECS 号：NQ4025000 UN 编号：2045 中国危险货物编号：2045	中文名称：异丁基醛；2-甲基-1-丙醛；异丁醛 英文名称：ISOBUTYRALDEHYDE; 2-Methyl-l-propanal; Isobutanal		
分子量：72.1	化学式：$C_4H_8O/(CH_3)_2CHCHO$		
危害/接触类型	急性危害/症状	预防	急救/消防
火　灾	高度易燃。在火焰中释放出刺激性或有毒烟雾（或气体）	禁止明火、禁止火花和禁止吸烟	干粉，水成膜泡沫，泡沫，二氧化碳
爆　炸	蒸气/空气混合物有爆炸性	使用密闭系统，通风，防爆型电气设备与照明。不要使用压缩空气灌装，卸料或转运	着火时，喷雾状水保持料桶等冷却
接　触		严格作业环境管理！	一切情况均向医生咨询！
# 吸入	咽喉疼痛，咳嗽，灼烧感，气促，呼吸困难。症状可能推迟显现。（见注解）	通风，局部排气通风或呼吸防护	新鲜空气，休息，必要时进行人工呼吸，给予医疗护理
# 皮肤	疼痛，发红，起疱，皮肤烧伤	防护手套，防护服	用大量水冲洗皮肤或淋浴，给予医疗护理
# 眼睛	疼痛，发红，严重深度烧伤，视力丧失	护目镜，面罩	首先用大量水冲洗几分钟（如可能尽量摘除隐形眼镜），然后就医
# 食入	灼烧感，胃痉挛，休克或虚脱	工作时不得进食、饮水或吸烟	漱口，不要催吐，大量饮水，给予医疗护理
泄漏处置	大量泄漏时，撤离危险区域。尽可能将泄漏液收集在有盖容器中。用砂土或惰性吸收剂吸收残液并转移到安全场所。不得冲入下水道。个人防护用具：全套防护服包括自给式呼吸器		
包装与标志	联合国危险性类别：3　联合国包装类别：I 中国危险性类别：第 3 类易燃液体　中国包装类别：I		
应急响应	运输应急卡：TEC(R)-693 美国消防协会法规：H2（健康危险性）；F3（火灾危险性）；R1（反应危险性）		
储存	耐火设备（条件）。与强氧化剂、强碱、强酸、强还原剂分开存放。严格密封。		
重要数据	物理状态、外观：无色液体，有刺鼻气味 物理危险性：蒸气比空气重，可能沿地面流动，可能造成远处着火 化学危险性：加热或燃烧时，该物质分解生成辛辣烟雾。与氧化剂、强还原剂和强碱发生反应 职业接触限值：阈限值未制定标准。最高容许浓度未制定标准 接触途径：该物质可通过吸入和食入吸收到体内 短期接触的影响：该物质腐蚀眼睛、皮肤和呼吸道。食入有腐蚀性。吸入可能引起肺水肿（见注解）。接触该物质可能造成死亡。需要进行医学观察		
物理性质	沸点：63～64℃ 熔点：-65℃ 相对密度（水=1）：0.8 水中溶解度：20℃时 6.7g/100mL 蒸气压：20℃时 15.3kPa 蒸气相对密度（空气=1）：2.5 蒸气/空气混合物的相对密度（20℃，空气=1）：1.2 闪点：-25℃ 自燃温度：196℃ 爆炸极限：空气中 1.6%～10.6%（体积） 辛醇/水分配系数的对数值：1.2		
环境数据			
注解	肺水肿症状常常经过几小时以后才变得明显，体力劳动使症状加重。因此休息和医学观察是必要的。应考虑由医生或医生指定人立即采取适当吸入治疗法。用大量水冲洗污染的衣服（有着火危险）		

IPCS
International
Programme on
Chemical Safety

国际化学品安全卡

异丁酸			ICSC 编号：0903
CAS 登记号：79-31-2 RTECS 号：NQ4375000 UN 编号：2529 EC 编号：607-063-00-9 中国危险货物编号：2529		中文名称：异丁酸；2-甲基丙酸；二甲基乙酸 英文名称：ISOBUTYRIC ACID; 2-Methylpropanoic acid; Dimethylacetic acid; Propionic acid, 2-methyl-	
分子量：88.11		化学式：$C_4H_8O_2/(CH_3)_2CHCOOH$	
危害/接触类型	急性危害/症状	预防	急救/消防
火　灾	易燃的。在火焰中释放出刺激性或有毒烟雾（或气体）	禁止明火、禁止火花和禁止吸烟	抗溶性泡沫，干粉，二氧化碳
爆　炸	高于 56℃，可能形成爆炸性蒸气/空气混合物	高于 56℃，使用密闭系统、通风和防爆型电气设备	着火时，喷雾状水保持料桶等冷却
接　触		避免一切接触！	一切情况均向医生咨询！
# 吸入	灼烧感，咳嗽，咽喉痛	通风，局部排气通风或呼吸防护	新鲜空气，休息，给予医疗护理
# 皮肤	发红，皮肤烧伤，疼痛	防护手套，防护服	脱去污染的衣服，用大量水冲洗皮肤或淋浴
# 眼睛	疼痛，发红，严重深度烧伤	面罩	先用大量水冲洗几分钟（如可能尽量摘除隐形眼镜），然后就医
# 食入	腹部疼痛，灼烧感，休克或虚脱	工作时不得进食，饮水或吸烟	大量饮水，不要催吐，给予医疗护理
泄漏处置	移除全部引燃源。将泄漏液收集在有盖的容器中。用大量水冲净泄漏液		
包装与标志	不得与食品和饲料一起运输 欧盟危险性类别：Xn 符号　R:21/22　S:(2) 联合国危险性类别：3　联合国次要危险性：8 联合国包装类别：III 中国危险性类别：第 3 类易燃液体　中国次要危险性：8 中国包装类别：III		
应急响应	运输应急卡：TEC(R)-30GFC 美国消防协会法规：H1（健康危险性）；F2（火灾危险性）；R0（反应危险性）		
储存	耐火设备（条件）。与强碱、食品和饲料分开存放		
重要数据	物理状态、外观：无色液体，有特殊气味 物理危险性：蒸气比空气重 化学危险性：该物质是一种弱酸 职业接触限值：阈限值未制定标准 接触途径：该物质可通过吸入，经皮肤和食入吸收到体内 吸入危险性：未指明 20℃时该物质蒸发达到空气中有害浓度的速率 短期接触的影响：该物质腐蚀眼睛、皮肤和呼吸道。食入有腐蚀性		
物理性质	沸点：152～155℃ 熔点：-47℃ 相对密度（水=1）：0.95 水中溶解度：20℃时 20g/100mL 蒸气压：14.7℃时 0.13kPa 蒸气相对密度（空气=1）：3.0 闪点：56℃（闭杯） 自燃温度：481℃ 爆炸极限：空气中 2%～9%（体积） 辛醇/水分配系数的对数值：0.88		
环境数据	该物质对水生生物是有害的		
注解			

IPCS
International
Programme on
Chemical Safety

国际化学品安全卡

异戊二烯			ICSC 编号：0904

CAS 登记号：78-79-5
RTECS 号：NT4037000
UN 编号：1218（稳定的）
EC 编号：601-014-00-5
中国危险货物编号：1218

中文名称：异戊二烯；2-甲基-1,3-丁二烯；β-甲基二乙烯；2-甲基丁二烯
英文名称：ISOPRENE;2-Methyl-1,3-butadiene; beta-Methylbivinyl ; 2-Methylbutadiene

分子量：68.1　　**化学式：**$C_5H_8/CH_2=C(CH_3)CH=CH_2$

危害/接触类型	急性危害/症状	预防	急救/消防
火　灾	极易燃	禁止明火，禁止火花和禁止吸烟	干粉，水成膜泡沫，泡沫，二氧化碳
爆　炸	蒸气/空气混合物有爆炸性	密闭系统，通风和防爆型电气设备和照明。防止静电荷积聚（如通过接地）。不要使用压缩空气灌装、卸料或转运	着火时喷雾状水保持料桶等冷却
接　触		防止烟雾产生！	
# 吸入	头晕，恶心，灼烧感，咳嗽，呼吸困难，气促，咽喉痛	通风，局部排气通风或呼吸防护	新鲜空气，休息，必要时进行人工呼吸，给予医疗护理
# 皮肤	发红，疼痛	防护手套	用大量水冲洗皮肤或淋浴，给予医疗护理
# 眼睛	发红，疼痛	安全护目镜，或眼睛防护结合呼吸防护	先用大量水冲洗几分钟（如可能尽量摘除隐形眼镜），然后就医
# 食入	腹痛，灼烧感	工作时不得进食、饮水或吸烟	漱口，给予医疗护理
泄漏处置	撤离危险区域。向专家咨询！尽量将泄漏液收集在可密闭容器中。用水土或惰性吸附剂吸收残液，并移至安全处。不要冲入下水道。不要让该化学品进入环境。个人防护用具：全套防护服，包括自给式呼吸器		
包装与标志	**欧盟危险性类别：**F+符号 T 符号 标记：D　R:45-12-68-52/53　S:53-45-61 **联合国危险性类别：**3　**联合国包装类别：**I **中国危险性类别：**第 3 类易燃液体 **中国包装类别：**I		
应急响应	**运输应急卡：**TEC（R）-30S1218 **美国消防协会法规：**H2（健康危险性）；F4（火灾危险性）；R2（反应危险性）		
储存	耐火设备（条件）。与可燃物质、还原剂、强氧化剂、强碱、强酸、酒精和酰基氯分开存放。严格密封。阴凉场所。稳定后储存		
重要数据	**物理状态、外观：**无色极易挥发液体，有特殊气味 **物理危险性：**蒸气比空气重，可能沿地面流动，可能造成远处着火。由于流动、搅拌可能产生静电 **化学危险性：**该物质易产生爆炸性过氧化物。加热和在许多物质作用下，该物质发生聚合，有着火和爆炸危险。与强氧化剂、强还原剂、强酸、强碱、酰基氯和醇类发生反应，有着火和爆炸危险 **职业接触限值：**阈限值未制定标准。最高容许浓度未制定标准 **接触途径：**该物质可通过吸入和食入吸收到体内 **吸入危险性：**未指明 20℃时该物质蒸发达到有害空气污染浓度的速率 **短期接触的影响：**该物质刺激眼睛、皮肤和呼吸道。该物质可能对中枢神经系统有影响，导致呼吸抑制。接触会引起意识降低 **长期或反复接触的影响：**反复或长期接触肺可能受到损伤。该物质可能是人类致癌物		
物理性质	**沸点：**34℃ **熔点：**−146℃ **相对密度（水=1）：**0.7 **水中溶解度：**不溶 **蒸气压：**20℃53.2kPa **蒸气相对密度（空气=1）：**2.4	**蒸气/空气混合物的相对密度（20℃，空气=1）：**1.8 **闪点：**−54℃（闭杯） **自燃温度：**220℃ **爆炸极限：**在空气中 1.5%～8.9%（体积） **辛醇/水分配系数的对数值：**2.30	
环境数据	该物质对水生生物是有害的		
注解	通常含有阻聚剂，以防止发生聚合。该物质对人体健康影响数据不充分，因此应当特别注意。添加稳定剂或阻聚剂会影响该物质的毒理学性质。向专家咨询。蒸馏以前检验过氧化物，如有，使其无害化。蒸气未经阻聚可能发生聚合，堵塞阀门和通风口		

IPCS
International
Programme on
Chemical Safety

国际化学品安全卡

异丙醇胺			ICSC 编号：0905
CAS 登记号：78-96-6 RTECS 号：UA5775000 UN 编号：2735 EC 编号：603-082-00-1 中国危险货物编号：2735 分子量：75.11		中文名称：异丙醇胺；1-氨基-2-丙醇；苏糖胺 英文名称：ISOPROPANOLAMINE; 1-Amino-2-propanol; Threamine 化学式：$C_3H_9NO/CH_3CHOHCH_2NH_2$	
危害/接触类型	急性危害/症状	预防	急救/消防
火　灾	可燃的。在火焰中释放出刺激性或有毒烟雾（或气体）	禁止明火	干粉，雾状水，抗溶性泡沫，二氧化碳
爆　炸	高于 77℃时可能形成爆炸性蒸气/空气混合物	高于 77℃时，密闭系统，通风	
接　触		避免一切接触！	一切情况均向医生咨询！
# 吸入	灼烧感，咳嗽，气促，呼吸困难，咽喉疼痛。症状可能推迟显现。（见注解）	通风，局部排气通风或呼吸防护	新鲜空气，休息，半直立体位，必要时进行人工呼吸，给予医疗护理
# 皮肤	发红，疼痛，水疱，皮肤烧伤	防护手套，防护服	先用大量水冲洗，然后脱去污染的衣服，再次冲洗，给予医疗护理
# 眼睛	发红，疼痛，严重深度烧伤，视力丧失	面罩，或眼睛防护结合呼吸防护	先用大量水冲洗几分钟（如可能尽量摘除隐形眼镜），然后就医
# 食入	胃痉挛，灼烧感，休克或虚脱	工作时不得进食、饮水或吸烟	漱口，不要催吐，给予医疗护理
泄漏处置	尽量将泄漏液收集在可密闭容器中。用砂土或惰性吸附剂吸收泄漏液体，并转移至安全场所。个人防护用具：全套防护服，包括自给式呼吸器		
包装与标志	不要与食品和饲料一起运输 **欧盟危险性类别**：C 符号 R:34 S:1/2-23-26-36-45 **联合国危险性类别**：8　　**联合国包装类别**：II **中国危险性类别**：第 8 类 腐蚀性物质　**中国包装类别**：II		
应急响应	运输应急卡：TEC（R）-80G20 美国消防协会法规：H2（健康危险性）；F2（火灾危险性）；R0（反应危险性）		
储存	与食品和饲料、强氧化剂分开存放。严格密封。保存在通风良好的室内		
重要数据	**物理状态、外观**：无色液体，有特殊气味 **化学危险性**：燃烧时，生成氮氧化物。与强氧化剂发生反应 **职业接触限值**：阈限值未制定标准。最高容许浓度：IIb（未制定标准，但可提供数据）（德国，2006 年） **接触途径**：该物质可通过吸入其蒸气、经皮肤和食入吸收到体内 **吸入危险性**：20℃时该物质蒸发可相当快地达到空气中有害污染浓度 **短期接触的影响**：该物质腐蚀眼睛、皮肤和呼吸道。吸入蒸气可能引起肺水肿（见注解）。需进行医学观察		
物理性质	沸点：159.5℃ 熔点：-2℃ 相对密度（水=1）：0.96 水中溶解度：可溶解 蒸气压：20℃时<0.2kPa 蒸气相对密度（空气=1）：2.6 蒸气/空气混合物的相对密度（20℃，空气=1）：1.00 闪点：77℃ 自燃温度：374℃ 辛醇/水分配系数的对数值：-1.0		
环境数据			
注解	肺水肿的症状常常几小时以后才变得明显，体力劳动使症状加重。因此，休息和医学观察是必要的。应当考虑由医生或医生指定的人员立即采取适当吸入治疗法		

IPCS
International
Programme on
Chemical Safety

国际化学品安全卡

二异丙基醚			ICSC 编号：0906
CAS 登记号：108-20-3 RTECS 号：TZ5425000 UN 编号：1159 EC 编号：603-045-00-X 中国危险货物编号：1159 分子量：102.18		中文名称：二异丙基醚；异丙基醚；2,2-双氧丙烷；2-异丙基氧丙烷 英文名称：DIISOPROPYL ETHER; Isopropyl ether; 2,2-Oxybispropane; 2-Isopropoxypropane 化学式：$C_6H_{14}O/(CH_3)_2CHOCH(CH_3)_2$	
危害/接触类型	急性危害/症状	预防	急救/消防
火　灾	高度易燃	禁止明火，禁止火花，禁止吸烟	干粉，水成膜泡沫，雾状水，抗溶性泡沫，二氧化碳
爆　炸	蒸气/空气混合物有爆炸性	密闭系统，通风，防爆型电气设备与照明。防止静电荷积聚（例如，通过接地）	着火时喷雾状水保持料桶等冷却
接　触			
# 吸入	咳嗽，倦睡，咽喉痛	通风，局部排气通风或呼吸防护	新鲜空气，休息，给予医疗护理
# 皮肤	皮肤干燥，发红	防护手套	脱去污染的衣服，用大量水冲洗皮肤或淋浴
# 眼睛	发红	安全护目镜	先用大量水冲洗几分钟（如可能尽量摘除隐形眼镜），然后就医
# 食入	（另见吸入）	工作时不得进食、饮水或吸烟	漱口，休息，给予医疗护理
泄漏处置	撤离危险区域。向专家咨询！尽量将泄漏液体收集到可密闭金属容器中。用砂土或惰性吸附剂吸收残液，并转移到安全场所。不要冲入下水道。个人防护用具：自给式呼吸器		
包装与标志	欧盟危险性类别：F 符号 标记：C　R:11-19-66-67 S:2-9-16-29-33 联合国危险性类别：3　联合国包装类别：II 中国危险性类别：第 3 类易燃液体　中国包装类别：II		
应急响应	运输应急卡：TEC（R）-30S1159 美国消防协会法规：H1（健康危险性）；F3（火灾危险性）；R1（反应危险性）		
储存	耐火设备（条件）。阴凉场所。保存在阴暗处。储存在通风良好的室内。稳定后储存		
重要数据	物理状态、外观：无色液体，有特殊气味 物理危险性：蒸气比空气重，可沿地面流动，可能造成远处着火。由于流动、搅拌等，可能产生静电。 化学危险性：如果未经稳定处理，该物质容易形成爆炸性过氧化物。受撞击时，发生爆炸 职业接触限值：阈限值：250ppm（时间加权平均值）；310ppm（短期接触限值）（美国政府工业卫生学家会议，2004 年）。最高容许浓度：200ppm，850mg/m3；最高限值种类：I（2）；妊娠风险等级：D（德国，2004 年） 接触途径：该物质可通过吸入其蒸气吸收到体内 吸入危险性：20℃时该物质蒸发可相当快地达到有害空气污染浓度 短期接触的影响：该物质刺激眼睛、皮肤和呼吸道。该物质可能对中枢神经系统有影响。超过职业接触限值接触时，能引起意识降低 长期或反复接触的影响：反复或长期接触可能引起皮炎		
物理性质	沸点：69℃ 熔点：-60℃ 相对密度（水=1）：0.7 水中溶解度：微溶 蒸气压：20℃时 15.9kPa 蒸气相对密度（空气=1）：3.5 蒸气/空气混合物的相对密度（20℃，空气=1）：1.5 闪点：-28℃ 自燃温度：443℃ 爆炸极限：空气中 1.4%～7.9%（体积）		
环境数据			
注解	通常含有稳定剂对苄氨基苯酚。添加稳定剂或阻聚剂可能改变其物理和毒理学性质。向专家咨询。蒸馏前检验过氧化物，如果有，使其无害化		

IPCS
International
Programme on
Chemical Safety

国际化学品安全卡

异丙基乙酸酯			ICSC 编号：0907
CAS 登记号：108-21-4 RTECS 号：AI4930000 UN 编号：1220 EC 编号：607-024-00-6 中国危险货物编号：1220	中文名称：异丙基乙酸酯；乙酸-1-甲基乙基酯；2-乙酰氧基丙烷；2-丙基乙酸酯 英文名称：ISOPROPYL ACETATE; Acetic acid,1-methylethylester; 2-Acetoxypropane; 2-Propyl acetate		
分子量：102.1	化学式：$C_5H_{10}O_2$/$(CH_3)_2CHCOOCH_3$		
危害/接触类型	急性危害/症状	预防	急救/消防
火　灾	高度易燃	禁止明火、禁止火花和禁止吸烟	干粉，水成膜泡沫，泡沫，二氧化碳
爆　炸	蒸气/空气混合物有爆炸性	使用密闭系统，通风，防爆型电气设备与照明。不要使用压缩空气灌装，卸料或转运	着火时，喷雾状水保持料桶等冷却
接　触			
# 吸入	咳嗽，瞌睡，头痛，咽喉疼痛	通风，局部排气通风或呼吸防护	新鲜空气，休息，给予医疗护理
# 皮肤	皮肤干燥，发红	防护手套	脱掉污染的衣服，用大量水冲洗皮肤或淋浴
# 眼睛	发红，疼痛	护目镜	首先用大量水冲洗几分钟（如可能尽量摘除隐形眼镜），然后就医
# 食入	腹部疼痛，眩晕	工作时不得进食、饮水或吸烟	漱口，不要催吐，休息，给予医疗护理
泄漏处置	尽可能将泄漏液收集在有盖玻璃容器中。用砂土或惰性吸收剂吸收残液并转移到安全场所。个人防护用具：适用于有机气体和蒸气的过滤呼吸器		
包装与标志	欧盟危险性类别：F 符号 Xi 符号 标记：C R:11-36-66-67 S:2-16-26-29-33 联合国危险性类别：3 联合国包装类别：II 中国危险性类别：第 3 类易燃液体 中国包装类别：II		
应急响应	运输应急卡：TEC(R)-30S1220 美国消防协会法规：H1（健康危险性）；F3（火灾危险性）；R0（反应危险性）		
储存	耐火设备（条件）。与氧化剂分开存放。阴凉场所		
重要数据	物理状态、外观：无色液体，有特殊气味 物理危险性：蒸气比空气重，可能沿地面流动，可能造成远处着火 化学危险性：与氧化性物质激烈反应。浸蚀许多种塑料 职业接触限值：阈限值 100ppm（时间加权平均值），200ppm（短期接触限值）（美国政府工业卫生学家会议，2004 年）。最高容许浓度：100ppm，420mg/m³；最高限值种类：I（2）；妊娠风险等级：C（德国，2004 年） 接触途径：该物质可通过吸入其蒸气和食入吸收到体内 吸入危险性：20℃时该物质蒸发，可相当快地达到空气中有害浓度 短期接触的影响：该物质刺激眼睛和呼吸道。如果吞咽液体吸入肺中，可能引起化学肺炎。远高于职业接触限值接触，可能造成意识降低 长期或反复接触的影响：液体使皮肤脱脂		
物理性质	沸点：89℃ 熔点：−73℃ 相对密度（水=1）：0.88 水中溶解度：27℃时 4.3g/100mL（适度溶解） 蒸气压：17℃时 5.3kPa 蒸气相对密度（空气=1）：3.5	蒸气/空气混合物的相对密度（20℃，空气=1）：1.15 闪点：2℃（闭杯） 自燃温度：460℃ 爆炸极限：空气中 1.8%～7.8%（体积） 辛醇/水分配系数的对数值：1.3	
环境数据			
注解	饮用含酒精饮料增加有害影响		

IPCS
International
Programme on
Chemical Safety

国际化学品安全卡

<table>
<tr><td colspan="3">异丙基胺</td><td>ICSC 编号：0908</td></tr>
<tr><td colspan="2">CAS 登记号：75-31-0
RTECS 号：NT8400000
UN 编号：1221
EC 编号：612-007-00-1
中国危险货物编号：1221</td><td colspan="2">中文名称：异丙基胺；2-丙胺；2-氨基丙烷；1-甲基乙基胺
英文名称：ISOPROPYLAMINE; 2-Propaneamine; 2-Aminopropane; 1-Methylethylamine</td></tr>
<tr><td colspan="2">分子量：59.1</td><td colspan="2">化学式：$C_3H_9N/(CH_3)_2CHNH_2$</td></tr>
<tr><th>危害/接触类型</th><th>急性危害/症状</th><th>预防</th><th>急救/消防</th></tr>
<tr><td>火　灾</td><td>极易燃</td><td>禁止明火、禁止火花和禁止吸烟</td><td>干粉，抗溶性泡沫，大量水，二氧化碳</td></tr>
<tr><td>爆　炸</td><td>蒸气/空气混合物有爆炸性</td><td>使用密闭系统,通风,防爆型电气设备与照明</td><td>着火时，喷雾状水保持料桶等冷却</td></tr>
<tr><td>接　触</td><td></td><td>避免一切接触！</td><td>一切情况均向医生咨询！</td></tr>
<tr><td># 吸入</td><td>咽喉疼痛,咳嗽,灼烧感,气促，呼吸困难。症状可能推迟显现。（见注解）</td><td>通风，局部排气通风或呼吸防护</td><td>新鲜空气，休息，半直立体位，必要时进行人工呼吸，给予医疗护理</td></tr>
<tr><td># 皮肤</td><td>疼痛，发红，起疱，皮肤烧伤</td><td>防护手套，防护服</td><td>先用大量水冲洗，然后脱去污染的衣服并再次冲洗，给予医疗护理</td></tr>
<tr><td># 眼睛</td><td>发红，疼痛，严重深度烧伤，视力丧失</td><td>面罩或眼睛防护结合呼吸防护</td><td>首先用大量水冲洗几分钟（如可能尽量摘除隐形眼镜),然后就医</td></tr>
<tr><td># 食入</td><td>灼烧感，胃痉挛，休克或虚脱</td><td>工作时不得进食、饮水或吸烟</td><td>漱口，大量饮水，不要催吐，给予医疗护理，催吐时戴防护手套</td></tr>
<tr><td>泄漏处置</td><td colspan="3">撤离危险区域。向专家咨询。尽可能将斜漏液收集在有盖容器中。用砂土或惰性吸收剂吸收残液并转移到安全场所。不得冲入下水道。不要让这种化学品进入环境。个人防护用具：全套防护服包括自给式呼吸器</td></tr>
<tr><td>包装与标志</td><td colspan="3">不易破碎包装，将易破碎包装放在不易破碎密闭容器中。不要与食品和饲料一起运输
欧盟危险性类别：F＋符号　Xi 符号　　R:12-36/37/38　　S:2-16-26-29
联合国危险性类别：3　联合国次要危险性：8
中国危险性类别：第 3 类易燃液体　中国次要危险性：8</td></tr>
<tr><td>应急响应</td><td colspan="3">运输应急卡：TEC(R)-656
美国消防协会法规：H3（健康危险性）；F4（火灾危险性）；R0（反应危险性）</td></tr>
<tr><td>储存</td><td colspan="3">耐火设备（条件）。注意收容灭火产生的废水。与食品和饲料分开存放（见化学危险性）</td></tr>
<tr><td>重要数据</td><td colspan="3">物理状态、外观：无色吸湿液体，有氨气味
物理危险性：蒸气比空气重，可能沿地面流动，可能造成远处着火
化学危险性：加热时，该物质分解生成氮氧化物、氰化氢有毒烟雾。与强氧化剂、酸、酸酐、酰基氯发生反应。与硝基烷烃、卤代烃、氧化剂和许多其他物质激烈反应。浸蚀铜及其化合物、铅、锌、锡
职业接触限值：阈限值 5ppm、 12mg/m³（时间加权平均值）; 10ppm、 24mg/m³（短期接触限值）（美国政府工业卫生学家会议，1995～1996 年）。最高容许浓度 5ppm、 12mg/m³; II , 1（1996 年）
接触途径：该物质可通过吸入，经皮肤和食入吸收到体内
吸入危险性：20℃时该物质蒸发，可迅速地达到空气中有害浓度
短期接触的影响：该物质腐蚀眼睛、皮肤和呼吸道。食入有腐蚀性。吸入蒸气可能引起肺水肿（见注解）。如果吞咽液体吸入肺中，可能引起化学肺炎。接触可能造成死亡
长期或反复接触的影响：反复或长期皮肤接触可能引起皮炎</td></tr>
<tr><td>物理性质</td><td colspan="2">沸点：33～34℃
熔点：-95.2℃
相对密度（水=1）：0.7
水中溶解度：混溶
蒸气压：20℃时 63.7kPa</td><td>蒸气相对密度（空气=1）：2.0
蒸气/空气混合物的相对密度（20℃，空气=1）：1.7
自燃温度：402℃
爆炸极限：空气中 2.3%～10%（体积）
辛醇/水分配系数的对数值：0.3</td></tr>
<tr><td>环境数据</td><td colspan="3">该物质对水生生物是有害的</td></tr>
<tr><td>注解</td><td colspan="3">肺水肿症状常常经过几小时以后才变得明显，体力劳动使症状加重。因此休息和医学观察是必要的。应考虑由医生或医生指定人立即采取适当吸入治疗法。该物质中毒时需采取必要的治疗措施。必须提供有指示说明的适当方法</td></tr>
<tr><td colspan="4">IPCS
International
Programme on
Chemical Safety    </td></tr>
<tr><td colspan="4"></td></tr>
</table>

国际化学品安全卡

N-异丙基苯胺			ICSC 编号：0909
CAS 登记号：768-52-5 RTECS 号：BY4190000 UN 编号：2810 中国危险货物编号：2810 分子量：135.2	中文名称：*N*-异丙基苯胺；*N*-苯基异丙胺；*N*-(1-甲基乙基)苯胺 英文名称：*N*-ISOPROPYLANILINE; *N*-Phenylisopropylamine; *N*-(1-Methylethyl) benzenamine 化学式：$C_6H_5NHCH(CH_3)_2$		
危害/接触类型	急性危害/症状	预防	急救/消防
火　灾	可燃的。在火焰中释放出刺激性或有毒烟雾（或气体）	禁止明火	干粉，水成膜泡沫，泡沫，二氧化碳
爆　炸			
接　触		防止产生烟雾！	一切情况均向医生咨询！
# 吸入	嘴唇或指甲发青，皮肤发青，眩晕，头痛，呼吸困难	局部排气通风或呼吸防护	新鲜空气，休息，给予医疗护理
# 皮肤	可能被吸收！嘴唇或指甲发青，皮肤发青	防护手套，防护服	脱掉污染的衣服，用大量水冲洗皮肤或淋浴，给予医疗护理
# 眼睛	发红，疼痛	面罩或眼睛防护结合呼吸防护	首先用大量水冲洗几分钟（如可能尽量摘除隐形眼镜），然后就医
# 食入	恶心。（另见吸入）	工作时不得进食、饮水或吸烟	漱口，催吐（仅对清醒病人！），给予医疗护理
泄漏处置	尽可能将泄漏液收集在有盖容器中。用砂土或惰性吸收剂吸收残液并转移到安全场所。个人防护用具：全套防护服包括自给式呼吸器		
包装与标志	不要与食品和饲料一起运输 **联合国危险性类别**：6.1　**联合国包装级别**：III **中国危险性类别**：第 6.1 项 毒性物质 **中国包装类别**：III		
应急响应	运输应急卡：TEC(R)-61G06c		
储存	与食品和饲料分开存放。阴凉场所。保存在通风良好的室内		
重要数据	**物理状态、外观**：黄色液体 **职业接触限值**：阈限值 2ppm、 11mg/m³（经皮）（美国政府工业卫生学家会议，1992～1993 年）。 **接触途径**：该物质可通过吸入其气溶胶、经皮肤和食入吸收到体内 **吸入危险性**：20℃时该物质蒸发，可相当慢地达到空气中有害浓度 **短期接触的影响**：该物质轻微刺激眼睛、皮肤。该物质可能对血液有影响，导致形成正铁血红蛋白。影响可能推迟显现，需要进行医学观察。（见注解） **长期或反复接触的影响**：反复或长期接触可能引起皮肤过敏。该物质可能对血液有影响（见短期接触），形成正铁血红蛋白		
物理性质	**沸点**：203～204℃ **水中溶解度**：不溶 **闪点**：87.8℃		
环境数据			
注解	该物质中毒时需采取必要的治疗措施。必须提供有指示说明的适当方法。系统性中毒症状不会立刻变得明显		

IPCS
International
Programme on
Chemical Safety

国际化学品安全卡

乙酸铅			ICSC 编号：0910
CAS 登记号：301-04-2 RTECS 号：AI5250000 UN 编号：1616 EC 编号：082-005-00-8 中国危险货物编号：1616 分子量：325.3	中文名称：乙酸铅；二乙酸铅；二碱式乙酸铅 英文名称：LEAD ACETATE; Lead diacetate; Lead dibasic acetate 化学式：$C_4H_6O_4Pb/(CH_3COO)_2Pb$		
危害/接触类型	急性危害/症状	预防	急救/消防
火 灾	不可燃。在火焰中释放出刺激性或有毒烟雾（或气体）		周围环境着火时，允许用各种灭火剂
爆 炸			
接 触		防止粉尘扩散！严格作业环境管理！避免孕妇接触！	
# 吸入	咳嗽，咽喉疼痛。（见食入）	局部排气通风或呼吸防护	新鲜空气，休息，给予医疗护理
# 皮肤	发红，疼痛	防护手套	脱掉污染的衣服，用大量水冲洗皮肤或淋浴
# 眼睛	发红，疼痛	护目镜或眼睛防护结合呼吸防护	首先用大量水冲洗几分钟（如可能尽量摘除隐形眼镜），然后就医
# 食入	胃痉挛，便秘，惊厥，恶心，呕吐	工作时不得进食、饮水或吸烟	漱口，催吐（仅对清醒病人！），给予医疗护理
泄漏处置	将泄漏物扫入容器中。如果适当，首先湿润防止扬尘。小心收集残余物，然后转移到安全场所。不要让这种化学品进入环境。个人防护用具：适用于有害颗粒物的 P2 过滤呼吸器		
包装与标志	不要与食品和饲料一起运输。海洋污染物 欧盟危险性类别：T 符号 N 符号 标记：E R:61-33-48/22-50/53-62 S:53-45-60-61 联合国危险性类别：6.1 联合国包装类别：III 中国危险性类别：第 6.1 项毒性物质 中国包装类别：III		
应急响应	运输应急卡：TEC(R)-61GT5-III		
储存	与溴酸盐、碳酸盐、磷酸盐和酚类、食品和饲料分开存放。严格密封		
重要数据	物理状态、外观：无色晶体或白色粉末 化学危险性：加热和燃烧时，该物质分解生成含氧化铅、乙酸的有毒和腐蚀性烟雾。与溴酸盐、碳酸盐、磷酸盐和酚激烈反应 职业接触限值：阈限值：0.05mg/m^3（以 Pb 计）（时间加权平均值）；A3（确认的动物致癌物，但未知与人类相关性）；公布生物暴露指数（美国政府工业卫生学家会议，2004 年）。最高容许浓度：（以 Pb 计）致癌物类别：3B；胚细胞突变物类别：3（德国，2004 年） 接触途径：该物质可通过吸入和食入吸收到体内 吸入危险性：20℃时蒸发可忽略不计，但扩散时可较快地达到空气中颗粒物公害污染浓度，尤其是粉末 短期接触的影响：该物质刺激眼睛。该物质可能对血液和中枢神经系统有影响，导致溶血性贫血，神经紊乱，肾损伤。影响可能推迟显现。需要进行医学观察 长期或反复接触的影响：该物质可能对血液、骨髓、心血管系统、肾、神经系统有影响，导致贫血、血压升高、瘫痪、肾损伤及影响行为。该物质可能是人类致癌物。该物质确实对人类有严重生殖毒性		
物理性质	熔点：280℃ 相对密度（水=1）：3.3 水中溶解度：20℃时 44g/100mL		
环境数据	该物质对水生生物是有毒的。该物质可能对环境有危害，对鸟类，哺乳动物，土壤污染，水质量应给予特别注意。该化学品可能在植物和动物中发生生物蓄积。强烈建议不要让该化学品进入环境		
注解	根据接触程度，建议定期进行医疗检查。急性中毒症状经过几小时以后才变得明显		

IPCS
International
Programme on
Chemical Safety

国际化学品安全卡

<table>
<tr><td colspan="2">砷酸铅</td><td colspan="2">ICSC 编号：0911</td></tr>
<tr><td colspan="2">CAS 登记号：7784-40-9
RTECS 号：CG0980000
UN 编号：1617
EC 编号：082-011-00-0
中国危险货物编号：1617</td><td colspan="2">中文名称：砷酸铅；砷酸铅盐；酸式砷酸铅；二碱式砷酸铅
英文名称：LEAD ARSENATE; Arsenic acid, lead salt ; Acid lead arsenate; Dibasic lead arsenate</td></tr>
<tr><td colspan="2">分子量：347.1</td><td colspan="2">化学式：$PbHAsO_4$</td></tr>
<tr><td>危害/接触类型</td><td>急性危害/症状</td><td>预防</td><td>急救/消防</td></tr>
<tr><td>火　灾</td><td>不可燃。在火焰中释放出刺激性或有毒烟雾（或气体）</td><td></td><td>周围环境着火时，可以使用任何灭火剂</td></tr>
<tr><td>爆　炸</td><td></td><td></td><td></td></tr>
<tr><td>接　触</td><td></td><td>防止粉尘扩散！避免一切接触！</td><td>一切情况均向医生咨询！</td></tr>
<tr><td># 吸入</td><td>咳嗽，咽喉痛。（见食入）</td><td>局部排气通风或呼吸防护</td><td>新鲜空气，休息，给予医疗护理</td></tr>
<tr><td># 皮肤</td><td>发红</td><td>防护手套，防护服</td><td>脱去污染的衣服，用大量水冲洗皮肤或淋浴，给予医疗护理</td></tr>
<tr><td># 眼睛</td><td>发红，疼痛</td><td>安全护目镜或眼睛防护结合呼吸防护</td><td>先用大量水冲洗几分钟（如可能尽量摘除隐形眼镜），然后就医</td></tr>
<tr><td># 食入</td><td>腹部疼痛，腹泻，倦睡，头痛，恶心，呕吐，肌肉痉挛，便秘，兴奋，定向障碍</td><td>工作时不得进食、饮水或吸烟</td><td>漱口，催吐（仅对清醒病人！），给予医疗护理</td></tr>
<tr><td>泄漏处置</td><td colspan="3">不要冲入下水道。将泄漏物收集到可密闭容器中。如果适当，首先润湿防止扬尘。小心收集残留物，然后转移到安全场所。个人防护用具：化学防护服包括自给式呼吸器</td></tr>
<tr><td>包装与标志</td><td colspan="3">不得与食品和饲料一起运输。污染海洋物质
欧盟危险性类别：T 符号 N 符号 标记：E　R:45-61-23/25-33-50/53-62　S:53-45-60-61
联合国危险性类别：6.1 联合国包装类别：II
中国危险性类别：第 6.1 项毒性物质 中国包装类别：II</td></tr>
<tr><td>应急响应</td><td colspan="3">运输应急卡：TEC（R）-61GT5-II
美国消防协会法规：H2（健康危险性）；F0（火灾危险性）；R0（反应危险性）</td></tr>
<tr><td>储存</td><td colspan="3">注意收容灭火产生的废水。与食品和饲料分开存放。严格密封</td></tr>
<tr><td>重要数据</td><td colspan="3">物理状态、外观：白色沉重粉末，无气味
化学危险性：加热至 270℃以上时，该物质分解生成砷、铅及其化合物有毒烟雾
职业接触限值：阈限值：0.15mg/m³（以 $Pb_3(AsO_4)_2$ 计）（时间加权平均值）；A1（确认的人类致癌物）；公布生物暴露指数（美国政府工业卫生学家会议，2004 年）。最高容许浓度：致癌物类别：1；胚细胞突变等级：3A（德国，2004 年）
接触途径：该物质可通过吸入其粉尘和食入吸收到体内
吸入危险性：20℃时蒸发可忽略不计，但扩散时可较快地达到空气中颗粒物污染浓度，尤其是粉末。
短期接触的影响：该物质刺激眼睛、皮肤和呼吸道。该物质可能对胃肠道和神经系统有影响
长期或反复接触的影响：长期或反复接触可能引起皮炎。该物质可能对神经系统、胃肠道、肝、肾和血液有影响。该物质是人类致癌物。可能对人类有生殖毒性</td></tr>
<tr><td>物理性质</td><td colspan="3">熔点：约 280℃（分解）
相对密度（水=1）：5.79
水中溶解度：不溶</td></tr>
<tr><td>环境数据</td><td colspan="3">该物质对水生生物是有害的。避免非正常使用时释放到环境中</td></tr>
<tr><td>注解</td><td colspan="3">在自然界中以矿物(Shultenite)的形式存在。根据接触程度建议定期进行医疗检查。商品名称为 Gypsine 和 Soprabel</td></tr>
</table>

IPCS
International
Programme on
Chemical Safety

国际化学品安全卡

里哪醇			ICSC 编号：0912
CAS 登记号：78-70-6 RTECS 号：RG5775000 分子量：154.2		中文名称：里哪醇；3,7-二甲基-1,6-辛二烯-3-醇 英文名称：LINALOOL; 3,7-Dimethyl-1,6-octadien-3-ol; Linalyl alcohol 化学式：$C_{10}H_{18}O/(CH_3)_2C{=}CH(CH_2)_2C(CH_3)(OH)CH{=}CH_2$	
危害/接触类型	急性危害/症状	预防	急救/消防
火　灾	可燃的。在火焰中释放出刺激性或有毒烟雾（或气体）	禁止明火	泡沫，抗溶性泡沫，干粉，二氧化碳
爆　炸	高于75℃可能形成爆炸性蒸气/空气混合物	75℃以上时密闭系统，通风	
接　触			
# 吸入		通风	新鲜空气，休息，给予医疗护理
# 皮肤	发红，疼痛	防护手套，防护服	冲洗，然后用水和肥皂清洗皮肤，给予医疗护理
# 眼睛	发红，疼痛	安全护目镜或面罩	先用大量水冲洗几分钟（如可能尽量摘除隐形眼镜），然后就医
# 食入		工作时不得进食、饮水或吸烟	漱口，催吐（仅对清醒病人！），大量饮水，给予医疗护理
泄漏处置	尽量将泄漏液收集在可密闭容器中。用砂土或惰性吸附剂吸收溢漏液，并移至安全场所		
包装与标志			
应急响应	美国消防协会法规：H（健康危险性）；F2（火灾危险性）；R0（反应危险性）		
储存	与强氧化剂分开存放。严格密封		
重要数据	**物理状态、外观**：无色液体，有特殊气味 **化学危险性**：加热时，该物质分解生成辛辣和刺激性烟雾。与强氧化剂发生反应 **职业接触限值**：阈限值未制定标准。最高容许浓度未制定标准 **接触途径**：可通过吸入其气溶胶和食入吸收到体内 **吸入危险性**：未指出20℃时该物质蒸发达到空气中有害浓度的速率 **短期接触的影响**：该物质刺激眼睛和皮肤 **长期或反复接触的影响**：该物质可能对肝有影响		
物理性质	沸点：198～200℃ 相对密度（水=1）：0.9 水中溶解度：25℃时 0.16g/100mL 蒸气压：25℃时 21Pa 闪点：75℃ 自燃温度：235℃ 辛醇/水分配系数的对数值：2.97		
环境数据			
注解	该物质对人体健康影响数据不充分，因此应当特别注意		

IPCS
International
Programme on
Chemical Safety

国际化学品安全卡

氢氧化锂			ICSC 编号：0913
CAS 登记号：1310-65-2 RTECS 号：OJ6307070 UN 编号：2680 中国危险货物编号：2680		中文名称：氢氧化锂 英文名称：LITHIUM HYDROXIDE	
分子量：23.95		化学式：LiOH	
危害/接触类型	急性危害/症状	预防	急救/消防
火　灾	不可燃		周围环境着火时，使用适当的灭火剂
爆　炸			
接　触		防止粉尘扩散！避免一切接触！	一切情况均向医生咨询！
# 吸入	咳嗽。咽喉痛。灼烧感。呼吸短促。呼吸困难	局部排气通风或呼吸防护	新鲜空气，休息。半直立体位。必要时进行人工呼吸。立即给予医疗护理
# 皮肤	发红。疼痛。严重的皮肤烧伤。水疱	防护手套。防护服	脱去污染的衣服。用大量水冲洗皮肤或淋浴。立即给予医疗护理
# 眼睛	发红。疼痛。视力模糊。严重深度烧伤	面罩，或眼睛防护结合呼吸防护	用大量水冲洗（如可能尽量摘除隐形眼镜）。立即给予医疗护理
# 食入	腹部疼痛。咽喉和胸腔有灼烧感。恶心。呕吐。休克或虚脱	工作时不得进食、饮水或吸烟	漱口。不要催吐。饮用 1～2 杯水。立即给予医疗护理
泄漏处置	不要让该化学品进入环境。将泄漏物清扫进塑料容器中。小心收集残余物，然后转移到安全场所。个人防护用具：化学防护服包括自给式呼吸器		
包装与标志	不得与食品和饲料一起运输 联合国危险性类别：8　　联合国包装类别：II 中国危险性类别：第 8 类 腐蚀性物质　中国包装 类别：II		
应急响应			
储存	与食品和饲料、强氧化剂、强酸分开存放。储存在原始容器中。干燥。严格密封。储存在没有排水管或下水道的场所		
重要数据	物理状态、外观：无色晶体 化学危险性：加热时（924℃）该物质分解，生成有毒烟雾。水溶液是一种强碱，与酸激烈反应并有腐蚀性，生成易燃/爆炸性气体（氢，见国际化学品安全卡#0001）。与强氧化剂发生反应 职业接触限值：阈限值未制定标准。最高容许浓度未制定标准 接触途径：该物质可通过吸入其气溶胶和经食入吸收到体内。各种接触途径均产生严重的局部影响 吸入危险性：20℃时蒸发可忽略不计，但可较快地达到空气中颗粒物有害浓度 短期接触的影响：该物质腐蚀眼睛、皮肤和呼吸道。食入有腐蚀性。吸入可能引起肺水肿，但只在对眼睛和/或呼吸道的最初腐蚀性影响已经显现后		
物理性质	沸点：924℃时分解。 熔点：450～471℃ 密度：2.54g/cm^3 水中溶解度：20℃时 12.8g/100mL（溶解） 蒸气压：20℃时可忽略不计		
环境数据	该物质可能对环境有危害，对水生生物应给予特别注意		
注解			

IPCS
International
Programme on
Chemical Safety

国际化学品安全卡

一水合氢氧化锂			ICSC 编号：0914
CAS 登记号：1310-66-3		中文名称：一水合氢氧化锂 英文名称：LITHIUM HYDROXIDE MONOHYDRATE	
分子量：41.96		化学式：$LiOH.H_2O$	
危害/接触类型	急性危害/症状	预防	急救/消防
火　灾	不可燃		周围环境着火时，使用适当的灭火剂
爆　炸			
接　触		防止粉尘扩散！避免一切接触！	一切情况均向医生咨询！
# 吸入	咳嗽。咽喉痛。灼烧感。呼吸短促。呼吸困难	局部排气通风或呼吸防护	新鲜空气，休息。半直立体位。必要时进行人工呼吸。立即给予医疗护理
# 皮肤	发红。疼痛。严重的皮肤烧伤。水疱	防护手套。防护服	脱去污染的衣服。用大量水冲洗皮肤或淋浴至少 15min。立即给予医疗护理
# 眼睛	发红。疼痛。视力模糊。严重深度烧伤	面罩，或眼睛防护结合呼吸防护	用大量水冲洗（如可能尽量摘除隐形眼镜）。立即给予医疗护理
# 食入	腹部疼痛。咽喉和胸腔有灼烧感。恶心。呕吐。休克或虚脱	工作时不得进食、饮水或吸烟	漱口。不要催吐。饮用 1 杯或 2 杯水。立即给予医疗护理
泄漏处置	将泄漏物清扫进塑料容器中。小心收集残余物，然后转移到安全场所。不要让该化学品进入环境。个人防护用具：化学防护服包括自给式呼吸器		
包装与标志	不得与食品和饲料一起运输 联合国危险性类别：8　联合国包装类别：II 中国危险性类别：第 8 类 腐蚀性物质　中国包装类别：II		
应急响应			
储存	与食品和饲料、强氧化剂、强酸分开存放。储存在原始容器干燥。严格密封。储存在没有排水管或下水道的场所		
重要数据	**物理状态、外观**：晶体 **化学危险性**：加热时（924℃）该物质分解，生成有毒烟雾。水溶液是一种强碱，与酸激烈反应并有腐蚀性，生成易燃/爆炸性气体（氢，见国际化学品安全卡#0001）。与强氧化剂发生反应 **职业接触限值**：阈限值未制定标准。最高容许浓度未制定标准 **接触途径**：该物质可通过吸入其气溶胶和经食入吸收到体内。各种接触途径均产生严重的局部影响 **吸入危险性**：20℃时蒸发可忽略不计，但扩散时可较快地达到空气中颗粒物有害浓度 **短期接触的影响**：该物质腐蚀眼睛，皮肤和呼吸道。食入有腐蚀性。吸入可能引起肺水肿，但只在最初的对眼睛和/或呼吸道的腐蚀性影响已经显现后		
物理性质	沸点：924℃时分解。 熔点：450～471℃ 密度：$1.51g/cm^3$ 水中溶解度：20℃时 19.1g/100mL（溶解） 蒸气相对密度（空气=1）：1.4		
环境数据	该物质可能对环境有危害，对水生生物应给予特别注意		
注解			

IPCS
International
Programme on
Chemical Safety

国际化学品安全卡

巯基乙酸			ICSC 编号：0915
CAS 登记号：68-11-1 RTECS 号：AI5950000 UN 编号：1940 EC 编号：607-090-00-6 中国危险货物编号：1940		中文名称：巯基乙酸；氢巯基乙酸；乙硫醇-2-酸-1；2-巯基乙酸 英文名称：MERCAPTOACETIC ACID; Thioglycolic acid; Ethanethiol-2-acid-1; 2-Mercaptoethanoic acid	
分子量：92.1		化学式：$C_2H_4O_2S/HSCH_2COOH$	
危害/接触类型	**急性危害/症状**	**预防**	**急救/消防**
火　灾	可燃的。在火焰中释放出刺激性或有毒烟雾（或气体）	禁止明火	干粉、抗溶性泡沫、雾状水、二氧化碳
爆　炸			
接　触		避免一切接触！	一切情况均向医生咨询！
# 吸入	胃痉挛，灼烧感，咳嗽，呼吸困难，气促，咽喉痛。症状可能推迟显现。（见注解）	通风，局部排气通风或呼吸防护	新鲜空气，休息，半直立体位，必要时进行人工呼吸，给予医疗护理。见注解
# 皮肤	可能被吸收！发红，皮肤烧伤，疼痛，水疱。（见吸入）	防护手套，防护服	脱去污染的衣服，冲洗，然后用水和肥皂清洗皮肤，给予医疗护理
# 眼睛	发红，疼痛，视力丧失。严重深度烧伤	面罩，或眼睛防护结合呼吸防护	先用大量水冲洗几分钟（如可能尽量摘除隐形眼镜），然后就医
# 食入	腹部疼痛，灼烧感	工作时不得进食，饮水或吸烟	漱口，不要催吐，大量饮水，给予医疗护理
泄漏处置	撤离危险区域！向专家咨询！通风。尽可能将泄漏液收集在可密闭的容器中。用砂土或惰性吸收剂吸收残液，并转移到安全场所。化学防护服包括自给式呼吸器		
包装与标志	不易破碎包装，将易破碎包装放在不易破碎的密闭容器中。不得与食品和饲料一起运输 欧盟危险性类别：T 符号。R:23/24/25-34　S:1/2-25-27-28-45 联合国危险性类别：8　联合国包装类别：II 中国危险性类别：第 8 类腐蚀性物质　中国包装类别：II		
应急响应	运输应急卡：TEC(R)-80-G20		
储存	与强氧化剂、强碱、食品和饲料和可燃物质分开存放。保存在通风良好的室内		
重要数据	物理状态、外观：无色黏稠的液体，有特殊气味 化学危险性：燃烧时，该物质分解生成硫氧化物和硫化氢有毒烟雾。该物质是一种中强酸。与强氧化剂、碱和有机化合物发生反应。浸蚀钢、不锈钢和铝 职业接触限值：阈限值 1ppm；3.8mg/m³（以时间加权平均值计）（经皮）（美国政府工业卫生学家会议，1997 年）。最高容许浓度未制定标准 接触途径：该物质可通过吸入，经皮肤和食入吸收到体内 吸入危险性：20℃时该物质蒸发迅速地达到空气中有害浓度 短期接触的影响：该物质腐蚀眼睛、皮肤和呼吸道，吸入蒸气可能引起肺水肿（见注解）。高于职业接触限值接触时，可能导致死亡。影响可能推迟显现。需进行医学观察。见注解		
物理性质	沸点：120℃ 熔点：-16.5℃ 相对密度（水=1）：1.3 水中溶解度：混溶 蒸气压：18℃时 1.3kPa 蒸气相对密度（空气=1）：3.2	蒸气/空气混合物的相对密度（20℃，空气=1）：1.00 闪点：126℃（开杯） 自燃温度：350℃ 爆炸极限：空气中 5.9%～?%（体积） 辛醇/水分配系数的对数值：0.05	
环境数据			
注解	肺水肿症状常常经过几个小时以后才变得明显，体力劳动使症状加重。因而休息和医学观察是必要的。应当考虑由医生或医生指定的人立即采取适当吸入治疗法		

IPCS
International
Programme on
Chemical Safety

国际化学品安全卡

2-巯基乙醇			ICSC 编号：0916
CAS 登记号：60-24-2 RTECS 号：KL5600000 UN 编号：2966 中国危险货物编号：2966		中文名称：2-巯基乙醇；2-羟基硫代乙醇；单硫代乙二醇；硫代乙二醇 英文名称：2-MERCAPTOETHANOL; 2-Hydroxyethanethiol; Monothioethyleneglycol; Thioglycol	
分子量：78.1		化学式：$C_2H_6OS/HSCH_2CH_2OH$	
危害/接触类型	急性危害/症状	预防	急救/消防
火　灾	可燃的。在火焰中释放出刺激性或有毒烟雾（或气体）	禁止明火	干粉、雾状水、泡沫、二氧化碳
爆　炸	高于 74℃，可能形成爆炸性蒸气/空气混合物	高于 74℃，使用密闭系统、通风	
接　触		防止产生烟云！	
# 吸入	气促	通风，局部排气通风或呼吸防护	新鲜空气，休息。半直立体位，必要时进行人工呼吸。给予医疗护理
# 皮肤	发红，疼痛	防护手套，防护服	脱去污染的衣服。用大量水冲洗皮肤或淋浴，给予医疗护理
# 眼睛	发红，疼痛	面罩，或眼睛防护结合呼吸防护	先用大量水冲洗几分钟（如可能尽量摘除隐形眼镜），然后就医
# 食入		工作时不得进食，饮水或吸烟	漱口，给予医疗护理
泄漏处置	尽可能将泄漏液收集在可密闭的容器中。用砂土或惰性吸收剂吸收残液，并转移到安全场所		
包装与标志	不得与食品和饲料一起运输 联合国危险性类别：6.1　联合国包装类别：I 中国危险性类别：第 6.1 项毒性物质　中国包装类别：I		
应急响应	运输应急卡：TEC(R)-61G61b。 美国消防协会法规：H2（健康危险性）；F2（火灾危险性）；R（反应危险性）		
储存	与氧化剂、金属、食品和饲料分开存放。保存在通风良好的室内		
重要数据	物理状态、外观：无色液体，有特殊气味 化学危险性：加热时，该物质分解生成硫氧化物有毒气体。与氧化剂和金属发生反应 职业接触限值：阈限值未制定标准。最高容许浓度未制定标准 接触途径：该物质可通过吸入其蒸气，经皮肤和食入吸收到体内 吸入危险性：未指明 20℃时该物质蒸发达到空气中有害浓度的速率 短期接触的影响：该物质刺激眼睛、皮肤和呼吸道。该物质可能对中枢神经系统有影响		
物理性质	沸点：157℃ 熔点：−100℃ 相对密度（水=1）：1.1 水中溶解度：混溶 蒸气压：20℃时 0.13kPa 蒸气相对密度（空气=1）：2.7（计算值） 蒸气/空气混合物的相对密度（20℃，空气=1）：1.002 闪点：74℃（开杯） 自燃温度：295℃ 爆炸极限：空气中 2.3%～18%（体积） 辛醇/水分配系数的对数值：−0.3（估计值）		
环境数据			
注解			

IPCS
International
Programme on
Chemical Safety

国际化学品安全卡

2-甲基丙烯酸			ICSC 编号：0917
CAS 登记号：79-41-4 RTECS 号：OZ2975000 UN 编号：2531 (稳定的) EC 编号：607-088-00-5 中国危险货物编号：2531 分子量：86.09	中文名称：2-甲基丙烯酸；甲基丙烯酸；α-异丁烯酸 英文名称：METHACRYLIC ACID; 2-Methylpropenoic acid; alpha-Methylacrylic acid 化学式：$C_4H_6O_2$/CH_2=C(CH_3)COOH		
危害/接触类型	急性危害/症状	预防	急救/消防
火　灾	可燃的。在火焰中释放出刺激性或有毒烟雾（或气体）	禁止明火	水成膜泡沫，抗溶性泡沫，干粉，二氧化碳
爆　炸	高于 77℃，可能形成爆炸性蒸气/空气混合物	高于 77℃，使用密闭系统、通风	着火时，喷雾状水保持料桶等冷却
接　触		避免一切接触！	
# 吸入	咳嗽，灼烧感，气促，呼吸困难	通风（如果没有粉末时），局部排气通风或呼吸防护	新鲜空气，休息。半直立体位，给予医疗护理
# 皮肤	发红，皮肤烧伤，疼痛，水疱	防护服	先用大量水冲洗，然后脱去污染的衣服并再次冲洗
# 眼睛	发红，疼痛，视力丧失，严重深度烧伤	面罩	先用大量水冲洗几分钟（如可能尽量摘除隐形眼镜），然后就医
# 食入	胃痉挛，腹部疼痛，灼烧感，虚弱	工作时不得进食，饮水或吸烟。进食前洗手	漱口。休息，给予医疗护理
泄漏处置	将泄漏液收集在可密闭的塑料容器中。小心中和残余物，然后用大量水冲净。不要用锯末或其他可燃吸收剂吸收。个人防护用具：全套防护服包括自给式呼吸器		
包装与标志	不得与食品和饲料一起运输 欧盟危险性类别：C 符号　标记：D　R:21-22-35　S:1/2-26-36/37/39-45 联合国危险性类别：8　联合国包装类别：III 中国危险性类别：第 8 类腐蚀性物质　中国包装类别：III		
应急响应	运输应急卡：TEC(R)-80S2531 美国消防协会法规：H3（健康危险性）；F2（火灾危险性）；R2（反应危险性）		
储存	与强氧化剂、食品和饲料分开存放。阴凉场所。保存在暗处。保存在通风良好的室内。稳定后储存		
重要数据	物理状态、外观：无色液体或晶体，有特殊气味 物理危险性：蒸气未经阻聚，可能发生聚合，堵塞通风口 化学危险性：加热或有光、氧化剂，如过氧化物或者微量盐酸存在时，该物质容易聚合，有着火或爆炸危险。浸蚀金属 职业接触限值：阈限值：20ppm（时间加权平均值）（美国政府工业卫生学家会议，2004 年）。最高容许浓度：5ppm，18mg/m^3；最高限值种类：I（2）；妊娠风险等级：C（德国，2005 年） 接触途径：该物质可通过吸入吸收到体内 吸入危险性：20℃时，该物质蒸发相当慢地达到空气中有害污染浓度 短期接触的影响：该物质腐蚀眼睛、皮肤和呼吸道。食入有腐蚀性。吸入蒸气可能引起肺水肿（见注解）		
物理性质	沸点：159～163℃ 熔点：16℃ 相对密度（水=1）：1.02 水中溶解度：适度溶解 蒸气压：25℃时 130Pa	蒸气相对密度（空气=1）：2.97 蒸气/空气混合物的相对密度（20℃，空气=1）：1.00 闪点：77℃（开杯），68℃（闭杯） 爆炸极限：空气中 1.6%～8.8%（体积） 辛醇/水分配系数的对数值：0.93	
环境数据			
注解	肺水肿症状常常几个小时以后才变得明显，体力劳动使症状加重。因而休息和医学观察是必要的。应当考虑由医生或医生指定的人立即采取适当吸入治疗法。添加稳定剂或阻聚剂会影响该物质的毒理学性质。向专家咨询		

IPCS
International
Programme on
Chemical Safety

UNEP

国际化学品安全卡

D-苧烯	ICSC 编号：0918
CAS 登记号：5989-27-5 RTECS 号：GW6360000 UN 编号：见注解 EC 编号：601-029-00-7 中国危险货物编号：2052	中文名称：D-苧烯；香芹烯；(*R*)-4-异丙烯基-1-甲基环己烯；(+)-苧烯 英文名称：D-LIMONENE; Carvene; (*R*)-4-Isopropenyl-1-methylcyclohexene; (+)-Limonene
分子量：136.23	化学式：$C_{10}H_{16}$

危害/接触类型	急性危害/症状	预防	急救/消防
火　灾	易燃的	禁止明火，禁止火花和禁止吸烟	干粉，抗溶性泡沫，雾状水，二氧化碳
爆　炸	高于 48℃，可能形成爆炸性蒸气/空气混合物	高于 48℃，使用密闭系统、通风和防爆型电气设备	着火时，喷雾状水保持料桶等冷却
接　触		严格作业环境管理！	
# 吸入		通风	新鲜空气，休息
# 皮肤	发红。疼痛	防护手套。防护服	脱去污染的衣服。冲洗，然后用水和肥皂清洗皮肤
# 眼睛	发红	安全眼镜	先用大量水冲洗几分钟（如可能尽量摘除隐形眼镜），然后就医
# 食入		工作时不得进食，饮水或吸烟	漱口
泄漏处置	不要让该化学品进入环境。尽可能将泄漏液收集在可密闭的容器中。用砂土或惰性吸收剂吸收残液，并转移到安全场所。个人防护用具：适用于惰性颗粒物的 P1 过滤呼吸器		
包装与标志	欧盟危险性类别：Xi 符号 N 符号　R:10-38-43-50/53　S:2-24-37-60-61 中国危险性类别：第 3 类易燃液体 中国包装类别：III		
应急响应			
储存	耐火设备（条件）。与强氧化剂分开存放。储存在没有排水管或下水道的场所		
重要数据	**物理状态、外观**：无色液体，有特殊气味 **化学危险性**：与五氟化碘和四氟乙烯的混合物激烈反应，有着火和爆炸的危险。与氧化剂发生反应 **职业接触限值**：阈限值未制定标准。最高容许浓度：20ppm，110mg/m³；皮肤致敏剂；最高限值种类：II（2）；妊娠风险等级：C（德国，2005 年） **吸入危险性**：未指明 20℃时该物质蒸发达到空气中有害浓度的速率 **短期接触的影响**：该物质刺激皮肤，轻微刺激眼睛 **长期或反复接触的影响**：反复或长期接触可能引起皮肤过敏（见注解）		
物理性质	沸点：178℃ 熔点：−74℃ 相对密度（水=1）：0.84 水中溶解度：25℃时难溶 蒸气压：20℃时 0.19kPa 蒸气相对密度（空气=1）：4.7 闪点：48℃（闭杯） 自燃温度：237℃ 辛醇/水分配系数的对数值：4.2		
环境数据	该物质对水生生物有极高毒性。该化学品可能在鱼体内发生生物蓄积		
注解	该物质的氧化物可能引起过敏。当纯物质或稀释的物质被放置几天后可能发生这种情况。运输时，该物质的 UN 编号：2052（运输应急卡 30S2052）和 UN 编号 2319（运输应急卡：30GF1-III），危险性类别：3，包装类别：III		

IPCS
International
Programme on
Chemical Safety

国际化学品安全卡

<table>
<tr><td colspan="2">DL-甲硫氨酸</td><td colspan="2">ICSC 编号：0919</td></tr>
<tr><td colspan="2">CAS 登记号：59-51-8
RTECS 号：PD0456000

分子量：149.2</td><td colspan="2">中文名称：DL-甲硫氨酸；2-氨基-4-(甲基硫)丁酸
英文名称：DL-METHIONINE; 2-Amion-4-(methylthio)butyric acid

化学式：$C_5H_{11}NO_2S/CH_3S(CH_2)_2CH(NH_2)COOH$</td></tr>
<tr><td>危害/接触类型</td><td>急性危害/症状</td><td>预防</td><td>急救/消防</td></tr>
<tr><td>火　灾</td><td>在火焰中释放出刺激性或有毒烟雾（或气体）</td><td></td><td>干粉，雾状水，泡沫，二氧化碳</td></tr>
<tr><td>爆　炸</td><td></td><td></td><td></td></tr>
<tr><td>接　触</td><td></td><td></td><td></td></tr>
<tr><td># 吸入</td><td></td><td>局部排气通风</td><td>新鲜空气，休息</td></tr>
<tr><td># 皮肤</td><td></td><td></td><td>用大量水冲洗皮肤或淋浴</td></tr>
<tr><td># 眼睛</td><td></td><td>安全护目镜</td><td>先用大量水冲洗几分钟（如可能尽量摘除隐形眼镜），然后就医</td></tr>
<tr><td># 食入</td><td></td><td>工作时不得进食、饮水或吸烟</td><td>漱口</td></tr>
<tr><td>泄漏处置</td><td colspan="3">将泄漏物收集到容器中。小心收集残余物，然后转移到安全场所</td></tr>
<tr><td>包装与标志</td><td colspan="3"></td></tr>
<tr><td>应急响应</td><td colspan="3"></td></tr>
<tr><td>储存</td><td colspan="3">与强氧化剂分开存放。严格密封</td></tr>
<tr><td>重要数据</td><td colspan="3">物理状态、外观：无色晶体或白色粉末
化学危险性：加热时，该物质分解生成硫氧化物和氮氧化物有毒烟雾。与强氧化剂发生反应
职业接触限值：阈限值未制定标准。最高容许浓度未制定标准
接触途径：该物质可通过吸入吸收到体内</td></tr>
<tr><td>物理性质</td><td colspan="3">熔点：281℃（分解）
相对密度（水=1）：1.3
水中溶解度：20℃时 4.8g/100mL</td></tr>
<tr><td>环境数据</td><td colspan="3"></td></tr>
<tr><td>注解</td><td colspan="3">商品名称有：Neston, Lobamine, Dyprin, Cynaron 和 Acymethin</td></tr>
</table>

IPCS
International
Programme on
Chemical Safety

国际化学品安全卡

甲基正戊酮			ICSC 编号：0920
CAS 登记号：110-43-0 RTECS 号：MJ5075000 UN 编号：1110 EC 编号：606-024-00-3 中国危险货物编号：1110		中文名称：甲基正戊酮；2-庚酮；戊基甲基酮；甲基戊基酮 英文名称：METHYL n-AMYL KETONE; 2-Heptanone; Amyl methyl ketone; Methyl pentyl ketone	
分子量：114.18		化学式：$C_7H_{14}O/CH_3(CH_2)_4COCH_3$	
危害/接触类型	急性危害/症状	预防	急救/消防
火　灾	易燃的	禁止明火，禁止火花和禁止吸烟	水成膜泡沫，抗溶性泡沫，干粉，二氧化碳
爆　炸	高于 48℃时可能形成爆炸性蒸气/空气混合物	高于 48℃时，密闭系统，通风，和防爆型电气设备	着火时喷雾状水保持料桶等冷却
接　触			
# 吸入	咳嗽，头痛，头晕，视力模糊，神志不清	通风，局部排气通风或呼吸防护	新鲜空气，休息，给予医疗护理
# 皮肤	皮肤干燥，发红	防护手套	脱去污染的衣服，用大量水冲洗皮肤或淋浴
# 眼睛	发红	安全护目镜	先用大量水冲洗数分钟（如可能尽量摘除隐形眼镜），然后就医
# 食入		工作时不得进食、饮水或吸烟	漱口
泄漏处置	通风。尽量将泄漏液体收集到可密闭的金属容器中。用干砂土或惰性吸收剂吸收残液，并转移到安全场所。不要冲入下水道。个人防护用具：适用于有机气体和蒸气的 A 过滤呼吸器		
包装与标志	欧盟危险性类别：Xn 符号　R:10-20/22　S:2-24/25 联合国危险性类别：3　联合国包装类别：III 中国危险性类别：第 3 类易燃液体　中国包装类别：III		
应急响应	运输应急卡：TEC（R）-30GF1-III 美国消防协会法规：H1（健康危险性）；F2（火灾危险性）；R0（反应危险性）		
储存	耐火设备（条件）		
重要数据	物理状态、外观：无色液体，有特殊气味 化学危险性：与氧化性物质反应。浸蚀某些塑料 职业接触限值：阈限值：50ppm(时间加权平均值）（美国政府工业卫生学家会议，2004 年） 接触途径：该物质可通过吸入其蒸气吸收到体内 吸入危险性：20℃时该物质蒸发，相当缓慢地达到有害空气污染浓度 短期接触的影响：该物质刺激眼睛和呼吸道。该物质可能对中枢神经系统有影响。远超过职业接触限值接触，能引起意识降低 长期或反复接触的影响：液体使皮肤脱脂		
物理性质	沸点：151℃ 熔点：-35.5℃ 相对密度（水=1）：0.8 水中溶解度：微溶 蒸气压：25℃时 0.2kPa 蒸气相对密度（空气=1）：3.9 蒸气/空气混合物的相对密度（20℃，空气=1）：1.01 闪点：39℃ 自燃温度：393℃ 爆炸极限：空气中 1%～5.5%（体积）		
环境数据			
注解			

IPCS
International
Programme on
Chemical Safety

国际化学品安全卡

N-甲基苯胺			ICSC 编号：0921
CAS 登记号：100-61-8 RTECS 号：BY4550000 UN 编号：2294 EC 编号：612-015-00-5 中国危险货物编号：2294 分子量：107.2	中文名称：*N*-甲基苯胺；一甲基苯胺 英文名称：*N*-METHYLANILINE; *N*-Methylbenzenamine; Monomethylaniline; *N*-Methylphenylamine 化学式：$C_7H_9N/C_6H_5NH(CH_3)$		
危害/接触类型	急性危害/症状	预防	急救/消防
火　灾	可燃的。在火焰中释放出刺激性或有毒烟雾（或气体）	禁止明火	干粉，雾状水，泡沫，二氧化碳
爆　炸	高于 79.5℃，可能形成爆炸性蒸气/空气混合物	高于 79.5℃，使用密闭系统、通风	
接　触		防止产生烟云！严格作业环境管理！	一切情况均向医生咨询！
# 吸入	嘴唇发青或指甲发青，皮肤发青，咳嗽，头晕，头痛，呼吸困难，咽喉痛	局部排气通风或呼吸防护	新鲜空气，休息。给予医疗护理
# 皮肤	可能被吸收！见吸入	防护手套。防护服	脱去污染的衣服，冲洗，然后用水和肥皂清洗皮肤，给予医疗护理
# 眼睛		面罩，眼睛防护结合呼吸防护	先用大量水冲洗（如可能尽量摘除隐形眼镜）
# 食入	腹部疼痛，嘴唇发青或指甲发青，皮肤发青，头晕，头痛，呼吸困难，恶心	工作时不得进食，饮水或吸烟	漱口。用水冲服活性炭浆。给予医疗护理
泄漏处置	尽可能将泄漏液收集在可密闭的容器中。用砂土或惰性吸收剂吸收残液，并转移到安全场所。不要让该化学品进入环境。化学防护服，包括自给式呼吸器		
包装与标志	不得与食品和饲料一起运输 **欧盟危险性类别**：T 符号 N 符号　R:23/24/25-33-50/53　S:1/2-28-36/37-45-60-61 **联合国危险性类别**：6.1　**联合国包装类别**：III **中国危险性类别**：第 6.1 项 毒性物质　**中国包装类别**：III **GHS 分类**：**警示词**：危险　**图形符号**：感叹号-健康危险　**危险说明**：可燃液体；吞咽有害；对血液造成损害；对水生生物有害		
应急响应	运输应急卡：TEC(R)-61GT1-III		
储存	与强氧化剂、强酸、食品和饲料分开存放。保存在通风良好的室内。储存在没有排水管或下水道的场所		
重要数据	**物理状态、外观**：无色或浅黄色油状液体，遇空气时变棕色 **化学危险性**：加热和燃烧时，该物质分解生成含有苯胺、氮氧化物的有毒烟雾。与强酸和氧化剂激烈反应 **职业接触限值**：阈限值：0.5ppm（时间加权平均值）（经皮）；公布生物暴露指数（美国政府工业卫生学家会议，2006 年）。最高容许浓度：0.5ppm，2.2mg/m^3（皮肤吸收）；最高限值种类：II（2）；妊娠风险等级：D（德国，2007 年） **接触途径**：该物质可通过吸入其蒸气，经皮肤和食入吸收到体内 **吸入危险性**：20℃时，该物质蒸发相当快地达到空气中有害污染浓度 **短期接触的影响**：该物质可能对血液有影响，导致形成正铁血红蛋白。影响可能推迟显现。需进行医学观察		
物理性质	沸点：194～196℃ 熔点：-57℃ 相对密度（水=1）：0.99 水中溶解度：不溶 蒸气压：20℃时 39.9Pa	蒸气相对密度（空气=1）：3.7 蒸气/空气混合物的相对密度（20℃，空气=1）：1.0 闪点：79.5℃（闭杯） 辛醇/水分配系数的对数值：1.7	
环境数据	该物质对水生生物是有害的		
注解	该物质中毒时，需采取必要的治疗措施，必须提供有指示说明的适当方法		

IPCS
International
Programme on
Chemical Safety

国际化学品安全卡

3-甲基-2-丁酮			ICSC 编号：0922
CAS 登记号：563-80-4 RTECS 号：EL9100000 UN 编号：2397 EC 编号：606-007-00-0 中国危险货物编号：2397 分子量：86.1		中文名称：3-甲基-2-丁酮；甲基异丙基酮；2-乙酰基丙烷 英文名称：3-METHYL-2-BUTANONE ; Methyl isopropyl ketone; 2-Acetyl propane 化学式：$C_5H_{10}O$	
危害/接触类型	急性危害/症状	预防	急救/消防
火　灾	高度易燃	禁止明火，禁止火花，禁止吸烟	泡沫，干粉，二氧化碳
爆　炸	蒸气/混合物有爆炸性	封闭系统，通风，防爆型电气设备与照明	着火时喷雾状水保持料桶等冷却
接　触		避免青少年和儿童接触！	
# 吸入	灼烧感，咳嗽，呼吸困难	通风，局部排气通风或呼吸防护	新鲜空气，休息，给予医疗护理
# 皮肤	可能被吸收！发红	防护手套，防护服	脱掉污染的衣服，用大量水冲洗皮肤或淋浴
# 眼睛	发红，疼痛	安全护目镜，或眼睛保护结合呼吸保护	先用大量水冲洗数分钟（如可能尽量摘除隐形眼镜），然后就医
# 食入	恶心，呕吐，虚弱	工作时不得进食、饮水或吸烟。进食前洗手	漱口，给予医疗护理
泄漏处置	用干砂土或惰性吸附剂吸收残液，并转移到安全场所。不要冲入下水道。个人防护用具：适用于有机蒸气的过滤呼吸器		
包装与标志	欧盟危险性类别：F 符号　R:11　S:2-9-16-33 联合国危险性类别：3　联合国包装类别：II 中国危险性类别：第 3 类易燃液体　中国包装类别：II		
应急响应	美国消防协会法规：H2（健康危险性）；F3（火灾危险性）；R1（反应危险性）		
储存	耐火设备（条件）。与易燃物质和强氧化剂分开存放。严格密封		
重要数据	物理状态、外观：无色液体，有特殊气味 物理危险性：蒸气比空气重，可能沿地面流动，可能造成远处着火。蒸气与空气充分混合，容易形成爆炸性混合物 化学危险性：加热时，该物质分解生成刺激性烟雾。与强氧化剂激烈反应 职业接触限值：阈限值：200ppm、70mg/m^3（时间加权平均值）（美国政府工业卫生学家会议，1995～1996 年）。最高容许浓度未制定标准 接触途径：该物质可通过吸入其蒸气，经皮肤和食入吸收到体内 吸入危险性：20℃时该物质蒸发相当缓慢地达到有害空气污染浓度 短期接触的影响：该物质刺激眼睛、皮肤和呼吸道。该物质可能对中枢神经系统有影响，导致麻醉和虚弱 长期或反复接触的影响：液体使皮肤脱脂		
物理性质	沸点：93～95℃ 熔点：-92℃ 相对密度（水=1）：0.8 水中溶解度：20℃时 0.6g/100mL 蒸气压：20℃时 5.5kPa 蒸气相对密度（空气=1）：2.9 蒸气/空气混合物的相对密度（20℃，空气=1）：1.10 闪点：-1℃ 自燃温度：475℃ 爆炸极限：空气中 1.2%～8%（体积）		
环境数据			
注解			

IPCS
International
Programme on
Chemical Safety

国际化学品安全卡

甲基环己烷			ICSC 编号：0923
CAS 登记号：108-87-2 RTECS 号：GV125000 UN 编号：2296 EC 编号：601-018-00-7 中国危险货物编号：2296 分子量：98.21		中文名称：甲基环己烷；六氢化甲苯；环己基甲烷 英文名称：METHYLCYCLOHEXANE; Hexahydrotoluene; Cyclohexylmethane 化学式：$C_7H_{14}/C_6H_{11}CH_3$	
危害/接触类型	急性危害/症状	预防	急救/消防
火　灾	高度易燃	禁止明火，禁止火花，禁止吸烟	干粉，水成膜泡沫，泡沫，二氧化碳
爆　炸	蒸气/空气混合物有爆炸性	密闭系统，通风，防爆型电气设备和照明。防止静电荷积聚(例如，通过接地)。不要使用压缩空气灌装、卸料或转运	着火时喷雾状水保持料桶等冷却
接　触		防止烟雾产生！	
# 吸入	头晕，倦睡	通风，局部排气通风或呼吸防护	新鲜空气，休息，必要时进行人工呼吸，给予医疗护理
# 皮肤	皮肤干燥	防护手套	脱掉污染的衣服，用大量水冲洗皮肤或淋浴
# 眼睛	发红	安全护目镜	先用大量水冲洗数分钟（如方便易行，摘除隐形眼镜），然后就医
# 食入	恶心。（另见吸入）	工作时不得进食、饮水或吸烟	漱口，休息，给予医疗护理
泄漏处置	通风。尽量将泄漏液收集在可密闭的金属容器中。用干砂土或惰性吸附剂吸收残液，并转移至安全场所。不要冲入下水道。个人防护用具：适用于有机蒸气的过滤呼吸器		
包装与标志	欧盟危险性类别：F 符号 Xn 符号 N 符号　R:11-38-51/53-65-67　S:2-9-16-33-61-62 联合国危险性类别：3 联合国包装类别：II 中国危险性类别：第 3 类易燃液体　中国包装类别：II		
应急响应	运输应急卡：TEC（R）-514 美国消防协会法规：H2（健康危险性）；F3（火灾危险性）；R0（反应危险性）		
储存	耐火设备（条件）。与强氧化剂分开存放		
重要数据	物理状态、外观：无色液体，有特殊气味 物理危险性：蒸气比空气重，可能沿地面流动，可能造成远处着火。由于流动、搅拌等，可能产生静电 化学危险性：与强氧化剂激烈反应，有着火和爆炸危险 职业接触限值：阈限值：400ppm、1610mg/m^3（美国政府工业卫生学家会议，1996 年）。 最高容许浓度：200ppm，810mg/m^3；最高限值种类：II(2)；妊娠风险等级：D（德国，2008 年） 接触途径：该物质可通过吸入其蒸气和食入吸收到体内 短期接触的影响：该物质刺激眼睛和皮肤。如果吞咽液体吸入肺中，可能引起化学肺炎。该物质可能对中枢神经系统有影响。接触可能引起意识降低 长期或反复接触的影响：液体使皮肤脱脂		
物理性质	沸点：101℃ 熔点：−126.7℃ 相对密度（水=1）：0.8 水中溶解度：不溶 蒸气压：25℃时 5.73kPa 蒸气相对密度（空气=1）：3.4 蒸气/空气混合物的相对密度（20℃，空气=1）：1.1 闪点：−6℃（开杯） 自燃温度：258℃ 爆炸极限：空气中 1.2%～6.7%（体积）		
环境数据			
注解			

IPCS
International
Programme on
Chemical Safety

国际化学品安全卡

<table>
<tr><td colspan="2">速灭磷（混合异构体）</td><td colspan="2">ICSC 编号：0924</td></tr>
<tr><td colspan="2">CAS 登记号：7786-34-7
RTECS 号：GQ5250000
UN 编号：3018
EC 编号：015-020-00-5
中国危险货物编号：3018
分子量：224.2</td><td colspan="2">中文名称：速灭磷（混合异构体）；甲基-3-（二甲氧基膦基氧）丁-2-烯酸酯；2-甲氧羰基-1-甲基乙烯基二甲基磷酸酯
英文名称：MEVINPHOS (ISOMER MIXTURE); Methyl 3-(dimethoxyphosphinoyloxy) but-2-enoate; 2-methoxycarbonyl-1-methylvinyl dimethyl phosphate
化学式：$C_7H_{13}O_6P$</td></tr>
<tr><th>危害/接触类型</th><th>急性危害/症状</th><th>预防</th><th>急救/消防</th></tr>
<tr><td>火 灾</td><td>可燃的，含有机溶剂的液体制剂可能是易燃的，在火焰中释放出刺激性或有毒烟雾（或气体）</td><td>禁止明火</td><td>干粉，雾状水，泡沫，二氧化碳</td></tr>
<tr><td>爆 炸</td><td></td><td></td><td></td></tr>
<tr><td>接 触</td><td></td><td>严格作业环境管理!避免青少年和儿童接触!</td><td>一切情况均向医生咨询！</td></tr>
<tr><td># 吸入</td><td>瞳孔收缩，肌肉痉挛，多涎，视力模糊，出汗，恶心，呕吐，腹泻，胃痉挛，头晕，惊厥，神志不清</td><td>通风，局部排气通风或呼吸防护</td><td>新鲜空气，休息，立即给予医疗护理，见注解</td></tr>
<tr><td># 皮肤</td><td>可能被吸收。（另见吸入）</td><td>防护手套，防护服</td><td>脱去污染的衣服，冲洗，然后用水和肥皂清洗皮肤，急救时戴防护手套，立即给予医疗护理</td></tr>
<tr><td># 眼睛</td><td>视力模糊</td><td>面罩，眼睛防护结合呼吸防护</td><td>用大量水冲洗（如可能尽量摘除隐形眼镜）</td></tr>
<tr><td># 食入</td><td>（另见吸入）</td><td>工作时不得进食，饮水或吸烟，进食前洗手</td><td>漱口，用水冲服活性炭浆，立即给予医疗护理（见注解）</td></tr>
<tr><td>泄漏处置</td><td colspan="3">不要让该化学品进入环境。将泄漏液收集在可密闭的容器中。用砂土或惰性吸收剂吸收残液，并转移到安全场所。个人防护用具：化学防护服包括自给式呼吸器</td></tr>
<tr><td>包装与标志</td><td colspan="3">不得与食品和饲料一起运输。严重污染海洋物质
欧盟危险性类别：T+符号 N 符号 R:27/28-50/53 S:1/2-23-28-36/37-45-60-61
联合国危险性类别：6.1 联合国包装类别：I
中国危险性类别：第 6.1 项 毒性物质 中国包装类别：I
GHS 分类：信号词：危险 图形符号：骷髅和交叉骨-健康危险-环境 危险说明：吞咽致命；皮肤接触致命；吸入蒸气致命；对神经系统造成损害；对水生生物毒性非常大</td></tr>
<tr><td>应急响应</td><td colspan="3">运输应急卡：TEC(R)-61GT6-I</td></tr>
<tr><td>储存</td><td colspan="3">与食品和饲料、强氧化剂分开存放。保存在通风良好的室内。储存在没有排水管或下水道的场所。注意收容灭火产生的废水</td></tr>
<tr><td>重要数据</td><td colspan="3">物理状态、外观：无色液体
化学危险性：加热时，该物质分解生成含有磷酸和磷氧化物的有毒和腐蚀性烟雾。与强氧化剂发生激烈反应，有着火和爆炸的危险。浸蚀铁、不锈钢、黄铜、某些塑料、橡胶
职业接触限值：阈限值：0.01mg/m^3（时间加权平均值）；A4（不能分类为人类致癌物）；公布生物暴露指数（美国政府工业卫生学家会议，2008 年）。最高容许浓度：0.093mg/m^3；最高限值种类：II（2）（德国，2008 年）
接触途径：该物质可通过吸入其气溶胶、经皮肤和经食入吸收到体内
吸入危险性：20℃时，该物质蒸发相当快地达到空气中有害污染浓度
短期接触的影响：胆碱酯酶抑制剂。该物质可能对神经系统有影响，导致惊厥、呼吸衰竭。远高于职业接触限值接触可能导致死亡。影响可能推迟显现。需进行医学观察</td></tr>
<tr><td>物理性质</td><td colspan="2">沸点：300℃时分解
熔点：（反式）6.9℃，（顺式）21℃
相对密度（水=1）：1.25
水中溶解度：混溶</td><td>蒸气压：21℃时 0.38Pa
闪点：175℃（开杯）
辛醇/水分配系数的对数值：1.2</td></tr>
<tr><td>环境数据</td><td colspan="3">该物质对水生生物有极高毒性。该物质可能对环境有危害，对鸟类应给予特别注意。该物质在正常使用过程中进入环境。但是要特别注意避免任何额外的释放，例如通过不适当处置活动</td></tr>
<tr><td>注解</td><td colspan="3">根据接触程度，建议定期进行医学检查。参照国家法律。该物质中毒时，需采取必要的治疗措施；必须提供有指示说明的适当方法。商业制剂中使用的载体溶剂可能改 变其物理和毒理学性质。不要将工作服带回家中</td></tr>
</table>

IPCS
International
Programme on
Chemical Safety

国际化学品安全卡

二溴磷	ICSC 编号：0925
CAS 登记号：300-76-5 RTECS 号：TB9450000 UN 编号：3018 EC 编号：015-055-00-6 中国危险货物编号：3018	中文名称：二溴磷；1,2-二溴-2,2-二氯乙基二甲基磷酸酯 英文名称：NALED; 1,2-Dibromo-2,2-dichloroethyl dimethyl phosphate
分子量： 380.8	化学式：$C_4H_7Br_2Cl_2O_4P$

危害/接触类型	急性危害/症状	预防	急救/消防
火　灾	不可燃。含有机溶剂的液体制剂可能是易燃的。在火焰中释放出刺激性或有毒烟雾（或气体）		周围环境着火时，使用适当的灭火剂
爆　炸			
接　触		严格作业环境管理！避免青少年和儿童接触！	一切情况均向医生咨询！
# 吸入	瞳孔收缩，肌肉痉挛，多涎，出汗，恶心，呕吐，头晕，惊厥，神志不清	通风，局部排气通风或呼吸防护	新鲜空气，休息。给予医疗护理
# 皮肤	可能被吸收！发红。疼痛。（另见吸入）	防护手套。防护服	脱去污染的衣服。冲洗，然后用水和肥皂清洗皮肤。给予医疗护理
# 眼睛	发红。疼痛。视力模糊	面罩，或眼睛防护结合呼吸防护	先用大量水冲洗几分钟（如可能尽量摘除隐形眼镜），然后就医
# 食入	胃痉挛。呕吐。腹泻。（另见吸入）	工作时不得进食，饮水或吸烟。进食前洗手	漱口。休息。给予医疗护理
泄漏处置	将泄漏物清扫进可密闭容器中。小心收集残余物，然后转移到安全场所。如果液体，尽可能将泄漏液收集在可密闭的容器中。用砂土或惰性吸收剂吸收残液，并转移到安全场所。不要让该化学品进入环境。个人防护用具：化学防护服包括自给式呼吸器		
包装与标志	不得与食品和饲料一起运输。污染海洋物质 **欧盟危险性类别**：Xn 符号 N 符号 R:21/22-36/38-50 S:2-36/37-61 **联合国危险性类别**：6.1 **联合国包装类别**：III **中国危险性类别**：第 6.1 项毒性物质 **中国包装类别**：III		
应急响应	运输应急卡：TEC(R)-61GT6-III		
储存	与强氧化剂、强酸、食品和饲料分开存放。干燥。严格密封。储存在没有排水管或下水道的场所		
重要数据	**物理状态、外观**：无色至黄色液体或白色晶体，有刺鼻气味 **化学危险性**：加热时，与酸、氧化剂接触时，该物质分解生成含有溴化氢，碘化氢，氧化亚磷的有毒和腐蚀性烟雾。与水接触时，该物质分解生成敌敌畏和二氯乙醛。浸蚀金属、塑料、橡胶和涂层 **职业接触限值**：阈限值：$0.1mg/m^3$（可吸入粉尘）（时间加权平均值）（经皮）；A4（不能分类为人类致癌物）；致敏剂；公布生物暴露指数（美国政府工业卫生学家会议，2005 年）。最高容许浓度：$1mg/m^3$（可吸入粉尘）；最高限值种类：II(2)；皮肤吸收；皮肤致敏剂；妊娠风险等级：C（德国，2008 年） **接触途径**：该物质可通过吸入其气溶胶、经皮肤和食入吸收到体内 **吸入危险性**：20℃时该物质蒸发不会或很缓慢地达到空气中有害污染浓度，但喷洒或扩散时要快得多 **短期接触的影响**：该物质刺激眼睛、皮肤和呼吸道。该物质可能对神经系统有影响，导致惊厥、呼吸抑制。胆碱酯酶抑制剂。远高于职业接触限值接触，可能导致死亡。影响可能推迟显现。需进行医学观察 **长期或反复接触的影响**：胆碱酯酶抑制剂。可能发生累积作用：见急性危害/症状		
物理性质	**沸点**：0.066kPa 时 110℃ **熔点**：26.5～27.5℃ **相对密度**（水=1）：25℃时 1.96 **水中溶解度**：不溶	**蒸气压**：20℃时 0.26Pa **蒸气相对密度**（空气=1）：13.2 **辛醇/水分配系数的对数值**：1.38	
环境数据	该物质对水生生物有极高毒性。该物质可能对环境有危害，对蜜蜂应给予特别注意。该物质在正常使用过程中进入环境。但是应当注意避免任何额外的释放，例如通过不适当处置活动		
注解	根据接触程度,建议定期进行医疗检查。该物质中毒时需采取必要的治疗措施；必须提供有指示说明的适当方法。商业制剂中使用的载体溶剂可能改变其物理和毒理学性质。参见卡片#0690 敌敌畏（二溴磷的分解产物）		

IPCS
International
Programme on
Chemical Safety

国际化学品安全卡

氧化镍（II）	ICSC 编号：0926
CAS 登记号：1313-99-1 RTECS 号：QR8400000 EC 编号：028-003-00-2	中文名称：氧化镍（II）；一氧化镍；氧化镍（粉末） 英文名称：NICKEL (II) OXIDE; Nickel monoxide; Nickelous oxide (powder)
分子量：74.7	化学式：NiO

危害/接触类型	急性危害/症状	预防	急救/消防
火　灾	不可燃。在火焰中释放出刺激性或有毒烟雾（或气体）		周围环境着火时，允许使用各种灭火剂
爆　炸			
接　触		避免一切接触！	
# 吸入	咳嗽	密闭系统和通风	新鲜空气，休息，给予医疗护理
# 皮肤	发红，疼痛	防护手套，防护服	脱去污染的衣服，冲洗，然后用水和肥皂清洗皮肤
# 眼睛	发红	护目镜，或眼睛防护结合呼吸防护	先用大量水冲洗几分钟（如可能尽量摘除隐形眼镜），然后就医
# 食入		工作时不得进食，饮水或吸烟	漱口，给予医疗护理
泄漏处置	将泄漏物清扫进容器中。如果适当，首先润湿防止扬尘。小心收集残余物，然后转移到安全场所。不要让该化学品进入环境。个人防护用具：适用于有毒颗粒物的 P3 过滤呼吸器		
包装与标志	不得与食品和饲料一起运输 欧盟危险性类别：T 符号　R:49-43-53　S:53-45-61		
应急响应			
储存	与食品和饲料分开存放		
重要数据	物理状态、外观：绿色至黑色晶体粉末 化学危险性：与碘和硫化氢激烈反应，有着火和爆炸危险 职业接触限值：阈限值（以 Ni 计）：0.2mg/m^3（时间加权平均值）；A1（确认的人类致癌物）（美国政府工业卫生学家会议，2004 年）。最高容许浓度：致敏剂；致癌物类别：1（德国，2004 年） 接触途径：该物质可通过吸入其气溶胶和经食入吸收到体内 吸入危险性：20℃时蒸发可忽略不计，但扩散时可较快地达到空气中颗粒物有害浓度 短期接触的影响：该物质刺激皮肤 长期或反复接触的影响：反复或长期接触可能引起皮肤过敏。反复或长期吸入接触可能引起哮喘。该物质可能对肺有影响。该物质是人类致癌物		
物理性质	熔点：1984℃ 密度：6.7g/cm^3 水中溶解度：不溶		
环境数据	该物质对水生生物是有害的		
注解	因该物质发生哮喘症状的任何人不应当再接触该物质。哮喘症状常常经过几个小时以后才变得明显，体力劳动使症状加重。因而休息和医学观察是必要的。不要将工作服带回家中		

IPCS
International
Programme on
Chemical Safety

国际化学品安全卡

碳酸镍			ICSC 编号：0927
CAS 登记号：3333-67-3 RTECS 号：QR6200000 UN 编号：3288 EC 编号：028-010-00-0 中国危险货物编号：3288		中文名称：碳酸镍；碳酸镍（II） 英文名称：NICKEL CARBONATE; Nickelous carbonate; Nickel(II) carbonate	
分子量：118.7		化学式：$NiCO_3$	
危害/接触类型	急性危害/症状	预防	急救/消防
火 灾	不可燃。在火焰中释放出刺激性或有毒烟雾（或气体）		周围环境着火时，允许使用各种灭火剂
爆 炸			
接 触		避免一切接触！	
# 吸入	咳嗽	密闭系统和通风	新鲜空气，休息，给予医疗护理
# 皮肤	发红，疼痛	防护手套，防护服	脱去污染的衣服，用大量水冲洗皮肤或淋浴，给予医疗护理
# 眼睛	发红	护目镜，或眼睛防护结合呼吸防护	先用大量水冲洗几分钟（如可能尽量摘除隐形眼镜），然后就医
# 食入		工作时不得进食，饮水或吸烟	漱口，给予医疗护理
泄漏处置	将泄漏物清扫进容器中。如果适当，首先润湿防止扬尘。小心收集残余物，然后转移到安全场所。不要让该化学品进入环境。个人防护用具：适用于有毒颗粒物的 P3 过滤呼吸器		
包装与标志	不得与食品和饲料一起运输 欧盟危险性类别：Xn 符号 N 符号 R:22-40-43-50/53 S:2-22-36/37-60-61 联合国危险性类别：6.1 联合国包装类别：III 中国危险性类别：第 6.1 项毒性物质 中国包装类别：III		
应急响应	运输应急卡：TEC(R)-61GT5-III		
储存	与食品和饲料分开存放。见化学危险性		
重要数据	物理状态、外观：浅绿色晶体 化学危险性：加热和与酸接触时，该物质分解生成二氧化碳（见卡片#0021）。与苯胺、硫化氢、易燃溶剂、肼、金属粉末，尤其锌、铝和镁激烈反应，有着火和爆炸危险 职业接触限值：阈限值：0.2mg/m^3（时间加权平均值）；A1（确认的人类致癌物）（美国政府工业卫生学家会议，2004 年）。最高容许浓度：呼吸道和皮肤致敏剂；致癌物类别：1（德国，2004 年） 接触途径：该物质可通过吸入其气溶胶和经食入吸收到体内 吸入危险性：20℃时蒸发可忽略不计，但扩散时可较快地达到空气中颗粒物有害浓度 短期接触的影响：该物质刺激皮肤 长期或反复接触的影响：反复或长期接触可能引起皮肤过敏。反复或长期吸入接触可能引起哮喘。该物质可能对肺有影响。该物质是人类致癌物		
物理性质	熔点：低于熔点分解 密度：2.6g/cm^3 水中溶解度：不溶		
环境数据	该物质对水生生物是有害的		
注解	分解温度未见文献报道。不要将工作服带回家中。因该物质发生哮喘症状的任何人不应当再接触该物质。哮喘症状常常经过几个小时以后才变得明显，体力劳动使症状加重。因而休息和医学观察是必要的		

IPCS
International
Programme on
Chemical Safety

UNEP

国际化学品安全卡

硫化镍			ICSC 编号：0928
CAS 登记号：12035-72-2 RTECS 号：QR9800000 EC 编号：028-007-00-4		中文名称：硫化镍；亚硫化镍；二硫化三镍 英文名称：NICKEL SULFIDE; Heazewoodite; Nickel subsulphide; Trinickel disulfide	
分子量：240.19		化学式：Ni_3S_2	
危害/接触类型	急性危害/症状	预防	急救/消防
火　灾	在火焰中释放出刺激性或有毒烟雾（或气体）		周围环境着火时，可以使用各种灭火剂
爆　炸			着火时喷雾状水保持料桶等冷却
接　触		防止粉尘扩散！避免一切接触！	
# 吸入	咳嗽，咽喉痛	通风，局部排气通风或呼吸防护	新鲜空气，休息
# 皮肤		防护手套，防护服	脱去污染的衣服，冲洗，然后用水和肥皂清洗皮肤
# 眼睛		安全护目镜或眼睛防护结合呼吸防护	首先用大量水冲洗几分钟（如方便取下隐形眼镜），然后就医
# 食入			休息，给予医疗护理
泄漏处置	将泄漏物扫入容器中。如果适当，首先润湿防止扬尘。小心收集残余物，然后转移到安全场所。个人防护用具：全套防护服包括自给式呼吸器		
包装与标志	欧盟危险性类别：T 符号　R:49-43-51/53　S:53-45-61		
应急响应			
储存			
重要数据	**物理状态、外观**：浅黄青铜色块状，具有金属光泽 **化学危险性**：加热至高温时，该物质分解生成硫氧化物 **职业接触限值**：阈限值：0.2mg/m³（时间加权平均值）；A1（确认的人类致癌物）（美国政府工业卫生学家会议，2004 年）。最高容许浓度：呼吸道和皮肤致敏剂；致癌物类别：1（德国，2004 年） **接触途径**：该物质可通过吸入其气溶胶吸收到体内 **长期或反复接触的影响**：反复或长期接触可能引起皮肤过敏。该物质是人类致癌物		
物理性质	熔点：790℃ 相对密度（水=1）：5.82 水中溶解度：不溶		
环境数据			
注解	根据接触程度，建议定期进行医疗检查。不要将工作服带回家中		

IPCS
International
Programme on
Chemical Safety

UNEP

国际化学品安全卡

除草醚			ICSC 编号：0929
CAS 登记号：1836-75-5 RTECS 号：KN8400000 EC 编号：609-040-00-9 分子量：284.1	中文名称：除草醚；2,4-二氯-1-（4-硝基苯氧基）苯；2,4-二氯苯基对硝基苯基醚 英文名称：NITROFEN; 2,4-Dichloro-1-(4-nitrophenoxy) benzene; 2,4-Dichlorophenyl p-nitrophenyl ether 化学式：$C_{12}H_7Cl_2NO_3/C_6H_3Cl_2OC_6H_4NO_2$		
危害/接触类型	急性危害/症状	预防	急救/消防
火　灾	可燃的	禁止明火	干粉、雾状水、泡沫、二氧化碳
爆　炸	微细分散的颗粒物在空气中形成爆炸性混合物	防止粉尘沉积、密闭系统、防止粉尘爆炸型电气设备和照明	
接　触		防止粉尘扩散！避免一切接触！避免孕妇接触！	一切情况均向医生咨询！
# 吸入	腹部疼痛，咳嗽，腹泻，头晕，头痛，呼吸困难，咽喉痛，呕吐	局部排气通风或呼吸防护	新鲜空气，休息，必要时进行人工呼吸，给予医疗护理
# 皮肤	发红，疼痛	防护手套，防护服	先用大量水，然后脱去污染的衣服并再次冲洗，给予医疗护理
# 眼睛	发红，疼痛	安全护目镜，如为粉末，眼睛防护结合呼吸防护	先用大量水冲洗几分钟（如可能尽量摘除隐形眼镜），然后就医
# 食入	（见吸入）	工作时不得进食，饮水或吸烟。进食前洗手	漱口，休息，给予医疗护理
泄漏处置	将泄漏物清扫进容器中。如果适当，首先润湿防止扬尘。小心收集残余物，然后转移到安全场所。不要让该化学品进入环境。个人防护用具：适用于有毒颗粒物的 P3 过滤呼吸器		
包装与标志	不得与食品和饲料一起运输 欧盟危险性类别：T 符号 N 符号 标记：E　R:45-61-22-50/53　S:53-45-60-61		
应急响应			
储存	与食品和饲料分开存放。严格密封		
重要数据	物理状态、外观：无色至棕色晶体粉末，遇光时变暗 物理危险性：以粉末或颗粒形状与空气混合，可能发生粉尘爆炸 化学危险性：燃烧时，生成有毒烟雾 职业接触限值：阈限值未制定标准 接触途径：该物质可通过吸入其气溶胶和经食入吸收到体内 吸入危险性：20℃时蒸发可忽略不计，但喷洒或扩散时可较快地达到空气中颗粒物有害浓度 短期接触的影响：该物质刺激皮肤和呼吸道。该物质可能对中枢神经系统有影响 长期或反复接触的影响：反复或长期与皮肤接触可能引起皮炎。该物质可能对肝有影响。该物质可能是人类致癌物。动物实验表明，该物质可能造成人类婴儿畸形		
物理性质	沸点：在 101.3kPa 时 368℃ 熔点：70～71℃ 密度：1.3g/cm³ 水中溶解度：22℃时 0.0001g/100mL 蒸气压：40℃时 0.001Pa 闪点：200℃（闭杯） 自燃温度：400℃ 辛醇/水分配系数的对数值：3.4～5		
环境数据	该物质对水生生物有极高毒性。在对人类重要的食物链中发生生物蓄积作用，特别是在鱼中。该物质可能在水生环境中造成长期影响。避免非正常使用情况下释放到环境中		
注解	如果该物质用溶剂配制，可参考该溶剂的卡片。商业制剂中使用的载体溶剂可能改变其物理和毒理学性质。不要将工作服带回家中。商品名称有：Tok-2, Tok E25, Tokkorn, Mezotox, FW925, Niclofen, NIP, Nitrochlor 和 Trazalex		

IPCS
International
Programme on
Chemical Safety

国际化学品安全卡

二氧化氮			ICSC 编号：0930
CAS 登记号：10102-44-0 RTECS 号：QW9800000 UN 编号：1067 EC 编号：007-002-00-0 中国危险货物编号：1067 分子量：46.01		中文名称：二氧化氮；过氧化氮；（钢瓶） 英文名称：NITROGEN DIOXIDE; Nitrogen peroxide; (cylinder) 化学式：NO_2	
危害/接触类型	急性危害/症状	预防	急救/消防
火　灾	不可燃，但可助长其他物质燃烧	禁止与可燃物接触	周围环境着火时，使用适当的灭火剂
爆　炸			着火时，喷水保持钢瓶冷却
接　触		严格作业环境管理！	一切情况均向医生咨询！
# 吸入	灼烧感。咽喉痛。咳嗽。头晕。头痛。出汗。呼吸困难。恶心。呕吐。气促。虚弱。症状可能推迟显现。（见注解）	通风，局部排气通风或呼吸防护	新鲜空气，休息。半直立体位。必要时进行人工呼吸。给予医疗护理
# 皮肤	发红。疼痛。皮肤烧伤	防护手套。防护服	先用大量水冲洗，然后脱去污染的衣服并再次冲洗。给予医疗护理
# 眼睛	发红。疼痛。严重深度烧伤	护目镜，或眼睛防护结合呼吸防护	先用大量水冲洗几分钟（如可能尽量摘除隐形眼镜），然后就医
# 食入		工作时不得进食，饮水或吸烟。进食前洗手	漱口。给予医疗护理
泄漏处置	撤离危险区域！向专家咨询！通风。不要用锯末或其他可燃吸收剂吸收。喷洒雾状水去除蒸气。用碳酸钙或碱水中和。气密式化学防护服，包括自给式呼吸器		
包装与标志	欧盟危险性类别：T+符号 标记：5　R:26-34　S:1/2-9-26-28-36/37/39-45 联合国危险性类别：2.3　联合国次要危险性：5.1 和 8 中国危险性类别：第 2.3 项 毒性气体 中国次要危险性：5.1 和 8		
应急响应	运输应急卡：TEC(R)-20S1067 美国消防协会法规：H3（健康危险性）；F0（火灾危险性）；R0（反应危险性）；OX（氧化剂）		
储存	沿地面通风		
重要数据	**物理状态、外观**：浅红棕色气体或棕色或黄色液体，有刺鼻气味 **物理危险性**：气体比空气重 **化学危险性**：该物质是一种强氧化剂。与可燃物质和还原性物质激烈反应。与水反应，生成硝酸和氮氧化物。有水存在时，浸蚀许多金属 **职业接触限值**：阈限值：3ppm（时间加权平均值），5ppm（短期接触限值），A4（不能分类为人类致癌物）（美国政府工业卫生学家会议，2008 年）。最高容许浓度：0.5ppm，$0.95mg/m^3$；最高限值种类：I(1)；致癌物类别：3B。妊娠风险等级：D（德国，2009 年） **接触途径**：该物质可通过吸入吸收到体内 **吸入危险性**：容器漏损时，迅速达到空气中该气体的有害浓度 **短期接触的影响**：该物质腐蚀皮肤和呼吸道。吸入气体或蒸气可能引起肺水肿（见注解）。远高于职业接触限值接触时，可能导致死亡。影响可能推迟显现。需进行医学观察 **长期或反复接触的影响**：该物质可能对免疫系统和肺有影响，导致对传染病抵抗力降低。动物实验表明，该物质可能造成人类生殖或发育毒性		
物理性质	沸点：21.2℃ 熔点：-11.2℃ 相对密度（水=1）：1.45（液体）	水中溶解度：反应 蒸气压：20℃时 96kPa 蒸气相对密度（空气=1）：1.58	
环境数据			
注解	商业上使用的加压棕色液体是二氧化氮和无色四氧化二氮的平衡混合物。非刺激浓度可能引起肺水肿。肺水肿症状常常经过几个小时以后才变得明显，体力劳动使症状加重。因而休息和医学观察是必要的。应当考虑由医生或医生指定的人立即采取适当吸入治疗法。用大量水冲洗工作服（有着火危险）。转动泄漏钢瓶使漏口朝上，防止液态气体逸出		

IPCS
International
Programme on
Chemical Safety

国际化学品安全卡

邻硝基甲苯			ICSC 编号：0931
CAS 登记号：88-72-2 RTECS 号：XT3150000 UN 编号：1664 EC 编号：609-006-00-3 中国危险货物编号：1664 分子量：137.1		中文名称：邻硝基甲苯；2-硝基甲苯；1-甲基-2-硝基苯；邻甲基硝基苯；邻一硝基苯；ONT 英文名称：o-NITROTOLUENE; 2-Nitrotoluene; 1-Methyl-2-nitrobenzene; o-Methylnitrobenzene; o-Mononitrotoluene; ONT 化学式：$C_7H_7NO_2/C_6H_4(CH_3)(NO_2)$	
危害/接触类型	急性危害/症状	预防	急救/消防
火　灾	可燃的	禁止明火，禁止与氧化剂接触	干粉、雾状水、泡沫、二氧化碳
爆　炸	与酸、氧化剂接触，有着火和爆炸危险		着火时，喷雾状水保持料桶等冷却
接　触		防止产生烟云！严格作业环境管理！	
# 吸入	头痛，嘴唇发青或手指发青。皮肤发青，头晕，呼吸困难	局部排气通风或呼吸防护	新鲜空气，休息，必要时进行人工呼吸，给予医疗护理
# 皮肤	可能被吸收！（另见吸入）	防护手套，防护服	冲洗，然后用水和肥皂清洗皮肤，给予医疗护理。急救时戴防护手套
# 眼睛	发红，疼痛	面罩，或眼睛防护结合呼吸防护	先用大量水冲洗几分钟（如可能尽量摘除隐形眼镜），然后就医
# 食入	腹部疼痛。（另见吸入）	工作时不得进食，饮水或吸烟。进食前洗手	漱口，给予医疗护理
泄漏处置	尽可能将泄漏液收集在有盖的容器中。用砂土或惰性吸收剂吸收残液，并转移到安全场所。不要让该化学品进入环境。化学防护服包括自给式呼吸器		
包装与标志	不得与食品和饲料一起运输。污染海洋物质 欧盟危险性类别：T 符号 N 符号 标记：C R:45-46-22-62-51/53 S:53-45-61 联合国危险性类别：6.1 联合国包装类别：II 中国危险性类别：第 6.1 项 毒性物质 中国包装类别：II		
应急响应	运输应急卡：TEC(R)-61S1664-L 或 61GT1-II 美国消防协会法规：H2（健康危险性）；F1（火灾危险性）；R4（反应危险性）		
储存	与食品和饲料分开存放。见化学危险性。严格密封。沿地面通风		
重要数据	物理状态、外观：黄色至无色液体，有特殊气味 化学危险性：与强氧化剂、还原剂、酸类或碱类接触时，该物质分解生成有毒烟雾，有着火和爆炸危险。浸蚀某些塑料、橡胶和涂层。燃烧时，生成氮氧化物和一氧化碳 职业接触限值：阈限值：2ppm（时间加权平均值）（经皮）；公布生物暴露指数（美国政府工业卫生学家会议，2005 年）。最高容许浓度：皮肤吸收；致癌物类别：2；胚细胞突变等级：3B（德国，2008 年） 接触途径：该物质可通过吸入其气溶胶，经皮肤和食入吸收到体内 吸入危险性：20℃时该物质蒸发，相当慢地达到空气中有害污染浓度 短期接触的影响：该物质刺激眼睛。该物质可能对血液有影响，导致形成正铁血红蛋白。影响可能推迟显现。需进行医学观察 长期或反复接触的影响：该物质可能对肝、血液和味觉有影响		
物理性质	沸点：222℃ 熔点：-10℃ 相对密度（水=1）：1.16 水中溶解度：20℃时 0.044g/100mL 蒸气压：20℃时 0.02kPa	蒸气相对密度（空气=1）：4.73 闪点：95℃（闭杯） 自燃温度：420℃ 爆炸极限：空气中 1.47%～8.8%（体积） 辛醇/水分配系数的对数值：2.3	
环境数据	该物质对水生生物是有毒的。该物质可能在水生环境中造成长期影响		
注解	该物质中毒时，需采取必要的治疗措施。必须提供有指示说明的适当方法。根据接触程度，建议定期进行医疗检查		

IPCS
International
Programme on
Chemical Safety

国际化学品安全卡

对硝基甲苯			ICSC 编号：0932
CAS 登记号：99-99-0 RTECS 号：XT3325000 UN 编号：1664 EC 编号：609-006-00-3 中国危险货物编号：1664		中文名称：对硝基甲苯；4-硝基甲苯；1-甲基-4-硝基苯；对甲基硝基苯；PNT 英文名称：*p*-NITROTOLUENE; 4-Nitrotoluene; 1-Methyl-4-nitrobenzene; *p*-Methylnitrobenzene; PNT	
分子量：137.1		化学式：$C_7H_7NO_2/C_6H_4(CH_3)NO_2$	
危害/接触类型	急性危害/症状	预防	急救/消防
火　灾	可燃的	禁止明火，禁止与氧化剂接触	干粉、雾状水、泡沫、二氧化碳
爆　炸	接触氧化剂时，有着火和爆炸危险		着火时，喷雾状水保持料桶等冷却
接　触		防止粉尘扩散！严格作业环境管理！	
# 吸入	头痛，嘴唇发青或手指发青。皮肤发青，头晕，呼吸困难	局部排气通风或呼吸防护	新鲜空气，休息，必要时进行人工呼吸，给予医疗护理
# 皮肤	可能被吸收！（见吸入）	防护手套，防护服	冲洗，然后用水和肥皂清洗皮肤，给予医疗护理。急救时戴防护手套
# 眼睛	发红，疼痛	护目镜，面罩或眼睛防护结合呼吸防护	先用大量水冲洗几分钟（如可能尽量摘除隐形眼镜），然后就医
# 食入	腹部疼痛。（另见吸入）	工作时不得进食，饮水或吸烟。进食前洗手	漱口，给予医疗护理
泄漏处置	将泄漏物清扫进容器中。如果适当，首先润湿防止扬尘。小心收集残余物，然后转移到安全场所。不要让该化学品进入环境。化学防护服包括自给式呼吸器		
包装与标志	不得与食品和饲料一起运输。污染海洋物质 欧盟危险性类别：T 符号 N 符号 标记：C R:23/24/25-33-51/53 S:1/2-28-37-45-61 联合国危险性类别：6.1 联合国包装类别：II 中国危险性类别：第 6.1 项毒性物质 中国包装类别：II		
应急响应	运输应急卡：TEC(R)-61S1664-S 或 61GT2-II 美国消防协会法规：H3（健康危险性）；F1（火灾危险性）；R0（反应危险性）		
储存	与食品和饲料分开存放。见化学危险性。严格密封		
重要数据	物理状态、外观：无色至黄色晶体，有特殊气味 化学危险性：加热时，该物质分解生成氮氧化物有毒烟雾。与强氧化剂或硫酸激烈反应，有着火和爆炸危险。浸蚀某些塑料，橡胶和涂层 职业接触限值：阈限值：2ppm（时间加权平均值）；（经皮）；公布生物暴露指数（美国政府工业卫生学家会议，2005 年）。最高容许浓度：皮肤吸收；致癌物类别：3B（德国，2008 年） 接触途径：该物质可通过吸入其气溶胶，经皮肤和食入吸收到体内 吸入危险性：20℃时蒸发可忽略不计，但扩散时可较快地达到空气中颗粒物有害浓度，尤其是粉末 短期接触的影响：该物质刺激眼睛。该物质可能对血液有影响，导致形成正铁血红蛋白。影响可能推迟显现。需进行医学观察 长期或反复接触的影响：该物质可能对血液、肝和味觉有影响		
物理性质	沸点：238℃ 熔点：53～54℃ 密度：1.29g/cm^3 水中溶解度：20℃时 0.035g/100mL 蒸气压：20℃时 0.016kPa	蒸气相对密度（空气=1）：4.72 闪点：103℃（闭杯） 自燃温度：450℃ 辛醇/水分配系数的对数值：2.41	
环境数据	该物质对水生生物是有毒的。该物质可能在水生环境中造成长期影响		
注解	该物质中毒时需采取必要的治疗措施。必须提供有指示说明的适当方法。根据接触程度，建议定期进行医疗检查		

IPCS
International
Programme on
Chemical Safety

国际化学品安全卡

辛烷			ICSC 编号：0933
CAS 登记号：111-65-9 RTECS 号：RG8400000 UN 编号：1262 EC 编号：601-009-00-8 中国危险货物编号：1262 分子量：114.22		中文名称：辛烷；正辛烷 英文名称：OCTANE; n-Octane 化学式：$C_8H_{18}/CH_3(CH_2)_6CH_3$	
危害/接触类型	急性危害/症状	预防	急救/消防
火　灾	高度易燃	禁止明火，禁止火花，和禁止吸烟	干粉，泡沫，二氧化碳
爆　炸	蒸气/空气混合物有爆炸性	密闭系统，通风，防爆型电气设备和照明。防止静电荷积聚（例如，通过接地）。不要使用压缩空气灌装、卸料或转运。使用无火花手工具	着火时喷雾状水保持料桶等冷却
接　触		严格作业环境管理！	
# 吸入	恶心，头痛，倦睡，头晕，意识模糊，咳嗽，呼吸困难，咽喉痛，神志不清	通风	新鲜空气，休息，给予医疗护理
# 皮肤	皮肤干燥，发红	防护手套，防护服	脱掉污染的衣服，用大量水冲洗皮肤或淋浴
# 眼睛	发红，疼痛	安全护目镜	首先用大量水冲洗几分钟（如方便易行，取下隐形眼镜），然后就医
# 食入	呕吐。（见吸入）	工作时不得进食、饮水或吸烟	不要催吐，不要饮用任何东西，给予医疗护理
泄漏处置	撤离危险区域。通风。尽量将泄漏液收集在可密闭的容器中。用砂土或惰性吸附剂吸收残液并转移至安全场所。不要冲入下水道。不要让该化学品进入环境。个人防护用具：自给式呼吸器		
包装与标志	欧盟危险性类别：F 符号 Xn 符号 N 符号 标记：C　R:11-38-50/53-65-67　S:2-9-16-29-33-60-61-62 联合国危险性类别：3 联合国包装类别：II 中国危险性类别:第 3 类易燃液体　中国包装类别：II		
应急响应	运输应急卡：TEC（R）-30S1262 美国消防协会法规：H0（健康危险性）；F3（火灾危险性）；R0（反应危险性）		
储存	耐火设备（条件）。与强氧化剂分开存放。阴凉场所。沿地面通风		
重要数据	物理状态、外观：无色液体，有特殊气味 物理危险性：蒸气比空气重，可能沿地面流动，可能造成远处着火。由于流动、搅拌等，可能产生静电 化学危险性：与强氧化剂发生反应，有着火和爆炸危险。浸蚀某些塑料、橡胶和涂料 职业接触限值：阈限值：300ppm（时间加权平均值）（美国政府工业卫生学家会议，2004 年）。最高容许浓度：500ppm、2400mg/m^3；最高限值种类：II（2）；妊娠风险等级：D（德国，2008 年） 接触途径：该物质可通过吸入和食入吸收到体内 吸入危险性：20℃时该物质蒸发，相当慢地达到有害空气污染浓度 短期接触的影响：该物质刺激眼睛、皮肤和呼吸道。如果吞咽液体吸入肺中，可能引起化学肺炎。接触高浓度蒸气，可能引起意识降低 长期或反复接触的影响：反复或长期接触皮肤可能引起皮炎。液体使皮肤脱脂		
物理性质	沸点：126℃ 熔点：−56.8℃ 相对密度（水=1）：0.70 水中溶解度：难溶 蒸气压：20℃时 1.33kPa	蒸气相对密度（空气=1）：3.94 闪点：13℃（闭杯） 自燃温度：220℃ 爆炸极限：在空气中 1.0%～6.5%（体积） 辛醇/水分配系数的对数值：4.00～5.18	
环境数据	该物质可能对环境有危害，对水生生物应给予特别注意		
注解			

IPCS
International
Programme on
Chemical Safety

国际化学品安全卡

1-辛烯			ICSC 编号：0934
CAS 登记号：111-66-0 UN 编号：1993 中国危险货物编号：1993		中文名称：1-辛烯；辛基-1-烯 英文名称：1-OCTENE; 1-Octylene; 1-Caprylene; Oct-1-ene	
分子量：112.2		化学式：$C_8H_{16}/CH_3(CH_2)_5CH=CH_2$	
危害/接触类型	急性危害/症状	预防	急救/消防
火　灾	高度易燃	禁止明火，禁止火花和禁止吸烟	干粉，泡沫，二氧化碳
爆　炸	蒸气/空气混合物有爆炸性	密闭系统，通风，防爆型电气设备和照明。不要使用压缩空气灌装、卸料或转运	着火时，喷雾状水保持料桶等冷却
接　触			
# 吸入	倦睡。头晕	通风，局部排气通风或呼吸防护	新鲜空气，休息
# 皮肤	皮肤干燥	防护手套	脱去污染的衣服。冲洗，然后用水和肥皂清洗皮肤
# 眼睛		安全眼镜	先用大量水冲洗几分钟（如可能尽量摘除隐形眼镜），然后就医
# 食入		工作时不得进食，饮水或吸烟	漱口。不要催吐
泄漏处置	通风。转移全部引燃源。将泄漏液收集在有盖的容器中。用干砂土或惰性吸收剂吸收残液，并转移到安全场所。不要冲入下水道。不要让该化学品进入环境。个人防护用具：适用于有机气体和蒸气的过滤呼吸器		
包装与标志	联合国危险性类别：3　联合国包装类别：II 中国危险性类别：第 3 类易燃液体　中国包装类别：II		
应急响应	运输应急卡：TEC(R)-30GF1-I+II 美国消防协会法规：H1（健康危险性）；F3（火灾危险性）；R0（反应危险性）		
储存	耐火设备（条件）。与强氧化剂分开存放。保存在暗处。阴凉场所。储存在没有排水管或下水道的场所		
重要数据	物理状态、外观：无色液体，有特殊气味 物理危险性：蒸气与空气充分混合，容易形成爆炸性混合物。由于流动、搅拌等，可能产生静电 化学危险性：该物质可能生成爆炸性过氧化物。与强氧化剂发生反应。浸蚀橡胶，油漆和衬里材料 职业接触限值：阈限值未制定标准。最高容许浓度未制定标准 接触途径：该物质可通过吸入其蒸气吸收到体内 吸入危险性：20℃时，该物质蒸发相当快地达到空气中有害污染浓度 短期接触的影响：如果吞咽的液体吸入肺中，可能引起化学肺炎。接触高浓度时，能够造成意识降低 长期或反复接触的影响：液体使皮肤脱脂		
物理性质	沸点：123℃ 熔点：-102℃ 相对密度（水=1）：0.7 水中溶解度：25℃时 0.0004g/100mL 蒸气压：20℃时 2kPa 蒸气相对密度（空气=1）：3.9 蒸气/空气混合物的相对密度（20℃，空气=1）：1.06 闪点：10℃（闭杯） 自燃温度：256℃ 爆炸极限：空气中 0.7%～3.9%（体积） 辛醇/水分配系数的对数值：3.5～4.6		
环境数据	该物质对水生生物是有毒的。该化学品可能在水生生物中发生生物蓄积		
注解	蒸馏前检验过氧化物，如有，将其去除		

IPCS
International
Programme on
Chemical Safety

国际化学品安全卡

五氯萘			ICSC 编号：0935
CAS 登记号：1321-64-8 RTECS 号：QK0300000 EC 编号：602-041-00-5 分子量：300.4		中文名称：五氯萘 英文名称：PENTACHLORONAPHTHALENE 化学式：$C_{10}H_3Cl_5$	
危害/接触类型	急性危害/症状	预防	急救/消防
火　灾	不可燃。在火焰中释放出刺激性或有毒烟雾（或气体）		雾状水，泡沫，干粉，二氧化碳
爆　炸			
接　触		防止粉尘扩散！严格作业环境管理！	一切情况均向医生咨询！
# 吸入		局部排气通风或呼吸防护	新鲜空气，休息
# 皮肤	可能被吸收！发红，疼痛	防护手套，防护服	脱去污染的衣服。冲洗，然后用水和肥皂清洗皮肤，给予医疗护理
# 眼睛	发红，疼痛	面罩，或眼睛防护结合呼吸防护	先用大量水冲洗几分钟（如可能尽量摘除隐形眼镜），然后就医
# 食入		工作时不得进食，饮水或吸烟	漱口，给予医疗护理
泄漏处置	将泄漏物清扫进可密闭容器中。如果适当，首先润湿防止扬尘。小心收集残余物，然后转移到安全场所。不要让该化学品进入环境。化学防护服。个人防护用具：适用于有害颗粒物的 P2 过滤呼吸器		
包装与标志	欧盟危险性类别：Xn 符号 N 符号 标记：C　R:21/22-36/38-50/53　S:2-35-60-61		
应急响应			
储存	与强氧化剂、食品和饲料分开存放		
重要数据	物理状态、外观：淡黄色或白色固体，有特殊气味 化学危险性：加热时，该物质分解生成氯化氢有毒烟雾。与强氧化剂发生反应 职业接触限值：阈限值：0.5mg/m^3（经皮）（美国政府工业卫生学家会议，2004 年）。最高容许浓度：IIb（未制定标准，但可提供数据）；皮肤吸收（德国，2004 年） 接触途径：该物质可通过吸入其烟雾和经皮肤吸收到体内 吸入危险性：20℃时蒸发可忽略不计，但可较快地达到空气中颗粒物有害浓度 短期接触的影响：该物质刺激眼睛和皮肤 长期或反复接触的影响：反复或长期与皮肤接触可能引起皮炎（氯痤疮）。该物质可能对肝脏有影响，导致肝损害		
物理性质	沸点：327～371℃ 熔点：120℃ 密度：1.7g/cm^3 水中溶解度：不溶 蒸气压：20℃时 0.1Pa 蒸气相对密度（空气=1）：10.4 辛醇/水分配系数的对数值：8.73～9.13		
环境数据	该物质可能沿食物链发生生物蓄积，例如在鱼体内。由于在环境中的持久性，强烈建议不要让该化学品进入环境。该物质可能在水生环境中造成长期影响		
注解	氯代萘的商品名称为 Halowax		

IPCS
International
Programme on
Chemical Safety

UNEP

国际化学品安全卡

苯乙醇			ICSC 编号：0936
CAS 登记号：60-12-8 RTECS 号：SG7175000	中文名称：苯乙醇；2-苯乙烷-1-醇；苯基乙醇 英文名称：PHENETHYL ALCOHOL; 2-Phenylethane-1-ol; Benzeneethanol,Phenylethyl alcohol		
分子量：122.2	化学式：$C_8H_{10}O/C_6H_5CH_2CH_2OH$		
危害/接触类型	急性危害/症状	预防	急救/消防
火　灾	可燃的，在火焰中释放出刺激性或有毒烟雾（或气体）	禁止明火	干粉，抗溶性泡沫，雾状水，二氧化碳
爆　炸			
接　触		防止烟云产生！严格作业环境管理！避免孕妇接触！	
# 吸入	咳嗽，呼吸困难，气促，咽喉痛	通风，局部排气通风或呼吸防护	新鲜空气，休息，必要时进行人工呼吸，给予医疗护理
# 皮肤	发红	防护手套，防护服	用大量水冲洗皮肤或淋浴，给予医疗护理
# 眼睛	发红，疼痛	安全护目镜	先用大量水冲洗数分钟（若方便易行，取下隐形眼镜），然后就医
# 食入	腹痛，灼烧感	工作时不得进食、饮水或吸烟	漱口，给予医疗护理
泄漏处置	将泄漏液收集在可密闭容器中。用砂土或惰性吸附剂吸收残液，并转移到安全场所。个人防护用具：自给式呼吸器		
包装与标志			
应急响应	美国消防协会法规：H1（健康危险性）；F1（火灾危险性）；R0（反应危险性）		
储存	与强氧化剂、强酸分开存放。严格密封。保存在通风良好的室内		
重要数据	**物理状态、外观**：无色液体，具有特殊气味 **化学危险性**：与强氧化剂和强酸发生反应。加热时，该物质分解生成辛辣烟气和刺激性烟雾 **职业接触限值**：阈限值未制定标准。最高容许浓度未制定标准 **接触途径**：该物质可通过吸入其气溶胶，经皮肤和食入吸收到体内 **吸入危险性**：未指明20℃时该物质蒸发达到有害空气污染浓度的速率 **短期接触的影响**：该物质刺激眼睛、皮肤和呼吸道。该物质可能对中枢神经系统有影响 **长期或反复接触的影响**：动物试验表明，该物质可能对人类生殖产生毒性影响		
物理性质	沸点：219℃ 熔点：-27℃ 相对密度（水=1）：1.02 水中溶解度：微溶 蒸气压：20℃时 8Pa 蒸气相对密度（空气=1）：4.2 闪点：102℃ 辛醇/水分配系数的对数值：1.4		
环境数据			
注解			

IPCS
International
Programme on
Chemical Safety

国际化学品安全卡

吩噻嗪			ICSC 编号：0937
CAS 登记号：92-84-2 RTECS 号：SN5075000	中文名称：吩噻嗪；二苯并噻嗪；硫代二苯基胺；二苯并-1,4-噻嗪 英文名称：PHENOTHIAZINE; Dibenzothiazine; Thiodiphenylamine; Dibenzo-1,4-thiazine		
分子量：199.3	化学式：$C_{12}H_9NS$		
危害/接触类型	急性危害/症状	预防	急救/消防
火　灾	可燃的。在火焰中释放出刺激性或有毒烟雾（或气体）	禁止明火	干粉，雾状水，泡沫，二氧化碳
爆　炸			
接　触		防止粉尘扩散！	
# 吸入		避免吸入粉尘	新鲜空气，休息
# 皮肤	严重发痒。发红	防护手套。防护服	脱去污染的衣服。冲洗，然后用水和肥皂清洗皮肤。如果发生皮肤刺激作用，给予医疗护理
# 眼睛		安全眼镜，或眼睛防护结合呼吸防护	用大量水冲洗（如可能尽量摘除隐形眼镜）
# 食入	胃痉挛	工作时不得进食、饮水或吸烟。进食前洗手	漱口。如果（食入后）感觉不舒服，需就医
泄漏处置	将泄漏物清扫进容器中，如果适当，首先润湿防止扬尘。小心收集残余物，然后转移到安全场所。不要让该化学品进入环境。个人防护用具：适应于该物质空气中浓度的颗粒物过滤呼吸器		
包装与标志			
应急响应			
储存	与强氧化剂分开存放。储存在没有排水管或下水道的场所。注意收容灭火产生的废水		
重要数据	**物理状态、外观**：黄色晶体。遇光时变暗绿色 **化学危险性**：加热时和与强酸接触时，该物质分解，生成有毒烟雾。与强氧化剂发生激烈反应。有着火的危险 **职业接触限值**：阈限值：5mg/m^3（时间加权平均值）（经皮）（美国政府工业卫生学家会议，2009 年）。最高容许浓度未制定标准 **吸入危险性**：扩散时，尤其是粉末可较快地达到空气中颗粒物有害浓度 **短期接触的影响**：该物质轻微刺激皮肤 **长期或反复接触的影响**：反复或长期与皮肤接触可能引起皮炎。重复或长期接触可能引起皮肤光敏作用。食入时，该物质可能对血液和神经系统有影响		
物理性质	沸点：371℃ 熔点：185.1℃ 密度：1.34g/cm^3 水中溶解度：（不溶） 闪点：202℃ 自燃温度：471℃ 辛醇/水分配系数的对数值：4.15		
环境数据	该物质对水生生物有毒。该化学品可能在鱼体内发生生物蓄积。该物质可能在水生环境中造成长期影响。该物质在正常使用过程中进入环境。但是要特别注意避免任何额外的释放，例如通过不适当处置活动		
注解			

IPCS
International
Programme on
Chemical Safety

UNEP

国际化学品安全卡

苯肼			ICSC 编号：0938
CAS 登记号：100-63-0 RTECS 号：MV8925000 UN 编号：2572 EC 编号：612-023-00-9 中国危险货物编号：2572 分子量：108.1		中文名称：苯肼；肼苯；单苯肼 英文名称：PHENYLHYDRAZINE; Hydrazinobenzene; Monophenylhydrazine 化学式：$C_6H_8N_2/C_6H_5NHNH_2$	
危害/接触类型	急性危害/症状	预防	急救/消防
火　灾	可燃的。在火焰中释放出刺激性或有毒烟雾（或气体）	禁止明火	雾状水，抗溶性泡沫，干粉，二氧化碳
爆　炸	高于 88℃，可能形成爆炸性蒸气/空气混合物	高于 88℃，使用密闭系统、通风	着火时，喷雾状水保持料桶等冷却
接　触		避免一切接触！	
# 吸入	咳嗽。咽喉痛。虚弱。头晕	局部排气通风或呼吸防护	新鲜空气，休息。给予医疗护理
# 皮肤	可能被吸收！皮肤干燥。发红。疼痛	防护手套。防护服	脱去污染的衣服。用大量水冲洗皮肤或淋浴。给予医疗护理
# 眼睛	发红。疼痛。视力模糊	面罩，或眼睛防护结合呼吸防护	先用大量水冲洗几分钟（如可能尽量摘除隐形眼镜），然后就医
# 食入	腹部疼痛。腹泻。头晕。恶心。呕吐。虚弱	工作时不得进食，饮水或吸烟	漱口。用水冲服活性炭浆。给予医疗护理
泄漏处置	撤离危险区域！如果是液体，将泄漏液收集在可密闭的容器中。用砂土或惰性吸收剂吸收残液，并转移到安全场所。如果是固体，将泄漏物清扫进容器中。小心收集残余物，然后转移到安全场所。不要让该化学品进入环境。个人防护用具：全套防护服包括自给式呼吸器		
包装与标志	不得与食品和饲料一起运输 欧盟危险性类别：T 符号 N 符号 标记：E　R:45-23/24/25-36/38-43-48/23/24/25-68-50 S:53-45-61 联合国危险性类别：6.1　联合国包装类别：II 中国危险性类别：第 6.1 项毒性物质　中国包装类别：II		
应急响应	运输应急卡：TEC(R)-61GT1-II。 美国消防协会法规：H3（健康危险性）；F2（火灾危险性）；R0（反应危险性）		
储存	与强氧化剂、食品和饲料分开存放。储存在没有排水管或下水道的场所		
重要数据	物理状态、外观：无色至黄色油状液体或晶体，遇空气和光时变棕红色 化学危险性：燃烧时，该物质分解生成含氮氧化物的有毒烟雾。与强氧化剂发生反应。与二氧化铅激烈反应 职业接触限值：阈限值：0.1ppm（时间加权平均值）（经皮）；A3（确认的动物致癌物，但未知与人类相关性）（美国政府工业卫生学家会议，2005 年）。最高容许浓度：皮肤吸收（H）；皮肤致敏剂(Sh)；致癌物类别：3B（德国，2004 年） 接触途径：该物质可通过吸入其气溶胶、经皮肤和食入吸收到体内 吸入危险性：20℃时，该物质蒸发相当快地达到空气中有害污染浓度 短期接触的影响：该物质刺激眼睛、皮肤和呼吸道。该物质可能对血液有影响，导致溶血。影响可能推迟显现。需进行医学观察 长期或反复接触的影响：反复或长期接触可能引起皮肤过敏。该物质可能对血液有影响，导致贫血。该物质可能是人类致癌物		
物理性质	沸点：243.5℃（分解） 熔点：19.5℃ 相对密度（水=1）：1.1 水中溶解度：25℃时 14.5g/100mL 蒸气压：20℃时 10Pa	蒸气相对密度（空气=1）：3.7 闪点：88℃（闭杯） 自燃温度：174℃ 爆炸极限：空气中 1.1%～?%（体积） 辛醇/水分配系数的对数值：1.25	
环境数据	该物质对水生生物是有毒的		
注解	溶血症状直到几小时以后才变得明显。不要将工作服带回家中		

IPCS
International
Programme on
Chemical Safety

国际化学品安全卡

多氯联苯（亚老哥尔 1254）			ICSC 编号：0939
CAS 登记号：11097-69-1 RTECS 号：TQ1360000 UN 编号：2315 EC 编号：602-039-00-4 中国危险货物编号：2315 分子量：327（平均）	中文名称：多氯联苯（亚老哥尔 1254）；氯联苯（54%氯）；氯二苯（54%氯）；PCB 英文名称：POLYCHLORINATED BIPHENYL (AROCLOR 1254); Chlorobiphenyl (54% chlorine); Chlorodiphenyl (54% chlorine); PCB		
危害/接触类型	急性危害/症状	预防	急救/消防
火　灾	不可燃。在火焰中释放出刺激性或有毒烟雾（或气体）		周围环境着火时，干粉、二氧化碳灭火
爆　炸			
接　触		防止产生烟云！严格作业环境管理！	
# 吸入		通风	新鲜空气，休息，给予医疗护理
# 皮肤	可能被吸收！皮肤干燥，发红	防护手套，防护服	脱去污染的衣服，冲洗，然后用水和肥皂清洗皮肤，给予医疗护理
# 眼睛		护目镜，面罩	先用大量水冲洗几分钟（如可能尽量摘除隐形眼镜），然后就医
# 食入	头痛，麻木	工作时不得进食，饮水或吸烟	休息，给予医疗护理
泄漏处置	向专家咨询！将泄漏液收集在可密闭的容器中。用砂土或惰性吸收剂吸收残液，并转移到安全场所。不要让该化学品进入环境。个人防护用具：全套防护服包括自给式呼吸器		
包装与标志	不易破碎包装，将易破碎包装放在不易破碎的密闭容器中。不得与食品和饲料一起运输。严重污染海洋物质 欧盟危险性类别：Xn 符号 N 符号 标记：C　R:33-50/53　S:2-35-60-61 联合国危险性类别：9　联合国包装类别：II 中国危险性类别：第 6.1 项毒性物质　中国包装类别：II		
应急响应	运输应急卡：TEC(R)-90GM2-II-L		
储存	与食品和饲料分开存放。阴凉场所。干燥。保存在通风良好的室内		
重要数据	**物理状态、外观**：淡黄色黏稠液体 **化学危险性**：着火时，该物质分解生成刺激和有毒气体 **职业接触限值**：阈限值：0.5mg/m^3（时间加权平均值）（经皮）；A3（确认的动物致癌物，但未知与人类相关性）（美国政府工业卫生学家会议，2004 年）。最高容许浓度：0.05ppm，0.70mg/m^3；皮肤吸收；最高限值种类：II（8）；致癌物类别：3B；妊娠风险等级：B（德国，2004 年） **接触途径**：该物质可通过吸入其气溶胶，经皮肤和食入吸收到体内 **吸入危险性**：20℃时，该物质蒸发相当慢地达到空气中有害污染浓度 **长期或反复接触的影响**：反复或长期与皮肤接触可能引起皮炎。氯痤疮是最常见健康影响。该物质可能对肝有影响。动物实验表明，该物质可能对人类生殖造成毒性影响		
物理性质	相对密度（水=1）：1.5 水中溶解度：不溶 蒸气压：25℃时 0.01Pa 辛醇/水分配系数的对数值：6.30（估计值）		
环境数据	在对人类重要的食物链中发生生物蓄积作用，特别是在水生生物中。由于在环境中的持久性，强烈建议不要让该化学品进入环境		
注解	在 10℃时变成树脂状（倾注点）。馏程：365～390℃		

IPCS
International
Programme on
Chemical Safety

国际化学品安全卡

正乙酸丙酯			ICSC 编号：0940
CAS 登记号：109-60-4 RTECS 号：AJ3675000 UN 编号：1276 EC 编号：607-024-00-6 中国危险货物编号：1276 分子量：102.13		中文名称：正乙酸丙酯；1-乙氧基丙烷；1-乙酸丙酯；乙酸正丙酯 英文名称：n-PROPYL ACETATE; 1-Acetoxypropane; 1-Propyl acetate ; Acetic acid n-propyl ester 化学式：$C_5H_{10}O_2$/$CH_3COOCH_2CH_2CH_3$	
危害/接触类型	急性危害/症状	预防	急救/消防
火　灾	高度易燃	禁止明火，禁止火花，和禁止吸烟	泡沫，抗溶性泡沫，干粉，二氧化碳
爆　炸	蒸气/空气混合物有爆炸性	密闭系统，通风，防爆型电气设备设备和照明。不要使用压缩空气灌装、卸料或转运	着火时喷雾状水保持料桶等冷却
接　触			
# 吸入	咳嗽，咽喉痛	通风，局部排气通风或呼吸防护	新鲜空气，休息，给予医疗护理
# 皮肤	皮肤干燥	防护手套	脱去污染的衣服，冲洗，然后用水和肥皂清洗皮肤
# 眼睛	发红	安全护目镜	先用大量水冲洗数分钟（若方便易行，取下隐形眼镜），然后就医
# 食入		工作时不得进食、饮水或吸烟	漱口，给予医疗护理
泄漏处置	通风。尽量将泄漏液收集在可密闭的容器中。用砂土或惰性吸附剂吸收残液并转移至安全场所。不要冲入下水道。个人防护用具：适用于有机气体和蒸气的 A 过滤呼吸器		
包装与标志	欧盟危险性类别：F 符号 Xi 符号 标记：C　R:11-36-66-67　S:2-16-23-29-33 联合国危险性类别：3 联合国包装类别：II 中国危险性类别：第 3 类易燃液体　中国包装类别：II		
应急响应	运输应急卡：TEC（R）-30S1276 美国消防协会法规：H1（健康危险性）；F3（火灾危险性）；R0（反应危险性）		
储存	耐火设备（条件）。与强氧化剂、强碱、强酸和硝酸盐分开存放		
重要数据	物理状态、外观：无色液体，有特殊气味 物理危险性：气体与空气充分混合，容易形成爆炸性混合物 化学危险性：与强氧化剂、强碱、强酸和硝酸盐激烈反应，有着火和爆炸危险。浸蚀塑料 职业接触限值：阈限值：200ppm（时间加权平均值）；250ppm（短期接触限值）（美国政府工业卫生学家会议，2004 年）。最高容许浓度：100ppm，420mg/m3；最高限值种类：I（2）；妊娠风险等级：D（德国，2004 年） 接触途径：该物质可通过吸入其蒸气和食入吸收到体内 吸入危险性：20℃时该物质蒸发可相当快达到有害空气污染浓度 短期接触的影响：该物质刺激眼睛和呼吸道。远超过职业接触限值接触时，可能导致意识降低 长期或反复接触的影响：液体使皮肤脱脂		
物理性质	沸点：101.6℃ 熔点：-92℃ 相对密度（水=1）：0.9 水中溶解度：适度溶解 蒸气压：20℃时 3.3kPa 蒸气相对密度（空气=1）：3.5 蒸气/空气混合物的相对密度（20℃，空气=1）：1.08 闪点：14℃（闭杯） 自燃温度：450℃ 爆炸极限：在空气中 2%～8%（体积） 辛醇/水分配系数的对数值：1.24（估算值）		
环境数据			
注解			

IPCS
International
Programme on
Chemical Safety

国际化学品安全卡

正丙胺			ICSC 编号：0941
CAS 登记号：107-10-8 RTECS 号：UH9100000 UN 编号：1277 中国危险货物编号：1277 分子量：59.1		中文名称：正丙胺；正丙基胺；1-丙胺；丙胺 英文名称：PROPYLAMINE; *n*-Propylamine; 1-Aminopropane; Propanamine 化学式：$C_3H_9N/CH_3(CH_2)_2NH_2$	
危害/接触类型	急性危害/症状	预防	急救/消防
火　灾	高度易燃。在火焰中释放出刺激性或有毒烟雾（或气体）	禁止明火，禁止火花和禁止吸烟	干粉，抗溶性泡沫，大量水，二氧化碳
爆　炸	蒸气/空气混合物有爆炸性	密闭系统，通风，防爆型电气设备和照明。不要使用压缩空气灌装、卸料或转运	着火时，喷雾状水保持料桶等冷却
接　触		严格作业环境管理！	一切情况均向医生咨询！
# 吸入	咳嗽。咽喉痛。呼吸困难。呼吸短促。症状可能推迟显现（见注解）	通风，局部排气通风或呼吸防护	新鲜空气，休息。半直立体位。立即给予医疗护理
# 皮肤	发红。疼痛。严重皮肤烧伤	防护手套。防护服	先用大量水冲洗至少 15min，然后脱去污染的衣服并再次冲洗。立即给予医疗护理
# 眼睛	引起流泪。发红。疼痛。视力模糊。严重烧伤。视力丧失	面罩，眼睛防护结合呼吸防护	用大量水冲洗（如可能尽量摘除隐形眼镜）。立即给予医疗护理
# 食入	口腔和咽喉烧伤。咽喉和胸腔有灼烧感。腹部疼痛。呕吐。腹泻。休克或虚脱	工作时不得进食、饮水或吸烟	漱口。不要催吐。立即给予医疗护理
泄漏处置	撤离危险区域！向专家咨询！转移全部引燃源。将泄漏液收集在可密闭的容器中。用砂土或惰性吸收剂吸收残液，并转移到安全场所。不要让该化学品进入环境。个人防护用具：气密式化学防护服，包括自给式呼吸器		
包装与标志	不易破碎包装，将易破碎包装放在不易破碎的密闭容器中。不得与食品和饲料一起运输 **联合国危险性类别**：3　**联合国次要危险性**：8　**联合国包装类别**：II **中国危险性类别**：第 3 类 易燃液体　**中国次要危险性**：8　**中国包装类别**：II **GHS 分类**：信号词：危险 图形符号：火焰-腐蚀-骷髅和交叉骨 危险说明：高度易燃液体和蒸气；吸入有毒；皮肤接触会中毒；吞咽有害；造成严重皮肤灼伤和眼睛损伤；可能造成呼吸刺激作用；对水生生物有害		
应急响应	**美国消防协会法规**：H3（健康危险性）；F3（火灾危险性）；R0（反应危险性）		
储存	注意收容灭火产生的废水。耐火设备（条件）。与强氧化剂、强酸、食品和饲料分开存放。干燥。严格密封。储存在没有排水管或下水道的场所		
重要数据	**物理状态、外观**：无色、吸湿液体，有特殊气味 **物理危险性**：蒸气比空气重，可能沿地面流动；可能造成远处着火 **化学危险性**：燃烧时该物质分解，生成含有氮氧化物的有毒烟雾。水溶液是一种中强碱。与强酸和许多其他化合物如卤代烃、醇、某些硝基烷烃发生剧烈反应。与氧化剂和汞发生剧烈反应，有着火和爆炸的危险。浸蚀金属铝、铜、锡、锌 **职业接触限值**：阈限值未制定标准。最高容许浓度未制定标准 **接触途径**：该物质可通过吸入其蒸气、经皮肤和食入吸收到体内。各种接触途径均产生严重的局部影响 **吸入危险性**：20℃时，该物质蒸发相当快地达到空气中有害污染浓度 **短期接触的影响**：该物质腐蚀眼睛、皮肤和呼吸道。食入有腐蚀性。吸入可能引起肺水肿，但只在最初的对眼睛和/或呼吸道的腐蚀性影响已经显现后。接触可能导致严重咽喉肿胀 **长期或反复接触的影响**：反复或长期与皮肤接触可能引起皮炎。该物质可能对呼吸道和肺有影响，导致慢性炎症和功能损伤		
物理性质	**沸点**：48℃ **熔点**：−83℃ **相对密度（水=1）**：0.7 **水中溶解度**：混溶 **蒸气压**：20℃时 33.9kPa **蒸气相对密度（空气=1）**：2.0	**蒸气/空气混合物的相对密度（20℃，空气=1）**：1.3 **闪点**：<−37℃ **自燃温度**：320℃ **爆炸极限**：空气中 2.0%～10.4%（体积） **辛醇/水分配系数的对数值**：0.15	
环境数据	该物质对水生生物是有害的		
注解	不要将工作服带回家中。肺水肿症状常常经过几个小时以后才变得明显，体力劳动使症状加重。因而有必要进行休息和医学观察		

IPCS
International
Programme on
Chemical Safety

国际化学品安全卡

丙邻二胺			ICSC 编号：0942
CAS 登记号：78-90-0 RTECS 号：TX6650000 UN 编号：2258 EC 编号：612-100-00-7 中国危险货物编号：2258 分子量：74.1		中文名称：丙邻二胺；1,2-丙烷二胺；1,2-二氨基丙烷 英文名称：PROPYLENEDIAMINE; 1,2-Propanediamine; 1,2-Diaminopropane 化学式：$C_3H_{10}N_2/CH_3CH(NH_2)CH_2NH_2$	
危害/接触类型	急性危害/症状	预防	急救/消防
火 灾	易燃的。在火焰中释放出刺激性或有毒烟雾（或气体）	禁止明火，禁止火花和禁止吸烟。禁止与氧化剂接触	干粉，抗溶性泡沫，大量水，二氧化碳
爆 炸	高于 33℃，可能形成爆炸性蒸气/空气混合物	高于 33℃，使用密闭系统、通风和防爆型电气设备	着火时，喷雾状水保持料桶等冷却
接 触		避免一切接触！	一切情况均向医生咨询!
# 吸入	咽喉痛。咳嗽。灼烧感。呼吸短促。呼吸困难	通风，局部排气通风或呼吸防护	新鲜空气,休息,半直立体位。必要时进行人工呼吸。立即给予医疗护理
# 皮肤	疼痛。发红。皮肤烧伤	防护手套。防护服	脱去污染的衣服。用大量水冲洗皮肤或淋浴。立即给予医疗护理
# 眼睛	疼痛。发红。燃烧。视力丧失	安全护目镜，面罩，眼睛防护结合呼吸防护	先用大量水冲洗几分钟（如可能尽量摘除隐形眼镜），然后就医
# 食入	灼烧感。咽喉疼痛。腹部疼痛。恶心。呕吐。休克或虚脱	工作时不得进食，饮水或吸烟	漱口。不要催吐。饮用 1 杯或 2 杯水。立即给予医疗护理
泄漏处置	转移全部引燃源。将泄漏液收集在可密闭的容器中。用砂土或惰性吸收剂吸收残液，并转移到安全场所。不要让该化学品进入环境。个人防护用具：化学防护服包括自给式呼吸器		
包装与标志	不易破碎包装，将易破碎包装放在不易破碎的密闭容器中。不得与食品和饲料一起运输 **欧盟危险性类别**：C 符号 R:10-21/22-35 S:1/2-26-37/39-45 **联合国危险性类别**：8 **联合国次要危险性**：3 **联合国包装类别**：II **中国危险性类别**：第 8 类 腐蚀性物质 **中国次要危险性**：第 3 类 易燃液体 **中国包装类别**：II **GHS 分类**：**警示词**：危险 **图形符号**：腐蚀-火焰-健康危险 **危险说明**：易燃液体和蒸气；造成严重皮肤灼伤和眼睛损伤；吞咽和进入呼吸道可能有害；对水生生物有害		
应急响应	**运输应急卡**：TEC(R)-80S2258 或 80GCF1-II **美国消防协会法规**：H3（健康危险性）；F3（火灾危险性）；R0（反应危险性）		
储存	耐火设备（条件）。与食品和饲料、强氧化剂、酸类、酸酐和酰基氯分开存放。严格密封。储存在没有排水管或下水道的场所		
重要数据	**物理状态、外观**：无色吸湿的液体，有刺鼻气味 **化学危险性**：燃烧时，该物质分解生成含氮氧化物的有毒烟雾。该物质是一种强碱，与酸激烈反应并有腐蚀性。与酸酐，酰基氯和强氧化剂发生反应 **职业接触限值**：阈限值未制定标准。最高容许浓度未制定标准 **接触途径**：各种接触途径都有严重的局部影响 **吸入危险性**：20℃时，该物质蒸发相当快地达到空气中有害污染浓度 **短期接触的影响**：该物质腐蚀眼睛、皮肤和呼吸道。食入有腐蚀性。吸入可能引起肺水肿（见注解）。吞咽的液体吸入肺中有引起化学肺炎的危险。需进行医学观察		
物理性质	**沸点**：119℃ **熔点**：−12℃ **相对密度（水=1）**：0.9 **水中溶解度**：（混溶） **蒸气压**：20℃时 1.2kPa **蒸气相对密度（空气=1）**：2.6	**蒸气/空气混合物的相对密度（20℃，空气=1）**：1.02 **闪点**：33℃（闭杯） **自燃温度**：416℃ **爆炸极限**：空气中 2.2%～11.1%（体积） **辛醇/水分配系数的对数值**：−1.8	
环境数据	该物质对水生生物是有害的		
注解	应当考虑由医生或医生指定的人立即采取适当吸入治疗法。肺水肿症状常常经过几个小时以后才变得明显，体力劳动使症状加重。因而休息和医学观察是必要的。其他熔点：−37℃（工业品）		

IPCS
International
Programme on
Chemical Safety

国际化学品安全卡

丙二醇二乙酸酯			ICSC 编号：0943
CAS 登记号：623-84-7 RTECS 号：TY4900000 EC 编号：210-817-6	中文名称：丙二醇二乙酸酯；1,2-双乙酸基丙烷；1,2-丙二醇二乙酸酯；*α*-丙二醇二乙酸酯；丙二醇二醋酸酯 英文名称：PROPYLENE GLYCOL DIACETATE; 1,2-Diacetoxypropane; 1,2-Propylene diacetate; alpha Propylene glycol diacetate		
分子量：160.2	化学式：$C_7H_{12}O_4$/ $OC(CH_3)OCH_2CH(CH_3)OC(CH_3)O$		
危害/接触类型	急性危害/症状	预防	急救/消防
火　灾	可燃的	禁止明火	泡沫，干粉，二氧化碳
爆　炸	高于 86℃，可能形成爆炸性蒸气/空气混合物	高于 86℃，使用密闭系统、通风	
接　触			
# 吸入		通风	新鲜空气，休息
# 皮肤		防护手套	脱去污染的衣服。用大量水冲洗皮肤或淋浴
# 眼睛		安全眼镜	用大量水冲洗（如可能尽量摘除隐形眼镜）
# 食入	见短期接触的影响	工作时不得进食、饮水或吸烟	漱口。不要催吐
泄漏处置	转移全部引燃源。通风。将泄漏液收集在有盖的容器中。用砂土或惰性吸收剂吸收残液，并转移到安全场所。个人防护用具：A 适用于有机气体和蒸气的过滤呼吸器		
包装与标志	GHS 分类：警示词：警告　图形符号：健康危险　危险说明：可燃液体；吞咽和进入呼吸道可能有害		
应急响应			
储存	与强氧化剂分开存放。沿地面通风		
重要数据	物理状态、外观：无色液体 物理危险性：气体与空气充分混合，容易形成爆炸性混合物 化学危险性：该物质很可能生成爆炸性过氧化物。与氧化剂发生激烈反应 职业接触限值：阈限值未制定标准。最高容许浓度未制定标准 接触途径：该物质可通过食入吸收到体内 吸入危险性：未指明 20℃时该物质蒸发达到空气中有害浓度的速率 短期接触的影响：吞咽液体可能吸入肺中，有引起化学肺炎的危险		
物理性质	沸点：190℃ 熔点：-31℃ 相对密度（水=1）：1.06 水中溶解度：10g/100mL（溶解） 蒸气压：20℃时 30Pa 蒸气相对密度（空气=1）：1.0 闪点：86℃ 自燃温度：431℃ 爆炸极限：空气中 2.8%～12.7%（体积） 辛醇/水分配系数的对数值：0.8 黏度：20℃时 $2.86mm^2/s$		
环境数据			
注解	蒸馏前检验过氧化物，如有，将其去除。对接触该物质的健康影响未进行调查		

IPCS
International
Programme on
Chemical Safety

国际化学品安全卡

鱼藤酮			ICSC 编号：0944
CAS 登记号：83-79-4 RTECS 号：DJ2800000 UN 编号：2588 EC 编号：650-005-00-2 中国危险货物编号：2588 分子量：394.45		中文名称：鱼藤酮；土波毒；鱼藤粉 英文名称：ROTENONE; Tubotoxine; Derris powder 化学式：$C_{23}H_{22}O_6$	
危害/接触类型	急性危害/症状	预防	急救/消防
火　灾	可燃的	禁止明火	干粉、抗溶性泡沫、雾状水、二氧化碳
爆　炸			
接　触		防止粉尘扩散！避免青少年和儿童接触！	一切情况均向医生咨询！
# 吸入	意识模糊，咳嗽，头痛，震颤，呼吸困难，恶心，咽喉痛，神志不清	局部排气通风或呼吸防护	新鲜空气，休息，必要时进行人工呼吸
# 皮肤	发红	防护手套	先用大量水，然后脱去污染的衣服并再次冲洗。冲洗，然后用水和肥皂清洗皮肤
# 眼睛	发红	护目镜，如为粉末，眼睛防护结合呼吸防护	先用大量水冲洗几分钟（如可能尽量摘除隐形眼镜），然后就医
# 食入	胃痉挛，惊厥，腹泻，呕吐。（另见吸入）	工作时不得进食，饮水或吸烟。进食前洗手	漱口，用水冲服活性炭浆，休息，给予医疗护理
泄漏处置	将泄漏物清扫进气密容器中。如果适当，首先润湿防止扬尘。小心收集残余物，然后转移到安全场所。不要让该化学品进入环境。个人防护用具：适用于有毒颗粒物的 P3 过滤呼吸器		
包装与标志	不得与食品和饲料一起运输。污染海洋物质 **欧盟危险性类别**：T 符号 N 符号　R:25-36/37/38-50/53　S:1/2-22-24/25-36-45-60-61 **联合国危险性类别**：6.1　**联合国包装类别**：III **中国危险性类别**：第 6.1 项毒性物质　**中国包装类别**：III		
应急响应	运输应急卡：TEC(R)-61GT7-III		
储存	与食品和饲料分开存放。严格密封		
重要数据	**物理状态、外观**：无色晶体 **化学危险性**：燃烧时，该物质分解生成刺激性烟雾 **职业接触限值**：阈限值：5mg/m³（时间加权平均值）；A4（不能分类为人类致癌物）（美国政府工业卫生学家会议，2004 年）。最高容许浓度：IIb（未制定标准，但可提供数据）；皮肤吸收（德国，2004 年） **接触途径**：该物质可通过吸入和经食入吸收到体内 **吸入危险性**：20℃时蒸发可忽略不计，但可较快地达到空气中颗粒物有害浓度 **短期接触的影响**：该物质刺激眼睛，皮肤和呼吸道。该物质可能对中枢神经系统有影响，导致惊厥和呼吸抑制 **长期或反复接触的影响**：反复或长期与皮肤接触可能引起皮炎。该物质可能对肾和肝有影响		
物理性质	**沸点**：低于沸点发生分解 **熔点**：165～166℃ **密度**：1.27g/cm³ **水中溶解度**：不溶 **辛醇/水分配系数的对数值**：4.10		
环境数据	该物质对水生生物有极高毒性。避免非正常使用情况下释放到环境中。该物质可能在水生环境中造成长期影响		
注解	该物质是可燃的，但闪点未见文献报道。商业制剂中使用的载体溶剂可能改变其物理和毒理学性质。根据接触程度，建议定期进行医疗检查		

IPCS
International
Programme on
Chemical Safety

国际化学品安全卡

亚硒酸			ICSC 编号：0945
CAS 登记号：7783-00-8 RTECS 号：VS7175000 UN 编号：3283 EC 编号：034-002-00-8 中国危险货物编号：3283 分子量：129	中文名称：亚硒酸；一水合二氧化硒 英文名称：SELENIOUS ACID; Monohydrated selenium dioxide; Selenous acid 化学式：H_2SeO_3		
危害/接触类型	急性危害/症状	预防	急救/消防
火　灾	不可燃。在火焰中释放出刺激性或有毒烟雾（或气体）		周围环境着火时，允许使用各种灭火剂
爆　炸			
接　触		防止粉尘扩散！严格作业环境管理！	
# 吸入	灼烧感，咳嗽，呼吸困难，咽喉痛，气促。症状可能推迟显现。（见注解）	通风，局部排气通风或呼吸防护	新鲜空气，休息，半直立体位，必要时进行人工呼吸，给予医疗护理
# 皮肤	发红，疼痛，水疱，皮肤烧伤	防护手套，防护服	脱去污染的衣服，用大量水冲洗皮肤或淋浴，给予医疗护理
# 眼睛	发红，疼痛，严重深度烧伤	面罩，或眼睛防护结合呼吸防护	先用大量水冲洗几分钟（如可能尽量摘除隐形眼镜），然后就医
# 食入	腹部疼痛，灼烧感，咽喉疼痛，腹泻，恶心，呕吐，休克或虚脱	工作时不得进食，饮水或吸烟。进食前洗手	漱口，不要催吐，给予医疗护理
泄漏处置	撤离危险区域！向专家咨询！用干石灰或纯碱覆盖泄漏物。小心收集残余物，然后转移到安全场所。个人防护用具：全套防护服包括自给式呼吸器		
包装与标志	欧盟危险性类别：T 符号 N 符号 标记：A　R:23/25-33-50/53　S:1/2-20/21-28-45-60-61 联合国危险性类别：6.1　联合国包装类别：II 中国危险性类别：6.1　中国包装类别：II		
应急响应	运输应急卡：TEC(R)-61S3283-II 或 61GT5-II		
储存	与食品和饲料分开存放。干燥。保存在通风良好的室内		
重要数据	**物理状态、外观**：无色吸湿的晶体 **化学危险性**：加热时，该物质分解生成二氧化硒有毒烟雾 **职业接触限值**：阈限值（以 Se 计）：0.2mg/m^3（时间加权平均值）（美国政府工业卫生学家会议，2004 年）。最高容许浓度：0.05mg/m^3（以可吸入粉尘计）；最高限值种类：II（4）；致癌物类别：3B；妊娠风险等级：C（德国，2004 年） **接触途径**：该物质可通过吸入其气溶胶和经食入吸收到体内 **吸入危险性**：20℃时蒸发可忽略不计，但扩散时可较快地达到空气中颗粒物有害浓度 **短期接触的影响**：该物质腐蚀眼睛，皮肤和呼吸道。吸入可能引起肺水肿（见注解）。该物质可能对眼睛有影响，导致眼睑过敏性反应（玫瑰眼）。需进行医学观察 **长期或反复接触的影响**：反复或长期接触可能引起皮肤过敏。该物质可能对呼吸道、胃肠道、中枢神经系统和肝有影响，导致鼻刺激，持久大蒜气味，胃疼痛，神经紧张和肝损害		
物理性质	熔点：70℃（分解） 密度：3.0g/cm^3 水中溶解度：20℃时 167g/100mL 蒸气压：15℃时 266Pa		
环境数据	该物质对水生生物是有害的		
注解	肺水肿症状常常经过几个小时以后才变得明显，体力劳动使症状加重。因而休息和医学观察是必要的。应当考虑由医生或医生指定的人立即采取适当吸入治疗法		

IPCS
International
Programme on
Chemical Safety

国际化学品安全卡

二氧化硒 ICSC 编号：0946

CAS 登记号：7446-08-4 中文名称：二氧化硒；亚硒酸酐；氧化硒

RTECS 号：VS8575000 英文名称：SELENIUM DIOXIDE; Selenious anhydride; Selenium oxide

UN 编号：3283

EC 编号：034-002-00-8

中国危险货物编号：3283

分子量：110.96 **化学式**：SeO_2

危害/接触类型	急性危害/症状	预防	急救/消防
火 灾	不可燃。在火焰中释放出刺激性或有毒烟雾（或气体）		周围环境着火时，允许使用各种灭火剂
爆 炸			
接 触		防止粉尘扩散！严格作业环境管理！	
# 吸入	灼烧感，咳嗽，呼吸困难，咽喉痛，气促。症状可能推迟显现。（见注解）	局部排气通风或呼吸防护	新鲜空气，休息，半直立体位，必要时进行人工呼吸，给予医疗护理
# 皮肤	发红，疼痛，皮肤烧伤，水疱	防护手套，防护服	脱去污染的衣服，用大量水冲洗皮肤或淋浴，给予医疗护理
# 眼睛	发红，疼痛，严重深度烧伤	面罩，或眼睛防护结合呼吸防护	先用大量水冲洗几分钟（如可能尽量摘除隐形眼镜），然后就医
# 食入	腹部疼痛，灼烧感，咽喉疼痛，休克或虚脱	工作时不得进食，饮水或吸烟。进食前洗手	漱口，不要催吐，给予医疗护理

泄漏处置	撤离危险区域！向专家咨询！将泄漏物清扫进容器中。小心收集残余物，然后转移到安全场所。不要让该化学品进入环境。个人防护用具：全套防护服包括自给式呼吸器
包装与标志	不得与食品和饲料一起运输 **欧盟危险性类别**：T 符号 N 符号 标记：A R:23/25-33-50/53 S:1/2-20/21-28-45-60-61 **联合国危险性类别**：6.1 **联合国包装类别**：II **中国危险性类别**：第 6.1 项毒性物质 **中国包装类别**：II
应急响应	运输应急卡：TEC(R)-61S3283-II 或 61GT5-II
储存	与食品和饲料分开存放。干燥
重要数据	**物理状态、外观**：白色吸湿有光泽的晶体或粉末，浅黄绿色蒸气，有刺鼻的酸味 **化学危险性**：加热时，该物质分解生成有毒烟雾。水溶液是一种中强酸。有水存在时，浸蚀许多金属 **职业接触限值**：阈限值：0.2mg/m^3（以 Se 计）（时间加权平均值）（美国政府工业卫生学家会议，2004 年）。最高容许浓度：0.05mg/m^3（以可吸入粉尘计）；最高限值种类：II（4）；致癌物类别：3B；妊娠风险等级：C（德国，2004 年） **接触途径**：该物质可通过吸入其气溶胶和经食入吸收到体内 **吸入危险性**：20℃时蒸发可忽略不计，但扩散时可较快地达到空气中颗粒物有害浓度 **短期接触的影响**：该物质腐蚀眼睛，皮肤和呼吸道。吸入可能引起肺水肿（见注解）。该物质可能对眼睛有影响，导致眼睑过敏性反应（玫瑰眼）。需进行医学观察 **长期或反复接触的影响**：反复或长期接触可能引起皮肤过敏。该物质可能对呼吸道、胃肠道、中枢神经系统和肝有影响，导致鼻刺激，持久大蒜气味，胃疼痛，神经紧张和肝损害
物理性质	**升华点**：315℃ **密度**：15℃时 3.95g/cm^3 **水中溶解度**：20℃时 40 g/100 mL **蒸气压**：70℃时 1.65kPa
环境数据	该物质对水生生物是有害的
注解	肺水肿症状常常经过几个小时以后才变得明显，体力劳动使症状加重。因而休息和医学观察是必要的。应当考虑由医生或医生指定的人立即采取适当吸入治疗法

IPCS
International
Programme on
Chemical Safety

国际化学品安全卡

六氟化硒			ICSC 编号：0947
CAS 登记号：7783-79-1 RTECS 号：VS9450000 UN 编号：2194 EC 编号：034-002-00-8 中国危险货物编号：2194 分子量：193		中文名称：六氟化硒；氟化硒（钢瓶） 英文名称：SELENIUM HEXAFLUORIDE; Selenium fluoride (cylinder) 化学式：SeF_6	
危害/接触类型	急性危害/症状	预防	急救/消防
火　灾	不可燃。在火焰中释放出刺激性或有毒烟雾（或气体）		周围环境着火时，允许使用各种灭火剂
爆　炸			着火时，喷雾状水保持料桶等冷却
接　触		严格作业环境管理！	一切情况均向医生咨询！
# 吸入	腐蚀性，咳嗽，咽喉痛，头痛，恶心，气促	通风，局部排气通风或呼吸防护	新鲜空气，休息，半直立体位，必要时进行人工呼吸，给予医疗护理
# 皮肤	发红，疼痛。与液体接触：冻伤	防护手套，保温手套	冻伤时，用大量水冲洗，不要脱去衣服。用大量水冲洗皮肤或淋浴，给予医疗护理
# 眼睛	腐蚀作用。发红，疼痛，视力模糊	面罩，或眼睛防护结合呼吸防护	先用大量水冲洗几分钟（如可能尽量摘除隐形眼镜），然后就医
# 食入			
泄漏处置	撤离危险区域！向专家咨询！通风。切勿直接向液体上喷水。不要让该化学品进入环境。气密式化学防护服包括自给式呼吸器		
包装与标志	欧盟危险性类别：T 符号 N 符号 标记：A　R:23/25-33-50/53　S:1/2-20/21-28-45-60-61 联合国危险性类别：2.3　联合国次要危险性：8 中国危险性类别：第 2.3 项毒性气体　中国次要危险性：8		
应急响应	运输应急卡：TEC(R)-20G2TC		
储存	如果在室内，耐火设备（条件）。阴凉场所。沿地面通风。与食品和饲料分开存放		
重要数据	**物理状态、外观**：无色压缩液化气体 **化学危险性**：加热时，该物质分解生成含有氟化氢和硒的有毒和腐蚀性烟雾 **职业接触限值**：阈限值：0.05ppm（以 Se 计）（时间加权平均值）（美国政府工业卫生学家会议，2004 年）。最高容许浓度：0.05mg/m³（以 Se 计）（可吸入粉尘）；最高限值种类：II（4）；致癌物类别：3B；妊娠风险等级：C（德国，2004 年） **接触途径**：该物质可通过吸入吸收到体内 **吸入危险性**：容器漏损时，迅速达到空气中该气体的有害浓度 **短期接触的影响**：有腐蚀性。该物质腐蚀眼睛和呼吸道。吸入气体可能引起肺水肿（见注解）。液体迅速蒸发，可能引起冻伤		
物理性质	**沸点**：-34.5℃ **升华点**：-46℃ **熔点**：-39℃ **水中溶解度**：缓慢反应 **蒸气相对密度（空气=1）**：6.7		
环境数据	该物质对水生生物是有害的		
注解	肺水肿症状常常经过几个小时以后才变得明显，体力劳动使症状加重。因而休息和医学观察是必要的。应当考虑由医生或医生指定的人立即采取适当吸入治疗法。转动泄漏钢瓶使漏口朝上，防止液态气体逸出		

IPCS
International
Programme on
Chemical Safety

国际化学品安全卡

二氯氧化硒			ICSC 编号：0948
CAS 登记号：7791-23-3 RTECS 号：VS7000000 UN 编号：2879 EC 编号：034-002-00-8 中国危险货物编号：2879	中文名称：二氯氧化硒；氧氯化硒；亚硒酰氯 英文名称：SELENIUM OXYCHLORIDE; Selenium chloride oxide; Seleninyl chloride		
分子量：165.9	化学式：$SeOCl_2$		
危害/接触类型	急性危害/症状	预防	急救/消防
火　灾	不可燃。在火焰中释放出刺激性或有毒烟雾（或气体）		周围环境着火时，允许使用各种灭火剂
爆　炸			
接　触		严格作业环境管理！	
# 吸入	灼烧感，咳嗽，呼吸困难，咽喉痛，气促。症状可能推迟显现。（见注解）	通风，局部排气通风或呼吸防护	新鲜空气，休息，半直立体位，必要时进行人工呼吸，给予医疗护理
# 皮肤	腐蚀作用，发红，疼痛，水疱，皮肤烧伤	防护手套，防护服	脱去污染的衣服，用大量水冲洗皮肤或淋浴，给予医疗护理
# 眼睛	腐蚀作用，发红，疼痛，严重深度烧伤	面罩，或眼睛防护结合呼吸防护	先用大量水冲洗几分钟（如可能尽量摘除隐形眼镜），然后就医
# 食入	灼烧感，咽喉疼痛，恶心，胃痉挛，呕吐，腹部疼痛，腹泻，休克或虚脱	工作时不得进食，饮水或吸烟。进食前洗手	漱口，不要催吐，给予医疗护理
泄漏处置	通风。将泄漏液收集在可密闭的容器中。用干砂土或惰性吸收剂吸收残液，并转移到安全场所。个人防护用具：全套防护服包括自给式呼吸器		
包装与标志	不得与食品和饲料一起运输 欧盟危险性类别：T 符号 N 符号 标记：A　R:23/25-33-50/53　S:1/2-20/21-28-45-60-61 联合国危险性类别：8　联合国次要危险性：6.1 联合国包装类别：I 中国危险性类别：第 8 类 腐蚀性物质 中国次要危险性：6.1 中国包装类别：I		
应急响应	运输应急卡：TEC(R)-80G10		
储存	与金属氧化物、强碱、食品和饲料分开存放。干燥，沿地面通风		
重要数据	**物理状态、外观**：浅黄色或无色液体 **化学危险性**：加热时，该物质分解生成有毒和腐蚀性烟雾。与水反应放热和生成腐蚀性烟雾。水溶液是一种强酸。与碱激烈反应，有腐蚀性 **职业接触限值**：阈限值（以 Se 计）：0.2mg/m³（美国政府工业卫生学家会议，2000 年）。最高容许浓度（以 Se 计）（可吸入粉尘）：0.05mg/m³；最高限值种类：II(4)；致癌物类别：3B；妊娠风险等级：C（德国，2008 年） **接触途径**：该物质可通过吸入其蒸气和食入液体吸收到体内 **吸入危险性**：20℃时该物质蒸发，相当快地达到空气中有害污染浓度 **短期接触的影响**：该物质腐蚀眼睛、皮肤和呼吸道。吸入蒸气可能引起肺水肿（见注解）。需进行医学观察 **长期或反复接触的影响**：反复或长期接触可能引起皮肤过敏。该物质可能对呼吸道，胃肠道，中枢神经系统和肝有影响，导致鼻刺激，持久大蒜气味，胃疼痛，神经紧张和肝损害		
物理性质	沸点：176.4℃ 熔点：8.5℃ 相对密度（水=1）：2.42 水中溶解度：反应 蒸气压：34.8℃时 132Pa		
环境数据	该物质对水生生物是有害的		
注解	肺水肿症状常常经过几个小时以后才变得明显，体力劳动使症状加重。因而休息和医学观察是必要的。应当考虑由医生或医生指定的人立即采取适当吸入治疗法。不要将工作服带回家中		

IPCS
International
Programme on
Chemical Safety

国际化学品安全卡

三氧化硒			ICSC 编号：0949
CAS 登记号：13768-86-0 UN 编号：3283 EC 编号：034-002-00-8 中国危险货物编号：3283 分子量：126.9	中文名称：三氧化硒；硒酸酐 英文名称：SELENIUM TRIOXIDE; Selenic anhydride 化学式：SeO_3		

危害/接触类型	急性危害/症状	预防	急救/消防
火　灾	不可燃，但可助长其他物质燃烧。许多反应可能引起火灾或爆炸。在火焰中释放出刺激性或有毒烟雾（或气体）	禁止与可燃物质接触	周围环境着火时，允许使用各种灭火剂
爆　炸			
接　触		防止粉尘扩散！严格作业环境管理！	
# 吸入	灼烧感，咳嗽，呼吸困难，咽喉痛，气促。症状可能推迟显现。（见注解）	通风，局部排气通风或呼吸防护	新鲜空气，休息，半直立体位，必要时进行人工呼吸，给予医疗护理
# 皮肤	发红，疼痛，水疱，皮肤烧伤	防护手套，防护服	先用大量水，然后脱去污染的衣服并再次冲洗，给予医疗护理
# 眼睛	发红，疼痛，严重深度烧伤	面罩，或眼睛防护结合呼吸防护	先用大量水冲洗几分钟（如可能尽量摘除隐形眼镜），然后就医
# 食入	咽喉疼痛，恶心，腹部疼痛，灼烧感，腹泻，呕吐，休克或虚脱	工作时不得进食，饮水或吸烟。进食前洗手	漱口，不要催吐，给予医疗护理

泄漏处置	撤离危险区域！向专家咨询！将泄漏物清扫进容器中。小心收集残余物，然后转移到安全场所。不要用锯末或其他可燃吸收剂吸收。不要让该化学品进入环境。个人防护用具：全套防护服包括自给式呼吸器
包装与标志	不得与食品和饲料一起运输 **欧盟危险性类别**：T 符号 N 符号 标记：A　R:23/25-33-50/53　S:1/2-20/21-28-45-60-61 **联合国危险性类别**：6.1　**联合国包装类别**：II **中国危险性类别**：第 6.1 项毒性物质　**中国包装类别**：II
应急响应	运输应急卡：TEC(R)-61GT3-II-S
储存	与可燃物质，食品和饲料分开存放。干燥。保存在通风良好的室内
重要数据	**物理状态、外观**：浅黄色或白色吸湿的晶体粉末 **化学危险性**：加热时，该物质分解生成有毒烟雾。水溶液是一种强酸。与碱激烈反应，有腐蚀性。该物质是一种强氧化剂。与可燃物质和还原性物质发生反应 **职业接触限值**：阈限值（以 Se 计）：0.2mg/m^3（时间加权平均值)(美国政府工业卫生学家会议，2004 年）。最高容许浓度：0.05mg/m^3（以 Se 计）（可吸入粉尘）；最高限值种类：II（4）；致癌物类别：3B；妊娠风险等级：C（德国，2004 年） **接触途径**：该物质可通过吸入其气溶胶和经食入吸收到体内 **吸入危险性**：20℃时蒸发可忽略不计，但可较快地达到空气中颗粒物有害浓度，尤其是粉末 **短期接触的影响**：该物质腐蚀眼睛，皮肤和呼吸道。吸入可能引起肺水肿（见注解）。该物质可能对眼睛有影响，导致眼睑过敏性反应（玫瑰眼）。需进行医学观察 **长期或反复接触的影响**：反复或长期接触可能引起皮肤过敏。该物质可能对呼吸系统、中枢神经系统、胃肠道和肝有影响，导致鼻刺激，持久大蒜气味，胃疼痛，神经紧张和肝损害
物理性质	**沸点**：低于沸点在 180℃分解 **熔点**：118℃ **密度**：3.6g/cm^3 **水中溶解度**：易溶
环境数据	该物质对水生生物是有害的
注解	肺水肿症状常常经过几个小时以后才变得明显，体力劳动使症状加重。因而休息和医学观察是必要的。应当考虑由医生或医生指定的人立即采取适当吸入治疗法

IPCS
International
Programme on
Chemical Safety

国际化学品安全卡

叠氮化钠			ICSC 编号：0950
CAS 登记号：26628-22-8 RTECS 号：VY8050000 UN 编号：1687 EC 编号：011-004-00-7 中国危险货物编号：1687		中文名称：叠氮化钠；叠氮化物 英文名称：SODIUM AZIDE; Azide; Azium	
分子量：65.02		化学式：NaN_3	
危害/接触类型	急性危害/症状	预防	急救/消防
火　灾	受热时分解	禁止与酸类、重金属接触	干砂土、专用粉末
爆　炸	与酸类和许多金属（铅、黄铜、铜、汞、银）接触时，有着火和爆炸危险	不要受摩擦或撞击	着火时，喷雾状水保持料桶等冷却
接　触		严格作业环境管理！	
# 吸入	咳嗽，头痛，气促，神志不清，鼻塞，视力模糊，心跳缓慢，血压降低	局部排气通风或呼吸防护	新鲜空气，休息。必要时进行人工呼吸，给予医疗护理
# 皮肤	可能被吸收！发红，水疱	防护手套	脱去污染的衣服，用大量水冲洗皮肤或淋浴
# 眼睛	发红，疼痛	护目镜，或眼睛防护结合呼吸防护	先用大量水冲洗几分钟（如可能尽量摘除隐形眼镜），然后就医
# 食入	腹部疼痛，恶心，出汗。另见吸入	工作时不得进食，饮水或吸烟	漱口。不要催吐。饮用 1～2 杯水。休息，给予医疗护理
泄漏处置	撤离危险区域！向专家咨询！将泄漏物清扫进塑料容器中。如果适当，首先润湿防止扬尘。小心收集残余物，然后转移到安全场所。个人防护用具：全套防护服，包括自给式呼吸器		
包装与标志	不得与食品和饲料一起运输 欧盟危险性类别：T+符号 N 符号　R:28-32-50/53 S:1/2-28-45-60-61 联合国危险性类别：6.1　　联合国包装类别：II 中国危险性类别：第 6.1 项 毒性物质　中国包装类别：13		
应急响应	运输应急卡：TEC(R)-61G12b		
储存	耐火设备（条件）。与酸类、食品和饲料、金属，尤其是铅及其化合物分开存放		
重要数据	物理状态、外观：无色六角形晶体，无气味 化学危险性：加热至熔点以上，尤其是迅速加热时，可能发生爆炸，有着火和爆炸危险。水溶液是一种弱碱，与铜、铅、银、汞和二硫化碳反应，生成对撞击敏感的化合物。与酸反应，生成有毒和爆炸性的叠氮化氢 职业接触限值：阈限值：0.29mg/m³（上限值）；致癌物类别：A4（不能分类为人类致癌物）（美国政府工业卫生学家会议，2005 年）。欧盟职业接触限值：0.1mg/m³（时间加权平均值）；0.3mg/m³（短期接触限值）（经皮）（欧盟，2000 年） 接触途径：该物质可通过吸入、经皮肤和食入吸收到体内 吸入危险性：20℃时蒸发可忽略不计，但可较快地达到空气中颗粒物有害浓度 短期接触的影响：该物质刺激眼睛、皮肤和呼吸道。略高于职业接触限值接触时，对神经系统有影响		
物理性质	熔点：低于熔点在 275℃分解 相对密度（水=1）：1.8475 水中溶解度：在 17℃41.7 g/100 mL（溶解）		
环境数据			
注解	工作接触的任何时刻都不应超过职业接触限值。商品名称为 Smite		

IPCS
International
Programme on
Chemical Safety

国际化学品安全卡

氟化钠			ICSC 编号：0951
CAS 登记号：7681-49-4 RTECS 号：WB0350000 UN 编号：1690 EC 编号：009-004-00-7 中国危险货物编号：1690 分子量：42.0		中文名称：氟化钠；一氟化钠 英文名称：SODIUM FLUORIDE; Natrium fluoride; Sodium monofluoride 化学式：NaF	

危害/接触类型	急性危害/症状	预防	急救/消防
火 灾	不可燃。在火焰中释放出刺激性或有毒烟雾（或气体）	禁止明火。禁止与高温表面接触	周围环境着火时，使用适当的灭火剂
爆 炸			着火时，喷雾状水保持料桶等冷却
接 触			
# 吸入	咳嗽。咽喉痛	通风（如果没有粉末时），局部排气通风或呼吸防护	新鲜空气，休息。半直立体位。给予医疗护理
# 皮肤	发红	防护手套	脱去污染的衣服。用大量水冲洗皮肤或淋浴。给予医疗护理
# 眼睛	发红。疼痛	面罩，如为粉末，眼睛防护结合呼吸防护	先用大量水冲洗几分钟（如可能尽量摘除隐形眼镜），然后就医
# 食入	腹部疼痛。灼烧感。惊厥。倦睡。咳嗽。腹泻。咽喉疼痛。呕吐。神志不清	工作时不得进食，饮水或吸烟。进食前洗手	漱口。催吐（仅对清醒病人！）。大量饮水。给予医疗护理
泄漏处置	将泄漏物清扫进有盖的容器中。小心收集残余物，然后转移到安全场所。个人防护用具：适用于有害颗粒物的 P2 过滤呼吸器		
包装与标志	不得与食品和饲料一起运输 欧盟危险性类别：T 符号 R:25-32-36/38 S:1/2-22-36-45 联合国危险性类别：6.1 联合国包装类别：III 中国危险性类别：第 6.1 项毒性物质 中国包装类别：III		
应急响应	运输应急卡：TEC(R)-61S1690 美国消防协会法规：H3（健康危险性）；F0（火灾危险性）；R0（反应危险性）		
储存	与酸类、食品和饲料分开存放		
重要数据	**物理状态、外观**：白色晶体或粉末 **化学危险性**：与高温表面或火焰接触时，该物质分解生成有毒和腐蚀性烟雾。与酸类发生反应，生成有毒和腐蚀性烟雾 **职业接触限值**：阈限值：2.5mg/m^3（以氟化物计）（时间加权平均值）；A4（不能分类为人类致癌物）；公布生物暴露指数（美国政府工业卫生学家会议，2003 年）。最高容许浓度：1mg/m^3（以 F 计）（可吸入粉尘）；最高限值种类：II（4）；皮肤吸收；妊娠风险等级：C（德国，2005 年）。欧盟职业接触限值：2.5mg/m^3（以氟化物计）（时间加权平均值）（欧盟，2002 年） **接触途径**：该物质可通过吸入其气溶胶和经食入吸收到体内 **吸入危险性**：20℃时蒸发可忽略不计，但喷洒或扩散时可较快地达到空气中颗粒物有害浓度 **短期接触的影响**：该物质刺激眼睛，皮肤和呼吸道。食入时能够造成血钙过少和血钾过少，导致中枢神经系统和心脏紊乱 **长期或反复接触的影响**：该物质可能对骨骼和牙齿有影响（氟中毒）		
物理性质	沸点：1700℃ 熔点：993℃ 密度：2.8g/cm^3 水中溶解度：20℃时 4.0g/100mL		
环境数据			
注解	该物质中毒时需采取必要的治疗措施。必须提供有指示说明的适当方法。		

IPCS
International
Programme on
Chemical Safety

国际化学品安全卡

硫酸钠			ICSC 编号：0952
CAS 登记号：7757-82-6 RTECS 号：WE1650000	中文名称：硫酸钠；无水硫酸钠；硫酸二钠；硫酸二钠盐 英文名称：SODIUM SULFATE; Sodium sulfate anhydrous; Disodium sulfate; Sulfuric acid disodium salt		
分子量：142.1	化学式：Na_2SO_4		

危害/接触类型	急性危害/症状	预防	急救/消防
火　灾	不可燃。在火焰中释放出刺激性或有毒烟雾（或气体）		周围环境着火时，使用适当的灭火剂
爆　炸			
接　触			
# 吸入		通风	新鲜空气，休息
# 皮肤		防护手套	冲洗，然后用水和肥皂清洗皮肤
# 眼睛		安全眼镜	先用大量水冲洗几分钟（如可能尽量摘除隐形眼镜），然后就医
# 食入	恶心。呕吐。腹部疼痛。腹泻	工作时不得进食，饮水或吸烟	大量饮水
泄漏处置	将泄漏物清扫进有盖的容器中，如果适当，首先润湿防止扬尘。个人防护用具：适用于惰性颗粒物的 P1 过滤呼吸器		
包装与标志			
应急响应			
储存			
重要数据	物理状态、外观：白色吸湿的各种形态固体 化学危险性：加热时，该物质分解生成硫氧化物和氧化钠 职业接触限值：阈限值未制定标准。最高容许浓度未制定标准 吸入危险性：20℃时蒸发可忽略不计，但可较快地达到空气中颗粒物公害污染浓度 短期接触的影响：食入时，该物质可能对胃肠道有影响		
物理性质	熔点：884℃ 相对密度（水=1）：2.7 水中溶解度：易溶		
环境数据			
注解			

IPCS
International
Programme on
Chemical Safety

国际化学品安全卡

氯化锡（无水）			ICSC 编号：0953
CAS 登记号：7646-78-8 RTECS 号：XP8750000 UN 编号：1827 EC 编号：050-001-00-5 中国危险货物编号：1827	中文名称：氯化锡（无水）；四氯化锡；氯化锡(Ⅳ) 英文名称：TIN(IV) CHLORIDE (ANHYDROUS); Tin tetrachloride; Stannic chloride		
分子量：260.5	化学式：$SnCl_4$		
危害/接触类型	急性危害/症状	预防	急救/消防
火　灾	不可燃。在火焰中释放出刺激性或有毒烟雾（或气体）		禁用含水灭火剂。周围环境着火时，使用适当的灭火剂
爆　炸			
接　触		严格作业环境管理！	一切情况均向医生咨询！
# 吸入	咳嗽。咽喉痛。灼烧感。呼吸困难。气促。喘息	通风，局部排气通风或呼吸防护	新鲜空气，休息。半直立体位。必要时进行人工呼吸。给予医疗护理
# 皮肤	发红。疼痛。皮肤烧伤	防护手套。防护服	用大量水冲洗皮肤或淋浴。给予医疗护理
# 眼睛	发红。疼痛。严重深度烧伤	安全护目镜，面罩或眼睛防护结合呼吸防护	先用大量水冲洗几分钟（如可能尽量摘除隐形眼镜），然后就医
# 食入	腹部疼痛。灼烧感。休克或虚脱	工作时不得进食，饮水或吸烟	不要催吐。给予医疗护理
泄漏处置	撤离危险区域！通风。用纯碱或石灰小心中和泄漏液体，然后转移到安全场所。不要让该化学品进入环境。个人防护用具：化学防护服，包括自给式呼吸器		
包装与标志	气密。不易破碎包装，将易破碎包装放在不易破碎的密闭容器中。不得与食品和饲料一起运输 欧盟危险性类别：C 符号　R:34-52/53　S:1/2-7/8-26-45-61 联合国危险性类别：8　联合国包装类别：II 中国危险性类别：第 8 类腐蚀性物质　中国包装类别：II		
应急响应	运输应急卡：TEC(R)-80GCI-II-X 美国消防协会法规：H3（健康危险性）；F0（火灾危险性）；R1（反应危险性）		
储存	与食品和饲料分开存放。干燥。严格密封。保存在通风良好的室内		
重要数据	物理状态、外观：无色或淡黄色发烟液体，有刺鼻气味 物理危险性：蒸气比空气重 化学危险性：与水或潮湿空气激烈反应，生成腐蚀性氯化氢（见卡片#0163）。与松节油、醇类和胺类反应，有着火和爆炸危险。浸蚀许多金属、某些塑料、橡胶和涂层 职业接触限值：阈限值：$2mg/m^3$（氧化锡和无机锡化合物，氢化锡除外，以 Sn 计）（时间加权平均值）（美国政府工业卫生学家会议，2004 年）。欧盟职业接触限值：$2mg/m^3$（无机锡化合物，以 Sn 计）（时间加权平均值）（欧盟，2004 年） 吸入危险性：20℃时，该物质蒸发，迅速达到空气中有害污染浓度 短期接触的影响：该物质腐蚀眼睛、皮肤和呼吸道。食入有腐蚀性		
物理性质	沸点：114℃ 熔点：-33℃ 相对密度（水=1）：2.26 水中溶解度：反应 蒸气压：20℃时 2.4kPa 蒸气相对密度（空气=1）：9.0		
环境数据	该物质对水生生物是有害的		
注解			

IPCS
International
Programme on
Chemical Safety

国际化学品安全卡

氧化锡			ICSC 编号：0954
CAS 登记号：18282-10-5 RTECS 号：XQ4000000		中文名称：氧化锡；氧化锡（Ⅳ）；锡酸酐；二氧化锡 英文名称：TIN(IV) OXIDE; Stannic oxide; Stannic anhydride; Tin dioxide	
分子量：150.7		化学式：SnO_2	
危害/接触类型	急性危害/症状	预防	急救/消防
火　灾	不可燃		周围环境着火时，使用适当的灭火剂
爆　炸			
接　触		防止粉尘扩散！	
# 吸入	咳嗽	局部排气通风或呼吸防护	新鲜空气，休息
# 皮肤		防护手套	用大量水冲洗皮肤或淋浴
# 眼睛		安全护目镜	先用大量水冲洗几分钟（如可能尽量摘除隐形眼镜），然后就医
# 食入		工作时不得进食，饮水或吸烟	漱口
泄漏处置	将泄漏物清扫进容器中，如果适当，首先润湿防止扬尘。个人防护用具：适用于有害颗粒物的 P2 过滤呼吸器		
包装与标志			
应急响应			
储存	与强还原剂分开存放		
重要数据	物理状态、外观：白色或浅灰色粉末 化学危险性：与强还原剂激烈反应 职业接触限值：阈限值：2mg/m³（氧化锡和无机锡化合物，氢化锡除外，以 Sn 计）（时间加权平均值）（美国政府工业卫生学家会议，2004 年）。欧盟职业接触限值：2mg/m³（无机锡化合物，以 Sn 计）（时间加权平均值）（欧盟，2004 年） 吸入危险性：扩散时可较快地达到空气中颗粒物有害浓度，尤其是粉末 短期接触的影响：可能对呼吸道引起机械性刺激 长期或反复接触的影响：反复或长期接触粉尘颗粒，肺可能受损伤，导致良性的肺尘病（锡尘肺）		
物理性质	升华点：1800～1900℃ 熔点：1630℃ 密度：6.95g/cm³ 水中溶解度：不溶		
环境数据	该化学品可能在甲壳纲动物中发生生物蓄积		
注解			

IPCS
International
Programme on
Chemical Safety

国际化学品安全卡

氯化亚锡(II)（无水的）			ICSC 编号：0955
CAS 登记号：7772-99-8 RTECS 号：XP8700000 UN 编号：3260 中国危险货物编号：3260	中文名称：氯化亚锡（II）（无水的）；二氯化锡；氯化亚锡 英文名称：TIN (II) CHLORIDE (ANHYDROUS); Tin dichloride; Tin protochloride; Stannous chloride		
分子量： 189.6	化学式：$SnCl_2$		
危害/接触类型	急性危害/症状	预防	急救/消防
火 灾	不可燃。在火焰中释放出刺激性或有毒烟雾（或气体）		周围环境着火时，使用适当的灭火剂
爆 炸			着火时，喷雾状水保持料桶等冷却
接 触			
# 吸入	咳嗽。咽喉痛	局部排气通风或呼吸防护	新鲜空气，休息
# 皮肤		防护手套	脱去污染的衣服。用大量水冲洗皮肤或淋浴
# 眼睛	发红。疼痛	安全护目镜，或眼睛防护结合呼吸防护	先用大量水冲洗几分钟（如可能尽量摘除隐形眼镜），然后就医
# 食入	腹部疼痛。腹泻。恶心。呕吐	工作时不得进食，饮水或吸烟	大量饮水。给予医疗护理
泄漏处置	将泄漏物清扫进有盖的容器中。小心收集残余物，然后转移到安全场所。不要让该化学品进入环境。个人防护用具：适用于有害颗粒物的 P2 过滤呼吸器		
包装与标志	不得与食品和饲料一起运输 联合国危险性类别：8 联合国包装类别：III 中国危险性类别：8 中国包装类别：III		
应急响应	运输应急卡：TEC(R)-80GC2-II+III		
储存	与性质相互抵触的物质，食品和饲料分开存放。干燥		
重要数据	**物理状态、外观**：无色或白色晶体 **化学危险性**：加热时，该物质分解生成有毒和腐蚀性气体。该物质是一种强还原剂。与氧化剂，如硝酸盐和过氧化物以及碱发生反应 **职业接触限值**：阈限值：[氧化锡和无机锡化合物（氢化锡除外），以 Sn 计] $2mg/m^3$（时间加权平均值）（美国政府工业卫生学家会议，2004 年）。欧盟职业接触限值：（无机锡化合物，以 Sn 计）$2mg/m^3$（时间加权平均值）（欧盟，2004 年） **接触途径**：该物质可通过吸入其气溶胶和经食入吸收到体内 **吸入危险性**：扩散时可较快地达到空气中颗粒物有害浓度 **短期接触的影响**：该物质刺激眼睛和呼吸道		
物理性质	沸点：652℃（分解） 熔点：246.8℃ 密度：$3.95g/cm^3$ 水中溶解度：20℃时 90g/100mL		
环境数据	该物质对水生生物是有害的		
注解			

IPCS
International
Programme on
Chemical Safety

国际化学品安全卡

氧化锡（II）			ICSC 编号：0956
CAS 登记号：21651-19-4 RTECS 号：XQ3700000		中文名称：氧化锡（II）；一氧化锡；氧化亚锡 英文名称：TIN(II) OXIDE; Tin monoxide; Stannous oxide	
分子量： 134.7		化学式：SnO	
危害/接触类型	急性危害/症状	预防	急救/消防
火　灾	不可燃		周围环境着火时，使用适当的灭火剂
爆　炸			
接　触		防止粉尘扩散！	
# 吸入	咳嗽	局部排气通风或呼吸防护	新鲜空气，休息
# 皮肤		防护手套	用大量水冲洗皮肤或淋浴
# 眼睛		安全护目镜，如为粉末，眼睛防护结合呼吸防护	先用大量水冲洗几分钟（如可能尽量摘除隐形眼镜），然后就医
# 食入		工作时不得进食，饮水或吸烟	漱口
泄漏处置	将泄漏物清扫进容器中，如果适当，首先润湿防止扬尘。小心收集残余物，然后转移到安全场所。个人防护用具：适用于有害颗粒物的 P2 过滤呼吸器		
包装与标志			
应急响应			
储存			
重要数据	物理状态、外观：蓝色至黑色晶体粉末 化学危险性：在空气中加热到 300℃时，氧化亚锡炽热地氧化生成氧化锡 职业接触限值：阈限值：2mg/m^3（氧化锡和无机锡化合物，氢化锡除外，以 Sn 计）（时间加权平均值）（美国政府工业卫生学家会议，2004 年）。欧盟职业接触限值：2mg/m^3（无机锡化合物，以 Sn 计）（时间加权平均值）（欧盟，2004 年） 吸入危险性：扩散时可较快地达到空气中颗粒物有害浓度，尤其是粉末 短期接触的影响：可能对呼吸道引起机械性刺激 长期或反复接触的影响：反复或长期接触粉尘颗粒，肺可能受损伤，导致良性肺尘病（锡尘肺）		
物理性质	密度：6.45g/cm^3 水中溶解度：不溶		
环境数据	该化学品可能在甲壳纲动物和在鱼类体内发生生物蓄积		
注解			

IPCS
International
Programme on
Chemical Safety

国际化学品安全卡

铬酸锶			ICSC 编号：0957
CAS 登记号：7789-06-2 RTECS 号：GB3240000 EC 编号：024-009-00-4 分子量：203.6		中文名称：铬酸锶；C.I.颜料黄 32；铬酸锶盐 英文名称：STRONTIUM CHROMATE; C.I. Pigment yellow 32; Chromic acid strontium salt 化学式：$SrCrO_4$	
危害/接触类型	急性危害/症状	预防	急救/消防
火　灾	不可燃		周围环境着火时，允许使用各种灭火剂
爆　炸			
接　触		防止粉尘扩散！避免一切接触！	
# 吸入	咳嗽。咽喉痛。喘息	密闭系统和通风	新鲜空气，休息。给予医疗护理
# 皮肤	发红。疼痛	防护手套。防护服	脱去污染的衣服。用大量水冲洗皮肤或淋浴。给予医疗护理
# 眼睛	发红。疼痛	安全护目镜，面罩或眼睛防护结合呼吸防护	先用大量水冲洗几分钟（如可能尽量摘除隐形眼镜），然后就医
# 食入	腹部疼痛。腹泻。恶心。呕吐	工作时不得进食，饮水或吸烟。进食前洗手	漱口。给予医疗护理
泄漏处置	将泄漏物清扫进容器中。如果适当，首先润湿防止扬尘。小心收集残余物，然后转移到安全场所。不要让该化学品进入环境。化学防护服，包括自给式呼吸器		
包装与标志	不得与食品和饲料一起运输 欧盟危险性类别：T 符号 N 符号 标记：E　R:45-22-50/53　S:53-45-60-61		
应急响应			
储存	注意收容灭火产生的废水。与可燃物质和还原性物质、食品和饲料分开存放。储存在没有排水管或下水道的场所		
重要数据	物理状态、外观：黄色晶体粉末 化学危险性：该物质是一种强氧化剂，与可燃物质和还原性物质发生反应 职业接触限值：阈限值：（以 Cr 计）0.0005mg/m^3（时间加权平均值），A1（确认的人类致癌物）（美国政府工业卫生学家会议，2004 年）。最高容许浓度：(以可吸入部分计)，皮肤吸收；皮肤致敏剂；致癌物类别：1；致生殖细胞突变物类别：2：公布生物物质参考值（德国，2009 年） 接触途径：该物质可通过吸入其气溶胶和经食入吸收到体内 吸入危险性：扩散时可较快地达到空气中颗粒物有害浓度 短期接触的影响：该物质刺激眼睛、皮肤和呼吸道 长期或反复接触的影响：反复或长期接触可能引起皮肤过敏。反复或长期吸入接触可能引起哮喘。该物质可能对呼吸道和肾有影响，导致鼻中膈穿孔和肾损伤。该物质是人类致癌物		
物理性质	熔点：分解 密度：3.9g/cm^3 水中溶解度：15℃时 0.12g/100mL		
环境数据	该物质可能对环境有危害，对水生生物应给予特别注意。强烈建议不要让该化学品进入环境		
注解	不要将工作服带回家中。常用名称有深柠檬黄和锶黄。因这种物质出现哮喘症状的任何人不应当再接触该物质。哮喘症状常常经过几个小时以后才变得明显，体力劳动使症状加重。因而休息和医学观察是必要的		

IPCS
International
Programme on
Chemical Safety

国际化学品安全卡

一氯化硫			ICSC 编号：0958
CAS 登记号：10025-67-9 RTECS 号：WS4300000 UN 编号：1828 EC 编号：016-012-00-4 中国危险货物编号：1828 分子量：135.03		中文名称：一氯化硫；氯化硫；二氯化二硫；低氯化硫 英文名称：SULFUR MONOCHLORIDE; Sulfur chloride; Disulfur dichloride; sulfur subchloride 化学式：S_2Cl_2	
危害/接触类型	急性危害/症状	预防	急救/消防
火　灾	可燃的。在火焰中释放出刺激性或有毒烟雾（或气体）	禁止明火	干粉，二氧化碳。禁用含水灭火剂。禁止用水
爆　炸			着火时，喷雾状水保持料桶等冷却，但避免该物质与水接触
接　触		避免一切接触！	
# 吸入	咽喉痛，灼烧感，咳嗽，呼吸困难，气促。症状可能推迟显现。（见注解）	通风，局部排气通风或呼吸防护	新鲜空气，休息，半直立体位，必要时进行人工呼吸，给予医疗护理
# 皮肤	发红，皮肤烧伤，疼痛，水疱	防护手套，防护服	脱掉污染的衣服，用大量水冲洗皮肤或淋浴，给予医疗护理
# 眼睛	发红，疼痛，严重深度烧伤，视力丧失	面罩或眼睛防护结合呼吸防护	先用大量水冲洗数分钟（如方便，摘除隐形眼镜），然后就医
# 食入	腹部疼痛，灼烧感，休克或虚脱	工作时不得进食、饮水或吸烟	漱口，不要催吐，给予医疗护理
泄漏处置	向专家咨询！通风。小心用干碳酸钠和熟石灰混合物中和泄漏液。个人防护用具：化学防护服，包括自给式呼吸器		
包装与标志	不要与食品和饲料一起运输 **欧盟危险性类别：** T 符号 C 符号 N 符号 R:14-20-25-29-35-50 S:1/2-26-36/37/39-45-61 **联合国危险性类别：** 8　**联合国包装类别：** I **中国危险性类别：** 第 8 类 腐蚀性物质 **中国包装类别：** I		
应急响应	**运输应急卡：** TEC（R）-734 **美国消防协会法规：** H2（健康危险性）；F1（火灾危险性）；R1（反应危险性）		
储存	与强氧化剂、过氧化物、氧化磷、有机化合物、食品和饲料分开存放。阴凉场所。干燥。严格密封。沿地面通风		
重要数据	**物理状态、外观：** 浅琥珀色至黄红色油状发烟液体，有刺鼻气味 **化学危险性：** 加热或燃烧时，该物质分解生成氯化氢、硫化氢和硫氧化物有毒腐蚀性烟雾。与过氧化物、氧化磷和某些有机物激烈反应，有着火和爆炸的危险。与水激烈反应，生成氯化氢、二氧化硫、亚硫酸盐、硫、硫代硫酸盐和硫化氢。有水存在时，浸蚀许多金属 **职业接触限值：** 阈限值：1ppm、5.5mg/m^3（上限值）（美国政府工业卫生学家会议，1996 年）。最高容许浓度：IIb（未制定标准，但可提供数据）（德国，2008 年） **接触途径：** 该物质可通过吸入其蒸气和食入吸收到体内 **吸入危险性：** 20℃时该物质蒸发，可迅速达到有害空气污染浓度 **短期接触的影响：** 流泪。该物质腐蚀眼睛、皮肤和呼吸道。食入有腐蚀性。吸入蒸气可能引起肺水肿（见注解）。影响可能推迟显现。需进行医学观察		
物理性质	**沸点：** 138℃ **熔点：** −77℃ **相对密度（水=1）：** 1.7 **水中溶解度：** 反应 **蒸气压：** 20℃时 0.90kPa	**蒸气相对密度（空气=1）：** 4.7 **蒸气/空气混合物的相对密度（20℃，空气=1）：** 1.03 **闪点：** 118.5℃（闭杯） **自燃温度：** 234℃	
环境数据			
注解	与灭火剂如水激烈反应。肺水肿症状常常经过几个小时以后才变得明显，体力劳动使症状加重。因而休息和医学观察是必要的。应当考虑由医生或医生指定的人员立即采取适当吸入治疗法。工作接触的任何时刻不要超过职业接触限值		

IPCS
International
Programme on
Chemical Safety

国际化学品安全卡

特屈儿			ICSC 编号：0959
CAS 登记号：479-45-8 RTECS 号：BY6300000 UN 编号：0208 EC 编号：612-017-00-6 中国危险货物编号：0208	中文名称：特屈儿；*N*-甲基-*N*,2,4,6-四硝基苯胺；苦基硝基甲苯胺；硝胺 英文名称：TETRYL; *N*-methyl-*N*,2,4,6-tetranitroaniline; Picrylnitromethylamine; Nitramine		
分子量：287.15	化学式：$C_7H_5N_5O_8/(NO_2)_3C_6H_2N(CH_3)NO_2$		
危害/接触类型	急性危害/症状	预防	急救/消防
火　灾	爆炸性的。在火焰中释放出刺激性或有毒烟雾(或气体)	禁止明火，禁止火花，禁止吸烟。禁止与高温表面接触	考虑疏散。可以用水扑灭小火灾；不要尝试扑灭大型火灾
爆　炸	微细分散的颗粒物在空气中形成爆炸性混合物。受撞击或接触热或火焰时，有着火和爆炸危险	防止静电荷积聚（例如，通过接地）。不要受摩擦或撞击。防止粉尘沉积、密闭系统、防止粉尘爆炸型电气设备和照明	着火时喷雾状水保持料桶等冷却。从掩蔽位置灭火
接　触		防止粉尘扩散！	
# 吸入	咽喉痛，咳嗽，鼻塞，头痛，失眠，腹痛，腹泻	局部排气通风或呼吸防护	新鲜空气，休息，必要时进行人工呼吸，给予医疗护理
# 皮肤	发红，皮肤和头发黄色斑	防护服	脱掉污染的衣服，用大量水冲洗皮肤或淋浴。急救时戴防护手套
# 眼睛	发红，疼痛	如为粉末时，安全护目镜或眼睛防护结合呼吸防护	先用大量水冲洗数分钟（如方便摘除隐形眼镜），然后就医
# 食入	恶心。（另见吸入）	工作时不得进食、饮水或吸烟	给予医疗护理
泄漏处置	撤离危险区域，向专家咨询！个人防护用具：适用于有毒颗粒物的 P3 式过滤呼吸器		
包装与标志	欧盟危险性类别：E 符号 T 符号 R:2-23/24/25-33 S:1/2-35-45 联合国危险性类别：1.1D 中国危险性类别：第 1.1 项 有整体爆炸危险的物质和物品		
应急响应			
储存	耐火设备（条件）。与强氧化剂分开存放。置于阴暗处。保存在防止撞击的单独建筑物内。上锁		
重要数据	**物理状态、外观**：无色至黄色晶体，无气味 **物理危险性**：如果以颗粒状或粉末状和空气混合，可能发生粉尘爆炸 **化学危险性**：受撞击、摩擦或震动时，可能发生爆炸分解。加热到 187℃时，该物爆炸分解。与某些氧化剂反应，有着火和爆炸危险 **职业接触限值**：阈限值：$1.5mg/m^3$（美国政府工业卫生学家会议，1997 年）。 最高容许浓度：皮肤吸收；皮肤致敏剂；致癌物类别：3B（德国，2008 年） **接触途径**：该物质可通过吸入其气溶胶、经皮肤和食入吸收到体内 **吸入危险性**：20℃时蒸发可忽略不计，但气溶胶扩散时，可较快达到空气中颗粒物的有害污染浓度 **短期接触的影响**：该物质刺激眼睛、皮肤和呼吸道。该物质可能对神经系统有影响 **长期或反复接触的影响**：反复或长期接触可能引起皮肤过敏。反复或长期接触可能导致哮喘。该物质可能对肝、肾和血液有影响		
物理性质	熔点：130℃ 相对密度（水=1）：1.57 水中溶解度：不溶 蒸气压：20℃＜0.1kPa 闪点：在空气中 187℃时爆炸		
环境数据			
注解			

IPCS
International
Programme on
Chemical Safety

国际化学品安全卡

邻联甲苯胺			ICSC 编号：0960
CAS 登记号：119-93-7 RTECS 号：DD1225000 EC 编号：612-041-00-7 分子量：212.3		中文名称：邻联甲苯胺；3,3'-二甲基-(1,1'-联苯基)-4,4'-二胺；二茴香胺；3,3'-二甲基联苯胺；4,4'-二邻联甲苯胺 英文名称：*o*-TOLIDINE; 3,3'-Dimethyl-(1,1'-biphenyl)-4,4'-diamine; Bianisidine; 3,3'-Dimethylbenzidine; 4,4'-Bi-o-toluidine 化学式：$C_{14}H_{16}N_2$	
危害/接触类型	急性危害/症状	预防	急救/消防
火　灾	可燃的。在火焰中释放出刺激性或有毒烟雾（或气体）	禁止明火	干粉，雾状水，泡沫，二氧化碳
爆　炸			
接　触	见长期或反复接触的影响	防止粉尘扩散！避免一切接触！	
# 吸入		密闭系统和通风	新鲜空气，休息
# 皮肤	可能被吸收！见长期或反复接触的影响	防护手套。防护服	脱去污染的衣服。冲洗，然后用水和肥皂清洗皮肤
# 眼睛		安全眼镜	用大量水冲洗（如可能尽量摘除隐形眼镜）
# 食入		工作时不得进食，饮水或吸烟。进食前洗手	漱口。饮用 1~2 杯水
泄漏处置	将泄漏物清扫进可密闭容器中，如果适当，首先润湿防止扬尘。小心收集残余物，然后转移到安全场所。不要让该化学品进入环境。个人防护用具：化学防护服，包括自给式呼吸器		
包装与标志	不得与食品和饲料一起运输 欧盟危险性类别：T 符号 N 符号 标记：E　R:45-22-51/53　S:53-45-61		
应急响应			
储存	与强氧化剂、食品和饲料分开存放。严格密封。储存在没有排水管或下水道的场所。注意收容灭火产生的废水		
重要数据	物理状态、外观：无色或红色晶体 化学危险性：燃烧时，该物质分解生成有毒烟雾。与氧化剂发生反应 职业接触限值：阈限值：（经皮）A3（确认的动物致癌物，但未知与人类相关性）（美国政府工业卫生学家会议，2009 年）。最高容许浓度：致癌物类别：2（德国，2008 年） 接触途径：该物质可经皮肤和食入吸收到体内 吸入危险性：20℃时蒸发可忽略不计；但是，可较快地达到空气中颗粒物有害浓度，尤其是粉末 长期或反复接触的影响：该物质可能是人类致癌物		
物理性质	沸点：300℃ 熔点：131～132℃ 密度：$1.2g/cm^3$ 水中溶解度：25℃时 0.13g/100mL（微溶） 闪点：244℃ 自燃温度：526℃ 辛醇/水分配系数的对数值：2.34		
环境数据	该物质对水生生物有毒。强烈建议不要让该化学品进入环境		
注解	不要将工作服带回家中		

IPCS
International
Programme on
Chemical Safety

国际化学品安全卡

磷酸邻三甲苯酯			ICSC 编号：0961
CAS 登记号：78-30-8 RTECS 号：TD0350000 UN 编号：2574 EC 编号：015-015-00-8 中国危险货物编号：2574 分子量：368.4		中文名称：磷酸邻三甲苯酯；邻三甲苯基磷酸酯；TOCP 英文名称：TRI-*o*-CRESYL PHOSPHATE; Tri-*o*-Tolyl phosphate; TOCP 化学式：$C_{21}H_{21}O_4P$	
危害/接触类型	急性危害/症状	预防	急救/消防
火　灾	可燃的。在火焰中释放出刺激性或有毒烟雾（或气体）	禁止明火	干粉，雾状水，泡沫，二氧化碳
爆　炸			
接　触		严格作业环境管理！	一切情况均向医生咨询！
# 吸入	头痛。恶心。呕吐。肌肉的虚弱。症状可能推迟显现。见注解	局部排气通风或呼吸防护	新鲜空气，休息。给予医疗护理
# 皮肤	可能被吸收！见吸入	防护手套。防护服	脱去污染的衣服。冲洗，然后用水和肥皂清洗皮肤
# 眼睛		面罩，眼睛防护结合呼吸防护	先用大量水冲洗（如可能尽量摘除隐形眼镜）
# 食入	腹部疼痛。恶心。呕吐。另见吸入	工作时不得进食，饮水或吸烟	用水冲服活性炭浆。给予医疗护理
泄漏处置	将泄漏液收集在可密闭的容器中。用砂土或惰性吸收剂吸收残液，并转移到安全场所。不要让该化学品进入环境。化学防护服，包括自给式呼吸器		
包装与标志	不得与食品和饲料一起运输。污染海洋物质 **欧盟危险性类别**：T 符号 N 符号 标记：C　R:39/23/24/25-51/53　S:1/2-20/21-28-45-61 **联合国危险性类别**：6.1　**联合国包装类别**：II **中国危险性类别**：第 6.1 项 毒性物质　**中国包装类别**：II **GHS 分类**：**警示词**：危险　**图形符号**：感叹号-健康危险　**危险说明**：吞咽有害；对神经系统造成损害；长期或反复接触对神经系统造成损害；对水生生物有毒		
应急响应	**运输应急卡**：TEC(R)-61GT1-II **美国消防协会法规**：H2（健康危险性）；F1（火灾危险性）；R0（反应危险性）		
储存	与强氧化剂、食品和饲料分开存放。储存在没有排水管或下水道的场所		
重要数据	**物理状态、外观**：无色或淡黄色液体 **化学危险性**：加热时，该物质分解生成含有氧化磷的有毒烟雾。与氧化剂发生反应 **职业接触限值**：阈限值：0.1mg/m³（时间加权平均值，经皮）；公布生物暴露指数；A4（不能分类为人类致癌物）（美国政府工业卫生学家会议，2006 年）。最高容许浓度未制定标准 **接触途径**：该物质可通过吸入，经皮肤和食入吸收到体内 **吸入危险性**：未指明 20℃时该物质蒸发达到空气中有害浓度的速率 **短期接触的影响**：该物质可能对中枢神经系统和末梢神经系统有影响。高于职业接触限值接触可能导致神经系统变性。影响可能推迟显现。需进行医学观察 **长期或反复接触的影响**：该物质可能对神经系统有影响		
物理性质	**沸点**：410℃（分解） **熔点**：11℃ **相对密度（水=1）**：1.2 **水中溶解度**：不溶 **蒸气相对密度（空气=1）**：12.7 **闪点**：225℃（闭杯） **自燃温度**：385℃ **辛醇/水分配系数的对数值**：6.3		
环境数据	该物质对水生生物是有毒的。强烈建议不要让该化学品进入环境		
注解	根据接触程度，建议定期进行医学检查		

IPCS
International
Programme on
Chemical Safety

国际化学品安全卡

三氯萘			ICSC 编号：0962
CAS 登记号：1321-65-9		中文名称：三氯萘	
RTECS 号：QK4025000		英文名称：TRICHLORONAPHTHALENE	
分子量：231.5		化学式：$C_{10}H_5Cl_3$	
危害/接触类型	急性危害/症状	预防	急救/消防
火 灾	可燃的。在火焰中释放出刺激性或有毒烟雾（或气体）	禁止明火	雾状水，泡沫，干粉，二氧化碳
爆 炸			
接 触		防止粉尘扩散！	
# 吸入		局部排气通风或呼吸防护	新鲜空气，休息
# 皮肤	发红	防护手套，防护服	脱去污染的衣服。冲洗，然后用水和肥皂清洗皮肤
# 眼睛	发红，疼痛	安全护目镜	先用大量水冲洗几分钟（如可能尽量摘除隐形眼镜），然后就医
# 食入	恶心，呕吐	工作时不得进食，饮水或吸烟	
泄漏处置	将泄漏物清扫进容器中。如果适当，首先润湿防止扬尘。小心收集残余物，然后转移到安全场所。不要让该化学品进入环境。个人防护用具：适用于有害颗粒物的 P2 过滤呼吸器		
包装与标志			
应急响应			
储存	与强氧化剂、食品和饲料分开存放		
重要数据	**物理状态、外观**：无色至黄色各种形态固体，有特殊气味 **化学危险性**：燃烧时，该物质分解生成氯化氢有毒和腐蚀性烟雾。与氧化剂反应，有着火的危险 **职业接触限值**：阈限值：5mg/m³（时间加权平均值）（经皮）（美国政府工业卫生学家会议，2004 年）。最高容许浓度：IIb（未制定标准，但可提供数据）；皮肤吸收（德国，2004 年） **接触途径**：该物质可通过吸入其烟雾和经皮肤吸收到体内 **吸入危险性**：20℃时该物质蒸发不会或很缓慢地达到空气中有害浓度，但喷洒或扩散时要快得多 **短期接触的影响**：该物质轻微刺激眼睛和皮肤 **长期或反复接触的影响**：该物质可能对肝脏有影响，导致肝损害		
物理性质	**沸点**：304～354℃ **熔点**：93℃ **密度**：1.58g/cm³ **水中溶解度**：不溶 **蒸气压**：20℃时<0.1Pa **蒸气相对密度（空气=1）**：8 **闪点**：200℃（开杯） **辛醇/水分配系数的对数值**：5.12～7.56		
环境数据	该物质可能对环境有危害，对甲壳纲动物应给予特别注意。在对人类重要的食物链中发生生物蓄积，特别是在鱼体内。由于在环境中的持久性，强烈建议不要让该化学品进入环境。该物质可能在水生环境中造成长期影响		
注解	氯代萘的商品名称为 Halowax。健康影响可能随存在的各种异构体的比例而异		

IPCS
International
Programme on
Chemical Safety

国际化学品安全卡

定草酯-2-丁氧基乙酯			ICSC 编号：0963
CAS 登记号：64700-56-7 RTECS 号：AJ8970000 分子量：356.7	中文名称：定草酯-2-丁氧基乙酯；2-丁氧基乙基[(3,5,6-三氯吡啶-2-基)氧]；((3,5,6-三氯-2-吡啶基)氧)乙酸-2-丁氧乙酯 英文名称：TRICLOPYR-2-BUTOXYETHYLESTER; 2-Butoxyethyl [(3,5,6-trichloropyridin-2-yl)oxy]; Triclopyr-butotyl; Acetic acid, ((3,5,6-trichloro-2-pyridinyl)oxy)-,2-butoxyethylester; Triclopyr BEE Ester 化学式：$C_{13}H_{16}Cl_3NO_4$		

危害/接触类型	急性危害/症状	预防	急救/消防
火　灾	可燃的。在火焰中释放出刺激性或有毒烟雾（或气体）	禁止明火，禁止火花和禁止吸烟	干粉，抗溶性泡沫，雾状水，二氧化碳
爆　炸		防止静电荷积聚（例如，通过接地）	
接　触			
# 吸入		局部排气通风或呼吸防护	新鲜空气，休息
# 皮肤		防护手套。防护服	脱去污染的衣服。冲洗，然后用水和肥皂清洗皮肤
# 眼睛	发红	安全眼镜	先用大量水冲洗（如可能尽量摘除隐形眼镜）
# 食入		工作时不得进食，饮水或吸烟	漱口。给予医疗护理
泄漏处置	将泄漏液收集在可密闭的容器中。用砂土或惰性吸收剂吸收残液，并转移到安全场所。不要让该化学品进入环境。 个人防护用具：适用于有害颗粒物的 P2 过滤呼吸器		
包装与标志			
应急响应			
储存	与食品和饲料分开存放。储存在没有排水管或下水道的场所		
重要数据	物理状态、外观：棕色油状液体 物理危险性：由于流动、搅拌等，可能产生静电 化学危险性：加热时，该物质分解生成有毒和腐蚀性烟雾 职业接触限值：阈限值未制定标准。最高容许浓度未制定标准 接触途径：该物质可经食入吸收到体内 吸入危险性：未指明 20℃时该物质蒸发达到空气中有害浓度的速率 短期接触的影响：该物质轻度刺激眼睛 长期或反复接触的影响：反复或长期接触可能引起皮肤过敏		
物理性质	沸点：370℃ 相对密度（水=1）：1.3 水中溶解度：不溶 辛醇/水分配系数的对数值：4.3		
环境数据	该物质可能对环境有危害，对水生生物应给予特别注意。该物质在正常使用过程中进入环境，但是要特别注意避免任何额外的释放，例如通过不适当的处置活动		
注解	该物质是可燃的，但闪点未见文献报道。商业制剂中使用的载体溶剂可能改变其物理和毒理学性质。商品名称有 Garlon 和 Turflon		

IPCS
International
Programme on
Chemical Safety

国际化学品安全卡

三（壬基苯基）亚磷酸酯			ICSC 编号：0964
CAS 登记号：26523-78-4 UN 编号：3082 EC 编号：999-174-00-0 中国危险货物编号：3082	中文名称：三(壬基苯基)亚磷酸酯；磷酸三(正)戊酯；三(壬基酚)亚磷酸酯(3:1) 英文名称：TRIS(NONYLPHENYL)PHOSPHITE; TNPP; Phenol,nonyl-,phosphite (3:1)		
分子量：689	化学式：$C_{45}H_{69}O_3P/(CH_3(CH_2)_8C_6H_4O)_3P$		
危害/接触类型	急性危害/症状	预防	急救/消防
火　灾	可燃的。在火焰中释放出刺激性或有毒烟雾（或气体）	禁止明火	抗溶性泡沫，干粉，二氧化碳
爆　炸			
接　触		避免一切接触！	
# 吸入		通风	新鲜空气，休息。如果感觉不舒服，需就医
# 皮肤		防护手套。防护服	冲洗，然后用水和肥皂清洗皮肤
# 眼睛		安全眼镜	用大量水冲洗（如可能尽量摘除隐形眼镜）
# 食入		工作时不得进食，饮水或吸烟	漱口。饮用1～2杯水。如果感觉不舒服，需就医
泄漏处置	将泄漏液收集在有盖的容器中。用砂土或惰性吸收剂吸收残液，并转移到安全场所。不要让该化学品进入环境。个人防护用具：化学防护服，防护手套。使用面罩		
包装与标志	联合国危险性类别：9　联合国包装类别：III 中国危险性类别：第9类 杂项危险物质和物品　中国包装类别：III GHS 分类：信号词：警告 图形符号：感叹号-环境 危险说明：可能引起过敏皮肤反应；对水生生物毒性非常大；对水生生物毒性非常大并具有长期持续影响		
应急响应	运输应急卡：TEC(R)-90GM6-III		
储存	干燥。储存在没有排水管或下水道的场所。注意收容灭火产生的废水		
重要数据	物理状态、外观：无色黏稠液体 化学危险性：燃烧时，生成磷氧化物 职业接触限值：阈限值未制定标准。最高容许浓度未制定标准 吸入危险性：未指明该物质达到空气中有害浓度的速率 长期或反复接触的影响：反复或长期接触可能引起皮肤过敏		
物理性质	相对密度（水=1）：0.98 水中溶解度：4.1g/100mL，见注解 蒸气压：25℃时 0.058Pa 黏度：在25℃时 $6122mm^2/s$ 闪点：207℃（闭杯） 自燃温度：440℃ 辛醇/水分配系数的对数值：8		
环境数据	该物质对水生生物有极高毒性。该物质可能在水生环境中造成长期影响。强烈建议不要让该化学品进入环境		
注解	见 ICSC#1008、0309 和 0070		

IPCS
International
Programme on
Chemical Safety

国际化学品安全卡

三甘醇单丁基醚			ICSC 编号：0965
CAS 登记号：143-22-6 RTECS 号：KJ9450000 EC 编号：603-183-00-0 分子量：206.3		中文名称：三甘醇单丁基醚；三乙二醇单丁基醚；丁氧基三乙二醇；2-（2-（2-丁氧基乙氧基）乙氧基）乙醇 英文名称：TRIETHYLENE GLYCOL MONOBUTYL ETHER; Triglycol monobutyl ether; Butoxytriglycol; 2-(2-(2-Butoxyethoxy)ethoxy)ethanol 化学式：$C_4H_9(OCH_2CH_2)_3OH/C_{10}H_{22}O_4$	
危害/接触类型	急性危害/症状	预防	急救/消防
火　灾	可燃的	禁止明火	干粉，抗溶性泡沫，雾状水，二氧化碳
爆　炸			
接　触			
# 吸入		通风	新鲜空气，休息
# 皮肤	发红。皮肤干燥	防护手套	用大量水冲洗皮肤或淋浴
# 眼睛	发红。疼痛	护目镜	先用大量水冲洗几分钟（如可能尽量摘除隐形眼镜），然后就医
# 食入		工作时不得进食，饮水或吸烟	漱口
泄漏处置	通风。将泄漏液收集在可密闭的容器中。用大量水冲净泄漏液。个人防护用具：适用于有机气体和蒸气的过滤呼吸器		
包装与标志	欧盟危险性类别：Xi 符号　R：41　S：(2-)26-39-46		
应急响应	美国消防协会法规：H2（健康危险性）；F1（火灾危险性）；R0（反应危险性）		
储存			
重要数据	物理状态、外观：无色液体 职业接触限值：阈限值未制定标准。最高容许浓度：IIb（未制定标准，但可提供数据）（德国，2004年） 接触途径：该物质可通过吸入其气溶胶吸收到体内 吸入危险性：20℃时该物质蒸发不会或很缓慢地达到空气中有害污染浓度 短期接触的影响：该物质刺激眼睛，轻微刺激皮肤 长期或反复接触的影响：液体使皮肤脱脂		
物理性质	沸点：278℃ 熔点：-35℃ 相对密度（水=1）：25℃时 0.98 水中溶解度：混溶 蒸气压：20℃时 1Pa 闪点：143℃（闭杯） 爆炸极限：空气中 0.8%～3.8%（体积） 辛醇/水分配系数的对数值：0.02		
环境数据			
注解	商品名称为 Dowanol-TBAT		

IPCS
International
Programme on
Chemical Safety

国际化学品安全卡

三甲基氯硅烷			ICSC 编号：0966
CAS 登记号：75-77-4 RTECS 号：VV2710000 UN 编号：1298 中国危险货物编号：1298 分子量：108.7	中文名称：三甲基氯硅烷；氯三甲基硅烷；三甲基甲硅烷基氯；TMCS 英文名称：TRIMETHYLCHLOROSILANE; Chlorotrimethylsilane; Trimethyl silyl chloride; Chlorotrimethylsilicane 化学式：$C_3H_9ClSi/(CH_3)_3SiCl$		
危害/接触类型	急性危害/症状	预防	急救/消防
火　灾	高度易燃。在火焰中释放出刺激性或有毒烟雾（或气体）	禁止明火、禁止火花和禁止吸烟。禁止与高温表面接触	水成膜泡沫,二氧化碳,干砂土,专用粉末。禁用含水灭火剂,禁止用水
爆　炸	蒸气/空气混合物有爆炸性	密闭系统、通风、防爆型电气设备和照明。不要使用压缩空气灌装、卸料或转运	着火时，喷雾状水保持料桶等冷却，但避免该物质与水接触
接　触		严格作业环境管理！	一切情况均向医生咨询！
# 吸入	灼烧感，咳嗽，咽喉痛，呼吸困难，气促。症状可能推迟显现。（见注解）	通风，局部排气通风或呼吸防护	新鲜空气，休息。半直立体位。必要时进行人工呼吸，给予医疗护理。见注解
# 皮肤	发红，疼痛，水疱，皮肤烧伤	防护手套，防护服	脱去污染的衣服。用大量水冲洗皮肤或淋浴，给予医疗护理
# 眼睛	发红，疼痛，严重深度烧伤	面罩，或眼睛防护结合呼吸防护	先用大量水冲洗几分钟（如可能尽量摘除隐形眼镜),然后就医
# 食入	灼烧感，腹部疼痛，休克或虚脱	工作时不得进食，饮水或吸烟	漱口。不要催吐。不要饮用任何东西，给予医疗护理
泄漏处置	撤离危险区域！向专家咨询！将泄漏液收集在可密闭干容器中。不要用塑料容器。用干砂土或惰性吸收剂吸收残液，转移到安全场所。不要冲入下水道。个人防护用具：全套防护服，包括自给式呼吸器		
包装与标志	不得与食品和饲料一起运输 联合国危险性类别：3　联合国次要危险性：8 联合国包装类别：II 中国危险性类别:第 3 类易燃液体　中国次要危险性：8 中国包装类别：II		
应急响应	运输应急卡：TEC(R)-30GFC-II-X 美国消防协会法规：H3（健康危险性）；F3（火灾危险性）；R2（反应危险性）；W（禁止用水）		
储存	耐火设备（条件）。与其他化合物、食品和饲料分开存放。阴凉场所。干燥。严格密封		
重要数据	物理状态、外观：无色液体，有刺鼻气味 物理危险性：蒸气比空气重，可能沿地面流动，可能造成远处着火 化学危险性：加热时，该物质分解生成氯化氢和光气有毒和腐蚀性烟雾。与水激烈反应，生成氯化氢（见卡片#0163）。与醇类、胺类激烈反应，有着火和爆炸危险。有水存在时，浸蚀许多金属 职业接触限值：阈限值未制定标准 接触途径：该物质可通过吸入其蒸气和食入吸收到体内 吸入危险性：未指明 20℃时该物质蒸发达到空气中有害浓度的速率 短期接触的影响：该物质和蒸气腐蚀眼睛、皮肤和呼吸道。食入有腐蚀性。吸入蒸气可能引起肺水肿（见注解）。接触可能导致死亡。需进行医学观察。见注解		
物理性质	沸点：57℃ 熔点：-58℃ 相对密度（水=1）：0.85 水中溶解度：反应 蒸气压：20℃时 26.7kPa	蒸气相对密度（空气=1）：3.8 蒸气/空气混合物的相对密度（20℃，空气=1）：1.7 闪点：-27℃ 自燃温度：395℃ 爆炸极限：空气中 1.8%～6%（体积）	
环境数据			
注解	与灭火剂，如水激烈反应。肺水肿症状常常几个小时以后才变得明显，体力劳动使症状加重。因而休息和医学观察是必要的。应当考虑由医生或医生指定的人立即采取适当吸入治疗法。毒理学性质是由甲基二氯硅烷（见卡片#0297）推定的		

IPCS
International
Programme on
Chemical Safety

国际化学品安全卡

2,4,6-三硝基甲苯			ICSC 编号：0967
CAS 登记号：118-96-7 RTECS 号：XU0175000 UN 编号：0209 EC 编号：609-008-00-4 中国危险货物编号：0209 分子量：227.1		中文名称：2,4,6-三硝基甲苯；2-甲基-1,3,5-三硝基苯；1-甲基-2,4,6-三硝基苯；TNT 英文名称：2,4,6-TRINITROTOLUENE; 2-Methyl-1,3,5-trinitrobenzene; 1-Methyl-2,4,6-trinitrobenzene; TNT 化学式：$C_7H_5N_3O_6/C_6H_2(CH_3)(NO_2)_3$	
危害/接触类型	急性危害/症状	预防	急救/消防
火　灾	爆炸性的。许多反应可能引起火灾或爆炸	禁止明火、禁止火花和禁止吸烟	大量水，不要尝试扑灭大火。撤离火灾区域
爆　炸	遇骤热或受强烈撞击有着火和爆炸危险	不要受摩擦或撞击，不要受热和保持潮湿，至少带有30%的水分	着火时，喷雾状水保持料桶等冷却。从掩蔽位置灭火
接　触		防止粉尘扩散！严格卫生条件！	一切情况均向医生咨询！
# 吸入	头痛，嘴唇或手指发青，皮肤发青，咳嗽，咽喉痛，呼吸困难，呕吐，胃痉挛，神志不清。症状可能推迟显现。（见注解）	局部排气通风或呼吸防护	新鲜空气，休息，必要时进行人工呼吸，给予医疗护理
# 皮肤	可能被吸收!发红，疼痛，浅黄色斑（另见吸入）	防护手套，防护服	脱去污染衣服，冲洗，用水和肥皂洗皮肤，给予医疗护理。急救戴防护手套
# 眼睛	发红，疼痛	面罩，或眼睛防护结合呼吸防护	先用大量水冲洗几分钟（如可能尽量摘除隐形眼镜），然后就医
# 食入	（另见吸入）	工作时不得进食，饮水或吸烟，进食前洗手	漱口，催吐（仅对清醒病人!），催吐时戴防护手套
泄漏处置	撤离危险区域！向专家咨询！收集泄漏物以前先润湿，不要试图扫起干物质。不要冲入下水道。小心收集残余物，然后转移到安全场所。不要让该化学品进入环境。化学防护服包括自给式呼吸器		
包装与标志	不易破碎包装，将易破碎包装放在不易破碎的密闭容器中。不得与食品和饲料一起运输 欧盟危险性类别：E 符号 T 符号 N 符号 R:2-23/24/25-33-51/53 S:1/2-35-45-61 联合国危险性类别：1.1D 中国危险性类别：第 1.1 项有整体爆炸危险的物质和物品		
应急响应	运输应急卡：TEC(R)-10G1.1 美国消防协会法规：H2（健康危险性）；F4（火灾危险性）；R4（反应危险性）		
储存	耐火设备（条件）。与起爆药、食品和饲料、性质相互抵触的物质（见化学危险性）分开存放。严格密封。 储存在没有排水管或下水道的场所。注意收容灭火产生的废水		
重要数据	物理状态、外观：无色至黄色晶体 化学危险性：受撞击、摩擦或震动时，可能爆炸性分解。加热到240℃时发生爆炸。加热时，生成有毒烟雾。与许多化学品（寻求专家帮助）激烈反应，有着火和爆炸危险 职业接触限值：阈限值：0.1mg/m³（时间加权平均值）（经皮）（美国政府工业卫生学家会议，2004 年）。最高容许浓度：皮肤吸收； 皮肤致敏剂；致癌物类别：2；致生殖细胞突变等级：3B（德国，2008 年） 接触途径：该物质可通过吸入其气溶胶，经皮肤和食入吸收到体内 吸入危险性：20℃时蒸发可忽略不计，但可较快地达到空气中颗粒物有害浓度 短期接触的影响：该物质刺激眼睛、皮肤和呼吸道。该物质可能对血液有影响，导致溶血、形成正铁血红蛋白。接触可能导致死亡。影响可能推迟显现。需进行医学观察 长期或反复接触的影响：反复或长期与皮肤接触可能引起皮炎。该物质可能对肝、血液和眼睛有影响，导致黄疸、贫血和白内障		
物理性质	沸点：240℃（分解） 熔点：80.1℃ 密度：1.65g/cm³ 水中溶解度：20℃时 0.013g/100mL		蒸气压：20℃时可忽略不计；100℃时 14Pa 蒸气相对密度（空气=1）：7.85 辛醇/水分配系数的对数值：1.60
环境数据	该物质对水生生物是有毒的。该物质可能在水生环境中造成长期影响。由于在环境中的持久性，强烈建议不要让该化学品进入环境		
注解	在封闭空间燃烧时，可能引起爆燃。根据接触程度，建议定期进行医疗检查。该物质中毒时需采取必要的治疗措施。必须提供有指示说明的适当方法。不要将工作服带回家中		

IPCS
International
Programme on
Chemical Safety

国际化学品安全卡

三（2-乙基己基）磷酸酯			ICSC 编号：0968
CAS 登记号：78-42-2 RTECS 号：MP0770000	中文名称：三(2-乙基己基)磷酸酯；磷酸三(2-乙基己基)酯；三辛基磷酸酯 英文名称：TRIS(2-ETHYLHEXYL)PHOSPHATE; Phosphoric acid tris(2-ethylhexyl)ester; Trioctyl phosphate		
分子量：434.7	化学式：$C_{24}H_{51}O_4P$		
危害/接触类型	急性危害/症状	预防	急救/消防
火　灾	可燃的。在火焰中释放出刺激性或有毒烟雾（或气体）	禁止明火	干粉，雾状水，泡沫，二氧化碳
爆　炸			
接　触		防止烟雾产生！	
# 吸入		通风	新鲜空气，休息，给予医疗护理
# 皮肤	发红，疼痛	防护手套	用大量水冲洗皮肤或淋浴，给予医疗护理
# 眼睛	发红，疼痛	安全护目镜	先用大量水冲洗数分钟（如方便易行，摘除隐形眼镜），然后就医
# 食入		工作时不得进食、饮水或吸烟	漱口，催吐（仅对清醒病人！），大量饮水，给予医疗护理
泄漏处置	通风。将泄漏液收集在可密闭容器中。用砂土或惰性吸附剂吸收残液，并转移到安全场所		
包装与标志			
应急响应			
储存	与强氧化剂分开存放。严格密封。保存在通风良好的室内		
重要数据	物理状态、外观：无色黏稠液体 化学危险性：加热时，该物质分解生成磷化氢和氧化磷有毒烟雾。与氧化剂发生反应 职业接触限值：阈限值未制定标准。最高容许浓度未制定标准 接触途径：该物质可通过吸入其气溶胶和食入吸收到体内 吸入危险性：未指明 20℃时该物质蒸发达到有害空气浓度的速率 短期接触的影响：该物质刺激眼睛和皮肤		
物理性质	沸点：0.7kPa 时 220℃ 熔点：-74℃ 相对密度（水=1）：0.93 水中溶解度：不溶 蒸气压：20℃时<1Pa 蒸气相对密度（空气=1）：15 闪点：170℃		
环境数据	避免非正常使用情况下释放到环境中		
注解	商品名称为 Disflamoll-tof, Flexol-tof 和 Kronitex-tof		

IPCS
International
Programme on
Chemical Safety

国际化学品安全卡

碳酸镁			ICSC 编号：0969
CAS 登记号：546-93-0 RTECS 号：OM2470000 分子量：84.3	中文名称：碳酸镁 英文名称：MAGNESIUM CARBONATE 化学式：$MgCO_3$		
危害/接触类型	急性危害/症状	预防	急救/消防
火 灾	不可燃。在火焰中释放出刺激性或有毒烟雾（或气体）		周围环境着火时，各种灭火剂均可使用
爆 炸			
接 触			
# 吸入	咳嗽	避免吸入微细粉尘和烟云。局部排气通风或呼吸防护	新鲜空气，休息
# 皮肤		防护手套	用大量水冲洗皮肤或淋浴
# 眼睛		安全眼镜	用大量水冲洗（如可能尽量摘除隐形眼镜）
# 食入		工作时不得进食、饮水或吸烟	漱口
泄漏处置	将泄漏物清扫进有盖的容器中，如果适当，首先润湿防止扬尘。个人防护用具：适应于该物质空气中浓度的颗粒物过滤呼吸器		
包装与标志	GHS 分类：按照 GHS 分类标准，无有害类别		
应急响应			
储存	与酸分开存放		
重要数据	**物理状态、外观**：白色粉末 **化学危险性**：加热时，该物质分解，生成刺激性烟雾。与酸发生反应，生成二氧化碳气体 **职业接触限值**：阈限值：10mg/m^3（时间加权平均值）（美国政府工业卫生学家会议，2010 年）。最高容许浓度未制定标准 **接触途径**：该物质可通过吸入吸收到体内 **吸入危险性**：扩散时，可较快地达到空气中颗粒物公害污染浓度 **长期或反复接触的影响**：反复或长期接触其粉尘颗粒，肺可能受损伤		
物理性质	**熔点**：在 350℃时分解。 **相对密度（水=1）**：2.95 **水中溶解度**：20℃时 0.01g/100mL（难溶）		
环境数据			
注解	菱镁矿（CAS 登记号：7760-50-1）为天然形成的碳酸镁矿石。菱镁矿可含结晶二氧化硅，见化学品安全卡#0808		

IPCS
International
Programme on
Chemical Safety

国际化学品安全卡

邻茴香胺			ICSC 编号：0970
CAS 登记号：90-04-0 RTECS 号：BZ5410000 UN 编号：2431 EC 编号：612-035-00-4 中国危险货物编号：2431 分子量：123.2	中文名称：邻茴香胺；1-氨基-2-甲氧基苯；2-甲氧基苯胺；2-氨基苯甲醚；2-氨基茴香醚 英文名称：*o*-ANISIDINE; 1-Amino-2-methoxybenzene; 2-Methoxyaniline; 2-Aminoanisole; 2-Methoxybenzenamine 化学式：$C_7H_9NO/NH_2C_6H_4OCH_3$		
危害/接触类型	急性危害/症状	预防	急救/消防
火　灾	可燃的。在火焰中释放出刺激性或有毒烟雾（或气体）	禁止明火	干粉，雾状水，泡沫，二氧化碳
爆　炸			
接　触		避免一切接触！	一切情况均向医生咨询！
# 吸入	嘴唇发青或指甲发青。皮肤发青。头晕。头痛	通风，局部排气通风或呼吸防护	新鲜空气，休息。立即给予医疗护理
# 皮肤	可能被吸收！（另见吸入）	防护手套。防护服	脱去污染的衣服。冲洗，然后用水和肥皂清洗皮肤
# 眼睛		面罩	用大量水冲洗（如可能尽量摘除隐形眼镜）
# 食入	恶心。（另见吸入）	工作时不得进食，饮水或吸烟。进食前洗手	漱口。饮用 1～2 杯水。给予医疗护理
泄漏处置	将泄漏液收集在可密闭的容器中。用砂土或惰性吸收剂吸收残液，并转移到安全场所。不要让该化学品进入环境。个人防护用具：化学防护服，包括自给式呼吸器		
包装与标志	不得与食品和饲料一起运输 欧盟危险性类别：T 符号 标记：E　R:45-23/24/25-68　S:53-45 联合国危险性类别：6.1　　联合国包装类别：III 中国危险性类别：第 6.1 项 毒性物质　中国包装 类别：III		
应急响应			
储存	与强氧化剂、酸、氯甲酸酯、食品和饲料分开存放。储存在没有排水管或下水道的场所		
重要数据	物理状态、外观：红色至黄色油状液体，有特殊气味。遇空气变成棕色 物理危险性：由于流动、搅拌等，可能产生静电 化学危险性：燃烧时该物质分解，生成含有氮氧化物的有毒烟雾。水溶液是一种弱碱。与酸、氯甲酸酯和强氧化剂发生反应。浸蚀某些涂层和某些形式的塑料和橡胶 职业接触限值：阈限值：$0.5mg/m^3$（时间加权平均值）（经皮）；A3（确认的动物致癌物，但未知与人类相关性）；公布生物暴露指数（美国政府工业卫生学家会议，2009 年）。最高容许浓度：皮肤吸收；致癌物类别：2（德国，2008 年） 接触途径：该物质可通过吸入其蒸气、经皮肤和食入吸收到体内 吸入危险性：20℃时，该物质蒸发相当快地达到空气中有害污染浓度 短期接触的影响：该物质可能对血液有影响，导致形成高铁血红蛋白。需进行医学观察。见注解 长期或反复接触的影响：该物质可能是人类致癌物。该物质可能对血液有影响，导致形成高铁血红蛋白症和贫血		
物理性质	沸点：224～225℃ 熔点：5℃ 密度：$1.09g/cm^3$ 水中溶解度：20℃时 1.5g/100mL（适度溶解） 蒸气压：20℃时 5Pa 蒸气相对密度（空气=1）：4.3	蒸气/空气混合物的相对密度（20℃，空气=1）：1.00 黏度：在 55℃时 $2.028mm^2/s$ 闪点：闪点：107℃（闭杯） 自燃温度：430℃ 辛醇/水分配系数的对数值：1.18	
环境数据	该物质对水生生物有害		
注解	根据接触程度，建议定期进行医学检查。该物质中毒时，需采取必要的治疗措施；必须提供有指示说明的适当方法。另见国际化学品安全卡#0971 对茴香胺		

IPCS
International
Programme on
Chemical Safety

UNEP

国际化学品安全卡

<table>
<tr><td colspan="2">对茴香胺</td><td colspan="2">ICSC 编号：0971</td></tr>
<tr><td colspan="2">CAS 登记号：104-94-9
RTECS 号：BZ5450000
UN 编号：2431
EC 编号：612-112-00-2
中国危险货物编号：2431</td><td colspan="2">中文名称：对茴香胺；1-氨基-4-甲氧基苯；4-甲氧基苯胺；4-氨基苯甲醚；4-氨基茴香醚
英文名称：p-ANISIDINE; 1-Amino-4-methoxybenzene; 4-Methoxyaniline; 4-Aminoanisole; 4-Methoxybenzenamine</td></tr>
<tr><td colspan="2">分子量：123.2</td><td colspan="2">化学式：$C_7H_9NO/NH_2C_6H_4OCH_3$</td></tr>
<tr><td>危害/接触类型</td><td>急性危害/症状</td><td>预防</td><td>急救/消防</td></tr>
<tr><td>火　灾</td><td>可燃的。在火焰中释放出刺激性或有毒烟雾（或气体）</td><td>禁止明火</td><td>干粉，雾状水，泡沫，二氧化碳</td></tr>
<tr><td>爆　炸</td><td>微细分散的颗粒物在空气中形成爆炸性混合物</td><td>防止粉尘沉积，密闭系统，防止粉尘爆炸型电气设备和照明</td><td></td></tr>
<tr><td>接　触</td><td></td><td>防止粉尘扩散！严格作业环境管理！</td><td>一切情况均向医生咨询！</td></tr>
<tr><td># 吸入</td><td>咳嗽。嘴唇发青或指甲发青。皮肤发青。头晕。头痛</td><td>通风，局部排气通风或呼吸防护</td><td>新鲜空气，休息。给予医疗护理</td></tr>
<tr><td># 皮肤</td><td>可能被吸收！（另见吸入）</td><td>防护手套。防护服</td><td>脱去污染的衣服。冲洗，然后用水和肥皂清洗皮肤</td></tr>
<tr><td># 眼睛</td><td>发红</td><td>面罩，或眼睛防护结合呼吸防护</td><td>用大量水冲洗（如可能尽量摘除隐形眼镜）</td></tr>
<tr><td># 食入</td><td>恶心。（另见吸入）</td><td>工作时不得进食，饮水或吸烟。进食前洗手</td><td>漱口。饮用 1 杯或 2 杯水。给予医疗护理</td></tr>
<tr><td>泄漏处置</td><td colspan="3">将泄漏物清扫进容器中，如果适当，首先润湿防止扬尘。然后转移到安全场所。不要让该化学品进入环境。个人防护用具：适应于该物质空气中浓度的有机气体和颗粒物过滤呼吸器</td></tr>
<tr><td>包装与标志</td><td colspan="3">不得与食品和饲料一起运输
欧盟危险性类别：T+符号 N 符号　R:26/27/28-33-50　S:1/2-28-36/37-45-61
联合国危险性类别：6.1　联合国包装类别：III
中国危险性类别：第 6.1 毒性物质　中国包装 类别：III</td></tr>
<tr><td>应急响应</td><td colspan="3"></td></tr>
<tr><td>储存</td><td colspan="3">与强氧化剂、强碱、酸、氯甲酸酯、食品和饲料分开存放。注意收容灭火产生的废水。储存在没有排水管或下水道的场所</td></tr>
<tr><td>重要数据</td><td colspan="3">物理状态、外观：无色至棕色晶体，有特殊气味
物理危险性：由于流动、搅拌等，可能产生静电。以粉末或颗粒形状与空气混合，可能发生粉尘爆炸
化学危险性：燃烧时该物质分解，生成含有氮氧化物的有毒烟雾。水溶液是一种弱碱。与酸、氯甲酸酯和强氧化剂发生反应。浸蚀某些涂层和某些形式的塑料和橡胶
职业接触限值：阈限值：$0.5mg/m^3$（时间加权平均值）（经皮）；A4（不能分类为人类致癌物）公布生物暴露指数（美国政府工业卫生学家会议，2009 年）。最高容许浓度：皮肤吸收致癌物类别：3B（德国，2008 年）
接触途径：该物质可通过吸入其蒸气、经皮肤和经食入吸收到体内
吸入危险性：20℃时，该物质蒸发相当慢地达到空气中有害污染浓度；但喷洒或扩散时要快得多
短期接触的影响：该气溶胶刺激眼睛和呼吸道。该物质可能对血液有影响，导致形成高铁血红蛋白。需进行医学观察。见注解
长期或反复接触的影响：该物质可能对血液有影响，导致形成高铁血红蛋白症和贫血</td></tr>
<tr><td>物理性质</td><td colspan="2">沸点：243℃
熔点：57℃
密度：$1.07g/cm^3$
水中溶解度：20℃时 2.2g/100mL（适度溶解）
蒸气压：20℃时 2Pa</td><td>蒸气相对密度（空气=1）：4.3
蒸气/空气混合物的相对密度（20℃，空气=1）：1.00
闪点：122℃
自燃温度：515℃
辛醇/水分配系数的对数值：0.95</td></tr>
<tr><td>环境数据</td><td colspan="3">该物质对水生生物有毒。强烈建议不要让该化学品进入环境</td></tr>
<tr><td>注解</td><td colspan="3">根据接触程度，建议定期进行医学检查。该物质中毒时，需采取必要的治疗措施；必须提供有指示说明的适当方法。见国际化学品安全卡#0970 邻茴香胺</td></tr>
</table>

IPCS
International
Programme on
Chemical Safety

国际化学品安全卡

α-萘硫脲			ICSC 编号：0973
CAS 登记号：86-88-4 RTECS 号：YT9275000 UN 编号：1651 EC 编号：006-008-00-0 中国危险货物编号：1651 分子量：202.3		中文名称：α-萘硫脲；安妥；1-（1-萘基）-2-硫脲；1-萘硫脲 英文名称：alpha-NAPHTHYLTHIOUREA; Antu; 1-(1-Naphthyl)-2-thiourea; 1-Naphtylthiourea 化学式：$C_{11}H_{10}N_2S/C_{10}H_7NHCSNH_2$	
危害/接触类型	急性危害/症状	预防	急救/消防
火　灾	在特定情况下是可燃的。在火焰中释放出刺激性或有毒烟雾（或气体）		干粉、雾状水、泡沫、二氧化碳
爆　炸			
接　触		防止粉尘扩散！严格作业环境管理！	一切情况均向医生咨询！
# 吸入	咳嗽，呼吸困难，气促	局部排气通风或呼吸防护	新鲜空气，休息，半直立体位，必要时进行人工呼吸，给予医疗护理
# 皮肤	可能被吸收！	防护手套，防护服	脱去污染的衣服，冲洗，然后用水和肥皂清洗皮肤
# 眼睛		护目镜，面罩，或眼睛防护结合呼吸防护	先用大量水冲洗几分钟（如可能尽量摘除隐形眼镜），然后就医
# 食入	腹部疼痛，呕吐，呼吸困难	工作时不得进食，饮水或吸烟。进食前洗手	用水冲服活性炭浆，催吐（仅对清醒病人！），给予医疗护理
泄漏处置	将泄漏物清扫进容器中。如果适当，首先润湿防止扬尘。小心收集残余物，然后转移到安全场所。个人防护用具：适用于有毒颗粒物的 P3 过滤呼吸器		
包装与标志	不得与食品和饲料一起运输 欧盟危险性类别：T+符号 R:28-40 S:1/2-25-36/37-45 联合国危险性类别：6.1　联合国包装类别：II 中国危险性类别：第 6.1 项毒性物质　中国包装类别：II		
应急响应	运输应急卡：TEC(R)-61G12b		
储存	与强氧化剂、硝酸银、食品和饲料分开存放		
重要数据	**物理状态、外观**：无气味，白色晶体粉末 **化学危险性**：加热时，该物质分解生成含有氮氧化物，硫氧化物和一氧化碳有毒气体和烟雾。与强氧化剂，如硝酸银反应，有着火和爆炸危险 **职业接触限值**：阈限值（时间加权平均值）：$0.3mg/m^3$，A4（不能分类为人类致癌物）（美国政府工业卫生学家会议，1999 年）。最高容许浓度：$0.3mg/m^3$；I（1999 年）；最高容许浓度：第 II.2 类（1999 年） **接触途径**：该物质可通过吸入其气溶胶，经皮肤和食入吸收到体内 **吸入危险性**：20℃时蒸发可忽略不计，但可较快地达到空气中颗粒物有害浓度 **短期接触的影响**：接触能够造成肺水肿。需进行医学观察		
物理性质	沸点：低于沸点分解（见注解） 熔点：198℃ 密度：$1g/cm^3$ 水中溶解度：不溶 蒸气压：25℃时 0 kPa 蒸气相对密度（空气=1）：7.0 辛醇/水分配系数的对数值：1.66（计算值）		
环境数据			
注解	通常所含杂质可以改变该物质的毒理学性质。向专家咨询。原药是蓝灰色粉末。分解温度未见文献报道。不要将工作服带回家中。商品名称有 Anturate, Bantu, Kill Kantz, Krysid, Rattrack and Rat-tu		

IPCS
International Programme on Chemical Safety

国际化学品安全卡

五氟化溴			ICSC 编号：0974
CAS 登记号：7789-30-2 RTECS 号：EF9350000 UN 编号：1745 中国危险货物编号：1745 分子量：174.9	中文名称：五氟化溴；氟化溴 英文名称：BROMINE PENTAFLUORIDE; Bromine fluoride 化学式：BrF_5		

危害/接触类型	急性危害/症状	预防	急救/消防
火　灾	不可燃，但可助长其他物质燃烧。许多反应可能引起火灾或爆炸。在火焰中释放出刺激性或有毒烟雾(或气体)	禁止与易燃物质接触。禁止与水、可燃物质和有机化合物接触	周围环境着火时，只能使用二氧化碳、干砂土或干粉灭火。禁用含水灭火剂
爆　炸	与水或蒸汽、燃料和有机化合物接触，有着火和爆炸危险		着火时，喷雾状水保持料桶等冷却，但避免该物质与水接触。从掩蔽位置灭火
接　触		避免一切接触！	一切情况均向医生咨询!
# 吸入	灼烧感，咳嗽，气促，咽喉痛，呼吸困难。症状可能推迟显现。见注解	密闭系统和通风	新鲜空气，休息，半直立体位，必要时进行人工呼吸，给予医疗护理
# 皮肤	发红，疼痛，皮肤烧伤，水疱	防护手套，防护服	急救时戴防护手套。脱去污染的衣服，用大量水冲洗皮肤或淋浴，给予医疗护理
# 眼睛	发红，疼痛，视力模糊，严重深度烧伤	护目镜，或眼睛防护结合呼吸防护	先用大量水冲洗几分钟（如可能尽量摘除隐形眼镜），然后就医
# 食入	腹部疼痛，灼烧感，休克或虚脱	工作时不得进食，饮水或吸烟。进食前洗手	不要催吐，给予医疗护理

泄漏处置	撤离危险区域！向专家咨询！通风。尽可能将泄漏液收集在有盖的容器中。用蛭石、泥土、干砂土或惰性吸收剂吸收残液，并转移到安全场所。不要冲入下水道。不要用锯末或其他可燃吸收剂吸收。切勿直接向液体上喷水。个人防护用具：全套防护服包括自给式呼吸器	
包装与标志	气密。不易破碎包装，将易破碎包装放在不易破碎的密闭容器中。不得与食品和饲料一起运输 **联合国危险性类别：**5.1 **联合国次要危险性：**6.1 和 8　**联合国包装类别：**I **中国危险性类别：**第 5.1 项氧化性物质 **中国次要危险性：**6.1 和 8　**中国包装类别：**I	
应急响应	**运输应急卡：**TEC(R)-51GOTC-I **美国消防协会法规：**H4（健康危险性）；F0（火灾危险性）；R3（反应危险性 0）；W（禁止用水）；OX（氧化剂）	
储存	与食品和饲料和其他物质（见化学危险性）分开存放。干燥。严格密封。保存在通风良好的室内	
重要数据	**物理状态、外观：**淡黄色至无色发烟液体，有刺鼻气味 **物理危险性：**蒸气比空气重 **化学危险性：**加热到 460℃以上，且与酸或酸雾接触时，该物质分解生成含有氟化氢（见卡片#0283）和溴化氢（见卡片#0282）极高毒性烟雾。与燃料和有机物、含氢物质（如氨，乙酸，油脂，纸张）激烈反应，有着火和爆炸危险。与水或蒸汽爆炸反应，生成氟化氢和溴化氢有毒和腐蚀性烟雾。与所有已知元素（氮、氧和稀有气体除外）发生反应 **职业接触限值：**阈限值：0.1ppm（时间加权平均值）（美国政府工业卫生学家会议，2004 年）。欧盟职业接触限值：（氟无机物）2.5mg/m^3（时间加权平均值）（欧盟，2000 年） **接触途径：**该物质可通过吸入其蒸气吸收到体内 **吸入危险性：**20℃时该物质蒸发，迅速地达到空气中有害污染浓度 **短期接触的影响：**该物质腐蚀眼睛、皮肤和呼吸道。食入有腐蚀性。吸入蒸气可能引起肺水肿（见注解）。接触可能导致死亡 **长期或反复接触的影响：**由于形成氟化氢，可能引起氟中毒，参见卡片#0283	
物理性质	沸点：41℃ 熔点：-61℃ 相对密度（水=1）：2.5	水中溶解度：反应 蒸气压：20℃时 44kPa 蒸气相对密度（空气=1）：6.1
环境数据		
注解	与灭火剂，如水激烈反应。根据接触程度，建议定期进行医疗检查。肺水肿症状常常经过几个小时以后才变得明显，体力劳动使症状加重。因而休息和医学观察是必要的。不要将工作服带回家中	

IPCS
International
Programme on
Chemical Safety

国际化学品安全卡

皮蝇磷			ICSC 编号：0975
CAS 登记号：299-84-3 RTECS 号：TG0525000 EC 编号：015-052-00-X	中文名称：皮蝇磷；*O,O*-二甲基-*O*-(2,4,5-三氯苯基)硫代磷酸酯 英文名称：FENCHLORPHOS; *O,O*-Dimethyl-*O*-(2,4,5-trichlorophenyl) phosphorothioate; Ronnel		
分子量：321.5	化学式：$(CH_3O)_2PSOC_6H_2Cl_3/C_8H_8Cl_3O_3PS$		
危害/接触类型	急性危害/症状	预防	急救/消防
火　灾	不可燃。含有机溶剂的液体制剂可能是易燃的。在火焰中释放出刺激性或有毒烟雾（或气体）		周围环境着火时，允许使用各种灭火剂
爆　炸			
接　触		防止粉尘扩散！避免孕妇接触！避免青少年和儿童接触！	
# 吸入	头晕，出汗，呼吸困难，神志不清，呕吐，瞳孔收缩，肌肉痉挛，多涎	避免吸入微细粉尘和烟云。通风（如果没有粉末时），局部排气通风或呼吸防护	新鲜空气，休息，给予医疗护理
# 皮肤	可能被吸收！	防护手套，防护服	脱去污染的衣服，冲洗，然后用水和肥皂清洗皮肤，给予医疗护理
# 眼睛		面罩，如为粉末，眼睛防护结合呼吸防护	先用大量水冲洗几分钟（如可能尽量摘除隐形眼镜），然后就医
# 食入	胃痉挛，腹泻，恶心，呕吐，瞳孔收缩，肌肉痉挛，多涎	工作时不得进食，饮水或吸烟。进食前洗手	催吐(仅对清醒病人!)，给予医疗护理
泄漏处置	不要冲入下水道。不要让该化学品进入环境。将泄漏物清扫进可密闭容器中。如果适当，首先润湿防止扬尘。小心收集残余物，然后转移到安全场所。个人防护用具：适用于有害颗粒物的 P2 过滤呼吸器		
包装与标志	不得与食品和饲料一起运输 欧盟危险性类别：Xn 符号 N 符号 R:21/22-50/53 S:2-25-36/37-60-61		
应急响应			
储存	与强氧化剂、食品和饲料分开存放		
重要数据	**物理状态、外观**：白色粉末 **化学危险性**：加热时，该物质分解生成氯化氢、氧化亚磷和硫氧化物有毒烟雾 **职业接触限值**：阈限值：10mg/m³（时间加权平均值）；A4（不能分类为人类致癌物）；公布生物暴露指数（美国政府工业卫生学家会议，2004 年） **接触途径**：该物质可通过吸入其气溶胶、经皮肤和食入吸收到体内 **吸入危险性**：20℃时蒸发可忽略不计，但喷洒或扩散时可较快地达到空气中颗粒物公害污染浓度，尤其是粉末 **短期接触的影响**：该物质可能对神经系统有影响，导致惊厥。胆碱酯酶抑制剂。影响可能推迟显现。需进行医学观察 **长期或反复接触的影响**：动物实验表明，该物质可能造成人类婴儿畸形		
物理性质	**熔点**：41℃ **相对密度（水=1）**：1.48 **水中溶解度**：20℃时不溶 **蒸气压**：25℃时 10Pa **辛醇/水分配系数的对数值**：4.88		
环境数据	该物质对水生生物有极高毒性。在对人类重要的食物链中发生生物蓄积，特别是在鱼体内。避免非正常使用情况下释放到环境中		
注解	分解温度未见文献报道。根据接触程度，建议定期进行医疗检查。商业制剂中使用的载体溶剂可能改变其物理和毒理学性质。不要将工作服带回家中。商品名称有：Ectoral, Trolene, Viozene, Nankor 和 Korlan		

IPCS
International
Programme on
Chemical Safety

国际化学品安全卡

羰基钴			ICSC 编号：0976
CAS 登记号：10210-68-1 RTECS 号：GG0300000 UN 编号：3281 中国危险货物编号：3281	中文名称：羰基钴；八羰基二钴；四羰基钴 英文名称：COBALT CARBONYL; Dicobalt octacarbonyl; Cobalt tetracarbonyl; Octacarbonyldicobalt		
分子量： 341.9	化学式：$C_8O_8Co_2/(OC)_3Co:(CO)_2:Co(CO)_3$		
危害/接触类型	急性危害/症状	预防	急救/消防
火　灾	可燃的。在火焰中释放出刺激性或有毒烟雾（或气体）	禁止明火。禁止与氧化剂接触	干粉，雾状水，泡沫，二氧化碳
爆　炸			
接　触		防止粉尘扩散！严格作业环境管理！	
# 吸入	咳嗽。咽喉痛。气促。呼吸困难。症状可能推迟显现（见注解）	局部排气通风或呼吸防护	新鲜空气，休息。半直立体位。必要时进行人工呼吸。给予医疗护理
# 皮肤	发红。疼痛	防护手套	脱去污染的衣服。用大量水冲洗皮肤或淋浴
# 眼睛	疼痛。发红	安全护目镜，如为粉末，眼睛防护结合呼吸防护	先用大量水冲洗几分钟（如可能尽量摘除隐形眼镜），然后就医
# 食入	腹部疼痛。咽喉和胸腔灼烧感。恶心	工作时不得进食，饮水或吸烟	漱口。大量饮水。给予医疗护理
泄漏处置	将泄漏物清扫进可密闭容器中。如果适当，首先润湿防止扬尘。然后转移到安全场所。个人防护用具：自给式呼吸器		
包装与标志	气密。不易破碎包装，将易破碎包装放在不易破碎的密闭容器中。不得与食品和饲料一起运输 **联合国危险性类别**：6.1　**联合国包装类别**：II **中国危险性类别**：第 6.1 项毒性物质　**中国包装类别**：II		
应急响应	运输应急卡：TEC(R)-61GT3-II-S		
储存	与强氧化剂分开存放。严格密封。保存在通风良好的室内		
重要数据	**物理状态、外观**：橙色晶体 **化学危险性**：加温时或在空气的作用下，该物质分解生成一氧化碳和钴（见卡片#0023，卡片# 0785）有毒烟雾。与氧化剂发生反应，有着火的危险 **职业接触限值**：阈限值：（以 Co 计）$0.1mg/m^3$（时间加权平均值）（美国政府工业卫生学家会议，2004 年）。最高容许浓度：（以可吸入部分计），皮肤吸收；呼吸道和皮肤致敏剂；致癌物类别：2；致生殖细胞突变物类别：3A（德国，2009 年） **接触途径**：该物质可通过吸入和经食入吸收到体内 **吸入危险性**：20℃时，该物质蒸发相当慢地达到空气中有害污染浓度 **短期接触的影响**：该物质刺激眼睛和皮肤。该物质严重刺激呼吸道。吸入可能引起肺水肿（见注解）。影响可能推迟显现。需进行医学观察		
物理性质	**沸点**：低于沸点在 52℃分解 **熔点**：51℃ **密度**：$1.7g/cm^3$ **水中溶解度**：不溶 **蒸气压**：20℃时约 200 Pa		
环境数据			
注解	不要将工作服带回家中。肺水肿症状常常经过几个小时以后才变得明显，体力劳动使症状加重。因而休息和医学观察是必要的。应当考虑由医生或医生指定的人立即采取适当吸入治疗法。对接触该物质的环境影响未进行调查		

IPCS
International
Programme on
Chemical Safety

国际化学品安全卡

环戊二烯基三羰基锰			ICSC 编号：0977
CAS 登记号：12079-65-1 RTECS 号：OO9720000 UN 编号：3466 中国危险货物编号：3466 分子量：204.1		中文名称：环戊二烯基三羰基锰；MCT 英文名称：CYCLOPENTADIENYL MANGANESE TRICARBONYL; Manganese, cyclopentadienyltricarbonyl; MCT 化学式：$C_8H_5MnO_3/C_5H_5Mn(CO)_3$	
危害/接触类型	急性危害/症状	预防	急救/消防
火　灾	可燃的。在火焰中释放出刺激性或有毒烟雾（或气体）	禁止明火	干粉，抗溶性泡沫，雾状水，二氧化碳
爆　炸	受热引起压力升高，有爆裂危险		着火时，喷雾状水保持料桶等冷却
接　触	见长期或反复接触的影响	防止粉尘扩散！严格作业环境管理！	
# 吸入	咳嗽。惊厥	避免吸入粉尘。局部排气通风或呼吸防护	新鲜空气，休息。立即给予医疗护理
# 皮肤	发红	防护手套	脱去污染的衣服。冲洗，然后用水和肥皂清洗皮肤
# 眼睛	发红	安全护目镜，或如为粉末，眼睛防护结合呼吸防护	用大量水冲洗（如可能尽量摘除隐形眼镜）。给予医疗护理
# 食入	惊厥	工作时不得进食，饮水或吸烟。进食前洗手	漱口。饮用 1～2 杯水。立即给予医疗护理
泄漏处置	将泄漏物清扫进可密闭容器中，如果适当，首先润湿防止扬尘。小心收集残余物，然后转移到安全场所。个人防护用具：全套防护服包括自给式呼吸器		
包装与标志	不易破碎包装，将易破碎包装放在不易破碎的密闭容器中。不得与食品和饲料一起运输 联合国危险性类别：6.1　　联合国包装类别：II 中国危险性类别：第 6.1 毒性物质　中国包装类别：II GHS 分类：信号词：危险 图形符号：骷髅-健康危险 危险说明：吞咽致命；吸入粉尘致命；长期或反复吸入对肺和中枢神经系统造成损害		
应急响应			
储存	与强氧化剂、食品和饲料分开存放		
重要数据	物理状态、外观：亮黄色晶体 化学危险性：加热时该物质分解，生成有毒和腐蚀性烟雾。与卤素和强氧化剂发生反应。 职业接触限值：阈限值：（以 Mn 计）$0.1mg/m^3$（时间加权平均值）（经皮）（美国政府工业卫生学家会议，2010 年）。最高容许浓度未制定标准 接触途径：该物质可通过吸入和经食入吸收到体内 吸入危险性：扩散时，可较快地达到空气中颗粒物有害浓度 短期接触的影响：该物质刺激眼睛和皮肤 长期或反复接触的影响：该物质可能对肺和中枢神经系统有影响		
物理性质	沸点：75～77℃ 水中溶解度：难溶 辛醇/水分配系数的对数值：-0.57（估计值）		
环境数据			
注解	该物质对人体健康的影响数据不充分，因此应当特别注意。不要将工作服带回家中。商业制剂中使用的载体溶剂可能改变其物理和毒理学性质		

IPCS
International
Programme on
Chemical Safety

国际化学品安全卡

乙酸汞			ICSC 编号：0978
CAS 登记号：1600-27-7 RTECS 号：AI8575000 UN 编号：1629 EC 编号：080-004-00-7 中国危险货物编号：1629	中文名称：乙酸汞；乙酸汞盐(2+)；二乙酸汞 英文名称：MERCURIC ACETATE; Acetic acid, mercury (2+) salt; Mercury di (acetate)		
分子量：318.7	化学式：$C_4H_6O_4Hg/Hg(CH_3COO)_2$		
危害/接触类型	急性危害/症状	预防	急救/消防
火　灾	不可燃。在火焰中释放出刺激性或有毒烟雾（或气体）		周围环境着火时，允许使用各种灭火剂
爆　炸			
接　触		避免一切接触！	一切情况均向医生咨询！
# 吸入	咽喉痛，咳嗽，头痛，呼吸困难，气促	局部排气通风或呼吸防护	新鲜空气，休息，半直立体位，给予医疗护理
# 皮肤	可能被吸收！皮肤烧伤，疼痛	防护手套，防护服	脱去污染的衣服，用大量水冲洗皮肤或淋浴，给予医疗护理
# 眼睛	发红，疼痛，严重深度烧伤	面罩，或眼睛防护结合呼吸防护	先用大量水冲洗几分钟（如可能尽量摘除隐形眼镜），然后就医
# 食入	腹部疼痛，灼烧感，腹泻，呕吐，金属味道	工作时不得进食，饮水或吸烟。进食前洗手	漱口，催吐（仅对清醒病人！），给予医疗护理
泄漏处置	将泄漏物清扫进容器中。小心收集残余物，然后转移到安全场所。不要让该化学品进入环境。个人防护用具：全套防护服包括自给式呼吸器		
包装与标志	不易破碎包装，将易破碎包装放在不易破碎的密闭容器中。不得与食品和饲料一起运输。严重污染海洋物质 欧盟危险性类别：T+符号 N 符号 标记：A　R:26/27/28-33-50/53　S:1/2-13-28-36-45-60-61 联合国危险性类别：6.1　联合国包装类别：II 中国危险性类别：第 6.1 项 毒性物质　中国包装类别：II		
应急响应	运输应急卡：TEC(R)-61G64b		
储存	与食品和饲料分开存放。保存在暗处。 储存在没有排水管或下水道的场所。注意收容灭火产生的废水		
重要数据	物理状态、外观：白色晶体或白色晶体粉末 化学危险性：加热时和在光的作用下，该物质分解。浸蚀许多金属 职业接触限值：阈限值（以 Hg 计）：$0.025mg/m^3$（经皮），A4（不能分类为人类致癌物）；公布生物暴露指数（美国政府工业卫生学家会议，2008 年）。最高容许浓度：（以 Hg 计）$0.1mg/m^3$；最高限值种类：II(8)；皮肤致敏剂；致癌物类别：3B；公布生物接触限值（德国，2008 年） 接触途径：该物质可通过吸入其气溶胶，经皮肤和食入吸收到体内 吸入危险性：20℃时蒸发可忽略不计，但扩散时可较快地达到空气中颗粒物有害浓度 短期接触的影响：该物质腐蚀眼睛、皮肤和呼吸道。食入有腐蚀性。该物质可能对肾有影响 长期或反复接触的影响：反复或长期接触可能引起皮肤过敏。该物质可能对中枢神经系统、末梢神经系统和肾有影响，导致共济失调、感觉和记忆障碍、震颤、肌肉虚弱和肾损伤		
物理性质	熔点：178℃（分解） 密度：$3.28g/cm^3$ 水中溶解度：20℃时 40g/100mL		
环境数据	该物质对水生生物有极高毒性。在对人类重要的食物链中发生生物蓄积，特别是在水生生物中。由于在环境中的持久性，强烈建议不要让该化学品进入环境		
注解	根据接触程度，建议定期进行医疗检查。不要将工作服带回家中		

IPCS
International
Programme on
Chemical Safety

国际化学品安全卡

氯化汞			ICSC 编号：0979
CAS 登记号：7487-94-7 RTECS 号：OV9100000 UN 编号：1624 EC 编号：080-010-00-X 中国危险货物编号：1624	中文名称：氯化汞；二氯化汞；氯化汞（II） 英文名称：MERCURIC CHLORIDE; Mercury dichloride; Mercury (II) chloride		
分子量：271.5	化学式：$HgCl_2$		
危害/接触类型	急性危害/症状	预防	急救/消防
火　灾	不可燃。在火焰中释放出刺激性或有毒烟雾（或气体）		周围环境着火时，允许使用各种灭火剂
爆　炸			
接　触		避免一切接触！	一切情况均向医生咨询！
# 吸入	咳嗽。咽喉痛。灼烧感。气促	局部排气通风或呼吸防护	新鲜空气，休息。半直立体位。给予医疗护理
# 皮肤	可能被吸收！发红。疼痛。水疱。皮肤烧伤	防护手套。防护服	脱去污染的衣服。用大量水冲洗皮肤或淋浴。给予医疗护理
# 眼睛	疼痛。发红。视力模糊。严重深度烧伤	面罩，或眼睛防护结合呼吸防护	先用大量水冲洗几分钟（如可能尽量摘除隐形眼镜），然后就医
# 食入	胃痉挛。腹部疼痛。灼烧感。金属味道。腹泻。恶心。咽喉疼痛。呕吐。休克或虚脱	工作时不得进食，饮水或吸烟。进食前洗手	漱口。用水冲服活性炭浆。给予医疗护理
泄漏处置	不要冲入下水道。将泄漏物清扫进容器中。如果适当，首先润湿防止扬尘。小心收集残余物，然后转移到安全场所。不要让该化学品进入环境。个人防护用具：化学防护服包括自给式呼吸器		
包装与标志	不得与食品和饲料一起运输。严重污染海洋物质 **欧盟危险性类别**：T+符号 N 符号　R:28-34-48/24/25-50/53　S:1/2-36/37/39-45-60-61 **联合国危险性类别**：6.1 **联合国包装类别**：II **中国危险性类别**：第 6.1 项毒性物质　**中国包装类别**：II		
应急响应	运输应急卡：TEC(R)-61GT5-II		
储存	与食品和饲料，轻金属分开存放。储存在没有排水管或下水道的场所。注意收容灭火产生的废水		
重要数据	**物理状态、外观**：白色晶体或粉末 **化学危险性**：由于加热，该物质分解生成汞有毒烟雾和氯气烟雾。与轻金属发生反应 **职业接触限值**：阈限值：（以汞计）$0.025mg/m^3$（经皮），A4（不能分类为人类致癌物）；公布生物暴露指数（美国政府工业卫生学家会议，2008 年）。最高容许浓度：（以汞计）$0.1mg/m^3$；最高限值类别：II(8)；皮肤致敏剂；致癌物类别：3B；公布生物接触限值（德国，2008 年） **接触途径**：该物质可通过吸入其气溶胶、经皮肤和食入吸收到体内 **吸入危险性**：20℃时蒸发可忽略不计，但扩散时可较快地达到空气中颗粒物有害浓度 **短期接触的影响**：该物质刺激呼吸道，腐蚀眼睛和皮肤。食入有腐蚀性。该物质可能对胃肠道和肾有影响，导致体组织损伤，肾衰竭，虚脱和死亡。需进行医疗观察 **长期或反复接触的影响**：反复或长期接触可能引起皮肤过敏。该物质可能对中枢神经系统、末梢神经系统和肾有影响，导致共济失调、感觉和记忆障碍、疲劳、肌肉虚弱和肾损伤		
物理性质	**沸点**：302℃ **熔点**：276℃ **密度**：$6.5g/cm^3$	**水中溶解度**：20℃时 7.4g/100mL **蒸气压**：20℃时 0.1Pa **辛醇/水分配系数的对数值**：0.1	
环境数据	该物质对水生生物有极高毒性。该化学品可能沿食物链，例如在水生生物中发生生物蓄积。该物质可能在水生环境中造成长期影响		
注解	根据接触程度，建议定期进行医疗检查，不要将工作服带回家		

IPCS
International
Programme on
Chemical Safety

UNEP

国际化学品安全卡

硝酸汞			ICSC 编号：0980
CAS 登记号：10045-94-0 RTECS 号：OW8225000 UN 编号：1625 EC 编号：080-002-00-6 中国危险货物编号：1625	中文名称：硝酸汞；硝酸汞（II）；二硝酸汞 英文名称：MERCURIC NITRATE; Mercury (II) nitrate; Mercury dinitrate		
分子量：324.7	化学式：$HgN_2O_6/Hg(NO_3)_2$		
危害/接触类型	**急性危害/症状**	**预防**	**急救/消防**
火　灾	不可燃，但可助长其他物质燃烧。在火焰中释放出刺激性或有毒烟雾（或气体）		周围环境着火时，允许使用各种灭火剂
爆　炸			
接　触		避免一切接触！	一切情况均向医生咨询！
# 吸入	咳嗽，咽喉痛，灼烧感，头痛，呼吸困难，气促	局部排气通风或呼吸防护	新鲜空气，休息，半直立体位，给予医疗护理
# 皮肤	可能被吸收！发红，疼痛，皮肤烧伤，水疱	防护手套，防护服	先用大量水，然后脱去污染的衣服并再次冲洗，给予医疗护理
# 眼睛	发红，疼痛，视力模糊，严重深度烧伤	面罩，或眼睛防护结合呼吸防护	先用大量水冲洗几分钟（如可能尽量摘除隐形眼镜），然后就医
# 食入	灼烧感，腹部疼痛，腹泻，恶心，呕吐，金属味道	工作时不得进食，饮水或吸烟。进食前洗手	漱口，用水冲服活性炭浆，催吐（仅对清醒病人!），给予医疗护理
泄漏处置	将泄漏物清扫进容器中。小心收集残余物，然后转移到安全场所。不要用锯末或其他可燃吸收剂吸收。不要让该化学品进入环境。个人防护用具：全套防护服包括自给式呼吸器		
包装与标志	不易破碎包装，将易破碎包装放在不易破碎的密闭容器中。不得与食品和饲料一起运输。严重污染海洋物质 **欧盟危险性类别**：T+符号 N 符号 标记：A　R:26/27/28-33-50/53　S:1/2-13-28-45-60-61 **联合国危险性类别**：6.1　**联合国包装类别**：II **中国危险性类别**：第 6.1 项 毒性物质 **中国包装类别**：II		
应急响应	运输应急卡：TEC(R)-61G64b		
储存	与可燃物质和还原性物质、食品和饲料分开存放。保存在暗处。 储存在没有排水管或下水道的场所。注意收容灭火产生的废水		
重要数据	**物理状态、外观**：无色晶体或白色吸湿的粉末 **化学危险性**：与次膦酸、乙醇和乙炔生成撞击敏感的化合物。该物质是一种强氧化剂。与可燃物质和还原性物质激烈反应。在光的作用下，该物质分解 **职业接触限值**：阈限值（以 Hg 计）：$0.025mg/m^3$（经皮），A4（不能分类为人类致癌物）；公布生物暴露指数（美国政府工业卫生学家会议，2008 年）。最高容许浓度：（以汞计）$0.1mg/m^3$；最高限值类别：II(8)；皮肤致敏剂；致癌物类别：3B；公布生物接触限值（德国，2008 年） **接触途径**：该物质可通过吸入，经皮肤和食入吸收到体内 **吸入危险性**：20℃时蒸发可忽略不计，但扩散时可较快地达到空气中颗粒物有害浓度 **短期接触的影响**：该物质腐蚀眼睛皮肤和呼吸道。食入有腐蚀性。该物质可能对肾有影响 **长期或反复接触的影响**：反复或长期接触可能引起皮肤过敏。该物质可能对中枢神经系统、肾和末梢神经系统有影响，导致共济失调，感觉和记忆障碍，疲劳，肌肉虚弱和肾损伤		
物理性质	**熔点**：79℃ **密度**：$4.4g/cm^3$ **水中溶解度**：溶解		
环境数据	该物质对水生生物有极高毒性。在对人类重要的食物链中发生生物蓄积，特别是在水生生物中。由于在环境中的持久性，强烈建议不要让该化学品进入环境		
注解	根据接触程度，建议定期进行医疗检查。不要将工作服带回家中		

IPCS
International
Programme on
Chemical Safety

UNEP

国际化学品安全卡

氧化汞			ICSC 编号：0981
CAS 登记号：21908-53-2 RTECS 号：OW8750000 UN 编号：1641 EC 编号：080-002-00-6 中国危险货物编号：1641		中文名称：氧化汞；氧化汞（II） 英文名称：MERCURIC OXIDE; Mercury (II) oxide	
分子量：216.6		化学式：HgO	
危害/接触类型	急性危害/症状	预防	急救/消防
火　灾	不可燃，但可助长其他物质燃烧。在火焰中释放出刺激性或有毒烟雾（或气体）	禁止与还原剂接触	周围环境着火时，允许使用各种灭火剂
爆　炸			
接　触		防止粉尘扩散！避免一切接触！	一切情况均向医生咨询！
# 吸入	咳嗽	避免吸入微细粉尘和烟云。局部排气通风或呼吸防护	新鲜空气，休息，给予医疗护理
# 皮肤	可能被吸收！发红	防护手套，防护服	脱去污染的衣服，用大量水冲洗皮肤或淋浴，给予医疗护理
# 眼睛	发红	护目镜，或眼睛防护结合呼吸防护	先用大量水冲洗几分钟（如可能尽量摘除隐形眼镜），然后就医
# 食入	腹部疼痛，腹泻，恶心，呕吐	工作时不得进食，饮水或吸烟。进食前洗手	漱口。饮用 1～2 杯水。休息，给予医疗护理
泄漏处置	将泄漏物清扫进容器中。如果适当，首先润湿防止扬尘。小心收集残余物，然后转移到安全场所。不要让该化学品进入环境。个人防护用具：适用于有毒颗粒物的 P3 过滤呼吸器		
包装与标志	不易破碎包装，将易破碎包装放在不易破碎的密闭容器中。不得与食品和饲料一起运输。严重污染海洋物质 欧盟危险性类别：T+符号 N 符号 标记：A　R:26/27/28-33-50/53　S:1/2-13-28-45-60-61 联合国危险性类别：6.1 联合国包装类别：II 中国危险性类别：第 6.1 项毒性物质　中国包装类别：II		
应急响应	运输应急卡：TEC(R)-61G64b		
储存	与食品和饲料、还原剂、氯和其他反应性物质（见化学危险性）分开存放。保存在阴暗处。储存在没有排水管或下水道的场所。注意收容灭火产生的废水		
重要数据	**物理状态、外观**：黄色或橙黄色或红色，沉重晶体粉末 **化学危险性**：遇光或加热至 500℃以上时，该物质分解生成含汞和氧高毒烟雾，增大着火的危险。与还原剂、氯、过氧化氢、镁（加热时）、二氯化二硫和三硫化氢激烈反应。与金属和元素，如硫和磷生成撞击敏感的化合物 **职业接触限值**：阈限值（以 Hg 计）：0.025mg/m^3，A4（不能分类为人类致癌物）（经皮）；公布生物暴露指数（美国政府工业卫生学家会议，2008 年）。最高容许浓度：（以汞计）0.1mg/m^3；最高限值类别：II(8)；皮肤致敏剂；致癌物类别：3B；公布生物接触限值（德国，2008 年） **接触途径**：该物质可通过吸入其气溶胶、经皮肤和食入吸收到体内 **吸入危险性**：20℃时蒸发可忽略不计，但扩散时可较快地达到空气中颗粒物有害浓度 **短期接触的影响**：该物质刺激眼睛、皮肤和呼吸道 **长期或反复接触的影响**：该物质可能对肾有影响，导致肾损伤		
物理性质	熔点：500℃（分解） 密度：11.1g/cm^3 水中溶解度：不溶		
环境数据	在对人类重要的食物链中发生生物蓄积，特别是在水生生物中。强烈建议不要让该化学品进入环境		
注解	根据接触程度，建议定期进行医疗检查。不要将工作服带回家中。氧化汞红和氧化汞黄是常用名		

IPCS
International
Programme on
Chemical Safety

国际化学品安全卡

硫酸汞			ICSC 编号：0982
CAS 登记号：7783-35-9 RTECS 号：OX0500000 UN 编号：1645 EC 编号：080-002-00-6 中国危险货物编号：1645 分子量：296.7	中文名称：硫酸汞；硫酸汞（II）；酸式硫酸汞 英文名称：MERCURIC SULFATE; Mercury(II) sulfate; Mercuric bisulfate 化学式：$HgSO_4$		
危害/接触类型	**急性危害/症状**	**预防**	**急救/消防**
火　灾	不可燃在火焰中释放出刺激性或有毒烟雾（或气体）		周围环境着火时，允许使用各种灭火剂
爆　炸			
接　触		避免一切接触！	一切情况均向医生咨询！
# 吸入	咽喉痛，咳嗽，灼烧感，气促，呼吸困难，虚弱	局部排气通风或呼吸防护	新鲜空气，休息，半直立体位，给予医疗护理
# 皮肤	可能被吸收！发红，疼痛，灼烧感，皮肤烧伤，水疱	防护手套，防护服	脱去污染的衣服，用大量水冲洗皮肤或淋浴，给予医疗护理
# 眼睛	发红，疼痛，视力模糊，严重深度烧伤	面罩，或眼睛防护结合呼吸防护	先用大量水冲洗几分钟（如可能尽量摘除隐形眼镜），然后就医
# 食入	腹部疼痛，恶心，呕吐，腹泻，金属味道，灼烧感，休克或虚脱	工作时不得进食，饮水或吸烟进食前洗手	漱口，用水冲服活性炭浆，给予医疗护理
泄漏处置	将泄漏物清扫进容器中。如果适当，首先润湿防止扬尘。小心收集残余物，然后转移到安全场所。不要让该化学品进入环境。个人防护用具：化学防护服包括自给式呼吸器		
包装与标志	不易破碎包装，将易破碎包装放在不易破碎的密闭容器中。不得与食品和饲料一起运输。严重污染海洋物质 欧盟危险性类别：T+符号 N 符号 标记：A　R:26/27/28-33-50/53　S:1/2-13-28-45-60-61 联合国危险性类别：6.1　联合国包装类别：II 中国危险性类别：第 6.1 项 毒性物质 中国包装类别：II		
应急响应	运输应急卡：TEC(R)-61G64b		
储存	与食品和饲料分开存放。干燥。保存在暗处。 储存在没有排水管或下水道的场所。注意收容灭火产生的废水		
重要数据	**物理状态、外观**：白色晶体粉末 **化学危险性**：在光的作用下和加热到 450℃时，该物质分解生成汞和硫氧化物高毒烟雾。水溶液是一种中强酸。与卤化氢发生反应 **职业接触限值**：阈限值（以 Hg 计）：0.025mg/m³（经皮），A4（不能分类为人类致癌物）；公布生物暴露指数（美国政府工业卫生学家会议，2008 年）。最高容许浓度：（以汞计）0.1mg/m³；最高限值类别：II(8)；皮肤致敏剂；致癌物类别：3B；公布生物接触限值（德国，2008 年） **接触途径**：该物质可通过吸入其气溶胶，经皮肤和食入吸收到体内 **吸入危险性**：20℃时蒸发可忽略不计，但扩散时可较快地达到空气中颗粒物有害浓度 **短期接触的影响**：该物质腐蚀眼睛，皮肤和呼吸道。食入有腐蚀性。该物质可能对胃肠道和肾有影响，导致体组织损伤和肾损害。需进行医学观察 **长期或反复接触的影响**：该物质可能对肾、中枢神经系统、末梢神经系统有影响，导致共济失调、感觉和记忆障碍、震颤、肌肉虚弱和肾损伤		
物理性质	熔点：低于熔点在 450℃分解 密度：6.5g/cm³ 水中溶解度：反应 自燃温度：450℃		
环境数据	该物质对水生生物有极高毒性。在对人类重要的食物链中发生生物蓄积，特别是在水生生物中。该物质可能在水生环境中造成长期影响		
注解	根据接触程度，建议定期进行医疗检查。不要将工作服带回家中		

IPCS
International
Programme on
Chemical Safety

国际化学品安全卡

<table>
<tr><td colspan="3">焦磷酸四钾</td><td>ICSC 编号：0983</td></tr>
<tr><td colspan="2">CAS 登记号：7320-34-5
RTECS 号：JL6735000

分子量：330.35</td><td colspan="2">中文名称：焦磷酸四钾；焦磷酸钾；焦磷酸四钾盐
英文名称：TETRAPOTASSIUM PYROPHOSPHATE; Potassium pyrophosphate; Pyrophosphoric acid,tetrapotassium salt
化学式：$K_4O_7P_2$</td></tr>
<tr><td>危害/接触类型</td><td>急性危害/症状</td><td>预防</td><td>急救/消防</td></tr>
<tr><td>火　灾</td><td>不可燃在火焰中释放出刺激性或有毒烟雾（或气体）</td><td></td><td>周围环境着火时，允许用各种灭火剂</td></tr>
<tr><td>爆　炸</td><td></td><td></td><td></td></tr>
<tr><td>接　触</td><td></td><td>防止粉尘扩散！避免一切接触！</td><td></td></tr>
<tr><td># 吸入</td><td>灼烧感，咳嗽，呼吸困难，气促，咽喉疼痛症状可能推迟显现（见注解）</td><td>局部排气通风或呼吸防护</td><td>新鲜空气，休息，半直立体位，给予医疗护理</td></tr>
<tr><td># 皮肤</td><td>发红，皮肤烧伤，疼痛，起疱</td><td>防护手套，防护服</td><td>脱掉污染的衣服，用大量水冲洗皮肤或淋浴，给予医疗护理</td></tr>
<tr><td># 眼睛</td><td>发红，疼痛，严重深度烧伤</td><td>面罩或眼睛防护结合呼吸防护</td><td>首先用大量水冲洗几分钟（如可能尽量摘除隐形眼镜），然后就医</td></tr>
<tr><td># 食入</td><td>腹部疼痛，灼烧感，休克或虚脱，咽喉疼痛</td><td>工作时不得进食、饮水或吸烟</td><td>漱口，不要催吐，给予医疗护理</td></tr>
<tr><td>泄漏处置</td><td colspan="3">将泄漏物扫入容器中。如果适当，首先湿润防止扬尘。用大量水冲净残余物。个人防护用具：化学保护服包括自给式呼吸器</td></tr>
<tr><td>包装与标志</td><td colspan="3"></td></tr>
<tr><td>应急响应</td><td colspan="3"></td></tr>
<tr><td>储存</td><td colspan="3">与强酸分开存放。干燥</td></tr>
<tr><td>重要数据</td><td colspan="3">物理状态、外观：吸湿白色颗粒或粉末，无气味
化学危险性：水溶液为一种中强碱。与强酸发生反应
职业接触限值：阈限值未制定标准
接触途径：该物质可通过吸入粉尘吸收到体内
吸入危险性：20℃时蒸发可忽略不计，但如果为粉末可以较快地达到空气中颗粒物有害浓度
短期接触的影响：该物质腐蚀眼睛、皮肤和呼吸道。食入有腐蚀性。吸入气溶胶可能引起肺水肿（见注解）</td></tr>
<tr><td>物理性质</td><td colspan="3">熔点：1090℃
水中溶解度：25℃时 187g/100mL（易溶）</td></tr>
<tr><td>环境数据</td><td colspan="3"></td></tr>
<tr><td>注解</td><td colspan="3">肺水肿症状常常经过几小时以后才变得明显，体力劳动使症状加重。因此休息和医学观察是必要的。应考虑由医生或医生指定人立即采取适当吸入治疗法</td></tr>
</table>

IPCS
International
Programme on
Chemical Safety

国际化学品安全卡

氯化亚汞			ICSC 编号：0984
CAS 登记号：10112-91-1 RTECS 号：OV8740000 UN 编号：3077 EC 编号：080-003-00-1 中国危险货物编号：3077	中文名称：氯化亚汞；二氯化二汞；甘汞 英文名称：MERCUROUS CHLORIDE; Dimercury dichloride; Calomel		
分子量：472.09	化学式：Cl_2Hg_2		
危害/接触类型	急性危害/症状	预防	急救/消防
火　灾	不可燃		周围环境着火时，允许使用各种灭火剂
爆　炸			
接　触		避免一切接触！	一切情况均向医生咨询！
# 吸入	咳嗽，咽喉痛	局部排气通风或呼吸防护	新鲜空气，休息，给予医疗护理
# 皮肤	可能被吸收！发红	防护手套，防护服	脱去污染的衣服，用大量水冲洗皮肤或淋浴，给予医疗护理
# 眼睛	发红	护目镜	先用大量水冲洗几分钟（如可能尽量摘除隐形眼镜），然后就医
# 食入	腹部疼痛，腹泻，呕吐，金属味道	工作时不得进食，饮水或吸烟进食前洗手	漱口，催吐（仅对清醒病人！），给予医疗护理
泄漏处置	将泄漏物清扫进容器中。如果适当，首先润湿防止扬尘。小心收集残余物，然后转移到安全场所。不要冲入下水道。个人防护用具：适用于有毒颗粒物的 P3 过滤呼吸器		
包装与标志	不易破碎包装，将易破碎包装放在不易破碎的密闭容器中。不得与食品和饲料一起运输。严重污染海洋物质 **欧盟危险性类别**：Xn 符号 N 符号　R:22-36/37/38-50/53　S:2-13-24/25-46-60-61 **联合国危险性类别**：9　**联合国包装类别**：III **中国危险性类别**：第 9 类杂项危险物质和物品　**中国包装类别**：III		
应急响应	运输应急卡：TEC(R)-90G02		
储存	与食品和饲料分开存放。保存在暗处		
重要数据	**物理状态、外观**：白色晶体粉末 **化学危险性**：在光的作用下，该物质缓慢地分解，生成氯化汞和汞 **职业接触限值**：阈限值（以 Hg 计）：0.025mg/m^3（经皮），A4（不能分类为人类致癌物）（美国政府工业卫生学家会议，1999 年）。最高容许浓度（以 Hg 计）：0.1mg/m^3；BAT 25 ug/l （血液）；100 ug/l （尿液）（1999 年）；最高容许浓度（以 Hg 计）：短期接触限值：1mg/m^3（1999 年）；最高容许浓度：皮肤致敏剂 **接触途径**：该物质可通过吸入其气溶胶，经皮肤和食入吸收到体内 **吸入危险性**：20℃时蒸发可忽略不计，但扩散时可较快地达到空气中颗粒物有害浓度 **短期接触的影响**：该物质刺激眼睛、皮肤和呼吸道 **长期或反复接触的影响**：该物质可能对中枢神经系统、肾、末梢神经系统有影响，导致共济失调，感觉和记忆障碍、疲劳、肌肉虚弱和肾损伤		
物理性质	**升华点**：400～500℃ **密度**：7.15g/cm^3 **水中溶解度**：25℃时不溶		
环境数据	该物质对水生生物有极高毒性。由于在环境中的持久性，强烈建议不要让该化学品进入环境。避免非正常使用情况下释放到环境中		
注解	不要将工作服带回家中。商品名称有：Cyclosan, M-C Turf fungicide。根据接触程度，建议定期进行医疗检查		

IPCS
International
Programme on
Chemical Safety

国际化学品安全卡

硫特普			ICSC 编号：0985
CAS 登记号：3689-24-5 RTECS 号：XN4375000 UN 编号：1704 EC 编号：015-027-00-3 中国危险货物编号：1704 分子量：322.3	中文名称：硫特普；硫代二磷酸四乙酯；乙基硫代焦磷酸酯；二硫代焦磷酸四乙酯 英文名称：SULFOTEP; Thiodiphosphoric acid tetraethyl ester; Ethyl thiopyrophosphate; Tetraethyl dithiopyrophosphate (TEDP) 化学式：$C_8H_{20}O_5P_2S_2/(C_2H_5O)_2P(S)OP(S)(OC_2H_5)_2$		

危害/接触类型	急性危害/症状	预防	急救/消防
火 灾	可燃的在火焰中释放出刺激性或有毒烟雾（或气体）	禁止明火	干粉、雾状水、泡沫、二氧化碳
爆 炸	在火焰加热下容器可能猛烈爆炸		着火时，喷雾状水保持料桶等冷却
接 触		严格作业环境管理！避免青少年和儿童接触	一切情况均向医生咨询！
# 吸入	皮肤发青，头晕，倦睡，头痛，瞳孔缩窄，肌肉痉挛，多涎，出汗，呼吸困难，恶心，惊厥，神志不清，虚弱（见食入）	通风，局部排气通风或呼吸防护	新鲜空气，休息，必要时进行人工呼吸，给予医疗护理
# 皮肤	可能被吸收！发红，出汗和吸收部位抽搐。（另见吸入）	防护手套，防护服	冲洗，然后用水和肥皂清洗皮肤，给予医疗护理
# 眼睛	发红，疼痛，瞳孔缩窄	面罩，或眼睛防护结合呼吸防护	先用大量水冲洗几分钟（如可能尽量摘除隐形眼镜），然后就医
# 食入	胃痉挛，意识模糊，腹泻，呕吐，失去胃口。（另见吸入）	工作时不得进食，饮水或吸烟进食前洗手	催吐（仅对清醒病人！），给予医疗护理

泄漏处置	通风。将泄漏液收集在可密闭的容器中。用干砂土或惰性吸收剂吸收残液，并转移到安全场所。不要让该化学品进入环境。个人防护用具：全套防护服包括自给式呼吸器
包装与标志	不得与食品和饲料一起运输。污染海洋物质 欧盟危险性类别：T+符号 N 符号 R:27/28-50/53 S:1/2-23-28-36/37-45-60-61 联合国危险性类别：6.1 联合国包装类别：II 中国危险性类别：第 6.1 项 毒性物质 中国包装类别：II
应急响应	运输应急卡：TEC（R）-61GT2-II
储存	干燥。严格密封。与强氧化剂、食品和饲料分开存放。保存在通风良好的室内。不要储存在金属容器中。 储存在没有排水管或下水道的场所。注意收容灭火产生的废水
重要数据	物理状态、外观：淡黄色液体，有特殊气味 化学危险性：加热时，该物质分解生成氧化亚磷和硫氧化物高毒烟雾。与强氧化剂发生反应。浸蚀铁、某些塑料、橡胶和涂层 职业接触限值：阈限值：（可吸入粉尘）$0.1mg/m^3$（时间加权平均值）（经皮）；A4（不能分类为人类致癌物）；公布生物暴露指数（美国政府工业卫生学家会议，2008 年）。欧盟职业接触限值：$0.1\ mg/m^3$（经皮）（欧盟，2000 年） 接触途径：该物质可通过吸入，经皮肤和食入吸收到体内 吸入危险性：20℃时该物质蒸发不会或很缓慢地达到空气中有害浓度 短期接触的影响：该物质刺激眼睛和皮肤。该物质可能对神经系统有影响，导致惊厥、呼吸衰竭。胆碱酯酶抑制剂。远高于职业接触限值接触时，可能导致死亡。影响可能推迟显现。需进行医学观察 长期或反复接触的影响：胆碱酯酶抑制剂。可能发生累积影响：见急性危害/症状
物理性质	沸点：0.2666kPa 时 136～139℃ 相对密度（水=1）：1.2 水中溶解度：不溶 蒸气压：20℃时 0.0226Pa 辛醇/水分配系数的对数值：3.99
环境数据	该物质对水生生物是有极高毒性的。该物质在正常使用过程中进入环境，但是要特别注意避免任何额外的释放，例如通过不适当处置活动
注解	根据接触程度，建议定期进行医疗检查。该物质中毒时需采取必要的治疗措施。必须提供有指示说明的适当方法。原药为暗色液体，沸点 131～132℃（在 0.267 kPa 时）。不要将工作服带回家中。商品名称有：ASP 47, Bay-E-393, Bladafum, Dithion, Dithiotep 和 Dithiofos

IPCS
International
Programme on
Chemical Safety

国际化学品安全卡

碲			ICSC 编号：0986
CAS 登记号：13494-80-9 RTECS 号：WY2625000 原子量：127.6		中文名称：碲 英文名称：TELLURIUM; Aurum paradoxum; Metallum problematum; (powder) 化学式：Te	
危害/接触类型	急性危害/症状	预防	急救/消防
火　灾	可燃的	禁止明火	泡沫，二氧化碳，干粉
爆　炸	微细分散的颗粒物在空气中形成爆炸性混合物	防止粉尘沉积、密闭系统、防止粉尘爆炸型电气设备和照明	
接　触		防止粉尘扩散！严格作业环境管理！	
# 吸入	倦睡，嘴发干，金属味道，头痛，大蒜气味，恶心	局部排气通风或呼吸防护	新鲜空气，休息，必要时进行人工呼吸，给予医疗护理
# 皮肤		防护手套	脱去污染的衣服，冲洗，然后用水和肥皂清洗皮肤
# 眼睛	发红，疼痛	护目镜，如为粉末，眼睛防护结合呼吸防护	先用大量水冲洗几分钟（如可能尽量摘除隐形眼镜），然后就医
# 食入	腹部疼痛，便秘，呕吐。（另见吸入）	工作时不得进食，饮水或吸烟	漱口，催吐（仅对清醒病人！），给予医疗护理
泄漏处置	将泄漏物清扫进密闭容器中。如果适当，首先润湿防止扬尘。小心收集残余物，然后转移到安全场所。个人防护用具：适用于有毒颗粒物的 P3 过滤呼吸器		
包装与标志	不易破碎包装，将易破碎包装放在不易破碎的密闭容器中		
应急响应	运输应急卡：TEC(R)-61G64c		
储存	与卤素和卤间化合物分开存放		
重要数据	**物理状态、外观**：暗灰色至棕色无定形粉末，具有金属特性；或者银白色有光泽的晶形固体 **化学危险性**：加热时生成有毒烟雾。与卤素或卤间化合物激烈反应，有着火的危险。与锌反应，放出炽热。硅化锂浸蚀碲，放出炽热 **职业接触限值**：阈限值：0.1mg/m^3（美国政府工业卫生学家会议，1999 年） **接触途径**：该物质可通过吸入其气溶胶吸收到体内 **吸入危险性**：20℃时蒸发可忽略不计，但扩散时可较快地达到空气中颗粒物有害浓度 **短期接触的影响**：气溶胶刺激眼睛和呼吸道，该物质可能对肝和中枢神经系统有影响。接触可能导致像大蒜气味的呼吸。需进行医学观察		
物理性质	沸点：989.8℃ 熔点：449.5℃ 密度：6.0～6.25g/cm^3 水中溶解度：不溶 自燃温度：340℃		
环境数据			
注解	不要将工作服带回家中		

IPCS
International
Programme on
Chemical Safety

国际化学品安全卡

硬脂酸锌			ICSC 编号：0987
CAS 登记号：557-05-1 RTECS 号：ZH5200000 分子量：632.3	中文名称：硬脂酸锌；十八（烷）酸锌盐；二硬脂酸锌；硬脂酸锌盐 英文名称：ZINC STEARATE; Octadecanoic acid, zinc salt; Zinc distearate; Stearic acid, zinc salt 化学式：$C_{36}H_{70}O_4Zn/Zn(C_{18}H_{35}O_2)_2$		
危害/接触类型	急性危害/症状	预防	急救/消防
火　灾	可燃的。在火焰中释放出刺激性或有毒烟雾（或气体）	禁止明火	干粉、雾状水、泡沫、二氧化碳
爆　炸	微细分散的颗粒物在空气中形成爆炸性混合物	防止粉尘沉积、密闭系统、防止粉尘爆炸型电气设备和照明。防止静电荷积聚（例如，通过接地）	
接　触		防止粉尘扩散！	
# 吸入	咳嗽	避免吸入微细粉尘和烟云	新鲜空气，休息，给予医疗护理
# 皮肤			用大量水冲洗皮肤或淋浴
# 眼睛		护目镜	先用大量水冲洗几分钟（如可能尽量摘除隐形眼镜），然后就医
# 食入		工作时不得进食，饮水或吸烟	漱口，饮用 1～2 杯水
泄漏处置	将泄漏物清扫进容器中。如果适当，首先润湿防止扬尘。小心收集残余物，然后转移到安全场所。个人防护用具：适用于该物质空气中浓度的颗粒物过滤呼吸器		
包装与标志			
应急响应	美国消防协会法规：H0（健康危险性）；F1（火灾危险性）；R0（反应危险性）		
储存			
重要数据	物理状态、外观：白色细软粉末 物理危险性：以粉末或颗粒形状与空气混合，可能发生粉尘爆炸。如果在干燥状态，由于搅拌、空气输送和注入等能够产生静电 化学危险性：燃烧时，该物质分解生成含氧化锌刺激和有毒烟雾 职业接触限值：阈限值：（以硬脂酸盐计）10mg/m³；A4（不能分类为人类致癌物）（美国政府工业卫生学家会议，2008 年）。最高容许浓度：0.1mg/m³，最高限值种类：I(4)（以下呼吸道 可吸入部分计）；2mg/m³，最高限值种类：I(2)（以上呼吸道可吸入部分计）；妊娠风险等级：C（德国，2009 年） 接触途径：该物质可通过吸入其气溶胶吸收到体内 吸入危险性：20℃时蒸发可忽略不计，但可较快地达到空气中颗粒物公害污染浓度		
物理性质	熔点：130℃ 密度：1.1g/cm³ 水中溶解度：不溶 闪点：277℃（开杯） 自燃温度：420℃ 爆炸极限：空气中 20 g/m³～?（体积） 辛醇/水分配系数的对数值：1.2		
环境数据			
注解			

IPCS
International
Programme on
Chemical Safety

国际化学品安全卡

铝粉			ICSC 编号：0988
CAS 登记号：7429-90-5 RTECS 号：BD0330000 UN 编号：1396（无涂层的） EC 编号：013-001-00-6 中国危险货物编号：1396		中文名称：铝粉 英文名称：ALUMINIUM POWDER; Aluminum powder	
原子量：27		化学式：Al	
危害/接触类型	急性危害/症状	预防	急救/消防
火　灾	易燃的	禁止酸、醇、氧化剂和水与接触	干砂土，特殊粉末。禁止用水。禁用二氧化碳，泡沫灭火
爆　炸	微细分散的颗粒物在空气中形成爆炸性混合物。与酸类、醇、氧化剂和水接触，有着火和爆炸危险	防止粉尘沉积、密闭系统、防止粉尘爆炸型电气设备和照明	
接　触		防止粉尘扩散！	
# 吸入		局部排气通风或呼吸防护	新鲜空气，休息
# 皮肤		防护手套	用大量水冲洗皮肤或淋浴
# 眼睛		护目镜	先用大量水冲洗几分钟（如可能尽量摘除隐形眼镜），然后就医
# 食入		工作时不得进食，饮水或吸烟	漱口
泄漏处置	将泄漏物清扫进有盖的干容器中。个人防护用具：适用于有害颗粒物的 P2 过滤呼吸器		
包装与标志	欧盟危险性类别：F 符号　R:15-17　S:2-7/8-43 联合国危险性类别：4.3　联合国包装类别：II 中国危险性类别：第 4.3 项遇水放出易燃气体的物质 中国包装类别：II		
应急响应	运输应急卡：TEC(R)-43G14 美国消防协会法规：H0（健康危险性）；F3（火灾危险性）；R1（反应危险性）（无涂层的）		
储存	与强氧化剂、强碱、强酸和水分开存放。见化学危险性。干燥。严格密封		
重要数据	物理状态、外观：银白色至灰色粉末 物理危险性：以粉末或颗粒形状与空气混合，可能发生粉尘爆炸 化学危险性：与水和醇类发生反应。与氧化剂、强酸、强碱和氯代烃类激烈反应，有着火和爆炸的危险 职业接触限值：阈限值（以 Al 计）：5mg/m^3（时间加权平均值）（高温粉末）（美国政府工业卫生学家会议，2000 年）。阈限值：10mg/m^3（时间加权平均值）（金属粉尘）（美国政府工业卫生学家会议，2000 年）。最高容许浓度：1.5mg/m^3（可达肺泡区的粉尘）；4mg/m^3（可进入下呼吸道的粉尘）；妊娠风险等级：D（德国，2008 年） 接触途径：该物质可通过吸入吸收到体内 吸入危险性：20℃时蒸发可忽略不计，但可较快地达到空气中颗粒物有害浓度 长期或反复接触的影响：反复或长期接触粉尘颗粒，肺可能受损伤。该物质可能对神经系统有影响，导致功能损伤		
物理性质	沸点：2327℃ 熔点：660℃ 密度：2.7g/cm^3 水中溶解度：不溶，发生反应 自燃温度：590℃		
环境数据			
注解	其他 UN 编号：1309（铝粉，涂渍的）；UN 危险性类别：4.1；UN 包装类别：II		

IPCS
International
Programme on
Chemical Safety

国际化学品安全卡

氯甲酸苄酯			ICSC 编号：0990
CAS 登记号：501-53-1 RTECS 号：LQ5860000 UN 编号：1739 EC 编号：607-064-00-4 中国危险货物编号：1739		中文名称：氯甲酸苄酯；苄基碳酰氯；苄酯基氯；甲酸氯苄酯 英文名称：BENZYL CHLOROFORMATE; Benzylcarbonyl chloride; Carbobenzoxy chloride; Formic acid, chlorobenzyl ester	
分子量：170.6		化学式：$C_8H_7ClO_2$	
危害/接触类型	**急性危害/症状**	**预防**	**急救/消防**
火　灾	可燃的。在火焰中释放出刺激性或有毒烟雾（或气体）	禁止明火。禁止与水接触	干粉，泡沫，二氧化碳
爆　炸			
接　触		避免一切接触！	
# 吸入	咳嗽。气促。咽喉痛。呼吸困难	通风，局部排气通风或呼吸防护	新鲜空气，休息。半直立体位。必要时进行人工呼吸。给予医疗护理
# 皮肤	皮肤烧伤	防护手套。防护服	脱去污染的衣服。用大量水冲洗皮肤或淋浴
# 眼睛	引起流泪。严重深度烧伤	面罩，或眼睛防护结合呼吸防护	先用大量水冲洗几分钟（如可能尽量摘除隐形眼镜），然后就医
# 食入	灼烧感。腹部疼痛。休克或虚脱	工作时不得进食，饮水或吸烟	不要催吐。大量饮水。给予医疗护理
泄漏处置	将泄漏液收集在可密闭的容器中。小心收集残余物，然后转移到安全场所。个人防护用具：全套防护服包括自给式呼吸器		
包装与标志	不得与食品和饲料一起运输。污染海洋物质 **欧盟危险性类别：**C 符号 N 符号　R:34-50/53　S:1/2-26-45-60-61 **联合国危险性类别：**8　**联合国包装类别：**I **中国危险性类别：**第 8 类腐蚀性物质　**中国包装类别：**I		
应急响应	运输应急卡：TEC(R)-80GC9-I		
储存	与食品和饲料分开存放。干燥。严格密封		
重要数据	**物理状态、外观：**无色至黄色油状液体，有刺鼻气味 **化学危险性：**加热时，该物质分解生成光气。与水接触时，分解生成含有氯化氢的有毒和腐蚀性烟雾。有水或潮湿空气存在时，浸蚀许多金属 **职业接触限值：**阈限值未制定标准。最高容许浓度未制定标准 **接触途径：**该物质可通过吸入和经食入吸收到体内 **吸入危险性：**喷洒时可较快地达到空气中颗粒物有害浓度 **短期接触的影响：**流泪。该物质腐蚀眼睛、皮肤和呼吸道。食入有腐蚀性。吸入气溶胶可能引起肺水肿（见注解）。影响可能推迟显现。需进行医学观察		
物理性质	**沸点：**在 100℃以上时分解 **熔点：**0℃ **相对密度（水=1）：**1.20 **水中溶解度：**反应 **蒸气压：**85～87℃时 0.009kPa **蒸气相对密度（空气=1）：**1 **闪点：**80.0℃（闭杯）		
环境数据			
注解	肺水肿症状常常经过几个小时以后才变得明显，体力劳动使症状加重。因而休息和医学观察是必要的。应当考虑由医生或医生指定的人立即采取适当吸入治疗法		

IPCS
International
Programme on
Chemical Safety

国际化学品安全卡

硼酸			ICSC 编号：0991
CAS 登记号：10043-35-3 RTECS 号：ED4550000 分子量：61.8		中文名称：硼酸；原硼酸 英文名称：BORIC ACID; Boracic acid; Orthoboric acid 化学式：H_3BO_3	
危害/接触类型	急性危害/症状	预防	急救/消防
火　灾	不可燃。在火焰中释放出刺激性或有毒烟雾（或气体）		周围环境着火时，允许用各种灭火剂
爆　炸			
接　触		防止粉尘扩散！	
# 吸入	咳嗽，咽喉疼痛	局部排气通风或呼吸防护	新鲜空气，休息
# 皮肤	可能被吸收！发红，可能通过受伤皮肤吸收！	防护手套	脱掉污染的衣服，冲洗，然后用水和肥皂洗皮肤，给予医疗护理
# 眼睛	发红，疼痛	安全护目镜	首先用大量水冲洗几分钟（如可能尽量摘除隐形眼镜），然后就医
# 食入	腹部疼痛，惊厥，腹泻，恶心，呕吐，皮疹	工作时不得进食、饮水或吸烟	漱口，给予医疗护理
泄漏处置	将泄漏物扫入有盖容器中。如果适当，首先湿润防止扬尘。用大量水冲净残余物。个人防护用具：适用于有害颗粒物的 P2 过滤呼吸器		
包装与标志			
应急响应			
储存	与强碱分开存放		
重要数据	**物理状态、外观**：无色晶体或白色粉末，无气味 **化学危险性**：加热到 100℃以上时，该物质分解生成水和刺激性硼酸酐。水溶液是一种弱酸。与碱式碳酸盐和氢氧化物性质相互抵触 **职业接触限值**：阈限值：$2mg/m^3$（时间加权平均值）；$6mg/m^3$（短期接触限值）（可吸入粉尘）；致癌物类别：A4（美国政府工业卫生学家会议，2008 年）。最高容许浓度：IIb（未制定标准，但可提供数据）（德国，2008 年） **接触途径**：该物质可通过吸入其气溶胶和食入吸收到体内 **吸入危险性**：20℃时蒸发可忽略不计，但扩散时可较快地达到空气中颗粒物公害污染浓度 **短期接触的影响**：该物质刺激眼睛、皮肤和呼吸道。该物质可能对胃肠道、肝和肾有影响 **长期或反复接触的影响**：反复或长期皮肤接触可能引起皮炎。动物试验表明，该物质可能对人类生殖造成毒性影响		
物理性质	熔点：171℃（分解） 相对密度（水=1）：1.4 水中溶解度：5.6g/100mL 蒸气压：20℃时可忽略不计		
环境数据			
注解	商品名为 Borofax		

IPCS
International
Programme on
Chemical Safety

国际化学品安全卡

钼酸钙			ICSC 编号：0992
CAS 登记号：7789-82-4 RTECS 号：EW2975000		中文名称：钼酸钙；氧化钙钼；钼酸钙（VI）；钼酸钙盐（1:1） 英文名称：CALCIUM MOLYBDATE; Calcium molybdenum oxide; Calcium molybdate(VI); Molybdic acid, calcium salt (1:1)	
分子量：200.0		化学式：$CaMoO_4$	
危害/接触类型	急性危害/症状	预防	急救/消防
火　灾	不可燃		周围环境着火时，使用适当的灭火剂
爆　炸			
接　触			
# 吸入	咳嗽，咽喉痛	局部排气通风或呼吸防护	新鲜空气，休息
# 皮肤	发红	防护手套	脱去污染的衣服。冲洗，然后用水和肥皂清洗皮肤
# 眼睛	发红，疼痛	安全护目镜	用大量水冲洗（如可能尽量摘除隐形眼镜）
# 食入		工作时不得进食，饮水或吸烟	漱口
泄漏处置	将泄漏物清扫进可密闭容器中，如果适当，首先润湿防止扬尘。个人防护用具：适应于该物质空气中浓度的颗粒物过滤呼吸器		
包装与标志			
应急响应			
储存			
重要数据	**物理状态、外观**：白色晶体粉末 **化学危险性**：加热到 965℃时，该物质分解生成氧化钼烟雾 **职业接触限值**：阈限值：3mg/m^3（钼，不溶化合物，可呼吸粉尘）（时间加权平均值）；10mg/m^3（钼，不溶化合物，可吸入粉尘）（时间加权平均值）（美国政府工业卫生学家会议，2006 年）。最高容许浓度：IIb（未制定标准，但可提供数据）（德国，2006 年） **吸入危险性**：扩散时，可较快地达到空气中颗粒物公害污染浓度，尤其是粉末 **短期接触的影响**：可能对眼睛、皮肤和呼吸道引起机械刺激		
物理性质	**熔点**：在 965℃时分解 **密度**：4.4g/cm^3 **水中溶解度**：25℃时 0.005g/100mL（难溶）		
环境数据			
注解	对接触该物质的健康影响未进行充分调查。对该物质的环境影响未进行调查		

IPCS
International
Programme on
Chemical Safety

国际化学品安全卡

1,3-二氯丙烯（混合异构体）			ICSC 编号：0995
CAS 登记号：542-75-6 RTECS 号：UC8310000 UN 编号：2047 EC 编号：602-030-00-5 中国危险货物编号：2047	中文名称：1,3-二氯丙烯（混合异构体）；1,3-二氯丙烯；二氯丙烯；3-氯烯丙基氯；DCP 英文名称：1,3-DICHLOROPROPENE (MIXED ISOMERS); 1,3-Dichloropropylene; Dichloropropene; 3-Chloroallyl chloride; DCP		
分子量：111.0	化学式：$C_3H_4Cl_2$		
危害/接触类型	急性危害/症状	预防	急救/消防
火　灾	易燃的。在火焰中释放出刺激性或有毒烟雾（或气体）	禁止明火，禁止火花和禁止吸烟	干粉，雾状水，泡沫，二氧化碳
爆　炸	高于 25℃，可能形成爆炸性蒸气/空气混合物	高于 25℃，使用密闭系统、通风和防爆型电气设备	着火时，喷雾状水保持料桶等冷却
接　触		避免一切接触！	一切情况均向医生咨询！
# 吸入	咳嗽。咽喉痛。头痛。头晕。恶心。呕吐。神志不清	通风，局部排气通风或呼吸防护	新鲜空气，休息。给予医疗护理
# 皮肤	可能被吸收！发红。疼痛。（另见吸入）	防护手套。防护服	脱去污染的衣服。冲洗，然后用水和肥皂清洗皮肤。给予医疗护理
# 眼睛	发红。疼痛	安全护目镜，或眼睛防护结合呼吸防护	先用大量水冲洗几分钟（如可能尽量摘除隐形眼镜），然后就医
# 食入	呼吸困难。（另见吸入）	工作时不得进食，饮水或吸烟	大量饮水。给予医疗护理
泄漏处置	通风。转移全部引燃源。尽可能将泄漏液收集在可密闭的塑料容器中。不要让该化学品进入环境。个人防护用具：化学防护服，包括自给式呼吸器		
包装与标志	欧盟危险性类别：T 符号 N 符号　R:10-20/21-25-36/37/38-43-50/53　S:1/2-36/37-45-60-61 联合国危险性类别：3　联合国包装类别：III 中国危险性类别：第 3 类易燃液体　中国包装类别：III		
应急响应	运输应急卡：TEC(R)-30GF1-III 美国消防协会法规：H2（健康危险性）；F3（火灾危险性）；R0（反应危险性）		
储存	耐火设备（条件）。与金属和氧化剂分开存放。严格密封		
重要数据	物理状态、外观：无色液体，有刺鼻气味 物理危险性：蒸气比空气重。可能沿地面流动；可能造成远处着火 化学危险性：燃烧时，该物质分解生成氯化氢有毒和腐蚀性烟雾。与氧化剂和金属发生反应 职业接触限值：阈限值：1ppm（时间加权平均值）（经皮）；A3（确认的动物致癌物，但未知与人类相关性）（美国政府工业卫生学家会议，2004 年）。最高容许浓度：皮肤吸收；皮肤致敏剂；致癌物类别：2（德国，2004 年） 接触途径：该物质可通过吸入其蒸气、经皮肤和食入吸收到体内 吸入危险性：20℃时，该物质蒸发，迅速达到空气中有害污染浓度 短期接触的影响：该物质刺激眼睛、皮肤和呼吸道。该物质可能对中枢神经系统有影响 长期或反复接触的影响：反复或长期接触可能引起皮肤过敏。该物质可能是人类致癌物		
物理性质	沸点：108℃ 熔点：<-50℃ 相对密度（水=1）：1.22 水中溶解度：20℃时 0.2g/100mL 蒸气压：20℃时 3.7kPa 蒸气相对密度（空气=1）：3.8 蒸气/空气混合物的相对密度（20℃，空气=1）：1.1 闪点：25℃（闭杯） 爆炸极限：空气中 5.3%～14.5%（体积） 辛醇/水分配系数的对数值：1.82		
环境数据	该物质对水生生物是有毒的		
注解	工业品可能含 1%的其他物质		

IPCS
International
Programme on
Chemical Safety

国际化学品安全卡

氟磺酸			ICSC 编号：0996
CAS 登记号：7789-21-1 RTECS 号：LP0715000 UN 编号：1777 EC 编号：016-018-00-7 中国危险货物编号：1777		中文名称：氟磺酸；氟硫酸 英文名称：FLUOROSULFONIC ACID; Fluorosulfuric acid; Fluorosulphuric acid	
分子量：100.1		化学式：FHO_3S	
危害/接触类型	急性危害/症状	预防	急救/消防
火　灾	不可燃，但可助长其他物质燃烧。在火焰中释放出刺激性或有毒烟雾（或气体）	禁止与易燃物质接触	周围环境着火时，干粉、二氧化碳、干砂。禁止用水
爆　炸			着火时，喷雾状水保持料桶等冷却，但避免该物质与水接触
接　触		避免一切接触！	一切情况均向医生咨询！
# 吸入	咽喉痛，咳嗽，灼烧感，呼吸短促，呼吸困难，咽喉严重肿胀，症状可能推迟显现（见注解）	通风，局部排气通风或呼吸防护	新鲜空气，休息。半直立体位。必要时进行人工呼吸。给予医疗护理
# 皮肤	发红。严重皮肤烧伤。疼痛	防护手套。防护服	脱去污染的衣服。用大量水冲洗皮肤或淋浴。给予医疗护理
# 眼睛	发红。疼痛。严重深度烧伤	面罩，或眼睛防护结合呼吸防护	先用大量水冲洗几分钟（如可能尽量摘除隐形眼镜），然后就医
# 食入	咽喉疼痛。灼烧感。恶心。呕吐。胃痉挛。休克或虚脱	工作时不得进食，饮水或吸烟。进食前洗手	漱口。不要催吐。给予医疗护理
泄漏处置	撤离危险区域！向专家咨询！将泄漏液收集在可密闭的塑料容器中。用砂土或惰性吸收剂吸收残液，并转移到安全场所。不要用锯末或其他可燃吸收剂吸收。切勿直接向液体上喷水。个人防护用具：全套防护服包括自给式呼吸器		
包装与标志	不易破碎包装，将易破碎包装放在不易破碎的密闭容器中。不得与食品和饲料一起运输 欧盟危险性类别：C 符号　R:20-35　S:1/2-26-45 联合国危险性类别：8　联合国包装类别：I 中国危险性类别：第 8 类腐蚀性物质　中国包装类别：I		
应急响应	运输应急卡：TEC(R)-80GC1-I		
储存	干燥。严格密封。与食品和饲料分开存放。见化学危险性		
重要数据	物理状态、外观：无色液体，有特殊气味 化学危险性：该物质是一种强酸，与碱激烈反应并有腐蚀性。与水激烈反应，生成硫酸和氟化氢（见注解）。浸蚀许多金属，生成易燃/爆炸性气体（氢，见卡片#0001）。有湿气存在时，浸蚀玻璃 职业接触限值：阈限值未制定标准。最高容许浓度未制定标准 接触途径：该物质可通过吸入和经食入吸收到体内 吸入危险性：未指明 20℃时该物质蒸发达到空气中有害浓度的速率 短期接触的影响：该物质腐蚀眼睛、皮肤和呼吸道。食入有腐蚀性。吸入蒸气或气溶胶可能引起肺水肿（见注解）		
物理性质	沸点：163℃ 熔点：−89℃ 相对密度（水=1）：1.7 水中溶解度：反应 蒸气压：25℃时 0.33kPa 蒸气相对密度（空气=1）：3.4		
环境数据	该物质可能对环境有危害，对水生生物应给予特别注意		
注解	肺水肿症状常常经过几个小时以后才变得明显，体力劳动使症状加重。因而休息和医学观察是必要的。职业接触硫酸雾和蒸气是人类致癌物。切勿将水喷洒在该物质上，溶解或稀释时总要缓慢将它加入到水中		

IPCS
International
Programme on
Chemical Safety

国际化学品安全卡

六氯萘			ICSC 编号：0997
CAS 登记号：1335-87-1 RTECS 号：QJ7350000 分子量：334.7		中文名称：六氯萘 英文名称：HEXACHLORONAPHTHALENE 化学式：$C_{10}H_2Cl_6$	
危害/接触类型	急性危害/症状	预防	急救/消防
火　灾	不可燃。在火焰中释放出刺激性或有毒烟雾（或气体）		雾状水，泡沫，干粉，二氧化碳
爆　炸			
接　触		防止粉尘扩散！严格作业环境管理！	一切情况均向医生咨询！
# 吸入		局部排气通风或呼吸防护	新鲜空气，休息
# 皮肤	可能被吸收！发红，疼痛	防护手套，防护服	脱去污染的衣服。冲洗，然后用水和肥皂清洗皮肤，给予医疗护理
# 眼睛	发红，疼痛	面罩，或眼睛防护结合呼吸防护	先用大量水冲洗几分钟（如可能尽量摘除隐形眼镜），然后就医
# 食入		工作时不得进食，饮水或吸烟	漱口，给予医疗护理
泄漏处置	将泄漏物清扫进可密闭容器中。如果适当，首先润湿防止扬尘。小心收集残余物，然后转移到安全场所。不要让该化学品进入环境。个人防护用具：化学防护服，适用于有害颗粒物的 P2 过滤呼吸器		
包装与标志			
应急响应			
储存	与强氧化剂、食品和饲料分开存放		
重要数据	物理状态、外观：白色各种形态固体，有特殊气味 化学危险性：燃烧时，该物质分解生成含氯化氢和光气有毒气体。与强氧化剂发生反应 职业接触限值：阈限值：0.2mg/m^3（时间加权平均值）（经皮）（美国政府工业卫生学家会议，2004 年）。最高容许浓度：IIb（未制定标准，但可提供数据）；皮肤吸收（德国，2004 年） 接触途径：该物质可通过吸入其烟雾和经皮肤吸收到体内 吸入危险性：20℃时蒸发可忽略不计，但可较快地达到空气中颗粒物有害浓度 短期接触的影响：该物质刺激眼睛和皮肤 长期或反复接触的影响：反复或长期与皮肤接触可能引起皮炎（氯痤疮）。该物质可能对肝有影响，导致肝损害		
物理性质	沸点：344～388℃ 熔点：137℃ 密度：1.78g/cm^3 水中溶解度：不溶 蒸气压：0.01Pa 蒸气相对密度（空气=1）：11.6 辛醇/水分配系数的对数值：7.59		
环境数据	该物质可能沿食物链发生生物蓄积，例如在鱼体内。由于在环境中的持久性，强烈建议不要让该化学品进入环境。该物质可能在水生环境中造成长期影响		
注解	氯代萘的商品名称为 Halowax		

IPCS
International
Programme on
Chemical Safety

国际化学品安全卡

碳酸铅			ICSC 编号：0999
CAS 登记号：598-63-0 RTECS 号：OF9275000 EC 编号：082-001-00-6		中文名称：碳酸铅；碳酸铅（2+）盐；碳酸铅（2+）；白铅矿 英文名称：LEAD CARBONATE; Carbonic acid, lead(2+) salt; Lead(2+) carbonate; Cerussite	
分子量：267.2		化学式：$PbCO_3$	
危害/接触类型	急性危害/症状	预防	急救/消防
火　灾	不可燃。在火焰中释放出刺激性或有毒烟雾（或气体）		周围环境着火时，使用干粉，雾状水，泡沫，二氧化碳灭火
爆　炸			
接　触		避免一切接触！	
# 吸入		局部排气通风或呼吸防护	新鲜空气，休息
# 皮肤		防护手套	脱去污染的衣服，冲洗，然后用水和肥皂清洗皮肤
# 眼睛		安全护目镜	先用大量水冲洗几分钟（如可能尽量摘除隐形眼镜），然后就医
# 食入	腹部疼痛，恶心，呕吐	工作时不得进食，饮水或吸烟。进食前洗手	漱口。大量饮水，给予医疗护理
泄漏处置	将泄漏物清扫进容器中。如果适当，首先润湿防止扬尘。小心收集残余物，然后转移到安全场所。不要让该化学品进入环境。个人防护用具：适用于有毒颗粒物的 P3 过滤呼吸器		
包装与标志	不得与食品和饲料一起运输 欧盟危险性类别：T 符号 N 符号 标记：A，E R:61-20/22-33-50/53-62 S:53-45-60-61		
应急响应			
储存	与食品和饲料和性质相互抵触的物质（见化学危险性）分开存放		
重要数据	物理状态、外观：无色晶体 化学危险性：加热至 315℃时，该物质分解生成氧化铅有毒烟雾。与氟激烈反应，有着火的危险 职业接触限值：阈限值：0.05mg/m^3（以 Pb 计）(时间加权平均值）；A3（确认的动物致癌物，但未知与人类相关性）；公布生物暴露指数（美国政府工业卫生学家会议，2004 年）。最高容许浓度：（以 Pb 计）（以可吸入粉尘计）；致癌物类别：3B；胚细胞突变等级：3A（德国，2004 年） 接触途径：该物质可通过吸入和经食入吸收到体内 吸入危险性：20℃时蒸发可忽略不计，但扩散时可较快地达到空气中颗粒物有害浓度，尤其是粉末 长期或反复接触的影响：该物质可能对血液、骨髓、中枢神经系统、末梢神经系统和肾有影响，导致贫血、溶血、脑病，如惊厥、末梢神经病和肾损伤。对人类生殖或发育造成毒性		
物理性质	熔点：315℃（分解） 密度：6.6g/cm^3 水中溶解度：0.0001g/100mL		
环境数据	在对人类重要的食物链中发生生物蓄积，特别是在植物和哺乳动物中。由于在环境中的持久性，强烈建议不要让该化学品进入环境		
注解	根据接触程度，建议定期进行医疗检查。不要将工作服带回家中		

IPCS
International
Programme on
Chemical Safety

国际化学品安全卡

硝酸铅			ICSC 编号：1000
CAS 登记号：10099-74-8 RTECS 号：OG2100000 UN 编号：1469 EC 编号：082-001-00-6 中国危险货物编号：1469	中文名称：硝酸铅；硝酸铅（II）；二硝酸铅 英文名称：LEAD NITRATE; Lead (II) nitrate; Lead dinitrate; Plumbous nitrate		
分子量：331.2	化学式：$N_2O_6Pb/Pb(NO_3)_2$		
危害/接触类型	急性危害/症状	预防	急救/消防
火　灾	不可燃，但可助长其他物质燃烧	禁止与易燃物质接触	周围环境着火时，雾状水灭火
爆　炸			着火时，喷雾状水保持料桶等冷却
接　触		避免一切接触！避免孕妇接触！	一切情况均向医生咨询！
# 吸入	咳嗽，咽喉痛	通风，局部排气通风或呼吸防护	新鲜空气，休息，给予医疗护理
# 皮肤	发红，疼痛	防护手套，防护服	脱去污染的衣服，用大量水冲洗皮肤或淋浴
# 眼睛	发红，疼痛	护目镜，或眼睛防护结合呼吸防护	先用大量水冲洗几分钟（如可能尽量摘除隐形眼镜），然后就医
# 食入	腹部疼痛，恶心，呕吐	工作时不得进食，饮水或吸烟。进食前洗手	漱口，给予医疗护理。（见注解）
泄漏处置	将泄漏物清扫进容器中。如果适当，首先润湿防止扬尘。小心收集残余物，然后转移到安全场所。不要用锯末或其他可燃吸收剂吸收。不要让该化学品进入环境。化学防护服包括自给式呼吸器		
包装与标志	不得与食品和饲料一起运输。污染海洋物质 **欧盟危险性类别**：T 符号 N 符号 标记：A,E　R:61-20/22-33-62-50/53　S:53-45-60-61 **联合国危险性类别**：5.1　**联合国次要危险性**：6.1 **联合国包装类别**：II **中国危险性类别**：第 5.1 项氧化性物质　**中国次要危险性**：6.1 **中国包装类别**：II		
应急响应	运输应急卡：TEC(R)-51GOT2-I+II+III		
储存	与可燃物质、还原性物质、食品和饲料分开存放		
重要数据	**物理状态、外观**：白色或无色晶体 **化学危险性**：加热至 290℃时，该物质分解生成氮氧化物和氧化铅有毒烟雾。该物质是一种强氧化剂。与可燃物质和还原性物质激烈反应。与硫氰酸铵、赤热碳，连二磷酸铅激烈反应 **职业接触限值**：阈限值：0.05mg/m³（以 Pb 计）(时间加权平均值）；A3（确认的动物致癌物，但未知与人类相关性）；公布生物暴露指数（美国政府工业卫生学家会议，2004 年）。最高容许浓度：（以 Pb 计）（可吸入粉尘）；致癌物类别：3B；胚细胞突变类别：3A（德国，2004 年） **接触途径**：该物质可通过吸入其气溶胶和经食入吸收到体内 **吸入危险性**：20℃时蒸发可忽略不计，但扩散时可较快地达到空气中颗粒物有害浓度，尤其是粉末。 **短期接触的影响**：该物质刺激眼睛、皮肤和呼吸道 **长期或反复接触的影响**：该物质可能对血液，胃肠道，肾，肝和神经系统有影响，导致贫血、高血压、肾损伤、肝损害、惊厥、瘫痪。该物质可能是人类致癌物。会造成人类严重生殖毒性		
物理性质	**熔点**：290℃（分解） **相对密度（水=1）**：4.6 **水中溶解度**：20℃时 52g/100mL		
环境数据	该物质对水生生物是有毒的。该物质可能在水生环境中造成长期影响。在对人类重要的食物链中发生生物蓄积，特别是在海洋生物和陆生生物中。由于在环境中的持久性，强烈建议不要让该化学品进入环境		
注解	根据接触程度，建议定期进行医疗检查。不要将工作服带回家中		

IPCS
International
Programme on
Chemical Safety

国际化学品安全卡

二氧化铅			ICSC 编号：1001
CAS 登记号：1309-60-0 RTECS 号：OGO700000 UN 编号：1872 EC 编号：082-001-00-6 中国危险货物编号：1872 分子量：239.2	中文名称：二氧化铅；过氧化铅；氧化铅（IV） 英文名称：LEAD DIOXIDE;Lead peroxide;Lead(IV) oxide 化学式：PbO_2		
危害/接触类型	急性危害/症状	预防	急救/消防
火　灾	不可燃，但可助长其他物质燃烧。在火焰中释放出刺激性或有毒烟雾（或气体）	禁止与易燃物质接触。禁止与还原剂接触	周围环境着火时，雾状水灭火
爆　炸	与可燃物质和还原剂接触时，有着火和爆炸危险		
接　触		避免孕妇接触！	
# 吸入		局部排气通风或呼吸防护	新鲜空气，休息
# 皮肤		防护手套	脱去污染的衣服。冲洗，然后用水和肥皂清洗皮肤
# 眼睛		安全护目镜	先用大量水冲洗几分钟（如可能尽量摘除隐形眼镜），然后就医
# 食入	腹部疼痛，恶心，呕吐	工作时不得进食，饮水或吸烟。进食前洗手	漱口。大量饮水，给予医疗护理
泄漏处置	将泄漏物清扫进容器中。如果适当，首先润湿防止扬尘。小心收集残余物，然后转移到安全场所。不要让该化学品进入环境。个人防护用具：适用于有毒颗粒物的 P3 过滤呼吸器		
包装与标志	不得与食品和饲料一起运输 **欧盟危险性类别：**T 符号 N 符号 标记：A，E R:61-20/22-33-50/53-62 S:53-45-60-61 **联合国危险性类别：**5.1 **联合国包装类别：**III **中国危险性类别：**第 5.1 项氧化性物质 **中国包装类别：**III		
应急响应	**运输应急卡：**TEC(R)-51S1872		
储存	与食品和饲料和性质相互抵触的物质（见化学危险性）分开存放		
重要数据	**物理状态、外观：**棕色晶体或粉末 **化学危险性：**加热到 290℃时， 该物质分解生成氧和有毒烟雾。与可燃物质、有机物、硫、过氧化氢和磷激烈反应，有着火的危险 **职业接触限值：**阈限值：0.05mg/m³(以 Pb 计）（时间加权平均值）；A3（确认的动物致癌物，但未知与人类相关性）；公布生物暴露指数（美国政府工业卫生学家会议，2004 年）。最高容许浓度：0.05mg/m³（以 Pb 计）（可吸入粉尘）；致癌物类别：3B；胚细胞突变类别：3A（德国,2004 年） **接触途径：**该物质可通过吸入和经食入吸收到体内 **吸入危险性：**20℃时蒸发可忽略不计，但扩散时可较快地达到空气中颗粒物有害浓度，尤其是粉末 **长期或反复接触的影响：**该物质可能对血液、骨髓、中枢神经系统、末梢神经系统和肾有影响，导致贫血、脑病（惊厥）、末梢神经病、胃痉挛和肾损伤。对人类生殖或发育造成毒性		
物理性质	**熔点：**290℃（分解） **密度：**9.38g/cm³ **水中溶解度：**不溶		
环境数据	该物质可能在植物和哺乳动物中发生生物蓄积作用。强烈建议不要让该化学品进入环境		
注解	根据接触程度，建议定期进行医疗检查。不要将工作服带回家中		

IPCS
International
Programme on
Chemical Safety

国际化学品安全卡

四氧化铅			ICSC 编号：1002
CAS 登记号：1314-41-6 RTECS 号：OG5425000 EC 编号：082-001-00-6	中文名称：四氧化铅；原高铅酸铅；红铅；铅丹；C.I. 颜料红 105 英文名称：LEAD TETROXIDE; Lead orthoplumbate; Red lead; Minium; C.I. Pigment Red 105		
分子量：685.6	化学式：Pb_3O_4		
危害/接触类型	急性危害/症状	预防	急救/消防
火　灾	在火焰中释放出刺激性或有毒烟雾（或气体）。许多反应可能引起火灾或爆炸	禁止与还原剂接触	周围环境着火时，雾状 水灭火
爆　炸			
接　触		避免孕妇接触！	
# 吸入		局部排气通风或呼吸防护	新鲜空气，休息
# 皮肤		防护手套	脱去污染的衣服。冲洗，然后用水和肥皂清洗皮肤
# 眼睛		安全护目镜	先用大量水冲洗几分钟（如可能尽量摘除隐形眼镜），然后就医
# 食入	腹部疼痛，恶心，呕吐	工作时不得进食，饮水或吸烟。进食前洗手	漱口。大量饮水，给予医疗护理
泄漏处置	将泄漏物清扫进容器中。如果适当，首先润湿防止扬尘。小心收集残余物，然后转移到安全场所。不要让该化学品进入环境。个人防护用具：适用于有毒颗粒物的 P3 过滤呼吸器		
包装与标志	欧盟危险性类别：T 符号 N 符号　标记：A，E　R:61-20/22-33-50/53-62　S:53-45-60-61		
应急响应			
储存	与食品和饲料及强还原剂分开存放。见化学危险性		
重要数据	物理状态、外观：红色晶体或粉末 化学危险性：加热时，该物质分解生成氧和有毒烟雾。与还原剂激烈反应，有着火的危险 职业接触限值：阈限值：0.05mg/m³（以 Pb 计）（时间加权平均值）；A3（确认的动物致癌物，但未知与人类相关性）；公布生物暴露指数（美国政府工业卫生学家会议，2004 年）。最高容许浓度：0.05mg/m³（以 Pb 计）（可吸入粉尘）；致癌物类别：3B；胚细胞突变类别：3A（德国，2004 年） 接触途径：该物质可通过吸入和经食入吸收到体内 吸入危险性：20℃时蒸发可忽略不计，但扩散时可较快地达到空气中颗粒物有害浓度，尤其是粉末 长期或反复接触的影响：该物质可能对血液、骨髓、中枢神经系统、末梢神经系统和肾有影响，导致贫血、脑病（如，惊厥）、末梢神经病、腹部痉挛和肾损伤。对人类生殖和发育造成毒性		
物理性质	熔点：500℃（分解） 密度：9.1g/cm³ 水中溶解度：不溶		
环境数据	在植物和哺乳动物中可能发生生物蓄积。强烈建议不要让该化学品进入环境		
注解	根据接触程度，建议定期进行医疗检查。不要将工作服带回家中		

IPCS
International
Programme on
Chemical Safety

国际化学品安全卡

钼			ICSC 编号：1003
CAS 登记号：7439-98-7 RTECS 号：QA4680000 UN 编号：3089 中国危险货物编号：3089 原子量：95.9		中文名称：钼 英文名称：MOLYBDENUM 化学式：Mo	
危害/接触类型	急性危害/症状	预防	急救/消防
火　灾	在特定条件下是可燃的		周围环境着火时，使用适当的灭火剂
爆　炸	微细分散的颗粒物在空气中形成爆炸性混合物	防止粉尘沉积、密闭系统、防止粉尘爆炸型电气设备和照明	
接　触		防止粉尘扩散！	
# 吸入	咳嗽	局部排气通风或呼吸防护	新鲜空气，休息
# 皮肤		防护手套	用大量水冲洗皮肤或淋浴
# 眼睛	发红	安全眼镜	用大量水冲洗（如可能易行，摘除隐形眼镜）
# 食入		工作时不得进食，饮水或吸烟。进食前洗手	漱口。饮用 1 杯或 2 杯水
泄漏处置	将泄漏物清扫进容器中，如果适当，首先润湿防止扬尘。个人防护用具：适用于有害颗粒物的 P2 过滤呼吸器		
包装与标志	**联合国危险性类别**：4.1　　**联合国包装类别**：II; III **中国危险性类别**：第 4.1 项 易燃固体　**中国包装类别**：II；III		
应急响应	**运输应急卡**：TEC(R)-41GF3-II+III		
储存	与强氧化剂，卤素和强酸分开存放		
重要数据	**物理状态、外观**：银白色有光泽的金属或暗灰色粉末 **物理危险性**：以粉末或颗粒形状与空气混合，可能发生粉尘爆炸 **化学危险性**：与氧化剂、卤素和浓硝酸激烈反应，有着火的危险 **职业接触限值**：阈限值：10mg/m^3（可吸入粉尘）；3mg/m^3（可呼吸粉尘）（时间加权平均值）（美国政府工业卫生学家会议，2006 年）。最高容许浓度：IIb（未制定标准但可提供数据）（德国，2006 年） **短期接触的影响**：见注解 **长期或反复接触的影响**：见注解		
物理性质	**沸点**：4612℃ **熔点**：2617℃ **密度**：10.2g/cm^3 **水中溶解度**：不溶		
环境数据			
注解	对接触该物质的健康影响未进行充分调查。对该物质的环境影响未进行调查		

IPCS
International
Programme on
Chemical Safety

国际化学品安全卡

油酸			ICSC 编号：1005
CAS 登记号：112-80-1 RTECS 号：RG2275000	中文名称：油酸；9-十八（碳）烯酸；9,10-十八（碳）烯酸；顺式-9-十八（碳）烯酸 英文名称：OLEIC ACID;9-Octadecenoic acid; 9,10-Octadecenoic acid; Oleinic acid; cis-9-Octadecenoic acid		
分子量：282.5	化学式：$C_{18}H_{34}O_2/C_8H_{17}CH{=}CH(CH_2)_7COOH$		
危害/接触类型	急性危害/症状	预防	急救/消防
火　灾	可燃的	禁止明火	干粉、雾状水、泡沫、二氧化碳
爆　炸			
接　触			
# 吸入		局部排气通风	新鲜空气，休息
# 皮肤	发红	防护手套	冲洗，然后用水和肥皂清洗皮肤
# 眼睛	发红	安全护目镜	先用大量水冲洗几分钟（如可能尽量摘除隐形眼镜），然后就医
# 食入	见注解	工作时不得进食，饮水或吸烟	
泄漏处置	将泄漏液收集在有盖的容器中。用大量水冲净泄漏液		
包装与标志			
应急响应	美国消防协会法规：H0（健康危险性）；F1（火灾危险性）；R0（反应危险性）		
储存	与强碱分开存放		
重要数据	物理状态、外观：无色液体，遇空气变黄色至棕色 化学危险性：该物质是一种弱酸 职业接触限值：阈限值未制定标准。致癌物类别：3A（德国，2008 年） 吸入危险性：20℃时蒸发可忽略不计，但喷洒时可较快地达到空气中颗粒物公害污染浓度 短期接触的影响：该物质轻微刺激眼睛和皮肤		
物理性质	沸点：低于沸点发生分解 熔点：13.4℃ 相对密度（水=1）：0.89 水中溶解度：不溶 闪点：189℃（闭杯） 自燃温度：363℃ 辛醇/水分配系数的对数值：7.73（估计值）		
环境数据			
注解	该物质可通过食入吸收，但未发现有害影响		

IPCS
International
Programme on
Chemical Safety

国际化学品安全卡

<table>
<tr><td colspan="3">高氯酸（72%溶液）</td><td>ICSC 编号：1006</td></tr>
<tr><td colspan="2">CAS 登记号：7601-90-3
RTECS 号：SC7500000
UN 编号：1873
EC 编号：017-006-00-4
中国危险货物编号：1873
分子量：100.46</td><td colspan="2">中文名称：高氯酸（72%溶液）；高氯酸
英文名称：PERCHLORIC ACID (72% SOLUTION); Hydronium perchlorate

化学式：$ClHO_4$</td></tr>
<tr><td>危害/接触类型</td><td>急性危害/症状</td><td>预防</td><td>急救/消防</td></tr>
<tr><td>火 灾</td><td>不可燃，但可助长其他物质燃烧，许多反应可能引起火灾或爆炸，在火焰中释放出刺激性或有毒烟雾（或气体）</td><td>禁止与可燃物质和还原剂接触</td><td>周围环境着火时，雾状水灭火</td></tr>
<tr><td>爆 炸</td><td>与金属，还原剂，有机物接触，有着火和爆炸危险</td><td>不要受摩擦或撞击</td><td>着火时，喷雾状水保持料桶等冷却，从掩蔽位置灭火</td></tr>
<tr><td>接 触</td><td></td><td>防止产生烟云!避免一切接触!</td><td>一切情况均向医生咨询!</td></tr>
<tr><td># 吸入</td><td>腐蚀作用，咽喉痛，灼烧感，咳嗽，呼吸困难，症状可能推迟显现（见注解）</td><td>通风，局部排气通风或呼吸防护，用于高氯酸的通风系统必须特别设计和维护</td><td>新鲜空气，休息，半直立体位，必要时进行人工呼吸，给予医疗护理，见注解</td></tr>
<tr><td># 皮肤</td><td>腐蚀作用，发红，疼痛，严重皮肤烧伤</td><td>防护手套，防护服</td><td>脱去污染的衣服，用大量水冲洗皮肤或淋浴，给予医疗护理</td></tr>
<tr><td># 眼睛</td><td>腐蚀作用，发红，疼痛，永久失明，严重深度烧伤</td><td>面罩，或眼睛防护结合呼吸防护</td><td>先用大量水冲洗几分钟（如可能尽量摘除隐形眼镜），然后就医</td></tr>
<tr><td># 食入</td><td>腐蚀作用，咽喉疼痛，腹部疼痛，灼烧感，腹泻，休克或虚脱，呕吐</td><td>工作时不得进食，饮水或吸烟</td><td>漱口，不要催吐，给予医疗护理</td></tr>
<tr><td>泄漏处置</td><td colspan="3">撤离危险区域！向专家咨询！不要用锯末或其他可燃吸收剂吸收。用惰性物质吸收泄漏物。然后转移到安全场所。小心中和残余物。不要冲入下水道。个人防护用具：全套防护服包括自给式呼吸器</td></tr>
<tr><td>包装与标志</td><td colspan="3">特殊材料。不易破碎包装，将易破碎包装放在不易破碎的密闭容器中
欧盟危险性类别：O 符号 C 符号 R:5-8-35 S:1/2-23-26-36-45
联合国危险性类别:5.1 联合国次要危险性:8 联合国包装类别:I
中国危险性类别：第 5.1 项氧化性物质
中国次要危险性：8 中国包装类别：I</td></tr>
<tr><td>应急响应</td><td colspan="3">运输应急卡：TEC（R）-51G07 美国消防协会法规：H3（健康危险性）；F0（火灾危险性）；R3（反应危险性）；OX（氧化剂）</td></tr>
<tr><td>储存</td><td colspan="3">耐火设备（条件）。与某些物质（见化学危险性）分开存放。严格密封</td></tr>
<tr><td>重要数据</td><td colspan="3">物理状态、外观：无色液体，有刺鼻气味
化学危险性：加热时可能发生爆炸。加热时，该物质分解生成有毒和腐蚀性烟雾。该物质是一种强氧化剂。与可燃物质和还原性物质，有机物和强碱激烈反应，有着火和爆炸危险。浸蚀许多金属，生成易燃/爆炸性气体氢（见卡片#0001）。如果浓度超过 72%，该酸不稳定。干燥时，受撞击或震荡，可能发生爆炸。与可燃物料（如纸张）形成的混合物在室温下可能自燃
职业接触限值：阈限值未制定标准。最高容许浓度未制定标准
接触途径：该物质可通过吸入和经食入吸收到体内
吸入危险性：未指明 20℃时该物质蒸发达到空气中有害浓度的速率
短期接触的影响：腐蚀作用。该蒸气极腐蚀眼睛、皮肤和呼吸道。吸入蒸气或烟云可能引起肺水肿（见注解）。影响可能推迟显现。需进行医学观察</td></tr>
<tr><td>物理性质</td><td colspan="2">沸点：19℃（分解）
熔点：-112℃
相对密度（水=1）：22℃时 1.76</td><td>水中溶解度：混溶
蒸气相对密度（空气=1）：3.5</td></tr>
<tr><td>环境数据</td><td colspan="3">该物质对水生生物是有害的</td></tr>
<tr><td>注解</td><td colspan="3">在设计用于其他物质的通风柜内，不要使用高氯酸。肺水肿症状常常经过几个小时以后才变得明显，体力劳动使症状加重。因而休息和医学观察是必要的。应当考虑由医生或医生指定的人立即采取适当吸入治疗法。用大量水冲洗工作服（有着火危险）。切勿将水喷洒在该物质上，溶解或稀释时总要缓慢将它加入到水中</td></tr>
</table>

IPCS
International
Programme on
Chemical Safety

国际化学品安全卡

氯甲酸苯酯			ICSC 编号：1007
CAS 登记号：1885-14-9 RTECS 号：FG3850000 UN 编号：2746 中国危险货物编号：2746 分子量：156.6	中文名称：氯甲酸苯酯；苯基氯甲酸酯；苯氧基羰酰氯；碳氯酸苯酯 英文名称：PHENYL CHLOROFORMATE; Phenyl chlorocarbonate; Formic acid, chloro-, phenyl ester; Phenoxycarbonyl chloride; Carbonochloridic acid, phenyl ester 化学式：$C_7H_5ClO_2$/C_6H_5OCOCl		
危害/接触类型	急性危害/症状	预防	急救/消防
火　灾	可燃的。在火焰中释放出刺激性或有毒烟雾（或气体）	禁止明火	干粉，二氧化碳，抗溶性泡沫。禁止用水
爆　炸	高于 69℃，可能形成爆炸性蒸气/空气混合物	高于 69℃，使用密闭系统、通风	
接　触		严格作业环境管理！	一切情况均向医生咨询！
# 吸入	咽喉痛。灼烧感。咳嗽。呼吸困难。呼吸短促。症状可能推迟显现（见注解）	通风，局部排气通风或呼吸防护	新鲜空气，休息。半直立体位。必要时进行人工呼吸。给予医疗护理
# 皮肤	发红。疼痛。皮肤烧伤	防护手套。防护服	脱去污染的衣服。用大量水冲洗皮肤或淋浴。给予医疗护理
# 眼睛	发红。疼痛。严重深度烧伤	面罩，或眼睛防护结合呼吸防护	先用大量水冲洗几分钟（如可能尽量摘除隐形眼镜），然后就医
# 食入	腹部疼痛。灼烧感。休克或虚脱	工作时不得进食，饮水或吸烟。进食前洗手	漱口。不要催吐。大量饮水。给予医疗护理
泄漏处置	撤离危险区域！向专家咨询！将泄漏液收集在可密闭的干燥塑料容器中。用干砂土或惰性吸收剂吸收残液，并转移到安全场所。不要让该化学品进入环境。个人防护用具：化学防护服包括自给式呼吸器		
包装与标志	不得与食品和饲料一起运输。污染海洋物质 **联合国危险性类别**：6.1 **联合国次要危险性**：8 **联合国包装类别**：II **中国危险性类别**：第 6.1 项毒性物质 **中国次要危险性**：8 **中国包装类别**：II		
应急响应	**运输应急卡**：TEC(R)-61GTC1-II		
储存	干燥。严格密封。与酸类、醇类、胺类、碱类、氧化剂、食品和饲料分开存放。储存在没有排水管或下水道的场所		
重要数据	**物理状态、外观**：无色液体，有刺鼻气味 **化学危险性**：加热时或与水或湿气接触时，该物质分解，生成含氯化氢和苯酚的有毒和腐蚀性烟雾与酸类、醇类、胺类、碱类、氧化剂和金属激烈反应 **职业接触限值**：阈限值未制定标准。最高容许浓度未制定标准。参考苯酚和氯化氢的阈限值和最高容许浓度 **接触途径**：该物质可通过吸入其蒸气，经皮肤和食入吸收到体内 **吸入危险性**：20℃时，该物质蒸发较快达到空气中有害污染浓度 **短期接触的影响**：该物质腐蚀眼睛，皮肤和呼吸道。食入有腐蚀性。吸入蒸气可能引起肺水肿（见注解）。影响可能推迟显现		
物理性质	**沸点**：188～189℃ **熔点**：-28℃ **密度**：1.2g/cm^3 **水中溶解度**：反应 **蒸气压**：20℃时 90Pa **蒸气相对密度（空气=1）**：5.41 **蒸气/空气混合物的相对密度（20℃，空气=1）**：1.002 **闪点**：69℃（闭杯） **自燃温度**：540℃		
环境数据	该物质对水生生物是有害的		
注解	与灭火剂，如水激烈反应。肺水肿症状常常经过几个小时以后才变得明显，体力劳动使症状加重。因而休息和医学观察是必要的。应当考虑由医生或医生指定的人立即采取适当吸入治疗法。参见卡片 #0163 氯化氢和#0070 苯酚		

IPCS
International
Programme on
Chemical Safety

国际化学品安全卡

磷酸			ICSC 编号：1008
CAS 登记号：7664-38-2 RTECS 号：TB6300000 UN 编号：1805 EC 编号：015-011-00-6 中国危险货物编号：1805 分子量：98		中文名称：磷酸；原磷酸 英文名称：PHOSPHORIC ACID; Orthophosphoric acid 化学式：H_3O_4P/H_3PO_4	
危害/接触类型	急性危害/症状	预防	急救/消防
火　灾	不可燃。在火焰中释放出刺激性或有毒烟雾（或气体）。见注解		周围环境着火时，允许使用各种灭火剂
爆　炸			
接　触		防止产生烟云！	
# 吸入	灼烧感，咳嗽，气促，咽喉痛	通风	新鲜空气，休息，给予医疗护理
# 皮肤	发红，疼痛，皮肤烧伤，水疱	防护手套，防护服	脱去污染的衣服，用大量水冲洗皮肤或淋浴，给予医疗护理
# 眼睛	疼痛，发红，严重深度烧伤	护目镜，或眼睛防护结合呼吸防护	先用大量水冲洗几分钟（如可能尽量摘除隐形眼镜），然后就医
# 食入	腹部疼痛，灼烧感，休克或虚脱	工作时不得进食，饮水或吸烟	漱口，大量饮水，不要催吐，给予医疗护理
泄漏处置	将泄漏物清扫进有盖的容器中。如果适当，首先润湿防止扬尘。小心收集残余物，然后转移到安全场所。化学防护服包括自给式呼吸器		
包装与标志	不得与食品和饲料一起运输 **欧盟危险性类别**：C 符号　标记：B　R:34　S:1/2-26-45 **联合国危险性类别**：8　**联合国包装类别**：III **中国危险性类别**：第 8 类腐蚀性物质　**中国包装类别**：III		
应急响应	**运输应急卡**：TEC(R)-80S1805 **美国消防协会法规**：H2（健康危险性）；F0（火灾危险性）；R0（反应危险性）		
储存	与食品和饲料分开存放。见化学危险性。严格密封。干燥		
重要数据	**物理状态、外观**：无色吸湿的晶体 **化学危险性**：在偶氮化合物和环氧化合物的作用下，该物质激烈聚合。燃烧时，生成氧化亚磷有毒烟雾。与醇类，醛类，氰化物，酮，苯酚，酯类，硫化物，卤代有机物接触时，该物质分解生成有毒烟雾。浸蚀许多金属，生成易燃/爆炸性气体氢（见卡片#0001）。该物质是一种中强酸，与碱激烈反应 **职业接触限值**：阈限值：1mg/m³（时间加权平均值），3mg/m3（短期接触限值）（美国政府工业卫生学家会议，2004 年）。最高容许浓度：2mg/m³（可吸入粉尘）；最高限值种类：I（2）；妊娠风险等级：C（德国，2005 年）。欧盟职业接触限值：1 mg/m³（8h），2 mg/m³（短期） **接触途径**：该物质可通过吸入其气溶胶和经食入吸收到体内 **吸入危险性**：20℃时该物质蒸发不会或很缓慢地达到空气中有害污染浓度 **短期接触的影响**：该物质腐蚀眼睛、皮肤和呼吸道。食入有腐蚀性		
物理性质	**沸点**：低于沸点在 213℃分解 **熔点**：42℃ **密度**：1.9g/cm³ **水中溶解度**：易溶 **蒸气压**：20℃时 4Pa		
环境数据			
注解	切勿将水喷洒在该物质上，溶解或稀释时总要缓慢将它加入到水中		

IPCS
International
Programme on
Chemical Safety

国际化学品安全卡

碘化钠（无水）			ICSC 编号：1009
CAS 登记号：7681-82-5 RTECS 号：WB6475000 分子量：149.9		中文名称：碘化钠（无水）；一碘化钠 英文名称：SODIUM IODIDE (ANHYDROUS); Sodium monoiodide 化学式：NaI	
危害/接触类型	急性危害/症状	预防	急救/消防
火　灾	不可燃。在火焰中释放出刺激性或有毒烟雾（或气体）		周围环境着火时，使用适当的灭火剂
爆　炸			
接　触		防止粉尘扩散！避免孕妇接触！	
# 吸入	咳嗽。咽喉痛。头痛	通风（如果没有粉末时），局部排气通风或呼吸防护	新鲜空气，休息
# 皮肤	发红	防护手套	脱去污染的衣服。用大量水冲洗皮肤或淋浴
# 眼睛	发红	安全护目镜，或如为粉末，眼睛防护结合呼吸防护	先用大量水冲洗几分钟（如可能尽量摘除隐形眼镜），然后就医
# 食入	腹泻。恶心。呕吐	工作时不得进食，饮水或吸烟	漱口。饮用 1～2 杯水。给予医疗护理
泄漏处置	将泄漏物清扫进容器中。个人防护用具：适用于惰性颗粒物的 P1 过滤呼吸器		
包装与标志			
应急响应			
储存	与强氧化剂、食品和饲料分开存放。干燥。严格密封		
重要数据	**物理状态、外观：**无色至白色吸湿晶体或白色粉末。遇空气时变棕色。 **化学危险性：**与强氧化剂激烈反应，生成碘烟雾。 **职业接触限值：**阈限值：（以碘化物计，可吸入粉尘或蒸气）0.01ppm（时间加权平均值）；A4（不能分类为人类致癌物）（美国政府工业卫生学家会议，2008 年）。 **接触途径：**该物质可经食入吸收到体内。 **吸入危险性：**可较快地达到空气中颗粒物有害浓度，尤其是粉末。 **短期接触的影响：**该物质刺激眼睛、皮肤和呼吸道 **长期或反复接触的影响：**如果被食入，该物质可能对甲状腺有影响，可能引起系统过敏。见注解		
物理性质	沸点：1304℃ 熔点：660℃ 密度：3.67g/cm^3 水中溶解度：25℃时 184g/100mL		
环境数据			
注解	本卡片所述的健康影响也适用于二水合碘化钠（CAS 登记号 13517-06-1）。系统过敏症状可能包括气道梗阻和各种皮肤反应，或者甚至过敏性休克。妊娠期间接触可能影响新生儿的甲状腺功能		

IPCS
International
Programme on
Chemical Safety

国际化学品安全卡

钼酸钠	ICSC 编号：1010
CAS 登记号：7631-95-0 RTECS 号：QA5075000	中文名称：钼酸钠；钼酸钠盐；钼酸二钠 英文名称：SODIUM MOLYBDATE; Molybdic acid, disodium salt; Disodium molybdate
分子量：205.9	化学式：Na_2MoO_4

危害/接触类型	急性危害/症状	预防	急救/消防
火　灾	在特定条件下是可燃的	禁止明火	周围环境着火时，使用适当的灭火剂
爆　炸	与熔融的镁接触时，有着火和爆炸危险		
接　触		避免一切接触！	
# 吸入	咳嗽。咽喉痛	局部排气通风或呼吸防护	新鲜空气，休息。给予医疗护理
# 皮肤	发红	防护手套	脱去污染的衣服。冲洗，然后用水和肥皂清洗皮肤
# 眼睛	发红	安全护目镜，如为粉末，眼睛防护结合呼吸防护	先用大量水冲洗几分钟（如可能尽量摘除隐形眼镜），然后就医
# 食入	腹部疼痛。恶心。呕吐。腹泻	工作时不得进食，饮水或吸烟	大量饮水。给予医疗护理
泄漏处置	将泄漏物清扫进有盖的容器中。个人防护用具：适用于有害颗粒物的 P2 过滤呼吸器		
包装与标志			
应急响应			
储存	与强氧化剂、卤素分开存放		
重要数据	**物理状态、外观：** 白色粉末 **化学危险性：** 加热时，该物质分解生成含氧化钠的有毒烟雾。与卤素激烈反应，有着火和爆炸危险 **职业接触限值：** 阈限值：$0.5mg/m^3$（以 Mo 计，可溶解钼化合物，可吸入粉尘）（时间加权平均值）；A3（确认的动物致癌物，但未知与人类相关性）（美国政府工业卫生学家会议，2004 年）。最高容许浓度：IIb（未制定标准，但可提供数据）（德国，2004 年） **接触途径：** 该物质可通过吸入吸收到体内 **吸入危险性：** 扩散时可较快地达到空气中颗粒物有害浓度 **短期接触的影响：** 气溶胶刺激呼吸道和眼睛 **长期或反复接触的影响：** 该物质可能对呼吸道有影响。该物质可能是人类致癌物		
物理性质	熔点：687℃ 密度：$3.78g/cm^3$ 水中溶解度：100℃时 84 g/100 mL		
环境数据			
注解	对接触该物质的环境影响未进行充分调查		

IPCS
International
Programme on
Chemical Safety

国际化学品安全卡

亚硝酸异戊酯			ICSC 编号：1012
CAS 登记号：110-46-3 RTECS 号：NT0187500 UN 编号：1113 中国危险货物编号：1113 分子量：117.2		中文名称：亚硝酸异戊酯；亚硝酸戊酯；亚硝酸-3-甲基丁酯；3-甲基亚硝酸丁酯；亚硝酸异戊醇酯 英文名称：ISOAMYL NITRITE; Amyl nitrite; Nitrous acid,3-methylbutylester; 3-Methylbutanol nitrite; Isopentyl alcohol nitrite 化学式：$C_5H_{11}NO_2$	
危害/接触类型	急性危害/症状	预防	急救/消防
火　灾	高度易燃。许多反应可能引起火灾或爆炸。受热引起压力升高，容器有爆裂危险	禁止明火、禁止火花和禁止吸烟	雾状水，抗溶性泡沫
爆　炸	蒸气/空气混合物有爆炸性	密闭系统，通风，防爆型电气设备与照明。不要使用压缩空气灌装，卸料或转运	着火时，喷雾状水保持料桶等冷却。从掩蔽位置灭火
接　触		防止产生烟云！严格作业环境管理！	一切情况均向医生咨询！
# 吸入	嘴唇或指甲发青，皮肤发青，意识模糊，惊厥，眩晕，头痛，出汗，恶心，神志不清，呕吐，面部潮红。症状可能推迟显现。（见注解）	通风，局部排气通风或呼吸防护	必要时进行人工呼吸，给予医疗护理
# 皮肤	可能被吸收！	防护手套，防护服	脱掉污染的衣服，冲洗，然后用水和肥皂洗皮肤，给予医疗护理
# 眼睛		安全护目镜，面罩或眼睛防护结合呼吸防护	首先用大量水冲洗几分钟（如可能尽量摘除隐形眼镜），然后就医
# 食入	（见吸入）	工作时不得进食、饮水或吸烟。进食前洗手	漱口，给予医疗护理
泄漏处置	撤离危险区域！向专家咨询！通风。移除所有引燃源。将泄漏液收集在有盖容器中。用砂土或惰性吸收剂吸收残液并转移到安全场所。不要冲入下水道。化学防护服，包括自给式呼吸器		
包装与标志	气密。不得与食品和饲料一起运输 **欧盟危险性类别**：F 符号 Xn 符号 R:11-20/22 S:2-16-24-46 **联合国危险性类别**：3　　**联合国包装类别**：II **中国危险性类别**：第 3 类 易燃液体　　**中国包装类别**：II		
应急响应	**运输应急卡**：TEC(R)- 30G30 **美国消防协会法规**：H1（健康危险性）；F（火灾危险性）；R2（反应危险性）		
储存	耐火设备（条件）。与强氧化剂分开存放。阴凉场所。严格密封		
重要数据	**物理状态、外观**：黄色液体，有特殊气味 **物理危险性**：蒸气比空气重，可能沿地面流动，可能造成远处着火 **化学危险性**：加热时可能发生爆炸。燃烧时，该物质分解生成含有氮氧化物的有毒气体。与氧化剂反应，有着火和爆炸危险 **职业接触限值**：阈限值未制定标准 **接触途径**：该物质可通过吸入和经皮肤吸收到体内 **吸入危险性**：20℃时该物质蒸发，可相当快地达到空气中有害浓度 **短期接触的影响**：该物质可能对血液和心血管系统有影响，导致心脏病和形成正铁血红蛋白。影响可能推迟显现。需要进行医学观察		
物理性质	**沸点**：97～99℃ **相对密度（水=1）**：0.875 **水中溶解度**：不溶 **蒸气压**：20℃时 3.5kPa	**蒸气相对密度（空气=1）**：4.0 **蒸气/空气混合物的相对密度（20℃，空气=1）**：1.1 **闪点**：3℃ **自燃温度**：209℃	
环境数据			
注解	在封闭空间中燃烧时，可能转变为爆炸。根据接触程度，建议定期进行医疗检查。该物质中毒时需采取必要的治疗措施，必须提供有指示说明的适当方法		

IPCS
International
Programme on
Chemical Safety

国际化学品安全卡

盐酸苯胺		ICSC 编号：1013
CAS 登记号：142-04-1 RTECS 号：CY0875000 UN 编号：1548 EC 编号：612-009-00-2 中国危险货物编号：1548	中文名称：盐酸苯胺；苯胺氯；苯胺盐 英文名称：ANILINE HYDROCHLORIDE; Benzenamine hydrochloride; Anilinium chloride; Aniline salt	
分子量：129.59	化学式：$C_6H_8ClN/C_6H_7N\cdot HCl$	

危害/接触类型	急性危害/症状	预防	急救/消防
火　灾	可燃的。在火焰中释放出刺激性或有毒烟雾（或气体）	禁止明火。禁止与氧化剂接触	干粉、雾状水、泡沫、二氧化碳
爆　炸	与氧化剂接触时，有着火和爆炸危险		
接　触		避免一切接触！	一切情况均向医生咨询！
# 吸入	咳嗽，咽喉痛，嘴唇发青或指甲发青，皮肤发青，意识模糊，惊厥，头晕，头痛，恶心，神志不清	局部排气通风或呼吸防护	新鲜空气，休息。给予医疗护理。见注解
# 皮肤	可能被吸收！发红	防护手套，防护服	脱去污染的衣服，冲洗，然后用水和肥皂清洗皮肤，给予医疗护理
# 眼睛	发红	面罩或眼睛防护结合呼吸防护	先用大量水冲洗几分钟（如可能尽量摘除隐形眼镜），然后就医
# 食入	见吸入	工作时不得进食，饮水或吸烟。进食前洗手	漱口，催吐（仅对清醒病人！），给予医疗护理。见注解
泄漏处置	将泄漏物清扫进可密闭容器中。如果适当，首先润湿防止扬尘。小心收集残余物，然后转移到安全场所。不要让该化学品进入环境。个人防护用具：适用于有机蒸气和有害粉尘的 A/P2 过滤呼吸器		
包装与标志	不得与食品和饲料一起运输 **欧盟危险性类别**：T 符号 N 符号 标记：A R:23/24/25-40-41-43-48/23/24/25-68-50 S:1/2-27-36/37/39-45-61-63 **联合国危险性类别**：6.1 **联合国包装类别**：III **中国危险性类别**：第 6.1 项毒性物质 **中国包装类别**：III		
应急响应	运输应急卡：TEC(R)-61GT2-III 美国消防协会法规：H3（健康危险性）；F1（火灾危险性）；R0（反应危险性）		
储存	与强氧化剂、强酸、食品和饲料分开存放。干燥。严格密封。储存在没有排水管或下水道的场所。注意收容灭火产生的废水		
重要数据	**物理状态、外观**：白色吸湿晶体，遇空气和光时变暗 **化学危险性**：受热时或与酸类接触时，该物质分解生成含苯胺、氮氧化物和氯化氢有毒和腐蚀性烟雾。与氧化剂激烈反应，有着火和爆炸的危险 **职业接触限值**：阈限值：（以苯胺和同系物计）2ppm(时间加权平均值)（经皮），A3（确认的动物致癌物，但未知与人类相关性）；公布生物暴露指数（美国政府工业卫生学家会议，2004 年）。最高容许浓度：（以苯胺计）2ppm，$7.7mg/m^3$；皮肤 致敏剂；最高限值种类：II（2）；致癌物类别：4；妊娠风险等级：C；公布生物接触限值（德国，2008 年） **接触途径**：该物质可通过吸入、经皮肤和食入吸收到体内 **吸入危险性**：未指明 20℃时该物质蒸发达到空气中有害浓度的速率 **短期接触的影响**：该物质刺激眼睛、皮肤和呼吸道。该物质可能对血液有影响导致形成正铁血红蛋白。高浓度接触时，可能导致死亡。需进行医学观察。影响可能推迟显现。见注解 **长期或反复接触的影响**：反复或长期接触可能引起皮肤过敏。该物质可能对血液发有影响，致形成正铁血红蛋白		
物理性质	沸点：245℃ 熔点：196~202℃ 密度：$1.22g/cm^3$	水中溶解度：20℃时 107g/100mL 蒸气相对密度（空气=1）：4.46 闪点：193℃（开杯）	
环境数据	该物质对水生生物有极高毒性		
注解	饮用含酒精饮料增进有害影响。根据接触程度，建议定期进行医疗检查。该物质中毒时，需采取必要的治疗措施。必须提供有指示说明的适当方法。可参考卡片#0011（苯胺）		

IPCS
International
Programme on
Chemical Safety

国际化学品安全卡

茴香醚			ICSC 编号：1014
CAS 登记号：100-66-3 RTECS 号：BZ8050000 UN 编号：2222 中国危险货物编号：2222		中文名称：茴香醚；苯甲醚；甲氧基苯 英文名称：ANISOLE; Phenyl methyl ether; Methoxybenzene	
分子量：108.1		化学式：C_7H_8O	
危害/接触类型	急性危害/症状	预防	急救/消防
火　灾	易燃的	禁止明火、禁止火花和禁止吸烟	泡沫，干粉，二氧化碳
爆　炸	高于 52℃，可能形成爆炸性蒸气/空气混合物	高于 52℃，使用密闭系统、通风和防爆型电气设备	着火时，喷雾状水保持料桶等冷却
接　触			
# 吸入	灼烧感，咳嗽，咽喉痛	通风，局部排气通风或呼吸防护	新鲜空气，休息
# 皮肤	皮肤干燥，发红	防护手套	脱去污染的衣服。冲洗，然后用水和肥皂清洗皮肤
# 眼睛	发红，疼痛	安全护目镜	先用大量水冲洗几分钟（如可能尽量摘除隐形眼镜），然后就医
# 食入		工作时不得进食，饮水或吸烟	漱口，不要催吐，给予医疗护理
泄漏处置	通风。移除全部引燃源。将泄漏液收集在可密闭的容器中。用砂土或惰性吸收剂吸收残液，并转移到安全场所		
包装与标志	联合国危险性类别：3　联合国包装类别：III 中国危险性类别：第 3 类易燃液体　中国包装类别：7		
应急响应	运输应急卡：TEC(R)-30S2222 美国消防协会法规：H1（健康危险性）；F2（火灾危险性）；R0（反应危险性）		
储存	耐火设备（条件）		
重要数据	物理状态、外观：无色至黄色液体，有特殊气味 职业接触限值：阈限值未制定标准。最高容许浓度未制定标准 接触途径：该物质可通过吸入吸收到体内 吸入危险性：未指明 20℃时该物质蒸发达到空气中有害浓度的速率 短期接触的影响：该物质刺激眼睛、皮肤和呼吸道。如果吞咽液体吸入肺中，可能引起化学肺炎的危险 长期或反复接触的影响：液体使皮肤脱脂		
物理性质	沸点：155℃ 熔点：-37℃ 相对密度（水=1）：0.99 水中溶解度：微溶 蒸气压：25℃时 0.47kPa 蒸气相对密度（空气=1）：3.7 蒸气/空气混合物的相对密度（20℃，空气=1）：1.13 闪点：52℃（开杯） 自燃温度：475℃ 辛醇/水分配系数的对数值：2.11		
环境数据			
注解			

IPCS
International
Programme on
Chemical Safety

UNEP

国际化学品安全卡

苯甲酰氯			ICSC 编号：1015
CAS 登记号：98-88-4 RTECS 号：DM6600000 UN 编号：1736 EC 编号：607-012-00-0 中国危险货物编号：1736 分子量：140.57		中文名称：苯甲酰氯；苯甲酸氯；*α*-氯苯甲醛 英文名称：BENZOYL CHLORIDE; Benzenecarbonyl chloride; Benzoic acid chloride; alpha-Chlorobenzaldehyde 化学式：C_7H_5ClO/C_6H_5COCl	
危害/接触类型	急性危害/症状	预防	急救/消防
火　灾	可燃的。许多反应可能引起火灾或爆炸。在火焰中释放出刺激性或有毒烟雾（或气体）	禁止明火。禁止与性质相互抵触的物质接触。见化学危险性。禁止与高温表面接触	抗溶性泡沫，干粉，二氧化碳。禁止用水
爆　炸	高于 72℃，可能形成爆炸性蒸气/空气混合物	高于 72℃，使用密闭系统，通风和防爆型电气设备	着火时，喷雾状水保持料桶等冷却，但避免该物质与水接触
接　触		防止产生烟云！严格作业环境管理！	一切情况均向医生咨询！
# 吸入	灼烧感。咳嗽。气促。咽喉痛。呼吸困难。症状可能推迟显现。（见注解）	避免吸入微细粉尘和烟云。密闭系统和通风	新鲜空气，休息。半直立体位。必要时进行人工呼吸。给予医疗护理。见注解
# 皮肤	发红。皮肤烧伤。灼烧感。疼痛。水疱	防护手套。防护服	脱去污染的衣服。用大量水冲洗皮肤或淋浴。给予医疗护理。急救时戴防护手套
# 眼睛	发红。疼痛。严重深度烧伤	面罩，或眼睛防护结合呼吸防护	先用大量水冲洗几分钟（如可能尽量摘除隐形眼镜），然后就医
# 食入	灼烧感，腹部疼痛，休克或虚脱。（另见吸入）	工作时不得进食，饮水或吸烟。进食前洗手	漱口。休息。不要催吐。给予医疗护理
泄漏处置	尽可能将泄漏液收集在可密闭的容器中。用砂土或惰性吸收剂吸收残液，并转移到安全场所。不要冲入下水道。化学防护服，包括自给式呼吸器		
包装与标志	气密。不得与食品和饲料一起运输 欧盟危险性类别：C 符号　R:34 S:1/2-26-45 联合国危险性类别：8　　联合国包装类别：II 中国危险性类别：第 8 类 腐蚀性物质　中国包装类别：II		
应急响应	运输应急卡：TEC(R)-80GC3-II+III 美国消防协会法规：H3（健康危险性）；F2（火灾危险性）；R1（反应危险性）；W（禁止用水）		
储存	与食品和饲料、性质相互抵触的物质分开存放。见化学危险性。干燥。严格密封		
重要数据	**物理状态、外观**：无色发烟液体，有刺鼻气味 **物理危险性**：蒸气比空气重 **化学危险性**：与高温表面或火焰接触时，该物质分解生成光气和氯化氢高毒和腐蚀性气体。加热时或与碱、醇、胺和二甲基亚砜（见卡片#0459）接触时，该物质迅速分解，有着火和爆炸危险。与强氧化剂激烈反应。与水或蒸汽反应，放热和生成氯化氢腐蚀性烟雾（见卡片#0163）。与金属盐接触时，浸蚀许多金属，生成易燃的氢气（见卡片#0001） **职业接触限值**：阈限值：0.5ppm（上限值）；致癌物类别：A4（美国政府工业卫生学家会议，2004 年）。最高容许浓度：致癌物类别：3B（德国，2004 年） **接触途径**：该物质可通过吸入和经食入吸收到体内 **吸入危险性**：20℃时蒸发可忽略不计，但可较快达到空气中颗粒物有害浓度 **短期接触的影响**：流泪。该物质腐蚀眼睛、皮肤和呼吸道。食入有腐蚀性。吸入蒸气或气溶胶可能引起肺水肿（见注解）		
物理性质	沸点：197.2℃ 熔点：−1℃ 相对密度（水=1）：1.21 水中溶解度：反应 蒸气压：20℃时 50Pa	蒸气相对密度（空气=1）：4.88 闪点：72℃（闭杯） 自燃温度：197.2℃ 爆炸极限：空气中 2.5%～27%（体积）	
环境数据	该物质对水生生物是有害的		
注解	与灭火剂如水激烈反应。肺水肿症状常常经过几个小时以后才变得明显，体力劳动使症状加重。因而休息和医学观察是必要的。应当考虑由医生或医生指定的人立即采取适当吸入治疗法。工作接触的任何时刻不应超过职业接触限值		

IPCS
International
Programme on
Chemical Safety

国际化学品安全卡

溴苯			ICSC 编号：1016
CAS 登记号：108-86-1 RTECS 号：CY9000000 UN 编号：2514 EC 编号：602-060-00-9 中国危险货物编号：2514		中文名称：溴苯；一溴代苯；苯基溴 英文名称：BROMOBENZENE; Monobromobenzene; Phenyl bromide	
分子量：157.02		化学式：C_6H_5Br	
危害/接触类型	急性危害/症状	预防	急救/消防
火　灾	易燃的	禁止明火。禁止明火、禁止火花和禁止吸烟	粉末，抗溶性泡沫，雾状水，二氧化碳
爆　炸	高于 51℃，可能形成爆炸性蒸气/空气混合物	高于 51℃，使用密闭系统、通风和防爆型电气设备。防止静电荷积聚（例如，通过接地）	
接　触		防止产生烟云！	
# 吸入	头晕	通风，局部排气通风或呼吸防护	新鲜空气，休息，给予医疗护理
# 皮肤	发红	防护手套	脱去污染的衣服。冲洗，然后用水和肥皂清洗皮肤，给予医疗护理
# 眼睛		安全护目镜	先用大量水冲洗几分钟（如可能尽量摘除隐形眼镜），然后就医
# 食入	恶心，腹泻	工作时不得进食，饮水或吸烟	不要催吐。给予医疗护理
泄漏处置	移除全部引燃源。尽可能将泄漏液收集在可密闭的容器中。用砂土或惰性吸收剂吸收残液，并转移到安全场所。不要让该化学品进入环境。个人防护用具：适用于有机气体和蒸气的过滤呼吸器		
包装与标志	不得与食品和饲料一起运输。污染海洋物质 欧盟危险性类别：Xi 符号 N 符号　R:10-38-51/53　S:2-61 联合国危险性类别：3　联合国包装类别：III 中国危险性类别：第 3 类易燃液体　中国包装类别：III		
应急响应	运输应急卡：TEC(R)-30GF1-III 美国消防协会法规：H2（健康危险性）；F2（火灾危险性）；R0（反应危险性）		
储存	耐火设备（条件）。沿地面通风		
重要数据	**物理状态、外观**：无色液体，有特殊气味 **物理危险性**：由于流动、搅拌等，可能产生静电 **化学危险性**：燃烧时，生成溴化氢有毒气体 **职业接触限值**：阈限值未制定标准 **接触途径**：该物质可通过吸入和经食入吸收到体内 **吸入危险性**：未指明 20℃时该物质蒸发达到空气中有害浓度的速率 **短期接触的影响**：该物质刺激皮肤。如果吞咽液体吸入肺中，可能引起化学肺炎。该物质可能对神经系统有影响 **长期或反复接触的影响**：该物质可能对肝和肾有影响，导致功能损伤		
物理性质	沸点：156.2℃ 熔点：−30.7℃ 相对密度（水=1）：1.5 水中溶解度：25℃时 0.04g/100 mL 蒸气压：25℃时 0.55kPa 蒸气相对密度（空气=1）：5.41	蒸气/空气混合物的相对密度（20℃，空气=1）：1.02 闪点：51℃（闭杯） 自燃温度：566℃ 爆炸极限：空气中 6%～36.5%（体积） 辛醇/水分配系数的对数值：2.99	
环境数据	该物质对水生生物是有毒的		
注解			

IPCS
International
Programme on
Chemical Safety

国际化学品安全卡

无水番木鳖碱			ICSC 编号：1017
CAS 登记号：357-57-3 RTECS 号：EH8925000 UN 编号：1570 EC 编号：614-006-00-1 中国危险货物编号：1570	中文名称：无水番木鳖碱；10,11-二甲氧基马钱子碱；2,3-二甲氧基士的宁定-10-酮；2,3-二甲氧基马钱子碱；二甲氧基马钱子碱 英文名称：BRUCINE, ANHYDROUS; 10,11-Dimethoxystrychnine; 2,3-Dimethoxystrychnidin-10-one; 2,3-Dimethylstrychnine; Dimethoxystrychnine		
分子量：394.47	化学式：$C_{23}H_{26}N_2O_4$		
危害/接触类型	急性危害/症状	预防	急救/消防
火　灾	可燃的。在火焰中释放出刺激性或有毒烟雾（或气体）	禁止明火	干粉、雾状水、泡沫、二氧化碳
爆　炸			
接　触		严格作业环境管理！	一切情况均向医生咨询！
# 吸入	见食入	通风（如果没有粉末时），局部排气通风或呼吸防护	新鲜空气，休息。必要时进行人工呼吸，给予医疗护理
# 皮肤		防护手套	脱去污染的衣服,冲洗,然后用水和肥皂清洗皮肤，给予医疗护理
# 眼睛	发红	护目镜	先用大量水冲洗几分钟（如可能尽量摘除隐形眼镜）,然后就医
# 食入	头痛，恶心，呕吐，抽搐，兴奋，烦躁，惊厥，呼吸困难	工作时不得进食，饮水或吸烟。进食前洗手	漱口。用水冲服活性炭浆，给予医疗护理。让病人完全不受打扰
泄漏处置	将泄漏物清扫进可密闭容器中。如果适当，首先润湿防止扬尘。小心收集残余物，然后转移到安全场所。不要让该化学品进入环境。个人防护用具：适用于有毒颗粒物的 P3 过滤呼吸器		
包装与标志	不得与食品和饲料一起运输 **欧盟危险性类别**：T+符号　R:26/28-52/53　S:1/2-13-45-61 **联合国危险性类别**：6.1　**联合国包装类别**：I **中国危险性类别**：第 6.1 项毒性物质　**中国包装类别**：I		
应急响应	运输应急卡：TEC(R)-61GT2-I		
储存	与强氧化剂、食品和饲料分开存放。干燥。严格密封		
重要数据	**物理状态、外观**：无色晶体或白色晶体粉末 **化学危险性**：加热时，该物质分解生成氮氧化物有毒烟雾。水溶液是一种弱碱。与强氧化剂反应，有着火和爆炸的危险 **职业接触限值**：阈限值未制定标准 **接触途径**：该物质可通过吸入其气溶胶和食入吸收到体内 **吸入危险性**：20℃时蒸发可忽略不计，但扩散时可较快地达到空气中颗粒物有害浓度，尤其是粉末 **短期接触的影响**：可能产生机械刺激。该物质可能对神经系统和眼睛有影响，导致惊厥和呼吸麻痹。接触可能导致死亡		
物理性质	**沸点**：470℃ **熔点**：178℃ **水中溶解度**：微溶 **辛醇/水分配系数的对数值**：0.98		
环境数据	该物质对水生生物是有害的。该物质可能对环境有危害，对鸟类应给予特别注意		
注解	该物质中毒时，需采取必要的治疗措施。必须提供有指示说明的适当方法。本卡片的建议也适用于番木鳖碱的水合物（CAS 登记号 5892-11-5）		

IPCS
International
Programme on
Chemical Safety

国际化学品安全卡

甲基丙烯酸正丁酯			ICSC 编号：1018
CAS 登记号：97-88-1 RTECS 号：OZ3675000 UN 编号：2227 EC 编号：607-033-00-5 中国危险货物编号：2227 分子量：142.2	中文名称：甲基丙烯酸正丁酯；2-甲基丙烯酸丁酯；2-甲基-2-丙烯酸丁酯；甲基丙烯酸丁酯 英文名称：*n*-BUTYL METHACRYLATE; 2-Methyl butylacrylate; 2-Propenoic acid, 2-methyl-, butyl ester; Butyl 2-methacrylate; Methacrylic acid, butyl ester 化学式：$C_8H_{14}O_2/CH_2C(CH_3)COO(CH_2)_3CH_3$		
危害/接触类型	急性危害/症状	预防	急救/消防
火　灾	易燃的	禁止明火，禁止火花和禁止吸烟	泡沫，二氧化碳
爆　炸	高于 50℃，可能形成爆炸性蒸气/空气混合物	高于 50℃，使用密闭系统、通风和防爆型电气设备。防止静电荷积聚（例如，通过接地）	着火时，喷雾状水保持料桶等冷却
接　触		避免一切接触！	
# 吸入	咽喉痛。咳嗽。呼吸短促	通风，局部排气通风或呼吸防护	新鲜空气，休息。半直立体位。给予医疗护理
# 皮肤	发红	防护手套。防护服	脱去污染的衣服。冲洗，然后用水和肥皂清洗皮肤。给予医疗护理
# 眼睛	引起流泪。发红。疼痛	安全护目镜，眼睛防护结合呼吸防护	用大量水冲洗（如可能尽量摘除隐形眼镜）
# 食入	咳嗽。咽喉疼痛。胃痉挛。恶心	工作时不得进食，饮水或吸烟	漱口。不要催吐。休息。给予医疗护理
泄漏处置	将泄漏液收集在有盖的容器中。用砂土或惰性吸收剂吸收残液，并转移到安全场所。不要让该化学品进入环境。个人防护用具：适用于该物质空气中浓度的有机气体和蒸气过滤呼吸器		
包装与标志	欧盟危险性类别：Xi 符号 标记：D　R:10-36/37/38-43　S:2 联合国危险性类别：3　联合国包装类别：III 中国危险性类别：第 3 类 易燃液体　中国包装类别：III GHS 分类：信号词：警告 图形符号：火焰-感叹号-健康危险 危险说明：易燃液体和蒸气；造成皮肤刺激；造成眼睛刺激；可能导致皮肤过敏反应；可能造成呼吸刺激作用；吞咽和进入呼吸道可能有害；对水生生物有害		
应急响应	美国消防协会法规：H1（健康危险性）；F2（火灾危险性）；R2（反应危险性）		
储存	耐火设备（条件）。与氧化剂分开存放。阴凉场所。干燥。保存在暗处。稳定后储存。储存在没有排水管或下水道的场所		
重要数据	物理状态、外观：无色液体，有特殊气味 物理危险性：由于流动、搅拌等，可能产生静电 化学危险性：在湿气、氧化剂或光的作用下，加热该物质可能发生聚合，有着火或爆炸的危险 职业接触限值：阈限值未制定标准。最高容许浓度：皮肤致敏剂（德国，2009 年） 接触途径：该物质可通过吸入吸收到体内 吸入危险性：未指明 20℃时该物质蒸发达到空气中有害浓度的速率 短期接触的影响：催泪剂。该物质刺激眼睛、皮肤和呼吸道。如果吞咽该物质，可能引起呕吐，可导致吸入性肺炎。需进行医学观察 长期或反复接触的影响：反复或长期接触可能引起皮肤过敏		
物理性质	沸点：163℃ 熔点：-50℃ 相对密度（水=1）：0.9 水中溶解度：25℃时 0.08g/100mL（难溶） 蒸气压：20℃时 0.3kPa 蒸气相对密度（空气=1）：4.9	蒸气/空气混合物的相对密度（20℃，空气=1）：1.01 黏度：在 24℃时 $1.02mm^2/s$ 闪点：闪点：50℃ 闭杯 自燃温度：290℃ 爆炸极限：空气中 1%～8%（体积） 辛醇/水分配系数的对数值：2.26～3.01	
环境数据	该物质对水生生物是有害的		
注解	添加稳定剂或阻聚剂会影响该物质的毒理学性质。向专家咨询		

IPCS
International
Programme on
Chemical Safety

国际化学品安全卡

过氧化二叔丁基			ICSC 编号：1019
CAS 登记号：110-05-4 RTECS 号：ER2450000 UN 编号：2102 EC 编号：617-001-00-2 中国危险货物编号：2102		中文名称：过氧化二叔丁基；双(1,1-二甲基乙基)过氧化物；过氧化叔丁基 英文名称：DI-tert-BUTYL PEROXIDE; Bis(1,1-dimethylethyl)peroxide; tert-Butyl peroxide; DTBP	
分子量：146.2		化学式：$C_8H_{18}O_2/(CH_3)_3COOC(CH_3)_3$	
危害/接触类型	急性危害/症状	预防	急救/消防
火　灾	高度易燃。许多反应可能引起火灾或爆炸	禁止明火、禁止火花和禁止吸烟。禁止与易燃物质、污染物接触。禁止与高温表面接触	干粉，雾状水，泡沫，二氧化碳
爆　炸	蒸气/空气混合物有爆炸性	密闭系统，通风，防爆型电气设备与照明。不要使用压缩空气灌装，卸料或转运	着火时，喷雾状水保持料桶等冷却。从掩蔽位置灭火
接　触		防止产生烟云！	
# 吸入	咳嗽，气促，咽喉疼痛	通风	新鲜空气，休息，半直立体位，给予医疗护理
# 皮肤		防护手套	先用大量水冲洗，然后脱去污染的衣服并再次冲洗
# 眼睛	发红，疼痛	安全护目镜	首先用大量水冲洗几分钟（如可能尽量摘除隐形眼镜），然后就医
# 食入	胃痉挛，呕吐。（另见吸入）	工作时不得进食、饮水或吸烟	漱口，给予医疗护理
泄漏处置	通风。移除所有引燃源。尽可能将泄漏液收集在有盖容器中。用砂土或惰性吸收剂吸收残液并转移到安全场所。不要冲入下水道。不要用锯末或其他可燃吸收剂吸收。个人防护用具：适用于有机气体和蒸气的过滤呼吸器		
包装与标志	特殊材料 **欧盟危险性类别：**O 符号　F 符号　R:7-11 S:2-3/7-14-16-36/37/39 **联合国危险性类别：**5.2　　**联合国包装类别：**II **中国危险性类别：**第 5.2 项有机过氧化物　**中国包装类别：**II		
应急响应	运输应急卡：TEC(R)-52G01 美国消防协会法规：H3（健康危险性）；F2（火灾危险性）；R4（反应危险性）；OX（氧化剂）		
储存	耐火设备（条件）。与可燃和还原性物质分开存放。阴凉场所。严格密封		
重要数据	**物理状态、外观：**无色至黄色液体，有特殊气味 **物理危险性：**蒸气比空气重，可能沿地面流动，可能造成远处着火 **化学危险性：**加热到 111℃时，该物质分解，增加着火的危险。该物质是一种强氧化剂。与可燃物和还原性物质激烈反应 **职业接触限值：**阈限值未制定标准 **接触途径：**该物质可通过吸入其蒸气吸收到体内 **吸入危险性：**未指明 20℃时该物质蒸发达到空气中有害浓度的速率 **短期接触的影响：**该物质刺激眼睛和呼吸道		
物理性质	沸点：111℃ 熔点：-40℃ 相对密度（水=1）：0.8 水中溶解度：不溶 蒸气压：20℃时 2.6kPa	蒸气相对密度（空气=1）：5 蒸气/空气混合物的相对密度（20℃，空气=1）：1.1 闪点：12℃（闭杯） 辛醇/水分配系数的对数值：1～4	
环境数据			
注解	该物质是可燃的，且闪点<55℃，但爆炸极限未见文献报道。对接触该物质的健康影响未进行充分调查。用大量水冲洗污染的衣服（有着火危险）		

IPCS
International
Programme on
Chemical Safety

国际化学品安全卡

<table>
<tr><td colspan="3">γ-丁内酯</td><td>ICSC 编号：1020</td></tr>
<tr><td colspan="2">CAS 登记号：96-48-0
RTECS 号：LU3500000

分子量：86.1</td><td colspan="2">中文名称：γ-丁内酯；1,4-丁烷交酯；丁酸内酯；四氢-2-呋喃酮；二氢-2（3H）-呋喃酮
英文名称：gamma-BUTYROLACTONE; 1,4-Butanolide; Butyric acid lactone; Tetrahydro-2-furanone; Dihydro-2(3H)-furanone

化学式：$C_4H_6O_2$</td></tr>
<tr><td>危害/接触类型</td><td>急性危害/症状</td><td>预防</td><td>急救/消防</td></tr>
<tr><td>火　灾</td><td>可燃的</td><td>禁止明火</td><td>干粉、抗溶性泡沫、雾状水、二氧化碳</td></tr>
<tr><td>爆　炸</td><td></td><td></td><td></td></tr>
<tr><td>接　触</td><td></td><td></td><td></td></tr>
<tr><td># 吸入</td><td></td><td>通风</td><td>新鲜空气，休息</td></tr>
<tr><td># 皮肤</td><td></td><td>防护手套</td><td>用大量水冲洗皮肤或淋浴</td></tr>
<tr><td># 眼睛</td><td>发红，疼痛</td><td>安全护目镜</td><td>先用大量水冲洗几分钟（如可能尽量摘除隐形眼镜），然后就医</td></tr>
<tr><td># 食入</td><td>呕吐，倦睡，呼吸困难，神志不清</td><td>工作时不得进食，饮水或吸烟</td><td>漱口，休息，给予医疗护理</td></tr>
<tr><td>泄漏处置</td><td colspan="3">将泄漏液收集在可密闭的容器中。用砂土或惰性吸收剂吸收残液，并转移到安全场所。个人防护用具：适用于有机气体和蒸气的过滤呼吸器</td></tr>
<tr><td>包装与标志</td><td colspan="3"></td></tr>
<tr><td>应急响应</td><td colspan="3">美国消防协会法规：H0（健康危险性）；F1（火灾危险性）；R0（反应危险性）</td></tr>
<tr><td>储存</td><td colspan="3">与酸类、醇类、胺类和碱类分开存放。干燥</td></tr>
<tr><td>重要数据</td><td colspan="3">物理状态、外观：无色，油状吸湿液体
化学危险性：与酸类，碱类，醇类和胺类发生反应。燃烧时，该物质分解，生成刺激性烟雾
职业接触限值：阈限值未制定标准
接触途径：该物质可通过吸入其蒸气和经食入吸收到体内
吸入危险性：未指明20℃时该物质蒸发达到空气中有害浓度的速率
短期接触的影响：该物质刺激眼睛。该物质可能对中枢神经系统有影响，导致呼吸衰竭。食入能够造成意识降低</td></tr>
<tr><td>物理性质</td><td colspan="3">沸点：204℃
熔点：-44℃
相对密度（水=1）：1.1
水中溶解度：混溶
蒸气压：20℃时 0.15kPa
蒸气相对密度（空气=1）：3.0
闪点：98℃（闭杯）
自燃温度：455℃
爆炸极限：空气中 0.3%～16.0%（体积）
辛醇/水分配系数的对数值：-0.57</td></tr>
<tr><td>环境数据</td><td colspan="3"></td></tr>
<tr><td>注解</td><td colspan="3">饮用含酒精饮料增进有害影响</td></tr>
</table>

IPCS
International
Programme on
Chemical Safety

国际化学品安全卡

樟脑			ICSC 编号：1021
CAS 登记号：76-22-2 RTECS 号：EX1225000 UN 编号：2717 中国危险货物编号：2127	中文名称：樟脑；2-莰烷酮；1,7,7-三甲基二环（2.2.1）庚烷-2-酮 英文名称：CAMPHOR; 2-Bornanone; 2-Camphanone; 1,7,7-Trimethylbicyclo(2.2.1)heptan-2-one		
分子量：152.3	化学式：$C_{10}H_{16}O$		
危害/接触类型	**急性危害/症状**	**预防**	**急救/消防**
火　灾	可燃的。在火焰中释放出刺激性或有毒烟雾（或气体）	禁止明火	干粉，雾状水，泡沫，二氧化碳
爆　炸	高于 66℃,可能形成爆炸性蒸气/空气混合物。微细分散的颗粒物在空气中形成爆炸性混合物	高于 66℃，密闭系统，通风。防止粉尘沉积。防止粉尘爆炸型电气设备和照明	
接　触		防止粉尘扩散！	
# 吸入	咳嗽。咽喉痛。见食入	通风（如果没有粉末时），局部排气通风或呼吸防护	新鲜空气，休息。必要时进行人工呼吸。给予医疗护理。必要时进行人工呼吸
# 皮肤	发红	防护手套	脱去污染的衣服。用大量水冲洗皮肤或淋浴
# 眼睛	发红。疼痛	安全护目镜，或眼睛防护结合呼吸防护	先用大量水冲洗几分钟（如可能尽量摘除隐形眼镜），然后就医
# 食入	咽喉和胸腔灼烧感,恶心,呕吐,腹泻,头痛,意识模糊,惊厥,神志不清	工作时不得进食,饮水或吸烟	漱口。用水冲服活性炭浆。给予医疗护理
泄漏处置	通风。转移全部引燃源。将泄漏物清扫进有盖的容器中。如果适当，首先润湿防止扬尘。个人防护用具：适用于有机蒸气和有害粉尘的 A/P2 过滤呼吸器		
包装与标志	不得与食品和饲料一起运输 **联合国危险性类别**：4.1 **联合国包装类别**：III **中国危险性类别**：第 4.1 项易燃固体 **中国包装类别**：III		
应急响应	**运输应急卡**：TEC(R)-41GF1-II+III **美国消防协会法规**：H0（健康危险性）；F2（火灾危险性）；R0（反应危险性）		
储存	与强氧化剂、强还原剂、氯代溶剂、食品和饲料分开存放。严格密封。沿地面通风		
重要数据	**物理状态、外观**：无色或白色晶体，有特殊气味 **物理危险性**：以粉末或颗粒形状与空气混合，可能发生粉尘爆炸 **化学危险性**：燃烧时，该物质分解生成有毒气体和刺激性烟雾。与强氧化剂、强还原剂和氯代溶剂激烈反应，有着火和爆炸的危险 **职业接触限值**：阈限值：2ppm（时间加权平均值），A4（不能分类为人类致癌物）；阈限值：3ppm（短期接触限值）（美国政府工业卫生学家会议，2003 年）。最高容许浓度：2ppm，13mg/m^3；最高限值种类：II（2）（德国，2002 年） **接触途径**：该物质可通过吸入和经食入吸收到体内 **吸入危险性**：在室温下该物质蒸发将达到空气中有害污染浓度 **短期接触的影响**：该物质刺激眼睛、皮肤和呼吸道。该物质可能对中枢神经系统有影响，导致惊厥和呼吸抑制。食入可能导致死亡		
物理性质	沸点：204℃ 熔点：180℃（在室温下升华） 密度：0.99g/cm^3 水中溶解度：25℃时 0.12g/100mL 蒸气压：20℃时 27Pa	蒸气相对密度（空气=1）：5.24 蒸气/空气混合物的相对密度（20℃，空气=1）：1 闪点：66℃（闭杯） 自燃温度：466℃ 爆炸极限：空气中 0.6%～3.5%（体积）	
环境数据			
注解	樟脑可以两种光学异构体形式（CAS 登记号为 464-48-2 和 464-49-3）并作为外消旋混合物（CAS 登记号 21368-68-3）提供		

IPCS
International
Programme on
Chemical Safety

国际化学品安全卡

<table>
<tr><td colspan="3">二乙基碳酸酯</td><td>ICSC 编号：1022</td></tr>
<tr><td colspan="2">CAS 登记号：105-58-8
RTECS 号：FF9800000
UN 编号：2366
中国危险货物编号：2366</td><td colspan="2">中文名称：二乙基碳酸酯；碳酸二乙酯；碳酸乙酯
英文名称：DIETHYL CARBONATE; Carbonic acid diethyl ester; Ethyl carbonate</td></tr>
<tr><td colspan="2">分子量：118.13</td><td colspan="2">化学式：$C_5H_{10}O_3/(C_2H_5O)_2CO$</td></tr>
<tr><td>危害/接触类型</td><td>急性危害/症状</td><td>预防</td><td>急救/消防</td></tr>
<tr><td>火 灾</td><td>易燃的</td><td>禁止明火、禁止火花和禁止吸烟。禁止与强氧化剂接触</td><td>水成膜泡沫，抗溶性泡沫，干粉，二氧化碳</td></tr>
<tr><td>爆 炸</td><td>高于 25℃，可能形成爆炸性蒸气/空气混合物。与强氧化剂接触时，有着火和爆炸危险</td><td>高于 25℃，使用密闭系统、通风和防爆型电气设备</td><td>着火时，喷雾状水保持料桶等冷却</td></tr>
<tr><td>接 触</td><td></td><td>防止产生烟云！</td><td></td></tr>
<tr><td># 吸入</td><td>咳嗽，恶心，咽喉痛</td><td>通风</td><td>新鲜空气，休息</td></tr>
<tr><td># 皮肤</td><td></td><td>防护手套</td><td>冲洗，然后用水和肥皂清洗皮肤</td></tr>
<tr><td># 眼睛</td><td>发红，疼痛</td><td>护目镜</td><td>先用大量水冲洗几分钟（如可能尽量摘除隐形眼镜),然后就医</td></tr>
<tr><td># 食入</td><td></td><td>工作时不得进食，饮水或吸烟</td><td>漱口，休息</td></tr>
<tr><td>泄漏处置</td><td colspan="3">尽可能将泄漏液收集在有盖的容器中。用砂土或惰性吸收剂吸收残液，并转移到安全场所。个人防护用具：适用于有机气体和蒸气的过滤呼吸器</td></tr>
<tr><td>包装与标志</td><td colspan="3">联合国危险性类别：3 联合国包装类别：III
中国危险性类别：第 3 类易燃液体 中国包装类别：III</td></tr>
<tr><td>应急响应</td><td colspan="3">运输应急卡：TEC(R)-30G35
美国消防协会法规：H2（健康危险性）；F3（火灾危险性）；R1（反应危险性）</td></tr>
<tr><td>储存</td><td colspan="3">耐火设备（条件）。与强氧化剂分开存放。阴凉场所。严格密封</td></tr>
<tr><td>重要数据</td><td colspan="3">物理状态、外观：无色液体，有特殊气味
物理危险性：蒸气比空气重，可能沿地面流动，可能造成远处着火
化学危险性：与强氧化剂激烈反应，有着火和爆炸的危险。浸蚀许多塑料和树脂
职业接触限值：阈限值未制定标准。最高容许浓度未制定标准
接触途径：该物质可通过吸入吸收到体内
吸入危险性：20℃时蒸发可忽略不计，但喷洒时可较快地达到空气中颗粒物有害浓度
短期接触的影响：该物质刺激眼睛和呼吸道</td></tr>
<tr><td>物理性质</td><td colspan="3">沸点：126℃
熔点：-43℃
相对密度（水=1）：0.98
水中溶解度：不溶
蒸气压：20℃时 1.1kPa
蒸气相对密度（空气=1）：4.07
闪点：25℃（闭杯）
自燃温度：445℃
爆炸极限：空气中 1.4%～11.0%（体积）</td></tr>
<tr><td>环境数据</td><td colspan="3"></td></tr>
<tr><td>注解</td><td colspan="3">对该物质的环境影响未进行充分调查</td></tr>
</table>

IPCS
International
Programme on
Chemical Safety

国际化学品安全卡

<table>
<tr><td colspan="2">异狄氏剂</td><td colspan="2">ICSC 编号：1023</td></tr>
<tr><td colspan="2">CAS 登记号：72-20-8
RTECS 号：IO1575000
UN 编号：2761
EC 编号：602-051-00-X
中国危险货物编号：2761

分子量：380.9</td><td colspan="2">中文名称：异狄氏剂
英文名称：ENDRIN

化学式：$C_{12}H_8Cl_6O$</td></tr>
<tr><td>危害/接触类型</td><td>急性危害/症状</td><td>预防</td><td>急救/消防</td></tr>
<tr><td>火　灾</td><td>不可燃。含有机溶剂的液体制剂可能是易燃的。在火焰中释放出刺激性或有毒烟雾（或气体）</td><td></td><td>周围环境着火时，允许使用各种灭火剂</td></tr>
<tr><td>爆　炸</td><td></td><td></td><td></td></tr>
<tr><td>接　触</td><td></td><td>防止粉尘扩散！严格作业环境管理！</td><td>一切情况均向医生咨询！</td></tr>
<tr><td># 吸入</td><td>（见食入）</td><td>局部排气通风或呼吸防护</td><td>新鲜空气，休息，给予医疗护理</td></tr>
<tr><td># 皮肤</td><td>可能被吸收！（见食入）</td><td>防护手套，防护服</td><td>脱去污染的衣服，冲洗，然后用水和肥皂清洗皮肤，给予医疗护理</td></tr>
<tr><td># 眼睛</td><td></td><td>面罩，如为粉末，眼睛防护结合呼吸防护</td><td>先用大量水冲洗几分钟（如可能尽量摘除隐形眼镜），然后就医</td></tr>
<tr><td># 食入</td><td>头晕，虚弱，头痛，恶心，呕吐，惊厥</td><td>工作时不得进食，饮水或吸烟。进食前洗手</td><td>用水冲服活性炭浆，休息，给予医疗护理</td></tr>
<tr><td>泄漏处置</td><td colspan="3">不要冲入下水道。将泄漏物清扫进可密闭容器中。如果适当，首先润湿防止扬尘。小心收集残余物，然后转移到安全场所。不要让该化学品进入环境。个人防护用具：化学防护服包括自给式呼吸器</td></tr>
<tr><td>包装与标志</td><td colspan="3">不得与食品和饲料一起运输。严重污染海洋物质
欧盟危险性类别：T+符号 N 符号　R:24-28-50/53　　S:1/2-22-36/37-45-60-61
联合国危险性类别：6.1 联合国包装类别：I
中国危险性类别：第 6.1 项毒性物质 中国包装类别：I</td></tr>
<tr><td>应急响应</td><td colspan="3">运输应急卡：TEC(R)-61G41a
美国消防协会法规：H3（健康危险性）；F0（火灾危险性）；R0（反应危险性）</td></tr>
<tr><td>储存</td><td colspan="3">注意收容灭火产生的废水。与食品和饲料分开存放。严格密封。保存在通风良好的室内。储存在没有排水管或下水道的场所</td></tr>
<tr><td>重要数据</td><td colspan="3">物理状态、外观：白色晶体
化学危险性：加热到 245℃以上时，该物质分解生成氯化氢和光气
职业接触限值：阈限值：0.1mg/m³（经皮）；致癌物类别：A4（美国政府工业卫生学家会议，2000 年）。最高容许浓度：0.1mg/m³（可吸入粉尘）；最高限值类别：II(8)；皮肤吸收；妊娠风险等级：C（德国，2008 年）
接触途径：该物质可通过吸入，经皮肤和食入吸收到体内
吸入危险性：20℃时蒸发可忽略不计，但喷洒或扩散时可较快地达到空气中颗粒物有害浓度，尤其是粉末
短期接触的影响：该物质可能对中枢神经系统有影响，导致惊厥和死亡。影响可能推迟显现。需进行医学观察</td></tr>
<tr><td>物理性质</td><td colspan="2">沸点：在 245℃分解
熔点：200℃
密度：1.7g/cm³</td><td>水中溶解度：25℃时不溶
蒸气压：25℃时可忽略不计
辛醇/水分配系数的对数值：5.34</td></tr>
<tr><td>环境数据</td><td colspan="3">该物质对水生生物有极高毒性。该物质可能对环境有危害，对蜜蜂，鸟类和哺乳动物应给予特别注意。由于其在环境中的持久性，强烈建议不要让该化学品进入环境。在对人类重要的食物链中发生生物蓄积，特别是在鱼和海产食品中。避免非正常使用情况下释放到环境中</td></tr>
<tr><td>注解</td><td colspan="3">如果该物质用溶剂配制，可参考该溶剂的卡片。商业制剂中使用的载体溶剂可能改变其物理和毒理学性质。不要将工作服带回家中</td></tr>
</table>

IPCS
International
Programme on
Chemical Safety

国际化学品安全卡

乙基乙酰乙酸酯			ICSC 编号：1024
CAS 登记号：141-97-9 RTECS 号：AK5250000 分子量：130.14	中文名称：乙基乙酰乙酸酯；乙酰乙酸乙酯；3-氧代丁酸乙酯；1-乙氧基丁烷-1,3-二酮 英文名称：ETHYL ACETOACETATE;Acetoacetic acid ethyl ester; Ethyl acetylacetate; 3-Oxobutanoic acid ethyl ester; 1-Ethoxybutane-1,3-dione 化学式：$C_6H_{10}O_3/CH_3COCH_2COOC_2H_5$		
危害/接触类型	急性危害/症状	预防	急救/消防
火　灾	可燃的	禁止明火	干粉、雾状水、泡沫、二氧化碳
爆　炸	高于 70℃，可能形成爆炸性蒸气/空气混合物	高于 70℃，使用密闭系统、通风	
接　触		防止产生烟云！	
# 吸入	咳嗽，咽喉痛	通风	新鲜空气，休息
# 皮肤	发红	防护手套	脱去污染的衣服，冲洗，然后用水和肥皂清洗皮肤
# 眼睛	发红，疼痛	安全护目镜	先用大量水冲洗几分钟（如可能尽量摘除隐形眼镜），然后就医
# 食入		工作时不得进食，饮水或吸烟	漱口，饮用 1～2 杯水，休息
泄漏处置	尽可能将泄漏液收集在有盖的容器中。用砂土或惰性吸收剂吸收残液，并转移到安全场所。用大量水冲净残余物		
包装与标志			
应急响应	美国消防协会法规：H2（健康危险性）；F2（火灾危险性）；R0（反应危险性）		
储存	与强氧化剂分开存放。沿地面通风。严格密封		
重要数据	物理状态、外观：无色液体，有特殊气味 物理危险性：蒸气比空气重 化学危险性：与强氧化剂发生反应 职业接触限值：阈限值未制定标准。最高容许浓度：IIb（未制定标准，但可提供数据）（德国，2008 年） 接触途径：该物质可通过吸入吸收到体内 吸入危险性：20℃时该物质蒸发不会或很缓慢地达到空气中有害浓度，但喷洒或扩散时要快得多 短期接触的影响：该物质刺激眼睛，皮肤和呼吸道		
物理性质	沸点：180.8℃ 熔点：-45℃ 相对密度（水=1）：1.021 水中溶解度：20℃时 2.86g/100mL 蒸气压：20℃时 0.1kPa 蒸气相对密度（空气=1）：4.48 闪点：70℃（闭杯） 自燃温度：295℃ 爆炸极限：空气中 1%～54%（体积） 辛醇/水分配系数的对数值：0.27		
环境数据			
注解			

IPCS
International
Programme on
Chemical Safety

国际化学品安全卡

氯甲酸乙酯			ICSC 编号：1025
CAS 登记号：541-41-3 RTECS 号：LQ6125000 UN 编号：1182 EC 编号：607-020-00-4 中国危险货物编号：1182 分子量：108.53		中文名称：氯甲酸乙酯；乙基氯甲酸酯；氯碳酸乙酯；乙氧基碳酰氯 英文名称：ETHYL CHLOROFORMATE; Ethyl chlorocarbonate; Chloroformic acid ethyl ester; Carbonochloridic acid ethyl ester; Ethoxycarbonyl chloride 化学式：$C_3H_5ClO_2/ClCOOC_2H_5$	
危害/接触类型	急性危害/症状	预防	急救/消防
火　灾	高度易燃。在火焰中释放出刺激性或有毒烟雾(或气体)	禁止明火、禁止火花和禁止吸烟。禁止与强氧化剂接触	抗溶性泡沫，干粉，二氧化碳。禁止用水
爆　炸	蒸气/空气混合物有爆炸性	密闭系统，通风，防爆型电气设备和照明。不要使用压缩空气灌装、卸料或转运	着火时，喷雾状水保持钢瓶冷却，但避免该物质与水接触
接　触		避免一切接触!	一切情况均向医生咨询!
# 吸入	灼烧感，咳嗽，呼吸困难，气促，咽喉痛，症状可能推迟显现（见注解）	密闭系统和通风	新鲜空气，休息，半直立体位，必要时进行人工呼吸，给予医疗护理。见注解
# 皮肤	皮肤烧伤，水疱，疼痛，发红	防护手套，防护服	脱去污染的衣服，用大量水冲洗皮肤或淋浴，给予医疗护理
# 眼睛	发红，疼痛，严重深度烧伤	面罩，或眼睛防护结合呼吸防护	先用大量水冲洗几分钟（如可能尽量摘除隐形眼镜），然后就医
# 食入	腹部疼痛，灼烧感，休克或虚脱	工作时不得进食，饮水或吸烟，进食前洗手	漱口，不要催吐，给予医疗护理
泄漏处置	撤离危险区域!向专家咨询!通风。移除全部引燃源。尽可能将泄漏液收集在有盖的容器中。用干砂土或惰性吸收剂吸收残液，并转移到安全场所。不要冲入下水道。个人防护用具：气密式化学防护服包括自给式呼吸器		
包装与标志	气密。不易破碎包装，将易破碎包装放在不易破碎的密闭容器中。不得与食品和饲料一起运输。 欧盟危险性类别：F 符号 T+符号 R:11-22-26-34 S:1/2-9-16-26-28-33-31/37/39-45 联合国危险性类别：6.1 联合国次要危险性：3 和 8 联合国包装类别：I 中国危险性类别：第 6.1 项 毒性物质 中国次要危险性：3 和 8 中国包装类别：I		
应急响应	运输应急卡：TEC（R）-61G60 美国消防协会法规：H3（健康危险性）；F3（火灾危险性）；R1（反应危险性）		
储存	耐火设备（条件）。与强氧化剂、食品和饲料和性质相互抵触的物质（见化学危险性）分开存放。阴凉场所。干燥。严格密封		
重要数据	物理状态、外观：无色液体，有刺鼻气味 物理危险性：蒸气比空气重，可能沿地面流动，可能造成远处着火 化学危险性：加热时，该物质分解生成含有氯化氢和光气有毒和刺激性烟雾。与水或蒸汽接触时，生成氯化氢有毒和腐蚀性烟雾。与强氧化剂激烈反应，有着火和爆炸的危险。与胺类，碱类发生反应。浸蚀许多金属，尤其是有湿气存在下 职业接触限值：阈限值未制定标准。最高容许浓度 ；致癌物类别：3B（德国，2008 年） 接触途径：该物质可通过吸入和经食入吸收到体内 吸入危险性：20℃时，该物质蒸发相当快地达到空气中有害污染浓度 短期接触的影响：流泪。该物质腐蚀眼睛、皮肤和呼吸道。食入有腐蚀性。吸入蒸气可能引起肺水肿（见注解）		
物理性质	沸点：95℃ 熔点：−80.6℃ 相对密度（水=1）：1.1 水中溶解度：反应 蒸气压：20℃时 5.5kPa	蒸气相对密度（空气=1）：3.7 蒸气/空气混合物的相对密度（20℃，空气=1）：1.15 闪点：16℃（闭杯） 自燃温度：500℃ 爆炸极限：空气中 3.2%～27.5%（体积）	
环境数据			
注解	对接触该物质的健康效应未影响充分调查。肺水肿症状常常经过几个小时以后才变得明显，体力劳动使症状加重。因而休息和医学观察是必要的。应当考虑由医生或医生指定的人立即采取适当吸入治疗法。对该物质的环境影响未进行充分调查		

IPCS
International
Programme on
Chemical Safety

国际化学品安全卡

羟基丙腈			ICSC 编号：1026
CAS 登记号：109-78-4 RTECS 号：MU5250000	中文名称：羟基丙腈；3-羟基丙腈；2-氰基乙醇；乙二醇氰醇；甲醇乙腈 英文名称：ETHYLENE CYANOHYDRIN; 3-Hydroxypropionitrile; 2-Cyanoethanol; Glycol cyanohydrin; Methanolacetonitrile		
分子量：71.08	化学式：$C_3H_5NO/HOCH_2CH_2CN$		
危害/接触类型	急性危害/症状	预防	急救/消防
火　灾	可燃的。在火焰中释放出刺激性或有毒烟雾（或气体）	禁止明火	干粉，抗溶性泡沫，二氧化碳
爆　炸			
接　触			
# 吸入		通风	新鲜空气，休息
# 皮肤	发红	防护手套	用大量水冲洗皮肤或淋浴
# 眼睛	发红，疼痛	护目镜	先用大量水冲洗几分钟（如可能尽量摘除隐形眼镜），然后就医
# 食入		工作时不得进食，饮水或吸烟	漱口
泄漏处置	尽可能将泄漏液收集在可密闭的容器中。用砂土或惰性吸收剂吸收残液，并转移到安全场所。个人防护用具：B 型过滤呼吸器		
包装与标志			
应急响应	美国消防协会法规：H1（健康危险性）；F1（火灾危险性）；R2（反应危险性）		
储存	与酸类、碱类和氧化剂分开存放。阴凉场所。干燥。保存在通风良好的室内		
重要数据	物理状态、外观：无色至黄色液体 化学危险性：在有机碱的作用下，该物质可能发生聚合。加热或与酸、酸雾或水接触时，该物质分解生成含氰化氢高毒烟雾。与强氧化剂激烈反应 职业接触限值：阈限值未制定标准 接触途径：该物质可通过吸入其蒸气和食入吸收到体内 吸入危险性：未指明 20℃时该物质蒸发达到空气中有害浓度的速率 短期接触的影响：该物质刺激眼睛和皮肤		
物理性质	沸点：228℃（分解） 熔点：−46℃ 相对密度（水=1）：1.04 水中溶解度：混溶 蒸气压：25℃时 10.7Pa 蒸气相对密度（空气=1）：2.45 闪点：129℃（开杯） 自燃温度：494℃ 爆炸极限：空气中 2.3%～12.1%（体积） 辛醇/水分配系数的对数值：−0.94		
环境数据			
注解	该物质的危险性比某些易在体内生成氰化氢的其他腈类小		

IPCS
International
Programme on
Chemical Safety

国际化学品安全卡

异丁烯			ICSC 编号：1027
CAS 登记号：115-11-7 RTECS 号：UD0890000 UN 编号：1055 EC 编号：601-012-00-4 中国危险货物编号：1055 分子量：56.1		中文名称：异丁烯；2-甲基丙烯；1,1-二甲基乙烯（钢瓶） 英文名称：ISOBUTENE; Isobutylene; 2-Methylpropene; 1,1-Dimethylethylene(cylinder) 化学式：$C_4H_8/CH_2=C(CH_3)_2$	
危害/接触类型	急性危害/症状	预防	急救/消防
火　灾	极易燃	禁止明火、禁止火花和禁止吸烟。禁止与氧化剂接触	切断气源，如不可能并对周围环境无危险，让火自行燃尽。其他情况用雾状水，干粉，二氧化碳灭火
爆　炸	气体/空气混合物有爆炸性。与氧化剂、卤素（见化学危险性）接触，有着火和爆炸危险	密闭系统、通风、防爆型电气设备和照明。防止静电荷积聚（例如，通过接地）。使用无火花手工具	着火时，喷雾状水保持料桶等冷却。从掩蔽位置灭火
接　触			
# 吸入	头晕，倦睡，迟钝，恶心，神志不清，呕吐	密闭系统和通风	新鲜空气，休息，必要时进行人工呼吸，给予医疗护理
# 皮肤	与液体接触：冻伤	保温手套	冻伤时，用大量水冲洗，不要脱去衣服，给予医疗护理
# 眼睛	（见皮肤）	面罩，或眼睛防护结合呼吸防护	先用大量水冲洗几分钟（如可能尽量摘除隐形眼镜），然后就医
# 食入	极易燃	禁止明火、禁止火花和禁止吸烟。禁止与氧化剂接触	切断气源，如不可能并对周围环境无危险，让火自行燃尽。其他情况用雾状水，干粉，二氧化碳灭火
泄漏处置	撤离危险区域！向专家咨询！通风。移除全部引燃源。不要冲入下水道。切勿直接向液体上喷水。化学防护服包括自给式呼吸器		
包装与标志	欧盟危险性类别：F+符号 标记：C　R:12　S:2-9-16-33 联合国危险性类别：2.1 中国危险性类别：第 2.1 项易燃气体		
应急响应	运输应急卡：TEC(R)-502 美国消防协会法规：H1（健康危险性）；F4（火灾危险性）；R0（反应危险性）		
储存	耐火设备（条件）。与性质相互抵触的物质（见化学危险性）分开存放。阴凉场所		
重要数据	**物理状态、外观：**无色压缩液化气体，有特殊气味 **物理危险性：**气体比空气重，可能沿地面流动，可能造成远处着火。可能积聚在低层空间，造成缺氧。由于流动、搅拌等，可能产生静电 **化学危险性：**与卤素、氧化剂、强酸激烈反应，有着火和爆炸危险 **职业接触限值：**阈限值未制定标准。最高容许浓度未制定标准 **接触途径：**该物质可通过吸入吸收到体内 **吸入危险性：**容器漏损时，该液体迅速蒸发造成封闭空间空气中过饱和，有窒息的严重危险 **短期接触的影响：**该液体迅速蒸发可能引起冻伤。该物质可能对中枢神经系统有影响。高浓度接触时，可能导致神志不清		
物理性质	沸点：-6.9℃ 熔点：-140.3℃ 相对密度（水=1）：0.59 水中溶解度：20℃时 0.03g/100mL 蒸气压：20℃时 257kPa	蒸气相对密度（空气=1）：1.94 闪点：-76.1℃（闭杯） 自燃温度：465℃ 爆炸极限：空气中 1.8%～9.6%（体积） 辛醇/水分配系数的对数值：2.35	
环境数据			
注解	在沸点时液体的密度为 0.605kg/L。空气中高浓度造成缺氧，有神志不清或死亡危险。进入工作区域前检验氧含量。转动泄漏钢瓶使漏口朝上，防止液态气体逸出		

IPCS
International
Programme on
Chemical Safety

国际化学品安全卡

<table>
<tr><td colspan="3">过氧化甲乙酮（工业级）</td><td>ICSC 编号：1028</td></tr>
<tr><td colspan="2">CAS 登记号：1338-23-4
RTECS 号：EL9450000
UN 编号：3101
中国危险货物编号：3101

分子量：176.2</td><td colspan="2">中文名称：过氧化甲乙酮（工业级）；过氧化-2-丁酮；过氧化乙基甲基甲酮；甲基乙基甲酮过氧化氢；MEKP
英文名称：METHYL ETHYL KETONE PEROXIDE (Technical product); 2-Butanone peroxide; Ethyl methyl ketone peroxide; Methyl ethyl ketone hydroperoxide; MEKP

化学式：$C_8H_{16}O_4$</td></tr>
<tr><td>危害/接触类型</td><td>急性危害/症状</td><td>预防</td><td>急救/消防</td></tr>
<tr><td>火　灾</td><td>可燃的。在火焰中释放出刺激性或有毒烟雾（或气体）</td><td>禁止明火。禁止与酸、碱和还原剂接触。禁止与高温表面接触</td><td>干粉，二氧化碳，干砂，泡沫，雾状水</td></tr>
<tr><td>爆　炸</td><td>与酸、碱和还原剂接触，有着火和爆炸危险</td><td></td><td>从掩蔽位置灭火</td></tr>
<tr><td>接　触</td><td></td><td>严格作业环境管理！</td><td>一切情况均向医生咨询！</td></tr>
<tr><td># 吸入</td><td>咽喉痛。咳嗽。灼烧感。呼吸困难。呼吸短促</td><td>通风，局部排气通风或呼吸防护</td><td>新鲜空气，休息。半直立体位。给予医疗护理</td></tr>
<tr><td># 皮肤</td><td>发红。疼痛。皮肤烧伤</td><td>防护手套。防护服</td><td>脱去污染的衣服。用大量水冲洗皮肤或淋浴。给予医疗护理</td></tr>
<tr><td># 眼睛</td><td>发红。疼痛。严重深度烧伤</td><td>面罩，或眼睛防护结合呼吸防护</td><td>先用大量水冲洗几分钟（如可能尽量摘除隐形眼镜），然后就医</td></tr>
<tr><td># 食入</td><td>腹部疼痛。咽喉和胸腔灼烧感。休克或虚脱</td><td>工作时不得进食，饮水或吸烟</td><td>漱口。大量饮水。不要催吐。给予医疗护理</td></tr>
<tr><td>泄漏处置</td><td colspan="3">尽可能将泄漏液收集在可密闭的塑料容器中。不要用锯末或其他可燃吸收剂吸收。化学防护服，包括自给式呼吸器</td></tr>
<tr><td>包装与标志</td><td colspan="3">联合国危险性类别：5.2 联合国次要危险性：1 和 8
联合国包装类别：II
中国危险性类别：第 5.2 项有机过氧化物
中国次要危险性：1 和 8 中国包装类别：II</td></tr>
<tr><td>应急响应</td><td colspan="3">运输应急卡：TEC(R)-52GP1-L</td></tr>
<tr><td>储存</td><td colspan="3">稳定后储存。严格密封。见化学危险性</td></tr>
<tr><td>重要数据</td><td colspan="3">物理状态、外观：无色液体，有刺鼻气味
化学危险性：加热可能引起激烈燃烧或爆炸。燃烧时，生成有毒和腐蚀性气体。该物质是一种强氧化剂，与可燃物质、还原性物质、胺类、金属、强酸、强碱激烈反应，有着火和爆炸危险
职业接触限值：阈限值：0.2ppm（上限值）（美国政府工业卫生学家会议，2005 年）。最高容许浓度未制定标准
接触途径：该物质可通过吸入和经食入吸收到体内
吸入危险性：扩散时可较快地达到空气中颗粒物有害浓度
短期接触的影响：该物质腐蚀眼睛、皮肤和呼吸道。食入有腐蚀性</td></tr>
<tr><td>物理性质</td><td colspan="3">沸点：>80℃（分解）
相对密度（水=1）：1.10～1.17
水中溶解度：难溶</td></tr>
<tr><td>环境数据</td><td colspan="3"></td></tr>
<tr><td>注解</td><td colspan="3">工作接触的任何时刻都不应超过职业接触限值。销售的工业品含有 40%至 60%的稀释剂（例如，邻苯二甲酸二甲酯、过氧化环己醇、邻苯二甲酸二烯丙酯），以降低潜在的爆炸危险。添加稳定剂或阻聚剂会影响该物质的毒理学性质。向专家咨询。用大量水冲洗工作服（有着火危险）。其他 UN 编号：3105 和 3107（有机过氧化物）</td></tr>
</table>

IPCS
International
Programme on
Chemical Safety

国际化学品安全卡

丙酸甲酯			ICSC 编号：1029
CAS 登记号：554-12-1 RTECS 号：UF5970000 UN 编号：1248 EC 编号：607-027-00-2 中国危险货物编号：1248		中文名称：丙酸甲酯；甲基丙酸酯 英文名称：METHYL PROPIONATE; Propanoic acid, methyl ester	
分子量：88.1		化学式：$C_4H_8O_2/C_2H_5COOCH_3$	
危害/接触类型	急性危害/症状	预防	急救/消防
火　灾	高度易燃。在火焰中释放出刺激性或有毒烟雾（或气体）	禁止明火，禁止火花和禁止吸烟。禁止与氧化剂接触	干粉，抗溶性泡沫，雾状水，二氧化碳
爆　炸	蒸气/空气混合物有爆炸性	密闭系统，通风，防爆型电气设备和照明。防止静电荷积聚（例如，通过接地）。使用无火花手工具	着火时，喷雾状水保持料桶等冷却
接　触			
# 吸入	咳嗽。咽喉痛	通风，局部排气通风或呼吸防护	新鲜空气，休息
# 皮肤	发红	防护手套	脱去污染的衣服。冲洗，然后用水和肥皂清洗皮肤
# 眼睛	发红。疼痛	安全护目镜，或眼睛防护结合呼吸防护	先用大量水冲洗几分钟（如可能尽量摘除隐形眼镜），然后就医
# 食入	腹部疼痛。呕吐	工作时不得进食，饮水或吸烟	漱口。大量饮水。给予医疗护理
泄漏处置	转移全部引燃源。将泄漏液收集在有盖的容器中。用砂土或惰性吸收剂吸收残液，并转移到安全场所。不要冲入下水道。个人防护用具：适用于有机气体和蒸气的过滤呼吸器		
包装与标志	欧盟危险性类别：F 符号 Xn 符号　R:11-20　S:2-16-24-29-33 联合国危险性类别：3　联合国包装类别：II 中国危险性类别：第 3 类易燃液体　中国包装类别：II		
应急响应	运输应急卡：TEC(R)-30S1248 美国消防协会法规：H1（健康危险性）；F3（火灾危险性）；　R0（反应危险性）		
储存	耐火设备（条件）。阴凉场所。与氧化剂分开存放		
重要数据	物理状态、外观：无色液体，有特殊气味 物理危险性：蒸气比空气重。可能沿地面流动；可能造成远处着火。由于流动、搅拌等，可能产生静电 化学危险性：加热时，该物质分解生成刺激性烟雾。与氧化剂发生反应，有着火的危险 职业接触限值：阈限值未制定标准。最高容许浓度未制定标准 吸入危险性：未指明 20℃时该物质蒸发达到空气中有害浓度的速率 短期接触的影响：该物质刺激呼吸道、皮肤和眼睛		
物理性质	沸点：80℃ 熔点：−88℃ 相对密度（水=1）：0.92 水中溶解度：25℃时 6.2g/100mL 蒸气压：20℃时 8.5kPa 蒸气相对密度（空气=1）：3 蒸气/空气混合物的相对密度（20℃，空气=1）：1.2 闪点：−2℃（闭杯） 自燃温度：469℃ 爆炸极限：空气中 2.5%～13.0%（体积） 辛醇/水分配系数的对数值：0.82		
环境数据			
注解	对接触该物质的环境影响未进行充分调查。该物质被用作食品中草莓味调料		

IPCS
International
Programme on
Chemical Safety

国际化学品安全卡

1-辛醇			ICSC 编号：1030
CAS 登记号：111-87-5 RTECS 号：RH6550000 分子量：130.2	中文名称：1-辛醇；正辛醇；庚基甲醇；1-羟基辛烷 英文名称：1-OCTANOL; n-Caprylic alcohol; n-Octanol; Heptyl carbinol; 1-Hydroxyoctane; n-Octyl alcohol 化学式：$C_8H_{18}O/CH_3(CH_2)_6CH_2OH$		
危害/接触类型	急性危害/症状	预防	急救/消防
火　灾	可燃的	禁止明火	抗溶性泡沫，干粉，二氧化碳
爆　炸	高于 81℃，可能形成爆炸性蒸气/空气混合物	高于 81℃，使用密闭系统、通风	着火时，喷雾状水保持料桶等冷却
# 吸入	咳嗽。咽喉痛	通风，局部排气通风或呼吸防护	新鲜空气，休息
# 皮肤	皮肤干燥	防护手套	冲洗，然后用水和肥皂清洗皮肤
# 眼睛	发红。疼痛	护目镜	先用大量水冲洗几分钟（如可能尽量摘除隐形眼镜），然后就医
# 食入	灼烧感	工作时不得进食，饮水或吸烟	漱口。不要催吐。饮用 1～2 杯水。
泄漏处置	将泄漏液收集在有盖的容器中。用砂土或惰性吸收剂吸收残液，并转移到安全场所。不要让该化学品进入环境。个人防护用具：适用于有机气体和蒸气的过滤呼吸器		
包装与标志			
应急响应	美国消防协会法规：H1（健康危险性）；F2（火灾危险性）；R0（反应危险性）		
储存	与强氧化剂分开存放		
重要数据	物理状态、外观：无色液体，有特殊气味 化学危险性：与强氧化剂发生反应 职业接触限值：阈限值未制定标准。最高容许浓度：IIb（未制定标准，但可提供数据）（德国，2008年） 接触途径：该物质可通过吸入和经食入吸收到体内 吸入危险性：20℃时该物质蒸发相当慢达到空气中有害污染浓度 短期接触的影响：该物质刺激眼睛、呼吸道。轻微刺激皮肤。如果吞咽液体吸入肺中，可能引起化学肺炎 长期或反复接触的影响：液体使皮肤脱脂		
物理性质	沸点：194～195℃ 熔点：-15.5℃ 相对密度（水=1）：0.83 水中溶解度：20℃时 0.30 mg/L（难溶） 蒸气压：8.7℃时 20Pa 蒸气相对密度（空气=1）：4.5 蒸气/空气混合物的相对密度（20℃，空气=1）：1 闪点：81℃（闭杯） 自燃温度：253℃ 爆炸极限：空气中 0.2%～30%（体积） 辛醇/水分配系数的对数值：3.0		
环境数据	该物质对水生生物是有害的。强烈建议不要让该化学品进入环境		
注解			

IPCS
International
Programme on
Chemical Safety

国际化学品安全卡

过乙酸（稳定的）			ICSC 编号：1031
CAS 登记号：79-21-0 RTECS 号：SD8750000 UN 编号：3105 EC 编号：607-094-00-8 中国危险货物编号：3105 分子量：76.1		中文名称：过乙酸（稳定的）；过氧乙酸；乙烷过氧酸；乙酰过氧化氢 英文名称：PERACETIC ACID (stabilized); Peroxyacetic acid; Ethaneperoxoic acid; Acetyl hydroperoxide 化学式：$C_2H_4O_3/CH_3COOOH$	
危害/接触类型	急性危害/症状	预防	急救/消防
火　灾	易燃的。爆炸性的	禁止明火、禁止火花和禁止吸烟。禁止与易燃物质和高温表面接触	雾状水
爆　炸	高于 40.5℃，可能形成爆炸性蒸气/空气混合物	高于 40.5℃密闭系统、通风和防爆型电气设备。不要受摩擦或撞击	着火时，喷雾状水保持料桶等冷却。从掩蔽位置灭火
接　触		避免一切接触！	
# 吸入	灼烧感，咳嗽，呼吸困难，气促，咽喉痛。症状可能推迟显现。（见注解）	通风，局部排气通风或呼吸防护	新鲜空气，休息，半直立体位，给予医疗护理。见注解
# 皮肤	可能被吸收！发红，疼痛，水疱，皮肤烧伤	防护手套，防护服	先用大量水，然后脱去污染的衣服并再次冲洗，给予医疗护理
# 眼睛	发红，疼痛，严重深度烧伤	面罩，或眼睛防护结合呼吸防护	先用大量水冲洗几分钟（如可能尽量摘除隐形眼镜），然后就医
# 食入	腹部疼痛，灼烧感，休克或虚脱	工作时不得进食，饮水或吸烟	漱口，不要催吐，给予医疗护理
泄漏处置	撤离危险区域！向专家咨询！将泄漏液收集在有盖的塑料容器中。用砂子或惰性吸收剂吸收残液，并转移到安全场所。不要用锯末或其他可燃吸收剂吸收。不要冲入下水道。不要让该化学品进入环境。个人防护用具：化学防护服包括自给式呼吸器		
包装与标志	欧盟危险性类别：O 符号 C 符号 N 符号 标记：B，D　R:7-10-20/21/22-35-50 S:1/2-3/7-14-36/37/39-45-61 联合国危险性类别：5.2　联合国包装类别：II 中国危险性类别：第 5.2 项有机过氧化物　中国包装类别：II		
应急响应	运输应急卡：TEC(R)-52GP1-L 美国消防协会法规：H3（健康危险性）；F2（火灾危险性）；R4（反应危险性）。OX（氧化剂）		
储存	耐火设备（条件）。注意收容灭火产生的废水。与可燃物和还原物质、性质相互抵触物质（见化学危险性）分开存放。阴凉场所。稳定后储存		
重要数据	物理状态、外观：无色液体，有特殊气味 化学危险性：受撞击、摩擦或震动时，可能发生爆炸性分解。加热时可能发生爆炸。该物质是一种强氧化剂。与可燃物质和还原性物质激烈反应。该物质是一种弱酸。浸蚀许多金属，包括铝 职业接触限值：阈限值未制定标准。最高容许浓度：致癌物类别：3B（德国，2004 年） 接触途径：该物质可通过吸入，经皮肤和食入吸收到体内 吸入危险性：未指明 20℃时该物质蒸发达到空气中有害浓度的速率 短期接触的影响：该物质腐蚀眼睛，皮肤和呼吸道。食入有腐蚀性。吸入可能引起肺水肿（见注解）		
物理性质	沸点：105℃ 熔点：0℃ 相对密度（水=1）：1.2 水中溶解度：混溶 蒸气压：20℃时 2.6kPa	蒸气相对密度（空气=1）：2.6 蒸气/空气混合物的相对密度（20℃，空气=1）：1.04 闪点：40.5℃（开杯） 自燃温度：200℃ 爆炸极限：见注解	
环境数据	该物质对水生生物有极高毒性		
注解	过乙酸总是以乙酸和过氧化氢的溶液形式销售。该物质是可燃的，且闪点≤61℃，但爆炸极限未见文献报道。用大量水冲洗工作服（有着火危险）。肺水肿症状常常经过几个小时以后才变得明显，体力劳动使症状加重。因而休息和医学观察是必要的。添加稳定剂或阻聚剂会影响该物质的毒理学性质。向专家咨询		

IPCS
International
Programme on
Chemical Safety

国际化学品安全卡

哌嗪			ICSC 编号：1032
CAS 登记号：110-85-0 RTECS 号：TK7800000 UN 编号：2579 EC 编号：612-057-00-4 中国危险货物编号：2579 分子量：86.14	中文名称：哌嗪（无水的）；1,4-二氮杂环己烷；1,4-二乙烯二胺；二乙烯二胺 英文名称：PIPERAZINE (anhydrous); Antiren; 1,4-Diazacyclohexane; 1,4-Diethylenediamine; Diethyleneimine; Hexahydropirazine 化学式：$C_4H_{10}N_2$		
危害/接触类型	急性危害/症状	预防	急救/消防
火　灾	可燃的。在火焰中释放出刺激性或有毒烟雾（或气体）	禁止明火	干粉，抗溶性泡沫，雾状水，二氧化碳
爆　炸	高于 65℃，可能形成爆炸性蒸气/空气混合物	高于 65℃，使用密闭系统，通风	
接　触		防止粉尘扩散！避免一切接触！	一切情况均向医生咨询！
# 吸入	灼烧感，咳嗽，咽喉痛，气促，呼吸困难，喘息	避免吸入粉尘。通风，局部排气通风或呼吸防护	新鲜空气，休息，半直立体位，必要时进行人工呼吸，给予医疗护理
# 皮肤	皮肤烧伤。疼痛。水疱	防护手套。防护服	脱去污染的衣服。用大量水冲洗皮肤或淋浴。给予医疗护理
# 眼睛	发红。疼痛。严重深度烧伤	面罩，或眼睛防护结合呼吸防护	先用大量水冲洗几分钟（如可能尽量摘除隐形眼镜），然后就医
# 食入	灼烧感，腹部疼痛，恶心，呕吐，头痛，虚弱，惊厥，休克或虚脱	工作时不得进食，饮水或吸烟	漱口。不要催吐。给予医疗护理
泄漏处置	通风。将溢漏物清扫进有盖的容器中。如果适当，首先润湿防止扬尘。小心收集残余物，然后转移到安全场所。不要让该化学品进入环境。个人防护用具：化学防护服包括自给式呼吸器		
包装与标志	欧盟危险性类别：C 符号　R:34-42/43-52/53　S:1/2-22-26-36/37/39-45-61 联合国危险性类别：8　联合国包装类别：III 中国危险性类别：第 8 类腐蚀性物质　中国包装类别：III		
应急响应	运输应急卡：TEC(R)-80GC8-II+III 美国消防协会法规：H3（健康危险性）；F2（火灾危险性）；R1（反应危险性）		
储存	与强酸、强氧化剂、酸酐、食品和饲料、金属分开存放。干燥。严格密封		
重要数据	**物理状态、外观**：无色或白色吸湿的晶体或薄片，有刺鼻气味 **化学危险性**：燃烧时，该物质分解生成含氮氧化物有毒和腐蚀性气体。水溶液是一种中强碱。与酸酐、强酸和强氧化剂反应，有着火的危险。浸蚀许多金属，生成易燃/爆炸性气体氢（见卡片#0001） **职业接触限值**：最高容许浓度：吸入和皮肤致敏剂（德国，2002 年）。见注解 **接触途径**：该物质可通过吸入和经食入吸收到体内 **吸入危险性**：未指明 20℃时该物质蒸发达到空气中有害浓度的速率 **短期接触的影响**：该物质腐蚀眼睛、皮肤和呼吸道。食入有腐蚀性。吸入可能引起肺水肿（见注解）。大量食入时，该物质可能对神经系统有影响，导致功能损伤和神志不清 **长期或反复接触的影响**：反复或长期接触可能引起皮肤过敏。反复或长期吸入接触可能引起哮喘		
物理性质	沸点：146℃ 熔点：106℃ 密度：$1.1g/cm^3$ 水中溶解度：20℃时 15g/100mL 蒸气压：20℃时 21Pa 蒸气相对密度（空气=1）：3	蒸气/空气混合物的相对密度（20℃，空气=1）：1 闪点：65℃ 自燃温度：320℃ 爆炸极限：空气中 4%～14%（体积） 辛醇/水分配系数的对数值：-1.17	
环境数据	该物质可能对环境有危害，对鱼应给予特别注意		
注解	肺水肿症状常常经过几个小时以后才变得明显，体力劳动使症状加重。因而休息和医学观察是必要的。因这种物质出现哮喘症状的任何人不应当再接触该物质。哮喘症状常常经过几个小时以后才变得明显，体力劳动使症状加重。因而休息和医学观察是必要的。不要将工作服带回家中。最高容许浓度值未制定，但可提供完整文件（最高容许浓度 IIb		

IPCS
International Programme on Chemical Safety

国际化学品安全卡

间苯二酚			ICSC 编号：1033
CAS 登记号：108-46-3 RTECS 号：VG9625000 UN 编号：2876 EC 编号：604-010-00-1 中国危险货物编号：2876 **分子量**：110.1		**中文名称**：间苯二酚；1,3-二羟基苯；1,3-苯二酚；3-羟基苯酚；雷琐酚 **英文名称**：RESORCINOL; 1,3-Dihydroxybenzene; 1,3-Benzenediol; 3-Hydroxyphenol; Resorcin **化学式**：$C_6H_6O_2$	
危害/接触类型	**急性危害/症状**	**预防**	**急救/消防**
火　灾	可燃的	禁止明火	雾状水，干粉
爆　炸		防止静电荷积聚（例如，通过接地）	
接　触		防止粉尘扩散！严格作业环境管理！	
# 吸入	腹部疼痛。嘴唇发青或指甲发青。皮肤发青。意识模糊。惊厥。咳嗽。头晕。头痛。恶心。咽喉痛。神志不清	局部排气通风或呼吸防护	新鲜空气，休息。必要时进行人工呼吸。给予医疗护理
# 皮肤	发红。疼痛	防护手套。防护服	脱去污染的衣服，冲洗，然后用水和肥皂清洗皮肤。给予医疗护理
# 眼睛	发红。疼痛	护目镜，面罩，或眼睛防护结合呼吸防护	先用大量水冲洗几分钟（如可能尽量摘除隐形眼镜），然后就医
# 食入	（另见吸入）	工作时不得进食，饮水或吸烟	漱口，催吐（仅对清醒病人！）。用水冲服活性炭浆。给予医疗护理
泄漏处置	将泄漏物清扫进容器中。如果适当，首先润湿防止扬尘。小心收集残余物，然后转移到安全场所。不要让该化学品进入环境。个人防护用具：适用于有害颗粒物的 P2 过滤呼吸器		
包装与标志	不得与食品和饲料一起运输 **欧盟危险性类别**：Xn 符号 N 符号 R:22-36/38-50 S:2-26-61 **联合国危险性类别**：6.1 **联合国包装类别**：III **中国危险性类别**：第 6.1 项毒性物质 **中国包装类别**：III		
应急响应	**运输应急卡**：TEC(R)-61GT2-III **美国消防协会法规**：H（健康危险性）；F1（火灾危险性）；R0（反应危险性）		
储存	与性质相互抵触的物质、食品和饲料分开存放。见化学危险性		
重要数据	**物理状态、外观**：白色晶体。遇空气、光或接触铁时，变粉红色 **物理危险性**：由于流动、搅拌等，可能产生静电 **化学危险性**：与强氧化剂、氨和氨基化合物反应，有着火和爆炸的危险 **职业接触限值**：阈限值：10ppm（时间加权平均值）；20ppm（短期接触限值），A4（不能分类为人类致癌物）（美国政府工业卫生学家会议，2003 年）。欧盟职业接触限值：10ppm，45mg/m³（时间加权平均值）；皮肤吸收（欧盟，2000 年） **接触途径**：该物质可通过吸入其气溶胶，经皮肤和食入吸收到体内 **吸入危险性**：20℃时该物质蒸发不会或很缓慢达到空气中有害污染浓度，但喷洒或扩散时要快得多 **短期接触的影响**：该物质刺激眼睛、皮肤和呼吸道。该物质可能对血液有影响，导致形成正铁血红蛋白。影响可能推迟显现。需进行医学观察 **长期或反复接触的影响**：反复或长期接触时，偶尔可能引起皮肤过敏		
物理性质	**沸点**：280℃ **熔点**：110℃ **密度**：1.28g/cm³ **水中溶解度**：140g/100mL **蒸气压**：20℃时 0.065Pa	**闪点**：127℃（闭杯） **自燃温度**：607℃ **爆炸极限**：空气中 1.4%～?%（体积） **辛醇/水分配系数的对数值**：0.79～0.93	
环境数据	该物质对水生生物使有害的		
注解	根据接触程度，建议定期进行医疗检查。该物质中毒时需采取必要的治疗措施。必须提供有指示说明的适当方法。不要将工作服带回家中		

IPCS
International
Programme on
Chemical Safety

国际化学品安全卡

三乙醇胺			ICSC 编号：1034
CAS 登记号：102-71-6 RTECS 号：KL9275000	中文名称：三乙醇胺；2,2',2"-次氮基三乙醇；三羟基三乙胺 英文名称：TRIETHANOLAMINE; 2,2',2"-Nitrilotriethanol; Trihydroxytriethylamine		
分子量：149.2	化学式：$C_6H_{15}NO_3/(CH_2OHCH_2)_3N$		
危害/接触类型	急性危害/症状	预防	急救/消防
火　灾	可燃的。在火焰中释放出刺激性或有毒烟雾（或气体）	禁止明火	大量水，抗溶性泡沫，干粉，二氧化碳
爆　炸			
接　触		防止产生烟云！	
# 吸入	咳嗽。咽喉痛	局部排气通风。通风	新鲜空气，休息
# 皮肤	发红	防护手套	脱去污染的衣服。冲洗，然后用水和肥皂清洗皮肤
# 眼睛	发红	护目镜	先用大量水冲洗几分钟（如可能尽量摘除隐形眼镜），然后就医
# 食入		工作时不得进食，饮水或吸烟	饮用 1～2 杯水
泄漏处置	将泄漏液收集在有盖的容器中。然后用大量水冲净		
包装与标志			
应急响应	美国消防协会法规：H2（健康危险性）；F1（火灾危险性）；R1（反应危险性）		
储存	与氧化剂分开存放。严格密封。干燥		
重要数据	物理状态、外观：无色黏稠的，吸湿液体或晶体，有特殊气味 化学危险性：该物质是一种弱碱。与氧化剂发生反应。燃烧时，该物质分解生成含氮氧化物有毒和腐蚀性烟雾 职业接触限值：阈限值：$5mg/m^3$（时间加权平均值）（美国政府工业卫生学家会议，2003 年）。最高容许浓度 ：$5mg/m^3$（以上呼吸道吸入部分计），最高限值种类：I(4)；妊娠风险等级：D（德国，2009 年） 接触途径：该物质可通过吸入其气溶胶吸收到体内 吸入危险性：20℃时蒸发可忽略不计，但扩散时可较快达到空气中颗粒物有害浓度 短期接触的影响：该物质刺激眼睛、皮肤和呼吸道 长期或反复接触的影响：反复或长期接触可能引起皮肤过敏		
物理性质	沸点：335.4℃ 熔点：21.6℃ 相对密度（水=1）：1.1 水中溶解度：混溶 蒸气压：25℃时<1Pa 蒸气相对密度（空气=1）：5.1 蒸气/空气混合物的相对密度（20℃，空气=1）：1.0 闪点：179℃ 自燃温度：324℃ 爆炸极限：空气中 3.6%～7.2%（体积） 辛醇/水分配系数的对数值：-2.3		
环境数据			
注解			

IPCS
International
Programme on
Chemical Safety

国际化学品安全卡

硫化氢铵			ICSC 编号：1035
CAS 登记号：12124-99-1 RTECS 号：BS4900000	中文名称：硫化氢铵；氢硫化铵；硫醇铵 英文名称：AMMONIUM BISULFIDE; Ammonium hydrogen sulfide; Ammonium hydrosulfide; Ammonium sulfhydrate; Ammonium mercaptan		
分子量：51.1	化学式：$H_5NS/(NH_4)HS$		
危害/接触类型	急性危害/症状	预防	急救/消防
火　灾	可燃的。许多反应可能引起火灾或爆炸。在火焰中释放出刺激性或有毒烟雾（或气体）	禁止明火	泡沫，干粉或二氧化碳
爆　炸			着火时，喷雾状水保持料桶等冷却
接　触		严格作业环境管理！	一切情况均向医生咨询！
# 吸入	咳嗽。呼吸困难。气促。咽喉痛	局部排气通风或呼吸防护	新鲜空气，休息。给予医疗护理
# 皮肤	发红。疼痛	防护手套。防护服	脱去污染的衣服。用大量水冲洗皮肤或淋浴。给予医疗护理
# 眼睛	发红。疼痛	面罩，或眼睛防护结合呼吸防护	先用大量水冲洗几分钟（如可能尽量摘除隐形眼镜），然后就医
# 食入	胃痉挛。腹部疼痛。嘴灼烧感。腹泻。恶心。呕吐	工作时不得进食，饮水或吸烟	漱口。给予医疗护理
泄漏处置	撤离危险区域！向专家咨询！通风。转移全部引燃源。将泄漏物清扫进气密的容器中。化学防护服，包括自给式呼吸器		
包装与标志	气密。不得与食品和饲料一起运输		
应急响应			
储存	与酸、氧化剂、食品和饲料分开存放。阴凉场所。干燥。严格密封。保存在通风良好的室内		
重要数据	**物理状态、外观**：白色至黄色吸湿晶体，有特殊气味 **化学危险性**：燃烧时，生成氨烟雾、氮氧化物和硫氧化物。在室温下，该物质分解生成含氨和硫化氢有毒和腐蚀性气体。与酸反应，生成硫化氢和硫氧化物。与氧化剂激烈反应，有着火和爆炸危险 **职业接触限值**：阈限值未制定标准 **接触途径**：该物质可通过吸入，经皮肤和食入吸收到体内 **吸入危险性**：20℃时该物质蒸发，迅速达到空气中有害污染浓度 **短期接触的影响**：该物质严重刺激眼睛、皮肤和呼吸道		
物理性质	**水中溶解度**：128.1g/100mL **蒸气压**：22℃时 52kPa **闪点**：见注解		
环境数据	该物质可能对环境有危害，对水生生物应给予特别注意		
注解	工业品以40%溶液形式提供，溶液比干产品更稳定。其 UN 编号为 2683。该物质是可燃的，但闪点未见文献报道。该物质对人体健康影响数据不充分，因此应当特别注意		

IPCS
International
Programme on
Chemical Safety

国际化学品安全卡

草酸铵			ICSC 编号：1036
CAS 登记号：1113-38-8 RTECS 号：RO2750000 UN 编号：2811 EC 编号：607-007-00-3 中国危险货物编号：61908		中文名称：草酸铵；草酸二铵盐；乙二酸二铵盐 英文名称：AMMONIUM OXALATE; Oxalic acid, diammonium salt; Ethanedioic acid, diammonium salt	
分子量：124.1		化学式：$C_2H_8N_2O_4/NH_4OOCCOONH_4$	
危害/接触类型	急性危害/症状	预防	急救/消防
火　灾	可燃的。在火焰中释放出刺激性或有毒烟雾（或气体）	禁止明火	干粉，雾状水，泡沫，二氧化碳
爆　炸			
接　触		防止粉尘扩散！	
# 吸入	咳嗽，咽喉疼痛。（见食入）	局部排气通风或呼吸防护	新鲜空气，休息
# 皮肤	发红，灼烧感，疼痛，起疱	防护手套，防护服	脱掉污染的衣服，冲洗，然后用水和肥皂洗皮肤
# 眼睛	发红，疼痛，严重深度烧伤	安全护目镜或眼睛防护结合呼吸防护	首先用大量水冲洗几分钟（如可能尽量摘除隐形眼镜），然后就医
# 食入	腹部疼痛，惊厥，倦睡，迟钝，休克或虚脱，呕吐	工作时不得进食、饮水或吸烟	漱口，大量饮水，休息，给予医疗护理
泄漏处置	将泄漏物扫入有盖容器中。如果适当，首先湿润防止扬尘。小心收集残余物，然后转移到安全场所。个人防护用具：适用于有害颗粒物的 P2 过滤呼吸器		
包装与标志	不得与食品和饲料一起运输 欧盟危险性类别：Xn 符号 标记：A　R:21/22　S:2-24/25 联合国危险性类别：6.1　　联合国包装类别：III 中国危险性类别：第 6.1 项毒性物质　中国包装类别：III		
应急响应	运输应急卡：TEC(R)-61G12c		
储存	与食品和饲料分开存放。干燥		
重要数据	**物理状态、外观**：无色晶体粉末，无气味 **化学危险性**：加热或燃烧时，该物质分解生成含氨和氮氧化物的有毒和腐蚀性烟雾。与氧化剂发生反应 **职业接触限值**：阈限值未制定标准 **接触途径**：该物质可通过食入吸收到体内 **吸入危险性**：20℃时蒸发可忽略不计，但可较快地达到空气中颗粒物公害污染浓度 **短期接触的影响**：该物质刺激眼睛、皮肤和呼吸道。该物质可能对中枢神经系统和肾有影响，导致功能损伤 **长期或反复接触的影响**：该物质可能对肾有影响		
物理性质	沸点：低于沸点分解，见注解 相对密度（水=1）：1.50 水中溶解度：适度溶解		
环境数据			
注解	物理性质是指草酸铵一水合物。分解温度未见文献报道		

IPCS
International Programme on Chemical Safety

国际化学品安全卡

硝酸钙			ICSC 编号：1037
CAS 登记号：10124-37-5 RTECS 号：EW2985000 UN 编号：1454 中国危险货物编号：1454		中文名称：硝酸钙；二硝酸钙；硝酸钙（II） 英文名称：CALCIUM NITRATE; Calcium dinitrate; Calcium (II) nitrate	
分子量：164.1		化学式：$Ca(NO_3)_2$	
危害/接触类型	急性危害/症状	预防	急救/消防
火　灾	不可燃，但可助长其他物质燃烧 在火焰中释放出刺激性或有毒烟雾（或气体）	禁止与易燃物质接触	周围环境着火时，使用适当的灭火剂
爆　炸	与可燃物质接触时，有着火和爆炸危险		
接　触		防止粉尘扩散！	
# 吸入	咳嗽。咽喉痛	局部排气通风或呼吸防护	新鲜空气，休息
# 皮肤		防护手套	先用大量水冲洗，然后脱去污染的衣服并再次冲洗
# 眼睛	发红	安全护目镜	先用大量水冲洗几分钟（如可能尽量摘除隐形眼镜），然后就医
# 食入	腹部疼痛。嘴唇发青或指甲发青。皮肤发青。意识模糊。惊厥。头晕。头痛。恶心。神志不清	工作时不得进食，饮水或吸烟。进食前洗手	漱口。大量饮水。给予医疗护理
泄漏处置	将泄漏物清扫进塑料容器中。用大量水冲净残余物		
包装与标志	联合国危险性类别：5.1　联合国包装类别：III 中国危险性类别：第 5.1 项氧化性物质　中国包装类别：III		
应急响应	运输应急卡：TEC(R)-51G02-I+II+III		
储存	与可燃物质和还原性物质分开存放。干燥		
重要数据	物理状态、外观：无色至白色吸湿的晶体 化学危险性：该物质是一种强氧化剂。与可燃物质和还原性物质发生反应 职业接触限值：阈限值未制定标准。最高容许浓度未制定标准 接触途径：该物质可通过吸入其气溶胶和经食入吸收到体内 吸入危险性：扩散时可较快达到空气中颗粒物公害污染浓度 短期接触的影响：可能对眼睛和呼吸道引起机械刺激。食入后，该物质可能对血液有影响，导致形成正铁血红蛋白。影响可能推迟显现。需进行医学观察		
物理性质	熔点：560℃ 密度：$2.50g/cm^3$ 水中溶解度：121.2g/100mL		
环境数据			
注解	用大量水冲洗工作服（有着火危险）。该物质中毒时需采取必要的治疗措施。必须提供有指示说明的适当方法。本卡片的建议也适用于硝酸钙一水合物（CAS 登记号 35054-52-5）和四水合物（CAS 登记号 13477-34-4）		

IPCS
International
Programme on
Chemical Safety

国际化学品安全卡

多硫化钙			ICSC 编号：1038
CAS 登记号：1344-81-6 RTECS 号：EW4155000 EC 编号：016-005-00-6 化学式：CaS_x		中文名称：多硫化钙 英文名称：CALCIUM POLYSULFIDE	
危害/接触类型	急性危害/症状	预防	急救/消防
火　灾	可燃的。在火焰中释放出刺激性或有毒烟雾（或气体）。见注解	禁止与酸接触。禁止明火	干粉，干砂
爆　炸			
接　触		严格作业环境管理！	
# 吸入	咽喉痛。咳嗽。头晕。头痛。呼吸困难。神志不清	通风，局部排气通风或呼吸防护	新鲜空气，休息。禁止口对口进行人工呼吸。由经过培训的人员给予吸氧。给予医疗护理
# 皮肤	发红。疼痛	防护手套	脱去污染的衣服。冲洗，然后用水和肥皂清洗皮肤
# 眼睛	发红。疼痛	安全护目镜，或眼睛防护结合呼吸防护	先用大量水冲洗几分钟（如可能尽量摘除隐形眼镜），然后就医
# 食入	灼烧感。胃痉挛。恶心。腹泻。呕吐。休克或虚脱	工作时不得进食，饮水或吸烟。进食前洗手	漱口。不要催吐。用水冲服活性炭浆。禁止口对口进行人工呼吸。由经过培训的人员给予吸氧。给予医疗护理
泄漏处置	不要让该化学品进入环境。将泄漏液收集在可密闭的容器中。用砂土或惰性吸收剂吸收残液，并转移到安全场所。个人防护用具：适用于有机气体和蒸气的过滤呼吸器		
包装与标志	欧盟危险性类别：Xi 符号 N 符号　R:31-36/37/38-50　S:2-28-61		
应急响应			
储存	注意收容灭火产生的废水。与酸、食品和饲料分开存放。严格密封。保存在通风良好的室内。储存在没有排水管或下水道的场所		
重要数据	**物理状态、外观**：橙色液体，有臭鸡蛋特殊气味 **化学危险性**：与酸接触时，该物质分解生成高毒和易燃的硫化氢。浸蚀金属。水溶液是一种中强碱 **职业接触限值**：阈限值未制定标准。最高容许浓度未制定标准 **接触途径**：该物质可经食入和通过吸入吸收到体内 **吸入危险性**：未指明 20℃时该物质蒸发达到空气中有害浓度的速率 **短期接触的影响**：该物质刺激眼睛、皮肤和呼吸道。食入有腐蚀性。该物质可能对细胞呼吸有影响，导致惊厥和神志不清。接触可能导致死亡。需进行医学观察。见注解		
物理性质	**相对密度（水=1）**：1.28 **水中溶解度**：混溶		
环境数据	该物质对水生生物有极高毒性		
注解	该物质在胃内生成硫化氢。该物质中毒时须采取必要的治疗措施；必须提供有指示说明的适当方法。该物质是可燃的，但闪点未见文献报道。对接触该物质的环境影响未进行充分调查。商品名称为硫石灰		

IPCS
International
Programme on
Chemical Safety

国际化学品安全卡

氯磺酸			ICSC 编号：1039
CAS 登记号：7790-94-5 RTECS 号：FX5730000 UN 编号：1754 EC 编号：016-017-00-1 中国危险货物编号：1754 分子量：116.52		中文名称：氯磺酸；硫酸氯乙醇 英文名称：CHLOROSULFONIC ACID; Sulfuric chlorohydrin; Chlorosulfuric acid 化学式：$ClHO_3S/SO_2(OH)Cl$	
危害/接触类型	急性危害/症状	预防	急救/消防
火 灾	不可燃，但可助长其他物质燃烧。许多反应可能引起火灾或爆炸。在火焰中释放出刺激性或有毒烟雾（或气体）	禁止与醇类、可燃物质、还原剂和水接触	周围环境着火时，使用干粉、二氧化碳灭火。禁止用水
爆 炸	与许多物质接触时，有着火和爆炸危险		着火时，喷雾状水保持料桶等冷却，但避免该物质与水接触
接 触		防止产生烟云！避免一切接触！	一切情况均向医生咨询！
# 吸入	咽喉痛，咳嗽，灼烧感，气促，呼吸困难。症状可能推迟显现。（见注解）	通风。局部排气通风或呼吸防护	新鲜空气，休息，半直立体位。必要时进行人工呼吸，给予医疗护理
# 皮肤	疼痛，发红，严重皮肤烧伤	防护手套，防护服	脱去污染的衣服。用大量水冲洗皮肤或淋浴，给予医疗护理
# 眼睛	疼痛，发红，严重深度烧伤	面罩，或眼睛防护结合呼吸防护	先用大量水冲洗几分钟（如可能尽量摘除隐形眼镜），然后就医
# 食入	灼烧感，腹部疼痛，恶心，休克或虚脱	工作时不得进食，饮水或吸烟。进食前洗手	漱口，不要催吐。大量饮水，给予医疗护理
泄漏处置	撤离危险区域！向专家咨询！通风。尽可能将泄漏液收集在可密闭的容器中。小心中和残余物，然后用大量水冲净。不要用锯末或其他可燃吸收剂吸收。个人防护用具：全套防护服，包括自给式呼吸器		
包装与标志	不易破碎包装，将易破碎包装放在不易破碎的密闭容器中。不得与食品和饲料一起运输 欧盟危险性类别：C 符号 R:14-35-37 S:1/2-26-45 联合国危险性类别：8 联合国包装类别：I 中国危险性类别：第 8 类腐蚀性物质 中国包装类别：I		
应急响应	运输应急卡：TEC(R)-80G10a 美国消防协会法规：H4（健康危险性）；F0（火灾危险性）；R2（反应危险性）；W（禁止用水）；OX（氧化剂）		
储存	与食品和饲料分开存放。见化学危险性。干燥。严格密封		
重要数据	**物理状态、外观**：无色至黄色液体，有刺鼻气味 **化学危险性**：加热时和与水接触时，该物质分解生成有毒和腐蚀性烟雾。该物质是一种强氧化剂，与可燃物质和还原性物质激烈反应。该物质是一种强酸，与碱激烈反应，有腐蚀性。与醇类、金属粉末、磷、硝酸盐和许多其他物质激烈反应，有着火和爆炸的危险 **职业接触限值**：阈限值未制定标准 **接触途径**：该物质可通过吸入其蒸气和食入吸收到体内 **吸入危险性**：20℃时该物质蒸发，相当快地达到空气中有害污染浓度 **短期接触的影响**：该物质极腐蚀眼睛、皮肤和呼吸道。食入有腐蚀性。吸入蒸气可能引起肺水肿（见注解）。影响可能推迟显现。需进行医学观察 **长期或反复接触的影响**：反复或长期接触，肺可能受损伤。该物质可能对牙齿有影响，导致牙侵蚀		
物理性质	沸点：100kPa 时 151～152℃ 熔点：−80℃ 相对密度（水=1）：1.75 水中溶解度：反应 蒸气压：20℃时 133Pa 蒸气相对密度（空气=1）：4.02		
环境数据			
注解	与灭火剂，如水激烈反应。肺水肿症状常常几个小时以后才变得明显，体力劳动使症状加重。因而休息和医学观察是必要的。根据接触程度，建议定期进行医疗检查		

IPCS
International
Programme on
Chemical Safety

国际化学品安全卡

氟硼酸 ICSC 编号：1040

CAS 登记号：16872-11-0
UN 编号：1775
EC 编号：009-010-00-X
中国危险货物编号：1775

中文名称：氟硼酸（水溶液>25%）；硼氟酸；氟硼酸；四氟硼酸
英文名称：FLUOROBORIC ACID (aqueous solution >25%); Borofluoric acid; Fluoboric acid; Hydrogen tetrafluoroborate; Hydrofluoboric acid

分子量：87.8 化学式：HBF_4

危害/接触类型	急性危害/症状	预防	急救/消防
火　灾	不可燃。在火焰中释放出刺激性或有毒烟雾（或气体）		周围环境着火时，使用适当的灭火剂
爆　炸			
接　触		避免一切接触！	一切情况均向医生咨询！
# 吸入	咽喉痛。咳嗽。灼烧感。呼吸短促。呼吸困难	通风，局部排气通风或呼吸防护	新鲜空气，休息。半直立体位。给予医疗护理
# 皮肤	疼痛。水疱	防护手套。防护服	脱去污染的衣服。用大量水冲洗皮肤或淋浴。立即给予医疗护理。在烧伤处涂以葡糖碳酸钙
# 眼睛	发红。疼痛。严重深度烧伤	面罩，或眼睛防护结合呼吸防护	先用大量水冲洗几分钟（如可能尽量摘除隐形眼镜），然后就医
# 食入	口腔和咽喉烧伤。咽喉疼痛。有灼烧感。腹部疼痛。腹泻。呕吐。休克或虚脱	工作时不得进食、饮水或吸烟	漱口。不要催吐。立即给予医疗护理
泄漏处置	个人防护用具：全套防护服包括自给式呼吸器。向专家咨询！将泄漏液收集在可密闭的容器中。用砂土或惰性吸收剂吸收残液，并转移到安全场所		
包装与标志	不易破碎包装，将易破碎包装放在不易破碎的密闭容器中。不得与食品和饲料一起运输 **欧盟危险性类别：**C 符号 R:34 S:1/2-26-27-45 **联合国危险性类别：**8 **联合国包装类别：**II **中国危险性类别：**第 8 类 腐蚀性物质 **中国包装类别：**II **GHS 分类：**信号词：危险 图形符号：腐蚀-健康危险 危险说明：可能腐蚀金属；造成严重皮肤灼伤和眼睛损伤；对呼吸系统造成损害		
应急响应			
储存	与强碱、金属、食品和饲料分开存放。严格密封。沿地面通风。储存在原始容器中，不要用金属或玻璃容器储存或运输。储存在没有排水管或下水道的场所		
重要数据	**物理状态、外观：**无色液体 **化学危险性：**加热时和燃烧时，该物质分解，生成含有氟化氢和氟化合物的有毒和腐蚀性烟雾。该物质是一种强酸，与碱激烈反应并有腐蚀性。浸蚀许多金属，生成易燃/爆炸性气体（氢，见化学品安全卡#0001） **职业接触限值：**阈限值：（以氟化物计，以氟计）2.5mg/m^3（时间加权平均值）；A4（不能分类为人类致癌物）（美国政府工业卫生学家会议，2010 年）。最高容许浓度：（可吸入粉尘）1mg/m^3；最高限值种类：II（4）；皮肤吸收；妊娠风险等级：C（德国，2008 年） **接触途径：**各种接触途径均产生严重局部和全身影响 **吸入危险性：**未指明扩散时该物质达到空气中有害浓度的速率 **短期接触的影响：**腐蚀作用。吸入可能引起严重咽喉肿胀，导致窒息。吸入可能引起肺水肿，但只在最初的对眼睛和（或）呼吸道的腐蚀性影响已经显现后。高浓度接触时，能够造成严重肺损伤。见注解。需进行医学观察		
物理性质	**相对密度（水=1）：**1.4（50%溶液）		
环境数据	该物质可能对环境有危害，对鱼应给予特别注意		
注解	肺水肿症状常常经过几个小时以后才变得明显，体力劳动使症状加重。因而休息和医学观察是必要的。应当考虑由医生或医生指定的人立即采取适当吸入治疗法。该物质中毒时，需采取必要的治疗措施；必须提供有指示说明的适当方法。另参考化学品安全卡#0283（氟化氢）		

IPCS
International
Programme on
Chemical Safety

UNEP

国际化学品安全卡

硝酸镁			ICSC 编号：1041
CAS 登记号：10377-60-3 UN 编号：1474 中国危险货物编号：1474 分子量：148.33	中文名称：硝酸镁；硝酸镁盐 英文名称：MAGNESIUM NITRATE; Nitric acid, magnesium salt 化学式：$Mg(NO_3)_2$		
危害/接触类型	急性危害/症状	预防	急救/消防
火　灾	不可燃，但可站长其他物质燃烧。在火焰中释放出刺激性或有毒烟雾（或气体）	禁止与可燃物质和还原剂接触	周围环境着火时，使用适当的灭火剂
爆　炸	与还原剂接触时，有着火和爆炸危险		
接　触		防止粉尘扩散！	
# 吸入	咳嗽。咽喉痛	局部排气通风或呼吸防护	新鲜空气，休息。给予医疗护理
# 皮肤			先用大量水冲洗，然后脱去污染的衣服并再次冲洗
# 眼睛	发红。疼痛	护目镜	先用大量水冲洗几分钟（如可能尽量摘除隐形眼镜），然后就医
# 食入	腹部疼痛。嘴唇发青或指甲发青。皮肤发青。意识模糊。惊厥。头晕。头痛。恶心。神志不清	工作时不得进食，饮水或吸烟。进食前洗手	漱口。给予医疗护理
泄漏处置	将泄漏物清扫进塑料容器中。用大量水冲净残余物		
包装与标志	联合国危险性类别：5.1　联合国包装类别：III 中国危险性类别：第 5.1 项氧化性物质　中国包装类别：III		
应急响应	运输应急卡：TEC(R)-51GO2-I+II+III 美国消防协会法规：H2（健康危险性）；F0（火灾危险性）；R3（反应危险性）		
储存	与可燃物质和还原性物质分开存放。干燥		
重要数据	物理状态、外观：无色或白色吸湿的晶体 化学危险性：该物质是一种强氧化剂。与可燃物质和还原性物质反应，有着火和爆炸危险 职业接触限值：阈限值未制定标准。最高容许浓度未制定标准 接触途径：该物质可通过吸入其气溶胶和经食入吸收到体内 吸入危险性：扩散时可较快达到空气中颗粒物公害污染浓度 短期接触的影响：可能对眼睛和呼吸道引起机械刺激。食入后，该物质可能对血液有影响，导致形成正铁血红蛋白。影响可能推迟显现。需进行医学观察		
物理性质	沸点：低于沸点在 330℃分解 水中溶解度：易溶		
环境数据			
注解	该物质中毒时需采取必要的治疗措施。必须提供有指示说明的适当方法。用大量水冲洗工作服（有着火危险）。本卡片的建议也适用于商品硝酸镁六水合物（CAS 登记号 13446-18-9）		

IPCS
International
Programme on
Chemical Safety

国际化学品安全卡

三聚乙醛			ICSC 编号：1042
CAS 登记号：123-63-7 RTECS 号：YK0525000 UN 编号：1264 EC 编号：605-004-00-1 中国危险货物编号：1264 分子量：132.2		中文名称：三聚乙醛；对乙醛；2,4,6-三甲基-1,3,5-三噁烷 英文名称：PARALDEHYDE; p-Acetaldehyde; Paracetaldehyde; 2,4,6-Trimethyl-1,3,5-trioxane 化学式：$C_6H_{12}O_3$	
危害/接触类型	急性危害/症状	预防	急救/消防
火　灾	高度易燃	禁止明火，禁止火花和禁止吸烟	雾状水，抗溶性泡沫，干粉，二氧化碳
爆　炸	高于 24℃，可能形成爆炸性蒸气/空气混合物	高于 24℃，使用密闭系统，通风和防爆型电气设备	着火时，喷雾状水保持料桶等冷却
接　触			
# 吸入	灼烧感。咳嗽。气促。另见食入	通风，局部排气通风或呼吸防护	新鲜空气，休息。给予医疗护理
# 皮肤	发红。疼痛	防护手套	脱去污染的衣服。冲洗，然后用水和肥皂清洗皮肤
# 眼睛	发红。疼痛	安全护目镜，或眼睛防护结合呼吸防护	先用大量水冲洗几分钟（如可能尽量摘除隐形眼镜），然后就医
# 食入	咽喉和胸腔灼烧感。恶心。呕吐。腹泻。倦睡。神志不清	工作时不得进食，饮水或吸烟	不要催吐。大量饮水。给予医疗护理
泄漏处置	转移全部引燃源。尽可能将泄漏液收集在可密闭的非塑料容器中。用砂土或惰性吸收剂吸收残液，并转移到安全场所。个人防护用具：适用于有机气体和蒸气的过滤呼吸器		
包装与标志	不得与食品和饲料一起运输 欧盟危险性类别：F 符号　R:11　S:2-9-16-29-33 联合国危险性类别：3　联合国包装类别：III 中国危险性类别：第 3 类易燃液体　中国包装类别：III		
应急响应	运输应急卡：TEC(R)-30S1264 美国消防协会法规：H2（健康危险性）；F3（火灾危险性）；R1（反应危险性）		
储存	耐火设备（条件）。与食品和饲料、碱和氧化剂分开存放		
重要数据	物理状态、外观：无色液体，有特殊气味 物理危险性：蒸气比空气重，可能沿地面流动，可能造成远处着火 化学危险性：静置时，在空气和光的作用下，该物质发生分解。加热时，该物质分解生成有毒烟雾。与碱和氧化剂发生反应。浸蚀塑料 职业接触限值：阈限值未制定标准 接触途径：该物质可通过吸入其蒸气和经食入吸收到体内 吸入危险性：未指明 20℃时该物质蒸发达到空气中有害浓度的速率 短期接触的影响：该物质刺激眼睛、皮肤和呼吸道。该物质可能对中枢神经系统有影响 长期或反复接触的影响：该物质可能对神经系统有影响，导致上瘾。该物质可能对肾和肝有影响，导致功能损伤		
物理性质	沸点：124.5℃ 熔点：12.6℃ 密度：0.99g/cm^3 水中溶解度：13℃时 12g/100mL 蒸气压：20℃时 1kPa 蒸气相对密度（空气=1）：4.5 闪点：24℃（闭杯） 自燃温度：235℃ 爆炸极限：空气中 1.3%～17.0%（体积） 辛醇/水分配系数的对数值：0.67		
环境数据			
注解			

IPCS
International
Programme on
Chemical Safety

国际化学品安全卡

聚苯乙烯			ICSC 编号：1043
CAS 登记号：9003-53-6 RTECS 号：WL6475000	中文名称：聚苯乙烯；乙烯基苯均聚物 英文名称：POLYSTYRENE; Benzene, ethenyl-, homopolymer; Ethenylbenzene, homopolymer		
分子量：10000～300000	化学式：$(C_8H_8)x$		

危害/接触类型	急性危害/症状	预防	急救/消防
火　灾	可燃的。在火焰中释放出刺激性或有毒烟雾（或气体）	禁止明火	干粉，雾状水，泡沫，二氧化碳
爆　炸			
接　触		防止粉尘扩散！	
# 吸入		避免吸入粉尘	
# 皮肤			
# 眼睛		安全护目镜，如为粉末，眼睛防护结合呼吸防护	
# 食入			
泄漏处置	通风。转移全部引燃源。将泄漏物清扫进有标志的和适当的容器中。个人防护用具：适用于惰性颗粒物的 P1 过滤呼吸器		
包装与标志			
应急响应			
储存			
重要数据	物理状态、外观：无色各种形态固体 化学危险性：加热到 300℃以上时，该物质分解生成含有苯乙烯的有毒烟雾。燃烧时，该物质分解生成刺激性烟雾。与强氧化剂发生反应 职业接触限值：阈限值未制定标准。最高容许浓度未制定标准 吸入危险性：扩散时可较快地达到空气中颗粒物公害污染浓度，尤其是粉末 短期接触的影响：可能引起机械刺激		
物理性质	熔点：240℃ 相对密度（水=1）：1.04～1.13 闪点：345～360℃ 自燃温度：427℃		
环境数据			
注解			

IPCS
International Programme on Chemical Safety

UNEP

国际化学品安全卡

碳酸氢钠			ICSC 编号：1044
CAS 登记号：144-55-8 RTECS 号：VZ0950000		中文名称：碳酸氢钠；碳酸一钠盐；小苏打；酸式碳酸钠 英文名称：SODIUM BICARBONATE; Carbonic acid monosodium salt; Baking soda; Bicarbonate of soda; Sodium hydrogen carbonate; Sodium acid carbonate	
分子量： 84.0		化学式：$NaHCO_3$	
危害/接触类型	急性危害/症状	预防	急救/消防
火　灾	不可燃		周围环境着火时，使用适当的灭火剂
爆　炸			
接　触			
# 吸入			
# 皮肤			
# 眼睛	发红	安全眼镜	先用大量水冲洗几分钟（如可能尽量摘除隐形眼镜），然后就医
# 食入			
泄漏处置	将泄漏物清扫进容器中。如果适当，首先润湿防止扬尘。用大量水冲净残余物		
包装与标志			
应急响应			
储存	与酸类分开存放		
重要数据	**物理状态、外观**：白色各种形态固体 **化学危险性**：水溶液是一种弱碱。与酸发生反应 **职业接触限值**：阈限值未制定标准。最高容许浓度未制定标准 **接触途径**：该物质可经食入吸收到体内 **吸入危险性**：20℃时蒸发可忽略不计，但扩散时可较快地达到空气中颗粒物公害污染浓度，尤其是粉末 **短期接触的影响**：该物质轻微刺激眼睛		
物理性质	熔点：50℃（分解） 密度：$2.1g/cm^3$ 水中溶解度：20℃时 8.7g/100mL		
环境数据			
注解			

IPCS
International
Programme on
Chemical Safety

国际化学品安全卡

亚氯酸钠	ICSC 编号：1045
CAS 登记号：7758-19-2 RTECS 号：VZ4800000 UN 编号：1496 中国危险货物编号：1496	**中文名称**：亚氯酸钠；亚氯酸钠盐 **英文名称**：SODIUM CHLORITE; Chlorous acid, sodium salt
分子量：90.44	**化学式**：$NaClO_2$

危害/接触类型	急性危害/症状	预防	急救/消防
火　灾	不可燃，但可助长其他物质燃烧。在火焰中释放出刺激性或有毒烟雾（或气体）	禁止可燃物质和还原剂与接触	大量水、雾状水。禁用二氧化碳
爆　炸	与还原剂和有机物接触，有着火和爆炸危险		着火时，喷雾状水保持料桶等冷却
接　触		防止粉尘扩散！	
# 吸入	咳嗽，咽喉痛	通风（如果没有粉末时），局部排气通风或呼吸防护	新鲜空气，休息
# 皮肤	发红，疼痛	防护手套	先用大量水，然后脱去污染的衣服并再次冲洗
# 眼睛	发红，疼痛	护目镜	先用大量水冲洗几分钟（如可能尽量摘除隐形眼镜），然后就医
# 食入	腹部疼痛，呕吐	工作时不得进食，饮水或吸烟。进食前洗手	漱口，催吐（仅对清醒病人!），给予医疗护理
泄漏处置	将泄漏物清扫进可密闭容器中。如果适当，首先润湿防止扬尘。小心收集残余物，然后转移到安全场所。不要用锯末或其他可燃吸收剂吸收。个人防护用具：适用于有毒颗粒物的 P3 过滤呼吸器		
包装与标志	**联合国危险性类别**：5.1　**联合国包装类别**：II **中国危险性类别**：第 5.1 项氧化性物质　**中国包装类别**：II		
应急响应	**运输应急卡**：TEC(R)-209 或 51G02 **美国消防协会法规**：H1（健康危险性）；F0（火灾危险性）；R1（反应危险性）；OX（氧化剂）		
储存	与可燃物质和还原性物质、酸类和其他性质相互抵触的物质（见化学危险性）分开存放。阴凉场所。干燥。保存在通风良好的室内		
重要数据	**物理状态、外观**：白色微吸湿的晶体或薄片 **化学危险性**：加热到 200℃时，该物质分解生成有毒和腐蚀性烟雾，有着火和爆炸危险。该物质是一种强氧化剂。与可燃物质和还原性物质激烈反应。与酸类、铵化合物、磷、硫黄、连二硫酸钠激烈反应，有爆炸的危险 **职业接触限值**：阈限值未制定标准 **接触途径**：该物质可通过吸入其气溶胶和经食入吸收到体内 **吸入危险性**：20℃时蒸发可忽略不计，但扩散时可较快地达到空气中颗粒物有害浓度，尤其是粉末 **短期接触的影响**：该物质刺激眼睛，皮肤和呼吸道		
物理性质	**熔点**：低于熔点在 180～200℃分解 **密度**：$2.5g/cm^3$ **水中溶解度**：17℃时 39g/100mL		
环境数据			
注解	如果被有机物污染转变为撞击敏感物质。用大量水冲洗工作服（有着火危险）。商品名称为 Textone		

IPCS
International
Programme on
Chemical Safety

国际化学品安全卡

四水合高硼酸钠			ICSC 编号：1046
CAS 登记号：10486-00-7 RTECS 号：SC7350000 UN 编号：1479 EC 编号： 中国危险货物编号：1479		中文名称：四水合高硼酸钠；四水合过硼酸钠盐 英文名称：SODIUM PERBORATE TETRAHYDRATE; Perboric acid, sodium salt, tetrahydrate	
分子量：153.9		化学式：$NaBO_3 \cdot 4H_2O/NaBO_2 \cdot H_2O_2 \cdot 3H_2O$	
危害/接触类型	急性危害/症状	预防	急救/消防
火　灾	不可燃，但可助长其他物质燃烧。在火焰中释放出刺激性或有毒烟雾（或气体）	禁止与易燃物质接触	周围环境着火时，使用适当的灭火剂
爆　炸	接触高温或可燃物质时，有着火和爆炸危险		着火时，喷雾状水保持料桶等冷却，但避免该物质与水接触
接　触			
# 吸入	咳嗽。气促	局部排气通风或呼吸防护	新鲜空气，休息
# 皮肤		防护手套	先用大量水冲洗，然后脱去污染的衣服并再次冲洗
# 眼睛	发红。疼痛	安全护目镜	先用大量水冲洗几分钟（如可能尽量摘除隐形眼镜），然后就医
# 食入	恶心。呕吐。腹泻	工作时不得进食，饮水或吸烟	漱口。用水冲服活性炭浆。休息。给予医疗护理
泄漏处置	将泄漏物清扫进干燥、可密闭容器中。不要用锯末或其他可燃吸收剂吸收。不要让该化学品进入环境。个人防护用具：适用于有害颗粒物的 P2 过滤呼吸器		
包装与标志	联合国危险性类别：5.1 联合国包装类别：II 中国危险性类别：第 5.1 项氧化性物质 中国包装类别：II		
应急响应	运输应急卡：TEC(R)-51GO2-I+II+III。 美国消防协会法规：H1（健康危险性）；F1（火灾危险性）；R0（反应危险性）		
储存	严格密封。与可燃物质和还原性物质、强酸分开存放		
重要数据	**物理状态、外观：**白色晶体粉末 **化学危险性：**加温至 60℃以上时，该物质分解生成含氧化钠的有毒烟雾。与水接触时生成硼酸和过氧化氢。该物质是一种强氧化剂，与可燃物质和还原性物质发生反应。水溶液是一种弱碱 **职业接触限值：**阈限值未制定标准。最高容许浓度未制定标准 **接触途径：**该物质可通过吸入和经食入吸收到体内 **吸入危险性：**20℃时蒸发可忽略不计，但扩散时可较快地达到空气中颗粒物有害浓度，尤其是粉末 **短期接触的影响：**该物质刺激眼睛和呼吸道		
物理性质	熔点：约 60℃～65.5℃（分解） 水中溶解度：20℃时 2.3g/100mL		
环境数据	该物质对水生生物是有害的		
注解	用大量水冲洗工作服（有着火危险）		

IPCS
International
Programme on
Chemical Safety

国际化学品安全卡

硫化钠	ICSC 编号：1047		
CAS 登记号：1313-82-2 RTECS 号：WE1905000 UN 编号：1385 EC 编号：016-009-00-8 中国危险货物编号：1385 分子量：78.04	中文名称：硫化钠（无水的）；一硫化钠；硫化钠 英文名称：SODIUM SULFIDE (ANHYDROUS); Sodium monosulfide; Sodium sulphide 化学式：Na_2S		
危害/接触类型	急性危害/症状	预防	急救/消防
火　灾	可燃的。在火焰中释放出刺激性或有毒烟雾（或气体）	禁止明火，禁止火花和禁止吸烟。禁止与酸和氧化剂接触	大量水，雾状水，泡沫，干粉
爆　炸			
接　触		避免一切接触！	一切情况均向医生咨询！
# 吸入	咳嗽。灼烧感。呼吸困难。气促。咽喉痛	密闭系统和通风	新鲜空气，休息。给予医疗护理
# 皮肤	发红。疼痛。皮肤烧伤。水疱	防护手套。防护服	先用大量水冲洗，然后脱去污染的衣服并再次冲洗。给予医疗护理
# 眼睛	发红。疼痛。视力模糊。严重深度烧伤	面罩，或眼睛防护结合呼吸防护	先用大量水冲洗几分钟（如可能尽量摘除隐形眼镜），然后就医
# 食入	腹部疼痛。灼烧感。休克或虚脱	工作时不得进食，饮水或吸烟	不要催吐。大量饮水。给予医疗护理
泄漏处置	转移全部引燃源。用干泥土或砂土覆盖泄漏物。将泄漏物清扫进容器中。小心收集残余物，然后转移到安全场所。不要让该化学品进入环境。化学防护服，包括自给式呼吸器		
包装与标志	气密 欧盟危险性类别：C 符号 N 符号　R:31-34-50　S:1/2-26-45-61 联合国危险性类别：4.2　联合国包装类别：II 中国危险性类别：第 4.2 项易于自燃的物质　中国包装类别：II		
应急响应	运输应急卡：TEC（R）-42GS4-II+III 美国消防协会法规：H3（健康危险性）；F1（火灾危险性）；R1（反应危险性）		
储存	与酸类、氧化剂分开存放。保存在通风良好的室内。干燥		
重要数据	物理状态、外观：白色至黄色吸湿的晶体，有特殊气味 化学危险性：燃烧时，与酸和水接触时，该物质分解生成有毒和腐蚀性气体，增大着火的危险。水溶液是一种强碱，与酸激烈反应并有腐蚀性。与氧化剂激烈反应 职业接触限值：阈限值未制定标准 接触途径：该物质可通过吸入和经皮肤和食入吸收到体内 吸入危险性：扩散时，可较快地达到空气中颗粒物有害浓度 短期接触的影响：该物质腐蚀眼睛、皮肤和呼吸道。食入有腐蚀性		
物理性质	熔点：920～950℃（分解） 密度：$1.86g/cm^3$ 自燃温度：>480℃ 辛醇/水分配系数的对数值：-3.5		
环境数据	该物质可能对环境有危害，对水生生物应给予特别注意		
注解	其他 UN 编号：1849，硫化钠水合物（含水 30%以上），联合国危险性类别：8，包装类别 II。其他熔点：1180℃（真空中）		

IPCS
International
Programme on
Chemical Safety

国际化学品安全卡

三丁胺			ICSC 编号：1048
CAS 登记号：102-82-9 RTECS 号：YA0350000 UN 编号：2542 中国危险货物编号：2542 分子量：185.3	中文名称：三丁胺；三正丁胺；*N,N*-二丁基-1-丁胺 英文名称：TRIBUTYLAMINE; Tri-n-butylamine; *N,N*-Dibutyl-1-butanamine; Tris-n-butylamine 化学式：$(CH_3CH_2CH_2CH_2)_3N$		
危害/接触类型	急性危害/症状	预防	急救/消防
火　灾	可燃的。在火焰中释放出刺激性或有毒烟雾（或气体）	禁止明火	干粉，雾状水，泡沫，二氧化碳
爆　炸	高于 63℃，可能形成爆炸性蒸气/空气混合物	高于 63℃，使用密闭系统、通风	
接　触			
# 吸入		通风，局部排气通风或呼吸防护	新鲜空气，休息
# 皮肤	发红。疼痛	防护手套	用大量水冲洗皮肤或淋浴
# 眼睛	发红。疼痛	安全护目镜，或眼睛防护结合呼吸防护	先用大量水冲洗几分钟（如可能尽量摘除隐形眼镜），然后就医
# 食入		工作时不得进食，饮水或吸烟	漱口
泄漏处置	将泄漏液收集在可密闭的容器中。用吸收剂覆盖泄漏物料。个人防护用具：适用于氨和有机胺衍生物的过滤呼吸器（K 型过滤器）		
包装与标志	不得与食品和饲料一起运输 联合国危险性类别：6.1 联合国包装类别：II 中国危险性类别：第 6.1 项毒性物质 中国包装类别：II		
应急响应	运输应急卡：TEC(R)-61GT1-II 美国消防协会法规：H3（健康危险性）；F2（火灾危险性）； R0（反应危险性）		
储存	干燥。与强氧化剂、强酸、食品和饲料分开存放		
重要数据	物理状态、外观：无色至黄色吸湿液体，有特殊气味 物理危险性：蒸气比空气重 化学危险性：燃烧时，该物质分解生成含有氮氧化物的有毒气体。该物质是一种弱碱。与氧化剂和强酸发生反应 职业接触限值：阈限值未制定标准。最高容许浓度：IIb（未制定标准，但可提供数据）（德国，2004 年） 接触途径：该物质可通过吸入、经皮肤和食入吸收到体内 吸入危险性：未指明 20℃时该物质蒸发达到空气中有害浓度的速率 短期接触的影响：该物质刺激皮肤，轻微刺激眼睛		
物理性质	沸点：216～217℃ 熔点：-70℃ 相对密度（水=1）：0.78 水中溶解度：20℃时 0.3g/100mL 蒸气压：20℃时 40～93Pa 蒸气相对密度（空气=1）：6.4 蒸气/空气混合物的相对密度（20℃，空气=1）：1.0 闪点：63℃（闭杯） 自燃温度：210℃ 爆炸极限：空气中 1.4%～6%（体积） 辛醇/水分配系数的对数值：1.52		
环境数据			
注解			

IPCS
International
Programme on
Chemical Safety

国际化学品安全卡

<table>
<tr><td colspan="2">1,2,4-三氯苯</td><td colspan="2">ICSC 编号：1049</td></tr>
<tr><td colspan="2">CAS 登记号：120-82-1
RTECS 号：DC2100000
UN 编号：2321
EC 编号：602-087-00-6
中国危险货物编号：2321</td><td colspan="2">中文名称：1,2,4-三氯苯；偏三氯苯
英文名称：1,2,4-TRICHLOROBENZENE; 1,2,4-Trichlorobenzol; unsym-Trichlorobenzene</td></tr>
<tr><td colspan="2">分子量：181.5</td><td colspan="2">化学式：$C_6H_3Cl_3$</td></tr>
<tr><td>危害/接触类型</td><td>急性危害/症状</td><td>预防</td><td>急救/消防</td></tr>
<tr><td>火　灾</td><td>可燃的。在火焰中释放出刺激性或有毒烟雾（或气体）</td><td>禁止明火</td><td>干粉，雾状水，泡沫，二氧化碳</td></tr>
<tr><td>爆　炸</td><td></td><td></td><td></td></tr>
<tr><td>接　触</td><td></td><td>防止产生烟云！</td><td></td></tr>
<tr><td># 吸入</td><td>咳嗽。咽喉痛。灼烧感</td><td>通风，局部排气通风或呼吸防护</td><td>新鲜空气，休息。给予医疗护理</td></tr>
<tr><td># 皮肤</td><td>皮肤干燥。发红。粗糙</td><td>防护手套</td><td>脱去污染的衣服。用大量水冲洗皮肤或淋浴。给予医疗护理</td></tr>
<tr><td># 眼睛</td><td>发红。疼痛</td><td>安全护目镜，或眼睛防护结合呼吸防护</td><td>先用大量水冲洗几分钟（如可能尽量摘除隐形眼镜），然后就医</td></tr>
<tr><td># 食入</td><td>腹部疼痛。咽喉疼痛。呕吐</td><td>工作时不得进食，饮水或吸烟</td><td>漱口。大量饮水。给予医疗护理</td></tr>
<tr><td>泄漏处置</td><td colspan="3">尽可能将泄漏液收集在可密闭的容器中。用砂土或惰性吸收剂吸收残液，并转移到安全场所。如果是固体，将泄漏物清扫进可密闭容器中。不要让该化学品进入环境。个人防护用具：适用于有机气体和蒸气的过滤呼吸器</td></tr>
<tr><td>包装与标志</td><td colspan="3">不得与食品和饲料一起运输。污染海洋物质
欧盟危险性类别：Xn 符号 N 符号　R:22-38-50/53　S:2-23-37/39-60-61
联合国危险性类别：6.1　联合国包装类别：III
中国危险性类别：第 6.1 项毒性物质　中国包装类别：III</td></tr>
<tr><td>应急响应</td><td colspan="3">运输应急卡：TEC(R)-61GT1-III
美国消防协会法规：H2（健康危险性）；F1（火灾危险性）；R0（反应危险性）</td></tr>
<tr><td>储存</td><td colspan="3">与强氧化剂、酸类、食品和饲料分开存放</td></tr>
<tr><td>重要数据</td><td colspan="3">物理状态、外观：无色液体或白色晶体，有特殊气味
化学危险性：燃烧时，该物质分解生成含有氯化氢的有毒烟雾。与氧化剂激烈反应
职业接触限值：阈限值：5ppm（上限值）（美国政府工业卫生学家会议，2003 年）。欧盟职业接触限值：（时间加权平均值）2ppm，15.1mg/m^3；（短期接触限值）5ppm，37.8mg/m^3（经皮）（欧盟，2003 年）
接触途径：该物质可通过吸入，经皮肤和经食入吸收到体内
吸入危险性：20℃时，该物质蒸发相当慢地达到空气中有害污染浓度，但喷洒或扩散时要快得多
短期接触的影响：该物质刺激眼睛、皮肤和呼吸道
长期或反复接触的影响：液体使皮肤脱脂。该物质可能对肝有影响</td></tr>
<tr><td>物理性质</td><td colspan="3">沸点：213℃
熔点：17℃
相对密度（水=1）：1.5
水中溶解度：34.6 mg/L
蒸气压：25℃时 40Pa
蒸气相对密度（空气=1）：6.26
蒸气/空气混合物的相对密度（20℃，空气=1）：1.002
闪点：105℃（闭杯）
自燃温度：571℃
爆炸极限：150℃时空气中 2.5%～6.6%（体积）
辛醇/水分配系数的对数值：3.98</td></tr>
<tr><td>环境数据</td><td colspan="3">该物质对水生生物是有毒的。该化学品可能在鱼体内发生生物蓄积</td></tr>
<tr><td>注解</td><td colspan="3">工作接触的任何时刻都不应超过职业接触限值。还可参考卡片#0344（ 1,3,5-三氯苯）和#1222（1,2,3-三氯苯）</td></tr>
</table>

IPCS
International
Programme on
Chemical Safety

国际化学品安全卡

1-硝基丙烷			ICSC 编号：1050
CAS 登记号：108-03-2 RTECS 号：TZ5075000 UN 编号：2608 EC 编号：609-001-00-6 中国危险货物编号：2608	中文名称：1-硝基丙烷 英文名称：1-NITROPROPANE; 1-NP		
分子量：89.1	化学式：$CH_3CH_2CH_2NO_2$		
危害/接触类型	急性危害/症状	预防	急救/消防
火　灾	易燃的	禁止明火、禁止火花和禁止吸烟	干粉，泡沫，二氧化碳
爆　炸	高于 36℃，可能形成爆炸性蒸气/空气混合物	高于 36℃，使用密闭系统，通风和防爆型电气设备	着火时，喷雾状水保持料桶等冷却
接　触		防止产生烟云！	
# 吸入	头痛，恶心，呕吐	通风，局部排气通风或呼吸防护	新鲜空气，休息，给予医疗护理
# 皮肤		防护手套，防护服	脱掉污染的衣服，冲洗，然后用水和肥皂洗皮肤
# 眼睛	发红	安全护目镜	首先用大量水冲洗几分钟（如可能尽量摘除隐形眼镜），然后就医
# 食入	（另见吸入）	工作时不得进食、饮水或吸烟	漱口，饮用 1～2 杯水，给予医疗护理
泄漏处置	尽可能将泄漏液收集在有盖容器中。用砂土或惰性吸收剂吸收残液并转移到安全场所		
包装与标志	欧盟危险性类别：Xn 符号　R:10-20/21/22　S:2-9 联合国危险性类别：3　联合国包装类别：III 中国危险性类别：第 3 类易燃液体　中国包装类别：III		
应急响应	运输应急卡：TEC（R）-30GF1-III 美国消防协会法规：H1（健康危险性）；F3（火灾危险性）；R1（反应危险性）		
储存	耐火设备（条件）。与强氧化剂、强碱分开存放		
重要数据	物理状态、外观：无色液体，有特殊气味 化学危险性：加热时，该物质分解生成有毒烟雾和气体。与氧化剂和强碱激烈反应 职业接触限值：阈限值 25ppm（时间加权平均值）；A4（不能分类为人类致癌物）（美国政府工业卫生学家会议，2004 年）。最高容许浓度：25ppm，92mg/m³；最高限值种类：I（4）；妊娠风险等级：D（德国，2008 年） 接触途径：该物质可通过吸入和食入吸收到体内 吸入危险性：20℃时该物质蒸发，可相当快地达到有害空气浓度 短期接触的影响：该物质刺激眼睛、皮肤和呼吸道		
物理性质	沸点：132℃ 熔点：-108℃ 相对密度（水=1）：0.99 水中溶解度：1.4g/100mL 蒸气压：20℃时 1.0kPa 蒸气相对密度（空气=1）：3.1 蒸气/空气混合物的相对密度（20℃，空气=1）：1.02 闪点：36℃ 自燃温度：421℃ 爆炸极限：空气中 2.2%～？%（体积）		
环境数据			
注解	爆炸上限值未见文献报道。对于 8h 以上推荐的防护服材质：丁基橡胶、聚乙烯醇		

IPCS
International
Programme on
Chemical Safety

国际化学品安全卡

氯化铵			ICSC 编号：1051
CAS 登记号：12125-02-9 RTECS 号：BP4550000 EC 编号：017-014-00-8		中文名称：氯化铵；硇砂 英文名称：AMMONIUM CHLORIDE; Sal ammoniac	
分子量：53.5		化学式：NH_4Cl	
危害/接触类型	急性危害/症状	预防	急救/消防
火　灾	不可燃。在火焰中释放出刺激性或有毒烟雾（或气体）		周围环境着火时，允许使用各种灭火剂
爆　炸			
接　触			
# 吸入	咳嗽，咽喉痛	通风（如果没有粉末时），局部排气或呼吸保护	新鲜空气，休息，给予医疗护理
# 皮肤	发红	防护手套	脱去污染的衣服，用大量水冲洗皮肤或淋浴
# 眼睛	发红，疼痛	安全护目镜	先用大量水冲洗几分钟（如可能尽量摘除隐形眼镜），然后就医
# 食入	恶心，咽喉疼痛，呕吐	工作时不得进食，饮水或吸烟	漱口，大量饮水，休息，给予医疗护理
泄漏处置	将泄漏物清扫进容器中。如果适当，首先润湿防止扬尘。用大量水冲净残余物。个人防护用具：适用于有害颗粒物的 P2 过滤呼吸器		
包装与标志	欧盟危险性类别：Xn 符号　R:22-36　S:2-22		
应急响应	运输应急卡：TEC(R)-90G02 美国消防协会法规：H1（健康危险性）；F0（火灾危险性）；R0（反应危险性）		
储存	与硝酸铵和氯酸钾分开存放。干燥		
重要数据	物理状态、外观：无色至白色吸湿的各种形态固体，无气味 化学危险性：加热时，该物质分解生成氮氧化物，氨和氯化氢有毒和刺激性烟雾。水溶液是一种弱酸。与硝酸铵和氯酸钾激烈反应，有着火和爆炸危险。浸蚀铜及其化合物 职业接触限值：阈限值（以烟雾计）：$10mg/m^3$（时间加权平均值）；$20\ mg/m^3$（短期接触限值）（美国政府工业卫生学家会议，1998 年）。最高容许浓度未制定标准 接触途径：该物质可通过吸入其粉尘或烟雾和经食入吸收到体内 吸入危险性：20℃时蒸发可忽略不计，但可较快地达到空气中颗粒物公害污染浓度 短期接触的影响：该物质刺激眼睛，皮肤和呼吸道		
物理性质	沸点：520℃ 熔点：338℃（分解） 密度：$1.5g/cm^3$ 水中溶解度：25℃时 28.3g/100mL 蒸气压：160℃时 0.13kPa		
环境数据	该物质对水生生物是有毒的		
注解			

IPCS
International
Programme on
Chemical Safety

国际化学品安全卡

钡			ICSC 编号：1052
CAS 登记号：7440-39-3 RTECS 号：CQ8370000 UN 编号：1400 中国危险货物编号：1400		中文名称：钡 英文名称：BARIUM	
原子量：137.3		化学式：Ba	
危害/接触类型	急性危害/症状	预防	急救/消防
火　灾	易燃的。许多反应可能引起火灾或爆炸	禁止明火、禁止火花和禁止吸烟。禁止与水接触	特殊粉末，干砂土。禁用含水灭火剂。禁止用水
爆　炸	微细分散的颗粒物在空气中形成爆炸性混合物	防止粉尘沉积、密闭系统、防止粉尘爆炸型电气设备和照明	
接　触		防止粉尘扩散！严格作业环境管理！	
# 吸入	咳嗽，咽喉痛	局部排气通风或呼吸防护	新鲜空气，休息，给予医疗护理
# 皮肤	发红	防护手套	脱去污染的衣服，用大量水冲洗皮肤或淋浴，给予医疗护理
# 眼睛	发红，疼痛	护目镜	先用大量水冲洗几分钟（如可能尽量摘除隐形眼镜），然后就医
# 食入		工作时不得进食，饮水或吸烟	漱口，给予医疗护理
泄漏处置	将泄漏物清扫进可密闭容器中。小心收集残余物，然后转移到安全场所。不要冲入下水道。化学防护服包括自给式呼吸器		
包装与标志	联合国危险性类别：4.3　联合国包装类别：II 中国危险性类别：第 4.3 项 遇水放出易燃气体的物质 中国包装类别：II		
应急响应	运输应急卡：TEC(R)-43G12		
储存	与卤代溶剂、强氧化剂、酸类分开存放。干燥。保存在惰性气体、油或无氧液体中		
重要数据	物理状态、外观：浅黄色至白色，有光泽的各种形态固体 物理危险性：以粉末或颗粒形状与空气混合，可能发生粉尘爆炸 化学危险性：如果以粉末形式与空气接触，该物质可能发生自燃。该物质是一种强还原剂。与氧化剂和酸类激烈反应。与卤代溶剂激烈反应。与水反应生成易燃/爆炸性气体氢（见卡片#0001），有着火和爆炸危险 职业接触限值：阈限值：0.5mg/m^3（时间加权平均值）；致癌物类别：A4（美国政府工业卫生学家会议，2008 年）。 欧盟职业接触限值：0.5g/m^3（时间加权平均值）（欧盟，2006 年） 接触途径：该物质可经食入吸收到体内 短期接触的影响：该物质刺激眼睛、皮肤和呼吸道		
物理性质	沸点：1640℃ 熔点：725℃ 密度：3.6g/cm^3 水中溶解度：反应		
环境数据			
注解	与灭火剂，如水、碳酸氢盐、干粉、泡沫和二氧化碳激烈反应。用大量水冲洗工作服（有着火危险）		

IPCS
International Programme on Chemical Safety

国际化学品安全卡

氯化氰			ICSC 编号：1053
CAS 登记号：506-77-4 RTECS 号：GT2275000 UN 编号：1589 (稳定的) 中国危险货物编号：1589 分子量：61.5		中文名称：氯化氰；氰化氯；氯化氰（钢瓶） 英文名称：CYANOGEN CHLORIDE; Chlorine cyanide; Chlorocyanide; Chlorocyanogen(cylinder) 化学式：ClCN	
危害/接触类型	急性危害/症状	预防	急救/消防
火　灾	不可燃。加热引起压力升高，容器有爆裂危险。在火焰中释放出刺激性或有毒烟雾（或气体）		周围环境着火时，允许使用各种灭火剂
爆　炸			着火时，喷雾状水保持钢瓶冷却，但避免该物质与水接触
接　触		避免一切接触！	
# 吸入	咽喉痛，倦睡，意识模糊，恶心，呕吐，咳嗽，神志不清。症状可能推迟显现。（见注解）	局部排气通风或呼吸防护	新鲜空气，休息，半直立体位，必要时进行人工呼吸，给予医疗护理
# 皮肤	与液体接触：冻伤。液体可能被吸收，发红，疼痛	保温手套，防护服	冻伤时，用大量水冲洗，不要脱去衣服，给予医疗护理
# 眼睛	与液体接触：冻伤。发红，疼痛	面罩，或眼睛防护结合呼吸防护	先用大量水冲洗几分钟（如可能尽量摘除隐形眼镜），然后就医
# 食入		工作时不得进食，饮水或吸烟	
泄漏处置	撤离危险区域！向专家咨询！通风。切勿直接向液体上喷水。喷雾状水驱除蒸气烟云。不要冲入下水道。化学防护服包括自给式呼吸器		
包装与标志	污染海洋物质。 联合国危险性类别：2.3　　联合国次要危险性：8 中国危险性类别：第 2.3 项 毒性气体 中国次要危险性：8		
应急响应	运输应急卡：TEC(R)-801		
储存	如果在室内，耐火设备（条件）。注意收容灭火产生的废水。阴凉场所。储存在没有排水管或下水道的场所		
重要数据	**物理状态、外观**：无色压缩液化气体，有刺鼻气味 **物理危险性**：气体比空气重 **化学危险性**：加热时，该物质分解生成氰化氢、盐酸和氮氧化物有毒和腐蚀性烟雾。与水或水蒸气缓慢反应，生成氯化氢 **职业接触限值**：阈限值：0.3ppm（上限值）（美国政府工业卫生学家会议，1999 年）。最高容许浓度：IIb（未制定标准，但可提供数据）（德国，2008 年） **接触途径**：该物质可通过吸入吸收到体内 **吸入危险性**：容器漏损时，迅速达到空气中该气体的有害浓度 **短期接触的影响**：流泪。该物质严重刺激眼睛、皮肤和呼吸道。该物质可能对细胞呼吸有影响，导致惊厥和神志不清。接触可能导致死亡。需进行医疗观察。见注解。吸入该物质可能引起肺水肿（见注解）。影响可能推迟显现。液体迅速蒸发可能引起冻伤。需进行医学观察		
物理性质	沸点：13.8℃ 熔点：-6℃ 水中溶解度：可溶解 蒸气压：21.1℃时 1987kPa 蒸气相对密度（空气=1）：2.16		
环境数据	该物质对水生生物有极高毒性		
注解	工作接触的任何时刻都不应超过职业接触限值。肺水肿症状常常经过几个小时以后才变得明显，体力劳动使症状加重。因而休息和医学观察是必要的。应当考虑由医生或医生指定的人立即采取适当吸入治疗法。该物质中毒时需采取必要的治疗措施。必须提供有指示说明的适当方法。不要向泄漏钢瓶上喷水（防止钢瓶腐蚀）。转动泄漏钢瓶使漏口朝上，防止液态气体逸出		

IPCS
International
Programme on
Chemical Safety

国际化学品安全卡

环己烯			ICSC 编号：1054
CAS 登记号：110-83-8 RTECS 号：GW2500000 UN 编号：2256 中国危险货物编号：2256 分子量：82.14		中文名称：环己烯；四氢化苯；六亚萘基 英文名称：CYCLOHEXENE; Benzenetetrahydride; Hexanaphthylene; Tetrahydrobenzene 化学式：C_6H_{10}	
危害/接触类型	急性危害/症状	预防	急救/消防
火　灾	高度易燃	禁止明火、禁止火花和禁止吸烟	干粉、雾状水、泡沫、二氧化碳
爆　炸	蒸气/空气混合物有爆炸性	密闭系统，通风，防爆型电气设备和照明。防止静电荷积聚（如，通过接地）。不要使用压缩空气灌装、卸料或转运。使用无火花手工具	着火时，喷雾状水保持料桶等冷却
接　触		防止产生烟云！	
# 吸入	咳嗽，倦睡	通风，局部排气通风或呼吸防护	新鲜空气，休息
# 皮肤	发红，皮肤干燥	防护手套	脱去污染的衣服，冲洗，然后用水和肥皂清洗皮肤
# 眼睛	发红	安全护目镜	先用大量水冲洗几分钟（如可能尽量摘除隐形眼镜），然后就医
# 食入	倦睡，呼吸困难，恶心		漱口，不要催吐，给予医疗护理
泄漏处置	移除全部引燃源。尽可能将泄漏液收集在可密闭的容器中。用砂土或惰性吸收剂吸收残液，并转移到安全场所。不要冲入下水道。适用于有机气体和蒸气的过滤呼吸器		
包装与标志	联合国危险性类别：3　　联合国包装类别：II 中国危险性类别：第 3 类 易燃液体　中国包装类别：II		
应急响应	运输应急卡：TEC(R)-30G30 美国消防协会法规：H1（健康危险性）；F3（火灾危险性）；R0（反应危险性）		
储存	耐火设备（条件）。与强氧化剂分开存放。阴凉场所。严格密封。稳定后储存		
重要数据	物理状态、外观：无色液体，有特殊气味 物理危险性：蒸气比空气重，可能沿地面流动，可能造成远处着火。由于流动、搅拌等，可能产生静电 化学危险性：该物质能生成爆炸性过氧化物。在一定条件下，该物质可能发生聚合 职业接触限值：阈限值：300ppm（时间加权平均值）（美国政府工业卫生学家会议，1999 年）。最高容许浓度：IIb（未制定标准，但可提供数据）（德国，2008 年） 接触途径：该物质可通过吸入和经食入吸收到体内 吸入危险性：20℃时该物质蒸发，相当慢地达到空气中有害污染浓度 短期接触的影响：该物质刺激眼睛，皮肤和呼吸道。如果吞咽液体吸入肺中，可能引起化学肺炎。该物质可能对中枢神经系统有影响 长期或反复接触的影响：液体使皮肤脱脂		
物理性质	沸点：83℃ 熔点：−104℃ 相对密度（水=1）：0.81 水中溶解度：不溶 蒸气压：20℃时 8.9kPa 蒸气相对密度（空气=1）：2.8 蒸气/空气混合物的相对密度（20℃，空气=1）：1.16 闪点：−6℃（闭杯） 自燃温度：244℃		
环境数据			
注解	添加稳定剂或阻聚剂会影响该物质的毒理学性质。向专家咨询。蒸馏前检验过氧化物，如有，将其去除		

IPCS
International
Programme on
Chemical Safety

国际化学品安全卡

二丙二醇			ICSC 编号：1055
CAS 登记号：110-98-5 RTECS 号：UB8785000		中文名称：二丙二醇；2,2'-二羟基二丙醚；1,1'-二甲基二乙二醇；1,1'-氧二丙烷-2 醇；二（2-羟基丙基）醚 英文名称：DIPROPYLENE GLYCOL; 2,2'-Dihydroxydipropyl ether; 1,1'-Dimethyldiethylene glycol; 1,1'-Oxydipropan-2-ol; Bis (2-hydroxypropyl) ether	
分子量：134.2		化学式：$C_6H_{14}O_3/CH_3CHOHCH_2OCH_2CHOHCH_3$	
危害/接触类型	**急性危害/症状**	**预防**	**急救/消防**
火　灾	可燃的	禁止明火	雾状水，抗溶性泡沫，二氧化碳
爆　炸			
接　触			
# 吸入		通风	新鲜空气，休息
# 皮肤	发红	防护手套	脱去污染的衣服，冲洗，然后用水和肥皂清洗皮肤
# 眼睛	发红	安全护目镜	先用大量水冲洗几分钟（如可能尽量摘除隐形眼镜），然后就医
# 食入		工作时不得进食，饮水或吸烟	漱口，大量饮水
泄漏处置	将泄漏液收集在可密封的容器中。用大量水冲净残余物		
包装与标志			
应急响应	美国消防协会法规：H0（健康危险性）；F1（火灾危险性）；R0（反应危险性）		
储存	严格密封		
重要数据	**物理状态、外观**：无色稍黏稠的液体 **职业接触限值**：阈限值未制定标准。最高容许浓度未制定标准 **接触途径**：该物质可通过吸入其气溶胶吸收到体内 **吸入危险性**：未指明 20℃时该物质蒸发达到空气中有害浓度的速率 **短期接触的影响**：该物质轻微刺激眼睛和皮肤		
物理性质	**沸点**：232℃ **熔点**：-40℃ **相对密度（水=1）**：1.0 **水中溶解度**：混溶 **蒸气压**：25℃时 4Pa **蒸气相对密度（空气=1）**：4.63 **闪点**：138℃（开杯） **自燃温度**：310℃ **爆炸极限**：空气中 2.2%～12.6%（体积） **辛醇/水分配系数的对数值**：-0.7～-1.5		
环境数据			
注解			

IPCS
International
Programme on
Chemical Safety

国际化学品安全卡

乙二醇二硝酸酯			ICSC 编号：1056
CAS 登记号：628-96-6 RTECS 号：KW5600000 EC 编号：603-032-00-9 分子量：152.1	中文名称：乙二醇二硝酸酯；硝化乙二醇；EGDN；硝化甘醇 英文名称：ETHYLENE GLYCOL DINITRATE; Glycol dinitrate; EGDN; Nitroglycol 化学式：$C_2H_4N_2O_6$/NO_2-OCH_2CH_2O-NO_2		
危害/接触类型	急性危害/症状	预防	急救/消防
火　灾	爆炸性的。在火焰中释放出刺激性或有毒烟雾(或气体)	禁止明火、禁止火花和禁止吸烟	干粉、雾状水、泡沫、二氧化碳。注意：撤离着火区域。从掩蔽位置灭火
爆　炸	有着火和爆炸危险	防止静电荷积聚（例如，通过接地）。使用无火花手工具。不要受摩擦或撞击	着火时，喷雾状水保持料桶等冷却，但避免该物质与水接触。从掩蔽位置灭火
接　触		严格作业环境管理！	
# 吸入	头痛,头晕,恶心,虚弱,脸红,胸腔疼痛,症状可能推迟显现（见注解）	通风，局部排气通风或呼吸防护	新鲜空气，休息，给予医疗护理
# 皮肤	可能被吸收！（见吸入）	防护手套，防护服	脱去污染的衣服，冲洗，然后用水和肥皂清洗皮肤，给予医疗护理
# 眼睛		面罩，或眼睛防护结合呼吸防护	先用大量水冲洗几分钟（如可能尽量摘除隐形眼镜），然后就医
# 食入	（见吸入）	工作时不得进食，饮水或吸烟。进食前洗手	漱口，催吐（仅对清醒病人!），给予医疗护理
泄漏处置	撤离危险区域！向专家咨询！尽可能将泄漏液收集在可密闭的容器中。用砂土或惰性吸收剂吸收残液，并转移到安全场所。不要让该化学品进入环境。个人防护用具：全套防护服包括自给式呼吸器		
包装与标志	不得与食品和饲料一起运输 欧盟危险性类别：E 符号 T+符号　R:2-26/27/28-33　S:1/2-33-35-36/37-45		
应急响应			
储存	耐火设备（条件）。储存在单独的建筑物中。与酸类、食品和饲料分开存放。阴凉场所。严格密封		
重要数据	**物理状态、外观**：无色至浅黄色油状液体 **化学危险性**：加热可能引起激烈燃烧或爆炸，生成氮氧化物有毒烟雾。受撞击、摩擦或震动时，可能发生爆炸性分解。与酸发生反应 **职业接触限值**：阈限值：0.05ppm（时间加权平均值）（经皮）（美国政府工业卫生学家会议，1999年） **接触途径**：该物质可通过吸入其气溶胶，经皮肤和食入吸收到体内 **吸入危险性**：20℃时该物质蒸发，相当快地达到空气中有害污染浓度 **短期接触的影响**：该物质可能对心血管系统有影响，导致血压突然降低。该物质可能对血液有影响，导致形成正铁血红蛋白。需进行医学观察。影响可能推迟显现 **长期或反复接触的影响**：反复接触产生明显的耐受性。短期脱离接触可能导致突然死亡		
物理性质	沸点：在 114℃时发生爆炸 熔点：-22℃ 相对密度（水=1）：1.49 水中溶解度：25℃时 0.5g/100mL 蒸气压：20℃时 7Pa 蒸气相对密度（空气=1）：5.2 蒸气/空气混合物的相对密度（20℃，空气=1）：1.0 辛醇/水分配系数的对数值：1.16		
环境数据	该物质对水生生物是有害的		
注解	胸痛或心悸症状在离开工作岗位之后继续发展，可能预示着该物质中毒，应立即就医。饮用含酒精饮料增进有害影响。用大量水冲洗工作服（有着火危险）。不要将工作服带回家中。根据接触程度，建议定期进行医疗检查。该物质中毒时需采取必要的治疗措施。必须提供有指示说明的适当方法		

IPCS
International
Programme on
Chemical Safety

国际化学品安全卡

六氟丙酮			ICSC 编号：1057
CAS 登记号：684-16-2 RTECS 号：UC2450000 UN 编号：2420 中国危险货物编号：2420 分子量：166		中文名称：六氟丙酮；1,1,1,3,3,3-六氟-2-丙酮；全氟丙酮 英文名称：HEXAFLUOROACETONE; 1,1,1,3,3,3-Hexafluoro-2-propanone; Perfluoroacetone 化学式：C_3F_6O/CF_3COCF_3	
危害/接触类型	急性危害/症状	预防	急救/消防
火　灾	不可燃。在火焰中释放出刺激性或有毒烟雾（或气体）		周围环境着火时，允许使用各种灭火剂
爆　炸			着火时，喷雾状水保持钢瓶冷却
接　触		严格作业环境管理！避免孕妇接触！	
# 吸入	咳嗽，咽喉痛，灼烧感，呼吸困难，气促。症状可能推迟显现。（见注解）	通风，局部排气通风或呼吸防护	新鲜空气，休息，半直立体位，必要时进行人工呼吸，给予医疗护理
# 皮肤	可能被吸收！发红，疼痛，与液体接触：冻伤	保温手套，防护服	脱去污染的衣服，用大量水冲洗皮肤或淋浴，给予医疗护理。冻伤时，用大量水冲洗，不要脱去衣服
# 眼睛	发红，疼痛	安全护目镜，面罩，或眼睛防护结合呼吸防护	先用大量水冲洗几分钟（如可能尽量摘除隐形眼镜），然后就医
# 食入			
泄漏处置	撤离危险区域！大量溢漏时，向专家咨询！通风。喷洒雾状水去除气体。个人防护用具：全套防护服包括自给式呼吸器		
包装与标志	**联合国危险性类别**：2.3　**联合国次要危险性**：8 **中国危险性类别**：第 2.3 项毒性气体　**中国次要危险性**：8		
应急响应	运输应急卡：TEC(R)-20G42		
储存	如果在室内，耐火设备（条件）。阴凉场所		
重要数据	**物理状态、外观**：无色气体，有特殊气味 **物理危险性**：气体比空气重 **化学危险性**：加热到 550℃时，该物质分解生成有毒和腐蚀性烟雾。与水和湿气激烈反应，生成强酸性水合物。浸蚀玻璃和大多数金属 **职业接触限值**：阈限值：0.1ppm；0.68mg/m^3（经皮）（美国政府工业卫生学家会议，2000 年）。最高容许浓度未制定标准 **接触途径**：该物质可通过吸入和经皮肤吸收到体内 **吸入危险性**：容器漏损时，迅速达到空气中该气体的有害浓度 **短期接触的影响**：该物质严重刺激眼睛、皮肤和呼吸道。吸入气体可能引起肺水肿（见注解）。液体迅速蒸发可能引起冻伤。影响可能推迟显现。需进行医学观察 **长期或反复接触的影响**：动物实验表明，该物质可能造成人类婴儿畸形。动物实验表明，该物质可能对人类生殖造成毒性影响		
物理性质	**沸点**：−28℃ **熔点**：−129℃ **密度**：25℃1.33g/mL（液体） **水中溶解度**：发生反应，放热 **蒸气相对密度（空气=1）**：5.7 **辛醇/水分配系数的对数值**：1.46		
环境数据			
注解	肺水肿症状常常经过几个小时以后才变得明显，体力劳动使症状加重。因而休息和医学观察是必要的。应当考虑由医生或医生指定的人立即采取适当吸入治疗法		

IPCS
International
Programme on
Chemical Safety

国际化学品安全卡

八氯代萘			ICSC 编号：1059
CAS 登记号：2234-13-1 RTECS 号：QK0250000 分子量：403.7		中文名称：八氯代萘；全氯萘 英文名称：OCTACHLORONAPHTHALENE；Perchloronaphthalene 化学式：$C_{10}Cl_8$	
危害/接触类型	急性危害/症状	预防	急救/消防
火 灾	不可燃。在火焰中释放出刺激性或有毒烟雾（或气体）		周围环境着火时，允许使用各种灭火剂
爆 炸			
接 触		严格作业环境管理！	
# 吸入		局部排气通风或呼吸防护	新鲜空气，休息，给予医疗护理
# 皮肤	可能被吸收！氯痤疮	防护手套，防护服	脱去污染的衣服，冲洗，然后用水和肥皂清洗皮肤，给予医疗护理
# 眼睛		护目镜或面罩，或眼睛防护结合呼吸防护	先用大量水冲洗几分钟（如可能尽量摘除隐形眼镜），然后就医
# 食入		工作时不得进食，饮水或吸烟。进食前洗手	漱口，给予医疗护理
泄漏处置	将泄漏物清扫进容器中。小心收集残余物，然后转移到安全场所。个人防护用具：适用于有毒颗粒物的 P3 过滤呼吸器		
包装与标志			
应急响应			
储存			
重要数据	**物理状态、外观**：黄色蜡状，各种形态固体，有特殊气味 **化学危险性**：加热时，该物质分解生成含氯化氢的有毒烟雾 **职业接触限值**：阈限值：$0.1mg/m^3$（时间加权平均值）；$0.3\ mg/m^3$（短期接触限值）（经皮）（美国政府工业卫生学家会议，2004 年）。最高容许浓度：IIb（未制定标准，但可提供数据）；皮肤吸收（德国，2004 年） **接触途径**：该物质可通过吸入，经皮肤和食入吸收到体内 **短期接触的影响**：该物质可能对肝有影响，导致体组织损伤 **长期或反复接触的影响**：该物质可能对肝有影响		
物理性质	沸点：440℃ 熔点：192℃ 相对密度（水=1）：2.0 水中溶解度：不溶 蒸气压：20℃时 0.13kPa 蒸气相对密度（空气=1）： 蒸气/空气混合物的相对密度（20℃，空气=1）：1.01 辛醇/水分配系数的对数值：5.88～6.2		
环境数据	该化学品可能沿食物链发生生物蓄积，例如在鱼类体内。由于其在环境中的持久性，强烈建议不要让该化学品进入环境		
注解			

IPCS
International
Programme on
Chemical Safety

国际化学品安全卡

甲拌磷			ICSC 编号：1060
CAS 登记号：298-02-2 RTECS 号：TD9450000 UN 编号：3018 EC 编号：015-033-00-6 中国危险货物编号：3018	中文名称：甲拌磷；*O,O*-二乙基-*S*-（乙硫基）甲基二硫代磷酸酯 英文名称：PHORATE; *O,O*-Diethyl-*S*-(ethylthio) methyl phosphorodithioate		
分子量：260.4	化学式：$C_7H_{17}O_2PS_3$		
危害/接触类型	急性危害/症状	预防	急救/消防
火　灾	可燃的	禁止明火	干粉、雾状水、泡沫、二氧化碳
爆　炸			
接　触		严格作业环境管理！	一切情况均向医生咨询！
# 吸入	惊厥，呼吸困难，瞳孔收缩，肌肉痉挛，多涎，出汗	通风，局部排气通风或呼吸防护	新鲜空气，休息，给予医疗护理
# 皮肤	可能被吸收！（见吸入）	防护手套，防护服	脱去污染的衣服，冲洗，然后用水和肥皂清洗皮肤，给予医疗护理
# 眼睛	见吸入	护目镜，面罩，或眼睛防护结合呼吸防护	先用大量水冲洗几分钟（如可能尽量摘除隐形眼镜），然后就医
# 食入	胃痉挛，腹泻，呕吐 。（见吸入）	工作时不得进食，饮水或吸烟。进食前洗手	漱口，饮用 1～2 杯水，给予医疗护理
泄漏处置	尽可能将溢漏液收集在可密闭容器中。用沙子或惰性吸收剂吸收残液，并转移到安全场所。不要让该化学品进入环境。气密式化学防护服包括自给式呼吸器		
包装与标志	欧盟危险性类别：T+符号 N 符号　R:27/28-50/53　S:1/2-28-36/37-45-60-61 联合国危险性类别：6.1 联合国包装类别：I 中国危险性类别：第 6.1 项毒性物质 中国包装类别：I		
应急响应	运输应急卡：TEC(R)-61GT6-I		
储存	注意收容灭火产生的废水。与食品和饲料分开存放。保存在通风良好的室内。 储存在没有排水管或下水道的场所		
重要数据	物理状态、外观：无色至黄色液体，有特殊气味 化学危险性：加热时，该物质分解生成氧化亚磷、硫氧化物烟雾 职业接触限值：阈限值：0.05mg/m^3（时间加权平均值）（经皮）；A4（不能分类为人类致癌物）；公布生物暴露指数（美国政府工业卫生学家会议，2005 年）。 最高容许浓度未制定标准 接触途径：该物质可迅速地通过吸入经皮肤、眼睛和经食入吸收到体内 吸入危险性：20℃时该物质喷洒时蒸发，相当慢地达到空气中有害污染浓度 短期接触的影响：该物质可能对中枢神经系统有影响，导致胆碱酯酶抑制。接触可能导致死亡。需进行医学观察。影响可能推迟显现 长期或反复接触的影响：胆碱酯酶抑制剂。可能发生累积影响：见急性危害/症状		
物理性质	熔点：−42.9℃ 相对密度（水=1）：1.2 水中溶解度：不溶 蒸气压：20℃时 0.1Pa 闪点：160℃（开杯） 辛醇/水分配系数的对数值：3.9		
环境数据	该物质对水生生物有极高毒性。该物质可能对环境有危害，对鸟类和蜜蜂应给予特别注意。该物质在正常使用过程中进入环境，但是要特别注意避免任何额外的释放，例如通过不适当处置活动		
注解	不要将工作服带回家中。根据接触程度，建议定期进行医疗检查。该物质中毒时需采取必要的治疗措施。必须提供有指示说明的适当方法		

IPCS
International
Programme on
Chemical Safety

国际化学品安全卡

碳化硅（非纤维）			ICSC 编号：1061
CAS 登记号：409-21-2 RTECS 号：VW0450000		中文名称：碳化硅（非纤维）；硅化碳；一碳化硅 英文名称：SILICON CARBIDE (non-fibrous); Carbon silicide; Silicon monocarbide	
分子量： 40.1		化学式：SiC	
危害/接触类型	急性危害/症状	预防	急救/消防
火　灾	不可燃		周围环境着火时，使用适当的灭火剂
爆　炸			
接　触			
# 吸入	咳嗽	避免吸入。粉尘	新鲜空气，休息
# 皮肤			
# 眼睛	发红。疼痛	安全护目镜	先用大量水冲洗几分钟（如可能尽量摘除隐形眼镜），然后就医
# 食入		工作时不得进食，饮水或吸烟	
泄漏处置	将泄漏物清扫进有盖的容器中。个人防护用具：适用于惰性颗粒物的 P1 过滤呼吸器		
包装与标志			
应急响应			
储存			
重要数据	物理状态、外观：黄色至绿色，至蓝色至黑色晶体，取决于其纯度 职业接触限值：阈限值：10mg/m³（以上呼吸道可吸入部分计）（时间加权平均值）；阈限值：3mg/m³（以 下呼吸道可吸入部分计）（时间加权平均值）（美国政府工业卫生学家会议，2004 年）。最高容许浓度：1.5mg/m³（无纤维）（以下呼吸道可吸入部分计）；妊娠风险等级：C（德国，2009 年） 吸入危险性：扩散时可较快地达到空气中颗粒物公害污染浓度 短期接触的影响：可能引起机械性刺激		
物理性质	升华点：2700℃ 密度：3.2g/cm³ 水中溶解度：不溶		
环境数据			
注解	本卡片不适用于纤维状或丝状碳化硅。商品名称为金刚砂。在混合粉尘情况下有纤维变性的证据，使结核病患者的风险性增加。在其他粉尘不存在情况下，无证据表明碳化硅（非纤维）会引起纤维 变性		

IPCS
International
Programme on
Chemical Safety

国际化学品安全卡

三苯基磷酸酯			ICSC 编号：1062
CAS 登记号：115-86-6 RTECS 号：TC8400000 分子量：326.3		中文名称：三苯基磷酸酯；磷酸三苯酯；TPP 英文名称：TRIPHENYL PHOSPHATE; Phosphoric acid, triphenyl ester; TPP 化学式：$(C_6H_5)_3PO_4/C_{18}H_{15}O_4P$	
危害/接触类型	急性危害/症状	预防	急救/消防
火　灾	可燃的	禁止明火	干粉、雾状水、泡沫、二氧化碳
爆　炸			
接　触		防止粉尘扩散!	
# 吸入		局部排气通风或呼吸防护	新鲜空气，休息，给予医疗护理
# 皮肤		防护手套	脱去污染的衣服，冲洗，然后用水和肥皂清洗皮肤
# 眼睛		安全护目镜	先用大量水冲洗几分钟（如可能尽量摘除隐形眼镜），然后就医
# 食入		工作时不得进食，饮水或吸烟。进食前洗手	漱口，给予医疗护理
泄漏处置	将泄漏物清扫进容器中。如果适当，首先润湿防止扬尘。小心收集残余物，然后转移到安全场所。不要让该化学品进入环境。个人防护用具：适用于有害颗粒物的 P2 过滤呼吸器		
包装与标志			
应急响应	美国消防协会法规：H2（健康危险性）；F1（火灾危险性）；R0（反应危险性）		
储存	储存在没有排水管或下水道的场所。注意收容灭火产生的废水		
重要数据	物理状态、外观：无色晶体粉末，有特殊气味 化学危险性：加热时，生成有毒烟雾 职业接触限值：阈限值：$3mg/m^3$（时间加权平均值）；致癌物类别：A4（美国政府工业卫生学家会议，2008 年）。 最高容许浓度：IIb（未制定标准，但可提供数据）（德国，2008 年） 接触途径：该物质可通过吸入吸收到体内 吸入危险性：20℃时蒸发可忽略不计，但喷洒或扩散时可较快地达到空气中颗粒物有害浓度，尤其是粉末 长期或反复接触的影响：该物质可能对末梢神经系统有影响，导致功能损伤		
物理性质	沸点：370℃ 熔点：49～50℃ 相对密度（水=1）：1.27 水中溶解度：20℃时 0.001g/100mL 蒸气压：20℃时 1Pa 闪点：220℃（闭杯） 辛醇/水分配系数的对数值：4.59		
环境数据	该物质对水生生物有极高毒性。该物质可能在水生环境中造成长期影响。避免非正常使用情况下释放到环境中		
注解			

IPCS
International
Programme on
Chemical Safety

国际化学品安全卡

松节油	ICSC 编号：1063
CAS 登记号：8006-64-2 RTECS 号：YO8400000 UN 编号：1299 EC 编号：650-002-00-6 中国危险货物编号：1299	中文名称：松节油；松油脂；蒸气蒸馏松节油；木松节油 英文名称：TURPENTINE; Turpentine, oil; Spirits of turpentine; Oil of turpentine; Steam distilled turpentine; Gum spirits; Wood turpentine
分子量：136.0	化学式：$C_{10}H_{16}$（大致）

危害/接触类型	急性危害/症状	预防	急救/消防
火　灾	易燃的，在火焰中释放出刺激性或有毒烟雾（或气体）	禁止明火、禁止火花和禁止吸烟	泡沫，干粉，二氧化碳
爆　炸	高于 30℃，可能形成爆炸性蒸气/空气混合物	高于 30℃，使用密闭系统、通风和防爆型电气设备。防止静电荷积聚（例如，通过接地）。使用无火花手工具	着火时，喷雾状水保持料桶等冷却
接　触		防止产生烟云！严格作业环境管理！	
# 吸入	意识模糊，咳嗽，头痛，咽喉痛，气促	通风，局部排气通风或呼吸防护	新鲜空气，休息，必要时进行人工呼吸，给予医疗护理
# 皮肤	发红，疼痛	防护手套，防护服	脱去污染的衣服，冲洗，然后用水和肥皂清洗皮肤
# 眼睛	视力模糊，疼痛，发红	安全护目镜，或眼睛防护结合呼吸防护	先用大量水冲洗几分钟（如可能尽量摘除隐形眼镜），然后就医
# 食入	灼烧感，腹部疼痛，恶心，呕吐，意识模糊，惊厥，腹泻，神志不清	工作时不得进食，饮水或吸烟	不要催吐。饮用 1～2 杯水，给予医疗护理

泄漏处置	用干泥土或砂土或其他不可燃物质覆盖泄漏物。通风。移除全部引燃源。不要冲入下水道。将泄漏物清扫进容器中，然后转移到安全场所。不要让该化学品进入环境。个人防护用具：自给式呼吸器
包装与标志	污染海洋物质 **欧盟危险性类别**：Xn 符号 N 符号　R:10-20/21/22-36/38-43-51/53-65 S:2-36/37-46-61-62 **联合国危险性类别**：3　**联合国包装类别**：III **中国危险性类别**：第 3 类 易燃液体 **中国包装类别**：III
应急响应	**运输应急卡**：TEC(R)-30S1299 **美国消防协会法规**：H1（健康危险性）；F3（火灾危险性）；R0（反应危险性）
储存	耐火设备（条件）。与强氧化剂、性质相互抵触的物质（见化学危险性）分开存放。阴凉场所。保存在通风良好的室内
重要数据	**物理状态、外观**：无色液体，有特殊气味 **化学危险性**：燃烧时，生成一氧化碳有毒烟雾。在空气或阳光作用下，该物质缓慢分解，生成比松节油毒性和刺激性更大的氧化产物。与氧化剂、卤素、可燃物质、无机酸激烈反应。浸蚀塑料和橡胶 **职业接触限值**：阈限值：20ppm（时间加权平均值）；致敏物质；致癌物类别：A4（美国政府工业卫生学家会议，2008 年）。最高容许浓度：皮肤致敏剂；致癌物类别：3A（德国，2008 年） **接触途径**：该物质可通过吸入其蒸气、经皮肤和食入吸收到体内 **吸入危险性**：20℃时该物质蒸发，相当慢地达到空气中有害污染浓度 **短期接触的影响**：蒸气刺激眼睛、皮肤和呼吸道。如果吞咽液体吸入肺中，可能引起化学肺炎。该物质可能对中枢神经系统、膀胱和肾有影响，导致兴奋增盛、惊厥和肾损伤。高浓度接触时，可能导致心搏过速、神志不清、呼吸衰竭和死亡 **长期或反复接触的影响**：反复或长期接触可能引起皮肤过敏。液体使皮肤脱脂

物理性质	沸点：149～180℃ 熔点：-50～-60℃ 相对密度（水=1）：0.9 水中溶解度：不溶 蒸气压：20℃时 0.25～0.67kPa	蒸气相对密度（空气=1）：4.6～4.8 蒸气/空气混合物的相对密度（20℃，空气=1）：1.01 闪点：30～46℃（闭杯） 自燃温度：220～255℃ 爆炸极限：空气中 0.8%～6%（体积）
环境数据	该物质对水生生物是有害的。该物质可能在水生环境中造成长期影响	
注解	超过接触限值时，气味报警不充分。松节油是通过蒸馏各种松树的树胶制备的。它是异萜烯烃类的混合物。组成随炼制方法、松木种类、树龄和产地而异	

IPCS
International
Programme on
Chemical Safety

国际化学品安全卡

氯化锌			ICSC 编号：1064
CAS 登记号：7646-85-7 RTECS 号：ZH1400000 UN 编号：2331 EC 编号：030-003-00-2 中国危险货物编号：2331 分子量：136.3		中文名称：氯化锌；二氯化锌 英文名称：ZINC CHLORIDE; Zinc dichloride 化学式：$ZnCl_2$	
危害/接触类型	急性危害/症状	预防	急救/消防
火　灾	不可燃。在火焰中释放出刺激性或有毒烟雾（或气体）		周围环境着火时，允许使用各种灭火剂
爆　炸			
接　触		防止粉尘扩散！	一切情况均向医生咨询！
# 吸入	咳嗽，咽喉痛，灼烧感，呼吸困难，气促。症状可能推迟显现。（见注解）	局部排气通风或呼吸防护	新鲜空气，休息。半直立体位。必要时进行人工呼吸，给予医疗护理
# 皮肤	皮肤烧伤，疼痛，发红	防护手套	冲洗，然后用水和肥皂清洗皮肤，给予医疗护理
# 眼睛	疼痛，发红，严重深度烧伤	护目镜。如为粉末，眼睛防护结合呼吸防护	先用大量水冲洗几分钟（如可能尽量摘除隐形眼镜），然后就医
# 食入	腹部疼痛，灼烧感，咽喉疼痛，恶心，呕吐，休克或虚脱	工作时不得进食，饮水或吸烟。进食前洗手	不要催吐。饮用 1～2 杯水。给予医疗护理
泄漏处置	将泄漏物清扫进容器中。小心收集残余物，然后转移到安全场所。不要让该化学品进入环境。个人防护用具：适用于该物质空气中浓度的颗粒物过滤呼吸器		
包装与标志	不得与食品和饲料一起运输 欧盟危险性类别：C 符号 N 符号　R:22-34-50/53　S:1/2-26-36/37/39-45-60-61 联合国危险性类别：8　联合国包装类别：III 中国危险性类别：第 8 类 腐蚀性物质　中国包装类别：III		
应急响应	运输应急卡：TEC(R)-80GC2-II+III		
储存	与强碱、食品和饲料分开存放。干燥。严格密封。储存在没有排水管或下水道的场所		
重要数据	物理状态、外观：白色吸湿的各种形态固体 化学危险性：加热时，该物质分解生成氯化氢和氧化锌有毒烟雾。水溶液是一种中强酸 职业接触限值：阈限值：1mg/m^3（以烟雾计）（时间加权平均值）；2mg/m^3（短期接触限值）（美国政府工业卫生学家会议，2004 年）。最高容许浓度：（以 下呼吸道可吸入部分计）0.1mg/m^3，最高限值种类：I(4)；（以上呼吸道可吸入部分计）2mg/m^3，最高限值种类：I(1)；妊娠风险等级：C（德国，2009 年） 接触途径：该物质可通过吸入其气溶胶和食入吸收到体内 吸入危险性：20℃时蒸发可忽略不计，但扩散时可较快地达到空气中颗粒物有害浓度，尤其是粉末 短期接触的影响：该物质腐蚀眼睛和皮肤。气溶胶刺激呼吸道。食入有腐蚀性。吸入烟雾可能引起肺水肿（见注解）。食入该物质可能对胰腺有影响。急性接触高浓度氯化锌烟雾，会造成成年人呼吸窘迫综合征，导致肺纤维变性和死亡		
物理性质	沸点：732℃ 熔点：290℃ 密度：2.9g/cm^3 水中溶解度：25℃时 432g/100mL（易溶）		
环境数据	该物质对水生生物有极高毒性。强烈建议不要让该化学品进入环境		
注解	其他 UN 编号：1840（氯化锌溶液），危险性类别：8。肺水肿症状常常几个小时以后才变得明显，体力劳动使症状加重。因而休息和医学观察是必要的		

IPCS
International Programme on Chemical Safety

国际化学品安全卡

邻氯亚苄基丙二腈			ICSC 编号：1065
CAS 登记号：2698-41-1 RTECS 号：OO3675000 UN 编号：3276 中国危险货物编号：3276	中文名称：邻氯亚苄基丙二腈；[2-(氯苯基)亚甲基]丙二腈；2-氯苯亚甲基丙二腈；(邻氯亚苯基)丙二腈；*β,β*-二氰邻氯苯乙烯；[(2-氯苯基)亚甲基]丙二腈；*CS*(*riot* 控制剂) 英文名称：*o*-CHLOROBENZYLIDENEMALONONITRILE; [2-(Chlorophenyl)methylene]malononitrile; 2-Chlorobenzylidene malononitrile; (*o*-Chlorobenzal) malononitrile; beta,beta-Dicyano-*o*-chlorostyrene; [(2-Chlorophenyl)methylene]propanedinitrile; *CS* (*riot* control agent)		
分子量：188.6	化学式：$C_{10}H_5ClN_2/ClC_6H_4CH{=}C(CN)_2$		
危害/接触类型	急性危害/症状	预防	急救/消防
火　灾	可燃的。在火焰中释放出刺激性或有毒烟雾（或气体）	禁止明火	干粉，二氧化碳
爆　炸	微细分散的颗粒物在空气中形成爆炸性混合物	防止粉尘沉积，密闭系统，防止粉尘爆炸型电气设备和照明	
接　触		防止粉尘扩散！	
# 吸入	咳嗽。头晕。头痛。呼吸困难。恶心。咽喉痛。呕吐	局部排气通风	新鲜空气，休息
# 皮肤	发红。灼烧感。疼痛。水疱	防护手套。防护服	脱去污染的衣服。冲洗，然后用水和肥皂清洗皮肤
# 眼睛	引起流泪。发红。疼痛	护目镜，或面罩	先用大量水冲洗几分钟（如可能尽量摘除隐形眼镜），然后就医
# 食入	咽喉和胸腔灼烧感	工作时不得进食，饮水或吸烟	大量饮水。给予医疗护理
泄漏处置	真空抽吸泄漏物。个人防护用具：适用于有毒颗粒物的 P3 过滤呼吸器		
包装与标志	不得与食品和饲料一起运输 联合国危险性类别：6.1　联合国包装类别：III 中国危险性类别：第 6.1 项毒性物质　中国包装类别：III		
应急响应	运输应急卡：TEC(R)-61GT1-III		
储存	与食品和饲料分开存放。保存在通风良好的室内。		
重要数据	物理状态、外观：白色晶体粉末，有特殊气味 化学危险性：与强碱或酸反应，生成氨。燃烧时，该物质分解生成含氯化氢、氰化氢和氮氧化物有毒烟雾。与强氧化剂激烈反应，有着火和爆炸的危险 职业接触限值：阈限值：0.05ppm（上限值，经皮），A4（不能分类为人类致癌物）（美国政府工业卫生学家会议，2002 年） 接触途径：该物质可通过吸入，经皮肤和食入吸收到体内 吸入危险性：20℃时蒸发可忽略不计，但喷洒或扩散时可较快达到空气中颗粒物有害浓度，尤其是粉末 短期接触的影响：流泪。该物质严重刺激眼睛、皮肤和呼吸道。该物质可能对肺有影响 长期或反复接触的影响：反复或长期与皮肤接触可能引起皮炎。反复或长期接触可能引起皮肤过敏		
物理性质	沸点：310～315℃ 熔点：93～96℃ 水中溶解度：20℃时 0.1～0.5g/100mL 蒸气压：0.0045Pa 蒸气相对密度（空气=1）：6.5		
环境数据	该物质对水生生物有极高毒性		
注解	工作接触的任何时刻都不应超过职业接触限值		

IPCS
International
Programme on
Chemical Safety

国际化学品安全卡

邻二氯苯			ICSC 编号：1066
CAS 登记号：95-50-1 RTECS 号：CZ4500000 UN 编号：1591 EC 编号：602-034-00-7 中国危险货物编号：1591 分子量：147.0		中文名称：邻二氯苯；1,2-二氯苯 英文名称：1,2-DICHLOROBENZENE; ortho-Dichlorobenzene 化学式：$C_6H_4Cl_2$	

危害/接触类型	急性危害/症状	预防	急救/消防
火　灾	可燃的	禁止明火	干粉，雾状水，泡沫，二氧化碳
爆　炸	高于 66℃，可能形成爆炸性蒸气/空气混合物	高于 66℃，使用密闭系统、通风	
接　触			
# 吸入	咳嗽。倦睡。咽喉痛。神志不清	通风，局部排气通风或呼吸防护	新鲜空气，休息。给予医疗护理
# 皮肤	发红。疼痛。皮肤干燥	防护手套。防护服	脱去污染的衣服。用大量水冲洗皮肤或淋浴。给予医疗护理
# 眼睛	发红。疼痛	面罩	先用大量水冲洗几分钟（如可能尽量摘除隐形眼镜），然后就医
# 食入	灼烧感。腹泻。恶心。呕吐	工作时不得进食，饮水或吸烟	漱口。大量饮水。不要催吐。给予医疗护理

泄漏处置	尽可能将泄漏液收集在可密闭的容器中。用砂土或惰性吸收剂吸收残液，并转移到安全场所。不要让该化学品进入环境。个人防护用具：适用于有机气体和蒸气的过滤呼吸器	
包装与标志	不得与食品和饲料一起运输。污染海洋物质 欧盟危险性类别：Xn 符号 N 符号　R:22-36/37/38-50/53　S:2-23-60-61 联合国危险性类别：6.1 联合国包装类别：III 中国危险性类别：第 6.1 项毒性物质　中国包装类别：III	
应急响应	运输应急卡：TEC(R)-61GT1-III 美国消防协会法规：H2（健康危险性）；F2（火灾危险性）；R0（反应危险性）	
储存	与铝、氧化剂和食品和饲料分开存放	
重要数据	物理状态、外观：无色至黄色液体，有特殊气味 化学危险性：燃烧时，该物质分解生成含有氯化氢的有毒和腐蚀性气体。与铝和氧化剂发生反应。浸蚀塑料和橡胶 职业接触限值：阈限值：25ppm（时间加权平均值），50ppm（短期接触限值），A4（不能分类为人类致癌物）（美国政府工业卫生学家会议，2003 年）。最高容许浓度：10ppm，61mg/m^3，皮肤吸收；最高限值种类：II（2）；妊娠风险等级：C（德国，2003 年） 接触途径：该物质可通过吸入，经皮肤和食入吸收到体内 吸入危险性：20℃时，该物质蒸发相当慢地达到空气中有害污染浓度 短期接触的影响：该物质刺激眼睛、皮肤和呼吸道。该物质可能对中枢神经系统和肝有影响。接触能够造成意识降低 长期或反复接触的影响：液体使皮肤脱脂。该物质可能对肾和血液有影响	
物理性质	沸点：180～183℃ 熔点：-17℃ 相对密度（水=1）：1.3 水中溶解度：难溶 蒸气压：20℃时 0.16kPa 蒸气相对密度（空气=1）：5.1	蒸气/空气混合物的相对密度（20℃，空气=1）：1.006 闪点：66℃（闭杯） 自燃温度：648℃ 爆炸极限：空气中 2.2%～9.2%（体积） 辛醇/水分配系数的对数值：3.38
环境数据	该物质对水生生物是有毒的。该化学品可能在鱼体内发生生物蓄积。强烈建议不要让该化学品进入环境	
注解		

IPCS
International
Programme on
Chemical Safety

国际化学品安全卡

对叔丁基甲苯			ICSC 编号：1068
CAS 登记号：98-51-1 RTECS 号：XS8400000 UN 编号：2667 中国危险货物编号：2667 分子量：148.3		中文名称：对叔丁基甲苯；1-甲基-4-叔丁基苯；4-叔丁基甲苯；对-TBT 英文名称：*p*-tert-BUTYLTOLUENE; 1-Methyl-4-tert-butylbenzene; 4-tert-Butyltoluene; *p*-TBT 化学式：$C_{11}H_{16}/CH_3C_6H_4C(CH_3)_3$	
危害/接触类型	急性危害/症状	预防	急救/消防
火　灾	可燃的	禁止明火	雾状水，抗溶性泡沫，干粉，二氧化碳
爆　炸	高于 63℃，可能形成爆炸性蒸气/空气混合物	高于 63℃，使用密闭系统、通风	
接　触			
# 吸入	咳嗽,咽喉痛,金属味道,呼吸困难,恶心,头晕,头痛,震颤,虚弱	通风，局部排气通风或呼吸防护	新鲜空气，休息。半直立体位。立即给予医疗护理
# 皮肤	发红	防护手套	冲洗，然后用水和肥皂清洗皮肤
# 眼睛	发红，疼痛	安全眼镜，或眼睛防护结合呼吸防护	用大量水冲洗(如可能尽量摘除隐形眼镜)
# 食入	意识模糊，惊厥。(另见吸入)	工作时不得进食，饮水或吸烟	漱口。饮用 1～2 杯水。给予医疗护理
泄漏处置	通风。将泄漏液收集在可密闭的容器中。用砂土或惰性吸收剂吸收残液，并转移到安全场所。不要让该化学品进入环境。个人防护用具：自给式呼吸器		
包装与标志	不得与食品和饲料一起运输。海洋污染物。 **联合国危险性类别**：6.1　**联合国包装类别**：III **中国危险性类别**：第 6.1 项 毒性物质　**中国包装类别**：III **GHS 分类**：**警示词**：危险　**图形符号**：骷髅和交叉骨-健康危险　**危险说明**：可燃液体；吞咽有害；吸入致命；造成眼睛刺激；长期或反复吸入可能对中枢神经系统造成损害；可能引起呼吸道刺激；对水生生物有毒		
应急响应	运输应急卡：TEC(R)-61S2667		
储存	与食品和饲料、强氧化剂分开存放。严格密封。保存在通风良好的室内。储存在没有排水管或下水道的场所。注意收容灭火产生的废水		
重要数据	**物理状态、外观**：无色至黄色液体，有特殊气味 **物理危险性**：由于流动、搅拌等，可能产生静电 **化学危险性**：燃烧时，该物质分解生成有毒烟雾。与强氧化剂发生反应，有着火和爆炸危险 **职业接触限值**：阈限值：1ppm（时间加权平均值）（美国政府工业卫生学家会议，2006 年）。最高容许浓度：IIb（未制定标准，但可提供数据）（德国，2006 年） **接触途径**：该物质可通过吸入和经食入吸收到体内 **吸入危险性**：20℃时，该物质蒸发相当快地达到空气中有害污染浓度 **短期接触的影响**：该物质刺激眼睛和呼吸道。远高于职业接触限值接触能够造成意识降低 **长期或反复接触的影响**：该物质可能对中枢神经系统有影响，导致组织损伤		
物理性质	**沸点**：101.3kPa 时 193℃ **熔点**：−62.5℃ **相对密度（水=1）**：0.86 **水中溶解度**：20℃时 0.06g/100mL（难溶） **蒸气压**：20℃时 80Pa **蒸气相对密度（空气=1）**：5.1	**蒸气/空气混合物的相对密度（20℃，空气=1）**：1.00 **闪点**：63℃（闭杯） **自燃温度**：510℃ **爆炸极限**：空气中 0.7%～7.1%（体积） **辛醇/水分配系数的对数值**：4.35	
环境数据	该物质对水生生物是有毒的。该化学品可能在水生生物中发生生物蓄积。强烈建议不要让该化学品进入环境		
注解	超过接触限值时，气味报警不充分		

IPCS
International
Programme on
Chemical Safety

国际化学品安全卡

亚硝酸钾			ICSC 编号：1069
CAS 登记号：7758-09-0 RTECS 号：TT3750000 UN 编号：1488 EC 编号：007-011-00-X 中国危险货物编号：1488 分子量：85.1		中文名称：亚硝酸钾；亚硝酸钾盐 英文名称：POTASSIUM NITRITE; Nitrous acid potassium salt 化学式：KNO_2	
危害/接触类型	急性危害/症状	预防	急救/消防
火　灾	不可燃，但可助长其他物质燃烧。许多反应可能引起火灾或爆炸。在火焰中释放出刺激性或有毒烟雾（或气体）	禁止与可燃物质接触	周围环境着火时，允许使用各种灭火剂
爆　炸			着火时，喷雾状水保持料桶等冷却
接　触		防止粉尘扩散！	
# 吸入	咳嗽，咽喉痛，头痛，嘴唇发青或手指发青，皮肤发青，恶心，头晕，意识模糊，呼吸困难，惊厥，神志不清	局部排气通风或呼吸防护	新鲜空气，休息，必要时进行人工呼吸，给予医疗护理
# 皮肤	发红	防护手套	先用大量水，然后脱去污染的衣服并再次冲洗
# 眼睛	发红，疼痛	护目镜，或眼睛防护结合呼吸防护	先用大量水冲洗几分钟（如可能尽量摘除隐形眼镜），然后就医
# 食入	呕吐，脉搏加快，血压迅速下降。（另见吸入）	工作时不得进食，饮水或吸烟。进食前洗手	漱口，催吐（仅对清醒病人！），给予医疗护理
泄漏处置	将泄漏物清扫进容器中。小心收集残余物，然后转移到安全场所。不要用锯末或其他可燃吸收剂吸收。不要让该化学品进入环境。个人防护用具：适用于有毒颗粒物的 P3 过滤呼吸器		
包装与标志	气密 欧盟危险性类别：O 符号　T 符号　N 符号　R:8-25-50　S:1/2-45-61 联合国危险性类别：5.1　联合国包装类别：II 中国危险性类别：第 5.1 项氧化性物质　中国包装类别：II		
应急响应	运输应急卡：TEC(R)-51G02		
储存	耐火设备（条件）。注意收容灭火产生的废水。与可燃物质和还原性物质、酸类分开存放。干燥。严格密封		
重要数据	物理状态、外观：白色至黄色易潮解的各种形态固体 化学危险性：加热至 530℃以上时，可能发生爆炸。该物质即使与弱酸接触，也生成氮氧化物有毒烟雾。该物质是一种强氧化剂。与可燃物质和还原性物质发生反应，有着火和爆炸危险 职业接触限值：阈限值未制定标准。最高容许浓度未制定标准 接触途径：该物质可通过吸入其气溶胶和经食入吸收到体内 吸入危险性：20℃时蒸发可忽略不计，但可较快地达到空气中颗粒物有害浓度 短期接触的影响：该物质刺激眼睛、皮肤和呼吸道。该物质可能对心血管系统和血液有影响，导致血压下降，形成正铁血红蛋白。接触可能导致死亡。影响可能推迟显现。需进行医学观察		
物理性质	熔点：441℃ 密度：1.9g/cm^3 水中溶解度：在 0℃时 281 g/100 mL　（易溶）		
环境数据	该物质可能对环境有危害，对水和土壤应给予特别注意		
注解	该化合物在 350℃开始分解。根据接触程度，建议定期进行医疗检查。该物质中毒时需采取必要的治疗措施。必须提供有指示说明的适当方法。用大量水冲洗工作服（有着火危险）		

IPCS
International
Programme on
Chemical Safety

国际化学品安全卡

乙缩醛			ICSC 编号：1070
CAS 登记号：105-57-7 RTECS 号：AB2800000 UN 编号：1088 EC 编号：605-015-00-1 中国危险货物编号：1088		中文名称：乙缩醛；1,1-二乙氧基乙烷；亚乙基二乙醚；二乙缩醛；乙醛二乙缩醛 英文名称：ACETAL; 1,1-Diethoxyethane; Ethylidene diethyl ether; Diethylacetal; Acetaldehyde diethyl acetal	
分子量：118.20		化学式：$C_6H_{14}O_2$	
危害/接触类型	急性危害/症状	预防	急救/消防
火　灾	高度易燃	禁止明火，禁止火花和禁止吸烟	干粉，水成膜泡沫，泡沫，二氧化碳
爆　炸	蒸气/空气混合物有爆炸性	密闭系统，通风，防爆型电气设备和照明。不要使用压缩空气灌装、卸料或转运。使用无火花手工具	着火时，喷雾状水保持料桶等冷却
接　触			
# 吸入	咳嗽。头晕。倦睡。头痛。恶心。咽喉痛	通风，局部排气通风或呼吸防护	新鲜空气，休息。给予医疗护理
# 皮肤	发红	防护手套	脱去污染的衣服。用大量水冲洗皮肤或淋浴
# 眼睛	发红。疼痛	安全眼镜	先用大量水冲洗几分钟（如可能尽量摘除隐形眼镜），然后就医
# 食入	腹泻。恶心。呕吐	工作时不得进食，饮水或吸烟	不要催吐。大量饮水。给予医疗护理
泄漏处置	转移全部引燃源。将泄漏液收集在有盖的容器中。用砂土或惰性吸收剂吸收残液，并转移到安全场所。个人防护用具：适用于有机气体和蒸气的过滤呼吸器		
包装与标志	气密 欧盟危险性类别：F 符号 Xi 符号　R:11-36/38　S:2-9-16-33 联合国危险性类别：3　联合国包装类别：II 中国危险性类别：第 3 类易燃液体　中国包装类别：II		
应急响应	运输应急卡：TEC(R)-30S1088 美国消防协会法规：H0（健康危险性）；F3（火灾危险性）；R0（反应危险性）		
储存	耐火设备（条件）。与强氧化剂分开存放。阴凉场所。保存在暗处。严格密封。稳定后储存		
重要数据	物理状态、外观：无色液体，有刺鼻气味 物理危险性：蒸气比空气重，可能沿地面流动，可能造成远处着火 化学危险性：在光和空气的作用下，该物质能生成爆炸性过氧化物。静置时，该物质可能发生聚合。与氧化剂激烈反应，有着火和爆炸的危险 职业接触限值：阈限值未制定标准。最高容许浓度未制定标准 接触途径：该物质可通过吸入其蒸气和经食入吸收到体内 吸入危险性：未指明 20℃时该物质蒸发达到空气中有害浓度的速率 短期接触的影响：该物质刺激眼睛，皮肤和呼吸道。接触可能导致知觉降低		
物理性质	沸点：103℃ 熔点：−100℃ 相对密度（水=1）：0.83 水中溶解度：5.0g/100mL 蒸气压：20℃时 2.7kPa 蒸气相对密度（空气=1）：4.1 蒸气/空气混合物的相对密度（20℃，空气=1）：1.08 闪点：−21℃（闭杯） 自燃温度：230℃ 爆炸极限：空气中 1.6%～10.4%（体积） 辛醇/水分配系数的对数值：0.84		
环境数据			
注解	添加稳定剂或阻聚剂会影响该物质的毒理学性质。向专家咨询。蒸馏前检验过氧化物，如有，将其去除		

IPCS
International
Programme on
Chemical Safety

国际化学品安全卡

二烯丙基醚			ICSC 编号：1071
CAS 登记号：557-40-4 RTECS 号：KN7525000 UN 编号：2360 中国危险货物编号：2360		中文名称：二烯丙基醚；3,3'-氧二（1-丙烯）；烯丙基醚 英文名称：DIALLYL ETHER; 3,3'-Oxybis (1-propene); Allyl ether	
分子量： 98.2		化学式：$C_6H_{10}O/(CH_2{=}CHCH_2)_2O$	
危害/接触类型	急性危害/症状	预防	急救/消防
火　灾	高度易燃	禁止明火，禁止火花和禁止吸烟	干粉，抗溶性泡沫，雾状水，二氧化碳
爆　炸	蒸气/空气混合物有爆炸性。与酸或氧化剂接触时，有着火和爆炸危险	密闭系统，通风，防爆型电气设备和照明。不要使用压缩空气灌装、卸料或转运。使用无火花手工具。防止静电荷积聚(例如，通过接地)	着火时，喷雾状水保持料桶等冷却
接　触			
# 吸入	咳嗽。倦睡。神志不清	通风，局部排气通风或呼吸防护	新鲜空气，休息。给予医疗护理
# 皮肤	皮肤干燥。发红。疼痛	防护手套。防护服	脱去污染的衣服。冲洗，然后用水和肥皂清洗皮肤
# 眼睛	发红。疼痛	面罩，或眼睛防护结合呼吸防护	先用大量水冲洗几分钟（如可能尽量摘除隐形眼镜），然后就医
# 食入	迟钝。恶心。倦睡。神志不清	工作时不得进食，饮水或吸烟	漱口。给予医疗护理
泄漏处置	通风。转移全部引燃源。将泄漏液收集在可密闭的容器中。用砂土或惰性吸收剂吸收残液，并转移到安全场所。不要冲入下水道。个人防护用具：适用于有机气体和蒸气的过滤呼吸器		
包装与标志	联合国危险性类别：3　联合国次要危险性：6.1 联合国包装类别：II 中国危险性类别：第 3 类易燃液体　中国次要危险性：6.1 中国包装类别：II		
应急响应	运输应急卡：TEC(R)-30GFT1-II 美国消防协会法规：H2（健康危险性）；F3（火灾危险性）；R1（反应危险性）		
储存	耐火设备（条件）。与酸和氧化剂分开存放。见化学危险性。稳定后储存。阴凉场所。保存在暗处		
重要数据	物理状态、外观：无色液体，有特殊气味 物理危险性：蒸气比空气重，可能沿地面流动，可能造成远处着火。由于流动、搅拌等，可能产生静电 化学危险性：该物质能生成爆炸性过氧化物。与酸类和氧化剂激烈反应，有着火和爆炸的危险 职业接触限值：阈限值未制定标准。最高容许浓度未制定标准 接触途径：该物质可通过吸入，经皮肤和食入吸收到体内 吸入危险性：未指明 20℃时该物质蒸发达到空气中有害浓度的速率 短期接触的影响：该蒸气刺激眼睛，皮肤和呼吸道。该物质可能对中枢神经系统有影响，导致意识降低 长期或反复接触的影响：液体使皮肤脱脂		
物理性质	沸点：94℃ 熔点：−6℃ 相对密度（水=1）：0.8 水中溶解度：不溶 蒸气压：20℃时 5.79kPa 蒸气相对密度（空气=1）：3.4 蒸气/空气混合物的相对密度（20℃，空气=1）：1.1 闪点：−6℃ 辛醇/水分配系数的对数值：0.7（计算值）		
环境数据			
注解	蒸馏前检验过氧化物，如有，将其去除。未指明气味与职业接触限值之间的关系。对接触该物质的环境影响未进行调查。添加稳定剂或阻聚剂会影响该物质的毒理学性质。向专家咨询		

IPCS
International
Programme on
Chemical Safety

国际化学品安全卡

乙酸钡			ICSC 编号：1073
CAS 登记号：543-80-6 RTECS 号：AF4550000 UN 编号：1564 EC 编号：056-002-007 中国危险货物编号：1564		中文名称：乙酸钡；二乙酸二钡；乙酸钡盐； 英文名称：BARIUM ACETATE; Dibarium diacetate; Acetic acid, barium salt	
分子量：255.4		化学式：$C_4H_6BaO_4$	
危害/接触类型	急性危害/症状	预防	急救/消防
火　灾	不可燃		周围环境着火时，允许使用各种灭火剂
爆　炸			
接　触		防止粉尘扩散！严格作业环境管理！	
# 吸入		局部排气通风或呼吸防护	新鲜空气，休息
# 皮肤		防护手套	冲洗，然后用水和肥皂清洗皮肤
# 眼睛		安全护目镜	先用大量水冲洗几分钟（如可能尽量摘除隐形眼镜），然后就医
# 食入	腹部疼痛，腹泻，恶心，呕吐，虚弱，气促	工作时不得进食，饮水或吸烟	漱口，给予医疗护理（见注解）
泄漏处置	将泄漏物清扫进有盖的容器中。如果适当，首先润湿防止扬尘。小心收集残余物，然后转移到安全场所。不要让该化学品进入环境。个人防护用具：适用于该物质空气中浓度的颗粒物过滤呼吸器		
包装与标志	欧盟危险性类别：Xn 符号　标记：A　R:20/22　S:2-28 联合国危险性类别：6.1　联合国包装类别：III 中国危险性类别：第 6.1 项 毒性物质　中国包装类别：III		
应急响应	运输应急卡：TEC(R)-61S1564-III（钡化合物）		
储存	与强氧化剂、酸类、食品和饲料分开存放。储存在没有排水管或下水道的场所		
重要数据	物理状态、外观：白色晶体或粉末 化学危险性：燃烧时，该物质分解生成有毒烟雾。与强氧化剂和酸类发生反应 职业接触限值：阈限值：（以 Ba 计）$0.5mg/m^3$（时间加权平均值）；A4（不能分类为人类致癌物）（美国政府工业卫生学家会议，2004 年）。欧盟接触限值：（以 Ba 计）$0.5mg/m^3$（时间加权平均值）（欧盟，2009 年） 接触途径：该物质可通过吸入其气溶胶和食入吸收到体内 吸入危险性：扩散时可以较快达到空气中颗粒物有害浓度，尤其是粉末 短期接触的影响：该物质可能对胃肠道、肌肉、心脏和神经系统有影响。通过降低血清中钾浓度，导致肌肉麻痹、心律障碍和呼吸衰竭。食入高剂量时，可能导致死亡		
物理性质	密度：$2.47g/cm^3$ 水中溶解度：20℃时 59g/100mL		
环境数据	该物质对水生生物是有害的		
注解	该物质中毒时，需采取必要的治疗措施。必须提供有指示说明的适当方法		

IPCS
International
Programme on
Chemical Safety

国际化学品安全卡

溴丙酮	ICSC 编号：1074
CAS 登记号：598-31-2 RTECS 号：UC0525000 UN 编号：1569 中国危险货物编号：1569 分子量：137.0	中文名称：溴丙酮；溴-2-丙酮；乙酰甲基溴 英文名称：BROMOACETONE; Bromo-2-propanone; Acetyl methyl bromide 化学式：C_3H_5BrO

危害/接触类型	急性危害/症状	预防	急救/消防
火　灾	易燃的。在火焰中释放出刺激性或有毒烟雾（或气体）	禁止明火，禁止火花和禁止吸烟	雾状水，干粉
爆　炸			
接　触			
# 吸入	灼烧感。咳嗽。咽喉痛。呼吸困难	局部排气通风或呼吸防护	新鲜空气，休息。半直立体位。给予医疗护理
# 皮肤	发红。疼痛	防护手套	脱去污染的衣服。用大量水冲洗皮肤或淋浴
# 眼睛	引起流泪。发红。疼痛。视力模糊	安全护目镜，或眼睛防护结合呼吸防护	先用大量水冲洗几分钟（如可能尽量摘除隐形眼镜），然后就医
# 食入	腹部疼痛。咽喉和胸腔灼烧感。咳嗽。腹泻。恶心。呕吐	工作时不得进食，饮水或吸烟	漱口。大量饮水。给予医疗护理
泄漏处置	撤离危险区域！将泄漏液收集在可密闭的容器中。用大量水冲净残余物。个人防护用具：全套防护服包括自给式呼吸器		
包装与标志	不得与食品和饲料一起运输。 联合国危险性类别：6.1　联合国次要危险性：3 联合国包装类别：II 中国危险性类别：第 6.1 项毒性物质　中国次要危险性：3 中国包装类别：II		
应急响应	运输应急卡：TEC(R)-61GTF1-II		
储存	与强氧化剂、食品和饲料分开存放。严格密封。保存在通风良好的室内		
重要数据	物理状态、外观：无色液体。遇光时变紫色 化学危险性：燃烧时，该物质分解生成溴化氢有毒烟雾。与氧化剂发生反应 职业接触限值：阈限值未制定标准。最高容许浓度未制定标准 接触途径：该物质可通过吸入其蒸气和经食入吸收到体内 吸入危险性：未指明 20℃时该物质蒸发达到空气中有害浓度的速率 短期接触的影响：流泪。该物质严重刺激眼睛、皮肤和呼吸道 长期或反复接触的影响：见注解		
物理性质	沸点：137℃ 熔点：−36.5℃ 相对密度（水=1）：1.63 水中溶解度：微溶 蒸气压：20℃时 1.1kPa 蒸气/空气混合物的相对密度（20℃，空气=1）：1.04 闪点：51.1℃ 辛醇/水分配系数的对数值：0.11		
环境数据			
注解	对接触该物质的健康影响未进行充分调查		

IPCS
International
Programme on
Chemical Safety

国际化学品安全卡

乙酸镉			ICSC 编号：1075
CAS 登记号：543-90-8 RTECS 号：EU9800000 UN 编号：2570 EC 编号：048-001-00-5 中国危险货物编号：2570		中文名称：乙酸镉；乙酸镉盐；二（乙酸基）镉 英文名称：CADMIUM ACETATE; Acetic acid, cadmium salt; Bis(acetoxy) cadmium	
分子量：230.50		化学式：$C_4H_6CdO_4/Cd(CH_3CO_2)_2$	
危害/接触类型	急性危害/症状	预防	急救/消防
火　灾	不可燃。在火焰中释放出刺激性或有毒烟雾（或气体）		周围环境着火时，使用适当的灭火剂
爆　炸			
接　触		防止粉尘扩散！避免一切接触！	
# 吸入	咳嗽	密闭系统	新鲜空气，休息
# 皮肤		防护手套	脱去污染的衣服。用大量水冲洗皮肤或淋浴
# 眼睛	发红	安全护目镜，如为粉末，眼睛防护结合呼吸防护	用大量水冲洗（如可能尽量摘除隐形眼镜）
# 食入	腹部疼痛，恶心，呕吐	工作时不得进食，饮水或吸烟	漱口。饮用 1～2 杯水
泄漏处置	将泄漏物清扫进有盖的容器中，如果适当，首先润湿防止扬尘。小心收集残余物，然后转移到安全场所。不要让该化学品进入环境。个人防护用具：化学防护服，包括自给式呼吸器		
包装与标志	不得与食品和饲料一起运输。海洋污染物 欧盟危险性类别：Xn 符号 N 符号 标记：A　R:20/21/22-50/53　S:2-60-61 联合国危险性类别：6.1　联合国包装类别：III 中国危险性类别：第 6.1 项 毒性物质　中国包装类别：III GHS 分类：警示词：危险 图形符号：感叹号-健康危险-环境 危险说明：吞咽有害；可能引起遗传性缺陷；可能致癌；长期或反复接触对肾和骨骼造成损害；对水生生物毒性非常大；对水生生物毒性非常大并具有长期持续影响		
应急响应	运输应急卡：TEC(R)-61GT5-II		
储存	与食品和饲料分开存放。储存在没有排水管或下水道的场所。注意收容灭火产生的废水		
重要数据	物理状态、外观：无色晶体，有特殊气味 化学危险性：加热时，该物质分解生成一氧化镉有毒烟雾。 职业接触限值：阈限值：0.002mg/m^3（以 Cd 计，可呼吸粉尘）（时间加权平均值）；A2（可疑人类致癌物）；公布生物暴露指数（美国政府工业卫生学家会议，2008 年）。最高容许浓度：Cd（可吸入粉尘），皮肤吸收；致癌物类别：1；胚细胞突变物类别：3A（德国，2006 年）。 接触途径：该物质可通过吸入和食入吸收到体内 吸入危险性：扩散时，可较快地达到空气中颗粒物有害浓度，尤其是粉末 长期或反复接触的影响：该物质可能对肾和骨骼有影响，导致肾损伤和骨质疏松症（骨骼软弱）		
物理性质	熔点：255℃ 密度：2.34g/cm^3 水中溶解度：易溶		
环境数据	该物质对水生生物有极高毒性。该化学品可能在植物和海产食品中发生生物蓄积。强烈建议不要让该化学品进入环境		
注解	该化合物的影响信息很少。本卡片中健康影响主要依据其他镉化合物的研究结果。根据接触程度，建议定期进行医学检查。不要将工作服带回家中		

IPCS
International Programme on Chemical Safety

国际化学品安全卡

氯硝基苯胺			ICSC 编号：1076
CAS 登记号：121-87-9 RTECS 号：BX1400000 UN 编号：2237 EC 编号：610-009-00-7 中国危险货物编号：2237 分子量：172.6	中文名称：氯硝基苯胺；2-氯-4-硝基苯胺；1-氨基-2-氯-4-硝基苯；邻氯对硝基苯胺 英文名称：CHLORONITROANILINE; 2-Chloro-4-nitroaniline; 1-Amino-2-chloro-4-nitrobenzene; o-Chloro-p-nitroaniline; Benzeneamine, 2-chloro-4-nitro- 化学式：$C_6H_5ClN_2O_2$		
危害/接触类型	急性危害/症状	预防	急救/消防
火　灾	可燃的	禁止明火	干粉、抗溶性泡沫、雾状水、二氧化碳
爆　炸			
接　触		防止粉尘扩散！	一切情况均向医生咨询！
# 吸入	皮肤发青，嘴唇发青或手指发青，头晕，头痛，恶心，气促，意识模糊，惊厥，神志不清。症状可能推迟显现。（见注解）	局部排气通风或呼吸防护	新鲜空气，休息，给予医疗护理。见注解
# 皮肤	发红	防护手套	用大量水冲洗皮肤或淋浴
# 眼睛		安全护目镜	先用大量水冲洗几分钟（如可能尽量摘除隐形眼镜），然后就医
# 食入	（见吸入）	工作时不得进食，饮水或吸烟。进食前洗手	休息，给予医疗护理。（见注解）
泄漏处置	将泄漏物清扫进容器中。如果适当，首先润湿防止扬尘。小心收集残余物，然后转移到安全场所。不要让该化学品进入环境。个人防护用具：适用于有害颗粒物的 P2 过滤呼吸器		
包装与标志	不得与食品和饲料一起运输。污染海洋物质 欧盟危险性类别：Xn 符号 N 符号 R:22-51/53 S:2-22-24-61 联合国危险性类别：6.1 联合国包装类别：III 中国危险性类别：第 6.1 项毒性物质 中国包装类别：III		
应急响应	运输应急卡：TEC(R)-61G12c		
储存	与食品和饲料分开存放		
重要数据	物理状态、外观：黄色针状晶体 化学危险性：燃烧时，该物质分解生成含氮氧化物有毒和腐蚀性气体 职业接触限值：阈限值未制定标准。最高容许浓度未制定标准 接触途径：该物质可通过吸入吸收到体内 吸入危险性：未指明 20℃时该物质蒸发达到空气中有害浓度的速率 短期接触的影响：该物质轻微刺激皮肤。该物质可能对血液有影响，导致形成正铁血红蛋白。需进行医学观察。影响可能推迟显现		
物理性质	沸点：200℃ 熔点：108℃ 密度：$1g/cm^3$ 水中溶解度：25℃时不溶 蒸气压：25℃时 0.00046Pa 闪点：205℃ 自燃温度：522℃ 辛醇/水分配系数的对数值：2.3		
环境数据	该物质对水生生物是有害的。该物质可能在水生环境中造成长期影响		
注解	根据接触程度，建议定期进行医疗检查。该物质中毒时需采取必要的治疗措施。必须提供有指示说明的适当方法		

IPCS
International
Programme on
Chemical Safety

国际化学品安全卡

1,3-二氨基丁烷			ICSC 编号：1078
CAS 登记号：590-88-5 RTECS 号：EJ6700000 UN 编号：2733 中国危险货物编号：2733 分子量： 88.2		中文名称：1,3-二氨基丁烷；1-甲基三亚甲基二胺；丁烷-1,3-二胺 英文名称：1,3-DIAMINOBUTANE; 1-Methyltrimethylene diamine; Butane-1,3-diamine 化学式：$C_4H_{12}N_2$	
危害/接触类型	急性危害/症状	预防	急救/消防
火　灾	易燃的。在火焰中释放出刺激性或有毒烟雾（或气体）	禁止明火，禁止火花和禁止吸烟	泡沫，抗溶性泡沫，干粉，雾状水，二氧化碳
爆　炸	高于 52℃，可能形成爆炸性蒸气/空气混合物	高于 52℃，使用密闭系统、通风和防爆型电气设备	着火时，喷雾状水保持料桶等冷却
接　触		严格作业环境管理！	
# 吸入	咳嗽。呼吸困难。咽喉痛	通风，局部排气通风或呼吸防护	新鲜空气，休息。半直立体位。必要时进行人工呼吸。给予医疗护理
# 皮肤	发红。疼痛。皮肤烧伤	防护手套。防护服	脱去污染的衣服。用大量水冲洗皮肤或淋浴。给予医疗护理
# 眼睛	视力模糊。严重深度烧伤	面罩，或眼睛防护结合呼吸防护	先用大量水冲洗几分钟（如可能尽量摘除隐形眼镜），然后就医
# 食入	灼烧感。腹部疼痛。休克或虚脱	工作时不得进食，饮水或吸烟	漱口。大量饮水。不要催吐。给予医疗护理
泄漏处置	转移全部引燃源。将泄漏液收集在有盖的容器中。个人防护用具：适用于有机气体和蒸气的过滤呼吸器。化学防护服		
包装与标志	联合国危险性类别：3　联合国次要危险性：8 联合国包装类别：III 中国危险性类别：第 3 类易燃液体　中国次要危险性：8 中国包装类别：III		
应急响应	运输应急卡：TEC(R)-30GFC-III 美国消防协会法规：H3（健康危险性）；F2（火灾危险性）；R0（反应危险性）		
储存	耐火设备（条件）。与氧化剂分开存放。严格密封		
重要数据	物理状态、外观：无色液体 化学危险性：燃烧时，该物质分解生成氮氧化物有毒烟雾。水溶液是一种中强碱。与氧化剂发生反应 职业接触限值：阈限值未制定标准。最高容许浓度未制定标准 接触途径：该物质可通过吸入其蒸气，经皮肤和食入吸收到体内 吸入危险性：喷洒时可较快地达到空气中颗粒物有害浓度 短期接触的影响：该物质腐蚀眼睛，皮肤和呼吸道。食入有腐蚀性		
物理性质	沸点：142～150℃ 相对密度（水=1）：0.85 水中溶解度：易溶 蒸气压：20℃时 0.6kPa 蒸气相对密度（空气=1）：3 蒸气/空气混合物的相对密度（20℃，空气=1）：1 闪点：52℃（开杯）		
环境数据			
注解	虽然该物质是可燃的，且闪点≤61℃，但爆炸极限未见文献报道。对接触该物质的健康影响未进行充分调查。该物质对环境的影响数据不充分，因此应当特别注意		

IPCS
International
Programme on
Chemical Safety

国际化学品安全卡

丁二酸二乙酯			ICSC 编号：1079
CAS 登记号：123-25-1 RTECS 号：WM7400000	中文名称：丁二酸二乙酯；二乙基丁二酸酯；琥珀酸二乙酯 英文名称：DIETHYL SUCCINATE; Butanedioic acid, diethyl ester; Diethyl butanedioate; Succinic acid, diethyl ester		
分子量：174.2	化学式：$C_8H_{14}O_4/CH_3CH_2OCO(CH_2)_2COOCH_2CH_3$		
危害/接触类型	急性危害/症状	预防	急救/消防
火　灾	可燃的	禁止明火	干粉，泡沫，二氧化碳
爆　炸			
接　触			
# 吸入		通风	新鲜空气，休息
# 皮肤		防护手套	冲洗，然后用水和肥皂清洗皮肤
# 眼睛	发红	安全眼镜	先用大量水冲洗几分钟（如可能尽量摘除隐形眼镜），然后就医
# 食入		工作时不得进食，饮水或吸烟	漱口
泄漏处置	将泄漏液收集在可密闭的容器中。用吸收剂覆盖泄漏物料。个人防护用具：适用于有机气体和蒸气的过滤呼吸器		
包装与标志			
应急响应			
储存			
重要数据	物理状态、外观：无色液体，有特殊气味 化学危险性：燃烧时，生成有毒气体。 职业接触限值：阈限值未制定标准。最高容许浓度未制定标准 吸入危险性：未指明 20℃时该物质蒸发达到空气中有害浓度的速率 短期接触的影响：该物质轻微刺激眼睛		
物理性质	沸点：217℃ 熔点：-21℃ 密度：1.04g/cm³ 水中溶解度：25℃时 0.2g/100mL 蒸气压：55℃时 0.133kPa 蒸气相对密度（空气=1）：6.01 闪点：90℃（闭杯）		
环境数据			
注解			

IPCS
International
Programme on
Chemical Safety

国际化学品安全卡

碳酸二甲酯			ICSC 编号：1080
CAS 登记号：616-38-6 RTECS 号：FG0450000 UN 编号：1161 EC 编号：607-013-00-6 中国危险货物编号：1161 分子量：90.1		中文名称：碳酸二甲酯；二甲基碳酸酯；碳酸甲酯 英文名称：DIMETHYL CARBONATE; Carbonic acid, dimethyl ester; Methyl carbonate 化学式：$C_3H_6O_3/H_3COCOOCH_3$	
危害/接触类型	急性危害/症状	预防	急救/消防
火　灾	高度易燃	禁止明火，禁止火花和禁止吸烟。禁止与氧化剂接触	雾状水，抗溶性泡沫，干粉，二氧化碳
爆　炸	蒸气/空气混合物有爆炸性	密闭系统，通风，防爆型电气设备和照明。不要使用压缩空气灌装、卸料或转运。使用无火花手工具	着火时，喷雾状水保持料桶等冷却
接　触			
# 吸入	咳嗽	通风	新鲜空气，休息
# 皮肤		防护手套	冲洗，然后用水和肥皂清洗皮肤
# 眼睛	发红	安全护目镜	先用大量水冲洗几分钟（如可能尽量摘除隐形眼镜），然后就医
# 食入		工作时不得进食，饮水或吸烟	漱口
泄漏处置	转移全部引燃源。将泄漏液收集在可密闭的容器中。用砂土或惰性吸收剂吸收残液，并转移到安全场所。不要冲入下水道。个人防护用具：适用于有机气体和蒸气的过滤呼吸器		
包装与标志	欧盟危险性类别：F 符号　R:11　S:2-9-16 联合国危险性类别：3　联合国包装类别：II 中国危险性类别：第 3 类易燃液体　中国包装类别：II		
应急响应	运输应急卡：TEC(R)-30S1161。 美国消防协会法规：H1（健康危险性）；F3（火灾危险性）；R1（反应危险性）		
储存	耐火设备（条件）。与强氧化剂分开存放。严格密封。储存在没有排水管或下水道的场所		
重要数据	物理状态、外观：无色液体，有特殊气味 物理危险性：蒸气比空气重。可能沿地面流动；可能造成远处着火。蒸气与空气充分混合，容易形成爆炸性混合物 化学危险性：与氧化剂和叔丁基氧化钾激烈反应，有着火危险。燃烧时，该物质分解生成刺激性烟雾 职业接触限值：阈限值未制定标准。最高容许浓度未制定标准 短期接触的影响：蒸气轻微刺激眼睛		
物理性质	沸点：90℃ 熔点：3℃ 相对密度（水=1）：1.07 水中溶解度：不溶 蒸气压：25℃时 7.4kPa 蒸气相对密度（空气=1）：3.1 蒸气/空气混合物的相对密度（20℃，空气=1）：1.1 闪点：18℃（开杯） 自燃温度：458℃ 爆炸极限：空气中 4.2%～12.9%（体积）		
环境数据			
注解			

IPCS
International
Programme on
Chemical Safety

国际化学品安全卡

乙基氯乙酸酯			ICSC 编号：1081
CAS 登记号：105-39-5 RTECS 号：AF9110000 UN 编号：1181 EC 编号：607-070-007 中国危险货物编号：1181 分子量：122.55		中文名称：乙基氯乙酸酯；氯乙酸乙酯；乙基一氯乙酸酯；乙基-α-氯乙酸酯；乙基-2-一氯乙酸酯 英文名称：ETHYL CHLOROACETATE; Chloroacetic acid, ethyl ester; Ethyl monochloroacetate; Ethyl alpha-chloroacetate; Ethyl-2-monochloroacetate 化学式：$C_4H_7ClO_2/ClCH_2CO_2C_2H_5$	
危害/接触类型	**急性危害/症状**	**预防**	**急救/消防**
火　灾	易燃的。在火焰中释放出刺激性或有毒烟雾（或气体）	禁止明火，禁止火花和禁止吸烟	干粉，雾状水，抗溶性泡沫，二氧化碳
爆　炸	高于 53℃，可能形成爆炸性蒸气/空气混合物	高于 53℃，使用密闭系统，通风和防爆型电气设备	着火时，喷雾状水保持料桶等冷却，但避免该物质与水接触
接　触		避免一切接触！	一切情况均向医生咨询！
# 吸入	咳嗽。咽喉痛	通风，局部排气通风或呼吸防护	新鲜空气，休息。给予医疗护理
# 皮肤	可能被吸收！发红。疼痛	防护手套。防护服	脱去污染的衣服。用大量水冲洗皮肤或淋浴。给予医疗护理
# 眼睛	引起流泪。发红。疼痛	面罩，或眼睛防护结合呼吸防护	先用大量水冲洗几分钟（如可能尽量摘除隐形眼镜），然后就医
# 食入	舌头灼烧感。恶心。腹部疼痛。呕吐	工作时不得进食，饮水或吸烟。进食前洗手	大量饮水。给予医疗护理
泄漏处置	转移全部引燃源。将泄漏液收集在有盖的塑料容器中。用干砂土或惰性吸收剂吸收残液，并转移到安全场所。化学防护服，包括自给式呼吸器		
包装与标志	不得与食品和饲料一起运输 欧盟危险性类别：T 符号 N 符号 R:23/24/25-50 S:1/2-7/9-45-61 联合国危险性类别：6.1 联合国次要危险性：3 联合国包装类别：II 中国危险性类别：第 6.1 项毒性物质 中国次要危险性：3 中国包装类别：II		
应急响应	运输应急卡：TEC(R)-61S1181 美国消防协会法规：H（健康危险性）；F3（火灾危险性）；R0（反应危险性）		
储存	耐火设备（条件）。与性质相互抵触的物质、食品和饲料分开存放。见化学危险性。干燥		
重要数据	物理状态、外观：无色液体，有刺鼻气味 物理危险性：蒸气比空气重 化学危险性：燃烧时，该物质分解生成含氯化氢和乙酸的有毒和腐蚀性烟雾。与水、潮湿空气和酸反应，生成氯化氢（见卡片#0163）。与碱、氧化剂和还原剂发生反应。 职业接触限值：阈限值未制定标准。最高容许浓度未制定标准 接触途径：该物质可通过吸入其蒸气，经皮肤和食入吸收到体内 吸入危险性：20℃时该物质蒸发相当快达到空气中有害污染浓度 短期接触的影响：该物质严重刺激眼睛，中度刺激皮肤和呼吸道。 长期或反复接触的影响：反复或长期接触可能引起皮肤过敏		
物理性质	沸点：144.2℃ 熔点：−26℃ 密度：$1.15g/cm^3$ 水中溶解度：20℃时 1.23g/100mL 蒸气压：20℃时 450Pa	蒸气相对密度（空气=1）：4.2 蒸气/空气混合物的相对密度（20℃，空气=1）：1.01 闪点：53℃（闭杯） 自燃温度：452℃ 辛醇/水分配系数的对数值：1.28（计算值）	
环境数据	该物质对水生生物是有毒的		
注解	该物质是可燃的，且闪点≤61℃，但爆炸极限未见文献报道		

IPCS
International
Programme on
Chemical Safety

国际化学品安全卡

1-庚醇			ICSC 编号：1082
CAS 登记号：111-70-6 RTECS 号：MK0350000 UN 编号：2810 中国危险货物编号：2810 分子量：116.2		中文名称：1-庚醇；庚烷-1-醇；1-羟基庚烷；正庚醇 英文名称：1-HEPTANOL; Heptane-1-ol; n-Heptyl alcohol; 1-Hydroxyheptane; n-Heptanol 化学式：$C_7H_{16}O/CH_3(CH_2)_6OH$	
危害/接触类型	急性危害/症状	预防	急救/消防
火　灾	可燃的	禁止明火	抗溶性泡沫，干粉，二氧化碳
爆　炸	高于 70℃，可能形成爆炸性蒸气/空气混合物	高于 70℃，使用密闭系统、通风	
接　触			
# 吸入	咳嗽。咽喉痛	通风	新鲜空气，休息
# 皮肤	发红	防护手套	脱去污染的衣服。冲洗，然后用水和肥皂清洗皮肤
# 眼睛	发红。疼痛	安全护目镜	先用大量水冲洗几分钟（如可能尽量摘除隐形眼镜），然后就医
# 食入	灼烧感。头痛。头晕。恶心。倦睡	工作时不得进食，饮水或吸烟	漱口。大量饮水。不要催吐。给予医疗护理
泄漏处置	不要让该化学品进入环境。用吸收剂覆盖泄漏物料。将泄漏液收集在可密闭的容器中。个人防护用具：适用于有机气体和蒸气的过滤呼吸器		
包装与标志	不得与食品和饲料一起运输 联合国危险性类别：6.1　联合国包装类别：III 中国危险性类别：第 6.1 项毒性物质　中国包装类别：III		
应急响应	运输应急卡：TEC(R)-61GT1-III		
储存	与强酸、氧化剂、食品和饲料分开存放		
重要数据	物理状态、外观：无色液体，有特殊气味 化学危险性：与氧化剂和强酸发生反应 职业接触限值：阈限值未制定标准。最高容许浓度未制定标准 接触途径：该物质可通过吸入其蒸气和经食入吸收到体内 吸入危险性：20℃时该物质蒸发不会或很缓慢地达到空气中有害污染浓度，但喷洒或扩散时要快得多 短期接触的影响：该物质刺激眼睛和呼吸道，轻微刺激皮肤。如果吞咽的液体吸入肺中，可能引起化学肺炎。高浓度时该物质可能对中枢神经系统有影响 长期或反复接触的影响：液体使皮肤脱脂		
物理性质	沸点：175℃ 熔点：-34℃ 密度：0.82g/cm^3 水中溶解度：20℃时 0.1g/100mL 蒸气压：20℃时 15Pa 蒸气相对密度（空气=1）：4.01 蒸气/空气混合物的相对密度（20℃，空气=1）：1.01 闪点：70℃（闭杯） 自燃温度：275℃ 爆炸极限：空气中 0.9%～?%（体积） 辛醇/水分配系数的对数值：2.62		
环境数据	该物质对水生生物是有害的		
注解			

IPCS
International
Programme on
Chemical Safety

国际化学品安全卡

2-庚醇			ICSC 编号：1083
CAS 登记号：543-49-7 RTECS 号：MJ2975000	中文名称：2-庚醇；仲庚醇；戊基甲基甲醇；1-甲基己醇；2-羟基己烷 英文名称：2-HEPTANOL; sec-Heptyl alcohol; Amyl methyl carbinol; 1-Methylhexanol; 2-Heptyl alcohol; 2-Hydroxyheptane		
分子量：116.2	化学式：$C_7H_{16}O/CH_3(CH_2)_4CHOHCH_3$		
危害/接触类型	急性危害/症状	预防	急救/消防
火　灾	可燃的	禁止明火	抗溶性泡沫，干粉，二氧化碳
爆　炸	高于 71℃，可能形成爆炸性蒸气/空气混合物	高于 71℃，使用密闭系统、通风	着火时，喷雾状水保持料桶等冷却
接　触			
# 吸入	咳嗽。咽喉痛	通风，局部排气通风或呼吸防护	新鲜空气，休息
# 皮肤	皮肤干燥	防护手套	冲洗，然后用水和肥皂清洗皮肤
# 眼睛	发红。疼痛	护目镜	先用大量水冲洗几分钟（如可能尽量摘除隐形眼镜），然后就医
# 食入	灼烧感	工作时不得进食，饮水或吸烟	漱口。不要催吐。大量饮水
泄漏处置	将泄漏液收集在有盖的容器中。用砂土或惰性吸收剂吸收残液，并转移到安全场所。个人防护用具：适用于有机气体和蒸气的过滤呼吸器		
包装与标志			
应急响应	美国消防协会法规：H0（健康危险性）；F2（火灾危险性）；R0（反应危险性）		
储存	与强氧化剂分开存放		
重要数据	**物理状态、外观**：无色液体 **化学危险性**：与强氧化剂发生反应 **职业接触限值**：阈限值未制定标准 **接触途径**：该物质可通过吸入，经皮肤和食入吸收到体内 **吸入危险性**：未指明 20℃时该物质蒸发达到空气中有害浓度的速率 **短期接触的影响**：该物质严重刺激眼睛，刺激呼吸道和轻微刺激皮肤。如果吞咽液体吸入肺中，可能引起化学肺炎 **长期或反复接触的影响**：液体使皮肤脱脂		
物理性质	沸点：158～160℃ 相对密度（水=1）：0.82 水中溶解度：0.35g/100mL 蒸气压：20℃时 0.133kPa 蒸气相对密度（空气=1）：4 蒸气/空气混合物的相对密度（20℃，空气=1）：1 闪点：71℃（闭杯）		
环境数据			
注解			

IPCS
International
Programme on
Chemical Safety

国际化学品安全卡

1-己醇			ICSC 编号：1084
CAS 登记号：111-27-3 RTECS 号：MQ4025000 EC 编号：603-059-00-6		中文名称：1-己醇；正己醇；1-羟基己烷；戊基甲醇 英文名称：1-HEXANOL; Hexyl alcohol; n-Hexanol; n-Hexyl alcohol; 1-Hydroxyhexane; Amyl carbinol; Caproyl alcohol	
分子量：102.2		化学式：$C_6H_{14}O/CH_3(CH_2)_4CH_2OH$	
危害/接触类型	急性危害/症状	预防	急救/消防
火　灾	可燃的	禁止明火	抗溶性泡沫，干粉，二氧化碳
爆　炸	高于 63℃，可能形成爆炸性蒸气/空气混合物	高于 63℃，使用密闭系统，通风	着火时，喷雾状水保持料桶等冷却
接　触			
# 吸入	咳嗽。咽喉痛	通风，局部排气通风或呼吸防护	新鲜空气，休息
# 皮肤	皮肤干燥	防护手套	冲洗，然后用水和肥皂清洗皮肤
# 眼睛	发红。疼痛	护目镜	先用大量水冲洗几分钟（如可能尽量摘除隐形眼镜），然后就医
# 食入	灼烧感	工作时不得进食，饮水或吸烟	漱口。不要催吐。饮用 1～2 杯水
泄漏处置	将泄漏液收集在有盖的容器中。用砂土或惰性吸收剂吸收残液，并转移到安全场所。个人防护用具：适用于有机气体和蒸气的过滤呼吸器		
包装与标志	欧盟危险性类别：Xn 符号　R:22　S:(2-)24/25		
应急响应	美国消防协会法规：H1（健康危险性）；F2（火灾危险性）；R0（反应危险性）		
储存	与强氧化剂分开存放		
重要数据	**物理状态、外观**：无色液体，有特殊气味 **化学危险性**：与强氧化剂发生反应 **职业接触限值**：阈限值未制定标准最高容许浓度：IIb（未制定标准，但可提供数据）（德国，2008 年） **接触途径**：该物质可通过吸入和经食入吸收到体内 **吸入危险性**：未指明 20℃时该物质蒸发达到空气中有害浓度的速率 **短期接触的影响**：该物质刺激呼吸道和皮肤，严重刺激眼睛。如果吞咽液体吸入肺中，可能引起化学肺炎 **长期或反复接触的影响**：液体使皮肤脱脂		
物理性质	沸点：157℃ 熔点：-44.6℃ 相对密度（水=1）：0.82 水中溶解度：20℃时 0.59g/100mL 蒸气压：25℃时 0.124kPa 蒸气相对密度（空气=1）：3.52 蒸气/空气混合物的相对密度（20℃，空气=1）：1 闪点：63℃（闭杯） 自燃温度：290℃ 爆炸极限：空气中 1.2%～7.7%（体积）（计算值） 辛醇/水分配系数的对数值：2.03		
环境数据			
注解			

IPCS
International
Programme on
Chemical Safety

国际化学品安全卡

丙二酸			ICSC 编号：1085
CAS 登记号：141-82-2 RTECS 号：OO0175000	中文名称：丙二酸；羧基乙酸；二羧基甲烷；丙烷二酸；甲烷二羧酸 英文名称：MALONIC ACID; Carboxyacetic acid; Dicarboxymethane; Propanedioic acid; Methanedicarboxylic acid		
分子量：104.1	化学式：$C_3H_4O_4$/$COOHCH_2COOH$		
危害/接触类型	急性危害/症状	预防	急救/消防
火　灾	可燃的	禁止明火	干粉，雾状水，泡沫，二氧化碳
爆　炸			
接　触			
# 吸入	咳嗽，咽喉痛	局部排气通风或呼吸防护	新鲜空气，休息，给予医疗护理
# 皮肤	发红，疼痛	防护手套	脱去污染的衣服，用大量水冲洗皮肤或淋浴
# 眼睛	发红，疼痛	护目镜	先用大量水冲洗几分钟（如可能尽量摘除隐形眼镜），然后就医
# 食入	腹部疼痛，腹泻，恶心，呕吐	工作时不得进食，饮水或吸烟	漱口，给予医疗护理
泄漏处置	将泄漏物清扫进有盖的容器中。然后用大量水冲净		
包装与标志			
应急响应			
储存	与碱和强氧化剂分开存放		
重要数据	物理状态、外观：白色晶体 化学危险性：水溶液是一种中强酸。与强氧化剂发生反应 职业接触限值：阈限值未制定标准 接触途径：该物质可通过吸入和经食入吸收到体内 吸入危险性：20℃时蒸发可忽略不计，但扩散时可较快地达到空气中颗粒物有害浓度 短期接触的影响：该物质刺激皮肤，严重刺激眼睛和呼吸道		
物理性质	熔点：135℃（分解） 密度：1.6g/cm^3 水中溶解度：20℃时 7.3g/100mL 辛醇/水分配系数的对数值：−0.91~0.18（计算值）		
环境数据			
注解			

IPCS
International
Programme on
Chemical Safety

国际化学品安全卡

乙酰乙酸甲酯			ICSC 编号：1086
CAS 登记号：105-45-3 RTECS 号：AK5775000 EC 编号：607-137-00-0	中文名称：乙酰乙酸甲酯；3-氧丁酸甲酯；1-甲氧基丁烷-1,3-二酮 英文名称：METHYLACETOACETATE; Acetoacetic acid methyl ester; Butanoic acid, 3-oxo-, methyl ester; 1-Methoxybutane-1,3-dione		
分子量： 116.1	化学式：$C_5H_8O_3$		
危害/接触类型	急性危害/症状	预防	急救/消防
火　灾	可燃的	禁止明火	抗溶性泡沫，干粉，二氧化碳
爆　炸	高于 77℃，可能形成爆炸性蒸气/空气混合物	高于 77℃，使用密闭系统、通风	
接　触			
# 吸入	咳嗽。头晕。倦睡。头痛。咽喉痛	通风，局部排气通风或呼吸防护	新鲜空气，休息。给予医疗护理
# 皮肤		防护手套	脱去污染的衣服。用大量水冲洗皮肤或淋浴
# 眼睛	发红。疼痛	安全护目镜	先用大量水冲洗几分钟（如可能尽量摘除隐形眼镜），然后就医
# 食入		工作时不得进食，饮水或吸烟	漱口。不要催吐。大量饮水。给予医疗护理
泄漏处置	通风。尽可能将泄漏液收集在可密闭的容器中。用大量水冲净残余物。个人防护用具：适用于有机气体和蒸气的过滤呼吸器		
包装与标志	欧盟危险性类别：Xi 符号　R:36　S:2-26		
应急响应	美国消防协会法规：H2（健康危险性）；F2（火灾危险性）；R0（反应危险性）		
储存	与氧化剂分开存放		
重要数据	**物理状态、外观**：无色液体，有特殊气味 **化学危险性**：燃烧时，该物质分解生成刺激性烟雾。与氧化剂发生反应 **职业接触限值**：阈限值未制定标准。最高容许浓度未制定标准 **接触途径**：该物质可通过吸入其蒸气吸收到体内 **吸入危险性**：未指明 20℃时该物质蒸发到空气中有害浓度的速率 **短期接触的影响**：该物质刺激眼睛和呼吸道。接触可能导致知觉降低		
物理性质	沸点：171.7℃ 熔点：−27℃ 相对密度（水=1）：1.08 水中溶解度：50g/100mL 蒸气压：20℃时 0.17kPa 蒸气相对密度（空气=1）：4.0 蒸气/空气混合物的相对密度（20℃，空气=1）：1.01 闪点：77℃（闭杯） 自燃温度：280℃ 爆炸极限：空气中 1.4%～14.5%（体积） 辛醇/水分配系数的对数值：−0.26		
环境数据			
注解			

IPCS
International
Programme on
Chemical Safety

国际化学品安全卡

N-甲基甲酰胺			ICSC 编号：1087
CAS 登记号：123-39-7 RTECS 号：LQ3000000 EC 编号：616-056-00-X 分子量：59.08	中文名称：N-甲基甲酰胺；甲基甲酰胺；一甲基甲酰胺；甲酰基甲胺 英文名称：N-METHYLFORMAMIDE; Methylformamide; Monomethylformamide; Formylmethylamine 化学式：C_2H_5NO		
危害/接触类型	急性危害/症状	预防	急救/消防
火　灾	可燃的	禁止明火	干粉，二氧化碳
爆　炸			着火时，喷雾状水保持料桶等冷却
接　触			
# 吸入	咳嗽	通风	新鲜空气，休息，给予医疗护理
# 皮肤		防护手套	用大量水冲洗皮肤或淋浴
# 眼睛	发红，疼痛	护目镜	先用大量水冲洗几分钟（如可能尽量摘除隐形眼镜），然后就医
# 食入			
泄漏处置	将泄漏液收集在有盖的容器中。个人防护用具：化学防护服，包括自给式呼吸器		
包装与标志	欧盟危险性类别：T 符号　标记：E　R：61-21　S：53-45		
应急响应			
储存	与氧化剂分开存放		
重要数据	物理状态、外观：无色黏稠的液体 化学危险性：加热时或燃烧时，该物质分解生成氮氧化物。与强氧化剂发生反应。浸蚀某些塑料和橡胶 职业接触限值：阈限值未制定标准 接触途径：该物质可通过吸入、经皮肤和食入吸收到体内 吸入危险性：未指明 20℃时该物质蒸发达到空气中有害浓度的速率 短期接触的影响：该物质刺激眼睛。该物质可能对肝脏有影响，导致肝损害		
物理性质	沸点：182.5℃ 熔点：-3℃ 密度：1.003g/cm^3（20℃时） 水中溶解度：溶解 蒸气相对密度（空气=1）：2.04 闪点：98℃（闭杯） 辛醇/水分配系数的对数值：-0.0624		
环境数据			
注解			

IPCS
International
Programme on
Chemical Safety

国际化学品安全卡

硫氰酸钾			ICSC 编号：1088
CAS 登记号：333-20-0 RTECS 号：XL1925000 EC 编号：615-004-00-3	中文名称：硫氰酸钾；硫氰酸钾盐 英文名称：POTASSIUM THIOCYANATE; Thiocyanic acid, potassium salt; Potassium sulfocyanate; Potassium rhodanide		
分子量：97.18	化学式：KSCN		

危害/接触类型	急性危害/症状	预防	急救/消防
火　灾	不可燃。在火焰中释放出刺激性或有毒烟雾（或气体）		周围环境着火时，使用适当的灭火剂
爆　炸			
接　触		防止粉尘扩散！	
# 吸入	咳嗽。（另见食入）	局部排气通风或呼吸防护	新鲜空气，休息
# 皮肤		防护手套	脱去污染的衣服。用大量水冲洗皮肤或淋浴
# 眼睛		安全护目镜，或眼睛防护结合呼吸防护	先用大量水冲洗几分钟（如可能尽量摘除隐形眼镜），然后就医
# 食入	意识模糊。惊厥。恶心。呕吐。虚弱	工作时不得进食，饮水或吸烟	漱口。用水冲服活性炭浆。给予医疗护理
泄漏处置	将泄漏物清扫进有盖的容器中，如果适当，首先润湿防止扬尘。小心收集残余物。个人防护用具：适用于有害颗粒物的 P2 过滤呼吸器		
包装与标志	欧盟危险性类别：Xn 符号　标记：A　R:20/21/22-32-52/53　S:2-13-61		
应急响应	美国消防协会法规：H3（健康危险性）；F0（火灾危险性）；R0（反应危险性）		
储存	与强氧化剂分开存放。干燥。严格密封		
重要数据	**物理状态、外观**：无色至白色吸湿的晶体 **化学危险性**：加热时，该物质分解生成含有硫化物、氮氧化物和氰化物的剧毒烟雾。与强氧化剂激烈反应。与水接触时，有强制冷作用 **职业接触限值**：阈限值未制定标准。最高容许浓度未制定标准 **接触途径**：该物质可通过吸入和经食入吸收到体内 **吸入危险性**：扩散时可较快地达到空气中颗粒物有害浓度 **短期接触的影响**：该物质可能对中枢神经系统有影响，导致兴奋和惊厥 **长期或反复接触的影响**：该物质可能对甲状腺和中枢神经系统有影响，导致功能损伤和甲状腺机能减退		
物理性质	沸点：500℃（分解） 熔点：173℃ 密度：1.9g/cm^3 水中溶解度：易溶		
环境数据			
注解			

IPCS
International
Programme on
Chemical Safety

国际化学品安全卡

2,3,4,6-四氯苯酚			ICSC 编号：1089
CAS 登记号：58-90-2 RTECS 号：SM9275000 UN 编号：2020 EC 编号：604-013-00-8 中国危险货物编号：2020 分子量：231.9	中文名称：2,3,4,6-四氯苯酚；2,4,5,6-四氯苯酚 英文名称：2,3,4,6-TETRACHLOROPHENOL; 2,4,5,6-Tetrachlorophenol; Phenol, 2,3,4,6-tetrachloro- 化学式：$C_6H_2Cl_4O$		
危害/接触类型	急性危害/症状	预防	急救/消防
火　灾	可燃的。在火焰中释放出刺激性或有毒烟雾（或气体）	禁止明火	雾状水，抗溶性泡沫，干粉，二氧化碳
爆　炸			
接　触		防止粉尘扩散！	
# 吸入	咳嗽。呼吸短促。惊厥	局部排气通风或呼吸防护	新鲜空气，休息。给予医疗护理
# 皮肤	可能被吸收！发红	防护手套。防护服	脱去污染的衣服。冲洗，然后用水和肥皂清洗皮肤。给予医疗护理
# 眼睛	发红。疼痛	安全护目镜	先用大量水冲洗几分钟（如可能尽量摘除隐形眼镜），然后就医
# 食入	腹部疼痛。腹泻。头痛。头晕。呕吐。虚弱。惊厥。肌肉痉挛。体温升高和出汗（见注解）	工作时不得进食，饮水或吸烟。进食前洗手	用水冲服活性炭浆。给予医疗护理
泄漏处置	将泄漏物清扫进有盖的容器中。不要让该化学品进入环境。个人防护用具：适用于有害颗粒物的 P2 过滤呼吸器。化学防护服		
包装与标志	不得与食品和饲料一起运输。 欧盟危险性类别：T 符号 N 符号　R:25-36/38-50/53　S:1/2-26-28-37-45-60-61 联合国危险性类别：6.1 联合国包装类别：III 中国危险性类别：第 6.1 项毒性物质 中国包装类别：III		
应急响应	运输应急卡：TEC(R)-61S2020 或 61GT2-III		
储存	注意收容灭火产生的废水。与食品和饲料分开存放。储存在没有排水管或下水道的场所		
重要数据	物理状态、外观：棕色各种形态固体，有特殊气味 化学危险性：加热时，该物质分解生成含有氯化氢的腐蚀性烟雾 职业接触限值：阈限值未制定标准。最高容许浓度未制定标准 接触途径：该物质可通过吸入，经皮肤和食入吸收到体内 吸入危险性：扩散时可较快地达到空气中颗粒物有害浓度 短期接触的影响：该物质刺激眼睛、皮肤和呼吸道。见注解 长期或反复接触的影响：该物质可能对肝脏有影响。该物质可能对皮肤有影响，导致氯痤疮。（见注解）		
物理性质	熔点：70℃ 密度：1.8g/cm³ 水中溶解度：20℃时 0.1g/100mL（难溶） 闪点：100℃ 辛醇/水分配系数的对数值：4.45		
环境数据	该物质对水生生物有极高毒性。该化学品可能在鱼体内发生生物蓄积		
注解	2,3,4,6-四氯苯酚属于多氯苯酚类。1999 年该类物质被国际癌症研究机构（IARC）判定为可能人类致癌物，但是其数据是非结论性的。虽然不能提供本异构体的数据，但是四氯苯酚的混合物可能刺激皮肤、眼睛和呼吸道。这些物质可能引起急性代谢影响，导致中枢神经系统某些器官的明显损害。有些工业品中可能含有剧毒杂质，包括多氯二苯并对二噁英和苯并呋喃。根据接触程度，建议定期进行医疗检查		

IPCS
International
Programme on
Chemical Safety

国际化学品安全卡

偶氮二异丁腈			ICSC 编号：1090
CAS 登记号：78-67-1 RTECS 号：UG0800000 UN 编号：3234 EC 编号：608-019-00-1 中国危险货物编号：3234	中文名称：偶氮二异丁腈；2,2'-偶氮二（2-甲基丙腈）；2,2'-偶氮二异丁腈；2,2'-二氰基-2,2'-偶氮丙烷；2,2'-二甲基-2,2'-二丙腈 英文名称：AZOBIS(ISOBUTYRONITRILE); 2,2'-Azobis (2-methylpropanenitrile); 2,2'-Azodiisobutyronitrile; 2,2'-Dicyano-2,2'-azopropane; 2,2'-Dimethyl-2,2'azodipropionitrile		
分子量： 164.2	化学式：$C_8H_{12}N_4/(CH_3)_2(CN)CN{=}NC(CN)(CH_3)_2$		
危害/接触类型	急性危害/症状	预防	急救/消防
火　灾	高度易燃。爆炸性的	禁止明火，禁止火花和禁止吸烟	大量水，雾状水
爆　炸	微细分散的颗粒物在空气中形成爆炸性混合物。当溶解在有机溶剂中时，有着火和爆炸危险	防止粉尘沉积、密闭系统、防止粉尘爆炸型电气设备和照明。防止静电荷积聚（例如，通过接地）。不要受摩擦或震动	着火时，喷雾状水保持料桶等冷却
接　触		防止粉尘扩散！	
# 吸入		局部排气通风或呼吸防护	新鲜空气，休息。给予医疗护理
# 皮肤		防护手套	脱去污染的衣服。用大量水冲洗皮肤或淋浴
# 眼睛		安全护目镜，或眼睛防护结合呼吸防护	先用大量水冲洗几分钟（如可能尽量摘除隐形眼镜），然后就医
# 食入	头痛。恶心。虚弱。惊厥	工作时不得进食，饮水或吸烟	催吐（仅对清醒病人!）。用水冲服活性炭浆。给予医疗护理
泄漏处置	向专家咨询！不要让该化学品进入环境。转移全部引燃源。将泄漏物清扫进有盖的容器中。如果适当，首先润湿防止扬尘。个人防护用具：适用于有机蒸气和有害粉尘的 A/P2 过滤呼吸器		
包装与标志	欧盟危险性类别：E 符号 Xn 符号　R:2-11-20/22-52/53　S:2-39-41-47-61 联合国危险性类别：4.1 中国危险性类别：第 4.1 项易燃固体		
应急响应	运输应急卡：TEC(R)-41GSR2-S 美国消防协会法规：H3（健康危险性）；F-（火灾危险性）；R2（反应危险性）		
储存	耐火设备（条件）。阴凉场所。与强氧化剂和性质相互抵触的物质分开存放。见化学危险性		
重要数据	物理状态、外观：白色粉末 物理危险性：如果在干燥状态，由于搅拌、空气输送和注入等能产生静电 化学危险性：由于受热，该物质分解生成含四甲基丁二腈（见卡片#1121）和氰化物的有毒烟雾。受撞击、摩擦或震动时，可能发生爆炸性分解。加热时，可能发生爆炸。与醇类、氧化剂、丙酮、醛类和烃类，如庚烷激烈反应，有着火和爆炸的危险。 职业接触限值：阈限值未制定标准。最高容许浓度未制定标准 接触途径：该物质可经食入吸收到体内 吸入危险性：20℃时蒸发可忽略不计，但扩散时可较快地达到空气中颗粒物有害浓度 短期接触的影响：该物质可能对中枢神经系统有影响 长期或反复接触的影响：该物质可能对肝脏有影响		
物理性质	密度：$1.1g/cm^3$ 水中溶解度：20℃时不溶 蒸气压：20℃时<1Pa 自燃温度：64℃		
环境数据	该物质对水生生物是有害的。该物质可能在水生环境中造成长期影响		
注解	分解温度未见文献报道。该物质对人体健康的影响数据不充分，因此应当特别注意。商品名称有：Acetoazib, ADZN, AIBN, AIVN, AZDH, CHKHZ, Genitron, Pianofor AN, Porofor N, Porofor-57 和 Vazo (64)		

IPCS
International
Programme on
Chemical Safety

国际化学品安全卡

苯丙三唑			ICSC 编号：1091
CAS 登记号：95-14-7 RTECS 号：DM1225000	中文名称：苯丙三唑；1*H*-苯丙三唑；1,2,3-三氮杂茚；1,2,3-苯丙三唑；亚叠氮基苯 英文名称：BENZOTRIAZOLE; 1*H*-Benzotriazole; 1,2,3-Triazaindene; 1,2,3-Benzotriazole; Azimidobenzene		
分子量：119.1	化学式：$C_6H_5N_3$		
危害/接触类型	急性危害/症状	预防	急救/消防
火 灾	可燃的	禁止明火	雾状水
爆 炸	微细分散的颗粒物在空气中形成爆炸性混合物	防止粉尘沉积、密闭系统、防止粉尘爆炸型电气设备和照明	
接 触		防止粉尘扩散！严格作业环境管理！	
# 吸入		局部排气通风	新鲜空气，休息
# 皮肤		防护手套，防护服	脱去污染的衣服，冲洗，然后用水和肥皂清洗皮肤
# 眼睛	发红，疼痛	安全护目镜	先用大量水冲洗几分钟（如可能尽量摘除隐形眼镜），然后就医
# 食入		工作时不得进食，饮水或吸烟	漱口，饮用1～2杯水，给予医疗护理
泄漏处置	将泄漏物清扫进容器中。如果适当，首先润湿防止扬尘。小心收集残余物，然后转移到安全场所。不要让该化学品进入环境。个人防护用具：适用于惰性颗粒物的P1过滤呼吸器		
包装与标志			
应急响应			
储存	严格密封		
重要数据	物理状态、外观：白色至棕色晶体粉末 物理危险性：以粉末或颗粒形状与空气混合，可能发生粉尘爆炸 化学危险性：加热时，该物质分解生成含苯胺和硝基苯有毒烟雾。水溶液是一种弱酸。真空蒸馏时，可能发生爆炸 职业接触限值：阈限值未制定标准。最高容许浓度：IIb（未制定标准，但可提供数据）（德国，2008年） 接触途径：该物质可通过吸入其气溶胶和经食入吸收到体内 吸入危险性：20℃时蒸发可忽略不计，但可较快地达到空气中颗粒物公害污染浓度 短期接触的影响：该物质刺激眼睛 长期或反复接触的影响：重复或长期接触可能引起皮肤过敏		
物理性质	沸点：在2kPa时204℃；低于沸点在260℃时分解 升华点：200℃ 熔点：98.5℃ 密度：1.36g/cm^3 水中溶解度：2g/100mL（适度溶解） 蒸气压：20℃时5Pa 闪点：190～195℃（开杯） 自燃温度：210℃		
环境数据	该物质对水生生物是有害的		
注解	对接触该物质的健康影响未进行充分调查。商品名称有 Cobratec #99 和 U-6233		

IPCS
International
Programme on
Chemical Safety

国际化学品安全卡

乙酸钙			ICSC 编号：1092
CAS 登记号：62-54-4 RTECS 号：AF7525000	中文名称：乙酸钙；乙酸钙盐 英文名称：CALCIUM ACETATE; Acetic acid, calcium salt		
分子量：158.2	化学式：$C_4H_6O_4 \cdot Ca/(CH_3OO)_2Ca$		
危害/接触类型	急性危害/症状	预防	急救/消防
火　灾	在特定情况下是可燃的	禁止明火	雾状水，干粉
爆　炸			
接　触		防止粉尘扩散！	
# 吸入	咳嗽。咽喉痛	局部排气通风或呼吸防护	新鲜空气，休息
# 皮肤	发红	防护手套	冲洗，然后用水和肥皂清洗皮肤
# 眼睛	发红。疼痛	安全护目镜	先用大量水冲洗几分钟（如可能尽量摘除隐形眼镜），然后就医
# 食入	腹泻。呕吐	工作时不得进食，饮水或吸烟	漱口。大量饮水。给予医疗护理
泄漏处置	将泄漏物清扫进容器中。用大量水冲净残余物。个人防护用具：适用于惰性颗粒物的 P1 过滤呼吸器		
包装与标志			
应急响应			
储存	与强酸分开存放。干燥。严格密封		
重要数据	**物理状态、外观：**白色至棕色或灰色晶体，有特殊气味 **化学危险性：**加热至 160℃以上时，该物质分解生成丙酮蒸气和碳酸钙。与强酸激烈反应，生成乙酸烟雾 **职业接触限值：**阈限值未制定标准 **接触途径：**该物质可通过吸入和经食入吸收到体内 **吸入危险性：**扩散时，可较快地达到空气中颗粒物公害污染浓度 **短期接触的影响：**该物质刺激眼睛、皮肤和呼吸道		
物理性质	熔点：160℃（分解） 密度：$1.5g/cm^3$ 水中溶解度：易溶		
环境数据			
注解			

IPCS
International
Programme on
Chemical Safety

国际化学品安全卡

环烷酸钴	ICSC 编号：1093
CAS 登记号：61789-51-3 RTECS 号：QK8925000 UN 编号：2001 中国危险货物编号：2001 分子量：407	中文名称：环烷酸钴；环烷酸钴盐 英文名称：COBALT NAPHTHENATE; Naphthenic acid, cobalt salt; Naftolite 化学式：$Co(C_{11}H_{10}O_2)_2$

危害/接触类型	急性危害/症状	预防	急救/消防
火　灾	在火焰中释放出刺激性或有毒烟雾（或气体）。见注解	禁止明火	雾状水、干粉
爆　炸	微细分散的颗粒物在空气中形成爆炸性混合物	防止粉尘沉积、密闭系统、防止粉尘爆炸型电气设备和照明	着火时，喷雾状水保持料桶等冷却
接　触		防止粉尘扩散！严格作业环境管理！	
# 吸入	咳嗽，气促，咽喉痛，喘息	局部排气通风或呼吸防护	新鲜空气，休息，给予医疗护理
# 皮肤	发红，疼痛	防护手套，防护服	脱去污染的衣服，用大量水冲洗皮肤或淋浴，给予医疗护理
# 眼睛	发红，疼痛	护目镜，如为粉末，眼睛防护结合呼吸防护	先用大量水冲洗几分钟（如可能尽量摘除隐形眼镜），然后就医
# 食入	腹泻，虚弱	工作时不得进食，饮水或吸烟。进食前洗手	漱口，给予医疗护理
泄漏处置	移除全部引燃源，将溢漏物清扫进可密封容器中，如果适当，首先润湿防止扬尘。小心收集残余物，然后转移到安全场所。个人防护用具：适用于该物质空气中浓度的颗粒物过滤呼吸器		
包装与标志	联合国危险性类别：4.1　　联合国包装类别：III 中国危险性类别：第 4.1 项 易燃固体　中国包装类别：III		
应急响应	运输应急卡：TEC(R)-41G15 美国消防协会法规：H1（健康危险性）；F2（火灾危险性）；R0（反应危险性）		
储存	与强氧化剂分开存放。严格密封		
重要数据	物理状态、外观：棕色或浅蓝红色无定形固体 物理危险性：以粉末或颗粒形状与空气混合，可能发生粉尘爆炸 化学危险性：加热时生成有毒烟雾。与强氧化剂发生反应 职业接触限值：阈限值未制定标准最高容许浓度：（以可吸入部分计）皮肤吸收；呼吸道和皮肤致敏剂；致癌物类别：2；致生殖细胞突变物类别：3A（德国，2009 年） 接触途径：该物质可通过吸入其气溶胶和经食入吸收到体内 短期接触的影响：该气溶胶刺激眼睛和呼吸道 长期或反复接触的影响：反复或长期接触可能引起皮肤过敏		
物理性质	熔点：140℃ 密度：0.9g/cm^3 水中溶解度：不溶 自燃温度：276℃		
环境数据			
注解	环烷酸钴通常在矿物油和溶剂油中作为一种溶液使用：含钴 6%的溶液；沸点：150℃；相对密度（水=1）：0.94～0.98；蒸气相对密度（空气=1）：4.9。对接触该物质的健康影响未进行充分调查		

IPCS
International
Programme on
Chemical Safety

国际化学品安全卡

1,3-二氯苯			ICSC 编号：1095
CAS 登记号：541-73-1 RTECS 号：CZ4499000 UN 编号：2810 EC 编号：602-067-00-7 中国危险货物编号：2810	中文名称：1,3-二氯苯；间二氯苯；间亚苯基氯 英文名称：1,3-DICHLOROBENZENE; m-Dichlorobenzene; m-Phenylene dichloride		
分子量：147	化学式：$C_6H_4Cl_2$		
危害/接触类型	急性危害/症状	预防	急救/消防
火　灾	可燃的。在火焰中释放出刺激性或有毒烟雾（或气体）	禁止明火	干粉、雾状水、泡沫、二氧化碳
爆　炸	高于 63℃，可能形成爆炸性蒸气/空气混合物	高于 63℃，使用密闭系统、通风	着火时，喷雾状水保持料桶等冷却
接　触		防止产生烟云！	
# 吸入	咳嗽，倦睡，恶心，咽喉痛，呕吐。（见注解）	通风，局部排气通风或呼吸防护	新鲜空气，休息，给予医疗护理
# 皮肤	发红，疼痛	防护手套	脱去污染的衣服，用大量水冲洗皮肤或淋浴，给予医疗护理
# 眼睛	发红，疼痛	护目镜	先用大量水冲洗几分钟（如可能尽量摘除隐形眼镜），然后就医
# 食入	灼烧感，腹泻，恶心，呕吐	工作时不得进食，饮水或吸烟。进食前洗手	漱口，给予医疗护理
泄漏处置	尽可能将泄漏液收集在可密闭的容器中。用砂土或惰性吸收剂吸收残液，并转移到安全场所。不要让该化学品进入环境。个人防护用具：适用于有机蒸气和有害粉尘的 A/P2 过滤呼吸器		
包装与标志	不得与食品和饲料一起运输 欧盟危险性类别：Xn 符号 N 符号　R:22-51/53　S:2-61 联合国危险性类别：6.1　联合国包装类别：III 中国危险性类别：第 6.1 项 毒性物质 中国包装类别：III		
应急响应			
储存	注意收容灭火产生的废水。与强氧化剂、铝、食品和饲料分开存放。严格密封储存在没有排水管或下水道的场所		
重要数据	物理状态、外观：无色液体 物理危险性：蒸气比空气重 化学危险性：燃烧时，该物质分解生成含氯化氢有毒烟雾。与强氧化剂发生反应。与铝激烈反应 职业接触限值：阈限值未制定标准。最高容许浓度：2ppm，$12mg/m^3$；最高限值类别：II(2)；妊娠风险等级：C（德国，2008 年） 接触途径：该物质可通过吸入和经食入吸收到体内 吸入危险性：未指明 20℃时该物质蒸发达到空气中有害浓度的速率 短期接触的影响：该蒸气刺激眼睛，皮肤和呼吸道，见注解 长期或反复接触的影响：该物质可能对肾和肝有影响。见注解		
物理性质	沸点：173℃ 熔点：-24.8℃ 相对密度（水=1）：1.288 水中溶解度：不溶 蒸气压：25℃时 0.286kPa 蒸气相对密度（空气=1）：5.1 闪点：63℃ 辛醇/水分配系数的对数值：3.53		
环境数据	该物质对水生生物是有毒的。在对人类重要的食物链中发生生物蓄积，特别是在鱼类中		
注解	关于间二氯苯毒性的数据有限。还可参考卡片#0037（对二氯苯）和#1066（邻二氯苯）		

IPCS
International
Programme on
Chemical Safety

国际化学品安全卡

六氯环戊二烯	ICSC 编号：1096
CAS 登记号：77-47-4 RTECS 号：GY1225000 UN 编号：2646 EC 编号：602-078-00-7 中国危险货物编号：2646	中文名称：六氯环戊二烯；1,2,3,4,5,5-六氯-1，3-环戊二烯；全氯环戊二烯 英文名称：HEXACHLOROCYCLOPENTADIENE; 1,2,3,4,5,5-Hexachloro-1,3-cyclopentadiene; Perchlorocyclopentadiene
分子量：272.7	化学式：C_5Cl_6

危害/接触类型	急性危害/症状	预防	急救/消防
火　灾	不可燃。在火焰中释放出刺激性或有毒烟雾（或气体）		周围环境着火时，使用适当的灭火剂
爆　炸			
接　触		避免一切接触！	一切情况均向医生咨询！
# 吸入	咳嗽。咽喉痛。头痛。腹泻。头晕。恶心。呕吐。呼吸困难	通风，局部排气通风或呼吸防护	新鲜空气，休息。半直立体位。必要时进行人工呼吸。给予医疗护理
# 皮肤	可能被吸收！发红。疼痛。皮肤烧伤	防护手套。防护服	脱去污染的衣服。用大量水冲洗皮肤或淋浴。给予医疗护理
# 眼睛	发红。疼痛。视力模糊。严重深度烧伤	面罩，或眼睛防护结合呼吸防护	先用大量水冲洗几分钟（如可能尽量摘除隐形眼镜），然后就医
# 食入	腹部疼痛。灼烧感。休克或虚脱。（另见吸入）	工作时不得进食，饮水或吸烟。进食前洗手	漱口。不要催吐。大量饮水。给予医疗护理

泄漏处置	将泄漏液收集在可密闭的塑料容器中。用砂土或惰性吸收剂吸收残液，并转移到安全场所。不要让该化学品进入环境。个人防护用具：化学防护服包括自给式呼吸器
包装与标志	**欧盟危险性类别：** T+符号 N 符号　R:22-24-26-34-50/53 S:1/2-25-39-45-53-60-61 **联合国危险性类别：** 6.1　**联合国包装类别：** I **中国危险性类别：** 第 6.1 项毒性物质　**中国包装类别：** I
应急响应	运输应急卡：TEC(R)-61S2646 或 61GT1-I
储存	储存在没有排水管或下水道的场所。干燥。严格密封。沿地面通风
重要数据	**物理状态、外观：** 黄色至绿色油状液体，有刺鼻气味 **物理危险性：** 蒸气比空气重 **化学危险性：** 加热时，该物质分解生成含有氯化氢和光气的有毒和腐蚀性烟雾。与潮湿空气反应，生成氯化氢（见卡片#0163）。浸蚀许多金属，生成易燃/爆炸性气体（氢，见卡片#0001） **职业接触限值：** 阈限值：0.01ppm（时间加权平均值）；A4（不能分类为人类致癌物）（美国政府工业卫生学家会议，2005 年）。最高容许浓度：IIb（未制定标准，但可提供数据）；皮肤吸收（德国，2005 年） **接触途径：** 该物质可通过吸入，经皮肤和食入吸收到体内 **吸入危险性：** 20℃时，该物质蒸发相当快地达到空气中有害污染浓度 **短期接触的影响：** 该物质腐蚀眼睛、皮肤和呼吸道。食入有腐蚀性。吸入该物质可能引起肺水肿（见注解）。该物质可能对肾脏和肝脏有影响，导致体组织损伤。影响可能推迟显现。需进行医学观察
物理性质	沸点：239℃ 熔点：-9℃ 相对密度（水=1）：1.7 水中溶解度：25℃时 0.2g/100mL 蒸气压：20℃时 10.7Pa 蒸气相对密度（空气=1）：9.4 蒸气/空气混合物的相对密度（20℃，空气=1）：1.00 辛醇/水分配系数的对数值：4～5
环境数据	该物质对水生生物有极高毒性。该化学品可能在鱼体内发生生物蓄积。该物质可能在水生环境中造成长期影响
注解	肺水肿症状常常经过几个小时以后才变得明显，体力劳动使症状加重。因而休息和医学观察是必要的。应当考虑由医生或医生指定的人立即采取适当吸入治疗法

IPCS
International
Programme on
Chemical Safety

国际化学品安全卡

4-甲氧基苯酚			ICSC 编号：1097
CAS 登记号：150-76-5 RTECS 号：SL7700000 EC 编号：604-004-00-7 分子量：124.1	中文名称：4-甲氧基苯酚；氢醌一甲醚；对羟基苯甲醚 英文名称：4-METHOXYPHENOL; Hydroquinone monomethyl ether; Mequinol; p-Hydroxyanisole 化学式：$C_7H_8O_2/OH(C_6H_4)OCH_3$		
危害/接触类型	急性危害/症状	预防	急救/消防
火　灾	可燃的	禁止明火	干粉，抗溶性泡沫，雾状水，二氧化碳
爆　炸	微细分散的颗粒物在空气中形成爆炸性混合物	防止粉尘沉积、密闭系统、防止粉尘爆炸型电气设备和照明	
接　触		防止粉尘扩散！	
# 吸入		局部排气通风或呼吸防护	新鲜空气，休息
# 皮肤	发红。灼烧感。疼痛	防护手套。防护服	脱去污染的衣服。冲洗，然后用水和肥皂清洗皮肤
# 眼睛	发红。疼痛	安全护目镜	先用大量水冲洗几分钟（如可能尽量摘除隐形眼镜），然后就医
# 食入		工作时不得进食，饮水或吸烟	漱口。大量饮水。给予医疗护理
泄漏处置	将泄漏物清扫进可密闭容器中。小心收集残余物，然后转移到安全场所。个人防护用具：适用于有害颗粒物的 P2 过滤呼吸器		
包装与标志	欧盟危险性类别：Xn 符号　R:22-36-43　S:2-24/25-25-26-37/39-46		
应急响应	美国消防协会法规：H2（健康危险性）；F1（火灾危险性）；R0（反应危险性）		
储存	与强氧化剂、强碱、酸酐和酰基氯分开存放		
重要数据	物理状态、外观：白色至褐色各种形态固体，有特殊气味 物理危险性：以粉末或颗粒形状与空气混合，可能发生粉尘爆炸 化学危险性：与强氧化剂、强碱、酸酐和酰基氯发生反应。水溶液是一种弱酸 职业接触限值：阈限值：5mg/m^3（时间加权平均值）（美国政府工业卫生学家会议，2004 年）。最高容许浓度未制定标准 接触途径：该物质可经食入吸收到体内 吸入危险性：20℃时该物质蒸发不会或很缓慢地达到空气中有害污染浓度 短期接触的影响：该物质刺激眼睛和皮肤 长期或反复接触的影响：反复或长期接触可能引起皮肤过敏。该物质可能对皮肤有影响，导致脱色素		
物理性质	沸点：243℃ 熔点：57℃ 密度：1.6g/cm^3 水中溶解度：25℃时 4g/100mL 蒸气相对密度（空气=1）：4.3 闪点：132℃（开杯） 自燃温度：421℃ 辛醇/水分配系数的对数值：1.58		
环境数据			
注解	不要将工作服带回家中		

IPCS
International
Programme on
Chemical Safety

国际化学品安全卡

4-甲氧基-4-甲基-2-戊酮			ICSC 编号：1098
CAS 登记号：107-70-0 RTECS 号：SA9185000 UN 编号：2293 EC 编号：606-023-00-8 中国危险货物编号：2293	中文名称：4-甲氧基-4-甲基-2-戊酮；4-甲氧基-4-甲基戊烷-2-酮；4-甲基-4-甲氧基-2-戊酮；4-甲氧基-4-甲基戊酮-2 英文名称：4-METHOXY-4-METHYL-2-PENTANONE; 4-Methoxy-4-methylpentan-2-one; 4-Methyl-4-methoxy-2-pentanone; 4-Methoxy-4-methylpentanone-2		
分子量：130.2	化学式：$C_7H_{14}O_2$		

危害/接触类型	急性危害/症状	预防	急救/消防
火　灾	易燃的	禁止明火，禁止火花和禁止吸烟	干粉，抗溶性泡沫，雾状水，二氧化碳
爆　炸	高于 60℃，可能形成爆炸性蒸气/空气混合物	高于 60℃，使用密闭系统、通风和防爆型电气设备	着火时，喷雾状水保持钢瓶冷却
接　触			
# 吸入	咳嗽。咽喉痛	通风，局部排气通风或呼吸防护	新鲜空气，休息
# 皮肤	发红	防护手套	脱去污染的衣服。用大量水冲洗皮肤或淋浴
# 眼睛	发红。疼痛	安全护目镜	先用大量水冲洗几分钟（如可能尽量摘除隐形眼镜），然后就医
# 食入		工作时不得进食，饮水或吸烟	漱口。不要催吐。大量饮水。给予医疗护理

泄漏处置	转移全部引燃源。尽可能将泄漏液收集在可密闭的容器中。个人防护用具：适用于有机气体和蒸气的过滤呼吸器
包装与标志	欧盟危险性类别：Xn 符号　R:10-20　S:2-23-24/25 联合国危险性类别：3　联合国包装类别：III 中国危险性类别：第 3 类易燃液体　中国包装类别：III
应急响应	运输应急卡：TEC(R)-30GF1-III 或 30S2293
储存	耐火设备（条件）。与强氧化剂分开存放
重要数据	物理状态、外观：无色液体 化学危险性：与氧化剂发生反应。燃烧时，该物质分解生成有毒和刺激性烟雾 职业接触限值：阈限值未制定标准。最高容许浓度未制定标准 接触途径：该物质可通过吸入和经食入吸收到体内 吸入危险性：未指明 20℃时该物质蒸发达到空气中有害浓度的速率 短期接触的影响：该物质刺激眼睛，呼吸道和皮肤。如果吞咽的液体吸入肺中，可能引起化学肺炎
物理性质	沸点：160℃ 熔点：-30℃ 相对密度（水=1）：0.89 水中溶解度：25℃时 28g/100mL 蒸气压：25℃时 0.42kPa 蒸气相对密度（空气=1）：4.49 蒸气/空气混合物的相对密度（20℃，空气=1）：1.01 闪点：60℃（闭杯） 自燃温度：400℃ 辛醇/水分配系数的对数值：0.36
环境数据	
注解	

IPCS
International
Programme on
Chemical Safety

国际化学品安全卡

四甲基氯化铵			ICSC 编号：1099
CAS 登记号：75-57-0 RTECS 号：BS7700000 UN 编号：2811 中国危险货物编号：2811		中文名称：四甲基氯化铵；*N, N, N*-三甲基氯化甲铵；氯化四胺 英文名称：TETRAMETHYLAMMONIUM CHLORIDE; Ammonium-, tetramethyl-, chloride; *N, N, N*-Trimethylmethanamium chloride; Tetramine chloride; *N, N, N*-Trimethylmethanaminium chloride	
分子量：109.6		化学式：$C_4H_{12}ClN/(CH_3)_4NCl$	
危害/接触类型	急性危害/症状	预防	急救/消防
火　灾	不可燃		周围环境着火时，粉末，雾状水，泡沫，二氧化碳
爆　炸			
接　触			
# 吸入	咳嗽。头痛。咽喉痛。气促	通风。局部排气通风或呼吸防护	新鲜空气，休息。给予医疗护理
# 皮肤	发红。疼痛	防护手套	脱去污染的衣服。冲洗，然后用水和肥皂清洗皮肤
# 眼睛	发红。疼痛。视力模糊	安全眼镜	先用大量水冲洗几分钟（如可能尽量摘除隐形眼镜），然后就医
# 食入	腹部疼痛。头晕。恶心。咽喉疼痛。呕吐	工作时不得进食，饮水或吸烟。进食前洗手	漱口。用水冲服活性炭浆。催吐（仅对清醒病人！）。给予医疗护理
泄漏处置	将泄漏物清扫进有盖的容器中。如果适当，首先润湿防止扬尘。用大量水冲净残余物。个人防护用具：适用于有毒颗粒物的 P3 过滤呼吸器		
包装与标志	**联合国危险性类别**：6.1　**联合国包装类别**：II **中国危险性类别**：第 6.1 项毒性物质　**中国包装类别**：II		
应急响应	**运输应急卡**：TEC(R)-61GT2-II		
储存	与氧化剂分开存放。干燥。严格密封		
重要数据	**物理状态、外观**：吸湿的白色晶体 **化学危险性**：加热至 300℃以上时，该物质分解生成氨、一氧化碳、氯化氢和氮氧化物。与氧化剂发生反应 **职业接触限值**：阈限值未制定标准。最高容许浓度未制定标准 **接触途径**：该物质可通过吸入和经食入吸收到体内 **吸入危险性**：20℃时蒸发可忽略不计，但扩散时可较快地达到空气中颗粒物有害浓度 **短期接触的影响**：该物质刺激眼睛，皮肤和呼吸道。该物质可能对中枢神经系统有影响		
物理性质	**熔点**：368～370℃（分解） **密度**：1.17g/cm³ **水中溶解度**：20℃时易溶解		
环境数据			
注解	对接触该物质的环境影响未进行调查		

IPCS
International
Programme on
Chemical Safety

国际化学品安全卡

定草酯			ICSC 编号：1100
CAS 登记号：55335-06-3 RTECS 号：AJ9000000		中文名称：定草酯；3,5,6-三氯-2-吡啶基氧乙酸 英文名称：TRICLOPYR; 3,5,6-Trichloro-2-pyridyloxyacetic acid	
分子量：256.5		化学式：$C_7H_4Cl_3NO_3$	
危害/接触类型	急性危害/症状	预防	急救/消防
火　灾	不可燃		周围环境着火时，使用适当的灭火剂
爆　炸			
接　触		防止粉尘扩散！	
# 吸入	咳嗽	局部排气通风	新鲜空气，休息
# 皮肤	发红	防护手套	脱去污染的衣服。冲洗，然后用水和肥皂清洗皮肤
# 眼睛	发红	安全眼镜	先用大量水冲洗（如可能尽量摘除隐形眼镜）
# 食入		工作时不得进食，饮水或吸烟	漱口
泄漏处置	个人防护用具：适用于惰性颗粒物的 P1 过滤呼吸器。将泄漏物清扫进容器中。用大量水冲净残余物		
包装与标志			
应急响应			
储存	保存在暗处		
重要数据	物理状态、外观：白色或无色绒毛状晶体 化学危险性：加热时，该物质发生分解 职业接触限值：阈限值未制定标准。最高容许浓度未制定标准。 接触途径：该物质可通过吸入其气溶胶，经皮肤和食入吸收到体内 吸入危险性：扩散时可较快地达到空气中颗粒物公害污染浓度 短期接触的影响：可能引起机械刺激		
物理性质	沸点：208℃（分解） 熔点：148～150℃ 密度：1.85g/cm³ 水中溶解度：25℃时 0.04g/100mL（不溶） 蒸气压：25℃时可忽略不计 蒸气/空气混合物的相对密度（20℃，空气=1）：1.00		
环境数据	该物质在正常使用过程中进入环境。但是要特别注意避免任何额外的释放，例如通过不适当的处置活动		
注解			

IPCS
International
Programme on
Chemical Safety

国际化学品安全卡

苄腈			ICSC 编号：1103
CAS 登记号：100-47-0 RTECS 号：DI2450000 UN 编号：2224 EC 编号：608-012-00-3 中国危险货物编号：2224 分子量：103.1		中文名称：苄腈；苯甲腈；苯甲酸腈；苯基氰 英文名称：BENZONITRILE; Cyanobenzene; Benzoic acid nitrile; Phenyl cyanide 化学式：$C_7H_5N/C_6H_5(CN)$	
危害/接触类型	急性危害/症状	预防	急救/消防
火　灾	可燃的。在火焰中释放出刺激性或有毒烟雾（或气体）	禁止明火	干粉、水成膜泡沫、泡沫、二氧化碳
爆　炸	高于 75℃，可能形成爆炸性蒸气/空气混合物	高于 75℃，使用密闭系统、通风	着火时，喷雾状水保持料桶等冷却
接　触		防止产生烟云！	
# 吸入	意识模糊，头痛，呼吸困难，恶心，神志不清，呕吐，虚弱	通风，局部排气通风或呼吸防护	新鲜空气，休息，必要时进行人工呼吸，给予医疗护理
# 皮肤	发红	防护手套，防护服	脱去污染的衣服，用大量水冲洗皮肤或淋浴，给予医疗护理
# 眼睛	发红，疼痛	护目镜，或眼睛防护结合呼吸防护	先用大量水冲洗几分钟（如可能尽量摘除隐形眼镜），然后就医
# 食入	（另见吸入）	工作时不得进食，饮水或吸烟	漱口，休息，给予医疗护理
泄漏处置	尽可能将泄漏液收集在可密闭的容器中。用砂土或惰性吸收剂吸收残液，并转移到安全场所。不要让该化学品进入环境。化学防护服包括自给式呼吸器		
包装与标志	不得与食品和饲料一起运输 **欧盟危险性类别**：Xn 符号　R:21/22　S:2-23 **联合国危险性类别**：6.1　**联合国包装类别**：II **中国危险性类别**：第 6.1 项毒性物质　**中国包装类别**：II		
应急响应	运输应急卡：TEC(R)-61G61b		
储存	与食品和饲料分开存放。严格密封。保存在通风良好的室内		
重要数据	**物理状态、外观**：无色液体，有特殊气味 **化学危险性**：加热时或燃烧时，该物质分解生成含有氰化氢和氮氧化物的有毒烟雾。与强酸激烈反应，生成高毒的氰化氢。浸蚀某些塑料 **职业接触限值**：阈限值未制定标准 **接触途径**：该物质可通过吸入，经皮肤和食入吸收到体内 **吸入危险性**：未指明 20℃时该物质蒸发达到空气中有害浓度的速率 **短期接触的影响**：该物质刺激眼睛、皮肤和呼吸道。该物质可能对细胞呼吸有影响，导致发绀。影响可能推迟显现。需进行医学观察		
物理性质	沸点：190.7℃ 熔点：-12.8℃ 相对密度（水=1）：1.0 水中溶解度：22℃时 0.1～0.5 g/100 mL （微溶） 蒸气压：25℃时 102Pa 蒸气相对密度（空气=1）：3.6 蒸气/空气混合物的相对密度（20℃，空气=1）：1.00 闪点：75℃（闭杯） 自燃温度：550℃ 爆炸极限：空气中 1.4%～7.2%（体积） 辛醇/水分配系数的对数值：1.56		
环境数据	该物质对水生生物是有害的		
注解	该物质中毒时需采取必要的治疗措施。必须提供有指示说明的适当方法		

IPCS
International
Programme on
Chemical Safety

国际化学品安全卡

1,4-丁二醇			ICSC 编号：1104
CAS 登记号：110-63-4 RTECS 号：EK0525000	中文名称：1,4-丁二醇；1,4-二羟基丁烷；1,4-四亚甲基二醇；四亚甲基-1,4-二醇 英文名称：1,4-BUTANEDIOL; 1,4-Butylene glycol; 1,4-Dihydroxybutane; 1,4-Tetramethylene glycol; Tetramethylene 1,4-diol		
分子量：90.1	化学式：$C_4H_{10}O_2$/$HO(CH_2)_4OH$		
危害/接触类型	急性危害/症状	预防	急救/消防
火　灾	可燃的	禁止明火	干粉、抗溶性泡沫、雾状水、二氧化碳
爆　炸			
接　触			
# 吸入	倦睡	通风，局部排气通风或呼吸防护	新鲜空气，休息
# 皮肤		防护手套	脱去污染的衣服，冲洗，然后用水和肥皂清洗皮肤
# 眼睛		安全护目镜	先用大量水冲洗几分钟（如可能尽量摘除隐形眼镜），然后就医
# 食入		工作时不得进食，饮水或吸烟	漱口，给予医疗护理
泄漏处置	尽可能将泄漏液收集在可密闭的容器中。用大量水冲净残余物。个人防护用具：适用于有机气体和蒸气的过滤呼吸器		
包装与标志			
应急响应	美国消防协会法规：H1（健康危险性）；F1（火灾危险性）；R0（反应危险性）		
储存	与强氧化剂分开存放		
重要数据	物理状态、外观：无色黏稠的液体 化学危险性：与强氧化剂发生反应 职业接触限值：阈限值未制定标准 接触途径：该物质可通过吸入其蒸气和经食入吸收到体内 吸入危险性：未指明 20℃时该物质蒸发达到空气中有害浓度的速率 短期接触的影响：该物质可能对中枢神经系统有影响，导致麻醉		
物理性质	沸点：228℃ 熔点：20℃ 相对密度（水=1）：1.02 水中溶解度：混溶 蒸气压：38℃时 133Pa 蒸气相对密度（空气=1）：3.1 闪点：121℃（开杯） 自燃温度：350℃		
环境数据			
注解	商品名称有：Dabco DBO, Diol 14B, Polycure D, Sucol B 和 Agrisynth B1D		

IPCS
International
Programme on
Chemical Safety

国际化学品安全卡

香豆素			ICSC 编号：1105
CAS 登记号：91-64-5 RTECS 号：GN4200000 UN 编号：2811 中国危险货物编号：2811		中文名称：香豆素；1,2-苯并吡喃酮；2*H*-1-苯并吡喃-2-酮 英文名称：COUMARIN; 1,2-Benzopyrone; 2*H*-1-Benzopyran-2-one	
分子量：146.14		化学式：$C_9H_6O_2$	

危害/接触类型	急性危害/症状	预防	急救/消防
火　灾	可燃的	禁止明火	雾状水，泡沫，干粉，二氧化碳
爆　炸			
接　触		防止粉尘扩散！	
# 吸入		通风	新鲜空气，休息
# 皮肤	可能被吸收！发红。疼痛	防护手套。防护服	脱去污染的衣服。冲洗，然后用水和肥皂清洗皮肤
# 眼睛		面罩	先用大量水冲洗几分钟（如可能尽量摘除隐形眼镜），然后就医
# 食入		工作时不得进食，饮水或吸烟	漱口。给予医疗护理
泄漏处置	小心收集残余物，然后转移到安全场所。个人防护用具：适用于有害颗粒物的 P2 过滤呼吸器		
包装与标志	不得与食品和饲料一起运输 **联合国危险性类别**：6.1　**联合国包装类别**：I, II, III **中国危险性类别**：第 6.1 项毒性物质　**中国包装类别**：I，II，III		
应急响应	运输应急卡：TEC(R)-61G12c		
储存	与食品和饲料分开存放		
重要数据	**物理状态、外观**：无色薄片，有特殊气味 **职业接触限值**：阈限值未制定标准最高容许浓度未制定标准 **接触途径**：该物质可通过吸入其气溶胶，经皮肤和食入吸收到体内 **吸入危险性**：20℃时蒸发可忽略不计，但可较快达到空气中颗粒物公害污染浓度 **短期接触的影响**：该物质刺激皮肤 **长期或反复接触的影响**：该物质可能是人类致癌物		
物理性质	沸点：297～299℃ 熔点：68～70℃ 密度：0.94g/cm^3 水中溶解度：微溶 蒸气压：106℃时 0.13kPa 闪点：150℃ 辛醇/水分配系数的对数值：1.39		
环境数据			
注解			

IPCS
International
Programme on
Chemical Safety

国际化学品安全卡

一氟二氯甲烷			ICSC 编号：1106
CAS 登记号：75-43-4 RTECS 号：PA8400000 UN 编号：1029 中国危险货物编号：1029 分子量：102.9	中文名称：一氟二氯甲烷；二氯一氟甲烷；HCFC 21；氟碳 21（钢瓶） 英文名称：DICHLOROMONOFLUOROMETHANE; Fluorodichloromethane; HCFC 21; Fluorocarbon 21(cylinder) 化学式：$CHCl_2F$		
危害/接触类型	**急性危害/症状**	**预防**	**急救/消防**
火　灾	不可燃。在火焰中释放出刺激性或有毒烟雾（或气体）		周围环境着火时，允许使用各种灭火剂
爆　炸			着火时，喷雾状水保持钢瓶冷却
接　触			
# 吸入	意识模糊，倦睡，神志不清	通风，局部排气通风或呼吸防护	新鲜空气，休息，必要时进行人工呼吸，给予医疗护理
# 皮肤	与液体接触：冻伤	隔冷手套，防护服	冻伤时，用大量水冲洗，不要脱去衣服，给予医疗护理
# 眼睛		护目镜，或眼睛防护结合呼吸防护	先用大量水冲洗几分钟（如可能尽量摘除隐形眼镜），然后就医
# 食入		工作时不得进食，饮水或吸烟	
泄漏处置	通风。切勿直接向液体上喷水。不要让该化学品进入环境。个人防护用具：自给式呼吸器		
包装与标志	联合国危险性类别：2.2 中国危险性类别：第 2.2 项非易燃无毒气体		
应急响应	运输应急卡：TEC(R)-20G2A		
储存	如果在室内，耐火设备（条件）		
重要数据	**物理状态、外观**：无色气体或压缩液化气体，有特殊气味 **物理危险性**：气体比空气重，可能积聚在低层空间，造成缺氧 **化学危险性**：加热时，该物质分解生成含有氯化氢（见卡片#0163）、氟化氢（见卡片#0283）和光气（见卡片#0007）的腐蚀性和高毒的烟雾。与铝粉、锌粉和镁粉发生反应。与酸类或酸雾反应，生成含有氯化物和氟化物的高毒烟雾。浸蚀某些塑料、橡胶和涂层 **职业接触限值**：阈限值：10ppm（时间加权平均值）（美国政府工业卫生学家会议，2004 年）。最高容许浓度：10ppm；$43mg/m^3$；最高限值种类：II（2）（德国，2008 年） **接触途径**：该物质可通过吸入吸收到体内 **吸入危险性**：容器漏损时，迅速达到空气中该气体的有害浓度 **短期接触的影响**：该液体可能引起冻伤。高浓度时，该物质可能对中枢神经系统有影响。远高于职业接触限值接触时，能造成心脏节律障碍 **长期或反复接触的影响**：该物质可能对肝有影响		
物理性质	沸点：8.9℃ 熔点：−135℃ 水中溶解度：在 20℃时 1g/100 mL （微溶） 蒸气压：21℃时 159kPa 蒸气相对密度（空气=1）：3.8 自燃温度：522℃ 辛醇/水分配系数的对数值：1.55		
环境数据	该物质可能对环境有危害，对臭氧层的影响应给予特别注意		
注解	空气中高浓度造成缺氧，有神志不清或死亡危险。进入工作区域前，检验氧含量。中毒浓度存在时无气味报警。不要在火焰或高温表面附近或焊接时使用。转动泄漏钢瓶使漏口朝上，防止液态气体逸出。商品名称有：Freon21, Genetron 21, Arcton 7 和 Algofrene type 5		

IPCS
International
Programme on
Chemical Safety

国际化学品安全卡

2,4-二硝基苯胺			ICSC 编号：1107
CAS 登记号：97-02-9 RTECS 号：BX9100000 UN 编号：1596 EC 编号：612-040-00-1 中国危险货物编号：1596 分子量：183.1	中文名称：2,4-二硝基苯胺；1-氨基-2,4-二硝基苯 英文名称：2,4-DINITROANILINE; 2,4-Dinitrobenzenamine; 2,4-Dinitrophenylamine; 1-Amino-2,4-dinitrobenzene 化学式：$C_6H_5N_3O_4/C_6H_3(NH_2)(NO_2)_2$		
危害/接触类型	急性危害/症状	预防	急救/消防
火　灾	可燃的。在火焰中释放出刺激性或有毒烟雾（或气体）	禁止明火	干粉、雾状水、泡沫、二氧化碳
爆　炸			着火时，喷雾状水保持料桶等冷却
接　触		防止粉尘扩散！	
# 吸入	咳嗽，咽喉痛	局部排气通风或呼吸防护	新鲜空气，休息，给予医疗护理
# 皮肤	可能被吸收！发红，疼痛	防护手套，防护服	脱去污染的衣服，用大量水冲洗皮肤或淋浴，给予医疗护理
# 眼睛	发红，疼痛	护目镜	先用大量水冲洗几分钟（如可能尽量摘除隐形眼镜），然后就医
# 食入		工作时不得进食，饮水或吸烟。进食前洗手	漱口，大量饮水，催吐（仅对清醒病人！），给予医疗护理
泄漏处置	将泄漏物清扫进可密闭容器中。如果适当，首先润湿防止扬尘。小心收集残余物，然后转移到安全场所。不要让该化学品进入环境。个人防护用具：适用于有毒颗粒物的 P3 过滤呼吸器		
包装与标志	不得与食品和饲料一起运输 欧盟危险性类别：T+符号 N 符号　R:26/27/28-33-51/53　S:1/2-28-36/37-45-61 联合国危险性类别：6.1 联合国包装类别：II 中国危险性类别：第 6.1 项毒性物质　中国包装类别：II		
应急响应	运输应急卡：TEC(R)-875/61G12 美国消防协会法规：H3（健康危险性）；F1（火灾危险性）；R3（反应危险性）		
储存	与强氧化剂、食品和饲料分开存放。严格密封		
重要数据	物理状态、外观：黄色针状晶体或浅绿黄色片状或亮黄色固体，有特殊气味 化学危险性：加热或摩擦时，可能发生爆炸。加热时，该物质分解生成含氮氧化物有毒烟雾。与氧化剂发生反应 职业接触限值：阈限值未制定标准 接触途径：该物质可通过吸入其气溶胶，经皮肤和食入吸收到体内 吸入危险性：未指明 20℃时该物质蒸发达到空气中有害浓度的速率 短期接触的影响：该物质刺激眼睛、皮肤和呼吸道。 长期或反复接触的影响：该物质可能对血液有影响，导致形成正铁血红蛋白		
物理性质	熔点：187～188℃ 密度：$1.62g/cm^3$ 水中溶解度：不溶 闪点：222～224℃（闭杯） 辛醇/水分配系数的对数值：1.84（估计值）		
环境数据	该物质对水生生物是有害的		
注解	该物质中毒时需采取必要的治疗措施。必须提供有指示说明的适当方法		

IPCS
International
Programme on
Chemical Safety

国际化学品安全卡

N-异丙基-*N*'-苯基对苯二胺			ICSC 编号：1108
CAS 登记号：101-72-4 RTECS 号：ST2650000 EC 编号：612-136-00-3	中文名称：*N*-异丙基-*N*'-苯基对苯二胺；4-（异丙氨基）二苯胺；*N*-(1-甲基乙基）-*N*'-苯基-1,4-苯二胺；4-苯胺基-*N*-异丙基苯胺 英文名称：*N*-ISOPROPYL-*N*'-PHENYL-p-PHENYLENEDIAMINE; 4-(Isopropylamino) diphenylamine; *N*-(1-Methylethyl) -*N*'-phenyl-1,4-benzenediamine; 4-Anilino-*N*-isopropylaniline		
分子量：226.4	化学式：$C_{15}H_{18}N_2$		

危害/接触类型	急性危害/症状	预防	急救/消防
火　灾	可燃的。在火焰中释放出刺激性或有毒烟雾（或气体）	禁止明火	雾状水、干粉
爆　炸	微细分散的颗粒物在空气中形成爆炸性混合物	防止粉尘沉积、密闭系统、防止粉尘爆炸型电气设备和照明	
接　触		避免一切接触！	
# 吸入		通风（如果没有粉末时），局部排气通风或呼吸防护	新鲜空气，休息
# 皮肤	发红	防护手套，防护服	脱去污染的衣服，冲洗，然后用水和肥皂清洗皮肤，给予医疗护理
# 眼睛	发红，疼痛	护目镜，或面罩	先用大量水冲洗几分钟（如可能尽量摘除隐形眼镜），然后就医
# 食入		工作时不得进食，饮水或吸烟	漱口
泄漏处置	将泄漏物清扫进容器中。如果适当，首先润湿防止扬尘。小心收集残余物，然后转移到安全场所。不要让该化学品进入环境。个人防护用具：化学防护服		
包装与标志	不得与食品和饲料一起运输 **欧盟危险性类别**：Xn 符号　N 符号　R：22-43-50/53　S：2-24-37-60-61		
应急响应			
储存	严格密封		
重要数据	**物理状态、外观**：暗灰色至黑色薄片 **物理危险性**：以粉末或颗粒形状与空气混合，可能发生粉尘爆炸 **化学危险性**：燃烧时，该物质分解生成含氮氧化物的有毒烟雾 **职业接触限值**：阈限值未制定标准 **接触途径**：该物质可通过吸入其气溶胶和经食入吸收到体内 **吸入危险性**：未指明 20℃时该物质蒸发达到空气中有害浓度的速率 **短期接触的影响**：该物质刺激眼睛和皮肤。 **长期或反复接触的影响**：反复或长期接触可能引起皮肤过敏		
物理性质	**熔点**：72～76℃ **密度**：1.04g/cm^3 **水中溶解度**：不溶		
环境数据	该物质对水生生物有极高毒性。该物质可能在水生环境中造成长期影响		
注解	商品名称有：Santoflex IP, Flexzone 3C, Nocrac 810NA, Elastozone 34 和 Nonox ZA		

IPCS
International
Programme on
Chemical Safety

国际化学品安全卡

碳酸锂			ICSC 编号：1109
CAS 登记号：554-13-2 RTECS 号：OJ5800000		中文名称：碳酸锂；碳酸锂盐；碳酸二锂 英文名称：LITHIUM CARBONATE; Carbonic acid, lithium salt; Dilithium carbonate	
分子量：73.9		化学式：Li_2CO_3	
危害/接触类型	急性危害/症状	预防	急救/消防
火　灾	不可燃		周围环境着火时，允许使用各种灭火剂
爆　炸			
接　触		防止粉尘扩散！避免孕妇接触！	
# 吸入	咳嗽，头痛，恶心，咽喉痛	局部排气通风或呼吸防护	新鲜空气，休息，给予医疗护理
# 皮肤	发红，疼痛	防护手套	脱去污染的衣服，用大量水冲洗皮肤或淋浴，给予医疗护理
# 眼睛	发红，疼痛	安全护目镜，或眼睛防护结合呼吸防护	先用大量水冲洗几分钟（如可能尽量摘除隐形眼镜），然后就医
# 食入	胃痉挛，腹泻，倦睡，神志不清，呕吐	工作时不得进食，饮水或吸烟	漱口，大量饮水，给予医疗护理
泄漏处置	将泄漏物清扫进容器中。如果适当，首先润湿防止扬尘。用大量水冲净残余物。个人防护用具：适用于有害颗粒物的 P2 过滤呼吸器		
包装与标志	不得与食品和饲料一起运输		
应急响应			
储存	与食品与饲料、氟分开存放。严格密封		
重要数据	**物理状态、外观**：白色粉末 **化学危险性**：水溶液是一种弱碱。与氟激烈反应 **职业接触限值**：阈限值未制定标准 **接触途径**：该物质可通过吸入其气溶胶和经食入吸收到体内 **吸入危险性**：20℃时蒸发可忽略不计，但扩散时可较快地达到空气中颗粒物有害浓度，尤其是粉末 **短期接触的影响**：该物质刺激眼睛、皮肤和呼吸道。该物质可能对中枢神经系统有影响 **长期或反复接触的影响**：该物质可能对中枢神经系统和肾有影响。可能造成人类生殖毒性		
物理性质	**沸点**：低于沸点，在 1310℃分解 **熔点**：723℃ **密度**：$2.1g/cm^3$ **水中溶解度**：1.3 g/100 mL（微溶）		
环境数据			
注解	商品名称有：Camcolit, Candamide, Carbolith, Eskalith, Hypnorex, Lithane, Lithicarb, Lithinate, Lithotabs, Micalith, Plenur, Priadel 和 Quilonum retard		

IPCS
International
Programme on
Chemical Safety

国际化学品安全卡

甲基氯甲酸酯	ICSC 编号：1110
CAS 登记号：79-22-1 RTECS 号：FG3675000 UN 编号：1238 EC 编号：607-019-00-9 中国危险货物编号：1233 分子量：94.5	中文名称：甲基氯甲酸酯；甲基氯碳酸酯；氯碳酸甲酯；氯甲酸甲酯；甲氧基羰基氯 英文名称：METHYL CHLOROFORMATE; Methyl chlorocarbonate; Carbonochloridic acid, methyl ester; Chloroformic acid methyl ester; Methoxycarbonyl chloride 化学式：$C_2H_3ClO_2$/CH_3OCOCl

危害/接触类型	急性危害/症状	预防	急救/消防
火　灾	高度易燃。在火焰中释放出刺激性或有毒烟雾（或气体）	禁止明火、禁止火花和禁止吸烟	切断气源，如不可能并对周围环境无危险，让火自行燃尽。其他情况用泡沫、干粉、二氧化碳、砂土灭火
爆　炸	蒸气/空气混合物有爆炸性	密闭系统，通风，防爆型电气设备和照明。不要使用压缩空气灌装、卸料或转运	着火时，喷雾状水保持料桶等冷却，但避免该物质与水接触
接　触		严格作业环境管理！	一切情况均向医生咨询!
# 吸入	灼烧感，咳嗽，呼吸困难，气促，咽喉痛。症状可能推迟显现（见注解）	通风，局部排气通风或呼吸防护	新鲜空气，休息，半直立体位，必要时进行人工呼吸，给予医疗护理
# 皮肤	发红，皮肤烧伤，疼痛，水疱	防护手套，防护服	脱去污染的衣服，冲洗，然后用水和肥皂清洗皮肤，给予医疗护理
# 眼睛	发红，疼痛，视力丧失，严重深度烧伤	护目镜，面罩或眼睛防护结合呼吸防护	先用大量水冲洗几分钟（如可能尽量摘除隐形眼镜），然后就医
# 食入	腹部疼痛，灼烧感，休克或虚脱	工作时不得进食，饮水或吸烟。进食前洗手	漱口，不要催吐，给予医疗护理

泄漏处置	撤离危险区域!向专家咨询!尽可能将泄漏液收集在可密闭的容器中。用干砂土或惰性吸收剂吸收残液，并转移到安全场所。不要冲入下水道。不要让该化学品进入环境。个人防护用具:化学防护服包括自给式呼吸器
包装与标志	不得与食品和饲料一起运输 欧盟危险性类别：F 符号 T+符号　R:11-21/22-26-34　S:1/2-14-26-28-36/37-39-45-46-63 联合国危险性类别：6.1 联合国次要危险性：3, 8 联合国包装类别：I 中国危险性类别：第 3 类易燃液体 中国次要危险性：3，8 中国包装类别：I
应急响应	运输应急卡：TEC(R)-61GTFC-I
储存	耐火设备（条件）。注意收容灭火产生的废水。与强氧化剂、食品和饲料分开存放。干燥。严格密封。保存在通风良好的室内
重要数据	物理状态、外观：无色液体，有刺鼻气味 物理危险性：蒸气比空气重，可能沿地面流动，可能造成远处着火 化学危险性：加热时或燃烧时，该物质分解生成含有氯化氢和光气有毒和腐蚀性烟雾。与强氧化剂激烈反应。与水逐渐反应生成氯化氢。有水存在时，浸蚀许多金属。 职业接触限值：阈限值未制定标准。最高容许浓度：0.2ppm，0.78mg/m^3；最高限值种类：I（2）；妊娠风险等级：C（德国，2004 年） 接触途径：该物质可通过吸入其蒸气，经皮肤和食入吸收到体内 吸入危险性：20℃时该物质蒸发，迅速地达到空气中有害污染浓度 短期接触的影响：流泪。该物质腐蚀眼睛，皮肤和呼吸道。食入有危险性。吸入蒸气可能引起肺水肿（见注解）
物理性质	沸点：71℃ 熔点：-61℃ 相对密度（水=1）：1.22 水中溶解度：微溶 蒸气压：20℃时 14kPa 蒸气相对密度（空气=1）：3.3 蒸气/空气混合物的相对密度（20℃，空气=1）：1.3 闪点：12℃ 自燃温度：504℃ 爆炸极限：空气中 6.7%～?%（体积）
环境数据	该物质对水生生物是有毒的
注解	肺水肿症状常常经过几个小时以后才变得明显，体力劳动使症状加重。因而休息和医学观察是必要的。应当考虑由医生或医生指定的人立即采取适当吸入治疗法

IPCS
International
Programme on
Chemical Safety

国际化学品安全卡

4,4'-二苯氨基甲烷			ICSC 编号：1111
CAS 登记号：101-77-9 RTECS 号：BY5425000 UN 编号：2651 EC 编号：612-051-00-1 中国危险货物编号：2651	中文名称：4,4'-二苯氨基甲烷；4,4'-二氨基二苯基甲烷；4,4'-亚甲基二苯胺；MDA 英文名称：4,4'-METHYLENEDIANILINE; 4,4'-Diaminodiphenylmethane; 4,4'-Methylenebisbenzenamine; MDA		
分子量：198.3	化学式：$C_{13}H_{14}N_2/NH_2C_6H_4CH_2C_6H_4NH_2$		

危害/接触类型	急性危害/症状	预防	急救/消防
火　灾	可燃的。在火焰中释放出刺激性或有毒烟雾（或气体）	禁止明火	干粉、雾状水、泡沫、二氧化碳
爆　炸			
接　触		避免一切接触！	一切情况均向医生咨询！
# 吸入	腹部疼痛，恶心，呕吐，发烧，寒战	通风（如果没有粉末时），局部排气通风或呼吸防护	新鲜空气，休息，给予医疗护理
# 皮肤	可能被吸收！（另见吸入）	防护手套，防护服	脱去污染的衣服，冲洗，然后用水和肥皂清洗皮肤，给予医疗护理
# 眼睛		安全护目镜，或面罩	先用大量水冲洗几分钟（如可能尽量摘除隐形眼镜），然后就医
# 食入	黄疸。（另见吸入）	工作时不得进食，饮水或吸烟。进食前洗手	漱口，给予医疗护理
泄漏处置	将泄漏物清扫进可密闭容器中。如果适当，首先润湿防止扬尘。小心收集残余物，然后转移到安全场所。不要让该化学品进入环境。个人防护用具：全套防护服包括自给式呼吸器		
包装与标志	不得与食品和饲料一起运输。污染海洋物质 欧盟危险性类别：T 符号 N 符号 标记：E R:45-39/23/24/25-43-48/20/21/22-68-51/53 S:53-45-61 联合国危险性类别：6.1 联合国包装类别：III 中国危险性类别：第 6.1 项 毒性物质 中国包装类别：III		
应急响应	运输应急卡：TEC(R)-61GT2-III 美国消防协会法规：H3（健康危险性）；F1（火灾危险性）；R0（反应危险性）		
储存	与强氧化剂、食品和饲料分开存放。严格密封储存在没有排水管或下水道的场所。注意收容灭火产生的废水		
重要数据	物理状态、外观：无色至淡黄色片状，有特殊气味。遇空气时变暗 化学危险性：加热或燃烧时，该物质分解生成含有苯胺和氮氧化物的有毒烟雾。该物质是一种弱碱。与强氧化剂激烈反应 职业接触限值：阈限值：0.1ppm（时间加权平均值）（经皮）；A3（确认的动物致癌物，但未知与人类相关性）（美国政府工业卫生学家会议，2004 年）最高容许浓度：皮肤吸收；皮肤致敏剂；致癌物类别：2（德国，2008 年） 接触途径：该物质可通过吸入其气溶胶，经皮肤和食入吸收到体内 吸入危险性：20℃时蒸发可忽略不计，但可较快地达到空气中颗粒物有害浓度 短期接触的影响：该物质可能对肝有影响，导致肝损害 长期或反复接触的影响：反复或长期接触可能引起皮肤过敏。该物质可能是人类致癌物		
物理性质	沸点：102kPa 时 398～399℃ 熔点：91.5～92℃ 密度：$0.5g/cm^3$ 水中溶解度：微溶 蒸气压：197℃时 133Pa 闪点：220℃（闭杯） 辛醇/水分配系数的对数值：1.6		
环境数据	该物质对水生生物是有害的。由于在环境中的持久性，强烈建议不要让该化学品进入环境		
注解	根据接触程度，建议定期进行医疗检查。商品名称有：Ancamine TL, Araldite hardener 972, Epicure DDM, Slumicure M 和 Tonox		

IPCS
International
Programme on
Chemical Safety

国际化学品安全卡

N,N'-亚乙基双（硬脂酰胺）			ICSC 编号：1112
CAS 登记号：110-30-5 分子量：593	中文名称：*N,N'*-亚乙基双（硬脂酰胺）；1,2-双（十八烷酰氨基）乙烷；*N,N'*-亚乙基二硬脂酰胺；*N,N'*-亚乙基双（十八烷酰胺） 英文名称：*N,N'*-ETHYLENE BIS(STEARAMIDE); 1,2-Bis(octadecanamido) ethane; *N,N'*-Ethylene distearylamide; *N,N'*-Ethylene bis(octadecanamide) 化学式：$C_{38}H_{76}N_2O_2$		
危害/接触类型	急性危害/症状	预防	急救/消防
火　灾	可燃的	禁止明火	雾状水，干粉，二氧化碳，泡沫
爆　炸	微细分散的颗粒物在空气中形成爆炸性混合物	防止粉尘沉积，密闭系统，防止粉尘爆炸型电气设备与照明	
接　触		防止粉尘扩散！	
# 吸入	咳嗽	通风	新鲜空气，休息
# 皮肤	发红	防护手套	冲洗，然后用水和肥皂洗皮肤
# 眼睛	发红	安全护目镜	首先用大量水冲洗几分钟（如可能尽量摘除隐形眼镜），然后就医
# 食入			
泄漏处置	将泄漏物扫入容器中。小心收集残余物，然后转移到安全场所。个人防护用具：适用于惰性颗粒物的P1 过滤呼吸器		
包装与标志			
应急响应			
储存			
重要数据	物理状态、外观：白色各种形状蜡状晶体 物理危险性：如以粉末或颗粒形状与空气混合，可能发生粉尘爆炸 化学危险性：加热和燃烧时，该物质分解生成氮氧化物有毒烟雾。与强氧化剂发生反应 职业接触限值：阈限值未制定标准 接触途径：该物质可通过吸入其粉尘吸收到体内 吸入危险性：20℃时蒸发可忽略不计，但是如为粉末可较快地达到空气中颗粒物公害污染浓度 短期接触的影响：该物质轻微刺激眼睛、皮肤和呼吸道		
物理性质	沸点：低于沸点分解，见注解 熔点：135～146℃ 相对密度（水=1）：0.97 水中溶解度：不溶 闪点：280℃（开杯）		
环境数据			
注解	在 260℃开始分解。商品名有 Advawax, Lubrol EA 和 Microtomic 280		

IPCS
International
Programme on
Chemical Safety

UNEP

国际化学品安全卡

N-苯基-1-萘胺			ICSC 编号：1113
CAS 登记号：90-30-2 RTECS 号：QM4500000 UN 编号：2811 中国危险货物编号：2811 分子量：219.3	中文名称：*N*-苯基-1-萘胺；*N*-(1-萘基)苯胺；*N*-苯基-*α*-萘胺 英文名称：*N*-PHENYL-1-NAPHTHYLAMINE; *N*-(1-Naphthyl)aniline; *N*-Phenyl-alpha-naphthylamine 化学式：$C_{16}H_{13}N/C_{10}H_7NHC_6H_5$		
危害/接触类型	急性危害/症状	预防	急救/消防
火　灾	可燃的。在火焰中释放出刺激性或有毒烟雾（或气体）	禁止明火	干粉，雾状水，泡沫，二氧化碳
爆　炸			着火时，雾状水保持料桶等冷却
接　触		严格作业环境管理！	
# 吸入		通风	
# 皮肤		防护手套	脱掉污染的衣服，冲洗，然后用水和肥皂洗皮肤
# 眼睛		安全护目镜	首先用大量水冲洗几分钟（如可能尽量摘除隐形眼镜），然后就医
# 食入		工作时不得进食、饮水或吸烟	漱口
泄漏处置	将泄漏物扫入有盖容器中。小心收集残余物，然后转移到安全场所。个人防护用具：适用于该物质空气中浓度的颗粒物过滤呼吸器		
包装与标志	不得与食品和饲料一起运输 **联合国危险性类别**：6.1　　**联合国包装类别**：III **中国危险性类别**：第 6.1 项 毒性物质　**中国包装类别**：III		
应急响应	**运输应急卡**：TEC(R)-61G12c		
储存	与食品和饲料分开存放。储存在没有排水管或下水道的场所。注意收容灭火产生的废水		
重要数据	**物理状态、外观**：白色至淡黄色晶体或粉末 **化学危险性**：加热或燃烧时，该物质分解生成氮氧化物有毒烟雾 **职业接触限值**：阈限值未制定标准。最高容许浓度：IIb（未制定标准，但可提供数据）；皮肤致敏剂（德国，2009 年） **接触途径**：该物质可通过吸入其气溶胶和食入吸收到体内 **吸入危险性**：未指明 20℃时该物质蒸发达到空气中有害浓度的速率 **长期或反复接触的影响**：反复或长期接触可能引起皮肤过敏		
物理性质	沸点：70kPa 时 335℃ 熔点：62℃ 相对密度（水=1）：1.2 水中溶解度：不溶		
环境数据			
注解	该物质是可燃的，但闪点未见文献报道		

IPCS
International
Programme on
Chemical Safety

国际化学品安全卡

过氯酰氟			ICSC 编号：1114
CAS 登记号：7616-94-6 RTECS 号：SD1925000 UN 编号：3083 中国危险货物编号：3083 分子量：102.45		中文名称：过氯酰氟；氟化高氯氧；氧氟化氯；氟氧化氯；三氧化氯氟 英文名称：PERCHLORYL FLUORIDE; Chlorine oxyfluoride; Chlorine fluoride oxide; Trioxychlorofluoride 化学式：$ClFO_3$	
危害/接触类型	急性危害/症状	预防	急救/消防
火　灾	不可燃，但可助长其他物质燃烧。在火焰中释放出刺激性或有毒烟雾（或气体）		周围环境着火时，允许使用各种灭火剂
爆　炸			着火时，喷雾状水保持钢瓶冷却
接　触		严格作业环境管理！	
# 吸入	咳嗽，咽喉痛，呼吸困难，气促	通风，局部排气通风或呼吸防护	新鲜空气，休息，半直立体位，给予医疗护理
# 皮肤	与液体接触：冻伤	保温手套，防护服	冻伤时，用大量水冲洗，不要脱去衣服，给予医疗护理
# 眼睛		护目镜，或眼睛防护结合呼吸防护	先用大量水冲洗几分钟（如可能尽量摘除隐形眼镜），然后就医
# 食入		工作时不得进食，饮水或吸烟	
泄漏处置	撤离危险区域！向专家咨询！通风。切勿直接向液体上喷水。个人防护用具：全套防护服包括自给式呼吸器		
包装与标志	联合国危险性类别：2.3　联合国次要危险性：5.1 中国危险性类别：第 2.3 项毒性气体　中国次要危险性：5.1		
应急响应	运输应急卡：TEC(R)-20G2TO		
储存	如果在室内，耐火设备（条件）		
重要数据	**物理状态、外观**：无色气体或压缩液化气体，有特殊气味 **化学危险性**：该物质是一种强氧化剂。与可燃物质和还原性物质激烈反应，有着火和爆炸危险。与含氮碱类和微细分散的有机物激烈反应，有着火和爆炸的危险。浸蚀某些塑料、橡胶和涂层 **职业接触限值**：阈限值：3ppm（时间加权平均值）；6 ppm（短期接触限值）（美国政府工业卫生学家会议，2004 年） **接触途径**：该物质可通过吸入吸收到体内 **吸入危险性**：容器漏损时，迅速达到空气中该气体的有害浓度 **短期接触的影响**：该物质刺激呼吸道。吸入气体可能引起肺水肿（见注解）。吸入高浓度时，可能形成正铁血红蛋白。液体可能引起冻伤。需进行医学观察。影响可能推迟显现 **长期或反复接触的影响**：该物质可能对血液有影响，导致形成正铁血红蛋白。该物质可能引起氟中毒（见注解）		
物理性质	沸点：-46.7℃ 熔点：-147.7℃ 相对密度（水=1）：1.4（液体） 水中溶解度：20℃时 0.06g/100mL		
环境数据			
注解	根据接触程度，建议定期进行医疗检查。该物质中毒时需采取必要的治疗措施。必须提供有指示说明的适当方法。转动泄漏钢瓶使漏口朝上，防止液态气体逸出。肺水肿症状常常经过几个小时以后才变得明显，体力劳动使症状加重。因而休息和医学观察是必要的		

IPCS
International
Programme on
Chemical Safety

国际化学品安全卡

溴酸钾			ICSC 编号：1115
CAS 登记号：7758-01-2 RTECS 号：EF8725000 UN 编号：1484 EC 编号：035-003-00-6 中国危险货物编号：1484 分子量：167.0		中文名称：溴酸钾 英文名称：POTASSIUM BROMATE 化学式：$KBrO_3$	
危害/接触类型	急性危害/症状	预防	急救/消防
火　灾	不可燃，但可助长其他物质燃烧。在火焰中释放出刺激性或有毒烟雾（或气体）	禁止与可燃物质和还原剂接触	大量水
爆　炸	与可燃物质和还原剂接触时，有着火和爆炸危险		着火时，喷雾状水保持料桶等冷却
接　触		防止粉尘扩散！	
# 吸入	咳嗽。咽喉痛	局部排气通风或呼吸防护	新鲜空气，休息。给予医疗护理
# 皮肤	发红	防护手套	先用大量水冲洗，然后脱去污染的衣服并再次冲洗。给予医疗护理
# 眼睛	发红。疼痛	安全护目镜，如为粉末眼睛防护结合呼吸防护	先用大量水冲洗几分钟（如可能尽量摘除隐形眼镜），然后就医
# 食入	腹部疼痛。腹泻。恶心。呕吐	工作时不得进食，饮水或吸烟。进食前洗手	漱口。用水冲服活性炭浆。催吐（仅对清醒病人!）。给予医疗护理
泄漏处置	将泄漏物清扫进可密闭容器中。如果适当，首先润湿防止扬尘。小心收集残余物，然后转移到安全场所。不要用锯末或其他可燃吸收剂吸收。个人防护用具：适用于有毒颗粒物的 P3 过滤呼吸器		
包装与标志	欧盟危险性类别：O 符号 T 符号 标记：E　R:45-9-25　S:53-45 联合国危险性类别：5.1 联合国包装类别：II 中国危险性类别：第 5.1 项氧化性物质　中国包装类别：II		
应急响应	运输应急卡：TEC(R)-51S1484 美国消防协会法规：H1（健康危险性）；F0（火灾危险性）；R0（反应危险性）；OX（氧化剂）		
储存	与可燃物质与还原性物质、金属粉末和性质相互抵触的物质分开存放。见化学危险性		
重要数据	物理状态、外观：白色晶体或粉末 化学危险性：加热时，该物质分解生成有毒和腐蚀性烟雾。该物质是一种强氧化剂。与可燃物质和还原性物质激烈反应。与铝、二溴化二硫、砷、铜、金属硫化物、磷和硫发生反应，有着火的危险 职业接触限值：阈限值未制定标准 接触途径：该物质可通过吸入其气溶胶和经食入吸收到体内 吸入危险性：20℃时蒸发可忽略不计，但扩散时可较快地达到空气中颗粒物有害浓度，尤其是粉末 短期接触的影响：该物质刺激眼睛、皮肤和呼吸道。食入时，该物质可能对肾和中枢神经系统有影响，导致肾衰竭、呼吸抑制和听力损伤。影响可能推迟显现 长期或反复接触的影响：该物质可能是人类致癌物		
物理性质	沸点：370℃（分解） 熔点：350℃ 密度：3.27g/cm^3 水中溶解度：25℃时 7.5g/100mL		
环境数据			
注解	如果被有机物质污染，转变成对撞击敏感物质。用大量水冲洗工作服（有着火危险）		

IPCS
International
Programme on
Chemical Safety

国际化学品安全卡

硝酸银			ICSC 编号：1116
CAS 登记号：7761-88-8 RTECS 号：VW4725000 UN 编号：1493 EC 编号：047-001-00-2 中国危险货物编号：1493 分子量：169.89		中文名称：硝酸银 英文名称：SILVER NITRATE 化学式：$AgNO_3$	
危害/接触类型	急性危害/症状	预防	急救/消防
火　灾	不可燃，但可助长其他物质燃烧	禁止与易燃物质接触	大量水，周围环境着火时，允许使用各种灭火剂
爆　炸			着火时，喷雾状水保持料桶等冷却
接　触		严格作业环境管理!防止粉尘扩散!	
# 吸入	嘴唇或指甲发青，皮肤发青，灼烧感，意识模糊，惊厥，咳嗽，头昏，头痛，呼吸困难，恶心，气促，咽喉痛，神志不清，症状可能推迟显现（见注解）	局部排气通风或呼吸防护	新鲜空气，休息，必要时进行人工呼吸，给予医疗护理
# 皮肤	发红，皮肤烧伤，疼痛，水疱，另见吸入	防护手套，防护服	先用大量水冲洗，然后脱去污染的衣服并再次冲洗，给予医疗护理
# 眼睛	发红，疼痛，视力丧失，严重深度烧伤	如果为粉末，面罩或眼睛防护结合呼吸防护	首先用大量水冲洗几分钟（如可能尽量摘除隐形眼镜），然后就医
# 食入	腹部疼痛，灼烧感，休克或虚脱（见吸入）	工作时不得进食、饮水或吸烟	漱口，不要催吐，给予医疗护理
泄漏处置	将泄漏物扫入可密闭容器中。如果适当先润湿，防止扬尘。用大量水冲净残余物。不要用锯末或其他可燃吸收剂吸收。不要让这种化学品进入环境。个人防护用具：全套防护服包括自给式呼吸器		
包装与标志	欧盟危险性类别：C 符号 N 符号　R:34-50/53　S:1/2-26-45-60-61 联合国危险性类别：5.1　联合国包装类别：II 中国危险性类别：第 5.1 项氧化性物质　中国包装类别：II		
应急响应	运输应急卡：TEC(R)-51GO2 -I+II+III 美国消防协会法规：H1（健康危险性）；F0（火灾危险性）；R0（反应危险性）；OXY（氧化剂）		
储存	与可燃物质、还原性物质分开存放。见化学危险性。保存在阴暗处。严格密封。储存在没有排水管或下水道的场所。注意收容灭火产生的废水		
重要数据	**物理状态、外观**：无气味，无色透明或白色晶体 **化学危险性**：加热时，该物质分解生成氮氧化物有毒烟雾。该物质是一种强氧化剂。与可燃物和还原性物质激烈反应。与性质相互抵触的物质，如乙炔、碱类、卤化物和其他化合物反应，有着火和爆炸危险。浸蚀有些塑料、橡胶和涂料 **职业接触限值**：阈限值（以 Ag 计）$0.01mg/m^3$（时间加权平均值）（美国政府工业卫生学家会议，2004 年）。最高容许浓度：$0.01mg/m^3$（可吸入粉尘）；最高限值种类：I（2）；妊娠风险等级：D（德国，2008 年） **接触途径**：该物质可通过吸入其气溶胶和食入吸收到体内 **吸入危险性**：20℃时蒸发可忽略不计，但喷洒时或扩散时可较快地达到空气中颗粒物有害浓度，尤其是粉末 **短期接触的影响**：该物质腐蚀眼睛、皮肤和呼吸道。食入有腐蚀性。该物质可能对血液有影响，导致形成正铁血红蛋白。影响可能推迟显现。需进行医学观察 **长期或反复接触的影响**：该物质可能对血液有影响，导致形成正铁血红蛋白。吸入或食入会导致全身性银质沉着病，一种皮肤的灰色素沉着和棕色指甲		
物理性质	沸点：低于沸点在 444℃分解 熔点：212℃ 水中溶解度：易溶		
环境数据	该物质对水生生物有极高毒性		
注解	根据接触程度，建议定期进行医疗检查。该物质中毒时需采取必要的治疗措施，必须提供有指示说明的适当方法。用大量水冲洗污染的衣服（有着火危险）		

IPCS
International
Programme on
Chemical Safety

国际化学品安全卡

氯酸钠			ICSC 编号：1117
CAS 登记号：7775-09-9 RTECS 号：FO0525000 UN 编号：1495 EC 编号：017-005-00-9 中国危险货物编号：1495		中文名称：氯酸钠；氯酸钠盐 英文名称：SODIUM CHLORATE; Chloric acid, sodium salt	
分子量：106.44		化学式：$NaClO_3$	
危害/接触类型	急性危害/症状	预防	急救/消防
火　灾	不可燃，但可助长其他物质燃烧。许多反应可能引起火灾或爆炸。在火焰中释放出刺激性或有毒烟雾（或气体）	禁止与易燃物质接触，禁止与可燃物质、还原性物质和有机物接触	大量水
爆　炸	有着火和爆炸危险		着火时，喷雾状水保持料桶等冷却
接　触		防止粉尘扩散！	
# 吸入	咳嗽，咽喉痛，嘴唇发青或手指发青，皮肤发青，意识模糊，惊厥，头晕，头痛，恶心，神志不清	局部排气通风或呼吸防护	新鲜空气，休息，给予医疗护理
# 皮肤	发红	防护手套	先用大量水，然后脱去污染的衣服并再次冲洗，给予医疗护理
# 眼睛	发红，疼痛	护目镜，或眼睛防护结合呼吸防护	先用大量水冲洗几分钟（如可能尽量摘除隐形眼镜），然后就医
# 食入	腹部疼痛，腹泻，气促，呕吐（另见吸入）	工作时不得进食，饮水或吸烟	漱口，给予医疗护理
泄漏处置	将泄漏物清扫进可密闭容器中。如果适当，首先润湿防止扬尘。小心收集残余物，然后转移到安全场所。不要用锯末或其他可燃吸收剂吸收。个人防护用具：适用于有害颗粒物的 P2 过滤呼吸器		
包装与标志	欧盟危险性类别：O 符号 Xn 符号 N 符号　R:9-22-51/53　S:2-13-17-46-61 联合国危险性类别：5.1　联合国包装类别：II 中国危险性类别：第 5.1 项氧化性物质　中国包装类别：II		
应急响应	运输应急卡：TEC(R)-51S1495 美国消防协会法规：H1（健康危险性）；F0（火灾危险性）；R2（反应危险性）；OX（氧化剂）		
储存	与可燃物质、还原性物质和性质相互抵触的物质（见化学危险性）分开存放		
重要数据	**物理状态、外观**：无色晶体或白色颗粒，无气味 **化学危险性**：加热到 300℃以上时，该物质分解生成氧（增加着火的危险）和有毒氯烟雾。该物质是一种强氧化剂。与可燃物质和还原性物质激烈反应，有着火和爆炸危险。与许多有机物反应，生成对撞击敏感的混合物，有爆炸的危险。浸蚀锌和钢。 **职业接触限值**：阈限值未制定标准 **接触途径**：该物质可通过吸入其气溶胶和经食入吸收到体内 **吸入危险性**：20℃时蒸发可忽略不计，但喷洒或扩散时可较快地达到空气中颗粒物有害浓度，尤其是粉末 **短期接触的影响**：该物质刺激眼睛、皮肤和呼吸道。该物质可能对血液和肾有影响，导致形成正铁血红蛋白和肾损伤。影响可能推迟显现。需进行医学观察。见注解		
物理性质	沸点：低于沸点在 300℃（计算值）分解 熔点：248℃ 密度：2.5 g/mL 水中溶解度：20℃时 100g/100mL		
环境数据			
注解	在 300℃以上时，该物质完全分解。如果被有机物污染，转变为撞击敏感物质。商品制剂中含有阻燃剂。根据接触程度，建议定期进行医疗检查。用大量水冲洗工作服（有着火危险）。商品名称有：Dervan, Defol, Chlorax 和 Atlacide		

IPCS
International
Programme on
Chemical Safety

国际化学品安全卡

氰化钠			ICSC 编号：1118
CAS 登记号：143-33-9 RTECS 号：VZ7525000 UN 编号：1689 EC 编号：006-007-00-5 中国危险货物编号：1689 分子量：49.01		中文名称：氰化钠；氢氰酸钠盐 英文名称：SODIUM CYANIDE; Hydrocyanic acid, sodium salt 化学式：NaCN	

危害/接触类型	急性危害/症状	预防	急救/消防
火　灾	不可燃，但与水或潮湿空气接触时生成易燃气体。在火焰中释放出刺激性或有毒烟雾（或气体）		禁用含水灭火剂。禁止用水。禁用二氧化碳。周围环境着火时，使用泡沫和干粉灭火
爆　炸			着火时，喷雾状水保持料桶等冷却，但避免该物质与水接触
接　触		防止粉尘扩散！严格作业环境管理！	一切情况均向医生咨询！
# 吸入	咽喉痛，头痛，意识模糊，虚弱，气促，惊厥，神志不清	局部排气通风或呼吸防护	新鲜空气，休息。禁止口对口进行人工呼吸。由经过培训的人员给予吸氧。给予医疗护理
# 皮肤	可能被吸收！发红。疼痛。另见吸入	防护手套。防护服	脱去污染的衣服，用大量水冲洗皮肤或淋浴，给予医疗护理
# 眼睛	发红。疼痛。（另见吸入）	护目镜，面罩，如为粉末，眼睛防护结合呼吸防护	先用大量水冲洗几分钟（如可能尽量摘除隐形眼镜），然后就医
# 食入	灼烧感。恶心。呕吐。腹泻。（另见吸入）	工作时不得进食，饮水或吸烟。进食前洗手	催吐（仅对清醒病人!）。催吐时戴防护手套。禁止口对口进行人工呼吸。由经过培训的人员给予吸氧。给予医疗护理。见注解
泄漏处置	撤离危险区域！向专家咨询！通风。将泄漏物清扫进干燥，可密闭和有标签的容器中。小心用次氯酸钠溶液中和残余物。然后用大量水冲净。不要让该化学品进入环境。化学防护服，包括自给式呼吸器		
包装与标志	气密。不易破碎包装，将易破碎包装放在不易破碎的密闭容器中。不得与食品和饲料一起运输。污染海洋物质 欧盟危险性类别：T+符号 N 符号 标记：A R:26/27/28-32-50/53 S:1/2-7-28-29-45-60-61 联合国危险性类别：6.1　联合国包装类别：I 中国危险性类别：第 6.1 项毒性物质　中国包装类别：I		
应急响应	运输应急卡:TEC（R）-61S1689 美国消防协会法规:H3（健康危险性）；F0（火灾危险性）；R0（反应危险性）		
储存	与强氧化剂、酸、食品和饲料、二氧化碳、水或含水产品分开存放。干燥。严格密封。保存在通风良好的室内		
重要数据	**物理状态、外观**：白色吸湿的晶体粉末，有特殊气味。干燥时无气味 **化学危险性**：与酸接触时，该物质迅速分解。与水、湿气或二氧化碳接触时，缓慢分解生成氰化氢（见卡片#0492）。水溶液是一种中强碱 **职业接触限值**：阈限值：5mg/m^3（以 CN$^-$计）（上限值，经皮）（美国政府工业卫生学家会议，2003 年）。最高容许浓度：2mg/m^3（可吸入粉尘）；最高限值种类：II（1）；皮肤吸收；妊娠风险等级：C（德国，2004 年） **接触途径**：该物质可通过吸入，经皮肤和食入吸收到体内 **吸入危险性**：扩散时，可较快达到空气中颗粒物有害浓度 **短期接触的影响**：该物质严重刺激眼睛、皮肤和呼吸道。该物质可能对细胞呼吸有影响，导致惊厥和神志不清。接触可能导致死亡。需进行医学观察。见注解 **长期或反复接触的影响**：该物质可能对甲状腺有影响		
物理性质	沸点：1496℃ 熔点：563.7℃	密度：1.6g/cm^3 水中溶解度：20℃时 58g/100mL	
环境数据	该物质对水生生物有极高毒性		
注解	工作接触的任何时刻都不应超过职业接触限值。该物质中毒时需采取必要的治疗措施。必须提供有指示说明的适当方法。不要将工作服带回家中。根据接触程度，建议定期进行医疗检查。在工作场所如果可能接触到氢氰酸，不要单独一人工作		

IPCS
International
Programme on
Chemical Safety

国际化学品安全卡

次氯酸钠（溶液，活性氯>10%）			ICSC 编号：1119
CAS 登记号：7681-52-9 RTECS 号：NH3486300 UN 编号：1791 EC 编号：017-011-00-1 中国危险货物编号：1791	中文名称：次氯酸钠（溶液，活性氯>10%）；氯氧化钠；氧氯化钠 英文名称：SODIUM HYPOCHLORITE (SOLUTION, ACTIVE CHLORINE >10%); Sodium oxychloride; Sodium chloride oxide		
分子量：74.4	化学式：NaClO		
危害/接触类型	急性危害/症状	预防	急救/消防
火 灾	不可燃。在火焰中释放出刺激性或有毒烟雾（或气体）		干粉、雾状水、泡沫、二氧化碳
爆 炸			着火时，喷雾状水保持料桶等冷却
接 触		严格作业环境管理！	
# 吸入	灼烧感，咳嗽，呼吸困难，气促，咽喉痛，症状可能推迟显现。（见注解）	通风，局部排气通风或呼吸防护	新鲜空气，休息，半直立体位，给予医疗护理
# 皮肤	发红，皮肤烧伤，疼痛，水疱	防护手套，防护服	先用大量水，然后脱去污染的衣服并再次冲洗，给予医疗护理
# 眼睛	发红，疼痛，严重深度烧伤	面罩，或眼睛防护结合呼吸防护	先用大量水冲洗几分钟（如可能尽量摘除隐形眼镜），然后就医
# 食入	腹部疼痛，灼烧感，休克或虚脱，神志不清，呕吐	工作时不得进食，饮水或吸烟	漱口，不要催吐，给予医疗护理
泄漏处置	通风。尽可能将泄漏液收集在可密闭的容器中。然后用大量水冲净。不要用锯末或其他可燃吸收剂吸收。个人防护用具：全套防护服包括自给式呼吸器。不要让该化学品进入环境		
包装与标志	不得与食品和饲料一起运输 欧盟危险性类别：C 符号 N 符号 标记：B R:31-34-50 S:1/2-28-45-50-61 联合国危险性类别：8 联合国包装类别：II,III 中国危险性类别：第 8 类腐蚀性物质 中国包装类别：II，III		
应急响应	运输应急卡：TEC(R)-80S1791		
储存	与可燃物质与还原性物质、酸类、食品和饲料分开存放。见化学危险性。阴凉场所。保存在暗处。严格密封		
重要数据	**物理状态、外观**：浅黄色清澈溶液，有特殊气味 **化学危险性**：加热时，与酸接触和在光的作用下，该物质分解生成含有氯（见卡片#0126）的有毒和腐蚀性气体。该物质是一种强氧化剂。与可燃物质和还原性物质激烈反应，有着火和爆炸危险。水溶液是一种强碱。与酸激烈反应并有腐蚀性。浸蚀许多金属 **职业接触限值**：阈限值未制定标准 **接触途径**：该物质可通过吸入其气溶胶和经食入吸收到体内 **吸入危险性**：未指明 20℃时该物质蒸发达到空气中有害浓度的速率 **短期接触的影响**：该物质腐蚀眼睛、皮肤和呼吸道。食入有腐蚀性。吸入气溶胶可能引起肺水肿（见注解）。影响可能推迟显现。需进行医学观察 **长期或反复接触的影响**：反复或长期接触可能引起皮肤过敏		
物理性质	相对密度（水=1）：1.21（14%的水溶液）		
环境数据	该物质对水生生物是有毒的		
注解	家用漂白液通常含有大约 5%次氯酸钠（pH 约 11，刺激性）。较浓的漂白剂含有 10%～15%次氯酸钠（pH 大约 13，腐蚀性）。肺水肿症状常常经过几个小时以后才变得明显，体力劳动使症状加重。因而休息和医学观察是必要的。应当考虑由医生或医生指定的人立即采取适当吸入治疗法。用大量水冲洗工作服（有着火危险）。商品名称有：Chloros, Chlorox, Clorox, Deosan, Javex, Klorocin, Parozone 和 Purin B。可参考卡片#0482（次氯酸钠，活性氯<10%）		

IPCS
International
Programme on
Chemical Safety

国际化学品安全卡

<table>
<tr><td colspan="3">亚硝酸钠</td><td>ICSC 编号：1120</td></tr>
<tr><td colspan="2">CAS 登记号：7632-00-0
RTECS 号：RA1225000
UN 编号：1500
EC 编号：007-010-00-4
中国危险货物编号：1500

分子量：69</td><td colspan="2">中文名称：亚硝酸钠；亚硝酸钠盐
英文名称：SODIUM NITRITE; Nitrous acid, sodium salt

化学式：$NaNO_2$</td></tr>
<tr><td>危害/接触类型</td><td>急性危害/症状</td><td>预防</td><td>急救/消防</td></tr>
<tr><td>火　灾</td><td>不可燃，但可助长其他物质燃烧。许多反应可能引起火灾或爆炸。在火焰中释放出刺激性或有毒烟雾（或气体）</td><td>禁止与可燃物质接触</td><td>周围环境着火时，使用适当灭火剂</td></tr>
<tr><td>爆　炸</td><td></td><td></td><td></td></tr>
<tr><td>接　触</td><td></td><td>防止粉尘扩散！</td><td></td></tr>
<tr><td># 吸入</td><td>嘴唇发青或手指发青，皮肤发青，意识模糊，惊厥，头晕，头痛，恶心，神志不清</td><td>局部排气通风或呼吸防护</td><td>新鲜空气，休息，必要时进行人工呼吸，给予医疗护理</td></tr>
<tr><td># 皮肤</td><td></td><td>防护手套</td><td>先用大量水，然后脱去污染的衣服并再次冲洗</td></tr>
<tr><td># 眼睛</td><td>发红，疼痛</td><td>安全护目镜</td><td>先用大量水冲洗几分钟（如可能尽量摘除隐形眼镜），然后就医</td></tr>
<tr><td># 食入</td><td>脉搏加快。（见吸入）</td><td>工作时不得进食，饮水或吸烟。进食前洗手</td><td>催吐（仅对清醒病人!），大量饮水，给予医疗护理</td></tr>
<tr><td>泄漏处置</td><td colspan="3">将泄漏物清扫进容器中。如果适当，首先润湿防止扬尘。小心收集残余物，然后转移到安全场所。不要让该化学品进入环境。个人防护用具：适用于有毒颗粒物的 P3 过滤呼吸器</td></tr>
<tr><td>包装与标志</td><td colspan="3">欧盟危险性类别：O 符号 T 符号 N 符号　R:8-25-50　S:1/2-45-61
联合国危险性类别：5.1 联合国次要危险性：6.1
联合国包装类别：III
中国危险性类别：第 5.1 项氧化性物质 中国次要危险性：6.1
中国包装类别：III</td></tr>
<tr><td>应急响应</td><td colspan="3">运输应急卡：TEC(R)-51G02</td></tr>
<tr><td>储存</td><td colspan="3">与可燃物质和还原性物质、酸类分开存放。干燥。严格密封</td></tr>
<tr><td>重要数据</td><td colspan="3">物理状态、外观：白色至黄色吸湿的，各种形态固体
化学危险性：加热至 530℃以上时，可能发生爆炸。与酸接触时，该物质分解生成氮氧化物有毒烟雾。该物质是一种强氧化剂，与可燃物质和还原性物质发生反应，有着火和爆炸危险。水溶液是一种弱碱。与铝，铵化合物和胺类发生反应。
职业接触限值：阈限值未制定标准
接触途径：该物质可通过吸入其气溶胶和经食入吸收到体内
吸入危险性：20℃时蒸发可忽略不计，但可较快地达到空气中颗粒物有害浓度
短期接触的影响：该物质刺激眼睛。该物质可能心血管系统和血液有影响，导致低血压和形成正铁血红蛋白。接触可能导致死亡。影响可能推迟显现。需进行医学观察</td></tr>
<tr><td>物理性质</td><td colspan="3">沸点：低于沸点在 320℃分解
熔点：280℃（分解）
密度：$2.2g/cm^3$
水中溶解度：20℃时 82g/100mL
辛醇/水分配系数的对数值：−3.7</td></tr>
<tr><td>环境数据</td><td colspan="3">该物质对水生生物是有毒的</td></tr>
<tr><td>注解</td><td colspan="3">用大量水冲洗工作服（有着火危险）。该物质中毒时需采取必要的治疗措施。必须提供有指示说明的适当方法。根据接触程度，建议定期进行医疗检查</td></tr>
</table>

IPCS
International
Programme on
Chemical Safety

国际化学品安全卡

四甲基琥珀腈			ICSC 编号：1121
CAS 登记号：3333-52-6 RTECS 号：WN4025000 UN 编号：2811 中国危险货物编号：2811	中文名称：四甲基琥珀腈；四甲基琥珀酸二腈；四甲基丁烷二腈；TMSN 英文名称：TETRAMETHYL SUCCINONITRILE; Tetramethylsuccinic acid dinitrile; Tetramethylbutanedinitrile; TMSN		
分子量：136.2	化学式：$C_8H_{12}N_2/(CH_3)_2C(CN)C(CN)(CH_3)_2$		
危害/接触类型	急性危害/症状	预防	急救/消防
火　灾	可燃的。在火焰中释放出刺激性或有毒烟雾（或气体）	禁止明火，禁止与强氧化剂接触	干粉、雾状水、泡沫、二氧化碳
爆　炸			
接　触		防止粉尘扩散！严格作业环境管理！	
# 吸入	惊厥，头晕，头痛，恶心，神志不清，呕吐	通风（如果没有粉末时），局部排气通风或呼吸防护	新鲜空气，休息，给予医疗护理
# 皮肤	可能被吸收！（另见吸入）	防护手套，防护服	脱去污染的衣服，冲洗，然后用水和肥皂清洗皮肤，给予医疗护理
# 眼睛		护目镜，或眼睛防护结合呼吸防护	先用大量水冲洗几分钟（如可能尽量摘除隐形眼镜），然后就医
# 食入	（见吸入）	工作时不得进食，饮水或吸烟。进食前洗手	催吐（仅对清醒病人！），给予医疗护理
泄漏处置	将泄漏物清扫进容器中。如果适当，首先润湿防止扬尘。小心收集残余物，然后转移到安全场所。个人防护用具：全套防护服包括自给式呼吸器		
包装与标志	不得与食品和饲料一起运输 **联合国危险性类别**：6.1　**联合国包装类别**：II **中国危险性类别**：第 6.1 项毒性物质　**中国包装类别**：II		
应急响应	运输应急卡：TEC(R)-61GT2-II		
储存	与强氧化剂、食品和饲料分开存放。阴凉场所。干燥。保存在通风良好的室内		
重要数据	**物理状态、外观**：无色，无气味各种形态固体 **化学危险性**：加热时，该物质分解生成含有氰化物和氮氧化物的有毒烟雾。与强氧化剂发生反应，有着火和爆炸的危险 **职业接触限值**：阈限值：0.5ppm（时间加权平均值）（经皮）（美国政府工业卫生学家会议，2004 年）。最高容许浓度：IIb（未制定标准，但可提供数据）；皮肤吸收（德国，2004 年） **接触途径**：该物质可通过吸入其气溶胶，经皮肤和食入吸收到体内 **吸入危险性**：未指明 20℃时该物质蒸发达到空气中有害浓度的速率 **短期接触的影响**：该物质可能对中枢神经系统有影响。在高浓度时接触可能导致死亡		
物理性质	熔点：170℃（升华） 密度：1.07 g/mL 水中溶解度：不溶		
环境数据			
注解	该物质是可燃的，但闪点未见文献报道。该物质对人体健康影响数据不充分，因此应当特别注意		

IPCS
International
Programme on
Chemical Safety

国际化学品安全卡

2,4,6-三氯苯酚			ICSC 编号：1122
CAS 登记号：88-06-2 RTECS 号：SN1575000 UN 编号：2020 EC 编号：604-018-00-5 中国危险货物编号：2020		中文名称：2,4,6-三氯苯酚；2,4,6-TCP 英文名称：2,4,6-TRICHLOROPHENOL; 2,4,6-TCP	
分子量：197.45		化学式：$C_6H_3Cl_3O/C_6H_2Cl_3OH$	

危害/接触类型	急性危害/症状	预防	急救/消防
火　灾	不可燃。在火焰中释放出刺激性或有毒烟雾（或气体）		周围环境着火时，各种灭火剂均可使用
爆　炸			
接　触		避免一切接触！	一切情况均向医生咨询！
# 吸入	咳嗽。咽喉痛	通风（如果没有粉末时）、局部排气通风或呼吸防护	新鲜空气，休息。给予医疗护理
# 皮肤	发红	防护手套。防护服	脱去污染的衣服。冲洗，然后用水和肥皂清洗皮肤。给予医疗护理
# 眼睛	发红。疼痛	安全护目镜，或面罩	先用大量水冲洗几分钟（如可能尽量摘除隐形眼镜），然后就医
# 食入	惊厥。腹泻。头晕。头痛。休克或虚脱。呕吐。虚弱。共济失调	工作时不得进食、饮水或吸烟	漱口。立即给予医疗护理
泄漏处置	将泄漏物清扫进可密闭容器中，如果适当，首先润湿防止扬尘。小心收集残余物，然后转移到安全场所。不要让该化学品进入环境。个人防护用具：适用于有害颗粒物的 P2 过滤呼吸器		
包装与标志	不得与食品和饲料一起运输 **欧盟危险性类别**：Xn 符号 N 符号 R:22-36/38-40-50/53 S:2-36/37-60-61 **联合国危险性类别**：6.1 **联合国包装类别**：III **中国危险性类别**：第 6.1 毒性物质 **中国包装类别**：III		
应急响应	运输应急卡：TEC(R)-804/61G12c		
储存	与强氧化剂、食品和饲料分开存放。严格密封		
重要数据	**物理状态、外观**：无色至黄色晶体，有特殊气味 **化学危险性**：加热时该物质分解，生成含有氯化氢和氯气烟雾的有毒和腐蚀性烟雾。与强氧化剂发生反应 **职业接触限值**：阈限值未制定标准。最高容许浓度未制定标准。 **接触途径**：该物质可通过吸入其蒸气、经皮肤和经食入吸收到体内 **吸入危险性**：20℃时蒸发可忽略不计，但扩散时可较快地达到空气中颗粒物有害浓度 **短期接触的影响**：该物质刺激眼睛、皮肤和呼吸道 **长期或反复接触的影响**：反复或长期与皮肤接触可能引起包括氯痤疮在内的皮炎。该物质可能对肝脏有影响，导致功能损伤		
物理性质	沸点：246℃ 熔点：69℃ 密度：58℃时 1.5g/cm^3 水中溶解度：不溶 蒸气压：76.5℃时 133Pa 闪点：99℃(闭杯) 辛醇/水分配系数的对数值：3.87		
环境数据	该物质对水生生物是有极高毒性的。在人类重要的食物链中发生生物蓄积，特别在鱼体内		
注解	该物质工业级产品中可能含有多氯二苯并对二噁英、多氯二苯并呋喃和其他污染物。商品名称有 Dowicide 2S,Omal		

IPCS
International
Programme on
Chemical Safety

国际化学品安全卡

三亚乙基四胺			ICSC 编号：1101
CAS 登记号：112-24-3 RTECS 号：YE6650000 UN 编号：2259 EC 编号：612-059-00-5 中国危险货物编号：2259 分子量：146.3	中文名称：三亚乙基四胺；*N,N'*-双(2-氨基乙基)-1,2-乙烷二胺；3,6-二氮杂辛烷-1,8-二胺；TETA 英文名称：TRIETHYLENETETRAMINE; *N,N'*-Bis(2-aminoethyl)-1,2-ethanediamine; 3,6-Diazaoctane-1,8-diamine; Trientine; TETA 化学式：$C_6H_{18}N_4/(NH_2CH_2CH_2NHCH_2)_2$		
危害/接触类型	急性危害/症状	预防	急救/消防
火　灾	可燃的。在火焰中释放出刺激性或有毒烟雾（或气体）。（见化学危险性）	禁止明火。禁止与氧化剂接触	干粉，抗溶性泡沫，雾状水，二氧化碳
爆　炸	与氧化剂接触时，有着火和爆炸危险。（见化学危险性）		着火时，喷雾状水保持钢瓶冷却
接　触		防止产生烟云！避免一切接触！	一切情况均向医生咨询！
# 吸入	咽喉痛。咳嗽。灼烧感。呼吸困难。呼吸短促	通风，局部排气通风或呼吸防护	新鲜空气，休息。半直立体位。立即给予医疗护理
# 皮肤	发红。疼痛。皮肤烧伤。水疱	防护手套。防护服	先用大量水冲洗至少 15min，然后脱去污染的衣服并再次冲洗。立即给予医疗护理
# 眼睛	发红。疼痛。视力丧失。严重深度烧伤	面罩，或眼睛防护结合呼吸防护	用大量水冲洗（如可能尽量摘除隐形眼镜）。立即给与医疗护理
# 食入	口腔和咽喉烧伤。咽喉和胸腔有灼烧感。腹部疼痛。休克或虚脱	工作时不得进食、饮水或吸烟。进食前洗手	漱口。不要催吐。立即给予医疗护理
泄漏处置	将泄漏液收集在可密闭的容器中。用砂土或惰性吸收剂吸收残液，并转移到安全场所。不要让该化学品进入环境。个人防护用具：化学防护服，包括自给式呼吸器		
包装与标志	不得与食品和饲料一起运输 **欧盟危险性类别**：C 符号　R:21-34-43-52/53　S:1/2-26-36/37/39-45-61 **联合国危险性类别**：8　**联合国包装类别**：II **中国危险性类别**：第 8 类 腐蚀性物质 **中国包装类别**：II		
应急响应	**美国消防协会法规**：H3（健康危险性）；F1（火灾危险性）；R0（反应危险性）		
储存	与食品和饲料分开存放。见化学危险性。阴凉场所。储存在没有排水管或下水道的场所。注意收容灭火产生的废水		
重要数据	**物理状态、外观**：无色至黄色吸湿黏稠液体，有特殊气味 **化学危险性**：加热时该物质分解，生成含有氮氧化物的有毒烟雾。该物质是一种强碱，与酸激烈反应并有腐蚀性。发生反应。与多数有机和无机化合物，尤其强氧化剂，激烈反应，有着火和爆炸的危险，生成有毒烟雾。浸蚀某些涂层和某些形式的塑料和橡胶 **职业接触限值**：阈限值未制定标准。最高容许浓度：皮肤致敏剂（德国，2008 年） **接触途径**：该物质可通过吸入其蒸气、经皮肤和食入吸收到体内。各种接触途径均产生严重的局部影响 **吸入危险性**：未指明该物质达到空气中有害浓度的速率 **短期接触的影响**：该物质腐蚀眼睛、皮肤和呼吸道。食入有腐蚀性。吸入可能引起肺水肿，但只在对眼睛和/或呼吸道的最初腐蚀性影响已经变得明显后 **长期或反复接触的影响**：反复或长期接触可能引起皮肤过敏。反复或长期吸入接触可能引起哮喘。见注解		
物理性质	**沸点**：277℃ **熔点**：-35℃ **密度**：$0.98g/cm^3$ **中溶解度**：混溶 **蒸气压**：20℃时 1.3Pa **蒸气相对密度**（空气=1）：5.04	**蒸气/空气混合物的相对密度**（20℃，空气=1）：1.00 **黏度**：在 20℃时 $27.24mm^2/s$ **闪点**：闪点：135℃ 闭杯 **自燃温度**：335℃ **爆炸极限**：空气中 1.1%～%（体积） **辛醇/水分配系数的对数值**：-1.4～-1.66	
环境数据	该物质对水生生物有毒。该物质可能在水生环境中造成长期影响。强烈建议不要让该化学品进入环境		
注解	哮喘症状常常经过几个小时以后才变得明显，体力劳动使症状加重。因而休息和医学观察是必要的。应当考虑由医生或医生指定的人立即采取适当吸入治疗法。因这种物质出现哮喘症状的任何人不应当再接触该物质		

IPCS
International
Programme on
Chemical Safety

国际化学品安全卡

三苯基亚磷酸酯			ICSC 编号：1124
CAS 登记号：101-02-0 RTECS 号：TH1575000 UN 编号：2811 EC 编号：015-105-00-7 中国危险货物编号：2811		中文名称：三苯基亚磷酸酯；亚磷酸三苯酯；三苯氧基膦 英文名称：TRIPHENYL PHOSPHITE; Phosphorous acid triphenyl ester; Triphenoxy phosphine	
分子量：310.3		化学式：$(C_6H_5O)_3P/C_{18}H_{15}O_3P$	

危害/接触类型	急性危害/症状	预防	急救/消防
火　灾	可燃的。在火焰中释放出刺激性或有毒烟雾（或气体）	禁止明火	干粉，雾状水，泡沫，二氧化碳
爆　炸			
接　触		防止粉尘扩散！严格作业环境管理！	
# 吸入	咳嗽，咽喉疼痛	通风，局部排气通风或呼吸防护	新鲜空气，休息，给予医疗护理
# 皮肤	发红，疼痛	防护手套，防护服	脱掉污染的衣服，冲洗，然后用水和肥皂洗皮肤，给予医疗护理
# 眼睛	发红，疼痛	安全护目镜或眼睛防护结合呼吸防护	首先用大量水冲洗几分钟（如可能尽量摘除隐形眼镜），然后就医
# 食入		工作时不得进食、饮水或吸烟	漱口，给予医疗护理
泄漏处置	尽可能将泄漏液收集在有盖容器中。用砂土或惰性吸收剂吸收残液并转移到安全场所。个人防护用具：适用于有害颗粒物的 P2 过滤呼吸器		
包装与标志	欧盟危险性类别：Xi 符号 N 符号 R:36/38-50/53 S:2-28-60-61		
应急响应	美国消防协会法规：H0（健康危险性）；F1（火灾危险性）；R0（反应危险性）		
储存	与强氧化剂分开存放。严格密封		
重要数据	**物理状态、外观**：无色至淡黄色固体或油状液体，有特殊气味 **化学危险性**：燃烧时，该物质分解生成氧化磷有毒烟雾。与强氧化剂发生反应。与水发生反应 **职业接触限值**：阈限值未制定标准 **接触途径**：该物质可通过吸入其气溶胶和食入吸收到体内 **吸入危险性**：未指明 20℃时该物质蒸发达到空气中有害浓度的速率 **短期接触的影响**：该物质刺激眼睛、皮肤和呼吸道。在高剂量下，该物质可能对神经系统有影响 **长期或反复接触的影响**：反复或长期接触可能引起皮肤过敏		
物理性质	沸点：360℃ 熔点：22～25℃ 相对密度（水=1）：1.18 水中溶解度：不溶 闪点：218℃（开杯）		
环境数据			
注解			

IPCS
International
Programme on
Chemical Safety

国际化学品安全卡

氯化铝（无水）			ICSC 编号：1125
CAS 登记号：7446-70-0 RTECS 号：BD0525000 UN 编号：1726 EC 编号：013-003-00-7 中国危险货物编号：1726	中文名称：氯化铝（无水）；三氯化铝；氯化铝(III) 英文名称：ALUMINIUM CHLORIDE (ANHYDROUS); Aluminium trichloride; Aluminium (III) chloride		
分子量：133.3	化学式：$AlCl_3$		
危害/接触类型	急性危害/症状	预防	急救/消防
火　灾	不可燃。在火焰中释放出刺激性或有毒烟雾（或气体）	禁止与水接触	禁止用水、泡沫和含水灭火剂。周围环境着火时，使用干粉、二氧化碳和干砂灭火
爆　炸			
接　触		避免一切接触！	一切情况均向医生咨询！
# 吸入	灼烧感。咳嗽。呼吸困难。气促。咽喉痛	通风，局部排气通风或呼吸防护	新鲜空气，休息。半直立体位。给予医疗护理
# 皮肤	皮肤烧伤	防护手套。防护服	脱去污染的衣服。用大量水冲洗皮肤或淋浴。给予医疗护理
# 眼睛	严重深度烧伤	面罩，或眼睛防护结合呼吸防护	先用大量水冲洗几分钟（如可能尽量摘除隐形眼镜），然后就医
# 食入	腹部疼痛。灼烧感。休克或虚脱	工作时不得进食，饮水或吸烟	漱口。不要催吐。给予医疗护理
泄漏处置	将泄漏物清扫进可密闭的干燥容器中。小心收集残余物，然后转移到安全场所。不要让该化学品进入环境。个人防护用具：适用于有害颗粒物的 P2 过滤呼吸器和适用于酸性气体的过滤呼吸器。化学防护服		
包装与标志	不得与食品和饲料一起运输 欧盟危险性类别：C 符号　R:34　S:1/2-7/8-28-45 联合国危险性类别：8　联合国包装类别：II 中国危险性类别：第 8 类腐蚀性物质　中国包装类别：II		
应急响应	运输应急卡：TEC(R)-80S1726 美国消防协会法规：H3（健康危险性）；F0（火灾危险性）；R2（反应危险性）；W（禁止用水）		
储存	与食品和饲料分开存放。干燥。严格密封。储存在没有排水管或下水道的场所		
重要数据	物理状态、外观：无色至白色粉末。暴露在湿气中变灰色至黄色 化学危险性：与水和潮湿空气激烈反应，生成氯化氢（见卡片#0163） 职业接触限值：阈限值：$2mg/m^3$（以 Al 可溶性盐计）（时间加权平均值）（美国政府工业卫生学家会议，2005 年）。在潮湿空气中快速分解，导致氯化氢暴露。阈限值：2ppm（氯化氢，上限值）（美国政府工业卫生学家会议，2005 年）。最高容许浓度未制定标准 吸入危险性：扩散时可较快地达到空气中颗粒物及氯化氢蒸气的有害浓度 短期接触的影响：该物质腐蚀眼睛、皮肤和呼吸道。食入有腐蚀性		
物理性质	升华点：180℃ 密度：$2.44\ g/cm^3$ 水中溶解度：反应		
环境数据	该物质对水生生物是有害的		
注解	与灭火剂，如水、泡沫激烈反应。切勿将水喷洒在该物质上，溶解或稀释时，总要缓慢将它加入到水中		

IPCS
International
Programme on
Chemical Safety

国际化学品安全卡

磷化钙			ICSC 编号：1126
CAS 登记号：1305-99-3 RTECS 号：EW3870000 UN 编号：1360 EC 编号：015-003-00-2 中国危险货物编号：1360 分子量：182.2		中文名称：磷化钙 英文名称：CALCIUM PHOSPHIDE 化学式：Ca_3P_2	
危害/接触类型	急性危害/症状	预防	急救/消防
火　灾	不可燃，但与水或潮湿空气接触时生成易燃气体	禁止与水、氧化剂和酸接触	禁止用水或泡沫。周围环境着火时，使用干粉、二氧化碳灭火
爆　炸			着火时，喷雾状水保持料桶等冷却，但避免该物质与水接触
接　触		避免一切接触！	
# 吸入	咳嗽，头痛，咽喉痛，呼吸困难，震颤，腹泻，惊厥，呕吐	局部排气通风或呼吸防护	给予医疗护理。半直立体位。必要时进行人工呼吸。禁止口对口进行人工呼吸
# 皮肤	发红，疼痛	防护服。防护手套	脱去污染的衣服。用大量水冲洗皮肤或淋浴，给予医疗护理
# 眼睛	发红，疼痛	护目镜，或眼睛防护结合呼吸防护	先用大量水冲洗几分钟（如可能尽量摘除隐形眼镜），然后就医
# 食入	见吸入	工作时不得进食，饮水或吸烟	给予医疗护理。催吐（仅对清醒病人！）
泄漏处置	撤离危险区域！向专家咨询！将斜漏物清扫进容器中。小心收集残余物，然后转移到安全场所。不要让该化学品进入环境。个人防护用具：全套防护服，包括自给式呼吸器		
包装与标志	**欧盟危险性类别：**T+符号 F 符号 N 符号 R:15/29-28-50 S:1/2-22-43-45-61 **联合国危险性类别：**4.3 **联合国次要危险性：**6.1 **联合国包装类别：**I **中国危险性类别：**第 4.3 项遇水放出易燃气体的物质 **中国包装类别：**I		
应急响应	运输应急卡：TEC(R)-43GWT2-I		
储存	与食品和饲料、性质相互抵触的物质（见化学危险性）分开存放。阴凉场所。干燥。保存在通风良好的室内		
重要数据	**物理状态、外观：**红棕色晶体粉末或灰色块状 **化学危险性：**与酸、水或潮湿空气激烈反应，生成磷化氢（见卡片#0694），有着火和爆炸危险。与强氧化剂激烈反应，有着火和爆炸危险 **职业接触限值：**阈限值未制定标准 **接触途径：**该物质可通过吸入和经食入吸收到体内 **吸入危险性：**扩散时可较快达到空气中颗粒物极毒浓度，尤其是粉末 **短期接触的影响：**该物质刺激眼睛、皮肤和呼吸道。吸入磷化钙释放出的磷化氢，可能引起肺水肿（见注解）。该物质可能对胃肠道、中枢神经系统、肝、肾和心血管系统有影响，导致功能损伤和呼吸衰竭。接触可能导致死亡		
物理性质	熔点：1600℃ 密度：2.5g/cm^3		
环境数据	该物质对水生生物有极高毒性		
注解	商品名为 Photophor。对该物质的环境影响未进行充分调查。肺水肿症状常常几个小时以后才变得明显，体力劳动使症状加重。因而休息和医学观察是必要的。不要将工作服带回家中		

IPCS
International
Programme on
Chemical Safety

国际化学品安全卡

硫酸钴			ICSC 编号：1127
CAS 登记号：10124-43-3 RTECS 号：GG3100000 EC 编号：027-005-00-0	中文名称：硫酸钴；硫酸亚钴；硫酸钴（II）；硫酸钴（2+）盐 英文名称：COBALT SULFATE;Cobaltous sulfate;Cobalt (II) sulfate;Sulfuric acid, cobalt (2+) salt		
分子量：155.0	化学式：$CoSO_4$		
危害/接触类型	急性危害/症状	预防	急救/消防
火　灾	不可燃。在火焰中释放出刺激性或有毒烟雾（或气体）		周围环境着火时，允许使用各种灭火剂
爆　炸			
接　触		避免一切接触！	一切情况均向医生咨询！
# 吸入	咳嗽，呼吸困难，气促，咽喉痛	局部排气通风或呼吸防护	新鲜空气，休息。必要时进行人工呼吸，给予医疗护理
# 皮肤	发红，疼痛	防护手套，防护服	脱去污染的衣服。冲洗，然后用水和肥皂清洗皮肤
# 眼睛	发红，疼痛	护目镜，如为粉末，眼睛防护结合呼吸防护	先用大量水冲洗几分钟（如可能尽量摘除隐形眼镜），然后就医
# 食入	腹部疼痛，恶心，呕吐	工作时不得进食，饮水或吸烟。进食前洗手	漱口。饮用 1～2 杯水。给予医疗护理
泄漏处置	将泄漏物清扫进容器中。如果适当，首先润湿防止扬尘。小心收集残余物，然后转移到安全场所。不要让该化学品进入环境。个人防护用具：适用于该物质空气浓度的颗粒物过滤呼吸器		
包装与标志	欧盟危险性类别：T 符号 N 符号 标记：E　R:49-22-42/43-50-53　S:2-22-53-45-60-61		
应急响应			
储存	与强氧化剂分开存放。储存在没有排水管或下水道的场所		
重要数据	**物理状态、外观：**淡紫色至暗蓝色晶体 **化学危险性：**加热至 735℃时，该物质分解生成硫氧化物有毒烟雾。作为粉尘，与强氧化剂发生反应，有着火和爆炸危险 **职业接触限值：**阈限值：0.02mg/m^3（以 Co 计）（时间加权平均值）；A3（确认的动物致癌物，但未知与人类相关性）；公布生物暴露指数（美国政府工业卫生学家会议，2004 年）。最高容许浓度：（以上呼吸道吸入部分计）皮肤吸收；呼吸道和皮肤致敏剂；致癌物类别：2；　致生殖细胞突变物类别：3A（德国，2009 年） **接触途径：**该物质可通过吸入其气溶胶和经食入吸收到体内 **吸入危险性：**20℃时蒸发可忽略不计，但扩散时可较快地达到空气中颗粒物有害浓度 **短期接触的影响：**该物质刺激眼睛、皮肤和呼吸道 **长期或反复接触的影响：**反复或长期接触可能引起皮肤过敏。反复或长期吸入接触可能引起哮喘。该物质可能对心脏、甲状腺和骨髓有影响，导致心肌病、甲状腺肿和红细胞增多症。该物质可能是人类致癌物。动物实验表明，该物质可能对人类生殖造成毒性影响。可能造成人类婴儿畸形		
物理性质	**熔点：**735℃（分解） **密度：**3.71g/cm^3 **水中溶解度：**20℃时 36.2g/100mL		
环境数据	见注解		
注解	因该物质发生哮喘症状的任何人不应当再接触该物质。根据接触程度，建议定期进行医疗检查。对该物质的环境影响未进行调查，但是钴离子的数据表明它可能对水生生物是危险的。可参考卡片#0783[氯化钴（II）]		

IPCS
International
Programme on
Chemical Safety

国际化学品安全卡

四水合乙酸钴（II）			ICSC 编号：1128
CAS 登记号：6147-53-1 RTECS 号：AG3325000 分子量：249.1	中文名称：四水合乙酸钴（II）；乙酸钴（+2）盐；乙酸钴（四水合物）；四水合二乙酸钴 英文名称：COBALT(II) ACETATE TETRAHYDRATE; Acetic acid, cobalt (+2) salt; Cobaltous acetate (tetrahydrate); Cobaltous diacetate tetrahydrate 化学式：$C_4H_6CoO_4{\cdot}4H_2O$		
危害/接触类型	急性危害/症状	预防	急救/消防
火　灾	不可燃。在火焰中释放出刺激性或有毒烟雾（或气体）		周围环境着火时，允许使用各种灭火剂
爆　炸			
接　触		防止粉尘扩散！避免一切接触！	
# 吸入	咳嗽，气促，咽喉痛	局部排气通风或呼吸防护	新鲜空气，休息，给予医疗护理
# 皮肤	发红	防护手套，防护服	脱去污染的衣服。用大量水冲洗皮肤或淋浴，给予医疗护理
# 眼睛	发红，疼痛	护目镜，或眼睛防护结合呼吸防护	先用大量水冲洗几分钟（如可能尽量摘除隐形眼镜），然后就医
# 食入	腹部疼痛，腹泻，恶心，呕吐，虚弱	工作时不得进食，饮水或吸烟	漱口，给予医疗护理
泄漏处置	将泄漏物清扫进容器中。如果适当，首先润湿防止扬尘。不要让该化学品进入环境。个人防护用具：适用于该物质空气中浓度的颗粒物过滤呼吸器。		
包装与标志			
应急响应			
储存	与强氧化剂分开存放。严格密封。储存在没有排水管或下水道的场所		
重要数据	**物理状态、外观**：红色晶体 **化学危险性**：加热时，该物质分解生成刺激性烟雾。与强氧化剂反应，有着火和爆炸危险 **职业接触限值**：阈限值：0.02mg/m^3（时间加权平均值），A3（确认的动物致癌物，但未知与人类相关性）（美国政府工业卫生学家会议，2001 年）最高容许浓度：（以上呼吸道可吸入部分计）皮肤吸收；呼吸道和皮肤致敏剂；致癌物类别：2；致生殖细胞突变物类别：3A（德国，2009 年） **接触途径**：该物质可通过吸入其气溶胶和经食入吸收到体内 **吸入危险性**：20℃时蒸发可忽略不计，但扩散时可较快地达到空气中颗粒物有害浓度 **短期接触的影响**：该物质刺激眼睛、皮肤和呼吸道。 **长期或反复接触的影响**：反复或长期接触可能引起皮肤过敏。反复或长期吸入接触可能引起哮喘。反复或长期接触，肺可能受损伤。食入时，该物质可能对心脏、甲状腺和骨髓有影响。该物质可能是人类致癌物		
物理性质	**熔点**：140℃ **密度**：1.7g/cm^3 **水中溶解度**：易溶		
环境数据	该化学品可能在海产品中发生生物蓄积		
注解	根据接触程度，建议定期进行医疗检查。不要将工作服带回家中。因该物质发生哮喘症状的任何人不应当再接触这种物质。哮喘症状常常几个小时以后才变得明显，体力劳动使症状加重。因而休息和医学观察是必要的。给出的是失去结晶水的表观熔点。本卡片的建议也适用于无水乙酸钴（II）		

IPCS
International
Programme on
Chemical Safety

国际化学品安全卡

磷酸氢二钠			ICSC 编号：1129
CAS 登记号：7558-79-4 RTECS 号：WC4500000	中文名称：磷酸氢二钠；正磷酸二钠；磷酸二钠 英文名称：DISODIUM HYDROGEN PHOSPHATE; Disodium orthophosphate; Dibasic sodium phosphate		
分子量：141.96	化学式：HO_4PNa_2		
危害/接触类型	急性危害/症状	预防	急救/消防
火　灾	不可燃。在火焰中释放出刺激性或有毒烟雾（或气体）		周围环境着火时，使用适当的灭火剂
爆　炸			
接　触			
# 吸入	咳嗽。咽喉痛	通风	新鲜空气，休息
# 皮肤	发红。疼痛	防护手套	用大量水冲洗皮肤或淋浴
# 眼睛	发红。疼痛	安全护目镜	先用大量水冲洗几分钟（如可能尽量摘除隐形眼镜），然后就医
# 食入	腹部疼痛。腹泻	工作时不得进食，饮水或吸烟	漱口。饮用一或两杯水
泄漏处置	将泄漏物清扫进容器中，如果适当，首先润湿防止扬尘。个人防护用具：适用于有害颗粒物的 P2 过滤呼吸器		
包装与标志	GHS 分类：警示词：警告 危险说明：造成轻微皮肤刺激；造成眼睛刺激		
应急响应			
储存	与强酸分开存放		
重要数据	物理状态、外观：白色或无色吸湿的晶体或粉末 化学危险性：加热时，该物质分解生成有毒烟雾。与强酸激烈反应 职业接触限值：阈限值未制定标准。最高容许浓度未制定标准 吸入危险性：扩散时可较快地达到空气中颗粒物有害浓度 短期接触的影响：该物质轻微刺激眼睛、皮肤和呼吸道		
物理性质	熔点：大约 250℃（分解） 密度：0.5～1.2g/cm^3 水中溶解度：20℃时 7.7g/100mL 辛醇/水分配系数的对数值：-5.8（计算值）		
环境数据			
注解			

IPCS
International
Programme on
Chemical Safety

国际化学品安全卡

<table>
<tr><td colspan="2">异氰酸苯酯</td><td colspan="2">ICSC 编号：1131</td></tr>
<tr><td colspan="2">CAS 登记号：103-71-9
RTECS 号：DA3675000
UN 编号：2487
中国危险货物编号：2487

分子量：119.13</td><td colspan="2">中文名称：异氰酸苯酯；异氰酸根合苯；苯基碳酰亚胺
英文名称：PHENYL ISOCYANATE; Isocyanatobenzene; Phenylcarbimide

化学式：C_7H_5NO</td></tr>
<tr><th>危害/接触类型</th><th>急性危害/症状</th><th>预防</th><th>急救/消防</th></tr>
<tr><td>火　灾</td><td>易燃的。在火焰中释放出刺激性或有毒烟雾（或气体）</td><td>禁止与高温表面接触。禁止与氧化剂接触</td><td>干粉，二氧化碳，抗溶性泡沫。禁止用水</td></tr>
<tr><td>爆　炸</td><td>高于 51℃，可能形成爆炸性蒸气/空气混合物</td><td>高于 51℃，使用密闭系统、通风和防爆型电气设备</td><td>着火时，喷雾状水保持料桶等冷却，但避免该物质与水接触</td></tr>
<tr><td>接　触</td><td></td><td>避免一切接触！</td><td>一切情况均向医生咨询！</td></tr>
<tr><td># 吸入</td><td>咳嗽，咽喉痛，灼烧感，呼吸困难，气促。症状可能推迟显现。（见注解）</td><td>通风，局部排气通风或呼吸防护</td><td>新鲜空气，休息。半直立体位。必要时进行人工呼吸，给予医疗护理</td></tr>
<tr><td># 皮肤</td><td>发红，水疱，疼痛，皮肤烧伤</td><td>防护服。防护手套</td><td>脱去污染的衣服。冲洗，然后用水和肥皂清洗皮肤。给予医疗护理</td></tr>
<tr><td># 眼睛</td><td>眼睛流泪，发红，疼痛，严重深度烧伤</td><td>护目镜，面罩</td><td>先用大量水冲洗几分钟（如可能尽量摘除隐形眼镜),然后就医</td></tr>
<tr><td># 食入</td><td>灼烧感，腹部疼痛，休克或虚脱</td><td>工作时不得进食，饮水或吸烟</td><td>漱口。大量饮水。不要催吐。给予医疗护理</td></tr>
<tr><td>泄漏处置</td><td colspan="3">移除全部引燃源。通风。尽可能将泄漏液收集在可密闭的容器中。用砂土或惰性吸收剂吸收残液，并转移到安全场所。个人防护用具：化学防护服，包括自给式呼吸器</td></tr>
<tr><td>包装与标志</td><td colspan="3">不得与食品和饲料一起运输
联合国危险性类别：6.1 联合国次要危险性：3
联合国包装类别：I
中国危险性类别：第 6.1 项毒性物质 中国次要危险性：3
中国包装类别：I</td></tr>
<tr><td>应急响应</td><td colspan="3">运输应急卡：TEC(R)-61S2487</td></tr>
<tr><td>储存</td><td colspan="3">耐火设备（条件）。保存在通风良好的室内。干燥</td></tr>
<tr><td>重要数据</td><td colspan="3">物理状态、外观：无色至黄色液体，有刺鼻气味
化学危险性：加热时，该物质分解生成氰化氢、氮氧化物。与水激烈反应。与强氧化剂、强酸、强碱、醇类、胺类发生反应
职业接触限值：阈限值未制定标准。最高容许浓度：呼吸道和皮肤致敏剂（德国，2004 年）
接触途径：该物质可通过吸入和经食入吸收到体内
吸入危险性：扩散时，可较快达到空气中颗粒物有害浓度
短期接触的影响：使眼睛流泪。该物质腐蚀眼睛、皮肤和呼吸道
长期或反复接触的影响：反复或长期接触可能引起皮肤过敏。反复或长期吸入接触可能引起哮喘</td></tr>
<tr><td>物理性质</td><td colspan="3">沸点：158～168℃
熔点：-30℃
相对密度（水=1）：1.095
水中溶解度：反应
蒸气压：20℃时 0.2kPa
闪点：51℃（闭杯）
自燃温度：300℃</td></tr>
<tr><td>环境数据</td><td colspan="3"></td></tr>
<tr><td>注解</td><td colspan="3">因该物质发生哮喘症状的任何人不应当再接触这种物质。哮喘症状常常几个小时以后才变得明显，体力劳动使症状加重。因而休息和医学观察是必要的。不要将工作服带回家中</td></tr>
</table>

IPCS
International
Programme on
Chemical Safety

国际化学品安全卡

铁氰化钾			ICSC 编号：1132
CAS 登记号：13746-66-2 RTECS 号：LJ8225000	中文名称：铁氰化钾；六铁氰化三钾 (-3)；高铁酸氰钾；铁氰酸钾；氰化铁钾 英文名称：POTASSIUM FERRICYANIDE; Tripotassium hexacyanoferrate (-3); Potassium cyanoferrate; Potassium ferricyanate; Iron potassium cyanide		
分子量：329.25	化学式：$C_6FeK_3N_6/K_3[Fe(CN)_6]$		
危害/接触类型	急性危害/症状	预防	急救/消防
火　灾	不可燃。在火焰中释放出刺激性或有毒烟雾（或气体）		周围环境着火时，使用适当的灭火剂
爆　炸			
接　触			
# 吸入	咳嗽。咽喉痛	避免吸入粉尘	新鲜空气，休息
# 皮肤	发红。疼痛	防护手套	脱去污染的衣服。用大量水冲洗皮肤或淋浴
# 眼睛	发红。疼痛	安全护目镜	先用大量水冲洗几分钟（如可能尽量摘除隐形眼镜），然后就医
# 食入	腹部疼痛。恶心。呕吐	工作时不得进食，饮水或吸烟	漱口。大量饮水
泄漏处置	将泄漏物清扫进容器中。如果适当，首先润湿防止扬尘。小心收集残余物，然后转移到安全场所。不要让该化学品进入环境。个人防护用具：适用于有害颗粒物的 P2 过滤呼吸器		
包装与标志			
应急响应			
储存	与酸分开存放。干燥		
重要数据	**物理状态、外观**：红色晶体粉末 **化学危险性**：加热时，该物质分解生成氰化氢有毒气体。与酸反应生成氰化物，有中毒的危险 **职业接触限值**：阈限值未制定标准 **接触途径**：该物质可通过吸入和经食入吸收到体内 **吸入危险性**：扩散时，可较快达到空气中颗粒物公害污染浓度，尤其是粉末 **短期接触的影响**：该物质轻微刺激眼睛、皮肤和呼吸道		
物理性质	密度：$1.89g/cm^3$ 水中溶解度：46g/100mL		
环境数据	该物质可能对环境有危害，对水生生物应给予特别注意		
注解	分解温度未见文献报道。对接触该物质的健康影响未进行充分调查		

IPCS
International
Programme on
Chemical Safety

国际化学品安全卡

过（二）硫酸钾　　ICSC 编号：1133

CAS 登记号：7727-21-1
RTECS 号：SE0400000
UN 编号：1492
EC 编号：016-061-00-1
中国危险货物编号：1492

中文名称：过（二）硫酸钾；过氧化二硫酸二钾盐；过氧化二硫酸钾
英文名称：POTASSIUM PERSULFATE; Peroxydisulfuric acid, dipotassium salt; Potassium peroxydisulfate

分子量：270.3　　**化学式**：$K_2S_2O_8$

危害/接触类型	急性危害/症状	预防	急救/消防
火　灾	不可燃，但可助长其他物质燃烧。在火焰中释放出刺激性或有毒烟雾（或气体）	禁止与可燃物质接触	周围环境着火时，使用适当的灭火剂
爆　炸	与可燃物质接触时，有着火和爆炸危险		着火时，喷雾状水保持料桶等冷却
接　触		防止粉尘扩散！严格作业环境管理！	
# 吸入	咳嗽。喘息。咽喉痛。呼吸困难	局部排气通风或呼吸防护	新鲜空气，休息。必要时进行人工呼吸。给予医疗护理
# 皮肤	发红。疼痛	防护手套。防护服	先用大量水冲洗，然后脱去污染的衣服并再次冲洗
# 眼睛	发红。疼痛	护目镜，或眼睛防护结合呼吸防护	先用大量水冲洗几分钟（如可能尽量摘除隐形眼镜），然后就医
# 食入	恶心。呕吐。腹部疼痛。腹泻	工作时不得进食，饮水或吸烟	漱口。大量饮水。给予医疗护理
泄漏处置	将泄漏物清扫进有盖的容器中，如果适当，首先润湿防止扬尘。不要用锯末或其他可燃吸收剂吸收。小心中和残余物。用大量水冲净残余物。不要让该化学品进入环境。个人防护用具：适用于有害颗粒物的 P2 过滤呼吸器		
包装与标志	**欧盟危险性类别**：O 符号　Xn 符号　R:8-22-36/37/38-42/43　S:2-22-24-26-37 **联合国危险性类别**：5.1　**联合国包装类别**：III **中国危险性类别**：第 5.1 项氧化性物质　**中国包装类别**：III		
应急响应	运输应急卡：TEC(R)-51G02-I+II+III		
储存	阴凉场所。干燥。严格密封。与可燃物质和还原性物质、强碱分开存放		
重要数据	**物理状态、外观**：白色晶体 **化学危险性**：加热可能引起激烈燃烧或爆炸。加热时，该物质分解生成含硫氧化物的有毒烟雾。该物质是一种强氧化剂。与可燃物质和还原性物质发生反应。水溶液是一种中强酸。有水存在时，与氯酸盐和高氯酸盐激烈反应，有爆炸的危险。有水存在时，与金属，如铝发生反应，有着火的危险 **职业接触限值**：阈限值：0.1mg/m^3（以过硫酸盐计）（时间加权平均值）（美国政府工业卫生学家会议，2004 年）。最高容许浓度：呼吸道和皮肤致敏剂（德国，2004 年） **接触途径**：该物质可通过吸入其气溶胶和经食入吸收到体内 **吸入危险性**：20℃时蒸发可忽略不计，但喷洒或扩散时可较快达到空气中颗粒物有害浓度，尤其是粉末 **短期接触的影响**：该物质刺激眼睛、皮肤和呼吸道。吸入粉尘可能引起类似哮喘反应。 **长期或反复接触的影响**：反复或长期与皮肤接触可能引起皮炎，可能引起皮肤过敏。反复或长期吸入接触可能引起哮喘。可能引起一般性过敏反应，像荨麻疹或休克		
物理性质	**熔点**：低于熔点在<100℃时分解 **密度**：2.5g/cm^3 **水中溶解度**：20℃时 5.2g/100mL		
环境数据	该物质对水生生物是有害的		
注解	用大量水冲洗工作服（有着火危险）。哮喘症状常常经过几个小时以后才变得明显，体力劳动使症状加重。因而休息和医学观察是必要的。因这种物质出现哮喘症状的任何人不应当再接触该物质。不要将工作服带回家中		

IPCS
International
Programme on
Chemical Safety

国际化学品安全卡

亚硫酸氢钠（38%～40%水溶液）			ICSC 编号：1134
CAS 登记号：7631-90-5 RTECS 号：VZ2000000 UN 编号：2693 EC 编号：016-064-00-8 中国危险货物编号：2693	中文名称：亚硫酸氢钠（38%～40%水溶液）；亚硫酸氢钠溶液；偏亚硫酸钠溶液 英文名称：SODIUM BISULFITE 38-40% AQUEOUS SOLUTION; Sodium hydrogensulfite solution; Sodium metabisulfite solution		
化学式：$NaHO_3S$			
危害/接触类型	急性危害/症状	预防	急救/消防
火　灾	不可燃。在火焰中释放出刺激性或有毒烟雾（或气体）		周围环境着火时，使用适当的灭火剂
爆　炸			
接　触			
# 吸入		通风	新鲜空气，休息
# 皮肤		防护手套	用大量水冲洗皮肤或淋浴
# 眼睛		安全眼镜	先用大量水冲洗（如可能尽量摘除隐形眼镜）
# 食入	腹部疼痛。呕吐	工作时不得进食，饮水或吸烟	漱口。饮用 1～2 杯水。给予医疗护理
泄漏处置	将泄漏液收集在有盖的塑料容器中。用砂土或惰性吸收剂吸收残液，并转移到安全场所		
包装与标志	不得与食品和饲料一起运输 欧盟危险性类别：Xn 符号 标记：B R:22-31 S:2-25-46 联合国危险性类别：8 联合国包装类别：III 中国危险性类别：第 8 类 腐蚀性物质 中国包装类别：III		
应急响应	运输应急卡：TEC(R)-80GC1-II+III		
储存	与酸类和强氧化剂、食品和饲料分开存放。严格密封		
重要数据	**物理状态、外观**：无色至黄色液体，有特殊气味 **化学危险性**：加热时和与酸接触时，该物质分解生成硫氧化物。与酸类和强氧化剂反应，有着火和爆炸危险。该物质是一种弱酸。浸蚀金属 **职业接触限值**：阈限值：5mg/m^3（时间加权平均值）；A4（不能分类为人类致癌物）（美国政府工业卫生学家会议，2005 年）。最高容许浓度未制定标准 **接触途径**：该物质可经食入吸收到体内 **吸入危险性**：未指明该物质蒸发达到空气中有害浓度的速率 **短期接触的影响**：经口摄入时，该物质可能引起敏感人群的类似哮喘反应或荨麻疹		
物理性质	沸点：104℃ 熔点：<0℃ 相对密度（水=1）：1.34 水中溶解度：混溶		
环境数据	该物质可能对环境有危害，对水质应给予特别注意		
注解			

IPCS
International
Programme on
Chemical Safety

国际化学品安全卡

碳酸钠（无水）			ICSC 编号：1135
CAS 登记号：497-19-8 RTECS 号：VZ4050000 EC 编号：011-005-00-2		中文名称：碳酸钠（无水）；碳酸二钠盐；纯碱 英文名称：SODIUM CARBONATE (ANHYDROUS); Carbonic acid disodium salt; Soda ash	
分子量：106.0		化学式：Na_2CO_3	
危害/接触类型	急性危害/症状	预防	急救/消防
火　灾	不可燃		周围环境着火时，使用适当的灭火剂
爆　炸			
接　触		防止粉尘扩散！	
# 吸入	咳嗽。咽喉痛	局部排气通风或呼吸防护	新鲜空气，休息
# 皮肤	发红	防护手套	用大量水冲洗皮肤或淋浴
# 眼睛	发红。疼痛	安全护目镜	先用大量水冲洗几分钟（如可能尽量摘除隐形眼镜），然后就医
# 食入	咽喉和胸腔灼烧感。腹部疼痛	工作时不得进食，饮水或吸烟	漱口。大量饮水。给予医疗护理
泄漏处置	将泄漏物清扫进可密闭容器中，如果适当，首先润湿防止扬尘。个人防护用具：适用于有害颗粒物的 P2 过滤呼吸器		
包装与标志	欧盟危险性类别：Xi 符号　R:36　S:2-22-26		
应急响应			
储存	干燥。严格密封。与性质相互抵触的物质分开存放。见化学危险性		
重要数据	物理状态、外观：白色吸湿的粉末 化学危险性：水溶液是一种中强碱。与酸激烈反应。与镁和五氧化二磷反应，有爆炸的危险。与氟反应，有着火危险 职业接触限值：阈限值未制定标准。最高容许浓度未制定标准 吸入危险性：可较快地达到空气中颗粒物有害浓度，尤其是粉末 短期接触的影响：该物质刺激眼睛、皮肤和呼吸道 长期或反复接触的影响：该物质可能对呼吸道有影响，导致鼻中膈穿孔。反复或长期与皮肤接触时，可能引起皮炎		
物理性质	熔点：851℃ 密度：$2.5g/cm^3$ 水中溶解度：20℃时 30g/100mL		
环境数据			
注解			

IPCS
International
Programme on
Chemical Safety

国际化学品安全卡

<table>
<tr><td colspan="2">过硫酸钠</td><td colspan="2">ICSC 编号：1136</td></tr>
<tr><td colspan="2">CAS 登记号：7775-27-1
RTECS 号：SE0525000
UN 编号：1505
中国危险货物编号：1505</td><td colspan="2">中文名称：过硫酸钠；过（二）硫酸二钠盐
英文名称：SODIUM PERSULFATE; Peroxydisulfuric acid, disodium salt</td></tr>
<tr><td colspan="2">分子量：238.1</td><td colspan="2">化学式：$Na_2S_2O_8$</td></tr>
<tr><td>危害/接触类型</td><td>急性危害/症状</td><td>预防</td><td>急救/消防</td></tr>
<tr><td>火　灾</td><td>不可燃，但可助长其他物质燃烧。在火焰中释放出刺激性或有毒烟雾（或气体）</td><td>禁止与可燃物质接触</td><td>周围环境着火时，允许使用各种灭火剂</td></tr>
<tr><td>爆　炸</td><td>与可燃物质和还原剂接触时，有着火和爆炸危险</td><td></td><td>着火时，喷雾状水保持料桶等冷却</td></tr>
<tr><td>接　触</td><td></td><td>防止粉尘扩散！严格作业环境管理！</td><td></td></tr>
<tr><td># 吸入</td><td>咳嗽，呼吸困难，咽喉痛，喘息</td><td>局部排气通风或呼吸防护</td><td>新鲜空气，休息。必要时进行人工呼吸，给予医疗护理</td></tr>
<tr><td># 皮肤</td><td>发红，疼痛</td><td>防护手套，防护服</td><td>先用大量水，然后脱去污染的衣服并再次冲洗</td></tr>
<tr><td># 眼睛</td><td>发红，疼痛</td><td>护目镜。如为粉末，眼睛防护结合呼吸防护</td><td>先用大量水冲洗几分钟（如可能尽量摘除隐形眼镜），然后就医</td></tr>
<tr><td># 食入</td><td>腹泻，恶心，咽喉疼痛，呕吐</td><td>工作时不得进食，饮水或吸烟</td><td>大量饮水，给予医疗护理</td></tr>
<tr><td>泄漏处置</td><td colspan="3">将泄漏物清扫进容器中。小心收集残余物，然后用大量水冲净。不要用锯末或其他可燃吸收剂吸收。个人防护用具：适用于有害颗粒物的 P2 过滤呼吸器</td></tr>
<tr><td>包装与标志</td><td colspan="3">联合国危险性类别：5.1　联合国包装类别：III
中国危险性类别：第 5.1 项氧化性物质　中国包装类别：III</td></tr>
<tr><td>应急响应</td><td colspan="3">运输应急卡：TEC(R)-51G02-I+II+III</td></tr>
<tr><td>储存</td><td colspan="3">严格密封。与可燃物质、还原剂、强碱和金属粉末分开存放</td></tr>
<tr><td>重要数据</td><td colspan="3">物理状态、外观：白色晶体或粉末
化学危险性：该物质是一种强氧化剂。与可燃物质和还原性物质发生反应。加热时，该物质分解生成含硫氧化物有毒和腐蚀性烟雾。与金属粉末和强碱激烈反应。水溶液是一种弱酸
职业接触限值：阈限值：$0.1mg/m^3$（以过硫酸盐计）（美国政府工业卫生学家会议，2004 年）。最高容许浓度：呼吸道和皮肤致敏剂（德国，2004 年）
接触途径：该物质可通过吸入其气溶胶和经食入吸收到体内
吸入危险性：20℃时蒸发可忽略不计，但扩散时可较快地达到空气中颗粒物有害浓度
短期接触的影响：该物质刺激眼睛、皮肤和呼吸道。吸入粉尘可能引起哮喘反应（见注解）
长期或反复接触的影响：反复或长期接触可能引起皮肤过敏。反复或长期与皮肤接触可能引起皮炎。反复或长期吸入接触可能引起哮喘。可能引起一般性过敏反应，如荨麻疹或休克</td></tr>
<tr><td>物理性质</td><td colspan="3">熔点：低于熔点在 180℃分解
密度：$1.1g/cm^3$
水中溶解度：20℃时 55.6g/100mL</td></tr>
<tr><td>环境数据</td><td colspan="3"></td></tr>
<tr><td>注解</td><td colspan="3">用大量水冲洗工作服（有着火危险）。因该物质发生哮喘症状的任何人不应当再接触这种物质。哮喘症状常常几个小时以后才变得明显，体力劳动使症状加重。因而休息和医学观察是必要的。不要将工作服带回家中</td></tr>
</table>

IPCS
International
Programme on
Chemical Safety

国际化学品安全卡

硅酸钠（25%～50%溶液）			ICSC 编号：1137
CAS 登记号：1344-09-8 RTECS 号：VV9365000		中文名称：硅酸钠（25%～50%溶液）；硅酸钠；硅酸钠盐；水玻璃 英文名称：SODIUM SILICATE (solution 25-50%); Sodium silicate; Silicic acid, sodium salt; Waterglass	
分子量：		化学式：$Na_2Si_3O_7$	
危害/接触类型	急性危害/症状	预防	急救/消防
火　灾	不可燃		周围环境着火时，使用干粉，雾状水，泡沫，二氧化碳灭火
爆　炸			
接　触		防止产生烟云！	
# 吸入	咳嗽，咽喉痛	通风，局部排气通风	新鲜空气，休息
# 皮肤	发红，疼痛	防护手套	先用大量水，然后脱去污染的衣服并再次冲洗，给予医疗护理
# 眼睛	发红，疼痛	面罩	先用大量水冲洗几分钟（如可能尽量摘除隐形眼镜），然后就医
# 食入	腹泻，恶心，呕吐	工作时不得进食，饮水或吸烟	漱口。大量饮水。不要催吐，给予医疗护理
泄漏处置	尽可能将泄漏液收集在可密闭的容器中。用砂土或惰性吸收剂吸收残液，并转移到安全场所。个人防护用具：自给式呼吸器		
包装与标志			
应急响应			
储存	与强酸、铝和锌分开存放		
重要数据	物理状态、外观：25%～50%硅酸钠水溶液是无色的 化学危险性：水溶液是一种中强碱。与铝和锌反应，生成易燃/爆炸性气体氢（见卡片#0001） 职业接触限值：阈限值未制定标准。最高容许浓度未制定标准 接触途径：该物质可通过吸入和经食入吸收到体内 吸入危险性：20℃时蒸发可忽略不计，但喷洒时可较快地达到空气中颗粒物有害浓度 短期接触的影响：气溶胶刺激眼睛、皮肤和呼吸道		
物理性质	相对密度（水=1）：1.4 水中溶解度：20℃时混溶		
环境数据			
注解			

IPCS
International
Programme on
Chemical Safety

国际化学品安全卡

硫代硫酸钠			ICSC 编号：1138
CAS 登记号：7772-98-7 RTECS 号：XN6476000	中文名称：硫代硫酸钠；硫代硫酸二钠；硫代硫酸二钠盐 英文名称：SODIUM THIOSULFATE; Disodium thiosulfate; Thiosulfuric acid, disodium salt; Sodium hyposulfit		
分子量：158.1	化学式：$Na_2O_3S_2$		
危害/接触类型	急性危害/症状	预防	急救/消防
火　灾	不可燃。在火焰中释放出刺激性或有毒烟雾（或气体）	禁止与氧化剂接触	周围环境着火时，使用适当的灭火剂
爆　炸	与氧化剂接触时有爆炸危险		
接　触			
# 吸入		避免吸入粉尘	新鲜空气，休息
# 皮肤			冲洗，然后用水和肥皂清洗皮肤
# 眼睛	发红	安全护目镜	先用大量水冲洗（如可能尽量摘除隐形眼镜）
# 食入		工作时不得进食，饮水或吸烟	漱口
泄漏处置	将泄漏物清扫进容器中个人防护用具：适用于惰性颗粒物的 P1 过滤呼吸器		
包装与标志			
应急响应			
储存	与强氧化剂分开存放		
重要数据	**物理状态、外观**：无色晶体 **化学危险性**：加热时，该物质分解生成含有硫氧化物有毒烟雾。与强氧化剂激烈反应 **职业接触限值**：阈限值未制定标准。最高容许浓度未制定标准 **吸入危险性**：扩散时可较快地达到空气中颗粒物公害污染浓度		
物理性质	**沸点**：低于沸点在 300℃分解 **熔点**：48.5℃ **密度**：$1.7g/cm^3$ **水中溶解度**：20℃时 20.9g/100mL **蒸气压**：20℃时可忽略不计 **辛醇/水分配系数的对数值**： 4.35（计算值）		
环境数据			
注解			

IPCS
International
Programme on
Chemical Safety

国际化学品安全卡

三氯乙酸钠			ICSC 编号：1139
CAS 登记号：650-51-1 RTECS 号：AJ9100000 EC 编号：607-005-00-2 分子量：185.4		中文名称：三氯乙酸钠；TCA-钠；TCA；STCA；三氯乙酸钠盐 英文名称：SODIUM TRICHLOROACETATE; TCA-sodium; TCA; STCA; Trichloroacetic acid, sodium salt 化学式：$C_2Cl_3NaO_2$/CCl_3CO_2Na	
危害/接触类型	急性危害/症状	预防	急救/消防
火　灾	不可燃		周围环境着火时，允许使用各种灭火剂
爆　炸			
接　触		防止粉尘扩散！	
# 吸入	咳嗽，咽喉痛	通风	新鲜空气，休息，给予医疗护理
# 皮肤	发红，疼痛	防护手套	脱去污染的衣服，用大量水冲洗皮肤或淋浴
# 眼睛	发红，疼痛	安全护目镜	先用大量水冲洗几分钟（如可能尽量摘除隐形眼镜），然后就医
# 食入		工作时不得进食，饮水或吸烟。进食前洗手	漱口
泄漏处置	将泄漏物清扫进有盖的容器中。不要让该化学品进入环境。个人防护用具：适用于惰性颗粒物的 P1 过滤呼吸器		
包装与标志	欧盟危险性类别：Xi 符号 N 符号　R:37-50/53　S:2-46-60-61		
应急响应			
储存	与强碱分开存放。干燥		
重要数据	物理状态、外观：白色至黄色吸湿的粉末 化学危险性：与强碱发生反应，生成氯仿（见卡片#0027） 职业接触限值：阈限值未制定标准 接触途径：该物质可通过吸入其气溶胶吸收到体内 吸入危险性：喷洒时可较快达到空气中颗粒物公害污染浓度 短期接触的影响：该物质刺激眼睛、皮肤和呼吸道		
物理性质	熔点：低于熔点在 165℃分解 相对密度（水=1）：0.9 水中溶解度：25℃时 120g/100mL（易溶） 辛醇/水分配系数的对数值：0.002		
环境数据	该物质对水生生物是有毒的。避免非正常使用情况下释放到环境中		
注解	商业制剂中使用的载体溶剂可能改变其物理和毒理学性质。在有些国家，TCA 还是三氯乙酸（见卡片#0586）的缩写		

IPCS
International
Programme on
Chemical Safety

国际化学品安全卡

焦磷酸四钠			ICSC 编号：1140
CAS 登记号：7722-88-5 RTECS 号：UX7350000		中文名称：焦磷酸四钠；焦磷酸钠；焦磷酸四钠盐 英文名称：TETRASODIUM PYROPHOSPHATE; Sodium pyrophosphate; Pyrophosphoric acid, tetrasodium salt	
分子量：266		化学式：$Na_4O_7P_2$	
危害/接触类型	急性危害/症状	预防	急救/消防
火　灾	不可燃		周围环境着火时，允许使用各种灭火剂
爆　炸			
接　触		防止粉尘扩散！	
# 吸入	灼烧感，咳嗽	通风（如果没有粉末时）	新鲜空气，休息，给予医疗护理
# 皮肤	发红，疼痛	防护手套	脱掉污染的衣服，冲洗，然后用水和肥皂洗皮肤
# 眼睛	发红，疼痛	安全护目镜	首先用大量水冲洗几分钟（如可能尽量摘除隐形眼镜），然后就医
# 食入	恶心，呕吐，腹泻	工作时不得进食、饮水或吸烟	漱口，给予医疗护理
泄漏处置	将泄漏物清扫入容器中。用大量水冲净残余物。个人防护用具：适用于惰性颗粒物的 P1 过滤呼吸器		
包装与标志			
应急响应			
储存			
重要数据	**物理状态、外观**：无色或白色晶体或粉末，无气味 **化学危险性**：水溶液是一种弱碱，与酸发生反应。 **职业接触限值**：阈限值未制定标准。最高容许浓度未制定标准 **接触途径**：该物质可通过吸入其粉尘和食入吸收到体内 **吸入危险性**：20℃时蒸发可忽略不计，但是如果为粉末可较快地达到空气中颗粒物有害浓度 **短期接触的影响**：该物质刺激眼睛、皮肤和呼吸道		
物理性质	**熔点**：988℃（见注解） **相对密度（水=1）**：2.5 **水中溶解度**：25℃时 6.7g/100mL（适度溶解）		
环境数据			
注解	其他熔点：880℃（粉末）		

IPCS
International
Programme on
Chemical Safety

国际化学品安全卡

珍珠岩			ICSC 编号：1141
CAS 登记号：93763-70-3 RTECS 号：SD5254000		中文名称：珍珠岩 英文名称：PERLITE	

危害/接触类型	急性危害/症状	预防	急救/消防
火 灾	不可燃		周围环境着火时，允许使用各种灭火剂
爆 炸			
接 触			
# 吸入		避免吸入微细粉尘和烟雾	新鲜空气，休息
# 皮肤		防护手套	
# 眼睛		安全护目镜	首先用大量水冲洗几分钟（如可能尽量摘除隐形眼镜），然后就医
# 食入			
泄漏处置	将泄漏物扫入有盖容器中。如果适当，首先湿润防止扬尘。个人防护用具：适用于惰性颗粒物的 P1 过滤呼吸器		
包装与标志			
应急响应			
储存			
重要数据	**物理状态、外观**：白色至灰色粉末 **职业接触限值**：阈限值未制定标准。最高容许浓度未制定标准 **接触途径**：该物质可通过吸入其气溶胶吸收到体内 **吸入危险性**：20℃时蒸发可忽略不计，但喷洒或扩散时可较快地达到空气中颗粒物公害污染浓度，尤其是粉末		
物理性质	**熔点**：>1093℃ **相对密度（水=1）**：2.2～2.4（粗珍珠岩） 0.05～0.3（膨胀珍珠岩） **水中溶解度**：微溶		
环境数据			
注解	本卡片适用于含有 1%以下晶体二氧化硅的珍珠岩。膨胀的（经高温处理的）珍珠岩是松散的颗粒。根据接触程度，建议定期进行医疗检查。如果珍珠岩中含有 1%以上二氧化硅，参见卡片＃0808		

IPCS
International Programme on Chemical Safety

国际化学品安全卡

二硫钠			ICSC 编号：1142
CAS 登记号：136-78-7 RTECS 号：KK4900000	中文名称：二硫钠；2-(2,4-二氯苯氧基)乙基硫酸氢钠盐；2,4-二氯苯氧基乙基硫酸钠 英文名称：DISUL-SODIUM; 2-(2,4-Dichlorophenoxy) ethyl hydrogen sulphate sodium salt; Sesone; Sodium 2,4-dichlorophenoxy ethylsulfate		
分子量：309.1	化学式：$C_8H_7Cl_2NaO_5S$		
危害/接触类型	急性危害/症状	预防	急救/消防
火　灾	不可燃。在火焰中释放出刺激性或有毒烟雾（或气体）		周围环境着火时，允许使用各种灭火剂
爆　炸			
接　触		防止粉尘扩散！	
# 吸入	咳嗽，咽喉疼痛	避免吸入微细粉尘和烟雾，局部排气通风或呼吸防护	新鲜空气，休息，给予医疗护理
# 皮肤	发红	防护手套	脱掉污染的衣服，用大量水冲洗皮肤或淋浴
# 眼睛	发红，疼痛	如果为粉末，安全护目镜或眼睛防护结合呼吸防护	首先用大量水冲洗几分钟（如可能尽量摘除隐形眼镜），然后就医
# 食入	灼烧感	工作时不得进食、饮水或吸烟。进食前洗手	给予医疗护理
泄漏处置	将泄漏物扫入有盖容器中，如果适当，首先湿润防止扬尘。不要冲入下水道。小心收集残余物，然后转移到安全场所。个人防护用具：适用于有害颗粒物的 P2 过滤呼吸器		
包装与标志	不得与食品和饲料一起运输		
应急响应			
储存	与食品和饲料分开存放		
重要数据	**物理状态、外观：**无色至白色晶体 **化学危险性：**加热时，该物质分解生成含氯化氢、硫氧化物的有毒和腐蚀性烟雾 **职业接触限值：**阈限值：10mg/m^3（时间加权平均值）；A4（不能分类为人类致癌物）（美国政府工业卫生学家会议，2004 年） **接触途径：**该物质可通过吸入其气溶胶和食入吸收到体内 **吸入危险性：**20℃时蒸发可忽略不计，但喷洒或扩散时可较快地达到空气中颗粒物公害污染浓度，尤其是粉末 **短期接触的影响：**该物质刺激眼睛、皮肤和呼吸道。该物质可能对肾和肝有影响		
物理性质	**熔点：**245℃（分解） **相对密度（水=1）：**1.70 **水中溶解度：**25℃时溶解 **蒸气压：**20℃时 133Pa		
环境数据	避免在非正常使用情况下释放到环境中		
注解	商业制剂中使用的载体溶剂可能改变其物理和毒理学性质。不要将工作服带回家中。商品名有 Crag Herbicide 1, Crag Sesone 和 Herbon。该物质在体内代谢为 2,4-D。参见卡片＃0033		

IPCS
International
Programme on
Chemical Safety

国际化学品安全卡

育畜磷	ICSC 编号：1143
CAS 登记号：299-86-5 RTECS 号：TB3850000 UN 编号：2783 EC 编号：015-074-00-X 中国危险货物编号：2783	中文名称：育畜磷；4-叔丁基-2-氯苯基甲基甲基氨基磷酸酯 英文名称：CRUFOMATE; 4-tert-Butyl-2-chlorophenyl methyl methylphosphoramidate
分子量：291.7	化学式：$C_{12}H_{19}ClNO_3P$

危害/接触类型	急性危害/症状	预防	急救/消防
火　灾	可燃的。含有机溶剂的液体制剂可能是易燃的	禁止明火	雾状水，干粉
爆　炸			
接　触		避免青少年和儿童接触！	
# 吸入	头晕，出汗，呼吸困难，恶心，神志不清，呕吐，瞳孔收缩，肌肉痉挛，多涎	避免吸入微细粉尘和烟雾。局部排气通风或呼吸防护	新鲜空气，休息，给予医疗护理
# 皮肤	可能被吸收！发红。（另见吸入）	防护手套，防护服	脱掉污染的衣服，冲洗，然后用水和肥皂洗皮肤，给予医疗护理
# 眼睛	发红，疼痛	如果为粉末，面罩或眼睛防护结合呼吸防护	首先用大量水冲洗几分钟（如可能尽量摘除隐形眼镜），然后就医
# 食入	胃痉挛，腹泻，恶心，呕吐，瞳孔收缩，肌肉痉挛，多涎	工作时不得进食、饮水或吸烟。进食前洗手	给予医疗护理
泄漏处置	不要冲入下水道。将泄漏物扫入有盖容器中。如果适当，首先湿润防止扬尘。小心收集残余物，然后转移到安全场所。个人防护用具：全套防护服包括自给式呼吸器		
包装与标志	不得与食品和饲料一起运输 **欧盟危险性类别：**Xn 符号　N 符号　R:21/22-50/53　S:2-36/37-60-61 **联合国危险性类别：**6.1　**联合国包装类别：**III **中国危险性类别：**第 6.1 项毒性物质　**中国包装类别：**III		
应急响应	运输应急卡：TEC(R)-61GT7-III		
储存	与强碱、强酸、食品和饲料分开存放。严格密封。保存在通风良好的室内		
重要数据	**物理状态、外观：**白色晶体 **化学危险性：**加热时，该物质分解生成氯化氢、氮氧化物和氧化磷有毒烟雾。与强酸、强碱发生反应 **职业接触限值：**阈限值：5mg/m^3（时间加权平均值）；A4（不能分类为人类致癌物）；公布生物暴露指数（美国政府工业卫生学家会议，2004 年） **接触途径：**该物质可通过吸入其气溶胶、经皮肤和食入吸收到体内 **吸入危险性：**20℃时蒸发可忽略不计，但喷洒或扩散时可较快地达到空气中颗粒物有害浓度，尤其是粉末 **短期接触的影响：**该物质刺激眼睛、皮肤和呼吸道。该物质可能对神经系统有影响，导致惊厥和呼吸衰竭。胆碱酯酶抑制剂。影响可能推迟显现。需要进行医学观察		
物理性质	熔点：60～65℃（分解） 相对密度（水=1）：1.5 水中溶解度：不溶 蒸气压：25℃时 0.106Pa		
环境数据	该物质对水生生物有极高毒性。避免在非正常使用情况下释放到环境中		
注解	根据接触程度，建议定期进行医疗检查。商业制剂中使用的载体溶剂可能改变其物理和毒理学性质。不要将工作服带回家中。原药为黄色油状。商品名为 Ruelene		

IPCS
International
Programme on
Chemical Safety

国际化学品安全卡

高岭土			ICSC 编号：1144
CAS 登记号：1332-58-7 RTECS 号：GF1670500		中文名称：高岭土；水合硅酸铝；瓷器土；铝氧土 英文名称：KAOLIN; Hydrated alunium silicate; China clay; Argilla	
分子量：258		化学式：$H_2Al_2Si_2O_8H_2O$	
危害/接触类型	急性危害/症状	预防	急救/消防
火　灾	不可燃		周围环境着火时，允许使用各种灭火剂
爆　炸			
接　触		防止粉尘扩散！	
# 吸入		避免吸入微细粉尘和烟雾。局部排气通风或呼吸防护	新鲜空气，休息
# 皮肤		防护手套	冲洗，然后用水和肥皂洗皮肤
# 眼睛		安全护目镜	首先用大量水冲洗几分钟（如可能尽量摘除隐形眼镜），然后就医
# 食入			
泄漏处置	将泄漏物扫入有盖容器中。如果适当，首先湿润防止扬尘。个人防护用具：适用于惰性颗粒物的 P1 过滤呼吸器		
包装与标志			
应急响应			
储存			
重要数据	**物理状态、外观**：白色粉末 **职业接触限值**：阈限值：（颗粒物中不含有石棉，含有<1%的结晶二氧化硅）2mg/m³（时间加权平均值）（可吸入粉尘）；A4（不能分类为人类致癌物）（美国政府工业卫生学家会议，2008 年） **接触途径**：该物质可通过吸入其气溶胶吸收到体内 **吸入危险性**：20℃时蒸发可忽略不计，但喷洒或扩散时可较快地达到空气中颗粒物公害污染浓度，尤其是粉末 **长期或反复接触的影响**：反复或长期接触粉尘颗粒，肺可能受影响。该物质可能对肺有影响，导致纤维变性（白陶土肺）和功能损伤		
物理性质	相对密度（水=1）：2.6 水中溶解度：不溶		
环境数据			
注解	本卡片适用于晶体二氧化硅含量<1%的高岭土。如果高岭土中含有 1%以上晶体二氧化硅，熔化温度 1785℃。根据接触程度，建议定期进行医疗检查。商品名有 Fitrol, Glomax, Kaophills-2。参见卡片＃0808		

IPCS
International
Programme on
Chemical Safety

国际化学品安全卡

四氯化铂			ICSC 编号：1145
CAS 登记号：13454-96-1 RTECS 号：TP2275500		中文名称：四氯化铂；氯化铂（IV） 英文名称：PLATINUM TETRACHLORIDE; Platinum (IV) chloride	
分子量：336.9		化学式：Cl_4Pt	
危害/接触类型	急性危害/症状	预防	急救/消防
火　灾	不可燃。在火焰中释放出刺激性或有毒烟雾（或气体）		周围环境着火时，允许使用各种灭火剂
爆　炸			消防人员应穿着全套防护服，包括自给式呼吸器
接　触			
# 吸入	灼烧感，咳嗽	局部排气通风或呼吸防护	新鲜空气，休息，给予医疗护理
# 皮肤	发红	防护手套	脱掉污染的衣服，冲洗，然后用水和肥皂洗皮肤
# 眼睛	发红	安全护目镜	首先用大量水冲洗几分钟（如可能尽量摘除隐形眼镜），然后就医
# 食入			
泄漏处置	将泄漏物清扫入容器中。小心收集残余物，然后转移到安全场所。个人防护用具：全套防护服包括自给式呼吸器		
包装与标志			
应急响应			
储存	阴凉场所。干燥		
重要数据	**物理状态、外观**：红棕色粉末或晶体 **化学危险性**：加热或燃烧时，该物质分解生成氯有毒烟雾。与强氧化剂发生反应 **职业接触限值**：阈限值：0.002mg/m^3（以 Pt 计）（时间加权平均值）（美国政府工业卫生学家会议，2004 年）。最高容许浓度：IIb（未制定标准，但可提供数据）；呼吸道和皮肤致敏剂）（德国，2004 年） **接触途径**：该物质可通过吸入其粉尘吸收到体内 **吸入危险性**：20℃时蒸发可忽略不计，但可以较快地达到空气中颗粒物有害浓度 **短期接触的影响**：该物质刺激眼睛、皮肤和呼吸道		
物理性质	**熔点**：370℃（分解） **相对密度（水=1）**：4.3 **水中溶解度**：25℃时 58.7g/100mL（溶解）		
环境数据			
注解			

IPCS
International
Programme on
Chemical Safety

国际化学品安全卡

对（甲基氨基）苯酚			ICSC 编号：1146
CAS 登记号：150-75-4 RTECS 号：SL8225000 UN 编号：3077 中国危险货物编号：3077		中文名称：对（甲基氨基）苯酚；4-（甲基氨基）苯酚 英文名称：p-(METHYLAMINO)PHENOL; 4-(Methylamino)phenol	
分子量：123.2		化学式：C_7H_9NO	
危害/接触类型	急性危害/症状	预防	急救/消防
火　灾	可燃的。在火焰中释放出刺激性或有毒烟雾（或气体）	禁止明火	干粉，抗溶性泡沫，雾状水，二氧化碳
爆　炸	微细分散的颗粒物在空气中形成爆炸性混合物	防止粉尘沉积、密闭系统、防止粉尘爆炸型电气设备和照明	
接　触		防止粉尘扩散！避免一切接触！	
# 吸入			新鲜空气，休息。给予医疗护理
# 皮肤	发红	防护手套。防护服	脱去污染的衣服。冲洗，然后用水和肥皂清洗皮肤
# 眼睛	发红。疼痛	安全护目镜，或眼睛防护结合呼吸防护	先用大量水冲洗几分钟（如可能尽量摘除隐形眼镜），然后就医
# 食入		工作时不得进食，饮水或吸烟	漱口。大量饮水
泄漏处置	不要让该化学品进入环境。将泄漏物清扫进有盖的容器中。如果适当，首先润湿防止扬尘。个人防护用具：适用于有害颗粒物的 P2 过滤呼吸器		
包装与标志	联合国危险性类别：9　联合国包装类别：III 中国危险性类别：第 9 类杂项危险物质和物品　中国包装类别：III		
应急响应	运输应急卡：TEC(R)-90GM7-III		
储存			
重要数据	物理状态、外观：无色晶体 物理危险性：以粉末或颗粒形状与空气混合，可能发生粉尘爆炸 化学危险性：燃烧时，该物质分解生成含有氮氧化物的有毒烟雾 职业接触限值：阈限值未制定标准。最高容许浓度未制定标准 接触途径：该物质可经食入吸收到体内 吸入危险性：未指明达到空气中有害浓度的速率 短期接触的影响：该物质刺激眼睛和皮肤 长期或反复接触的影响：反复或长期接触可能引起皮肤过敏。该物质可能对血液有影响，导致血细胞损伤		
物理性质	熔点：87℃ 水中溶解度：25℃时 1.17g/100mL 辛醇/水分配系数的对数值：0.974		
环境数据	该物质对水生生物有极高毒性		
注解	该物质对人体健康的影响数据不充分，因此应当特别注意。本卡片的某些论述是根据对（甲基氨基）苯酚硫酸盐的数据做出的。参见卡片#1528 对（甲基氨基）苯酚硫酸盐		

IPCS
International
Programme on
Chemical Safety

国际化学品安全卡

<table>
<tr><td colspan="3">三乙氧基硅烷</td><td>ICSC 编号：1147</td></tr>
<tr><td colspan="2">CAS 登记号：998-30-1
RTECS 号：VV6682000
UN 编号：2929
中国危险货物编号：2929

分子量：164.3</td><td colspan="2">中文名称：三乙氧基硅烷
英文名称：TRIETHOXYSILANE

化学式：$C_6H_{16}O_3Si$</td></tr>
<tr><td>危害/接触类型</td><td>急性危害/症状</td><td>预防</td><td>急救/消防</td></tr>
<tr><td>火　灾</td><td>易燃的</td><td>禁止明火，禁止火花和禁止吸烟</td><td>干粉，雾状水，泡沫，二氧化碳</td></tr>
<tr><td>爆　炸</td><td>高于 26℃，可能形成爆炸性蒸气/空气混合物</td><td>高于 26℃，使用密闭系统、通风和防爆型电气设备</td><td>着火时，喷雾状水保持料桶等冷却</td></tr>
<tr><td>接　触</td><td></td><td></td><td></td></tr>
<tr><td># 吸入</td><td>咳嗽。咽喉痛</td><td>通风，局部排气通风或呼吸防护</td><td>新鲜空气，休息。给予医疗护理</td></tr>
<tr><td># 皮肤</td><td>发红</td><td>防护手套</td><td>脱去污染的衣服。冲洗，然后用水和肥皂清洗皮肤</td></tr>
<tr><td># 眼睛</td><td>发红。疼痛</td><td>安全护目镜，或眼睛防护结合呼吸防护</td><td>先用大量水冲洗几分钟（如可能尽量摘除隐形眼镜），然后就医</td></tr>
<tr><td># 食入</td><td></td><td>工作时不得进食，饮水或吸烟</td><td>漱口</td></tr>
<tr><td>泄漏处置</td><td colspan="3">转移全部引燃源。尽可能将泄漏液收集在可密闭的容器中。不要冲入下水道。个人防护用具：适用于有机气体和蒸气的过滤呼吸器</td></tr>
<tr><td>包装与标志</td><td colspan="3">联合国危险性类别：6.1 联合国次要危险性：3
联合国包装类别：I
中国危险性类别：6.1 中国次要危险性：3
中国包装类别：I</td></tr>
<tr><td>应急响应</td><td colspan="3">运输应急卡：TEC(R)-61GTF1-I</td></tr>
<tr><td>储存</td><td colspan="3">耐火设备（条件）。与强氧化剂、强酸和强碱分开存放</td></tr>
<tr><td>重要数据</td><td colspan="3">物理状态、外观：无色液体
化学危险性：与强氧化剂、强酸和强碱发生反应
职业接触限值：阈限值未制定标准。最高容许浓度未制定标准
接触途径：该物质可通过吸入其蒸气吸收到体内
吸入危险性：未指明 20℃时该物质蒸发达到空气中有害浓度的速率
短期接触的影响：蒸气刺激眼睛和呼吸道。该物质严重刺激眼睛，轻微刺激皮肤</td></tr>
<tr><td>物理性质</td><td colspan="3">沸点：133.5℃
熔点：−170℃
密度：0.87g/cm^3
蒸气相对密度（空气=1）：5.7
闪点：26℃（闭杯）</td></tr>
<tr><td>环境数据</td><td colspan="3"></td></tr>
<tr><td>注解</td><td colspan="3">该物质对人体健康的影响数据不充分，因此应当特别注意</td></tr>
</table>

IPCS
International
Programme on
Chemical Safety

国际化学品安全卡

2-巯基咪唑啉			ICSC 编号：1148
CAS 登记号：96-45-7 RTECS 号：NI9625000 EC 编号：613-039-00-9 分子量：102.2		中文名称：2-巯基咪唑啉；2-咪唑啉硫酮；亚乙基硫脲 英文名称：2-MERCAPTOIMIDAZOLINE; 2-Imidazolinethione; Ethylene thiourea 化学式：$C_3H_6N_2S$	
危害/接触类型	急性危害/症状	预防	急救/消防
火　灾	可燃的。在火焰中释放出刺激性或有毒烟雾（或气体）	禁止明火	干粉，雾状水，泡沫，二氧化碳
爆　炸			
接　触		防止粉尘扩散！避免孕妇接触！	
# 吸入		局部排气通风或呼吸防护	给予医疗护理
# 皮肤		防护手套，防护服	脱掉污染的衣服，用大量水冲洗皮肤或淋浴，给予医疗护理
# 眼睛		面罩	首先用大量水冲洗几分钟（如可能尽量摘除隐形眼镜），然后就医
# 食入		工作时不得进食、饮水或吸烟	漱口，给予医疗护理
泄漏处置	将泄漏物扫入有盖容器中。如果适当，首先湿润防止扬尘。小心收集残余物，然后转移到安全场所。个人防护用具：自给式呼吸器		
包装与标志	欧盟危险性类别：T 符号 标记：E R:61-22 S:53-45		
应急响应			
储存	保存在通风良好的室内		
重要数据	**物理状态、外观**：白色至浅绿色晶体 **化学危险性**：加热或燃烧时，该物质分解生成含氮氧化物、硫氧化物的有毒和刺激性烟气 **职业接触限值**：阈限值未制定标准。最高容许浓度：3B（德国，2004 年） **接触途径**：该物质可通过吸入和经皮肤吸收到体内 **吸入危险性**：20℃时蒸发可忽略不计，但喷洒或扩散时可较快地达到空气中颗粒物有害浓度，尤其是粉末 **长期或反复接触的影响**：该物质可能对甲状腺和肝有影响，导致功能损伤。动物实验表明，该物质可能引起人类婴儿畸形		
物理性质	**熔点**：203～204℃ **水中溶解度**：30℃时 2g/100mL（适度溶解） **闪点**：252℃ **辛醇/水分配系数的对数值**：-0.66（计算值）		
环境数据			
注解	根据接触程度，建议定期进行医疗检查。商品名称有 NA-22, NA22D, Pennac CRA, Rhodanin S62, Robac 22, Sanceller 22, Sodium-22 Neoprene accelerator, Vwlkacit NPV/C 和 Warecure C		

IPCS
International
Programme on
Chemical Safety

国际化学品安全卡

乙二醇二丁基醚			ICSC 编号：1149
CAS 登记号：112-48-1 RTECS 号：KH9450000		中文名称：乙二醇二丁基醚；1,2-二丁氧基乙烷；1,1'-(1,2-乙烷二基双(氧)二丁烷；二丁基溶纤剂；EGDBE；二丁基苯基溶纤剂 英文名称：ETHYLENE GLYCOL DIBUTYL ETHER; 1,2-Dibutoxyethane; 1,1'-(1,2-Ethanediylbis(oxy)) bis-butane; Dibutyl cellosolve; EGDBE; Dibutyl oxitol	
分子量：174.3		化学式：$C_{10}H_{22}O_2/C_4H_9OC_2H_4OC_4H_9$	

危害/接触类型	急性危害/症状	预防	急救/消防
火 灾	可燃的	禁止明火	干粉，抗溶性泡沫，雾状水，二氧化碳
爆 炸	高于 85℃，可能形成爆炸性蒸气/空气混合物	高于 85℃，使用密闭系统、通风	
接 触			
# 吸入		通风	新鲜空气，休息
# 皮肤	皮肤干燥。发红	防护手套	脱去污染的衣服。用大量水冲洗皮肤或淋浴
# 眼睛	发红	安全眼镜	先用大量水冲洗几分钟（如可能尽量摘除隐形眼镜），然后就医
# 食入		工作时不得进食，饮水或吸烟	漱口
泄漏处置	尽可能将泄漏液收集在可密闭的容器中。用大量水冲净残余物		
包装与标志			
应急响应	美国消防协会法规：H1（健康危险性）；F2（火灾危险性）；R0（反应危险性）		
储存	与强氧化剂分开存放。沿地面通风		
重要数据	物理状态、外观：无色液体，有特殊气味 化学危险性：该物质大概能生成爆炸性过氧化物。与强氧化剂发生反应 职业接触限值：阈限值未制定标准。最高容许浓度未制定标准 吸入危险性：未指明 20℃时该物质蒸发达到空气中有害浓度的速率 短期接触的影响：该物质轻微刺激眼睛和皮肤 长期或反复接触的影响：液体使皮肤脱脂		
物理性质	沸点：203℃ 熔点：-69℃ 相对密度（水=1）：0.8 水中溶解度：微溶 蒸气压：20℃时 12Pa 蒸气相对密度（空气=1）：6 蒸气/空气混合物的相对密度（20℃，空气=1）：1 闪点：85℃（开杯）		
环境数据			
注解	对接触该物质的健康影响未进行充分调查。蒸馏前检验过氧化物，如有，将其去除		

IPCS
International
Programme on
Chemical Safety

国际化学品安全卡

正丁醚			ICSC 编号：1150
CAS 登记号：142-96-1 RTECS 号：EK5425000 UN 编号：1149 EC 编号：603-054-00-9 中国危险货物编号：1149		中文名称：正丁醚；二正丁醚；1,1'-氧二(丁烷)；1-丁氧基丁烷 英文名称：n-BUTYL ETHER; Di-n-butyl ether; 1,1′-Oxybis(butane); 1-Butoxybutane	
分子量：130.2		化学式：$C_8H_{18}O/(CH_3(CH_2)_3)_2O$	
危害/接触类型	急性危害/症状	预防	急救/消防
火　灾	易燃的	禁止明火、禁止火花和禁止吸烟。禁止与高温表面接触	水成膜泡沫，抗溶性泡沫，干粉，二氧化碳
爆　炸	高于 25℃，可能形成爆炸性蒸气/空气混合物	高于 25℃，使用密闭系统，通风和防爆型电气设备。防止静电荷积聚（例如，通过接地）	着火时，喷雾状水保持料桶等冷却
接　触		防止产生烟雾！	
# 吸入	咳嗽，倦睡，咽喉疼痛	通风，局部排气通风或呼吸防护	新鲜空气，休息，给予医疗护理
# 皮肤	皮肤干燥，发红	防护手套	脱掉污染的衣服，用大量水冲洗皮肤或淋浴
# 眼睛	发红，疼痛	安全护目镜	首先用大量水冲洗几分钟（如可能尽量摘除隐形眼镜），然后就医
# 食入	灼烧感，恶心，咽喉疼痛	工作时不得进食、饮水或吸烟	漱口，不要催吐，给予医疗护理
泄漏处置	尽可能将泄漏液收集在有盖容器中。用砂土或惰性吸收剂吸收残液并转移到安全场所。个人防护用具：适用于有机气体和蒸气的过滤呼吸器		
包装与标志	气密 欧盟危险性类别：Xi 符号 R:10-36/37/38-52/53 S:2-61 联合国危险性类别：3　联合国包装类别：III 中国危险性类别：第 3 类易燃液体　中国包装类别：III		
应急响应	运输应急卡：TEC(R)-30S1149 或 30GF1-III 美国消防协会法规：H2（健康危险性）；F3（火灾危险性）；R0（反应危险性）		
储存	耐火设备（条件）。与性质相互抵触的物质（见化学危险性）分开存放。阴凉场所。保存在阴暗处。稳定后储存		
重要数据	物理状态、外观：无色液体 物理危险性：由于流动、搅拌等，可能产生静电 化学危险性：该物质可能形成爆炸性过氧化物，特别是在无水形式时。与氧化剂发生反应。与三氯化氮（NCl3）激烈反应。 职业接触限值：阈限值未制定标准 接触途径：该物质可通过吸入其蒸气吸收到体内 吸入危险性：未指明 20℃时该物质蒸发达到空气中有害浓度的速率 短期接触的影响：该物质刺激眼睛、皮肤和呼吸道。该物质可能对中枢神经系统和肝有影响。 长期或反复接触的影响：液体使皮肤脱脂		
物理性质	沸点：142℃ 熔点：−95℃ 相对密度（水=1）：0.8 水中溶解度：<0.1g/100mL（不溶） 蒸气压：20℃时 0.64kPa 蒸气相对密度（空气=1）：4.5	蒸气/空气混合物的相对密度（20℃，空气=1）：1.0 闪点：25℃ 自燃温度：194℃ 爆炸极限：空气中 1.5%～7.6%（体积） 辛醇/水分配系数的对数值：3.08（计算值）	
环境数据	该物质可能对环境有危害，对水生生物应给予特别注意		
注解	添加稳定剂或阻聚剂会影响到该物质的毒理学性质，向专家咨询。蒸馏前检验过氧化物，如果有，加以去除		

IPCS
International
Programme on
Chemical Safety

国际化学品安全卡

二乙二醇二乙醚			ICSC 编号：1151
CAS 登记号：112-36-7 RTECS 号：KN3160000	中文名称：二乙二醇二乙醚；1,1'-氧双(2-乙氧基乙烷)；二乙基卡必醇；二(2-乙氧基乙基)醚；DEGDEE；乙基二甘醇二甲醚 英文名称：DIETHYLENE GLYCOL DIETHYL ETHER; 1,1'-Oxybis (2-ethoxy-ethane); Diethyl carbitol; bis (2-Ethoxyethyl) ether; DEGDEE; Ethyl diglyme		
分子量：162.2	化学式：$C_8H_{18}O_3/(C_2H_5CH_2CH_2)_2O$		
危害/接触类型	急性危害/症状	预防	急救/消防
火　灾	可燃的	禁止明火	干粉，抗溶性泡沫，雾状水，二氧化碳
爆　炸	高于 71℃，可能形成爆炸性蒸气/空气混合物	高于 71℃，使用密闭系统、通风	
接　触			
# 吸入		通风	新鲜空气，休息
# 皮肤	发红。皮肤干燥	防护手套	脱去污染的衣服。用大量水冲洗皮肤或淋浴
# 眼睛	发红	安全眼镜	先用大量水冲洗几分钟（如可能尽量摘除隐形眼镜），然后就医
# 食入		工作时不得进食，饮水或吸烟	漱口
泄漏处置	尽可能将泄漏液收集在可密闭的容器中。用大量水冲净残余物		
包装与标志			
应急响应	美国消防协会法规：H1（健康危险性）；F2（火灾危险性）；R0（反应危险性）		
储存	与强氧化剂分开存放。沿地面通风		
重要数据	物理状态、外观：无色黏稠的液体 化学危险性：该物质大概能生成爆炸性过氧化物。与强氧化剂发生反应 职业接触限值：阈限值未制定标准。最高容许浓度未制定标准 吸入危险性：未指明 20℃时该物质蒸发达到空气中有害浓度的速率 短期接触的影响：该物质轻微刺激眼睛和皮肤 长期或反复接触的影响：液体使皮肤脱脂		
物理性质	沸点：189℃ 熔点：−44℃ 相对密度（水=1）：0.91 水中溶解度：易溶 蒸气压：20℃时 79Pa 蒸气相对密度（空气=1）：5.6 蒸气/空气混合物的相对密度（20℃，空气=1）：1.0 闪点：71℃（闭杯） 自燃温度：174℃ 辛醇/水分配系数的对数值：0.39		
环境数据			
注解	对接触该物质的长期健康影响未进行充分调查。蒸馏前检验过氧化物，如有，将其去除		

IPCS
International
Programme on
Chemical Safety

国际化学品安全卡

甲缩醛			ICSC 编号：1152
CAS 登记号：109-87-5 RTECS 号：PA8750000 UN 编号：1234 中国危险货物编号：1234		中文名称：甲缩醛；二甲氧基甲烷；缩甲醛；甲醛缩二甲醇 英文名称：METHYLAL; Dimethoxymethane; Formal; Formaldehyde dimethylacetal	
分子量：76.1		化学式：$C_3H_8O_2/CH_2(OCH_3)_2$	

危害/接触类型	急性危害/症状	预防	急救/消防
火　灾	高度易燃	禁止明火、禁止火花和禁止吸烟	干粉，抗溶性泡沫，大量水，二氧化碳
爆　炸	蒸气/空气混合物有爆炸性	密闭系统，通风，防爆型电气设备与照明。不要使用压缩空气灌装，卸料或转运	着火时，喷雾状水保持料桶等冷却
接　触			
# 吸入	咳嗽，头晕，倦睡，头痛，咽喉疼痛，神志不清	通风，局部排气通风或呼吸防护	新鲜空气，休息，给予医疗护理
# 皮肤	可能被吸收！皮肤干燥，发红，疼痛。（另见吸入）	防护手套	脱掉污染的衣服，用大量水冲洗皮肤或淋浴，给予医疗护理
# 眼睛	发红，疼痛	安全护目镜	首先用大量水冲洗几分钟（如可能尽量摘除隐形眼镜），然后就医
# 食入	腹部疼痛，恶心，呕吐。（另见吸入）	工作时不得进食、饮水或吸烟	漱口，给予医疗护理
泄漏处置	尽可能将泄漏液收集在有盖容器中。用砂土或惰性吸收剂吸收残液并转移到安全场所。不要冲入下水道。个人防护用具：自给式呼吸器		
包装与标志	气密 联合国危险性类别：3 联合国包装类别：II 中国危险性类别：第 3 类易燃液体 中国包装类别：II		
应急响应	运输应急卡：TEC(R)-30S1234 或 30GF1-I+II 美国消防协会法规：H2（健康危险性）；F3（火灾危险性）；R2（反应危险性）		
储存	耐火设备（条件）。与强氧化剂分开存放。阴凉场所。保存在阴暗处。严格密封。稳定后贮存		
重要数据	物理状态、外观：无色高挥发性液体，有特殊气味 物理危险性：蒸气比空气重，可能沿地面流动，可能造成远处着火 化学危险性：该物质大概能形成爆炸性过氧化物。加热时，该物质可能爆炸。与强氧化剂激烈反应，有着火和爆炸危险 职业接触限值：阈限值 1000ppm（时间加权平均值）（美国政府工业卫生学家会议，2004 年）。最高容许浓度：1000ppm，3200mg/m^3；最高限值种类：II（2）；妊娠风险等级：D（德国，2004 年） 接触途径：该物质可通过吸入其蒸气溶胶、经皮肤吸收到体内 吸入危险性：20℃时该物质蒸发，可相当快地达到空气中有害浓度 短期接触的影响：该物质刺激眼睛、皮肤和呼吸道。该物质可能对中枢神经系统有影响。远高于职业接触限值接触时，可能造成神志不清		
物理性质	沸点：42℃ 熔点：−105℃ 相对密度（水=1）：0.86 水中溶解度：20℃时 33g/100mL 蒸气压：20℃时 44kPa 蒸气相对密度（空气=1）：2.6	蒸气/空气混合物的相对密度（20℃，空气=1）：1.7 闪点：−18℃（开杯） 自燃温度：237℃ 爆炸极限：空气中 1.6%～17.6%（体积） 辛醇/水分配系数的对数值：0	
环境数据			
注解	添加稳定剂或阻聚剂会影响到该物质的毒理学性质。向专家咨询。蒸馏前检验过氧化物，如果有加以消除。甲缩醛代谢成甲醇和甲醛，并可能展现这些化合物同样的毒性反应。参见卡片＃0057 甲醇和卡片#0275 甲醛		

IPCS
International
Programme on
Chemical Safety

国际化学品安全卡

异戊烷	ICSC 编号：1153

CAS 登记号：78-78-4
RTECS 号：EK4430000
UN 编号：1265
EC 编号：601-006-00-1
中国危险货物编号：1265

中文名称：异戊烷；乙基二甲基甲烷；2-甲基丁烷
英文名称：ISOPENTANE; Ethyl dimethyl methane; 2-Methyl butane; Isoamyl hydride

分子量：72.2

化学式：$C_5H_{12}/(CH_3)_2CHCH_2CH_3$

危害/接触类型	急性危害/症状	预防	急救/消防
火　灾	极易燃	禁止明火、禁止火花和禁止吸烟	干粉，水成膜泡沫，泡沫，二氧化碳
爆　炸	蒸气/空气混合物有爆炸性	密闭系统，通风，防爆型电气设备与照明。防止静电荷积聚（例如，通过接地）。不要使用压缩空气灌装，卸料或转运	着火时，喷雾状水保持料桶等冷却
接　触			
# 吸入	咳嗽，头晕，倦睡，头痛，气促，咽喉疼痛，心律不齐	通风，局部排气通风或呼吸防护	新鲜空气，休息，给予医疗护理
# 皮肤	皮肤干燥，发红	防护手套	脱掉污染的衣服，用大量水冲洗皮肤或淋浴
# 眼睛	发红，疼痛	安全护目镜或眼睛防护结合呼吸防护	首先用大量水冲洗几分钟（如可能尽量摘除隐形眼镜），然后就医
# 食入	腹部疼痛，恶心，呕吐。（另见吸入）	工作时不得进食、饮水或吸烟	漱口，给予医疗护理

泄漏处置	撤离危险区域！向专家咨询！尽可能将泄漏液收集在有盖容器中。用砂土或惰性吸收剂吸收残液并转移到安全场所。不要冲入下水道。个人防护用具：适用于有机气体和蒸气的过滤呼吸器
包装与标志	欧盟危险性类别：F 符号 Xn 符号 N 符号 R:12-51/53-65-66-67 S:2-9-16-29-33-61-62 联合国危险性类别：3 联合国包装类别：I 中国危险性类别：第 3 类易燃液体 中国包装类别：I
应急响应	运输应急卡：TEC(R)-30S1265 或 30GF1-I+II 美国消防协会法规：H1（健康危险性）；F4（火灾危险性）；R0（反应危险性）
储存	耐火设备（条件）。严格密封
重要数据	**物理状态、外观**：无色液体，有特殊气味 **物理危险性**：蒸气比空气重，可能沿地面流动，可能造成远处着火。由于流动、搅拌等，可能产生静电 **化学危险性**：加热时可能引起爆炸 **职业接触限值**：阈限值：600ppm（时间加权平均值）（美国政府工业卫生学家会议，2004 年）。最高容许浓度：1000ppm，3000mg/m^3；最高限值种类：II（2）；妊娠风险等级：D（德国，2004 年） **接触途径**：该物质可通过吸入和食入吸收到体内 **吸入危险性**：未指明 20℃时该物质蒸发达到空气中有害浓度的速率 **短期接触的影响**：该物质刺激眼睛、皮肤和呼吸道。如果吞咽液体吸入肺中，可能引起化学肺炎。该物质可能对中枢神经系统和心脏有影响，导致功能损伤 **长期或反复接触的影响**：液体使皮肤脱脂
物理性质	沸点：28℃ 熔点：-160℃ 相对密度（水=1）：0.6 水中溶解度：不溶 蒸气压：20℃时 79kPa 蒸气相对密度（空气=1）：2.5 蒸气/空气混合物的相对密度（20℃，空气=1）：2.2 闪点：<-51℃（闭杯） 自燃温度：420℃ 爆炸极限：空气中 1.4%～7.6%（体积） 辛醇/水分配系数的对数值：2.3
环境数据	该物质对水生生物是有害的
注解	饮用含酒精饮料增加有害影响。空气中高浓度引起缺氧，有神志不清或死亡危险。进入工作区前，检验氧含量。未指明气味与职业接触限值之间的关系

IPCS
International
Programme on
Chemical Safety

国际化学品安全卡

三聚氰胺			ICSC 编号：1154
CAS 登记号：108-78-1 RTECS 号：OS0700000	中文名称：三聚氰胺；蜜胺；2,4,6-三氨基-1,3,5-三吖嗪；1,3,5-三吖嗪-2,4,6-三胺；氰尿三酰胺 英文名称：MELAMINE; 2,4,6-Triamino-1,3,5-triazine; 1,3,5-Triazine-2,4,6-triamine; Cyanurotriamide		
分子量：126.1	化学式：$C_3H_6N_6/C_3N_3(NH_2)_3$		
危害/接触类型	急性危害/症状	预防	急救/消防
火　灾	在特定条件下是可燃的。在火焰中释放出刺激性或有毒烟雾（或气体）	禁止明火	干粉，雾状水，泡沫，二氧化碳
爆　炸	微细分散的颗粒物在空气中形成爆炸性混合物	防止粉尘沉积、密闭系统、防止粉尘爆炸型电气设备和照明	着火时，喷雾状水保持料桶等冷却
接　触		防止粉尘扩散！	
# 吸入			新鲜空气，休息
# 皮肤		防护手套	冲洗，然后用水和肥皂清洗皮肤
# 眼睛		安全眼镜	先用大量水冲洗几分钟（如可能尽量摘除隐形眼镜）
# 食入		工作时不得进食，饮水或吸烟	漱口
泄漏处置	将泄漏物清扫进可密闭容器中，如果适当，首先润湿防止扬尘。小心收集残余物，然后转移到安全场所。个人防护用具：适用于有害颗粒物的 P2 过滤呼吸器		
包装与标志			
应急响应			
储存			
重要数据	物理状态、外观：无色至白色晶体 物理危险性：以粉末或颗粒形状与空气混合，可能发生粉尘爆炸 化学危险性：加热时或燃烧时，该物质分解生成含有氰化氢、氮氧化物和氨的有毒和刺激性烟雾 职业接触限值：阈限值未制定标准。最高容许浓度未制定标准。 吸入危险性：扩散时可较快地达到空气中颗粒物公害污染浓度，尤其是粉末 长期或反复接触的影响：大量食入时，该物质可能对肾和膀胱有影响，导致结石		
物理性质	熔点：> 345℃（分解） 密度：1574 kg/m^3 水中溶解度：0.31g/100mL 蒸气压：20℃时 4.7 × 10^{-8} Pa（可忽略不计） 自燃温度：>500℃ 辛醇/水分配系数的对数值：-1.14		
环境数据			
注解			

IPCS
International
Programme on
Chemical Safety

国际化学品安全卡

1,3,5-三甲基苯			ICSC 编号：1155
CAS 登记号：108-67-8 RTECS 号：OX6825000 UN 编号：2325 EC 编号：601-025-00-5 中国危险货物编号：2325		中文名称：1,3,5-三甲基苯；均三甲苯 英文名称：1,3,5-TRIMETHYLBENZENE; Mesitylene	
分子量：120.2		化学式：C_9H_{12}	
危害/接触类型	急性危害/症状	预防	急救/消防
火　灾	易燃的	禁止明火、禁止火花和禁止吸烟	抗溶性泡沫，干粉，二氧化碳
爆　炸	高于 50℃，可能形成爆炸性蒸气/空气混合物	高于 50℃，使用密闭系统、通风和防爆型电气设备。防止静电荷积聚（例如，通过接地）	着火时，喷雾状水保持料桶等冷却
接　触		防止产生烟云！	
# 吸入	意识模糊，咳嗽，头晕，倦睡，头痛，咽喉痛，呕吐	通风，局部排气通风或呼吸防护	新鲜空气，休息，给予医疗护理
# 皮肤	发红，皮肤干燥	防护手套	脱去污染的衣服，用大量水冲洗皮肤或淋浴
# 眼睛	发红，疼痛	安全护目镜	先用大量水冲洗几分钟（如可能尽量摘除隐形眼镜），然后就医
# 食入	见吸入	工作时不得进食，饮水或吸烟	漱口。不要催吐，给予医疗护理
泄漏处置	尽可能将泄漏液收集在可密闭的容器中。用砂土或惰性吸收剂吸收残液，并转移到安全场所。不要冲入下水道。不要让该化学品进入环境。个人防护用具：适用于有机气体和蒸气的过滤呼吸器		
包装与标志	污染海洋物质 欧盟危险性类别：Xi 符号 N 符号　R:10-37-51/53 S:2-61 联合国危险性类别：3　联合国包装类别：III 中国危险性类别：第 3 类易燃液体　中国包装类别：III		
应急响应	运输应急卡：TEC(R)-30S2325 美国消防协会法规：H0（健康危险性）；F2（火灾危险性）；R0（反应危险性）		
储存	耐火设备（条件）。与强氧化剂分开存放。严格密封。保存在通风良好的室内		
重要数据	**物理状态、外观**：无色液体，有特殊气味 **化学危险性**：燃烧时，该物质分解生成有毒和刺激性烟雾。与强氧化剂激烈反应，有着火和爆炸的危险 **职业接触限值**：阈限值：25ppm（时间加权平均值）（美国政府工业卫生学家会议，2004 年）。最高容许浓度：20ppm，100mg/m^3（所有异构体）；最高限值种类：II（2）；妊娠风险等级：C（德国，2004 年） **接触途径**：该物质可通过吸入吸收到体内 **吸入危险性**：20℃时该物质蒸发，相当慢地达到空气中有害污染浓度，但喷洒或扩散时要快得多 **短期接触的影响**：该物质刺激眼睛、皮肤和呼吸道。如果吞咽液体吸入肺中，可能引起化学肺炎。该物质可能对中枢神经系统有影响 **长期或反复接触的影响**：液体使皮肤脱脂。反复或长期接触，肺可能受影响，导致慢性支气管炎。该物质可能对中枢神经系统和血液有影响。见注解		
物理性质	沸点：165℃ 熔点：-45℃ 相对密度（水=1）：0.86 水中溶解度：难溶 蒸气压：20℃时 0.25kPa	蒸气相对密度（空气=1）：4.1 蒸气/空气混合物的相对密度（20℃，空气=1）：1.01 闪点：50℃（闭杯） 自燃温度：550℃ 辛醇/水分配系数的对数值：3.42	
环境数据	该物质对水生生物是有害的。该化学品可能在鱼体内发生生物蓄积		
注解	饮用含酒精饮料增进有害影响。根据接触程度，建议定期进行医疗检查。参见卡片#1433[1,2,4-三甲苯（假枯烯）；#1362 1,2,3-三甲苯（连三甲苯）；#1389 三甲基苯（混合异构体）]		

IPCS
International
Programme on
Chemical Safety

国际化学品安全卡

苯乙酮			ICSC 编号：1156
CAS 登记号：98-86-2 RTECS 号：AM5250000 EC 编号：606-042-00-1	中文名称：苯乙酮；1-苯基乙酮；苯基甲基甲酮；乙酰苯 英文名称：ACETOPHENONE; 1-Phenylethanone; Phenyl methyl ketone; Acetylbenzene		
分子量：120.1	化学式：$C_8H_8O/C_5H_5COCH_3$		
危害/接触类型	急性危害/症状	预防	急救/消防
火　灾	可燃的	禁止明火	抗溶性泡沫，干粉，二氧化碳
爆　炸	高于 82℃，可能形成爆炸性蒸气/空气混合物	高于 82℃，使用密闭系统，通风	
接　触		防止产生烟云！	
# 吸入	头痛，头晕，倦睡	通风，局部排气通风或呼吸防护	新鲜空气，休息，给予医疗护理
# 皮肤	皮肤干燥	防护手套	脱掉污染的衣服，用大量水冲洗皮肤或淋浴
# 眼睛	发红，疼痛	安全护目镜	首先用大量水冲洗几分钟（如可能尽量摘除隐形眼镜），然后就医
# 食入	恶心。（另见吸入）	工作时不得进食、饮水或吸烟	漱口，给予医疗护理
泄漏处置	尽可能将泄漏液收集在有盖容器中。用砂土或惰性吸收剂吸收残液并转移到安全场所。个人防护用具：适用于有机蒸气和有害粉尘的 A/P2 过滤呼吸器		
包装与标志	欧盟危险性类别：Xn 符号　R:22-36　S:2-26		
应急响应	美国消防协会法规：H1（健康危险性）；F2（火灾危险性）；R0（反应危险性）		
储存	与强氧化剂分开存放。沿地面通风		
重要数据	物理状态、外观：无色液体或白色晶体，有特殊气味 职业接触限值：阈限值 10ppm、 49mg/m^3（美国政府工业卫生学家会议，1993～199？年） 接触途径：该物质可通过吸入、经皮肤和食入吸收到体内 吸入危险性：20℃时该物质蒸发，可相当慢地达到空气中有害浓度，但喷洒或扩散时要快得多 短期接触的影响：该物质刺激眼睛。该物质可能对中枢神经系统有影响。高浓度接触可能造成神志不清 长期或反复接触的影响：液体使皮肤脱脂		
物理性质	沸点：202℃ 熔点：20℃ 相对密度（水=1）：1.03 水中溶解度：微溶 蒸气压：15℃时 0.133kPa 蒸气相对密度（空气=1）：4.1 蒸气/空气混合物的相对密度（20℃，空气=1）：1 闪点：82℃（开杯） 自燃温度：571℃ 辛醇/水分配系数的对数值：1.58		
环境数据			
注解	饮用含酒精饮料增进有害影响。商品名称为 Hypnone		

IPCS
International
Programme on
Chemical Safety

国际化学品安全卡

佛尔酮			ICSC 编号：1157
CAS 登记号：504-20-1 RTECS 号：MI5500000	中文名称：佛尔酮；2,6-二甲基-2,5-庚二烯-4-酮；二异亚丙基丙酮 英文名称：PHORONE; 2,6-Dimethyl-2,5-heptadien-4-one; Diisopropylidene acetone		
分子量：138.2	化学式：$C_9H_{14}O/(CH_3)_2C{=}CHCOCH{=}C(CH_3)_2$		
危害/接触类型	急性危害/症状	预防	急救/消防
火　灾	可燃的	禁止明火	干粉，水成膜泡沫，泡沫，二氧化碳
爆　炸	高于 85℃，可能形成爆炸性蒸气/空气混合物	高于 85℃，使用密闭系统，通风	
接　触			
# 吸入	咳嗽，气促，咽喉疼痛	避免吸入微细粉尘和烟雾。通风，局部排气通风或呼吸防护	新鲜空气，休息，给予医疗护理
# 皮肤	发红	防护手套	脱掉污染的衣服，用大量水冲洗皮肤或淋浴
# 眼睛	发红，疼痛	安全护目镜	首先用大量水冲洗几分钟（如可能尽量摘除隐形眼镜），然后就医
# 食入	腹部疼痛，恶心	工作时不得进食、饮水或吸烟	漱口，给予医疗护理
泄漏处置	尽可能将泄漏液收集在有盖容器中。用砂土或惰性吸收剂吸收残液并转移到安全场所。如为固体，将泄漏物清扫入容器中。小心收集残余物，然后转移到安全场所		
包装与标志			
应急响应	运输应急卡：H2（健康危险性）；F2（火灾危险性）；R0（反应危险性）		
储存			
重要数据	物理状态、外观：黄色至绿色液体或晶体 职业接触限值：阈限值未制定标准 接触途径：该物质可通过吸入吸收到体内 吸入危险性：未指明 20℃时该物质蒸发达到空气中有害浓度的速率 短期接触的影响：见注解 长期或反复接触的影响：见注解		
物理性质	沸点：198℃ 熔点：28℃ 相对密度（水=1）：0.9 水中溶解度：微溶 蒸气压：20℃时 51Pa 蒸气相对密度（空气=1）：4.8 蒸气/空气混合物的相对密度（20℃，空气=1）：1.00 闪点：85℃（开杯） 爆炸极限：空气中 0.8%～3.8%（体积）		
环境数据			
注解	该物质对人体健康影响数据不充分，因此应当特别注意。未查到主要参考文献。未指明气味与职业接触限值之间的关系		

IPCS
International
Programme on
Chemical Safety

国际化学品安全卡

特普			ICSC 编号：1158
CAS 登记号：107-49-3 RTECS 号：UX6825000 UN 编号：3018 EC 编号：015-025-00-2 中国危险货物编号：3018 分子量：290.2		中文名称：特普；焦磷酸四乙酯；二磷酸四乙酯；四乙基二磷酸酯 英文名称：T.E.P.P.; Tetraethyl pyrophosphate; Diphosphoric acid, tetraethyl ester; Tetraethyl diphosphate 化学式：$C_8H_{20}O_7P_2$	

危害/接触类型	急性危害/症状	预防	急救/消防
火　灾	可燃的。含有机溶剂的液体制剂可能是易燃的。在火焰中释放出刺激性或有毒烟雾（或气体）	禁止明火	干粉，抗溶性泡沫，大量水，二氧化碳
爆　炸	有着火和爆炸危险		着火时，喷雾状水保持料桶等冷却
接　触		避免一切接触！避免青少年和儿童接触！	一切情况均向医生咨询！
# 吸入	咳嗽，恶心，瞳孔收缩，肌肉痉挛，多涎，出汗，呼吸困难，倦睡，共济失调，惊厥，呕吐，神志不清	通风，局部排气通风或呼吸防护	新鲜空气，休息，半直立体位，必要时进行人工呼吸，给予医疗护理
# 皮肤	可能被吸收！皮肤烧伤，疼痛。（另见吸入）	防护手套，防护服	脱掉污染的衣服，冲洗，然后用水和肥皂洗皮肤，给予医疗护理
# 眼睛	可能被吸收！发红，疼痛，瞳孔收缩，视力模糊，头痛	面罩或眼睛防护结合呼吸防护	首先用大量水冲洗几分钟（如可能尽量摘除隐形眼镜），然后就医
# 食入	胃痉挛，腹泻，恶心，呕吐。（另见吸入）	工作时不得进食、饮水或吸烟。进食前洗手	漱口，用水冲服活性炭浆，不要催吐，给予医疗护理
泄漏处置	尽可能将泄漏液收集在有盖容器中。用砂土或惰性吸收剂吸收残液并转移到安全场所。不要冲入下水道。个人防护用具：全套防护服包括自给式呼吸器。不要让该化学品进入环境		
包装与标志	不得与食品和饲料一起运输。海洋污染物 欧盟危险性类别：T+符号 N 符号　R:27/28-50　S:1/2-36/37/39-38-45-61 联合国危险性类别：6.1　联合国包装类别：I 中国危险性类别：第 6.1 项毒性物质　中国包装类别：I		
应急响应	运输应急卡：TEC(R)-61GT6-I		
储存	注意收容灭火产生的废水。与食品和饲料分开存放。保存在通风良好的室内		
重要数据	**物理状态、外观**：无色吸湿液体 **化学危险性**：加热到 150℃以上时，该物质分解生成易燃乙烯气体和磷氧化物有毒烟雾。浸蚀有些塑料、橡胶和涂料，腐蚀大多数金属 **职业接触限值**：阈限值：0.05mg/m³（时间加权平均值）（经皮）；公布生物暴露指数（美国政府工业卫生学家会议，2004 年）。最高容许浓度：0.005ppm，0.06mg/m³；最高限值种类：II（2）；皮肤吸收（德国，2004 年） **接触途径**：该物质可通过吸入、经皮肤、食入和经眼睛吸收到体内 **吸入危险性**：20℃时该物质蒸发可相当快地达到空气中有害浓度，喷洒时快得多 **短期接触的影响**：该物质刺激眼睛、皮肤。该物质可能对中枢神经系统有影响，导致惊厥，呼吸衰竭和死亡。胆碱酯酶抑制剂。影响可能推迟显现。需要进行医学观察。见注解 **长期或反复接触的影响**：胆碱酯酶抑制剂。可能有累积影响，见急性危害/症状		
物理性质	沸点：低于沸点在 170℃分解 熔点：见注解 相对密度（水=1）：1.2 水中溶解度：溶解 蒸气压：20℃时 2Pa	蒸气相对密度（空气=1）：10 蒸气/空气混合物的相对密度（20℃，空气=1）：1.00 闪点：见注解 自燃温度：见注解 辛醇/水分配系数的对数值：2.94	
环境数据	该物质可能对环境有危害，对哺乳动物、鸟类、蜜蜂和水生生物应给予特别注意		
注解	熔点：低于 0℃变玻璃状。自燃温度未见文献报道。该物质是可燃的，但闪点未见文献报道。根据接触程度，建议定期进行医疗检查。该物质中毒时需采取必要的治疗措施。必须提供有指示说明的适当方法。商业制剂中使用的载体溶剂可能改变其物理和毒理学性质。不要将工作服带回家中。商品名称有：Bladan, Fosnex, Gy-Tet40, HETP, Hexaethyltetraphosphate, Killex, Kilmite, Lethalaire, Licophosphate, Nifos T, Pyfos, Pyro-Phos, Teep, Tetraspa 和 Vapotone		

IPCS
International
Programme on
Chemical Safety

国际化学品安全卡

四氢糠醇			ICSC 编号：1159
CAS 登记号：97-99-4 RTECS 号：LU2450000 EC 编号：603-061-00-7		中文名称：四氢糠醇；四氢-2-呋喃基甲醇；四氢-2-糠醇 英文名称：TETRAHYDROFURFURYL ALCOHOL; Tetrahydro-2-furylmethanol; Tetrahydro-2-furanmethanol; Tetrahydro-2-furancarbinol	
分子量：102.1		化学式：$C_5H_{10}O_2$	
危害/接触类型	急性危害/症状	预防	急救/消防
火　灾	可燃的	禁止明火	干粉，抗溶性泡沫，大量水，二氧化碳
爆　炸	高于 75℃，可能形成爆炸性蒸气/空气混合物	高于 75℃，使用密闭系统，通风	
接　触			
# 吸入	咽喉疼痛，咳嗽，头痛，恶心，倦睡，头晕，神志不清	通风，局部排气通风或呼吸防护	新鲜空气，休息，给予医疗护理
# 皮肤	发红，疼痛	防护手套	脱掉污染的衣服，冲洗，然后用水和肥皂洗皮肤
# 眼睛	发红，疼痛	安全护目镜	首先用大量水冲洗几分钟（如可能尽量摘除隐形眼镜），然后就医
# 食入	腹部疼痛。（另见吸入）	工作时不得进食、饮水或吸烟	漱口，给予医疗护理
泄漏处置	尽可能将泄漏液收集在有盖容器中。用大量水冲净残余物		
包装与标志	气密 欧盟危险性类别：Xi 符号　R:36　S:2-39		
应急响应	美国消防协会法规：H2（健康危险性）；F2（火灾危险性）；R0（反应危险性）		
储存	与性质相互抵触的物质（见化学危险性）分开存放。保存在阴暗处。稳定后储存		
重要数据	物理状态、外观：无色吸湿液体 化学危险性：该物质可能形成爆炸性过氧化物。与强氧化剂、N-氯酰亚胺和 N-溴酰亚胺激烈反应，有着火和爆炸危险 职业接触限值：阈限值未制定标准 接触途径：该物质可通过吸入和经皮肤吸收到体内 吸入危险性：未指明 20℃时该物质蒸发达到空气中有害浓度的速率 短期接触的影响：该物质刺激眼睛、皮肤和呼吸道。该物质可能对中枢神经系统有影响。高浓度接触时，可能造成神志不清		
物理性质	沸点：178℃ 熔点：<-80℃ 相对密度（水=1）：1.05 水中溶解度：溶解 蒸气压：20℃时 30.6Pa 蒸气相对密度（空气=1）：3.5 蒸气/空气混合物的相对密度（20℃，空气=1）：1.0 闪点：75℃（开杯） 自燃温度：282℃ 爆炸极限：空气中 1.5%～9.7%（体积）		
环境数据			
注解	饮用含酒精饮料增进有害影响。添加稳定剂或阻聚剂会影响该物质的毒理学性质，向专家咨询。蒸馏前检验过氧化物，如果有，加以去除		

IPCS
International
Programme on
Chemical Safety

国际化学品安全卡

三甘醇			ICSC 编号：1160
CAS 登记号：112-27-6 RTECS 号：YE4550000		中文名称：三甘醇；2,2'-(1,2-乙烷二基双(氧基))-双乙醇；2,2'-乙烯二氧基双(乙醇)；三乙二醇 英文名称：TRIETHYLENE GLYCOL; 2,2'-(1,2-Ethanediyl bis (oxy)) bisethanol; 2,2'-Ethylenedioxybis (ethanol); Triglycol	
分子量：150.2		化学式：$C_6H_{14}O_4/HOCH_2(CH_2CH_2O)_2CH_2OH$	
危害/接触类型	急性危害/症状	预防	急救/消防
火 灾	可燃的	禁止明火	干粉，抗溶性泡沫，雾状水，二氧化碳
爆 炸			
接 触			
# 吸入		通风	新鲜空气，休息，给予医疗护理
# 皮肤		防护手套	脱掉污染的衣服，用大量水冲洗皮肤或淋浴
# 眼睛		安全护目镜	首先用大量水冲洗几分钟（如可能尽量摘除隐形眼镜），然后就医
# 食入		工作时不得进食、饮水或吸烟	漱口
泄漏处置	尽可能将泄漏液收集在有盖容器中。用砂土或惰性吸收剂吸收残液并转移到安全场所		
包装与标志			
应急响应	美国消防协会法规：H1（健康危险性）；F1（火灾危险性）；R0（反应危险性）		
储存			
重要数据	物理状态、外观：无色吸湿液体 职业接触限值：阈限值未制定标准。最高容许浓度：1000mg/m³；最高限值类别：II(2)；妊娠风险等级：C（德国，2008 年） 接触途径：该物质可通过吸入其蒸气吸收到体内 吸入危险性：20℃时该物质蒸发，不会或很缓慢地达到空气中有害浓度		
物理性质	沸点：285℃ 熔点：-5～-7℃ 相对密度（水=1）：1.1 水中溶解度：易溶 蒸气压：20℃时 0.02Pa 蒸气相对密度（空气=1）：5.2 闪点：165℃ 自燃温度：371℃ 爆炸极限：空气中 0.9%～9.29%（体积） 辛醇/水分配系数的对数值：-1.24～-1.9（计算值）		
环境数据			
注解	对该物质的健康影响进行了调查，但未发现任何数据		

IPCS
International
Programme on
Chemical Safety

国际化学品安全卡

2-(氰硫基甲硫基)苯并噻唑			ICSC 编号：1161
CAS 登记号：2156-17-0 RTECS 号：XK8150900 EC 编号：613-119-00-3	中文名称：2-（氰硫基甲硫基）苯并噻唑；硫氰酸-2-（苯并噻唑基硫代）甲酯；（2-苯并噻唑基硫代）硫氰酸甲酯 英文名称：2-(THIOCYANOMETHYLTHIO)BENZOTHIA-ZOLE; Thiocyanic acid, 2-(benzothiazolylthio)methyl ester; (2-Benzothiazolylthio) methyl thiocyanate		
分子量：238.4	化学式：$C_9H_6N_2S_3$		
危害/接触类型	**急性危害/症状**	**预防**	**急救/消防**
火　灾	可燃的。含有机溶剂的液体制剂可能是易燃的。在火焰中释放出刺激性或有毒烟雾（或气体）	禁止明火	干粉，雾状水，泡沫，二氧化碳
爆　炸			
接　触		严格作业环境管理！	
# 吸入	咳嗽	通风，局部排气通风或呼吸防护	新鲜空气，休息
# 皮肤	皮肤干燥，发红，粗糙，灼烧感	防护手套，防护服	冲洗，然后用水和肥皂洗皮肤
# 眼睛	发红，疼痛，严重深度烧伤	安全护目镜或眼睛防护结合呼吸防护	首先用大量水冲洗几分钟（如可能尽量摘除隐形眼镜），然后就医
# 食入		工作时不得进食、饮水或吸烟	漱口
泄漏处置	尽可能将泄漏液收集在有盖容器中。用砂土或惰性吸收剂吸收残液并转移到安全场所。不要让这种化学品进入环境。个人防护用具：适用于有机气体和蒸气的过滤呼吸器		
包装与标志	不得与食品和饲料一起运输 **欧盟危险性类别**：T+符号 N 符号　R:22-26-36/38-43-50/53　S:1/2-28-36/37-38-45-60-61		
应急响应			
储存	与食品和饲料分开存放。储存在没有排水管或下水道的场所。注意收容灭火产生的废水		
重要数据	**物理状态、外观**：淡红色黏稠液体，有刺鼻气味 **化学危险性**：加热时，该物质分解生成含氰化氢、氮氧化物和硫氧化物的有毒烟雾 **职业接触限值**：阈限值未制定标准 **接触途径**：该物质可通过吸入其气溶胶和食入吸收到体内 **吸入危险性**：未指明 20℃时该物质蒸发达到空气中有害浓度的速率 **短期接触的影响**：该物质刺激皮肤、腐蚀眼睛 **长期或反复接触的影响**：反复或长期接触可能引起皮肤过敏		
物理性质	**沸点**：>120℃ **熔点**：<－10℃ **相对密度（水=1）**：1.4 **水中溶解度**：0.0033g/100mL **辛醇/水分配系数的对数值**：3.3		
环境数据	该物质对水生生物有极高毒性。避免在非正常使用情况下释放到环境中		
注解	如果该物质由溶剂配制，可参考该溶剂的卡片。载体溶剂可能增进皮肤吸收。商业制剂中使用的载体溶剂可能改变其物理和毒理学性质。商品名称有 TCMTB, Busan 和 KEMTOX S10		

IPCS
International
Programme on
Chemical Safety

国际化学品安全卡

乙二醛（40%溶液）			ICSC 编号：1162
CAS 登记号：107-22-2 RTECS 号：MD2700000 EC 编号：605-016-00-7	中文名称：乙二醛（40%溶液）；1,2-乙二酮；乙二醛；草醛 英文名称：GLYOXAL (40% solution); 1,2-Ethanedione; Biformyl; Ethanedial; Oxalaldehyde		
分子量：58.0	化学式：$C_2H_2O_2$/OHCCHO		
危害/接触类型	急性危害/症状	预防	急救/消防
火　灾	可燃的	禁止明火	二氧化碳，泡沫，干粉
爆　炸			
接　触		避免一切接触！	
# 吸入		局部排气通风或呼吸防护	新鲜空气，休息
# 皮肤	发红	防护手套。防护服	脱去污染的衣服。用大量水冲洗皮肤或淋浴
# 眼睛	发红。疼痛	护目镜，或眼睛防护结合呼吸防护	先用大量水冲洗几分钟（如可能尽量摘除隐形眼镜），然后就医
# 食入	腹部疼痛。恶心。呕吐	工作时不得进食，饮水或吸烟	漱口。给予医疗护理
泄漏处置	尽可能将泄漏液收集在可密闭的容器中。使用面罩。个人防护用具：适用于有机气体和蒸气的过滤呼吸器		
包装与标志	欧盟危险性类别：Xn 符号 标记：B　R:20-36/38-43-68　S:2-36/37		
应急响应			
储存	严格密封		
重要数据	物理状态、外观：无色至淡黄色液体 化学危险性：水溶液是一种弱酸 职业接触限值：阈限值：0.1mg/m^3（可吸入气溶胶和蒸气）（时间加权平均值）；A4（不能分类为人类致癌物），致敏剂（美国政府工业卫生学家会议，2003 年）。最高容许浓度：皮肤吸收；皮肤致敏；致癌物类别：3B（德国，2004 年） 接触途径：该物质可通过吸入其蒸气或气溶胶和经食入吸收到体内 吸入危险性：20℃时该物质蒸发，迅速达到空气中有害污染浓度 短期接触的影响：该物质刺激眼睛和皮肤 长期或反复接触的影响：反复或长期接触可能引起皮肤过敏		
物理性质	沸点：104℃ 熔点：-14℃ 相对密度（水=1）：1.27 蒸气压：20℃时 2.4kPa 蒸气相对密度（空气=1）：1.27 闪点：>100℃ 自燃温度：285℃ 辛醇/水分配系数的对数值：-0.85		
环境数据			
注解	商业上以晶体二水合物形式提供（含 80%乙二醛）。不要将工作服带回家中		

IPCS
International
Programme on
Chemical Safety

国际化学品安全卡

<table>
<tr><td colspan="2">甲磺酰氯</td><td colspan="2">ICSC 编号：1163</td></tr>
<tr><td colspan="2">CAS 登记号：124-63-0
RTECS 号：PB2790000
UN 编号：3246
中国危险货物编号：3246

分子量：114.6</td><td colspan="2">中文名称：甲磺酰氯；甲基磺酰基氯；甲磺酸氯
英文名称：METHANESULFONYL CHLORIDE; Mesyl chloride; Methylsulfonyl chloride; Methanesulfonic acid chloride

化学式：CH_3ClO_2S</td></tr>
<tr><td>危害/接触类型</td><td>急性危害/症状</td><td>预防</td><td>急救/消防</td></tr>
<tr><td>火　灾</td><td>可燃的。在火焰中释放出刺激性或有毒烟雾（或气体）</td><td>禁止明火</td><td>干粉，雾状水，泡沫，二氧化碳</td></tr>
<tr><td>爆　炸</td><td></td><td></td><td></td></tr>
<tr><td>接　触</td><td></td><td></td><td></td></tr>
<tr><td># 吸入</td><td>有腐蚀性，灼烧感，咳嗽，咽喉疼痛</td><td>通风，局部排气通风或呼吸防护</td><td>新鲜空气，休息，给予医疗护理</td></tr>
<tr><td># 皮肤</td><td>发红，疼痛，起疱</td><td>防护手套，防护服</td><td>脱掉污染的衣服，用大量水冲洗皮肤或淋浴，给予医疗护理</td></tr>
<tr><td># 眼睛</td><td>发红，疼痛，严重深度烧伤</td><td>护目镜，面罩或眼睛防护结合呼吸防护</td><td>首先用大量水冲洗几分钟（如可能尽量摘除隐形眼镜），然后就医</td></tr>
<tr><td># 食入</td><td>胃痉挛，灼烧感</td><td>工作时不得进食、饮水或吸烟</td><td>漱口，不要催吐，给予医疗护理</td></tr>
<tr><td>泄漏处置</td><td colspan="3">撤离危险区域！向专家咨询！将泄漏液收集在有盖容器中。用砂土或惰性吸收剂吸收残液并转移到安全场所。不要冲入下水道。个人防护用具：全套防护服包括自给式呼吸器</td></tr>
<tr><td>包装与标志</td><td colspan="3">气密。不易破碎包装，将易破碎包装放在不易破碎密闭容器中。不得与食品和饲料一起运输
联合国危险性类别：6.1　联合国次要危险性：8
联合国包装类别：I
中国危险性类别：第 8 类腐蚀性物质　中国次要危险性：8
中国包装类别：I</td></tr>
<tr><td>应急响应</td><td colspan="3">运输应急卡：TEC(R)-61G61a</td></tr>
<tr><td>储存</td><td colspan="3">与食品和饲料分开存放。干燥。严格密封。保存在通风良好的室内</td></tr>
<tr><td>重要数据</td><td colspan="3">物理状态、外观：无色至淡黄色发烟液体
化学危险性：加热或燃烧时，该物质分解，生成含氯化氢和硫氧化物的有毒和腐蚀性烟雾。与碱包括氨和许多其他化合物激烈反应，有着火和爆炸危险。与水和蒸汽反应，生成含氯化氢的有毒和腐蚀性烟雾
职业接触限值：阈限值未制定标准
接触途径：该物质可通过吸入或食入吸收到体内
吸入危险性：未指明 20℃时该物质蒸发达到空气中有害浓度的速率
短期接触的影响：催泪。该物质腐蚀眼睛、皮肤和呼吸道。食入有腐蚀性</td></tr>
<tr><td>物理性质</td><td colspan="3">沸点：97.3kPa 时 161℃
熔点：−32℃
相对密度（水=1）：1.5
水中溶解度：反应
蒸气压：20℃时 0.27kPa
蒸气相对密度（空气=1）：4.0
蒸气/空气混合物的相对密度（20℃，空气=1）：1.01
闪点：>110℃</td></tr>
<tr><td>环境数据</td><td colspan="3">该物质对水生生物是有害的</td></tr>
<tr><td>注解</td><td colspan="3"></td></tr>
</table>

IPCS
International
Programme on
Chemical Safety

国际化学品安全卡

甲基叔丁醚		ICSC 编号：1164
CAS 登记号：1634-04-4 RTECS 号：KN5250000 UN 编号：2398 EC 编号：603-181-00-X 中国危险货物编号：2398	中文名称：甲基叔丁醚；叔丁基甲醚；MTBE；甲基-1,1-二甲基乙醚；2-甲氧基-2-甲基丙烷 英文名称：METHYL TERT-BUTYL ETHER; tert-Butyl methyl ether; MTBE; Methyl-1,1-dimethylethyl ether; 2-Methoxy-2-methyl propane	
分了量：88.2	化学式：$(CH_3)_3COCH_3$/$C_5H_{12}O$	

危害/接触类型	急性危害/症状	预防	急救/消防
火　灾	高度易燃	禁止明火、禁止火花和禁止吸烟。禁止与氧化剂接触	干粉、水成膜泡沫、泡沫、二氧化碳
爆　炸	蒸气/空气混合物有爆炸性	密闭系统、通风、防爆型电气设备和照明。不要使用压缩空气灌装、卸料或转运	着火时，喷雾状水保持料桶等冷却
接　触			
# 吸入	倦睡，头晕，头痛，虚弱，神志不清	通风，局部排气通风或呼吸防护	新鲜空气，休息，必要时进行人工呼吸，给予医疗护理
# 皮肤	皮肤干燥，发红	防护手套	脱去污染的衣服，冲洗，然后用水和肥皂清洗皮肤
# 眼睛	发红	护目镜，或面罩	先用大量水冲洗几分钟（如可能尽量摘除隐形眼镜），然后就医
# 食入	腹部疼痛，恶心，呕吐。（另见吸入）	工作时不得进食，饮水或吸烟	漱口，用水冲服活性炭浆，不要催吐，给予医疗护理
泄漏处置	移除全部引燃源。尽可能将泄漏液收集在有盖的容器中。用砂土或惰性吸收剂吸收残液，并转移到安全场所。不要冲入下水道。个人防护用具：适用于有机气体和蒸气的过滤呼吸器		
包装与标志	欧盟危险性类别：F 符号　Xi 符号　R：11-38　S：2-9-16-24 联合国危险性类别：3　　联合国包装类别：II 中国危险性类别：第 3 类易燃液体　中国包装类别：II		
应急响应	运输应急卡：TEC(R)-30GF1-I+II		
储存	耐火设备（条件）。与强氧化剂、强酸分开存放		
重要数据	物理状态、外观：无色液体，有特殊气味 物理危险性：蒸气比空气重，可能沿地面流动，可能造成远处着火 化学危险性：与强氧化剂激烈反应，有着火的危险。与酸接触时，该物质分解 职业接触限值：阈限值：50ppm（时间加权平均值）；A3（确认的动物致癌物，但未知与人类相关性）（美国政府工业卫生学家会议，2004 年）。最高容许浓度：50ppm，180mg/m^3；最高限值种类：I（1.5)；致癌物类别：3B；妊娠风险等级：C（德国，2004 年） 接触途径：该物质可通过吸入和经食入吸收到体内 吸入危险性：20℃时该物质蒸发，相当快地达到空气中有害浓度 短期接触的影响：该物质刺激皮肤。如果吞咽液体吸入肺中，可能引起化学肺炎。远高于职业接触限值接触时，能够造成意识降低		
物理性质	沸点：55℃ 熔点：-109℃ 相对密度（水=1）：0.7 水中溶解度：20℃时 4.2g/100mL 蒸气压：20℃时 27kPa 蒸气相对密度（空气=1）：3.0	蒸气/空气混合物的相对密度（20℃，空气=1）：1.5 闪点：-28℃（闭杯） 自燃温度：375℃ 爆炸极限：空气中 1.6%～15.1%（体积） 辛醇/水分配系数的对数值：1.06	
环境数据	由于在环境中的持久性，强烈建议不要让该化学品进入环境		
注解	比其他醚类生成过氧化物的可能性小得多		

IPCS
International
Programme on
Chemical Safety

国际化学品安全卡

甲酸钠　　ICSC 编号：1165

CAS 登记号：141-53-7　　中文名称：甲酸钠；甲酸钠盐

RTECS 号：LR0350000　　英文名称：SODIUM FORMATE; Formic acid, sodium salt

分子量：68　　化学式：$HCOONa$

危害/接触类型	急性危害/症状	预防	急救/消防
火　灾	在特定情况下是可燃的		周围环境着火时，允许使用各种灭火剂
爆　炸	微细分散的颗粒物在空气中形成爆炸性混合物		
接　触		防止粉尘扩散！	
# 吸入	咳嗽，咽喉痛	通风，局部排气通风或呼吸防护	新鲜空气，休息
# 皮肤		防护手套	脱去污染的衣服，用大量水冲洗皮肤或淋浴
# 眼睛	发红，疼痛	护目镜	先用大量水冲洗几分钟（如可能尽量摘除隐形眼镜），然后就医
# 食入		工作时不得进食，饮水或吸烟	漱口
泄漏处置	将泄漏物清扫进容器中。用大量水冲净残余物		
包装与标志			
应急响应			
储存	与强酸分开存放。干燥。严格密封		
重要数据	**物理状态、外观**：白色吸湿的颗粒或晶体粉末 **物理危险性**：以粉末或颗粒形状与空气混合，可能发生粉尘爆炸 **化学危险性**：加热时，该物质分解生成一氧化碳和氢，有着火和爆炸危险。与酸类接触时，该物质分解生成甲酸蒸气（见卡片#0485） **职业接触限值**：阈限值未制定标准 **接触途径**：该物质可通过吸入其气溶胶吸收到体内 **吸入危险性**：20℃时蒸发可忽略不计，但可较快地达到空气中颗粒物公害污染浓度 **短期接触的影响**：该物质刺激眼睛和呼吸道		
物理性质	熔点：253℃ 密度：$1.9g/cm^3$ 水中溶解度：20℃时 97g/100mL		
环境数据			
注解	商品名称为 Salachlor		

IPCS
International
Programme on
Chemical Safety

国际化学品安全卡

硫磺			ICSC 编号：1166
CAS 登记号：7704-34-9 RTECS 号：WS4250000 UN 编号：1350 中国危险货物编号：1350 分子量：256.5		中文名称：硫磺；硫华；硫磺粉；硫黄 英文名称：SULFUR; Flowers of sulfur; Flour sulfur; Brimstone 化学式：S 或 S_8	
危害/接触类型	急性危害/症状	预防	急救/消防
火　灾	可燃的	禁止明火、禁止火花和禁止吸烟	雾状水，泡沫，干粉，干砂土
爆　炸	微细分散的颗粒物在空气中形成爆炸性混合物	防止粉尘沉积、密闭系统、防止粉尘爆炸型电气设备和照明。防止静电荷累积聚（例如，通过接地）	着火时，喷雾状水保持料桶等冷却
接　触		防止粉尘扩散！	
# 吸入	灼烧感，咳嗽，咽喉痛	局部排气通风或呼吸防护	新鲜空气，休息，半直立体位，给予医疗护理
# 皮肤	发红	防护手套	脱去污染的衣服，用大量水冲洗皮肤或淋浴
# 眼睛	发红，疼痛，视力模糊	护目镜	先用大量水冲洗几分钟（如可能尽量摘除隐形眼镜），然后就医
# 食入	灼烧感，腹泻	工作时不得进食，饮水或吸烟	漱口，给予医疗护理
泄漏处置	将泄漏物清扫进容器中。如果适当，首先润湿防止扬尘。个人防护用具：适用于有害颗粒物的 P2 过滤呼吸器		
包装与标志	**联合国危险性类别**：4.1　**联合国包装类别**：III **中国危险性类别**：第 4.1 项易燃固体　**中国包装类别**：III		
应急响应	**运输应急卡**：TEC(R)-115A **美国消防协会法规**：H1（健康危险性）；F1（火灾危险性）；R0（反应危险性）		
储存	耐火设备（条件）。与强氧化剂分开存放		
重要数据	**物理状态、外观**：黄色各种形态固体 **物理危险性**：以粉末或颗粒形状与空气混合，可能发生粉尘爆炸。如果在干燥状态，由于搅拌、空气输送和注入等能够产生静电 **化学危险性**：燃烧时，生成含有二氧化硫（见卡片#0074）的硫氧化物有毒和腐蚀性气体。与强氧化剂激烈反应，有着火和爆炸的危险，尤其是硫磺粉末 **职业接触限值**：阈限值未制定标准 **接触途径**：该物质可通过吸入和经食入吸收到体内 **吸入危险性**：20℃时蒸发可忽略不计，但扩散时可较快地达到空气中颗粒物有害浓度 **短期接触的影响**：该物质刺激眼睛、皮肤和呼吸道。吸入粉末可能引起鼻炎和呼吸道炎 **长期或反复接触的影响**：反复或长期与皮肤接触可能引起皮炎。该物质可能对呼吸道有影响，导致慢性支气管炎		
物理性质	沸点：445℃ 熔点：(γ-硫):107℃;(β-硫):115℃;(无定形硫):120℃ 密度：2.1g/cm^3 水中溶解度：不溶 闪点：160℃（闭杯） 自燃温度：232℃ 爆炸极限：空气中 35～1400 g/m^3		
环境数据			
注解	经常以熔融形态运输（UN 编号：2448；TEC（R）-115）。熔融硫磺与烃类反应，生成有毒和易燃气体。根据接触程度，建议定期进行医疗检查		

IPCS
International
Programme on
Chemical Safety

国际化学品安全卡

己酸			ICSC 编号：1167
CAS 登记号：142-62-1 RTECS 号：MO5250000 UN 编号：2829 中国危险货物编号：2829 分子量：116.2		中文名称：己酸；丁基乙酸；正己酸 英文名称：HEXANOIC ACID; Butyl acetic acid; Caproic acid; n-Caproic acid 化学式：$C_6H_{12}O_2/CH_3(CH_2)_4COOH$	
危害/接触类型	急性危害/症状	预防	急救/消防
火　灾	可燃的	禁止明火，禁止与强氧化剂接触	干粉，水成膜泡沫，泡沫，二氧化碳
爆　炸			
接　触		防止产生烟云！	
# 吸入	咳嗽，咽喉疼痛	通风，局部排气通风或呼吸防护	新鲜空气，休息，给予医疗护理
# 皮肤	发红，疼痛	防护手套，防护服	脱掉污染的衣服，用大量水冲洗皮肤或淋浴，给予医疗护理
# 眼睛	发红，疼痛，视力模糊	安全护目镜，或眼睛防护结合呼吸防护	首先用大量水冲洗几分钟（如可能尽量摘除隐形眼镜），然后就医
# 食入		工作时不得进食、饮水或吸烟	漱口，不要催吐，大量饮水，休息
泄漏处置	将泄漏液收集在有盖容器中。用大量水冲净残余物。不得冲入下水道		
包装与标志	不得与食品和饲料一起运输 联合国危险性类别：8　联合国包装类别：III 中国危险性类别：第 8 类腐蚀性物质　中国包装类别：III		
应急响应	运输应急卡：TEC(R)-80G20c 美国消防协会法规：H2（健康危险性）；F1（火灾危险性）；R0（反应危险性）		
储存	与强氧化剂、强碱、食品和饲料分开存放		
重要数据	物理状态、外观：无色油状液体，有特殊气味 化学危险性：该物质是一种弱酸。与强碱和氧化剂激烈反应 职业接触限值：阈限值未制定标准。最高容许浓度未制定标准 接触途径：该物质可通过吸入其气溶胶、经皮肤吸收到体内 吸入危险性：20℃时该物质蒸发，不会或很缓慢地达到空气中有害浓度 短期接触的影响：该物质刺激眼睛、皮肤和呼吸道。如果吞咽液体吸入肺中，可能引起化学肺炎 长期或反复接触的影响：见注解		
物理性质	沸点：205℃ 熔点：-3℃ 相对密度（水=1）：0.93 水中溶解度：20℃时 1.1g/100mL 蒸气压：20℃时 27Pa 蒸气相对密度（空气=1）：4.0 蒸气/空气混合物的相对密度（20℃，空气=1）：1.0 闪点：102℃（开杯） 自燃温度：380℃ 爆炸极限：空气中 1.3%～9.3%（体积） 辛醇/水分配系数的对数值：1.88		
环境数据	该物质对水生生物是有害的		
注解	该物质对人体健康影响数据不充分，因此应当特别注意。商品名称为 Hexacid 698		

IPCS
International
Programme on
Chemical Safety

国际化学品安全卡

2,3-丁二酮			ICSC 编号：1168
CAS 登记号：431-03-8 RTECS 号：EK2625000 UN 编号：2346 中国危险货物编号：2346	中文名称：2,3-丁二酮；丁二酮；二甲基乙二醛；二甲基二酮；2,3-二酮基丁烷 英文名称：2,3-BUTANEDIONE; Diacetyl; Dimethylglyoxal; Dimethyl diketone; 2,3-Diketobutane; Butanedione		
分子量：86.1	化学式：$CH_3COCOCH_3/C_4H_6O_2$		
危害/接触类型	急性危害/症状	预防	急救/消防
火 灾	高度易燃	禁止明火，禁止火花和禁止吸烟	干粉，抗溶性泡沫，雾状水，二氧化碳
爆 炸	蒸气/空气混合物有爆炸性	密闭系统，通风，防爆型电气设备和照明	着火时，喷雾状水保持料桶等冷却
接 触		防止产生烟云！	
# 吸入	咳嗽。倦睡。恶心。头痛。咽喉痛	通风，局部排气通风或呼吸防护	新鲜空气，休息。给予医疗护理
# 皮肤	发红	防护手套。防护服	脱去污染的衣服。用大量水冲洗皮肤或淋浴
# 眼睛	发红。疼痛。烧伤	安全护目镜，眼睛防护结合呼吸防护	先用大量水冲洗几分钟（如可能尽量摘除隐形眼镜），然后就医
# 食入	咽喉疼痛	工作时不得进食，饮水或吸烟	漱口。饮用 1～2 杯水。如果感觉不舒服，需就医
泄漏处置	转移全部引燃源。不要让该化学品进入环境。将泄漏液收集在有盖的容器中。用砂土或惰性吸收剂吸收残液，并转移到安全场所。个人防护用具：适应于该物质空气中浓度的有机气体和蒸气过滤呼吸器		
包装与标志	**联合国危险性类别**：3 **联合国包装类别**：II **中国危险性类别**：第 3 类 易燃液体 **中国包装类别**：II		
应急响应	**美国消防协会法规**：H2（健康危险性）；F3（火灾危险性）；R0（反应危险性）		
储存	耐火设备（条件）。储存在没有排水管或下水道的场所。见化学危险性		
重要数据	**物理状态、外观**：绿色至黄色液体 **物理危险性**：蒸气比空气重，可能沿地面流动，可能造成远处着火 **化学危险性**：加热可能引起激烈燃烧或爆炸。与强酸、强碱和氧化剂发生激烈反应 **职业接触限值**：阈限值未制定标准。最高容许浓度未制定标准 **接触途径**：该物质可通过吸入和经食入吸收到体内 **吸入危险性**：未指明 20℃时该物质蒸发达到空气中有害浓度的速率 **短期接触的影响**：该物质严重刺激眼睛。该物质刺激皮肤和呼吸道。该物质可能对中枢神经系统、肺和呼吸道有影响。高浓度接触时能够造成意识水平下降 **长期或反复接触的影响**：反复或长期接触其蒸气，肺可能受损伤，导致功能损伤。见注解		
物理性质	沸点：88℃ 熔点：−2.4℃ 相对密度（水=1）：1.1 水中溶解度：25℃时 20g/100mL 蒸气压：25℃时 7.6kPa 蒸气相对密度（空气=1）：3 蒸气/空气混合物的相对密度（20℃，空气=1）：0.99 闪点：闪点：6℃（闭杯） 自燃温度：365℃ 爆炸极限：空气中 2.4%～13%（体积） 辛醇/水分配系数的对数值：−1.34		
环境数据	该物质对水生生物有害		
注解	有记录表明，不可逆阻塞性肺疾病在多种作业环境的工人中都有发生。这包括化工厂中 2,3-丁二酮（联乙酰化合物）的生产，含有 2,3-丁二酮（联乙酰化合物）调味剂的生产，以及含有联乙酰化合物的生产，奶油味食品如微波炉爆米花的加工。许多临床病历已经证实了严重闭塞性细支气管炎的发生。对该物质的环境影响未进行充分调查。不要将工作服带回家中		

IPCS
International
Programme on
Chemical Safety

国际化学品安全卡

甲基环戊二烯基三羰基锰			ICSC 编号：1169
CAS 登记号：12108-13-3 RTECS 号：OP1450000 UN 编号：2810 中国危险货物编号：2810 分子量：218.1		中文名称：甲基环戊二烯基三羰基锰；MMT 英文名称：METHYLCYCLOPENTADIENYL MANGANESE TRICARBONYL; MMT 化学式：$C_9H_7MnO_3$	
危害/接触类型	急性危害/症状	预防	急救/消防
火　灾	可燃的。在火焰中释放出刺激性或有毒烟雾（或气体）	禁止明火	干粉，雾状水，泡沫，二氧化碳
爆　炸	高于 96℃，可能形成爆炸性蒸气/空气混合物	高于 96℃，使用密闭系统、通风	
接　触		防止产生烟云！严格作业环境管理！	
# 吸入	腹部疼痛，头晕，头痛，呼吸困难，恶心，咳嗽，咽喉痛	通风，局部排气通风或呼吸防护	新鲜空气，休息，必要时进行人工呼吸，给予医疗护理
# 皮肤	可能被吸收！发红。疼痛	防护手套。防护服	脱去污染的衣服。冲洗，然后用水和肥皂清洗皮肤
# 眼睛	发红。疼痛	安全眼镜，或眼睛防护结合呼吸防护	先用大量水冲洗几分钟（如可能尽量摘除隐形眼镜），然后就医
# 食入	（另见吸入）	工作时不得进食，饮水或吸烟。进食前洗手	漱口，催吐（仅对清醒病人！）。给予医疗护理
泄漏处置	将泄漏液收集在可密闭的容器中。用砂土或惰性吸收剂吸收残液，并转移到安全场所。化学防护服，包括自给式呼吸器。不要让该化学品进入环境		
包装与标志	不得与食品和饲料一起运输 **联合国危险性类别**：6.1　**联合国包装类别**：I **中国危险性类别**：第 6.1 项毒性物质　**中国包装类别**：I		
应急响应	运输应急卡：TEC(R)-61G1-I		
储存	与食品和饲料分开存放		
重要数据	**物理状态、外观**：暗橙色液体，有特殊气味 **化学危险性**：燃烧时，生成含有氧化锰和一氧化碳的刺激性和有毒烟雾。在光的作用下，该物质发生分解 **职业接触限值**：阈限值：（以锰计）0.2mg/m^3（时间加权平均值）（经皮）（美国政府工业卫生学家会议，2003 年） **接触途径**：该物质可通过吸入，经皮肤和食入吸收到体内 **吸入危险性**：20℃时，该物质蒸发不会或很缓慢地达到空气中有害污染浓度，但喷洒或扩散时要快得多 **短期接触的影响**：该物质刺激眼睛和皮肤。该物质可能对中枢神经系统、肾、肝和肺有影响，导致体组织损伤。接触高浓度时，可能导致死亡。需进行医学观察		
物理性质	**沸点**：231.7℃ **熔点**：2.2℃ **相对密度（水=1）**：1.39 **水中溶解度**：不溶 **蒸气压**：20℃时 6.2Pa **闪点**：96℃（闭杯） **辛醇/水分配系数的对数值**：3.7		
环境数据	该物质对水生生物是有毒的		
注解	不要将工作服带回家中		

IPCS
International
Programme on
Chemical Safety

国际化学品安全卡

2-辛醇			ICSC 编号：1170
CAS 登记号：123-96-6 RTECS 号：RH0795000	中文名称：2-辛醇；辛醇；1-甲基-1-庚醇；2-羟基正辛烷；己基甲基甲醇 英文名称：2-OCTANOL; Capryl alcohol; 1-Methyl-1-heptanol; 2-Hydroxy-n-octane; Hexylmethylcarbinol		
分子量：130.3	化学式：$CH_3(CH_2)_5CH(OH)CH_3/C_8H_{18}O$		
危害/接触类型	急性危害/症状	预防	急救/消防
火　灾	可燃的	禁止明火	抗溶性泡沫，干粉，二氧化碳
爆　炸	高于 76℃，可能形成爆炸性蒸气/空气混合物	高于 76℃，使用密闭系统，通风和防爆型电气设备	着火时，喷雾状水保持料桶等冷却
接　触			
# 吸入	咳嗽。咽喉痛	通风，局部排气通风或呼吸防护	新鲜空气，休息
# 皮肤	皮肤干燥	防护手套	冲洗，然后用水和肥皂清洗皮肤
# 眼睛	发红。疼痛	护目镜	先用大量水冲洗几分钟（如可能尽量摘除隐形眼镜），然后就医
# 食入	灼烧感	工作时不得进食，饮水或吸烟	漱口。不要催吐。大量饮水
泄漏处置	将泄漏液收集在有盖的容器中。用砂土或惰性吸收剂吸收残液，并转移到安全场所。不要让该化学品进入环境。个人防护用具：适用于有机气体和蒸气的过滤呼吸器		
包装与标志			
应急响应	美国消防协会法规：H1（健康危险性）；F2（火灾危险性）；R0（反应危险性）		
储存	与强氧化剂分开存放。沿地面通风		
重要数据	**物理状态、外观**：无色油状液体，有特殊气味 **化学危险性**：与强氧化剂发生反应 **职业接触限值**：阈限值未制定标准 **接触途径**：该物质可通过吸入，经皮肤和食入吸收到体内 **吸入危险性**：未指明 20℃时该物质蒸发达到空气中有害浓度的速率 **短期接触的影响**：该物质刺激眼睛和呼吸道，轻微刺激皮肤。如果吞咽液体吸入肺中，可能引起化学肺炎 **长期或反复接触的影响**：液体使皮肤脱脂		
物理性质	沸点：178.5℃ 熔点：−38.6℃ 相对密度（水=1）：0.82 水中溶解度：0.096mL/100mL（不溶） 蒸气压：25℃时 32Pa 蒸气相对密度（空气=1）：4.5 蒸气/空气混合物的相对密度（20℃，空气=1）：1.0 闪点：76℃ 辛醇/水分配系数的对数值：2.72		
环境数据	该物质对水生生物是有害的		
注解			

IPCS
International
Programme on
Chemical Safety

国际化学品安全卡

二丁基二月桂酸锡			ICSC 编号：1171
CAS 登记号：77-58-7 RTECS 号：WH7000000 UN 编号：2788；3146 中国危险货物编号：2788; 3146 分子量：631.6	中文名称：二丁基二月桂酸锡；二丁基双（1-氧化十二烷基）氧化锡；二丁基双（月桂酰氧化）锡 英文名称：DIBUTYL TINDILAURATE; Dibutylbis((1-oxodo-decyl)-oxy) stannane; Dibutylbis (lauroyloxy) tin 化学式：$(C_4H_9)_2Sn(OOC(CH_2)_{10}CH_3)_2/C_{32}H_{64}O_4Sn$		
危害/接触类型	急性危害/症状	预防	急救/消防
火　灾	可燃的。在火焰中释放出刺激性或有毒烟雾（或气体）	禁止明火	干粉，抗溶性泡沫，雾状水，二氧化碳
爆　炸			
接　触		严格卫生条件！	
# 吸入		通风	新鲜空气，休息
# 皮肤		防护手套	脱掉污染的衣服，冲洗，然后用水和肥皂洗皮肤
# 眼睛	发红	安全护目镜	首先用大量水冲洗几分钟（如可能尽量摘除隐形眼镜），然后就医
# 食入		工作时不得进食、饮水或吸烟。进食前洗手	漱口，催吐（仅对清醒病人！）
泄漏处置	将泄漏液收集在有盖容器中。将泄漏物扫入容器中。如果适当，首先湿润防止扬尘。小心收集残余物，然后转移到安全场所。个人防护用具：自给式呼吸器		
包装与标志	不得与食品和饲料一起运输 联合国危险性类别：6.1 中国危险性类别：第 6.1 项　毒性物质		
应急响应			
储存	与食品和饲料分开存放。沿地面通风		
重要数据	**物理状态、外观**：黄色油状液体或蜡状晶体 **化学危险性**：加热或燃烧时，该物质分解生成有毒和刺激性烟雾 **职业接触限值**：阈限值未制定标准。最高容许浓度：（以 Sn 计）0.004ppm，$0.02mg/m^3$；最高限值种类：I(1)；皮肤吸收；致癌物类别：4；妊娠风险等级：C（德国，2009 年） **接触途径**：该物质可通过食入吸收到体内 **吸入危险性**：20℃时该物质蒸发，不会或很缓慢地达到有害空气浓度 **短期接触的影响**：该物质刺激眼睛 **长期或反复接触的影响**：该物质可能对肝、肾和胃肠道有影响		
物理性质	沸点：1.3kPa 时 205℃ 熔点：22～24℃ 相对密度（水=1）：1.1 水中溶解度：不溶 蒸气相对密度（空气=1）：21.8 闪点：179℃（闭杯）		
环境数据			
注解	该物质对人体健康影响数据不充分，因此应当特别注意。商品名称有 Butinorate, Davainex 和 Tinostat		

IPCS
International
Programme on
Chemical Safety

国际化学品安全卡

二壬基苯酚（混合异构体）			ICSC 编号：1172
CAS 登记号：1323-65-5	中文名称：二壬基苯酚（混合异构体） 英文名称：DINONYL PHENOL (MIXED ISOMERS)		
分子量：346.6	化学式：$C_{24}H_{42}OC_6H_3(OH)(C_9H_{19})_2$		
危害/接触类型	急性危害/症状	预防	急救/消防
火　灾	可燃的	禁止明火	干粉，抗溶性泡沫，雾状水，二氧化碳
爆　炸			
接　触		避免一切接触！	
# 吸入	灼烧感，咳嗽，呼吸困难，气促。症状可能推迟显现。（见注解）	通风，局部排气通风或呼吸防护	新鲜空气，休息，半直立体位，必要时进行人工呼吸，给予医疗护理
# 皮肤	皮肤烧伤，疼痛，起疱	防护服	脱掉污染的衣服，用大量水冲洗皮肤或淋浴，给予医疗护理
# 眼睛	有腐蚀性，发红，疼痛，严重深度烧伤	面罩或眼睛防护结合呼吸防护	首先用大量水冲洗几分钟（如可能尽量摘除隐形眼镜），然后就医
# 食入	有腐蚀性，胃痉挛，灼烧感，头痛，虚弱	工作时不得进食、饮水或吸烟。进食前洗手	漱口，不要催吐，休息，给予医疗护理
泄漏处置	将泄漏液收集在有盖容器中。用砂土或惰性吸收剂吸收残液并转移到安全场所		
包装与标志			
应急响应			
储存	与强氧化剂和碱分开存放。沿地面通风		
重要数据	**物理状态、外观：**无色黏稠液体 **化学危险性：**与强氧化剂、硫酸、硝酸和碱发生反应 **职业接触限值：**阈限值未制定标准 **接触途径：**该物质可通过吸入、经皮肤和食入吸收到体内 **吸入危险性：**20℃时该物质蒸发，可相当慢地达到空气中有害浓度 **短期接触的影响：**有腐蚀性。该物质腐蚀眼睛、皮肤和呼吸道。食入有腐蚀性。吸入气溶胶可能引起肺水肿（见注解）。影响可能推迟显现。需要进行医学观察		
物理性质	**沸点：**大约 320℃ **相对密度（水=1）：**大约 0.91 **水中溶解度：**不溶 **蒸气相对密度（空气=1）：**12.0		
环境数据			
注解	工业级二壬基苯酚是各种异构体的混合物，可能含有 15%的壬基苯酚。2,4-二壬基苯酚的 CAS 登记号为 137-99-5。该物质是可燃的，但闪点未见文献报道。肺水肿症状常常经过几小时以后才变得明显，体力劳动使症状加重。因此休息和医学观察是必要的		

IPCS
International
Programme on
Chemical Safety

国际化学品安全卡

富马酸	ICSC 编号：1173
CAS 登记号：110-17-8 RTECS 号：LS9625000 EC 编号：607-146-00-X	中文名称：富马酸；(*E*)-2-丁烯二酸；反式-1,2-丁二酸；反式-1,2-乙二甲酸；别马来酸；别失水苹果酸 英文名称：FUMARIC ACID; (*E*)-2-Butenedioic acid; trans-1,2-Ethylenedicarboxylic acid; Allomaleic acid; Boletic acid
分子量：116.1	化学式：$C_4H_4O_4$/COOH-CH=CHCOOH

危害/接触类型	急性危害/症状	预防	急救/消防
火　灾	可燃的。在火焰中释放出刺激性或有毒烟雾（或气体）	禁止明火	干粉，雾状水，泡沫，二氧化碳
爆　炸	微细分散的颗粒物在空气中形成爆炸性混合物	防止粉尘沉积、密闭系统、防止粉尘爆炸型电气设备和照明	
接　触			
# 吸入	咳嗽。咽喉痛	局部排气通风或呼吸防护	新鲜空气，休息
# 皮肤	发红	防护手套	用大量水冲洗皮肤或淋浴
# 眼睛	发红。疼痛	安全护目镜	先用大量水冲洗几分钟（如可能尽量摘除隐形眼镜），然后就医
# 食入		工作时不得进食，饮水或吸烟	漱口

泄漏处置	个人防护用具：适应于该物质空气中浓度的颗粒物过滤呼吸器。不要让该化学品进入环境。将泄漏物清扫进容器中，如果适当，首先润湿防止扬尘，然后转移到安全场所
包装与标志	欧盟危险性类别：Xi 符号　R:36　S:2-26 GHS 分类：信号词：警告 危险说明：造成眼睛刺激；对水生生物有害
应急响应	
储存	与氧化物分开存放
重要数据	**物理状态、外观**：无气味无色晶体粉末 **物理危险性**：以粉末或颗粒形状与空气混合，可能发生粉尘爆炸 **化学危险性**：加热时和燃烧时，该物质分解，生成腐蚀性烟雾。与强氧化剂发生激烈反应，生成有毒和易燃气体，有着火和爆炸的危险 **职业接触限值**：阈限值未制定标准。最高容许浓度未制定标准 **吸入危险性**：扩散时，可较快地达到空气中颗粒物公害污染浓度 **短期接触的影响**：该物质刺激眼睛
物理性质	沸点：200℃ 密度：1.64g/cm^3 水中溶解度：25℃时，0.63 g/100 mL（微溶） 闪点：273℃ 自燃温度：（粉末）375℃ 辛醇/水分配系数的对数值：0.46（估计值）
环境数据	该物质对水生生物是有害的
注解	

IPCS
International
Programme on
Chemical Safety

国际化学品安全卡

棓酸			ICSC 编号：1174
CAS 登记号：149-91-7		中文名称：棓酸；3,4,5-三羟基苯甲酸	
RTECS 号：LW7525000		英文名称：GALLIC ACID; 3,4,5-Trihydroxybenzoic acid	
分子量：170.1		化学式：$C_7H_6O_5/C_6H_2(OH)_3COOH$	
危害/接触类型	急性危害/症状	预防	急救/消防
火　灾	可燃的	禁止明火	干粉，雾状水，泡沫，二氧化碳
爆　炸			
接　触			
# 吸入		局部排气通风或呼吸防护	
# 皮肤		防护手套	
# 眼睛		安全护目镜	
# 食入		工作时不得进食、饮水或吸烟	
泄漏处置	将泄漏物扫入容器中。如果适当，首先湿润防止扬尘。小心收集残余物，然后转移到安全场所		
包装与标志			
应急响应			
储存	干燥。保存在阴暗处		
重要数据	物理状态、外观：白色吸湿晶体 职业接触限值：阈限值未制定标准 接触途径：该物质可通过食入吸收到体内 吸入危险性：20℃时蒸发可忽略不计，但可以较快地达到空气中颗粒物有害浓度		
物理性质	沸点：210℃ 相对密度（水=1）：1.7 水中溶解度：1.1g/100mL		
环境数据			
注解			

IPCS
International
Programme on
Chemical Safety

国际化学品安全卡

焦亚硫酸钾	ICSC 编号：1175
CAS 登记号：16731-55-8 RTECS 号：TT4920000	中文名称：焦亚硫酸钾；焦亚硫酸二钾 英文名称：POTASSIUM HETABISULFITE; Potassium pyrosulfite; Dipotassium disulfite
分子量：222.3	化学式：$K_2S_2O_5$

危害/接触类型	急性危害/症状	预防	急救/消防
火　灾	在特定条件下是可燃的。见注解	禁止明火	周围环境着火时，允许使用各种灭火剂
爆　炸			
接　触		防止粉尘扩散！严格作业环境管理！	
# 吸入	气促，喘息	局部排气通风或呼吸防护	新鲜空气，休息，必要时进行人工呼吸
# 皮肤		防护手套，防护服	脱掉污染的衣服，用大量水冲洗皮肤或淋浴
# 眼睛		面罩或眼睛防护结合呼吸防护	首先用大量水冲洗几分钟（如可能尽量摘除隐形眼镜），然后就医
# 食入	腹泻，头痛，呕吐，虚弱	工作时不得进食、饮水或吸烟。进食前洗手	漱口，大量饮水，休息
泄漏处置	将泄漏物扫入容器中。如果适当，首先湿润防止扬尘。用大量水冲净残余物。个人防护用具：适用于有害颗粒物的 P2 过滤呼吸器		
包装与标志			
应急响应			
储存	干燥。严格密封。保存在通风良好的室内		
重要数据	物理状态、外观：白色晶体粉末，有刺鼻气味 化学危险性：加热或燃烧时，该物质分解生成硫氧化物有毒和刺激性烟雾。与酸反应，释放出有毒和刺激性二氧化硫 职业接触限值：阈限值未制定标准 接触途径：该物质可通过吸入和食入吸收到体内 吸入危险性：20℃时蒸发可忽略不计，但扩散时可较快地达到空气中颗粒物有害浓度 短期接触的影响：吸入该物质可能引起类似哮喘反应 长期或反复接触的影响：反复或长期接触可能引起皮肤过敏。反复或长期吸入接触，可能引起哮喘		
物理性质	熔点：190℃（分解） 相对密度（水=1）：2.34 水中溶解度：溶解		
环境数据			
注解	在粉碎时，如果有大量热量放出，该化合物可能着火。哮喘症状常常经过几小时以后才变得明显，体力劳动使症状加重。因此休息和医学观察是必要的。因该物质而出现哮喘症状的人应避免再接触该物质		

IPCS
International
Programme on
Chemical Safety

国际化学品安全卡

1-十三（烷）醇			ICSC 编号：1176
CAS 登记号：112-70-9 RTECS 号：YD4200000		中文名称：1-十三（烷）醇；正十三（烷）醇；正十三烷-1-醇 英文名称：1-TRIDECANOL; n-Tridecyl alcohol; n-Tridecan-1-ol	
分子量：200.4		化学式：$CH_3(CH_2)_{11}CH_2OH/C_{13}H_{28}O$	
危害/接触类型	急性危害/症状	预防	急救/消防
火　灾	可燃的	禁止明火	干粉，抗溶性泡沫，雾状水，二氧化碳
爆　炸			
接　触			
# 吸入		通风，局部排气通风或呼吸防护	新鲜空气，休息
# 皮肤	发红	防护手套	冲洗，然后用水和肥皂洗皮肤
# 眼睛	发红，疼痛	安全护目镜	首先用大量水冲洗几分钟（如可能尽量摘除隐形眼镜），然后就医
# 食入		工作时不得进食、饮水或吸烟。进食前洗手	漱口，休息
泄漏处置	如果是液体，将泄漏液收集在有盖容器中。用砂土或惰性吸收剂吸收残液并转移到安全场所。如果是固体，将泄漏物清扫入有盖容器中。小心收集残余物，然后转移到安全场所		
包装与标志			
应急响应	美国消防协会法规：H0（健康危险性）；F1（火灾危险性）；R0（反应危险性）		
储存			
重要数据	物理状态、外观：无色油状液体或晶体 职业接触限值：阈限值未制定标准 吸入危险性：20℃时该物质蒸发，不会或很缓慢地达到空气中有害浓度 短期接触的影响：该物质刺激眼睛、皮肤		
物理性质	沸点：1.9kPa 时 152℃ 熔点：32.5～33.5℃ 相对密度（水=1）：0.8 水中溶解度：不溶 蒸气相对密度（空气=1）：6.9（混合异构体） 闪点：121℃（开杯）（混合异构体）		
环境数据	该物质可能对环境有危害，对鱼类应给予特别注意		
注解			

IPCS
International
Programme on
Chemical Safety

国际化学品安全卡

4-乙烯基环己烯			ICSC 编号：1177
CAS 登记号：100-43-0 RTECS 号：GW6650000 UN 编号：1993 中国危险货物编号：1993 分子量：108.2		中文名称：4-乙烯基环己烯；4-乙烯基-1-环己烯；环己烯基乙烯 英文名称：4-VINYLCYCLOHEXENE; 4-Ethenyl-1-cyclohexene; Cyclohexenylethylene 化学式：$C_6H_9CH=CH_2/C_8H_{12}$	
危害/接触类型	急性危害/症状	预防	急救/消防
火　灾	高度易燃	禁止明火、禁止火花和禁止吸烟。禁止与氧化剂接触	泡沫，干粉，二氧化碳
爆　炸	蒸气/空气混合物有爆炸性	密闭系统，通风，防爆型电气设备与照明。不要使用压缩空气灌装，卸料或转运	着火时，喷雾状水保持料桶等冷却
接　触		严格作业环境管理！	
# 吸入		通风，局部排气通风或呼吸防护	
# 皮肤	发红	防护手套，防护服	脱掉污染的衣服，用大量水冲洗皮肤或淋浴
# 眼睛	发红	护目镜或眼睛防护结合呼吸防护	首先用大量水冲洗几分钟（如可能尽量摘除隐形眼镜），然后就医
# 食入		工作时不得进食、饮水或吸烟	给予医疗护理
泄漏处置	将泄漏液收集在有盖容器中。用砂土或惰性吸收剂吸收残液并转移到安全场所。不要冲入下水道。个人防护用具：适用于有机气体和蒸气的过滤呼吸器		
包装与标志	气密 联合国危险性类别：3　联合国包装类别：II 中国危险性类别：第 3 类易燃液体　中国包装类别：II		
应急响应	运输应急卡：TEC(R)-30GF1-I+II 美国消防协会法规：H0（健康危险性）；F3（火灾危险性）；R2（反应危险性）		
储存	耐火设备（条件）。与氧化剂分开存放。阴凉场所。稳定后贮存		
重要数据	**物理状态、外观：**无色液体 **物理危险性：**蒸气与空气充分混合，容易形成爆炸性混合物 **化学危险性：**该物质能形成爆炸性过氧化物。与氧化剂反应，有着火和爆炸危险 **职业接触限值：**阈限值 0.1ppm（时间加权平均值），A3（确认的动物致癌物，但未知与人类相关性）（美国政 府工业卫生学家会议，2004 年）。最高容许浓度：皮肤吸收；致癌物类别：2（德国，2005 年） **接触途径：**该物质可通过吸入其蒸气、经皮肤和食入吸收到体内 **吸入危险性：**20℃时该物质蒸发，可迅速地达到空气中有害浓度 **短期接触的影响：**该物质刺激眼睛、皮肤 **长期或反复接触的影响：**该物质可能是人类致癌物		
物理性质	沸点：130℃ 熔点：-109℃ 相对密度（水=1）：0.829 水中溶解度：不溶 蒸气压：38℃时 3.43kPa 蒸气相对密度（空气=1）：3.7 蒸气/空气混合物的相对密度（20℃，空气=1）：1.09 闪点：16℃（闭杯） 自燃温度：269℃ 辛醇/水分配系数的对数值：3.93		
环境数据	该物质可能沿食物链发生生物蓄积，例如在鱼类中		
注解	不要将工作服带回家中。添加稳定剂或阻聚剂会影响该物质的毒理学性质。向专家咨询。蒸馏前检验过氧化物，如有，加以去除		

IPCS
International
Programme on
Chemical Safety

国际化学品安全卡

磷酸钠（无水的）			ICSC 编号：1178
CAS 登记号：7601-54-9 RTECS 号：TC9490000		中文名称：磷酸钠（无水的）；三碱式磷酸钠；原磷酸三钠 英文名称：TRISODIUM PHOSPHATE (ANHYDROUS); Sodium phosphate, tribasic; Trisodium orthophosphate	
分子量：163.9		化学式：Na_3PO_4	
危害/接触类型	急性危害/症状	预防	急救/消防
火　灾	不可燃。在火焰中释放出刺激性或有毒烟雾（或气体）		周围环境着火时，允许使用各种灭火剂
爆　炸			
接　触		避免一切接触！	
# 吸入	灼烧感，咳嗽，气促，咽喉疼痛	局部排气通风或呼吸防护	新鲜空气，休息，半直立体位，给予医疗护理
# 皮肤	皮肤烧伤，疼痛，起疱	防护服	用大量水冲洗，不要脱去衣服，给予医疗护理
# 眼睛	发红，疼痛，严重皮肤烧伤	面罩或眼睛防护结合呼吸防护	首先用大量水冲洗几分钟（如可能尽量摘除隐形眼镜），然后就医
# 食入	腹部疼痛，灼烧感，休克或虚脱	工作时不得进食、饮水或吸烟。进食前洗手	漱口，不要催吐，大量饮水，给予医疗护理
泄漏处置	将泄漏物扫入容器中。如果适当，首先湿润防止扬尘。小心收集残余物，然后转移到安全场所。个人防护用具：全套防护服包括自给式呼吸器		
包装与标志			
应急响应			
储存	与强酸分开存放。干燥。严格密封		
重要数据	**物理状态、外观**：无色至白色晶体 **化学危险性**：加热时，该物质分解生成磷氧化物有毒和刺激性烟雾。水溶液是一种强碱。与酸激烈反应，有腐蚀性。有水存在下，浸蚀许多金属 **职业接触限值**：阈限值未制定标准 **接触途径**：该物质可通过吸入、经皮肤和食入吸收到体内 **吸入危险性**：20℃时蒸发可忽略不计，但扩散时可较快地达到空气中颗粒物有害浓度 **短期接触的影响**：该物质腐蚀眼睛、皮肤和呼吸道。食入有腐蚀性。吸入粉尘可能引起肺水肿（见注解）		
物理性质	熔点：75℃（分解） 相对密度（水=1）：2.5 水中溶解度：8.8g/100mL		
环境数据			
注解	肺水肿症状常常经过几小时以后才变得明显，体力劳动使症状加重。因此休息和医学观察是必要的。应考虑由医生或医生指定人立即采取适当吸入治疗法		

IPCS
International
Programme on
Chemical Safety

国际化学品安全卡

正庚酸			ICSC 编号：1179
CAS 登记号：111-14-8 RTECS 号：MJ1575000 UN 编号：3265 EC 编号：607-196-00-2 中国危险货物编号：3265	中文名称：正庚酸；庚酸 英文名称：*n*-HEPTANOIC ACID; Enanthic acid; *n*-Heptylicacid; *n*-Heptoic acid		
分子量：130.2	化学式：$CH_3(CH_2)_5COOH/C_7H_{14}O_2$		
危害/接触类型	急性危害/症状	预防	急救/消防
火　灾	可燃的	禁止明火	干粉，雾状水，泡沫，二氧化碳
爆　炸			
接　触		防止产生烟云！避免一切接触！	
# 吸入	灼烧感，咳嗽，头痛，恶心，气促，呕吐，喘息。症状可能推迟显现。（见注解）	通风，局部排气通风或呼吸防护	新鲜空气，休息，半直立体位，必要时进行人工呼吸，给予医疗护理
# 皮肤	皮肤烧伤，疼痛，起疱	防护服	脱掉污染的衣服，用大量水冲洗皮肤或淋浴
# 眼睛	发红，疼痛，严重深度烧伤	面罩或眼睛防护结合呼吸防护	首先用大量水冲洗几分钟（如可能尽量摘除隐形眼镜），然后就医
# 食入	胃痉挛。（另见吸入）	工作时不得进食、饮水或吸烟。进食前洗手	漱口，不要催吐，大量饮水，给予医疗护理
泄漏处置	将泄漏液收集在有盖容器中。用砂土或惰性吸收剂吸收残液并转移到安全场所。个人防护用具：全套防护服包括自给式呼吸器		
包装与标志	不得与食品和饲料一起运输 欧盟危险性类别：C 符号　R:34　S:1-2-26-28-36/37/39-45 联合国危险性类别：8 中国危险性类别：第 8 类腐蚀性物质		
应急响应			
储存	与碱、食品和饲料分开存放		
重要数据	物理状态、外观：清澈油状液体 职业接触限值：阈限值未制定标准 接触途径：该物质可通过吸入其气溶胶吸收到体内 吸入危险性：未指明 20℃时该物质蒸发达到空气中有害浓度的速率 短期接触的影响：该物质腐蚀眼睛、皮肤和呼吸道。吸入可能引起肺水肿（见注解）。影响可能推迟显现。需要进行医学观察		
物理性质	沸点：223℃ 熔点：−7.5℃ 相对密度（水=1）：0.9 水中溶解度：0.24g/100mL（微溶） 蒸气压：78℃时 133.3Pa 闪点：>110℃（闭杯）		
环境数据			
注解	肺水肿症状常常经过几小时以后才变得明显，体力劳动使症状加重。因此休息和医学观察是必要的		

IPCS
International
Programme on
Chemical Safety

国际化学品安全卡

对甲酚定			ICSC 编号：1180
CAS 登记号：120-71-8 RTECS 号：BZ6720000 EC 编号：612-209-00-X	中文名称：对甲酚定；2-甲氧基-5-甲基苯胺；5-甲基邻茴香胺；3-氨基对甲酚甲基醚；4-甲氧基间甲苯胺；4-甲基-2-氨基苯甲醚 英文名称：para-CRESIDINE; 2-Methoxy-5-methylaniline; 5-Methyl-ortho-anisidine; 3-Amino-para-cresol methyl ether; 4-Methoxy-meta-toluidine; 4-Methyl-2-aminoanisole		
分子量：137.2	化学式：$C_8H_{11}NO/CH_3OC_6H_3(CH_3)NH_2$		

危害/接触类型	急性危害/症状	预防	急救/消防
火　灾	可燃的。在火焰中释放出刺激性或有毒烟雾（或气体）	禁止明火	干粉，雾状水，泡沫，二氧化碳
爆　炸	微细分散的颗粒物在空气中形成爆炸性混合物	防止粉尘沉积、密闭系统、防止粉尘爆炸型电气设备和照明	
接　触	见长期或反复接触的影响	避免一切接触！	
# 吸入	咳嗽	局部排气通风或呼吸防护	新鲜空气，休息
# 皮肤		防护手套。防护服	脱去污染的衣服。冲洗，然后用水和肥皂清洗皮肤
# 眼睛	发红	安全眼镜，或眼睛防护结合呼吸防护	先用大量水冲洗几分钟（如可能尽量摘除隐形眼镜），然后就医
# 食入		工作时不得进食，饮水或吸烟。进食前洗手	漱口。给予医疗护理

泄漏处置	将泄漏物清扫进容器中，如果适当，首先润湿防止扬尘。小心收集残余物，然后转移到安全场所。个人防护用具：适用于有毒颗粒物的 P3 过滤呼吸器
包装与标志	不得与食品和饲料一起运输 **欧盟危险性类别：**T 符号　标记：E　R:45-22　S:53-45
应急响应	
储存	与强氧化剂、食品和饲料分开存放
重要数据	**物理状态、外观：**白色晶体 **化学危险性：**加热时，该物质分解生成含有氮氧化物的有毒烟雾和刺激性烟雾。与强氧化剂发生反应。浸蚀某些塑料、橡胶和涂层 **职业接触限值：**阈限值未制定标准。最高容许浓度：致癌物类别：2（德国，2004 年） **接触途径：**该物质可通过吸入和经食入吸收到体内 **吸入危险性：**未指明 20℃时该物质蒸发达到空气中有害浓度的速率 **长期或反复接触的影响：**该物质可能是人类致癌物
物理性质	沸点：235℃ 熔点：51.5℃ 水中溶解度：微溶 蒸气压：25℃时 1.4Pa 闪点：111℃ 自燃温度：450℃ 辛醇/水分配系数的对数值：1.67
环境数据	
注解	不要将工作服带回家中。根据接触程度，建议定期进行医疗检查

IPCS
International
Programme on
Chemical Safety

国际化学品安全卡

N,N'-二苯基对苯二胺			ICSC 编号：1181
CAS 登记号：74-31-7 RTECS 号：ST2275000 EC 编号：612-132-00-1	中文名称：*N,N'*-二苯基对苯二胺；*N,N*-二苯基-1,4-苯二胺；1,4-双（苯基氨基）苯；1,4-二苯胺苯 英文名称：*N,N'*-DIPHENYL-PARA-PHENYLENEDIAMINE; *N,N*-Diphenyl-1,4-benzenediamine; 1,4-bis (Phenyl-amino) benzene; 1,4-Dianilinobenzene		
分子量：260.3	化学式：$C_6H_5NHC_6H_4NHC_6H_5/C_{18}H_{16}N_2$		

危害/接触类型	急性危害/症状	预防	急救/消防
火　灾	可燃的。在火焰中释放出刺激性或有毒烟雾（或气体）	禁止明火	干粉，雾状水，泡沫，二氧化碳
爆　炸			
接　触		防止粉尘扩散！严格作业环境管理！	
# 吸入		局部排气通风	新鲜空气，休息
# 皮肤		防护手套，防护服	脱掉污染的衣服，冲洗，然后用水和肥皂洗皮肤
# 眼睛		面罩	首先用大量水冲洗几分钟（如可能尽量摘除隐形眼镜），然后就医
# 食入		工作时不得进食、饮水或吸烟	漱口，大量饮水
泄漏处置	将泄漏物扫入容器中。如果适当，首先湿润防止扬尘。小心收集残余物，然后转移到安全场所		
包装与标志	欧盟危险性类别：Xi 符号　R：43-52/53　S：2-24-37-61		
应急响应			
储存	与强氧化剂分开存放。保存在通风良好的室内		
重要数据	**物理状态、外观**：无色晶体或灰色粉末 **化学危险性**：加热时，该物质分解生成含氮氧化物的有毒烟雾。与氧化剂发生反应 **职业接触限值**：阈限值未制定标准 **接触途径**：该物质可通过吸入吸收到体内 **吸入危险性**：20℃时蒸发可忽略不计，但扩散时可较快地达到空气中颗粒物公 害污染浓度 **长期或反复接触的影响**：反复或长期接触可能引起皮肤过敏		
物理性质	沸点：0.066kPa 时 220～225℃ 熔点：150～151℃ 相对密度（水=1）：1.2 水中溶解度：不溶 蒸气相对密度（空气=1）：9.0		
环境数据			
注解	商业级产品为绿棕色。商品名称有 Agerite, Altofane-Dif, Diafen FF, Flexamine G 和 Permanax 18		

IPCS
International
Programme on
Chemical Safety

国际化学品安全卡

1,3-丁二醇			ICSC 编号：1182
CAS 登记号：107-88-0 RTECS 号：EK0440000	中文名称：1,3-丁二醇；1,3-二羟基丁烷；甲基三亚甲基二醇 英文名称：1,3-BUTANEDIOL; 1,3-Butylene glycol; 1,3-Di-hydroxy butane; Methyltrimethylene glycol		
分子量：90.1	化学式：$C_4H_{10}O_2/CH_3CHOHCH_2CH_2OH$		
危害/接触类型	急性危害/症状	预防	急救/消防
火　灾	可燃的	禁止明火	干粉，抗溶性泡沫，雾状水，二氧化碳
爆　炸			
接　触			
# 吸入	咳嗽	通风	新鲜空气，休息
# 皮肤	发红	防护手套	脱掉污染的衣服，冲洗，然后用水和肥皂洗皮肤
# 眼睛	刺痛感，发红	安全护目镜	首先用大量水冲洗几分钟（如可能尽量摘除隐形眼镜），然后就医
# 食入		工作时不得进食、饮水或吸烟	漱口，大量饮水，休息
泄漏处置	尽可能将泄漏液收集在有盖容器中。用大量水冲净残余物		
包装与标志			
应急响应	美国消防协会法规：H1（健康危险性）；F1（火灾危险性）；R0（反应危险性）		
储存			
重要数据	物理状态、外观：无色黏稠吸湿液体 职业接触限值：阈限值未制定标准 接触途径：该物质可通过吸入其蒸气吸收到体内 吸入危险性：未指明20℃时该物质蒸发达到空气中有害浓度的速率 短期接触的影响：该物质刺激眼睛、皮肤和呼吸道		
物理性质	沸点：207.5℃ 相对密度（水=1）：1.00 水中溶解度：溶解 蒸气压：20℃时 8Pa 蒸气相对密度（空气=1）：3.2 蒸气/空气混合物的相对密度（20℃，空气=1）：1.0 闪点：121℃ 自燃温度：394℃		
环境数据			
注解			

IPCS
International
Programme on
Chemical Safety

国际化学品安全卡

2-巯基苯并噻唑			ICSC 编号：1183
CAS 登记号：149-30-4 RTECS 号：DL6475000 EC 编号：613-108-00-3 分子量：167.3		中文名称：2-巯基苯并噻唑；苯并噻唑硫醇；苯并噻唑-2-硫酮；MBT 英文名称：2-MERCAPTOBENZOTHIAZOLE; Benzothiazolethiol; Benzothiazole-2-thione; MBT 化学式：$C_7H_5NS_2/C_6H_4SNCSH$	
危害/接触类型	急性危害/症状	预防	急救/消防
火　灾	可燃的。在火焰中释放出刺激性或有毒烟雾（或气体）	禁止明火	干粉，雾状水，泡沫，二氧化碳
爆　炸	微细分散的颗粒物在空气中形成爆炸性混合物	防止粉尘沉积、密闭系统、防止粉尘爆炸型电气设备和照明	
接　触		避免一切接触！	
# 吸入		局部排气通风或呼吸防护	新鲜空气，休息
# 皮肤		防护手套。防护服	脱去污染的衣服。冲洗，然后用水和肥皂清洗皮肤
# 眼睛	发红。疼痛	安全护目镜，或眼睛防护结合呼吸防护	先用大量水冲洗几分钟（如可能尽量摘除隐形眼镜），然后就医
# 食入		工作时不得进食，饮水或吸烟	漱口
泄漏处置	将泄漏物清扫进可密闭容器中，如果适当，首先润湿防止扬尘。小心收集残余物，然后转移到安全场所。不要让该化学品进入环境。个人防护用具：适用于有害颗粒物的 P2 过滤呼吸器		
包装与标志	欧盟危险性类别：Xi 符号 N 符号　R:43-50/53　S:2-24-37-60-61		
应急响应			
储存	与酸类分开存放		
重要数据	**物理状态、外观：**黄色晶体，有刺鼻气味 **化学危险性：**燃烧时，该物质分解生成含硫氧化物、氮氧化物的有毒和刺激性烟雾。与酸类或酸雾发生反应，生成氮氧化物、硫氧化物有毒烟雾 **职业接触限值：**阈限值未制定标准。最高容许浓度：41mg/m^3；皮肤致敏剂；致癌物类别：3B；妊娠风险等级：C（德国，2004 年） **吸入危险性：**20℃时蒸发可忽略不计，但扩散时可较快地达到空气中颗粒物有害浓度，尤其是粉末 **短期接触的影响：**该物质刺激眼睛 **长期或反复接触的影响：**反复或长期接触可能引起皮肤过敏		
物理性质	熔点：180～182℃ 密度：1.42g/cm^3 水中溶解度：0.1g/100 mL 闪点：200℃（闭杯） 自燃温度：628℃ 爆炸极限：空气中 15%～?%（体积） 辛醇/水分配系数的对数值：2.41		
环境数据	该物质可能对环境有危害，对鱼类应给予特别注意		
注解	不要将工作服带回家中		

IPCS
International
Programme on
Chemical Safety

国际化学品安全卡

氯化钙（无水）			ICSC 编号：1184
CAS 登记号：10043-52-4 RTECS 号：EV9800000 EC 编号：017-013-00-2 分子量：111	中文名称：氯化钙（无水） 英文名称：CALCIUM CHLORIDE (ANHYDROUS) 化学式：$CaCl_2$		
危害/接触类型	急性危害/症状	预防	急救/消防
火　灾	不可燃。在火焰中释放出刺激性或有毒烟雾（或气体）		周围环境着火时，允许用各种灭火剂
爆　炸			
接　触		防止粉尘扩散！	
# 吸入	咳嗽，咽喉疼痛	局部排气通风或呼吸防护	新鲜空气，休息
# 皮肤	皮肤干燥，发红	防护手套	脱掉污染的衣服，冲洗，然后用水和肥皂洗皮肤
# 眼睛		安全护目镜	首先用大量水冲洗几分钟（如可能尽量摘除隐形眼镜），然后就医
# 食入	灼烧感，恶心，呕吐	工作时不得进食、饮水或吸烟	漱口，大量饮水，休息
泄漏处置	将溢漏物扫入容器中。如果适当，首先湿润防止扬尘。用大量水冲净残余物。个人防护用具：适用于有害颗粒物的 P2 过滤呼吸器		
包装与标志	气密 欧盟危险性类别：Xi 符号　R:36　S:2-22-24		
应急响应			
储存	与锌分开存放。干燥。严格密封		
重要数据	物理状态、外观：无色吸湿晶体，无气味 化学危险性：加热至高温和燃烧时，该物质分解生成有毒和刺激性烟雾。水溶液是一种弱碱。有水存在时，浸蚀锌，生成高度易燃的氢气。在水中激烈溶解，释放出大量热 职业接触限值：阈限值未制定标准 接触途径：该物质可通过吸入其气溶胶吸收到体内 吸入危险性：20℃时蒸发可忽略不计，但扩散时可较快地达到空气中颗粒物有害浓度 短期接触的影响：该物质刺激皮肤和呼吸道 长期或反复接触的影响：反复或长期皮肤接触可能引起皮炎。该物质可能对鼻黏膜有影响，导致溃疡		
物理性质	沸点：1935℃ 熔点：772℃ 相对密度（水=1）：2.16 水中溶解度：20℃时 74.5g/100mL		
环境数据			
注解			

IPCS
International
Programme on
Chemical Safety

国际化学品安全卡

马来酸			ICSC 编号：1185
CAS 登记号：110-16-7 RTECS 号：OM9625000 UN 编号：1759 EC 编号：607-095-00-3 中国危险货物编号：1759 分子量：116.1		中文名称：马来酸；(*Z*)-丁烯二酸；顺式-1,2-乙二甲酸 英文名称：MALEIC ACID; (*Z*)-Butenedioic acid; Malenicacid; cis-1,2-Ethylenedicarboxylic acid 化学式：$C_4H_4O_4$/HOOHCH=CHCOOH	
危害/接触类型	**急性危害/症状**	**预防**	**急救/消防**
火　灾	可燃的。在火焰中释放出刺激性或有毒烟雾（或气体）	禁止明火	干粉，雾状水，泡沫，二氧化碳
爆　炸			
接　触		防止粉尘扩散！严格作业环境管理！	
# 吸入	咳嗽，呼吸困难	局部排气通风或呼吸防护	新鲜空气，休息，半直立体位，给予医疗护理
# 皮肤	发红，皮肤烧伤	防护手套，防护服	脱掉污染的衣服，用大量水冲洗皮肤或淋浴
# 眼睛	发红，疼痛，视力模糊	护目镜或眼睛防护结合呼吸防护	首先用大量水冲洗几分钟（如可能尽量摘除隐形眼镜），然后就医
# 食入	灼烧感。（另见吸入）	工作时不得进食、饮水或吸烟	漱口，不要催吐，大量饮水，给予医疗护理
泄漏处置	不要冲入下水道。将斜漏物扫入容器中。如果适当，首先湿润防止扬尘。用大量水冲净残余物。个人防护用具：适用于有害颗粒物的 P2 过滤呼吸器		
包装与标志	不得与食品和饲料一起运输。海洋污染物 欧盟危险性类别：Xn 符号　R:22-36/37/38　S:2-26-28-37 联合国危险性类别：8　联合国包装类别：III 中国危险性类别：第 8 类腐蚀性物质　中国包装类别：III		
应急响应			
储存	注意收容灭火产生的废水。与食品和饲料分开存放。干燥		
重要数据	物理状态、外观：白色晶体 化学危险性：加热和燃烧时，该物质分解生成含马来酸酐的高刺激性烟雾水溶液是一种中强酸 职业接触限值：阈限值未制定标准 接触途径：该物质可通过吸入和食入吸收到体内 吸入危险性：20℃时蒸发可忽略不计，但扩散时，尤其是粉末可较快地达到空 气中颗粒物有害浓度 短期接触的影响：该物质严重刺激眼睛、皮肤和呼吸道 长期或反复接触的影响：反复或长期皮肤接触可能引起皮炎。该物质可能对肾有影响		
物理性质	熔点：131℃ 相对密度（水=1）：1.59 水中溶解度：25℃时 78g/100mL 辛醇/水分配系数的对数值：-0.5		
环境数据			
注解			

IPCS
International
Programme on
Chemical Safety

国际化学品安全卡

苯甲酸甲酯			ICSC 编号：1187
CAS 登记号：93-58-3 RTECS 号：DH3850000	中文名称：苯甲酸甲酯；甲基苯甲酸酯；尼哦油 英文名称：METHYL BENZOATE; Methylbenzenecarboxylate; Niobe oil		
分子量：136.1	化学式：$C_8H_8O_2/C_6H_5COOCH_3$		
危害/接触类型	急性危害/症状	预防	急救/消防
火 灾	可燃的	禁止明火	泡沫，干粉，二氧化碳
爆 炸	高于 83℃，可能形成爆炸性蒸气/空气混合物	高于 83℃，使用密闭系统，通风	
接 触			
# 吸入		通风	新鲜空气，休息
# 皮肤		防护手套	脱掉污染的衣服，冲洗，然后用水和肥皂洗皮肤
# 眼睛		安全护目镜	首先用大量水冲洗几分钟（如可能尽量摘除隐形眼镜），然后就医
# 食入		工作时不得进食、饮水或吸烟	漱口，不要催吐，休息
泄漏处置	尽可能将泄漏液收集在有盖容器中。用砂土或惰性吸收剂吸收残液并转移到安全场所。个人防护用具：适用于有机蒸气的过滤呼吸器		
包装与标志			
应急响应	美国消防协会法规：H0（健康危险性）；F2（火灾危险性）；R0（反应危险性）		
储存			
重要数据	物理状态、外观：无色油状液体，有特殊气味 物理危险性：蒸气比空气重 职业接触限值：阈限值未制定标准 接触途径：该物质可通过吸入其蒸气吸收到体内 吸入危险性：未指明 20℃时该物质蒸发达到空气中有害浓度的速率 短期接触的影响：如果吞咽液体吸入肺中，可能引起化学肺炎。见注解		
物理性质	沸点：198～200℃ 熔点：-12℃ 相对密度（水=1）：1.09 水中溶解度：不溶 蒸气压：39℃时 133Pa 蒸气相对密度（空气=1）：4.7 闪点：83℃（闭杯） 辛醇/水分配系数的对数值：2.12		
环境数据			
注解	该物质对人体健康影响数据不充分，因此应当特别注意		

IPCS
International
Programme on
Chemical Safety

国际化学品安全卡

甲基硅酸酯	ICSC 编号：1188
CAS 登记号：681-84-5 RTECS 号：VV9800000 UN 编号：2606 中国危险货物编号：2606	中文名称：甲基硅酸酯；四甲基硅酸酯；四甲基原硅酸酯；四甲氧基硅烷 英文名称：METHYL SILICATE; Tetramethyl silicate; Tetramethyl orthosilicate; Tetramethoxy silane
分子量：152.3	化学式：$C_4H_{12}O_4Si/(CH_3O)_4Si$

危害/接触类型	急性危害/症状	预防	急救/消防
火　灾	易燃的	禁止明火、禁止火花和禁止吸烟	干粉，雾状水，泡沫，二氧化碳
爆　炸	高于 20℃，可能形成爆炸性蒸气/空气混合物	高于 20℃，使用密闭系统，通风和防爆型电气设备	
接　触		防止产生烟云！严格作业环境管理！	
# 吸入	灼烧感，咳嗽，气促，咽喉疼痛。症状可能推迟显现。（见注解）	局部排气通风或呼吸防护	新鲜空气，休息，半直立体位，给予医疗护理
# 皮肤	发红，疼痛	防护手套，防护服	脱掉污染的衣服，冲洗，然后用水和肥皂洗皮肤
# 眼睛	发红，疼痛，视力丧失	护目镜或眼睛防护结合呼吸防护	首先用大量水冲洗几分钟（如可能尽量摘除隐形眼镜），然后就医
# 食入	腹部疼痛	工作时不得进食、饮水或吸烟	漱口，不要催吐，休息，给予医疗护理
泄漏处置	尽可能将泄漏物收集在有盖容器中。小心收集残余物，然后转移到安全场所。个人防护用具：化学保护服包括自给式呼吸器		
包装与标志	不得与食品和饲料一起运输 **联合国危险性类别：**6.1 **联合国次要危险性：**3 **联合国包装类别：**I **中国危险性类别：**第 6.1 项毒性物质 **中国次要危险性：**3 **中国包装类别：**I		
应急响应	运输应急卡：TEC(R)-61G60 美国消防协会法规：H3（健康危险性）；F3（火灾危险性）；R1（反应危险性）		
储存	耐火设备（条件）。与食品和饲料分开存放		
重要数据	**物理状态、外观：**无色液体 **职业接触限值：**阈限值 1ppm、 6mg/m^3（美国政府工业卫生学家会议，1997 年） **接触途径：**该物质可通过吸入其蒸气和食入吸收到体内 **吸入危险性：**20℃时该物质蒸发，可迅速地达到空气中有害浓度 **短期接触的影响：**该物质严重刺激眼睛、皮肤和呼吸道。吸入蒸气可能引起肺水肿（见注解）。影响可能推迟显现，需要进行医疗观察 **长期或反复接触的影响：**该物质可能对肾和肝有影响		
物理性质	沸点：121℃ 熔点：-2℃ 相对密度（水=1）：1.02 水中溶解度：不溶 蒸气压：20℃时 2.2Pa 蒸气相对密度（空气=1）：5.3 闪点：20℃（闭杯）		
环境数据			
注解	其他熔点：-8℃。肺水肿症状常常经过几小时以后才变得明显，体力劳动使症状加重。因此休息和医学观察是必要的		

IPCS
International
Programme on
Chemical Safety

国际化学品安全卡

十二烷基苯磺酸钠			ICSC 编号：1189
CAS 登记号：25155-30-0 RTECS 号：DB6265000 分子量：348.5	中文名称：十二烷基苯磺酸钠 英文名称：SODIUM DODECYLBENZENE SULPHONATE 化学式：$C_{18}H_{29}NaO_3S/C_{12}H_{25}C_6H_4SO_3Na$		
危害/接触类型	急性危害/症状	预防	急救/消防
火　灾	不可燃。在火焰中释放出刺激性或有毒烟雾（或气体）		周围环境着火时，允许使用各种灭火剂
爆　炸			
接　触		防止粉尘扩散！	
# 吸入	咳嗽，咽喉疼痛	局部排气通风或呼吸防护	新鲜空气，休息
# 皮肤	发红	防护手套	脱掉污染的衣服，冲洗，然后用水和肥皂洗皮肤
# 眼睛	发红，疼痛	护目镜或眼睛防护结合呼吸防护	首先用大量水冲洗几分钟（如可能尽量摘除隐形眼镜），然后就医
# 食入	腹泻，呕吐	工作时不得进食、饮水或吸烟	漱口，催吐（仅对清醒病人！），大量饮水，给予医疗护理
泄漏处置	将泄漏物扫入容器中。如果适当，首先湿润防止扬尘。小心收集残余物，然后转移到安全场所。个人防护用具：适用于惰性颗粒物的 P1 过滤呼吸器		
包装与标志			
应急响应			
储存	与酸分开存放		
重要数据	**物理状态、外观：**白色至黄色各种形状固体 **化学危险性：**加热时，该物质分解生成硫氧化物有毒和刺激性烟雾。与酸和酸性烟气反应，生成硫氧化物有毒和刺激性烟雾 **职业接触限值：**阈限值未制定标准 **接触途径：**该物质可通过吸入和食入吸收到体内 **吸入危险性：**20℃时蒸发可忽略不计，但扩散时可较快地达到空气中颗粒物有害浓度，尤其是粉末 **短期接触的影响：**该物质刺激眼睛、皮肤和呼吸道 **长期或反复接触的影响：**反复或长期皮肤接触可能引起皮炎		
物理性质	熔点：>300℃ 水中溶解度：25℃时 20g/100mL 辛醇/水分配系数的对数值：0.45		
环境数据			
注解	商品名称有 Santomerse #1, Conoco C-50, Biosoft D-40, Marlon 375 和 Neopelex 05		

IPCS
International
Programme on
Chemical Safety

国际化学品安全卡

噻吩			ICSC 编号：1190
CAS 登记号：110-02-1 RTECS 号：XM7350000 UN 编号：2414 中国危险货物编号：2414		中文名称：噻吩；二乙烯基硫；硫代环戊二烯 英文名称：THIOPHENE; Divinylene sulphide; Thiacyclopentadiene	
分子量：84.1		化学式：C_4H_4S/SCH=CHCH=CH	
危害/接触类型	急性危害/症状	预防	急救/消防
火　灾	高度易燃。在火焰中释放出刺激性或有毒烟雾（或气体）	禁止明火、禁止火花和禁止吸烟。禁止与氧化剂接触	泡沫，干粉，二氧化碳
爆　炸	蒸气/空气混合物有爆炸性	密闭系统，通风，防爆型电气设备与照明。防止静电荷积聚（例如，通过接地）	
接　触		防止产生烟云！	
# 吸入	咳嗽，头晕，咽喉疼痛	通风，局部排气通风或呼吸防护	新鲜空气，休息，给予医疗护理
# 皮肤	发红	防护手套	脱掉污染的衣服，冲洗，然后用水和肥皂洗皮肤
# 眼睛	发红，疼痛	护目镜或眼睛防护结合呼吸防护	首先用大量水冲洗几分钟（如可能尽量摘除隐形眼镜），然后就医
# 食入		工作时不得进食、饮水或吸烟	漱口，休息
泄漏处置	尽可能将泄漏液收集在有盖容器中。用砂土或惰性吸收剂吸收残液并转移到安全场所。不要冲入下水道。个人防护用具：适用于有机蒸气的过滤呼吸器		
包装与标志	联合国危险性类别：3　联合国包装类别：II 中国危险性类别：第 3 类易燃液体　中国包装类别：II		
应急响应	运输应急卡：TEC(R)-30G30 美国消防协会法规：H2（健康危险性）；F3（火灾危险性）；R0（反应危险性）		
储存	耐火设备（条件）。与氧化剂分开存放		
重要数据	物理状态、外观：无色液体，有刺鼻气味 物理危险性：蒸气比空气重，可能沿地面流动，可能造成远处着火。由于流动、搅拌等，可能产生静电 化学危险性：加热或燃烧时，该物质分解生成硫氧化物有毒和刺激性烟雾与氧化性物质，包括发烟硝酸激烈反应 职业接触限值：阈限值未制定标准 接触途径：该物质可通过吸入其蒸气吸收到体内 吸入危险性：未指明 20℃时该物质蒸发达到空气中有害浓度的速率 短期接触的影响：该物质刺激眼睛、皮肤		
物理性质	沸点：84℃ 熔点：−38℃ 相对密度（水=1）：1.06 水中溶解度：不溶 蒸气压：12.5℃时 5.3kPa 蒸气相对密度（空气=1）：2.9 闪点：−1℃ 自燃温度：395℃ 爆炸极限：空气中 1.5%～12.5%（体积） 辛醇/水分配系数的对数值：1.81		
环境数据			
注解			

IPCS
International
Programme on
Chemical Safety

国际化学品安全卡

硫酸铝			ICSC 编号：1191
CAS 登记号：10043-01-3		中文名称：硫酸铝；三硫酸铝；三硫酸二铝；明矾 英文名称：ALUMINIUM SULFATE; Aluminium sulphate; Aluminium trisulfate; Dialuminium trisulfate; Alum	
分子量：342.1		化学式：$Al_2S_3O_{12}/Al_2(SO_4)_3$	

危害/接触类型	急性危害/症状	预防	急救/消防
火　灾	不可燃。在火焰中，释放出腐蚀性和有毒烟雾（或气体）		周围环境着火时，使用适当的灭火剂
爆　炸			
接　触		防止粉尘扩散！	
# 吸入	咳嗽。咽喉痛	避免吸入粉尘。局部排气通风或呼吸防护	新鲜空气，休息。给予医疗护理
# 皮肤	发红	防护手套	用大量水冲洗皮肤或淋浴
# 眼睛	发红。烧伤	安全护目镜	用大量水冲洗至少 15min。立即给与医疗护理
# 食入	咽喉和胸腔有灼烧感。腹部疼痛。恶心。呕吐。腹泻	工作时不得进食，饮水或吸烟	漱口。不要催吐。饮用 1～2 杯水。给予医疗护理
泄漏处置	将泄漏物清扫进有盖的塑料容器中，如果适当，首先润湿防止扬尘，然后转移到安全场所。不要让该化学品进入环境。个人防护用具：适应于该物质空气中浓度的颗粒物过滤呼吸器		
包装与标志	GHS 分类：信号词：警告 图形符号：感叹号 危险说明：造成严重眼睛刺激；可能导致呼吸刺激作用；对水生生物有毒		
应急响应			
储存	与碱类和强氧化剂分开存放。干燥。储存在没有排水管或下水道的场所。注意收容灭火产生的废水		
重要数据	**物理状态、外观**：无味、白色、吸湿、有光泽的晶体或粉末 **化学危险性**：加热或燃烧时，该物质分解生成含有硫氧化物的有毒和腐蚀性烟雾。与碱类反应，与强氧化剂剧烈反应，放热。水溶液是一种中强酸。有水存在时，浸蚀许多金属 **职业接触限值**：阈限值未制定标准。最高容许浓度未制定标准 **接触途径**：该物质可通过吸入其气溶胶和经食入吸收到体内 **吸入危险性**：扩散时，尤其是粉末，可较快地达到空气中颗粒物有害浓度 **短期接触的影响**：该物质严重刺激眼睛、呼吸道和胃肠道，轻微刺激皮肤 **长期或反复接触的影响**：该物质可能对中枢神经系统有影响，导致功能损伤		
物理性质	**熔点**：在 770℃时分解 **密度**：$2.71g/cm^3$ **水中溶解度**：溶解，见注解		
环境数据	该物质对水生生物是有毒的。强烈建议不要让该化学品进入环境		
注解	在自然界中存在形式为矿物毛矾石。其他 CAS 登记号：16828-12-9（14-水合物）；16828-11-8（16-水合物）；7784-31-8（18-水合物）；17927-65-0（x-水合物）。硫酸铝在水中水解，形成硫酸 并放热。该物质溶解度的文献报道值，据水解过程的不同而有很大差异		

IPCS
International
Programme on
Chemical Safety

国际化学品安全卡

钙	ICSC 编号：1192
CAS 登记号：7440-70-2 RTECS 号：EV8040000 UN 编号：1401；1855（发火钙） EC 编号：020-001-00-X 中国危险货物编号：1401; 1855	中文名称：钙；元素钙 英文名称：CALCIUM; Elemental calcium
原子量：40.08	化学式：Ca

危害/接触类型	急性危害/症状	预防	急救/消防
火　灾	不可燃，但与水或潮湿空气接触形成易燃气体。微细分散时高度易燃。许多反应可能引起火灾或爆炸	禁止明火、禁止火花和禁止吸烟。禁止与水和性质相互抵触的物质（见化学危险性）接触	特殊粉末，干砂土。禁用其他灭火剂。禁止用水
爆　炸	与水和性质相互抵触的物质接触，有着火和爆炸危险		着火时，喷雾状水保持料桶等冷却，但避免与水直接接触
接　触		防止粉尘扩散！	
# 吸入		避免吸入微细粉尘和烟云	新鲜空气，休息，给予医疗护理
# 皮肤		防护手套	脱掉污染的衣服，用大量水冲洗皮肤或淋浴，给予医疗护理
# 眼睛		安全护目镜	首先用大量水冲洗几分钟（如可能尽量摘除隐形眼镜），然后就医
# 食入		工作时不得进食、饮水或吸烟	给予医疗护理
泄漏处置	移除所有引燃源。将泄漏物清扫入容器中。不要冲入下水道。不要用锯末或其他可燃吸收剂吸收。个人防护用具：全套防护服包括自给式呼吸器		
包装与标志	气密。不易破碎包装，将易破碎包装放在不易破碎密闭容器中 欧盟危险性类别：F 符号　R:15 S:2-8-24/25-43 联合国危险性类别：4.3; 4.2（发火钙） 联合国包装类别：II；I（发火钙） 中国危险性类别：第 4.3 项遇水放出易燃气体的物质；第 4.2 项易于自燃的物质 中国包装类别：4.3; 4.2		
应急响应	运输应急卡：TEC(R)-43G12; 42G13（发火钙） 美国消防协会法规：H（健康危险性）；F1（火灾危险性）；R2（反应危险性）；W（禁止用水）		
储存	耐火设备（条件）。与性质相互抵触的物质（见化学危险性）分开存放。干燥。保存在惰性气体下。保存在石油液中		
重要数据	物理状态、外观：银白色有光泽的金属（刚切割开时），暴露在潮湿空气中转变为蓝灰色 物理危险性：微细分散时在空气中燃着 化学危险性：与水、醇、稀酸反应，释放出高度易燃的氢气。与卤素反应。在空气中燃烧。与碱、氢氧化物或碳酸盐接触时，可能引起爆炸 职业接触限值：阈限值未制定标准 短期接触的影响：该物质刺激眼睛		
物理性质	沸点：1440℃ 熔点：850℃ 相对密度（水=1）：1.54 水中溶解度：反应		
环境数据			
注解	与灭火剂，如水、泡沫、卤素和二氧化碳激烈反应。不要将工作服带回家中		

IPCS
International
Programme on
Chemical Safety

国际化学品安全卡

碳酸钙			ICSC 编号：1193
CAS 登记号：471-34-1 RTECS 号：FF9335000		中文名称：碳酸钙；碳酸钙盐 英文名称：CALCIUM CARBONATE; Carbonic acid, calcium salt	
分子量：100.1		化学式：$CaCO_3$	

危害/接触类型	急性危害/症状	预防	急救/消防
火　灾	不可燃		周围环境着火时，允许使用各种灭火剂
爆　炸			
接　触			
# 吸入		局部排气通风	新鲜空气，休息
# 皮肤		防护手套	用大量水冲洗皮肤或淋浴
# 眼睛		安全护目镜	先用大量水冲洗几分钟（如可能尽量摘除隐形眼镜），然后就医
# 食入		工作时不得进食，饮水或吸烟	漱口
泄漏处置	将泄漏物清扫进容器中。个人防护用具：适用于惰性颗粒物的 P1 过滤呼吸器		
包装与标志			
应急响应			
储存	与酸类、铝和铵盐分开存放		
重要数据	物理状态、外观：无气味，无味道粉末或晶体 化学危险性：加热到 825℃时，该物质分解生成氧化钙腐蚀性烟雾。与酸类、铝和铵盐发生反应 职业接触限值：阈限值未制定标准最高容许浓度未制定标准 接触途径：该物质可通过吸入吸收到体内		
物理性质	熔点：825℃（分解） 密度：$2.8g/cm^3$ 水中溶解度：不溶		
环境数据			
注解	虽然进行过调查，但未发现接触该物质的健康影响。碳酸钙在自然界作为霰石和方解石矿存在（以石灰石，白垩和大理石形式）		

IPCS
International
Programme on
Chemical Safety

国际化学品安全卡

氧化铬（VI）			ICSC 编号：1194
CAS 登记号：1333-82-0 RTECS 号：GB6650000 UN 编号：1463 EC 编号：024-001-00-0 中国危险货物编号：1463 分子量： 100.0	中文名称：氧化铬（VI）；三氧化铬；铬酸；铬酸酐 英文名称：CHROMIUM(VI) OXIDE; Chromic trioxide; Chromic acid; Chromic anhydride 化学式：CrO_3		
危害/接触类型	急性危害/症状	预防	急救/消防
火　灾	不可燃，但可助长其他物质燃烧。许多反应可能引起火灾或爆炸	禁止与可燃物质和还原剂接触	禁止用水。周围环境着火时，使用适当的灭火剂
爆　炸			
接　触		防止粉尘扩散！避免一切接触！	一切情况均向医生咨询！
# 吸入	咳嗽。呼吸困难。气促。咽喉痛。喘息。灼烧感。症状可能推迟显现（见注解）	密闭系统和通风	新鲜空气，休息。半直立体位。必要时进行人工呼吸。给予医疗护理
# 皮肤	发红。皮肤烧伤。疼痛	防护手套。防护服	脱去污染的衣服。用大量水冲洗皮肤或淋浴。给予医疗护理
# 眼睛	发红。疼痛。严重深度烧伤	安全护目镜，或眼睛防护结合呼吸防护	先用大量水冲洗几分钟（如可能尽量摘除隐形眼镜），然后就医
# 食入	腹部疼痛。灼烧感。休克或虚脱	工作时不得进食，饮水或吸烟。进食前洗手	漱口。不要催吐。给予医疗护理
泄漏处置	不要让该化学品进入环境。真空抽吸泄漏物或将泄漏物清扫进可密闭容器中，如果适当，首先润湿防止扬尘。小心收集残余物，然后转移到安全场所。不要用锯末或其他可燃吸收剂吸收。个人防护用具：全套防护服包括自给式呼吸器		
包装与标志	不得与食品和饲料一起运输 **欧盟危险性类别**：O 符号 T+符号 N 符号 标记：E R:45-46-9-24/25-26-35-42/43-48/23-62-50/53 S:53-45-60-61 **联合国危险性类别**：5.1 **联合国次要危险性**：8 **联合国包装类别**：II **中国危险性类别**：第 5.1 项氧化性物质 **中国次要危险性**：8 **中国包装类别**：II		
应急响应	**运输应急卡**：TEC(R)-51S1463 **美国消防协会法规**：H3（健康危险性）；F0（火灾危险性）；R1（反应危险性）；OX（氧化剂）		
储存	与可燃物质和还原性物质、碱类、食品和饲料分开存放。干燥		
重要数据	**物理状态、外观**：暗红色易潮解的晶体、薄片或颗粒状粉末，无气味 **化学危险性**：250℃以上时，该物质分解生成三氧化二铬和氧，增加着火的危险。该物质是一种强氧化剂，与可燃物质和还原性物质激烈反应，有着火和爆炸的危险。水溶液是一种强酸，与碱激烈反应并有腐蚀性 **职业接触限值**：阈限值：0.05mg/m^3（以铬计，水溶性六价铬化合物）（时间加权平均值）；A1（确认的人类致癌物）；公布生物暴露指数（美国政府工业卫生学家会议，2004 年）。最高容许浓度：皮肤致敏剂；致癌物类别：2（德国，2004 年） **接触途径**：该物质可通过吸入、经皮肤和食入吸收到体内 **吸入危险性**：20℃时蒸发可忽略不计，但扩散时可较快地达到空气中颗粒物有害浓度，尤其是粉末 **短期接触的影响**：该物质腐蚀眼睛、皮肤和呼吸道。食入有腐蚀性 **长期或反复接触的影响**：反复或长期接触可能引起皮肤过敏。反复或长期吸入接触可能引起哮喘。该物质可能对呼吸道、肾脏有影响，导致鼻中膈穿孔和肾损伤。该物质是人类致癌物。可能引起人类胚细胞可继承的遗传损伤。动物实验表明，该物质可能造成人类生殖或发育毒性		
物理性质	**沸点**：低于沸点在 250℃分解 **熔点**：197℃	**密度**：2.7g/cm^3 **水中溶解度**：溶解	
环境数据	该物质对水生生物有极高毒性。强烈建议不要让该化学品进入环境		
注解	用大量水冲洗工作服（有着火危险）。哮喘症状常常经过几个小时以后才变得明显，体力劳动使症状加重。因而休息和医学观察是必要的。因这种物质出现哮喘症状的任何人不应当再接触该物质。不要将工作服带回家中。根据接触程度，建议定期进行医疗检查		

IPCS
International
Programme on
Chemical Safety

国际化学品安全卡

硫酸镁			ICSC 编号：1197
CAS 登记号：7487-88-9	中文名称：硫酸镁 英文名称：MAGNESIUM SULFATE; Magnesium sulphate		
分子量：120.4	化学式：$MgSO_4$		
危害/接触类型	急性危害/症状	预防	急救/消防
火　灾	不可燃。在火焰中，释放出腐蚀性和有毒烟雾（或气体）		周围环境着火时，使用适当的灭火剂
爆　炸			
接　触			
# 吸入	咳嗽	避免吸入粉尘	新鲜空气，休息
# 皮肤			用大量水冲洗皮肤或淋浴
# 眼睛	发红	安全眼镜	用大量水冲洗（如可能尽量摘除隐形眼镜）
# 食入	腹部疼痛。腹泻。呕吐	工作时不得进食，饮水或吸烟	漱口。饮用 1～2 杯水
泄漏处置	将泄漏物清扫进容器中，如果适当，首先润湿防止扬尘，然后转移到安全场所。用大量水冲净残余物。个人防护用具：适应于该物质空气中浓度的颗粒物过滤呼吸器		
包装与标志			
应急响应			
储存	干燥		
重要数据	物理状态、外观：吸湿无气味白色晶体或粉末 化学危险性：加热时，该物质分解，生成含有硫氧化物的有毒和腐蚀性烟雾 职业接触限值：阈限值未制定标准。最高容许浓度未制定标准。 接触途径：该物质可通过吸入其气溶胶和经食入吸收到体内 吸入危险性：可较快地达到空气中颗粒物有害浓度，尤其是粉末 短期接触的影响：该物质轻微刺激眼睛和呼吸道		
物理性质	熔点：在 1124℃时分解 密度：$2.66g/cm^3$ 水中溶解度：20℃时 30g/100mL（溶解）		
环境数据			
注解	七水合硫酸镁也称为泻盐或苦盐。其他 CAS 登记号：14168-73-1（一水合物）；17830-05-6（二水合物）；15320-30-6（三水合物）；15244-29-8（四水合物）；17830-17-0（五水合物）；17830-18-1 和 13778-97-7（六水合物）；10034-99-8（七水合物）；22189-08-8（x-水合物）		

IPCS
International
Programme on
Chemical Safety

国际化学品安全卡

氮（压缩气体）			ICSC 编号：1198
CAS 登记号：7727-37-9 RTECS 号：QW9700000 UN 编号：1066 中国危险货物编号：1066 分子量：28.01		中文名称：氮（压缩气体） 英文名称：NITROGEN (COMPRESSED GAS) 化学式：N_2	
危害/接触类型	急性危害/症状	预防	急救/消防
火　灾	不可燃。受热引起压力升高，容器有爆裂危险		周围环境着火时，允许使用各种灭火剂
爆　炸			着火时，喷雾状水保持钢瓶冷却
接　触			
# 吸入	神志不清，虚弱，窒息。（见注解）	通风	新鲜空气，休息，必要时进行人工呼吸，给予医疗护理
# 皮肤			
# 眼睛			
# 食入			
泄漏处置	通风。个人防护用具：自给式呼吸器		
包装与标志	联合国危险性类别：2.2 中国危险性类别：第 2.2 项非易燃无毒气体		
应急响应	运输应急卡：TEC(R)-20G1A		
储存	如果在室内，耐火设备（条件）。阴凉场所。保存在通风良好的室内		
重要数据	物理状态、外观：无气味，无色压缩气体 物理危险性：气体容易与空气混合 职业接触限值：阈限值未制定标准。单纯窒息剂 （美国政府工业卫生学家会议，2004 年） 接触途径：该物质可通过吸入吸收到体内 吸入危险性：容器漏损时，由于降低封闭空间的氧含量，能够造成缺氧。见注解		
物理性质	沸点：-196℃ 熔点：-210℃ 水中溶解度：微溶 蒸气相对密度（空气=1）：0.97		
环境数据			
注解	空气中高浓度造成缺氧，有神志不清或死亡危险。进入工作区域前，检验氧含量		

IPCS
International
Programme on
Chemical Safety

国际化学品安全卡

<table>
<tr><td colspan="3">氮（液化的）</td><td>ICSC 编号：1199</td></tr>
<tr><td colspan="2">CAS 登记号：7727-37-9
RTECS 号：QW9700000
UN 编号：1977
中国危险货物编号：1977</td><td colspan="2">中文名称：氮（液化的）；液氮；氮（冷冻液体）；氮（低温液体）
英文名称：NITROGEN (LIQUIFIED); Liquid nitrogen; Nitrogen (refrigerated liquid); Nitrogen (cryogenic liquid)</td></tr>
<tr><td colspan="2">分子量：28.01</td><td colspan="2">化学式：N_2</td></tr>
<tr><td>危害/接触类型</td><td>急性危害/症状</td><td>预防</td><td>急救/消防</td></tr>
<tr><td>火　灾</td><td>不可燃。受热引起压力升高，容器有爆裂危险</td><td></td><td>周围环境着火时，允许使用各种灭火剂</td></tr>
<tr><td>爆　炸</td><td></td><td></td><td></td></tr>
<tr><td>接　触</td><td></td><td></td><td></td></tr>
<tr><td># 吸入</td><td>窒息。（见注解）</td><td>通风</td><td>新鲜空气，休息，必要时进行人工呼吸，给予医疗护理</td></tr>
<tr><td># 皮肤</td><td>与液体接触：冻伤</td><td>保温手套</td><td>冻伤时，用大量水冲洗，不要脱去衣服，给予医疗护理</td></tr>
<tr><td># 眼睛</td><td>疼痛，严重深度烧伤。（另见皮肤）</td><td>护目镜</td><td>先用大量水冲洗几分钟（如可能尽量摘除隐形眼镜），然后就医</td></tr>
<tr><td># 食入</td><td></td><td></td><td></td></tr>
<tr><td>泄漏处置</td><td colspan="3">通风。切勿直接向液体上喷水。化学防护服，包括自给式呼吸器</td></tr>
<tr><td>包装与标志</td><td colspan="3">特殊绝缘钢瓶
联合国危险性类别：2.2
中国危险性类别：第 2.2 项非易燃无毒气体</td></tr>
<tr><td>应急响应</td><td colspan="3">运输应急卡：TEC(R)-20S1977 或 20G3A
美国消防协会法规：H3（健康危险性）；F0（火灾危险性）；R0（反应危险性）</td></tr>
<tr><td>储存</td><td colspan="3">如果在室内，耐火设备（条件）。保存在通风良好的室内</td></tr>
<tr><td>重要数据</td><td colspan="3">物理状态、外观：无色极低温液体，无气味，
物理危险性：气体比空气重，可能累积在低层空间，造成缺氧
职业接触限值：阈限值：单纯窒息剂（美国政府工业卫生学家会议，2004 年）
接触途径：该物质可通过吸入吸收到体内
吸入危险性：容器漏损时，该液体迅速蒸发造成封闭空间空气中过饱和，有窒息严重风险。见注解
短期接触的影响：该液体可能引起冻伤</td></tr>
<tr><td>物理性质</td><td colspan="3">沸点：−196℃
熔点：−210℃
密度：0.808kg/L（在液体的沸点时）
水中溶解度：微溶</td></tr>
<tr><td>环境数据</td><td colspan="3"></td></tr>
<tr><td>注解</td><td colspan="3">空气中高浓度造成缺氧，有神志不清或死亡危险。进入污染工作区域前，检验氧含量</td></tr>
</table>

IPCS
International
Programme on
Chemical Safety

国际化学品安全卡

亚硫酸钠			ICSC 编号：1200
CAS 登记号：7757-83-7 RTECS 号：WE2150000		中文名称：亚硫酸钠；亚硫酸钠盐；亚硫酸二钠（粉末） 英文名称：SODIUM SULFITE; Sodium sulphite; Sulfurous acid, disodium salt; Disodium sulfite; (powder)	
分子量：126.04		化学式：Na_2SO_3	
危害/接触类型	急性危害/症状	预防	急救/消防
火　灾	不可燃。在火焰中释放出刺激性或有毒烟雾（或气体）		周围环境着火时，使用适当的灭火剂
爆　炸			
接　触		防止粉尘扩散！避免一切接触！	
# 吸入	咳嗽。咽喉痛。见长期或反复接触的影响	局部排气通风或呼吸防护	新鲜空气，休息。半直立体位。如果感觉不舒服，需就医
# 皮肤		防护服。防护手套	脱去污染的衣服。用大量水冲洗皮肤或淋浴
# 眼睛		安全眼镜	用大量水冲洗（如可能尽量摘除隐形眼镜）
# 食入		工作时不得进食，饮水或吸烟。进食前洗手	漱口。饮用1～2杯水。休息
泄漏处置	不要让该化学品进入环境。将泄漏物清扫进容器中，如果适当，首先润湿防止扬尘。小心收集残余物，然后转移到安全场所。个人防护用具：适用于该物质空气中浓度的无机气体和颗粒物过滤呼吸器		
包装与标志			
应急响应			
储存	与强氧化剂和酸分开存放。储存在没有排水管或下水道的场所		
重要数据	**物理状态、外观**：白色晶体或粉末 **化学危险性**：加热时该物质分解，生成有毒和腐蚀性烟雾。该物质是一种强还原剂，与氧化剂剧烈反应。与强酸发生反应，生成有毒硫氧化物 **职业接触限值**：阈限值未制定标准。最高容许浓度未制定标准 **接触途径**：该物质可通过吸入和经食入吸收到体内 **短期接触的影响**：该气溶胶刺激呼吸道 **长期或反复接触的影响**：反复或长期接触可能引起皮肤过敏。反复或长期吸入接触可能引起哮喘（见注解）		
物理性质	**熔点**：大于500℃ 在600℃时分解 **密度**：$2.63g/cm^3$ **水中溶解度**：20℃时22g/100mL（溶解） **辛醇/水分配系数的对数值**：-4		
环境数据	该物质对水生生物有害		
注解	哮喘症状常常经过几个小时以后才变得明显，体力劳动使症状加重。因而休息和医学观察是必要的。应当考虑由医生或医生指定的人立即采取适当吸入治疗法。因这种物质出现哮喘症状的任何人不应当再接触该物质		

IPCS
International
Programme on
Chemical Safety

国际化学品安全卡

<table>
<tr><td colspan="3">氧化苯乙烯</td><td>ICSC 编号：1201</td></tr>
<tr><td colspan="2">CAS 登记号：96-09-3
RTECS 号：CZ9625000
EC 编号：603-084-00-2</td><td colspan="2">中文名称：氧化苯乙烯；（环氧乙基）苯；1,2-环氧乙基苯；苯乙烯-7,8-氧化物；苯乙烯氧化物；苯基环氧乙烷；苯乙烯环氧化物
英文名称：STYRENE OXIDE; (Epoxyethyl)benzene; 1,2-Epoxyethylbenzene; Styrene-7,8-oxide; Phenylethylene oxide; Phenyl oxirane; Styrene epoxide; Styryl oxide</td></tr>
<tr><td colspan="2">分子量：120.2</td><td colspan="2">化学式：$C_8H_8O/C_6H_5CHCH_2O$</td></tr>
<tr><td>危害/接触类型</td><td>急性危害/症状</td><td>预防</td><td>急救/消防</td></tr>
<tr><td>火　灾</td><td>可燃的</td><td>禁止明火。禁止与酸类和碱类接触</td><td>干粉，泡沫，二氧化碳</td></tr>
<tr><td>爆　炸</td><td>高于 76℃，可能形成爆炸性蒸气/空气混合物</td><td>高于 76℃，使用密闭系统、通风</td><td>着火时，喷雾状水保持料桶等冷却，但避免该物质与水接触</td></tr>
<tr><td>接　触</td><td></td><td>避免一切接触！</td><td></td></tr>
<tr><td># 吸入</td><td>头晕。倦睡。神志不清。呕吐</td><td>局部排气通风或呼吸防护</td><td>新鲜空气，休息</td></tr>
<tr><td># 皮肤</td><td>发红。疼痛</td><td>防护服。防护手套</td><td>脱去污染的衣服。冲洗，然后用水和肥皂清洗皮肤</td></tr>
<tr><td># 眼睛</td><td>发红。疼痛</td><td>安全护目镜，眼睛防护结合呼吸防护</td><td>先用大量水冲洗几分钟（如可能尽量摘除隐形眼镜），然后就医</td></tr>
<tr><td># 食入</td><td>腹部疼痛。另见吸入</td><td>工作时不得进食，饮水或吸烟。进食前洗手</td><td>漱口。给予医疗护理</td></tr>
<tr><td>泄漏处置</td><td colspan="3">将泄漏液收集在有盖的容器中。用砂土或惰性吸收剂吸收残液，并转移到安全场所。个人防护用具：化学防护服包括自给式呼吸器</td></tr>
<tr><td>包装与标志</td><td colspan="3">不得与食品和饲料一起运输
欧盟危险性类别：T 符号　标记：E　R:45-21-36　S:53-45
GHS 分类：警示词：危险　图形符号：感叹号-健康危险　危险说明：可燃液体；吞咽有害；造成皮肤刺激；造成眼睛刺激；怀疑导致遗传性缺陷；可能致癌</td></tr>
<tr><td>应急响应</td><td colspan="3">美国消防协会法规：H2（健康危险性）；F2（火灾危险性）；R0（反应危险性）</td></tr>
<tr><td>储存</td><td colspan="3">与酸类、碱类、食品和饲料分开存放。沿地面通风</td></tr>
<tr><td>重要数据</td><td colspan="3">物理状态、外观：无色至淡黄色液体
化学危险性：加热到闪点以上及在酸类和碱类的作用下，该物质可能发生聚合
职业接触限值：阈限值未制定标准。最高容许浓度未制定标准
接触途径：该物质可通过吸入，经皮肤和食入吸收到体内
吸入危险性：未指明 20℃时该物质蒸发达到空气中有害浓度的速率
短期接触的影响：该物质刺激眼睛和皮肤。该物质可能对中枢神经系统有影响。接触能够造成意识降低
长期或反复接触的影响：该物质很可能是人类致癌物</td></tr>
<tr><td>物理性质</td><td colspan="3">沸点：194℃
熔点：-36.7℃
相对密度（水=1）：1.05
水中溶解度：25℃时 0.3g/100mL（微溶）
蒸气压：20℃时 40Pa
蒸气相对密度（空气=1）：4.30
蒸气/空气混合物的相对密度（20℃，空气=1）：1.001
闪点：76℃（闭杯）
自燃温度：498℃
爆炸极限：空气中 1.1%～22%（体积）
辛醇/水分配系数的对数值：1.61</td></tr>
<tr><td>环境数据</td><td colspan="3"></td></tr>
<tr><td>注解</td><td colspan="3">不要将工作服带回家中</td></tr>
</table>

IPCS
International
Programme on
Chemical Safety

国际化学品安全卡

三氧化硫			ICSC 编号：1202
CAS 登记号：7446-11-9 RTECS 号：WT4830000 UN 编号：1829 中国危险货物编号：1829		中文名称：三氧化硫；硫酸酐；硫氧化物 英文名称：SULFUR TRIOXIDE; Sulphuric (acid) anhydride; Sulfuric oxide	
分子量：80.1		化学式：SO_3	

危害/接触类型	急性危害/症状	预防	急救/消防
火　灾	不可燃。受热引起压力升高，容器有爆裂危险。在火焰中释放出刺激性或有毒烟雾（或气体）	禁止与碱、可燃物质、还原剂和水接触	禁用含水灭火剂。禁止用水。周围环境着火时，使用适当的灭火剂
爆　炸	与碱、可燃物质、还原剂和水接触时，有着火和爆炸危险		着火时，喷雾状水保持料桶等冷却，但避免该物质与水接触
接　触		防止产生烟云！避免一切接触！	一切情况均向医生咨询！
# 吸入	灼烧感，咳嗽，呼吸困难，咽喉痛，喘息，气促	通风，局部排气通风或呼吸防护	新鲜空气，休息，半直立体位，给予医疗护理
# 皮肤	发红。严重皮肤烧伤。疼痛。水疱	防护手套。防护服	脱去污染的衣服。用大量水冲洗皮肤或淋浴。给予医疗护理
# 眼睛	发红。疼痛。视力模糊。严重深度烧伤	面罩，或眼睛防护结合呼吸防护	先用大量水冲洗几分钟（如可能尽量摘除隐形眼镜），然后就医
# 食入	腹部疼痛。灼烧感。恶心。休克或虚脱	工作时不得进食，饮水或吸烟	给予医疗护理。漱口。不要催吐。大量饮水
泄漏处置	撤离危险区域！向专家咨询！不要用锯末或其他可燃吸收剂吸收。用干砂土或惰性吸收剂吸收残液，并转移到安全场所。通风。切勿直接向液体上喷水。不要让该化学品进入环境。化学防护服，包括自给式呼吸器		
包装与标志	不得与食品和饲料一起运输。气密 **联合国危险性类别**：8　**联合国包装类别**：I **中国危险性类别**：第 8 类腐蚀性物质　**中国包装类别**：I		
应急响应	**运输应急卡**：TEC(R)-80GC1-I-X **美国消防协会法规**：H3（健康危险性）；F0（火灾危险性）；R2（反应危险性）		
储存	稳定后储存。与食品和饲料、性质相互抵触的物质分开存放。见化学危险性。干燥。储存温度在 17℃～25℃之间		
重要数据	**物理状态、外观**：无色液体或者无色至白色晶体，有发烟吸湿特性 **物理危险性**：蒸气比空气重。见注解 **化学危险性**：该物质是一种强氧化剂。与可燃物质和还原性物质以及有机化合物激烈反应，有着火和爆炸危险。与水和潮湿空气激烈反应，生成硫酸。水溶液是一种强酸。与碱激烈反应，并腐蚀金属，生成易燃/爆炸性气体氢（见卡片#0001） **职业接触限值**：阈限值未制定标准 **接触途径**：该物质可通过吸入其蒸气和经食入吸收到体内 **吸入危险性**：20℃时该物质蒸发，迅速达到空气中有害污染浓度 **短期接触的影响**：该物质腐蚀眼睛、皮肤和呼吸道。食入有腐蚀性 **长期或反复接触的影响**：反复或长期接触气溶胶，肺可能受损伤。反复或长期接触气溶胶，有牙蚀的危险。含三氧化硫的强无机酸雾是人类致癌物		
物理性质	**沸点**：45℃ **熔点**：见注解 **相对密度（水=1）**：1.9 **水中溶解度**：反应	**蒸气压**：见注解 **蒸气相对密度（空气=1）**：2.8 **蒸气/空气混合物的相对密度**（20℃，空气=1）：1.2～2	
环境数据	该物质对水生生物是有害的		
注解	切勿将水喷洒在该物质上。溶解或稀释时，总要缓慢将它加入到水中。当 α 体硫酸酐熔融时，它呈 γ 体形态，蒸气压力显著升高，有爆炸危险。α 体，β 体和 γ 体的熔点分别为：62℃，33℃和 17℃。在 25℃时的它们的蒸气压分别为：9.7kPa，45.9kPa 和 57.7 kPa		

IPCS
International
Programme on
Chemical Safety

国际化学品安全卡

三醋精			ICSC 编号：1203
CAS 登记号：102-76-1 RTECS 号：AK3675000 分子量：218.2	中文名称：三醋精；甘油三乙酸酯；三乙酸-1,2,3-丙三醇酯；三乙酰基甘油 英文名称：TRIACETIN; Glyceryl triacetate; 1,2,3-Propanetriol triacetate; Triacetyl glycerine 化学式：$C_9H_{14}O_6/C_3H_5(OCOCH_3)_3$		
危害/接触类型	急性危害/症状	预防	急救/消防
火　灾	可燃的	禁止明火	干粉，雾状水，泡沫，二氧化碳
爆　炸			着火时，喷雾状水保持料桶等冷却
接　触			
# 吸入		通风	新鲜空气，休息
# 皮肤	发红	防护手套	用大量水冲洗皮肤或淋浴
# 眼睛		安全眼镜	用大量水冲洗（如可能尽量摘除隐形眼镜）
# 食入			漱口
泄漏处置	将泄漏液收集在可密闭的容器中。用砂土或惰性吸收剂吸收残液，并转移到安全场所		
包装与标志			
应急响应	美国消防协会法规：H0（健康危险性）；F1（火灾危险性）；R0（反应危险性）		
储存	与强氧化剂分开存放		
重要数据	物理状态、外观：无色油状液体 化学危险性：与强氧化剂发生反应 职业接触限值：阈限值未制定标准。最高容许浓度未制定标准 吸入危险性：20℃时该物质蒸发不会或很缓慢地达到空气中有害污染浓度 短期接触的影响：该物质轻度刺激皮肤		
物理性质	沸点：258℃ 熔点：3℃ 相对密度（水=1）：1.16 水中溶解度：25℃时 7g/100mL 蒸气压：25℃时 0.33Pa 蒸气相对密度（空气=1）：7.52 闪点：138℃（闭杯） 自燃温度：433℃ 辛醇/水分配系数的对数值：0.21		
环境数据			
注解	对接触该物质的健康影响进行了调查，但是尚未发现对健康有任何严重的影响		

IPCS
International
Programme on
Chemical Safety

国际化学品安全卡

锌粉	ICSC 编号：1205
CAS 登记号：7440-66-6 RTECS 号：ZG8600000 UN 编号：1436（锌粉或锌粉尘） EC 编号：030-001-00-1 中国危险货物编号：1436	中文名称：锌粉；蓝（锌）粉 英文名称：ZINC POWDER; Blue powder; Merrillite (powder)
原子量：65.4	化学式：Zn

危害/接触类型	急性危害/症状	预防	急救/消防
火　灾	高度易燃。许多反应可能引起火灾或爆炸。在火焰中释放出刺激性或有毒烟雾（或气体）	禁止明火、禁止火花和禁止吸烟。禁止与酸、碱和性质相互抵触的物质接触（见化学危险性）	特殊粉末，干砂土。禁用其他灭火剂。禁止用水
爆　炸	与酸、碱、水和不兼容物质接触，有着火和爆炸危险	密闭系统，通风，防爆型电气设备与照明。防止静电荷积聚（例如，通过接地）。防止粉尘沉积	着火时，喷雾状水保持料桶等冷却，但避免与水直接接触
接　触		防止粉尘扩散！严格作业环境管理！	
# 吸入	金属味和金属烟雾热。症状可能推迟显现。（见注解）	局部排气通风	新鲜空气，休息，给予医疗护理
# 皮肤	皮肤干燥	防护手套	冲洗，然后用水和肥皂洗皮肤
# 眼睛		安全护目镜	首先用大量水冲洗几分钟（如可能尽量摘除隐形眼镜），然后就医
# 食入	腹部疼痛，恶心，呕吐	工作时不得进食、饮水或吸烟。进食前洗手	漱口，给予医疗护理

泄漏处置	扑灭或移除所有引燃源。不要冲入下水道。将泄漏物清扫入干容器中，然后转移到安全场所。个人防护用具：自给式呼吸器
包装与标志	气密 欧盟危险性类别：F 符号 N 符号 R:15-17-50/53 S:2-43-46-60-61 联合国危险性类别：4.3　联合国次要危险性：4.2 中国危险性类别：第 4.3 项 遇水放出易燃气体的物质 中国次要危险性：4.2 项 易于自燃的物质
应急响应	运输应急卡：TEC(R)-43GWS-II+III 美国消防协会法规：H0（健康危险性）；F1（火灾危险性）；R1（反应危险性）
储存	耐火设备（条件）。与强氧化剂、强碱、强酸、氧化剂、碱和酸分开存放。干燥
重要数据	物理状态、外观：灰色至蓝色粉末，无气味 物理危险性：如果以粉末或颗粒形状与空气混合，可能发生粉尘爆炸。如果在干燥状态，由于搅拌、空气输送和注入等能够产生静电 化学危险性：加热时，该物质生成有毒烟雾。该物质是一种强还原剂，与氧化剂激烈反应。与水反应，与酸和碱激烈反应，释放出高度易燃的氢气。与硫、卤代烃和许多其他物质激烈反应，有着火和爆炸危险 职业接触限值：阈限值未制定标准 接触途径：该物质可通过吸入和食入吸收到体内 吸入危险性：20℃时蒸发可忽略不计，但扩散时可较快地达到空气中颗粒物有害浓度 短期接触的影响：吸入烟气可能造成金属烟雾热。影响可能推迟显现 长期或反复接触的影响：反复或长期皮肤接触可能引起皮炎
物理性质	沸点：907℃ 熔点：419℃ 相对密度（水=1）：7.14 水中溶解度：反应 蒸气压：487℃时 0.1kPa 自燃温度：460℃
环境数据	
注解	锌中可能含有微量的砷，在生成氢气时，还可能生成有毒气体砷化氢（见卡片#0001 和#0222）。与灭火剂，如水、哈龙、泡沫和二氧化碳激烈反应。金属烟雾热的症状常常经过几小时以后才变得明显。用大量水冲洗污染的衣服（有着火危险）

IPCS
International
Programme on
Chemical Safety

国际化学品安全卡

硝酸锌			ICSC 编号：1206
CAS 登记号：7779-88-6 RTECS 号：ZH4772000 UN 编号：1514 中国危险货物编号：1514	中文名称：硝酸锌、二硝酸锌；硝酸锌盐 英文名称：ZINC NITRATE; Zinc dinitrate; Nitric acid, zinc salt		
分子量：189.4	化学式：$N_2O_6Zn/Zn(NO_3)_2$		
危害/接触类型	急性危害/症状	预防	急救/消防
火　灾	不可燃，但可助长其他物质燃烧。许多反应可能引起火灾或爆炸。在火焰中释放出刺激性或有毒烟雾（或气体）	禁止与可燃物质和性质相互抵触的物质接触	大量水
爆　炸			着火时，喷雾状水保持料桶等冷却
接　触		防止粉尘扩散！	
# 吸入	咳嗽，咽喉疼痛	局部排气通风或呼吸防护	新鲜空气，休息，给予医疗护理
# 皮肤	发红，疼痛	防护手套	冲洗，然后用水和肥皂洗皮肤
# 眼睛	发红，疼痛，视力模糊	安全护目镜或眼睛防护结合呼吸防护	首先用大量水冲洗几分钟（如可能尽量摘除隐形眼镜），然后就医
# 食入	胃痉挛，腹部疼痛，嘴唇或指甲发青，恶心	工作时不得进食、饮水或吸烟。进食前洗手	催吐（仅对清醒病人！），给予医疗护理
泄漏处置	将泄漏物扫入容器中。如果适当，首先湿润防止扬尘。用大量水冲净残余物。不得用锯末或其他可燃吸收剂吸收。个人防护用具：适用于该物质空气中浓度的颗粒物过滤呼吸器		
包装与标志	联合国危险性类别：5.1　联合国包装类别：II 中国危险性类别：第 5.1 项 氧化性物质　中国包装类别：II		
应急响应	运输应急卡：TEC(R)-51G02		
储存	与可燃物和还原性物质分开存放。阴凉场所。干燥		
重要数据	物理状态、外观：无色晶体 化学危险性：加热时可能发生爆炸。加热或燃烧时，该物质分解生成含氮氧化物和氧化锌的有毒烟雾。该物质是一种强氧化剂。与可燃物和还原性物质激烈反应。与碳、铜、金属硫化物、磷和硫磺激烈反应 职业接触限值：阈限值未制定标准。最高容许浓度：$0.1mg/m^3$；最高限值种类：I(4)（以下呼吸道可吸入部分计）；$2mg/m^3$；最高限值种类：I(2)（以上呼吸道可吸入部分计）；妊娠风险等级：C（德国，2009 年） 接触途径：该物质可通过吸入和食入吸收到体内 吸入危险性：未指明 20℃时该物质蒸发达到空气中有害浓度的速率 短期接触的影响：该物质刺激眼睛、皮肤和呼吸道。见注解		
物理性质	熔点：110℃（计算值） 相对密度（水=1）：2.07（六水合物） 水中溶解度：溶解		
环境数据	该物质可能对环境有危害，对甲壳纲动物应给予特别注意		
注解	水合反应可能增加其危险性。其他熔点：45.5℃（三水合物）；36.4℃（六水合物）。用大量水冲洗污染的衣服（有着火危险）		

IPCS
International
Programme on
Chemical Safety

国际化学品安全卡

砷酸氢二铵			ICSC 编号：1207
CAS 登记号：7784-44-3 RTECS 号：CG0850000 UN 编号：1546 EC 编号：033-005-00-1 中国危险货物编号：1546 分子量：176.0		中文名称：砷酸氢二铵；砷酸二铵盐；砷酸铵 英文名称：DIAMMONIUM HYDROGEN ARSENATE; Arsenic acid, diammonium salt; Ammonium arsenate 化学式：$(NH_4)_2HAsO_4$	
危害/接触类型	急性危害/症状	预防	急救/消防
火　灾	不可燃。在火焰中释放出刺激性或有毒烟雾（或气体）		周围环境着火时，使用适当的灭火剂
爆　炸			
接　触		防止粉尘扩散！避免一切接触！	
# 吸入	咳嗽。咽喉痛	密闭系统、通风或呼吸防护	新鲜空气，休息。给予医疗护理
# 皮肤		防护手套。防护服	脱去污染的衣服。冲洗，然后用水和肥皂清洗皮肤。如果感觉不舒服，需就医
# 眼睛	发红。疼痛	面罩，或如为粉末，眼睛防护结合呼吸防护	先用大量水冲洗几分钟（如可能尽量摘除隐形眼镜），然后就医
# 食入	腹部疼痛。腹泻。呕吐。咽喉和胸腔有灼烧感。头痛。虚弱。休克或虚脱	工作时不得进食，饮水或吸烟。进食前洗手	漱口。立即给予医疗护理
泄漏处置	个人防护用具：适应于该物质空气中浓度的颗粒物过滤呼吸器。不要让该化学品进入环境。采用专业设备抽吸(见注解)或小心清扫到容器中。小心收集残余物，然后转移到安全场所		
包装与标志	不得与食品和饲料一起运输。污染海洋物质 **欧盟危险性类别：** T 符号 N 符号 标记：A，E　R:45-23/25-50/53　S:53-45-60-61 **联合国危险性类别：** 6.1　**联合国包装类别：** II **中国危险性类别：** 第 6.1 项 毒性物质 **中国包装类别：** II GHS 分类：信号词：危险 图形符号：骷髅和交叉骨-健康危险-环境 危险说明：吞咽会中毒；造成眼睛刺激；可能致癌；怀疑对生育能力或未出生胎儿造成伤害；吞咽对消化道造成损害；长期或反复接触会对器官造成伤害；对水生生物有毒并具有长期持续影响		
应急响应			
储存	注意收容灭火产生的废水。与酸、强氧化剂、碱及食品和饲料分开存放。严格密封。干燥。不要使用金属容器储存或运输。储存在没有排水管或下水道的场所		
重要数据	**物理状态、外观：** 无色晶体，有特殊气味 **化学危险性：** 该物质加热时分解，生成有毒和腐蚀性烟雾。与酸发生反应，生成有毒胂气体（见化学品安全卡#0222）。有水存在时，浸蚀许多金属（如铁，铝和锌），产生有毒的砷（见化学品安全卡#0013）和胂（见化学品安全卡#0222）烟雾 **职业接触限值：** 阈限值：（以 As 计）$0.01mg/m^3$；A1（确认的人类致癌物）；公布生物暴露指数（美国政府工业卫生学家会议，2010 年）。最高容许浓度：致癌物类别：1；胚细胞突变种类：3A（德国，2010 年） **接触途径：** 该物质可通过吸入其气溶胶和经食入吸收到体内 **吸入危险性：** 扩散时，尤其是粉末，可较快地达到空气中颗粒物有害浓度 **短期接触的影响：** 该物质刺激眼睛和呼吸道。该物质可能对有胃肠道影响，导致严重胃肠炎、体液和电解质流失、心脏病和休克。高于职业接触限值接触时可能导致死亡。影响可能推迟显现。需进行医学观察 **长期或反复接触的影响：** 该物质可能对皮肤、黏膜、末梢神经系统、骨髓和肝脏有影响，导致色素沉着病、角化过度症、鼻中膈穿孔、神经病、贫血和肝损害。该物质是人类致癌物。动物实验表明，该物质可能造成人类生殖或发育毒性		
物理性质	沸点：加热时分解 密度：$2.0g/cm^3$ 水中溶解度：溶解		
环境数据	该物质对水生生物是有毒的。该物质在正常使用过程中进入环境。但是要特别注意避免任何额外的释放，例如通过不适当处置活动		
注解	切勿使用家用真空吸尘器抽吸该物质，只能采用专业设备。根据接触程度，建议定期进行医学检查。不要将工作服带回家中		

IPCS
International
Programme on
Chemical Safety

国际化学品安全卡

<table>
<tr><td colspan="2">砷酸氢二钠</td><td colspan="2">ICSC 编号：1208</td></tr>
<tr><td colspan="2">CAS 登记号：7778-43-0
RTECS 号：CG0875000
UN 编号：1685
EC 编号：033-005-00-1
中国危险货物编号：1685
分子量：185.9</td><td colspan="2">中文名称：砷酸氢二钠；砷酸二钠盐；砷酸二钠
英文名称：SODIUM ARSENATE DIBASIC; Arsenic acid disodium salt; Disodium arsenate; Disodium hydrogen arsenate

化学式：$AsHNa_2O_4/HNa_2AsO_4$</td></tr>
<tr><td>危害/接触类型</td><td>急性危害/症状</td><td>预防</td><td>急救/消防</td></tr>
<tr><td>火　灾</td><td>不可燃。在火焰中释放出刺激性或有毒烟雾（或气体）</td><td></td><td>周围环境着火时，使用适当的灭火剂</td></tr>
<tr><td>爆　炸</td><td></td><td></td><td></td></tr>
<tr><td>接　触</td><td></td><td>防止粉尘扩散！避免一切接触！</td><td></td></tr>
<tr><td># 吸入</td><td>咳嗽。咽喉痛</td><td>密闭系统、通风或呼吸防护</td><td>新鲜空气，休息。给予医疗护理</td></tr>
<tr><td># 皮肤</td><td></td><td>防护手套。防护服</td><td>脱去污染的衣服。冲洗，然后用水和肥皂清洗皮肤。如果感觉不舒服，需就医</td></tr>
<tr><td># 眼睛</td><td>发红。疼痛</td><td>面罩，或眼睛防护结合呼吸防护</td><td>先用大量水冲洗几分钟（如可能尽量摘除隐形眼镜），然后就医</td></tr>
<tr><td># 食入</td><td>腹部疼痛。咽喉和胸腔有灼烧感。腹泻。呕吐。头痛。虚弱。休克或虚脱</td><td>工作时不得进食、饮水或吸烟。进食前洗手</td><td>漱口。立即给予医疗护理</td></tr>
<tr><td>泄漏处置</td><td colspan="3">个人防护用具：适应于该物质空气中浓度的颗粒物过滤呼吸器。不要让该化学品进入环境。采用专业设备抽吸（见注解）或小心清扫到容器中。小心收集残余物，然后转移到安全场所</td></tr>
<tr><td>包装与标志</td><td colspan="3">不得与食品和饲料一起运输
欧盟危险性类别：T 符号 N 符号 标记：A，E　R:45-23/25-50/53　S:53-45-60-61
联合国危险性类别：6.1　联合国包装类别：II
中国危险性类别：第 6.1 项 毒性物质　中国包装类别：II
GHS 分类：信号词：危险 图形符号：骷髅和交叉骨-健康危险-环境 危险说明：吞咽致命；造成眼睛刺激；可能致癌；怀疑对生育能力或未出生胎儿造成伤害；吞咽对消化道造成损害；长期或反复接触会对器官造成伤害；对水生生物有害并具有长期持久影响</td></tr>
<tr><td>应急响应</td><td colspan="3"></td></tr>
<tr><td>储存</td><td colspan="3">与酸、食品和饲料分开存放。严格密封。干燥。不要用金属容器储存或运输。储存在没有排水管或下水道的场所</td></tr>
<tr><td>重要数据</td><td colspan="3">物理状态、外观：无色至白色晶体或粉末
化学危险性：加热时，该物质分解，生成有毒和腐蚀性烟雾。与酸发生反应，生成有毒胂气体（见化学品安全卡#0222）。有水存在时，浸蚀许多金属（如铁，铝和锌），生成有毒砷（见化学品安全卡#0013）和胂（见化学品安全卡#0222）烟雾
职业接触限值：阈限值：（以 As 计）$0.01mg/m^3$；A1（确认的人类致癌物）；公布生物暴露指数（美国政府工业卫生学家会议，2010 年）。最高容许浓度：致癌物类别：1；胚细胞突变种类：3A（德国，2010 年）
接触途径：该物质可通过吸入其气溶胶、经食入吸收到体内
吸入危险性：扩散时，尤其是粉末，可较快地达到空气中颗粒物有害浓度
短期接触的影响：该物质刺激眼睛和呼吸道。该物质可能对胃肠道有影响，导致严重胃肠炎、体液和电解质流失、心脏病和休克。远高于职业接触限值接触时可能导致死亡。影响可能推迟显现。需进行医学观察
长期或反复接触的影响：该物质可能对皮肤、黏膜、末梢神经系统、骨髓和肝脏有影响，导致色素沉着病、角化过度症、鼻中膈穿孔、神经病、贫血和肝损害。该物质是人类致癌物。动物实验表明，该物质可能造成人类生殖或发育毒性</td></tr>
<tr><td>物理性质</td><td colspan="3">熔点：57℃
密度：$1.87g/cm^3$
水中溶解度：15℃时 61g/100mL</td></tr>
<tr><td>环境数据</td><td colspan="3">该物质对水生生物是有害的。该物质在正常使用过程中进入环境。但是要特别注意避免任何额外的释放，例如通过不适当处置活动</td></tr>
<tr><td>注解</td><td colspan="3">切勿使用家用真空吸尘器抽吸该物质，只能采用专业设备。根据接触程度，建议定期进行医学检查。不要将工作服带回家中</td></tr>
</table>

IPCS
International Programme on Chemical Safety

国际化学品安全卡

砷酸镁			ICSC 编号：1209
CAS 登记号：10103-50-1 RTECS 号：CG1050000 UN 编号：1622 EC 编号：033-005-00-1 中国危险货物编号：1622		中文名称：砷酸镁；砷酸三镁；原砷酸镁 英文名称：MAGNESIUM ARSENATE; Trimagnesium arsenate; Magnesium o-arsenate	
分子量：350.8		化学式：$Mg_3(AsO_4)_2$	
危害/接触类型	急性危害/症状	预防	急救/消防
火　灾	不可燃。在火焰中释放出刺激性或有毒烟雾（或气体）		周围环境着火时，使用适当的灭火剂
爆　炸			
接　触		防止粉尘扩散！避免一切接触！	
# 吸入	咳嗽。咽喉痛	密闭系统、通风或呼吸防护	新鲜空气，休息。给予医疗护理
# 皮肤		防护手套。防护服	脱去污染的衣服。冲洗，然后用水和肥皂清洗皮肤。如果感觉不舒服，需就医
# 眼睛	发红。疼痛	面罩，或如为粉末，眼睛防护结合呼吸防护	用大量水冲洗（如可能尽量摘除隐形眼镜）。给与医疗护理
# 食入	腹部疼痛。腹泻。呕吐。咽喉和胸腔有灼烧感。头痛。虚弱。休克或虚脱	工作时不得进食、饮水或吸烟。进食前洗手	漱口。立即给予医疗护理
泄漏处置	个人防护用具：适应于该物质空气中浓度的颗粒物过滤呼吸器。不要让该化学品进入环境。采用专业设备抽吸(见注解)或小心清扫到容器中。小心收集残余物，然后转移到安全场所		
包装与标志	不得与食品和饲料一起运输。污染海洋物质 **欧盟危险性类别**：T 符号 N 符号 标记：A E　R:45-23/25-50/53　S:53-45-60-61 **联合国危险性类别**：6.1　**联合国包装类别**：II **中国危险性类别**：第 6.1 项 毒性物质 **中国包装类别**：II **GHS 分类**：信号词：危险 图形符号：感叹号-健康危险 危险说明：吞咽有害；造成眼睛刺激；可能致癌；怀疑对生育能力或未出生胎儿造成伤害；吞咽对胃肠道造成损害；长期或反复接触会对器官造成伤害；可能对水生生物产生长期持久的有害影响		
应急响应			
储存	与强氧化剂、食品和饲料分开存放。严格密封。储存在没有排水管或下水道的场所		
重要数据	**物理状态、外观**：白色晶体或粉末 **化学危险性**：加热时，生成有毒烟雾。与强氧化剂发生反应，生成有毒烟雾 **职业接触限值**：阈限值：（以 As 计）0.01mg/m^3；A1（确认的人类致癌物）；公布生物暴露指数（美国政府工业卫生学家会议，2010 年）。最高容许浓度：致癌物类别：1；生殖细胞突变种类：3A（德国，2009 年） **接触途径**：该物质可经食入吸收到体内 **吸入危险性**：扩散时，尤其是粉末可较快地达到空气中颗粒物有害浓度 **短期接触的影响**：该物质刺激眼睛和呼吸道。该物质可能对胃肠道有影响，导致严重胃肠炎、体液和电解质流失、心脏病和休克。远高于职业接触限值接触时，可能导致死亡。影响可能推迟显现。需进行医学观察 **长期或反复接触的影响**：该物质可能对皮肤、黏膜、末梢神经系统、骨髓和肝脏有影响，导致色素沉着病、角化过度症、鼻中膈穿孔、神经病、贫血，肝损伤。该物质是人类致癌物。动物实验表明，该物质可能造成人类生殖或发育毒性		
物理性质	**水中溶解度**：（不溶）		
环境数据	该物质可能对环境有危害，对水生生物应给予特别注意。该物质在正常使用过程中进入环境。但是要特别注意避免任何额外的释放，例如通过不适当处置活动		
注解	切勿使用家用真空吸尘器抽吸该物质，只能采用专业设备。根据接触程度，建议定期进行医学检查。不要将工作服带回家中		

IPCS
International
Programme on
Chemical Safety

国际化学品安全卡

砷酸钾			ICSC 编号：1210
CAS 登记号：7784-41-0 RTECS 号：CG1100000 UN 编号：1677 EC 编号：033-005-00-1 中国危险货物编号：1677 分子量：180.0	中文名称：砷酸钾；砷酸二氢钾；二氢砷酸钾 英文名称：POTASSIUM ARSENATE; Potassium dihydrogen arsenate; Potassium arsenate, monobasic; Potassium acid arsenate 化学式：KH_2AsO_4		
危害/接触类型	急性危害/症状	预防	急救/消防
火　灾	不可燃。在火焰中释放出刺激性或有毒烟雾（或气体）		周围环境着火时，使用适当的灭火剂
爆　炸			
接　触		防止粉尘扩散！避免一切接触！	
# 吸入	咳嗽。咽喉痛	密闭系统、通风后呼吸防护	新鲜空气，休息。给予医疗护理
# 皮肤		防护手套。防护服	脱去污染的衣服。冲洗，然后用水和肥皂清洗皮肤。如果感觉不舒服，需就医
# 眼睛	发红。疼痛	面罩，或眼睛防护结合呼吸防护	先用大量水冲洗几分钟（如可能尽量摘除隐形眼镜），然后就医
# 食入	腹部疼痛。有灼烧感。呕吐。腹泻。头痛。虚弱。休克或虚脱	工作时不得进食、饮水或吸烟。进食前洗手	漱口。立即给予医疗护理
泄漏处置	个人防护用具：适应于该物质空气中浓度的颗粒物过滤呼吸器。不要让该化学品进入环境。采用专业设备抽吸(见注解)或小心清扫到容器中。小心收集残余物，然后转移到安全场所		
包装与标志	不得与食品和饲料一起运输 **欧盟危险性类别**：T 符号 N 符号 标记：A，1　R:45-23/25-50/53　S:53-45-60-61 **联合国危险性类别**：6.1　**联合国包装类别**：II **中国危险性类别**：第 6.1 项 毒性物质　**中国包装类别**：II **GHS 分类**：信号词：危险 图形符号：骷髅和交叉骨-健康危险-环境 危险说明：吞咽致命；造成眼睛刺激；可能致癌；怀疑对生育能力或未出生胎儿造成伤害；吞咽对消化道造成损害；长期或反复接触会对器官造成伤害；对水生生物有毒并具有长期持续影响		
应急响应			
储存	注意收容灭火产生的废水。与酸、食品和饲料分开存放。严格密封。干燥。不要使用金属容器储存或运输。储存在没有排水管或下水道的场所		
重要数据	**物理状态、外观**：无色或白色晶体或粉末 **化学危险性**：加热时，该物质分解，生成有毒和腐蚀性烟雾。与酸发生反应，生成有毒胂气体（见化学品安全卡#0222）。有水存在时，浸蚀许多金属（如铁，铝和锌），生成有毒砷（见化学品安全卡#0013）和胂气体（见化学品安全卡#0222）烟雾 **职业接触限值**：阈限值：（以 As 计）0.01mg/m^3；A1（确认的人类致癌物）；公布生物暴露指数（美国政府工业卫生学家会议，2010 年）。最高容许浓度：致癌物类别：1；生殖细胞突变种类：3A（德国，2010 年） **接触途径**：该物质可通过吸入其气溶胶、经食入吸收到体内 **吸入危险性**：扩散时，尤其是粉末，可较快地达到空气中颗粒物有害浓度 **短期接触的影响**：该物质刺激眼睛和呼吸道。该物质可能对胃肠道有影响，导致严重胃肠炎、体液和电解质流失、心脏病和休克。远高于职业接触限值接触时可能导致死亡。影响可能推迟显现。需进行医学观察 **长期或反复接触的影响**：该物质可能对皮肤、黏膜、末梢神经系统、骨髓和肝脏有影响，导致色素沉着病、角化过度症、鼻中膈穿孔、神经病、贫血和肝损伤。该物质是人类致癌物。动物实验表明，该物质可能造成人类生殖或发育毒性		
物理性质	**熔点**：288℃ **密度**：2.9g/cm^3 **水中溶解度**：6℃时 19g/100mL		
环境数据	该物质对水生生物是有毒的。该物质在正常使用过程中进入环境。但是要特别注意避免任何额外的释放，例如通过不适当处置活动		
注解	切勿使用家用真空吸尘器抽吸该物质，只能采用专业设备。根据接触程度，建议定期进行医学检查。不要将工作服带回家中		

IPCS
International
Programme on
Chemical Safety

国际化学品安全卡

亚砷酸铜			ICSC 编号：1211
CAS 登记号：10290-12-7 RTECS 号：CG3385000 UN 编号：1586 EC 编号：033-002-00-5 中国危险货物编号：1586		中文名称：亚砷酸铜；原亚砷酸铜；亚砷酸铜(II)盐 英文名称：COPPER(II) ARSENITE; Copper orthoarsenite; Acid copper arsenite; Arsenious acid, copper (II) salt; Cupric arsenite	
分子量：187.5		化学式：$CuAsHO_3$	
危害/接触类型	急性危害/症状	预防	急救/消防
火　灾	不可燃。在火焰中释放出刺激性或有毒烟雾（或气体）		周围环境着火时，使用适当的灭火剂
爆　炸			
接　触		防止粉尘扩散！避免一切接触！	
# 吸入	咳嗽。咽喉痛	密闭系统、通风或呼吸防护	新鲜空气，休息。给予医疗护理
# 皮肤		防护手套。防护服	脱去污染的衣服。冲洗，然后用水和肥皂清洗皮肤。如果感觉不舒服，需就医
# 眼睛	发红。疼痛	面罩，或如为粉末，眼睛防护结合呼吸防护	先用大量水冲洗几分钟（如可能尽量摘除隐形眼镜），然后就医
# 食入	腹部疼痛。咽喉和胸腔有灼烧感。腹泻。呕吐	工作时不得进食，饮水或吸烟。进食前洗手	漱口。立即给予医疗护理
泄漏处置	个人防护用具：适应于该物质空气中浓度的颗粒物过滤呼吸器。不要让该化学品进入环境。采用专业设备抽吸(见注解)或小心清扫到容器中。小心收集残余物，然后转移到安全场所		
包装与标志	不得与食品和饲料一起运输。污染海洋物质 **欧盟危险性类别**：T 符号 N 符号 标记：A，1　R:23/25-50/53　S:1/2-20/21-28-45-60-61 **联合国危险性类别**：6.1　**联合国包装类别**：II **中国危险性类别**：第 6.1 项 毒性物质　**中国包装类别**：II **GHS 分类**：信号词：危险 图形符号：骷髅和交叉骨-健康危险-环境 危险说明：吞咽致命；造成眼睛刺激；可能致癌；怀疑对生育能力或未出生胎儿造成伤害；吞咽对消化道造成损害；长期或反复接触会对器官造成伤害；对水生生物毒性非常大并具有长期持续影响		
应急响应			
储存	注意收容灭火产生的废水。与酸、食品和饲料分开存放。严格密封。干燥。储存在没有排水管或下水道的场所		
重要数据	**物理状态、外观**：浅黄色至绿色粉末 **化学危险性**：加热时，该物质分解，生成有毒和腐蚀性烟雾。与酸发生反应，生成有毒胂气体（见化学品安全卡#0222） **职业接触限值**：阈限值：（以 As 计）0.01mg/m^3（时间加权平均值）；A1（确认的人类致癌物）；公布生物暴露指数（美国政府工业卫生学家会议，2010 年）。最高容许浓度：致癌物类别：1；生殖细胞突变种类：3A（德国，2010 年） **接触途径**：该物质可通过吸入其气溶胶和经食入吸收到体内 **吸入危险性**：扩散时，尤其是粉末，可较快地达到空气中颗粒物有害浓度 **短期接触的影响**：该物质刺激眼睛和呼吸道。该物质可能对胃肠道有影响，导致严重胃肠炎、体液和电解质流失、心脏病和休克。远高于职业接触限值接触时可能导致死亡。影响可能推迟显现。需进行医学观察 **长期或反复接触的影响**：该物质可能对皮肤、黏膜、末梢神经系统、骨髓和肝脏有影响，导致色素沉着病、角化过度症、鼻中膈穿孔、神经病、贫血和肝损伤。该物质是人类致癌物。动物实验表明，该物质可能造成人类生殖或发育毒性		
物理性质	**熔点**：分解 **水中溶解度**：不溶		
环境数据	该物质对水生生物有极高毒性。该物质在正常使用过程中进入环境。但是要特别注意避免任何额外的释放，例如通过不适当处置活动		
注解	切勿使用家用真空吸尘器抽吸该物质，只能采用专业设备。根据接触程度，建议定期进行医学检查。不要将工作服带回家中		

IPCS
International
Programme on
Chemical Safety

国际化学品安全卡

亚砷酸铅(II)			ICSC 编号：1212
CAS 登记号：10031-13-7 RTECS 号：OF8600000 UN 编号：1618 EC 编号：033-002-00-5 中国危险货物编号：1618	中文名称：亚砷酸铅(II)；亚砷酸铅；偏亚砷酸铅；砷酸铅盐 英文名称：LEAD(II) ARSENITE; Lead arsenite; Lead metaarsenite; Arsenic acid lead salt		
分子量：421.0	化学式：$As_2O_4PbPb(AsO_2)_2$		
危害/接触类型	急性危害/症状	预防	急救/消防
火　灾	不可燃。在火焰中释放出刺激性或有毒烟雾（或气体）		周围环境着火时，使用适当的灭火剂
爆　炸			
接　触		防止粉尘扩散！避免一切接触！	
# 吸入	咳嗽。咽喉痛	密闭系统、通风或呼吸防护	新鲜空气，休息。给予医疗护理
# 皮肤		防护手套。防护服	脱去污染的衣服。冲洗，然后用水和肥皂清洗皮肤。如果感觉不舒服，需就医。
# 眼睛	发红。疼痛	面罩，或如为粉末，眼睛防护结合呼吸防护	先用大量水冲洗几分钟（如可能尽量摘除隐形眼镜），然后就医。
# 食入	腹部疼痛。咽喉和胸腔有灼烧感。呕吐。头痛。腹泻。虚弱。休克或虚脱	工作时不得进食，饮水或吸烟。进食前洗手	漱口。立即给予医疗护理
泄漏处置	个人防护用具：适应于该物质空气中浓度的颗粒物过滤呼吸器。不要让该化学品进入环境。采用专业设备抽吸(见注解)或小心清扫到容器中。小心收集残余物，然后转移到安全场所		
包装与标志	不得与食品和饲料一起运输。污染海洋物质 欧盟危险性类别：T 符号 N 符号　R:23/25-33-50/53　S:1/2-20/21-28-45-60-61 联合国危险性类别：6.1　联合国包装类别：II 中国危险性类别：第 6.1 项 毒性物质　中国包装类别：II GHS 分类：信号词：危险 图形符号：骷髅和交叉骨-健康危险-环境 危险说明：吞咽会中毒；造成眼睛刺激；可能致癌；怀疑对生育能力或未出生胎儿造成伤害；吞咽对消化道造成损害；长期或反复接触会对器官造成伤害；对水生生物有害并具有长期持久影响		
应急响应			
储存	与强氧化剂、强酸、食品和饲料分开存放。严格密封。储存在没有排水管或下水道的场所		
重要数据	**物理状态、外观**：白色粉末 **化学危险性**：加热时，该物质分解，生成有毒烟雾砷和铅 **职业接触限值**：阈限值：（以 Pb 计）$0.05mg/m^3$（时间加权平均值）；A3（确认的动物致癌物，但未知与人类相关性）；公布生物暴露指数；阈限值：（以 As 计）$0.01mg/m^3$（时间加权平均值）；A1（确认的人类致癌物）；公布生物暴露指数（美国政府工业卫生学家会议，2008 年）。最高容许浓度：致癌物类别：1；　胚细胞突变种类：3A（德国，2008 年） **接触途径**：该物质可通过吸入和经食入吸收到体内 **吸入危险性**：扩散时，尤其是粉末，可较快地达到空气中颗粒物有害浓度 **短期接触的影响**：该物质刺激眼睛和呼吸道。该物质可能对胃肠道有影响，导致严重胃肠炎、体液和电解质流失、心脏病和休克。远高于职业接触限值接触时，可能导致死亡。影响可能推迟显现。需进行医学观察 **长期或反复接触的影响**：该物质可能对皮肤、黏膜、骨髓、血液、中枢神经系统、末梢神经系统、肝脏有影响，导致色素沉着病、鼻中膈穿孔、贫血、神经系统损伤和肝损伤。该物质是人类致癌物。造成人类生殖或发育毒性		
物理性质	密度：$5.85g/cm^3$ 水中溶解度：不溶		
环境数据	该物质对水生生物是有害的。强烈建议不要让该化学品进入环境		
注解	切勿使用家用真空吸尘器抽吸该物质，只能采用专业设备。根据接触程度，建议定期进行医学检查。不要将工作服带回家中		

IPCS
International
Programme on
Chemical Safety

国际化学品安全卡

亚砷酸钾			ICSC 编号：1213
CAS 登记号：10124-50-2 RTECS 号：CG3800000 UN 编号：1678 EC 编号：033-002-00-5 中国危险货物编号：1678 化学式：见注解	中文名称：亚砷酸钾；偏亚砷酸钾；亚砷酸钾盐 英文名称：POTASSIUM ARSENITE; Potassium metaarsenite; Arsenious acid, potassium salt; Potassium arsonate		
危害/接触类型	急性危害/症状	预防	急救/消防
火　灾	不可燃。在火焰中释放出刺激性或有毒烟雾（或气体）		周围环境着火时，使用适当的灭火剂
爆　炸			
接　触		防止粉尘扩散！避免一切接触！避免孕妇接触！	一切情况均向医生咨询！
# 吸入	咳嗽。头痛。呼吸困难。咽喉痛。（见食入）	密闭系统和通风	新鲜空气，休息。给予医疗护理
# 皮肤	发红。疼痛	防护手套。防护服	脱去污染的衣服。冲洗，然后用水和肥皂清洗皮肤。给予医疗护理
# 眼睛	发红。疼痛	面罩，或如为粉末，眼睛防护结合呼吸防护	先用大量水冲洗几分钟（如可能尽量摘除隐形眼镜），然后就医
# 食入	腹部疼痛。咽喉和胸腔灼烧感。呕吐。腹泻。头晕。头痛。休克或虚脱	工作时不得进食，饮水或吸烟。进食前洗手	漱口。用水冲服活性炭浆。催吐（仅对清醒病人！）。给予医疗护理
泄漏处置	不要让该化学品进入环境。将泄漏物清扫进可密闭塑料容器中。真空抽吸泄漏物（仅使用带有特殊设备的真空系统）。小心收集残余物，然后转移到安全场所。个人防护用具：化学防护服包括自给式呼吸器		
包装与标志	不易破碎包装，将易破碎包装放在不易破碎的密闭容器中。不得与食品和饲料一起运输。污染海洋物质 **欧盟危险性类别**：T 符号 N 符号 标记：A，1　R:23/25-50/53　S:1/2-20/21-28-45-60-61 **联合国危险性类别**：6.1　**联合国包装类别**：II **中国危险性类别**：第 6.1 项毒性物质　**中国包装类别**：II		
应急响应	运输应急卡：TEC(R)-61GT5-II		
储存	与酸类、强氧化剂、金属、食品和饲料分开存放。干燥。严格密封。注意收容灭火产生的废水。储存在没有排水管或下水道的场所		
重要数据	**物理状态、外观**：白色吸湿的粉末 **化学危险性**：加热时，生成有毒烟雾。与酸反应，生成有毒气体胂（见卡片#0222）。浸蚀许多金属，生成易燃/爆炸性气体氢（见卡片#0001） **职业接触限值**：阈限值：0.01mg/m^3（以 As 计）；A1（确认的人类致癌物）；公布生物暴露指数（美国政府工业卫生学家会议，2005 年）。最高容许浓度：致癌物类别：1（砷和无机砷化合物）；胚细胞突变物类别：3（德国，2004 年） **接触途径**：该物质可通过吸入其气溶胶和经食入吸收到体内 **吸入危险性**：扩散时可较快地达到空气中颗粒物有害浓度 **短期接触的影响**：该物质刺激眼睛、皮肤和呼吸道。该物质可能对心血管系统、中枢神经系统、胃肠道和肾有影响，导致严重胃肠炎，体液和电解质损失、肾损伤、心脏病、虚脱和休克。影响可能推迟显现。需进行医学观察 **长期或反复接触的影响**：反复或长期与皮肤接触时，可能引起皮炎、色素沉着紊乱。该物质可能对末梢神经系统、骨髓、肾、肝和黏膜有影响，导致神经病、血细胞损伤、肾损伤、硬变和鼻中膈穿孔。该物质是人类致癌物。动物实验表明，该物质可能造成人类生殖或发育毒性		
物理性质	**熔点**：低于熔点在 300℃分解 **密度**：8.76g/cm^3 **水中溶解度**：溶解		
环境数据	该物质对水生生物是有毒的		
注解	该化合物组成不固定；工业产品化学式近似于 $KAsO_2 \cdot HAsO_2$。根据接触程度，建议定期进行医疗检查。不要将工作服带回家中。商品名称为 Fowler solution		

IPCS
International
Programme on
Chemical Safety

国际化学品安全卡

苯偶姻			ICSC 编号：1214
CAS 登记号：119-53-9 RTECS 号：DI1590000	中文名称：苯偶姻；2-羟基-2-苯基苯乙酮；苯甲酰苯基甲醇；2-羟基-1,2-二苯基乙烯酮 英文名称：BENZOIN; 2-Hydroxy-2-phenylacetophenone; Benzoylphenyl carbinol; 2-Hydroxy-1,2-diphenylethanone		
分子量：212.2	化学式：$C_{14}H_{12}O_2/C_6H_5COCH(OH)C_6H_5$		
危害/接触类型	急性危害/症状	预防	急救/消防
火　灾	可燃的		雾状水，干粉
爆　炸			
接　触			
# 吸入	咳嗽。咽喉痛	局部排气通风或呼吸防护	新鲜空气，休息
# 皮肤	发红	防护手套	冲洗，然后用水和肥皂清洗皮肤
# 眼睛	发红	安全眼镜	先用大量水冲洗几分钟（如可能尽量摘除隐形眼镜），然后就医
# 食入		进食前洗手	
泄漏处置	将泄漏物清扫进容器中，如果适当，首先润湿防止扬尘		
包装与标志			
应急响应			
储存			
重要数据	物理状态、外观：白色至黄色晶体 职业接触限值：阈限值未制定标准。最高容许浓度未制定标准 吸入危险性：20℃时蒸发可忽略不计，但可较快地达到空气中颗粒物公害污染浓度 短期接触的影响：可能引起机械性刺激		
物理性质	沸点：在 102.4kPa 时 344℃ 熔点：137℃ 密度：$1.31g/cm^3$ 水中溶解度：0.03g/100mL 蒸气压：136℃时 133Pa		
环境数据			
注解	该物质是可燃的，但闪点未见文献报道		

IPCS
International
Programme on
Chemical Safety

国际化学品安全卡

石膏（矿物）			ICSC 编号：1215
CAS 登记号：13397-24-5		中文名称：石膏（矿物）；二水合硫酸钙	
RTECS 号：MG2360000		英文名称：GYPSUM (MINERAL); Calcium sulfate dihydrate	
分子量：172.2		化学式：$CaSO_4.2H_2O$	
危害/接触类型	急性危害/症状	预防	急救/消防
火　灾	不可燃。在火焰中释放出刺激性或有毒烟雾（或气体）		周围环境着火时，使用适当的灭火剂
爆　炸			
接　触			
# 吸入	咳嗽	局部排气通风或呼吸防护	新鲜空气，休息
# 皮肤			冲洗，然后用水和肥皂清洗皮肤
# 眼睛	发红。疼痛	安全眼镜	先用大量水冲洗几分钟（如可能尽量摘除隐形眼镜），然后就医
# 食入		工作时不得进食、饮水或吸烟	漱口
泄漏处置	将泄漏物清扫进容器中，如果适当，首先润湿防止扬尘。个人防护用具：适应于该物质空气中浓度的颗粒物过滤呼吸器		
包装与标志			
应急响应			
储存			
重要数据	**物理状态、外观**：白色结晶粉末或块状物 **职业接触限值**：阈限值：10mg/m^3（可吸入粉尘）（美国政府工业卫生学家会议，2009 年）。最高容许浓度：4mg/m^3（以上呼吸道可吸入粉尘计）；1.5mg/m^3（以下呼吸道可吸入粉尘计）；妊娠风险等级：C（德国，2009 年） **吸入危险性**：扩散时，尤其是粉末可较快地达到空气中颗粒物公害污染浓度 **短期接触的影响**：可能引起机械刺激 **长期或反复接触的影响**：反复或长期接触其粉尘颗粒，尤其当结晶二氧化硅存在时，肺可能受影响		
物理性质	**熔点**：100～150℃（见注解） **密度**：2.3g/cm^3 **水中溶解度**：25℃时 0.24g/100mL（难溶）		
环境数据			
注解	石膏是天然形式的产品，可能含有结晶二氧化硅。给出的熔点是失去结晶水的表观熔点。另见化学品安全卡#1589 无水硫酸钙和#1734 二水合硫酸钙		

IPCS
International
Programme on
Chemical Safety

国际化学品安全卡

全氟异丁烯			ICSC 编号：1216
CAS 登记号：382-21-8 RTECS 号：UD1800000	中文名称：全氟异丁烯；八氟异丁烯；1,1,3,3,3-五氟-2-三氟甲基-1-丙烯；八氟仲丁烯 英文名称：PERFLUOROISOBUTYLENE; Octafluoroisobutylene; 1,1,3,3,3-Pentafluoro-2-trifluoromethyl-1-propene; Octafluoro-sec-butene		
分子量： 200.0	化学式：C_4F_8		
危害/接触类型	急性危害/症状	预防	急救/消防
火　灾			周围环境着火时，使用适当的灭火剂
爆　炸			
接　触		严格作业环境管理！	
# 吸入	咽喉痛。咳嗽。恶心。头痛。虚弱。气促。呼吸困难。症状可能推迟显现（见注解）	通风，局部排气通风或呼吸防护	新鲜空气，休息。半直立体位。必要时进行人工呼吸。给予医疗护理
# 皮肤		防护手套	
# 眼睛		安全眼镜	先用大量水冲洗几分钟（如可能尽量摘除隐形眼镜），然后就医
# 食入			周围环境着火时，使用适当的灭火剂
泄漏处置	撤离危险区域！向专家咨询！通风。个人防护用具：自给式呼吸器		
包装与标志			
应急响应			
储存			
重要数据	**物理状态、外观**：无色气体 **职业接触限值**：阈限值：0.01ppm（上限值）（美国政府工业卫生学家会议，2004 年）。最高容许浓度未制定标准 **接触途径**：该物质可通过吸入吸收到体内 **吸入危险性**：容器漏损时，迅速达到空气中该气体的有害浓度 **短期接触的影响**：该物质刺激呼吸道。吸入该气体可能引起肺水肿（见注解）。接触可能导致死亡。影响可能推迟显现。需进行医学观察		
物理性质	沸点：7℃ 密度：1.6g/L		
环境数据			
注解	该物质是四氟乙烯生产中以及聚四氟乙烯（PTFE/Teflon(R)）在大约 425℃下热分解时作为副产物生成的物质。肺水肿症状常常经过几个小时以后才变得明显，体力劳动使症状加重。因而休息和医学观察是必要的。应当考虑由医生或医生指定的人立即采取适当吸入治疗法		

IPCS
International
Programme on
Chemical Safety

国际化学品安全卡

熟石膏			ICSC 编号：1217
CAS 登记号：26499-65-0		中文名称：熟石膏；半水石膏	
RTECS 号：TP0700000		英文名称：PLASTER OF PARIS; Gypsum hemihydrate	
分子量：290.3		化学式：$(CaSO_4)_2 \cdot H_2O$	
危害/接触类型	急性危害/症状	预防	急救/消防
火　灾	不可燃		周围环境着火时，使用适当的灭火剂
爆　炸			
接　触			
# 吸入	咳嗽	局部排气通风或呼吸防护	新鲜空气，休息
# 皮肤		防护手套	冲洗，然后用水和肥皂清洗皮肤
# 眼睛	发红。疼痛	安全眼镜	先用大量水冲洗几分钟（如可能尽量摘除隐形眼镜），然后就医
# 食入		工作时不得进食，饮水或吸烟	漱口
泄漏处置	将泄漏物清扫进容器中，如果适当，首先润湿防止扬尘。个人防护用具：适用于惰性颗粒物的 P1 过滤呼吸器		
包装与标志			
应急响应			
储存	干燥。严格密封		
重要数据	**物理状态、外观**：白色吸湿的细粉末 **职业接触限值**：阈限值：$10mg/m^3$（以总尘计，不含石棉和含有<1%晶体二氧化硅）（时间加权平均值）（美国政府工业卫生学家会议，2004 年）。最高容许浓度：$6mg/m^3$（以可呼吸的气溶胶计，不含纤维）（德国，2004 年） **吸入危险性**：扩散时可较快地达到空气中颗粒物公害污染浓度，尤其是粉末 **短期接触的影响**：可能引起机械性刺激		
物理性质	熔点：163℃ 密度：$2.76g/cm^3$（α-半水石膏） $2.63g/cm^3$（β-半水石膏） 水中溶解度：25℃时 0.30g/100mL		
环境数据			
注解	其他 CAS 登记号：10034-76-1。给出的熔点是失去结晶水的表观熔点。无水石膏的熔点是 1450℃		

IPCS
International
Programme on
Chemical Safety

国际化学品安全卡

柠檬酸钠（无水的）			ICSC 编号：1218
CAS 登记号：68-04-2 RTECS 号：GE8300000	中文名称：柠檬酸钠（无水的）；柠檬酸三钠（无水的）；2-羟基-1,2,3-丙三酸三钠盐（无水的） 英文名称：SODIUM CITRATE, ANHYDROUS; Trisodium citrate anhydrous; 2-Hydroxy-1,2,3-propanetricarboxylic acid, trisodium salt, anhydrous		
分子量：258.1	化学式：$C_6H_5Na_3O_7$/$C_6H_5O_7$・3Na		

危害/接触类型	急性危害/症状	预防	急救/消防
火　灾	可燃的	禁止明火	雾状水，干粉
爆　炸			
接　触			
# 吸入	咳嗽。咽喉痛	通风（如果没有粉末时）	新鲜空气，休息
# 皮肤			冲洗，然后用水和肥皂清洗皮肤
# 眼睛	发红	安全眼镜	先用大量水冲洗几分钟（如可能尽量摘除隐形眼镜），然后就医
# 食入		工作时不得进食，饮水或吸烟	漱口

泄漏处置	将泄漏物清扫进容器中。如果适当，首先润湿防止扬尘。用大量水冲净残余物
包装与标志	
应急响应	
储存	
重要数据	**物理状态、外观**：白色颗粒或粉末 **化学危险性**：水溶液是一种弱碱 **职业接触限值**：阈限值未制定标准。最高容许浓度：IIb（未制定标准，但可提供数据）（德国，2004年） **接触途径**：该物质可通过吸入其气溶胶和经食入吸收到体内 **吸入危险性**：20℃时蒸发可忽略不计，但扩散时可较快地达到空气中颗粒物公害污染浓度 **短期接触的影响**：该物质刺激眼睛和呼吸道
物理性质	**熔点**：>300℃ **水中溶解度**：25℃时 42.5g/100mL
环境数据	
注解	

IPCS
International Programme on Chemical Safety

UNEP

国际化学品安全卡

二水合柠檬酸钠			ICSC 编号：1219
CAS 登记号：6132-04-3	中文名称：二水合柠檬酸钠；二水合柠檬酸三钠；2-羟基-1,2,3-丙三酸三钠盐二水合物 英文名称：SODIUM CITRATE DIHYDRATE; Trisodium citrate dihydrate; 2-Hydroxy-1,2,3-propanetricarboxylic acid, trisodium salt, dihydrate		
分子量： 294.1	化学式：$C_6H_9Na_3O_9/C_6H_5Na_3O_7 \cdot 2H_2O$		
危害/接触类型	急性危害/症状	预防	急救/消防
火　灾	可燃的	禁止明火	雾状水，干粉
爆　炸			
接　触			
# 吸入	咳嗽。咽喉痛	通风（如果没有粉末时）	新鲜空气，休息
# 皮肤			冲洗，然后用水和肥皂清洗皮肤
# 眼睛	发红	安全眼镜	先用大量水冲洗几分钟（如可能尽量摘除隐形眼镜），然后就医
# 食入		工作时不得进食，饮水或吸烟	漱口
泄漏处置	将泄漏物清扫进容器中。如果适当，首先润湿防止扬尘。用大量水冲净残余物		
包装与标志			
应急响应			
储存			
重要数据	物理状态、外观：白色各种形态固体 化学危险性：水溶液是一种弱碱 职业接触限值：阈限值未制定标准。最高容许浓度：IIb（未制定标准，但可提供数据）（德国，2004年） 接触途径：该物质可通过吸入其气溶胶和经食入吸收到体内 吸入危险性：20℃时蒸发可忽略不计，但扩散时可较快地达到空气中颗粒物公害污染浓度 短期接触的影响：该物质刺激眼睛和呼吸道		
物理性质	熔点：150℃（分解） 水中溶解度：77g/100 mL		
环境数据			
注解	给出的是失去结晶水的表观熔点		

IPCS
International
Programme on
Chemical Safety

国际化学品安全卡

五水合柠檬酸钠			ICSC 编号：1220
CAS 登记号：6858-44-2	中文名称：五水合柠檬酸钠；五水合柠檬酸三钠；2-羟基-1,2,3-丙三酸三钠盐五水合物 英文名称：SODIUM CITRATE PENTAHYDRATE; Trisodium citrate pentahydrate; 2-Hydroxy-1,2,3-propanetricarboxylic acid, trisodium salt, pentahydrate		
分子量：348.2	化学式：$C_6H_{15}Na_3O_{12}/C_6H_5Na_3O_7 \cdot 5H_2O$		
危害/接触类型	急性危害/症状	预防	急救/消防
火　灾	可燃的	禁止明火	雾状水，干粉
爆　炸			
接　触			
# 吸入	咳嗽。咽喉痛	通风（如果没有粉末时）	新鲜空气，休息
# 皮肤			冲洗，然后用水和肥皂清洗皮肤
# 眼睛	发红	安全眼镜	先用大量水冲洗几分钟（如可能尽量摘除隐形眼镜），然后就医
# 食入		工作时不得进食，饮水或吸烟	漱口
泄漏处置	将泄漏物清扫进容器中。如果适当，首先润湿防止扬尘。用大量水冲净残余物		
包装与标志			
应急响应			
储存	严格密封		
重要数据	物理状态、外观：各种形态固体 化学危险性：水溶液是一种弱碱 职业接触限值：阈限值未制定标准。最高容许浓度：IIb（未制定标准，但可提供数据）（德国，2004年） 接触途径：该物质可通过吸入其气溶胶和经食入吸收到体内 吸入危险性：20℃时蒸发可忽略不计，但扩散时可较快地达到空气中颗粒物公害污染浓度 短期接触的影响：该物质刺激眼睛和呼吸道		
物理性质	水中溶解度：溶解		
环境数据			
注解			

IPCS
International
Programme on
Chemical Safety

国际化学品安全卡

碳酸铊			ICSC 编号：1221
CAS 登记号：6533-73-9 RTECS 号：XG4000000 UN 编号：1707 EC 编号：081-002-00-9 中国危险货物编号：1707 分子量：468.78		中文名称：碳酸铊；碳酸二铊（1+）盐；碳酸二铊；碳酸亚铊 英文名称：THALLIUM CARBONATE; Carbonic acid, dithallium(1+) salt; Dithallium carbonate; Thallous carbonate 化学式：Tl_2CO_3	
危害/接触类型	急性危害/症状	预防	急救/消防
火　灾	不可燃。在火焰中释放出刺激性或有毒烟雾（或气体）		周围环境着火时，使用适当的灭火剂
爆　炸			
接　触		防止粉尘扩散！严格作业环境管理！	一切情况均向医生咨询！
# 吸入	见食入	局部排气通风或呼吸防护	新鲜空气，休息。必要时进行人工呼吸，给予医疗护理
# 皮肤	可能被吸收！见食入	防护服。防护手套	脱去污染的衣服。冲洗，然后用水和肥皂清洗皮肤，给予医疗护理
# 眼睛		护目镜，或眼睛防护结合呼吸防护	先用大量水冲洗几分钟（如可能尽量摘除隐形眼镜），然后就医
# 食入	腹部疼痛，恶心，呕吐，头痛，虚弱，腿痛，视力模糊，脱发，烦躁不安，心率快，惊厥。见注解	工作时不得进食，饮水或吸烟。进食前洗手	催吐（仅对清醒病人！）。用水冲服活性炭浆，给予医疗护理
泄漏处置	将泄漏物清扫进可密闭容器中。如果适当，首先润湿防止扬尘。小心收集残余物，然后转移到安全场所。不要让该化学品进入环境。个人防护用具：适用于有毒颗粒物的 P3 过滤呼吸器		
包装与标志	不易破碎包装，将易破碎包装放在不易破碎的密闭容器中。不得与食品和饲料一起运输。污染海洋物质 欧盟危险性类别：T+符号 N 符号 标记：A　R:26/28-33-51/53　S:1/2-13-28-45-61 联合国危险性类别：6.1　联合国包装类别：II 中国危险性类别：第 6.1 项毒性物质　中国包装类别：II		
应急响应	运输应急卡：TEC(R)-61GT5-II		
储存	严格密封。注意收容灭火产生的废水。与强氧化剂、强碱、食品和饲料分开存放		
重要数据	**物理状态、外观：**无色或白色晶体 **化学危险性：**加热时，该物质分解生成有毒烟雾。与强酸和强氧化剂激烈反应 **职业接触限值：**阈限值：0.1mg/m^3（时间加权平均值）（经皮）（美国政府工业卫生学家会议，2004年）。最高容许浓度：IIb（以铊和可溶性化合物计）（未制定标准，但可提供数据）（德国，2004年） **接触途径：**该物质可通过食入、吸入和经皮肤吸收到体内 **吸入危险性：**20℃时蒸发可忽略不计，但扩散时可较快地达到空气中颗粒物有害浓度，尤其是粉末 **短期接触的影响：**该物质可能对胃肠道、神经系统、肾脏和心血管系统有影响。可能引起脱发和指甲萎缩。接触可能导致死亡。影响可能推迟显现。见注解。需进行医学观察 **长期或反复接触的影响：**该物质可能对心血管系统、神经系统有影响，可能引起脱发。动物实验表明，该物质可能对人类生殖或发育造成毒性影响		
物理性质	**熔点：**272℃ **密度：**7.1g/cm^3 **水中溶解度：**25℃时 5.2g/100mL		
环境数据	该化学品可能沿食物链发生生物蓄积，例如在蔬菜和淡水生物中。该物质对水生生物是有毒的。该物质可能对环境有危害，对鸟类和哺乳动物应给予特别注意。强烈建议不要让该化学品进入环境。该物质可能在水生环境中造成长期影响		
注解	急性铊中毒症状通常发展缓慢。胃肠道症状（恶心、呕吐、腹部疼痛）常常在接触几个小时以后出现，而神经紊乱和其他症状可能在接触 2-5 天之后显现。根据接触程度，建议定期进行医疗检查。不要将工作服带回家中。参见卡片#0077（铊），#0336（硫酸铊）		

IPCS
International
Programme on
Chemical Safety

国际化学品安全卡

1,2,3-三氯苯			ICSC 编号：1222
CAS 登记号：87-61-6 RTECS 号：DC2095000 UN 编号：3077 中国危险货物编号：3077 分子量：181.5		中文名称：1,2,3-三氯苯；连位三氯苯；1,2,6-三氯苯 英文名称：1,2,3-TRICHLOROBENZENE; vic-Trichlorobenzene; 1,2,6-Trichlorobenzene 化学式：$C_6H_3Cl_3$	
危害/接触类型	急性危害/症状	预防	急救/消防
火　灾	可燃的。在火焰中释放出刺激性或有毒烟雾（或气体）	禁止明火	干粉，雾状水，泡沫，二氧化碳
爆　炸			
接　触		防止粉尘扩散！	
# 吸入	咳嗽。咽喉痛	局部排气通风或呼吸防护	新鲜空气，休息。给予医疗护理
# 皮肤		防护手套	脱去污染的衣服。冲洗，然后用水和肥皂清洗皮肤
# 眼睛	发红。疼痛	安全护目镜	先用大量水冲洗几分钟（如可能尽量摘除隐形眼镜），然后就医
# 食入	腹部疼痛。腹泻。恶心。呕吐	工作时不得进食，饮水或吸烟	漱口。大量饮水。给予医疗护理
泄漏处置	将泄漏物清扫进有盖的容器中。如果适当，首先润湿防止扬尘。小心收集残余物，然后转移到安全场所。不要让该化学品进入环境。个人防护用具：适用于有害颗粒物的 P2 过滤呼吸器		
包装与标志	联合国危险性类别：9 中国危险性类别：第 9 类 杂项危险物质和物品		
应急响应	运输应急卡：TEC(R)-90GM7-III		
储存	与强氧化剂分开存放。保存在通风良好的室内		
重要数据	物理状态、外观：白色晶体，有特殊气味 化学危险性：燃烧时，该物质分解生成含有氯化氢的有毒和腐蚀性烟雾。与强氧化剂发生反应 职业接触限值：阈限值未制定标准。最高容许浓度：5ppm，38mg/m³，皮肤吸收；最高限值种类：II（2）；妊娠风险等级：D（德国，2003 年） 接触途径：该物质可通过吸入其气溶胶和经食入吸收到体内 吸入危险性：20℃时该物质蒸发相当慢地达到空气中有害污染浓度，但喷洒或扩散时要快得多 短期接触的影响：该物质刺激眼睛和呼吸道		
物理性质	沸点：218.5℃ 熔点：53.5℃ 密度：1.45g/cm³ 水中溶解度：难溶 蒸气压：25℃时 17.3Pa 蒸气相对密度（空气=1）：6.26 闪点：112.7℃（闭杯） 辛醇/水分配系数的对数值：4.05		
环境数据	该物质对水生生物有极高毒性。该化学品可能在鱼体内发生生物蓄积		
注解	UN 编号 2321 是指液体三氯苯。液体三氯苯是一种海洋污染物。参见卡片#1049 (1,2,4-三氯苯)和#0344 (1,3,5-三氯苯)		

IPCS
International
Programme on
Chemical Safety

国际化学品安全卡

氟化铵			ICSC 编号：1223
CAS 登记号：12125-01-8 RTECS 号：BQ6300000 UN 编号：2505 EC 编号：009-006-00-8 中国危险货物编号：2505 分子量： 37.0	中文名称：氟化铵；中性氟化铵 英文名称：AMMONIUM FLUORIDE; Neutral ammonium fluoride 化学式：NH_4F		
危害/接触类型	急性危害/症状	预防	急救/消防
火　灾	不可燃。在火焰中释放出刺激性或有毒烟雾（或气体）		周围环境着火时，用大量水控制住酸性蒸气，然后使用适当灭火剂
爆　炸			
接　触		防止粉尘扩散！	
# 吸入	咳嗽。咽喉痛	局部排气通风或呼吸防护	新鲜空气，休息。给予医疗护理
# 皮肤	发红	防护手套	脱去污染的衣服。用大量水冲洗皮肤或淋浴
# 眼睛	发红。疼痛	面罩，如为粉末，眼睛防护结合呼吸防护	先用大量水冲洗几分钟（如可能尽量摘除隐形眼镜），然后就医
# 食入	腹泻。恶心。呕吐。腹部疼痛。灼烧感。休克或虚脱	工作时不得进食，饮水或吸烟	漱口。不要催吐。大量饮水。给予医疗护理
泄漏处置	将泄漏物清扫进干燥塑料容器中。小心收集残余物，然后转移到安全场所。不要让该化学品进入环境。个人防护用具：适用于有毒颗粒物的 P3 过滤呼吸器		
包装与标志	不得与食品和饲料一起运输 **欧盟危险性类别：**T 符号　R:23/24/25　S:1/2-26-45 **联合国危险性类别：**6.1　　**联合国包装类别：**III **中国危险性类别：**第 6.1 项毒性物质　**中国包装类别：**III		
应急响应	**运输应急卡：**TEC(R)-61GT5-III **美国消防协会法规：**H3（健康危险性）；F0（火灾危险性）；R0（反应危险性）		
储存	与性质相互抵触的物质，食品和饲料分开存放。见化学危险性。干燥。严格密封		
重要数据	**物理状态、外观：**无色晶体或白色粉末 **化学危险性：**加热时，该物质分解生成含有氟化氢和氨的有毒和腐蚀性烟雾。水溶液是一种弱酸。与三氟化氯发生反应，有爆炸的危险。浸蚀玻璃和金属 **职业接触限值：**阈限值：2.5mg/m^3（以 F 计）（时间加权平均值）；A4（不能分类为人类致癌物）；公布生物暴露指数（美国政府工业卫生学家会议，2004 年）。最高容许浓度：1mg/m^3（以 F 计）（可吸入粉尘）；最高限值种类：I（4）；皮肤吸收；妊娠风险等级：C（德国，2005 年） **接触途径：**该物质可通过吸入其气溶胶和经食入吸收到体内 **吸入危险性：**未指明 20℃时该物质蒸发达到空气中有害浓度的速率 **短期接触的影响：**该物质刺激眼睛、皮肤和呼吸道。食入有腐蚀性 **长期或反复接触的影响：**该物质可能对骨骼和牙齿有影响，导致氟中毒		
物理性质	**熔点：**升华 **密度：**1.01g/cm^3 **水中溶解度：**25℃时 45.3g/100mL		
环境数据	该物质对水生生物是有害的		
注解			

IPCS
International
Programme on
Chemical Safety

国际化学品安全卡

三氯化锑			ICSC 编号：1224
CAS 登记号：10025-91-9 RTECS 号：CC4900000 UN 编号：1733 EC 编号：051-001-00-8 中国危险货物编号：1733		中文名称：三氯化锑；氯化亚锑；三氯化锑（III） 英文名称：ANTIMONY TRICHLORIDE; Trichlorostibine; Antimonous chloride; Butter of antimony; Antimony (III) chloride	
分子量： 228.1		化学式：$SbCl_3$	
危害/接触类型	急性危害/症状	预防	急救/消防
火　灾	不可燃。在火焰中释放出刺激性或有毒烟雾（或气体）		周围环境着火时，禁止使用水
爆　炸			
接　触		避免一切接触！	一切情况均向医生咨询！
# 吸入	咽喉痛。咳嗽。灼烧感。气促。呼吸困难。腹部疼痛	通风（如果没有粉末时），局部排气通风或呼吸防护	新鲜空气，休息。半直立体位。必要时进行人工呼吸。给予医疗护理
# 皮肤	疼痛。发红。严重的皮肤烧伤	防护手套。防护服	脱去污染的衣服。用大量水冲洗皮肤或淋浴。给予医疗护理
# 眼睛	疼痛。发红。严重深度烧伤	面罩，或眼睛防护结合呼吸防护	先用大量水冲洗几分钟（如可能尽量摘除隐形眼镜），然后就医
# 食入	灼烧感。胃痉挛。恶心。呕吐。休克或虚脱	工作时不得进食，饮水或吸烟	漱口。不要催吐。大量饮水。给予医疗护理
泄漏处置	将泄漏物清扫进可密闭容器中。小心收集残余物，然后转移到安全场所。不要让该化学品进入环境。个人防护用具：化学防护服包括自给式呼吸器		
包装与标志	不得与食品和饲料一起运输 欧盟危险性类别：C 符号 N 符号　R:34-51/53　S:1/2-26-45-61 联合国危险性类别：8　联合国包装类别：II 中国危险性类别：第 8 类腐蚀性物质　中国包装类别：II		
应急响应	运输应急卡：TEC(R)-80GC2-II+III		
储存	与食品和饲料分开存放。干燥。严格密封		
重要数据	**物理状态、外观**：无色吸湿的晶体，有刺鼻气味 **化学危险性**：加热时，该物质分解生成含有氯和氧化锑有毒烟雾。与水发生反应，产生热和氯化氢（见卡片#0163）以及氧氯化锑。有水存在时，浸蚀许多金属。铝在 三氯化锑蒸气中燃烧 **职业接触限值**：阈限值：0.5mg/m^3（以 Sb 计）（时间加权平均值）（美国政府工业卫生学家会议，2004 年）。最高容许浓度：致癌物类别：2；胚细胞突变物类别：3（德国，2005 年） **接触途径**：该物质可通过吸入和经食入吸收到体内 **吸入危险性**：20℃时蒸发可忽略不计，但扩散时可较快地达到空气中颗粒物有害浓度，尤其是粉末 **短期接触的影响**：该物质腐蚀眼睛、皮肤和呼吸道。食入有腐蚀性。吸入该物质可能引起肺水肿（见注解）。影响可能推迟显现。需进行医学观察 **长期或反复接触的影响**：该物质可能对心血管系统有影响		
物理性质	**沸点**：223.5℃ **熔点**：73℃ **密度**：3.14g/cm^3 **水中溶解度**：25℃时 10g/100mL **蒸气压**：49℃时 133Pa		
环境数据	该物质对水生生物是有毒的		
注解	C.I. 77056 是别名。根据接触程度，建议定期进行医疗检查。肺水肿症状常常经过几个小时以后才变得明显，体力劳动使症状加重。因而休息和医学观察是必要的。应当考虑由医生或医生指定的人立即采取适当吸入治疗法		

IPCS
International
Programme on
Chemical Safety

国际化学品安全卡

苄基溴			ICSC 编号：1225
CAS 登记号：100-39-0 RTECS 号：XS7965000 UN 编号：1737 EC 编号：602-057-00-2 中国危险货物编号：1737		中文名称：苄基溴；α-溴甲苯；溴苯基甲烷 英文名称：BENZYL BROMIDE; alpha-Bromotoluene; Bromophenylmethane	
分子量：171.0		化学式：C_7H_7Br	
危害/接触类型	急性危害/症状	预防	急救/消防
火　灾	可燃的。在火焰中释放出刺激性或有毒烟雾（或气体）	禁止明火	干粉、雾状水、泡沫、二氧化碳
爆　炸	高于 79℃，可能形成爆炸性蒸气/空气混合物	高于 79℃，使用密闭系统、通风	着火时，喷雾状水保持料桶等冷却
接　触		防止产生烟云！	
# 吸入	咳嗽，咽喉痛	通风，局部排气通风或呼吸防护	新鲜空气，休息。给予医疗护理
# 皮肤	发红，疼痛	防护手套，防护服	脱去污染的衣服。冲洗，然后用水和肥皂清洗皮肤
# 眼睛	发红，疼痛，流泪	面罩，或眼睛防护结合呼吸防护	先用大量水冲洗几分钟（如可能尽量摘除隐形眼镜），然后就医
# 食入	灼烧感，腹部疼痛，腹泻，恶心，呕吐	工作时不得进食，饮水或吸烟	漱口，不要催吐，大量饮水，给予医疗护理
泄漏处置	尽可能将泄漏液收集在可密闭的容器中。用砂土或惰性吸收剂吸收残液，并转移到安全场所。化学防护服，包括自给式呼吸器		
包装与标志	不得与食品和饲料一起运输 欧盟危险性类别：Xi 符号　R:36/37/38　S:2-39 联合国危险性类别：6.1　联合国次要危险性：8 联合国包装类别：II 中国危险性类别：第 6.1 项毒性物质 中国次要危险性：8　中国包装类别：II		
应急响应	运输应急卡：TEC(R)-61GTC1-II		
储存	与强氧化剂、强碱、食品和饲料分开存放。干燥。严格密封		
重要数据	物理状态、外观：无色至黄色液体，有刺鼻气味 化学危险性：燃烧时，生成溴化氢有毒烟雾。与水接触时，该物质缓慢分解，生成溴化氢。与碱类、镁和强氧化剂激烈反应。浸蚀许多金属，尤其是有湿气存在时 职业接触限值：阈限值未制定标准 接触途径：该物质可通过吸入和经食入吸收到体内 吸入危险性：未指明 20℃时该物质蒸发达到空气中有害浓度的速率 短期接触的影响：引起流泪。该物质严重刺激眼睛、皮肤、呼吸道和胃肠道		
物理性质	沸点：198～199℃ 熔点：-4.0℃ 相对密度（水=1）：1.438 水中溶解度：反应 蒸气压：32.2℃时 133Pa 蒸气相对密度（空气=1）：5.9 蒸气/空气混合物的相对密度（20℃，空气=1）：1.0 闪点：79℃（闭杯） 辛醇/水分配系数的对数值：2.92		
环境数据			
注解	同类物质苄基氯（见卡片#0016）是致癌物，但是苄基溴的长期影响数据不充分		

IPCS
International
Programme on
Chemical Safety

国际化学品安全卡

4-溴苯胺			ICSC 编号：1226
CAS 登记号：106-40-1 RTECS 号：BW9280000 分子量：172.0	中文名称：4-溴苯胺；对溴苯胺 英文名称：4-BROMOANILINE; 4-Bromobenzeneamine; p-Bromophenylamine; p-Bromoaniline 化学式：$C_6H_6BrN/BrC_6H_4NH_2$		
危害/接触类型	**急性危害/症状**	**预防**	**急救/消防**
火　灾	可燃的。在火焰中释放出刺激性或有毒烟雾（或气体）	禁止明火	干粉，雾状水，泡沫，二氧化碳
爆　炸			
接　触		严格作业环境管理！	
# 吸入	嘴唇发青或指甲发青。皮肤发青。头痛。恶心	局部排气通风或呼吸防护	新鲜空气，休息。给予医疗护理
# 皮肤		防护手套	冲洗，然后用水和肥皂清洗皮肤
# 眼睛		安全眼镜，或眼睛防护结合呼吸防护	先用大量水冲洗几分钟（如可能尽量摘除隐形眼镜），然后就医
# 食入	嘴唇发青或指甲发青。皮肤发青。头晕。头痛。呼吸困难。恶心。意识模糊。惊厥。神志不清	工作时不得进食，饮水或吸烟	漱口。给予医疗护理
泄漏处置	将泄漏物清扫进容器中。如果适当，首先润湿防止扬尘。小心收集残余物，然后转移到安全场所。不要让该化学品进入环境。个人防护用具：适用于有害颗粒物的 P2 过滤呼吸器		
包装与标志			
应急响应			
储存	与强氧化剂、酸类分开存放。严格密封		
重要数据	**物理状态、外观：**无色晶体 **化学危险性：**加热时或燃烧时，该物质分解生成含有溴化氢和氮氧化物（见卡片#0282）的有毒和腐蚀性烟雾。水溶液是一种弱碱。与酸和强氧化剂发生反应 **职业接触限值：**阈限值未制定标准 **接触途径：**该物质可通过吸入其气溶胶和经食入吸收到体内 **吸入危险性：**未指明 20℃时该物质蒸发达到空气中有害浓度的速率 **短期接触的影响：**该物质可能对血液有影响，导致形成正铁血红蛋白。影响可能推迟显现。需进行医学观察 **长期或反复接触的影响：**该物质可能对血液有影响，导致形成正铁血红蛋白		
物理性质	沸点：223℃ 熔点：66℃ 相对密度（水=1）：100℃时 1.5 水中溶解度：微溶 蒸气压：25℃时 22.6Pa 蒸气相对密度（空气=1）：5.9 辛醇/水分配系数的对数值：2.26		
环境数据	该物质对水生生物是有害的		
注解	该物质中毒时需采取必要的治疗措施。必须提供有指示说明的适当方法		

IPCS
International
Programme on
Chemical Safety

国际化学品安全卡

3-二甲基氨基丙胺			ICSC 编号：1227
CAS 登记号：109-55-7 RTECS 号：TX7525000 UN 编号：2734 EC 编号：612-061-00-6 中国危险货物编号：2734		中文名称：3-二甲基氨基丙胺；1-氨基-3-二甲基氨基丙烷；*N,N*-二甲基-1,3-丙二胺；3-氨基丙基二甲胺；*N,N*-二甲基-1,3-二氨基丙烷 英文名称：3-DIMETHYLAMINOPROPYLAMINE; 1-Amino-3-dimethylaminopropane; *N,N*-Dimethyl-1,3-propanediamine; 3-Aminopropyldimethylamine; *N,N*-Dimethyl-1,3-diaminopropane	
分子量：102.2		化学式：$C_5H_{14}N_2$/$(CH_3)_2NCH_2CH_2CH_2NH_2$	
危害/接触类型	急性危害/症状	预防	急救/消防
火　灾	易燃的。在火焰中释放出刺激性或有毒烟雾（或气体）	禁止明火，禁止火花和禁止吸烟	干粉，二氧化碳，抗溶性泡沫，雾状水
爆　炸	高于 35℃，可能形成爆炸性蒸气/空气混合物	高于 35℃，使用密闭系统、通风和防爆型电气设备	着火时，喷雾状水保持料桶等冷却
接　触		避免一切接触！	
# 吸入	咽喉痛，咳嗽，灼烧感，气促，呼吸困难，症状可能推迟显现（见注解）	通风，局部排气通风或呼吸防护	新鲜空气，休息。半直立体位。给予医疗护理
# 皮肤	疼痛。发红。严重的皮肤烧伤	防护手套。防护服	脱去污染的衣服。用大量水冲洗皮肤或淋浴。给予医疗护理
# 眼睛	疼痛。视力模糊。严重深度烧伤	面罩，或眼睛防护结合呼吸防护	先用大量水冲洗几分钟（如可能尽量摘除隐形眼镜），然后就医
# 食入	灼烧感。腹部疼痛。休克或虚脱	工作时不得进食，饮水或吸烟	漱口。不要催吐。大量饮水。给予医疗护理
泄漏处置	通风。尽可能将泄漏液收集在可密闭的容器中。用大量水冲净残余物。不要让该化学品进入环境。个人防护用具：化学防护服包括自给式呼吸器		
包装与标志	不得与食品和饲料一起运输 欧盟危险性类别：C 符号　R:10-22-34-43　S:1/2-26-36/37/39-45 联合国危险性类别：8 联合国次要危险性：3 联合国包装类别：II 中国危险性类别：第 8 类腐蚀性物质 中国次要危险性：3 中国包装类别：II		
应急响应	运输应急卡：TEC(R)-80GCF1-II 美国消防协会法规：H3（健康危险性）；F3（火灾危险性）；R0（反应危险性）		
储存	耐火设备（条件）。与强氧化剂、强酸、食品和饲料分开存放。严格密封		
重要数据	物理状态、外观：无色液体 化学危险性：加热时或燃烧时，该物质分解生成含有氮氧化物的有毒烟雾。水溶液是一种中强碱。与强氧化剂、酸、酰基氯、酸酐发生反应。与 1,2-二氯乙烷发生反应，有爆炸的危险。与高表面积的硝酸纤维素接触时，该物质被引燃 职业接触限值：阈限值未制定标准。最高容许浓度未制定标准 接触途径：该物质可通过吸入其蒸气，经皮肤和食入吸收到体内 吸入危险性：未指明 20℃时该物质蒸发达到空气中有害浓度的速率 短期接触的影响：该物质腐蚀眼睛、皮肤和呼吸道。食入有腐蚀性。吸入蒸气可能引起肺水肿（见注解）。需进行医学观察 长期或反复接触的影响：反复或长期接触可能引起皮肤过敏		
物理性质	沸点：135℃ 熔点：<-70℃ 相对密度（水=1）：0.81 水中溶解度：混溶 蒸气压：30℃时 1.33kPa	蒸气相对密度（空气=1）：3.5 闪点：35℃（闭杯） 爆炸极限：空气中 2.3%～12.3%（体积） 辛醇/水分配系数的对数值：-0.352	
环境数据	该物质对水生生物是有害的		
注解	肺水肿症状常常经过几个小时以后才变得明显，体力劳动使症状加重。因而休息和医学观察是必要的。应当考虑由医生或医生指定的人立即采取适当吸入治疗法		

IPCS
International Programme on Chemical Safety

国际化学品安全卡

<table>
<tr><td colspan="3">六亚甲基四胺</td><td>ICSC 编号：1228</td></tr>
<tr><td colspan="2">CAS 登记号：100-97-0
RTECS 号：MN4725000
UN 编号：1328
EC 编号：612-101-00-2
中国危险货物编号：1328</td><td colspan="2">中文名称：六亚甲基四胺；1,3,5,7-四氮杂金刚烷；乌洛托品；1,3,5,7-四氮杂三环（3.3.1.1(3,7)）癸烷
英文名称：HEXAMETHYLENETETRAMINE; 1,3,5,7-Tetraazaadamantane; Methenamine; Hexamine; 1,3,5,7-Tetraazatricyclo(3.3.1.1(3,7))decane</td></tr>
<tr><td colspan="2">分子量：140.2</td><td colspan="2">化学式：$C_6H_{12}N_4$</td></tr>
<tr><td>危害/接触类型</td><td>急性危害/症状</td><td>预防</td><td>急救/消防</td></tr>
<tr><td>火 灾</td><td>可燃的。在火焰中释放出刺激性或有毒烟雾（或气体）</td><td>禁止明火</td><td>泡沫、雾状水、干粉</td></tr>
<tr><td>爆 炸</td><td>微细分散的颗粒物在空气中形成爆炸性混合物</td><td>防止粉尘沉积、密闭系统、防止粉尘爆炸型电气设备和照明</td><td></td></tr>
<tr><td>接 触</td><td></td><td>防止粉尘扩散！</td><td></td></tr>
<tr><td># 吸入</td><td>咳嗽</td><td>局部排气通风或呼吸防护</td><td>新鲜空气，休息，给予医疗护理</td></tr>
<tr><td># 皮肤</td><td>发红，疼痛</td><td>防护手套，防护服</td><td>脱去污染的衣服。冲洗，然后用水和肥皂清洗皮肤，给予医疗护理</td></tr>
<tr><td># 眼睛</td><td>发红，疼痛</td><td>面罩，或眼睛防护结合呼吸防护</td><td>先用大量水冲洗几分钟（如可能尽量摘除隐形眼镜），然后就医</td></tr>
<tr><td># 食入</td><td>腹部疼痛，恶心，呕吐</td><td>工作时不得进食，饮水或吸烟</td><td>漱口，用水冲服活性炭浆，给予医疗护理</td></tr>
<tr><td>泄漏处置</td><td colspan="3">将泄漏物清扫进容器中。如果适当，首先润湿防止扬尘。用大量水冲净残余物。个人防护用具：适用于有机蒸气和有害粉尘的 A/P2 过滤呼吸器</td></tr>
<tr><td>包装与标志</td><td colspan="3">欧盟危险性类别：F 符号 Xn 符号 R:11-42/43 S:2-16-22-24-37
联合国危险性类别：4.1 联合国包装类别：III
中国危险性类别：第 4.1 项易燃固体 中国包装类别：III</td></tr>
<tr><td>应急响应</td><td colspan="3">运输应急卡：TEC(R)-41S1328</td></tr>
<tr><td>储存</td><td colspan="3">与强酸和强氧化剂分开存放。干燥</td></tr>
<tr><td>重要数据</td><td colspan="3">物理状态、外观：无色吸湿晶体或白色晶体粉末
物理危险性：以粉末或颗粒形状与空气混合，可能发生粉尘爆炸
化学危险性：加热时或燃烧时，该物质分解生成含甲醛、氨、氰化氢和氮氧化物有毒和腐蚀性气体。水溶液是一种弱碱。与强氧化剂和强酸发生反应，生成有毒和腐蚀性气体。浸蚀铝和锌
职业接触限值：阈限值未制定标准。最高容许浓度：IIb（未制定标准，但可提供数据）；皮肤致敏（德国，2004 年）
接触途径：该物质可通过吸入其气溶胶和经食入吸收到体内
吸入危险性：20℃时蒸发可忽略不计，但扩散时可较快地达到空气中颗粒物有害浓度
短期接触的影响：该物质轻微刺激眼睛和皮肤
长期或反复接触的影响：反复或长期接触可能引起皮肤过敏。反复或长期吸入接触可能引起哮喘</td></tr>
<tr><td>物理性质</td><td colspan="3">升华点：约 260℃
密度：1.33g/cm³
水中溶解度：溶解
蒸气相对密度（空气=1）：4.9
闪点：250℃（闭杯）
自燃温度：390℃
辛醇/水分配系数的对数值：−2.84</td></tr>
<tr><td>环境数据</td><td colspan="3"></td></tr>
<tr><td>注解</td><td colspan="3">该物质可能释放出甲醛（见卡片#0695 甲醛）。因该物质发生哮喘症状的任何人不应当再接触这种物质。哮喘症状常常几个小时以后才变得明显，体力劳动使症状加重。因而休息和医学观察是必要的</td></tr>
</table>

IPCS
International
Programme on
Chemical Safety

国际化学品安全卡

四硼酸钠			ICSC 编号：1229
CAS 登记号：1330-43-4 RTECS 号：ED4588000	中文名称：四硼酸钠；酸式硼酸钠；焦硼酸钠；硼氧化钠；熔融硼砂 英文名称：SODIUM TETRABORATE; Sodium biborate; Sodium pyroborate; Boron sodium oxide; Fused borax		
分子量：201.3	化学式：$Na_2B_4O_7$		

危害/接触类型	急性危害/症状	预防	急救/消防
火　灾	不可燃。在火焰中释放出刺激性或有毒烟雾（或气体）		周围环境着火时，允许使用各种灭火剂
爆　炸			
接　触		防止粉尘扩散！	
# 吸入	咳嗽，气促，咽喉疼痛，鼻出血	局部排气通风或呼吸防护	新鲜空气，休息
# 皮肤	皮肤干燥，发红	防护手套	脱掉污染的衣服，冲洗，然后用水和肥皂洗皮肤
# 眼睛	发红，疼痛	安全护目镜	首先用大量水冲洗几分钟（如可能尽量摘除隐形眼镜），然后就医
# 食入	腹部疼痛，腹泻，恶心，呕吐，虚弱	工作时不得进食、饮水或吸烟	漱口，给予医疗护理

泄漏处置	将泄漏物清扫入容器中。小心收集残余物，然后转移到安全场所。个人防护用具：适用于有害颗粒物的 P2 过滤呼吸器
包装与标志	
应急响应	
储存	与强氧化剂分开存放。干燥。严格密封
重要数据	**物理状态、外观**：无气味，白色吸湿粉末或玻璃片状，接触空气变暗 **化学危险性**：加热或燃烧时，该物质分解生成含氧化钠有毒烟雾。与强氧化剂发生反应。 **职业接触限值**：阈限值：（以硼酸盐计）2mg/m^3（时间加权平均值）；6mg/m^3（短期接触限值）；A4（不能分类为人类致癌物）（美国政府工业卫生学家 会议，2008 年） **接触途径**：该物质可通过吸入其气溶胶、食入和经损伤的皮肤吸收到体内 **吸入危险性**：20℃时蒸发可忽略不计，但扩散时可较快地达到空气中颗粒物有害浓度，尤其是粉末 **短期接触的影响**：该物质刺激眼睛、皮肤和呼吸道。在高剂量下或经损伤的皮肤该物质可能对中枢神经系统、肾和胃肠道有影响 **长期或反复接触的影响**：反复或长期皮肤接触可能引起皮炎。该物质可能对呼吸道有影响
物理性质	**沸点**：1575℃（分解） **熔点**：741℃ **相对密度（水=1）**：2.367 **水中溶解度**：20℃时 2.56g/100mL
环境数据	
注解	商品名称为 Rasorite 65

IPCS
International
Programme on
Chemical Safety

国际化学品安全卡

四氯化钛			ICSC 编号：1230
CAS 登记号：7550-45-0 RTECS 号：XR1925000 UN 编号：1838 EC 编号：022-001-00-5 中国危险货物编号：1838 分子量：189.7	中文名称：四氯化钛；氯化钛 英文名称：TITANIUM TETRACHLORIDE; Titanium chloride; Tetrachlorotitanium; Titanic chloride 化学式：$TiCl_4$		
危害/接触类型	急性危害/症状	预防	急救/消防
火　灾	不可燃。在火焰中释放出刺激性或有毒烟雾（或气体）		周围环境着火时，禁止使用含水灭火剂，禁止用水
爆　炸			着火时，喷雾状水保持料桶等冷却，但避免该物质与水接触
接　触		避免一切接触！	一切情况均向医生咨询！
# 吸入	咽喉痛。咳嗽。灼烧感。气促。呼吸困难。症状可能推迟显现（见注解）	通风，局部排气通风或呼吸防护	新鲜空气，休息。半直立体位。必要时进行人工呼吸。给予医疗护理
# 皮肤	疼痛。发红。严重的皮肤烧伤	防护手套。防护服	脱去污染的衣服。用大量水冲洗皮肤或淋浴。给予医疗护理
# 眼睛	疼痛。发红。严重深度烧伤	面罩，或眼睛防护结合呼吸防护	先用大量水冲洗几分钟（如可能尽量摘除隐形眼镜），然后就医
# 食入	灼烧感。腹部疼痛。休克或虚脱	工作时不得进食，饮水或吸烟	漱口。不要催吐。给予医疗护理
泄漏处置	撤离危险区域！向专家咨询！通风。不要用水。在净化前首先收容泄漏物。尽可能将泄漏液收集在可密闭的耐酸容器中。用干砂土或惰性吸收剂吸收残液，并转移到安全场所。不要让该化学品进入环境。个人防护用具：全套防护服包括自给式呼吸器		
包装与标志	不得与食品和饲料一起运输 欧盟危险性类别：C 符号　R:14-34　S:1/2-7/8-26-36/37/39-45 联合国危险性类别：8　联合国包装类别：II 中国危险性类别：第 8 类腐蚀性物质　中国包装类别：II		
应急响应	运输应急卡：TEC(R)-80S1838 或 80GC1-II-X 美国消防协会法规：H3（健康危险性）；F0（火灾危险性）；R2（反应危险性）；W（禁止用水）		
储存	与食品和饲料分开存放。干燥。严格密封		
重要数据	物理状态、外观：无色至浅黄色液体，有刺鼻气味 化学危险性：加热时，该物质分解生成含有氯化氢的有毒烟雾。与水激烈反应，放热和生成含有氯化氢（见卡片 0163）的腐蚀性烟雾。与空气接触时，释放出盐酸。有水存在时，浸蚀许多金属 职业接触限值：阈限值未制定标准。最高容许浓度未制定标准 接触途径：该物质可通过吸入其蒸气和经食入吸收到体内 吸入危险性：未指明 20℃时该物质蒸发达到空气中有害浓度的速率 短期接触的影响：该物质腐蚀眼睛、皮肤和呼吸道。食入有腐蚀性。吸入蒸气可能引起肺水肿（见注解）。影响可能推迟显现。需进行医学观察 长期或反复接触的影响：该物质可能对肺和呼吸道有影响，导致功能损伤		
物理性质	沸点：136.4℃ 熔点：-24.1℃ 相对密度（水=1）：1.7 水中溶解度：反应 蒸气压：21.3℃时 1.3kPa 蒸气相对密度（空气=1）：6.5		
环境数据	强烈建议不要让该化学品进入环境		
注解	与灭火剂，如水激烈反应。根据接触程度，建议定期进行医疗检查。肺水肿症状常常经过几个小时以后才变得明显，体力劳动使症状加重。因而休息和医学观察是必要的。应当考虑由医生或医生指定的人立即采取适当吸入治疗法。该物质的分解产物可能对环境有影响		

IPCS
International
Programme on
Chemical Safety

国际化学品安全卡

氰尿酰氯			ICSC 编号：1231
CAS 登记号：108-77-0 RTECS 号：XZ1400000 UN 编号：2670 EC 编号：613-009-00-5 中国危险货物编号：2670 分子量：184.4		中文名称：氰尿酰氯；2,4,6-三氯-1,3,5-三吖嗪；氯三吖嗪；三氯氰定；氯化三氰；氰酸三氯；2,4,6-三氯-*s*-三吖嗪 英文名称：CYANURIC CHLORIDE; 2,4,6-Trichloro-1,3,5-triazine; Chlorotriazine; Trichlorocyanidine; Tricyanogen chloride; Cyanuric acid trichloride; 2,4,6-Trichloro-*s*-triazine 化学式：$C_3Cl_3N_3$	

危害/接触类型	急性危害/症状	预防	急救/消防
火　灾	不可燃。在火焰中释放出刺激性或有毒烟雾（或气体）		周围环境着火时，使用干粉、二氧化碳灭火。禁止用水。禁用含水灭火剂
爆　炸			
接　触		避免一切接触！	一切情况均向医生咨询！
# 吸入	灼烧感，咳嗽，呼吸困难，气促，咽喉痛	局部排气通风或呼吸防护	新鲜空气,休息,半直立体位,必要时进行人工呼吸,给予医疗护理
# 皮肤	发红，疼痛	防护手套，防护服	脱去污染的衣服,冲洗,然后用水和肥皂清洗皮肤，给予医疗护理
# 眼睛	发红，疼痛	面罩，或眼睛防护结合呼吸防护	先用大量水冲洗几分钟（如可能尽量摘除隐形眼镜),然后就医
# 食入	腹部疼痛，灼烧感，休克或虚脱	工作时不得进食，饮水或吸烟	漱口。不要催吐，给予医疗护理
泄漏处置	将泄漏物清扫进可密闭容器中。小心收集残余物，然后转移到安全场所。个人防护用具：全套防护服，包括自给式呼吸器		
包装与标志	不得与食品和饲料一起运输 欧盟危险性类别：T+符号 C 符号　R:14-22-26-34-43　S:1/2-26-28-36/27/39-45-46-63 联合国危险性类别：8　联合国包装类别：II 中国危险性类别：第 8 类腐蚀性物质　中国包装类别：II		
应急响应	运输应急卡：TEC(R)-80GC4-II+III		
储存	与食品和饲料分开存放。见化学危险性。干燥。严格密封。保存在通风良好的室内		
重要数据	**物理状态、外观**：无色晶体，有刺鼻气味 **化学危险性**：加热时，该物质分解生成有毒和腐蚀性气体。与水激烈反应，生成氰尿酸、盐酸，放出热量。与甲醇、二甲基甲酰胺、二甲基亚砜和 2-乙氧基乙醇发生反应 **职业接触限值**：阈限值未制定标准 **接触途径**：该物质可通过吸入和经食入吸收到体内 **吸入危险性**：未指明 20℃时该物质蒸发达到空气中有害浓度的速率 **短期接触的影响**：该物质严重刺激眼睛、皮肤和呼吸道。食入有腐蚀性。吸入蒸气/烟雾可能引起肺水肿（见注解）。影响可能推迟显现。需进行医学观察 **长期或反复接触的影响**：反复或长期接触可能引起皮肤过敏。反复或长期吸入接触可能引起哮喘		
物理性质	沸点：192℃ 熔点：154℃ 密度：1.3g/cm³ 水中溶解度：反应 蒸气压：70℃时 0.3kPa 蒸气相对密度（空气=1）：6.4		
环境数据			
注解	肺水肿症状常常几个小时以后才变得明显，体力劳动使症状加重。因而休息和医学观察是必要的。应当考虑由医生或医生指定的人立即采取适当吸入治疗法。因该物质发生哮喘症状的任何人不应当再接触这种物质。哮喘症状常常几个小时以后才变得明显，体力劳动使症状加重。因而休息和医学观察是必要的。与灭火剂，如水激烈反应		

IPCS
International
Programme on
Chemical Safety

国际化学品安全卡

2-乙烯基吡啶			ICSC 编号：1232
CAS 登记号：100-69-6 RTECS 号：UU1040000 UN 编号：3073 中国危险货物编号：3073		中文名称：2-乙烯基吡啶；2-丁吡；*α*-乙烯基吡啶； 英文名称：2-VINYLPYRIDINE; 2-Ethenylpyridine; alpha-Vinylpyridine	
分子量：105.14		化学式：$C_7H_7N/H_2C{=}CHC_5H_4N$	
危害/接触类型	急性危害/症状	预防	急救/消防
火　灾	易燃的。在火焰中释放出刺激性或有毒烟雾（或气体）	禁止明火、禁止火花和禁止吸烟	干粉、水成膜泡沫、泡沫、二氧化碳
爆　炸	高于 32℃，可能形成爆炸性蒸气/空气混合物。有着火和爆炸危险。（见化学危险性）	高于 32℃，使用密闭系统、通风和防爆型电气设备。不要受摩擦或撞击	着火时，喷雾状水保持料桶等冷却
接　触		防止产生烟云！避免一切接触！	
# 吸入	咳嗽，头痛，恶心，咽喉痛，神经质，厌食	通风，局部排气通风或呼吸防护	新鲜空气，休息，给予医疗护理
# 皮肤	可能被吸收！发红，严重皮肤烧伤，疼痛。（另见吸入）	防护手套，防护服	脱去污染的衣服，冲洗，然后用水和肥皂清洗皮肤，给予医疗护理
# 眼睛	发红，疼痛	面罩，或眼睛防护结合呼吸防护	先用大量水冲洗几分钟（如可能尽量摘除隐形眼镜），然后就医
# 食入	（另见吸入）	工作时不得进食，饮水或吸烟	漱口，饮用 1～2 杯水，给予医疗护理
泄漏处置	尽可能将泄漏液收集在可密闭的容器中。用砂土或惰性吸收剂吸收残液，并转移到安全场所。个人防护用具：化学防护服		
包装与标志	不得与食品和饲料一起运输 联合国危险性类别：6.1　联合国次要危险性：3 和 8 联合国包装类别：II 中国危险性类别：第 6.1 项 毒性物质 中国次要危险性：3 和 8　中国包装类别：II		
应急响应	运输应急卡：TEC(R)-61G61b		
储存	耐火设备（条件）。与强氧化剂、强酸、食品和饲料分开存放。保存在暗处。严格密封。稳定后储存		
重要数据	物理状态、外观：无色液体，有刺鼻气味 化学危险性：该物质激烈聚合，有着火或爆炸危险。受撞击、摩擦或震动时，可能发生爆炸性分解。加热时或燃烧时，该物质分解生成氰化物和氮氧化物有毒烟雾。与强氧化剂激烈反应。与强酸性质相互抵触 职业接触限值：阈限值未制定标准 接触途径：该物质可通过吸入其蒸气，经皮肤和食入吸收到体内 吸入危险性：未指明 20℃时该物质蒸发达到空气中有害浓度的速率 短期接触的影响：该物质可能对皮肤有影响，导致延迟烧伤，严重刺激眼睛和呼吸道 长期或反复接触的影响：反复或长期接触可能引起皮肤过敏		
物理性质	沸点：159～160℃ 相对密度（水=1）：1.00 水中溶解度：适度溶解 蒸气压：44.5℃时 1.33kPa 闪点：42℃ 辛醇/水分配系数的对数值：1.39		
环境数据			
注解	添加的稳定剂或阻聚剂会影响该物质的毒理学性质。向专家咨询		

IPCS
International
Programme on
Chemical Safety

国际化学品安全卡

氟硅酸			ICSC 编号：1233
CAS 登记号：16961-83-4 RTECS 号：VV8225000 UN 编号：1778 EC 编号：009-011-00-5 中国危险货物编号：1778 分子量：144.1	中文名称：氟硅酸；六氟硅酸；六氟硅酸二氢；氢氟硅酸 英文名称：FLUOROSILICIC ACID; Hexafluorosilicic acid; Dihydrogen hexafluorosilicate; Fluosilicic acid; Hydrosilicofluoric acid 化学式：F_6H_2Si/H_2SiF_6		
危害/接触类型	急性危害/症状	预防	急救/消防
火　灾	不可燃。在火焰中释放出刺激性或有毒烟雾（或气体）		周围环境着火时，使用适当的灭火剂
爆　炸			
接　触		避免一切接触！	一切情况均向医生咨询！
# 吸入	灼烧感。咳嗽。呼吸困难。气促。症状可能推迟显现（见注解）	通风，局部排气通风或呼吸防护	新鲜空气，休息。半直立体位。给予医疗护理
# 皮肤	发红。疼痛。皮肤烧伤	防护手套。防护服	脱去污染的衣服。用大量水冲洗皮肤或淋浴。立即给予医疗护理
# 眼睛	发红。疼痛。严重深度烧伤	面罩，或眼睛防护结合呼吸防护	先用大量水冲洗几分钟（如可能尽量摘除隐形眼镜），然后就医
# 食入	灼烧感。胃痉挛。呕吐。休克或虚脱	工作时不得进食，饮水或吸烟	漱口。不要催吐。大量饮水。给予医疗护理
泄漏处置	尽可能将泄漏液收集在可密闭的铁容器中。用砂土或惰性吸收剂吸收残液，并转移到安全场所。不要让该化学品进入环境。个人防护用具：全套防护服包括自给式呼吸器		
包装与标志	不易破碎包装，将易破碎包装放在不易破碎的密闭容器中。不得与食品和饲料一起运输 **欧盟危险性类别**：C 符号　标记：B　R:34　S:1/2-26-27-45 **联合国危险性类别**：8　**联合国包装类别**：II **中国危险性类别**：第 8 类腐蚀性物质　**中国包装类别**：II		
应急响应	**运输应急卡**：TEC(R)-80S1778 和 80GC1-II+II		
储存	与强碱、食品和饲料分开存放。严格密封		
重要数据	**物理状态、外观**：无色发烟液体，有刺鼻气味 **化学危险性**：加热时，该物质分解生成含氟化氢有毒烟雾。水溶液是一种强酸，与碱激烈反应并有腐蚀性。与水或蒸汽发生反应，生成有毒和腐蚀性烟雾。浸蚀玻璃和瓷器。浸蚀许多金属，生成易燃/爆炸性气体氢（见卡片#0001）。无水氟硅酸几乎立即离解为四氟化硅以及有毒腐蚀性的氟化氢 **职业接触限值**：阈限值：2.5mg/m^3（以 F 计）（时间加权平均值）；A4（不能分类为人类致癌物）；公布生物暴露指数（美国政府工业卫生学家会议，2004 年）。最高容许浓度未制定标准 **接触途径**：该物质可通过吸入其气溶胶和经食入吸收到体内 **吸入危险性**：未指明 20℃时该物质蒸发达到空气中有害浓度的速率 **短期接触的影响**：该物质腐蚀眼睛、皮肤和呼吸道。食入有腐蚀性。吸入蒸气可能引起肺水肿（见注解）。影响可能推迟显现。需进行医学观察。见注解 **长期或反复接触的影响**：该物质可能对骨骼和牙齿有影响，导致氟中毒		
物理性质	**沸点**：低于沸点发生分解 **熔点**：见注解 **相对密度（水=1）**：见注解 **水中溶解度**：混溶 **蒸气压**：见注解		
环境数据	该物质可能对环境有危害，对水生生物应给予特别注意		
注解	仅以水溶液上市销售。固化点（60%～70%溶液）：大约 19℃，生成晶体二水合物。熔点（35%溶液）：<-30℃。相对密度：1.46（61%溶液）；1.38（35%溶液）。蒸气压（35%溶液）：大约 3 kPa。肺水肿症状常常经过几个小时以后才变得明显，体力劳动使症状加重。因而休息和医学观察是必要的。分解温度未见文献报道。应当考虑由医生或医生指定人员立即采取吸入治疗法		

IPCS
International
Programme on
Chemical Safety

国际化学品安全卡

三氟化氮			ICSC 编号：1234
CAS 登记号：7783-54-2 RTECS 号：QX1925000 UN 编号：2451 中国危险货物编号：2451 分子量：71.0	中文名称：三氟化氮；氟化氮；三氟胺；三氟氨；全氟氨（钢瓶） 英文名称：NITROGEN TRIFLUORIDE; Nitrogen fluoride; Trifluoroamine; Trifluoroammonia; Perfluoroammonia; (cylinder) 化学式：NF_3		
危害/接触类型	急性危害/症状	预防	急救/消防
火　灾	不可燃，但可助长其他物质燃烧。在火焰中释放出刺激性或有毒烟雾（或气体）。加热引起压力升高，容器有破裂危险	禁止与易燃物质接触。禁止与还原剂接触	周围环境着火时，使用适当的灭火剂
爆　炸			着火时，喷雾状水保持钢瓶冷却
接　触			
# 吸入		通风，局部排气通风或呼吸防护	新鲜空气，休息
# 皮肤			脱去污染的衣服
# 眼睛		安全护目镜	先用大量水冲洗几分钟（如可能尽量摘除隐形眼镜），然后就医
# 食入			
泄漏处置	通风。切勿直接向液体上喷水。个人防护用具：自给式呼吸器		
包装与标志	联合国危险性类别：2.2　联合国次要危险性：5.1 中国危险性类别：第 2.3 项毒性气体　中国次要危险性：5.1		
应急响应	运输应急卡：TEC(R)-20G10		
储存	如果在建筑物内，耐火设备（条件）。与可燃物质和还原性物质分开存放。阴凉场所		
重要数据	**物理状态、外观**：无色气体，有特殊气味 **物理危险性**：气体比空气重。可能积聚在低层空间，造成缺氧 **化学危险性**：加热时，该物质分解生成含氟化物有毒烟雾。该物质是一种强氧化剂，与可燃物质和还原性物质发生反应。与氨、一氧化碳、乙硼烷、氢、硫化氢和甲烷或四氟化肼激烈反应，有爆炸的危险。浸蚀金属。该物质可被电火花分解 **职业接触限值**：阈限值：10ppm（时间加权平均值）；公布生物暴露指数（美国政府工业卫生学家会议，2004 年）。最高容许浓度未制定标准 **接触途径**：该物质可通过吸入吸收到体内 **吸入危险性**：容器漏损时，迅速达到空气中该气体的有害浓度 **长期或反复接触的影响**：该物质可能对肝和肾有影响。反复或长期吸入接触，可能引起氟中毒		
物理性质	沸点：-129℃ 熔点：-208.5℃ 相对密度（水=1）：见注解 水中溶解度：不溶 蒸气/空气混合物的相对密度（20℃，空气=1）：2.45		
环境数据			
注解	沸点时，液体的密度为 1.885kg/L。超过接触限值时，气味报警不充分。已在动物实验中观察到正铁血红蛋白症，但与人类相关性尚不清楚。转动泄漏钢瓶使漏口朝上，防止液态气体逸出。作业时穿戴防护用具。进入工作区域前检验氧含量。空气中高浓度造成缺氧，有神志不清或死亡危险		

IPCS
International Programme on Chemical Safety

国际化学品安全卡

1,1,2,2-四溴乙烷			ICSC 编号：1235
CAS 登记号：79-27-6 RTECS 号：KI8225000 UN 编号：2504 EC 编号：602-016-00-9 中国危险货物编号：2504 分子量： 345.7		中文名称：1,1,2,2-四溴乙烷；四溴化乙炔；对称四溴乙烷 英文名称：1,1,2,2-TETRABROMOETHANE; Acetylene tetrabromide; Tetrabromoacetylene; sym-Tetrabromoethane 化学式：$C_2H_2Br_4$/$Br_2CHCHBr_2$	
危害/接触类型	急性危害/症状	预防	急救/消防
火　灾	可燃的。在火焰中释放出刺激性或有毒烟雾（或气体）	禁止明火	干粉，雾状水，泡沫，二氧化碳
爆　炸			
接　触		防止产生烟云！	
# 吸入	咳嗽。咽喉痛。头痛。头晕。恶心。腹部疼痛	通风，局部排气通风或呼吸防护	新鲜空气，休息。给予医疗护理
# 皮肤	发红	防护手套	脱去污染的衣服。冲洗，然后用水和肥皂清洗皮肤
# 眼睛	发红	安全眼镜，或眼睛防护结合呼吸防护	先用大量水冲洗几分钟（如可能尽量摘除隐形眼镜），然后就医
# 食入	（另见吸入）	工作时不得进食，饮水或吸烟	漱口。给予医疗护理
泄漏处置	尽可能将泄漏液收集在可密闭的容器中。用干砂土或惰性吸收剂吸收残液，并转移到安全场所。不要让该化学品进入环境。个人防护用具：自给式呼吸器		
包装与标志	不得与食品和饲料一起运输 欧盟危险性类别：T+符号　R:26-36-52/53　S:1/2-24-27-45-61 联合国危险性类别：6.1 联合国包装类别：III 中国危险性类别：第 6.1 项毒性物质 中国包装类别：III		
应急响应	运输应急卡：TEC(R)-61GT1-III 美国消防协会法规：H3（健康危险性）；F0（火灾危险性）；R1（反应危险性）		
储存	与强氧化剂、强碱、食品和饲料分开存放。严格密封。沿地面通风		
重要数据	物理状态、外观：黄色重质液体，有刺鼻气味 化学危险性：燃烧时，该物质分解生成含有羰基溴、溴化氢的有毒和腐蚀性烟雾。与强碱和强氧化剂发生反应。浸蚀某些金属，如铝、镁和锌以及某些塑料、橡胶和涂层 职业接触限值：阈限值：（可吸入粉尘或蒸气）1ppm（时间加权平均值）（美国政府工业卫生学家会议，2008 年）。最高容许浓度：未制定标准，但可提供数据（德国，2004 年） 接触途径：该物质可通过吸入其蒸气和经食入吸收到体内 吸入危险性：20℃时，该物质蒸发相当慢地达到空气中有害污染浓度 短期接触的影响：该物质刺激眼睛、皮肤和呼吸道。该物质可能对中枢神经系统和肝有影响，导致功能损伤 长期或反复接触的影响：该物质可能对肝有影响		
物理性质	沸点：243.5℃ 熔点：0℃ 相对密度（水=1）：2.96 水中溶解度：不溶 蒸气压：24℃时 5.32Pa 蒸气相对密度（空气=1）：11.9 自燃温度：335℃ 辛醇/水分配系数的对数值：2.8		
环境数据	该物质对水生生物是有害的		
注解	该物质的别名是穆曼液		

IPCS
International
Programme on
Chemical Safety

国际化学品安全卡

荧光增白剂 1			ICSC 编号：1236
CAS 登记号：16090-02-1 RTECS 号：WJ6147000	中文名称：荧光增白剂 1；FWA1；4,4'-双((4-苯胺基-6-吗啉代-1,3,5-三吖嗪-2-基)氨基)芪-2,2'-二磺酸二钠；C.I.荧光增白剂 260 英文名称：FLUORESCENT WHITENING AGENT 1; FWA 1; Disodium 4,4'-bis ((4-anilino-6-morpholino-1,3,5-triazin-2-yl) amino) stilbene-2,2'-disulfonate; C.I. Fluorescent brightener 260		
分子量：925.0	化学式：$C_{40}H_{38}N_{12}O_8S_2\cdot 2Na$		
危害/接触类型	**急性危害/症状**	**预防**	**急救/消防**
火　灾	不可燃。在火焰中释放出刺激性或有毒烟雾（或气体）		周围环境着火时，使用适当的灭火剂
爆　炸			
接　触			
# 吸入		局部排气通风。呼吸防护	新鲜空气，休息
# 皮肤		防护手套	冲洗，然后用水和肥皂清洗皮肤
# 眼睛	发红	安全护目镜	用大量水冲洗（如可能尽量摘除隐形眼镜）
# 食入		工作时不得进食，饮水或吸烟	漱口
泄漏处置	将泄漏物清扫进容器中，如果适当，首先润湿防止扬尘。小心收集残余物，然后转移到安全场所。不要让该化学品进入环境。个人防护用具：适用于有害颗粒物的 P2 过滤呼吸器。防护手套		
包装与标志			
应急响应			
储存			
重要数据	**物理状态、外观**：白色粉末或细颗粒 **化学危险性**：加热时和燃烧时，该物质分解生成含有氮氧化物和硫氧化物的有毒和腐蚀性气体。 **职业接触限值**：阈限值未制定标准。最高容许浓度未制定标准 **吸入危险性**：扩散时可较快地达到空气中颗粒物公害污染浓度，尤其是粉末 **短期接触的影响**：该物质轻度刺激眼睛		
物理性质	**熔点**：>300℃（分解） **水中溶解度**：0.18g/100mL（微溶） **自燃温度**：>500℃ **辛醇/水分配系数的对数值**：-1.5		
环境数据	该物质对水生生物是有害的		
注解	分解温度未见文献报道。商品名称有：MBBH 766, Tinopal, Mikephor 和 Blankophor		

IPCS
International
Programme on
Chemical Safety

国际化学品安全卡

稀释剂			ICSC 编号：1237
CAS 登记号：见注解 RTECS 号：SE7558000 UN 编号：1263 **中国危险货物编号**：1263 **分子量**：大约 97		**中文名称**：稀释剂；石油 50 稀释剂 **英文名称**：THINNER; Petroleum 50 thinner	
危害/接触类型	急性危害/症状	预防	急救/消防
火　灾	高度易燃	禁止明火、禁止火花和禁止吸烟	干粉，水成膜泡沫，泡沫，二氧化碳
爆　炸	蒸气/空气混合物有爆炸性	密闭系统，通风，防爆型电气设备与照明。防止静电荷积聚（例如，通过接地）。不要使用压缩空气灌装，卸料或转运。使用无火花手工具	着火时，喷雾状水保持料桶等冷却
接　触		避免孕妇接触！避免青少年和儿童接触！	一切情况均向医生咨询！
# 吸入	意识模糊，头晕，倦睡，头痛，恶心，神志不清	通风，局部排气通风或呼吸防护	新鲜空气，休息，半直立体位，给予医疗护理
# 皮肤	皮肤干燥	防护手套	脱掉污染的衣服，用大量水冲洗皮肤或淋浴
# 眼睛	发红，疼痛	安全护目镜	首先用大量水冲洗几分钟（如可能尽量摘除隐形眼镜），然后就医
# 食入	（另见吸入）	工作时不得进食、饮水或吸烟	漱口，不要催吐，大量饮水，给予医疗护理
泄漏处置	通风。将泄漏液收集在有盖容器中。用砂土或惰性吸收剂吸收残液并转移到安全场所。不要冲入下水道。个人防护用具：适用于有机蒸气和有害粉尘的 A/P2 过滤呼吸器		
包装与标志	**联合国危险性类别**：3 **中国危险性类别**：第 3 类易燃液体		
应急响应			
储存	耐火设备（条件）。与强酸、氧化剂分开存放。严格密封		
重要数据	**物理状态、外观**：无色液体，有特殊气味 **物理危险性**：蒸气与空气充分混合，容易形成爆炸性混合物。由于流动、搅拌等，可能产生静电 **化学危险性**：与氧化剂和强酸，如硝酸和硫酸激烈反应，有着火和爆炸危险浸蚀塑料和橡胶 **接触途径**：该物质可通过吸入其蒸气、经皮肤和食入吸收到体内 **吸入危险性**：20℃时该物质蒸发，可迅速地达到空气中有害浓度 **短期接触的影响**：该物质刺激眼睛。如果吞咽液体吸入肺中，可能引起化学肺炎。该物质可能对中枢神经系统有影响。接触可能造成意识降低。接触可能造成心律不齐 **长期或反复接触的影响**：反复或长期皮肤接触可能引起皮炎。该物质可能对神经系统、肝脏和肾有影响。可能引起人类生殖毒性		
物理性质	**沸点**：98～105℃ **水中溶解度**：不溶 **闪点**：4.5℃ **自燃温度**：>300℃ **爆炸极限**：见注解		
环境数据	该物质对水生生物是有毒的		
注解	稀释剂 641 的 CAS 登记号为 64742-89-3。物理性质取决于产品的配方。饮用含酒精饮料增进有害影响。根据接触程度，建议定期进行医疗检查。石油 50 稀释剂是链烷烃、一环烷烃、冷凝环烷烃、苯、甲苯和烷基苯的混合物。在欧盟国家，该产品可能标有 F 符号、Xn 符号；R：11-20；S：9-16-29-33。可参考卡片＃0078 甲苯		

IPCS
International
Programme on
Chemical Safety

国际化学品安全卡

次氮基三乙酸	ICSC 编号：1238
CAS 登记号：139-13-9 RTECS 号：AJ0175000	中文名称：次氮基三乙酸；NTA；*N,N*-双（羧甲基）甘氨酸；次氮基-2,2',2"-三乙酸；氨基三乙酸 英文名称：NITRILOTRIACETIC ACID; NTA; *N,N*-Bis (carboxymethyl) glycine; Nitrilo-2,2',2"-triacetic acid; Aminotriacetic acid; Tricollamic acid
分子量：191.2	化学式：$C_6H_9NO_6/N(CH_2COOH)_3$

危害/接触类型	急性危害/症状	预防	急救/消防
火　灾	在特定情况下是可燃的。在火焰中释放出刺激性或有毒烟雾（或气体）	禁止明火	周围环境着火时，使用适当的灭火剂
爆　炸	微细分散的颗粒物在空气中形成爆炸性混合物	防止粉尘沉积，密闭系统，防止粉尘爆炸型电气设备和照明	
接　触		防止粉尘扩散！	
# 吸入	咳嗽。咽喉痛	局部排气通风或呼吸防护	新鲜空气，休息
# 皮肤	发红	防护手套	脱去污染的衣服。冲洗，然后用水和肥皂清洗皮肤
# 眼睛	发红。疼痛	护目镜	先用大量水冲洗几分钟（如可能尽量摘除隐形眼镜），然后就医
# 食入		工作时不得进食，饮水或吸烟	漱口。饮用 1～2 杯水
泄漏处置	将泄漏物清扫进有盖的容器中。如果适当，首先润湿防止扬尘。小心收集残余物，然后转移到安全场所。不要让该化学品进入环境。个人防护用具：适用于该物质空气中浓度的颗粒物过滤呼吸器		
包装与标志			
应急响应			
储存	与强氧化剂，强碱分开存放。严格密封。储存在没有排水管或下水道的场所		
重要数据	**物理状态、外观**：白色晶体粉末 **物理危险性**：以粉末或颗粒形状与空气混合，可能发生粉尘爆炸 **化学危险性**：燃烧时，该物质分解生成含氮氧化物有毒和刺激性烟雾。水溶液是一种弱酸。与强碱，强氧化剂发生反应 **职业接触限值**：阈限值未制定标准。最高容许浓度：致癌物类别：3A（德国，2009 年） **接触途径**：该物质可通过吸入其气溶胶和经食入吸收到体内 **吸入危险性**：未指明 20℃时该物质蒸发达到空气中有害浓度的速率 **短期接触的影响**：该物质刺激眼睛、皮肤和呼吸道 **长期或反复接触的影响**：该物质可能是人类致癌物		
物理性质	熔点：242℃（分解） 水中溶解度：22℃时 0.128 g/100 mL（微溶） 辛醇/水分配系数的对数值：-3.8		
环境数据	该物质对水生生物是有害的。强烈建议不要让该化学品进入环境		
注解			

IPCS
International
Programme on
Chemical Safety

国际化学品安全卡

一水合次氮基三乙酸三钠盐			ICSC 编号：1239
CAS 登记号：18662-53-8 RTECS 号：AJ1070000	中文名称：一水合次氮基三乙酸三钠盐；一水合次氮基乙酸三钠；*N,N*-双（羧甲基）甘氨酸三钠一水合物；次氮基-2,2',2"-三乙酸三钠盐一水合物 英文名称：NITRILOTRIACETIC ACID TRISODIUM SALT MONOHYDRATE; NTA sodium monohydrate; Trisodium nitrilotriacetate monohydrate; *N,N*-Bis(carboxymethyl)glycine trisodium salt monohydrate; Nitrilo-2,2',2"-triacetic acid trisodium salt monohydrate		
分子量：275.1	化学式：$C_6H_6NO_6Na_3 \cdot H_2O/N(CH_2COONa)_3 \cdot H_2O$		
危害/接触类型	急性危害/症状	预防	急救/消防
火　灾	在特定情况下是可燃的。在火焰中释放出刺激性或有毒烟雾（或气体）	禁止明火	周围环境着火时，使用适当的灭火剂
爆　炸	微细分散的颗粒物在空气中形成爆炸性混合物	防止粉尘沉积，密闭系统，防止粉尘爆炸型电气设备和照明	
接　触		防止粉尘扩散！严格作业环境管理！	
# 吸入	灼烧感。咽喉痛。咳嗽。呼吸困难。气促	局部排气通风或呼吸防护	新鲜空气，休息。半直立体位。必要时进行人工呼吸。给予医疗护理
# 皮肤	发红。皮肤烧伤。疼痛	防护手套。防护服	脱去污染的衣服。用大量水冲洗皮肤或淋浴
# 眼睛	发红。疼痛。严重深度烧伤	护目镜，或面罩	先用大量水冲洗几分钟（如可能尽量摘除隐形眼镜），然后就医
# 食入	腹部疼痛。灼烧感。休克或虚脱	工作时不得进食，饮水或吸烟	漱口。不要催吐。饮用 1～2 杯水。给予医疗护理
泄漏处置	将泄漏物清扫进有盖的容器中。如果适当，首先润湿防止扬尘。小心收集残余物，然后转移到安全场所。不要让该化学品进入环境。个人防护用具：化学防护服包括自给式呼吸器		
包装与标志			
应急响应			
储存	与强氧化剂、强酸分开存放。严格密封。储存在没有排水管或下水道的场所		
重要数据	**物理状态、外观**：白色晶体粉末 **物理危险性**：以粉末或颗粒形状与空气混合，可能发生粉尘爆炸 **化学危险性**：燃烧时，该物质分解生成含氮氧化物有毒和刺激性烟雾。水溶液是一种中强碱。与强氧化剂发生反应 **职业接触限值**：阈限值未制定标准。最高容许浓度：致癌物类别：3A（德国，2009 年） **接触途径**：该物质可通过吸入其气溶胶和经食入吸收到体内 **吸入危险性**：未指明 20℃时该物质蒸发达到空气中有害浓度的速率 **短期接触的影响**：该物质腐蚀眼睛，皮肤和呼吸道。食入有腐蚀性 **长期或反复接触的影响**：该物质可能是人类致癌物		
物理性质	熔点：340℃（分解） 密度：25℃时 1.782g/cm^3 水中溶解度：25℃时 50 g/100 mL（溶解）		
环境数据	该物质对水生生物是有害的。强烈建议不要让该化学品进入环境		
注解			

IPCS
International
Programme on
Chemical Safety

国际化学品安全卡

次氮基三乙酸三钠盐			ICSC 编号：1240
CAS 登记号：5064-31-3 RTECS 号：MB8400000	中文名称：次氮基三乙酸三钠盐；次氮基三乙酸三钠；*N,N*-双（羧甲基）甘氨酸三钠盐；次氮基-2,2',2"-三乙酸三钠盐 英文名称：NITRILOTRIACETIC ACID TRISODIUM SALT; NTA sodium; Trisodium nitrilotriacetate; *N,N*-Bis(carboxymethyl)glycine trisodium salt; Nitrilo-2,2',2"-triacetic acid trisodium salt		
分子量：257.1	化学式：$C_6H_6NO_6Na_3/N(CH_2COONa)_3$		
危害/接触类型	急性危害/症状	预防	急救/消防
火　灾	在特定情况下是可燃的。在火焰中释放出刺激性或有毒烟雾（或气体）	禁止明火	周围环境着火时，使用适当的灭火剂
爆　炸	微细分散的颗粒物在空气中形成爆炸性混合物	防止粉尘沉积，密闭系统，防止粉尘爆炸型电气设备和照明	
接　触		防止粉尘扩散！严格作业环境管理！	
# 吸入	灼烧感。咽喉痛。咳嗽。呼吸困难。气促	局部排气通风或呼吸防护	新鲜空气，休息。半直立体位。必要时进行人工呼吸。给予医疗护理
# 皮肤	发红。皮肤烧伤。疼痛	防护手套。防护服	脱去污染的衣服。用大量水冲洗皮肤或淋浴
# 眼睛	发红。疼痛。严重深度烧伤	护目镜，或面罩	先用大量水冲洗几分钟（如可能尽量摘除隐形眼镜），然后就医
# 食入	腹部疼痛。灼烧感。休克或虚脱	工作时不得进食，饮水或吸烟	漱口。不要催吐。饮用 1～2 杯水。给予医疗护理
泄漏处置	将泄漏物清扫进有盖的容器中。如果适当，首先润湿防止扬尘。小心收集残余物，然后转移到安全场所。不要让该化学品进入环境。个人防护用具：化学防护服包括自给式呼吸器		
包装与标志			
应急响应			
储存	与强氧化剂、强酸分开存放。严格密封。储存在没有排水管或下水道的场所		
重要数据	**物理状态、外观**：白色晶体粉末 **物理危险性**：以粉末或颗粒形状与空气混合，可能发生粉尘爆炸 **化学危险性**：燃烧时，该物质分解生成含氮氧化物有毒和刺激性烟雾。水溶液是一种中强碱。与强氧化剂发生反应 **职业接触限值**：阈限值未制定标准。最高容许浓度：致癌物类别：3A（德国，2009 年） **接触途径**：该物质可通过吸入其气溶胶和经食入吸收到体内 **吸入危险性**：未指明 20℃时该物质蒸发达到空气中有害浓度的速率 **短期接触的影响**：该物质腐蚀眼睛，皮肤和呼吸道。食入有腐蚀性 **长期或反复接触的影响**：该物质可能是人类致癌物		
物理性质	熔点：低于熔点分解 水中溶解度：20℃时 93g/100mL 辛醇/水分配系数的对数值：-2.62（计算值）		
环境数据	该物质对水生生物是有害的。强烈建议不要让该化学品进入环境		
注解	商品名称为 Trilon A		

IPCS
International
Programme on
Chemical Safety

国际化学品安全卡

五水合-*o*-亚砷酸铁(III)			ICSC 编号：1241
CAS 登记号：63989-69-5 RTECS 号：NO4600000 UN 编号：1607 EC 编号：033-002-00-5 中国危险货物编号：1607 分子量：607.3	中文名称：五水合-*o*-亚砷酸铁(III)；亚砷酸铁 英文名称：IRON(III)-*o*-ARSENITE, PENTANYDRATE; Ferric arsenite 化学式：$As_2Fe_2O_6 \cdot Fe_2O_3 \cdot 5H_2O$		
危害/接触类型	急性危害/症状	预防	急救/消防
火　灾	不可燃。在火焰中释放出刺激性或有毒烟雾（或气体）		周围环境着火时，允许使用各种灭火剂
爆　炸			
接　触		避免一切接触！	
# 吸入	咳嗽，气促，咽喉疼痛，虚弱。（见食入）	避免吸入微细粉尘和烟云，密闭系统和通风	新鲜空气，休息，必要时进行人工呼吸，给予医疗护理
# 皮肤	发红，灼烧感	防护手套，防护服	脱掉污染的衣服，冲洗，然后用水和肥皂洗皮肤
# 眼睛	发红，疼痛	如果为粉末，护目镜或眼睛防护结合呼吸防护	首先用大量水冲洗几分钟（如可能尽量摘除隐形眼镜），然后就医
# 食入	腹部疼痛，灼烧感，腹泻，恶心，呕吐	工作时不得进食、饮水或吸烟。进食前洗手	漱口，催吐（仅对清醒病人！），给予医疗护理
泄漏处置	真空吸除泄漏物。小心收集残余物，然后转移到安全场所。不要让这种化学品进入环境。个人防护用具：适用于有毒颗粒物的 P3 过滤呼吸器		
包装与标志	不易破碎包装，将易破碎包装放在不易破碎密闭容器中。不得与食品和饲料一起运输。海洋污染物 **欧盟危险性类别**：T 符号 N 符号 标记：A，1 R:23/25-50/53 S:1/2-20/21-28-45-60-61 **联合国危险性类别**：6.1 **联合国包装类别**：II **中国危险性类别**：第 6.1 项毒性物质 **中国包装类别**：II		
应急响应	**运输应急卡**：TEC(R)- 61GT5-II		
储存	与食品和饲料分开存放		
重要数据	**物理状态、外观**：棕色粉末 **化学危险性**：加热或燃烧时，该物质分解生成砷和铁有毒烟雾 **职业接触限值**：阈限值：0.01mg/m³（时间加权平均值）（以 As 计）；A1（确认人类致癌物）；公布生物暴露指数（美国政府工业卫生学家会议，2004 年）。最高容许浓度：致癌物类别：1；胚细胞突变物类别：3A（德国，2004 年） **接触途径**：该物质可通过吸入其气溶胶和食入吸收到体内 **吸入危险性**：20℃时蒸发可忽略不计，但扩散时可较快地达到空气中颗粒物有害浓度，尤其是粉末 **短期接触的影响**：该物质刺激眼睛、皮肤和呼吸道。该物质可能对神经系统、肝、皮肤、肾和胃肠道有影响，导致肾损伤、神经病、严重胃肠炎、变质性肝损伤和皮炎。接触可能造成死亡。影响可能推迟显现。需要进行医学观察 **长期或反复接触的影响**：反复或长期皮肤接触可能引起皮炎、灰色皮肤和角化过度症。该物质可能对神经系统、肝、心血管系统和呼吸系统有影响，导致神经病、坏疽、变质性肝损伤和鼻中膈穿孔。该物质是人类致癌物		
物理性质	**水中溶解度**：不溶		
环境数据	该物质可能对环境有危害，对植物、空气和水体应给予特别注意。强烈建议不要让该化学品进入环境		
注解	参见卡片＃0013（砷）		

IPCS
International
Programme on
Chemical Safety

国际化学品安全卡

六氟硅酸钾			ICSC 编号：1242
CAS 登记号：16871-90-2 RTECS 号：VV8400000 UN 编号：2655 EC 编号：009-012-00-0 中国危险货物编号：2655	中文名称：六氟硅酸钾；氟硅酸钾；六氟硅酸二钾 英文名称：POTASSIUM HEXAFLUOROSILICATE; Potassium fluorosilicate; Potassium silicofluoride; Dipotassium hexafluorosilicate		
分子量：220.3	化学式：K_2SiF_6		
危害/接触类型	急性危害/症状	预防	急救/消防
火　灾	不可燃。在火焰中释放出刺激性或有毒烟雾（或气体）		周围环境着火时，使用适当的灭火剂
爆　炸			
接　触		防止粉尘扩散！	
# 吸入	灼烧感。咳嗽。咽喉痛。见食入	避免吸入粉尘。局部排气通风或呼吸防护	新鲜空气，休息。给予医疗护理
# 皮肤	发红。疼痛	防护手套。防护服	脱去污染的衣服。用大量水冲洗皮肤或淋浴
# 眼睛	发红。疼痛。视力模糊	安全护目镜，或如为粉末，眼睛防护结合呼吸防护	先用大量水冲洗几分钟(如可能尽量摘除隐形眼镜)，然后就医
# 食入	胃痉挛。有灼烧感。恶心。呕吐。虚弱。惊厥。休克或虚脱	工作时不得进食，饮水或吸烟。进食前洗手	漱口。不要催吐。见注解。立即给予医疗护理
泄漏处置	个人防护用具：适应于该物质空气中浓度的颗粒物过滤呼吸器。将泄漏物清扫进可密闭容器中，如果适当，首先润湿防止扬尘。小心收集残余物，然后转移到安全场所		
包装与标志	不得与食品和饲料一起运输 **欧盟危险性类别：**T 符号 标记：A　R:23/24/25　S:1/2-26-45 **联合国危险性类别：**6.1　**联合国包装类别：**III **中国危险性类别：**第 6.1 项 毒性物质　**中国包装类别：**III **GHS 分类：**信号词：危险 图形符号：骷髅和交叉骨-健康危险 危险说明：吞咽会中毒；可能对血液和心血管系统造成损害；长期或反复接触可能对牙齿和骨骼造成损害		
应急响应			
储存	与酸、食品和饲料分开存放		
重要数据	**物理状态、外观：**白色晶体或细粉末 **化学危险性：**加热时，该物质分解生成含有氟的有毒和腐蚀性烟雾。与酸发生反应，产生腐蚀性氟化氢（见化学品安全卡#0283） **职业接触限值：**阈限值：（以 F 计）2.5mg/m³（时间加权平均值）；A4（不能分类为人类致癌物）公布生物暴露指数；（美国政府工业卫生学家会议，2010 年）。最高容许浓度：（可吸入粉尘）1mg/m³；最高限值种类：II（4）；皮肤吸；收妊娠风险等级：C（德国，2010 年） **接触途径：**该物质可经食入吸收到体内 **吸入危险性：**扩散时，可较快地达到空气中颗粒物有害浓度 **短期接触的影响：**该物质可能对血液和钙新陈代谢有影响，导致心脏病。需进行医学观察。见注解 **长期或反复接触的影响：**该物质可能对骨骼和牙齿有影响，导致氟中毒		
物理性质	**相对密度（水=1）：**2.3 **水中溶解度：**20℃时 0.18g/100mL，微溶		
环境数据			
注解	该物质中毒时，需采取必要的治疗措施；必须提供有指示说明的适当方法		

IPCS
International
Programme on
Chemical Safety

国际化学品安全卡

六氟硅酸钠			ICSC 编号：1243
CAS 登记号：16893-85-9 RTECS 号：VV8410000 UN 编号：2674 EC 编号：009-012-00-0 中国危险货物编号：2674 分子量：188.0		中文名称：六氟硅酸钠；氟硅酸钠；六氟硅酸二钠 英文名称：SODIUM HEXAFLUOROSILICATE; Sodium fluorosilicate; Sodium silicofluoride; Disodium hexafluorosilicate 化学式：Na_2SiF_6	
危害/接触类型	急性危害/症状	预防	急救/消防
火　灾	不可燃。在火焰中释放出刺激性或有毒烟雾（或气体）		周围环境着火时，使用适当的灭火剂
爆　炸			
接　触		防止粉尘扩散！	
# 吸入	灼烧感。咳嗽。咽喉痛。见食入	避免吸入粉尘。局部排气通风或呼吸防护	新鲜空气，休息。给予医疗护理
# 皮肤	发红。疼痛	防护手套。防护服	脱去污染的衣服。用大量水冲洗皮肤或淋浴
# 眼睛	发红。疼痛。视力模糊	安全护目镜，或如为粉末，眼睛防护结合呼吸防护	先用大量水冲洗几分钟（如可能尽量摘除隐形眼镜），然后就医
# 食入	胃痉挛。有灼烧感。恶心。呕吐。咽喉疼痛。虚弱。惊厥。休克或虚脱	工作时不得进食、饮水或吸烟。进食前洗手	漱口。不要催吐。见注解。立即给予医疗护理
泄漏处置	个人防护用具：适应于该物质空气中浓度的颗粒物过滤呼吸器。将泄漏物清扫进可密闭容器中，如果适当，首先润湿防止扬尘。小心收集残余物，然后转移到安全场所		
包装与标志	不得与食品和饲料一起运输 **欧盟危险性类别：**T 符号　标记：A　R:23/24/25　S:1/2-26-45 **联合国危险性类别：**6.1　**联合国包装类别：**III **中国危险性类别：**第 6.1 项　毒性物质　**中国包装类别：**III **GHS 分类：**信号词：危险　图形符号：骷髅和交叉骨-健康危险　危险说明：吞咽会中毒；可能对血液和心血管系统造成损害；长期或反复接触对骨骼和牙齿造成损害		
应急响应			
储存	与酸、食品和饲料分开存放		
重要数据	**物理状态、外观：**无色至白色颗粒状粉末 **化学危险性：**加热时，该物质分解，生成含有氟的有毒和腐蚀性烟雾。与酸发生反应，产生腐蚀性氟化氢（见化学品安全卡#0283） **职业接触限值：**阈限值：（以 F 计）$2.5mg/m^3$（时间加权平均值）；A4（不能分类为人类致癌物）；公布生物暴露指数（美国政府工业卫生学家会议，2010 年）。最高容许浓度：（可吸入粉尘）$1mg/m^3$；最高限值种类：II（4）；皮肤吸收；妊娠风险等级：C（德国，2010 年） **接触途径：**该物质可经食入吸收到体内 **吸入危险性：**扩散时可较快地达到空气中颗粒物有害浓度 **短期接触的影响：**该物质可能对血液和钙代谢有影响，导致心脏病。需进行医学观察。见注解 **长期或反复接触的影响：**该物质可能对骨骼和牙齿有影响，导致氟中毒		
物理性质	相对密度（水=1）：2.7 水中溶解度：20℃时 0.76g/100mL　（微溶）		
环境数据			
注解	该物质中毒时，需采取必要的治疗措施；必须提供有指示说明的适当方法		

IPCS
International
Programme on
Chemical Safety

UNEP

国际化学品安全卡

锗烷			ICSC 编号：1244
CAS 登记号：7782-65-2 RTECS 号：LY4900000 UN 编号：2192 中国危险货物编号：2192		中文名称：锗烷；氢化锗；四氢化锗 英文名称：GERMANE; Germanium hydride; Germanium tetrahydride	
分子量：76.6		化学式：GeH_4	
危害/接触类型	急性危害/症状	预防	急救/消防
火　灾	极易燃	禁止明火，禁止火花和禁止吸烟	切断气源，如不可能并对周围环境无危险，让火自行燃尽。其他情况用二氧化碳、干燥粉末灭火
爆　炸	气体/空气混合物有爆炸性	密闭系统，通风，防爆型电气设备和照明	着火时，喷雾状水保持钢瓶冷却。从掩蔽位置灭火
接　触		严格作业环境管理！	
# 吸入	头痛。虚弱。头晕。腹部疼痛。意识模糊。尿黄。症状可能推迟显现（见注解）	密闭系统	新鲜空气，休息。立即给予医疗护理
# 皮肤		防护手套	
# 眼睛		安全眼镜	
# 食入		工作时不得进食、饮水或吸烟	
泄漏处置	撤离危险区域！转移全部引燃源。向专家咨询！个人防护用具：自给式呼吸器。通风		
包装与标志	联合国危险性类别：2.3　联合国次要危险性：2.1 中国危险性类别：第 2.3 项 毒性气体 中国次要危险性：第 2.1 项 易燃气体 GHS 分类：信号词：危险 图形符号：火焰-钢瓶-骷髅和交叉骨-健康危险 危险说明：极易燃气体；内含高压气体，遇热可能爆炸；吸入致命；吸入可能对血液造成损害。		
应急响应	美国消防协会法规：H4（健康危险性）；F4（火灾危险性）；R3（反应危险性）		
储存	耐火设备（条件）		
重要数据	**物理状态、外观**：无色压缩气体，有刺鼻气味 **物理危险性**：该气体比空气重，可能沿地面流动；可能造成远处着火 **化学危险性**：与空气接触时，该物质可能发生自燃。加热可能引起激烈燃烧或爆炸。与卤素和氧化剂发生反应，引起着火和爆炸的危险 **职业接触限值**：阈限值：0.2ppm（时间加权平均值）（美国政府工业卫生学家会议，2010 年）。最高容许浓度：IIb（未制定标准，但可提供数据）（德国，2010 年） **接触途径**：该物质可通过吸入吸收到体内 **吸入危险性**：容器漏损时，迅速达到空气中该气体的有害浓度 **短期接触的影响**：该物质可能对血液有影响，导致血细胞破坏和肾损伤。影响可能推迟显现。需进行医学观察。远高于职业接触限值接触时可能导致死亡 **长期或反复接触的影响**：该物质可能对血液有影响，导致血细胞损伤和贫血		
物理性质	沸点：-88.5℃ 熔点：-165℃ 相对密度（水=1）：1.53 水中溶解度：不溶 蒸气相对密度（空气=1）：2.65 闪点：易燃气体		
环境数据			
注解	根据接触程度，建议定期进行医学检查。该物质对人体健康的影响数据不充分，因此应当特别注意。溶血症状可能几个小时后变得明显		

IPCS
International
Programme on
Chemical Safety

国际化学品安全卡

壬烷			ICSC 编号：1245
CAS 登记号：111-84-2 RTECS 号：RA6115000 UN 编号：1920 中国危险货物编号：1920		中文名称：壬烷；正壬烷；2,2,5-三甲基己烷 英文名称：NONANE; n-Nonane; 2,2,5-Trimethylhexane	
分子量：128.2		化学式：$C_9H_{20}/H_3C(CH_2)_7CH_3$	
危害/接触类型	急性危害/症状	预防	急救/消防
火　灾	易燃的	禁止明火，禁止火花和禁止吸烟	泡沫，干粉，二氧化碳
爆　炸	高于 31℃，可能形成爆炸性蒸气/空气混合物	高于 31℃，使用密闭系统、通风和防爆型电气设备。防止静电荷积聚（例如，通过接地）	着火时，喷雾状水保持料桶等冷却
接　触		防止产生烟云！	
# 吸入	咳嗽。咽喉痛。倦睡。头晕。运动失调。惊厥。神志不清	通风，局部排气通风或呼吸防护	新鲜空气，休息。给予医疗护理
# 皮肤	皮肤干燥。发红	防护手套	冲洗，然后用水和肥皂清洗皮肤。如果皮肤刺激作用发生，给予医疗护理
# 眼睛	发红	安全护目镜	用大量水冲洗（如可能尽量摘除隐形眼镜）
# 食入	恶心。呕吐。吸入危险！（另见吸入）	工作时不得进食、饮水或吸烟	漱口。不要催吐。给予医疗护理
泄漏处置	个人防护用具：适应于该物质空气中浓度的有机气体和蒸气过滤呼吸器。通风。不要让该化学品进入环境。用干燥砂土或惰性吸收剂吸收残液，并转移到安全场所		
包装与标志	联合国危险性类别：3　联合国包装类别：III 中国危险性类别：第 3 类 易燃液体　中国包装类别：III GHS 分类：信号词：危险 图形符号：火焰-感叹号-健康危险 危险说明：易燃液体和蒸气；吸入有害；可能引起昏昏欲睡或眩晕；吞咽和进入呼吸道可能致命；可能对水生生物产生长期持久的有害影响。		
应急响应	美国消防协会法规：H1（健康危险性）；F3（火灾危险性）；R0（反应危险性）		
储存	耐火设备（条件）。与强氧化剂分开存放。储存在没有排水管或下水道的场所		
重要数据	物理状态、外观：无色液体，有特殊气味 物理危险性：由于流动、搅拌等，可能产生静电 化学危险性：与强氧化剂发生反应，有着火和爆炸的危险 职业接触限值：阈限值：200ppm，1050mg/m^3(以时间加权平均值计)(美国政府工业卫生学家会议，2010 年）。最高容许浓度未制定标准 接触途径：该物质可通过吸入其蒸气和经食入吸收到体内 吸入危险性：20℃时，该物质蒸发不会或很缓慢地达到空气中有害污染浓度；但喷洒或扩散时要快得多 短期接触的影响：该物质刺激眼睛、皮肤和呼吸道。该物质可能对中枢神经系统有影响。接触其蒸气能够造成意识降低。如果吞咽该物质，容易进入气道，可导致吸入性肺炎 长期或反复接触的影响：液体使皮肤脱脂		
物理性质	沸点：150.8℃ 熔点：−51℃ 相对密度（水=1）：0.7 水中溶解度：25℃时 0.00002g/100mL (难溶) 蒸气压：25℃时 0.59kPa 蒸气相对密度（空气=1）：4.4	蒸气/空气混合物的相对密度（20℃，空气=1）：1.02 黏度：在 40℃时 <7mm^2/s 闪点：31℃(闭杯) 自燃温度：205℃ 爆炸极限：空气中 0.7%～5.6%（体积） 辛醇/水分配系数的对数值：5.65	
环境数据	该化学品可能在土壤中发生生物蓄积		
注解	如果呼吸困难和/或发烧，就医		

IPCS
International
Programme on
Chemical Safety

国际化学品安全卡

毒莠定			ICSC 编号：1246
CAS 登记号：1918-02-1 RTECS 号：TJ7525000	中文名称：毒莠定；4-氨基-3,5,6-三氯-2-吡啶羧酸；4-氨基-3,5,6-三氯吡啶甲酸 英文名称：PICLORAM; 4-Amino-3,5,6-trichloro-2-pyridinecarboxylic acid; 4-Amino-3,5,6-trichloropicolinicacid		
分子量：241.5	化学式：$C_6H_3Cl_3N_2O_2$		

危害/接触类型	急性危害/症状	预防	急救/消防
火　灾	可燃的。含有机溶剂的液体制剂可能是易燃的	禁止明火	雾状水，泡沫，干粉
爆　炸			
接　触		防止粉尘扩散！	
# 吸入	灼烧感，咳嗽	通风（如果没有粉末时），避免吸入微细粉尘和烟云	新鲜空气，休息
# 皮肤	发红	防护手套，防护服	脱掉污染的衣服，冲洗，然后用水和肥皂洗皮肤
# 眼睛	发红，疼痛	护目镜或眼睛防护结合呼吸防护	首先用大量水冲洗几分钟（如可能尽量摘除隐形眼镜），然后就医
# 食入	灼烧感，咳嗽，恶心	工作时不得进食、饮水或吸烟。进食前洗手	给予医疗护理
泄漏处置	不要冲入下水道。将泄漏物扫入容器中。如果适当，首先湿润防止扬尘。小心收集残余物，然后转移到安全场所。个人防护用具：适用于有害颗粒物的 P2 过滤呼吸器。不要让该化学品进入环境		
包装与标志			
应急响应			
储存	与食品和饲料分开存放		
重要数据	**物理状态、外观：**无色晶体或白色粉末，有特殊气味 **化学危险性：**加热时，该物质分解生成氮氧化物（见卡片#0007，#0930）和氯化氢（见卡片#0163）。与强碱发生反应。浸蚀低碳钢 **职业接触限值：**阈限值：10mg/m^3（时间加权平均值）；A4（不能分类为人类致癌物）（美国政府工业卫生学家会议，2004 年） **接触途径：**该物质可通过吸入和食入吸收到体内 **吸入危险性：**20℃时蒸发可忽略不计，但喷洒时或扩散时可较快地达到空气中颗粒物公害污染浓度，尤其是粉末 **短期接触的影响：**该物质刺激眼睛、皮肤和呼吸道 **长期或反复接触的影响：**该物质可能对肝有影响		
物理性质	熔点：低于熔点在 218～219℃分解 水中溶解度：微溶 辛醇/水分配系数对数值：1.9		
环境数据	该物质对水生生物是有毒的。该物质可能对环境有危害，对土壤、水生生物应给予特别注意。该物质在正常使用过程中进入环境，但是应当注意避免任何额外的释放，例如通过不适当的处置活动		
注解	该物质对人体健康游行数据不充分，因此应当特别注意。商业制剂中使用的载体溶剂可能改变其物理和毒理学性质。不要将工作服带回家中。商品名称有 Tordon, Amdon, ATCLP, Borolin, K-PIN, Chloramp 和 Grazon		

IPCS
International
Programme on
Chemical Safety

国际化学品安全卡

铑			ICSC 编号：1247
CAS 登记号：7440-16-6 RTECS 号：VI9069000	中文名称：铑（粉末） 英文名称：RHODIUM (powder)		
分子量：102.9	化学式：Rh		

危害/接触类型	急性危害/症状	预防	急救/消防
火　灾	见化学危险性		周围环境着火时，使用适当的灭火剂
爆　炸			
接　触		防止粉尘扩散！	
# 吸入	咳嗽	局部排气通风或呼吸防护	新鲜空气，休息
# 皮肤		防护手套	冲洗，然后用水和肥皂清洗皮肤
# 眼睛	发红	安全护目镜	先用大量水冲洗几分钟（如可能尽量摘除隐形眼镜），然后就医
# 食入		工作时不得进食，饮水或吸烟	漱口

泄漏处置	将泄漏物清扫进有盖的容器中，如果适当，首先润湿防止扬尘。小心收集残余物，然后转移到安全场所。个人防护用具：适用于有害颗粒物的 P2 过滤呼吸器
包装与标志	
应急响应	
储存	见化学危险性
重要数据	**物理状态、外观**：灰色至黑色粉末 **化学危险性**：与卤素激烈反应，有着火的危险。铑是一种催化性物质，与许多有机物和无机物接触时，可能发生反应，有着火和爆炸危险 **职业接触限值**：阈限值：1.0mg/m^3（时间加权平均值）；A4（不能分类为人类致癌物）（美国政府工业卫生学家会议，2004 年）。最高容许浓度：致癌物类别：3B（德国，2004 年） **吸入危险性**：扩散时可较快地达到空气中颗粒物有害浓度 **短期接触的影响**：可能引起机械性刺激
物理性质	沸点：3695℃ 熔点：1965℃ 密度：12.4g/cm^3 水中溶解度：不溶
环境数据	
注解	对接触该物质的健康影响未进行充分调查。本卡片的建议不适用于水溶性铑化合物

IPCS
International
Programme on
Chemical Safety

国际化学品安全卡

乙丙硫磷	ICSC 编号：1248
CAS 登记号：35400-43-2 RTECS 号：TE4165000 UN 编号：3018 中国危险货物编号：3018	中文名称：乙丙硫磷；*O*-乙基-*O*-4(甲基硫代)苯基二硫代磷酸-*S*-丙酯；*O*-乙基-*O*-4-(甲基巯基)苯基-*S*-正丙基二硫代磷酸酯 英文名称：SULPROFOS; *O*-Ethyl *O*-4(methylthio) phenyl phosphorodithionic acid-*S*-propyl ester; *O*-Ethyl *O*-4-(methylmercapto) phenyl-*S*-propylphosphorothionothiolate
分子量：322.4	化学式：$C_{12}H_{19}O_2PS_3$

危害/接触类型	急性危害/症状	预防	急救/消防
火　灾	含有机溶剂的液体制剂可能是易燃的。在火焰中释放出刺激性或有毒烟雾（或气体）		抗溶性泡沫，干粉，二氧化碳
爆　炸			
接　触		避免一切接触！	一切情况均向医生咨询！
# 吸入	共济失调，头晕，头痛，呼吸困难，恶心，神志不清，呕吐，瞳孔收缩，肌肉痉挛，多涎	通风，局部排气通风或呼吸防护	新鲜空气，休息，给予医疗护理
# 皮肤	可能被吸收！（另见吸入）	防护手套，防护服	脱掉污染的衣服，冲洗，然后用水和肥皂洗皮肤，给予医疗护理
# 眼睛		面罩或眼睛防护结合呼吸防护	首先用大量水冲洗几分钟（如可能尽量摘除隐形眼镜），然后就医
# 食入	胃痉挛，腹泻，恶心，呕吐，瞳孔收缩，肌肉痉挛，多涎	工作时不得进食、饮水或吸烟。进食前洗手	催吐（仅对清醒病人！）

泄漏处置	通风。尽可能将泄漏液收集在有盖容器中。用砂土或惰性吸收剂吸收残液并转移到安全场所。不要冲入下水道。不要让该化学品进入环境。个人防护用具：全套防护服包括自给式呼吸器
包装与标志	不得与食品和饲料一起运输。严重污染海洋物质 **联合国危险性类别**：6.1　**联合国包装类别**：III **中国危险性类别**：第 6.1 项毒性物质　**中国包装类别**：III
应急响应	运输应急卡：TEC(R)-61GT6-III
储存	与食品和饲料分开存放。保存在通风良好的室内
重要数据	**物理状态、外观**：无色、棕色油状液体，有特殊气味 **化学危险性**：加热时，该物质分解生成磷氧化物、硫氧化物极高毒性烟雾 **职业接触限值**：阈限值：$1mg/m^3$（时间加权平均值）；A4（不能分类为人类致癌物）；公布生物暴露指数（美国政府工业卫生学家会议，2004 年） **接触途径**：该物质可通过吸入其气溶胶、经皮肤和食入吸收到体内 **吸入危险性**：20℃时蒸发可忽略不计，但喷洒时可较快地达到空气中颗粒物有害浓度 **短期接触的影响**：该物质可能对神经系统有影响，导致惊厥，呼吸衰竭。胆碱酯酶抑制剂。接触可能造成死亡。影响可能推迟显现。需要进行医学观察 **长期或反复接触的影响**：胆碱酯酶抑制剂。可能有累积影响：见急性危害/症状
物理性质	相对密度（水=1）：1.2 水中溶解度：微溶 蒸气压：20℃时<0.0001Pa
环境数据	该物质可能对环境有危害，对鱼类和野生生物应给予特别注意。该物质在正常使用过程中进入环境，但是应当注意避免任何额外的释放，例如通过不适当的处置活动
注解	根据接触程度，建议定期进行医疗检查。商业制剂中使用的载体溶剂可能改变其物理和毒理学性质。不要将工作服带回家中。商品名称有 NTN9306, BAY-NTN9306, Bolstar 和 Helothion

IPCS
International
Programme on
Chemical Safety

国际化学品安全卡

<table>
<tr><td colspan="3">加氢三联苯（40%加氢处理的）</td><td>ICSC 编号：1249</td></tr>
<tr><td colspan="2">CAS 登记号：61788-32-7
RTECS 号：WZ6535000

分子量：241</td><td colspan="2">中文名称：加氢三联苯（40%加氢处理的）；加氢二苯基苯；加氢苯基联苯
英文名称：HYDROGENATED TERPHENYLS (40%HYDROGENATED);
Hydrogenated diphenylbenzenes; Hydrogenated phenylbiphenyls

化学式：$(C_6H_7)_3$</td></tr>
<tr><th>危害/接触类型</th><th>急性危害/症状</th><th>预防</th><th>急救/消防</th></tr>
<tr><td>火　灾</td><td>可燃的。在火焰中释放出刺激性或有毒烟雾（或气体）</td><td>禁止明火</td><td>干粉，雾状水，泡沫，二氧化碳</td></tr>
<tr><td>爆　炸</td><td></td><td></td><td></td></tr>
<tr><td>接　触</td><td></td><td>防止产生烟云！</td><td></td></tr>
<tr><td># 吸入</td><td>咳嗽</td><td>避免吸入微细粉尘和烟云。局部排气通风或呼吸防护</td><td>新鲜空气，休息，给予医疗护理</td></tr>
<tr><td># 皮肤</td><td>发红，疼痛</td><td>防护手套，防护服</td><td>脱掉污染的衣服，冲洗，然后用水和肥皂洗皮肤</td></tr>
<tr><td># 眼睛</td><td>发红，疼痛</td><td>安全护目镜，面罩或眼睛防护结合呼吸防护</td><td>首先用大量水冲洗几分钟（如可能尽量摘除隐形眼镜），然后就医</td></tr>
<tr><td># 食入</td><td>灼烧感，咳嗽</td><td>工作时不得进食、饮水或吸烟。进食前洗手</td><td>漱口，给予医疗护理</td></tr>
<tr><td>泄漏处置</td><td colspan="3">尽可能将泄漏液收集在有盖容器中。用砂土或惰性吸收剂吸收残液并转移到安全场所</td></tr>
<tr><td>包装与标志</td><td colspan="3"></td></tr>
<tr><td>应急响应</td><td colspan="3"></td></tr>
<tr><td>储存</td><td colspan="3"></td></tr>
<tr><td>重要数据</td><td colspan="3">物理状态、外观：淡黄色清澈油状液体，有特殊气味
化学危险性：燃烧时，该物质分解生成辛辣烟气和烟雾
职业接触限值：阈限值 0.5ppm、4.9mg/m^3（时间加权平均值）（美国政府工 业卫生学家会议，1994～1995 年）
接触途径：该物质可通过皮肤和食入吸收到体内
吸入危险性：未指明 20℃时该物质蒸发达到空气中有害浓度的速率
短期接触的影响：该物质刺激眼睛、皮肤和呼吸道
长期或反复接触的影响：液体使皮肤脱脂。该物质可能对肾和肝有影响</td></tr>
<tr><td>物理性质</td><td colspan="3">沸点：340℃
相对密度（水=1）：1.0
水中溶解度：不溶
蒸气压：25℃时 13Pa
闪点：157℃（闭杯）
自燃温度：374℃</td></tr>
<tr><td>环境数据</td><td colspan="3"></td></tr>
<tr><td>注解</td><td colspan="3">该化合物是各种异构体的混合物。不要将工作服带回家中</td></tr>
</table>

IPCS
International
Programme on
Chemical Safety

国际化学品安全卡

六氟化铀	ICSC 编号：1250
CAS 登记号：7783-81-5 RTECS 号：YR4720000 UN 编号：2978 EC 编号：092-002-00-3 中国危险货物编号：2978	中文名称：六氟化铀；氟化铀 英文名称：URANIUM HEXAFLUORIDE; Uranium fluoride
分子量：352.0	化学式：UF_6

危害/接触类型	急性危害/症状	预防	急救/消防
火　灾	不可燃。在火焰中释放出刺激性或有毒烟雾（或气体）		禁止用水。干粉，二氧化碳
爆　炸			
接　触		避免一切接触！防止粉尘扩散！	一切情况均向医生咨询！
# 吸入	咳嗽。灼烧感。呼吸短促。呼吸困难	密闭系统、通风或呼吸防护	新鲜空气，休息。半直立体位。立即给予医疗护理
# 皮肤	发红。疼痛。严重皮肤烧伤	防护手套。防护服	先用大量水冲洗至少 15min，然后脱去污染的衣服并再次冲洗。急救时戴防护手套。在烧伤处涂敷葡萄糖酸钙。立即给予医疗护
# 眼睛	疼痛。严重深度烧伤	面罩，或如为粉末，眼睛防护结合呼吸防护	先用大量水冲洗几分钟（如可能尽量摘除隐形眼镜），然后就医。
# 食入	口腔和咽喉烧伤。咽喉疼痛。腹部疼痛。休克或虚脱	工作时不得进食、饮水或吸烟。进食前洗手	漱口。不要催吐。饮用 1～2 杯水。立即给予医疗护理
泄漏处置	撤离危险区域！向专家咨询！个人防护用具：全套防护服包括自给式呼吸器。不要让该化学品进入环境。采用专业设备抽吸(见注解)或小心清扫到容器中。小心收集残余物，然后转移到安全场所		
包装与标志	不易破碎包装，将易破碎包装放在不易破碎的密闭容器中。不得与食品和饲料一起运输 **欧盟危险性类别**：T+符号 N 符号 标记：A　R:26/28-33-51/53　S:1/2-20/21-45-61 **联合国危险性类别**：7　**联合国次要危险性**：8 **中国危险性类别**：第 7 类 放射性物质 **中国次要危险性**：第 8 类 腐蚀性物质 **GHS 分类**：信号词：危险　图形符号：腐蚀-健康危险　危险说明：可能腐蚀金属；造成严重皮肤灼伤和眼睛损伤；对呼吸道造成损害		
应急响应			
储存	储存在原始容器中。与酸和有机化合物分开存放。干燥。严格密封。保存在通风良好的室内。储存在没有排水管或下水道的场所		
重要数据	**物理状态、外观**：无色至白色易潮解的晶体 **化学危险性**：加热时，该物质分解，生成有毒烟雾氟化氢(见化学品安全卡#0283)。与水、强酸、有机物发生剧烈反应，有着火和爆炸的危险 **职业接触限值**：阈限值：（以 U 计）0.2mg/m^3（时间加权平均值）；0.6mg/m^3（短期接触限值）；A1（确认的人类致癌物）（美国政府工业卫生学家会议，2010 年） **接触途径**：经各种接触途径均产生严重的局部和系统影响 **吸入危险性**：20℃时，该物质蒸发相当快地达到空气中有害污染浓度 **短期接触的影响**：腐蚀作用。吸入可能引起严重咽喉肿胀，引起窒息 **长期或反复接触的影响**：可能有累积影响		
物理性质	沸点：56℃ 相对密度（水=1）：5.09	水中溶解度：反应 蒸气压：20℃时 14.2kPa	
环境数据			
注解	本卡片的健康影响适用于低放射学活性的六氟化铀。切勿使用家用真空吸尘器抽吸该物质，只能采用专业设备。肺水肿症状常常经过几个小时以后才变得明显，体力劳动使症状加重。因而休息和医学观察是必要的。应当考虑由医生或医生指定的人立即采取适当吸入治疗法。不要将工作服带回家中。运输名称：UN 2978，放射性物质，六氟化铀，非易裂变的或例外的易裂变的；UN 2977，六氟化铀，易裂变的		

IPCS
International
Programme on
Chemical Safety

国际化学品安全卡

二氧化铀			ICSC 编号：1251
CAS 登记号：1344-57-6 RTECS 号：YR4705000 EC 编号：092-002-00-3		中文名称：二氧化铀；氧化亚铀；黑色氧化铀 英文名称：URANIUM DIOXIDE; Uranous oxide; Blackuranium oxide	
分子量：270		化学式：UO_2	
危害/接触类型	急性危害/症状	预防	急救/消防
火　灾	可燃的	禁止明火	雾状水，干粉
爆　炸			
接　触		防止粉尘扩散！严格作业环境管理！	一切情况均向医生咨询！
# 吸入		避免吸入微细粉尘和烟云。通风（如果没有粉末时），局部排气通风或呼吸防护	新鲜空气，休息，给予医疗护理
# 皮肤		防护手套	脱掉污染的衣服，冲洗，然后用水和肥皂洗皮肤，给予医疗护理
# 眼睛	发红，疼痛	如果是粉末，安全护目镜或眼睛防护结合呼吸防护	首先用大量水冲洗几分钟（如可能尽量摘除隐形眼镜），然后就医
# 食入		工作时不得进食、饮水或吸烟。进食前洗手	漱口，给予医疗护理
泄漏处置	将泄漏物扫入有盖容器中。如果适当，首先湿润防止扬尘。然后转移到安全场所。个人防护用具：适用于有毒颗粒物的 P3 过滤呼吸器		
包装与标志	欧盟危险性类别：T+符号　N 符号　标记：A　R：26/28-33-51/53　S：1/2-20/21-45-61		
应急响应			
储存	严格密封		
重要数据	**物理状态、外观**：黑色至棕色晶体或粉末 **化学危险性**：与空气接触，加热至 700℃以上时，该物质可能发生自燃 **职业接触限值**：阈限值：0.2mg/m^3（以 U 计）（时间加权平均值），0.6mg/m^3（短期接触限值）；A1（确认的人类致癌物）（美国政府工业卫生学家会议，2004 年） **接触途径**：该物质可通过吸入其气溶胶吸收到体内 **吸入危险性**：20℃时蒸发可忽略不计，但喷洒时或扩散时可较快地达到空气中颗粒物有害浓度，尤其是粉末 **短期接触的影响**：该物质刺激眼睛 **长期或反复接触的影响**：反复或长期接触粉尘颗粒肺可能受影响		
物理性质	**熔点**：2865℃ **相对密度（水=1）**：11.0 **水中溶解度**：不溶		
环境数据			
注解	该物质对人体健康影响数据不充分，因此应当特别注意。不要将工作服带回家中		

IPCS
International
Programme on
Chemical Safety

国际化学品安全卡

氟菌唑			ICSC 编号：1252
CAS 登记号：68694-11-1 RTECS 号：NI4490000	中文名称：氟菌唑；(*E*)-4-氯-*α*, *α*, *α* -三氟-*N*-(1-咪唑-1-基)-2-丙氧基亚乙基邻甲苯胺；1-(1((4-氯-2-(三氟甲基)苯基)亚氨基)-2-丙氧乙基)-1*H*-咪唑 英文名称：TRIFLUMIZOLE; (*E*)-4-Chloro-alpha, alpha,alpha-trifluoro-*N*-(1-imidazol-1-yl)-2-propoxy-ethylid-ene-o-toluidine; 1-(1((4-Chloro-2-(trifluoromethyl)phenyl) imino)-2-propoxyethyl)-1*H*-imidazole		
分子量：345.7	化学式：$C_{15}H_{15}ClF_3N_3O$		
危害/接触类型	急性危害/症状	预防	急救/消防
火　灾	含有机溶剂的液体制剂可能是易燃的。在火焰中释放出刺激性或有毒烟雾（或气体）		周围环境着火时，允许使用各种灭火剂
爆　炸	如果制剂中含有易燃/爆炸性溶剂，有着火和爆炸危险		
接　触		严格作业环境管理！	
# 吸入		通风	新鲜空气，休息，给予医疗护理
# 皮肤		防护手套，防护服	脱掉污染的衣服，用大量水冲洗皮肤或淋浴，给予医疗护理
# 眼睛		安全护目镜	首先用大量水冲洗几分钟（如可能尽量摘除隐形眼镜），然后就医
# 食入		工作时不得进食、饮水或吸烟	漱口，给予医疗护理
泄漏处置	不要冲入下水道。将泄漏物扫入有盖容器中。如果适当，首先湿润防止扬尘。小心收集残余物，然后转移到安全场所。个人防护用具：适用于有害颗粒物的 P2 过滤呼吸器		
包装与标志	不得与食品和饲料一起运输		
应急响应			
储存	注意收容灭火产生的废水。与食品和饲料分开存放。保存在通风良好的室内		
重要数据	**物理状态、外观**：无色晶体。 **化学危险性**：燃烧时，该物质分解生成含氮氧化物、氟化氢和氯化氢（见卡片#0283 和#0163）的有毒和腐蚀性烟雾 **职业接触限值**：阈限值未制定标准 **接触途径**：该物质可通过吸入和食入吸收到体内 **吸入危险性**：未指明 20℃时该物质蒸发达到空气中有害浓度的速率 **长期或反复接触的影响**：反复或长期接触可能引起皮肤过敏。该物质可能对肝、血液有影响，导致肝损伤、血红蛋白减少		
物理性质	**熔点**：63℃ **相对密度（水=1）**：1.4 **水中溶解度**：20℃时 1.25g/100mL（适度溶解） **蒸气压**：25℃时 0.0014Pa **辛醇/水分配系数的对数值**：1.4		
环境数据	该物质对水生生物有极高毒性。避免在非正常使用情况下释放到环境中		
注解	该物质对人体健康影响数据不充分，因此应当特别注意。如果该物质由溶剂配制，可参考该溶剂卡片。商业制剂中使用的载体溶剂可能改变其物理和毒理学性质。未指明气味与职业接触限值之间的关系。 商品名称有 Condor, Duo Top, Procure, Terraguard 和 Trifmine		

IPCS
International
Programme on
Chemical Safety

国际化学品安全卡

异丁胺			ICSC 编号：1253
CAS 登记号：78-81-9 RTECS 号：NP9900000 UN 编号：1214 中国危险货物编号：1214 分子量：73.1	中文名称：异丁胺；2-甲基丙胺；2-甲基-1-丙胺；1-氨基-2-甲基丙烷 英文名称：ISOBUTYLAMINE; 2-Methylpropylamine; 2-Methyl-1-propanamine; 1-Amino-2-methylpropane 化学式：$C_4H_{11}N/(CH_3)_2CHCH_2NH_2$		
危害/接触类型	急性危害/症状	预防	急救/消防
火　灾	高度易燃。在火焰中释放出刺激性或有毒烟雾（或气体）	禁止明火，禁止火花和禁止吸烟	干粉，抗溶性泡沫，雾状水，二氧化碳
爆　炸	蒸气/空气混合物有爆炸性	密闭系统，通风，防爆型电气设备和照明。使用无火花手工具	着火时，喷雾状水保持料桶等冷却
接　触		避免一切接触！	一切情况均向医生咨询！
# 吸入	灼烧感。咳嗽。气促。呼吸困难。症状可能推迟显现（见注解）	通风，局部排气通风或呼吸防护	新鲜空气，休息。半直立体位。必要时进行人工呼吸。给予医疗护理
# 皮肤	疼痛。发红。皮肤烧伤	防护手套。防护服	脱去污染的衣服。用大量水冲洗皮肤或淋浴。给予医疗护理
# 眼睛	发红。疼痛。严重深度烧伤	面罩，或眼睛防护结合呼吸防护	先用大量水冲洗几分钟（如可能尽量摘除隐形眼镜），然后就医
# 食入	腹部疼痛。灼烧感。休克或虚脱	工作时不得进食，饮水或吸烟	漱口。不要催吐。大量饮水。给予医疗护理
泄漏处置	将泄漏液收集在可密闭的容器中。小心中和泄漏液体。用砂土或惰性吸收剂吸收残液，并转移到安全场所。然后用大量水冲净。个人防护用具：全套防护服包括自给式呼吸器		
包装与标志	不易破碎包装，将易破碎包装放在不易破碎的密闭容器中 联合国危险性类别：3 联合国次要危险性：8 联合国包装类别：II 中国危险性类别：第 3 类易燃液体　中国次要危险性：8 中国包装类别：II		
应急响应	运输应急卡：TEC(R)-30GFC-II 美国消防协会法规：H3（健康危险性）；F3（火灾危险性）；R0（反应危险性）		
储存	耐火设备（条件）。与强氧化剂、强酸、食品和饲料分开存放		
重要数据	物理状态、外观：无色液体，有特殊气味 物理危险性：蒸气比空气重。可能沿地面流动；可能造成远处着火 化学危险性：燃烧时，该物质分解生成氮氧化物有毒气体。水溶液是一种中强碱。与酸类和氧化剂激烈反应 职业接触限值：阈限值未制定标准。最高容许浓度：5ppm，$15mg/m^3$；皮肤吸收（H）；最高限值种类：I（2）；妊娠风险等级：IIc（德国，2004 年） 接触途径：该物质可通过吸入其蒸气和经食入吸收到体内 吸入危险性：20℃时，该物质蒸发，迅速达到空气中有害污染浓度 短期接触的影响：该物质腐蚀眼睛、皮肤和呼吸道。食入有腐蚀性。吸入可能引起肺水肿（见注解）。影响可能推迟显现。需进行医学观察		
物理性质	沸点：68～69℃ 熔点：−85℃ 相对密度（水=1）：0.72 水中溶解度：混溶 蒸气压：18.8℃时 13.3kPa 蒸气相对密度（空气=1）：2.5	蒸气/空气混合物的相对密度（20℃，空气=1）：1.2 闪点：−9.0℃（闭杯） 自燃温度：378℃ 爆炸极限：空气中 3.4%～9%（体积） 辛醇/水分配系数的对数值：0.73	
环境数据			
注解	肺水肿症状常常经过几个小时以后才变得明显，体力劳动使症状加重。因而休息和医学观察是必要的。应当考虑由医生或医生指定的人立即采取适当吸入治疗法		

IPCS
International
Programme on
Chemical Safety

国际化学品安全卡

亚硫酸氢铵			ICSC 编号：1254
CAS 登记号：10192-30-0 RTECS 号：WT3595000 UN 编号：2693（亚硫酸氢盐水溶液） 中国危险货物编号：2693		中文名称：亚硫酸氢铵；亚硫酸一铵盐；酸式亚硫酸铵 英文名称：AMMONIUM BISULFITE; Sulfurous acid, monoammonium salt; Ammonium hydrogen sulfite	
分子量：99.1		化学式：H_5NO_3S/NH_4HSO_3	
危害/接触类型	急性危害/症状	预防	急救/消防
火　灾	不可燃		周围环境着火时，允许使用各种灭火剂
爆　炸			
接　触			
# 吸入		通风（如果没有粉末时），局部排气通风或呼吸防护	
# 皮肤		防护手套	
# 眼睛		护目镜	
# 食入		工作时不得进食、饮水或吸烟	
泄漏处置	将泄漏物扫入有盖容器中。如果适当，首先湿润防止扬尘。用大量水冲净残余物。个人防护用具：适用于有害颗粒物的 P2 过滤呼吸器		
包装与标志	不得与食品和饲料一起运输 联合国危险性类别：8　联合国包装类别：III 中国危险性类别：第 8 类腐蚀性物质　中国包装类别：III		
应急响应			
储存	与强氧化剂、酸、食品和饲料分开存放。严格密封		
重要数据	物理状态、外观：无色至黄色晶体 化学危险性：加热或与酸接触时，该物质分解生成含硫氧化物、氮氧化物和氨的有毒烟雾。有水存在下高浓度时，浸蚀许多种金属 职业接触限值：阈限值未制定标准 吸入危险性：20℃时蒸发可忽略不计，但扩散时可较快地达到空气中颗粒物有害浓度，尤其是粉末		
物理性质	沸点：低于沸点在 150℃分解 相对密度（水=1）：2.0 水中溶解度：10℃时 267g/100mL		
环境数据			
注解	主要以水溶液形态销售。该物质对人体健康影响数据不充分，因此应当特别注意		

IPCS
International
Programme on
Chemical Safety

国际化学品安全卡

高氯酸铵			ICSC 编号：1255
CAS 登记号：7790-98-9 RTECS 号：SC7520000 UN 编号：1442 EC 编号：017-009-00-0 中国危险货物编号：1442 分子量：117.5		中文名称：高氯酸铵；氯酸铵盐 英文名称：AMMONIUM PERCHLORATE; Perchloric acid, ammonium salt 化学式：NH_4ClO_4	
危害/接触类型	急性危害/症状	预防	急救/消防
火　灾	不可燃，但可助长其他物质燃烧。许多反应可能引起火灾或爆炸。在火焰中释放出刺激性或有毒烟雾（或气体）。见注解	禁止与可燃物质和还原剂接触	周围环境着火时，使用大量水，雾状水灭火
爆　炸	有着火和爆炸危险。见化学危险性	不要受摩擦或震动	着火时，喷雾状水保持料桶等冷却。从掩蔽位置灭火
接　触		防止粉尘扩散！	
# 吸入	咳嗽	局部排气通风或呼吸防护	新鲜空气，休息
# 皮肤	发红。疼痛	防护手套。防护服	先用大量水冲洗，然后脱去污染的衣服并再次冲洗
# 眼睛	发红。疼痛	安全护目镜，如为粉末，眼睛防护结合呼吸防护	先用大量水冲洗几分钟（如可能尽量摘除隐形眼镜），然后就医
# 食入	灼烧感。恶心。呕吐。腹泻	工作时不得进食，饮水或吸烟	漱口。饮用 1～2 杯水
泄漏处置	撤离危险区域！向专家咨询！首先润湿，然后将泄漏物清扫到有盖容器中，并转移到安全场所。不要用锯末或其他可燃吸收剂吸收。不要让该化学品进入环境。个人防护用具：适用于有害颗粒物的 P2 过滤呼吸器		
包装与标志	欧盟危险性类别：O 符号　标记：G　R:9-44　S:2-14-16-27-36/37 联合国危险性类别：5.1　联合国包装类别：II 中国危险性类别：第 5.1 项 氧化性物质　中国包装类别：II		
应急响应	运输应急卡：TEC(R)-51S1442 美国消防协会法规：H1（健康危险性）；F0（火灾危险性）；R4（反应危险性）		
储存	耐火设备（条件）。与可燃物质、还原性物质和金属分开存放。见化学危险性。严格密封		
重要数据	物理状态、外观：白色吸湿的晶体。 化学危险性：受撞击、摩擦或震动和加热时，可能发生爆炸性分解。该物质是一种强氧化剂。与可燃物质、还原性物质 和金属激烈反应，生成含有氨和氯化氢的有毒和腐蚀性烟雾，有着火和爆炸危险 职业接触限值：阈限值未制定标准。最高容许浓度未制定标准 接触途径：该物质可通过吸入其气溶胶和经食入吸收到体内 吸入危险性：扩散时可较快地达到空气中颗粒物有害浓度。 短期接触的影响：该气溶胶刺激眼睛、皮肤和呼吸道 长期或反复接触的影响：该物质可能对甲状腺有影响，导致甲状腺激素水平降低		
物理性质	熔点：>200℃时分解（注解） 密度：1.95g/cm^3 水中溶解度：25℃时 20g/100mL		
环境数据	该物质可能对环境有危害，对甲壳纲动物应给予特别注意		
注解	文献中可查询到不同的分解温度。未经稳定处理的物质加热时可能发生爆炸.对接触该物质的健康影响未进行充分调查。用大量水冲洗工作服（着火危险）		

IPCS
International
Programme on
Chemical Safety

国际化学品安全卡

重氮甲烷			ICSC 编号：1256
CAS 登记号：334-88-3 RTECS 号：PA7000000 EC 编号：006-068-00-8		中文名称：重氮甲烷 英文名称：DIAZOMETHANE; Azimethylene; Diazirine	
分子量：42.04		化学式：CH_2N_2	
危害/接触类型	急性危害/症状	预防	急救/消防
火　灾	极易燃。许多反应可能引起火灾或爆炸。在火焰中释放出刺激性或有毒烟雾（或气体）	禁止明火、禁止火花和禁止吸烟	切断气源，如不可能并对周围环境无危险，让火自行燃尽。其他情况用干粉，二氧化碳灭火
爆　炸	气体/空气混合物有爆炸性	密闭系统，通风，防爆型电气设备与照明。不要受摩擦或撞击。防止静电荷积聚（例如，通过接地）	从掩蔽位置灭火
接　触		避免一切接触！	一切情况均向医生咨询！
# 吸入	头痛，呼吸困难，气促，咽喉疼痛，呕吐，不适。症状可能推迟显现（见注解）	通风，局部排气通风或呼吸防护	新鲜空气，休息，半直立体位，必要时进行人工呼吸，给予医疗护理
# 皮肤	发红，灼烧感，疼痛，严重冻伤	保温手套	冻伤时，用大量水冲洗，不要脱去衣服，给予医疗护理，急救时戴防护手套
# 眼睛	发红，疼痛	面罩或眼睛防护结合呼吸防护	首先用大量水冲洗几分钟（如可能尽量摘除隐形眼镜），然后就医
# 食入		工作时不得进食、饮水或吸烟	
泄漏处置	撤离危险区域！向专家咨询！通风。个人防护用具：全套防护服包括自给式呼吸器		
包装与标志	欧盟危险性类别：T 符号　R:45　S:53-45		
应急响应			
储存	不要贮存重氮甲烷溶液（见注解）		
重要数据	**物理状态、外观：** 黄色气体 **物理危险性：** 气体比空气重，可能沿地面流动，可能造成远处着火 **化学危险性：** 受撞击、摩擦、震动时，可能发生爆炸分解。加热到100℃或与粗糙表面接触，或者在未经稀释的液体中或在浓溶液中有杂质或固体物存在时，或者在高强光照下，可能发生爆炸。与碱金属和硫酸钙接触会引起爆炸 **职业接触限值：** 阈限值：0.2ppm（时间加权平均值）；致癌物类别：A2（美国政府工业卫生学家会议，2008年）。最高容许浓度:致癌物类别：2（德国，2008 年） **接触途径：** 该物质可通过吸入吸收到体内 **吸入危险性：** 容器漏损时，该气体迅速地达到空气中有害浓度 **短期接触的影响：** 该物质强烈刺激眼睛、皮肤和呼吸道。吸入蒸气可能引起肺水肿（见注解）。吸入蒸气可能引起哮喘反应（见注解）。液体可能引起冻伤。高于职业接触限值接触时，可能造成死亡。需要进行医学观察 **长期或反复接触的影响：** 反复或长期吸入接触可能引起哮喘。该物质可能是人类致癌物		
物理性质	沸点：-3℃ 熔点：-145℃ 相对密度（水=1）：1.45 水中溶解度：反应	蒸气相对密度（空气=1）：1.4 闪点：易燃气体 自燃温度：100℃（爆炸）	
环境数据			
注解	由于其毒性和爆炸性，重氮甲烷应就地新制备，并且在醚或二噁烷溶液中使用。肺水肿症状常常经过几小时以后才变得明显，体力劳动使症状加重。因此休息和医学观察是必要的。应考虑由医生或医生指定人立即采取适当吸入治疗法。哮喘症状常常经过几小时以后才变得明显，体力劳动使症状加重。因此休息和医学观察是必要的。未指明气味与职业接触限值之间的关系。本卡片建议也适用于重氮甲烷浓溶液		

IPCS
International Programme on Chemical Safety

国际化学品安全卡

呋喃			ICSC 编号：1257
CAS 登记号：110-00-9 RTECS 号：LT8524000 UN 编号：2389 中国危险货物编号：2389		中文名称：呋喃；二亚乙烯基氧化物；氧化环戊二烯 英文名称：FURAN; Furfuran; Divinylene oxide; Oxacyclopentadiene	
分子量：68.1		化学式：C_4H_4O	

危害/接触类型	急性危害/症状	预防	急救/消防
火　灾	极易燃	禁止明火、禁止火花和禁止吸烟	干粉，抗溶性泡沫，雾状水，二氧化碳
爆　炸	蒸气/空气混合物有爆炸性	密闭系统，通风，防爆型电气设备与照明。不要使用压缩空气灌装，卸料或转运。使用无火花手工具。	
接　触		防止产生烟云！	
# 吸入	咳嗽，咽喉疼痛	通风，局部排气通风或呼吸防护。	新鲜空气，休息，半直立体位，必要时进行人工呼吸，给予医疗护理
# 皮肤	发红		脱掉污染的衣服，用大量水冲洗皮肤或淋浴
# 眼睛		安全护目镜	首先用大量水冲洗几分钟（如可能尽量摘除隐形眼镜），然后就医
# 食入		工作时不得进食、饮水或吸烟	

泄漏处置	通风。将泄漏液收集在有盖容器中。用砂土或惰性吸收剂吸收残液并转移到安全场所。不要冲入下水道。个人防护用具：自给式呼吸器
包装与标志	气密 欧盟危险性类别：F+符号 T 符号 R:45-12-19-20/22-38-48/22-68-52/53 S:53-45-61 联合国危险性类别：3 联合国包装类别：I 中国危险性类别：第 3 类 易燃液体 中国包装类别：I
应急响应	运输应急卡：TEC(R)-30G30 美国消防协会法规：H1（健康危险性）；F4（火灾危险性）；R1（反应危险性）
储存	耐火设备（条件）。与强氧化剂、酸分开存放。阴凉场所。严格密封。稳定后贮存
重要数据	物理状态、外观：无色清澈液体，久置变棕色，有特殊气味 物理危险性：蒸气比空气重，可能沿地面流动，可能造成远处着火 化学危险性：与空气接触时，该物质可能生成爆炸性过氧化物。与氧化剂和酸激烈反应，有着火和爆炸危险。暴露于热或火焰中有着火危险 职业接触限值：阈限值未制定标准。 最高容许浓度：皮肤吸收；致癌物类别：2（德国，2008 年） 接触途径：该物质可通过吸入其蒸气、气溶胶和经皮肤吸收到体内 吸入危险性：20℃时该物质蒸发，可迅速地达到空气中有害浓度 短期接触的影响：该物质刺激呼吸道。吸入蒸气可能引起肺水肿（见注解）
物理性质	沸点：31.3℃ 熔点：-85.6℃ 相对密度（水=1）：0.94 水中溶解度：微溶 蒸气相对密度（空气=1）：2.3 闪点：-35℃ 爆炸极限：空气中 2.3%～14.3%（体积） 辛醇/水分配系数的对数值：1.34
环境数据	
注解	

IPCS
International
Programme on
Chemical Safety

UNEP

国际化学品安全卡

异烟肼	ICSC 编号：1258
CAS 登记号：54-85-3 RTECS 号：NS1751850	中文名称：异烟肼；异烟（酰）肼；4-吡啶羧酸肼 英文名称：ISONIAZID; Isonicotinic hydrazide; 4-Pyridinecarboxylic acid, hydrazide
分子量：137.1	化学式：$C_6II_7N_3O$

危害/接触类型	急性危害/症状	预防	急救/消防
火 灾	可燃的。在火焰中释放出刺激性或有毒烟雾（或气体）	禁止明火	干粉，雾状水，泡沫，二氧化碳
爆 炸			
接 触		防止粉尘扩散！	
# 吸入		局部排气通风或呼吸防护	新鲜空气，休息
# 皮肤		防护手套	脱掉污染的衣服，冲洗，然后用水和肥皂洗皮肤
# 眼睛		安全护目镜	首先用大量水冲洗几分钟（如可能尽量摘除隐形眼镜），然后就医
# 食入	意识模糊，惊厥，恶心，虚弱，共济失调，幻觉	工作时不得进食、饮水或吸烟	漱口，用水冲服活性炭浆，给予医疗护理
泄漏处置	将泄漏物扫入有盖容器中。如果适当，首先湿润防止扬尘。小心收集残余物，然后转移到安全场所。个人防护用具：适用于有害颗粒物的 P2 过滤呼吸器		
包装与标志			
应急响应			
储存	阴凉场所。严格密封		
重要数据	物理状态、外观：白色晶体粉末 化学危险性：加热或燃烧时，该物质分解生成含氮氧化物有毒烟雾 职业接触限值：阈限值未制定标准 接触途径：该物质可通过食入吸收到体内 吸入危险性：20℃时蒸发可忽略不计，但扩散时可较快地达到空气中颗粒物有害浓度，尤其是粉末。 短期接触的影响：该物质可能对神经系统和肾有影响，导致定向力障碍、昏睡、昏迷和代谢酸中毒。接触高浓度会造成死亡。接触可能造成神志不清 长期或反复接触的影响：该物质可能对中枢神经系统和肝有影响，导致组织损害和功能损伤		
物理性质	熔点：170～173℃ 水中溶解度：20℃时 12.5g/100mL		
环境数据			
注解	该化合物有许多商品名称		

IPCS
International
Programme on
Chemical Safety

国际化学品安全卡

甲基丙烯醛			ICSC 编号：1259
CAS 登记号：78-85-3 RTECS 号：OZ2625000 UN 编号：2396 中国危险货物编号：2396 分子量：70.1		中文名称：甲基丙烯醛；异丁烯醛；二甲基二丙醛 英文名称：METHACRYLALDEHYDE; Isobutenal; 2-Methyl-2-propenal; Methacrolein 化学式：$C_4H_6O/CH_2=C(CH_3)CHO$	
危害/接触类型	急性危害/症状	预防	急救/消防
火　灾	高度易燃	禁止明火、禁止火花和禁止吸烟	干粉，抗溶性泡沫，雾状水，二氧化碳
爆　炸	蒸气/空气混合物有爆炸性	密闭系统，通风，防爆型电气设备与照明。不要使用压缩空气灌装，卸料或转运。使用无火花手工具	着火时，喷雾状水保持料桶等冷却
接　触		防止产生烟云！	
# 吸入	咳嗽，咽喉疼痛	通风，局部排气通风或呼吸防护	新鲜空气，休息
# 皮肤	可能被吸收！发红，疼痛	防护手套，防护服	脱掉污染的衣服，用大量水冲洗皮肤或淋浴，给予医疗护理
# 眼睛	发红，疼痛	安全护目镜或眼睛防护结合呼吸防护	首先用大量水冲洗几分钟（如可能尽量摘除隐形眼镜），然后就医
# 食入		工作时不得进食、饮水或吸烟	漱口，催吐（仅对清醒病人！），给予医疗护理
泄漏处置	将泄漏液收集在有盖容器中。用砂土或惰性吸收剂吸收残液并转移到安全场所。个人防护用具：全套防护服包括自给式呼吸器		
包装与标志	不易破碎包装，将易破碎包装放在不易破碎密闭容器中。不得与食品和饲料一起运输 **联合国危险性类别**：3　**联合国次要危险性**：6.1 **联合国包装类别**：II **中国危险性类别**：第 3 类易燃液体 **中国次要危险性**：3.1 **中国包装类别**：II		
应急响应	**运输应急卡**：TEC(R)-30G32 **美国消防协会法规**：H3（健康危险性）；F3（火灾危险性）；R2（反应危险性）		
储存	耐火设备（条件）。与强氧化剂、酸、碱、食品和饲料分开存放。阴凉场所。保存在阴暗处。严格密封。保存在惰性气体中。稳定后贮存		
重要数据	**物理状态、外观**：无色液体，有特殊气味 **物理危险性**：蒸气比空气重，可能沿地面流动，可能造成远处着火 **化学危险性**：加热或在光照、酸和碱作用下，该物质发生聚合。与碱、胺、强酸和过氧化物激烈反应。 **职业接触限值**：阈限值未制定标准 **接触途径**：该物质可通过吸入其蒸气和食入吸收到体内 **吸入危险性**：20℃时该物质蒸发，可迅速地达到空气中有害浓度 **短期接触的影响**：该物质刺激眼睛、皮肤和呼吸道		
物理性质	沸点：68℃ 熔点：-81℃ 相对密度（水=1）：0.8 水中溶解度：20℃时 6g/100mL 蒸气压：20℃时 16kPa 蒸气相对密度（空气=1）：2.42 闪点：-15℃ 自燃温度：285℃ 爆炸极限：空气中 2.6%～？（体积）		
环境数据			
注解	接触该物质的健康影响未进行调查。添加稳定剂或阻聚剂会影响到该物质的毒理学性质，向专家咨询。蒸馏前检验过氧化物，如有，加以去除		

IPCS
International
Programme on
Chemical Safety

国际化学品安全卡

<table>
<tr><td colspan="3">苯乙酸</td><td>ICSC 编号：1260</td></tr>
<tr><td colspan="2">CAS 登记号：103-82-2
RTECS 号：AJ2430000</td><td colspan="2">中文名称：苯乙酸；苯基乙酸；2-苯乙酸
英文名称：PHENYLACETIC ACID; Benzeneacetic acid; Acetic acid, phenyl-; Phenylethanoic acid; 2-Phenylacetic acid</td></tr>
<tr><td colspan="2">分子量：136.1</td><td colspan="2">化学式：$C_8H_8O_2/C_6H_5CH_2CO_2H$</td></tr>
<tr><td>危害/接触类型</td><td>急性危害/症状</td><td>预防</td><td>急救/消防</td></tr>
<tr><td>火　灾</td><td>可燃的</td><td>禁止明火</td><td>干粉，雾状水，泡沫，二氧化碳</td></tr>
<tr><td>爆　炸</td><td></td><td></td><td></td></tr>
<tr><td>接　触</td><td></td><td></td><td></td></tr>
<tr><td># 吸入</td><td>咳嗽。咽喉痛</td><td>局部排气通风或呼吸防护</td><td>新鲜空气，休息</td></tr>
<tr><td># 皮肤</td><td>发红</td><td>防护手套</td><td>用大量水冲洗皮肤或淋浴</td></tr>
<tr><td># 眼睛</td><td>发红。疼痛</td><td>安全护目镜</td><td>先用大量水冲洗几分钟（如可能尽量摘除隐形眼镜），然后就医</td></tr>
<tr><td># 食入</td><td></td><td>工作时不得进食，饮水或吸烟</td><td>漱口。饮用 1～2 杯水</td></tr>
<tr><td>泄漏处置</td><td colspan="3">不要让该化学品进入环境。将泄漏物清扫进容器中。个人防护用具：适用于有机蒸气和有害粉尘的 A/P2 过滤呼吸器</td></tr>
<tr><td>包装与标志</td><td colspan="3">GHS 分类：警示词：警告 危险说明：造成轻微皮肤刺激；造成眼睛刺激；对水生生物有害</td></tr>
<tr><td>应急响应</td><td colspan="3"></td></tr>
<tr><td>储存</td><td colspan="3">与强氧化剂、强碱和强还原剂分开存放。储存在没有排水管或下水道的场所</td></tr>
<tr><td>重要数据</td><td colspan="3">物理状态、外观：白色至黄色晶体或薄片，有刺鼻气味
化学危险性：燃烧时，该物质分解生成刺激性烟雾。水溶液是一种弱酸。与强碱、强氧化剂和强还原剂发生反应
职业接触限值：阈限值未制定标准。最高容许浓度未制定标准
吸入危险性：20℃时该物质蒸发不会或很缓慢地达到空气中有害污染浓度
短期接触的影响：该物质轻微刺激皮肤，并刺激眼睛</td></tr>
<tr><td>物理性质</td><td colspan="3">沸点：265.5℃
熔点：76.5℃
密度：1.09g/cm^3
水中溶解度：20℃时 0.16g/100mL
蒸气压：20℃时可忽略不计
闪点：132℃（闭杯）
自燃温度：543℃
辛醇/水分配系数的对数值：1.41</td></tr>
<tr><td>环境数据</td><td colspan="3">该物质对水生生物是有害的</td></tr>
<tr><td>注解</td><td colspan="3"></td></tr>
</table>

IPCS
International
Programme on
Chemical Safety

国际化学品安全卡

乙烯基乙醚			ICSC 编号：1261
CAS 登记号：109-92-2 RTECS 号：KO0710000 UN 编号：1302（稳定的） 中国危险货物编号：1302		中文名称：乙烯基乙醚；乙基乙烯基醚；乙氧基乙烯 英文名称：VINYL ETHYL ETHER; Ethyl vinyl ether; Ethoxyethene	
分子量：72.1		化学式：CH_2=$CHOCH_2CH_3$/C_4H_8O	
危害/接触类型	急性危害/症状	预防	急救/消防
火　灾	高度易燃	禁止明火、禁止火花和禁止吸烟	干粉，水成膜泡沫，泡沫，二氧化碳
爆　炸	蒸气/空气混合物有爆炸性	密闭系统，通风，防爆型电气设备与照明。防止静电荷积聚(例如，通过接地)。不要使用压缩空气灌装，卸料或转运	着火时，喷雾状水保持料桶等冷却
接　触		防止产生烟云！	
# 吸入	共济失调，头晕，倦睡，神志不清	通风，局部排气通风或呼吸防护	新鲜空气，休息，给予医疗护理
# 皮肤		防护手套	脱掉污染的衣服，冲洗，然后用水和肥皂洗皮肤
# 眼睛		安全护目镜或眼睛防护结合呼吸防护	首先用大量水冲洗几分钟(如可能尽量摘除隐形眼镜)，然后就医
# 食入			
泄漏处置	将泄漏液收集在有盖容器中。用砂土或惰性吸收剂吸收残液并转移到安全场所。不要冲入下水道。个人防护用具：自给式呼吸器		
包装与标志	联合国危险性类别：3　联合国包装类别：I 中国危险性类别：第 3 类易燃液体　中国包装类别：I		
应急响应	运输应急卡：TEC(R)-685 美国消防协会法规：H2（健康危险性）；F4（火灾危险性）；R2（反应危险性）		
储存	耐火设备（条件）。与强氧化剂、酸分开存放。阴凉场所。保存在惰性气体下。稳定后贮存		
重要数据	物理状态、外观：无色液体，有特殊气味 物理危险性：蒸气比空气重，可能沿地面流动，可能造成远处着火。由于流动、搅拌等，可能产生静电 化学危险性：该物质能生成爆炸性过氧化物。当为液体或蒸气时，该物质容易发生聚合。与氧化剂、酸激烈反应，有着火和爆炸危险 职业接触限值：阈限值未制定标准 接触途径：该物质可通过吸入其蒸气吸收到体内 吸入危险性：20℃时该物质蒸发，可迅速地达到空气中有害浓度 短期接触的影响：该物质可能对中枢神经系统有影响，导致神志不清		
物理性质	沸点：36℃ 熔点：−115℃ 相对密度（水=1）：0.8 水中溶解度：不溶 蒸气压：20℃时 57kPa 蒸气相对密度（空气=1）：2.5 闪点：<−46℃ 自燃温度：202℃ 爆炸极限：空气中 1.3%～28%（体积）		
环境数据			
注解	添加稳定剂或阻聚剂会影响到该物质的毒理学性质。向专家咨询。蒸馏前检验过氧化物，如有，加以去除		

IPCS
International
Programme on
Chemical Safety

国际化学品安全卡

2-甲基戊烷			ICSC 编号：1262
CAS 登记号：107-83-5 RTECS 号：SA2985000 UN 编号：1208（己烷） 中国危险货物编号：1208		中文名称：2-甲基戊烷；异己烷；二甲基丙基甲烷 英文名称：2-METHYLPENTANE; Isohexane; Dimethylpropylmethane	
分子量：86.2		化学式：$C_6H_{14}/CH_3CH(CH_3)(CH_2)_2CH_3$	
危害/接触类型	急性危害/症状	预防	急救/消防
火　灾	高度易燃	禁止明火、禁止火花和禁止吸烟	干粉，泡沫，二氧化碳
爆　炸	蒸气/空气混合物有爆炸性	密闭系统，通风，防爆型电气设备与照明。防止静电荷积聚（如，通过接地）。不要使用压缩空气灌装，卸料或转运。使用无火花手工具	着火时，喷雾状水保持料桶等冷却
接　触			
# 吸入		通风，局部排气通风或呼吸防护	新鲜空气，休息
# 皮肤		防护手套	脱掉污染的衣服，冲洗，然后用水和肥皂洗皮肤
# 眼睛		安全护目镜	首先用大量水冲洗几分钟（如可能尽量摘除隐形眼镜），然后就医
# 食入		工作时不得进食、饮水或吸烟	漱口
泄漏处置	通风。将泄漏液收集在有盖容器中。用砂土或惰性吸收剂吸收残液并转移到安全场所。不要冲入下水道		
包装与标志	联合国危险性类别：3　联合国包装类别：II 中国危险性类别：第 3 类易燃液体　中国包装类别：II		
应急响应	运输应急卡：TEC(R)-30S1208 或 30GF1-I+II 美国消防协会法规：H1（健康危险性）；F3（火灾危险性）；R0（反应危险性）		
储存	耐火设备（条件）。与强氧化剂分开存放		
重要数据	物理状态、外观：无色液体，有特殊气味 物理危险性：蒸气比空气重，可能沿地面流动，可能造成远处着火。由于流动、搅拌等，可能产生静电 化学危险性：与氧化剂激烈反应，有着火和爆炸危险。浸蚀塑料 职业接触限值：阈限值：500ppm（时间加权平均值）（己烷异构体），1000ppm（短期接触限值）（美国政府工业卫生学家会议，2004 年）。最高容许浓度：（以己烷异构体计）500ppm，1800mg/m^3；最高限值种类：II（2）；妊娠风险等级：D（德国，2008 年） 接触途径：该物质可通过吸入其蒸气、经皮肤吸收到体内 吸入危险性：20℃时该物质蒸发，可相当快地达到空气中有害浓度		
物理性质	沸点：60℃ 熔点：-153℃ 相对密度（水=1）：0.65 水中溶解度：不溶 蒸气压：20℃时 23kPa 蒸气相对密度（空气=1）：3.0 闪点：-32℃（闭杯） 自燃温度：264℃ 爆炸极限：空气中 1.0%～7%（体积）		
环境数据			
注解			

IPCS
International
Programme on
Chemical Safety

国际化学品安全卡

3-甲基戊烷			ICSC 编号：1263
CAS 登记号：96-14-0 UN 编号：1208（己烷） 中国危险货物编号：1208 分子量：86.2		中文名称：3-甲基戊烷；二乙基甲基甲烷 英文名称：3-METHYLPENTANE; Diethylmethylmethane 化学式：$C_6H_{14}/CH_3CH_2CH(CH_3)CH_2CH_3$	
危害/接触类型	急性危害/症状	预防	急救/消防
火　灾	高度易燃	禁止明火、禁止火花和禁止吸烟	干粉，泡沫，二氧化碳
爆　炸	蒸气/空气混合物有爆炸性	密闭系统，通风，防爆型电气设备与照明。防止静电荷积聚（例如，通过接地）。不要使用压缩空气灌装，卸料或转运	着火时，喷雾状水保持料桶等冷却
接　触			
# 吸入		通风，局部排气通风或呼吸防护	新鲜空气，休息
# 皮肤		防护手套	脱掉污染的衣服，冲洗，然后用水和肥皂洗皮肤
# 眼睛		安全护目镜	首先用大量水冲洗几分钟（如可能尽量摘除隐形眼镜），然后就医
# 食入		工作时不得进食、饮水或吸烟	漱口
泄漏处置	通风。将泄漏液收集在有盖容器中。用砂土或惰性吸收剂吸收残液并转移到安全场所。不要冲入下水道		
包装与标志	联合国危险性类别：3　联合国包装类别：II 中国危险性类别：第 3 类易燃液体　中国包装类别：II		
应急响应	运输应急卡：TEC(R)-30S1208 或 30GF1-I+II 美国消防协会法规：H1（健康危险性）；F3（火灾危险性）；R0（反应危险性）		
储存	耐火设备（条件）。与强氧化剂分开存放		
重要数据	物理状态、外观：无色液体，有特殊气味 物理危险性：蒸气比空气重，可能沿地面流动，可能造成远处着火。由于流动、搅拌等，可能产生静电 化学危险性：与氧化剂激烈反应，有着火和爆炸危险。浸蚀塑料 职业接触限值：阈限值：500ppm（以己烷异构体计）（时间加权平均值），1000ppm（短期接触限值）（美国政府工业卫生学家会议，2004 年）。最高容许浓度：（以己烷异构体计）500ppm，1800mg/m^3；最高限值种类：II（2）；妊娠风险等级：D（德国，2008 年） 接触途径：该物质可通过吸入其蒸气吸收到体内 吸入危险性：20℃时该物质蒸发，可相当快地达到空气中有害浓度		
物理性质	沸点：63.3℃ 熔点：−118℃ 相对密度（水=1）：0.66 水中溶解度：不溶 蒸气压：20℃时 20.5kPa 蒸气相对密度（空气=1）：2.97 闪点：<−20℃ 自燃温度：278℃ 爆炸极限：空气中 1.2%～7.0%（体积）		
环境数据			
注解	接触该物质的健康效应未进行调查		

IPCS
International
Programme on
Chemical Safety

国际化学品安全卡

<table>
<tr><td colspan="2">溴黏康酸吡咯</td><td colspan="2">ICSC 编号：1264</td></tr>
<tr><td colspan="2">CAS 登记号：116255-48-2
RTECS 号：XZ4130000</td><td colspan="2">中文名称：溴黏康酸吡咯；1-(2RS,4RS:2RS,4SR)-4-溴-2-(2,4-二氯苯基)四氢糠基-1H-1,2,4-三吡咯；1-((4-溴-2(2,4-二氯苯基)四氢-2-糠基)甲基)-1H-1,2,4-三吡咯
英文名称：BROMUCONAZOLE; 1-((2RS,4RS:2RS,4SR)-4-Bromo-2-(2,4-dichlorophenyl) tetrahydrofurfuryl)-1H-1,2,4-triazole; 1-((4-Bromo-2-(2,4-dichlorophe-nyl) tetrahydro-2-furanyl) methyl)-1H-1,2,4-triazole</td></tr>
<tr><td colspan="2">分子量：377.1</td><td colspan="2">化学式：$C_{13}H_{12}BrCl_2N_3O$</td></tr>
<tr><td>危害/接触类型</td><td>急性危害/症状</td><td>预防</td><td>急救/消防</td></tr>
<tr><td>火　灾</td><td>含有机溶剂的液体制剂可能是易燃的。在火焰中释放出刺激性或有毒烟雾（或气体）</td><td></td><td>周围环境着火时，允许使用各种灭火剂</td></tr>
<tr><td>爆　炸</td><td></td><td></td><td></td></tr>
<tr><td>接　触</td><td></td><td>防止粉尘扩散！</td><td></td></tr>
<tr><td># 吸入</td><td>见注解</td><td>避免吸入微细粉尘和烟云。局部排气通风或呼吸防护</td><td>新鲜空气，休息</td></tr>
<tr><td># 皮肤</td><td></td><td>防护手套</td><td>冲洗，然后用水和肥皂洗皮肤</td></tr>
<tr><td># 眼睛</td><td></td><td>安全护目镜</td><td>首先用大量水冲洗几分钟（如可能尽量摘除隐形眼镜），然后就医</td></tr>
<tr><td># 食入</td><td>见注解</td><td>工作时不得进食、饮水或吸烟。进食前洗手</td><td>漱口，休息</td></tr>
<tr><td>泄漏处置</td><td colspan="3">不得冲入下水道。将溢漏物扫入有盖容器中，如果适当，首先湿润防止扬尘。小心收集残余物，然后转移到安全场所。个人防护用具：适用于有害颗粒物的 P2 过滤呼吸器</td></tr>
<tr><td>包装与标志</td><td colspan="3">不得与食品和饲料一起运输</td></tr>
<tr><td>应急响应</td><td colspan="3"></td></tr>
<tr><td>储存</td><td colspan="3">注意收容灭火产生的废水。与食品和饲料分开存放。严格密封</td></tr>
<tr><td>重要数据</td><td colspan="3">物理状态、外观：无色晶体或粉末，无气味
化学危险性：燃烧时，该物质分解生成含氮氧化物、氯化氢、一氧化碳的有毒气体/烟雾
职业接触限值：阈限值未制定标准
接触途径：该物质可通过吸入和食入吸收到体内
吸入危险性：未指明 20℃时该物质蒸发达到空气中有害浓度的速率
短期接触的影响：如果食入，该物质可能对神经系统有影响，导致抑郁症
长期或反复接触的影响：该物质可能对肝脏有影响，导致组织损伤和功能损伤</td></tr>
<tr><td>物理性质</td><td colspan="3">熔点：84℃
相对密度（水=1）：1.7
水中溶解度：0.05g/100mL
蒸气压：可忽略不计
辛醇/水分配系数的对数值：3.12～3.48</td></tr>
<tr><td>环境数据</td><td colspan="3">该物质对水生生物是有毒的。避免在非正常使用情况下释放到环境中</td></tr>
<tr><td>注解</td><td colspan="3">该物质对人体健康影响数据不充分，因此应当特别注意。如果该物质由溶剂配制，可参考该溶剂的卡片。商业制剂中使用的载体溶剂可能改变其物理和毒理学性质。商品名称为 Granit</td></tr>
</table>

IPCS
International
Programme on
Chemical Safety

国际化学品安全卡

氟酰胺			ICSC 编号：1265
CAS 登记号：66332-96-5 RTECS 号：CV5581320	中文名称：氟酰胺；α,α,α-三氟-3'-异丙氧基邻对甲苯甲酰（基）苯胺；*N*-(3-(1-甲基乙氧基)苯基)-2-(三氟甲基)苯甲酰胺 英文名称：FLUTOLANIL; alpha,alpha, alpha-Trifluoro-3'-isopropoxy-o-toluanilide; *N*-(3-(1-Methylethoxy) phenyl)-2-(trifluoromethyl) benzamide		
分子量： 323.3	化学式：$C_{17}H_{16}F_3NO_2$		

危害/接触类型	急性危害/症状	预防	急救/消防
火　灾	可燃的。含有机溶剂的液体制剂可能是易燃的	禁止明火	周围环境着火时，使用适当的灭火剂
爆　炸			
接　触			
# 吸入		避免吸入微细粉尘和烟云	新鲜空气，休息
# 皮肤		防护手套	用大量水冲洗皮肤或淋浴
# 眼睛		安全眼镜	先用大量水冲洗几分钟（如可能尽量摘除隐形眼镜），然后就医
# 食入		工作时不得进食，饮水或吸烟。进食前洗手	漱口。休息

泄漏处置	不要让该化学品进入环境。将泄漏物清扫进可密闭容器中。如果适当，首先润湿防止扬尘。小心收集残余物，然后转移到安全场所。个人防护用具：适用于惰性颗粒物的 P1 过滤呼吸器
包装与标志	
应急响应	
储存	注意收容灭火产生的废水
重要数据	**物理状态、外观：**无色至白色晶体 **化学危险性：**燃烧时，该物质分解生成含有氟化氢、氮氧化物和一氧化碳的有毒和腐蚀性烟雾 **职业接触限值：**阈限值未制定标准。最高容许浓度未制定标准 **吸入危险性：**20℃时蒸发可忽略不计，但喷洒或扩散时可较快地达到空气中颗粒物公害污染浓度，尤其是粉末
物理性质	**熔点：**100～107℃ **密度：**1.3g/cm^3 **水中溶解度：**20℃时 0.001g/100mL（不溶） **蒸气压：**20℃时可忽略不计 **辛醇/水分配系数的对数值：**3.7
环境数据	该物质对水生生物是有毒的。该物质在正常使用过程中进入环境，但是要特别注意避免任何额外的释放，例如通过不适当处置活动
注解	如果该物质用溶剂配制，可参考这些溶剂的卡片。商业制剂中使用的载体溶剂可能改变其物理和毒理学性质。虽然进行过广泛调查，但未发现接触该物质对健康的影响

IPCS
International
Programme on
Chemical Safety

国际化学品安全卡

氟铃脲			ICSC 编号：1266
CAS 登记号：86479-06-3 RTECS 号：CV3800000	中文名称：氟铃脲；1-(3,5-二氯-4(1,1,2,2-四氟乙氧基)苯基)-3-(2,6-二氟苯甲酰基)脲 英文名称：HEXAFLUMURON; 1-(3,5-Dichloro-4 (1,1,2,2-tetra -fluoroethoxy) phenyl)-3-(2,6-difluorobenzoyl) urea		
分子量：461.1	化学式：$C_{16}H_8Cl_2F_6N_2O_3$		
危害/接触类型	急性危害/症状	预防	急救/消防
火　灾	含有机溶剂的液体制剂可能是易燃的。在火焰中释放出刺激性或有毒烟雾（或气体）		周围环境着火时，允许使用各种灭火剂
爆　炸			
接　触			
# 吸入		避免吸入微细粉尘和烟云	新鲜空气，休息
# 皮肤		防护手套	用大量水冲洗皮肤或淋浴
# 眼睛		安全护目镜	首先用大量水冲洗几分钟（如可能尽量摘除隐形眼镜），然后就医
# 食入		工作时不得进食、饮水或吸烟。进食前洗手	
泄漏处置	不摇冲入下水道。将泄漏物扫入有盖容器中。如果适当，首先湿润防止扬尘。小心收集残余物。然后转移到安全场所。个人防护用具：适用于有害颗粒物的 P2 过滤呼吸器		
包装与标志	不得与食品和饲料一起运输		
应急响应			
储存	注意收容灭火产生的废水。与食品和饲料分开存放。严格密封		
重要数据	物理状态、外观：无色固体或白色粉末 化学危险性：燃烧时，该物质分解生成含氮氧化物、氯化氢、氟化氢的有毒和腐蚀性烟雾 职业接触限值：阈限值未制定标准 接触途径：该物质可通过吸入吸收到体内 吸入危险性：20℃时蒸发可忽略不计，但喷洒或扩散时可较快地达到空气中颗粒物有害浓度，尤其是粉末 长期或反复接触的影响：该物质可能对血液有影响，导致形成正铁血红蛋白		
物理性质	熔点：202～205℃ 相对密度（水=1）：1.7 水中溶解度：<0.1g/100mL（不溶） 蒸气压：25℃时忽略不计 辛醇/水分配系数的对数值：5.68		
环境数据	该物质对水生生物有极高毒性。在对人类重要的食物链中发生生物蓄积，特别是在鱼类中。该物质可能对水生环境造成长期影响。避免在非正常使用情况下释放到环境中		
注解	如果该物质由溶剂配制，可参考该溶剂的卡片。商业制剂中使用的载体溶剂可能改变其物理和毒理学性质。商品名称有 Consult, Hexafluron 和 Trueno		

IPCS
International
Programme on
Chemical Safety

国际化学品安全卡

氟鼠酮			ICSC 编号：1267
CAS 登记号：90035-08-8 RTECS 号：DJ3100300 UN 编号：3027 EC 编号：607-375-00-5 中国危险货物编号：3027 分子量：542.6	中文名称：氟鼠酮；4-羟基-3-(1,2,3,4-四氢-3-(4-(4-三氟甲基苄氧基)苯基)-1-萘基)香豆素；4-羟基(1,2,3,4-四氢-3-(4-((4-三氟甲基苄氧基)苯基)甲氧基)苯基)-1-萘基)-2*H*-苯并吡喃-2-酮 英文名称：FLOCOUMAFEN; 4-Hydroxy-3-(1,2,3,4-tetrahydro-3-(4-(4-trifluoromethylbenzyloxy) phenyl)-1-naphthyl) coumarin; 4-hydroxy-3-(1,2,3,4-tetrahydro-3-(4-((4-trifluoromethyl) phenyl) methoxy) phenyl)-1-naphthalenyl)-2*H*-benzopyran-2-one 化学式：$C_{33}H_{25}F_3O_4$		
危害/接触类型	**急性危害/症状**	**预防**	**急救/消防**
火　灾	在火焰中释放出刺激性或有毒烟雾（或气体）		周围环境着火时，允许使用各种灭火剂
爆　炸			
接　触		严格作业环境管理！避免青少年和儿童接触！	一切情况均向医生咨询！（见注解）
# 吸入	（见食入）	通风（如果没有粉末时），局部排气通风或呼吸防护	新鲜空气，休息，给予医疗护理
# 皮肤	可能被吸收!见食入	防护手套，防护服	用大量水冲洗皮肤或淋浴
# 眼睛		如为粉末，面罩或眼睛防护结合呼吸防护	首先用大量水冲洗几分钟（如可能尽量摘除隐形眼镜），然后就医
# 食入	眩晕，倦睡，恶心，休克或虚脱，出血。（见注解）	工作时不得进食、饮水或吸烟。进食前洗手	漱口，催吐（仅对清醒病人!）给予医疗护理。见注解
泄漏处置	不要冲入下水道。将泄漏物扫入有盖容器中。如果适当，首先湿润防止扬尘。小心收集残余物，然后转移到安全场所。不要让该化学品进入环境。个人防护用具：全套防护服包括自给式过滤呼吸器		
包装与标志	不易破碎包装,将易破碎包装放在不易破碎的密闭容器中。不得与食品和饲料一起运输 **欧盟危险性类别**：T+符号　N 符号　R:26/27/28-48/23/24/25-50/53　S:1/2-28-36/37/39-45-60-61 **联合国危险性类别**：6.1 **中国危险性类别**：第 6.1 项毒性物质		
应急响应	运输应急卡：TEC（R）-61GT7-I		
储存	注意收容灭火产生的废水。与食品和饲料分开存放。严格密封		
重要数据	**物理状态、外观**：白色固体 **化学危险性**：燃烧时，该物质分解生成含氟化氢和一氧化碳的有毒和腐蚀性烟雾（见卡片#0283 和#0023） **职业接触限值**：阈限值未制定标准 **接触途径**：该物质可通过吸入，经皮肤和食入吸收到体内 **吸入危险性**：20℃时蒸发可忽略不计，但扩散时可较快地达到 空气中颗粒物有害浓度，尤其是粉末 **短期接触的影响**：该物质可能对血液有影响，导致血液凝块减弱。影响可能推迟显现。需要进行医学观察		
物理性质	**熔点**：181～191℃（顺式）；163～166℃（反式） **相对密度（水=1）**：1.2 **水中溶解度**：0.0001g/100mL（不溶） **蒸气压**：25℃时可忽略不计 **辛醇/水分配系数的对数值**：4.7（估计值）		
环境数据	该物质对水生生物有极高毒性。该物质可能对环境有危害，对动物区系应给予特别注意。在对人类重要的食物链中发生生物蓄积，特别是在水生生物中。该物质在正常使用过程中进入环境，但是应当注意避免任何额外的释放，例如通过不适当的处置活动		
注解	出血症状直到几天以后才变得明显。该物质中毒时需采取必要治疗措施。必须提供有指示说明的适当方法。该物质对人体健康影响数据不充分，因此，应当特别注意。不要将工作服带回家中。商品名称有 Storm 和 Stratagem		

IPCS
International
Programme on
Chemical Safety

国际化学品安全卡

4-环丙基（羟基）亚甲基-3,5-二氧环己烷羧酸乙酯			ICSC 编号：1251
CAS 登记号：95266-40-3 RTECS 号：GU8473500 分子量：252.3	中文名称：4-环丙基（羟基）亚甲基-3,5-二氧环己烷羧酸乙酯 英文名称：TRINEXAPAC-ETHYL; Ethyl 4-cyclopropyl (hydroxy) methylene-3,5-dioxocyclohexanecarboxylate 化学式：$C_{13}H_{16}O_5$		
危害/接触类型	急性危害/症状	预防	急救/消防
火　灾	可燃的。含有机溶剂的液体制剂可能是易燃的	禁止明火	干粉，雾状水，泡沫，二氧化碳
爆　炸			
接　触		避免青少年和儿童接触！	
# 吸入	（见注解）	局部排气通风	新鲜空气，休息。给予医疗护理
# 皮肤		防护手套	脱去污染的衣服。用大量水冲洗皮肤或淋浴。给予医疗护理
# 眼睛		安全眼镜	先用大量水冲洗几分钟（如可能尽量摘除隐形眼镜），然后就医
# 食入	见注解	工作时不得进食，饮水或吸烟。进食前洗手	给予医疗护理
泄漏处置	不要冲入下水道。将泄漏物清扫进可密闭容器中。如果适当，首先润湿防止扬尘。小心收集残余物，然后转移到安全场所。个人防护用具：适用于有害颗粒物的 P2 过滤呼吸器		
包装与标志	不得与食品和饲料一起运输		
应急响应			
储存	注意收容灭火产生的废水。与食品和饲料分开存放。严格密封		
重要数据	**物理状态、外观**：白色粉末 **职业接触限值**：阈限值未制定标准 **接触途径**：该物质可通过吸入吸收到体内 **吸入危险性**：20℃时该物质蒸发不会或很缓慢地达到空气中有害污染浓度，但喷洒或扩散时要快得多		
物理性质	熔点：36℃ 相对密度（水=1）：1.3 水中溶解度：20℃时 0.28～2.11g/100mL（取决于 pH 值） 蒸气压：20℃时 0.003Pa 闪点：133℃ 自燃温度：355℃ 辛醇/水分配系数的对数值：2.44（取决于 pH 值）		
环境数据	该物质对水生生物是有害的。该物质可能对环境有危害，对藻类、水生植物和土壤中生物应给予特别注意。该物质在正常使用过程中进入环境，但是要特别注意避免任何额外的释放，例如通过不适当处置活动		
注解	该物质对人体健康的影响数据不充分，因此应当特别注意。如果该物质用溶剂配制，可参考这些溶剂的卡片。商业制剂中使用的载体溶剂可能改变其物理和毒理学性质。原药是黄棕色液体。商品名称有 Moddus, Primo 和 Vision		

IPCS
International
Programme on
Chemical Safety

国际化学品安全卡

蚊蝇醚			ICSC 编号：1269
CAS 登记号：95737-68-1 RTECS 号：UT5804000 分子量：321.4	中文名称：蚊蝇醚；4-苯氧基苯基(*RS*)-2-(2-吡啶氧基)丙基醚 英文名称：PYRIPROXYFEN; 4-Phenoxyphenyl(*RS*)-2-(2-pyridyloxy)propyl ether 化学式：$C_{20}H_{19}NO_3$		
危害/接触类型	急性危害/症状	预防	急救/消防
火　灾	可燃的。含有机溶剂的液体制剂可能是易燃的。在火焰中释放出刺激性或有毒烟雾（或气体）	禁止明火	干粉，雾状水，泡沫，二氧化碳
爆　炸			
接　触			
# 吸入		局部排气通风	新鲜空气，休息
# 皮肤		防护手套	用大量水冲洗皮肤或淋浴
# 眼睛		安全护目镜	首先用大量水冲洗几分钟（如可能尽量摘除隐形眼镜），然后就医
# 食入		工作时不得进食、饮水或吸烟。进食前洗手	漱口，休息
泄漏处置	不要冲入下水道。将泄漏物扫入有盖容器中。如果适当，首先湿润防止扬尘。小心收集残余物，然后转移到安全场所。个人防护用具：适用于有害颗粒物的 P2 过滤呼吸器		
包装与标志	不得与食品和饲料一起运输		
应急响应			
储存	注意收容灭火产生的废水。与食品和饲料分开存放。严格密封		
重要数据	**物理状态、外观**：无色晶体 **化学危险性**：燃烧时，该物质分解生成含氮氧化物、一氧化碳有毒烟雾 **职业接触限值**：阈限值未制定标准 **接触途径**：该物质可通过吸入吸收到体内 **吸入危险性**：20℃时蒸发可忽略不计，但喷洒时或扩散时可较快达到空气中颗粒物有害浓度，尤其是粉末 **长期或反复接触的影响**：该物质可能对血液和肝脏有影响，导致贫血、功能 损伤和组织损害		
物理性质	熔点：45～47℃ 相对密度（水=1）：1.2 水中溶解度：<0.1g/100mL（不溶） 蒸气压：20℃时 0.0003Pa 辛醇/水分配系数的对数值：5.37		
环境数据	该物质对水生生物有极高毒性。在对人类重要的食物链中发生生物蓄积，特别是在水生生物中。该物质可能对水生环境造成长期影响。避免在非正常使用情况下释放到环境中		
注解	如果该物质由溶剂配制，可参考该溶剂的卡片。商业制剂中使用的载体溶剂可能改变其物理和毒理学性质。商品名称为 Sumilarv		

IPCS
International
Programme on
Chemical Safety

国际化学品安全卡

乙二醇二甲基丙烯酸酯			ICSC 编号：1270
CAS 登记号：97-90-5 RTECS 号：OZ4400000 EC 编号：607-114-00-5 分子量：198.2	中文名称：乙二醇二甲基丙烯酸酯；2-甲基-2-丙烯酸-1,2-乙烷二基酯；乙烯二甲基丙烯酸酯；甲基丙烯酸乙烯酯 英文名称：ETHYLENE GLYCOL DIMETHACRYLATE; 2-Propenoic acid, 2-methyl-, 1,2-ethanediyl ester; Ethylene dimethacrylate; Methacrylic acid, ethylene ester 化学式：$C_{10}H_{14}O_4/CH_2=C(CH_3)C(O)OCH_2CH_2OC(O)C(CH_3)=CH_2$		
危害/接触类型	急性危害/症状	预防	急救/消防
火　灾	可燃的	禁止明火	干粉，水成膜泡沫，泡沫，二氧化碳
爆　炸			
接　触		严格作业环境管理！	
# 吸入	咳嗽。咽喉痛	通风，局部排气通风或呼吸防护	新鲜空气，休息
# 皮肤	指甲脱落	防护手套。防护服	脱去污染的衣服。冲洗，然后用水和肥皂清洗皮肤。给予医疗护理
# 眼睛	发红。疼痛	面罩	先用大量水冲洗几分钟（如可能尽量摘除隐形眼镜），然后就医
# 食入		工作时不得进食，饮水或吸烟	漱口。大量饮水
泄漏处置	将泄漏液收集在可密闭的容器中。用砂土或惰性吸收剂吸收残液，并转移到安全场所		
包装与标志	欧盟危险性类别：Xi 符号　标记：D　R:37-43　S:(2)-24-37		
应急响应			
储存	稳定后储存		
重要数据	物理状态、外观：无色液体 物理危险性：蒸气未经阻聚，可能发生聚合，堵塞通风口 化学危险性：该物质可能发生聚合。 职业接触限值：阈限值未制定标准。最高容许浓度：皮肤致敏（德国，2004 年） 接触途径：该物质可通过吸入或经皮肤吸收到体内 吸入危险性：未指明 20℃时该物质蒸发达到空气中有害浓度的速率 短期接触的影响：该物质刺激眼睛和呼吸道 长期或反复接触的影响：反复或长期接触可能引起皮肤过敏		
物理性质	沸点：260℃ 熔点：-40℃ 相对密度（水=1）：1.05 水中溶解度：不溶 蒸气压：20℃时 478Pa 蒸气相对密度（空气=1）：6.8 蒸气/空气混合物的相对密度（20℃，空气=1）：1.03 闪点：101℃ 辛醇/水分配系数的对数值：1.87		
环境数据			
注解	对该物质的环境影响未进行调查。该物质对人体健康影响数据不充分，因此应当特别注意。添加稳定剂或阻聚剂会影响该物质的毒理学性质。向专家咨询。商品名称有：Ageflex EGDM, Nourycryl M221 和 Sartomer SR 206		

国际化学品安全卡

恶草酸			ICSC 编号：1271
CAS 登记号：111479-05-1 RTECS 号：UA2458258 UN 编号：3077 EC 编号： 中国危险货物编号：3077 分子量：443.9	**中文名称**：恶草酸；2-异亚丙基氨基乙氧基(*R*)-2-(4-(6-氯喹喔啉-2-基氧)苯氧基)丙酸酯；(*R*)-2-(((1-亚甲基)氨基)氧)乙基-2-(4-((6-氯-2-喹喔啉基)氧)苯氧基)丙酸酯；喔草酸；喔草酯 **英文名称**：PROPAQUIZAFOP; 2-Isopropylideneamino-oxyethyl (*R*)-2-(4-(6-chloroquinoxalin-2-yloxy) phenoxy) propionate; (*R*)-2-(((1-Methylethylidene) amino) oxy) ethyl 2-(4-((6-chloro-2-quinoxalinyl) oxy) phenoxy) propanoate **化学式**：$C_{22}H_{22}ClN_3O_5$		
危害/接触类型	**急性危害/症状**	**预防**	**急救/消防**
火　灾	含有机溶剂的液体制剂可能是易燃的。在火焰中释放出刺激性或有毒烟雾(或气体)		周围环境着火时，使用适当的灭火剂
爆　炸			
接　触		严格作业环境管理！避免青少年和儿童接触！	
# 吸入	见注解	局部排气通风或呼吸防护	新鲜空气，休息。如果感觉不舒服，需就医
# 皮肤		防护手套。防护服	脱去污染的衣服。冲洗，然后用水和肥皂清洗皮肤
# 眼睛	发红	安全眼镜	先用大量水冲洗几分钟（如可能尽量摘除隐形眼镜），然后就医。
# 食入	见注解	工作时不得进食，饮水或吸烟。进食前洗手。	漱口。如果感觉不舒服，需就医。
泄漏处置	个人防护用具：适应于该物质空气中浓度的颗粒物过滤呼吸器。不要让该化学品进入环境。将泄漏物清扫进可密闭容器中，如果适当，首先润湿防止扬尘。小心收集残余物，然后转移到安全场所		
包装与标志	不得与食品和饲料一起运输 **联合国危险性类别**：9　　**联合国包装类别**：III **中国危险性类别**：第 9 类 杂项危险物质和物品 **中国包装类别**：III **GHS 分类**：信号词：警告 图形符号：感叹号-环境 危险说明：吸入有害；吞咽可能有害；对水生生物毒性非常大并具有长期持续影响		
应急响应			
储存	注意收容灭火产生的废水。与食品和饲料分开存放。严格密封。储存在没有排水管或下水道的场所		
重要数据	**物理状态、外观**：无色至棕色晶体 **化学危险性**：燃烧时，该物质分解，生成含有氯化氢、氮氧化物的有毒和腐蚀性烟雾 **职业接触限值**：阈限值未制定标准。最高容许浓度未制定标准 **接触途径**：该物质可通过吸入其气溶胶吸收到体内 **吸入危险性**：扩散时，尤其是粉末可较快地达到空气中颗粒物公害污染浓度 **短期接触的影响**：该物质轻微刺激眼睛 **长期或反复接触的影响**：见注解		
物理性质	**熔点**：62～64℃ **相对密度（水=1）**：1.3 **水中溶解度**：20℃时 0.06g/100mL（难溶） **蒸气压**：20℃时可忽略不计 **辛醇/水分配系数的对数值**：4.6		
环境数据	该物质对水生生物有极高毒性。该物质可能在水生环境中造成长期影响。该物质在正常使用过程中进入环境。但是要特别注意避免任何额外的释放，例如通过不适当处置活动		
注解	该物质对人体健康的影响数据不充分，因此应当特别注意。如果该物质用溶剂配制，也参考这些溶剂的化学品安全卡片。商业制剂中使用的载体溶剂可能改变其物理和毒理学性质		

IPCS
International
Programme on
Chemical Safety

国际化学品安全卡

甲基-2-氰基丙烯酸酯			ICSC 编号：1272
CAS 登记号：137-05-3 RTECS 号：AS7000000 EC 编号：607-235-00-3 分子量：111.1	中文名称：甲基-2-氰基丙烯酸酯；2-氰基-2-丙烯酸甲酯；2-氰基丙烯酸甲酯 英文名称：METHYL 2-CYANOACRYLATE; 2-Propenoic acid, 2-cyano-, methyl ester; 2-Cyanoacrylic acid methyl ester; Mecrylate 化学式：$C_5H_5NO_2/CH_2=C(CN)COOCH_3$		
危害/接触类型	急性危害/症状	预防	急救/消防
火　灾	可燃的。在火焰中释放出刺激性或有毒烟雾（或气体）	禁止明火	泡沫，干粉，二氧化碳。禁止用水
爆　炸	高于 79℃，可能形成爆炸性蒸气/空气混合物	高于 79℃，使用密闭系统、通风	着火时，喷雾状水保持料桶等冷却，但避免该物质与水接触
接　触		避免一切接触！	一切情况均向医生咨询！
# 吸入	咳嗽，头痛，咽喉痛	通风，局部排气通风或呼吸防护	新鲜空气。休息，给予医疗护理
# 皮肤	皮肤干燥，发红，疼痛	防护手套，防护服	脱去污染的衣服。冲洗，然后用水和肥皂清洗皮肤，给予医疗护理
# 眼睛	发红，疼痛	面罩，或眼睛防护结合呼吸防护	先用大量水冲洗几分钟（如可能尽量摘除隐形眼镜），然后就医
# 食入		工作时不得进食，饮水或吸烟	
泄漏处置	通风。移除全部引燃源。不要冲入下水道。用砂土或惰性吸收剂吸收液体。使其固化。使用面罩。个人防护用具：适用于有机气体和蒸气的过滤呼吸器		
包装与标志	欧盟危险性类别：Xi 符号　R:36/37/38　S:2-23-24/25-26		
应急响应			
储存	与性质相互抵触的物质分开存放。见化学危险性。严格密封。稳定后储存		
重要数据	**物理状态、外观**：无色液体 **化学危险性**：在湿气作用下，该物质迅速聚合。加热或燃烧时，该物质分解生成氮氧化物有毒和刺激性烟雾/气体 **职业接触限值**：阈限值：0.2ppm（时间加权平均值）（美国政府工业卫生学家会议，2008 年）。最高容许浓度：2ppm；$9.2mg/m^3$；最高限值种类：I（1）；妊娠风险等级：D（德国，2008 年） **接触途径**：该物质可通过吸入其蒸气吸收到体内 **吸入危险性**：20℃时该物质蒸发，相当慢地达到空气中有害污染浓度 **短期接触的影响**：蒸气刺激眼睛和呼吸道。吸入蒸气可能引起哮喘反应（见注解）。立即黏附到生物组织上 **长期或反复接触的影响**：反复或长期与皮肤接触，可能引起皮炎		
物理性质	沸点：66℃ 熔点：-40℃ 相对密度（水=1）：1.1 蒸气压：25℃时 24Pa 蒸气相对密度（空气=1）：3.8 蒸气/空气混合物的相对密度（20℃，空气=1）：1 闪点：79℃ 辛醇/水分配系数的对数值：0.03（估计值）		
环境数据			
注解	根据接触程度，建议定期进行医疗检查。哮喘症状常常几个小时以后才变得明显，体力劳动使症状加重。因而休息和医学观察是必要的。因该物质发生哮喘症状的任何人不应当再接触这种物质。添加稳定剂或阻聚剂会影响该物质的毒理学性质，向专家咨询		

IPCS
International
Programme on
Chemical Safety

国际化学品安全卡

绿谷隆			ICSC 编号：1273
CAS 登记号：1746-81-2 RTECS 号：YS6425000 EC 编号：006-032-00-1 分子量：214.6	中文名称：绿谷隆；3-(4-氯苯基)-1-甲氧基-1-甲基脲；脲,*N'*-(4-氯苯基)-*N*-甲氧基-*N*-甲基-3-(对氯苯基)-1-甲氧基-1-甲基脲 英文名称：MONOLINURON; 3-(4-Chlorophenyl)-1- methoxy-1-methylurea; Urea, *N'*-(4-chlorophenyl)-*N*-methoxy-*N*-methyl-3-(p-chlorophenyl)-1-methoxy-1-methylurea 化学式：$C_9H_{11}ClN_2O_2$		
危害/接触类型	急性危害/症状	预防	急救/消防
火　灾	可燃的。含有机溶剂的液体制剂可能是易燃的。在火焰中释放出刺激性或有毒烟雾（或气体）	禁止明火	干粉，雾状水，泡沫，二氧化碳
爆　炸	如果制剂中含有易燃/爆炸性溶剂，有着火和爆炸危险		
接　触		防止粉尘扩散！避免青少年和儿童接触！	
# 吸入		局部排气通风或呼吸防护	新鲜空气，休息
# 皮肤		防护手套	用大量水冲洗皮肤或淋浴
# 眼睛		安全护目镜	首先用大量水冲洗几分钟（如可能尽量摘除隐形眼镜），然后就医
# 食入		工作时不得进食、饮水或吸烟。进食前洗手	漱口，休息，给予医疗护理
泄漏处置	不要冲入下水道。将泄漏物扫入容器中。如果适当，首先湿润防止扬尘。小心收集残余物，然后转移到安全场所。不要让该化学品进入环境。个人防护用具：化学保护服包括自给式呼吸器		
包装与标志	不得与食品和饲料一起运输 **欧盟危险性类别：**Xn 符号 N 符号 R:22-48/22-50/53 S:2-22-60-61		
应急响应			
储存	注意收容灭火产生的废水。与食品和饲料分开存放		
重要数据	**物理状态、外观：**无色晶体 **化学危险性：**加热或燃烧时，该物质分解生成含氯化氢和氮氧化物的有毒烟雾 **职业接触限值：**阈限值未制定标准 **接触途径：**该物质可通过吸入其气溶胶和食入吸收到体内 **吸入危险性：**20℃时蒸发可忽略不计，但喷洒或扩散时，可较快地达到空气中颗粒物公害污染浓度，尤其是粉末 **长期或反复接触的影响：**该物质可能对血液有影响，导致贫血		
物理性质	**熔点：**80～83℃ **水中溶解度：**不溶 **蒸气压：**20℃时 0.02Pa **辛醇/水分配系数的对数值：**2.2		
环境数据	该物质对水生生物是有害的。该物质可能对环境有危害，对藻类、水生植物应给予特别注意。避免在非正常使用情况下释放到环境中		
注解	如果该物质由溶剂配制，可参考该溶剂的卡片。商业制剂中使用的载体溶剂可能改变其物理和毒理学性质。商品名称有 Aresin, Arezin, Arezine 和 Arresin		

IPCS
International
Programme on
Chemical Safety

国际化学品安全卡

三缩水甘油基异氰脲酸酯	ICSC 编号：1274
CAS 登记号：2451-62-9 RTECS 号：XZ1994900 EC 编号：615-021-00-6	中文名称：三缩水甘油基异氰脲酸酯；1,3,5-缩水甘油基异氰脲酸酯；*S*-三吖嗪-2,4,6(1*H*,3*H*,5*H*)-三酮;三(环氧丙基)异氰脲酸酯 英文名称：TRIGLYCIDYL ISOCYANURATE; 1,3,5-Tri-glycidyl isocyanurate; *S*-Triazine-2,4,6 (1*H*,3*H*,5*H*)-trione; Tris (epoxypropyl) isocyanurate
分子量：297.3	化学式：$C_{12}H_{15}N_3O_6$

危害/接触类型	急性危害/症状	预防	急救/消防
火　灾	可燃的。在火焰中释放出刺激性或有毒烟雾（或气体）	禁止明火	泡沫，干粉，二氧化碳
爆　炸	微细分散的颗粒物在空气中形成爆炸性混合物	防止粉尘沉积，密闭系统，防止粉尘爆炸型电气设备与照明	
接　触		防止粉尘扩散！避免一切接触！	
# 吸入		局部排气通风或呼吸防护	新鲜空气，休息
# 皮肤		防护手套，防护服	脱掉污染的衣服，用大量水冲洗皮肤或淋浴
# 眼睛	发红，疼痛	安全护目镜或眼睛防护结合呼吸防护	首先用大量水冲洗几分钟（如可能尽量摘除隐形眼镜），然后就医
# 食入		工作时不得进食、饮水或吸烟	漱口，催吐（仅对清醒病人！），给予医疗护理

泄漏处置	将泄漏物清扫入有盖容器中。小心收集残余物，然后转移到安全场所。不要让这种化学品进入环境。个人防护用具：适用于有害颗粒物的 P2 过滤呼吸器
包装与标志	欧盟危险性类别：T 符号 标记：E R: 46-23/25-41-43-48/22-52/53 S: 53-45-61
应急响应	
储存	严格密封
重要数据	**物理状态、外观**：白色粉末或颗粒 **物理危险性**：如果以粉末或颗粒形状与空气混合，可能发生粉尘爆炸 **化学危险性**：加热到 120℃以上，12 小时以上或在催化剂的作用下，该物质可能聚合。燃烧时，该物质分解生成含氮氧化物的有毒烟雾。熔融的该物质与伯胺和仲胺、羧酸和酸酐、硫醇和醇类迅速反应 **职业接触限值**：阈限值未制定标准 **接触途径**：该物质可通过吸入其气溶胶和食入吸收到体内 **吸入危险性**：未指明 20℃时该物质蒸发达到空气中有害浓度的速率 **短期接触的影响**：该物质严重刺激眼睛。该物质可能对中枢神经系统、肾、肝、肺和胃肠道有影响，导致组织损害 **长期或反复接触的影响**：反复或长期接触可能引起皮肤过敏。可能造成人类可继承的遗传损害
物理性质	**熔点**：95℃ **水中溶解度**：25℃时 0.9g/100mL（工业品） **闪点**：>170℃（工业品） **自燃温度**：>200℃（工业品） **辛醇/水分配系数的对数值**：−0.8（工业品）
环境数据	
注解	工业级产品是 *α*-异构体和 *β*-异构体的混合物。

IPCS
International
Programme on
Chemical Safety

UNEP

国际化学品安全卡

1-甲基萘			ICSC 编号：1275
CAS 登记号：90-12-0 RTECS 号：QJ9630000. 分子量：142.2		中文名称：1-甲基萘；α-甲基萘 英文名称：1-METHYLNAPHTHALENE; alpha-Methyl-naphthalene; alpha-Methylnaftalen 化学式：$C_{11}H_{10}$	
危害/接触类型	急性危害/症状	预防	急救/消防
火　灾	可燃的	禁止明火	干粉，泡沫，二氧化碳
爆　炸	高于 82℃，可能形成爆炸性蒸气/空气混合物	高于 82℃，使用密闭系统，通风	
接　触			
# 吸入		通风	新鲜空气，休息
# 皮肤	发红	防护手套	脱掉污染的衣服，冲洗，然后用水和肥皂洗皮肤
# 眼睛	发红，疼痛	安全护目镜	首先用大量水冲洗几分钟（如可能尽量摘除隐形眼镜），然后就医
# 食入		工作时不得进食、饮水或吸烟	用水冲服活性炭浆，休息，给予医疗护理
泄漏处置	尽可能将泄漏液收集在有盖容器中。用砂土或惰性吸收剂吸收残液并转移到安全场所。不要让这种化学品进入环境		
包装与标志	海洋污染物		
应急响应			
储存	储存在没有排水管或下水道的场所。注意收容灭火产生的废水		
重要数据	**物理状态、外观**：无色液体 **化学危险性**：加热时，该物质分解生成辛辣烟气和刺激性烟雾。 **职业接触限值**：阈限值：0.5ppm（时间加权平均值）（经皮）；A4（不能分类为人类致癌物）（美国政府工业卫生学家会议，2008 年）。最高容许浓度未制定标准 **接触途径**：该物质可通过吸入其蒸气、气溶胶和食入吸收到体内 **吸入危险性**：未指明 20℃时该物质蒸发达到空气中有害浓度的速率 **短期接触的影响**：该物质刺激眼睛 **长期或反复接触的影响**：反复或长期接触肺可能受影响		
物理性质	**沸点**：245℃ **熔点**：−22℃ **相对密度（水=1）**：1.02 **水中溶解度**：25℃时 0.003g/100mL **蒸气压**：7.2Pa **蒸气相对密度（空气=1）**：4.9 **闪点**：82℃ **自燃温度**：529℃ **辛醇/水分配系数的对数值**：3.87		
环境数据	该物质对水生生物是有毒的。该物质可能在水生环境中造成长期影响		
注解	该物质对人体健康影响数据不充分，因此应当特别注意		

IPCS
International
Programme on
Chemical Safety

国际化学品安全卡

2-甲基萘			ICSC 编号：1276
CAS 登记号：91-57-6 RTECS 号：QJ9635000 分子量：142.2		中文名称：2-甲基萘；β-甲基萘 英文名称：2-METHYLNAPHTHALENE; beta-Methyl-naphthalene 化学式：$C_{11}H_{10}$	
危害/接触类型	急性危害/症状	预防	急救/消防
火　灾	可燃的	禁止明火	干粉，泡沫，二氧化碳
爆　炸			
接　触		防止粉尘扩散！	
# 吸入	咳嗽	局部排气通风	新鲜空气，休息
# 皮肤		防护手套	脱掉污染的衣服，冲洗，然后用水和肥皂洗皮肤
# 眼睛	发红，疼痛	安全护目镜	首先用大量水冲洗几分钟（如可能尽量摘除隐形眼镜），然后就医
# 食入		工作时不得进食、饮水或吸烟	漱口，用水冲服活性炭浆，休息，给予医疗护理
泄漏处置	将泄漏物扫入容器中。如果适当，首先湿润防止扬尘。小心收集残余物，然后转移到安全场所。不要让这种化学品进入环境		
包装与标志	海洋污染物		
应急响应			
储存	储存在没有排水管或下水道的场所。注意收容灭火产生的废水		
重要数据	**物理状态、外观**：晶体 **化学危险性**：加热时，该物质分解生成辛辣和刺激性烟雾 **职业接触限值**：阈限值：0.5ppm（时间加权平均值）（经皮）；A4（不能分类为人类致癌物）（美国政府工业卫生学家会议，2008 年）。最高容许浓度未制定标准 **接触途径**：该物质可通过吸入其气溶胶和食入吸收到体内 **吸入危险性**：未指明 20℃时该物质蒸发达到空气中有害浓度的速率 **短期接触的影响**：该物质刺激眼睛 **长期或反复接触的影响**：反复或长期接触肺可能受影响		
物理性质	沸点：241℃ 熔点：35℃ 相对密度（水=1）：1.00 水中溶解度：25℃时 0.003g/100mL 蒸气压：9Pa 辛醇/水分配系数的对数值：3.86		
环境数据	该物质对水生生物是有毒的。该物质可能在水生环境中造成长期影响		
注解	该物质对人体健康影响数据不充分，因此应当特别注意		

IPCS
International
Programme on
Chemical Safety

国际化学品安全卡

多菌灵			ICSC 编号：1277
CAS 登记号：10605-21-7 RTECS 号：DD6500000 EC 编号：613-048-00-8	中文名称：多菌灵；甲基苯并咪唑-2-基氨基甲酸酯；甲基(1*H*-苯并咪唑-2-基)氨基甲酸酯；1*H*-苯并咪唑-2-基氨基甲酸甲酯 英文名称：CARBENDAZIM; Methyl benzimidazole-2-yl-carbamate; Methyl (1*H*-benzimidazole-2-yl) carbamate; Carbendazole; 1*H*-Benzimidazol-2-ylcarbamic acid methyl ester		
分子量：191.2	化学式：$C_9H_9N_3O_2$		

危害/接触类型	急性危害/症状	预防	急救/消防
火　灾	在火焰中释放出刺激性或有毒烟雾（或气体）		雾状水，干粉
爆　炸			
接　触		防止粉尘扩散！避免孕妇接触！避免青少年和儿童接触！	
# 吸入		避免吸入微细粉尘和烟云	新鲜空气，休息
# 皮肤		防护手套	脱掉污染的衣服，冲洗，然后用水和肥皂洗皮肤
# 眼睛	发红	安全护目镜	首先用大量水冲洗几分钟（如可能尽量摘除隐形眼镜），然后就医
# 食入		工作时不得进食、饮水或吸烟。进食前洗手	漱口，休息
泄漏处置	不要冲入下水道。不要让该化学品进入环境。将泄漏物扫入有盖容器中。如果适当，首先湿润防止扬尘。小心收集残余物，然后转移到安全场所		
包装与标志	欧盟危险性类别：T 符号 N 符号　R:46-60-61-50/53　S:53-45-60-61		
应急响应			
储存	与碱、食品和饲料分开存放		
重要数据	**物理状态、外观**：无色晶体或灰色至白色粉末 **化学危险性**：与碱接触时，缓慢分解 **职业接触限值**：阈限值未制定标准。最高容许浓度：胚细胞突变物类别：3（德国，2005 年） **接触途径**：该物质可通过吸入其气溶胶吸收到体内 **吸入危险性**：20℃时蒸发可忽略不计，但喷洒或扩散时可较快地达到空气中颗粒物有害浓度，尤其是粉末 **长期或反复接触的影响**：动物实验表明，该物质可能造成人类生殖或发育毒性		
物理性质	熔点：302～307℃（分解） 密度：0.27g/cm^3 水中溶解度：24℃时 0.008g/100mL 蒸气压：20℃时可忽略不计 辛醇/水分配系数的对数值：1.49		
环境数据	该物质对水生生物有极高毒性。该物质在正常使用过程中进入环境，但是要特别注意避免任何额外的释放，例如通过不适当处置活动		
注解	如果该物质由溶剂配制，可参考该溶剂的卡片。商业制剂中使用的载体溶剂可能改变其物理和毒理学性质。商品名称有 Aimcozim, BAS3460F, Battal, Bavistin, Bendazim, Carbate, Carbendor, Cekudazinm, Corbel, Custos, Defensor, Delsene, Derosal, Derroprene, Equitdazin, Hoe17411, Kemdazin, Lignasan, Pillarstin, Stempor, Supercarb 和 Triticol		

IPCS
International
Programme on
Chemical Safety

国际化学品安全卡

<table>
<tr><td colspan="2">二丁基磷酸酯</td><td colspan="2">ICSC 编号：1278</td></tr>
<tr><td colspan="2">CAS 登记号：107-66-4
RTECS 号：TB9605000</td><td colspan="2">中文名称：二丁基磷酸酯；二丁基酸式正磷酸酯；二丁基磷酸氢酯；磷酸二丁酯
英文名称：DIBUTYL PHOSPHATE; Dibutyl acid o-phosphate; Dibutyl hydrogen phosphate; Phosphoricacid dibutyl ester</td></tr>
<tr><td colspan="2">分子量：210.2</td><td colspan="2">化学式：$(CH_3(CH_2)_3)_2HPO_4/C_8H_{19}PO_4$</td></tr>
<tr><td>危害/接触类型</td><td>急性危害/症状</td><td>预防</td><td>急救/消防</td></tr>
<tr><td>火　灾</td><td>可燃的。在火焰中释放出刺激性或有毒烟雾（或气体）</td><td>禁止明火</td><td>干粉，泡沫，二氧化碳</td></tr>
<tr><td>爆　炸</td><td></td><td></td><td></td></tr>
<tr><td>接　触</td><td></td><td>防止产生烟云！</td><td></td></tr>
<tr><td># 吸入</td><td>咳嗽，头痛，咽喉疼痛</td><td>通风，局部排气通风或呼吸防护</td><td>新鲜空气，休息</td></tr>
<tr><td># 皮肤</td><td>发红，疼痛</td><td>防护手套</td><td>脱掉污染的衣服，冲洗，然后用水和肥皂洗皮肤</td></tr>
<tr><td># 眼睛</td><td>发红，疼痛</td><td>安全护目镜</td><td>首先用大量水冲洗几分钟（如可能尽量摘除隐形眼镜），然后就医</td></tr>
<tr><td># 食入</td><td>腹部疼痛，灼烧感，咽喉疼痛</td><td>工作时不得进食、饮水或吸烟</td><td>漱口，不要催吐，饮用 1～2 杯水，给予医疗护理</td></tr>
<tr><td>泄漏处置</td><td colspan="3">将泄漏液收集在有盖容器中。小心中和泄漏液，然后用大量水冲净。个人防护用具：适用于该物质空气中浓度的有机气体和蒸气过滤呼吸器</td></tr>
<tr><td>包装与标志</td><td colspan="3"></td></tr>
<tr><td>应急响应</td><td colspan="3"></td></tr>
<tr><td>储存</td><td colspan="3">与强氧化剂、强碱分开存放</td></tr>
<tr><td>重要数据</td><td colspan="3">物理状态、外观：无色液体
化学危险性：加热或燃烧时，该物质分解生成含磷酸的有毒和腐蚀性烟雾。 该物质是一种中强酸。与强氧化剂发生反应。浸蚀许多种金属，生成易燃/爆炸性气体（氢，见卡片#0001）
职业接触限值：阈限值 1ppm（时间加权平均值），2ppm （短期接触限值） （美国政府工业卫生学家会议，2004 年）。最高容许浓度：致癌物类别：3A（德国，2009 年）
接触途径：该物质可通过吸入其气溶胶吸收到体内
吸入危险性：20℃时该物质蒸发，可相当快地达到空气中有害浓度
短期接触的影响：该物质刺激眼睛、皮肤和呼吸道</td></tr>
<tr><td>物理性质</td><td colspan="3">沸点：135～138℃
熔点：-13℃
相对密度（水=1）：1.06
水中溶解度：20℃时 1.8g/100mL
蒸气压：20℃时 0.13kPa
蒸气相对密度（空气=1）：7.2
蒸气/空气混合物的相对密度（20℃，空气=1）：1.01
闪点：188℃（开杯）
自燃温度：420℃
辛醇/水分配系数的对数值：0.6～1.4</td></tr>
<tr><td>环境数据</td><td colspan="3"></td></tr>
<tr><td>注解</td><td colspan="3"></td></tr>
</table>

IPCS
International
Programme on
Chemical Safety

国际化学品安全卡

亚异丁基双脲	ICSC 编号：1279
CAS 登记号：6104-30-9 RTECS 号：YT5300000	中文名称：亚异丁基双脲；1,1-双脲艾杜异丁烷；*N,N''*-(2-甲基亚丙基)双脲；异丁烯双脲 英文名称：ISOBUTYLIDENEIUREA; 1,1-Diureidoisobutane; *N,N''*-(2-methylpropylidene) bisurea; Isobutylenediurea; IBDU
分子量：174.2	化学式：$C_6H_{14}N_2O_2$

危害/接触类型	急性危害/症状	预防	急救/消防
火　灾	在火焰中释放出刺激性或有毒烟雾（或气体）		
爆　炸	微细分散的颗粒物在空气中形成爆炸性混合物	防止粉尘沉积，密闭系统，防止粉尘爆炸型电气设备与照明	
接　触			
# 吸入		局部排气通风	新鲜空气，休息
# 皮肤		防护手套	冲洗，然后用水和肥皂洗皮肤
# 眼睛		安全护目镜	首先用大量水冲洗几分钟（如可能尽量摘除隐形眼镜），然后就医
# 食入		工作时不得进食、饮水或吸烟	漱口，休息
泄漏处置			
包装与标志			
应急响应			
储存			
重要数据	物理状态、外观：白色晶体 物理危险性：如果以粉末或颗粒形状与空气混合，可能发生粉尘爆炸 职业接触限值：阈限值未制定标准。最高容许浓度未制定标准 接触途径：该物质可通过吸入其气溶胶吸收到体内 短期接触的影响：见注解 长期或反复接触的影响：见注解		
物理性质	熔点：195～205℃ 水中溶解度：20℃时 0.2g/100mL 辛醇/水分配系数的对数值：-0.9		
环境数据			
注解	毒理学实验表明，急性毒性、刺激性、细菌致突变性和致畸性没有明显反应。商品名称有 Isodur 和 Floranid 32		

IPCS
International
Programme on
Chemical Safety

国际化学品安全卡

双烯酮	ICSC 编号：1280
CAS 登记号：674-82-8 RTECS 号：RQ8225000 UN 编号：2521 EC 编号：606-017-00-5 中国危险货物编号：2521 分子量：84.10	中文名称：双烯酮；丁基-3-烯-3-交酯；3-丁烯-*b*-内酯；4-亚甲基-2-氧丁环酮；乙酰基烯酮 英文名称：DIKETENE; But-3-en-3-olide; 3-Buteno-betalactone; 4-Methylene-2-oxetanone; Acetyl ketene 化学式：$C_4H_4O_2$

危害/接触类型	急性危害/症状	预防	急救/消防
火　灾	易燃的	禁止明火、禁止火花和禁止吸烟	二氧化碳，干砂土。禁用含水灭火剂。禁止用水。禁用干粉（紫色 K）
爆　炸	高于 33℃，可能形成爆炸性蒸气/空气混合物。与酸、碱和水接触有着火和爆炸危险	高于 33℃，使用密闭系统，通风和防爆型电气设备	着火时，喷雾状水保持料桶等冷却，但避免该物质与水接触
接　触		防止产生烟云！	
# 吸入	咳嗽，咽喉疼痛，气促	通风，局部排气通风或呼吸防护	新鲜空气，休息，半直立体位，给予医疗护理
# 皮肤	发红，疼痛	防护手套，防护服	脱掉污染的衣服，用大量水冲洗皮肤或淋浴给予医疗护理
# 眼睛	发红，疼痛，视力模糊	安全护目镜或眼睛防护结合呼吸防护	首先用大量水冲洗几分钟（如可能尽量摘除隐形眼镜），然后就医
# 食入	腹部疼痛	工作时不得进食、饮水或吸烟	漱口，不要催吐，给予医疗护理

泄漏处置	尽可能将泄漏液收集在有盖容器中。用砂土或惰性吸收剂吸收残液并转移到安全场所。切勿直接将水喷在液体上。个人防护用具：适用于有机蒸气和气体的过滤呼吸器
包装与标志	不得与食品和饲料一起运输。稳定后运输 欧盟危险性类别：Xn 符号　标记：D　R:10-20　S:2-3 联合国危险性类别：6.1　联合国次要危险性：3 联合国包装类别：I 中国危险性类别：第 6.1 项毒性物质　中国次要危险性：3 中国包装类别：I
应急响应	运输应急卡：TEC(R)-61S2521 或 61GTF1-I 美国消防协会法规：H3（健康危险性）；F2（火灾危险性）；R2（反应危险性）
储存	耐火设备（条件）。与酸、碱、食品和饲料分开存放。阴凉场所。干燥。稳定后贮存
重要数据	物理状态、外观：无色液体，有刺鼻气味 化学危险性：该物质久置缓慢聚合。加热或在酸和碱作用下，激烈聚合，有着火和爆炸危险。与水激烈反应 职业接触限值：阈限值未制定标准。最高容许浓度：IIb（未制定标准，但可提供数据）（德国，2004 年） 接触途径：该物质可通过吸入其气溶胶和食入吸收到体内 吸入危险性：20℃时该物质蒸发，可相当快地达到公害污染空气浓度 短期接触的影响：该物质严重刺激眼睛、皮肤和呼吸道。吸入蒸气可能引起肺水肿（见注解）
物理性质	沸点：127℃ 熔点：−7℃ 相对密度（水=1）：1.09 水中溶解度：反应 蒸气压：20℃时 1kPa 蒸气相对密度（空气=1）：2.9 蒸气/空气混合物的相对密度（20℃，空气=1）：1.02 闪点：33℃ 自燃温度：275℃ 爆炸极限：空气中 2%～11.7%（体积）
环境数据	该物质可能对环境有危害，对鱼类应给予特别注意
注解	与灭火剂，如水激烈反应。肺水肿症状常常经过几小时以后才变得明显，体力劳动使症状加重。因此休息和医学观察是必要的。应考虑由医生或医生指定人立即采取适当吸入治疗法。添加稳定剂或阻聚剂会影响到该物质的毒理学性质，向专家咨询。该物质也称为乙烯基乙酰-b-内酯

IPCS
International
Programme on
Chemical Safety

国际化学品安全卡

1,1,1,2-四氟乙烷			ICSC 编号：1281
CAS 登记号：811-97-2 RTECS 号：KI8842500 UN 编号：3159 中国危险货物编号：3159	中文名称：1,1,1,2-四氟乙烷；氢氟烃-134A（钢瓶） 英文名称：1,1,1,2-TETRAFLUOROETHANE; HFC-134A(cylinder)		
分子量：102.03	化学式：$C_2H_2F_4$		
危害/接触类型	急性危害/症状	预防	急救/消防
火　灾	不可燃。在火焰中释放出刺激性或有毒烟雾（或气体）	禁止明火，禁止与高温表面接触	周围环境着火时，允许使用各种灭火剂
爆　炸			着火时，喷雾状水保持料桶等冷却
接　触			
# 吸入	头晕，倦睡，迟钝	局部排气通风或呼吸防护	新鲜空气，休息，给予医疗护理
# 皮肤	与液体接触：冻伤	保温手套	冻伤时用大量水冲洗，不要脱去衣服
# 眼睛		安全护目镜	
# 食入			
泄漏处置	切勿将水直接喷在液体上。不要让这种化学品进入环境。化学保护服包括自给式呼吸器		
包装与标志	联合国危险性类别：2.2 中国危险性类别：第 2.2 项非易燃无毒气体		
应急响应	运输应急卡：TEC(R)-20G2A		
储存	耐火设备（条件）。保存在通风良好的室内		
重要数据	**物理状态、外观**：压缩液化气体，有特殊气味 **化学危险性**：与高温表面或火焰接触时，该物质分解生成有毒和腐蚀性烟雾 **职业接触限值**：阈限值未制定标准。最高容许浓度：1000ppm，4200mg/m³；最高限值种类：II（8）；妊娠风险等级：C（德国，2004 年） **接触途径**：该物质可通过吸入吸收到体内 **吸入危险性**：容器漏损时，该气体可迅速地达到空气中有害浓度 **短期接触的影响**：液体迅速蒸发可能引起冻伤。该物质可能对中枢神经系统、心血管系统有影响，导致心脏病		
物理性质	沸点：−26℃ 熔点：−101℃ 水中溶解度：不溶 蒸气压：25℃时 630kPa 蒸气相对密度（空气=1）：3.5 辛醇/水分配系数的对数值：1.06		
环境数据	该物质在正常使用过程中释放到环境中，但是应当注意避免任何额外的释放，例如通过不适当的处置活动		
注解	不要在火焰或高温表面附近或焊接时使用。转动泄漏钢瓶使漏口朝上，防止液态气体逸出		

IPCS
International
Programme on
Chemical Safety

国际化学品安全卡

<table>
<tr><td colspan="2">三丁基氧化锡</td><td colspan="2">ICSC 编号：1282</td></tr>
<tr><td colspan="2">CAS 登记号：56-35-9
RTECS 号：JN8750000
UN 编号：3020
EC 编号：050-008-00-3
中国危险货物编号：3020

分子量： 596.07</td><td colspan="2">中文名称：三丁基氧化锡；六丁基二锡噁烷；三正丁基氧化锡
英文名称：TRIBUTYLTIN OXIDE; Hexabutyldistannoxane; Tri-n-butytin oxide

化学式：$C_{24}H_{54}OSn_2$</td></tr>
<tr><td>危害/接触类型</td><td>急性危害/症状</td><td>预防</td><td>急救/消防</td></tr>
<tr><td>火　灾</td><td>可燃的</td><td>禁止明火</td><td>周围环境着火时，允许使用各种灭火剂</td></tr>
<tr><td>爆　炸</td><td></td><td></td><td></td></tr>
<tr><td>接　触</td><td></td><td>防止产生烟云！严格作业环境管理！</td><td></td></tr>
<tr><td># 吸入</td><td>胃痉挛，咳嗽，腹泻，呼吸困难，恶心，咽喉疼痛，呕吐。症状可能推迟显现。（见注解）</td><td>通风，局部排气通风或呼吸防护</td><td>新鲜空气，休息，半直立体位，给予医疗护理</td></tr>
<tr><td># 皮肤</td><td>可能被吸收！发红，延误后，皮肤烧伤</td><td>防护手套，防护服</td><td>冲洗，然后用水和肥皂洗皮肤，给予医疗护理</td></tr>
<tr><td># 眼睛</td><td>发红，疼痛</td><td>安全护目镜，面罩或眼睛防护结合呼吸防护</td><td>首先用大量水冲洗几分钟（如可能尽量摘除隐形眼镜），然后就医</td></tr>
<tr><td># 食入</td><td>胃痉挛，腹泻，恶心，呕吐</td><td>工作时不得进食、饮水或吸烟。进食前洗手</td><td>饮用 1～2 杯水，给予医疗护理</td></tr>
<tr><td>泄漏处置</td><td colspan="3">不要冲入下水道。小心收集残余物，然后转移到安全场所。不要让这种化学品进入环境。 个人防护用具：化学保护服包括自给式呼吸器</td></tr>
<tr><td>包装与标志</td><td colspan="3">严重污染海洋物质
欧盟危险性类别：T 符号 N 符号 标记：A R:21-25-36/38-48/23/25-50/53 S:1/2-35-36/37/39-45-60-61
联合国危险性类别：6.1 联合国包装类别：II
中国危险性类别：第 6.1 项 毒性物质 中国包装类别：II</td></tr>
<tr><td>应急响应</td><td colspan="3">运输应急卡：TEC(R)-61GT6-II</td></tr>
<tr><td>储存</td><td colspan="3">注意收容灭火产生的废水。储存在没有排水管或下水道的场所</td></tr>
<tr><td>重要数据</td><td colspan="3">物理状态、外观：液体
化学危险性：燃烧时，该物质分解生成有毒烟雾
职业接触限值：阈限值：0.1mg/m³（以 Sn 计）（时间加权平均值），0.2mg/m³（短期接触限值）（经皮）；A4（不能分类为人类致癌物）（美国政府工业卫生学家会议，2004 年）。最高容许浓度 ：（以 Sn 计）0.004ppm，0.02mg/m³；最高限值种类：I(1)；皮肤吸收；致癌物类别：4；妊娠风险等级：C（德国，2009 年）
接触途径：该物质可通过吸入其气溶胶、经皮肤和食入吸收到体内
吸入危险性：20℃时蒸发可忽略不计，但可以较快地达到空气中颗粒物有害浓度
短期接触的影响：该物质严重刺激眼睛、皮肤。吸入气溶胶可能引起肺水肿（见注解）。该物质可能对胸腺有影响，导致免疫功能衰退</td></tr>
<tr><td>物理性质</td><td colspan="3">沸点：173℃
熔点：<-45℃
相对密度（水=1）：20℃时 1.17
水中溶解度：微溶
蒸气压：20℃时 0.001Pa
闪点：190℃（闭杯）
辛醇/水分配系数的对数值：3.19</td></tr>
<tr><td>环境数据</td><td colspan="3">该物质对水生生物有极高毒性。该物质可能沿食物链中发生生物蓄积，例如在鱼类和软体动物中。该物质在正常使用过程中进入环境，但是应当注意避免任何额外的释放，例如通过不适当的处置活动</td></tr>
<tr><td>注解</td><td colspan="3">肺水肿症状常常经过几小时以后才变得明显，体力劳动使症状加重。因此休息和医学观察是必要的。应考虑由医生或医生指定人立即采取适当吸入治疗法</td></tr>
</table>

IPCS
International Programme on Chemical Safety

国际化学品安全卡

三苯基氢氧化锡			ICSC 编号：1283
CAS 登记号：76-87-9 RTECS 号：WH8575000 UN 编号：2786 EC 编号：050-004-00-1 中国危险货物编号：2786		中文名称：三苯基氢氧化锡；羟基三苯基锡烷；羟基三苯基锡酸酯 英文名称：TRIPHENYLTIN HYDROXIDE; Hydroxytriphenylstannane; Hydroxytriphenylstannate; Fentin hydroxide	
分子量：367.0		化学式：$C_{18}H_{16}OSn/(C_6H_5)_3SnOH$	
危害/接触类型	急性危害/症状	预防	急救/消防
火　灾	可燃的。含有机溶剂的液体制剂可能是易燃的	禁止明火	干粉，雾状水，泡沫，二氧化碳
爆　炸			着火时，喷雾状水保持料桶等冷却
接　触		避免一切接触！	
# 吸入	咳嗽。咽喉痛。头晕。倦睡	通风，局部排气通风或呼吸防护	新鲜空气，休息。给予医疗护理
# 皮肤	可能被吸收！发红。疼痛	防护手套。防护服	脱去污染的衣服。冲洗，然后用水和肥皂清洗皮肤。给予医疗护理
# 眼睛	发红。疼痛。视力模糊	安全护目镜，或眼睛防护结合呼吸防护	先用大量水冲洗几分钟（如可能尽量摘除隐形眼镜），然后就医
# 食入	腹部疼痛。（另见吸入）	工作时不得进食，饮水或吸烟。进食前洗手	用水冲服活性炭浆。催吐（仅对清醒病人！）。大量饮水。给予医疗护理
泄漏处置	将泄漏物清扫进容器中，如果适当，首先润湿防止扬尘。小心收集残余物，然后转移到安全场所。不要让该化学品进入环境。个人防护用具：适用于有毒颗粒物的 P3 过滤呼吸器。面罩，化学防护服		
包装与标志	不得与食品和饲料一起运输。严重污染海洋物质 **欧盟危险性类别**：T+符号 N 符号　R:24/25-26-36/38-40-41-48/23-50/53-63 S:1/2-26-28-36/37/39-45-60-61 **联合国危险性类别**：6.1 **联合国包装类别**：II **中国危险性类别**：第 6.1 项毒性物质 **中国包装类别**：II		
应急响应	运输应急卡：TEC(R)-61GT7-II		
储存	注意收容灭火产生的废水。与食品和饲料分开存放。储存在没有排水管或下水道的场所		
重要数据	**物理状态、外观**：白色晶体粉末 **职业接触限值**：阈限值：$0.1mg/m^3$（时间加权平均值）；$0.2mg/m^3$（短期接触限值）（以锡计，有机锡化合物）（经皮）；A4（不能分类为人类致癌物）（美国政府工业卫生学家会议，2005 年）。最高容许浓度：$0.1mg/m^3$（以锡计，有机锡化合物）（可吸入粉尘）；最高限值种类：II (2)；皮肤吸收；妊娠风险等级：D（德国，2004 年） **接触途径**：该物质可通过吸入，经皮肤和食入吸收到体内 **吸入危险性**：喷洒或扩散时可较快地达到空气中颗粒物有害浓度，尤其是粉末 **短期接触的影响**：该物质严重刺激眼睛，刺激皮肤和呼吸道。该物质可能对中枢神经系统有影响 **长期或反复接触的影响**：该物质可能对免疫系统有影响，导致功能损伤。动物实验表明，该物质可能造成人类生殖或发育毒性		
物理性质	**熔点**：118℃ **密度**：$1.54g/cm^3$ **水中溶解度**：0.0001g/100mL（难溶） **闪点**：400℃ **辛醇/水分配系数的对数值**：3.66		
环境数据	该物质对水生生物有极高毒性。该化学品可能沿食物链，例如在鱼类和软体动物内发生生物蓄积。该物质在正常使用过程中进入环境，但是应当注意避免任何额外的释放，例如通过不适当处置活动		
注解	商业制剂中使用的载体溶剂可能改变其物理和毒理学性质。不要将工作服带回家中		

IPCS
International
Programme on
Chemical Safety

国际化学品安全卡

山梨酸			ICSC 编号：1284
CAS 登记号：110-44-1 RTECS 号：WG2100000	中文名称：山梨酸；1,3-戊二烯-1-羧酸；己基-2,4-二烯酸；(*E,E*)-2,4-己二烯酸；2-丙烯基丙烯酸 英文名称：SORBIC ACID; 1,3-Pentadiene-1-carboxylic acid; Hexa-2,4-dienoic acid; (*E,E*)-2,4-Hexadienoic acid; 2-Propenylacrylic acid		
分子量：112.1	化学式：$C_6H_8O_2/CH_3CH=CHCH=CHCOOH$		
危害/接触类型	急性危害/症状	预防	急救/消防
火　灾	可燃的	禁止明火	大量水，雾状水，泡沫
爆　炸	微细分散的颗粒物在空气中形成爆炸性混合物	防止粉尘沉积，密闭系统，防止粉尘爆炸型电气设备与照明	
接　触		防止粉尘扩散！严格作业环境管理！	
# 吸入	咳嗽，咽喉疼痛	局部排气通风或呼吸防护	新鲜空气，休息
# 皮肤	发红，疼痛	防护手套，防护服	脱掉污染的衣服，冲洗，然后用水和肥皂洗皮肤
# 眼睛	发红，疼痛，视力模糊	安全护目镜或眼睛防护结合呼吸防护	首先用大量水冲洗几分钟（如可能尽量摘除隐形眼镜），然后就医
# 食入	灼烧感	工作时不得进食、饮水或吸烟	漱口，大量饮水，休息，给予医疗护理
泄漏处置	将泄漏物扫入容器中。如果适当，首先湿润防止扬尘。用大量水冲净残余物。个人防护用具：适用于有害颗粒物的 P2 过滤呼吸器		
包装与标志			
应急响应			
储存	严格密封		
重要数据	**物理状态、外观**：白色晶体粉末 **物理危险性**：如果以粉末或颗粒形状与空气混合，可能发生粉尘爆炸 **化学危险性**：水溶液是一种弱酸 **职业接触限值**：阈限值未制定标准 **接触途径**：该物质可通过吸入其气溶胶吸收到体内 **吸入危险性**：未指明 20℃时该物质蒸发达到空气中有害浓度的速率 **短期接触的影响**：该物质刺激眼睛、皮肤和呼吸道 **长期或反复接触的影响**：反复或长期接触可能引起皮肤过敏		
物理性质	沸点：228℃（分解） 熔点：134.5℃ 水中溶解度：30℃时 0.25g/100mL（微溶） 蒸气压：20℃时<1.3Pa 蒸气相对密度（空气=1）：3.87 闪点：127℃ 辛醇/水分配系数的对数值：1.33		
环境数据			
注解			

IPCS
International
Programme on
Chemical Safety

国际化学品安全卡

4,4'-氧双（苯磺酰肼）			ICSC 编号：1285
CAS 登记号：80-51-3 RTECS 号：DB7321000	中文名称：4,4'-氧双(苯磺酰肼)；4,4'-氧双苯磺酸二肼；二苯基氧-4,4'-磺酰肼；*p,p'*-氧双苯磺酰肼 英文名称：4,4'-OXYBIS (BENZENESULPHONYL HYDRA-ZIDE); Benzesulfonic acid, 4,4'-oxybis-, dihydrazide; 4,4'-Oxydi (benzenesulphonohydrazide); Diphenyloxide 4,4'-sulphonylhydrazide; *p,p'*-Oxybis-Benzenesulphonyl hydrazide		
分子量：358.4	化学式：$C_{12}H_{14}N_4O_5S_2$/$H_2NHNO_2SC_6H_4OC_6H_4SO_2NHNH_2$		

危害/接触类型	急性危害/症状	预防	急救/消防
火　灾	不可燃		周围环境着火时，允许使用各种灭火剂
爆　炸			
接　触		防止粉尘扩散！	
# 吸入		局部排气通风	新鲜空气，休息
# 皮肤		防护手套	脱掉污染的衣服，冲洗，然后用水和肥皂洗皮肤
# 眼睛		安全护目镜	首先用大量水冲洗几分钟（如可能尽量摘除隐形眼镜），然后就医
# 食入		工作时不得进食、饮水或吸烟	漱口，大量饮水

泄漏处置	将泄漏物扫入容器中。如果适当，首先湿润防止扬尘。小心收集残余物，然后转移到安全场所。个人防护用具：适用于惰性颗粒物的 P1 过滤呼吸器
包装与标志	
应急响应	
储存	
重要数据	物理状态、外观：白色晶体粉末，无气味 职业接触限值：阈限值：0.1mg/m^3（可吸入粉尘）（时间加权平均值）（美国政府工业卫生学家会议，2004 年） 吸入危险性：20℃时蒸发可忽略不计，但扩散时可较快地达到空气中颗粒物公害污染浓度 短期接触的影响：见注解
物理性质	沸点：低于沸点在 140～160℃分解 熔点：130℃ 水中溶解度：不溶
环境数据	
注解	接触该物质的健康效应未进行充分调查。商品名称有 Cellmic S, Celmike S, Celogen, Celogen OT, Genitron OB, Serogen 和 Gidrazid SDO

IPCS
International
Programme on
Chemical Safety

UNEP

国际化学品安全卡

新戊二醇二丙烯酸酯			ICSC 编号：1286
CAS 登记号：2223-82-7 RTECS 号：AS8925000 EC 编号：607-112-00-4	中文名称：新戊二醇二丙烯酸酯；2,2-二甲基乙基三亚甲基丙烯酸酯；2,2-二甲基-1,3-丙烷二基二丙烯酸酯；二羟甲基丙烷二丙烯酸酯；2-丙烯酸-2,2-二甲基-1,3-丙烷二基酯 英文名称：NEOPENTYL GLYGOL DIACRYLATE; Acrylicacid,2,2-dimethylethyltrimethylene ester; 2,2-Dime-thyl-1,3-propanediyl diacrylate; Dimethylolpropanediacrylate; 2-Propenoic acid,2,2-dimethyl-1,3-propanediyl ester		
分子量：212.3	化学式：$C_{11}H_{16}O_4$/$CH_2CHCOOCH_2C(CH_3)_2CH_2OCOCHCH_2$		

危害/接触类型	急性危害/症状	预防	急救/消防
火　灾	可燃的	禁止明火	干粉，抗溶性泡沫，雾状水，二氧化碳
爆　炸			
接　触		严格作业环境管理！	
# 吸入	咳嗽，咽喉疼痛	局部排气通风或呼吸防护	面罩，休息，给予医疗护理
# 皮肤	可能被吸收！发红	防护手套，防护服	脱掉污染的衣服，冲洗，然后用水和肥皂洗皮肤，给予医疗护理
# 眼睛	发红，疼痛	安全护目镜，面罩或眼睛防护结合呼吸防护	首先用大量水冲洗几分钟（如可能尽量摘除隐形眼镜），然后就医
# 食入	腹部疼痛，呕吐	工作时不得进食、饮水或吸烟	漱口，大量饮水，给予医疗护理
泄漏处置	尽可能将泄漏液收集在有盖容器中。用砂土或惰性吸收剂吸收残液并转移到安全场所。化学防护服		
包装与标志	欧盟危险性类别：T 符号 标记：D　R:24-36/38-43　S:1/2-28-39-45		
应急响应			
储存	阴凉场所。稳定后贮存		
重要数据	**物理状态、外观**：液体 **物理危险性**：蒸气未经阻聚可能在通风道或火焰消除器中发生聚合，造成堵塞 **化学危险性**：该物质可能发生聚合 **职业接触限值**：阈限值未制定标准 **接触途径**：该物质可通过吸入和经皮肤吸收到体内 **吸入危险性**：未指明 20℃时该物质蒸发达到空气中有害浓度的速率 **短期接触的影响**：该物质刺激眼睛、皮肤和呼吸道 **长期或反复接触的影响**：反复或长期接触可能引起皮肤过敏		
物理性质	沸点：在 0.13kPa 时 96℃ 熔点：6℃ 相对密度（水=1）：1.0 水中溶解度：微溶 蒸气压：20℃时 4Pa 蒸气相对密度（空气=1）：7.3 闪点：115℃（闭杯）		
环境数据			
注解	添加稳定剂或阻聚剂会影响到该物质的毒理学性质，向专家咨询。商品名称有 SR247 和 Viscoat 247		

IPCS
International
Programme on
Chemical Safety

国际化学品安全卡

亚甲基二硫氰酸酯			ICSC 编号：1287
CAS 登记号：6317-18-6 RTECS 号：XL1560000 EC 编号：615-020-00-0	中文名称：亚甲基二硫氰酸酯；硫氰酸二亚甲酯 英文名称：METHYLENE BIS (THIOCYANATE); Thiocyanic acid, methylene ester; Methylene dithiocyanate		
分子量：130.2	化学式：$C_3H_2N_2S_2$/SCNCH$_2$SCN		

危害/接触类型	急性危害/症状	预防	急救/消防
火　灾	在火焰中释放出刺激性或有毒烟雾（或气体）		周围环境着火时，允许使用各种灭火剂
爆　炸			
接　触		防止粉尘扩散！严格作业环境管理！	
# 吸入	（见注解）	局部排气通风或呼吸防护	新鲜空气，休息，给予医疗护理
# 皮肤	发红，疼痛	防护手套，防护服	脱去污染的衣服，冲洗，然后用水和肥皂清洗皮肤
# 眼睛	发红，疼痛	护目镜，或眼睛防护结合呼吸防护	先用大量水冲洗几分钟（如可能尽量摘除隐形眼镜），然后就医
# 食入	见注解	工作时不得进食，饮水或吸烟。进食前洗手	漱口，催吐（仅对清醒病人！），休息

泄漏处置	将泄漏物清扫进可密闭容器中。如果适当，首先润湿防止扬尘。小心收集残余物，然后转移到安全场所。不要冲入下水道。个人防护用具：全套防护服包括自给式呼吸器
包装与标志	不得与食品和饲料一起运输 欧盟危险性类别：T+符号 N 符号 R:25-26-34-43-50 S:1/2-26-28-36/37/39-45-61
应急响应	
储存	与食品和饲料分开存放。严格密封
重要数据	**物理状态、外观**：各种形态固体 **化学危险性**：加热时，该物质分解生成氮氧化物和硫氧化物有毒烟雾。与强酸反应，有中毒的危险 **职业接触限值**：阈限值未制定标准 **接触途径**：该物质可通过吸入其气溶胶和经食入吸收到体内 **吸入危险性**：20℃时蒸发可忽略不计，但可较快地达到空气中颗粒物有害浓度 **短期接触的影响**：该物质刺激眼睛和皮肤。见注解 **长期或反复接触的影响**：反复或长期接触可能引起皮肤过敏
物理性质	**熔点**：105～107℃ **水中溶解度**：不溶
环境数据	该物质对水生生物有极高毒性。避免非正常使用情况下释放到环境中
注解	该物质对人体健康影响数据不充分，因此应当特别注意。该化合物的健康影响是由于释放出氰化物。可参考卡片#0492（氰化氢，液化的）

IPCS
International
Programme on
Chemical Safety

国际化学品安全卡

正丙烯酸己酯			ICSC 编号：1288
CAS 登记号：2499-95-8 RTECS 号：AT1450000 UN 编号：3082 EC 编号：607-233-00-2 中国危险货物编号：3082 分子量：156.3	中文名称：正丙烯酸己酯；丙烯酸己酯；2-丙烯酸己酯；己基-2-丙烯酸酯 英文名称：*n*-HEXYL ACRYLATE; Acrylic acid, hexyl ester; 2-Propenoic acid, hexyl ester; Hexyl 2-propenoate 化学式：$C_9H_{16}O_2/CH_2CHCOO(CH_2)_5CH_3$		
危害/接触类型	**急性危害/症状**	**预防**	**急救/消防**
火　灾	可燃的	禁止明火	干粉，抗溶性泡沫，二氧化碳
爆　炸	高于 68℃，可能形成爆炸性蒸气/空气混合物	高于 68℃，使用密闭系统、通风	着火时，喷雾状水保持料桶等冷却
接　触			
# 吸入	咳嗽。咽喉痛	通风，局部排气通风或呼吸防护	新鲜空气，休息
# 皮肤	发红。疼痛	防护手套。防护服	脱去污染的衣服。冲洗，然后用水和肥皂清洗皮肤
# 眼睛	发红	安全眼镜，眼睛防护结合呼吸防护	用大量水冲洗（如可能尽量摘除隐形眼镜）
# 食入	咽喉疼痛	工作时不得进食，饮水或吸烟	漱口。饮用 1 杯或 2 杯水。休息。如果感觉不舒服，需就医
泄漏处置	不要让该化学品进入环境。将泄漏液收集在有盖的容器中。用砂土或惰性吸收剂吸收残液，并转移到安全场所。个人防护用具：适用于该物质空气中浓度的有机气体和蒸气的过滤呼吸器		
包装与标志	**欧盟危险性类别**：Xi 符号 N 符号 R:36/37/38-43-51/53 S:2-24-26-37-61 **联合国危险性类别**：9 **联合国包装类别**：III **中国危险性类别**：第 9 类 杂项危险物质和物品 **中国包装类别**：III		
应急响应			
储存	稳定后储存。见注解。阴凉场所。注意收容灭火产生的废水。储存在没有排水管或下水道的场所		
重要数据	**物理状态、外观**：无色液体 **物理危险性**：蒸气未经阻聚，可能发生聚合，在通风口和阻火器引起堵塞 **化学危险性**：该物质可能发生聚合。加热时该物质分解，生成辛辣烟雾 **职业接触限值**：阈限值未制定标准。最高容许浓度未制定标准 **接触途径**：该物质可吸收到体内。通过吸入其气溶胶 **吸入危险性**：未指明 20℃时该物质蒸发达到空气中有害浓度的速率 **短期接触的影响**：该物质刺激眼睛、皮肤和呼吸道 **长期或反复接触的影响**：反复或长期接触可能引起皮肤过敏。见注解		
物理性质	沸点：188℃ 熔点：-45℃ 相对密度（水=1）：0.9 水中溶解度：0.04g/100mL（难溶） 蒸气相对密度（空气=1）：5.4 闪点：闪点：68℃（闭杯） 爆炸极限：空气中 0.9%~%（体积） 辛醇/水分配系数的对数值：3.3		
环境数据	该物质对水生生物有毒。强烈建议不要让该化学品进入环境		
注解	与其他丙烯酸盐引起皮肤交叉过敏是可能的。添加稳定剂或阻聚剂会影响该物质的毒理学性质，向专家咨询		

IPCS
International
Programme on
Chemical Safety

国际化学品安全卡

2-乙基己基甲基丙烯酸酯			ICSC 编号：1289
CAS 登记号：688-84-6 RTECS 号：OZ4630000 EC 编号：607-134-00-4		中文名称：2-乙基己基甲基丙烯酸酯；甲基丙烯酸-2-乙基己酯 英文名称：2-ETHYLHEXYL METHACRYLATE; Methacrylicacid, 2-ethylhexyl ester	
分子量：198.3		化学式：$C_{12}H_{22}O_2$/CH_2=$CCH_3COOCH_2C(CH_2CH_3)H(CH_2)_3CH_3$	
危害/接触类型	急性危害/症状	预防	急救/消防
火　灾	可燃的	禁止明火	干粉，抗溶性泡沫，雾状水，二氧化碳
爆　炸			
接　触			
# 吸入		通风	新鲜空气，休息
# 皮肤	发红	防护手套	脱掉污染的衣服，冲洗，然后用水和肥皂洗皮肤
# 眼睛	发红	安全护目镜	首先用大量水冲洗几分钟（如可能尽量摘除隐形眼镜），然后就医
# 食入		工作时不得进食、饮水或吸烟	漱口，大量饮水
泄漏处置	个人防护用具：适用于有机蒸气和有害粉尘的 A/P2 过滤呼吸器		
包装与标志	欧盟危险性类别：Xi 符号　标记：A　R：36/37/38　S：2-26-28		
应急响应			
储存	阴凉场所。稳定后贮存		
重要数据	**物理状态、外观**：液体 **物理危险性**：蒸气未经阻聚可能在通风道或火焰消除器中发生聚合，造成堵塞 **化学危险性**：由于受热，该物质可能发生聚合 **职业接触限值**：阈限值未制定标准 **接触途径**：该物质可通过吸入其气溶胶吸收到体内 **吸入危险性**：未指明 20℃时该物质蒸发达到空气中有害浓度的速率 **短期接触的影响**：该物质刺激眼睛、皮肤		
物理性质	沸点：113～224℃ 相对密度（水=1）：0.9 水中溶解度：不溶 蒸气压：20℃时 133Pa 蒸气相对密度（空气=1）：6.8 蒸气/空气混合物的相对密度（20℃，空气=1）：1.01 闪点：92℃ 辛醇/水分配系数的对数值：4.2～4.8		
环境数据			
注解	接触该物质的健康影响未进行充分调查。添加稳定剂或阻聚剂会影响到该物质的毒理学性质，向专家咨询		

IPCS
International
Programme on
Chemical Safety

国际化学品安全卡

二（2-乙基己基）癸二酸酯			ICSC 编号：1290
CAS 登记号：122-62-3 RTECS 号：VS1000000	中文名称：二（2-乙基己基）癸二酸酯；癸二酸双（2-乙基己基）酯；双（2-乙基己基）癸二酸酯；癸二酸二辛酯 英文名称：DI(2-ETHYLHEXYL)SEBACATE; Sebacic acid,bis(2-ethylhexyl)ester; Bis(2-ethylhexyl) sebacate; Decanedioic acid, bis (2-ethylhexyl) ester; DioctylSebacate		
分子量：426.7	化学式：$C_{26}H_{50}O_4$/$CH_3(CH_2)_3CH(C_2H_5)CH_2OOC(CH_2)_8COOCH_2CH(C_2H_5)(CH_2)_3CH_3$		
危害/接触类型	急性危害/症状	预防	急救/消防
火　灾	可燃的	禁止明火	泡沫，干粉，二氧化碳
爆　炸			
接　触			
# 吸入		通风	新鲜空气，休息
# 皮肤		防护手套	脱掉污染的衣服，冲洗，然后用水和肥皂洗皮肤
# 眼睛		安全护目镜	首先用大量水冲洗几分钟（如可能尽量摘除隐形眼镜），然后就医
# 食入		工作时不得进食、饮水或吸烟	漱口，大量饮水
泄漏处置			
包装与标志			
应急响应			
储存			
重要数据	物理危险性：无色油状液体 化学危险性：与氧化剂发生反应 职业接触限值：阈限值未制定标准 吸入危险性：未指明 20℃时该物质蒸发达到空气中有害浓度的速率		
物理性质	沸点：0.7kPa 时 256℃ 熔点：−48℃ 相对密度（水=1）：0.9 水中溶解度：不溶 蒸气压：37℃时 0.000024Pa 蒸气相对密度（空气=1）：14.7 闪点：210℃（开杯）		
环境数据			
注解	对接触该物质的健康影响进行过调查，但未发现任何数据。商品名称有 Bisoflex DOS, Monoplex DOS, Octoil S, PX 438, Staflex DOS, Uniflex DOS, Plexol 201, Edenol 888 和 Reolube DOS		

IPCS
International
Programme on
Chemical Safety

国际化学品安全卡

2-(2-(2-甲氧基)乙氧基)乙醇	ICSC 编号：1291
CAS 登记号：112-35-6 RTECS 号：KL6390000	中文名称：2-(2-(2-甲氧基)乙氧基)乙醇；三甘醇单甲醚；甲氧基三甘醇；TGME 英文名称：2-(2-(2-METHOXYETHOXY)ETHOXY)ETHANOL; Triethylene glycol monomethyl ether; Methoxytriglycol; TGME
分子量：164.2	化学式：$C_7H_{16}O_4$/$CH_3(OCH_2CH)_3OH$

危害/接触类型	急性危害/症状	预防	急救/消防
火　灾	可燃的	禁止明火	干粉，泡沫，二氧化碳
爆　炸			
接　触		防止产生烟云！	
# 吸入		通风	新鲜空气，休息
# 皮肤		防护手套	脱去污染的衣服。冲洗，然后用水和肥皂清洗皮肤
# 眼睛		安全眼镜	用大量水冲洗（如可能尽量摘除隐形眼镜）
# 食入		工作时不得进食，饮水或吸烟	漱口。饮用 1～2 杯水

项目	内容
泄漏处置	将泄漏液收集在有盖的容器中，然后转移到安全场所。用大量水冲净泄漏液
包装与标志	
应急响应	美国消防协会法规：H1（健康危险性）；F1（火灾危险性）；R0（反应危险性）
储存	与强氧化剂、强碱、强酸分开存放
重要数据	物理状态、外观：液体 化学危险性：燃烧时，生成有毒气体 职业接触限值：阈限值未制定标准。最高容许浓度未制定标准 吸入危险性：20℃时，该物质蒸发不会或很缓慢地达到空气中有害污染浓度
物理性质	沸点：249℃ 熔点：−44℃ 相对密度（水=1）：1.05 水中溶解度：混溶 蒸气压：20℃时 10Pa 蒸气相对密度（空气=1）：5.7 蒸气/空气混合物的相对密度（20℃，空气=1）：1.00 闪点：114.4℃ （闭杯） 自燃温度：210℃ 辛醇/水分配系数的对数值：−1.46（计算值）
环境数据	
注解	虽然进行过调查，但未发现接触该物质对健康的影响。对该物质的环境影响进行过调查，但未发现任何数据

IPCS
International
Programme on
Chemical Safety

国际化学品安全卡

己二酸二辛酯			ICSC 编号：1292
CAS 登记号：103-23-1 RTECS 号：AU9700000 UN 编号：3082 EC 编号： 中国危险货物编号：3082 分子量：370.6	中文名称：己二酸二辛酯；双（2-乙基己基）己二酸酯；二-（2-乙基己基）己二酸酯；己二酸双（2-乙基己基）酯 英文名称：DIOCTYL ADIPATE; Bis (2-ethylhexyl) adipate; Di-(2-ethylhexyl) adipate; Adipic acid, bis (2-ethylhexyl) ester; Bis (2-ethylhexyl) hexanedioate 化学式：$C_{22}H_{42}O_4$		
危害/接触类型	急性危害/症状	预防	急救/消防
火　灾	可燃的	禁止明火	干粉，雾状水，泡沫，二氧化碳
爆　炸			
接　触		防止产生烟云！	
# 吸入		通风	新鲜空气，休息
# 皮肤		防护手套	脱去污染的衣服。冲洗，然后用水和肥皂清洗皮肤
# 眼睛	发红	安全眼镜	用大量水冲洗（如可能尽量摘除隐形眼镜）
# 食入	吸入危险！（见注解）。腹泻	工作时不得进食，饮水或吸烟	漱口。饮用 1～2 杯水
泄漏处置	将泄漏液收集在可密闭的容器中。小心收集残余物，然后转移到安全场所。不要让该化学品进入环境。个人防护用具：适应于该物质空气中浓度的有机气体和蒸气过滤呼吸器		
包装与标志	联合国危险性类别：9　　联合国包装级别：III 中国危险性类别：第 9 类 杂项危险物质和物品 中国包装类别：III		
应急响应	美国消防协会法规：H1（健康危险性）；F1（火灾危险性）；R0（反应危险性）		
储存	与强氧化剂、强酸分开存放。注意收容灭火产生的废水。储存在没有排水管或下水道的场所		
重要数据	物理状态、外观：液体 化学危险性：与强氧化剂、强酸发生反应，有着火的危险 职业接触限值：阈限值未制定标准。最高容许浓度未制定标准 吸入危险性：未指明 20℃时该物质蒸发达到空气中有害浓度的速率 短期接触的影响：该物质轻微刺激眼睛。吞咽该物质容易进入呼吸道，可能导致吸入性肺炎		
物理性质	沸点：417℃ 熔点：−67.8℃ 相对密度（水=1）：0.92 水中溶解度：20℃时不溶 蒸气压：20℃时 0.11kPa 蒸气相对密度（空气=1）：12.8 蒸气/空气混合物的相对密度（20℃，空气=1）：1.01 黏度：在 25℃时 $12.4mm^2/s$ 闪点：闪点：196℃（闭杯） 自燃温度：340℃ 爆炸极限：空气中 0.3%～2.8%（体积） 辛醇/水分配系数的对数值：8.1（计算值）		
环境数据	该物质对水生生物有极高毒性。强烈建议不要让该化学品进入环境		
注解	如果呼吸困难和/或发烧，就医		

IPCS
International
Programme on
Chemical Safety

国际化学品安全卡

铟			ICSC 编号：1293
CAS 登记号：7440-74-6 RTECS 号：NL1050000 原子量：114.82		中文名称：铟 英文名称：INDIUM 化学式：In	
危害/接触类型	急性危害/症状	预防	急救/消防
火　灾	不可燃	如为粉末，禁止明火、禁止火花和禁止吸烟	周围环境着火时，允许使用各种灭火剂
爆　炸	微细分散的颗粒物在空气中形成爆炸性混合物	防止粉尘沉积、密闭系统、防止粉尘爆炸型电气设备和照明	
接　触		防止粉尘扩散！	
# 吸入	咳嗽，气促，咽喉痛	局部排气通风或呼吸防护	新鲜空气，休息，给予医疗护理
# 皮肤		防护手套	脱去污染的衣服。冲洗，然后用水和肥皂清洗皮肤
# 眼睛	发红，疼痛	护目镜，如为粉末，眼睛防护结合呼吸防护	先用大量水冲洗几分钟（如可能尽量摘除隐形眼镜），然后就医
# 食入	恶心，呕吐	工作时不得进食，饮水或吸烟。进食前洗手	漱口
泄漏处置	如为粉末，移除全部引燃源。将泄漏物清扫进容器中。如果适当，首先润湿防止扬尘。小心收集残余物，然后转移到安全场所。个人防护用具：适用于有毒颗粒物的 P3 过滤呼吸器		
包装与标志			
应急响应			
储存	与食品和饲料、强氧化剂、强酸和其他性质相互抵触的物质（见化学危险性）分开存放。严格密封		
重要数据	**物理状态、外观**：银白色金属或黑色粉末 **物理危险性**：以粉末或颗粒形状与空气混合，可能发生粉尘爆炸 **化学危险性**：与强酸、强氧化剂和硫发生反应，有着火和爆炸的危险。 **职业接触限值**：阈限值：0.1mg/m^3（美国政府工业卫生学家会议，2000 年） **接触途径**：该物质可通过吸入其气溶胶和经食入吸收到体内 **吸入危险性**：20℃时蒸发可忽略不计，但可较快地达到空气中颗粒物有害浓度 **短期接触的影响**：该物质刺激眼睛和呼吸道 **长期或反复接触的影响**：该物质可能对肾有影响，导致肾损伤		
物理性质	沸点：2000℃ 熔点：156.6℃ 密度：7.3g/cm^3 水中溶解度：不溶		
环境数据			
注解	对该物质的环境影响未进行调查。该物质对人体健康影响数据不充分，因此应当特别注意		

IPCS
International
Programme on
Chemical Safety

国际化学品安全卡

3-甲基-2-丁烯醛			ICSC 编号：1294
CAS 登记号：107-86-8 UN 编号：1989	中文名称：3-甲基-2-丁烯醛；3,3-二甲基丙烯醛；3-甲基巴豆醛；千里光醛 英文名称：3-METHYL-2-BUTENAL; 3,3-Dimethylacrolein; 3-Methylcrotonaldehyde; Senecialdehyde		
分子量：84.12	化学式：$C_5H_8O/(H_3C)_2C=CHCHO$		
危害/接触类型	急性危害/症状	预防	急救/消防
火　灾	易燃的	禁止明火，禁止火花和禁止吸烟。禁止与高温表面接触	泡沫，干粉，二氧化碳
爆　炸	高于 37℃，可能形成爆炸性蒸气/空气混合物	高于 37℃，使用密闭系统、通风和防爆型电气设备。使用无火花手工工具	着火时，喷雾状水保持料桶等冷却
接　触		避免一切接触！	一切情况均向医生咨询！
# 吸入	咳嗽。咽喉痛。咽喉和胸腔有灼烧感。倦睡	通风，局部排气通风或呼吸防护	新鲜空气，休息。半直立体位。立即给予医疗护理
# 皮肤	发红。疼痛。皮肤烧伤。水疱	防护手套。防护服	脱去污染的衣服。用大量水冲洗皮肤或淋浴至少 15min。立即给予医疗护理
# 眼睛	发红。疼痛。视力模糊	面罩，眼睛防护结合呼吸防护	用大量水冲洗（如可能尽量摘除隐形眼镜）。立即给与医疗护理
# 食入	咽喉和胸腔有灼烧感。恶心。腹部疼痛。倦睡	工作时不得进食，饮水或吸烟	漱口。不要催吐。饮用 1～2 杯水。立即给予医疗护理
泄漏处置	转移全部引燃源。不要让该化学品进入环境。将泄漏液收集在可密闭的容器中。用砂土或惰性吸收剂吸收残液，并转移到安全场所。个人防护用具：化学防护服，包括自给式呼吸器		
包装与标志	联合国危险性类别：3　　联合国包装类别：III 中国危险性类别：第 3 类 易燃液体　中国包装类别：III		
应急响应			
储存	耐火设备(条件)。严格密封。与强氧化剂分开存放。储存在没有排水管或下水道的场所		
重要数据	物理状态、外观：液体，有刺鼻气味 化学危险性：与强氧化剂发生反应，有着火和爆炸危险 职业接触限值：阈限值未制定标准。最高容许浓度未制定标准 接触途径：该物质可通过吸入其蒸气和经食入吸收到体内 吸入危险性：未指明 20℃时该物质蒸发达到空气中有害浓度的速率 短期接触的影响：该物质腐蚀皮肤和严重刺激眼睛。该蒸气刺激呼吸道。接触能够造成意识水平下降 长期或反复接触的影响：反复或长期接触可能引起皮肤过敏。该物质可能对呼吸道有影响，导致组织损伤		
物理性质	沸点：136℃ 熔点：-20℃ 密度：0.9g/cm^3 水中溶解度：20℃时 11g/100mL（溶解） 蒸气压：20℃时 0.75kPa 蒸气相对密度（空气=1）：2.9 蒸气/空气混合物的相对密度（20℃，空气=1）：1.01 闪点：37℃ 自燃温度：145℃ 爆炸极限：空气中 1.8%～7%（体积） 辛醇/水分配系数的对数值：0.53		
环境数据	该物质对水生生物是有害的		
注解			

IPCS
International
Programme on
Chemical Safety

国际化学品安全卡

<table>
<tr><td colspan="2">邻氨基苯甲酸</td><td colspan="2">ICSC 编号：1295</td></tr>
<tr><td colspan="2">CAS 登记号：118-92-3
RTECS 号：CB2450000

分子量：137.1</td><td colspan="2">中文名称：邻氨基苯甲酸；2-氨基苯甲酸；羧基苯胺；1-氨基-2-羧基苯
英文名称：ANTHRANILIC ACID; 2-Aminobenzoic acid; Carboxyaniline; 1-Amino-2-carboxybenzene
化学式：$C_7H_7NO_2$</td></tr>
<tr><td>危害/接触类型</td><td>急性危害/症状</td><td>预防</td><td>急救/消防</td></tr>
<tr><td>火　灾</td><td>可燃的。在火焰中释放出刺激性或有毒烟雾(或气体)</td><td>禁止明火</td><td>干粉，雾状水，泡沫，二氧化碳</td></tr>
<tr><td>爆　炸</td><td>微细分散的颗粒物在空气中形成爆炸性混合物</td><td>防止粉尘沉积、密闭系统、防止粉尘爆炸型电气设备和照明</td><td></td></tr>
<tr><td>接　触</td><td></td><td></td><td></td></tr>
<tr><td># 吸入</td><td></td><td>局部排气通风或呼吸防护</td><td>新鲜空气，休息</td></tr>
<tr><td># 皮肤</td><td></td><td>防护手套</td><td>冲洗，然后用水和肥皂清洗皮肤</td></tr>
<tr><td># 眼睛</td><td>发红。疼痛</td><td>安全眼镜</td><td>先用大量水冲洗几分钟（如可能尽量摘除隐形眼镜），然后就医</td></tr>
<tr><td># 食入</td><td></td><td>工作时不得进食，饮水或吸烟</td><td>漱口。饮用 1～2 杯水。如果感觉不舒服，需就医</td></tr>
<tr><td>泄漏处置</td><td colspan="3">将泄漏物清扫进有盖的容器中，如果适当，首先润湿防止扬尘，然后转移到安全场所。不要让该化学品进入环境。个人防护用具：适应于该物质空气中浓度的颗粒物过滤呼吸器</td></tr>
<tr><td>包装与标志</td><td colspan="3">GHS 分类：信号词：警告 图形符号：感叹号 危险说明：吞咽有害；造成眼睛刺激；对水生生物有害</td></tr>
<tr><td>应急响应</td><td colspan="3"></td></tr>
<tr><td>储存</td><td colspan="3">与氧化剂分开存放</td></tr>
<tr><td>重要数据</td><td colspan="3">物理状态、外观：无色至黄色薄片或白色至黄色晶体粉末
物理危险性：以粉末或颗粒形状与空气混合，可能发生粉尘爆炸
化学危险性：燃烧时，生成氮氧化物。水溶液是一种弱酸。与氧化剂发生反应，有着火的危险
职业接触限值：阈限值未制定标准。最高容许浓度未制定标准
接触途径：该物质可经食入吸收到体内
吸入危险性：扩散时，尤其是粉末可较快地达到空气中颗粒物公害污染浓度
短期接触的影响：该物质刺激眼睛</td></tr>
<tr><td>物理性质</td><td colspan="3">沸点：200℃时分解
熔点：146～148℃
密度：1.4 g/cm³
水中溶解度：20℃时 0.35g/100mL（微溶）
蒸气压：52.6℃时 0.1Pa
蒸气相对密度（空气=1）：4.7
蒸气/空气混合物的相对密度（20℃，空气=1）：1.0
闪点：150℃
自燃温度：>530℃
辛醇/水分配系数的对数值：0.99～1.3</td></tr>
<tr><td>环境数据</td><td colspan="3">该物质对水生生物是有害的。该物质可能对环境有危害，对鸟类应给予特别注意</td></tr>
<tr><td>注解</td><td colspan="3">对接触该物质的健康影响未进行充分调查</td></tr>
</table>

IPCS
International
Programme on
Chemical Safety

国际化学品安全卡

二甲基二（十八烷基）氯化铵			ICSC 编号：1296
CAS 登记号：107-64-2 RTECS 号：BQ1923000 EC 编号：612-162-00-5	中文名称：二甲基二（十八烷基）氯化铵；二硬脂酰二甲基氯化铵；二硬脂酰二甲基氯化铵；*N,N*-二甲基-*N*-十八烷基-1-十八烷氯化铵；DODMAC 英文名称：DIMETHYLDIOCTADECYLAMMONIUM CHLORIDE; Distearyldimethylammonium chloride; Dimethyldistearylammonium chloride; 1-Octadecane ammonium, *N,N*-dimethyl-*N*-octadecyl chloride; DODMAC		
分子量：586.5	化学式：$C_{38}H_{80}NCl$		
危害/接触类型	急性危害/症状	预防	急救/消防
火　灾	可燃的。在火焰中释放出刺激性或有毒烟雾（或气体）	禁止明火，禁止火花和禁止吸烟	干粉，抗溶性泡沫，大量水，二氧化碳
爆　炸			
接　触			
# 吸入	咳嗽	局部排气通风或呼吸防护	新鲜空气，休息
# 皮肤	发红。疼痛	防护手套	脱去污染的衣服。用大量水冲洗皮肤或淋浴
# 眼睛	发红。疼痛。视力模糊。严重深度烧伤	安全护目镜，或眼睛防护结合呼吸防护	先用大量水冲洗几分钟（如可能尽量摘除隐形眼镜），然后就医
# 食入	咽喉和胸腔灼烧感	工作时不得进食，饮水或吸烟	漱口。不要催吐。大量饮水。给予医疗护理
泄漏处置	真空抽吸泄漏物，或将泄漏物清扫进容器中。如果适当，首先润湿防止扬尘。不要让该化学品进入环境。个人防护用具：适用于有害颗粒物的 P2 过滤呼吸器		
包装与标志	欧盟危险性类别：Xi 符号 N 符号　R:41-50/53　S:(2-)24-26-39-46-60-61		
应急响应			
储存			
重要数据	物理状态、外观：粉末 化学危险性：加热时，该物质分解生成有毒和腐蚀性烟雾 职业接触限值：阈限值未制定标准。最高容许浓度未制定标准 吸入危险性：扩散时可较快地达到空气中颗粒物有害浓度 短期接触的影响：该物质腐蚀眼睛。该物质刺激皮肤		
物理性质	熔点：低于熔点在 135℃时分解 密度：$0.84g/cm^3$（88℃时） 水中溶解度：不溶 蒸气压：25℃时小于 0.000001Pa		
环境数据	该物质对水生生物是有毒的		
注解			

IPCS
International
Programme on
Chemical Safety

国际化学品安全卡

1,4-二甲氧基苯			ICSC 编号：1297
CAS 登记号：150-78-7		中文名称：1,4-二甲氧基苯；氢醌二甲醚；对甲氧基苯甲醚	
RTECS 号：CZ6650000		英文名称：1,4-DIMETHOXYBENZENE; Benzene, 1,4-dimetoxy-; Hydroquinone dimethyl ether; p-Methoxyanisole	
分子量：138.17		化学式：$C_8H_{10}O_2$	

危害/接触类型	急性危害/症状	预防	急救/消防
火　灾	可燃的	禁止明火。禁止与可燃物质接触	干粉、抗溶性泡沫、雾状水、二氧化碳
爆　炸	微细分散的颗粒物在空气中形成爆炸性混合物	防止粉尘沉积、密闭系统、防止粉尘爆炸型电气设备和照明	
接　触			
# 吸入		通风	新鲜空气，休息
# 皮肤		防护手套	脱去污染的衣服。冲洗，然后用水和肥皂清洗皮肤，给予医疗护理
# 眼睛		安全护目镜	先用大量水冲洗几分钟（如可能尽量摘除隐形眼镜），然后就医
# 食入		工作时不得进食，饮水或吸烟	漱口

泄漏处置	通风。移除全部引燃源。将泄漏物清扫进可密闭容器中。小心收集残余物，然后转移到安全场所。个人防护用具：适用于惰性颗粒物的 P1 过滤呼吸器
包装与标志	
应急响应	
储存	与强氧化剂分开存放
重要数据	**物理状态、外观**：白色薄片，有特殊气味 **物理危险性**：以粉末或颗粒形状与空气混合，可能发生粉尘爆炸 **化学危险性**：与强氧化剂发生反应 **职业接触限值**：阈限值未制定标准。最高容许浓度未制定标准 **接触途径**：该物质可通过吸入吸收到体内 **吸入危险性**：未指明 20℃时该物质蒸发达到空气中有害浓度的速率
物理性质	**沸点**：212℃ **熔点**：58～60℃ **水中溶解度**：不溶 **蒸气压**：20℃时 0.01kPa **闪点**：88℃ **自燃温度**：438℃ **爆炸极限**：空气中 1.2%～5.6%（体积） **辛醇/水分配系数的对数值**：2.04
环境数据	
注解	该物质对人体健康影响数据不充分，因此应当特别注意

IPCS
International
Programme on
Chemical Safety

国际化学品安全卡

2',4'-二甲基乙酰苯胺			ICSC 编号：1298
CAS 登记号：97-36-9 RTECS 号：AK4585000	中文名称：2',4'-二甲基乙酰苯胺；*N*-(2,4-二甲基苯基)-3-氧-丁酰胺；1-乙酰基乙酰氨基-2,4-二甲基苯；*N*-乙酰乙酰基-2,4-二甲代苯胺 英文名称：2',4' -DIMETHYLACETOACETANILIDE; Butanamide, *N*-(2,4,-dimethylphenyl)-3-oxo; 1-Acetoacetylamino-2,4-dimethylbenzene; *N*-Acetoacetyl-2,4-xilidide		
分子量：205.3	化学式：$C_{12}H_{15}NO_2$		
危害/接触类型	急性危害/症状	预防	急救/消防
火　灾	可燃的。在火焰中释放出刺激性或有毒烟雾（或气体）	禁止明火	干粉，雾状水，泡沫，二氧化碳
爆　炸	微细分散的颗粒物在空气中形成爆炸性混合物	防止粉尘沉积、密闭系统、防止粉尘爆炸型电气设备和照明	
接　触			
# 吸入		通风（如果没有粉末时）	新鲜空气，休息
# 皮肤		防护手套	冲洗，然后用水和肥皂清洗皮肤
# 眼睛	发红。疼痛	安全护目镜	先用大量水冲洗几分钟（如可能尽量摘除隐形眼镜），然后就医
# 食入		工作时不得进食，饮水或吸烟	漱口。给予医疗护理
泄漏处置	将泄漏物清扫进容器中，如果适当，首先润湿防止扬尘。个人防护用具：适用于有害颗粒物的 P2 过滤呼吸器		
包装与标志			
应急响应	美国消防协会法规：H2（健康危险性）；F1（火灾危险性）；R0（反应危险性）		
储存			
重要数据	物理状态、外观：无色各种形态固体 物理危险性：以粉末或颗粒形状与空气混合，可能发生粉尘爆炸 化学危险性：加热时或燃烧时，该物质分解生成含有氮氧化物的有毒烟雾 职业接触限值：阈限值未制定标准。最高容许浓度未制定标准 接触途径：该物质可经食入吸收到体内 吸入危险性：未指明 20℃时该物质蒸发达到空气中有害浓度的速率 短期接触的影响：该物质轻微刺激眼睛		
物理性质	沸点：>155℃（分解） 熔点：88℃ 密度：1.2g/cm^3 水中溶解度：难溶 蒸气压：20℃时 1.33Pa 闪点：171℃ 自燃温度：>400℃ 辛醇/水分配系数的对数值：1.5（计算值）		
环境数据			
注解			

IPCS
International Programme on Chemical Safety

国际化学品安全卡

三氟一氯乙烷			ICSC 编号：1299
CAS 登记号：75-88-7 RTECS 号：KH8008500 UN 编号：1983 中国危险货物编号：1983	中文名称：三氟一氯乙烷；2-氯-1,1,1-三氟乙烷；1-氯-2,2,2-三氟乙烷；氢氯氟烃 133a（钢瓶） 英文名称：CHLOROTRIFLUOROETHANE; 2-Chloro-1,1,1- trifluoroethane; 1-Chloro-2,2,2-trifluoroethane; HCFC 133a (cylinder)		
分子量：118.5	化学式：$C_2H_2ClF_3/H_2ClC\text{-}CF_3$		
危害/接触类型	急性危害/症状	预防	急救/消防
火　灾	不可燃。受热引起压力升高，容器有爆裂危险。在火焰中释放出刺激性或有毒烟雾（或气体）		周围环境着火时，允许使用各种灭火剂
爆　炸			着火时，喷雾状水保持钢瓶等冷却
接　触		避免孕妇接触！	
# 吸入	神志不清，窒息。（见注解）	通风	新鲜空气，休息，必要时进行人工呼吸，给予医疗护理
# 皮肤	与液体接触：冻伤	保温手套	冻伤时，用大量水冲洗，不要脱去衣服，给予医疗护理
# 眼睛	见皮肤	安全护目镜或眼睛防护结合呼吸防护	首先用大量水冲洗几分钟（如可能尽量摘除隐形眼镜），然后就医
# 食入		工作时不得进食、饮水或吸烟	漱口，给予医疗护理
泄漏处置	通风。切勿直接将水喷在液体上。不要让这种化学品进入环境。个人防护用具：化学保护服包括自给式呼吸器		
包装与标志	联合国危险性类别：2.2 中国危险性类别：第 2.2 项非易燃无毒气体		
应急响应	运输应急卡：TEC(R)-20G39		
储存	如果在建筑物内，耐火设备（条件）。阴凉场所		
重要数据	物理状态、外观：压缩液化气体 物理危险性：气体比空气重，可能积聚在低层空间，造成缺氧 化学危险性：与高温表面或火焰接触时，该物质分解生成含氯化氢和氟化氢的有毒和腐蚀性气体 职业接触限值：阈限值未制定标准 接触途径：该物质可通过吸入吸收到体内 吸入危险性：容器漏损时，该液体迅速达到空气中有害浓度 短期接触的影响：液体迅速蒸发可能引起冻伤。高浓度接触时，可能造成神志不清 长期或反复接触的影响：动物试验表明，该物质可能对人类生殖造成毒性影响		
物理性质	沸点：6.9℃ 熔点：−105.5℃ 相对密度（水=1）：1.4 水中溶解度：25℃时 0.89g/100mL 蒸气压：20℃时 180kPa 蒸气相对密度（空气=1）：4.1		
环境数据	该物质可能对环境有危害，对臭氧层的影响应给予特别注意。避免在非正常使用情况下释放到环境中		
注解	空气中高浓度引起缺氧，有神志不清或死亡危险。进入工作区前，检验氧含量。不要在火焰或高温表面附近或焊接时使用。转动泄漏钢瓶使漏口朝上，防止液态气体逸出。商品名称有 Freon 133a 和 Genetron 133a		

IPCS
International
Programme on
Chemical Safety

国际化学品安全卡

利谷隆	ICSC 编号：1300
CAS 登记号：330-55-2 RTECS 号：YS9100000 EC 编号：006-021-00-1	中文名称：利谷隆；3(3,4-二氯苯基)-1-甲氧基-1-甲基脲；*N'*-(3,4-二氯苯基)*N*-甲氧基-*N*-甲基脲；甲氧基二糖酮 英文名称：LINURON; 3(3,4-Dichlorophenyl)-1-methoxy-1-methylurea; Urea, *N'*-(3,4-dichlorophenyl) *N*-methoxy-*N*-methyl-; Methoxydiuron
分子量：249.1	化学式：$C_9H_{10}Cl_2N_2O_2$

危害/接触类型	急性危害/症状	预防	急救/消防
火　灾	可燃的。含有机溶剂的液体制剂可能是易燃的。在火焰中释放出刺激性或有毒烟雾（或气体）	禁止明火	干粉，雾状水，泡沫，二氧化碳
爆　炸			
接　触		防止粉尘扩散！避免青少年和儿童接触！	
# 吸入		局部排气通风或呼吸防护	新鲜空气，休息
# 皮肤		防护手套	用大量水冲洗皮肤或淋浴
# 眼睛		安全护目镜	首先用大量水冲洗几分钟（如可能易行，摘除隐形眼镜），然后就医
# 食入		工作时不得进食、饮水或吸烟。进食前洗手	漱口，休息，给予医疗护理

泄漏处置	不要冲入下水道。将泄漏物扫入容器中。如果适当，首先湿润防止扬尘。小心收集残余物，然后转移到安全场所。个人防护用具：自给式呼吸器
包装与标志	不得与食品和饲料一起运输 欧盟危险性类别：T 符号　N 符号　　R:61-22-40-48/22-62-50/53　　S:53-45-60-61
应急响应	
储存	注意收容灭火产生的废水。与食品和饲料分开存放
重要数据	物理状态、外观：无色晶体 物理危险性：加热时，该物质分解生成含氯化氢和氮氧化物有毒烟雾 职业接触限值：阈限值未制定标准 接触途径：该物质可通过吸入其气溶胶和食入吸收到体内 吸入危险性：20℃时蒸发可忽略不计，但喷洒或扩散时可较快地达到空气中颗粒物公害污染浓度，尤其是粉末 长期或反复接触的影响：该物质可能对血液有影响，导致贫血
物理性质	熔点：93～94℃ 水中溶解度：<0.1g/100mL（不溶） 蒸气压：24℃时 0.002Pa 辛醇/水分配系数的对数值：3.2
环境数据	该物质对水生生物是有毒的。该物质可能对环境有危害，对藻类和水生植物应给予特别注意。该物质在正常使用过程中进入环境，但应当注意避免任何额外的释放，例如通过不适当的处置活动
注解	如果该物质由溶剂配制，可参考该溶剂的卡片。商业制剂中使用的载体溶剂可能改变其物理和毒理学性质。商品名称有 afalon, Garnitan, Linex, Linorox, Linurex, Lorex, Sarclex 和 Scarclex

IPCS
International
Programme on
Chemical Safety

国际化学品安全卡

甲苯-2,6-二异氰酸酯			ICSC 编号：1301
CAS 登记号：91-08-7 RTECS 号：CZ6310000 UN 编号：2078 EC 编号：615-006-00-4 中国危险货物编号：2078 分子量：174.2	中文名称：甲苯-2,6-二异氰酸酯；2,6-二异氰酸甲苯；2,6-二异氰酸-1-甲苯；甲代亚苯基-2,6-二异氰酸酯；2,6-TDI 英文名称：TOLUENE-2,6-DIISOCYANATE; 2,6-Diisocyana-totoluene; 2,6-Diisocyanato-1-methylbenzene; Tolylene 2,6-diisocyanate; 2,6-TDI 化学式：$C_9H_6N_2O_2$/$CH_3C_6H_5(NCO)_2$		
危害/接触类型	急性危害/症状	预防	急救/消防
火　灾	可燃的。在火焰中释放出刺激性或有毒烟雾（或气体）	禁止明火	干粉，抗溶性泡沫，雾状水，二氧化碳
爆　炸			着火时，喷雾状水保持料桶等冷却，但避免该物质与水接触
接　触		避免一切接触！	一切情况均向医生咨询！
# 吸入	腹部疼痛，咳嗽，恶心，气促，咽喉疼痛，呕吐。症状可能推迟显现。（见注解）	通风，局部排气通风或呼吸防护	新鲜空气，休息，半直立体位，必要时进行人工呼吸，给予医疗护理
# 皮肤	发红，灼烧感，疼痛	防护手套，防护服	脱掉污染的衣服，冲洗，然后用水和肥皂洗皮肤，给予医疗护理
# 眼睛	发红，疼痛，视力模糊	面罩或眼睛防护结合呼吸防护	首先用大量水冲洗几分钟（如可能尽量摘除隐形眼镜），然后就医
# 食入	腹泻。（另见吸入）	工作时不得进食、饮水或吸烟	漱口，大量饮水，给予医疗护理
泄漏处置	撤离危险区域！向专家咨询！尽可能将泄漏液收集在有盖容器中。用砂土或惰性吸收剂吸收残液并转移到安全场所。个人防护用具：全套防护服包括自给式呼吸器		
包装与标志	不得与食品和饲料一起运输 欧盟危险性类别：T+符号 标记：C　R:26-36/37/38-40-42/43-52/53 S:1/2-23-36/37-45-61 联合国危险性类别：6.1 联合国包装类别：II 中国危险性类别：第 6.1 项毒性物质 中国包装类别：II		
应急响应	运输应急卡：TEC（R）-61S2078 或 61GT1-II 美国消防协会法规：H3（健康危险性）；F1（火灾危险性）；R3（反应危险性）		
储存	与食品和饲料分开存放。见化学危险性。阴凉场所。干燥。保存在通风良好的室内		
重要数据	物理状态、外观：无色至黄色液体，有刺鼻气味。暴露在空气中转变成浅黄色 化学危险性：在水、酸、碱或热的作用下，该物质可能聚合，有着火和爆炸危险。燃烧时，该物质分解生成含氮氧化物和氰化物的有毒烟雾。与醇、胺和碱激烈反应。浸蚀许多塑料、橡胶、铝、铜和锌。 职业接触限值：阈限值 0.005ppm（时间加权平均值），0.02 ppm（短期接触限值）；A4（不能分类为人类致癌物）；致敏剂（美国政府工业卫生学家会议，2004 年）。最高容许浓度：呼吸道致敏；致癌物类别：3A（德国，2004 年） 接触途径：该物质可通过吸入其蒸气或食入吸收到体内 吸入危险性：20℃时该物质蒸发，可相当快地达到空气中有害浓度 短期接触的影响：该物质刺激眼睛、皮肤和呼吸道。吸入蒸气可能引起哮喘反应（见注解）。吸入蒸气可能引起化学支气管炎、肺炎和肺水肿。高于职业接触限值接触时，可能导致死亡。影响可能推迟显现，需要进行医学观察 长期或反复接触的影响：反复或长期接触可能引起皮肤过敏。反复或长期吸入接触可能引起哮喘。该物质可能是人类致癌物		
物理性质	沸点：2.4kPa 时 129～133℃ 相对密度（水=1）：1.2 水中溶解度：反应 蒸气压：20℃时大约 2Pa	蒸气相对密度（空气=1）：6 闪点：127℃ 自燃温度：620℃ 爆炸极限：空气中 0.9%～9.5%（体积）	
环境数据			
注解	工业级甲苯二异氰酸酯是 2,4-异构体和 2,6-异构体（大多为 80：20）的混合物。根据接触程度，建议定期进行医疗检查。肺水肿症状常常经过几小时以后才变得明显，体力劳动使症状加重。因此休息和医学观察是必要的。应考虑由医生或医生指定人立即采取适当吸入治疗法。哮喘症状常常经过几小时以后才变得明显，体力劳动使症状加重。因此休息和医学观察是必要的。因该物质而出现哮喘症状的人应避免与该物质进一步接触。该物质中毒时需采取必要的治疗措施。必须提供有指示说明的适当方法。有毒浓度存在时，无气味报警。参考卡片＃0339（2,4-甲苯二异氰酸酯）		

IPCS
International
Programme on
Chemical Safety

国际化学品安全卡

间苯二胺			ICSC 编号：1302
CAS 登记号：108-45-2 RTECS 号：SS7700000 UN 编号：1673 EC 编号：612-147-00-3 中国危险货物编号：1673 分子量：108.14	中文名称：间苯二胺；间二氨基苯；1,3-苯二胺；3-氨基苯胺 英文名称：*m*-PHENYLENEDIAMINE; *m*-Diaminobenzene; 1,3-Benzenediamine; 3-Aminoaniline; 1,3-Phenylenediamine 化学式：$C_6H_8N_2/C_6H_4(NH_2)_2$		
危害/接触类型	**急性危害/症状**	**预防**	**急救/消防**
火　灾	可燃的。在火焰中释放出刺激性或有毒烟雾（或气体）	禁止明火	雾状水、干粉
爆　炸			
接　触		严格作业环境管理！	一切情况均向医生咨询！
# 吸入	嘴唇发青或手指发青，皮肤发青，意识模糊，惊厥，头晕，头痛，恶心，神志不清	局部排气通风或呼吸防护	新鲜空气，休息，给予医疗护理
# 皮肤	可能被吸收！发红。（另见吸入）	防护手套，防护服	脱去污染的衣服，冲洗，然后用水和肥皂清洗皮肤，给予医疗护理
# 眼睛	发红，疼痛	护目镜，面罩或眼睛防护结合呼吸防护	先用大量水冲洗几分钟（如可能尽量摘除隐形眼镜），然后就医
# 食入	（见吸入）	工作时不得进食，饮水或吸烟	漱口，给予医疗护理
泄漏处置	将泄漏物清扫进容器中。如果适当，首先润湿防止扬尘。小心收集残余物，然后转移到安全场所。不要让该化学品进入环境。个人防护用具：全套防护服包括自给式呼吸器		
包装与标志	不得与食品和饲料一起运输 欧盟危险性类别：T 符号 N 符号 R:23/24/25-36-43-50/53-68 S:1/2-28-36/37-45-60-61 联合国危险性类别：6.1 联合国包装类别：III 中国危险性类别：第 6.1 项 毒性物质 中国包装类别：III		
应急响应	运输应急卡：TEC(R)-61S1673-S		
储存	与强氧化剂、食品和饲料分开存放。保存在暗处。严格密封。储存在没有排水管或下水道的场所		
重要数据	物理状态、外观：白色晶体，遇空气时变红色 化学危险性：燃烧时，该物质分解生成含氮氧化物的有毒烟雾。与强氧化剂发生反应 职业接触限值：阈限值：0.1mg/m³（时间加权平均值）；A4（不能分类为人类致癌物）（美国政府工业卫生学家会议，2004 年）。最高容许浓度：皮肤吸收；皮肤致敏剂；致癌物类别：3B（德国，2009 年） 接触途径：该物质可通过吸入其蒸气，经皮肤和食入吸收到体内 吸入危险性：20℃时该物质蒸发不会或很缓慢地达到空气中有害污染浓度，但喷洒或扩散时要快得多 短期接触的影响：该物质刺激眼睛和皮肤。该物质可能对肾和血液有影响，导致肾衰竭和形成正铁血红蛋白。影响可能推迟显现。需进行医学观察 长期或反复接触的影响：反复或长期接触可能引起皮肤过敏。该物质可能对肾有影响，导致肾衰竭		
物理性质	沸点：284～287℃ 熔点：62～63℃ 密度：1.14g/cm³ 水中溶解度：可溶解 蒸气压：99.8℃时 133Pa 蒸气相对密度（空气=1）：3.7 闪点：187℃（闭杯） 自燃温度：560℃ 辛醇/水分配系数的对数值：-0.33		
环境数据	该物质对水生生物是有毒的		
注解	根据接触程度，建议定期进行医疗检查。该物质中毒时需采取必要的治疗措施。必须提供有指示说明的适当方法。商品名称有：直接棕 BR，直接棕 GG, Developer C, Developer H, Developer M 和 Developer 11。还可参考卡片#0805（对苯二胺）		

IPCS
International
Programme on
Chemical Safety

国际化学品安全卡

烯菌灵			ICSC 编号：1303
CAS 登记号：35554-44-0 RTECS 号：NI4776000 EC 编号：613-042-00-5	中文名称：烯菌灵；烯丙基-1-(2,4-二氯苯基)-2-咪唑-1-基乙基醚；1-(2-(2,4-二氯苯基)-2-(2-丙烯 基氧)乙基)-1*H*-咪唑 英文名称：IMAZALIL; Allyl 1-(2,4-dichlorophenyl)-2-imidazol-1-ylethyl ether; 1-(2-(2,4-Dichlorophenyl)-2-(2-propenyloxy)ethyl)-1*H*-imidazole		
分子量：297.2	化学式：$C_{14}H_{14}Cl_2N_2O$		
危害/接触类型	急性危害/症状	预防	急救/消防
火　灾	可燃的。含有机溶剂的液体制剂可能是易燃的。在火焰中释放出刺激性或有毒烟雾（或气体）	禁止明火	干粉、雾状水、泡沫、二氧化碳
爆　炸			
接　触			
# 吸入			新鲜空气，休息
# 皮肤		防护手套	脱去污染的衣服，用大量水冲洗皮肤或淋浴
# 眼睛	发红，疼痛	护目镜	先用大量水冲洗几分钟（如可能尽量摘除隐形眼镜），然后就医
# 食入	恶心	工作时不得进食，饮水或吸烟。进食前洗手	漱口，给予医疗护理
泄漏处置	将泄漏物清扫进可密闭容器中。小心收集残余物，然后转移到安全场所。个人防护用具：化学防护服，包括自给式呼吸器		
包装与标志	不得与食品和饲料一起运输 欧盟危险性类别：Xn 符号 N 符号　R:20/22-41-50/53　S:2-26-39-60-61		
应急响应			
储存	注意收容灭火产生的废水。与食品和饲料分开存放。严格密封。保存在通风良好的室内		
重要数据	**物理状态、外观**：浅黄色至棕色晶体块（凝固油状） **化学危险性**：蒸馏或燃烧时，该物质分解生成氮氧化物和氯化物有毒烟雾 **职业接触限值**：阈限值未制定标准 **接触途径**：该物质可通过吸入和经食入吸收到体内 **吸入危险性**：20℃时蒸发可忽略不计，但喷洒时可较快地达到空气中颗粒物有害浓度 **短期接触的影响**：该物质严重刺激眼睛 **长期或反复接触的影响**：该物质可能对肝有影响，导致功能损伤和体组织损伤		
物理性质	**沸点**：319～347℃（估计值） **熔点**：50℃ **相对密度（水=1）**：1.2 **水中溶解度**：20℃时 0.14g/100mL **蒸气压**：20℃时可忽略不计 **闪点**：192℃ **辛醇/水分配系数的对数值**：4.56		
环境数据	该物质对水生生物有极高毒性。避免非正常使用情况下释放到环境中		
注解	如果该物质用溶剂配制，可参考该溶剂的卡片。商业制剂中使用的载体溶剂可能改变其物理和毒理学性质。商品名称有：Bromazil, Deccozil, Fecundal, Florasan, Freshgard, Fungaflor, Fungazil, Imaverol, Impala, Magnate 和 Sanazil		

IPCS
International
Programme on
Chemical Safety

国际化学品安全卡

二甲基汞			ICSC 编号：1304
CAS 登记号：593-74-8 RTECS 号：OW3010000 UN 编号：2024 EC 编号：080-007-00-3 中国危险货物编号：2024 分子量：230.7		中文名称：二甲基汞 英文名称：DIMETHYL MERCURY; Mercury, dimethyl 化学式：$(CH_3)_2Hg$	
危害/接触类型	急性危害/症状	预防	急救/消防
火　灾	高度易燃。在火焰中释放出刺激性或有毒烟雾（或气体）	禁止明火，禁止火花和禁止吸烟	干粉，雾状水，泡沫，二氧化碳
爆　炸			着火时，喷雾状水保持料桶等冷却
接　触		避免一切接触！避免孕妇接触！	一切情况均向医生咨询！
# 吸入	咳嗽。咽喉痛。运动协调丧失。震颤。意识模糊。症状可能推迟显现。（见注解）	通风，局部排气通风或呼吸防护	新鲜空气，休息。给予医疗护理
# 皮肤	可能被吸收！发红。疼痛	防护手套。防护服	用大量水冲洗皮肤或淋浴。给予医疗护理
# 眼睛	发红。疼痛	护目镜，或眼睛防护结合呼吸防护	先用大量水冲洗几分钟（如可能尽量摘除隐形眼镜），然后就医
# 食入	腹部疼痛。恶心。呕吐。腹泻。休克或虚脱。（另见吸入）	工作时不得进食，饮水或吸烟。进食前洗手	漱口。催吐（仅对清醒病人！）。催吐时戴防护手套。给予医疗护理
泄漏处置	转移全部引燃源。将泄漏液收集在有盖的容器中。用砂土或惰性吸收剂吸收残液，并转移到安全场所。不要冲入下水道。不要让该化学品进入环境。化学防护服，包括自给式呼吸器		
包装与标志	不得与食品和饲料一起运输。严重污染海洋物质 **欧盟危险性类别**：T+符号 N 符号　标记：1（制剂）　R:26/27/28-33-50/53 S:1/2-13-28-36-45-60-61 **联合国危险性类别**：6.1　**联合国包装类别**：I **中国危险性类别**：第 6.1 项毒性物质　**中国包装类别**：I		
应急响应	运输应急卡：TEC(R)-61GT4-I		
储存	耐火设备（条件）。注意收容灭火产生的废水。与食品和饲料、卤素和氧化剂分开存放。严格密封		
重要数据	**物理状态、外观**：无色液体 **物理危险性**：蒸气比空气重，可能沿地面流动，可能造成远处着火 **化学危险性**：燃烧时，该物质分解生成氧化汞有毒气体。与卤素和氧化剂反应，有着火的危险 **职业接触限值**：阈限值：0.01mg/m³（以 Hg 计，时间加权平均值）；0.03mg/m³（短期接触限值，经皮）（美国政府工业卫生学家会议，2003 年）。最高容许浓度：皮肤吸收，皮肤致敏剂；致癌物类别：3B（德国，2002 年） **接触途径**：该物质可通过吸入其蒸气，经皮肤和食入吸收到体内 **吸入危险性**：20℃时该物质蒸发迅速地达到空气中有害污染浓度 **短期接触的影响**：该物质刺激眼睛、皮肤和呼吸道。该物质可能对中枢神经系统有影响，导致功能损伤。接触可能导致死亡。影响可能推迟显现。需进行医学观察。 **长期或反复接触的影响**：该物质可能对中枢神经系统有影响，导致功能损伤。该物质可能是人类致癌物。造成人类生殖或发育毒性		
物理性质	沸点：93～94℃ 熔点：−43℃ 密度：2.961g/cm³ 水中溶解度：不溶 蒸气/空气混合物的相对密度（20℃，空气=1）：1.5 闪点：5℃		
环境数据	该物质对水生生物有极高毒性。该化学品可能沿食物链，例如在海产食品中发生生物蓄积。该物质可能在水生环境中造成长期影响		
注解	根据接触程度，建议定期进行医疗检查。不要将工作服带回家中		

IPCS
International
Programme on
Chemical Safety

国际化学品安全卡

<table>
<tr><td colspan="3">毒虫畏</td><td>ICSC 编号：1305</td></tr>
<tr><td colspan="2">CAS 登记号：470-90-6
RTECS 号：TB8750000
UN 编号：3018
EC 编号：015-071-00-3
中国危险货物编号：3108

分子量：359.6</td><td colspan="2">中文名称：毒虫畏；O,O-二乙基-O-2-氯-1-(2,4-二氯苯基)乙烯基磷酸酯；2-氯-1-(2,4-二氯苯基)乙烯基二乙基磷酸酯
英文名称：CHLOROFENVINPHOS; O,O-Diethyl-O-(2-chloro-1-(2,4-dichlorophenyl)vinyl)phosphate; 2-Chloro-1-(2,4-dichlorophenyl)vinyldiethyl phosphate

化学式：$C_{12}H_{14}Cl_3O_4P$</td></tr>
<tr><td>危害/接触类型</td><td>急性危害/症状</td><td>预防</td><td>急救/消防</td></tr>
<tr><td>火　灾</td><td>可燃的。含有机溶剂的液体制剂可能是易燃的。在火焰中释放出刺激性或有毒烟雾（或气体）</td><td>禁止明火</td><td>干粉，抗溶性泡沫，雾状水，二氧化碳</td></tr>
<tr><td>爆　炸</td><td></td><td></td><td></td></tr>
<tr><td>接　触</td><td></td><td>防止产生烟云！严格作业环境管理！避免青少年和儿童接触！</td><td>一切情况均向医生咨询！</td></tr>
<tr><td># 吸入</td><td>瞳孔收缩，肌肉痉挛，多涎，出汗，恶心，头晕，呼吸困难，头痛，惊厥，神志不清。症状可能推迟显现（见注解）</td><td>局部排气通风或呼吸防护</td><td>新鲜空气，休息，必要时进行人工呼吸，给予医疗护理（见注解）</td></tr>
<tr><td># 皮肤</td><td>可能被吸收！（另见吸入）</td><td>防护手套，防护服</td><td>脱掉污染的衣服，冲洗，然后用水和肥皂洗皮肤，给予医疗护理</td></tr>
<tr><td># 眼睛</td><td>视力模糊</td><td>面罩或眼睛防护结合呼吸防护</td><td>首先用大量水冲洗几分钟（如可能尽量摘除隐形眼镜），然后就医</td></tr>
<tr><td># 食入</td><td>胃痉挛，腹泻，呕吐，虚弱，惊厥（另见吸入）</td><td>工作时不得进食、饮水或吸烟。进食前洗手</td><td>催吐（仅对清醒病人!），给予医疗护理</td></tr>
<tr><td>泄漏处置</td><td colspan="3">将泄漏液收集在有盖容器中。不得冲入下水道。小心收集残余液，然后转移到安全场所。不要让这种化学品进入环境。化学保护服包括自给式呼吸器</td></tr>
<tr><td>包装与标志</td><td colspan="3">不得与食品和饲料一起运输。海洋污染物
欧盟危险性类别：T+符号 N 符号　R:24-28-50/53　S:1/2-28-36/37-45-60-61
联合国危险性类别：6.1 联合国包装类别：I
中国危险性类别：第 6.1 项毒性物质 中国包装类别：I</td></tr>
<tr><td>应急响应</td><td colspan="3">运输应急卡：TEC(R)-61GT6-I</td></tr>
<tr><td>储存</td><td colspan="3">与食品和饲料分开存放。严格密封。贮存于玻璃衬里或聚乙烯衬里的容器中</td></tr>
<tr><td>重要数据</td><td colspan="3">物理状态、外观：橙色至棕色液体，有特殊气味
化学危险性：加热或燃烧时，该物质分解生成含氯化氢（见卡片#0163）和磷氧化物的有毒和腐蚀性烟雾。浸蚀锡、黄铜、铁和钢
职业接触限值：阈限值未制定标准。最高容许浓度未制定标准
接触途径：该物质可通过吸入、经皮肤和食入吸收到体内
吸入危险性：20℃时该物质蒸发，不会或很缓慢地达到空气中有害浓度，但喷洒或扩散时要快得多
短期接触的影响：该物质可能对神经系统有影响，导致惊厥，呼吸衰竭。胆碱酯酶抑制剂。接触可能造成神志不清和死亡。需要进行医学观察
长期或反复接触的影响：胆碱酯酶抑制剂；可能有累积影响：见急性危害/症状</td></tr>
<tr><td>物理性质</td><td colspan="2">沸点：0.07kPa 时 167～170℃
熔点：−19℃～23℃
相对密度（水=1）：1.36</td><td>水中溶解度：不溶
蒸气压：20℃时<0.001Pa（0.53mPa）
辛醇/水分配系数的对数值：3.82</td></tr>
<tr><td>环境数据</td><td colspan="3">该物质对水生生物有极高毒性。该物质可能在水生环境中造成长期影响。该物质在正常使用过程中进入环境，但是应当注意避免任何额外的释放，例如通过不适当的处置活动</td></tr>
<tr><td>注解</td><td colspan="3">根据接触程度，建议定期进行医疗检查。急性中毒症状常常经过 30min 到 6～12h 以后才变得明显。该物质中毒时需采取必要的治疗措施。必须提供有指示说明的适当方法。如果该物质由溶剂配制，可参考该溶剂的卡片。商业制剂中使用的载体溶剂可能改变其物理和毒理学性质。不要将工作服带回家中。商品名称有 Birlane, Dermaton, Sapecron, Steladone 和 Supona</td></tr>
</table>

IPCS
International
Programme on
Chemical Safety

国际化学品安全卡

甲氧氯		ICSC 编号：1306
CAS 登记号：72-43-5 RTECS 号：KJ3675000	中文名称：甲氧氯；1,1-（2,2,2-三氯亚乙基）双（4-甲氧基苯）；1,1,1-三氯-2,2-双（对甲氧基苯基）乙烷；二甲氧基滴滴涕 英文名称：METHOXYCHLOR; 1,1-(2,2,2-Trichloroethylidene)bis(4-methoxybenzene); 1,1,1-Trichloro-2,2-bis(p-methoxyphenyl)ethane; Dimethoxy-DDT	
分子量：345.7	化学式：$C_{10}H_{13}C_{13}O_2$	

危害/接触类型	急性危害/症状	预防	急救/消防
火　灾	可燃的。含有机溶剂的液体制剂可能是易燃的。在火焰中释放出刺激性或有毒烟雾（或气体）	禁止明火	干粉、抗溶性泡沫、雾状水、二氧化碳
爆　炸			
接　触		防止粉尘扩散！严格作业环境管理！避免孕妇接触！	
# 吸入	（见食入）	局部排气通风或呼吸防护	新鲜空气，休息
# 皮肤		防护手套，防护服	脱去污染的衣服，冲洗，然后用水和肥皂清洗皮肤
# 眼睛		安全护目镜，或眼睛防护结合呼吸防护	先用大量水冲洗几分钟（如可能尽量摘除隐形眼镜），然后就医
# 食入	惊厥，腹泻，恶心，呕吐	工作时不得进食，饮水或吸烟。进食前洗手	催吐（仅对清醒病人！），大量饮水，给予医疗护理

泄漏处置	将泄漏物清扫进可密闭容器中。如果适当，首先润湿防止扬尘。小心收集残余物，然后转移到安全场所。不要让该化学品进入环境。个人防护用具：适用于有害颗粒物的 P2 过滤呼吸器
包装与标志	不得与食品和饲料一起运输
应急响应	
储存	与食品和饲料分开存放。严格密封。保存在通风良好的室内。
重要数据	**物理状态、外观**：无色至淡黄色晶体，有特殊气味 **化学危险性**：加热时和燃烧时，该物质分解生成含氯化氢的有毒和腐蚀性气体（见卡片#0163）。与氧化剂发生反应。浸蚀某些塑料和橡胶。 **职业接触限值**：阈限值：10mg/m³（时间加权平均值）；A4（不能分类为人类致癌物）（美国政府工业卫生学家会议，2004 年）。最高容许浓度：15mg/m³（可吸入粉尘）；最高限值种类：II（8）；妊娠风险等级：D（德国，2004 年） **接触途径**：该物质可通过吸入其气溶胶，经皮肤和食入吸收到体内 **吸入危险性**：20℃时蒸发可忽略不计，但喷洒或扩散时可较快地达到空气中颗粒物有害浓度，尤其是粉末 **长期或反复接触的影响**：大量食入时，该物质可能对肝、肾、中枢神经系统有影响。动物实验表明，该物质可能对人类生殖造成毒性影响
物理性质	**熔点**：89℃ **密度**：1.4g/cm³ **水中溶解度**：不溶 **蒸气压**：很低 **辛醇/水分配系数的对数值**：4.68～5.08
环境数据	该物质对水生生物有极高毒性。该物质可能在鱼类体内发生生物蓄积。该物质在正常使用过程中进入环境，但是应当注意避免任何额外的释放，例如通过不适当的处置活动
注解	分解温度未见文献报道。根据接触程度，建议定期进行医疗检查。如果该物质用溶剂配制，可参考该溶剂的卡片。商业制剂中使用的载体溶剂可能改变其物理和毒理学性质。商品名称有：Maralate, Marlate, Metox, Prentox 和 Methoxicide。还可参考卡片#0034 （滴滴涕）

IPCS
International
Programme on
Chemical Safety

国际化学品安全卡

羟基硫酸铬			ICSC 编号：1309
CAS 登记号：12336-95-7 RTECS 号：GB6240000 分子量：165.1	中文名称：羟基硫酸铬；碱式硫酸铬；一碱式硫酸铬 英文名称：CHROMIUM HYDROXIDE SULFATE; Basic Chrome Sulphate; Monobasic chromium sulphate 化学式：$CrOHSO_4$		
危害/接触类型	急性危害/症状	预防	急救/消防
火　灾	不可燃		周围环境着火时，使用适当的灭火剂
爆　炸			
接　触		严格作业环境管理！	
# 吸入	咳嗽。咽喉痛	局部排气通风或呼吸防护	新鲜空气，休息
# 皮肤		防护手套。防护服	用大量水冲洗皮肤或淋浴
# 眼睛		安全护目镜	先用大量水冲洗几分钟（如可能尽量摘除隐形眼镜），然后就医
# 食入	恶心。腹部疼痛。呕吐。腹泻	工作时不得进食，饮水或吸烟	漱口。不要催吐。大量饮水。给予医疗护理
泄漏处置	真空抽吸泄漏物或将泄漏物清扫进有盖的容器中。如果适当，首先润湿防止扬尘。不要让该化学品进入环境。个人防护用具：适用于有害颗粒物的 P2 过滤呼吸器		
包装与标志			
应急响应			
储存			
重要数据	物理状态、外观：绿色粉末 化学危险性：加热时，该物质分解生成有毒烟雾。水溶液是一种弱酸 职业接触限值：阈限值：0.5mg/m^3（时间加权平均值）（以金属 Cr、三价铬化合物计）；A4（不能分类为人类致癌物）（美国政府工业卫生学家会议，2004 年）。最高容许浓度未制定标准 吸入危险性：扩散时可较快地达到空气中颗粒物有害浓度 短期接触的影响：该物质刺激呼吸道 长期或反复接触的影响：反复或长期接触可能引起皮肤过敏		
物理性质	熔点：>900℃ 密度：1.25g/cm^3 水中溶解度：20℃时 200g/100mL		
环境数据	该物质对水生生物是有毒的		
注解	商品名称有：Chrometan, Tanolin, Neochrome, Chromedol 和 Chromosal。不要将工作服带回家中		

IPCS
International
Programme on
Chemical Safety

国际化学品安全卡

二氧化铬			ICSC 编号：1310
CAS 登记号：12018-01-8	中文名称：二氧化铬；氧化铬		
RTECS 号：GB6400000	英文名称：CHROMIUM DIOXIDE; Chromium oxide		
分子量：84.0	化学式：CrO_2		

危害/接触类型	急性危害/症状	预防	急救/消防
火　灾			
爆　炸			
接　触		防止粉尘扩散！	
# 吸入	咳嗽	局部排气通风或呼吸防护	
# 皮肤	发红	防护手套	冲洗，然后用水和肥皂洗皮肤
# 眼睛		安全护目镜	
# 食入			
泄漏处置	真空吸除泄漏物。将泄漏物扫入容器中。如果适当，首先湿润防止扬尘。个人防护用具：适用于有害颗粒物的 P2 过滤呼吸器		
包装与标志			
应急响应			
储存			
重要数据	物理状态、外观：棕黑色粉末 职业接触限值：阈限值未制定标准 接触途径：该物质可通过吸入吸收到体内 吸入危险性：20℃时蒸发可忽略不计，但可以较快地达到空气中颗粒物有害浓度 反复或长期接触的影响：反复或长期皮肤接触可能引起皮炎。反复或长期接触肺可能受影响，导致纤维变性		
物理性质	熔点：低于熔点在 250～500℃分解 密度：4.9 g/cm^3 水中溶解度：不溶		
环境数据			
注解			

IPCS
International
Programme on
Chemical Safety

国际化学品安全卡

一氧化氮			ICSC 编号：1311
CAS 登记号：10102-43-9 RTECS 号：QX-0525000 UN 编号：1660 中国危险货物编号：1660	中文名称：一氧化氮；氧化氮；一氧化一氮（钢瓶） 英文名称：NITRIC OXIDE; Nitrogen oxide; Mononitrogen monoxide (cylinder)		
分子量：30.01	化学式：NO		
危害/接触类型	急性危害/症状	预防	急救/消防
火　灾	不可燃，但可助长其他物质燃烧		
爆　炸			周围环境着火时，使用适当的灭火剂
接　触		严格作业环境管理！	
# 吸入	腹部疼痛，咳嗽，头痛，倦睡，灼烧感，恶心，头晕，意识模糊，皮肤发青，嘴唇或指甲发青，气促，神志不清。症状可能推迟显现。（见注解）	通风，局部排气通风或呼吸防护	新鲜空气，休息，半直立体位，必要时进行人工呼吸，给予医疗护理
# 皮肤			给予医疗护理
# 眼睛	发红	安全护目镜或眼睛防护结合呼吸防护	首先用大量水冲洗几分钟（如可能尽量摘除隐形眼镜），然后就医
# 食入			
泄漏处置	气密式化学保护服，包括自给式呼吸器		
包装与标志	联合国危险性类别：2.3　联合国次要危险性：5.1 和 8 中国危险性类别：第 2.3 项 毒性气体 中国次要危险性：5.1 和 8		
应急响应	运输应急卡：TEC(R)-20S1660 或 20G1TOC 美国消防协会法规：H3（健康危险性）；F0（火灾危险性）；R0（反应危险性）；OX（氧化剂）		
储存	如果在建筑物内，耐火设备（条件）。保存在通风良好的室内		
重要数据	物理状态、外观：无色压缩气体 化学危险性：该物质是一种强氧化剂。与可燃物和还原性物质反应。与空气接触时，释放出氮氧化物。 职业接触限值：阈限值 25ppm（时间加权平均值）；公布生物暴露指数（美国政府工业卫生学家会议，2004 年）。最高容许浓度：0.5ppm，0.63mg/m^3；最高限值种类：I(2)；妊娠风险等级：D（德国，2009 年） 接触途径：该物质可通过吸入吸收到体内 吸入危险性：容器漏损时，该气体可迅速地达到空气中有害浓度 短期接触的影响：该物质刺激眼睛和呼吸道。吸入可能引起肺水肿（见注解）该物质可能对血液有影响，导致形成正铁血红蛋白。接触可能造成死亡影响可能推迟显现，需要进行医学观察。 长期或反复接触的影响：反复或长期接触肺可能受损伤		
物理性质	沸点：−151.8℃ 熔点：−163.6℃ 水中溶解度：0℃时 7.4mL/100mL 蒸气相对密度（空气=1）：1.04		
环境数据			
注解	肺水肿症状常常经过几小时以后才变得明显，体力劳动使症状加重。因此休息和医学观察是必要的。应考虑由医生或医生指定人立即采取适当吸入治疗法。该物质中毒时需采取必要的治疗措施。必须提供有指示说明的适当方法。中毒浓度存在时，无气味报警		

IPCS
International
Programme on
Chemical Safety

国际化学品安全卡

琥珀酸酐			ICSC 编号：1312
CAS 登记号：108-30-5 RTECS 号：WN0875000 EC 编号：607-103-00-5	中文名称：琥珀酸酐；二氢-2,5-呋喃二酮；丁二酸酐；四氢-2,5-二氧呋喃 英文名称：SUCCINIC ANHYDRIDE; Dihydro-2,5-furandione; Butanedioic anhydride; Tetrahydro-2,5-dioxofuran		
分子量：100.1	化学式：$C_4H_4O_3$		
危害/接触类型	急性危害/症状	预防	急救/消防
火　灾	可燃的。在火焰中释放出刺激性或有毒烟雾（或气体）	禁止明火	干粉，抗溶性泡沫，雾状水，二氧化碳
爆　炸	微细分散的颗粒物在空气中形成爆炸性混合物		
接　触		防止粉尘扩散！	
# 吸入	咳嗽。呼吸短促。咽喉痛	局部排气通风或呼吸防护	新鲜空气，休息
# 皮肤		防护手套	冲洗，然后用水和肥皂清洗皮肤
# 眼睛	发红。疼痛	安全护目镜，如为粉末，眼睛防护结合呼吸防护	先用大量水冲洗几分钟（如可能尽量摘除隐形眼镜），然后就医
# 食入	腹泻。恶心。呕吐	工作时不得进食，饮水或吸烟	漱口。饮用 1～2 杯水
泄漏处置	将泄漏物清扫进有盖的容器中，如果适当，首先润湿防止扬尘。个人防护用具：适用于惰性颗粒物的 P1 过滤呼吸器		
包装与标志	欧盟危险性类别：Xi 符号　R:36/37　S:2-25 GHS 分类：警示词：警告　图形符号：感叹号　危险说明：吞咽有害；造成严重眼睛刺激		
应急响应	美国消防协会法规：H1（健康危险性）；F1（火灾危险性）；R0（反应危险性）		
储存			
重要数据	物理状态、外观：无色晶体或薄片 化学危险性：加热时，该物质分解生成刺激性烟雾 职业接触限值：阈限值未制定标准。最高容许浓度未制定标准 接触途径：该物质可通过吸入和经食入吸收到体内 吸入危险性：扩散时可较快地达到空气中颗粒物有害浓度，尤其是粉末 短期接触的影响：该物质严重刺激眼睛和刺激呼吸道		
物理性质	沸点：261℃ 熔点：119.6℃ 相对密度（水=1）：1.503 水中溶解度：不溶 蒸气压：92℃时 1.3kPa 蒸气相对密度（空气=1）：3.45 闪点：157℃		
环境数据			
注解			

IPCS
International
Programme on
Chemical Safety

国际化学品安全卡

氰尿酸			ICSC 编号：1313
CAS 登记号：108-80-5 RTECS 号：XZ1800000	中文名称：氰尿酸；对称-三嗪-2,4,6-三醇；异氰尿酸；1,3,5-三嗪-2,4,6-(1*H*,3*H*,5*H*)-三酮 英文名称：CYANURIC ACID; sym-Triazine-2,4,6-triol; Isocyanuric acid; 1,3,5-Triazine-2,4,6(1*H*,3*H*,5*H*) - trione		
分子量：129.1	化学式：$C_3H_3N_3O_3/C_3N_3(OH)_3$		

危害/接触类型	急性危害/症状	预防	急救/消防
火　灾	在火焰中释放出刺激性或有毒烟雾（或气体）		雾状水，抗溶性泡沫，干粉，二氧化碳
爆　炸			着火时，喷雾状水保持料桶等冷却
接　触		防止粉尘扩散！	
# 吸入	咳嗽。咽喉痛	局部排气通风或呼吸防护	新鲜空气，休息
# 皮肤		防护手套	冲洗，然后用水和肥皂清洗皮肤
# 眼睛	发红	安全眼镜	用大量水冲洗（如可能尽量摘除隐形眼镜）
# 食入	咽喉疼痛。腹部疼痛	工作时不得进食，饮水或吸烟	漱口
泄漏处置	将泄漏物清扫进容器中。小心收集残余物，然后转移到安全场所。个人防护用具：适用于有害颗粒物的 P2 过滤呼吸器		
包装与标志			
应急响应			
储存	干燥。严格密封。与氯分开存放		
重要数据	物理状态、外观：白色吸湿的晶体粉末，无气味 化学危险性：加热到 320℃以上时，该物质分解生成含氮氧化物和异氰酸的高毒烟雾。与氯发生反应。有爆炸的危险 职业接触限值：阈限值未制定标准。最高容许浓度未制定标准 接触途径：该物质可通过吸入吸收到体内 吸入危险性：扩散时可较快地达到空气中颗粒物有害浓度，尤其是粉末 短期接触的影响：该物质轻度刺激眼睛 长期或反复接触的影响：大量食入时该物质可能对肾有影响，导致体组织损伤		
物理性质	熔点：在 320～360℃分解 密度：$2.5g/cm^3$ 水中溶解度：25℃时 0.27g/100mL 蒸气压：25℃时<0.005Pa 辛醇/水分配系数的对数值：<0.3		
环境数据			
注解			

IPCS
International
Programme on
Chemical Safety

国际化学品安全卡

青石棉　　ICSC 编号：1314

CAS 登记号：12001-28-4
RTECS 号：CI6479000
UN 编号：2212
EC 编号：650-013-00-6
中国危险货物编号：2212

中文名称：青石棉；钠闪石石棉；蓝石棉
英文名称：CROCIDOLITE; Riebeckite asbestos; Blueasbestos

分子量：765.98　　化学式：$Na_2Fe_3+2Fe_2+3Si_8O_{22}(OH)_2$

危害/接触类型	急性危害/症状	预防	急救/消防
火　灾	不可燃		周围环境着火时，允许使用各种灭火剂
爆　炸			
接　触		防止粉尘扩散！避免一切接触！避免青少年和儿童接触！	
# 吸入	咳嗽	局部排气通风或呼吸防护	
# 皮肤	皮肤干燥，鸡眼	防护手套，防护服	脱掉污染的衣服，用大量水冲洗皮肤或淋浴
# 眼睛	发红	安全护目镜或眼睛防护结合呼吸防护	
# 食入		工作时不得进食、饮水或吸烟	

泄漏处置	撤离危险区域！向专家咨询！真空抽吸泄漏物。小心收集残余物，然后转移到安全场所。不要让该化学品进入环境。化学保护服包括自给式呼吸器
包装与标志	欧盟危险性类别：T 符号　标记：E　R：45-48/23　S：53-45 联合国危险性类别：9　联合国包装类别：II 中国危险性类别：第 9 类杂类危险物质和物品　中国包装类别：II
应急响应	运输应急卡：TEC(R)-90S2212
储存	严格密封
重要数据	物理状态、外观：纤维状 职业接触限值：阈限值：0.1 纤维/cm^3[纤维长度>5μm，长径比≥3∶1，在放大 400～450 倍下（4mm 物镜）相衬显微镜消除，通过膜过滤器法测]（时间加权平均值）；A1（确认的人类致癌物）（美国政府工业卫生学家会议，1998 年）。最高容许浓度：致癌物类别：1（德国，2004 年）。欧盟职业接触限值：0.1 纤维/cm^3（2003 年） 接触途径：该物质可通过吸入吸收到体内 吸入危险性：20℃时蒸发可忽略不计，但可以较快地达到空气中颗粒物有害浓度 短期接触的影响：该物质刺激眼睛、皮肤和呼吸道 长期或反复接触的影响：反复或长期与纤维接触肺可能受损伤，导致纤维变性该物质是人类致癌物
物理性质	熔点：低于熔点在 1200℃分解 相对密度（水=1）：3.3～3.4 水中溶解度：不溶
环境数据	
注解	吸烟可大大增进肺癌的风险。根据接触程度，建议定期进行医疗检查。不要将工作服带回家中

IPCS
International Programme on Chemical Safety

国际化学品安全卡

吡咯烷			ICSC 编号：1315
CAS 登记号：123-75-1 RTECS 号：UX9650000 UN 编号：1922 中国危险货物编号：1922 分子量：71.0		中文名称：吡咯烷；氮杂环戊烷；四氢化吡咯 英文名称：PYRROLIDINE; Azacyclopentane; Pyrrole, tetrahydro 化学式：C_4H_9N	
危害/接触类型	急性危害/症状	预防	急救/消防
火　灾	高度易燃。在火焰中释放出刺激性或有毒烟雾（或气体）	禁止明火、禁止火花和禁止吸烟	泡沫，干粉，二氧化碳
爆　炸	蒸气/空气混合物有爆炸性	密闭系统、通风、防爆型电气设备和照明。使用无火花手工具。防止静电荷积聚（例如，通过接地）	着火时，喷雾状水保持料桶等冷却
接　触		防止产生烟云！	
# 吸入	灼烧感，惊厥，咳嗽，头痛，恶心，咽喉痛，呕吐	通风，局部排气通风或呼吸防护	新鲜空气，休息，给予医疗护理
# 皮肤	发红，皮肤烧伤，疼痛，水疱	防护手套，防护服	用大量水冲洗皮肤或淋浴，给予医疗护理
# 眼睛	发红，疼痛，视力模糊，严重深度烧伤	面罩，或眼睛防护结合呼吸防护	先用大量水冲洗几分钟（如可能尽量摘除隐形眼镜），然后就医
# 食入	惊厥，咽喉疼痛，呕吐。见吸入	工作时不得进食，饮水或吸烟	给予医疗护理
泄漏处置	移除全部引燃源。尽可能将泄漏液收集在可密闭的容器中。用砂土或惰性吸收剂吸收残液，并转移到安全场所。个人防护用具：化学防护服，包括自给式呼吸器		
包装与标志	不易破碎包装，将易破碎包装放在不易破碎的密闭容器中 **联合国危险性类别**：3　**联合国次要危险性**：8 **联合国包装类别**：II **中国危险性类别**：第 3 类易燃液体　**中国次要危险性**：8 **中国包装类别**：II		
应急响应	运输应急卡：TEC(R)-30GFT-II		
储存	耐火设备（条件）。与强氧化剂、酸类分开存放。严格密封		
重要数据	**物理状态、外观**：无色至黄色液体，有刺鼻气味 **物理危险性**：蒸气比空气重，可能沿地面流动，可能造成远处着火 **化学危险性**：燃烧时，该物质分解生成含氮氧化物的有毒烟雾。该物质是一种强碱，与酸激烈反应，有腐蚀性。与氧化剂激烈反应 **职业接触限值**：阈限值未制定标准。最高容许浓度：IIb（未制定标准，但可提供数据）；皮肤吸收（德国，2004 年） **接触途径**：该物质可通过吸入和经食入吸收到体内 **吸入危险性**：未指明 20℃时该物质蒸发达到空气中有害浓度的速率 **短期接触的影响**：该物质刺激呼吸道，腐蚀眼睛和皮肤。该物质可能对神经系统有影响		
物理性质	**沸点**：89℃ **熔点**：−63℃ **相对密度（水=1）**：0.85 **水中溶解度**：混溶 **蒸气压**：39℃时 1.8kPa **蒸气相对密度（空气=1）**：2.45 **闪点**：3℃ **爆炸极限**：空气中 2.9%～13.0%（体积） **辛醇/水分配系数的对数值**：0.46		
环境数据			
注解			

IPCS
International
Programme on
Chemical Safety

国际化学品安全卡

<table>
<tr><td colspan="3">氯化铬</td><td>ICSC 编号：1316</td></tr>
<tr><td colspan="2">CAS 登记号：10025-73-7
RTECS 号：GB5425000</td><td colspan="2">中文名称：氯化铬；氯化铬(III)；三氯化铬
英文名称：CHROMIUM(III) CHLORIDE (ANHYDROUS); Chromic chloride; Chromium trichloride; Trichlorochromium</td></tr>
<tr><td colspan="2">分子量：158.4</td><td colspan="2">化学式：$CrCl_3$</td></tr>
<tr><td>危害/接触类型</td><td>急性危害/症状</td><td>预防</td><td>急救/消防</td></tr>
<tr><td>火　灾</td><td>不可燃</td><td></td><td>周围环境着火时，使用适当的灭火剂</td></tr>
<tr><td>爆　炸</td><td></td><td></td><td></td></tr>
<tr><td>接　触</td><td></td><td></td><td></td></tr>
<tr><td># 吸入</td><td>咳嗽</td><td>局部排气通风或呼吸防护</td><td>新鲜空气，休息</td></tr>
<tr><td># 皮肤</td><td></td><td>防护手套</td><td>脱去污染的衣服。用大量水冲洗皮肤或淋浴</td></tr>
<tr><td># 眼睛</td><td>发红</td><td>安全护目镜</td><td>先用大量水冲洗几分钟（如可能尽量摘除隐形眼镜），然后就医</td></tr>
<tr><td># 食入</td><td></td><td>工作时不得进食，饮水或吸烟</td><td>漱口</td></tr>
<tr><td>泄漏处置</td><td colspan="3">将泄漏物清扫进容器中，如果适当，首先润湿防止扬尘。个人防护用具：适用于有害颗粒物的 P2 过滤呼吸器</td></tr>
<tr><td>包装与标志</td><td colspan="3"></td></tr>
<tr><td>应急响应</td><td colspan="3"></td></tr>
<tr><td>储存</td><td colspan="3"></td></tr>
<tr><td>重要数据</td><td colspan="3">物理状态、外观：紫色晶体
职业接触限值：阈限值：0.5mg/m³（以金属 Cr、三价铬化合物计）（时间加权平均值）；A4（不能分类为人类致癌物）（美国政府工业卫生学家会议，2004 年）。最高容许浓度未制定标准
吸入危险性：扩散时可较快地达到空气中颗粒物有害浓度
短期接触的影响：可能对眼睛和呼吸道引起机械性刺激</td></tr>
<tr><td>物理性质</td><td colspan="3">沸点：1300℃（分解）
熔点：1152℃
密度：2.87g/cm³
水中溶解度：不溶</td></tr>
<tr><td>环境数据</td><td colspan="3"></td></tr>
<tr><td>注解</td><td colspan="3">本卡片的建议不适用于水溶性氯化铬。参见卡片#1532[六水合氯化铬（III）]</td></tr>
</table>

IPCS
International
Programme on
Chemical Safety

国际化学品安全卡

氯化亚铬			ICSC 编号：1317
CAS 登记号：10049-05-5 RTECS 号：GB5250000 分子量：122.9		中文名称：氯化亚铬；氯化铬（II）；二氯化铬 英文名称：CHROMOUS CHLORIDE; Chromium(II) chloride; Chromium dichloride 化学式：$CrCl_2$	
危害/接触类型	急性危害/症状	预防	急救/消防
火　灾	不可燃		周围环境着火时，允许使用各种灭火剂
爆　炸			
接　触		防止粉尘扩散！	
# 吸入	咳嗽，咽喉痛	避免吸入微细粉尘和烟云，局部排气通风或呼吸防护	
# 皮肤	皮肤干燥，发红	防护手套	先用大量水，然后脱去污染的衣服并再次冲洗
# 眼睛		护目镜	先用大量水冲洗几分钟(如可能尽量摘除隐形眼镜），然后就医
# 食入		工作时不得进食，饮水或吸烟	
泄漏处置	将泄漏物清扫进可密闭容器中。小心收集残余物，然后转移到安全场所。不要让该化学品进入环境。个人防护用具：适用于有害颗粒物的 P2 过滤呼吸器		
包装与标志	不得与食品和饲料一起运输		
应急响应			
储存	与强氧化剂、食品和饲料分开存放。干燥。严格密封。保存在通风良好的室内		
重要数据	**物理状态、外观**：各种形态极易吸湿的固体 **化学危险性**：该物质是一种强还原剂，与氧化剂发生反应。该物质可能降低封闭空间空气中的氧含量。与水反应，生成易燃/爆炸性气体氢（见卡片#0001） **职业接触限值**：阈限值未制定标准。最高容许浓度未制定标准 **接触途径**：该物质可通过吸入和经食入吸收到体内 **吸入危险性**：20℃时蒸发可忽略不计，但扩散时可较快地达到空气中颗粒物有害浓度 **短期接触的影响**：该物质刺激皮肤和呼吸道		
物理性质	**沸点**：1300℃ **熔点**：824℃ **密度**：2.8g/cm^3 **水中溶解度**：易溶		
环境数据	由于其在环境中的持久性，强烈建议不要让该化学品进入环境		
注解	对接触该物质的健康影响未进行充分调查		

IPCS
International
Programme on
Chemical Safety

国际化学品安全卡

硫酸镉			ICSC 编号：1318
CAS 登记号：10124-36-4 RTECS 号：EV2700000 UN 编号：2570 EC 编号：048-009-00-9 中国危险货物编号：2570		中文名称：硫酸镉 英文名称：CADMIUM SULFATE; Cadmium sulphate	
分子量：208.5		化学式：$CdSO_4$	
危害/接触类型	急性危害/症状	预防	急救/消防
火　灾			周围环境着火时，使用适当的灭火剂
爆　炸			
接　触		防止粉尘扩散！避免一切接触！	
# 吸入	咳嗽	局部排气通风或呼吸防护	新鲜空气，休息
# 皮肤	发红	防护手套	脱去污染的衣服。用大量水冲洗皮肤或淋浴
# 眼睛	发红	安全护目镜，眼睛防护结合呼吸防护	用大量水冲洗（如可能尽量摘除隐形眼镜）
# 食入	腹部疼痛，恶心，呕吐	工作时不得进食，饮水或吸烟	漱口，饮用 1～2 杯水
泄漏处置	将泄漏物清扫进可密闭容器中，如果适当，首先润湿防止扬尘。小心收集残余物，然后转移到安全场所。不要让该化学品进入环境。个人防护用具：化学防护服，包括自给式呼吸器		
包装与标志	不得与食品和饲料一起运输。不易破碎包装，将易破碎包装放在不易破碎的密闭容器中。严重污染海洋物质 **欧盟危险性类别**：T 符号 N 符号 标记：E R:45-46-60-61-25-26-48/23/25-50/53 S:53-45-60-61 **联合国危险性类别**：6.1 **联合国包装类别**：III **中国危险性类别**：第 6.1 项 毒性物质 **中国包装类别**：III **GHS 分类**：**警示词**：危险 **图形符号**：骷髅和交叉骨-健康危险-环境 **危险说明**：吞咽会中毒；可能引起遗传性缺陷；长期或反复接触对肾和骨骼造成损害；对水生生物毒性非常大；对水生生物毒性非常大并具有长期持续影响		
应急响应	**运输应急卡**：TEC(R)-61GT5-III		
储存	与食品和饲料分开存放。储存在没有排水管或下水道的场所。注意收容灭火产生的废水		
重要数据	**物理状态、外观**：白色晶体 **化学危险性**：加热时，该物质分解生成氧化镉和硫氧化物的有毒烟雾 **职业接触限值**：阈限值：$0.002mg/m^3$（以 Cd 计，可呼吸粉尘）（时间加权平均值）；A2（可疑人类致癌物）；公布生物暴露指数（美国政府工业卫生学家会议，2007 年）。最高容许浓度：镉及无机镉化合物（可吸入粉尘），皮肤吸收；致癌物类别：1；胚细胞突变物类别：3A（德国，2006 年） **接触途径**：该物质可通过吸入和经食入吸收到体内 **吸入危险性**：扩散时，可较快地达到空气中颗粒物有害浓度，尤其是粉末 **短期接触的影响**：该物质刺激呼吸道 **长期或反复接触的影响**：该物质可能对肾和骨骼有影响，导致肾损伤和骨质疏松症		
物理性质	**熔点**：1000℃ **密度**：$4.7g/cm^3$ **水中溶解度**：0℃时 75.5g/100mL		
环境数据	该物质对水生生物有极高毒性。该化学品可能在植物和海产食品中发生生物蓄积。由于在环境中具有持久性，强烈建议不要让该化学品进入环境		
注解	本卡片中对健康的影响主要依据其他镉化合物的研究结果。根据接触程度，建议定期进行医学检查。不要将工作服带回家中		

IPCS
International
Programme on
Chemical Safety

国际化学品安全卡

碳化钛			ICSC 编号：1319
CAS 登记号：12070-08-5		中文名称：碳化钛 英文名称：TITANIUM CARBIDE	
分子量：59.9		化学式：TiC	
危害/接触类型	急性危害/症状	预防	急救/消防
火　灾			周围环境着火时，允许使用各种灭火剂
爆　炸	微细分散的颗粒物在空气中形成爆炸性混合物	防止粉尘沉积，密闭系统，防止粉尘爆炸型电气设备与照明	
接　触		防止粉尘扩散！	
# 吸入	咳嗽，咽喉疼痛	局部排气通风或呼吸防护	新鲜空气，休息
# 皮肤		防护手套	用大量水冲洗皮肤或淋浴
# 眼睛		如果为粉末，安全护目镜或眼睛防护结合呼吸防护	
# 食入		工作时不得进食、饮水或吸烟	漱口
泄漏处置	将泄漏物扫入容器中。如果适当，首先湿润防止扬尘，然后转移到安全场所。个人防护用具：适用于有害颗粒物的 P2 过滤呼吸器		
包装与标志			
应急响应			
储存			
重要数据	物理状态、外观：灰色晶体粉末 物理危险性：如果以粉末或颗粒形状与空气混合，可能发生粉尘爆炸 化学危险性：遇火花时，该物质分解，有着火和爆炸危险 职业接触限值：阈限值未制定标准 接触途径：该物质可通过吸入吸收到体内 吸入危险性：20℃时蒸发可忽略不计，但扩散时可较快地达到空气中颗粒物有害浓度 短期接触的影响：该物质刺激呼吸道 长期或反复接触的影响：反复或长期接触粉尘颗粒，肺可能受损伤		
物理性质	沸点：4820℃ 熔点：3140℃ 水中溶解度：不溶		
环境数据			
注解	对接触该物质的健康影响未进行充分调查。该物质通常与其他化合物，如碳化钨、碳化钴一起使用。接触含碳化钛混合粉尘的工人已经发展成尘肺病		

IPCS
International
Programme on
Chemical Safety

国际化学品安全卡

碳化钨			ICSC 编号：1320
CAS 登记号：12070-12-1 RTECS 号：YO7250000 分子量：195.9		中文名称：碳化钨 英文名称：TUNGSTEN CARBIDE 化学式：WC	
危害/接触类型	急性危害/症状	预防	急救/消防
火　灾	不可燃		周围环境着火时，允许使用各种灭火剂
爆　炸			
接　触		防止粉尘扩散！	
# 吸入	咳嗽	避免吸入微细粉尘和烟云。局部排气通风或呼吸防护	
# 皮肤	皮肤干燥	防护手套	用大量水冲洗皮肤或淋浴
# 眼睛		安全护目镜，如为粉末，眼睛防护结合呼吸防护	先用大量水冲洗几分钟（如可能尽量摘除隐形眼镜），然后就医
# 食入		工作时不得进食，饮水或吸烟	
泄漏处置	将泄漏物清扫进可密闭容器中。如果适当，首先润湿防止扬尘。个人防护用具：适用于有害颗粒物的 P2 过滤呼吸器		
包装与标志			
应急响应			
储存			
重要数据	物理状态、外观：灰色至黑色粉末 职业接触限值：阈限值：5mg/m^3（钨和不溶性钨化合物）（时间加权平均值），10mg/m^3（短期接触限值）（美国政府工业卫生学家会议，2004 年）。最高容许浓度：IIb（未制定标准，但可提供数据）（德国，2004 年） 接触途径：该物质可通过吸入吸收到体内 吸入危险性：20℃时蒸发可忽略不计，但扩散时可较快地达到空气中颗粒物有害浓度 长期或反复接触的影响：反复或长期接触粉尘颗粒，肺可能受损伤，导致纤维变性		
物理性质	沸点：6000℃ 熔点：2780℃ 密度：15.6g/cm^3 水中溶解度：不溶		
环境数据			
注解	其他 CAS 登记号：11130-73-7。对接触该物质的健康影响未进行充分调查。该物质常常与其他物质，如钴化合物一起使用。在接触人员中已发生尘肺病，致病因子尚不清楚		

IPCS
International
Programme on
Chemical Safety

国际化学品安全卡

硅镁土			ICSC 编号：1321
CAS 登记号：12174-11-7 RTECS 号：RT6400000	中文名称：硅镁土；坡缕石 英文名称：ATTAPULGITE; Palygorskite 化学式：$Mg(Al_{0.51}\text{-}Fe_{0.05})Si_4O_{10}(OH)_4 \cdot H_2O$		
危害/接触类型	急性危害/症状	预防	急救/消防
火　灾			周围环境着火时，允许使用各种灭火剂
爆　炸			
接　触		防止粉尘扩散！避免一切接触！	
# 吸入	咳嗽	局部排气通风或呼吸防护	
# 皮肤		防护手套	用大量水冲洗皮肤或淋浴
# 眼睛		如果为粉末，安全护目镜或眼睛防护结合呼吸防护	首先用大量水冲洗几分钟（如可能尽量摘除隐形眼镜），然后就医
# 食入		工作时不得进食、饮水或吸烟	
泄漏处置	将泄漏物扫入容器中。如果适当，首先湿润防止扬尘。个人防护用具：适用于有害颗粒物的 P2 过滤呼吸器		
包装与标志			
应急响应			
储存			
重要数据	**物理状态、外观**：白色至灰色纤维 **职业接触限值**：阈限值未制定标准。最高容许浓度：致癌物类别：2（德国，2004 年） **接触途径**：该物质可通过吸入吸收到体内 **吸入危险性**：20℃时蒸发可忽略不计，但扩散时可较快地达到空气中颗粒物有害浓度 **长期或反复接触的影响**：反复或长期接触纤维，肺可能受损伤，导致纤维变性该物质可能是人类致癌物		
物理性质			
环境数据			
注解	根据接触程度，建议定期进行医疗检查。不要将工作服带回家中。纤维长度依矿物来源而异。与可吸入纤维相关的实验致癌性长度大于 5μm		

IPCS
International
Programme on
Chemical Safety

国际化学品安全卡

氡			ICSC 编号：1322
CAS 登记号：10043-92-2 RTECS 号：VE3750000 UN 编号：2982 中国危险货物编号：2982 原子量：222.0	中文名称：氡 英文名称：RADON 化学式：Rn		
危害/接触类型	急性危害/症状	预防	急救/消防
火　灾	不可燃		周围环境着火时，允许使用各种灭火剂
爆　炸			
接　触		严格作业环境管理！	
# 吸入	见长期或反复接触的影响	通风，局部排气通风或呼吸防护	
# 皮肤			
# 眼睛			
# 食入		工作时不得进食，饮水或吸烟	
泄漏处置	通风。个人防护用具：自给式呼吸器		
包装与标志	联合国危险性类别：7 中国危险性类别：第 7 类放射性物质		
应急响应			
储存			
重要数据	物理状态、外观：无色气体 职业接触限值：阈限值未制定标准 接触途径：该物质可通过吸入吸收到体内 长期或反复接触的影响：该物质是人类致癌物。见注解		
物理性质	沸点：-62℃ 熔点：-71℃ 密度：9.73g/L 水中溶解度：20℃时 22.2mL/100mL		
环境数据	氡是一种常见天然放射源		
注解	氡是从铀放射性蜕变成镭，然后转化为氡而来。氡的健康影响主要由于吸入其放射性蜕变产物。这些蜕变产物在呼吸道上的沉降方式取决于它们是否附着在颗粒物上。根据接触程度，建议定期进行医疗检查		

IPCS
International
Programme on
Chemical Safety

国际化学品安全卡

氟化钙			ICSC 编号：1323
CAS 登记号：7789-75-5 RTECS 号：EW1760000		中文名称：氟化钙；二氟化钙 英文名称：CALCIUM FLUORIDE; Calcium difluoride	
分子量：78.1		化学式：CaF_2	

危害/接触类型	急性危害/症状	预防	急救/消防
火　灾	不可燃		周围环境着火时，允许使用各种灭火剂
爆　炸			
接　触		防止粉尘扩散！	
# 吸入		通风（如果没有粉末时），局部排气通风或呼吸防护	新鲜空气，休息
# 皮肤		防护手套	冲洗，然后用水和肥皂清洗皮肤
# 眼睛		安全护目镜	先用大量水冲洗几分钟（如可能尽量摘除隐形眼镜），然后就医
# 食入	恶心，呕吐	工作时不得进食，饮水或吸烟	漱口

泄漏处置	将泄漏物清扫进容器中。如果适当，首先润湿防止扬尘。小心收集残余物，然后转移到安全场所。个人防护用具：适用于有害颗粒物的 P2 过滤呼吸器
包装与标志	
应急响应	
储存	与无机酸分开存放
重要数据	**物理状态、外观**：无色晶体或白色吸湿的粉末 **化学危险性**：燃烧时，生成氟化物的有毒烟雾。与无机酸发生反应，生成腐蚀性烟雾 **职业接触限值**：阈限值：2.5mg/m³（氟化物，以 F 计）（时间加权平均值）；A4（不能分类为人类致癌物）；公布生物暴露指数（美国政府工业卫生学家会议，2004 年）。最高容许浓度：1mg/m³（以 F 计）（可吸入粉尘）；最高限值种类：I（4）；皮肤吸收；妊娠风险等级：C（德国，2005 年） **接触途径**：该物质可通过吸入其气溶胶和经食入吸收到体内 **吸入危险性**：20℃时蒸发可忽略不计，但喷洒时可较快地达到空气中颗粒物有害浓度
物理性质	**沸点**：2500℃ **熔点**：1403℃ **密度**：3.2g/cm³ **水中溶解度**：20℃时不溶
环境数据	
注解	氟化钙矿作为萤石和氟石矿开采

IPCS
International
Programme on
Chemical Safety

国际化学品安全卡

氟化铝（无水）			ICSC 编号：1324
CAS 登记号：7784-18-1 RTECS 号：BD0725000 UN 编号：1759 中国危险货物编号：1759 分子量：84		中文名称：氟化铝（无水）；三氟化铝 英文名称：ALUMINIUM FLUORIDE (ANHYDROUS); Aluminium trifluoride 化学式：AlF_3	

危害/接触类型	急性危害/症状	预防	急救/消防
火　灾	不可燃。在火焰中释放出刺激性或有毒烟雾（或气体）		周围环境着火时，允许使用各种灭火剂
爆　炸			
接　触		防止粉尘扩散！严格作业环境管理！	
# 吸入	咳嗽，气促，咽喉痛	局部排气通风或呼吸防护	新鲜空气，休息，给予医疗护理
# 皮肤	疼痛，发红	防护手套	用大量水冲洗皮肤或淋浴
# 眼睛	发红，疼痛	护目镜	先用大量水冲洗几分钟（如可能尽量摘除隐形眼镜），然后就医
# 食入		工作时不得进食，饮水或吸烟。进食前洗手	漱口，催吐（仅对清醒病人！），大量饮水，给予医疗护理
泄漏处置	将泄漏物清扫进容器中。如果适当，首先润湿防止扬尘。个人防护用具：适用于有害颗粒物的 P2 过滤呼吸器		
包装与标志	不得与食品和饲料一起运输 **联合国危险性类别**：8　**联合国包装类别**：II **中国危险性类别**：第 8 类腐蚀性物质　**中国包装类别**：II		
应急响应	运输应急卡：TEC(R)-80GC10-II+III		
储存	与食品和饲料分开存放。干燥。严格密封		
重要数据	**物理状态、外观**：白色或无色吸湿的晶体 **化学危险性**：加热时，该物质分解生成氟有毒烟雾 **职业接触限值**：阈限值：2.5mg/m^3（氟化物，以 F 计）（时间加权平均值）；A4（不能分类为人类致癌物）（美国政府工业卫生学家会议，2004 年）。阈限值：2mg/m^3（以 Al 计）（时间加权平均值）（美国政府工业卫生学家会议，2004 年）。最高容许浓度：1mg/m^3（以 F 计）（可吸入粉尘）；最高限值种类：I（4）；皮肤吸收；妊娠风险等级：C（德国，2005 年）。欧盟职业接触限值：2.5mg/m^3（氟化物，以 F 计）（欧盟 2004 年） **接触途径**：该物质可通过吸入粉尘和经食入吸收到体内 **吸入危险性**：20℃时蒸发可忽略不计，但可较快地达到空气中颗粒物有害浓度 **短期接触的影响**：该气溶胶刺激眼睛、皮肤和呼吸道 **长期或反复接触的影响**：反复或长期吸入接触可能引起哮喘。该物质可能对骨骼、神经系统有影响，导致骨骼变形（氟中毒）和神经系统损伤		
物理性质	升华点：1272℃ 密度：2.9g/cm^3 水中溶解度：20℃时 0.5g/100mL 蒸气压：1238℃时 133Pa		
环境数据			
注解	氟化铝水合物的 CAS 登记号为 15098-87-0 和 32287-65-3。分解温度未见文献报道。哮喘症状常常经过几个小时以后才变得明显，体力劳动使症状加重。因而休息和医学观察是必要的。因该物质发生哮喘症状的任何人不应当再接触该物质		

IPCS
International
Programme on
Chemical Safety

国际化学品安全卡

氧化铍	ICSC 编号：1325
CAS 登记号：1304-56-9 RTECS 号：DS4025000 UN 编号：1566 EC 编号：004-003-00-8 中国危险货物编号：1566	中文名称：氧化铍；一氧化铍 英文名称：BERYLLIUM OXIDE; Beryllia; Beryllium monoxide
分子量：25	化学式：BeO

危害/接触类型	急性危害/症状	预防	急救/消防
火　灾	不可燃。在火焰中释放出刺激性或有毒烟雾（或气体）		周围环境着火时，允许使用各种灭火剂
爆　炸			
接　触		防止粉尘扩散！避免一切接触！	一切情况均向医生咨询！
# 吸入	咳嗽，气促，咽喉痛。症状可能推迟显现。（见注解）	密闭系统和通风	新鲜空气，休息，给予医疗护理
# 皮肤	发红	防护手套，防护服	脱去污染的衣服，用大量水冲洗皮肤或淋浴
# 眼睛	发红，疼痛	面罩，如为粉末，眼睛防护结合呼吸防护	先用大量水冲洗几分钟（如可能尽量摘除隐形眼镜），然后就医
# 食入		工作时不得进食，饮水或吸烟。进食前洗手	漱口，给予医疗护理
泄漏处置	将泄漏物清扫进可密闭容器中。如果适当，首先润湿防止扬尘。小心收集残余物，然后转移到安全场所。不要让该化学品进入环境。化学防护服包括自给式呼吸器		
包装与标志	不易破碎包装，将易破碎包装放在不易破碎的密闭容器中。不得与食品和饲料一起运输 **欧盟危险性类别**：T+符号 标记：E R:49-25-26-36/37/38-43-48/23 S:53-45 **联合国危险性类别**：6.1 **联合国包装类别**：II **中国危险性类别**：第 6.1 项 毒性物质 **中国包装类别**：II		
应急响应	运输应急卡：TEC(R)-61GT5-II		
储存	与食品和饲料分开存放。严格密封		
重要数据	**物理状态、外观**：白色晶体或粉末 **化学危险性**：加热时生成有毒烟雾 **职业接触限值**：阈限值：0.002mg/m^3（以 Be 计)(时间加权平均值），0.01mg/m^3（短期接触限值）；A1（确认的人类致癌物）。拟变更为：阈限值：0.00005mg/m^3（时间加权平均值）；0.0002mg/m^3（短期接触限值）；经皮；致敏剂；A1（确认的人类致癌物）（美国政府工业卫生学家会议，2008 年）。最高容许浓度：经皮；致癌物类别：1（德国，2008 年） **接触途径**：该物质可通过吸入其气溶胶和经食入吸收到体内 **吸入危险性**：20℃时蒸发可忽略不计，但扩散时可较快地达到空气中颗粒物有害浓度 **短期接触的影响**：该物质刺激眼睛、皮肤和呼吸道。吸入粉尘可能引起化学肺炎。作用可能延缓。需进行医学观察。接触可能导致死亡 **长期或反复接触的影响**：反复或长期接触可能引起皮肤过敏。反复或长期接触，肺可能受损伤，导致慢性铍病（咳嗽，体重减少，虚弱）。该物质是人类致癌物		
物理性质	**沸点**：3900℃ **熔点**：2530℃ **密度**：3.0g/cm^3 **水中溶解度**：20℃时不溶		
环境数据	该物质对水生生物有极高毒性。该物质可能在水生环境中造成长期影响		
注解	短期大量接触的急性肺炎症状 3 天以后才变得明显。根据接触程度，建议定期进行医疗检查。不要将工作服带回家中		

IPCS
International
Programme on
Chemical Safety

国际化学品安全卡

碘化氢			ICSC 编号：1326
CAS 登记号：10034-85-2 RTECS 号：MX1510000 UN 编号：2197 EC 编号：053-002-00-9 中国危险货物编号：2197 分子量：127.9	中文名称：碘化氰；无水氢碘酸 英文名称：HYDROGEN IODIDE; Anhydrous hydriodic acid 化学式：HI		
危害/接触类型	急性危害/症状	预防	急救/消防
火　灾	不可燃。在火焰中释放出刺激性或有毒烟雾（或气体）		周围环境着火时，使用适当的灭火剂
爆　炸			着火时，喷雾状水保持钢瓶冷却
接　触		避免一切接触！	一切情况均向医生咨询！
# 吸入	咳嗽。咽喉痛。胸骨后灼烧感。呼吸短促。呼吸困难	通风，局部排气通风或呼吸防护	半直立体位。必要时进行人工呼吸。立即给予医疗护理
# 皮肤	发红。疼痛。严重的皮肤烧伤。水疱。与液体接触：冻伤	防护手套。保温手套。防护服	用大量水冲洗皮肤或淋浴至少15min。冻伤时，用大量水冲洗，不要脱去衣服。立即给予医疗护理
# 眼睛	发红。疼痛。严重烧伤	面罩，或眼睛防护结合呼吸防护	用大量水冲洗（如可能尽量摘除隐形眼镜）。立即给与医疗护理
# 食入		工作时不得进食、饮水或吸烟	
泄漏处置	个人防护用具：全套防护服，包括自给式呼吸器。通风。		
包装与标志	欧盟危险性类别：C 符号 标记：5　R:35　S:1/2-9-26-36/37/39-45 联合国危险性类别：2.3　联合国次要危险性：8 中国危险性类别：第 2.3 项 毒性气体 中国次要危险性：第 8 类 腐蚀性物质 GHS 分类：信号词：危险 图形符号：钢瓶-腐蚀 危险说明：内含高压气体，遇热可能爆炸；造成严重皮肤灼伤和眼睛损伤；可能引起呼吸刺激作用		
应急响应			
储存	如果在建筑物内，耐火设备（条件）。与金属、氧化剂分开存放。保存在通风良好的室内		
重要数据	物理状态、外观：无色压缩液化气体，有刺鼻气味 物理危险性：该气体比空气重 化学危险性：与氧化剂发生反应，有着火的危险。浸蚀许多金属，生成易燃/爆炸性气体(氢，见化学品安全卡#0001)。水溶液是一种强酸，与碱激烈反应并具有腐蚀性 职业接触限值：阈限值未制定标准。最高容许浓度未制定标准 接触途径：各种接触途径均产生严重的局部影响 吸入危险性：容器漏损时，迅速达到空气中该气体的有害浓度 短期接触的影响：液体迅速蒸发可能引起冻伤。该物质腐蚀眼睛，皮肤和呼吸道。吸入可能引起咽喉严重肿胀。吸入可能引起肺水肿，但只在最初的对眼睛和/或呼吸道的腐蚀性影响已经显现后。需进行医学观察		
物理性质	沸点：-35.5℃ 熔点：-50.8℃ 水中溶解度：20℃时 42.5g/100mL （溶解） 蒸气压：20℃时 733kPa 蒸气相对密度（空气=1）：4.4		
环境数据			
注解	其他 UN 编号：1787 氢碘酸，危险性类别：8，包装类别：II-III。CAS 登记号 10034-85-2 适用于碘化氢和氢碘酸		

IPCS
International
Programme on
Chemical Safety

国际化学品安全卡

绿麦隆			ICSC 编号：1327
CAS 登记号：15545-48-9 RTECS 号：YS7230000 EC 编号：616-105-00-5 分子量：212.7		中文名称：绿麦隆；3-(3-氯对甲苯基)-1,1-二甲基脲 英文名称：CHLOROTOLURON; 3-(3-Chloro-p-tolyl)-1,1-dimethylurea 化学式：$C_{10}H_{13}ClN_2O$	
危害/接触类型	**急性危害/症状**	**预防**	**急救/消防**
火　灾	可燃的。在火焰中释放出刺激性或有毒烟雾（或气体）		雾状水，泡沫，干粉，二氧化碳
爆　炸			
接　触	见注解		
# 吸入		局部排气通风或呼吸防护	新鲜空气，休息
# 皮肤		防护手套	脱去污染的衣服。冲洗，然后用水和肥皂清洗皮肤
# 眼睛	发红	安全护目镜	先用大量水冲洗几分钟（如可能尽量摘除隐形眼镜），然后就医
# 食入		工作时不得进食，饮水或吸烟。进食前洗手	漱口
泄漏处置	将泄漏物清扫进有盖的容器中。小心收集残余物。不要让该化学品进入环境。个人防护用具：适用于有害颗粒物的 P2 过滤呼吸器		
包装与标志	不得与食品和饲料一起运输 **欧盟危险性类别**：Xn 符号 N 符号 R:40-63-50/53 S:2-26-36/37-46-60-61		
应急响应			
储存	注意收容灭火产生的废水。储存在没有排水管或下水道的场所。与强碱、强酸、食品和饲料分开存放		
重要数据	**物理状态、外观**：无色晶体或白色粉末 **化学危险性**：燃烧时，生成有毒烟雾。与强酸和强碱发生反应 **职业接触限值**：阈限值未制定标准。最高容许浓度未制定标准 **接触途径**：该物质可通过吸入其气溶胶和经食入吸收到体内 **吸入危险性**：扩散时可较快地达到空气中颗粒物有害浓度 **长期或反复接触的影响**：在实验动物身上发现肿瘤，但是可能与人类无关。见注解		
物理性质	**熔点**：148.1℃ **密度**：1.4g/cm^3 **水中溶解度**：25℃时 0.0074g/100mL（难溶） **蒸气压**：20℃时可忽略不计 **辛醇/水分配系数的对数值**：2.5		
环境数据	该物质对水生生物有极高毒性。该物质在正常使用过程中进入环境。但是要特别注意避免任何额外的释放，例如通过不适当处置活动		
注解	高剂量时，在小鼠的肾脏和肝脏上发现肿瘤。该物质是可燃的，但闪点未见文献报道		

IPCS
International
Programme on
Chemical Safety

国际化学品安全卡

4-乙酰氨基酚			ICSC 编号：1330
CAS 登记号：103-90-2 RTECS 号：AE4200000 分子量：151.2	中文名称：4-乙酰氨基酚；乙酰氨基酚；4-羟基-*N*-乙酰苯胺；对乙酰氨基酚；*N*-(4-羟基苯基)乙酰胺 英文名称：PARACETAMOL; Acetaminophen; 4'-Hydroxyacetanilide; *p*-Acetylaminophenol; *N*-(4-Hydroxyphenyl) acetamide 化学式：$C_8H_9NO_2/HOC_6H_4NHCOCH_3$		
危害/接触类型	急性危害/症状	预防	急救/消防
火　灾	可燃的	禁止明火	干粉，抗溶性泡沫，雾状水，二氧化碳
爆　炸			
接　触		防止粉尘扩散！	
# 吸入	咳嗽	局部排气通风或呼吸防护	新鲜空气，休息
# 皮肤		防护手套	冲洗，然后用水和肥皂清洗皮肤
# 眼睛	发红	安全护目镜	用大量水冲洗（如可能尽量摘除隐形眼镜）
# 食入		工作时不得进食，饮水或吸烟	饮用 1～2 杯水
泄漏处置	将泄漏物清扫进容器中，如果适当，首先润湿防止扬尘。不要让该化学品进入环境。个人防护用具：适应于该物质空气中浓度的颗粒物过滤呼吸器		
包装与标志	GHS 分类：信号词：警告　图形符号：健康危险　危险说明：长期或反复吞咽可能对肝和肾造成损害；对水生生物有毒		
应急响应			
储存	注意收容灭火产生的废水。储存在没有排水管或下水道的场所		
重要数据	**物理状态、外观**：无色晶体或晶体粉末 **职业接触限值**：阈限值未制定标准。最高容许浓度未制定标准 **接触途径**：该物质可经食入吸收到体内 **吸入危险性**：可较快地达到空气中颗粒物公害污染浓度 **长期或反复接触的影响**：食入时，该物质可能对肾和肝有影响，导致功能损伤		
物理性质	沸点：>500℃ 熔点：169～170℃ 密度：1.3g/cm^3 水中溶解度：20℃时 1.4g/100mL（适度溶解） 蒸气相对密度（空气=1）：5.2 自燃温度：540℃ 爆炸极限：空气中 15%～?%（体积） 辛醇/水分配系数的对数值：0.49		
环境数据	该物质对水生生物是有毒的。强烈建议不要让该化学品进入环境		
注解			

IPCS
International
Programme on
Chemical Safety

国际化学品安全卡

乙酸苄酯			ICSC 编号：1331
CAS 登记号：140-11-4 RTECS 号：AF5075000 分子量：150.2	中文名称：乙酸苄酯；苯甲基乙酸酯 英文名称：BENZYL ACETATE; Benzyl acetate; Phenylmethyl acetate; Acetic acid, benzyl ester 化学式：$C_9H_{10}O_2$/$CH_3COOCH_2C_6H_5$		
危害/接触类型	急性危害/症状	预防	急救/消防
火　灾	可燃的	禁止明火	干粉、抗溶性泡沫、雾状水、二氧化碳
爆　炸	高于 90℃，可能形成爆炸性蒸气/空气混合物	高于 90℃，使用密闭系统、通风	
接　触			
# 吸入	灼烧感，意识模糊，头晕，倦睡，呼吸困难，咽喉痛	通风，局部排气通风或呼吸防护	新鲜空气，休息，给予医疗护理
# 皮肤	皮肤干燥	防护手套	脱去污染的衣服，冲洗，然后用水和肥皂清洗皮肤
# 眼睛	发红	安全护目镜	先用大量水冲洗几分钟（如可能尽量摘除隐形眼镜），然后就医
# 食入	灼烧感，惊厥，腹泻，倦睡，呕吐	工作时不得进食，饮水或吸烟	漱口，不要催吐，大量饮水，休息，给予医疗护理
泄漏处置	用泥土、砂土覆盖泄漏物。通风。将泄漏液收集在有盖的容器中。用大量水冲净残余物		
包装与标志			
应急响应	美国消防协会法规：H1（健康危险性）；F1（火灾危险性）；R0（反应危险性）		
储存	与强氧化剂分开存放。沿地面通风		
重要数据	物理状态、外观：无色液体，有特殊气味 化学危险性：燃烧时，该物质分解生成刺激性烟雾。与强氧化剂发生反应，有着火和爆炸危险 职业接触限值：阈限值：10ppm（时间加权平均值）；A4（不能分类为人类致癌物）（美国政府工业卫生学家会议，2004 年）。最高容许浓度未制定标准 接触途径：该物质可通过吸入和经食入吸收到体内 吸入危险性：20℃时该物质蒸发相当慢地达到空气中有害浓度，但喷洒时快得多 短期接触的影响：蒸气刺激眼睛和呼吸道。该物质可能对中枢神经系统有影响。远高于职业接触限值接触时，可能导致神志不清 长期或反复接触的影响：液体使皮肤脱脂。该物质可能对肾有影响		
物理性质	沸点：212℃ 熔点：-51℃ 相对密度（水=1）：1.1 水中溶解度：20℃时不溶 蒸气压：25℃时 190Pa 蒸气相对密度（空气=1）：5.1 蒸气/空气混合物的相对密度（20℃，空气=1）：1.01 闪点：90℃（闭杯） 自燃温度：460℃ 爆炸极限：空气中 0.9%～8.4%（体积） 辛醇/水分配系数的对数值：1.96		
环境数据			
注解			

IPCS
International
Programme on
Chemical Safety

国际化学品安全卡

1-溴丙烷	ICSC 编号：1332
CAS 登记号：106-94-5 RTECS 号：TX4110000 UN 编号：2344 EC 编号：602-019-00-5 中国危险货物编号：2344	中文名称：1-溴丙烷；正丙基溴；丙基溴 英文名称：1-BROMOPROPANE; n-Propyl bromide; Propyl bromide
分子量：123.0	化学式：$C_3H_7Br/CH_3CH_2CH_2Br$

危害/接触类型	急性危害/症状	预防	急救/消防
火　灾	高度易燃。在火焰中释放出刺激性或有毒烟雾（或气体）	禁止明火，禁止火花和禁止吸烟	干粉，抗溶性泡沫，雾状水，二氧化碳
爆　炸			着火时，喷雾状水保持料桶等冷却
接　触		避免一切接触！	
# 吸入	咳嗽。咽喉痛。倦睡	通风，局部排气通风或呼吸防护	新鲜空气，休息。给予医疗护理
# 皮肤		防护手套	脱去污染的衣服。用大量水冲洗皮肤或淋浴
# 眼睛	发红。疼痛	安全眼镜	先用大量水冲洗几分钟（如可能尽量摘除隐形眼镜），然后就医
# 食入		工作时不得进食，饮水或吸烟	漱口

泄漏处置	移除全部引燃源。尽可能将泄漏液收集在可密闭的容器中。用砂土或惰性吸收剂吸收残液，并转移到安全场所。不要冲入下水道。个人防护用具：适用于有机气体和蒸气的过滤呼吸器
包装与标志	欧盟危险性类别：T 符号　F 符号　R:60-11-36/37/38-48/20-63-67　S:53-45 联合国危险性类别：3　联合国包装类别：II 中国危险性类别：第 3 类易燃液体　中国包装类别：II
应急响应	运输应急卡：TEC(R)-30GF1-I+II 美国消防协会法规：H2（健康危险性）；F3（火灾危险性）；R0（反应危险性）
储存	耐火设备（条件）。与强氧化剂、强碱分开存放
重要数据	物理状态、外观：无色液体 物理危险性：蒸气比空气重。可能沿地面流动；可能造成远处着火 化学危险性：燃烧时，该物质分解生成含溴化氢有毒气体。与强碱和强氧化剂发生反应 职业接触限值：阈限值未制定标准。最高容许浓度未制定标准 接触途径：该物质可通过吸入其蒸气吸收到体内 吸入危险性：20℃时，该物质蒸发，迅速达到空气中有害污染浓度 短期接触的影响：该物质刺激眼睛和呼吸道。该物质可能对中枢神经系统有影响，导致知觉降低 长期或反复接触的影响：动物实验表明，该物质可能造成人类生殖或发育毒性
物理性质	沸点：71.0℃ 熔点：-110℃ 相对密度（水=1）：1.35 水中溶解度：20℃时 0.25g/100mL 蒸气压：18℃时 13.3kPa 蒸气相对密度（空气=1）：4.3 蒸气/空气混合物的相对密度（20℃，空气=1）：1.4 闪点：-10℃（闭杯） 自燃温度：490℃ 辛醇/水分配系数的对数值：2.1
环境数据	
注解	

IPCS
International
Programme on
Chemical Safety

国际化学品安全卡

碳酸氢铵			ICSC 编号：1333
CAS 登记号：1066-33-7 RTECS 号：BO8600000 分子量：79.1	中文名称：碳酸氢铵；酸性碳酸铵；碳酸一铵盐 英文名称：AMMONIUM HYDROGEN CARBONATE; Ammonium bicarbonate; Acid ammonium carbonate; Carbonic acid, monoammonium salt 化学式：CH_5NO_3/NH_4HCO_3		
危害/接触类型	急性危害/症状	预防	急救/消防
火　灾	不可燃。在火焰中释放出刺激性或有毒烟雾（或气体）		周围环境着火时，允许使用各种灭火剂
爆　炸			
接　触			
# 吸入	咳嗽，咽喉疼痛	通风，局部排气通风或呼吸防护	新鲜空气，休息
# 皮肤		防护手套	用大量水冲洗皮肤或淋浴
# 眼睛	发红，疼痛	安全护目镜	首先用大量水冲洗几分钟（如可能尽量摘除隐形眼镜），然后就医
# 食入		工作时不得进食、饮水或吸烟	漱口
泄漏处置	将泄漏物扫入有盖容器中。如果适当，首先湿润防止扬尘。用大量水冲净残余物。个人防护用具：适用于颗粒物和氨的复合式过滤呼吸器		
包装与标志			
应急响应			
储存	与强氧化剂、强碱和酸分开存放。阴凉场所		
重要数据	**物理状态、外观**：无色或白色晶体，有特殊气味 **化学危险性**：加热到35℃以上时，该物质发生分解，生成氨烟雾。与酸激烈反应。与强碱和强氧化剂激烈反应 **职业接触限值**：阈限值未制定标准。最高容许浓度未制定标准 **接触途径**：该物质可通过吸入其气溶胶吸收到体内 **吸入危险性**：未指明20℃时该物质蒸发达到空气中有害浓度的速率 **短期接触的影响**：该物质刺激眼睛和呼吸道		
物理性质	熔点：35～60℃（分解） 水中溶解度：20℃时 17.4g/100mL（溶解）		
环境数据			
注解			

IPCS
International
Programme on
Chemical Safety

国际化学品安全卡

丁酸			ICSC 编号：1334
CAS 登记号：107-92-6 RTECS 号：ES5425000 UN 编号：2820 EC 编号：607-135-00-X 中国危险货物编号：2820 分子量：88.1		中文名称：丁酸；正丁酸；乙基乙酸；1-丁酸 英文名称：BUTYRIC ACID; n-Butanoic acid; Ethylaceticacid; 1-Propanecarboxylic acid; Butanic acid 化学式：$C_4H_8O_2/CH_3CH_2CH_2COOH$	
危害/接触类型	急性危害/症状	预防	急救/消防
火　灾	可燃的。在火焰中释放出刺激性或有毒烟雾（或气体）	禁止明火	干粉，抗溶性泡沫，雾状水，二氧化碳
爆　炸	高于 72℃，可能形成爆炸性蒸气/空气混合物	高于 72℃，使用密闭系统，通风	着火时，喷雾状水保持料桶等冷却
接　触		避免一切接触！	一切情况均向医生咨询！
# 吸入	咽喉疼痛，咳嗽，灼烧感，气促，呼吸困难。症状可能推迟显现	通风，局部排气通风或呼吸防护	新鲜空气，休息，必要时进行人工呼吸，给予医疗护理
# 皮肤	疼痛，发红，起疱，皮肤烧伤	防护手套，防护服	脱掉污染的衣服，用大量水冲洗皮肤或淋浴，给予医疗护理
# 眼睛	疼痛，发红，严重深度烧伤，视力丧失	面罩或眼睛防护结合呼吸防护	首先用大量水冲洗几分钟（如可能尽量摘除隐形眼镜），然后就医
# 食入	灼烧感，腹部疼痛，休克或虚脱	工作时不得进食、饮水或吸烟	漱口，不要催吐，给予医疗护理
泄漏处置	将泄漏液收集在有盖容器中。小心用碱石灰中和残液。然后用大量水冲净。不要让这种化学品进入环境。个人防护用具：全套防护服包括自给式呼吸器		
包装与标志	不得与食品和饲料一起运输。 欧盟危险性类别：C 符号　R:34 S:1/2-26-36-45 联合国危险性类别：8　联合国包装类别：III 中国危险性类别：第 8 类腐蚀性物质　中国包装类别：III		
应急响应	运输应急卡：TEC(R)-80G20c 美国消防协会法规：H3（健康危险性）；F2（火灾危险性）；R0（反应危险性）		
储存	与强氧化剂、强碱、食品和饲料分开存放		
重要数据	物理状态、外观：无色油状液体，有特殊气味 化学危险性：该物质是一种中强酸，与碱和强氧化剂反应。浸蚀许多种金属 职业接触限值：阈限值未制定标准。最高容许浓度未制定标准 接触途径：该物质可通过吸入其蒸气吸收到体内 吸入危险性：未指明 20℃时该物质蒸发达到空气中有害浓度的速率 短期接触的影响：该物质腐蚀眼睛、皮肤和呼吸道		
物理性质	沸点：164℃ 熔点：−7.9℃ 相对密度（水=1）：0.96 水中溶解度：混溶 蒸气压：20℃时 57Pa 蒸气相对密度（空气=1）：3 闪点：72℃（闭杯） 自燃温度：452℃ 爆炸极限：空气中 2%～10%（体积） 辛醇/水分配系数的对数值：0.79		
环境数据	该物质对水生生物是有害的		
注解			

IPCS
International
Programme on
Chemical Safety

国际化学品安全卡

仲乙酸己酯			ICSC 编号：1335
CAS 登记号：108-84-9 RTECS 号：SA7525000 UN 编号：1233 中国危险货物编号：1233 分子量：144.2	中文名称：仲乙酸己酯；1,3-二甲基丁基乙酸酯；甲基异戊基乙酸酯；乙酸-1,3-甲基丁基酯；4-甲基-2-戊醇乙酸酯 英文名称：sec-HEXYL ACETATE; 1,3-Dimethylbutyl acetate; Methylisoamyl acetate; Acetic acid, 1,3-dimethylbutyl ester; 4-Methyl-2-pentanol, ace tate 化学式：$C_8H_{16}O_2$/$CH_3COOCH(CH_3)CH_2CH(CH_3)_2$		
危害/接触类型	急性危害/症状	预防	急救/消防
火　灾	易燃的	禁止明火、禁止火花和禁止吸烟	干粉、抗溶性泡沫、雾状水、二氧化碳
爆　炸	高于 45℃，可能形成爆炸性蒸气/空气混合物	高于 45℃，使用密闭系统、通风和防爆型电气设备	着火时，喷雾状水保持料桶等冷却
接　触			
# 吸入	咳嗽，咽喉痛	通风，局部排气通风或呼吸防护	新鲜空气，休息
# 皮肤	发红	防护手套	脱去污染的衣服。冲洗，然后用水和肥皂清洗皮肤
# 眼睛	发红	安全护目镜	先用大量水冲洗几分钟（如可能尽量摘除隐形眼镜），然后就医
# 食入			漱口
泄漏处置	尽可能将泄漏液收集在可密闭的容器中。用砂土或惰性吸收剂吸收残液，并转移到安全场所。个人防护用具：适用于有机气体和蒸气的过滤呼吸器		
包装与标志	联合国危险性类别：3　联合国包装类别：III 中国危险性类别：第 3 类易燃液体　中国包装类别：III		
应急响应	运输应急卡：TEC(R)-30GF1-III 美国消防协会法规：H1（健康危险性）；F2（火灾危险性）；R0（反应危险性）		
储存	耐火设备（条件）。与强氧化剂分开存放		
重要数据	物理状态、外观：无色液体，有特殊气味 化学危险性：与强氧化剂发生反应 职业接触限值：阈限值：50ppm（时间加权平均值）（美国政府工业卫生学家会议，2004 年）。最高容许浓度：IIb（未制定标准，但可提供数据）（德国，2004 年） 接触途径：该物质可通过吸入其蒸气吸收到体内 吸入危险性：20℃时该物质蒸发，相当慢地达到空气中有害污染浓度 短期接触的影响：该物质刺激眼睛、皮肤和呼吸道。高浓度接触可能导致神志不清		
物理性质	沸点：146℃ 熔点：−64℃ 相对密度（水=1）：0.86 水中溶解度：不溶 蒸气压：20℃时 0.4kPa 蒸气相对密度（空气=1）：5.0 蒸气/空气混合物的相对密度（20℃，空气=1）：1.01 闪点：45℃（闭杯） 爆炸极限：空气中 0.9%～5.7%（体积）		
环境数据			
注解			

IPCS
International
Programme on
Chemical Safety

国际化学品安全卡

N-甲基乙醇胺			ICSC 编号：1336
CAS 登记号：109-83-1 RTECS 号：KL6650000 EC 编号：603-080-00-0	中文名称：*N*-甲基乙醇胺；2-甲基氨基乙醇；甲基乙醇胺；一甲基乙醇胺；(2-羟基乙基)甲胺 英文名称：*N*-METHYL ETHANOLAMINE; 2-Methylaminoethanol; Methylethylolamine; Monomethylethanoamine; (2-Hydroxyethyl) methylamine		
分子量：75.1	化学式：$C_3H_9NO/CH_3NHCH_2CH_2OH$		
危害/接触类型	急性危害/症状	预防	急救/消防
火　灾	可燃的	禁止明火	干粉，抗溶性泡沫，雾状水，二氧化碳
爆　炸	高于 74℃，可能形成爆炸性蒸气/空气混合物	高于 74℃，使用密闭系统，通风	
接　触		避免一切接触！	一切情况均向医生咨询！
# 吸入	咽喉疼痛，咳嗽，灼烧感，气促，呼吸困难。症状可能推迟显现	通风，局部排气通风或呼吸防护	新鲜空气，休息，必要时进行人工呼吸，给予医疗护理
# 皮肤	疼痛，发红，起疱，皮肤烧伤	防护手套，防护服	脱掉污染的衣服，用大量水冲洗皮肤或淋浴，给予医疗护理
# 眼睛	疼痛，发红，严重深度烧伤，视力丧失	面罩	首先用大量水冲洗几分钟（如可能尽量摘除隐形眼镜），然后就医
# 食入	灼烧感，腹部疼痛，休克或虚脱	工作时不得进食、饮水或吸烟	漱口，不要催吐，给予医疗护理
泄漏处置	将泄漏液收集在有盖容器中。小心中和残余物，然后用大量水冲净。个人防护用具：全套防护服包括自给式呼吸器		
包装与标志	欧盟危险性类别：C 符号　R:21/22-34 S:1/2-26-36/37/39-45		
应急响应	美国消防协会法规：H2（健康危险性）；F2（火灾危险性）；R0（反应危险性）		
储存	与强氧化剂、酸分开存放		
重要数据	物理状态、外观：黏稠液体，有特殊气味 化学危险性：燃烧时，该物质分解生成含氮氧化物有毒烟雾。该物质是一种强碱，与酸激烈反应并有腐蚀性。与强氧化剂发生反应。浸蚀许多种金属 职业接触限值：阈限值未制定标准。最高容许浓度未制定标准 接触途径：该物质可通过吸入其蒸气、经皮肤和食入吸收到体内 吸入危险性：未指明 20℃时该物质蒸发达到空气中有害浓度的速率 短期接触的影响：该物质腐蚀眼睛、皮肤和呼吸道		
物理性质	沸点：156℃ 熔点：−4.5℃ 相对密度（水=1）：0.93 水中溶解度：混溶 蒸气压：20℃时 0.93kPa 蒸气相对密度（空气=1）：2.6 闪点：74℃（开杯） 自燃温度：350℃ 爆炸极限：空气中 0.9%～2.6%（体积）		
环境数据			
注解			

IPCS
International
Programme on
Chemical Safety

国际化学品安全卡

二正丁胺			ICSC 编号：1337
CAS 登记号：111-92-2 RTECS 号：HR7780000 UN 编号：2248 EC 编号：612-049-00-0 中国危险货物编号：2248 分子量：129.3		中文名称：二正丁胺；*N*-丁基-1-丁胺；正二丁胺；二丁基胺 英文名称：DI-*n*-BUTYL AMINE; *N*-Butyl-1-butanamine; *n*-Dibutylamine; Dibutylamine 化学式：$C_8H_{19}N/(CH_3CH_2CH_2CH_2)_2NH$	
危害/接触类型	急性危害/症状	预防	急救/消防
火　灾	易燃的。在火焰中释放出刺激性或有毒烟雾（或气体）	禁止明火、禁止火花和禁止吸烟	干粉，抗溶性泡沫，雾状水，二氧化碳
爆　炸	高于 47℃，可能形成爆炸性蒸气/空气混合物	高于 47℃，使用密闭系统，通风和防爆型电气设备	着火时，喷雾状水保持料桶等冷却
接　触		避免一切接触！	一切情况均向医生咨询！
# 吸入	咽喉疼痛，咳嗽，灼烧感，气促，呼吸困难。症状可能推迟显现。（见注解）	通风，局部排气通风或呼吸防护	新鲜空气，休息，半直立体位，必要时进行人工呼吸，给予医疗护理
# 皮肤	疼痛，发红，起疱，皮肤烧伤	防护手套，防护服	脱掉污染的衣服，用大量水冲洗皮肤或淋浴，给予医疗护理
# 眼睛	疼痛，发红，严重深度烧伤，视力丧失	面罩	首先用大量水冲洗几分钟（如可能尽量摘除隐形眼镜），然后就医
# 食入	灼烧感，腹部疼痛，休克或虚脱	工作时不得进食、饮水或吸烟	漱口，不要催吐，给予医疗护理
泄漏处置	将泄漏液收集在有盖容器中。小心中和残余物。不要让这种化学品进入环境。个人防护用具：全套防护服包括自给式呼吸器		
包装与标志	不得与食品和饲料一起运输 **欧盟危险性类别：**Xn 符号 R:10-20/21/22 S:2 **联合国危险性类别：**8 **联合国次要危险性：**3 **联合国包装类别：**II **中国危险性类别：**第 8 类腐蚀性物质 **中国次要危险性：**3 **中国包装类别：**II		
应急响应	**运输应急卡：**TEC(R)-80G15 **美国消防协会法规：**H3（健康危险性）；F2（火灾危险性）；R0（反应危险性）		
储存	耐火设备（条件）。与强氧化剂、酸、食品和饲料分开存放		
重要数据	**物理状态、外观：**无色液体，有特殊气味 **化学危险性：**燃烧时，该物质分解生成含氮氧化物的有毒烟雾。该物质是一种强碱，与酸激烈反应并有腐蚀性。与强氧化剂激烈反应。浸蚀许多种金属 **职业接触限值：**阈限值未制定标准。最高容许浓度未制定标准 **接触途径：**该物质可通过吸入其蒸气、经皮肤和食入吸收到体内 **吸入危险性：**未指明 20℃时该物质蒸发达到空气中有害浓度的速率 **短期接触的影响：**该物质腐蚀眼睛、皮肤和呼吸道。吸入蒸气可能引起肺水肿（见注解）。影响可能推迟显现，需要进行医学观察		
物理性质	沸点：159℃ 熔点：−59℃ 相对密度（水=1）：0.76 水中溶解度：0.35g/100mL（微溶） 蒸气压：20℃时 0.27kPa	蒸气相对密度（空气=1）：4.5 闪点：47℃ 自燃温度：260℃ 爆炸极限：空气中 1.1%～?（体积） 辛醇/水分配系数的对数值：2.83	
环境数据	该物质对水生生物是有毒的		
注解	肺水肿症状常常经过几小时以后才变得明显，体力劳动使症状加重。因此休息和医学观察是必要的。应考虑由医生或医生指定人立即采取适当吸入治疗法		

IPCS
International
Programme on
Chemical Safety

国际化学品安全卡

苄胺			ICSC 编号：1338
CAS 登记号：100-46-9 RTECS 号：DP1488500 UN 编号：2735 EC 编号：612-047-00-X 中国危险货物编号：2735		中文名称：苄胺；氨基甲苯；苯基甲胺；苯甲胺 英文名称：BENZYLAMINE; Aminotoluene; Phenylmethylamine; Benzenemethanamine; Monobenzylamine	
分子量：107.2		化学式：$C_7H_9N/C_6H_5CH_2NH_2$	
危害/接触类型	急性危害/症状	预防	急救/消防
火　灾	易燃的。在火焰中释放出刺激性或有毒烟雾（或气体）	禁止明火、禁止火花和禁止吸烟	干粉、抗溶性泡沫、雾状水、二氧化碳
爆　炸	高于 60℃，可能形成爆炸性蒸气/空气混合物	高于 60℃，使用密闭系统、通风和防爆型电气设备	着火时，喷雾状水保持料桶等冷却
接　触		避免一切接触！	一切情况均向医生咨询！
# 吸入	咽喉痛，咳嗽，灼烧感，气促，呼吸困难。症状可能推迟显现。（见注解）	通风，局部排气通风或呼吸防护	新鲜空气，休息，半直立体位，必要时进行人工呼吸，给予医疗护理
# 皮肤	疼痛，发红，皮肤烧伤，水疱	防护手套，防护服	脱去污染的衣服，用大量水冲洗皮肤或淋浴，给予医疗护理
# 眼睛	疼痛，发红，严重深度烧伤	面罩	先用大量水冲洗几分钟（如可能尽量摘除隐形眼镜），然后就医
# 食入	灼烧感，腹部疼痛，休克或虚脱	工作时不得进食，饮水或吸烟	漱口，不要催吐，给予医疗护理
泄漏处置	将泄漏液收集在可密闭的容器中。小心中和残余物，然后用大量水冲净。个人防护用具：全套防护服包括自给式呼吸器		
包装与标志	不得与食品和饲料一起运输 **欧盟危险性类别**：C 符号　R:21/22-34　S:1/2-26-36/37/39-45 **联合国危险性类别**：8 **中国危险性类别**：第 8 类腐蚀性物质		
应急响应	运输应急卡：TEC(R)-80G15		
储存	耐火设备（条件）。与强氧化剂、强酸、食品和饲料分开存放		
重要数据	**物理状态、外观**：无色至黄色液体 **化学危险性**：燃烧时，该物质分解生成氮氧化物有毒烟雾。该物质是一种中强碱。与酸和强氧化剂发生反应 **职业接触限值**：阈限值未制定标准 **接触途径**：该物质可通过吸入其蒸气和经食入吸收到体内 **吸入危险性**：未指明 20℃时该物质蒸发达到空气中有害浓度的速率 **短期接触的影响**：该物质腐蚀眼睛、皮肤和呼吸道。吸入蒸气可能引起肺水肿（见注解）。影响可能推迟显现。需进行医学观察		
物理性质	沸点：185℃ 熔点：10℃ 相对密度（水=1）：0.98 水中溶解度：混溶 蒸气压：25℃时 87Pa 闪点：60℃ 辛醇/水分配系数的对数值：1.09		
环境数据			
注解	肺水肿症状常常经过几个小时以后才变得明显，体力劳动使症状加重。因而休息和医学观察是必要的。应当考虑由医生或医生指定的人立即采取适当吸入治疗法		

IPCS
International
Programme on
Chemical Safety

国际化学品安全卡

二环己胺			ICSC 编号：1339
CAS 登记号：101-83-7 RTECS 号：HY4025000 UN 编号：2565 EC 编号：612-066-00-3 中国危险货物编号：2565 分子量：181.4		中文名称：二环己胺；*N,N*-二环己胺 英文名称：DICYCLOHEXYLAMINE; *N,N*-Dicyclohexylamine; *N*-Cyclohexylcyclohexanamine; Dodecahydrodiphenylamine 化学式：$C_{12}H_{23}N/C_6H_{11}NHC_6H_{11}$	
危害/接触类型	**急性危害/症状**	**预防**	**急救/消防**
火　灾	可燃的。在火焰中释放出刺激性或有毒烟雾（或气体）	禁止明火	干粉、抗溶性泡沫、雾状水、二氧化碳
爆　炸			着火时，喷雾状水保持料桶等冷却
接　触		避免一切接触！	一切情况均向医生咨询！
# 吸入	咽喉痛，咳嗽，灼烧感，气促，呼吸困难。症状可能推迟显现。（见注解）	通风，局部排气通风或呼吸防护	新鲜空气，休息，半直立体位，必要时进行人工呼吸，给予医疗护理
# 皮肤	疼痛，发红，水疱，皮肤烧伤	防护手套，防护服	脱去污染的衣服，用大量水冲洗皮肤或淋浴，给予医疗护理
# 眼睛	疼痛，发红，严重深度烧伤	面罩	先用大量水冲洗几分钟（如可能尽量摘除隐形眼镜），然后就医
# 食入	灼烧感，腹部疼痛，休克或虚脱	工作时不得进食，饮水或吸烟	漱口，不要催吐，给予医疗护理
泄漏处置	将泄漏液收集在可密闭的容器中。小心中和残余物，然后用大量水冲净。不要让该化学品进入环境。个人防护用具：全套防护服包括自给式呼吸器		
包装与标志	不得与食品和饲料一起运输 **欧盟危险性类别**：C 符号 N 符号 R:22-34-50/53 S:1/2-26-36/37/39-45-60-61 **联合国危险性类别**：8 **联合国包装类别**：III **中国危险性类别**：第 8 类腐蚀性物质 **中国包装类别**：III		
应急响应	**运输应急卡**：TEC(R)-80GC7-II+III **美国消防协会法规**：H3（健康危险性）；F1（火灾危险性）；R0（反应危险性）		
储存	与强氧化剂、强酸、食品和饲料分开存放		
重要数据	**物理状态、外观**：无色液体，有特殊气味 **化学危险性**：燃烧时，该物质分解生成氮氧化物有毒烟雾。该物质是一种强碱。与酸激烈反应并有腐蚀性。与强氧化剂发生反应 **职业接触限值**：阈限值未制定标准。最高容许浓度：IIb（未制定标准，但可提供数据）；皮肤吸收（德国，2004 年） **接触途径**：该物质可通过吸入其蒸气和经食入吸收到体内 **吸入危险性**：未指明 20℃时该物质蒸发达到空气中有害浓度的速率 **短期接触的影响**：该物质腐蚀眼睛、皮肤和呼吸道。吸入蒸气可能引起肺水肿（见注解）。影响可能推迟显现。需进行医学观察		
物理性质	**沸点**：256℃ **熔点**：−0.1℃ **相对密度（水=1）**：0.9 **水中溶解度**：25℃时 0.08g/100mL **蒸气压**：37.7℃时 1.6kPa **蒸气相对密度（空气=1）**：6.25 **闪点**：105℃（开杯） **自燃温度**：255℃ **爆炸极限**：空气中 0.9%～6.9%（体积） **辛醇/水分配系数的对数值**：3.5		
环境数据	该物质对水生生物是有害的		
注解	肺水肿症状常常经过几个小时以后才变得明显，体力劳动使症状加重。因而休息和医学观察是必要的。应当考虑由医生或医生指定的人立即采取适当吸入治疗法		

IPCS
International
Programme on
Chemical Safety

国际化学品安全卡

苄基二甲胺			ICSC 编号：1340
CAS 登记号：103-83-3 RTECS 号：DP4500000 UN 编号：2619 EC 编号：612-074-00-7 中国危险货物编号：2619	中文名称：苄基二甲胺；*N,N*-二甲基苯甲胺；*N*-苄基二甲胺；二甲基苄胺；苄基-*N,N*-二甲胺；*N*-（苯基甲基）二甲胺 英文名称：BENZYLDIMETHYLAMINE; *N,N*-Dimethylbenzenemethanamine; *N*-Benzyldimethylamine; Dimethylbenzylamine; Benzyl-*N,N*-dimethylamine; *N*-(Phenylmethyl) dimethylamine		
分子量：135.2	化学式：$C_9H_{13}N/C_6H_5CH_2N(CH_3)_2$		
危害/接触类型	急性危害/症状	预防	急救/消防
火　灾	易燃的。在火焰中释放出刺激性或有毒烟雾（或气体）	禁止明火、禁止火花和禁止吸烟	干粉、抗溶性泡沫、雾状水、二氧化碳
爆　炸	高于 57℃，可能形成爆炸性蒸气/空气混合物	高于 57℃，使用密闭系统、通风和防爆型电气设备	着火时，喷雾状水保持料桶等冷却
接　触		避免一切接触！	一切情况均向医生咨询！
# 吸入	咽喉痛，咳嗽，灼烧感，气促。呼吸困难。症状可能推迟显现。（见注解）	通风，局部排气通风或呼吸防护	新鲜空气，休息，半直立体位，必要时进行人工呼吸，给予医疗护理
# 皮肤	疼痛，发红，水疱，皮肤烧伤	防护手套，防护服	脱去污染的衣服，用大量水冲洗皮肤或淋浴，给予医疗护理
# 眼睛	疼痛，发红，严重深度烧伤	面罩	先用大量水冲洗几分钟（如可能尽量摘除隐形眼镜），然后就医
# 食入	灼烧感，腹部疼痛，休克或虚脱	工作时不得进食，饮水或吸烟	漱口，不要催吐，给予医疗护理
泄漏处置	将泄漏液收集在可密闭的容器中。小心中和残余物，然后用大量水冲净。不要让该化学品进入环境。个人防护用具：全套防护服包括自给式呼吸器		
包装与标志	不得与食品和饲料一起运输 欧盟危险性类别：C 符号　R:10-20/21/22-34-52/53　S:1/2-26-36-45-61 联合国危险性类别：8　联合国次要危险性：3 联合国包装类别：II 中国危险性类别：第 8 类腐蚀性物质　中国次要危险性：3 中国包装类别：II		
应急响应	运输应急卡：TEC(R)-80G15		
储存	耐火设备（条件）。与强氧化剂、强酸、食品和饲料分开存放		
重要数据	物理状态、外观：无色液体，有特殊气味 化学危险性：燃烧时，该物质分解生成氮氧化物有毒烟雾。与酸发生反应。与强氧化剂激烈反应 职业接触限值：阈限值未制定标准 接触途径：该物质可通过吸入其蒸气，经皮肤和食入吸收到体内 吸入危险性：未指明 20℃时该物质蒸发达到空气中有害浓度的速率 短期接触的影响：该物质腐蚀眼睛、皮肤和呼吸道。吸入蒸气可能引起肺水肿（见注解）。影响可能推迟显现。需进行医学观察		
物理性质	沸点：180℃ 熔点：−75℃ 相对密度（水=1）：0.9 水中溶解度：1.2 g/100mL（适度溶解） 闪点：57℃（开杯） 辛醇/水分配系数的对数值：1.91		
环境数据	该物质对水生生物是有害的		
注解	肺水肿症状常常经过几个小时以后才变得明显，体力劳动使症状加重。因而休息和医学观察是必要的。应当考虑由医生或医生指定的人立即采取适当吸入治疗法		

IPCS
International
Programme on
Chemical Safety

国际化学品安全卡

3-氯-2-甲基-1-丙烯			ICSC 编号：1341
CAS 登记号：563-47-3 RTECS 号：UC8050000 UN 编号：2554 EC 编号：602-032-00-6 中国危险货物编号：2554 分子量：90.55	中文名称：3-氯-2-甲基-1-丙烯；甲代烯丙基氯；甲基烯丙基氯；γ-氯异丁烯 英文名称：3-CHLORO-2-METHYL-1-PROPENE; Methallyl chloride; Methyl allyl chloride; gamma-Chloroisobutylene 化学式：$C_4H_7Cl/ClCH_2(CH_3)C=CH_2$		

危害/接触类型	急性危害/症状	预防	急救/消防
火　灾	高度易燃，加热引起压力升高，容器有破裂危险，在火焰中释放出刺激性或有毒烟雾（或气体）	禁止明火，禁止火花和禁止吸烟，禁止与高温表面接触	干粉，二氧化碳，泡沫
爆　炸	蒸气/空气混合物有爆炸性，受热引起压力升高，有爆裂危险	密闭系统，通风，防爆型电气设备和照明，不要使用压缩空气灌装、卸料或转运	着火时，喷雾状水保持料桶等冷却
接　触		防止产生烟云!避免一切接触!	
# 吸入	咳嗽，咽喉痛，头痛。呼吸短促	通风，局部排气通风或呼吸防护	新鲜空气，休息，半直立体位，必要时进行人工呼吸，给予医疗护理
# 皮肤	发红，疼痛	防护手套	脱去污染的衣服，冲洗，然后用水和肥皂清洗皮肤
# 眼睛	引起流泪，发红，疼痛	安全护目镜，眼睛防护结合呼吸防护	先用大量水冲洗几分钟（如可能尽量摘除隐形眼镜），然后就医
# 食入		工作时不得进食，饮水或吸烟	漱口。不要催吐，休息，给予医疗护理
泄漏处置	撤离危险区域！向专家咨询！转移全部引燃源。尽可能将泄漏液收集在可密闭的容器中。用砂土或惰性吸收剂吸收残液，并转移到安全场所。不要冲入下水道。不要让该化学品进入环境。个人防护用具：化学防护服包括自给式呼吸器		
包装与标志	欧盟危险性类别：F 符号 C 符号 N 符号　R:11-20/22-34-43-51/53　S:2-9-16-26-29-36/37/39-45-61 联合国危险性类别：3　联合国包装类别：II 中国危险性类别：第 3 类 易燃液体　中国包装类别：II GHS 分类：信号词：危险 图形符号：火焰-感叹号-健康危险 危险说明：高度易燃液体和蒸气；吞咽有害；吸入蒸气可能有害；造成皮肤刺激；造成眼睛刺激；吸入可能对神经系统造成损害；可能导致皮肤过敏反应；对水生生物有害		
应急响应	运输应急卡：TEC(R)-30GF1-I+II 美国消防协会法规：H1（健康危险性）；F3（火灾危险性）；R1（反应危险性）		
储存	耐火设备（条件）。与强氧化剂、强碱分开存放。冷藏。严格密封。沿地面通风。储存在没有排水管或下水道的场所		
重要数据	物理状态、外观：无色液体，有刺鼻气味 物理危险性：蒸气比空气重，可能沿地面流动；可能造成远处着火 化学危险性：燃烧时该物质分解，生成含有光气和氯化氢的有毒烟雾。与强氧化剂、强碱发生反应，有着火的危险 职业接触限值：阈限值未制定标准。最高容许浓度：致癌物类别：3B（德国，2008 年） 接触途径：该物质可通过吸入其蒸气和经食入吸收到体内 吸入危险性：20℃时，该物质蒸发，迅速达到空气中有害污染浓度 短期接触的影响：流泪。该物质刺激眼睛、皮肤和呼吸道。该物质可能对中枢神经系统有影响。高浓度接触时能够造成意识降低。吞咽液体可能吸入肺中，有引起化学肺炎的危险。 长期或反复接触的影响：反复或长期接触可能引起皮肤过敏		
物理性质	沸点：72℃ 熔点：−80℃ 相对密度（水=1）：0.92 水中溶解度：25℃时 0.14g/100mL（难溶） 蒸气压：20℃时 14kPa 蒸气相对密度（空气=1）：3.1	蒸气/空气混合物的相对密度（20℃，空气=1）：1.3 闪点：−12℃（闭杯） 自燃温度：540℃ 爆炸极限：空气中 2.2%～10.4%（体积） 辛醇/水分配系数的对数值：1.98	
环境数据			
注解			

IPCS
International
Programme on
Chemical Safety

国际化学品安全卡

一硝基苯酚			ICSC 编号：1342
CAS 登记号：25154-55-6 UN 编号：1663 中国危险货物编号：1663 分子量：139.1	中文名称：一硝基苯酚；硝基苯酚（混合异构体）；硝基苯酚 英文名称：MONONITROPHENOLS; Nitrophenols (mixed isomers); Nitrophenols 化学式：$C_6H_5O_3N$		
危害/接触类型	急性危害/症状	预防	急救/消防
火　灾	可燃的。在火焰中释放出刺激性或有毒烟雾（或气体）	禁止明火	干粉，雾状水，泡沫，二氧化碳
爆　炸	微细分散的颗粒物在空气中形成爆炸性混合物	防止粉尘沉积，密闭系统，防止粉尘爆炸型电气设备与照明	着火时，喷雾状水保持料桶等冷却
接　触		防止粉尘扩散！严格作业环境管理！	
# 吸入	嘴唇或指甲发青，皮肤发青，意识模糊，惊厥，咳嗽，头晕，头痛，恶心，咽喉疼痛，神志不清	局部排气通风或呼吸防护	新鲜空气，休息，给予医疗护理
# 皮肤	可能被吸收！	防护手套，防护服	脱掉污染的衣服，冲洗，然后用水和肥皂洗皮肤，给予医疗护理
# 眼睛	发红，疼痛	安全护目镜或眼睛防护结合呼吸防护	首先用大量水冲洗几分钟（如可能尽量摘除隐形眼镜），然后就医
# 食入	腹部疼痛，咽喉疼痛，呕吐。（见吸入）	工作时不得进食、饮水或吸烟	漱口，休息，给予医疗护理
泄漏处置	将泄漏物清扫入有盖容器中。小心收集残余物，然后转移到安全场所。不要让这种化学品进入环境。个人防护用具：适用于有害颗粒物的 P2 过滤呼吸器		
包装与标志	不得与食品和饲料一起运输 **联合国危险性类别**：6.1　**联合国包装类别**：III **中国危险性类别**：第 6.1 项毒性物质　**中国包装类别**：III		
应急响应			
储存	与可燃物质和还原性物质、食品和饲料分开存放。干燥。严格密封		
重要数据	**物理状态、外观**：黄色晶体 **物理危险性**：如果以粉末或颗粒形状与空气混合，可能发生粉尘爆炸 **化学危险性**：加热时可能发生爆炸。燃烧时生成氮氧化物。加热时，该物质分解生成含氮氧化物有毒烟雾。与强氧化剂发生反应 **职业接触限值**：阈限值未制定标准 **接触途径**：该物质可通过吸入其气溶胶、经皮肤和食入吸收到体内 **吸入危险性**：20℃时蒸发可忽略不计，但可以较快地达到空气中颗粒物有害浓度 **短期接触的影响**：该物质刺激眼睛、皮肤和呼吸道。该物质可能对血液有影响，导致形成正铁血红蛋白。影响可能推迟显现。需要进行医学观察 **长期或反复接触的影响**：反复或长期接触可能引起皮肤过敏		
物理性质	沸点：194～279℃ 熔点：44~116℃ 水中溶解度：0.13～1.2g/100mL 蒸气压：20℃时 0.0032～7Pa 蒸气相对密度（空气=1）：4.81 闪点：169℃		
环境数据	该物质对水生生物是有毒的。避免在非正常使用情况下释放到环境中		
注解	根据接触程度，建议定期进行医疗检查。该物质中毒时需采取必要的治疗措施。必须提供有指示说明的适当方法		

IPCS
International
Programme on
Chemical Safety

国际化学品安全卡

2,2-二氯-1,1,1-三氟乙烷	ICSC 编号：1343
CAS 登记号：306-83-2	中文名称：2,2-二氯-1,1,1-三氟乙烷；氢氯氟烃 123
RTECS 号：KI1108000	英文名称：2,2-DICHLORO-1,1,1-TRIFLUOROETHANE; HCFC123
分子量：152.9	化学式：$C_2HCl_2F_3/CHCl_2CF_3$

危害/接触类型	急性危害/症状	预防	急救/消防
火　灾	不可燃	禁止明火	周围环境着火时，允许使用各种灭火剂
爆　炸			着火时，喷雾状水保持料桶等冷却
接　触			
# 吸入	意识模糊，头晕，倦睡，神志不清	局部排气通风或呼吸防护	新鲜空气，休息，必要时进行人工呼吸，给予医疗护理
# 皮肤		防护手套	用大量水冲洗皮肤或淋浴
# 眼睛	发红，疼痛	安全护目镜	首先用大量水冲洗几分钟（如可能易行,摘除隐形眼镜），然后就医
# 食入	（见吸入）		休息

泄漏处置	将泄漏液收集在有盖容器中。用砂土或惰性吸收剂吸收残液并转移到安全场所。不要让这种化学品进入环境。化学保护服包括自给式呼吸器
包装与标志	
应急响应	
储存	保存在通风良好的室内
重要数据	物理状态、外观：无色液体，有特殊气味 物理危险性：蒸气比空气重，可能积聚在低层空间，造成缺氧 化学危险性：加热时，该物质分解生成光气、氟化氢和氯化氢 职业接触限值：阈限值未制定标准。最高容许浓度：致癌物类别：3B（德国，2008 年） 接触途径：该物质可通过吸入吸收到体内 吸入危险性：未指明 20℃时该物质蒸发达到空气中有害浓度的速率 短期接触的影响：该物质刺激眼睛。该物质可能对中枢神经系统、心血管系统有影响，导致麻醉和心脏病 长期或反复接触的影响：该物质可能对肝有影响
物理性质	沸点：28℃ 熔点：−107℃ 相对密度（水=1）：1.5 水中溶解度：25℃时 0.21g/100mL 蒸气压：25℃时 14Pa 蒸气相对密度（空气=1）：6.4
环境数据	该物质可能对环境有危害，对臭氧层应给予特别注意。因其在环境中持久性，强烈建议不要让该化学品进入环境。避免在非正常使用情况下释放到环境中
注解	空气中高浓度引起缺氧，有神志不清或死亡危险。进入工作区域前，检验氧含量

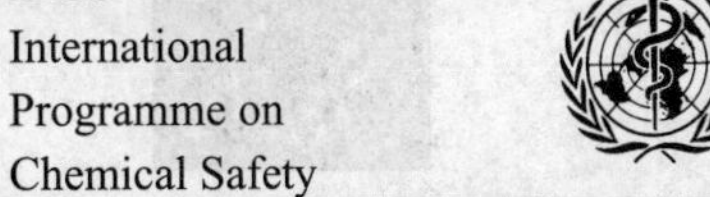

国际化学品安全卡

2-乙基丁基丙烯酸酯			ICSC 编号：1344
CAS 登记号：3953-10-4 RTECS 号：AT0300000 UN 编号：1993 中国危险货物编号：1993		中文名称：2-乙基丁基丙烯酸酯；丙烯酸-2-乙基丁酯；2-丙烯酸-2-乙基丁基酯 英文名称：2-ETHYLBUTYL ACRYLATE; Acrylic acid, 2-ethylbutyl ester; 2-Propenoic acid,2-ethylbutyl ester	
分子量：156.2		化学式：$C_9H_{16}O_2/CH_2=CHCOOCH_2CH(CH_2CH_3)_2$	
危害/接触类型	急性危害/症状	预防	急救/消防
火　灾	易燃的	禁止明火、禁止火花和禁止吸烟	雾状水
爆　炸			
接　触		严格作业环境管理！	
# 吸入	咳嗽，咽喉疼痛	通风，局部排气通风或呼吸防护	新鲜空气，休息
# 皮肤	发红，疼痛	防护手套，防护服	脱掉污染的衣服，冲洗，然后用水和肥皂洗皮肤
# 眼睛	发红	安全护目镜或眼睛防护结合呼吸防护	首先用大量水冲洗几分钟（如可能尽量摘除隐形眼镜），然后就医
# 食入	灼烧感	工作时不得进食、饮水或吸烟	漱口，大量饮水，休息
泄漏处置	个人防护用具：适用于低沸点化合物有机蒸气的过滤呼吸器		
包装与标志	联合国危险性类别：3　联合国包装类别：III 中国危险性类别：第 3 类易燃液体　中国包装类别：III		
应急响应	美国消防协会法规：H2（健康危险性）；F2（火灾危险性）；R0（反应危险性）		
储存	耐火设备（条件）。阴凉场所。稳定后贮存		
重要数据	物理状态、外观：液体 物理危险性：蒸气未经阻聚，可能在通风道和火焰消除器发生聚合，造成堵塞 化学危险性：该物质可能发生聚合 职业接触限值：阈限值未制定标准 接触途径：该物质可通过吸入其蒸气吸收到体内 吸入危险性：未指明 20℃时该物质蒸发达到空气中有害浓度的速率 短期接触的影响：该物质刺激眼睛、皮肤和呼吸道 长期或反复接触的影响：反复或长期接触可能引起皮肤过敏。见注解		
物理性质	熔点：−57℃ 相对密度（水=1）：0.9 水中溶解度：不溶 蒸气压：20℃时 226Pa 蒸气相对密度（空气=1）：5.4 蒸气/空气混合物的相对密度（20℃，空气=1）：1.01 闪点：52℃（开杯）		
环境数据	环境毒性见注解		
注解	该物质是可燃的，闪点<55℃，但爆炸极限未见文献报道。接触该物质的健康影响未进行充分调查。该物质的环境影响未进行充分调查，但已发现正己基丙烯酸酯（卡片#1288）对水生生物是有毒的。添加稳定剂或阻聚剂会影响该物质的毒理学性质，向专家咨询		

IPCS
International
Programme on
Chemical Safety

国际化学品安全卡

对辛基苯酚			ICSC 编号：1345
CAS 登记号：1806-26-4 RTECS 号：SM5787000 UN 编号：2430 中国危险货物编号：2430 分子量： 206.32	中文名称：对辛基苯酚；1-(对羟基苯）辛烷；4-辛基苯酚 英文名称：p-OCTYLPHENOL; 1-(p-Hydroxyphenyl)octane; Phenol, 4-octyl 化学式：$C_{14}H_{22}O$		
危害/接触类型	急性危害/症状	预防	急救/消防
火　灾	可燃的。在火焰中释放出刺激性或有毒烟雾（或气体）	禁止明火	干粉，雾状水，泡沫，二氧化碳
爆　炸			
接　触		防止粉尘扩散！	
# 吸入	灼烧感。咳嗽。咽喉痛。呼吸困难。气促	局部排气通风或呼吸防护	新鲜空气，休息。半直立体位。必要时进行人工呼吸。给予医疗护理
# 皮肤	发红。疼痛。皮肤烧伤	防护手套。防护服	脱去污染的衣服。用大量水冲洗皮肤或淋浴。给予医疗护理
# 眼睛	发红。疼痛。严重深度烧伤	安全护目镜	先用大量水冲洗几分钟（如可能尽量摘除隐形眼镜），然后就医
# 食入	腹部疼痛。灼烧感。休克或虚脱	工作时不得进食，饮水或吸烟	不要催吐。漱口。大量饮水。给予医疗护理
泄漏处置	将泄漏物清扫进有盖的塑料容器中，如果适当，首先润湿防止扬尘。然后用大量水冲净。不要让该化学品进入环境。个人防护用具：适用于有害颗粒物的 P2 过滤呼吸器		
包装与标志	污染海洋物质 联合国危险性类别：8　联合国包装类别：II 中国危险性类别：第 8 类腐蚀性物质　中国包装类别：II		
应急响应	运输应急卡：TEC(R)-80GC4-II+III		
储存	与强还原剂分开存放。储存在没有排水管或下水道的场所		
重要数据	物理状态、外观：白色晶体 化学危险性：燃烧时，该物质分解生成有毒烟雾。与还原剂发生反应 职业接触限值：阈限值未制定标准。最高容许浓度未制定标准 吸入危险性：未指明 20℃时该物质蒸发达到空气中有害浓度的速率 短期接触的影响：该物质腐蚀眼睛、皮肤和呼吸道。食入有腐蚀性		
物理性质	沸点：280℃ 熔点：44～45℃ 密度：0.96g/cm^3 水中溶解度：不溶 蒸气相对密度（空气=1）：7.1 闪点：113℃（闭杯）		
环境数据	该物质可能对环境有危害，对鱼应给予特别注意		
注解			

IPCS
International
Programme on
Chemical Safety

国际化学品安全卡

过氧化二枯基			ICSC 编号：1346
CAS 登记号：80-43-3 RTECS 号：SD8150000 UN 编号：3110 EC 编号：617-006-00-X 中国危险货物编号：3110 分子量：270.4	中文名称：过氧化二枯基；二（1-甲基-1-苯基乙基）过氧化物 英文名称：DICUMYL PEROXIDE; Peroxide, bis (1-methyl-1-phenylethyl); Bis (alpha,alpha-dimethylbenzyl) peroxide; Diisopropylbenzene peroxide 化学式：$C_{18}H_{22}O_2/(C_6H_5C(CH_3)_2O)_2$		
危害/接触类型	急性危害/症状	预防	急救/消防
火　灾	可燃的	禁止明火	干粉、雾状水、泡沫、二氧化碳
爆　炸	微细分散的颗粒物在空气中形成爆炸性混合物	防止粉尘沉积、密闭系统、防止粉尘爆炸型电气设备和照明	
接　触		防止粉尘扩散！	
# 吸入	咳嗽，咽喉痛	局部排气通风或呼吸防护	新鲜空气，休息
# 皮肤	发红	防护手套	先用大量水，然后脱去污染的衣服并再次冲洗
# 眼睛	发红	安全护目镜，或眼睛防护结合呼吸防护	先用大量水冲洗几分钟（如可能尽量摘除隐形眼镜），然后就医
# 食入		工作时不得进食，饮水或吸烟	漱口，大量饮水，给予医疗护理
泄漏处置	移除全部引燃源。将泄漏物清扫进容器中。如果适当，首先润湿防止扬尘。小心收集残余物，然后转移到安全场所。不要让该化学品进入环境。个人防护用具：适用于有害颗粒物的 P2 过滤呼吸器		
包装与标志	欧盟危险性类别：O 符号 Xi 符号 N 符号　R:7-36/38-51/53　S:2-3/7-14-36/37/39-61 联合国危险性类别：5.2　联合国包装类别：II 中国危险性类别：第 5.2 项有机过氧化物　中国包装类别：II		
应急响应			
储存	耐火设备（条件）。与可燃物质和还原性物质、强氧化剂、强酸、碱和重金属分开存放。阴凉场所。保存在阴暗处。严格密封。保存在惰性气体中		
重要数据	物理状态、外观：黄色至白色晶体粉末 化学危险性：加热时和在光的作用下，该物质迅速分解，有着火和爆炸危险。与酸、碱、还原剂和重金属激烈反应 职业接触限值：阈限值未制定标准 接触途径：该物质可通过吸入其气溶胶吸收到体内 吸入危险性：20℃时蒸发可忽略不计，但扩散时可较快地达到空气中颗粒物有害浓度 短期接触的影响：该物质刺激眼睛、皮肤和呼吸道		
物理性质	沸点：130℃（分解） 熔点：39℃ 密度：1.0g/cm^3 水中溶解度：不溶 蒸气相对密度（空气=1）：9.3 闪点：71℃（闭杯） 辛醇/水分配系数的对数值：5.5		
环境数据	该物质对水生生物是有毒的。在对人类重要的食物链中发生生物蓄积，特别是在鱼类中		
注解			

IPCS
International
Programme on
Chemical Safety

国际化学品安全卡

<table>
<tr><td colspan="3">胡椒基丁醚</td><td>ICSC 编号：1347</td></tr>
<tr><td colspan="2">CAS 登记号：51-03-6
RTECS 号：XS8050000</td><td colspan="2">中文名称：胡椒基丁醚；5-（(2-（2-丁氧基乙氧基）乙氧基）甲基）-6-丙基-1,3-苯并间二氧杂环戊烯；2-（2-丁氧基乙氧基）乙基-6-丙基胡椒基醚；α-（2-（2-丁氧基乙氧基）-乙氧基）-4,5-亚甲基二氧-2-丙基甲苯
英文名称：PIPERONYL BUTOXIDE; 5-（（2-(2-Butoxyethoxy) ethoxy）methyl）-6-propyl-1,3-benzodioxole; 2-(2-Butoxyethoxy) ethyl 6-propylpiperonyl ether; alpha-（2-(2-Butoxyethoxy)-ethoxy）-4,5-methylenedioxy-2-propyltoluene</td></tr>
<tr><td colspan="2">分子量：338.4</td><td colspan="2">化学式：$C_{19}H_{30}O_5$</td></tr>
<tr><td>危害/接触类型</td><td>急性危害/症状</td><td>预防</td><td>急救/消防</td></tr>
<tr><td>火　灾</td><td>可燃的</td><td>禁止明火</td><td>泡沫，干粉，二氧化碳</td></tr>
<tr><td>爆　炸</td><td></td><td></td><td></td></tr>
<tr><td>接　触</td><td></td><td>防止产生烟云！</td><td></td></tr>
<tr><td># 吸入</td><td></td><td>通风</td><td>新鲜空气，休息</td></tr>
<tr><td># 皮肤</td><td></td><td>防护手套</td><td>脱去污染的衣服，冲洗，然后用水和肥皂清洗皮肤</td></tr>
<tr><td># 眼睛</td><td></td><td>安全护目镜</td><td>先用大量水冲洗几分钟（如可能尽量摘除隐形眼镜），然后就医</td></tr>
<tr><td># 食入</td><td>腹泻，呕吐</td><td>工作时不得进食，饮水或吸烟</td><td>漱口，大量饮水，休息，给予医疗护理</td></tr>
<tr><td>泄漏处置</td><td colspan="3">将泄漏液收集在可密闭的容器中。用砂土或惰性吸收剂吸收残液，并转移到安全场所。不要让该化学品进入环境</td></tr>
<tr><td>包装与标志</td><td colspan="3"></td></tr>
<tr><td>应急响应</td><td colspan="3"></td></tr>
<tr><td>储存</td><td colspan="3">严格密封</td></tr>
<tr><td>重要数据</td><td colspan="3">物理状态、外观：黄色至棕色油状液体
职业接触限值：阈限值未制定标准
接触途径：该物质可通过吸入其气溶胶和经食入吸收到体内
吸入危险性：未指明 20℃时该物质蒸发达到空气中有害浓度的速率</td></tr>
<tr><td>物理性质</td><td colspan="3">沸点：在 0.13kPa 时 180℃
相对密度（水=1）：1.1
水中溶解度：不溶
闪点：171℃
辛醇/水分配系数的对数值：4.29</td></tr>
<tr><td>环境数据</td><td colspan="3">该物质对水生生物有极高毒性。在对人类重要的食物链中发生生物蓄积，特别是在海产食品中</td></tr>
<tr><td>注解</td><td colspan="3"></td></tr>
</table>

IPCS
International
Programme on
Chemical Safety

国际化学品安全卡

三丙二醇			ICSC 编号：1348
CAS 登记号：24800-44-0 RTECS 号：YK6825000	中文名称：三丙二醇；2-(2-（2-羟基丙氧基）丙氧基）-1-丙醇；((1-甲基-1,2-乙烷二基）二（氧））二丙醇；[（甲基亚乙基）二（氧）]二丙醇 英文名称：TRIPROPYLENE GLYCOL; 2-(2-(2-Hydroxypropoxy) propoxy)-1-propanol; Propanol, ((1-methyl-1,2-ethanediyl) bis (oxy)) bis-; [(Methylethylene) bis (oxy)] dipropanol		
分子量：192.3	化学式：$C_9H_{20}O_4$/$CH_3CHOHCH_2OCH(CH_3)CH_2OCH(CH_3)CH_2OH$		
危害/接触类型	急性危害/症状	预防	急救/消防
火　灾	可燃的	禁止明火	干粉、雾状水、泡沫、二氧化碳
爆　炸			
接　触			
# 吸入		通风	新鲜空气，休息
# 皮肤		防护手套	脱去污染的衣服，用大量水冲洗皮肤或淋浴
# 眼睛		安全护目镜	先用大量水冲洗几分钟（如可能尽量摘除隐形眼镜），然后就医
# 食入		工作时不得进食，饮水或吸烟	漱口，大量饮水
泄漏处置	将泄漏液收集在可密闭的容器中。用大量水冲净残余物		
包装与标志			
应急响应	美国消防协会法规：H0（健康危险性）；F1（火灾危险性）；R0（反应危险性）		
储存	严格密封		
重要数据	物理状态、外观：无气味，无色液体 化学危险性：浸蚀某些塑料 职业接触限值：阈限值未制定标准 吸入危险性：20℃时该物质蒸发不会或很缓慢地达到空气中有害污染浓度		
物理性质	沸点：271℃ 熔点：-30℃ 相对密度（水=1）：1.0 水中溶解度：混溶 蒸气压：96℃时 133Pa 蒸气相对密度（空气=1）：6.6 闪点：141℃（闭杯） 辛醇/水分配系数的对数值：-0.5		
环境数据			
注解	虽然进行过调查，但未发现接触该物质的健康影响		

IPCS
International
Programme on
Chemical Safety

国际化学品安全卡

癸二酸二丁酯			ICSC 编号：1349
CAS 登记号：109-43-3 RTECS 号：VS1150000 分子量：314.5		中文名称：癸二酸二丁酯；二丁基癸二酸酯 英文名称：DIBUTYL SEBACATE; Decanedioic acid, dibutyl ester; Sebacic acid, dibutyl ester 化学式：$C_{18}H_{34}O_4/CH_3(CH_2)_3O_2C(CH_2)_8CO_2(CH_2)_3CH_3$	
危害/接触类型	急性危害/症状	预防	急救/消防
火　灾	可燃的	禁止明火	雾状水，干粉，二氧化碳
爆　炸			
接　触		严格作业环境管理！	
# 吸入		通风	新鲜空气，休息
# 皮肤		防护手套，防护服	脱去污染的衣服，冲洗，然后用水和肥皂清洗皮肤
# 眼睛		护目镜	先用大量水冲洗几分钟(如可能尽量摘除隐形眼镜)，然后就医
# 食入		工作时不得进食，饮水或吸烟	漱口，休息
泄漏处置	尽可能将泄漏液收集在可密闭的容器中。小心收集残余物，然后转移到安全场所。个人防护用具：适用于有机气体和蒸气的过滤呼吸器		
包装与标志			
应急响应			
储存	严格密封		
重要数据	物理状态、外观：无色油状液体 职业接触限值：阈限值未制定标准 吸入危险性：20℃时该物质蒸发不会或很缓慢地达到空气中有害污染浓度，但喷洒或扩散时要快得多 长期或反复接触的影响：反复或长期接触可能引起皮肤过敏		
物理性质	沸点：344～345℃ 熔点：-10℃ 相对密度（水=1）：0.9 水中溶解度：不溶 蒸气相对密度（空气=1）：10.8 闪点：167℃		
环境数据			
注解	商品名称有：Kodaflex DBS, Monoplex DBS, Polycizer DBS, PX 404 和 Starflex DBS		

IPCS
International
Programme on
Chemical Safety

国际化学品安全卡

柠檬酸三乙酯			ICSC 编号：1350
CAS 登记号：77-93-0 RTECS 号：GE8050000	中文名称：柠檬酸三乙酯；2-羟基-1,2,3-丙三羧酸三乙酯 英文名称：TRIETHYL CITRATE; 1,2,3-Propanetricarboxylic acid, 2-hydroxy-, triethyl ester		
分子量：276.3	化学式：$C_{12}H_{20}O_7/(CH_2COOC_2H_5)_2COHCOOC_2H_5$		
危害/接触类型	急性危害/症状	预防	急救/消防
火　灾	可燃的	禁止明火	干粉、二氧化碳
爆　炸			
接　触			
# 吸入	咳嗽	通风，局部排气通风或呼吸防护	新鲜空气，休息
# 皮肤		防护手套	脱去污染的衣服，用大量水冲洗皮肤或淋浴
# 眼睛	发红	安全护目镜，或眼睛防护结合呼吸防护	先用大量水冲洗几分钟（如可能尽量摘除隐形眼镜），然后就医
# 食入	呕吐	工作时不得进食，饮水或吸烟	漱口，大量饮水
泄漏处置	将泄漏液收集在可密闭的容器中。用大量水冲净残余物		
包装与标志			
应急响应	美国消防协会法规：H0（健康危险性）；F1（火灾危险性）；R0（反应危险性）		
储存	严格密封		
重要数据	物理状态、外观：无色油状液体 职业接触限值：阈限值未制定标准 接触途径：该物质可通过吸入其气溶胶和经食入吸收到体内 吸入危险性：20℃时该物质蒸发不会或很缓慢地达到空气中有害污染浓度 短期接触的影响：该物质刺激眼睛和呼吸道		
物理性质	沸点：294℃ 熔点：-55℃ 相对密度（水=1）：1.1 水中溶解度：适度溶解 蒸气压：25℃时 0.3Pa 闪点：151℃		
环境数据			
注解			

IPCS
International
Programme on
Chemical Safety

国际化学品安全卡

<table>
<tr><td colspan="3">硫酸铍</td><td>ICSC 编号：1351</td></tr>
<tr><td colspan="2">CAS 登记号：13510-49-1
RTECS 号：DS480000
UN 编号：1566
EC 编号：004-002-00-2
中国危险货物编号：1566

分子量：105.1</td><td colspan="2">中文名称：硫酸铍
英文名称：BERYLLIUM SULFATE

化学式：$BeSO_4$</td></tr>
<tr><td>危害/接触类型</td><td>急性危害/症状</td><td>预防</td><td>急救/消防</td></tr>
<tr><td>火　灾</td><td>在火焰中释放出刺激性或有毒烟雾（或气体）</td><td></td><td>周围环境着火时，允许使用各种灭火剂</td></tr>
<tr><td>爆　炸</td><td></td><td></td><td></td></tr>
<tr><td>接　触</td><td></td><td>防止粉尘扩散!避免一切接触!</td><td>一切情况均向医生咨询!</td></tr>
<tr><td># 吸入</td><td>咳嗽，气促，咽喉痛，症状可能推迟显现（见注解）</td><td>密闭系统和通风</td><td>新鲜空气，休息，给予医疗护理</td></tr>
<tr><td># 皮肤</td><td>发红</td><td>防护手套，防护服</td><td>脱去污染的衣服，冲洗，然后用水和肥皂清洗皮肤</td></tr>
<tr><td># 眼睛</td><td>发红，疼痛</td><td>面罩，或眼睛防护结合呼吸防护</td><td>先用大量水冲洗几分钟（如可能尽量摘除隐形眼镜），然后就医</td></tr>
<tr><td># 食入</td><td></td><td>工作时不得进食，饮水或吸烟。进食前洗手</td><td>漱口，给予医疗护理</td></tr>
<tr><td>泄漏处置</td><td colspan="3">将溢漏物清扫进可密封容器中，如果适当，首先润湿防止扬尘。小心收集残余物，然后转移到安全场所。不要让该化学品进入环境。化学防护服包括自给式呼吸器</td></tr>
<tr><td>包装与标志</td><td colspan="3">不易破碎包装，将易破碎包装放在不易破碎的密闭容器中。不得与食品和饲料一起运输
欧盟危险性类别：T+符号 N 符号 标记：A，E　R:49-25-26-36/37/38-43-48/23-51/53　S:53-45-61
联合国危险性类别：6.1　　联合国包装类别：II
中国危险性类别：第 6.1 项 毒性物质 中国包装类别：II</td></tr>
<tr><td>应急响应</td><td colspan="3">运输应急卡：TEC(R)-61GT5-II</td></tr>
<tr><td>储存</td><td colspan="3">与食品和饲料分开存放。严格密封</td></tr>
<tr><td>重要数据</td><td colspan="3">物理状态、外观：无色晶体
化学危险性：加热至 550～600℃以上时，该物质分解生成硫氧化物
职业接触限值：阈限值：0.002mg/m³（以 Be 计）（时间加权平均值），0.01mg/m³（短期接触限值）；A1（确认的人类致癌物）。拟变更为：阈限值：0.00005mg/m³(时间加权平均值)；0.0002mg/m³（短期接触限值）；经皮；致敏剂；A1（确认的人类致癌物）（美国政府工业卫生学家会议，2008 年）。最高容许浓度：呼吸道和皮肤致敏剂；致癌物类别：1（德国，2008 年）
接触途径：该物质可通过吸入其气溶胶和经食入吸收到体内
吸入危险性：20℃时蒸发可忽略不计，但扩散时可较快地达到空气中颗粒物有害浓度
短期接触的影响：该物质气溶胶刺激眼睛、皮肤和呼吸道。吸入粉尘或烟雾可能引起化学肺炎。影响可能推迟显现。需进行医学观察。接触可能导致死亡
长期或反复接触的影响：反复或长期接触可能引起皮肤过敏。反复或长期接触，肺可能受损伤，导致慢性铍病（咳嗽，体重减轻，虚弱）。该物质是人类致癌物</td></tr>
<tr><td>物理性质</td><td colspan="3">熔点：550℃（分解）
密度：2.44g/cm³
水中溶解度：见注解</td></tr>
<tr><td>环境数据</td><td colspan="3">该物质对水生生物有极高毒性。该物质可能在水生环境中造成长期影响</td></tr>
<tr><td>注解</td><td colspan="3">在水中该物质转变成可溶解形式。短期大量接触引起的急性肺炎症状 3 天以后才变得明显。根据接触程度，建议定期进行医疗检查。不要将工作服带回家中</td></tr>
</table>

IPCS
International
Programme on
Chemical Safety

国际化学品安全卡

硝酸铍			ICSC 编号：1352
CAS 登记号：13597-99-4 RTECS 号：DS3675000 UN 编号：2464 EC 编号：004-002-00-2 中国危险货物编号：2464		中文名称：硝酸铍 英文名称：BERYLLIUM NITRATE	
分子量：133		化学式：$BeN_2O_6/Be(NO_3)_2$	
危害/接触类型	急性危害/症状	预防	急救/消防
火　灾	不可燃，但可助长其他物质燃烧。在火焰中释放出刺激性或有毒烟雾（或气体）		周围环境着火时，允许使用各种灭火剂
爆　炸			
接　触		防止粉尘扩散！避免一切接触！	一切情况均向医生咨询！
# 吸入	咳嗽，气促，咽喉痛。症状可能推迟显现。（见注解）	密闭系统和通风	新鲜空气，休息，给予医疗护理
# 皮肤	发红	防护手套，防护服	脱去污染的衣服，用大量水冲洗皮肤或淋浴，给予医疗护理
# 眼睛	发红，疼痛	面罩，或眼睛防护结合呼吸防护	先用大量水冲洗几分钟（如可能尽量摘除隐形眼镜），然后就医
# 食入		工作时不得进食，饮水或吸烟。进食前洗手	漱口，给予医疗护理
泄漏处置	将泄漏物清扫进可密封容器中。如果适当，首先润湿防止扬尘。小心收集残余物，然后转移到安全场所。不要让该化学品进入环境。化学防护服包括自给式呼吸器		
包装与标志	不易破碎包装，将易破碎包装放在不易破碎的密闭容器中。不得与食品和饲料一起运输 **欧盟危险性类别**：T+符号 N 符号 标记：A，E R:49-25-26-36/37/38-43-48/23-51/53 S:53-45-61 **联合国危险性类别**：5.1 **联合国次要危险性**：6.1 **联合国包装类别**：II **中国危险性类别**：第 5.1 项 氧化性物质 **中国次要危险性**：6.1 **中国包装类别**：II		
应急响应	运输应急卡：TEC(R)-51GOT2-I+II+III		
储存	与食品和饲料分开存放。严格密封		
重要数据	**物理状态、外观**：白色至黄色各种形态固体 **化学危险性**：有水存在时，浸蚀许多金属。 **职业接触限值**：阈限值（时间加权平均值）：0.002mg/m^3(以 Be 计)（时间加权平均值），0.01mg/m^3（短期接触限值）；A1（确认的人类致癌物）。拟变更为：阈限值：0.00005mg/m^3（时间加权平均值）；0.0002mg/m^3（短期接触限值）；经皮；致敏剂；A1（确认的人类致癌物）（美国政府工业卫生学家会议，2008 年）。最高容许浓度：呼吸道和皮肤致敏剂；致癌物类别：1（德国，2008 年） **接触途径**：该物质可通过吸入其气溶胶和经食入吸收到体内 **吸入危险性**：20℃时蒸发可忽略不计，但扩散时可较快地达到空气中颗粒物有害浓度 **短期接触的影响**：该物质刺激眼睛，皮肤和呼吸道。吸入粉尘或烟雾可能引起化学肺炎。接触可能导致死亡。影响可能推迟显现。需进行医学观察 **长期或反复接触的影响**：反复或长期接触可能引起皮肤过敏。反复或长期接触，肺可能受损伤。导致慢性铍病（咳嗽，体重减轻，虚弱）。该物质是人类致癌物		
物理性质	**沸点**：100℃（分解） **熔点**：60℃ **密度**：1.56g/cm^3 **水中溶解度**：易溶		
环境数据	该物质对水生生物有极高毒性。该物质可能在水生环境中造成长期影响		
注解	短期大量接触引起的急性肺炎症状三天以后才变得明显。根据接触程度，建议定期进行医疗检查。不要将工作服带回家中		

IPCS
International
Programme on
Chemical Safety

国际化学品安全卡

碳酸铍			ICSC 编号：1353
CAS 登记号：66104-24-3 RTECS 号：DS2350000 UN 编号：1566 EC 编号：004-002-00-2 中国危险货物编号：1566		中文名称：碳酸铍；碱式碳酸铍 英文名称：BERYLLIUM CARBONATE; Beryllium basic carbonate	
分子量：181.07		化学式：$Be_2CO_3(OH)_2/Be_2CO_5H_2$	
危害/接触类型	急性危害/症状	预防	急救/消防
火　灾	不可燃		周围环境着火时，使用适当的灭火剂
爆　炸			
接　触		防止粉尘扩散！避免一切接触！	一切情况均向医生咨询！
# 吸入		密闭系统和通风	新鲜空气，休息，给予医疗护理
# 皮肤		防护手套，防护服	脱去污染的衣服，用大量水冲洗皮肤或淋浴，给予医疗护理
# 眼睛		面罩，或眼睛防护结合呼吸防护	先用大量水冲洗几分钟（如可能尽量摘除隐形眼镜），然后就医
# 食入		工作时不得进食，饮水或吸烟。进食前洗手	漱口，给予医疗护理
泄漏处置	将泄漏物清扫进可密封容器中。如果适当，首先润湿防止扬尘。小心收集残余物，然后转移到安全场所。不要让该化学品进入环境。化学防护服包括自给式呼吸器		
包装与标志	不易破碎包装，将易破碎包装放在不易破碎的密闭容器中。不得与食品和饲料一起运输 欧盟危险性类别：T+符号 N 符号 标记：A，E　R:49-25-26-36/37/38-43-48/23-51/53　S:53-45-61 联合国危险性类别：6.1　联合国包装类别：III 中国危险性类别：第 6.1 项 毒性物质 中国包装类别：III		
应急响应	运输应急卡：TEC(R)-61GT5-III		
储存	与食品和饲料分开存放。严格密封		
重要数据	物理状态、外观：白色粉末 化学危险性：加热到 200℃以上时，该物质分解生成氧化铍 职业接触限值：阈限值：0.002mg/m³（以 Be 计）（时间加权平均值），0.01mg/m³（短期接触限值）；A1（确认的人类致癌物）。拟变更为：阈限值：0.00005mg/m³(时间加权平均值）；0.0002mg/m³(短期接触限值）；经皮；致敏剂；A1（确认的人类致癌物）（美国政府工业卫生学家会议，2008 年）。最高容许浓度：呼吸道和皮肤致敏剂；致癌物类别：1（德国，2008 年） 接触途径：该物质可通过吸入其气溶胶和经食入吸收到体内 吸入危险性：20℃时蒸发可忽略不计，但扩散时可较快地达到空气中颗粒物有害浓度 短期接触的影响：该物质的气溶胶刺激呼吸道。吸入粉尘或烟雾可能引起化学肺炎。影响可能推迟显现。需进行医学观察。接触可能导致死亡 长期或反复接触的影响：反复或长期接触可能引起皮肤过敏。反复或长期接触，肺可能受损伤。导致慢性铍病（咳嗽，体重减轻，虚弱）。该物质是人类致癌物		
物理性质	水中溶解度：不溶		
环境数据	该物质对水生生物有极高毒性。该物质可能在水生环境中造成长期影响		
注解	由于缺乏该物质的具体数据，本卡片的信息是参考其他不溶性铍化合物类推断的。短期大量接触引起的急性肺炎症状 3 天以后才变得明显。根据接触程度，建议定期进行医疗检查。不要将工作服带回家中		

IPCS
International
Programme on
Chemical Safety

国际化学品安全卡

氯化铍			ICSC 编号：1354
CAS 登记号：7787-47-5 RTECS 号：DS2625000 UN 编号：1566 EC 编号：004-002-00-2 中国危险货物编号：1566 分子量：79.9	中文名称：氯化铍 英文名称：BERYLLIUM CHLORIDE 化学式：$BeCl_2$		
危害/接触类型	急性危害/症状	预防	急救/消防
火 灾	在火焰中释放出刺激性或有毒烟雾（或气体）	禁止与水接触	周围环境着火时，禁止用水
爆 炸			
接 触		防止粉尘扩散!避免一切接触!	一切情况均向医生咨询!
# 吸入	咳嗽，咽喉痛，气促，症状可能推迟显现（见注解）	密闭系统和通风	新鲜空气，休息，半直立体位，给予医疗护理
# 皮肤	发红，疼痛	防护手套，防护服	脱去污染的衣服，用大量水冲洗皮肤或淋浴，给予医疗护理
# 眼睛	发红，疼痛，视力模糊	面罩，或眼睛防护结合呼吸防护	先用大量水冲洗几分钟（如可能尽量摘除隐形眼镜），然后就医
# 食入	恶心，呕吐，腹部疼痛	工作时不得进食，饮水或吸烟。进食前洗手	漱口，给予医疗护理
泄漏处置	将泄漏物清扫进可密闭容器中。如果适当，首先润湿防止扬尘。小心收集残余物，然后转移到安全场所。不要让该化学品进入环境。化学防护服包括自给式呼吸器		
包装与标志	不易破碎包装，将易破碎包装放在不易破碎的密闭容器中。不得与食品和饲料一起运输 **欧盟危险性类别**：T+符号 N 符号 标记：A，E R:49-25-26-36/37/38-43-48/23-51/53 S:53-45-61 **联合国危险性类别**：6.1 **联合国包装类别**：II **中国危险性类别**：第 6.1 项 毒性物质 **中国包装类别**：II		
应急响应	运输应急卡：TEC(R)-61GT5-II		
储存	与食品和饲料分开存放。干燥。严格密封		
重要数据	**物理状态、外观**：无色至黄色晶体 **化学危险性**：与水接触时，该物质迅速分解，生成氯化氢（见卡片#0163）。有水存在时，浸蚀许多金属 **职业接触限值**：阈限值：0.002mg/m³（以 Be 计）（时间加权平均值），0.01mg/m³（短期接触限值）；A1（确认的人类致癌物）。拟变更为：阈限值：0.00005mg/m³(时间加权平均值)；0.0002mg/m³(短期接触限值)；经皮；致敏剂；A1（确认的人类致癌物）（美国政府工业卫生学家会议，2008 年）。最高容许浓度：呼吸道和皮肤致敏剂；致癌物类别：1（德国，2008 年） **接触途径**：该物质可通过吸入其气溶胶和经食入吸收到体内 **吸入危险性**：20℃时蒸发可忽略不计，但扩散时可较快地达到空气中颗粒物有害浓度 **短期接触的影响**：该物质刺激严重眼睛、皮肤和呼吸道。吸入粉尘或烟雾可能引起化学肺炎。影响可能推迟显现。需进行医学观察。接触可能导致死亡 **长期或反复接触的影响**：反复或长期接触可能引起皮肤过敏。反复或长期接触，导致慢性铍病（咳嗽，体重减轻，虚弱），肺可能受损伤。该物质是人类致癌物		
物理性质	沸点：520℃ 熔点：399.2℃ 密度：1.9g/cm³ 水中溶解度：20℃时 15.1g/100mL		
环境数据	该物质对水生生物有极高毒性。该物质可能在水生环境中造成长期影响		
注解	短期大量接触引起的急性肺炎症状 3 天以后才变得明显。根据接触程度，建议定期进行医疗检查。不要将工作服带回家中		

IPCS
International
Programme on
Chemical Safety

国际化学品安全卡

氟化铍			ICSC 编号：1355
CAS 登记号：7787-49-7 RTECS 号：DS2800000 UN 编号：1566 EC 编号：004-002-00-2 中国危险货物编号：1566 分子量：47		中文名称：氟化铍；二氟化铍 英文名称：BERYLLIUM FLUORIDE; Beryllium difluoride 化学式：BeF_2	
危害/接触类型	急性危害/症状	预防	急救/消防
火　灾	在火焰中释放出刺激性或有毒烟雾（或气体）		周围环境着火时，允许使用各种灭火剂
爆　炸			
接　触		防止粉尘扩散！避免一切接触！	一切情况均向医生咨询！
# 吸入	咳嗽，咽喉痛，气促。症状可能推迟显现。（见注解）	密闭系统和通风	新鲜空气，休息，半直立体位，给予医疗护理
# 皮肤	发红，疼痛	防护手套，防护服	脱去污染的衣服，用大量水冲洗皮肤或淋浴，给予医疗护理
# 眼睛	发红，疼痛，视力模糊	面罩，或眼睛防护结合呼吸防护	先用大量水冲洗几分钟（如可能尽量摘除隐形眼镜），然后就医
# 食入	腹部疼痛，腹泻，恶心，呕吐	工作时不得进食，饮水或吸烟。进食前洗手	漱口，给予医疗护理
泄漏处置	将泄漏物清扫进可密封容器中。如果适当，首先润湿防止扬尘。小心收集残余物，然后转移到安全场所。不要让该化学品进入环境。化学防护服包括自给式呼吸器		
包装与标志	不易破碎包装，将易破碎包装放在不易破碎的密闭容器中。不得与食品和饲料一起运输 欧盟危险性类别：T+符号 N 符号 标记：A，E　R:49-25-26-36/37/38-43-48/23-51/53　S:53-45-61 联合国危险性类别：6.1　联合国包装类别：II 中国危险性类别：第 6.1 项 毒性物质 中国包装类别：II		
应急响应	运输应急卡：TEC(R)-61GT5-II		
储存	与强酸、食品和饲料分开存放。严格密封		
重要数据	**物理状态、外观**：无色块状 **化学危险性**：与强酸发生反应 **职业接触限值**：阈限值：0.002mg/m³（以 Be 计）（时间加权平均值），0.01mg/m³（短期接触限值）；A1（确认的人类致癌物）。拟变更为：阈限值：0.00005mg/m³(时间加权平均值)；0.0002mg/m³(短期接触限值)；经皮；致敏剂；A1（确认的人类致癌物）（美国政府工业卫生学家会议，2008 年）。最高容许浓度：呼吸道和皮肤致敏剂；致癌物类别：1（德国，2008 年） **接触途径**：该物质可通过吸入其气溶胶和经食入吸收到体内 **吸入危险性**：20℃时蒸发可忽略不计，但扩散时可较快地达到空气中颗粒物有害浓度 **短期接触的影响**：该物质刺激严重眼睛、皮肤和呼吸道。吸入粉尘或烟雾可能引起化学肺炎。影响可能推迟显现。需进行医学观察。接触可能导致死亡 **长期或反复接触的影响**：反复或长期接触可能引起皮肤过敏。反复或长期接触，肺可能受损伤。导致慢性铍病（咳嗽，体重减轻，虚弱）。该物质是人类致癌物		
物理性质	沸点：1160℃ 熔点：555℃ 密度：1.99g/cm³ 水中溶解度：易溶		
环境数据	该物质对水生生物有极高毒性。该物质可能在水生环境中造成长期影响		
注解	短期大量接触引起的急性肺炎症状 3 天以后才变得明显。根据接触程度，建议定期进行医疗检查。不要将工作服带回家中		

IPCS
International
Programme on
Chemical Safety

国际化学品安全卡

3,5-二甲苯酚	ICSC 编号：1356
CAS 登记号：108-68-9 RTECS 号：ZE6475000 UN 编号：2261 EC 编号：604-037-00-9 中国危险货物编号：2261	中文名称：3,5-二甲苯酚；3,5-二甲基苯酚；1-羟基-3,5-二甲苯 英文名称：3,5-XYLENOL; 3,5-Dimethylphenol; 1-Hydroxy-3,5-dimethylbenzene
分子量：122.2	化学式：$C_8H_{10}O/(CH_3)_2C_6H_3OH$

危害/接触类型	急性危害/症状	预防	急救/消防
火　灾	可燃的	禁止明火	干粉、抗溶性泡沫、雾状水、二氧化碳
爆　炸	微细分散的颗粒物在空气中形成爆炸性混合物	防止粉尘沉积、密闭系统、防止粉尘爆炸型电气设备和照明	
接　触		防止粉尘扩散！	
# 吸入	咳嗽，头晕，头痛	局部排气通风或呼吸防护	新鲜空气，休息，半直立体位，必要时进行人工呼吸，给予医疗护理
# 皮肤	可能被吸收！灼烧感，皮肤烧伤	防护手套，防护服	急救时戴防护手套。冲洗，然后用水和肥皂清洗皮肤，给予医疗护理
# 眼睛	发红，疼痛，严重深度烧伤	护目镜，面罩或眼睛防护结合呼吸防护	先用大量水冲洗几分钟（如可能尽量摘除隐形眼镜），然后就医
# 食入	灼烧感，腹部疼痛，恶心，呕吐，腹泻，头晕，头痛，休克或虚脱	工作时不得进食，饮水或吸烟	休息，不要催吐，给予医疗护理

泄漏处置	将泄漏物清扫进可密封容器中。不要让该化学品进入环境。个人防护用具：化学防护服包括自给式呼吸器
包装与标志	不得与食品和饲料一起运输。污染海洋物质 欧盟危险性类别：T 符号　R:24/25-34　S:1/2-26-28-36/37/39-45 联合国危险性类别：6.1　联合国包装类别：II 中国危险性类别：第 6.1 项毒性物质　中国包装类别：II
应急响应	运输应急卡：TEC(R)-672
储存	与酸酐、酰基氯、碱类和氧化剂分开存放
重要数据	物理状态、外观：白色至黄色晶体，有特殊气味 物理危险性：以粉末或颗粒形状与空气混合，可能发生粉尘爆炸 化学危险性：与酸酐，酸性氯化物，碱类和氧化剂发生反应 职业接触限值：阈限值未制定标准 接触途径：该物质可通过吸入、经皮肤和食入吸收到体内 吸入危险性：未指明 20℃时该物质蒸发达到空气中有害浓度的速率 短期接触的影响：该物质腐蚀眼睛和皮肤。该物质刺激呼吸道。食入有腐蚀性。见注解 长期或反复接触的影响：见注解
物理性质	沸点：219℃ 熔点：64℃ 密度：$0.97g/cm^3$ 水中溶解度：25℃时 0.5g/100mL 蒸气压：25℃时 5Pa 蒸气相对密度（空气=1）：4.2 闪点：80℃（闭杯） 爆炸极限：空气中 1.4%～?%（体积） 辛醇/水分配系数的对数值：2.35
环境数据	该物质对水生生物是有害的
注解	还可参考卡片#0601（二甲苯酚），#0070（苯酚）。该物质对人体健康影响数据不充分，因此应当特别注意。对健康的影响可能类似于苯酚及相关化合物

IPCS
International
Programme on
Chemical Safety

国际化学品安全卡

二乙二醇二甲醚			ICSC 编号：1357
CAS 登记号：111-96-6 RTECS 号：KN3339000 UN 编号：1993 EC 编号：603-139-00-0 中国危险货物编号：1993 分子量：134.2		中文名称：二乙二醇二甲醚；二（2-甲氧基乙基）醚；二甘醇二甲醚；1,1'-氧双（2-甲氧基乙烷）；二甲基卡必醇；DEGDME 英文名称：DIETHYLENE GLYCOL DIMETHYL ETHER; Bis(2-methoxyethyl) ether; Diglyme; 1,1'-Oxybis(2-methoxyethane); Dimethyl carbitol; DEGDME 化学式：$C_6H_{14}O_3/(CH_3OCH_2CH_2)_2O$	
危害/接触类型	**急性危害/症状**	**预防**	**急救/消防**
火　灾	易燃的	禁止明火，禁止火花和禁止吸烟	干粉，雾状水，泡沫，二氧化碳
爆　炸	高于 51℃，可能形成爆炸性蒸气/空气混合物	高于 51℃，使用密闭系统、通风	着火时，喷雾状水保持料桶等冷却
接　触		避免一切接触！	
# 吸入	咳嗽。气促	通风，局部排气通风或呼吸防护	新鲜空气，休息
# 皮肤	可能被吸收！发红	防护手套。防护服	脱去污染的衣服。用大量水冲洗皮肤或淋浴
# 眼睛	发红。疼痛	安全眼镜	先用大量水冲洗几分钟（如可能尽量摘除隐形眼镜），然后就医
# 食入	灼烧感	工作时不得进食，饮水或吸烟	漱口。大量饮水
泄漏处置	转移全部引燃源。通风。将泄漏液收集在可密闭的容器中。用砂土或惰性吸收剂吸收残液，并转移到安全场所。个人防护用具：适用于有机气体和蒸气的过滤呼吸器		
包装与标志	欧盟危险性类别：T 符号　R:60-61-10-19　S:53-45 联合国危险性类别：3　联合国包装类别：III 中国危险性类别：第 3 类易燃液体　中国包装类别：III		
应急响应	运输应急卡：TEC(R)-30GF1-III 美国消防协会法规：H1（健康危险性）；F2（火灾危险性）；R1（反应危险性）		
储存	耐火设备（条件）。与强氧化剂分开存放		
重要数据	**物理状态、外观**：无色液体，有特殊气味 **化学危险性**：该物质大概能生成爆炸性过氧化物。与强氧化剂激烈反应 **职业接触限值**：阈限值未制定标准。最高容许浓度：5ppm，$28mg/m^3$；皮肤吸收；最高限值种类：II（8）；妊娠风险等级：B（德国，2004 年） **接触途径**：该物质可通过吸入其蒸气、经食入和皮肤吸收到体内 **吸入危险性**：20℃时，该物质蒸发相当快地达到空气中有害污染浓度 **短期接触的影响**：该物质轻微刺激眼睛、皮肤和呼吸道 **长期或反复接触的影响**：动物实验表明，该物质可能造成人类生殖或发育毒性		
物理性质	沸点：162℃ 熔点：-68℃ 相对密度（水=1）：0.95 水中溶解度：混溶 蒸气压：20℃时 0.33kPa 蒸气相对密度（空气=1）：4.6 蒸气/空气混合物的相对密度（20℃，空气=1）：1.01 闪点：51℃（闭杯） 自燃温度：190℃ 爆炸极限：空气中 1.5%～17.4%（体积） 辛醇/水分配系数的对数值：-0.36		
环境数据			
注解	蒸馏前检验过氧化物，如有，将其去除		

IPCS
International Programme on Chemical Safety

国际化学品安全卡

2-氰基丙烯酸乙酯			ICSC 编号：1358
CAS 登记号：7085-85-0 RTECS 号：UD3330050 EC 编号：607-236-00-9	中文名称：2-氰基丙烯酸乙酯；1-氰基-2-丙烯酸乙酯；α-氰基丙烯酸乙酯 英文名称：ETHYL 2-CYANOACRYLATE; 2-Cyano-2-propenoic acid, ethyl ester; 2-Cyanoacrylic acid, ethyl ester; Ethyl alpha-cyanoacrylate		
分子量：125.0	化学式．$C_6H_7NO_2$		

危害/接触类型	急性危害/症状	预防	急救/消防
火　灾	可燃的	禁止明火	周围环境着火时，允许使用各种灭火剂
爆　炸	高于 75℃，可能形成爆炸性蒸气/空气混合物	高于 75℃，使用密闭系统、通风和防爆型电气设备	着火时，喷雾状水保持料桶等冷却
接　触			
# 吸入		通风	新鲜空气。休息，给予医疗护理
# 皮肤	发红，疼痛	防护手套，防护服	给予医疗护理
# 眼睛	发红，疼痛	护目镜	先用大量水冲洗几分钟（如可能尽量摘除隐形眼镜），然后就医
# 食入		工作时不得进食，饮水或吸烟	给予医疗护理
泄漏处置	通风。将泄漏液收集在可密闭的容器中。用砂土或惰性吸收剂吸收残液，并转移到安全场所		
包装与标志	欧盟危险性类别：Xi 符号　R:36/37/38　S:2-23-24/25-26		
应急响应			
储存	阴凉场所		
重要数据	物理状态、外观：无色液体 化学危险性：该物质迅速发生聚合。加热或燃烧时，该物质分解生成含氮氧化物和氰化物有毒和刺激性烟雾/气体 职业接触限值：阈限值:0.2ppm（时间加权平均值）（美国政府工业卫生学家会议，2004 年）。最高容许浓度：IIb（未制定标准，但可提供数据）（德国，2004 年） 接触途径：该物质可通过吸入其蒸气吸收到体内 吸入危险性：未指明 20℃时该物质蒸发达到空气中有害浓度的速率 短期接触的影响：该物质严重刺激眼睛和皮肤 长期或反复接触的影响：反复或长期接触可能引起皮肤过敏		
物理性质	沸点：54～56℃ 闪点：75℃（闭杯）		
环境数据			
注解			

IPCS
International
Programme on
Chemical Safety

国际化学品安全卡

甲基四氟菊酯			ICSC 编号：1359
CAS 登记号：101200-48-0 RTECS 号：DH3565000 EC 编号：607-177-00-9	中文名称：甲基四氟菊酯；甲基-2-((((*N*-(4-甲氧基-6-甲基-1,3,5-三嗪-2-基)甲基氨基)羰基)氨基)磺酰基)苯甲酸酯；2-(4-甲氧基-6-甲基-1,3,5-三嗪-2-基(甲基)羰基氨磺酰)苯甲酸甲酯 英文名称：TRIBENURON-METHYL; Methyl 2-((((*N*-(4-methoxy-6-methyl-1,3,5-triazin-2-yl) methylamino) carbonyl) amino) sulfonyl) benzoate; 2-(4-Methoxy-6-methyl-1,3,5-triazin-2-yl (methyl) carbomoylsulfamoyl) benzoic acid, methyl ester		
分子量：395.4	化学式：$C_{15}H_{17}N_5O_6S$		

危害/接触类型	急性危害/症状	预防	急救/消防
火　灾	不可燃		周围环境着火时，允许使用各种灭火剂
爆　炸			
接　触		严格作业环境管理！	
# 吸入		局部排气通风或呼吸防护	新鲜空气，休息
# 皮肤	发红	防护手套，防护服	冲洗，然后用水和肥皂清洗皮肤
# 眼睛	发红	护目镜，或眼睛防护结合呼吸防护	先用大量水冲洗几分钟（如可能尽量摘除隐形眼镜），然后就医
# 食入		工作时不得进食，饮水或吸烟。进食前洗手	漱口，休息
泄漏处置	将泄漏物清扫进有盖的容器中。如果适当，首先润湿防止扬尘。不要让该化学品进入环境。个人防护用具：适用于惰性颗粒物的 P1 过滤呼吸器		
包装与标志	欧盟危险性类别：Xi 符号　R:43　S:2-22-24-37		
应急响应			
储存	与食品和饲料分开存放。注意收容灭火产生的废水		
重要数据	物理状态、外观：棕色各种形态固体 职业接触限值：阈限值未制定标准 接触途径：该物质可通过吸入吸收到体内 吸入危险性：20℃时蒸发可忽略不计，但扩散时可较快地达到空气中颗粒物有害浓度 长期或反复接触的影响：反复或长期接触可能引起皮肤过敏		
物理性质	熔点：141℃ 相对密度（水=1）：1.5 水中溶解度：溶解 辛醇/水分配系数的对数值：-0.44		
环境数据	避免非正常使用情况下释放到环境中		
注解	如果该物质用溶剂配制，可参考该溶剂的卡片。商业制剂中使用的载体溶剂可能改变其物理和毒理学性质		

IPCS
International
Programme on
Chemical Safety

国际化学品安全卡

丙草安			ICSC 编号：1360
CAS 登记号：51218-45-2 RTECS 号：AN3430000	中文名称：丙草安；2-氯-6'-乙基-*N*-(2-甲氧基-1-甲基乙基)乙酰邻甲苯胺；2-氯-*N*-(2-乙基-6-甲基苯基)-*N*-(2-甲氧基-1-甲基乙基)乙酰胺 英文名称：METOLACHLOR; 2-Chloro-6'-ethyl-*N*-(2-methoxy-1-methylethyl) aceto-o-toluidide; 2-Chloro-*N*-(2-ethyl-6-methylphenyl)-*N*-(2-methoxy-1-methylethyl) acetamide		
分子量：283.81	化学式：$C_{15}H_{22}ClNO_2$		

危害/接触类型	急性危害/症状	预防	急救/消防
火 灾	可燃的	禁止明火	干砂土，抗溶性泡沫，二氧化碳
爆 炸			
接 触			一切情况均向医生咨询！
# 吸入	头痛，恶心	通风	新鲜空气，休息
# 皮肤		防护手套	冲洗，然后用水和肥皂清洗皮肤
# 眼睛		护目镜	先用大量水冲洗几分钟（如可能尽量摘除隐形眼镜），然后就医
# 食入	胃痉挛	工作时不得进食，饮水或吸烟。进食前洗手	大量饮水，给予医疗护理

泄漏处置	将泄漏液收集在有盖的容器中。然后转移到安全场所。不要让该化学品进入环境。个人防护用具：适用于有害颗粒物的 P2 过滤呼吸器
包装与标志	
应急响应	美国消防协会法规：H1（健康危险性）；F0（火灾危险性）；R0（反应危险性）
储存	与食品和饲料分开存放。严格密封。注意收容灭火产生的废水
重要数据	物理状态、外观：无气味清澈液体 职业接触限值：阈限值未制定标准 接触途径：该物质可通过吸入其气溶胶吸收到体内 吸入危险性：20℃时蒸发可忽略不计，但喷洒时可较快地达到空气中颗粒物有害浓度
物理性质	熔点：−62.1℃ 密度：1.12g/cm^3 水中溶解度：25℃时 488 mg/L 蒸气压：25℃时 0.0042Pa 闪点：190℃ 辛醇/水分配系数的对数值：2.9
环境数据	该物质对水生生物是有毒的。避免非正常使用情况下释放到环境中
注解	商业制剂中使用的载体溶剂可能改变其物理和毒理学性质。如果该物质用溶剂配制，可参考该溶剂的卡片

IPCS
International
Programme on
Chemical Safety

国际化学品安全卡

苯嗪草酮			ICSC 编号：1361
CAS 登记号：41394-05-2 RTECS 号：XZ3015000 EC 编号：613-129-00-8	中文名称：苯嗪草酮；4-氨基-3-甲基-6-苯基-1,2,4-三吖嗪-5（4*H*）酮 英文名称：METAMITRON; 4-Amino-3-methyl-6-phenyl-1,2,4-triazin-5(4*H*)-one		
分子量：202.24	化学式：$C_{10}H_{10}N_4O$		

危害/接触类型	急性危害/症状	预防	急救/消防
火　灾	在火焰中释放出刺激性或有毒烟雾（或气体）		周围环境着火时，允许适当的灭火剂
爆　炸			
接　触		防止粉尘扩散！	
# 吸入		避免吸入粉尘	新鲜空气，休息
# 皮肤		防护手套	
# 眼睛		安全护目镜	先用大量水冲洗几分钟（如可能尽量摘除隐形眼镜），然后就医
# 食入		工作时不得进食，饮水或吸烟。进食前洗手	漱口
泄漏处置	将泄漏物清扫进容器中。如果适当，首先润湿防止扬尘。小心收集残余物，然后转移到安全场所。不要让该化学品进入环境。个人防护用具：适用于有害颗粒物的 P2 过滤呼吸器		
包装与标志	欧盟危险性类别：Xn 符号 N 符号　R:22-50　S:2-61		
应急响应			
储存	注意收容灭火产生的废水。与食品和饲料分开存放。保存在通风良好的室内		
重要数据	物理状态、外观：无色至黄色晶体 化学危险性：加热时，该物质分解生成含氮氧化物有毒烟雾 职业接触限值：阈限值未制定标准。最高容许浓度未制定标准 接触途径：该物质可经食入吸收到体内 吸入危险性：喷洒或扩散时，可较快达到空气中颗粒物有害浓度，尤其是粉末		
物理性质	熔点：167℃ 密度：600kg/m³ 水中溶解度：20℃时 1.7 g/L 蒸气压：20℃时 0.00000086Pa 辛醇/水分配系数的对数值：0.83		
环境数据	该物质对水生生物是有毒的。避免非正常使用情况下释放到环境中		
注解			

IPCS
International
Programme on
Chemical Safety

国际化学品安全卡

1,2,3-三甲基苯			ICSC 编号：1362
CAS 登记号：526-73-8 RTECS 号：DC3300000 UN 编号：1993 中国危险货物编号：1993 分子量：120.2		中文名称：1,2,3-三甲基苯；连三甲苯 英文名称：1,2,3-TRIMETHYLBENZENE; Hemimellitene 化学式：C_9H_{12}	
危害/接触类型	急性危害/症状	预防	急救/消防
火　灾	易燃的	禁止明火、禁止火花和禁止吸烟	抗溶性泡沫，泡沫，干粉，二氧化碳
爆　炸	高于 44℃，可能形成爆炸性蒸气/空气混合物	高于 44℃，使用密闭系统、通风和防爆型电气设备。防止静电荷积聚（例如，通过接地）	着火时，喷雾状水保持料桶等冷却
接　触		防止产生烟云！	
# 吸入	意识模糊，头晕，头痛，呕吐，倦睡，咳嗽，咽喉痛	通风，局部排气通风或呼吸防护	新鲜空气，休息，给予医疗护理
# 皮肤	发红	防护手套	用大量水冲洗皮肤或淋浴
# 眼睛	发红，疼痛	安全护目镜	先用大量水冲洗几分钟（如可能尽量摘除隐形眼镜），然后就医
# 食入		工作时不得进食，饮水或吸烟	漱口，不要催吐，给予医疗护理
泄漏处置	将泄漏液收集在有盖的容器中。用砂土或惰性吸收剂吸收残液，并转移到安全场所。不要冲入下水道		
包装与标志	**联合国危险性类别：** 3　**联合国包装类别：** III **中国危险性类别：** 第 3 类易燃液体　**中国包装类别：** III		
应急响应	**运输应急卡：** TEC(R)-30GF1-III **美国消防协会法规：** H0（健康危险性）；F2（火灾危险性）；R0（反应危险性）		
储存	耐火设备（条件）。严格密闭。与氧化剂分开存放		
重要数据	**物理状态、外观：** 无色液体，有特殊气味 **化学危险性：** 与氧化剂发生反应，有着火和爆炸危险 **职业接触限值：** 阈限值：25ppm（时间加权平均值）（美国政府工业卫生学家会议，2004 年）。最高容许浓度：20ppm，100mg/m³；最高限值种类：II（2）；妊娠风险等级：C（德国，2004 年） **接触途径：** 该物质可通过吸入吸收到体内 **吸入危险性：** 20℃时该物质蒸发，相当慢地达到空气中有害浓度 **短期接触的影响：** 该物质刺激眼睛、皮肤和呼吸道。该物质可能对中枢神经系统有影响。如果吞咽液体吸入肺中，可能引起化学肺炎		
物理性质	**沸点：** 176℃ **熔点：** −25℃ **密度：** 0.89g/cm³ **水中溶解度：** 0.005g/100mL **蒸气压：** 20℃时 0.18kPa **蒸气相对密度（空气=1）：** 4.1 **蒸气/空气混合物的相对密度（20℃，空气=1）：** 1.01 **闪点：** 44℃ **自燃温度：** 470℃ **爆炸极限：** 空气中 0.8%～6.6%（体积） **辛醇/水分配系数的对数值：** 3.7		
环境数据			
注解	饮用含酒精饮料增进有害影响。可参考卡片#1155 均三甲基苯；#1389 三甲基苯（混合异构体）		

IPCS
International
Programme on
Chemical Safety

国际化学品安全卡

二溴杀草快			ICSC 编号：1363
CAS 登记号：85-00-7 RTECS 号：JM5690000 UN 编号：2781 EC 编号：613-089-00-1 中国危险货物编号：2781 分子量：344.1	中文名称：二溴杀草快；1,1'-乙烯-2,2'-双吡啶基二溴化物 英文名称：DIQUAT DIBROMIDE; 1,1'-Ethylene-2,2'-bipyridyllium dibromide; 6,7-Dihydrodipyridol[1,2-a:2',1-c] pyrazinedium dibromide; 9,10-Dihydro-8a-10a-diazoniaphenanthrene dibromide 化学式：$C_{12}H_{12}N_2Br_2$		
危害/接触类型	急性危害/症状	预防	急救/消防
火　灾	不可燃。含有机溶剂的液体制剂可能是易燃的。在火焰中释放出刺激性或有毒烟雾（或气体）		周围环境着火时，允许使用适当的灭火剂
爆　炸			
接　触		防止粉尘扩散！严格作业环境管理！	一切情况均向医生咨询！
# 吸入	咳嗽，咽喉痛，鼻出血	局部排气通风或呼吸防护	新鲜空气，休息，给予医疗护理
# 皮肤	发红	防护手套，防护服	先用大量水，然后脱去污染的衣服并再次冲洗，给予医疗护理
# 眼睛	发红，疼痛	护目镜，或眼睛防护结合呼吸防护	先用大量水冲洗几分钟（如可能尽量摘除隐形眼镜），然后就医
# 食入	恶心，呕吐，口腔溃疡，腹部疼痛，腹泻。另见吸入	工作时不得进食，饮水或吸烟。进食前洗手	漱口。大量饮水或膨润土水，或用水冲服活性炭浆。催吐（仅对清醒病人！），给予医疗护理
泄漏处置	将泄漏物清扫进容器中。如果适当，首先润湿防止扬尘。小心收集残余物，然后转移到安全场所。不要让该化学品进入环境。个人防护用具：适用于有毒颗粒物的 P3 过滤呼吸器		
包装与标志	不得与食品和饲料一起运输 **欧盟危险性类别**：T+符号　N 符号　R:22-26-36/37/38-43-48/25-50/53　S:1/2-28-36/37/39-45-60-61 **联合国危险性类别**：6.1　**联合国包装类别**：III **中国危险性类别**：第 6.1 项毒性物质　**中国包装类别**：III		
应急响应	运输应急卡：TEC(R)-61GT7-III		
储存	注意收容灭火产生的废水。严格密封。与食品和饲料分开存放		
重要数据	**物理状态、外观**：无色至黄色晶体 **化学危险性**：加热到 335℃时，该物质分解生成含氮氧化物和溴化氢有毒烟雾 **职业接触限值**：阈限值：0.5mg/m³（以杀草快可吸入组分计）（时间加权平均值），0.1mg/m³（以杀草快可呼吸的组分计）（时间加权平均值）；（经皮）；A4（不能分类为人类致癌物）（美国政府工业卫生学家会议，2004 年） **接触途径**：该物质可通过吸入其气溶胶，经皮肤和食入吸收到体内 **吸入危险性**：20℃时蒸发可忽略不计，但喷洒或扩散时可较快达到空气中颗粒物有害浓度 **短期接触的影响**：该物质刺激眼睛、皮肤和呼吸道。该物质可能对肾、肝、心血管系统和胃肠道有影响，导致功能损伤和体组织损伤。高浓度接触可能导致死亡 **长期或反复接触的影响**：该物质可能对眼睛有影响，导致白内障		
物理性质	**熔点**：低于熔点在 335℃分解 **密度**：1.2g/cm³ **水中溶解度**：20℃时 70g/100mL **蒸气压**：<0.0001Pa **辛醇/水分配系数的对数值**：20℃时-4.60		
环境数据	该物质对水生生物是有害的。避免非正常使用情况下释放到环境中		
注解	毒理学信息与一水合二溴杀草快（CAS 登记号 6385-62-2）和杀草快（CAS 登记号 2764-72-9）相同。不要将工作服带回家中。商业制剂中使用的载体溶剂可能改变其物理和毒理学性质。如果该物质用溶剂配制，可参考该溶剂的卡片		

IPCS
International
Programme on
Chemical Safety

国际化学品安全卡

十二烷基胺			ICSC 编号：1364
CAS 登记号：124-22-1 RTECS 号：JR6475000		中文名称：十二烷基胺；1-十二烷基胺；1-氨基十二烷；月桂胺 英文名称：DODECYLAMINE; 1-Dodecanamine; 1-Aminododecane; Lauramine; Laurylamine	
分子量：185.3		化学式：$C_{12}H_{27}N$	
危害/接触类型	急性危害/症状	预防	急救/消防
火 灾	可燃的。在火焰中释放出刺激性或有毒烟雾（或气体）	禁止明火	干粉，雾状水，泡沫，二氧化碳
爆 炸			
接 触		避免一切接触！	一切情况均向医生咨询！
# 吸入	灼烧感。咳嗽。咽喉痛。呼吸困难。气促。症状可能推迟显现（见注解）	局部排气通风或呼吸防护	新鲜空气，休息。半直立体位。必要时进行人工呼吸。给予医疗护理
# 皮肤	发红。疼痛。皮肤烧伤	防护手套。防护服	脱去污染的衣服。用大量水冲洗皮肤或淋浴。给予医疗护理
# 眼睛	发红。疼痛。严重深度烧伤	面罩，或眼睛防护结合呼吸防护	先用大量水冲洗几分钟（如可能尽量摘除隐形眼镜），然后就医
# 食入	腹部疼痛。灼烧感。休克或虚脱	工作时不得进食，饮水或吸烟	漱口。不要催吐。大量饮水。给予医疗护理
泄漏处置	不要让该化学品进入环境。将泄漏物清扫进可密闭容器中。小心收集残余物，然后转移到安全场所。 个人防护用具：化学防护服包括自给式呼吸器		
包装与标志			
应急响应			
储存	与酸类、酸酐、酰基氯和氧化剂分开存放。储存在没有排水管或下水道的场所。注意收容灭火产生的废水		
重要数据	**物理状态、外观**：白色晶体粉末，有特殊气味 **化学危险性**：燃烧时，该物质分解生成含氮氧化物有毒烟雾。水溶液是一种弱碱。与酸类、酸酐、酰基氯和氧化剂发生反应 **职业接触限值**：阈限值未制定标准。最高容许浓度未制定标准 **接触途径**：该物质可经食入吸收到体内 **吸入危险性**：未指明 20℃时该物质蒸发达到空气中有害浓度的速率 **短期接触的影响**：该物质腐蚀眼睛、皮肤和呼吸道。食入有腐蚀性。吸入可能引起肺水肿（见注解）。影响可能推迟显现。需进行医学观察		
物理性质	**沸点**：259℃ **熔点**：28℃ **密度**：0.81g/cm^3 **水中溶解度**：微溶 **闪点**：见注解 **辛醇/水分配系数的对数值**：4.76		
环境数据	该物质对水生生物有极高毒性。该物质可能在水生环境中造成长期影响		
注解	肺水肿症状常常经过几个小时以后才变得明显，体力劳动使症状加重。因而休息和医学观察是必要的。应当考虑由医生或医生指定的人立即采取适当吸入治疗法。该物质是可燃的，但是文献中报道的闪点不一致		

IPCS
International
Programme on
Chemical Safety

国际化学品安全卡

十八烷基胺			ICSC 编号：1365
CAS 登记号：124-30-1 RTECS 号：RG4150000	中文名称：十八烷基胺；1-十八烷基胺；1-氨基十八碳烷；硬脂酸胺；硬脂酰胺 英文名称：OCTADECYLAMINE; 1-Octadecanamine; 1-Aminooctadecane; Stearamine; Stearylamine		
分子量：269.5	化学式：$C_{18}H_{39}N$		
危害/接触类型	急性危害/症状	预防	急救/消防
火　灾	可燃的。在火焰中释放出刺激性或有毒烟雾（或气体）	禁止明火	干粉，雾状水，泡沫，二氧化碳
爆　炸			
接　触			
# 吸入	咳嗽。咽喉痛	局部排气通风或呼吸防护	新鲜空气，休息
# 皮肤	发红。疼痛	防护手套	冲洗，然后用水和肥皂清洗皮肤
# 眼睛	发红。疼痛	安全护目镜	先用大量水冲洗几分钟（如可能尽量摘除隐形眼镜），然后就医
# 食入		工作时不得进食，饮水或吸烟	漱口。大量饮水
泄漏处置	将泄漏物清扫进可密闭容器中。小心收集残余物，然后转移到安全场所。个人防护用具：适用于有害颗粒物的 P2 过滤呼吸器		
包装与标志			
应急响应			
储存	与酸类、酸酐、酰基氯和氧化剂分开存放		
重要数据	**物理状态、外观**：白色薄片，有特殊气味 **化学危险性**：燃烧时，该物质分解。生成含氮氧化物有毒烟雾。水溶液是一种弱碱。与酸类、酸酐、酰基氯和氧化剂发生反应 **职业接触限值**：阈限值未制定标准。最高容许浓度未制定标准 **接触途径**：该物质可经食入吸收到体内 **吸入危险性**：未指明 20℃时该物质蒸发达到空气中有害浓度的速率 **短期接触的影响**：该物质刺激眼睛、皮肤和呼吸道		
物理性质	沸点：346.8℃ 熔点：52.9℃ 密度：$0.86g/cm^3$ 水中溶解度：难溶 闪点：148℃（闭杯） 辛醇/水分配系数的对数值：7.7		
环境数据			
注解	对接触该物质的环境影响未进行调查		

IPCS
International
Programme on
Chemical Safety

国际化学品安全卡

<table>
<tr><td colspan="2">三苯胺</td><td colspan="2">ICSC 编号：1366</td></tr>
<tr><td colspan="2">CAS 登记号：603-34-9
RTECS 号：YK2680000

分子量：245.3</td><td colspan="2">中文名称：三苯胺；N,N-二苯基苯胺
英文名称：TRIPHENYLAMINE; N,N-Diphenylbenzenamine; N,N-Diphenylaniline

化学式：$C_{18}H_{15}N/0(C_6H_5)_3N$</td></tr>
<tr><td>危害/接触类型</td><td>急性危害/症状</td><td>预防</td><td>急救/消防</td></tr>
<tr><td>火　灾</td><td>可燃的。在火焰中释放出刺激性或有毒烟雾（或气体）</td><td>禁止明火</td><td>干粉，抗溶性泡沫，雾状水，二氧化碳</td></tr>
<tr><td>爆　炸</td><td>微细分散的颗粒物在空气中形成爆炸性混合物</td><td>防止粉尘沉积、密闭系统、防止粉尘爆炸型电气设备和照明</td><td></td></tr>
<tr><td>接　触</td><td></td><td>防止粉尘扩散！</td><td></td></tr>
<tr><td># 吸入</td><td></td><td>通风</td><td>新鲜空气，休息</td></tr>
<tr><td># 皮肤</td><td>发红</td><td>防护手套</td><td>冲洗，然后用水和肥皂清洗皮肤</td></tr>
<tr><td># 眼睛</td><td>发红</td><td>安全护目镜</td><td>先用大量水冲洗几分钟（如可能尽量摘除隐形眼镜），然后就医</td></tr>
<tr><td># 食入</td><td></td><td>工作时不得进食，饮水或吸烟</td><td>漱口</td></tr>
<tr><td>泄漏处置</td><td colspan="3">将泄漏物清扫进可密闭容器中，如果适当，首先润湿防止扬尘。个人防护用具：适用于有害颗粒物的P2 过滤呼吸器</td></tr>
<tr><td>包装与标志</td><td colspan="3"></td></tr>
<tr><td>应急响应</td><td colspan="3"></td></tr>
<tr><td>储存</td><td colspan="3">与酸类、强氧化剂和卤素分开存放</td></tr>
<tr><td>重要数据</td><td colspan="3">物理状态、外观：无色至白色粉末，有特殊气味
物理危险性：以粉末或颗粒形状与空气混合，可能发生粉尘爆炸
化学危险性：燃烧时，该物质分解生成含氮氧化物有毒烟雾。水溶液是一种弱碱。与酸类、强氧化剂和卤素发生反应
职业接触限值：阈限值：5mg/m³（时间加权平均值）（美国政府工业卫生学家会议，2005 年）。最高容许浓度未制定标准
接触途径：该物质可经食入吸收到体内
吸入危险性：扩散时可较快地达到空气中颗粒物有害浓度，尤其是粉末
短期接触的影响：该物质轻微刺激眼睛和皮肤</td></tr>
<tr><td>物理性质</td><td colspan="3">沸点：365℃
熔点：126.5℃
密度：0.77g/cm³
水中溶解度：难溶
闪点：180℃（开杯）
辛醇/水分配系数的对数值：5.74</td></tr>
<tr><td>环境数据</td><td colspan="3"></td></tr>
<tr><td>注解</td><td colspan="3">对接触该物质的环境影响未进行调查</td></tr>
</table>

IPCS
International
Programme on
Chemical Safety

国际化学品安全卡

戊二酸			ICSC 编号：1367
CAS 登记号：110-94-1 RTECS 号：MA3740000 分子量：132.1	中文名称：戊二酸；1,5-戊二酸；1,3-丙烷二羧酸 英文名称：GLUTARIC ACID; 1,5-Pentanedioic acid; 1,3-Propanedicarboxylic acid 化学式：$C_5H_8O_4$/$COOH(CH_2)_3COOH$		
危害/接触类型	急性危害/症状	预防	急救/消防
火　灾	可燃的	禁止明火	雾状水、干粉
爆　炸			
接　触			
# 吸入	咳嗽，咽喉痛	局部排气通风或呼吸防护	新鲜空气，休息
# 皮肤	发红，疼痛	防护手套	脱去污染的衣服，用大量水冲洗皮肤或淋浴
# 眼睛	疼痛，发红	安全护目镜，或护目镜	先用大量水冲洗几分钟（如可能尽量摘除隐形眼镜），然后就医
# 食入	腹部疼痛	工作时不得进食，饮水或吸烟	漱口。大量饮水，给予医疗护理
泄漏处置	将泄漏物清扫进有盖的容器中。如果适当，首先润湿防止扬尘。然后用大量水冲净		
包装与标志			
应急响应			
储存	与碱类分开存放		
重要数据	物理状态、外观：无色晶体 化学危险性：水溶液是一种中强酸 职业接触限值：阈限值未制定标准 接触途径：该物质可通过吸入其气溶胶吸收到体内 吸入危险性：20℃时蒸发可忽略不计，但扩散时可较快地达到空气中颗粒物有害浓度 短期接触的影响：该物质刺激眼睛、皮肤和呼吸道		
物理性质	沸点：302～304℃（分解） 熔点：98℃ 密度：$1.4g/cm^3$ 水中溶解度：20℃时 63.9g/100mL 辛醇/水分配系数的对数值：-0.47/-0.08（计算值）		
环境数据			
注解			

IPCS
International
Programme on
Chemical Safety

国际化学品安全卡

重铬酸铵			ICSC 编号：1368
CAS 登记号：7789-09-5 RTECS 号：HX7650000 UN 编号：1439 EC 编号：024-003-00-1 中国危险货物编号：1439	中文名称：重铬酸铵；重铬酸二铵（VI）；重铬酸二铵盐 英文名称：AMMONIUM DICHROMATE; Diammonium dichromate (VI); Dichromic acid, diammonium salt; Ammonium bichromate		
分子量：252.1	化学式：$(NH_4)_2Cr_2O_7$		
危害/接触类型	急性危害/症状	预防	急救/消防
火　灾	不可燃，但可助长其他物质燃烧	禁止与易燃物质接触	周围环境着火时，用大量水灭火
爆　炸	与可燃物质接触时，有着火和爆炸危险		着火时，喷雾状水保持料桶等冷却。从掩蔽位置灭火
接　触		防止粉尘扩散！避免一切接触！	一切情况均向医生咨询！
# 吸入	灼烧感。咽喉痛。咳嗽。喘息。呼吸困难	密闭系统和通风	新鲜空气，休息。半直立体位。必要时进行人工呼吸。给予医疗护理
# 皮肤	发红。疼痛。皮肤烧伤	防护手套。防护服	先用大量水冲洗，然后脱去污染的衣服并再次冲洗。给予医疗护理
# 眼睛	发红。疼痛。视力模糊。严重深度烧伤	面罩，或眼睛防护结合呼吸防护	先用大量水冲洗几分钟（如可能尽量摘除隐形眼镜），然后就医
# 食入	恶心。呕吐。腹部疼痛。灼烧感。腹泻。休克或虚脱	工作时不得进食，饮水或吸烟。进食前洗手	漱口。饮用 1～2 杯水。给予医疗护理
泄漏处置	将泄漏物清扫进非可燃的容器中，如果适当，首先润湿防止扬尘。小心收集残余物，然后转移到安全场所。不要用锯末或其他可燃吸收剂吸收。不要让该化学品进入环境。个人防护用具：全套防护服包括自给式呼吸器		
包装与标志	欧盟危险性类别：E 符号 T+符号 N 符号 标记：E，3　R:45-46-60-61-2-8-21-25-26-34　S:53-45-60-61 联合国危险性类别：5.1　联合国包装类别：II 中国危险性类别：第 5.1 项 氧化性物质　中国包装类别：II		
应急响应	运输应急卡：TEC(R)-51GO2-I+II+III 美国消防协会法规：H2（健康危险性）；F1（火灾危险性）；R1（反应危险性）；OX（氧化剂）		
储存	耐火设备（条件）。与有机溶剂、可燃物质和还原性物质分开存放。储存在没有排水管或下水道的场所		
重要数据	物理状态、外观：橙色至红色晶体 化学危险性：受热时可能发生爆炸。该物质是一种强氧化剂，与可燃物质和还原性物质发生反应。水溶液是一种弱酸。与有机溶剂激烈反应 职业接触限值：阈限值：0.05mg/m^3（以 Cr 计）（时间加权平均值）；A1（确认的人类致癌物）；公布生物暴露指数（美国政府工业卫生学家会议，2005 年）。最高容许浓度：（可吸入粉尘） 皮肤吸收；皮肤致敏剂；致癌物类别：1；致生殖细胞突变物类别：2；发布生物物质参考值（德国，2009 年） 接触途径：该物质可通过吸入其气溶胶、经皮肤和食入吸收到体内 吸入危险性：扩散时可较快地达到空气中颗粒物有害浓度 短期接触的影响：该物质腐蚀眼睛、皮肤和呼吸道。食入有腐蚀性。该物质可能对肾和肝有影响，导致体组织损伤 长期或反复接触的影响：反复或长期接触可能引起皮肤过敏。反复或长期吸入接触可能引起哮喘。该物质可能对呼吸道和肾有影响，导致鼻中膈穿孔和肾损伤。该物质是人类致癌物。可能引起人类胚细胞可继承的遗传损伤。动物实验表明，该物质可能造成人类生殖或发育毒性		
物理性质	熔点：180℃（分解） 密度：2.15g/cm^3 水中溶解度：20℃时 36g/100mL		
环境数据	该物质对水生生物有极高毒性。该物质可能在水生环境中造成长期影响		
注解	不要将工作服带回家中。用大量水冲洗工作服（有着火危险）。因这种物质出现哮喘症状的任何人不应当再接触该物质。哮喘症状常常经过几个小时以后才变得明显，体力劳动使症状加重。因而休息和医学观察是必要的。根据接触程度，建议定期进行医疗检查		

IPCS
International
Programme on
Chemical Safety

国际化学品安全卡

<table>
<tr><td colspan="3">重铬酸钠（无水的）</td><td>ICSC 编号：1369</td></tr>
<tr><td colspan="2">CAS 登记号：10588-01-9
RTECS 号：HX7700000
UN 编号：3288
EC 编号：024-004-00-7
中国危险货物编号：3288
分子量：262</td><td colspan="2">中文名称：重铬酸钠（无水的）；重铬酸二钠（VI）；重铬酸二钠盐；七氧化二铬二钠
英文名称：SODIUM DICHROMATE (ANHYDROUS); Disodium dichromate (VI); Dichromic acid, disodium salt; Disodium dichromium heptaoxide
化学式：$Na_2Cr_2O_7$</td></tr>
<tr><td>危害/接触类型</td><td>急性危害/症状</td><td>预防</td><td>急救/消防</td></tr>
<tr><td>火　灾</td><td>不可燃，但可助长其他物质燃烧</td><td>禁止与易燃物质接触</td><td>周围环境着火时，大量水，雾状水</td></tr>
<tr><td>爆　炸</td><td>与可燃物质接触时，有着火和爆炸危险</td><td></td><td></td></tr>
<tr><td>接　触</td><td></td><td>防止粉尘扩散!避免一切接触!</td><td>一切情况均向医生咨询!</td></tr>
<tr><td># 吸入</td><td>灼烧感，咽喉痛，咳嗽，喘息，呼吸困难</td><td>密闭系统和通风</td><td>新鲜空气，休息，半直立体位，必要时进行人工呼吸，给予医疗护理</td></tr>
<tr><td># 皮肤</td><td>发红。疼痛。皮肤烧伤</td><td>防护手套。防护服</td><td>先用大量水冲洗，然后脱去污染的衣服并再次冲洗。给予医疗护理</td></tr>
<tr><td># 眼睛</td><td>发红。疼痛。视力模糊。严重深度烧伤</td><td>面罩，或眼睛防护结合呼吸防护</td><td>先用大量水冲洗几分钟（如可能尽量摘除隐形眼镜），然后就医</td></tr>
<tr><td># 食入</td><td>恶心，呕吐，腹部疼痛，灼烧感，腹泻，休克或虚脱</td><td>工作时不得进食，饮水或吸烟。进食前洗手</td><td>漱口。饮用 1～2 杯水。给予医疗护理</td></tr>
<tr><td>泄漏处置</td><td colspan="3">将泄漏物清扫进非可燃的容器中，如果适当，首先润湿防止扬尘。小心收集残余物，然后转移到安全场所。不要用锯末或其他可燃吸收剂吸收。不要让该化学品进入环境。个人防护用具：全套防护服包括自给式呼吸器</td></tr>
<tr><td>包装与标志</td><td colspan="3">不得与食品和饲料一起运输
欧盟危险性类别：T+符号 N 符号 O 符号 标记：E，3 R:45-46-60-61-8-21-25-26-34-42/43 S:53-45-60-61
联合国危险性类别：6.1　联合国包装类别：III
中国危险性类别：第 5.1 项 氧化性物质　中国包装类别：II</td></tr>
<tr><td>应急响应</td><td colspan="3">运输应急卡：TEC(R)-61GT5-III
美国消防协会法规：H3（健康危险性）；F0（火灾危险性）；R0（反应危险性）；OX（氧化剂）</td></tr>
<tr><td>储存</td><td colspan="3">干燥。与可燃物质、还原性物质、食品和饲料分开存放。储存在没有排水管或下水道的场所</td></tr>
<tr><td>重要数据</td><td colspan="3">物理状态、外观：红色至橙色吸湿的晶体
化学危险性：该物质是一种强氧化剂，与可燃物质和还原性物质发生反应。水溶液是一种弱酸
职业接触限值：阈限值：0.05mg/m^3（以 Cr 计）（时间加权平均值）；A1（确认的人类致癌物）；公布生物暴露指数（美国政府工业卫生学家会议，2008 年）。最高容许浓度：（可吸入粉尘） 皮肤吸收；皮肤致敏剂；致癌物类别：1；致生殖细胞突变物类别：2；发布生物物质参考值（德国，2009 年）。
接触途径：该物质可通过吸入其气溶胶、经皮肤和食入吸收到体内
吸入危险性：扩散时可较快地达到空气中颗粒物有害浓度
短期接触的影响：该物质腐蚀眼睛、皮肤和呼吸道。食入有腐蚀性。该物质可能对肾和肝有影响，导致体组织损伤
长期或反复接触的影响：反复或长期接触可能引起皮肤过敏。反复或长期吸入接触可能引起哮喘。该物质可能对呼吸道和肾有影响，导致鼻中膈穿孔和肾损伤。该物质是人类致癌物。可能引起人类胚细胞可继承的遗传损伤。动物实验表明，该物质可能造成人类生殖或发育毒性</td></tr>
<tr><td>物理性质</td><td colspan="3">沸点：400℃（分解）
熔点：357℃
密度：2.5g/cm^3
水中溶解度：20℃时 236g/100mL</td></tr>
<tr><td>环境数据</td><td colspan="3">该物质对水生生物有极高毒性。该物质可能在水生环境中造成长期影响</td></tr>
<tr><td>注解</td><td colspan="3">不要将工作服带回家中。用大量水冲洗工作服（有着火危险）。因这种物质出现哮喘症状的任何人不应当再接触该物质。哮喘症状常常经过几个小时以后才变得明显，体力劳动使症状加重。因而休息和医学观察是必要的</td></tr>
</table>

IPCS
International
Programme on
Chemical Safety

国际化学品安全卡

铬酸钠			ICSC 编号：1370
CAS 登记号：7775-11-3 RTECS 号：GB2955000 UN 编号：3288 EC 编号：024-018-00-3 中国危险货物编号：3288		中文名称：铬酸钠；铬酸二钠（VI）；铬酸二钠盐；四氧化铬二钠 英文名称：SODIUM CHROMATE; Disodium chromate (VI); Chromic acid, disodium salt; Disodium chromium tetraoxide	
分子量：162		化学式：Na_2CrO_4	

危害/接触类型	急性危害/症状	预防	急救/消防
火灾	不可燃，但可助长其他物质燃烧	禁止与易燃物质接触	周围环境着火时，用大量水灭火
爆炸			
接触		防止粉尘扩散！避免一切接触！	一切情况均向医生咨询！
# 吸入	灼烧感。咽喉痛。咳嗽。喘息。呼吸困难	密闭系统和通风	新鲜空气，休息。半直立体位。必要时进行人工呼吸。给予医疗护理
# 皮肤	发红。疼痛。皮肤烧伤	防护手套。防护服	先用大量水冲洗，然后脱去污染的衣服并再次冲洗。给予医疗护理
# 眼睛	发红。疼痛。视力模糊。严重深度烧伤	面罩，或眼睛防护结合呼吸防护	先用大量水冲洗几分钟（如可能尽量摘除隐形眼镜），然后就医
# 食入	恶心。呕吐。腹部疼痛。灼烧感。腹泻。休克或虚脱	工作时不得进食，饮水或吸烟。进食前洗手	漱口。饮用 1～2 杯水。给予医疗护理
泄漏处置	将泄漏物清扫进容器中，如果适当，首先润湿防止扬尘。小心收集残余物，然后转移到安全场所。不要让该化学品进入环境。个人防护用具：全套防护服包括自给式呼吸器		
包装与标志	不得与食品和饲料一起运输 欧盟危险性类别：T+符号 N 符号 标记：E，3 R:45-46-60-61-21-25-26-34-42/43-48/23 S:53-45-60-61 联合国危险性类别：6.1 联合国包装类别：III 中国危险性类别：第 6.1 项 毒性物质 中国包装类别：III		
应急响应	运输应急卡：TEC(R)-61GT5-III		
储存	干燥。与可燃物质、还原性物质、食品和饲料分开存放。储存在没有排水管或下水道的场所		
重要数据	**物理状态、外观：** 黄色吸湿的晶体 **化学危险性：** 水溶液是一种弱碱。该物质是一种强氧化剂，与可燃物质和还原性物质发生反应 **职业接触限值：** 阈限值：0.05mg/m³（以 Cr 计）（时间加权平均值）；A1（确认的人类致癌物）；公布生物暴露指数（美国政府工业卫生学家会议，2005 年）。最高容许浓度：（可吸入粉尘） 皮肤吸收；皮肤致敏剂；致癌物类别：1；致生殖细胞突变物类别：2；发布生物物质参考值（德国，2009 年） **接触途径：** 该物质可通过吸入其气溶胶、经皮肤和食入吸收到体内 **吸入危险性：** 扩散时可较快地达到空气中颗粒物有害浓度 **短期接触的影响：** 该物质腐蚀眼睛、皮肤和呼吸道。食入有腐蚀性。该物质可能对肾和肝有影响，导致体组织损伤 **长期或反复接触的影响：** 反复或长期接触可能引起皮肤过敏。反复或长期吸入接触可能引起哮喘。该物质可能对呼吸道和肾有影响，导致鼻中膈穿孔和肾损伤。该物质是人类致癌物。可能引起人类胚细胞可继承的遗传损伤。动物实验表明，该物质可能造成人类生殖或发育毒性		
物理性质	熔点：762℃ 密度：2.7g/cm³ 水中溶解度：20℃时 53g/100mL		
环境数据	该物质对水生生物有极高毒性。该物质可能在水生环境中造成长期影响		
注解	不要将工作服带回家中。用大量水冲洗工作服（有着火危险）。因这种物质出现哮喘症状的任何人不应当再接触该物质。哮喘症状常常经过几个小时以后才变得明显，体力劳动使症状加重。因而休息和医学观察是必要的。本卡片的建议也适用于四水合铬酸钠（CAS 登记号 ：10034-82-9）		

IPCS
International Programme on Chemical Safety

国际化学品安全卡

重铬酸钾			ICSC 编号：1371
CAS 登记号：7778-50-9 RTECS 号：HX7680000 UN 编号：3288 EC 编号：024-002-00-6 中国危险货物编号：3288 分子量：294.2	中文名称：重铬酸钾；重铬酸二钾（VI）；重铬酸二钾盐 英文名称：POTASSIUM DICHROMATE; Dipotassium dichromate (VI); Dichromic acid, dipotassium salt; Potassium bichromate 化学式：$K_2Cr_2O_7$		
危害/接触类型	急性危害/症状	预防	急救/消防
火　灾	不可燃，但可助长其他物质燃烧	禁止与易燃物质接触	周围环境着火时，大量水
爆　炸	与可燃物质接触时，有着火和爆炸危险		
接　触		防止粉尘扩散！避免一切接触！	一切情况均向医生咨询！
# 吸入	灼烧感。咽喉痛。咳嗽。喘息。呼吸困难	密闭系统和通风	新鲜空气，休息。半直立体位。必要时进行人工呼吸。给予医疗护理
# 皮肤	发红。疼痛。皮肤烧伤	防护手套。防护服	先用大量水冲洗，然后脱去污染的衣服并再次冲洗。给予医疗护理
# 眼睛	发红。疼痛。视力模糊。严重深度烧伤	面罩，或眼睛防护结合呼吸防护	先用大量水冲洗几分钟（如可能尽量摘除隐形眼镜），然后就医
# 食入	恶心。呕吐。腹部疼痛。灼烧感。腹泻。休克或虚脱	工作时不得进食，饮水或吸烟。进食前洗手	漱口。饮用 1～2 杯水。给予医疗护理
泄漏处置	将泄漏物清扫进非可燃的容器中，如果适当，首先润湿防止扬尘。小心收集残余物，然后转移到安全场所。不要用锯末或其他可燃吸收剂吸收。不要让该化学品进入环境。个人防护用具：全套防护服包括自给式呼吸器		
包装与标志	不得与食品和饲料一起运输 **欧盟危险性类别**：T+符号 N 符号 O 符号 标记：E，3 R:45-46-60-61-8-21-25-26-34-42/43 S:53-45-60-61 **联合国危险性类别**：6.1 **联合国包装类别**：III **中国危险性类别**：第 5.1 项 氧化性物质 **中国包装类别**：III		
应急响应	运输应急卡：TEC(R)-61GT5-III		
储存	与可燃物质、还原性物质、食品和饲料分开存放。储存在没有排水管或下水道的场所		
重要数据	**物理状态、外观**：橙色至红色晶体 **化学危险性**：该物质是一种强氧化剂，与可燃物质和还原性物质发生反应。水溶液是一种弱酸 **职业接触限值**：阈限值：0.05mg/m^3（以 Cr 计）（时间加权平均值）；A1（确认的人类致癌物）；公布生物暴露指数（美国政府工业卫生学家会议，2005 年）。最高容许浓度：（可吸入粉尘）皮肤吸收；皮肤致敏剂；致癌物类别：1；致生殖细胞突变物类别：2；发布生物物质参考值（德国，2009 年） **接触途径**：该物质可通过吸入其气溶胶、经皮肤和食入吸收到体内 **吸入危险性**：扩散时可较快地达到空气中颗粒物有害浓度 **短期接触的影响**：该物质腐蚀眼睛、皮肤和呼吸道。食入有腐蚀性。该物质可能对肾和肝有影响，导致体组织损伤 **长期或反复接触的影响**：反复或长期接触可能引起皮肤过敏。反复或长期吸入接触可能引起哮喘。该物质可能对呼吸道和肾有影响，导致鼻中膈穿孔和肾损伤。该物质是人类致癌物。可能引起人类胚细胞可继承的遗传损伤。动物实验表明，该物质可能造成人类生殖或发育毒性		
物理性质	**沸点**：低于沸点在 500℃分解 **熔点**：398℃ **密度**：2.7g/cm^3 **水中溶解度**：20℃时 12g/100mL		
环境数据	该物质对水生生物有极高毒性。该物质可能在水生环境中造成长期影响		
注解	用大量水冲洗工作服（有着火危险）。不要将工作服带回家中。因这种物质出现哮喘症状的任何人不应当再接触该物质。哮喘症状常常经过几个小时以后才变得明显，体力劳动使症状加重。因而休息和医学观察是必要的		

IPCS
International Programme on Chemical Safety

国际化学品安全卡

四氢化邻苯二甲酸酐			ICSC 编号：1372
CAS 登记号：85-43-8 RTECS 号：GW5775000 UN 编号：2698 EC 编号：607-099-00-5 中国危险货物编号：2698 分子量：152.2		**中文名称**：四氢化邻苯二甲酸酐；4-环己烯-1,2-二羧酸酐；3*a*,4,7,7*a*-四氢-1,3-二异苯并呋喃二酮；THPA；1,2,3,6-四氢化邻苯二甲酸酐 **英文名称**：TETRAHYDROPHTHALIC ANHYDRIDE; 4-Cyclohexene-1,2-dicarboxylic anhydride; 3*a*,4,7,7*a*-Tetrahydro-1,3-isobenzofurandione; THPA; 1,2,3,6-Tetrahydrophthalic anhydride **化学式**：$C_8H_8O_3/C_6H_8(CO)_2O$	

危害/接触类型	急性危害/症状	预防	急救/消防
火　灾	可燃的	禁止明火	干粉、雾状水、泡沫、二氧化碳
爆　炸			
接　触		防止粉尘扩散！	
# 吸入	咳嗽，咽喉痛，喘息，气促	局部排气通风或呼吸防护	新鲜空气，休息。半直立体位，给予医疗护理
# 皮肤	发红，灼烧感	防护手套，防护服	脱去污染的衣服，用大量水冲洗皮肤或淋浴
# 眼睛	发红，疼痛，视力模糊，严重深度烧伤	护目镜，或眼睛防护结合呼吸防护	先用大量水冲洗几分钟（如可能尽量摘除隐形眼镜），然后就医
# 食入	灼烧感	工作时不得进食，饮水或吸烟。进食前洗手	漱口。不要催吐
泄漏处置	将泄漏物清扫进容器中。如果适当，首先润湿防止扬尘。小心收集残余物，然后转移到安全场所。不要让该化学品进入环境。个人防护用具：适用于有害颗粒物的 P2 过滤呼吸器		
包装与标志	不得与食品和饲料一起运输 **欧盟危险性类别**：Xn 符号 标记：C　R:41-42/43-52/53　S:2-22-24-26-37/39-61 **联合国危险性类别**：8　**联合国包装类别**：III **中国危险性类别**：第 8 类腐蚀性物质　**中国包装类别**：III		
应急响应	运输应急卡：TEC(R)-80G09c		
储存	与食品和饲料分开存放。干燥。严格密封		
重要数据	**物理状态、外观**：白色晶体粉末 **化学危险性**：与高温表面或火焰接触时，该物质分解生成腐蚀性烟雾。与氧化剂发生反应。与水反应，生成热和四氢化邻苯二甲酸 **职业接触限值**：阈限值未制定标准 **接触途径**：该物质可通过吸入其气溶胶吸收到体内 **吸入危险性**：20℃时蒸发可忽略不计，但扩散时可较快达到空气中颗粒物有害浓度 **短期接触的影响**：该物质刺激眼睛、皮肤和呼吸道 **长期或反复接触的影响**：反复或长期接触可能引起皮肤过敏。反复或长期吸入接触可能引起哮喘		
物理性质	沸点：在 6.7kPa 时 195℃ 熔点：102℃ 密度：1.4g/cm^3 水中溶解度：反应 蒸气压：20℃时 1Pa 蒸气相对密度（空气=1）：5.3 闪点：157℃（开杯） 自燃温度：450℃		
环境数据	该物质对水生生物是有害的		
注解	哮喘症状常常几个小时以后才变得明显，体力劳动使症状加重。因而休息和医学观察是必要的。因该物质发生哮喘症状的任何人不应当再接触这种物质。顺式异构体的 CAS 登记号是 935-79-5		

IPCS
International
Programme on
Chemical Safety

国际化学品安全卡

氯桥酸酐			ICSC 编号：1373
CAS 登记号：115-27-5 RTECS 号：RB9080000 EC 编号：607-101-00-4	中文名称：氯桥酸酐；4,5,7,8,8-六氯-3*a*,4,7,7*a*-四氢-4,7-亚甲基异苯并呋喃-1,3-二酮；1,4,5,6,7,7-六氯-内-5-降冰片烯-2,3-二羧酸酐；六氯-内-亚甲基四氢苯二甲酸酐 英文名称：CHLORENDIC ANHYDRIDE; 4,5,6,7,8,8-Hexachloro-3*a*,4,7,7*a*-tetrahydro-4,7-methanoisobenzofuran-1,3-dione; 1,4,5,6,7,7-Hexachloro-endo-5-norbornene-2,3-dicarboxylic anhydride; Hexachloro-endo-methylene tetrahydrophthalic anhydride		
分子量：370.8	化学式：$C_9H_2Cl_6O_3$		
危害/接触类型	急性危害/症状	预防	急救/消防
火　灾	不可燃。在火焰中释放出刺激性或有毒烟雾（或气体）		周围环境着火时，使用适当的灭火剂
爆　炸			
接　触		防止粉尘扩散！	
# 吸入	咳嗽，咽喉痛，喘息，气促	局部排气或呼吸防护	新鲜空气，休息。半直立体位，给予医疗护理
# 皮肤	发红，灼烧感	防护手套，防护服	脱去污染的衣服，用大量水冲洗皮肤或淋浴
# 眼睛	发红，疼痛	护目镜，或眼睛防护结合呼吸防护	先用大量水冲洗几分钟（如可能尽量摘除隐形眼镜），然后就医
# 食入	灼烧感	工作时不得进食，饮水或吸烟。进食前洗手	漱口。不要催吐
泄漏处置	将泄漏物清扫进容器中。如果适当，首先润湿防止扬尘。用大量水冲净残余物。个人防护用具：适用于有害颗粒物的 P2 过滤呼吸器		
包装与标志	欧盟危险性类别：Xi 符号　R:36/37/38　S:2-25		
应急响应			
储存	干燥。严格密封		
重要数据	**物理状态、外观**：白色晶体 **化学危险性**：与水反应，生成氯桥酸。 **职业接触限值**：阈限值未制定标准 **接触途径**：该物质可通过吸入其气溶胶吸收到体内 **吸入危险性**：20℃时蒸发可忽略不计，但扩散时可较快达到空气中颗粒物有害浓度 **短期接触的影响**：该物质刺激眼睛、皮肤和呼吸道。 **长期或反复接触的影响**：反复或长期接触可能引起皮肤过敏。反复或长期吸入接触可能引起哮喘		
物理性质	熔点：231～235℃ 密度：1.73g/cm³ 水中溶解度：反应		
环境数据			
注解	哮喘症状常常几个小时以后才变得明显，体力劳动使症状加重。因而休息和医学观察是必要的。因该物质发生哮喘症状的任何人不应当再接触这种物质		

IPCS
International
Programme on
Chemical Safety

国际化学品安全卡

四氯邻苯二甲酸酐			ICSC 编号：1374
CAS 登记号：117-08-8 RTECS 号：TI3450000 EC 编号：607-242-00-1 分子量：285.9	中文名称：四氯邻苯二甲酸酐；4,5,6,7-四氯-1,3-异苯并呋喃二酮；1,3-二氧-4,5,6,7-四氯异苯并呋喃 英文名称：TETRACHLOROPHTHALIC ANHYDRIDE; 4,5,6,7-Tetrachloro-1,3-isobenzofurandione; 1,3-Dioxy-4,5,6,7-tetrachloroisobenzofuran 化学式：$C_8Cl_4O_3/C_6Cl_4(CO)_2O$		
危害/接触类型	急性危害/症状	预防	急救/消防
火　灾	可燃的。在火焰中释放出刺激性或有毒烟雾（或气体）	禁止明火	雾状水、干粉
爆　炸			
接　触		防止粉尘扩散！	
# 吸入	咳嗽，咽喉痛，喘息，气促	局部排气通风或呼吸防护	新鲜空气，休息。半直立体位，给予医疗护理
# 皮肤	发红，灼烧感	防护手套，防护服	脱去污染的衣服，用大量水冲洗皮肤或淋浴
# 眼睛	发红，疼痛，视力模糊	护目镜，或眼睛防护结合呼吸防护	先用大量水冲洗几分钟（如可能尽量摘除隐形眼镜），然后就医
# 食入	灼烧感	工作时不得进食，饮水或吸烟。进食前洗手	漱口。不要催吐
泄漏处置	将泄漏物清扫进容器中。如果适当，首先润湿防止扬尘。小心收集残余物，然后转移到安全场所。不要让该化学品进入环境。个人防护用具：适用于有害颗粒物的 P2 过滤呼吸器		
包装与标志	欧盟危险性类别：Xn 符号 N 符号　R:41-42/43-50/53　S:2-22-24-26-37/39-60-61		
应急响应			
储存	干燥。严格密封		
重要数据	物理状态、外观：白色粉末 化学危险性：与水缓慢反应，生成酸 职业接触限值：阈限值未制定标准 接触途径：该物质可通过吸入其气溶胶吸收到体内 吸入危险性：20℃时蒸发可忽略不计，但扩散时可较快达到空气中颗粒物有害浓度 短期接触的影响：该物质刺激眼睛、皮肤和呼吸道。 长期或反复接触的影响：反复或长期接触可能引起皮肤过敏。反复或长期吸入接触可能引起哮喘		
物理性质	沸点：371℃ 熔点：255℃ 水中溶解度：20℃时 0.4g/100mL 闪点：362℃（闭杯）		
环境数据			
注解	哮喘症状常常几个小时以后才变得明显，体力劳动使症状加重。因而休息和医学观察是必要的。因该物质发生哮喘症状的任何人不应当再接触这种物质		

IPCS
International
Programme on
Chemical Safety

国际化学品安全卡

苯四酸二酐			ICSC 编号：1375
CAS 登记号：89-32-7 RTECS 号：DB9300000 EC 编号：607-098-00-X	中文名称：苯四酸二酐；1,2,4,5-苯四羧酸-1,2:4,5-二酐；1,2,4,5-苯四羧酸酐；1*H*, 3*H*-苯并（1,2-*c*;4,5-*c*'）二呋喃-1,3,5,7-四酮；PMDA 英文名称：PYROMELLITIC DIANHYDRIDE; 1,2,4,5-Benzenetetracarboxylic 1,2:4,5-dianhydride; 1,2,4,5-Benzenetetracarboxylic anhydride; 1*H*, 3*H*-Benzo (1,2-*c*;4,5-*c*') difuran-1,3,5,7-tetrone; PMDA		
分子量：218.1	化学式：$C_{10}H_2O_6/C_6H_2(C_2O_3)_2$		

危害/接触类型	急性危害/症状	预防	急救/消防
火　灾	可燃的	禁止明火	干粉、雾状水、泡沫、二氧化碳
爆　炸			
接　触		防止粉尘扩散！	
# 吸入	咳嗽，咽喉痛，喘息，气促	局部排气通风或呼吸防护	新鲜空气，休息。半直立体位，给予医疗护理
# 皮肤	发红，灼烧感	防护手套，防护服	脱去污染的衣服，用大量水冲洗皮肤或淋浴
# 眼睛	发红，疼痛，视力模糊	护目镜，或眼睛防护结合呼吸防护	先用大量水冲洗几分钟（如可能尽量摘除隐形眼镜），然后就医
# 食入	灼烧感	工作时不得进食，饮水或吸烟。进食前洗手	漱口。不要催吐
泄漏处置	将泄漏物清扫进容器中。如果适当，首先润湿防止扬尘。用大量水冲净残余物。个人防护用具：适用于有害颗粒物的 P2 过滤呼吸器		
包装与标志	欧盟危险性类别：Xn 符号　R:41-42/43　S:2-22-24-26-37/39		
应急响应			
储存	干燥。严格密封		
重要数据	**物理状态、外观：**白色吸湿的晶体粉末，有特殊气味 **化学危险性：**与水发生反应，生成酸 **职业接触限值：**阈限值未制定标准 **接触途径：**该物质可通过吸入其气溶胶吸收到体内 **吸入危险性：**20℃时蒸发可忽略不计，但扩散时可较快达到空气中颗粒物有害浓度 **短期接触的影响：**该物质刺激眼睛、皮肤和呼吸道。高浓度接触时，可能导致肺出血 **长期或反复接触的影响：**反复或长期接触可能引起皮肤过敏。反复或长期吸入接触可能引起哮喘		
物理性质	沸点：397～400℃ 熔点：287℃ 密度：1.68g/cm³ 水中溶解度：反应		
环境数据			
注解	哮喘症状常常几个小时以后才变得明显，体力劳动使症状加重。因而休息和医学观察是必要的。因该物质发生哮喘症状的任何人不应当再接触这种物质		

IPCS
International
Programme on
Chemical Safety

国际化学品安全卡

<table>
<tr><td colspan="2">六氢-4-甲基邻苯二甲酸酐</td><td colspan="2">ICSC 编号：1376</td></tr>
<tr><td colspan="2">CAS 登记号：19438-60-9
EC 编号：607-241-00-6</td><td colspan="2">中文名称：六氢-4-甲基邻苯二甲酸酐；六氢-5-甲基-1,3-异苯并呋喃二酮；4-甲基环己烷-1,2-二羧酸酐；甲基己基氢邻苯二甲酸酐；MHHPA
英文名称：HEXAHYDRO-4-METHYLPHTHALIC ANHYDRIDE; Hexahydro-5-methyl-1,3-isobenzofurandione; 4-Methylcyclohexane-1,2-dicarboxylic acid anhydride; Methylhexahydrophthalic anhydride; MHHPA</td></tr>
<tr><td colspan="2">分子量：168.2</td><td colspan="2">化学式：$C_9H_{12}O_3/CH_3C_6H_9(CO)_2O$</td></tr>
<tr><td>危害/接触类型</td><td>急性危害/症状</td><td>预防</td><td>急救/消防</td></tr>
<tr><td>火　灾</td><td>可燃的</td><td>禁止明火</td><td>干粉、雾状水、泡沫、二氧化碳</td></tr>
<tr><td>爆　炸</td><td></td><td></td><td></td></tr>
<tr><td>接　触</td><td></td><td>防止产生烟云！</td><td></td></tr>
<tr><td># 吸入</td><td>咳嗽，咽喉痛，喘息，气促</td><td>通风，局部排气通风或呼吸防护</td><td>新鲜空气，休息。半直立体位，给予医疗护理</td></tr>
<tr><td># 皮肤</td><td>发红，灼烧感</td><td>防护手套，防护服</td><td>脱去污染的衣服，用大量水冲洗皮肤或淋浴</td></tr>
<tr><td># 眼睛</td><td>发红，疼痛，视力模糊</td><td>护目镜，或眼睛防护结合呼吸防护</td><td>先用大量水冲洗几分钟（如可能尽量摘除隐形眼镜），然后就医</td></tr>
<tr><td># 食入</td><td>灼烧感</td><td>工作时不得进食，饮水或吸烟。进食前洗手</td><td>漱口。不要催吐</td></tr>
<tr><td>泄漏处置</td><td colspan="3">将泄漏液收集在可密闭的容器中。用砂土或惰性吸收剂吸收残液，并转移到安全场所。个人防护用具：适用于有害颗粒物的 P2 过滤呼吸器</td></tr>
<tr><td>包装与标志</td><td colspan="3">欧盟危险性类别：Xn 符号 标记：C　R:41-42/43　S:2-22-24-26-37/39</td></tr>
<tr><td>应急响应</td><td colspan="3"></td></tr>
<tr><td>储存</td><td colspan="3">干燥，严格密封</td></tr>
<tr><td>重要数据</td><td colspan="3">物理状态、外观：无色油状液体
化学危险性：与水发生反应，生成酸
职业接触限值：阈限值未制定标准
接触途径：该物质可通过吸入其气溶胶吸收到体内
吸入危险性：20℃时该物质蒸发不会或很缓慢地达到空气中有害浓度，但喷洒或扩散时要快得多
短期接触的影响：该物质刺激眼睛、皮肤和呼吸道。
长期或反复接触的影响：反复或长期接触可能引起皮肤过敏。反复或长期吸入接触可能引起哮喘</td></tr>
<tr><td>物理性质</td><td colspan="3">熔点：−29℃
相对密度（水=1）：1.16
水中溶解度：反应
闪点：350℃</td></tr>
<tr><td>环境数据</td><td colspan="3"></td></tr>
<tr><td>注解</td><td colspan="3">哮喘症状常常几个小时以后才变得明显，体力劳动使症状加重。因而休息和医学观察是必要的。因该物质发生哮喘症状的任何人不应当再接触这种物质</td></tr>
</table>

IPCS
International
Programme on
Chemical Safety

国际化学品安全卡

三氯化铟			ICSC 编号：1377
CAS 登记号：10025-82-8 RTECS 号：NL1400000 分子量：221.2		中文名称：三氯化铟；氯化铟 英文名称：INDIUM TRICHLORIDE; Indium chloride 化学式：$InCl_3$	
危害/接触类型	急性危害/症状	预防	急救/消防
火　灾	不可燃		周围环境着火时，允许使用各种灭火剂
爆　炸			
接　触		严格作业环境管理！避免孕妇接触！	一切情况均向医生咨询！
# 吸入	咳嗽，咽喉痛，灼烧感，呼吸困难，气促。症状可能推迟显现。（见注解）	局部排气通风或呼吸防护	新鲜空气，休息，半直立体位，给予医疗护理
# 皮肤	发红，疼痛，皮肤烧伤，水疱	防护手套，防护服	脱去污染的衣服。冲洗，然后用水和肥皂清洗皮肤
# 眼睛	发红，疼痛，严重深度烧伤	护目镜，或眼睛防护结合呼吸防护	先用大量水冲洗几分钟（如可能尽量摘除隐形眼镜），然后就医
# 食入	灼烧感，腹部疼痛，恶心，呕吐，休克或虚脱	工作时不得进食，饮水或吸烟。进食前洗手	漱口。不要催吐。大量饮水，给予医疗护理
泄漏处置	将泄漏物清扫进有盖的容器中。小心收集残余物，然后转移到安全场所。不要让该化学品进入环境。个人防护用具：适用于有毒颗粒物的 P3 过滤呼吸器		
包装与标志			
应急响应			
储存	与强酸分开存放。严格密封		
重要数据	**物理状态、外观：**浅黄色吸湿的晶体或白色粉末 **化学危险性：**加热时，该物质分解生成有毒和腐蚀性烟雾。与强酸发生反应 **职业接触限值：**阈限值：0.1mg/m³（以铟计）（时间加权平均值）（美国政府工业卫生学家会议，2004 年） **接触途径：**该物质可通过吸入和经食入吸收到体内 **吸入危险性：**20℃时蒸发可忽略不计，但扩散时可较快达到空气中颗粒物有害浓度，尤其是粉末 **短期接触的影响：**该物质腐蚀眼睛、皮肤和呼吸道。吸入可能引起肺水肿（见注解） **长期或反复接触的影响：**该物质可能对肾有影响，导致肾损伤。动物实验表明，该物质可能造成人类婴儿畸形		
物理性质	**升华点：**500℃ **熔点：**586℃ **密度：**3.46g/cm³ **水中溶解度：**易溶解		
环境数据			
注解	对该物质的环境影响未进行调查。肺水肿症状常常几个小时以后才变得明显，体力劳动使症状加重。因而休息和医学观察是必要的		

IPCS
International
Programme on
Chemical Safety

国际化学品安全卡

溴乙烷			ICSC 编号：1378
CAS 登记号：74-96-4 RTECS 号：KH6475000 UN 编号：1891 EC 编号：602-055-00-1 中国危险货物编号：1891		中文名称：溴乙烷；乙基溴 英文名称：BROMOETHANE; Ethyl bromide	
分子量：109.0		化学式：CH_3CH_2Br/C_2H_5Br	
危害/接触类型	急性危害/症状	预防	急救/消防
火　灾	极易燃	禁止明火、禁止火花和禁止吸烟	干粉，雾状水，泡沫，二氧化碳
爆　炸			
接　触		严格作业环境管理！	一切情况均向医生咨询！
# 吸入	倦睡，神志不清	通风，局部排气通风或呼吸防护	新鲜空气，休息，给予医疗护理
# 皮肤		防护手套	脱去污染的衣服。冲洗，然后用水和肥皂清洗皮肤，给予医疗护理
# 眼睛	疼痛，发红	护目镜，或眼睛防护结合呼吸防护	先用大量水冲洗几分钟（如可能尽量摘除隐形眼镜），然后就医
# 食入		工作时不得进食，饮水或吸烟	给予医疗护理
泄漏处置	撤离危险区域！向专家咨询！移除全部引燃源。通风。将泄漏液收集在可密闭的金属容器中。用砂土或惰性吸收剂吸收残液，并转移到安全场所。化学防护服，包括自给式呼吸器		
包装与标志	不易破碎包装，将易破碎包装放在不易破碎的密闭容器中 欧盟危险性类别：F 符号　Xn 符号　标记：E　R:11-20/22-40　S:2-36/37 联合国危险性类别：6.1　联合国包装类别：II 中国危险性类别：第 6.1 项毒性物质　中国包装类别：II		
应急响应	运输应急卡：TEC(R)-61S1891 美国消防协会法规：H2（健康危险性）；F1（火灾危险性）；R0（反应危险性）		
储存	耐火设备（条件）。与性质相互抵触的物质分开存放。阴凉场所。干燥。严格密封。沿地面通风		
重要数据	物理状态、外观：无色液体，有特殊气味 物理危险性：蒸气比空气重，可能沿地面流动，可能造成远处着火 化学危险性：燃烧时，该物质分解生成有毒和腐蚀性气体。与氧化剂、强碱、铝、锌和镁激烈反应。浸蚀塑料和橡胶。 职业接触限值：阈限值：5ppm(时间加权平均值）（经皮）；A3（确认的动物致癌物，但未知与人类相关性）（美国政府工业卫生学家会议，2004 年）。最高容许浓度：致癌物类别：2 （德国，2004 年） 接触途径：该物质可通过吸入和经食入吸收到体内 吸入危险性：20℃时该物质蒸发，迅速地达到空气中有害污染浓度 短期接触的影响：该物质刺激眼睛。该物质可能对中枢神经系统有影响。接触可能导致神志不清		
物理性质	沸点：38.4℃ 熔点：-119℃ 相对密度（水=1）：1.4 水中溶解度：20℃时 0.91g/100mL 蒸气压：20℃时 51kPa 蒸气相对密度（空气=1）：3.76 蒸气/空气混合物的相对密度（20℃，空气=1）：2.4 闪点：-20℃（闭杯） 自燃温度：511℃ 爆炸极限：空气中 6.8%～11%（体积） 辛醇/水分配系数的对数值：1.61		
环境数据			
注解			

IPCS
International
Programme on
Chemical Safety

国际化学品安全卡

（石油）蒸馏馏出液（加氢轻组分）			ICSC 编号：1379
CAS 登记号：64742-47-8 UN 编号：1268 EC 编号：649-422-00-2 中国危险货物编号：1268		中文名称：（石油）蒸馏馏出液（加氢处理轻组分）；低气味石蜡族溶剂；脱芳烃煤油；脱臭煤油 英文名称：DISTILLATES (PETROLEUM), HYDROTREATED LIGHT; Low odor paraffinic solvent; Dearomatized kerosine; Deodorized kerosene	

危害/接触类型	急性危害/症状	预防	急救/消防
火　灾	可燃的	禁止明火	抗溶性泡沫，干粉，二氧化碳，雾状水
爆　炸	高于 68℃，可能形成爆炸性蒸气/空气混合物	高于 68℃，使用密闭系统、通风和防爆型电气设备	着火时，喷雾状水保持料桶等冷却
接　触		防止产生烟云！	
# 吸入	头晕，头痛，倦睡，恶心，神志不清	通风，局部排气通风或呼吸防护	新鲜空气，休息，给予医疗护理
# 皮肤	皮肤干燥	防护手套	脱去污染的衣服。冲洗，然后用水和肥皂清洗皮肤
# 眼睛	发红	护目镜	先用大量水冲洗几分钟（如可能尽量摘除隐形眼镜），然后就医
# 食入	咳嗽，腹泻，咽喉疼痛，呕吐。另见吸入	工作时不得进食，饮水或吸烟	不要催吐，给予医疗护理。见注解
泄漏处置	通风。尽可能将泄漏液收集在可密闭的容器中。用砂土或惰性吸收剂吸收残液，并转移到安全场所。不要冲入下水道。个人防护用具：适用于低沸点有机蒸气的过滤呼吸器		
包装与标志	**欧盟危险性类别**：Xn 符号　标记：H　R:65　S:2-23-24-62 **联合国危险性类别**：3　**联合国包装类别**：III **中国危险性类别**：第 3 类易燃液体　**中国包装类别**：III		
应急响应	运输应急卡：TEC(R)-663		
储存	严格密封。与强氧化剂分开存放		
重要数据	**物理状态、外观**：无色液体 **化学危险性**：与强氧化剂发生反应，有着火和爆炸危险 **职业接触限值**：阈限值未制定标准。最高容许浓度未制定标准 **接触途径**：该物质可通过吸入其蒸气和经食入吸收到体内 **吸入危险性**：未指明 20℃时该物质蒸发达到空气中有害浓度的速率 **短期接触的影响**：蒸气轻微刺激眼睛。该物质可能对中枢神经系统有影响。接触高浓度蒸气时，可能导致神志不清。如果吞咽液体吸入肺中，可能引起化学肺炎 **长期或反复接触的影响**：液体使皮肤脱脂		
物理性质	**沸点**：175～270℃ **熔点**：−58℃ **密度**：0.79～0.82g/cm^3 **水中溶解度**：20℃时 0.15g/100mL **蒸气压**：20℃时 0.03～0.06kPa **蒸气相对密度（空气=1）**：4.5 **闪点**：68～74℃（闭杯） **自燃温度**：236℃ **爆炸极限**：空气中 0.6%～5.5%（体积）		
环境数据	该物质对水生生物是有害的		
注解	该物质是 C_{10}～C_{14} 环烷烃、异链烷烃和正链烷烃的混合物。芳烃和己烷浓度均不大于 0.1%（体积）。取决于原料和生产工艺，该溶剂的组成和物理性质会有很大变化。化学肺炎的症状几个小时甚至几天以后才变得明显。其他商品名称有：Exxsol D70/D80, Shellsol D70 和 Hydrosol P200		

IPCS
International
Programme on
Chemical Safety

国际化学品安全卡

石脑油（石油），加氢处理重组分			ICSC 编号：1380
CAS 登记号：64742-48-9 UN 编号：3295 EC 编号：649-327-00-6 中国危险货物编号：3295	中文名称：石脑油（石油），加氢处理重组分；低沸点加氢处理石脑油；催化重整反应器进料 英文名称：NAPHTHA (PETROLEUM), HYDROTREATED HEAVY; Low boiling point hydrogen treated naphtha; Catalytic Reformer Feed		

危害/接触类型	急性危害/症状	预防	急救/消防
火　灾	易燃的	禁止明火、禁止火花和禁止吸烟	雾状水，抗溶性泡沫，干粉，二氧化碳
爆　炸	高于 40℃，可能形成爆炸性蒸气/空气混合物	高于 40℃，使用密闭系统、通风和防爆型电气设备	着火时，喷雾状水保持料桶等冷却
接　触		防止产生烟云！	
# 吸入	头晕，头痛，倦睡，恶心，神志不清	通风，局部排气通风或呼吸防护	新鲜空气，休息，给予医疗护理
# 皮肤	皮肤干燥	防护手套	脱去污染的衣服，用大量水冲洗皮肤或淋浴
# 眼睛	发红	护目镜	先用大量水冲洗几分钟（如可能尽量摘除隐形眼镜），然后就医
# 食入	咳嗽，腹泻，咽喉疼痛，呕吐。另见吸入	工作时不得进食，饮水或吸烟	不要催吐，给予医疗护理。见注解

泄漏处置	通风。尽可能将溢漏液收集在可密闭的容器中。用沙土或惰性吸收剂吸收残液，并转移到安全场所。不要冲入下水道。个人防护用具：适用于 该物质空气中浓度的低沸点有机气体和蒸气过滤呼吸器
包装与标志	**欧盟危险性类别**：T 符号 标记：H，P　R:45-65　S:53-45 **联合国危险性类别**：3　**联合国包装类别**：III **中国危险性类别**：第 3 类 易燃液体 **中国包装类别**：III
应急响应	运输应急卡：TEC(R)-30G35
储存	耐火设备（条件）。与强氧化剂分开存放。严格密封
重要数据	**物理状态、外观**：无色液体 **化学危险性**：与强氧化剂发生反应，有着火和爆炸危险 **职业接触限值**：阈限值未制定标准。最高容许浓度：50ppm，300mg/m^3；最高限值种类：II(2)；妊娠风险等级：D（德国，2009 年） **接触途径**：该物质可通过吸入其蒸气和经食入吸收到体内 **吸入危险性**：未指明 20℃时该物质蒸发达到空气中有害浓度的速率 **短期接触的影响**：蒸气轻微刺激眼睛。该物质可能对中枢神经系统有影响。接触高浓度蒸气时，可能导致神志不清。如果吞咽液体吸入肺中，可能引起化学肺炎 **长期或反复接触的影响**：液体使皮肤脱脂。见注解
物理性质	**沸点**：155～217℃ **熔点**：0℃ **密度**：0.76～0.79g/cm^3 **水中溶解度**：不溶 **蒸气压**：20℃时 0.1～0.3kPa **闪点**：40～62℃（闭杯） **自燃温度**：255～270℃ **爆炸极限**：空气中 0.7%～6.0%（体积）
环境数据	该物质对水生生物是有毒的
注解	该物质是 C_9～C_{13} 环烷烃、异链烷烃和正链烷烃的混合物。芳烃和己烷浓度均不大于 0.1%（体积）。标记 P：如果可以证明其中的苯含量低于 0.1%（体积），欧盟的致癌物分类（R45）不适用。取决于原料和生产工艺，该溶剂的组成和物理性质会有很大变化。化学肺炎的症状几个小时甚至几天以后才变得明显。其他商品名称有：Exxsol D40/D60, Shellsol D40/D60 和 Hydrosol P150/180

IPCS
International
Programme on
Chemical Safety

国际化学品安全卡

中沸点脂肪族溶剂石脑油（石油）			ICSC 编号：1381
CAS 登记号：64742-88-7 UN 编号：1268 EC 编号：649-405-00-X 中国危险货物编号：1268	中文名称：中沸点脂肪族溶剂石脑油（石油）；0 号常规闪点的石油溶剂；直馏煤油；直馏石油溶剂 英文名称：MEDIUM ALIPHATIC SOLVENT NAPHTHA (PETROLEUM); White spirit type 0, regular flash point; Straight run kerosine; Straight run white spirit		

危害/接触类型	急性危害/症状	预防	急救/消防
火　灾	易燃的	禁止明火、禁止火花和禁止吸烟	雾状水，抗溶性泡沫，干粉，二氧化碳
爆　炸	高于 38℃，可能形成爆炸性蒸气/空气混合物	高于 38℃，使用密闭系统、通风和防爆型电气设备	着火时，喷雾状水保持料桶等冷却
接　触		防止产生烟云！	
# 吸入	头晕，头痛，倦睡，恶心，咳嗽，神志不清	通风，局部排气通风或呼吸防护	新鲜空气，休息，给予医疗护理
# 皮肤	皮肤干燥	防护手套	脱去污染的衣服。冲洗，然后用水和肥皂清洗皮肤
# 眼睛	发红	护目镜，或眼睛防护结合呼吸防护	先用大量水冲洗几分钟（如可能尽量摘除隐形眼镜），然后就医
# 食入	咳嗽，腹泻，咽喉疼痛，呕吐。另见吸入	工作时不得进食，饮水或吸烟	不要催吐，给予医疗护理。见注解
泄漏处置	通风。尽可能将泄漏液收集在可密闭的容器中。用砂土或惰性吸收剂吸收残液，并转移到安全场所。不要冲入下水道。个人防护用具：适用于低沸点有机蒸气的过滤呼吸器		
包装与标志	**欧盟危险性类别**：Xn 符号　标记：H　R:65　S:2-23-24-62 **联合国危险性类别**：3　**联合国包装类别**：III **中国危险性类别**：第 3 类易燃液体　**中国包装类别**：III		
应急响应	运输应急卡：TEC(R)-30G35		
储存	耐火设备（条件）。与强氧化剂分开存放。严格密封		
重要数据	**物理状态、外观**：无色液体，有特殊气味 **物理危险性**：蒸气比空气重，可能沿地面流动，可能造成远处着火 **化学危险性**：与强氧化剂发生反应，有着火和爆炸危险。浸蚀某些塑料和橡胶 **职业接触限值**：阈限值未制定标准。最高容许浓度未制定标准 **接触途径**：该物质可通过吸入其蒸气和经食入吸收到体内 **吸入危险性**：20℃时该物质蒸发，相当慢地达到空气中有害浓度，但喷洒或扩散时要快得多 **短期接触的影响**：蒸气轻微刺激眼睛和呼吸道。该物质可能对中枢神经系统有影响。接触高浓度蒸气时，可能导致神志不清。如果吞咽液体吸入肺中，可能引起化学肺炎 **长期或反复接触的影响**：液体使皮肤脱脂。该物质可能对中枢神经系统和肝有影响，导致功能损伤。见注解		
物理性质	**沸点**：138～178℃ **熔点**：-48～-26℃ **密度**：0.75～0.82g/cm^3 **水中溶解度**：不溶 **蒸气压**：20℃时 0.2～0.6kPa **蒸气相对密度（空气=1）**：4.0 **闪点**：38～60℃（闭杯） **自燃温度**：229～260℃ **爆炸极限**：空气中 0.6%～6.5%（体积）		
环境数据			
注解	该物质是正链烷烃和异链烷烃、芳香烃和环烷烃的混合物。苯的含量低于 0.1%（体积）。取决于原料和生产工艺，该溶剂的组成和物理性质会有很大变化。对该物质的环境影响未进行充分调查。化学肺炎的症状几个小时甚至几天以后才变得明显。可参考卡片#0361（干洗溶剂汽油）		

IPCS
International
Programme on
Chemical Safety

国际化学品安全卡

石脑油（石油），重烷基化物	ICSC 编号：1382
CAS 登记号：64741-65-7 UN 编号：1268 EC 编号：649-275-00-4 中国危险货物编号：1268	中文名称：石脑油（石油），重烷基化物；低沸点改性石脑油；脂肪烃的异链烷烃 英文名称：NAPHTHA (PETROLEUM), HEAVY ALKYLATE; Low boiling point modified naphtha; Aliphatic HC's, isoparaffins

危害/接触类型	急性危害/症状	预防	急救/消防
火　灾	易燃的	禁止明火、禁止火花和禁止吸烟	雾状水，抗溶性泡沫，干粉，二氧化碳
爆　炸	高于 44℃，可能形成爆炸性蒸气/空气混合物	高于 44℃，使用密闭系统、通风和防爆型电气设备	着火时，喷雾状水保持料桶等冷却
接　触		防止产生烟云！	
# 吸入	头晕，头痛，倦睡，恶心，神志不清	通风，局部排气通风或呼吸防护	新鲜空气，休息，给予医疗护理
# 皮肤	皮肤干燥	防护手套	脱去污染的衣服，用大量水冲洗皮肤或淋浴
# 眼睛	发红	护目镜	先用大量水冲洗几分钟（如可能尽量摘除隐形眼镜），然后就医
# 食入	咳嗽，腹泻，咽喉疼痛，呕吐。另见吸入	工作时不得进食，饮水或吸烟	不要催吐，给予医疗护理。见注解
泄漏处置	通风。尽可能将泄漏液收集在可密闭的容器中。用砂土或惰性吸收剂吸收残液，并转移到安全场所。不要冲入下水道。个人防护用具：适用于低沸点有机蒸气的过滤呼吸器		
包装与标志	欧盟危险性类别：T 符号　标记：H，P　R:45-65　S:53-45 联合国危险性类别：3　联合国包装类别：III 中国危险性类别：第 3 类易燃液体　中国包装类别：III		
应急响应	运输应急卡：TEC(R)-30G35 美国消防协会法规：H1（健康危险性）；F3（火灾危险性）；R0（反应危险性）		
储存	耐火设备（条件）。与强氧化剂分开存放。严格密封		
重要数据	物理状态、外观：无色液体 物理危险性：蒸气比空气重，可能沿地面流动，可能造成远处着火 化学危险性：与强氧化剂发生反应，有着火和爆炸危险 职业接触限值：阈限值未制定标准。最高容许浓度未制定标准 接触途径：该物质可通过吸入其蒸气和经食入吸收到体内 吸入危险性：未指明 20℃时该物质蒸发达到空气中有害浓度的速率 短期接触的影响：该蒸气轻微刺激眼睛。该物质可能对中枢神经系统有影响。接触高浓度蒸气时，可能导致神志不清。如果吞咽液体吸入肺中，可能引起化学肺炎 长期或反复接触的影响：液体使皮肤脱脂。见注解		
物理性质	沸点：172～215℃ 熔点：-30℃ 密度：0.75～0.79g/cm^3 水中溶解度：不溶 蒸气压：20℃时 0.1～0.2kPa 闪点：44℃（闭杯） 自燃温度：355℃ 爆炸极限：空气中 0.6%～8.0%（体积）		
环境数据	该物质对水生生物是有毒的		
注解	该物质是 C_9～C_{14} 异链烷烃和正链烷烃的混合物。芳烃和己烷浓度均不大于 0.1%（体积）。标记 P：如果可以证明其中的苯含量低于 0.1%（体积），欧盟的致癌物分类（R45）不适用。取决于原料和生产工艺，该溶剂的组成和物理性质会有很大变化。化学肺炎的症状几个小时甚至几天以后才变得明显。其他商品名称有：Isopar G/L/M, Shellsol T/TK/TD 和 Soltrol 100/130		

IPCS
International
Programme on
Chemical Safety

国际化学品安全卡

季戊四醇			ICSC 编号：1383
CAS 登记号：115-77-5 RTECS 号：RZ2490000	中文名称：季戊四醇；2,2-双羟甲基-1,3-丙二醇；四羟甲基甲烷；THME；PETP 英文名称：PENTAERYTHRITOL; 2,2-bis(Hydroxymethyl)-1,3-propanediol; Tetramethylolmethane; THME; PETP		
分子量：136.2	化学式：$C_5H_{12}O_{14}/C(CH_2OH)_4$		
危害/接触类型	**急性危害/症状**	**预防**	**急救/消防**
火　灾	可燃的	禁止明火	水，干粉，二氧化碳
爆　炸	微细分散的颗粒物在空气中形成爆炸性混合物	防止粉尘沉积，密闭系统，防止粉尘爆炸型电气设备和照明	着火时，喷雾状水保持料桶等冷却
接　触		防止粉尘扩散！	
# 吸入		避免吸入粉尘。局部排气通风或呼吸防护	新鲜空气，休息
# 皮肤		防护手套	冲洗，然后用水和肥皂清洗皮肤
# 眼睛	发红	安全护目镜，或如为粉末，眼睛防护结合呼吸防护	用大量水冲洗（如可能尽量摘除隐形眼镜）
# 食入		工作时不得进食、饮水或吸烟	漱口
泄漏处置	将泄漏物清扫进容器中，如果适当，首先润湿防止扬尘。喷洒雾状水去除空气中颗粒物。个人防护用具：适应于该物质空气中浓度的颗粒物过滤呼吸器		
包装与标志			
应急响应			
储存	与强氧化剂和强酸分开存放		
重要数据	**物理状态、外观**：无色至白色，无味结晶粉末 **物理危险性**：以粉末或颗粒状与空气混合，可能发生粉尘爆炸。如果在干燥状态，由于搅拌、空气输送和注入等可能产生静电 **化学危险性**：加热时该物质分解，产生刺激性烟雾。与强氧化剂和强酸发生剧烈反应，有爆炸的危险 **职业接触限值**：阈限值：$10mg/m^3$(时间加权平均值)(美国政府工业卫生学家会议，2009 年)。最高容许浓度未制定标准 **吸入危险性**：扩散时，尤其是粉末可较快地达到空气中颗粒物公害污染浓度 **短期接触的影响**：该物质轻微刺激眼睛和呼吸道		
物理性质	沸点：在 4kPa 时 276℃ 熔点：260℃ 相对密度（水=1）：1.4 水中溶解度：25℃时 2.5g/100mL 蒸气压：20℃时 0.013Pa 蒸气相对密度（空气=1）：4.7 闪点：闪点：240℃ 开杯 自燃温度：390～490℃ 辛醇/水分配系数的对数值：-1.69		
环境数据			
注解			

IPCS
International
Programme on
Chemical Safety

国际化学品安全卡

N-乙基苯胺			ICSC 编号：1385
CAS 登记号：103-69-5 RTECS 号：BX9780000 UN 编号：2272 EC 编号：612-053-00-2 中国危险货物编号：2272 分子量：121.2	中文名称：*N*-乙基苯胺；*N*-乙苯胺；苯胺基乙烷 英文名称：*N*-ETHYLANILINE; *N*-Ethylbenzenamine; Anilinoethane; *N*-Ethylphenylamine 化学式：$C_8H_{11}N$		
危害/接触类型	急性危害/症状	预防	急救/消防
火　灾	可燃的。在火焰中释放出刺激性或有毒烟雾（或气体）	禁止明火。禁止与浓硝酸接触	干粉、雾状水、泡沫、二氧化碳
爆　炸	高于 85℃，可能形成爆炸性蒸气/空气混合物	高于 85℃，使用密闭系统、通风	
接　触			一切情况均向医生咨询！
# 吸入	嘴唇发青或指甲发青，皮肤发青，意识模糊，惊厥，头晕，头痛，恶心，神志不清	通风，局部排气通风或呼吸防护	新鲜空气，休息，给予医疗护理
# 皮肤	发红，疼痛。见吸入	防护手套，防护服	脱去污染的衣服。冲洗，然后用水和肥皂清洗皮肤，给予医疗护理
# 眼睛	发红，疼痛	面罩	先用大量水冲洗几分钟（如可能尽量摘除隐形眼镜），然后就医
# 食入	虚弱。见吸入	工作时不得进食，饮水或吸烟。进食前洗手	漱口，给予医疗护理
泄漏处置	将泄漏液收集在可密闭的容器中。用砂土或惰性吸收剂吸收残液，并转移到安全场所。不要冲入下水道。个人防护用具：适用于有机气体和蒸气的过滤呼吸器		
包装与标志	不得与食品和饲料一起运输 欧盟危险性类别：T 符号　R:23/24/25-33　S:1/2-28-37-45 联合国危险性类别：6.1　联合国包装类别：III 中国危险性类别：第 6.1 项毒性物质　中国包装类别：III		
应急响应	运输应急卡：TEC(R)-61G61c 美国消防协会法规：H3（健康危险性）；F2（火灾危险性）；R0（反应危险性）		
储存	与食品和饲料、强氧化剂、强酸分开存放。见化学危险性。沿地面通风		
重要数据	物理状态、外观：无色液体，有特殊气味。遇光和空气时变棕色 化学危险性：燃烧时，生成含氮氧化物有毒气体。与氧化剂发生反应。与浓硝酸激烈反应，有着火和爆炸危险 职业接触限值：阈限值未制定标准。最高容许浓度未制定标准 接触途径：该物质可通过吸入和经食入吸收到体内 吸入危险性：未指明 20℃时该物质蒸发达到空气中有害浓度的速率 短期接触的影响：该物质刺激眼睛和皮肤。该物质可能对血液有影响，导致形成正铁血红蛋白。影响可能推迟显现。需进行医学观察		
物理性质	沸点：205℃ 熔点：-63℃ 相对密度（水=1）：0.96 水中溶解度：25℃时 0.24g/100mL 蒸气压：20℃时 0.4kPa	蒸气相对密度（空气=1）：4.2 闪点：85℃（开杯） 自燃温度：480℃ 爆炸极限：空气中 1.6%～9.5%（体积） 辛醇/水分配系数的对数值：2.16	
环境数据	该物质对水生生物是有害的		
注解	根据接触程度，建议定期进行医疗检查。该物质中毒时需采取必要的治疗措施。必须提供有指示说明的适当方法		

IPCS
International
Programme on
Chemical Safety

国际化学品安全卡

4-氯甲苯			ICSC 编号：1386
CAS 登记号：106-43-4 RTECS 号：XS9010000 UN 编号：2238 EC 编号：602-040-00-X 中国危险货物编号：2238		中文名称：4-氯甲苯；对氯甲苯；1-氯-4-甲苯；对甲苯基氯 英文名称：4-CHLOROTOLUENE; p-Chlorotoluene; 1-Chloro-4-methylbenzene; *p*-Tolyl chloride	
分子量：126.6		化学式：C_7H_7Cl	
危害/接触类型	急性危害/症状	预防	急救/消防
火　灾	易燃的。在火焰中释放出刺激性或有毒烟雾（或气体）	禁止明火、禁止火花和禁止吸烟	干粉、水成膜泡沫、泡沫、二氧化碳
爆　炸	高于 49℃，可能形成爆炸性蒸气/空气混合物	高于 49℃，使用密闭系统、通风和防爆型电气设备	着火时，喷雾状水保持料桶等冷却
接　触			
# 吸入		通风，局部排气通风或呼吸防护	新鲜空气，休息
# 皮肤	皮肤干燥，发红，疼痛	防护手套，防护服	脱去污染的衣服。冲洗，然后用水和肥皂清洗皮肤
# 眼睛	发红，疼痛	安全护目镜	先用大量水冲洗几分钟（如可能尽量摘除隐形眼镜），然后就医
# 食入		工作时不得进食，饮水或吸烟	不要催吐，给予医疗护理
泄漏处置	通风。移除全部引燃源。尽可能将泄漏液收集在可密闭的容器中。用砂土或惰性吸收剂吸收残液，并转移到安全场所。不要冲入下水道。个人防护用具：适用于有机气体和蒸气的过滤呼吸器		
包装与标志	污染海洋物质 欧盟危险性类别：Xn 符号 N 符号 标记：C R:20-51/53 S:2-24/25-61 联合国危险性类别：3 联合国包装类别：III 中国危险性类别：第 3 类易燃液体 中国包装类别：III		
应急响应	运输应急卡：TEC(R)-30G35c 美国消防协会法规：H2（健康危险性）；F2（火灾危险性）；R0（反应危险性）		
储存	耐火设备（条件）。与强氧化剂分开存放		
重要数据	物理状态、外观：无色液体，有特殊气味 化学危险性：燃烧时，生成含一氧化碳、氯化氢、可能还有光气的有毒气体。与强氧化剂发生反应 职业接触限值：阈限值未制定标准。最高容许浓度未制定标准 接触途径：该物质可通过吸入吸收到体内 短期接触的影响：如果吞咽液体吸入肺中，可能引起化学肺炎 长期或反复接触的影响：液体使皮肤脱脂		
物理性质	沸点：162℃ 熔点：7.5℃ 相对密度（水=1）：1.07 水中溶解度：20℃时 0.01g/100mL 蒸气压：20℃时 0.35kPa 蒸气相对密度（空气=1）：4.4 闪点：49℃ 自燃温度：595℃ 爆炸极限：空气中 0.7%～12.2%（体积） 辛醇/水分配系数的对数值：3.33		
环境数据	该物质对水生生物是有毒的		
注解	该物质对人体健康影响数据不充分，因此应当特别注意		

IPCS
International
Programme on
Chemical Safety

国际化学品安全卡

四氯萘			ICSC 编号：1387
CAS 登记号：1335-88-2 RTECS 号：QK3700000 分子量：265.9	中文名称：四氯萘 英文名称：TETRACHLORONAPHTHALENE 化学式：$C_{10}H_4Cl_4$		
危害/接触类型	急性危害/症状	预防	急救/消防
火　灾	可燃的。在火焰中释放出刺激性或有毒烟雾（或气体）	禁止明火	雾状水，泡沫，干粉，二氧化碳
爆　炸			
接　触		防止粉尘扩散！	
# 吸入		局部排气通风或呼吸防护	新鲜空气，休息
# 皮肤	发红	防护手套，防护服	脱去污染的衣服。冲洗，然后用水和肥皂清洗皮肤
# 眼睛	发红，疼痛	安全护目镜	先用大量水冲洗几分钟（如可能尽量摘除隐形眼镜），然后就医
# 食入	腹部疼痛，头痛，恶心，呕吐	工作时不得进食，饮水或吸烟	漱口。休息，给予医疗护理
泄漏处置	将泄漏物清扫进可密闭容器中。如果适当，首先润湿防止扬尘。小心收集残余物。不要让该化学品进入环境。个人防护用具：适用于有害颗粒物的 P2 过滤呼吸器		
包装与标志			
应急响应			
储存	与强氧化剂、食品和饲料分开存放。保存在通风良好的室内		
重要数据	**物理状态、外观**：无色至淡黄色晶体，有特殊气味 **化学危险性**：燃烧时，该物质分解生成含氯化氢、光气的有毒气体。与强氧化剂反应，有着火和爆炸危险 **职业接触限值**：阈限值：2mg/m^3（时间加权平均值）（美国政府工业卫生学家会议，2004 年）。最高容许浓度：IIb（未制定标准，但可提供数据）；皮肤吸收（德国，2004 年） **接触途径**：该物质可通过吸入其烟雾和经皮肤吸收到体内 **吸入危险性**：20℃时该物质蒸发不会或很缓慢地达到空气中有害污染浓度，但喷洒或扩散时要快得多 **短期接触的影响**：该物质轻微刺激眼睛和皮肤 **长期或反复接触的影响**：该物质可能对肝有影响，导致肝损害		
物理性质	沸点：312～360℃ 熔点：182℃ 密度：1.6g/cm^3 水中溶解度：不溶 蒸气压：25℃时 0.1Pa 蒸气相对密度（空气=1）：9.2 闪点：210℃（开杯） 辛醇/水分配系数的对数值：5.75～6.19		
环境数据	该化学品可能在鱼类体内发生生物蓄积。强烈建议不要让该化学品进入环境。该物质可能在水生环境中造成长期影响		
注解	氯代萘的商品名称为 Halowax。对健康的影响可能随着含有的各种异构体的比例而变化		

IPCS
International
Programme on
Chemical Safety

国际化学品安全卡

邻氯苯乙烯			ICSC 编号：1388
CAS 登记号：2039-87-4 RTECS 号：WL4160000		中文名称：邻氯苯乙烯；2-邻氯苯乙烯；2-氯乙烯基苯 英文名称：*o*-CHLOROSTYRENE; 2-Chlorostyrene; 2-Chloroethenylbenzene	
分子量：138.6		化学式：C_8H_7Cl	
危害/接触类型	急性危害/症状	预防	急救/消防
火　灾	易燃的。在火焰中释放出刺激性或有毒烟雾（或气体）	禁止明火、禁止火花和禁止吸烟	干粉、雾状水、泡沫、二氧化碳
爆　炸	高于 58℃，可能形成爆炸性蒸气/空气混合物	高于 58℃，使用密闭系统、通风和防爆型电气设备	着火时，喷雾状水保持料桶等冷却
接　触			
# 吸入	见注解	通风，局部排气通风或呼吸防护	新鲜空气，休息，给予医疗护理
# 皮肤	发红	防护手套	冲洗，然后用水和肥皂清洗皮肤
# 眼睛	发红，疼痛	安全护目镜	先用大量水冲洗几分钟（如可能尽量摘除隐形眼镜），然后就医
# 食入		工作时不得进食，饮水或吸烟	漱口
泄漏处置	移除全部引燃源。通风。将泄漏液收集在可密闭的容器中。用砂土或惰性吸收剂吸收残液，并转移到安全场所。个人防护用具：适用于有机气体和蒸气的过滤呼吸器		
包装与标志			
应急响应	运输应急卡：TEC(R)-30GF1-III-9		
储存	耐火设备（条件）。保存在通风良好的室内。阴凉场所。稳定后储存		
重要数据	物理状态、外观：黄色液体 化学危险性：燃烧时，生成含氯化氢和光气有毒气体。在特定条件下，该物质能生成过氧化物，引发爆炸性聚合反应。在酸和碱的作用下，该物质可能聚合，有着火或爆炸危险 职业接触限值：阈限值：50ppm（时间加权平均值）；75ppm（短期接触限值）（美国政府工业卫生学家会议，2001 年） 接触途径：该物质可通过吸入其蒸气吸收到体内 吸入危险性：20℃时该物质蒸发，相当慢地达到空气中有害污染浓度 短期接触的影响：该物质刺激眼睛和皮肤。见注解		
物理性质	沸点：188.7℃ 熔点：-63.2℃ 相对密度（水=1）：1.1 水中溶解度：难溶 蒸气压：25℃时 0.13kPa 蒸气相对密度（空气=1）：4.8 蒸气/空气混合物的相对密度（20℃，空气=1）：1.01 闪点：58℃（闭杯） 辛醇/水分配系数的对数值：3.58		
环境数据			
注解	接触后的症状预计与苯乙烯类似，参见卡片#0073。该物质对人体健康影响数据不充分，因此应当特别注意。蒸馏前检验过氧化物，如有，将其去除		

IPCS
International
Programme on
Chemical Safety

国际化学品安全卡

三甲基苯（混合异构体）			ICSC 编号：1389
CAS 登记号：25551-13-7 RTECS 号：DC3220000 UN 编号：1993 中国危险货物编号：1993		中文名称：三甲基苯（混合异构体）；三甲基苯（异构体）；甲基二甲苯 英文名称：TRIMETHYL BENZENE (MIXED ISOMERS); Benzene, trimethyl (isomers); Methylxylene	
分子量：120.2		化学式：C_9H_{12}	
危害/接触类型	急性危害/症状	预防	急救/消防
火　灾	易燃的	禁止明火、禁止火花和禁止吸烟	抗溶性泡沫，干粉，二氧化碳
爆　炸	高于 44℃，可能形成爆炸性蒸气/空气混合物	高于 44℃，使用密闭系统、通风和防爆型电气设备。防止静电荷积聚（例如，通过接地）	着火时，喷雾状水保持料桶等冷却
接　触		防止产生烟云！	
# 吸入	意识模糊，咳嗽，头晕，倦睡，头痛，咽喉痛，呕吐	通风，局部排气通风或呼吸防护	新鲜空气，休息，给予医疗护理
# 皮肤	发红，皮肤干燥	防护手套	脱去污染的衣服，用大量水冲洗皮肤或淋浴
# 眼睛	发红，疼痛	安全护目镜	先用大量水冲洗几分钟（如可能尽量摘除隐形眼镜），然后就医
# 食入	见吸入	工作时不得进食，饮水或吸烟	漱口。不要催吐，给予医疗护理
泄漏处置	尽可能将泄漏液收集在可密闭的容器中。用砂土或惰性吸收剂吸收残液，并转移到安全场所。不要冲入下水道，不要让该化学品进入环境。个人防护用具：适用于有机气体和蒸气的过滤呼吸器		
包装与标志	见注解 联合国危险性类别：3　联合国包装类别：III 中国危险性类别：第 3 类易燃液体 中国包装类别：III		
应急响应	运输应急卡：TEC(R)-30GF1-III 美国消防协会法规：H0（健康危险性）；F2（火灾危险性）；R0（反应危险性）		
储存	耐火设备（条件）。与强氧化剂分开存放。严格密封。保存在通风良好的室内		
重要数据	物理状态、外观：无色液体，有特殊气味 化学危险性：燃烧时，该物质分解生成有毒和刺激性烟雾。与强氧化剂激烈反应，有着火和爆炸的危险 职业接触限值：阈限值：25ppm（以混合异构体计）（时间加权平均值）（美国政府工业卫生学家会议，2008 年）。欧盟职业接触限值：20ppm，100mg/m^3（时间加权平均值）（欧盟，2001 年） 接触途径：该物质可通过吸入吸收到体内 吸入危险性：20℃时该物质蒸发，相当慢地达到空气中有害污染浓度，但喷洒或扩散时要快得多 短期接触的影响：该物质刺激眼睛、皮肤和呼吸道。如果吞咽液体吸入肺中，可能引起化学肺炎。该物质可能对中枢神经系统有影响 长期或反复接触的影响：液体使皮肤脱脂。反复或长期接触，肺可能受损伤，导致慢性支气管炎。该物质可能对血液和中枢神经系统有影响。见注解		
物理性质	沸点：165～176℃ 熔点：-25～45℃ 相对密度（水=1）：0.86～0.89 水中溶解度：难溶 蒸气压：20℃时 0.18～0.25kPa 蒸气相对密度（空气=1）：4.1 闪点：44～53℃（闭杯） 自燃温度：470～550℃ 辛醇/水分配系数的对数值：3.4～3.8		
环境数据	该物质对水生生物是有害的。在鱼体内可能发生生物蓄积		
注解	饮用含酒精饮料增进有害影响。根据接触程度，建议定期进行医疗检查。参见卡片#1155（1,3,5-三甲基苯）；#1362（1,2,3-三甲基苯）；#1433（1,2,4-三甲基苯）。1,3,5-三甲基苯被列为污染海洋物质		

IPCS
International Programme on Chemical Safety

国际化学品安全卡

氰	ICSC 编号：1390
CAS 登记号：460-19-5 RTECS 号：GT1925000 UN 编号：1026 EC 编号：608-011-00-8 中国危险货物编号：1026	中文名称：氰；乙烷二腈；草酰腈（钢瓶） 英文名称：CYANOGEN; Dicyanogen; Ethanedinitrile; Oxalonitrile; (cylinder)
分子量：52.04	化学式：C_2N_2

危害/接触类型	急性危害/症状	预防	急救/消防
火　灾	高度易燃。在火焰中释放出刺激性或有毒烟雾（或气体）	禁止明火、禁止火花和禁止吸烟	切断气源，如不可能并对周围环境无危险，让火自行燃尽。其他情况用干粉，二氧化碳灭火
爆　炸	气体/空气混合物有爆炸性。与强氧化剂接触时，有着火和爆炸危险	密闭系统、通风、防爆型电气设备和照明	着火时，喷雾状水保持钢瓶冷却
接　触		避免一切接触！	一切情况均向医生咨询！
# 吸入	惊厥，咳嗽，头晕，头痛，呼吸困难，咽喉痛，神志不清，呕吐	通风，局部排气通风或呼吸防护	新鲜空气，休息。半直立体位。必要时进行人工呼吸。禁止口对口进行人工呼吸。给予医疗护理。见注解
# 皮肤	与液体接触：冻伤	保温手套	冻伤时，用大量水冲洗，不要脱去衣服。给予医疗护理
# 眼睛	发红，疼痛	面罩，或眼睛防护结合呼吸防护	先用大量水冲洗几分钟（如可能尽量摘除隐形眼镜），然后就医
# 食入			

泄漏处置	撤离危险区域！向专家咨询！通风。移除全部引燃源。切勿直接向液体上喷水。个人防护用具：气密式化学防护服，包括自给式呼吸器
包装与标志	欧盟危险性类别：F 符号 T 符号 N 符号　R:11-23-50/53　S:1/2-23-45-60-61 联合国危险性类别：2.3　联合国次要危险性：2.1 中国危险性类别：第 2.3 项 毒性气体　中国次要危险性：2.1
应急响应	运输应急卡：TEC(R)-20G2TF 美国消防协会法规：H4（健康危险性）；F4（火灾危险性）；R2（反应危险性）
储存	耐火设备（条件）。阴凉场所
重要数据	**物理状态、外观**：无色气体或压缩液化气体，有特殊气味 **物理危险性**：气体比空气重，可能沿地面流动，可能造成远处着火 **化学危险性**：燃烧时，生成含有氰化氢、一氧化碳和氮氧化物的有毒气体。与强氧化剂反应，有着火和爆炸危险。与酸反应生成高毒气体氰化氢 **职业接触限值**：阈限值：10ppm（时间加权平均值）（美国政府工业卫生学家会议，2008 年）。最高容许浓度：5ppm，$11mg/m^3$；最高限值种类：II（2）；皮肤吸收；妊娠风险等级：D（德国，2008 年） **接触途径**：该物质可通过吸入吸收到体内 **吸入危险性**：容器漏损时，迅速达到空气中该气体的有害浓度 **短期接触的影响**：该物质刺激眼睛和呼吸道。液体迅速蒸发可能引起冻伤。该物质可能对中枢神经系统有影响，导致呼吸衰竭和虚脱。远高于职业接触限值接触时，可能导致死亡
物理性质	沸点：−21.2℃ 熔点：−27.9℃ 相对密度（水=1）：−21℃时 0.95 水中溶解度：20℃时 450mL/100mL 蒸气相对密度（空气=1）：1.8 闪点：易燃气体 爆炸极限：空气中 6.6%～42.6%（体积） 辛醇/水分配系数的对数值：0.07
环境数据	该物质对水生生物有极高毒性
注解	该物质中毒时，需采取必要的治疗措施。必须提供有指示说明的适当方法。超过接触限值时，气味报警不充分。转动泄漏钢瓶使漏口朝上，防止液态气体逸出

IPCS
International
Programme on
Chemical Safety

国际化学品安全卡

<table>
<tr><td colspan="3">5-甲基-3-庚酮</td><td>ICSC 编号：1391</td></tr>
<tr><td colspan="2">CAS 登记号：541-85-5
RTECS 号：MJ7350000
UN 编号：2271
EC 编号：606-020-00-1
中国危险货物编号：2271</td><td colspan="2">中文名称：5-甲基-3-庚酮；5-甲基庚烷-3-酮；乙基戊基甲酮；乙基仲戊基甲酮
英文名称：5-METHYL-3-HEPTANONE; 5-Methyl heptan-3-one; 3-Heptanone, 5-methyl; Ethyl amyl ketone; Ethyl sec-amyl ketone</td></tr>
<tr><td colspan="2">分子量：128.21</td><td colspan="2">化学式：$C_8H_{16}O$</td></tr>
<tr><td>危害/接触类型</td><td>急性危害/症状</td><td>预防</td><td>急救/消防</td></tr>
<tr><td>火　灾</td><td>易燃的</td><td>禁止明火、禁止火花和禁止吸烟</td><td>雾状水，干粉、泡沫、二氧化碳</td></tr>
<tr><td>爆　炸</td><td>高于 43℃，可能形成爆炸性蒸气/空气混合物</td><td>高于 43℃，使用密闭系统、通风和防爆型电气设备</td><td>着火时，喷雾状水保持钢瓶冷却</td></tr>
<tr><td>接　触</td><td></td><td></td><td></td></tr>
<tr><td># 吸入</td><td>咳嗽，头晕，头痛，恶心，咽喉痛</td><td>通风，局部排气通风或呼吸防护</td><td>新鲜空气，休息，给予医疗护理</td></tr>
<tr><td># 皮肤</td><td>皮肤干燥，发红</td><td>防护手套</td><td>脱去污染的衣服，用大量水冲洗皮肤或淋浴</td></tr>
<tr><td># 眼睛</td><td>发红，疼痛</td><td>安全护目镜</td><td>先用大量水冲洗几分钟（如可能尽量摘除隐形眼镜），然后就医</td></tr>
<tr><td># 食入</td><td>呕吐。另见吸入</td><td>工作时不得进食，饮水或吸烟</td><td>漱口。饮用 1～2 杯水，给予医疗护理</td></tr>
<tr><td>泄漏处置</td><td colspan="3">通风。移除全部引燃源。尽可能将泄漏液收集在可密闭的容器中。用砂土或惰性吸收剂吸收残液，并转移到安全场所。不要冲入下水道。个人防护用具：适用于有机气体和蒸气的过滤呼吸器</td></tr>
<tr><td>包装与标志</td><td colspan="3">欧盟危险性类别：Xi 符号　R:10-36/37　S:2-23
联合国危险性类别：3　联合国包装类别：III
中国危险性类别：第 3 类 易燃液体　中国包装类别：III</td></tr>
<tr><td>应急响应</td><td colspan="3">运输应急卡：TEC(R)-30S2271 或 30GF1-III</td></tr>
<tr><td>储存</td><td colspan="3">耐火设备（条件）。与强氧化剂、强碱、强还原剂分开存放。严格密封</td></tr>
<tr><td>重要数据</td><td colspan="3">物理状态、外观：无色液体，有特殊气味
物理危险性：蒸气比空气重，可能沿地面流动，可能造成远处着火
化学危险性：与氧化剂、强还原剂和强碱发生反应，有着火的危险
职业接触限值：阈限值：10ppm（时间加权平均值）（美国政府工业卫生学家会议，2008 年）。欧盟职业接触限值：10ppm，53mg/m³（时间加权平均值）；20ppm，107mg/m³（短期接触限值）（欧盟，2000 年）
接触途径：该物质可通过吸入吸收到体内
吸入危险性：20℃时该物质蒸发，相当慢地达到空气中有害污染浓度
短期接触的影响：该物质刺激眼睛、皮肤和呼吸道。该物质可能对中枢神经系统有影响。远高于职业接触限值接触时，可能导致神志不清
长期或反复接触的影响：液体使皮肤脱脂</td></tr>
<tr><td>物理性质</td><td colspan="3">沸点：157～162℃
熔点：-56.7℃
相对密度（水=1）：0.82
水中溶解度：20℃时 0.3g/100mL
蒸气压：25℃时 0.267kPa
蒸气相对密度（空气=1）：4.4
蒸气/空气混合物的相对密度（20℃，空气=1）：1.0
闪点：43℃（闭杯）；57.2℃（开杯）</td></tr>
<tr><td>环境数据</td><td colspan="3"></td></tr>
<tr><td>注解</td><td colspan="3">虽然该物质是可燃的，且闪点≤61℃，但爆炸极限未见文献报道。超过接触限值时，气味报警不充分</td></tr>
</table>

IPCS
International
Programme on
Chemical Safety

国际化学品安全卡

丙二醇二硝酸酯			ICSC 编号：1392
CAS 登记号：6423-43-4 RTECS 号：TY6300000 分子量：166.09	中文名称：丙二醇二硝酸酯；1,2-丙二醇二硝酸酯；PGDN 英文名称：PROPYLENE GLYCOL DINITRATE; 1,2-Propanediol dinitrate; PGDN 化学式：$C_3H_6N_2O_6/CH_3CHONO_2CH_2ONO_2$		
危害/接触类型	急性危害/症状	预防	急救/消防
火　灾	爆炸性的。在火焰中释放出刺激性或有毒烟雾（或气体）	禁止明火、禁止火花和禁止吸烟	干粉、雾状水、泡沫、二氧化碳
爆　炸	有着火和爆炸危险	不要受摩擦或撞击	着火时，喷雾状水保持料桶等冷却。从掩蔽位置灭火
接　触		严格作业环境管理！	一切情况均向医生咨询！
# 吸入	嘴唇发青或指甲发青，皮肤发青，意识模糊，惊厥，头晕，头痛，恶心，神志不清	通风，局部排气通风或呼吸防护	新鲜空气，休息。必要时进行人工呼吸，给予医疗护理
# 皮肤	可能被吸收！见吸入	防护手套，防护服	脱去污染的衣服。用大量水冲洗皮肤或淋浴，给予医疗护理
# 眼睛	发红，疼痛	面罩，或眼睛防护结合呼吸防护	先用大量水冲洗几分钟（如可能尽量摘除隐形眼镜），然后就医
# 食入	见吸入	工作时不得进食，饮水或吸烟	漱口，给予医疗护理
泄漏处置	撤离危险区域！向专家咨询！移除全部引燃源。将泄漏液收集在可密闭的容器中。用砂土或惰性吸收剂吸收残液，并转移到安全场所。个人防护用具：全套防护服包括自给式呼吸器		
包装与标志			
应急响应			
储存	耐火设备（条件）		
重要数据	**物理状态、外观**：无色液体，有特殊气味 **化学危险性**：加热可能引起激烈燃烧或爆炸。受撞击、摩擦或震动时，可能发生爆炸性分解。燃烧时，生成有毒和腐蚀性气体 **职业接触限值**：阈限值：0.05ppm（时间加权平均值）（经皮）；公布生物暴露指数（美国政府工业卫生学家会议，2004 年）。最高容许浓度：0.05ppm；0.3mg/m^3；皮肤吸收；最高限值种类：II（1）（德国，2004 年） **接触途径**：该物质可通过吸入，经皮肤或食入吸收到体内 **吸入危险性**：20℃时该物质蒸发，相当快地达到空气中有害污染浓度 **短期接触的影响**：该物质轻微刺激眼睛。该物质可能对血液有影响，导致形成正铁血红蛋白。需进行医学观察。见注解		
物理性质	**沸点**：低于沸点在 121℃分解 **相对密度（水=1）**：25℃时 1.2 **水中溶解度**：0.1g/100mL **蒸气压**：22.5℃时 9.3Pa **蒸气相对密度（空气=1）**：5.73 **蒸气/空气混合物的相对密度（20℃，空气=1）**：1		
环境数据			
注解	该物质中毒时，需采取必要的治疗措施。必须提供有指示说明的适当方法。不要将工作服带回家中		

IPCS
International
Programme on
Chemical Safety

国际化学品安全卡

铂			ICSC 编号：1393
CAS 登记号：7440-06-4 RTECS 号：TP2160000		中文名称：铂；铂海绵；铂黑（粉末） 英文名称：PLATINIUM; Platinum sponge; Platinum black (powder)	
原子量：195.1		化学式：Pt	
危害/接触类型	急性危害/症状	预防	急救/消防
火　灾			周围环境着火时，使用适当的灭火剂
爆　炸			
接　触		防止粉尘扩散！	
# 吸入	咳嗽。咽喉痛	局部排气通风或呼吸防护	新鲜空气，休息
# 皮肤		防护手套	脱去污染的衣服。冲洗，然后用水和肥皂清洗皮肤
# 眼睛	发红。疼痛	安全护目镜	先用大量水冲洗几分钟（如可能尽量摘除隐形眼镜），然后就医
# 食入	腹部疼痛。恶心。呕吐	工作时不得进食，饮水或吸烟	漱口。给予医疗护理
泄漏处置	将泄漏物清扫进容器中。如果适当，首先润湿防止扬尘。个人防护用具：适用于惰性颗粒物的 P1 过滤呼吸器		
包装与标志			
应急响应			
储存	严格密封		
重要数据	物理状态、外观：黑色粉末 化学危险性：铂是有催化活性的物质。与许多有机物和无机物接触时，可能发生反应，有着火和爆炸危险 职业接触限值：阈限值：（以金属 Pt 计）1mg/m³（美国政府工业卫生学家会议，2003 年） 接触途径：该物质可通过吸入吸收到体内 吸入危险性：20℃时蒸发可忽略不计，但可较快地达到空气中颗粒物公害污染浓度，尤其是粉末 短期接触的影响：该物质刺激眼睛和呼吸道		
物理性质	沸点：3827℃ 熔点：1769℃ 密度：21.45g/cm³ 水中溶解度：不溶		
环境数据	该物质对水生生物是有毒的		
注解	本卡片的建议不适用于可溶解的铂盐		

IPCS
International
Programme on
Chemical Safety

国际化学品安全卡

五氯乙烷	ICSC 编号：1394
CAS 登记号：76-01-7 RTECS 号：KI6300000 UN 编号：1669 EC 编号：602-017-00-4 中国危险货物编号：1669 分子量：202.3	中文名称：五氯乙烷 英文名称：PENTACHLOROETHANE; Ethane pentachloride; Pentalin 化学式：$CHCl_2CCl_3$

危害/接触类型	急性危害/症状	预防	急救/消防
火　灾	不可燃。在火焰中释放出刺激性或有毒烟雾（或气体）		周围环境着火时，使用适当的灭火剂
爆　炸			着火时，喷雾状水保持料桶等冷却
接　触		防止产生烟云！	一切情况均向医生咨询！
# 吸入	意识模糊。咳嗽。头晕。头痛。恶心。咽喉痛。呕吐	通风，局部排气通风或呼吸防护	新鲜空气，休息。给予医疗护理
# 皮肤	皮肤干燥	防护手套	脱去污染的衣服。用大量水冲洗皮肤或淋浴。给予医疗护理
# 眼睛	发红。疼痛	面罩，或眼睛防护结合呼吸防护	先用大量水冲洗几分钟（如可能尽量摘除隐形眼镜），然后就医
# 食入	腹部疼痛。腹泻。（另见吸入）	工作时不得进食，饮水或吸烟。进食前洗手	漱口。不要催吐。给予医疗护理
泄漏处置	尽可能将泄漏液收集在可密闭的容器中。用砂土或惰性吸收剂吸收残液，并转移到安全场所。不要让该化学品进入环境。个人防护用具：适用于有机气体和蒸气的过滤呼吸器		
包装与标志	不得与食品和饲料一起运输。污染海洋物质 欧盟危险性类别：T 符号 N 符号　R:40-48/23-51/53　S:1/2-23-36/37-45-61 联合国危险性类别：6.1　联合国包装类别：II 中国危险性类别：第 6.1 项毒性物质　中国包装类别：II		
应急响应	运输应急卡：TEC(R)-61S1669 美国消防协会法规：H3（健康危险性）；F0（火灾危险性）；R0（反应危险性）		
储存	与食品和饲料、强碱和金属粉末分开存放。严格密封。保存在通风良好的室内		
重要数据	物理状态、外观：无色液体，有特殊气味 物理危险性：蒸气比空气重 化学危险性：加热时，该物质分解生成含氯化氢和光气有毒和腐蚀性烟雾。与强碱、金属粉末和钾钠合金激烈反应，有爆炸和中毒的危险 职业接触限值：最高容许浓度：5ppm；42mg/m^3。最高限值种类：II（2）（德国，2002 年） 接触途径：该物质可通过吸入和经食入吸收到体内 吸入危险性：20℃时该物质蒸发相当快达到空气中有害污染浓度 短期接触的影响：该物质刺激眼睛和呼吸道。该物质可能对中枢神经系统有影响，导致抑郁 长期或反复接触的影响：液体使皮肤脱脂。该物质可能对神经系统有影响，导致功能损伤		
物理性质	沸点：162℃ 熔点：-29℃ 相对密度（水=1）：1.68 水中溶解度：难溶 蒸气压：25℃时 0.453kPa 蒸气相对密度（空气=1）：7.0 蒸气/空气混合物的相对密度（20℃，空气=1）：1.03 辛醇/水分配系数的对数值：3.67		
环境数据	该物质对水生生物是有毒的		
注解	饮用含酒精饮料增进有害影响。根据接触程度，建议定期进行医疗检查		

IPCS
International
Programme on
Chemical Safety

国际化学品安全卡

4-硝基联苯			ICSC 编号：1395
CAS 登记号：92-93-3 RTECS 号：DV560000 EC 编号：609-039-00-3		中文名称：4-硝基联苯；对硝基联苯；对硝基二苯 英文名称：4-NITROBIPHENYL; p-Nitrobiphenyl; p-Nitrodiphenyl	
分子量：199.2		化学式：$C_{12}H_9NO_2$	
危害/接触类型	急性危害/症状	预防	急救/消防
火　灾	可燃的。在火焰中释放出刺激性或有毒烟雾（或气体）	禁止明火	雾状水
爆　炸			
接　触		防止粉尘扩散！严格作业环境管理！避免一切接触！	
# 吸入	见长期或反复接触的影响。见注解	局部排气通风或呼吸防护	新鲜空气，休息，给予医疗护理
# 皮肤	可能被吸收！	防护手套，防护服	脱去污染的衣服。冲洗，然后用水和肥皂清洗皮肤
# 眼睛	发红	安全护目镜，如为粉末，眼睛防护结合呼吸防护	先用大量水冲洗几分钟(如可能尽量摘除隐形眼镜)，然后就医
# 食入		工作时不得进食，饮水或吸烟。进食前洗手	漱口，给予医疗护理
泄漏处置	将泄漏物清扫进可密闭容器中。小心收集残余物，然后转移到安全场所。不要让该化学品进入环境。个人防护用具：适用于有毒颗粒物的 P3 过滤呼吸器		
包装与标志	欧盟危险性类别：T 符号 N 符号　R:45-51/53　S:45-53-61		
应急响应			
储存	与强还原剂分开存放。严格密封		
重要数据	物理状态、外观：白色至黄色晶体，有特殊气味 化学危险性：燃烧时，该物质分解生成有毒气体。与强还原剂发生反应，有中毒的危险 职业接触限值：阈限值：A2（可疑人类致癌物）（经皮）（美国政府工业卫生学家会议，2004 年）。最高容许浓度：皮肤吸收；致癌物类别：2（德国，2004 年） 接触途径：该物质可通过吸入、经皮肤和食入吸收到体内 吸入危险性：扩散时，可较快达到空气中颗粒物有害浓度，尤其是粉末 短期接触的影响：该物质刺激眼睛 长期或反复接触的影响：该物质很可能是人类致癌物		
物理性质	沸点：340℃ 熔点：114℃ 水中溶解度：难溶 闪点：143℃（闭杯） 辛醇/水分配系数的对数值：3.77		
环境数据	该物质对水生生物是有毒的。该物质可能在水生环境中造成长期影响		
注解	同类物质引起过正铁血红蛋白症，但是无该物质的数据。根据接触程度，建议定期进行医疗检查。不要将工作服带回家中		

IPCS
International
Programme on
Chemical Safety

国际化学品安全卡

七水合硫酸钴（II）			ICSC 编号：1396
CAS 登记号：10026-24-1 RTECS 号：GG3200000 EC 编号：027-005-00-0	中文名称：七水合硫酸钴（II） 英文名称：COBALT(II) SULFATE HEPTAHYDRATE		
分子量：281.1	化学式：$CoSO_4 \cdot 7H_2O$		
危害/接触类型	急性危害/症状	预防	急救/消防
火　灾	不可燃。在火焰中释放出刺激性或有毒烟雾（或气体）		周围环境着火时，允许使用各种灭火剂
爆　炸			
接　触		避免一切接触！	一切情况均向医生咨询！
# 吸入	咳嗽，呼吸困难，气促，咽喉痛	局部排气通风或呼吸防护	新鲜空气，休息。必要时进行人工呼吸，给予医疗护理
# 皮肤	发红，疼痛	防护手套，防护服	脱去污染的衣服。冲洗，然后用水和肥皂清洗皮肤
# 眼睛	发红，疼痛	护目镜。如为粉末，眼睛防护结合呼吸防护	先用大量水冲洗几分钟（如可能尽量摘除隐形眼镜），然后就医
# 食入	腹部疼痛，恶心，呕吐	工作时不得进食，饮水或吸烟。进食前洗手	漱口。饮用 1～2 杯水。给予医疗护理
泄漏处置	将泄漏物清扫进容器中。如果适当，首先润湿防止扬尘。小心收集残余物，然后转移到安全场所。不要让该化学品进入环境。个人防护用具：适用于 该物质空气中浓度的颗粒物过滤呼吸器		
包装与标志	欧盟危险性类别：T 符号 N 符号 标记：E　R:49-22-42/43-50/53　S:2-22-53-45-60-61		
应急响应			
储存	与强氧化剂分开存放。储存在没有排水管或下水道的场所		
重要数据	**物理状态、外观**：粉红色至红色晶体 **化学危险性**：加热至 100℃以上时，该物质分解生成硫氧化物有毒烟雾。以粉末形式与强氧化剂发生反应，有着火和爆炸危险 **职业接触限值**：阈限值：0.02mg/m^3（以 Co 计）（时间加权平均值）；A3（确认的动物致癌物，但未知与人类相关性）；公布生物暴露指数（美国政府工业卫生学家会议，2004 年）。最高容许浓度：（可吸入部分）皮肤吸收；呼吸道和皮肤致敏剂；致癌物类别：2；致生殖细胞突变物类别：3A（德国，2009 年） **接触途径**：该物质可通过吸入其气溶胶和经食入吸收到体内 **吸入危险性**：20℃时蒸发可忽略不计，但扩散时可较快地达到空气中颗粒物有害浓度 **短期接触的影响**：该物质刺激眼睛、皮肤和呼吸道 **长期或反复接触的影响**：反复或长期接触可能引起皮肤过敏。反复或长期吸入接触，可能引起哮喘。该物质可能对心脏、甲状腺和骨髓有影响，导致心肌病、甲状腺肿和红细胞增多症。该物质可能是人类致癌物。动物实验表明，该物质可能对人类生殖或发育造成毒性影响		
物理性质	**沸点**：420℃ **熔点**：96.8℃ **密度**：1.95g/cm^3 **水中溶解度**：3℃时 60.4g/100mL		
环境数据	见注解		
注解	因该物质发生哮喘症状的任何人不应当再接触这种物质。根据接触程度，建议定期进行医疗检查。对该物质的环境影响未进行调查，但钴离子的数据表明它可能对水生生物有危害。可参考其他钴盐的卡片，如卡片#0783 氯化钴（II）		

IPCS
International
Programme on
Chemical Safety

国际化学品安全卡

<table>
<tr><td colspan="3">硝酸钴（II）</td><td>ICSC 编号：1397</td></tr>
<tr><td colspan="2">CAS 登记号：10141-05-6
RTECS 号：GG1109000

分子量：182.96</td><td colspan="2">中文名称：硝酸钴（II）；硝酸钴；二硝酸钴；硝酸钴（2+）盐
英文名称：COBALT(II) NITRATE; Cobaltous nitrate; Cobalt dinitrate; Nitric acid, cobalt(2+) salt

化学式：$Co(NO_3)_2$</td></tr>
<tr><td>危害/接触类型</td><td>急性危害/症状</td><td>预防</td><td>急救/消防</td></tr>
<tr><td>火　灾</td><td>不可燃，但可助长其他物质燃烧。在火焰中释放出刺激性或有毒烟雾（或气体）</td><td>禁止与可燃物质和还原剂接触</td><td>周围环境着火时，允许使用各种灭火剂</td></tr>
<tr><td>爆　炸</td><td>与可燃物质接触时，有着火和爆炸危险</td><td></td><td></td></tr>
<tr><td>接　触</td><td></td><td>避免一切接触！</td><td>一切情况均向医生咨询！</td></tr>
<tr><td># 吸入</td><td>咽喉痛，咳嗽，气促</td><td>局部排气通风或呼吸防护</td><td>新鲜空气，休息，给予医疗护理</td></tr>
<tr><td># 皮肤</td><td>发红</td><td>防护手套，防护服</td><td>先用大量水，然后脱去污染的衣服并再次冲洗</td></tr>
<tr><td># 眼睛</td><td>发红，疼痛</td><td>护目镜，或眼睛防护结合呼吸防护</td><td>先用大量水冲洗几分钟（如可能尽量摘除隐形眼镜），然后就医</td></tr>
<tr><td># 食入</td><td>腹部疼痛，恶心，呕吐</td><td>工作时不得进食，饮水或吸烟。进食前洗手</td><td>漱口。饮用 1～2 杯水，给予医疗护理</td></tr>
<tr><td>泄漏处置</td><td colspan="3">将泄漏物清扫进容器中。如果适当，首先润湿防止扬尘。小心收集残余物，然后转移到安全场所。不要用锯末或其他可燃吸收剂吸收。不要让该化学品进入环境。个人防护用具：适用于该物质空气中浓度的颗粒物过滤呼吸器</td></tr>
<tr><td>包装与标志</td><td colspan="3"></td></tr>
<tr><td>应急响应</td><td colspan="3"></td></tr>
<tr><td>储存</td><td colspan="3">与可燃物质和还原性物质分开存放。严格密封。储存在没有排水管或下水道的场所</td></tr>
<tr><td>重要数据</td><td colspan="3">物理状态、外观：淡红色粉末
化学危险性：加热时，该物质分解生成含氮氧化物有毒气体。与可燃物质发生反应，有着火的危险
职业接触限值：阈限值：$0.02mg/m^3$（以钴计）（时间加权平均值），A3（确认的动物致癌物，但未知与人类相关性）；公布生物暴露指数（美国政府工业卫生学家会议，2008 年）。最高容许浓度：（以钴计）（以上呼吸道可吸入部分计）皮肤吸收；呼吸道和皮肤致敏剂；致癌物类别：2；致生殖细胞突变物类别：3A（德国，2009 年）
接触途径：该物质可通过吸入其气溶胶和经食入吸收到体内
吸入危险性：20℃时蒸发可忽略不计，但可较快地达到空气中颗粒物公害污染浓度
短期接触的影响：该物质刺激眼睛、皮肤和呼吸道
长期或反复接触的影响：反复或长期接触可能引起皮肤过敏。反复或长期吸入接触可能引起哮喘。该物质可能对心脏、甲状腺和骨髓有影响，导致心肌病、甲状腺肿和红细胞增多症。该物质可能是人类致癌物。动物实验表明，该物质可能对人类生殖或发育造成毒性影响</td></tr>
<tr><td>物理性质</td><td colspan="3">熔点：100～105℃（分解）
密度：$2.49g/cm^3$
水中溶解度：可溶解</td></tr>
<tr><td>环境数据</td><td colspan="3">见注解</td></tr>
<tr><td>注解</td><td colspan="3">因该物质发生哮喘症状的任何人不应当再接触这种物质。根据接触程度，建议定期进行医疗检查。对该物质的环境影响未进行调查，但钴离子的数据表明该物质可能对水生生物有危害。可参考其他钴盐的卡片，如#0783 氯化钴（II）</td></tr>
</table>

IPCS
International
Programme on
Chemical Safety

国际化学品安全卡

氧化锰			ICSC 编号：1398
CAS 登记号：1317-35-7 RTECS 号：OP0895000		中文名称：氧化锰；四氧化三锰 英文名称：MANGANESE OXIDE; Trimanganese tetraoxide; Manganomanganic oxide	
分子量：228.8		化学式：Mn_3O_4	
危害/接触类型	急性危害/症状	预防	急救/消防
火 灾	不可燃。在火焰中释放出刺激性或有毒烟雾（或气体）		周围环境着火时，使用适当的灭火剂
爆 炸			
接 触		防止粉尘扩散！避免孕妇接触！	
# 吸入	咳嗽	通风，局部排气通风或呼吸防护	新鲜空气，休息。给予医疗护理
# 皮肤		防护手套	脱去污染的衣服。冲洗，然后用水和肥皂清洗皮肤
# 眼睛		安全护目镜，或眼睛防护结合呼吸防护	先用大量水冲洗几分钟（如可能尽量摘除隐形眼镜），然后就医
# 食入			
泄漏处置	将泄漏物清扫进容器中。小心收集残余物，然后转移到安全场所。个人防护用具：适用于有害颗粒物的 P2 过滤呼吸器		
包装与标志			
应急响应			
储存			
重要数据	物理状态、外观：棕色至黑色晶体粉末 职业接触限值：阈限值：$0.2mg/m^3$（以 Mn 计）（时间加权平均值）（美国政府工业卫生学家会议，2006 年）。最高容许浓度：$0.5mg/m^3$（以 Mn 计）（可吸入粉尘）；妊娠风险等级：C（德国，2005 年） 接触途径：该物质可通过吸入其气溶胶和经食入吸收到体内 吸入危险性：20℃时蒸发可忽略不计，但扩散时可较快地达到空气中颗粒物有害浓度 短期接触的影响：可能引起机械性刺激 长期或反复接触的影响：该物质可能对肺和中枢神经系统有影响，导致对支气管炎、肺炎、神经障碍和神经精神障碍（锰中毒）的易感性增加。动物实验表明，该物质可能造成人类生殖或发育毒性		
物理性质	熔点：1564℃ 密度：$4.8g/cm^3$ 水中溶解度：不溶		
环境数据			
注解	根据接触程度，建议定期进行医学检查。在自然界中以黑锰矿物形式存在		

IPCS
International
Programme on
Chemical Safety

国际化学品安全卡

汽油			ICSC 编号：1400
CAS 登记号：86290-81-5 RTECS 号：DE3550000 UN 编号：1203 EC 编号：649-378-00-4 中国危险货物编号：1203		中文名称：汽油；挥发油 英文名称：GASOLINE; Benzin	

危害/接触类型	急性危害/症状	预防	急救/消防
火　灾	高度易燃	禁止明火、禁止火花和禁止吸烟	干粉、水成膜泡沫、泡沫、二氧化碳
爆　炸	蒸气/空气混合物有爆炸性	密闭系统、通风、防爆型电气设备和照明。防止静电荷积聚（例如，通过接地）	着火时，喷雾状水保持料桶等冷却
接　触			
# 吸入	意识模糊，咳嗽，头晕，倦睡，迟钝，头痛	通风，局部排气通风或呼吸防护	新鲜空气，休息，给予医疗护理
# 皮肤	可能被吸收！皮肤干燥，发红	防护手套，防护服	脱去污染的衣服。冲洗，然后用水和肥皂清洗皮肤
# 眼睛	发红，疼痛	安全护目镜，或眼睛防护结合呼吸防护	先用大量水冲洗几分钟（如可能尽量摘除隐形眼镜），然后就医
# 食入	恶心，呕吐。见吸入	工作时不得进食，饮水或吸烟	漱口。不要催吐。大量饮水，给予医疗护理
泄漏处置	撤离危险区域！向专家咨询！移除全部引燃源。用干泥土、砂土或不可燃的物质覆盖泄漏物。不要冲入下水道。不要让该化学品进入环境。个人防护用具：自给式呼吸器		
包装与标志	污染海洋物质 **欧盟危险性类别**：T 符号　标记：H，P　R:45-65　S:53-45 **联合国危险性类别**：3　**联合国包装类别**：I **中国危险性类别**：第 3 类易燃液体　**中国包装类别**：I		
应急响应	运输应急卡：TEC(R)-30S1203 美国消防协会法规：H1（健康危险性）；F3（火灾危险性）；R0（反应危险性）		
储存	耐火设备（条件）		
重要数据	**物理状态、外观**：流动的液体 **物理危险性**：蒸气比空气重，可能沿地面流动，可能造成远处着火。蒸气与空气充分混合，容易形成爆炸性混合物。由于流动、搅拌等，可能产生静电 **职业接触限值**：阈限值：300ppm（时间加权平均值），500ppm（短期接触限值）；A3（确认的动物致癌物，但未知与人类相关性）（美国政府工业卫生学家会议，2004 年） **接触途径**：该物质可通过吸入其蒸气，经皮肤和食入吸收到体内 **吸入危险性**：20℃时该物质蒸发，迅速地达到空气中有害污染浓度 **短期接触的影响**：该物质刺激眼睛、皮肤和呼吸道。如果吞咽液体吸入肺中，可能引起化学肺炎。该物质可能对中枢神经系统有影响 **长期或反复接触的影响**：液体使皮肤脱脂。该物质可能对中枢神经系统和肝有影响。该物质可能是人类致癌物		
物理性质	**沸点**：20～200℃ **相对密度（水=1）**：0.70 ～0.80 **水中溶解度**：不溶 **蒸气相对密度（空气=1）**：3～4 **闪点**：<-21℃ **自燃温度**：约 250℃ **爆炸极限**：空气中 1.3%～7.1%（体积） **辛醇/水分配系数的对数值**：2～7		
环境数据	该物质对水生生物是有害的		
注解	根据接触程度，建议定期进行医疗检查。该产品中可能含有可改变其健康影响和环境影响的添加剂		

IPCS
International
Programme on
Chemical Safety

国际化学品安全卡

硅酸钙			ICSC 编号：1401
CAS 登记号：1344-95-2 RTECS 号：VV9150000	中文名称：硅酸钙（非纤维，晶体二氧化硅<1%）；硅酸钙；合成硅酸钙 英文名称：CALCIUM SILICATE (non-fibrous, <1% crystalline silica); Calcium silicate; Calcium silicate synthetic		
分子量：116.1	化学式：$CaO \cdot SiO_2$		
危害/接触类型	急性危害/症状	预防	急救/消防
火　灾	不可燃		周围环境着火时，使用适当的灭火剂
爆　炸			
接　触		防止粉尘扩散！	
# 吸入	咳嗽，咽喉痛	局部排气通风	
# 皮肤		防护手套	
# 眼睛	发红，疼痛	安全护目镜	先用大量水冲洗几分钟（如可能尽量摘除隐形眼镜），然后就医
# 食入			
泄漏处置	将泄漏物清扫进容器中。用大量水冲净残余物。个人防护用具：适用于有害颗粒物的 P2 过滤呼吸器		
包装与标志			
应急响应			
储存			
重要数据	物理状态、外观：白色粉末 职业接触限值：阈限值：$10mg/m^3$（颗粒物，不含石棉，含有少于 1%的晶体二氧化硅）（时间加权平均值）；A4（不能分类为人类致癌物）（美国政府工业卫生学家会议，2004 年）。最高容许浓度未制定标准 接触途径：该物质可通过吸入吸收到体内 吸入危险性：扩散时，可较快达到空气中颗粒物公害污染浓度 短期接触的影响：可能对眼睛和呼吸道引起机械刺激作用		
物理性质	熔点：1540℃ 密度：$2g/cm^3$ 水中溶解度：微溶		
环境数据			
注解			

IPCS
International
Programme on
Chemical Safety

国际化学品安全卡

磺酰氟			ICSC 编号：1402
CAS 登记号：2699-79-8 RTECS 号：WT5075000 UN 编号：2191 EC 编号：009-015-00-7 中国危险货物编号：2191		中文名称：磺酰氟；硫酰氟；二氟化磺酰；氟氧化硫 英文名称：SULFURYL FLUORIDE; Sulfuryl difluoride; Sulfuric oxyfluoride; (cylinder)	
分子量：102.0		化学式：SO_2F_2	
危害/接触类型	急性危害/症状	预防	急救/消防
火　灾	不可燃。在火焰中释放出刺激性或有毒烟雾（或气体）		周围环境着火时，使用适当的灭火剂
爆　炸			着火时，喷雾状水保持钢瓶冷却
接　触		严格作业环境管理！	
# 吸入	咳嗽，咽喉痛，恶心，呕吐，震颤	通风，局部排气通风或呼吸防护	新鲜空气，休息。半直立体位，给予医疗护理。见注解
# 皮肤	与液体接触：冻伤	保温手套	冻伤时，用大量水冲洗，不要脱去衣服
# 眼睛	发红	面罩，或眼睛防护结合呼吸防护	先用大量水冲洗几分钟（如可能尽量摘除隐形眼镜），然后就医
# 食入		工作时不得进食，饮水或吸烟	
泄漏处置	切勿直接向液体上喷水。喷洒雾状水驱除蒸气。气密式化学防护服，包括自给式呼吸器		
包装与标志	不得与食品和饲料一起运输 欧盟危险性类别：T 符号　N 符号　R:23/48/20-50　S:1/2-45-63-60-61 联合国危险性类别：2.3 中国危险性类别：第 2.3 项毒性气体		
应急响应	运输应急卡：TEC(R)-20G2T		
储存	如果在室内，耐火设备（条件）。保存在通风良好的室内。阴凉场所。与食品和饲料分开存放		
重要数据	物理状态、外观：无色无气味压缩气体或压缩液化气体 物理危险性：气体比空气重，可能积聚在低层空间，造成缺氧 化学危险性：加热时，该物质分解生成含氟化氢和硫氧化物的有毒烟雾 职业接触限值：阈限值：5ppm（时间加权平均值），10ppm（短期接触限值）（美国政府工业卫生学家会议，2004 年）。最高容许浓度未制定标准 接触途径：该物质可通过吸入吸收到体内 吸入危险性：容器漏损时，迅速达到空气中该气体的有害浓度 短期接触的影响：该物质严重刺激呼吸道。该物质可能对中枢神经系统有影响，导致惊厥和呼吸衰竭。吸入气体可能引起肺水肿（见注解）。接触可能导致死亡。液体迅速蒸发，可能引起冻伤		
物理性质	沸点：−55.3℃ 熔点：−135.8℃ 密度：3.72g/L 水中溶解度：4～5mL/100 mL 蒸气压：21.1℃时 1700 kPa 蒸气相对密度（空气=1）：3.5		
环境数据			
注解	转动泄漏钢瓶使漏口朝上，防止液态气体逸出。肺水肿症状常常几个小时以后才变得明显，体力劳动使症状加重。因而休息和医学观察是必要的。空气中高浓度造成缺氧，有神志不清或死亡危险。进入工作区域前，检验氧含量。中毒浓度时，无气味报警		

IPCS
International
Programme on
Chemical Safety

国际化学品安全卡

硬脂酸镁			ICSC 编号：1403
CAS 登记号：557-04-0 RTECS 号：WI4390000 分子量：591.3	中文名称：硬脂酸镁；十八（烷）酸镁盐；二碱式硬脂酸镁 英文名称：MAGNESIUM STEARATE; Octadecanoic acid, magnesium salt; Dibasic magnesium stearate 化学式：$C_{36}H_{70}MgO_4/Mg(C_{18}H_{35}O_2)_2$		
危害/接触类型	急性危害/症状	预防	急救/消防
火　灾	可燃的。在火焰中释放出刺激性或有毒烟雾（或气体）	禁止明火	周围环境着火时，使用适当的灭火剂
爆　炸	微细分散的颗粒物在空气中形成爆炸性混合物	防止粉尘沉积、密闭系统、防止粉尘爆炸型电气设备和照明	
接　触		防止粉尘扩散！	
# 吸入	咳嗽	局部排气通风	新鲜空气，休息
# 皮肤		防护手套	
# 眼睛		安全护目镜	先用大量水冲洗几分钟（如可能尽量摘除隐形眼镜），然后就医
# 食入	呕吐	工作时不得进食，饮水或吸烟。进食前洗手	漱口，休息
泄漏处置	将泄漏物清扫进容器中。如果适当，首先润湿防止扬尘。个人防护用具：适用于惰性颗粒物的 P1 过滤呼吸器		
包装与标志			
应急响应			
储存			
重要数据	**物理状态、外观**：白色粉末 **物理危险性**：以粉末或颗粒形状与空气混合，可能发生粉尘爆炸。如果在干燥状态，由于搅拌、空气输送和注入等能够产生静电 **化学危险性**：燃烧时，该物质分解生成刺激性烟雾 **职业接触限值**：阈限值：10mg/m³（时间加权平均值），A4（不能分类为人类致癌物）（美国政府工业卫生学家会议，2001 年）。最高容许浓度未制定标准 **接触途径**：该物质可通过吸入吸收到体内 **吸入危险性**：扩散时可较快达到空气中颗粒物公害污染浓度		
物理性质	**熔点**：88℃ **密度**：1.02g/cm³ **水中溶解度**：不溶 **闪点**：见注解		
环境数据			
注解	该物质是可燃的，但闪点未见文献报道		

IPCS
International
Programme on
Chemical Safety

国际化学品安全卡

钨			ICSC 编号：1404
CAS 登记号：7440-33-7 RTECS 号：YO7175000 UN 编号：3089 中国危险货物编号：3089		中文名称：钨（粉） 英文名称：TUNGSTEN (powder)	
原子量：183.8		化学式：W	
危害/接触类型	急性危害/症状	预防	急救/消防
火　灾	微细分散粉末是高度易燃的	禁止明火、禁止火花和禁止吸烟	周围环境着火时，使用适当的灭火剂
爆　炸			着火时，喷雾状水保持料桶等冷却
接　触		防止粉尘扩散！	
# 吸入	咳嗽，咽喉痛	局部排气通风	新鲜空气，休息
# 皮肤	发红	防护手套	冲洗，然后用水和肥皂清洗皮肤
# 眼睛	发红，疼痛	安全护目镜	先用大量水冲洗几分钟（如可能尽量摘除隐形眼镜），然后就医
# 食入			
泄漏处置	将泄漏物清扫进容器中。如果适当，首先润湿防止扬尘。个人防护用具：适用于惰性颗粒物的 P1 过滤呼吸器		
包装与标志	联合国危险性类别：4.2　联合国包装类别：III 中国危险性类别：第 4.2 项易于自燃的物质　中国包装类别：III		
应急响应			
储存	与强氧化剂和强酸分开存放。严格密封		
重要数据	物理状态、外观：灰色至白色粉末 化学危险性：与空气接触时，该物质可能发生自燃。与氧化剂发生反应，有着火和爆炸危险。与强酸激烈反应 职业接触限值：阈限值：5mg/m^3（时间加权平均值），10mg/m^3（短期接触限值）（美国政府工业卫生学家会议，2004 年）。最高容许浓度：IIb（未制定标准，但可提供数据）（德国，2004 年） 接触途径：该物质可通过吸入吸收到体内 吸入危险性：扩散时，可较快达到空气中颗粒物有害浓度 短期接触的影响：对眼睛、皮肤和呼吸道可能引起机械刺激作用		
物理性质	沸点：5900℃ 熔点：3410℃ 密度：19.3g/cm^3 水中溶解度：不溶		
环境数据			
注解			

IPCS
International
Programme on
Chemical Safety

国际化学品安全卡

锆			ICSC 编号：1405
CAS 登记号：7440-67-7 RTECS 号：ZH7070000 UN 编号：2008 EC 编号：040-001-00-3 中国危险货物编号：2008		中文名称：锆（不稳定粉末） 英文名称：ZIRCONIUM(unstable powder)	
原子量：91.2		化学式：Zr	
危害/接触类型	急性危害/症状	预防	急救/消防
火　灾	可燃的。许多反应可能引起火灾或爆炸	禁止明火	干砂，干粉
爆　炸	微细分散的颗粒物在空气中形成爆炸性混合物	防止粉尘沉积、密闭系统、防止粉尘爆炸型电气设备和照明	
接　触	见长期或反复接触的影响	防止粉尘扩散！	
# 吸入		局部排气通风或呼吸防护	新鲜空气，休息
# 皮肤		防护手套	脱去污染的衣服。冲洗，然后用水和肥皂清洗皮肤
# 眼睛	发红。疼痛	安全护目镜	先用大量水冲洗几分钟（如可能尽量摘除隐形眼镜），然后就医
# 食入		工作时不得进食，饮水或吸烟	漱口
泄漏处置	将泄漏物清扫进容器中，如果适当，首先润湿防止扬尘。小心收集残余物，然后转移到安全场所。个人防护用具：适用于有害颗粒物的 P2 过滤呼吸器		
包装与标志	欧盟危险性类别：F 符号　R:15-17　S:2-7/8-43 联合国危险性类别：4.2　联合国包装类别：I 中国危险性类别：第 4.2 项易于自燃的物质　中国包装类别：I		
应急响应	运输应急卡：TEC(R)-42GS4-I+II+III		
储存	见化学危险性		
重要数据	物理状态、外观：浅灰白色有光泽的坚硬薄片或灰色无定形粉末 物理危险性：以粉末或颗粒形状与空气混合，可能发生粉尘爆炸 化学危险性：加热时，与硼砂、四氯化碳激烈反应。加热时，与碱金属氢氧化物发生爆炸反应 职业接触限值：阈限值：5mg/m^3（时间加权平均值）；10mg/m^3（短期接触限值）；A4（不能分类为人类致癌物）（美国政府工业卫生学家会议，2004 年）。最高容许浓度：1mg/m^3（可吸入粉尘）；呼吸道和皮肤致敏剂；最高限值种类：I（1）；妊娠风险等级：D（德国，2008 年） 吸入危险性：扩散时可较快地达到空气中颗粒物有害浓度 短期接触的影响：可能对眼睛引起机械性刺激 长期或反复接触的影响：反复或长期接触粉尘颗粒，肺可能受损伤		
物理性质	沸点：3577℃ 熔点：1857℃ 相对密度（水=1）：6.5 水中溶解度：不溶		
环境数据			
注解	其他 UN 编号：1358（锆粉末，含水的）；危险性类别：4.1，包装类别：II；1932（锆碎屑），危险性类别：4.2，包装类别：III；2009（锆金属，干的，精整薄板、带材或成卷线材），危险性类别：4.2，包装类别：III；2858（锆金属，精整薄板，厚度 18～254μm），危险性类别：4.1，包装类别：III。纯净锆（海绵状物）是自燃性的，不纯净物有激烈爆炸性		

IPCS
International
Programme on
Chemical Safety

国际化学品安全卡

丰索磷			ICSC 编号：1406
CAS 登记号：115-90-2 RTECS 号：TF3850000 UN 编号：3018 EC 编号：015-090-00-7 中国危险货物编号：3018 分子量：308.36		中文名称：丰索磷；*O,O*-二乙基-*O*-（对（甲基亚磺酰）苯基）硫代磷酸酯；*O,O*-二乙基-*O*-对（甲基亚磺酰）苯基硫代磷酸酯 英文名称：FENSULFOTHION; *O,O*-Diethyl *O*-(p-(methylsulfinyl) phenyl) phosphorothioate; *O,O*-Diethyl *O*-*p*-(methylsulfinyl) phenyl thiophosphate 化学式：$C_{11}H_{17}O_4PS_2$	
危害/接触类型	急性危害/症状	预防	急救/消防
火　灾	可燃的。含有机溶剂的液体制剂可能是易燃的。在火焰中释放出刺激性或有毒烟雾（或气体）	禁止明火	干粉、雾状水、泡沫、二氧化碳
爆　炸			
接　触		避免一切接触！	一切情况均向医生咨询！
# 吸入	瞳孔收缩，肌肉痉挛，多涎，出汗，恶心，呼吸困难，头晕，惊厥，神志不清	通风，局部排气通风或呼吸防护	新鲜空气，休息。半直立体位。必要时进行人工呼吸，给予医疗护理
# 皮肤	容易被吸收!见吸入	防护手套，防护服	脱去污染的衣服。冲洗，然后用水和肥皂清洗皮肤，给予医疗护理
# 眼睛		面罩，或眼睛防护结合呼吸防护	先用大量水冲洗几分钟（如可能尽量摘除隐形眼镜），然后就医
# 食入	胃痉挛，腹泻，呕吐。另见吸入	工作时不得进食，饮水或吸烟。进食前洗手	漱口。催吐（仅对清醒病人！）。给予医疗护理
泄漏处置	通风。尽可能将泄漏液收集在可密闭的容器中。用砂土或惰性吸收剂吸收残液，并转移到安全场所。不要让该化学品进入环境。个人防护用具：化学防护服，包括自给式呼吸器		
包装与标志	不得与食品和饲料一起运输。污染海洋物质 **欧盟危险性类别：**T+符号 N 符号　R:27/28-50/53　S:1/2-23-28-36/37-45-60-61 **联合国危险性类别：**6.1　**联合国包装类别：**I **中国危险性类别：**第 6.1 项毒性物质　**中国包装类别：**I		
应急响应	运输应急卡：TEC(R)-61GT6-I		
储存	注意收容灭火产生的废水。与食品和饲料分开存放。严格密封		
重要数据	**物理状态、外观：**黄色或棕色油状液体 **化学危险性：**燃烧时，该物质分解生成含氧化亚磷和硫氧化物的有毒烟雾。 **职业接触限值：**阈限值：0.01mg/m³(时间加权平均值）（经皮）；A4（不能分类为人类致癌物）；公布生物暴露指数（美国政府工业卫生学家会议，2005 年）。最高容许浓度未制定标准 **接触途径：**该物质可通过吸入其气溶胶、经皮肤和食入吸收到体内 **吸入危险性：**20℃时蒸发可忽略不计，但喷洒时可较快地达到空气中颗粒物有害浓度 **短期接触的影响：**该物质可能对神经系统有影响，导致惊厥和呼吸衰竭。胆碱酯酶抑制剂。高于职业接触限值接触时，可能导致死亡。影响可能推迟显现。需进行医学观察 **长期或反复接触的影响：**胆碱酯酶抑制剂。可能发生累积影响。见急性危害/症状		
物理性质	**沸点：**0.0013kPa 时 138～141℃ **相对密度（水=1）：**1.202 **水中溶解度：**25℃时 0.15g/100mL **蒸气压：**25℃时 0.0067Pa **辛醇/水分配系数的对数值：**2.23		
环境数据	该物质对水生生物是有毒的。该物质可能对环境有危害，对鸟类和蜜蜂应给予特别注意。该物质在正常使用过程中进入环境，但是应当避免任何额外的释放，例如通过不适当的处置活动		
注解	根据接触程度，建议定期进行医疗检查。该物质中毒时，需采取必要的治疗措施。必须提供有指示说明的适当方法。如果该物质用溶剂配制，可参考该溶剂的卡片。商业制剂中使用的载体溶剂可能改变其物理和毒理学性质。不要将工作服带回家中		

IPCS
International
Programme on
Chemical Safety

国际化学品安全卡

五硫化二磷			ICSC 编号：1407
CAS 登记号：1314-80-3 RTECS 号：TH4375000 UN 编号：1340 EC 编号：015-104-00-1 中国危险货物编号：1340 分子量：222.3		中文名称：五硫化二磷；硫化磷；硫代磷酸酐 英文名称：PHOSPHORUS PENTASULFIDE; Diphosphorus pentasulfide; Phosphorus sulfide; Thiophosphoric anhydride 化学式：P_2S_5	
危害/接触类型	急性危害/症状	预防	急救/消防
火　灾	易燃的。在火焰中释放出刺激性或有毒烟雾（或气体）	禁止明火，禁止火花和禁止吸烟。禁止与酸类和水接触	干粉，二氧化碳，干砂土。禁止用水
爆　炸	与水接触时，有着火和爆炸危险。微细分散的颗粒物在空气中形成爆炸性混合物	不要受摩擦或震动。防止粉尘沉积、密闭系统、防止粉尘爆炸型电气设备和照明。使用无火花手工具	
接　触		防止粉尘扩散！	一切情况均向医生咨询！
# 吸入	咳嗽。咽喉痛	局部排气通风或呼吸防护	新鲜空气，休息。半直立体位。给予医疗护理
# 皮肤	发红。疼痛	防护手套	脱去污染的衣服。用大量水冲洗皮肤或淋浴。给予医疗护理
# 眼睛	发红。疼痛。严重深度烧伤	安全护目镜	先用大量水冲洗几分钟（如可能尽量摘除隐形眼镜），然后就医
# 食入	恶心。呕吐。腹部疼痛	工作时不得进食，饮水或吸烟	漱口。给予医疗护理
泄漏处置	转移全部引燃源。将泄漏物清扫进可密闭的干容器中。不要让该化学品进入环境。个人防护用具：适用于有害颗粒物的 P2 过滤呼吸器		
包装与标志	欧盟危险性类别：F 符号 Xn 符号 N 符号 R:11-20/22-29-50 S:2-61 联合国危险性类别：4.3 联合国次要危险性：4.1 联合国包装类别：II 中国危险性类别：第 4.3 项遇水放出易燃气体的物质 中国次要危险性：4.1 中国包装类别：II		
应急响应	运输应急卡：TEC(R)-43S1340 美国消防协会法规：H2（健康危险性）；F1（火灾危险性）；R2（反应危险性）；W（禁止用水）		
储存	与性质相互抵触的物质分开存放。见化学危险性。干燥。严格密封。保存在通风良好的室内		
重要数据	物理状态、外观：黄色至绿色晶体，有特殊气味 物理危险性：以粉末或颗粒形状与空气混合，可能发生粉尘爆炸 化学危险性：与碱类、有机物、强氧化剂发生反应。与水和酸类激烈反应，生成硫化氢（见卡片#0165）和磷酸（见卡片#1008），有着火和爆炸的危险。受撞击、摩擦或震动时，可能发生爆炸性分解 职业接触限值：阈限值：1mg/m³（时间加权平均值）；3mg/m³（短期接触限值）（美国政府工业卫生学家会议，2004 年）。最高容许浓度：未制定标准，但可提供数据（德国，2004 年） 接触途径：该物质可通过吸入和经食入吸收到体内 吸入危险性：扩散时可较快地达到空气中颗粒物有害浓度 短期接触的影响：该物质腐蚀眼睛，严重刺激皮肤和呼吸道		
物理性质	沸点：513～515℃ 熔点：286～290℃ 密度：$2.1g/cm^3$ 水中溶解度：反应 自燃温度：142℃ 爆炸极限：空气中 0.05%～?%（体积）		
环境数据	该物质可能对环境有危害，对水生生物应给予特别注意		
注解			

IPCS
International
Programme on
Chemical Safety

国际化学品安全卡

乙拌磷			ICSC 编号：1408
CAS 登记号：298-04-4 RTECS 号：TD9275000 UN 编号：3018 EC 编号：015-060-00-3 中国危险货物编号：3018 分子量：274.41	中文名称：乙拌磷；二硫代内吸磷；*O,O*-二乙基-*S*-（2-乙基巯基乙基）二硫代磷酸酯；*O,O*-二乙基-*S*-2-（乙基硫代）乙基二硫代磷酸酯 英文名称：DISULFOTON; Dithiodemeton; *O,O*-Diethyl *S*-(2-ethylmercaptoethyl) dithiophosphate; *O,O*-Diethyl *S*-2-(ethylthio) ethyl phosphorodithioate 化学式：$C_8H_{19}O_2PS_3$		
危害/接触类型	急性危害/症状	预防	急救/消防
火　灾	可燃的。含有机溶剂的液体制剂可能是易燃的。在火焰中释放出刺激性或有毒烟雾（或气体）	禁止明火	干粉、雾状水、泡沫、二氧化碳
爆　炸			
接　触		严格作业环境管理！防止产生烟云！	一切情况均向医生咨询！
# 吸入	瞳孔收缩,肌肉痉挛,多涎,出汗,恶心,呼吸困难,头晕,惊厥,神志不清	通风，局部排气通风或呼吸防护	新鲜空气，休息。半直立体位。必要时进行人工呼吸，给予医疗护理
# 皮肤	容易被吸收。见吸入	防护手套，防护服	脱去污染的衣服。冲洗，然后用水和肥皂清洗皮肤，给予医疗护理
# 眼睛		面罩，或眼睛防护结合呼吸防护	先用大量水冲洗几分钟（如可能尽量摘除隐形眼镜），然后就医
# 食入	胃痉挛，腹泻，呕吐。另见吸入	工作时不得进食，饮水或吸烟。进食前洗手	漱口。催吐（仅对清醒病人！），给予医疗护理
泄漏处置	通风。尽可能将泄漏液收集在可密闭的容器中。用砂土或惰性吸收剂吸收残液，并转移到安全场所。不要让该化学品进入环境。个人防护用具：化学防护服，包括自给式呼吸器		
包装与标志	不得与食品和饲料一起运输。污染海洋物质 欧盟危险性类别：T+符号 N 符号　R:27/28-50/53　S:1/2-28-36/37-45-60-61 联合国危险性类别：6.1 联合国包装类别：I 中国危险性类别：第 6.1 项毒性物质 中国包装类别：I		
应急响应	运输应急卡：TEC(R)-61GT6-I		
储存	注意收容灭火产生的废水。与食品和饲料分开存放。严格密封		
重要数据	物理状态、外观：无色油状液体，有特殊气味 化学危险性：燃烧时，该物质分解生成含氧化亚磷和硫氧化物有毒烟雾 职业接触限值：阈限值：0.05mg/m^3（可吸入粉尘）（时间加权平均值）（经皮）；A4（不能分类为人类致癌物）；公布生物暴露指数（美国政府工业卫生学家会议，2004 年）。最高容许浓度未制定标准 接触途径：该物质可通过吸入其气溶胶、经皮肤和食入吸收到体内 吸入危险性：20℃时蒸发可忽略不计，但喷洒时可较快地达到空气中颗粒物有害浓度 短期接触的影响：该物质可能对神经系统有影响，导致惊厥和呼吸衰竭。高于职业接触限值接触时，可能导致死亡。胆碱酯酶抑制剂。影响可能推迟显现。需进行医学观察 长期或反复接触的影响：胆碱酯酶抑制剂。可能发生累积影响。见急性危害/症状		
物理性质	沸点：0.2kPa 时 132～133℃ 相对密度（水=1）：1.14 水中溶解度：不溶 蒸气压：20℃时 0.02Pa 辛醇/水分配系数的对数值：4.02		
环境数据	该物质对水生生物有极高毒性。该物质可能对环境有危害，对鸟类和蜜蜂应给予特别注意。该物质在正常使用中进入环境，但是应当注意避免任何额外的释放，例如通过不适当的处置活动		
注解	根据接触程度，建议定期进行医疗检查。该物质中毒时，需采取必要的治疗措施。必须提供有使用说明的适当方法。如果该物质用溶剂配制，可参考该溶剂的卡片。商业制剂中使用的载体溶剂可能改变其物理和毒理学性质。不要将工作服带回家中		

IPCS
International
Programme on
Chemical Safety

国际化学品安全卡

氯化亚砜			ICSC 编号：1409
CAS 登记号：7719-09-7 RTECS 号：XM5150000 UN 编号：1836 EC 编号：016-015-00-0 中国危险货物编号：1836		中文名称：氯化亚砜；亚硫酰氯；氧氯化亚硫；二氯化亚硫；氧氯化硫；亚硫酰二氯 英文名称：THIONYL CHLORIDE; Sulfurous oxychloride; Sulfurous dichloride; Sulfinyl chloride; Sulfur chloride oxide; Thionyl dichloride	
分子量：118.97		化学式：$SOCl_2$	
危害/接触类型	急性危害/症状	预防	急救/消防
火　灾	不可燃。许多反应可能引起火灾或爆炸。在火焰中释放出刺激性或有毒烟雾（或气体）	禁止与水接触	周围环境着火时，使用二氧化碳、干粉灭火。禁止用水
爆　炸			着火时，喷雾状水保持料桶等冷却，但避免该物质与水接触
接　触		防止产生烟云！避免一切接触！	一切情况均向医生咨询！
# 吸入	咽喉痛，咳嗽，灼烧感，气促，呼吸困难，症状可能推迟显现（见注解）	通风，局部排气通风或呼吸防护	新鲜空气，休息，半直立体位。必要时进行人工呼吸，给予医疗护理
# 皮肤	疼痛，发红，严重皮肤烧伤	防护手套，防护服	脱去污染的衣服，用大量水冲洗皮肤或淋浴，给予医疗护理
# 眼睛	疼痛，发红，严重深度烧伤	面罩，或眼睛防护结合呼吸防护	先用大量水冲洗几分钟（如可能尽量摘除隐形眼镜），然后就医
# 食入	灼烧感，腹部疼痛，休克或虚脱	工作时不得进食，饮水或吸烟。进食前洗手	漱口。不要催吐，给予医疗护理
泄漏处置	通风。尽可能将泄漏液收集在可密闭的容器中。用砂土或惰性吸收剂吸收残液，并转移到安全场所。个人防护用具：全套防护服，包括自给式呼吸器		
包装与标志	不易破碎包装，将易破碎包装放在不易破碎的密闭容器中。不得与食品和饲料一起运输 欧盟危险性类别：C 符号　R:14-20/22-29-35 S:1/2-26-36/37/39-45 联合国危险性类别：8　联合国包装类别：I 中国危险性类别：第 8 类腐蚀性物质　中国包装类别：I		
应急响应	运输应急卡：TEC(R)-80G10a 美国消防协会法规：H4（健康危险性）；F0（火灾危险性）；R2（反应危险性）；W（禁止用水）		
储存	沿地面通风。与食品和饲料分开存放。见化学危险性。干燥。严格密封		
重要数据	物理状态、外观：无色至黄色或浅红色发烟液体，有刺鼻气味 物理危险性：蒸气比空气重 化学危险性：加热到 140℃以上时，该物质分解生成有毒和腐蚀性烟雾。与水激烈反应，生成二氧化硫和氯化氢有毒烟雾。与可燃物质、胺类、碱类和金属发生反应，有着火和爆炸的危险 职业接触限值：阈限值：1ppm（上限值）（美国政府工业卫生学家会议，2001 年） 接触途径：该物质可通过吸入和经食入吸收到体内 吸入危险性：20℃时该物质蒸发，迅速地达到空气中有害污染浓度 短期接触的影响：该物质极腐蚀眼睛、皮肤和呼吸道。食入有腐蚀性。吸入可能引起肺水肿（见注解）。该物质可能对肺有影响，导致肺炎和堵塞导气管。远高于职业接触限值接触时，可能导致死亡。影响可能推迟显现。需进行医学观察		
物理性质	沸点：76℃ 熔点：−104.5℃ 相对密度（水=1）：1.64 水中溶解度：反应	蒸气压：25℃时 16kPa 蒸气相对密度（空气=1）：4.1 蒸气/空气混合物的相对密度（20℃，空气=1）：1.49	
环境数据			
注解	工作接触的任何时刻都不应超过职业接触限值。肺水肿症状常常几个小时以后才变得明显，体力劳动使症状加重。因而休息和医学观察是必要的		

IPCS
International
Programme on
Chemical Safety

国际化学品安全卡

甲基氯乙酸酯			ICSC 编号：1410
CAS 登记号：96-34-4 ETECS 号：AF9500000 UN 编号：2295 EC 编号：607-205-00-X 中国危险货物编号：2295	中文名称：甲基氯乙酸酯；氯乙酸甲酯；甲基一氯乙酸酯；甲基-α-氯乙酸酯 英文名称：METHYL CHLOROACETATE; Chloroacetic acid methyl ester; Methyl monochloroacetate; Methyl-alpha-chloroacetate		
分子量：108.53	化学式：$C_3H_5ClO_2$		
危害/接触类型	急性危害/症状	预防	急救/消防
火　灾	易燃的。在火焰中释放出刺激性或有毒烟雾（或气体）	禁止明火、禁止火花和禁止吸烟	干粉，雾状水，抗溶性泡沫，二氧化碳
爆　炸	高于 57℃，可能形成爆炸性蒸气/空气混合物	高于 57℃，使用密闭系统、通风和防爆型电气设备	着火时，喷雾状水保持料桶等冷却
接　触		防止产生烟云！	
# 吸入	咳嗽，气促，咽喉痛	通风，局部排气通风或呼吸防护	新鲜空气，休息，给予医疗护理
# 皮肤	可能被吸收！发红，疼痛，皮肤烧伤	防护手套，防护服	脱去污染的衣服。冲洗，然后用水和肥皂清洗皮肤，给予医疗护理
# 眼睛	发红，疼痛，视力模糊	面罩，或眼睛防护结合呼吸防护	先用大量水冲洗几分钟（如可能尽量摘除隐形眼镜），然后就医
# 食入	腹部疼痛，恶心，呕吐，腹泻	工作时不得进食，饮水或吸烟	漱口。不要催吐。给予医疗护理
泄漏处置	移除全部引燃源。将泄漏液收集在有盖的塑料容器中。用砂土或惰性吸收剂吸收残液，并转移到安全场所。化学防护服，包括自给式呼吸器		
包装与标志	不得与食品和饲料一起运输 欧盟危险性类别：T 符号　R:10-23/25-37/38-41　S:1/2-26-37/39-45 联合国危险性类别：6.1　联合国次要危险性：3 联合国包装类别：I 中国危险性类别：第 6.1 项毒性物质　中国次要危险性：3 中国包装类别：I		
应急响应	运输应急卡：TEC(R)-61GTF1-I 美国消防协会法规：H2（健康危险性）；F2（火灾危险性）；R1（反应危险性）		
储存	耐火设备（条件）。与食品和饲料、性质相互抵触的物质（见化学危险性）分开存放		
重要数据	物理状态、外观：无色液体，有特殊气味 物理危险性：蒸气比空气重 化学危险性：燃烧时，该物质分解生成含氯化氢腐蚀性烟雾。与还原剂和氧化剂发生反应 职业接触限值：阈限值未制定标准。最高容许浓度：1ppm，4.5mg/m³；最高限值种类：I（1）；皮肤吸收，皮肤致敏剂；妊娠风险等级：D（德国，2004 年） 接触途径：该物质可通过吸入其蒸气、经皮肤和食入吸收到体内 吸入危险性：20℃时该物质蒸发相当快达到空气中有害污染浓度 短期接触的影响：该物质腐蚀皮肤，严重刺激眼睛并刺激呼吸道		
物理性质	沸点：129.5℃ 熔点：-32.1℃ 密度：1.2g/cm³ 水中溶解度：19.8℃时 5.2g/100mL 蒸气压：20℃时 650Pa 蒸气相对密度（空气=1）：3.7 蒸气/空气混合物的相对密度（20℃，空气=1）：1.02 闪点：57℃（开杯） 自燃温度：465℃ 爆炸极限：空气中 7.5%～18.5%（体积） 辛醇/水分配系数的对数值：0.76（计算值）		
环境数据	该物质对水生生物是有毒的		
注解			

IPCS
International
Programme on
Chemical Safety

国际化学品安全卡

间硝基甲苯			ICSC 编号：1411
CAS 登记号：99-08-1 RTECS 号：XT2975000 UN 编号：1664 中国危险货物编号：1664		中文名称：间硝基甲苯；3-甲基硝基苯；3-硝基甲苯 英文名称：m-NITROTOLUENE; 3-Methylnitrobenzene; Toluene, m-nitro; 3-Nitrotoluene	
分子量：137.0		化学式：$C_7H_7NO_2$	
危害/接触类型	急性危害/症状	预防	急救/消防
火　灾	可燃的。在火焰中释放出刺激性或有毒烟雾（或气体）	禁止明火，禁止与强氧化剂和硫酸接触	干粉、喷水、泡沫、二氧化碳
爆　炸	与强氧化剂和硫酸接触时，有着火和爆炸危险		从掩蔽位置灭火
接　触			
# 吸入	嘴唇发青或指甲发青，皮肤发青，意识模糊，惊厥，头晕，头痛，恶心，神志不清	通风，局部排气或呼吸防护	新鲜空气，休息，给予医疗护理
# 皮肤	可能被吸收！发红。见吸入	防护手套，防护服	脱去污染的衣服。冲洗，然后用水和肥皂清洗皮肤
# 眼睛	发红，疼痛	面罩，或眼睛防护结合呼吸防护	先用大量水冲洗几分钟（如可能尽量摘除隐形眼镜），然后就医
# 食入	见吸入	工作时不得进食，饮水或吸烟	漱口，给予医疗护理
泄漏处置	撤离危险区域！向专家咨询！通风。将溢漏液收集在有盖的容器中。用砂土或惰性吸收剂吸收残液，并转移到安全场所。化学防护服，包括自给式呼吸器		
包装与标志	不得与食品和饲料一起运输 **联合国危险性类别**：6.1 **联合国包装类别**：II **中国危险性类别**：第 6.1 项毒性物质 **中国包装类别**：II		
应急响应	**运输应急卡**：TEC(R)-61S1664-L **美国消防协会法规**：H2；F2；R4		
储存	与强氧化剂、硫酸、食品和饲料分开存放。保持阴凉、干燥。保存在通风良好的室内		
重要数据	**物理状态、外观**：黄色液体或晶体，有特殊气味 **化学危险性**：燃烧时，该物质分解，生成含一氧化碳和氮氧化物有毒气体。与强氧化剂和硫酸发生反应，有着火和爆炸的危险。浸蚀塑料、橡胶和涂层 **职业接触限值**：阈限值：2ppm（时间加权平均值）（经皮）；公布生物暴露指数（美国政府工业卫生学家会议，2004 年）。最高容许浓度：5ppm；28mg/m^3；最高限值种类：II（2）；皮肤吸收（德国，2004 年） **接触途径**：该物质可通过吸入其蒸气、经皮肤和食入吸收到体内 **吸入危险性**：20℃时该物质蒸发，相当慢地达到空气中有害污染浓度 **短期接触的影响**：该物质轻微刺激眼睛和皮肤。该物质可能对血液有影响，导致形成正铁血红蛋白。需进行医学观察。影响可能推迟显现		
物理性质	**沸点**：231.9℃ **熔点**：16.1℃ **密度**：1.16g/cm^3 **水中溶解度**：20℃时 0.05g/100mL **蒸气相对密度（空气=1）**：4.73 **闪点**：106℃（闭杯） **爆炸极限**：空气中 1.6%～?%（体积） **辛醇/水分配系数的对数值**：2.45		
环境数据	该物质对水生生物是有害的		
注解	根据接触程度，需定期进行医疗检查。该物质中毒时，需采取必要的治疗措施。必须提供有指示说明的适当方法。对该物质的环境影响未进行充分调查		

IPCS
International
Programme on
Chemical Safety

国际化学品安全卡

二（2-乙基己基）磷酸酯			ICSC 编号：1412
CAS 登记号：298-07-7 RTECS 号：TB7875000 UN 编号：1902 中国危险货物编号：1902 分子量：322.48	中文名称：二（2-乙基己基）磷酸酯；二（2-乙基己基）磷酸酯；双（2-乙基己基）酸式磷酸酯；双（异辛基）磷酸酯；二辛基磷酸酯；双（2-乙基己基）原磷酸；酸式磷酸二异辛酯 英文名称：BIS(2-ETHYLHEXYL)PHOSPHATE; Di(2-ethylhexyl)phosphate; Bis(2-ethylhexyl) hydrogen phosphate; Bis (isooctyl) phosphate; Dioctylphosphate; Bis (2-ethylhexyl) orthophosphoric acid 化学式：$C_{16}H_{35}O_4P$		
危害/接触类型	急性危害/症状	预防	急救/消防
火　灾	可燃的。在火焰中释放出刺激性或有毒烟雾（或气体）	禁止明火	干粉、抗溶性泡沫、雾状水、二氧化碳
爆　炸			
接　触		防止产生烟云！严格作业环境管理！	一切情况均向医生咨询！
# 吸入	灼烧感，咳嗽，咽喉痛	局部排气通风	新鲜空气，休息，给予医疗护理
# 皮肤	发红，灼烧感，疼痛，水疱	防护手套，防护服	脱去污染的衣服。冲洗，然后用水和肥皂清洗皮肤，给予医疗护理
# 眼睛	发红，疼痛，严重深度烧伤	面罩	先用大量水冲洗几分钟（如可能尽量摘除隐形眼镜），然后就医
# 食入		工作时不得进食，饮水或吸烟	漱口。不要催吐。给予医疗护理
泄漏处置	将泄漏液收集在有盖的干塑料容器中。用砂土或惰性吸收剂吸收残液，并转移到安全场所。个人防护用具：化学防护服，包括自给式呼吸器		
包装与标志	不得与食品和饲料一起运输 联合国危险性类别：8　联合国包装类别：III 中国危险性类别：第 8 类腐蚀性物质　中国包装类别：III		
应急响应	运输应急卡：TEC(R)-80GC3-III		
储存	与金属分开存放		
重要数据	物理状态、外观：无色或琥珀色液体 化学危险性：加热到 240℃时，该物质分解生成氧化磷有毒烟雾。浸蚀许多金属，生成易燃/爆炸性气体氢（见卡片#0001） 职业接触限值：阈限值未制定标准。最高容许浓度未制定标准 接触途径：该物质可通过吸入其气溶胶和经皮肤吸收到体内 吸入危险性：20℃时蒸发可忽略不计，但喷洒时可较快地达到空气中颗粒物有害浓度 短期接触的影响：该物质腐蚀眼睛和皮肤		
物理性质	沸点：低于沸点在 240℃分解 熔点：-50℃ 密度：0.96g/cm^3 水中溶解度：20℃时 0.21g/100mL 蒸气压：20℃时 10Pa 闪点：196℃（开杯） 辛醇/水分配系数的对数值：2.67		
环境数据	该物质对水生生物是有害的		
注解			

IPCS
International
Programme on
Chemical Safety

国际化学品安全卡

六溴环十二烷（混合异构体）			ICSC 编号：1413
CAS 登记号：25637-99-4		中文名称：六溴环十二烷（混合异构体）；六溴环十二烷异构体 英文名称：HEXABROMOCYCLODODECANE (MIXTURE OF ISOMERS); Cyclododecane, hexabromo-isomers	
分子量：641.7		化学式：$C_{12}H_{18}Br_6$	
危害/接触类型	急性危害/症状	预防	急救/消防
火　灾	不可燃		周围环境着火时，使用适当的灭火剂
爆　炸			
接　触		避免一切接触！	
# 吸入		通风，局部排气通风	新鲜空气，休息
# 皮肤		防护手套，防护服	用大量水冲洗皮肤或淋浴
# 眼睛		安全护目镜	先用大量水冲洗几分钟（如可能尽量摘除隐形眼镜），然后就医
# 食入		工作时不得进食，饮水或吸烟。进食前洗手	漱口
泄漏处置	将泄漏物清扫进有盖的容器中		
包装与标志			
应急响应			
储存			
重要数据	物理状态、外观：白色各种形态固体 职业接触限值：阈限值未制定标准。最高容许浓度未制定标准 接触途径：该物质可通过吸入吸收到体内 吸入危险性：扩散时，可较快达到空气中颗粒物公害污染浓度，尤其是粉末 长期或反复接触的影响：反复或长期接触可能引起皮肤过敏		
物理性质	沸点：230℃（分解） 熔点：178～183℃ 密度：1050kg/m^3 水中溶解度：20℃时 0.002g/100mL 蒸气压：20℃时 0.0002Pa（计算值） 辛醇/水分配系数的对数值：7.59（计算值）		
环境数据	该化学品可能沿食物链发生生物蓄积，例如在鱼体内。该物质可能在水生环境中造成长期影响		
注解			

IPCS
International
Programme on
Chemical Safety

国际化学品安全卡

二丙基酮			ICSC 编号：1414
CAS 登记号：123-19-3 RTECS 号：MJ5600000 UN 编号：2710 EC 编号：606-027-00-X 中国危险货物编号：2710		中文名称：二丙基酮；4-庚酮；二丙基（甲）酮 英文名称：DIPROPYL KETONE; Heptan-4-one; Butyrone	
分子量：114.2		化学式：$C_7H_{14}O/(CH_3CH_2CH_2)_2CO$	
危害/接触类型	急性危害/症状	预防	急救/消防
火　灾	易燃的	禁止明火、禁止火花和禁止吸烟	抗溶性泡沫，干粉，二氧化碳
爆　炸	高于 49℃，可能形成爆炸性蒸气/空气混合物	高于 49℃，使用密闭系统、通风和防爆型电气设备	着火时，喷雾状水保持料桶等冷却
接　触		防止产生烟云！	
# 吸入	咳嗽，咽喉痛，倦睡，迟钝，头痛	通风，局部排气或呼吸防护	新鲜空气，休息。给予医疗护理
# 皮肤	发红，皮肤干燥	防护手套	用大量水冲洗皮肤或淋浴
# 眼睛	发红	护目镜	先用大量水冲洗几分钟(如可能易行，摘除隐形眼镜)，然后就医
# 食入	恶心，呕吐，腹泻，头晕，倦睡	工作时不得进食，饮水或吸烟	漱口，给予医疗护理
泄漏处置	移除全部引燃源。通风。将泄漏液收集在可密闭的容器中。用砂土或惰性吸收剂吸收残液，并转移到安全场所。个人防护用具：适用于有机气体和蒸气的过滤呼吸器		
包装与标志	欧盟危险性类别：Xn 符号　R:10-20　S:2-24/25 联合国危险性类别：3　联合国包装类别：III 中国危险性类别：第 3 类易燃液体　中国包装类别：III		
应急响应	运输应急卡：TEC(R)-30GF1-III 美国消防协会法规：H2（健康危险性）；F2（火灾危险性）；R0（反应危险性）		
储存	耐火设备（条件）。与强氧化剂分开存放。严格密封		
重要数据	物理状态、外观：无色液体，有特殊气味 化学危险性：与氧化剂、碱和还原剂发生反应 职业接触限值：阈限值：50ppm（时间加权平均值）（美国政府工业卫生学家会议，2000 年） 接触途径：该物质可通过吸入其蒸气和经食入吸收到体内 吸入危险性：20℃时该物质蒸发，相当慢地达到空气中有害浓度，但喷洒或扩散时要快得多 短期接触的影响：该物质轻微刺激眼睛和皮肤。蒸气刺激呼吸道。高浓度接触可能导致意识降低 长期或反复接触的影响：液体使皮肤脱脂		
物理性质	沸点：144～146℃ 熔点：-33℃ 相对密度（水=1）：0.8 水中溶解度：20℃时难溶 蒸气压：20℃时 0.7kPa 蒸气相对密度（空气=1）：3.9 蒸气/空气混合物的相对密度（20℃，空气=1）：1.01 闪点：49℃ 自燃温度：430℃ 爆炸极限：见注解		
环境数据			
注解	该物质是可燃的，且闪点≤61℃，但爆炸极限未见文献报道		

IPCS
International
Programme on
Chemical Safety

国际化学品安全卡

煤焦油沥青			ICSC 编号：1415
CAS 登记号：65996-93-2 RTECS 号：GF8655000 EC 编号：648-055-00-5	中文名称：煤焦油沥青；沥青 英文名称：COAL-TAR PITCH; Pitch		
危害/接触类型	急性危害/症状	预防	急救/消防
火　灾	可燃的	禁止明火	泡沫，干粉，二氧化碳
爆　炸			
接　触		避免一切接触！防止粉尘扩散！	
# 吸入	喷嚏。咳嗽。见长期或反复接触的影响	密闭系统和通风	新鲜空气，休息
# 皮肤	可能被吸收！发红。灼烧感	防护手套。防护服	冲洗，然后用水和肥皂清洗皮肤
# 眼睛	发红。疼痛	护目镜，或眼睛防护结合呼吸防护	先用大量水冲洗几分钟（如可能尽量摘除隐形眼镜），然后就医
# 食入	见长期或反复接触的影响	工作时不得进食，饮水或吸烟。进食前洗手	大量饮水。给予医疗护理
泄漏处置	将泄漏物清扫进可密闭容器中。小心收集残余物，然后转移到安全场所。不要让该化学品进入环境。个人防护用具：适用于有机蒸气和有害粉尘的 A/P2 过滤呼吸器		
包装与标志	不得与食品和饲料一起运输 欧盟危险性类别：T 符号 标记：H　R:45 S:53-45		
应急响应	美国消防协会法规：H0（健康危险性）；F1（火灾危险性）；R0（反应危险性）		
储存	与强氧化剂分开存放。与食品和饲料分开存放		
重要数据	**物理状态、外观**：黑色至棕色膏状 **化学危险性**：加热至 400℃以上时，该物质分解生成有毒烟雾。与强氧化剂发生反应 **职业接触限值**：阈限值：0.2mg/m^3（以苯可溶性气溶胶计）（时间加权平均值），A1（确认的人类致癌物）（美国政府工业卫生学家会议，2001 年） **接触途径**：该物质可通过吸入和经皮肤和食入吸收到体内 **吸入危险性**：20℃时蒸发可忽略不计，但扩散和受热时可较快达到空气中颗粒物有害浓度 **短期接触的影响**：该物质刺激眼睛、皮肤和呼吸道。暴露在阳光下，可能加重对皮肤和眼睛的刺激作用和导致灼伤。 **长期或反复接触的影响**：反复或长期与皮肤接触可能引起皮炎和皮肤过度色素沉着。该物质是人类致癌物		
物理性质	**沸点**：≥250℃ **熔点**：30～180℃ **密度**：≥1g/cm^3 **水中溶解度**：20℃时不溶 **蒸气压**：20℃时≤0.01kPa **闪点**：≥200℃（开杯） **自燃温度**：≥500℃ **辛醇/水分配系数的对数值**：6.04		
环境数据	该物质可能对环境有危害，对土壤污染和水生生物应给予特别注意。该物质可能在水生环境中造成长期影响		
注解	根据接触程度，建议定期进行医疗检查		

IPCS
International
Programme on
Chemical Safety

国际化学品安全卡

五水合硫酸铜（II）			ICSC 编号：1416
CAS 登记号：7758-99-8 RTECS 号：GL8900000 EC 编号：029-004-00-0	中文名称：五水合硫酸铜（II）；硫酸铜（2+）盐五水合物 英文名称：COPPER(II) SULFATE, PENTAHYDRATE; Sulfuric acid, copper (2+) salt, pentahydrate		
分子量：249.7	化学式：$CuSO_4 \cdot 5H_2O$		
危害/接触类型	急性危害/症状	预防	急救/消防
火　灾	不可燃。在火焰中释放出刺激性或有毒烟雾（或气体）		周围环境着火时，使用适当的灭火剂
爆　炸			
接　触		防止粉尘扩散！	
# 吸入	咳嗽，咽喉痛	局部排气通风或呼吸防护	新鲜空气，休息
# 皮肤	发红，疼痛	防护手套	用大量水冲洗皮肤或淋浴
# 眼睛	疼痛，发红，视力模糊	面罩，或眼睛防护结合呼吸防护	先用大量水冲洗几分钟（如可能尽量摘除隐形眼镜），然后就医
# 食入	腹部疼痛，灼烧感，腹泻，恶心，呕吐，休克或虚脱	工作时不得进食，饮水或吸烟。进食前洗手	不要催吐。大量饮水，给予医疗护理
泄漏处置	将泄漏物清扫进容器中。如果适当，首先润湿防止扬尘。不要让该化学品进入环境。个人防护用具：适用于有害颗粒物的 P2 过滤呼吸器		
包装与标志	欧盟危险性类别：Xn 符号 N 符号　R:22-36/38-50/53　S:2-22-60-61		
应急响应			
储存	严格密封。		
重要数据	**物理状态、外观**：蓝色各种形态固体 **化学危险性**：加热时，该物质分解生成含硫氧化物有毒和腐蚀性烟雾。水溶液是一种弱酸。有水存在时，浸蚀许多金属 **职业接触限值**：1mg/m^3（以 Cu 计）（时间加权平均值）（美国政府工业卫生学家会议，2004 年）。最高容许浓度：0.1mg/m^3（以 Cu 计）（可吸入粉尘）；最高限值种类：II（2）；妊娠风险等级：D（德国，2004 年） **接触途径**：该物质可通过吸入其气溶胶和经食入吸收到体内 **吸入危险性**：20℃时蒸发可忽略不计，但扩散时可较快地达到空气中颗粒物有害浓度，尤其是粉末 **短期接触的影响**：该物质严重刺激眼睛和皮肤。气溶胶刺激呼吸道。食入有腐蚀性。食入后，该物质可能对血液、肾和肝有影响，导致溶血性贫血、肾损伤和肝损害 **长期或反复接触的影响**：反复或长期接触气溶胶，肺可能受损伤。食入后，该物质可能对肝有影响		
物理性质	**熔点**：110℃（分解） **密度**：2.3g/cm^3 **水中溶解度**：0℃时 31.7g/100mL		
环境数据	该物质对水生生物有极高毒性。该化学品可能沿食物链发生生物蓄积，例如在鱼体内。强烈建议不要让该化学品进入环境		
注解	给出的是失去结晶水的表观熔点		

IPCS
International
Programme on
Chemical Safety

国际化学品安全卡

<table>
<tr><td colspan="2">戊醛</td><td colspan="2">ICSC 编号：1417</td></tr>
<tr><td colspan="2">CAS 登记号：110-62-3
RTECS 号：YV3600000
UN 编号：2058
中国危险货物编号：2058</td><td colspan="2">中文名称：戊醛；正戊醛；丁基缩甲醛
英文名称：VALERALDEHYDE; n-Pentanal; Amyl aldehyde; Butyl formal</td></tr>
<tr><td colspan="2">分子量：86.1</td><td colspan="2">化学式：$C_5H_{10}O/CH_3(CH_2)_3CHO$</td></tr>
<tr><td>危害/接触类型</td><td>急性危害/症状</td><td>预防</td><td>急救/消防</td></tr>
<tr><td>火　灾</td><td>高度易燃</td><td>禁止明火、禁止火花和禁止吸烟</td><td>干粉、抗溶性泡沫、雾状水、二氧化碳</td></tr>
<tr><td>爆　炸</td><td>蒸气/空气混合物有爆炸性</td><td>密闭系统、通风、防爆型电气设备和照明。不要使用压缩空气灌装、卸料或转运</td><td>着火时，喷雾状水保持料桶等冷却</td></tr>
<tr><td>接　触</td><td></td><td></td><td></td></tr>
<tr><td># 吸入</td><td>咳嗽，咽喉痛</td><td>通风，局部排气通风或呼吸防护</td><td>新鲜空气，休息</td></tr>
<tr><td># 皮肤</td><td>发红</td><td>防护手套</td><td>脱去污染的衣服。冲洗，然后用水和肥皂清洗皮肤</td></tr>
<tr><td># 眼睛</td><td>发红，疼痛</td><td>护目镜</td><td>先用大量水冲洗几分钟（如可能尽量摘除隐形眼镜），然后就医</td></tr>
<tr><td># 食入</td><td>恶心，腹泻，呕吐</td><td>工作时不得进食，饮水或吸烟</td><td>漱口。大量饮水，给予医疗护理</td></tr>
<tr><td>泄漏处置</td><td colspan="3">通风。移除全部引燃源。尽可能将泄漏液收集在可密闭的容器中。用砂土或惰性吸收剂吸收残液，并转移到安全场所。不要冲入下水道。喷洒雾状水驱除蒸气。不要让该化学品进入环境。个人防护用具：适用于有机气体和蒸气的过滤呼吸器</td></tr>
<tr><td>包装与标志</td><td colspan="3">联合国危险性类别：3　联合国包装类别：II
中国危险性类别：第 3 类易燃液体　中国包装类别：II</td></tr>
<tr><td>应急响应</td><td colspan="3">运输应急卡：TEC(R)-30GF1-I+II
美国消防协会法规：H1（健康危险性）；F3（火灾危险性）；R0（反应危险性）</td></tr>
<tr><td>储存</td><td colspan="3">耐火设备（条件）。严格密封。阴凉场所</td></tr>
<tr><td>重要数据</td><td colspan="3">物理状态、外观：无色液体，有特殊气味
物理危险性：蒸气与空气充分混合，容易形成爆炸性混合物
化学危险性：该物质大概能生成爆炸性过氧化物。在无机酸和碱作用下，加热时，该物质可能聚合，有着火或爆炸危险
职业接触限值：阈限值：50ppm（时间加权平均值）（美国政府工业卫生学家会议，2001 年）
接触途径：该物质可通过吸入其蒸气吸收到体内
吸入危险性：20℃时，该物质蒸发相当快地达到空气中有害污染浓度
短期接触的影响：该物质刺激眼睛、皮肤和呼吸道</td></tr>
<tr><td>物理性质</td><td colspan="3">沸点：103℃
熔点：−91℃
相对密度（水=1）：0.8
水中溶解度：20℃时 1.4g/100mL（适度溶解）
蒸气压：20℃时 3.4kPa
蒸气相对密度（空气=1）：3
蒸气/空气混合物的相对密度（20℃，空气=1）：1.07
闪点：12℃（开杯）
自燃温度：222℃
爆炸极限：空气中 1.4%～7.2%（体积）
辛醇/水分配系数的对数值：1.31</td></tr>
<tr><td>环境数据</td><td colspan="3">该物质对水生生物是有害的</td></tr>
<tr><td>注解</td><td colspan="3">蒸馏前检验过氧化物，如有，将其去除</td></tr>
</table>

IPCS
International
Programme on
Chemical Safety

国际化学品安全卡

2-*N*-二丁基氨基乙醇			ICSC 编号：1418
CAS 登记号：102-81-8 RTECS 号：KK3850000 UN 编号：2873 中国危险货物编号：2873 分子量：173.3	中文名称：2-*N*-二丁基氨基乙醇；2-二-*N*-丁基氨基乙醇；*N,N*-二丁基-*N*-（2-羟基乙基）胺；*N,N*-二丁基乙醇胺 英文名称：2-*N*-DIBUTYLAMINOETHANOL; 2-Di-*N*-butylaminoethyl alcohol; *N,N*-Dibutyl-*N*-(2-hydroxyethyl) amine; *N,N*-Dibutylethanolamine 化学式：$C_{10}H_{23}NO/(C_4H_9)_2NCH_2CH_2OH$		
危害/接触类型	急性危害/症状	预防	急救/消防
火　灾	可燃的。在火焰中释放出刺激性或有毒烟雾（或气体）	禁止明火，禁止与氧化剂接触	雾状水，抗溶性泡沫，干粉，二氧化碳
爆　炸	高于 90℃，可能形成爆炸性蒸气/空气混合物	高于 90℃，使用密闭系统、通风	
接　触			
# 吸入	咳嗽，咽喉痛，恶心，惊厥，头晕，呼吸困难，瞳孔收缩，肌肉痉挛，多涎，出汗，神志不清	通风，局部排气通风或呼吸防护	新鲜空气，休息。必要时进行人工呼吸，给予医疗护理
# 皮肤	可能被吸收！皮肤烧伤，疼痛，发红。见吸入	防护服。防护手套	脱去污染的衣服。冲洗，然后用水和肥皂清洗皮肤，给予医疗护理
# 眼睛	疼痛，发红，严重深度烧伤	面罩	先用大量水冲洗几分钟（如可能尽量摘除隐形眼镜），然后就医
# 食入	腹部疼痛，灼烧感，休克或虚脱，胃痉挛，腹泻，呕吐。见吸入	工作时不得进食，饮水或吸烟	漱口。大量饮水。不要催吐，给予医疗护理
泄漏处置	通风。移除全部引燃源。尽可能将泄漏液收集在可密闭的容器中。用砂土或惰性吸收剂吸收残液，并转移到安全场所。不要让该化学品进入环境。个人防护用具：全套防护服，包括自给式呼吸器		
包装与标志	不得与食品和饲料一起运输 联合国危险性类别：6.1　联合国包装类别：III 中国危险性类别:第 6.1 项毒性物质　中国包装类别:III		
应急响应	运输应急卡：TEC(R)-61GT1-III 美国消防协会法规：H3（健康危险性）；F2（火灾危险性）；R0（反应危险性）		
储存	与强酸、氧化剂、金属、食品和饲料分开存放。严格密封。沿地面通风		
重要数据	**物理状态、外观**：无色液体，有特殊气味 **化学危险性**：与氧化剂发生反应。浸蚀许多金属，生成易燃/爆炸性气体氢（见卡片#0001）。燃烧时，该物质分解生成氮氧化物 **职业接触限值**：阈限值：0.5ppm（时间加权平均值）（经皮）；公布生物暴露指数（美国政府工业卫生学家会议，2004 年）。最高容许浓度未制定标准 **接触途径**：该物质可通过吸入、经皮肤和食入吸收到体内 **吸入危险性**：20℃时该物质蒸发，相当快地达到空气中有害污染浓度 **短期接触的影响**：该物质腐蚀眼睛和皮肤。蒸气刺激呼吸道。食入有腐蚀性。该物质可能对中枢神经系统有影响，导致惊厥和呼吸衰竭。胆碱酯酶抑制剂。接触可能导致死亡。需进行医学观察。影响可能推迟显现		
物理性质	沸点：222～232℃ 熔点：-70℃ 相对密度（水=1）：0.9 水中溶解度：20℃微溶 蒸气压：3.4kPa	蒸气相对密度（空气=1）：6 蒸气/空气混合物的相对密度（20℃，空气=1）：1.00 闪点：90℃（闭杯） 自燃温度：165℃ 爆炸极限：空气中 0.5%～0.9%（体积）	
环境数据	该物质对水生生物是有害的		
注解	根据接触程度，建议定期进行医疗检查。该物质中毒时，需采取必要的治疗措施。必须提供有指示说明的适当方法		

IPCS
International
Programme on
Chemical Safety

国际化学品安全卡

二氟二溴甲烷			ICSC 编号：1419
CAS 登记号：75-61-6 RTECS 号：PA7525000 UN 编号：1941 中国危险货物编号：1941	中文名称：二氟二溴甲烷；二溴二氟甲烷；氟碳 12-B2 英文名称：DIBROMODIFLUOROMETHANE; Difluorodibromomethane; Fluorocarbon 12-B2		
分子量：209.8	化学式：CBr_2F_2		
危害/接触类型	急性危害/症状	预防	急救/消防
火　灾	不可燃。在火焰中释放出刺激性或有毒烟雾（或气体）		周围环境着火时，使用适当的灭火剂
爆　炸			
接　触			
# 吸入	咳嗽。咽喉痛。呼吸困难。气促。意识模糊。倦睡。神志不清	通风，局部排气通风或呼吸防护	新鲜空气，休息。半直立体位。必要时进行人工呼吸。给予医疗护理。见注解
# 皮肤		防护手套	冲洗，然后用水和肥皂清洗皮肤
# 眼睛		安全眼镜	先用大量水冲洗几分钟（如可能尽量摘除隐形眼镜），然后就医
# 食入		工作时不得进食，饮水或吸烟	
泄漏处置	通风。不要让该化学品进入环境		
包装与标志	**联合国危险性类别**：9　**联合国包装类别**：III **中国危险性类别**：第 9 类杂项危险物质和物品　**中国包装类别**：III		
应急响应			
储存	见化学危险性		
重要数据	**物理状态、外观**：无色气体或液体，有特殊气味 **物理危险性**：气体比空气重，可能积聚在低层空间，造成缺氧 **化学危险性**：与高温表面或火焰接触时，该物质分解生成含有溴化氢和氟化氢的有毒和腐蚀性气体。与碱金属、铝粉、镁和锌粉发生反应 **职业接触限值**：阈限值：100ppm（时间加权平均值）（美国政府工业卫生学家会议，2003 年）。最高容许浓度：100ppm，870mg/m³；最高限值种类：II（2）（德国，2003 年） **接触途径**：该物质可通过吸入吸收到体内 **吸入危险性**：容器漏损时，迅速达到空气中该气体的有害浓度 **短期接触的影响**：该物质刺激呼吸道。吸入高浓度时，可能引起肺水肿（见注解）。该物质可能对中枢神经系统有影响。接触能够造成意识降低		
物理性质	沸点：22.8℃ 熔点：-101.1℃ 密度：8.7kg/m³（气体）；2.27g/cm³（液体） 水中溶解度：不溶 蒸气压：20℃时 83kPa 蒸气相对密度（空气=1）：7.2 辛醇/水分配系数的对数值：1.99		
环境数据	该物质可能对环境有危害，对臭氧层的影响应给予特别注意		
注解	进入工作区域前检验氧含量。肺水肿症状常常经过几个小时以后才变得明显，体力劳动使症状加重。因而休息和医学观察是必要的。已知氯氟烃类对心血管系统有影响。商品名称有氟里昂 12-B2 和哈龙 1202		

IPCS
International
Programme on
Chemical Safety

国际化学品安全卡

1,1,1,2-四氯-2,2-二氟乙烷			ICSC 编号：1420
CAS 登记号：76-11-9 RTECS 号：KI1425000	中文名称：1,1,1,2-四氯-2,2-二氟乙烷；1,1-二氟-1,2,2,2,-四氯乙烷；CFC-112a 英文名称：1,1,1,2-TETRACHLORO-2,2-DIFLUOROETHANE；1,1-Difluoro-1,2,2,2-tetrafluoroethane; CFC-112a		
分子量：203.8	化学式：$C_2Cl_4F_2/ClF_2CCCl_3$		

危害/接触类型	急性危害/症状	预防	急救/消防
火　灾	不可燃。在火焰中释放出刺激性或有毒烟雾（或气体）		周围环境着火时，使用适当的灭火剂
爆　炸			
接　触			
# 吸入	咳嗽。咽喉痛。呼吸困难。气促。心律失常。意识模糊。倦睡。神志不清	通风，局部排气通风或呼吸防护	新鲜空气，休息。半直立体位。必要时进行人工呼吸。给予医疗护理。见注解
# 皮肤		防护手套	冲洗，然后用水和肥皂清洗皮肤
# 眼睛		安全眼镜	先用大量水冲洗几分钟（如可能尽量摘除隐形眼镜），然后就医
# 食入		工作时不得进食，饮水或吸烟	漱口
泄漏处置	将泄漏物清扫进有盖的容器中。如果适当，首先润湿防止扬尘。小心收集残余物，然后转移到安全场所。不要让该化学品进入环境		
包装与标志			
应急响应			
储存	见化学危险性。严格密封		
重要数据	**物理状态、外观**：无色至白色各种形态固体，有特殊气味 **化学危险性**：与高温表面或火焰接触时，该物质分解生成含有氯化氢、氟化氢和光气的有毒烟雾。与碱金属、铝粉、镁和锌粉发生反应。浸蚀塑料、橡胶和涂层 **职业接触限值**：阈限值：500ppm（时间加权平均值）（美国政府工业卫生学家会议，2003 年）。最高容许浓度：1000ppm，8500mg/m^3；最高限值种类：II（8）（德国，2003 年） **接触途径**：该物质可通过吸入其蒸气吸收到体内 **吸入危险性**：20℃时该物质蒸发相当慢地达到空气中有害污染浓度，但喷洒或扩散时要快得多 **短期接触的影响**：吸入高浓度时，可能引起肺水肿（见注解）。该物质可能对心血管系统和中枢神经系统有影响，导致心脏病和中枢神经系统抑郁。接触能够造成意识降低		
物理性质	沸点：91.5℃ 熔点：40.6℃ 密度：25℃时 1.65g/cm^3 水中溶解度：不溶 蒸气压：20℃时 5.3kPa 蒸气相对密度（空气=1）：7.0 辛醇/水分配系数的对数值：3.41		
环境数据	该物质可能对环境有危害，对臭氧层的影响应给予特别注意		
注解	不要在火焰或高温表面附近或焊接时使用。肺水肿症状常常经过几个小时以后才变得明显，体力劳动使症状加重。因而休息和医学观察是必要的		

IPCS
International
Programme on
Chemical Safety

本卡片由 **IPCS** 和 **EC** 合作编写 © 2004～2012

国际化学品安全卡

1,1,2,2-四氯-1,2-二氟乙烷			ICSC 编号：1421
CAS 登记号：76-12-0 RTECS 号：KI1420000 分子量：203.8	中文名称：1,1,2,2-四氯-1,2-二氟乙烷；1,2-二氟-1,1,2,2-四氯乙烷；CFC-112；氟碳 112 英文名称：1,1,2,2-TETRACHLORO-1,2-DIFLUOROETHANE；1,2-Difluoro-1,1,2,2-tetrachloroethane; CFC-112; Fluorocarbon 112 化学式：$C_2Cl_4F_2/Cl_2FCCCl_2F$		
危害/接触类型	急性危害/症状	预防	急救/消防
火　灾	不可燃。在火焰中释放出刺激性或有毒烟雾（或气体）		周围环境着火时，使用适当的灭火剂
爆　炸			
接　触			
# 吸入	咳嗽。咽喉痛。呼吸困难。气促。心律失常。意识模糊。倦睡。神志不清	通风，局部排气通风或呼吸防护	新鲜空气，休息。半直立体位。必要时进行人工呼吸。给予医疗护理。见注解
# 皮肤	发红	防护手套	冲洗，然后用水和肥皂清洗皮肤
# 眼睛	发红	安全眼镜	先用大量水冲洗几分钟（如可能尽量摘除隐形眼镜），然后就医
# 食入		工作时不得进食，饮水或吸烟	漱口
泄漏处置	将泄漏物清扫进有盖的容器中。如果适当，首先润湿防止扬尘。小心收集残余物，然后转移到安全场所。不要让该化学品进入环境		
包装与标志			
应急响应			
储存	见化学危险性。严格密封		
重要数据	**物理状态、外观**：无色至白色各种形态固体，有特殊气味 **化学危险性**：与高温表面或火焰接触时，该物质分解生成含有氯化氢、氟化氢和光气的有毒烟雾。与碱金属、镁 粉、铝和锌发生反应。浸蚀塑料、橡胶和涂层 **职业接触限值**：阈限值：50ppm（时间加权平均值）（美国政府工业卫生学家会议，2008 年）。最高容许浓度：200ppm，1700mg/m^3；最高限值种类：II（2）；妊娠风险等级：D（德国，2008 年） **接触途径**：该物质可通过吸入其蒸气吸收到体内 **吸入危险性**：20℃时，该物质蒸发相当慢地达到空气中有害污染浓度 **短期接触的影响**：该物质轻微刺激眼睛、呼吸道和皮肤。吸入高浓度时，可能引起肺水肿（见注解）。该物质可能对心血管系统和中枢神经系统有影响，导致心脏病和中枢神经系统抑郁。接触能够造成意识降低		
物理性质	沸点：93℃ 熔点：26℃ 密度：1.65g/cm^3 水中溶解度：0.012g/100mL 蒸气压：20℃时 5.3kPa 蒸气相对密度（空气=1）：7.0		
环境数据	该物质可能对环境有危害，对臭氧层的影响应给予特别注意		
注解	不要在火焰或高温表面附近或焊接时使用。肺水肿症状常常经过几个小时以后才变得明显，体力劳动使症状加重。因而休息和医学观察是必要的。商品名称为氟里昂 112		

IPCS
International
Programme on
Chemical Safety

国际化学品安全卡

烯丙基丙基二硫	ICSC 编号：1422
CAS 登记号：2179-59-1 RTECS 号：JO0350000 UN 编号：1993 中国危险货物编号：1993	中文名称：烯丙基丙基二硫；2-烯丙基丙基二硫；洋葱油 英文名称：ALLYL PROPYL DISULFIDE; 2-Propenyl propyl disulfide; Onion oil
分子量：148.3	化学式：$C_6H_{12}S_2/CH_2{-}CHCH_2SSCH_2CH_2CH_3$

危害/接触类型	急性危害/症状	预防	急救/消防
火　灾	可燃的。在火焰中释放出刺激性或有毒烟雾（或气体）	禁止明火	泡沫，干粉，二氧化碳
爆　炸	高于 56℃，可能形成爆炸性蒸气/空气混合物	高于 56℃，使用密闭系统、通风	
接　触			
# 吸入	灼烧感，咳嗽，胸闷，恶心，呕吐	通风，局部排气通风或呼吸防护	新鲜空气，休息
# 皮肤	灼烧感，发红	防护手套	脱去污染的衣服。冲洗，然后用水和肥皂清洗皮肤
# 眼睛	发红，疼痛，眼睛流泪	护目镜，或眼睛防护结合呼吸防护	先用大量水冲洗几分钟（如可能尽量摘除隐形眼镜），然后就医
# 食入		工作时不得进食，饮水或吸烟	
泄漏处置	尽可能将泄漏液收集在可密闭的容器中。用砂土或惰性吸收剂吸收残液，并转移到安全场所。化学防护服，包括自给式呼吸器		
包装与标志	联合国危险性类别：3　联合国包装类别：III 中国危险性类别：第 3 类易燃液体　中国包装类别：III		
应急响应	运输应急卡：TEC（R）-30GF1-III		
储存	与氧化剂分开存放。		
重要数据	物理状态、外观：淡黄色液体，有刺鼻气味 化学危险性：燃烧时，该物质分解生成硫氧化物。与氧化剂发生反应 职业接触限值：阈限值：0.5ppm（时间加权平均值），致敏剂（美国政府工业卫生学家会议，2008 年）。最高容许浓度：2ppm；12mg/m^3；最高限值种类：I（1）（德国，2008 年） 接触途径：该物质可通过吸入和经食入吸收到体内 吸入危险性：20℃时，该物质蒸发相当快达到空气中有害污染浓度 短期接触的影响：该物质刺激眼睛、皮肤和呼吸道		
物理性质	沸点：2.1kPa 时 66～69℃ 熔点：-15℃ 相对密度（水=1）：0.9 水中溶解度：不溶 蒸气压：20℃时 50Pa 蒸气相对密度（空气=1）：5.1 蒸气/空气混合物的相对密度（20℃，空气=1）：1.00 闪点：56℃		
环境数据			
注解			

IPCS
International
Programme on
Chemical Safety

国际化学品安全卡

1-氯-1-硝基丙烷			ICSC 编号：1423
CAS 登记号：600-25-9 RTECS 号：TX5075000 UN 编号：2810 EC 编号：610-007-00-6 中国危险货物编号：2810 分子量：123.54		中文名称：1-氯-1-硝基丙烷 英文名称：1-CHLORO-1-NITROPROPANE 化学式：$C_3H_6ClNO_2$	
危害/接触类型	急性危害/症状	预防	急救/消防
火　灾	可燃的。在火焰中释放出刺激性或有毒烟雾（或气体）	禁止明火、禁止火花和禁止吸烟	干粉、雾状水、泡沫、二氧化碳
爆　炸	高于 62℃，可能形成爆炸性蒸气/空气混合物	高于 62℃，使用密闭系统、通风和防爆型电气设备	着火时，喷雾状水保持料桶等冷却。从掩蔽位置灭火
接　触			
# 吸入	喘息，灼烧感，咳嗽，气促	通风，局部排气通风或呼吸防护	新鲜空气，休息。半直立体位。给予医疗护理
# 皮肤		防护手套	脱去污染的衣服。冲洗，然后用水和肥皂清洗皮肤
# 眼睛	发红，疼痛	护目镜，或眼睛防护结合呼吸防护	先用大量水冲洗几分钟（如可能尽量摘除隐形眼镜），然后就医
# 食入	见吸入	工作时不得进食，饮水或吸烟。进食前洗手	不要催吐，给予医疗护理
泄漏处置	尽可能将泄漏液收集在可密闭的容器中。用砂土或惰性吸收剂吸收残液，并转移到安全场所。化学防护服，包括自给式呼吸器		
包装与标志	欧盟危险性类别：Xn 符号　R:20/22　S:2 联合国危险性类别：6.1　联合国包装类别：III 中国危险性类别：第 6.1 项毒性物质　中国包装类别：III		
应急响应	运输应急卡：TEC(R)-61GT1-III 美国消防协会法规：H（健康危险性）；F2（火灾危险性）；R3（反应危险性）		
储存	与强氧化剂、酸类分开存放		
重要数据	物理状态、外观：无色液体，有特殊气味 化学危险性：燃烧时，生成含氯气、氯化氢、氮氧化物和光气有毒和腐蚀性烟雾。与氧化剂和酸发生反应。浸蚀塑料、橡胶和绝缘体 职业接触限值：阈限值：2ppm（时间加权平均值）（美国政府工业卫生学家会议，2004 年）。最高容许浓度：IIb（未制定标准，但可提供数据）（德国，2004 年） 接触途径：该物质可通过吸入和经食入吸收到体内 吸入危险性：20℃时，该物质蒸发相当快达到空气中有害污染浓度 短期接触的影响：该物质严重刺激眼睛和呼吸道。吸入高浓度蒸气，可能引起肺水肿（见注解）		
物理性质	沸点：142℃ 相对密度（水=1）：1.2 水中溶解度：20℃时 0.8g/100mL 蒸气压：25℃时 773.1Pa 蒸气相对密度（空气=1）：4.3 蒸气/空气混合物的相对密度（20℃，空气=1）：1.02 闪点：62℃（开杯）		
环境数据			
注解	肺水肿症状常常几个小时以后才变得明显，体力劳动使症状加重。因而休息和医学观察是必要的。应当考虑由医生或医生指定的人立即采取适当吸入治疗方法		

IPCS
International
Programme on
Chemical Safety

国际化学品安全卡

苯膦			ICSC 编号：1424
CAS 登记号：638-21-1 RTECS 号：SZ2100000 分子量：110.1		中文名称：苯膦 英文名称：PHENYLPHOSPHINE; Phosphaniline 化学式：$C_6H_7P/C_6H_5PH_2$	
危害/接触类型	急性危害/症状	预防	急救/消防
火 灾	可燃的。在火焰中释放出刺激性或有毒烟雾（或气体）	禁止明火	消防人员应当穿着全套防护服，包括自给式呼吸器。使用泡沫、干粉灭火
爆 炸			
接 触		避免一切接触！	一切情况均向医生咨询！
# 吸入	咳嗽，气促，咽喉痛	通风，局部排气通风或呼吸防护	新鲜空气，休息。给予医疗护理
# 皮肤	发红，疼痛	防护手套	冲洗，然后用水和肥皂清洗皮肤
# 眼睛	发红，疼痛	护目镜，或眼睛防护结合呼吸防护	先用大量水冲洗几分钟（如可能尽量摘除隐形眼镜），然后就医
# 食入		工作时不得进食，饮水或吸烟	给予医疗护理
泄漏处置	撤离危险区域！向专家咨询！移除全部引燃源。通风。将泄漏液收集在可密闭的容器中。用砂土或惰性吸收剂吸收残液，并转移到安全场所。化学防护服，包括自给式呼吸器		
包装与标志			
应急响应			
储存	耐火设备（条件）。严格密封。保存在通风良好的室内		
重要数据	**物理状态、外观**：无色液体，有刺鼻气味 **化学危险性**：加热时，该物质分解生成含氧化亚磷和磷化氢有毒烟雾。与空气中接触时，高浓度的该物质可能发生自燃 **职业接触限值**：阈限值：0.05ppm（上限值）（美国政府工业卫生学家会议，2001 年） **接触途径**：该物质可通过吸入吸收到体内 **吸入危险性**：见注解 **短期接触的影响**：高于职业接触限值接触，可能导致死亡。该物质刺激呼吸道、眼睛和皮肤		
物理性质	沸点：160℃ 相对密度（水=1）：1.00 水中溶解度：不溶 蒸气相对密度（空气=1）：3.8 蒸气/空气混合物的相对密度（20℃，空气=1）：1.03 闪点：见注解		
环境数据			
注解	该物质对人体健康影响数据不充分，因此应当特别注意。该物质是可燃的，但闪点未见文献报道。工作接触的任何时刻，都不应超过职业接触限值		

IPCS
International
Programme on
Chemical Safety

国际化学品安全卡

卜特兰水泥			ICSC 编号：1425
CAS 登记号：65997-15-1 RTECS 号：VV8770000		中文名称：卜特兰水泥；水硬水泥 英文名称：PORTLAND CEMENT; Hydraulic cement	
危害/接触类型	**急性危害/症状**	**预防**	**急救/消防**
火灾	不可燃		周围环境着火时，使用适当的灭火剂
爆炸			
接触		严格作业环境管理！	
# 吸入	咳嗽，咽喉痛	避免吸入粉尘	新鲜空气，休息
# 皮肤	皮肤干燥，发红。见注解	防护手套，防护服	冲洗，然后用水和肥皂清洗皮肤
# 眼睛	发红，疼痛，严重深度烧伤	护目镜	先用大量水冲洗几分钟（如可能尽量摘除隐形眼镜），然后就医
# 食入	灼烧感，腹部疼痛	工作时不得进食，饮水或吸烟	不要催吐，给予医疗护理
泄漏处置	将泄漏物清扫进容器中。不要冲入下水道。个人防护用具：适用于惰性颗粒物的 P1 过滤呼吸器		
包装与标志			
应急响应			
储存	干燥。严格密封。与强酸分开存放		
重要数据	**物理状态、外观**：浅灰色或白色粉末 **化学危险性**：与酸、金属铝和铵盐发生反应。与水缓慢反应，生成硬化水合物，放热和生成强碱性溶液 **职业接触限值**：阈限值：10mg/m^3（不含石棉及含<1%结晶二氧化硅的颗粒物）。拟变更为：1mg/m^3（可吸入粉尘）（时间加权平均值）（美国政府工业卫生学家会议，2008 年）。最高容许浓度：5mg/m^3（可吸入粉尘）（德国，2008 年） **接触途径**：该物质可通过吸入吸收到体内 **吸入危险性**：扩散时，可较快达到空气中颗粒物公害污染浓度 **短期接触的影响**：该物质刺激皮肤和呼吸道。该物质腐蚀眼睛 **长期或反复接触的影响**：反复或长期与皮肤接触可能引起皮炎。反复或长期接触可能引起皮肤过敏		
物理性质	熔点：>1000℃ 密度：2.7～3.2g/cm^3 水中溶解度：反应		
环境数据			
注解	该产品主要为硅酸钙、铝酸盐、铁酸盐和硫酸钙的混合物。添加稳定剂或抑制剂会影响该物质的毒理学性质，向专家咨询。对水泥过敏现象主要是由于存在有六价铬。有些卜特兰水泥可能不含六价铬。有湿气存在时，皮肤烧伤可能在接触 12～48h 以后才发生；而接触时可能无疼痛感		

IPCS
International
Programme on
Chemical Safety

国际化学品安全卡

二氯代乙炔			ICSC 编号：1426
CAS 登记号：7572-29-4 RTECS 号：AP1080000 EC 编号：602-069-00-8		中文名称：二氯代乙炔；二氯乙炔 英文名称：DICHLOROACETYLENE; Dichloroethyne	
分子量：94.9		化学式：C_2Cl_2	
危害/接触类型	急性危害/症状	预防	急救/消防
火　灾	爆炸性的。在火焰中释放出刺激性或有毒烟雾（或气体）	禁止明火、禁止火花和禁止吸烟。禁止与酸或氧化剂接触。禁止与高温表面接触	雾状水，泡沫，二氧化碳。禁用干粉
爆　炸	蒸气/空气混合物有爆炸性	密闭系统、通风、防爆型电气设备和照明。不要受摩擦或撞击	从掩蔽位置灭火。着火时，喷雾状水保持钢瓶冷却
接　触		严格作业环境管理！	
# 吸入	头痛，恶心，呕吐，咽喉痛，头晕，面部麻痹，麻木和震颤	密闭系统和通风	新鲜空气，休息，给予医疗护理
# 皮肤		防护手套	冲洗，然后用水和肥皂清洗皮肤
# 眼睛	发红	安全护目镜，或眼睛防护结合呼吸防护	先用大量水冲洗几分钟（如可能尽量摘除隐形眼镜），然后就医
# 食入	腹部疼痛。另见吸入	工作时不得进食，饮水或吸烟	给予医疗护理。漱口
泄漏处置	撤离危险区域！向专家咨询！移除全部引燃源。不要冲入下水道。个人防护用具：适用于低沸点有机蒸气的过滤呼吸器		
包装与标志	气密 欧盟危险性类别：E 符号 Xn 符号　R:2-40-48/20　S:2-36/37		
应急响应			
储存	耐火设备（条件）。与强酸和氧化剂分开存放。阴凉场所。严格密封。保存在通风良好的室内		
重要数据	**物理状态、外观**：油状液体，有特殊气味 **化学危险性**：受撞击、摩擦或震动时，可能发生爆炸性分解。受热时可能发生爆炸。加热时，该物质分解生成氯气有毒烟雾。与氧化剂和酸激烈反应 **职业接触限值**：阈限值：0.1ppm（上限值），A3（确认的动物致癌物，但未知与人类相关性）（美国政府工业卫生学家会议，2001 年）。最高容许浓度：致癌物类别：2（德国， 2000 年） **接触途径**：该物质可通过吸入其蒸气吸收到体内 **吸入危险性**：20℃时，该物质蒸发，迅速达到空气中有害污染浓度 **短期接触的影响**：该物质可能对神经系统和肾有影响，导致体组织损害、功能损伤和肾损伤		
物理性质	沸点：32℃（爆炸） 熔点：-66℃ 相对密度（水=1）：1.2 水中溶解度：不溶 蒸气相对密度（空气=1）：3.3 闪点：见注解		
环境数据			
注解	该物质是可燃的，但闪点未见文献报道。在封闭空间中燃烧，可能转变为爆震。工作接触的任何时刻，都不应超过职业接触限值。该物质不是商业产品，而是三氯乙烯、三氯乙烷的分解产物，也是 1,1-二氯乙烯的副产物		

IPCS
International
Programme on
Chemical Safety

国际化学品安全卡

乙醇腈			ICSC 编号：1427
CAS 登记号：107-16-4 RTECS 号：AM0350000 UN 编号：3276 中国危险货物编号：3276	中文名称：乙醇腈；甲醛氰醇；羟基乙腈；氰基甲醇；乙醇酸腈溶液 英文名称：GLYCOLONITRILE; Formaldehyde cyanohydrin; Hydroxyacetonitrile; Cyanomethanol; Glyconitrile; Glycolic acid nitrile solution		
分子量：57.1	化学式：$C_2H_3NO/HOCH_2CN$		

危害/接触类型	急性危害/症状	预防	急救/消防
火　灾	可燃的	禁止明火	干粉，抗溶性泡沫，雾状水，二氧化碳
爆　炸			
接　触		避免一切接触！	一切情况均向医生咨询！
# 吸入	头晕。迟钝。头痛。气促。虚弱。嘴唇发青或手指发青	密闭系统和通风	新鲜空气，休息。禁止口对口进行人工呼吸。给予医疗护理。见注解
# 皮肤	可能被吸收！（另见吸入）	防护手套。防护服	脱去污染的衣服。用大量水冲洗皮肤或淋浴。给予医疗护理
# 眼睛	可能被吸收!发红。疼痛。视力模糊。（另见吸入）	面罩，或眼睛防护结合呼吸防护	先用大量水冲洗几分钟（如可能尽量摘除隐形眼镜），然后就医
# 食入	（另见吸入）	工作时不得进食，饮水或吸烟	漱口。用水冲服活性炭浆。催吐（仅对清醒病人！）。给予医疗护理。（见注解）
泄漏处置	将泄漏液收集在可密闭的容器中。用砂土或惰性吸收剂吸收残液，并转移到安全场所。用大量水冲净残余物。不要让该化学品进入环境。个人防护用具：全套防护服包括自给式呼吸器		
包装与标志	不得与食品和饲料一起运输 **联合国危险性类别**：6.1 **联合国包装类别**：II **中国危险性类别**：第 6.1 项毒性物质 **中国包装类别**：II		
应急响应	运输应急卡：TEC(R)-61GT1-I		
储存	与食品和饲料、酸和碱分开存放。阴凉场所。稳定后储存		
重要数据	**物理状态、外观**：无色油状液体 **化学危险性**：在微量酸或碱作用下，该物质可能激烈聚合，有着火或爆炸危险。加热时，该物质分解生成含氰化氢和氮氧化物有毒烟雾 **职业接触限值**：阈限值未制定标准 **接触途径**：该物质可通过吸入，经皮肤和食入吸收到体内 **吸入危险性**：未指明 20℃时该物质蒸发达到空气中有害浓度的速率 **短期接触的影响**：该物质刺激眼睛。该物质可能对细胞呼吸有影响，导致惊厥和呼吸衰竭。接触可能导致死亡。需进行医学观察 **长期或反复接触的影响**：该物质可能对神经系统和甲状腺有影响		
物理性质	沸点：183℃ 熔点：-72℃ 相对密度（水=1）：1.1 水中溶解度：溶解 蒸气压：63℃时 100Pa 蒸气相对密度（空气=1）：2.0 蒸气/空气混合物的相对密度（20℃，空气=1）：1.00 辛醇/水分配系数的对数值：-1.6		
环境数据	该物质可能对环境有危害，对水生生物应给予特别注意		
注解	添加稳定剂或阻聚剂会影响该物质的毒理学性质。向专家咨询。该物质中毒时需采取必要的治疗措施。必须提供有指示说明的适当方法。商品以稳定处理的 70%水溶液形式提供		

IPCS
International Programme on Chemical Safety

国际化学品安全卡

2-戊醇（外消旋混合物）			ICSC 编号：1428
CAS 登记号：6032-29-7 RTECS 号：SA4900000 UN 编号：1105 EC 编号：603-006-00-7 中国危险货物编号：1105	中文名称：2-戊醇（外消旋混合物）；1-甲基-1-丁醇；仲正戊醇；甲基丙基甲醇；3-甲基-2-丁醇；戊-2-醇 英文名称：2-PENTANOL (RACEMIC MIXTURE); 1-Methyl-1-butanol; sec-n-Amylalcohol; Methylpropylcarbinol; 3-Methyl-2-butanol; Pentan-2-ol		
分子量：88.2	化学式：$C_5H_{12}O/CH_3(CH_2)_2CHOHCH_3$		
危害/接触类型	急性危害/症状	预防	急救/消防
火　灾	易燃的	禁止明火，禁止火花和禁止吸烟	干粉，抗溶性泡沫，雾状水，二氧化碳
爆　炸	高于 33℃，可能形成爆炸性蒸气/空气混合物	高于 33℃，使用密闭系统、通风和防爆型电气设备	着火时，喷雾状水保持料桶等冷却
接　触		防止产生烟云！	
# 吸入	咳嗽。咽喉痛。头痛。恶心。头晕。倦睡。神志不清	通风，局部排气通风或呼吸防护	新鲜空气，休息。给予医疗护理
# 皮肤	发红	防护手套	脱去污染的衣服。用大量水冲洗皮肤或淋浴。如果感觉不舒服，需就医
# 眼睛	发红。疼痛。暂时视力丧失	安全护目镜，或眼睛防护结合呼吸防护	用大量水冲洗（如可能尽量摘除隐形眼镜）。给与医疗护理
# 食入	腹部疼痛。咽喉和胸腔有灼烧感。（另见吸入）	工作时不得进食、饮水或吸烟	漱口。不要催吐。立即给予医疗护理
泄漏处置	转移全部引燃源。将泄漏液收集在可密闭的容器中。用砂土或惰性吸收剂吸收残液，并转移到安全场所。个人防护用具：适应于该物质空气中浓度的有机气体和颗粒物过滤呼吸器		
包装与标志	欧盟危险性类别：Xn 符号　标记：C　R:10-20-37-66　S:2-46 联合国危险性类别：3　联合国包装类别：III 中国危险性类别：第 3 类 易燃液体　中国包装类别：III		
应急响应	美国消防协会法规：H1（健康危险性）；F3（火灾危险性）；R0（反应危险性）		
储存	耐火设备（条件）。与强氧化剂分开存放		
重要数据	物理状态、外观：无色液体，有特殊气味 化学危险性：与氧化剂发生剧烈反应 职业接触限值：阈限值未制定标准。最高容许浓度：20ppm，$73mg/m^3$；最高限值种类：I(4)；妊娠风险等级：C（德国，2008 年） 接触途径：该物质可通过吸入和经食入吸收到体内 吸入危险性：20℃时，该物质蒸发相当快地达到空气中有害污染浓度 短期接触的影响：该物质刺激眼睛和呼吸道。如果吞咽该物质，可能引起呕吐，导致吸入性肺炎。该物质可能对中枢神经系统有影响。高浓度接触时可能导致意识水平下降 长期或反复接触的影响：反复或长期与皮肤接触可能引起皮炎		
物理性质	沸点：119℃ 熔点：-50℃ 相对密度（水=1）：0.8 水中溶解度：20℃时 16.6g/100mL（溶解） 蒸气压：20℃时 0.55kPa 蒸气相对密度（空气=1）：3.0	蒸气/空气混合物的相对密度（20℃，空气=1）：1.01 黏度：在 20℃时 $5.3mm^2/s$ 闪点：33℃ 自燃温度：330℃ 爆炸极限：空气中 1.2%～10.5%(体积) 辛醇/水分配系数的对数值：1.25	
环境数据			
注解	欧盟危险性类别是指对戊醇异构体的群分类，附件 I 中指明的那些除外。另见国际化学品安全卡#0535 的 1-戊醇和 0536 的 3-戊醇。本卡片中信息是指外消旋混合物的。光学异构体的 CAS 号为：*R*(-)异构体：31087-44-2 和 *S*(+)异构体：26184-62-3		

IPCS
International
Programme on
Chemical Safety

国际化学品安全卡

聚丙烯酸钠盐			ICSC 编号：1429
CAS 登记号：9003-04-7 RTECS 号：AT4680000	中文名称：聚丙烯酸钠盐；丙烯酸均聚物钠盐；聚羧基乙烯基钠盐；2-丙烯酸均聚物钠盐；聚丙烯酸钠 英文名称：POLYACRYLIC ACID, SODIUM SALT; Acrylic acid homopolymer, sodium salt; Carboxy vinyl polymer, sodium salt; 2-Propenoic acid homopolymer, sodium salt; Sodium polyacrylate		
分子量：聚合物，可变分子	化学式：$(C_3H_3O_2Na)n$		
危害/接触类型	急性危害/症状	预防	急救/消防
火　灾	可燃的	禁止明火	干粉，抗溶性泡沫，大量水，二氧化碳
爆　炸	微细分散的颗粒物在空气中形成爆炸性混合物	防止粉尘沉积、密闭系统、防止粉尘爆炸型电气设备和照明	
接　触		防止粉尘扩散！	
# 吸入	咳嗽	通风，局部排气通风或呼吸防护	新鲜空气，休息
# 皮肤		防护手套	脱去污染的衣服
# 眼睛	发红	安全眼镜	先用大量水冲洗几分钟（如可能尽量摘除隐形眼镜），然后就医
# 食入		工作时不得进食、饮水或吸烟	漱口
泄漏处置	将泄漏物清扫进有盖的容器中，如果适当，首先润湿防止扬尘。用大量水冲净残余物。个人防护用具：适应于该物质空气中浓度的颗粒物过滤呼吸器		
包装与标志	GHS 分类：警示词：警告　图形符号：健康危险　危险说明：长期或反复吸入可能对肺造成损害		
应急响应			
储存	与氧化剂分开存放		
重要数据	物理状态、外观：白色粉末，有特殊气味 物理危险性：以粉末或颗粒形状与空气混合，可能发生粉尘爆炸。如果在干燥状态，由于搅拌、空气输送和注入等能产生静电 化学危险性：与氧化剂发生激烈反应，有着火和爆炸的危险 职业接触限值：阈限值未制定标准。最高容许浓度：0.05 mg/m³（可吸入粉尘）；致癌物类别：4；妊娠风险等级：C（德国，2008 年） 接触途径：该物质可通过食入吸收到体内 吸入危险性：扩散时，可较快地达到空气中颗粒物有害浓度 短期接触的影响：可能引起机械刺激 长期或反复接触的影响：反复或长期接触，肺可能受损		
物理性质	熔点：（见注解） 密度：1.1～1.4 g/cm³ 水中溶解度：溶解		
环境数据			
注解	该物质是可燃的，但闪点未见文献报道。性质可能随分子量变化而变化。物理性质来源于丙烯酸。本卡片的建议也适用于聚丙烯酸，CAS 登记号 9003-01-4		

IPCS
International
Programme on
Chemical Safety

国际化学品安全卡

石油蒸馏馏出液（溶剂精炼后轻质环烷烃）			ICSC 编号：1430
CAS 登记号：64741-97-5 RTECS 号：PY8041000 EC 编号：649-458-00-9	中文名称：石油蒸馏馏出液（溶剂精炼后轻质环烷烃）；基础油；润滑基油；润滑油；矿物油 英文名称：DISTILLATES, PETROLEUM, solvent-refined light naphthenic; Base oil; Lubricant base oil; Lubricant oil; Mineral oil		

危害/接触类型	急性危害/症状	预防	急救/消防
火　灾	可燃的	禁止明火	泡沫，雾状水，干粉，二氧化碳
爆　炸			着火时，喷雾状水保持料桶等冷却
接　触			
# 吸入	头晕，头痛	局部排气通风	新鲜空气，休息，给予医疗护理
# 皮肤	皮肤干燥	防护手套	脱去污染的衣服，用大量水冲洗皮肤或淋浴
# 眼睛	发红	安全护目镜	先用大量水冲洗几分钟（如可能尽量摘除隐形眼镜），然后就医
# 食入	腹泻，恶心	工作时不得进食，饮水或吸烟	不要催吐，给予医疗护理。见注解
泄漏处置	通风。尽可能将泄漏液收集在可密闭的容器中。用砂土或惰性吸收剂吸收残液，并转移到安全场所		
包装与标志	欧盟危险性类别：T 符号　标记：H，L　R:45　S:53-45		
应急响应			
储存	与强氧化剂分开存放		
重要数据	物理状态、外观：液体 化学危险性：与强氧化剂发生反应，有着火和爆炸危险 职业接触限值：阈限值：5mg/m^3（矿物油雾），准备改变（美国政府工业卫生学家会议，2001 年） 接触途径：该物质可通过吸入其气溶胶和经食入吸收到体内 吸入危险性：20℃时蒸发可忽略不计，但扩散时可较快地达到空气中颗粒物有害浓度 短期接触的影响：该物质刺激皮肤。如果吞咽液体吸入肺中，可能引起化学肺炎 长期或反复接触的影响：反复或长期与皮肤接触可能引起皮炎		
物理性质	沸点：150～600℃ 相对密度（水=1）：15℃时约 0.84～0.94 闪点：>124℃ 辛醇/水分配系数的对数值：3.9 ～6（计算值）		
环境数据			
注解	取决于原料和生产工艺，该溶剂的组成和物理性质变化较大。化学肺炎症状直到几小时甚至几天以后才变得明显，体力劳动使症状加重。标记 L：如果可以证明二甲基亚砜（DSMO）萃取液（IP346）量小于 3%(体积)，欧盟致癌性术语（R45）不适用 PY8041000 是指矿物油，石油蒸馏馏出液 [溶剂（轻度）精炼轻质环烷烃] PY8041001 是指矿物油，石油蒸馏馏出液 [溶剂（重度）精炼轻质环烷烃]		

IPCS
International
Programme on
Chemical Safety

国际化学品安全卡

石油蒸馏馏出液（溶剂精炼后重质环烷烃）			ICSC 编号：1431
CAS 登记号：64741-88-4 RTECS 号：PY8040500 EC 编号：649-454-00-7	中文名称：石油蒸馏馏出液（溶剂精炼后重质环烷烃）；基础光亮润滑油；基础润滑光亮油 英文名称：DISTILLATES, PETROLEUM, solvent-refined heavy paraffinic; Base oil, bright stock, lubricant; Base oil, lubricant base stock		

危害/接触类型	急性危害/症状	预防	急救/消防
火　灾	可燃的	禁止明火	泡沫，雾状水，干粉，二氧化碳
爆　炸			着火时，喷雾状水保持料桶等冷却
接　触			
# 吸入	头晕，头痛	局部排气通风	新鲜空气，休息，给予医疗护理
# 皮肤	皮肤干燥	防护手套	脱去污染的衣服，用大量水冲洗皮肤或淋浴
# 眼睛	发红	安全护目镜	先用大量水冲洗几分钟（如可能尽量摘除隐形眼镜），然后就医
# 食入	腹泻，恶心	工作时不得进食，饮水或吸烟	不要催吐，给予医疗护理。见注解
泄漏处置	通风。尽可能将泄漏液收集在可密闭的容器中。用砂土或惰性吸收剂吸收残液，并转移到安全场所		
包装与标志	欧盟危险性类别：T 符号　标记：H，L　R:45　S:53-45		
应急响应			
储存	与强氧化剂分开存放		
重要数据	物理状态、外观：琥珀色黏稠液体，有特殊气味 化学危险性：与强氧化剂发生反应，有着火和爆炸危险 职业接触限值：阈限值：5mg/m³（矿物油雾），预计将改变（美国政府工业卫生学家会议，2001 年） 接触途径：该物质可通过吸入其气溶胶和经食入吸收到体内 吸入危险性：20℃时蒸发可忽略不计，但扩散时可较快地达到空气中颗粒物有害浓度 短期接触的影响：该物质轻微刺激皮肤。如果吞咽液体吸入肺中，可能引起化学肺炎 长期或反复接触的影响：反复或长期与皮肤接触，可能引起皮炎		
物理性质	沸点：150～600℃ 相对密度（水=1）：15℃时约 0.84～0.94 闪点：>124℃ 辛醇/水分配系数的对数值：3.9 ～6（计算值）		
环境数据			
注解	取决于原料和生产工艺，该溶剂的组成和物理性质变化较大。化学肺炎症状直到几小时甚至几天以后才变得明显，体力劳动使症状加重。标记 L：如果可以证明二甲基亚砜（DSMO）萃取液（IP346）含量小于 3%（体积），欧盟致癌性术语（R45）不适用 PY8040500 是指矿物油，石油蒸馏馏出液 [溶剂（轻度）精炼重质链烷烃] PY8040501 是指矿物油，石油蒸馏馏出液 [溶剂（重度）精炼重质链烷烃]		

IPCS
International
Programme on
Chemical Safety

国际化学品安全卡

开蓬			ICSC 编号：1432
CAS 登记号：143-50-0 RTECS 号：PC8575000 UN 编号：2761 EC 编号：606-019-00-6 中国危险货物编号：2761	中文名称：开蓬；1,1*a*,3,3*a*,4,5,5, 5*a*,5*b*,6-十氯八氢-1,3,4-亚甲基-2*H*-环丁（*cd*）并环戊二烯-2-酮；十氯酮 英文名称：CHLORDECONE; 1,1*a*,3,3*a*,4, 5,5,5*a*,5*b*,6-Decachloro-octahydro-1,3,4-metheno-2*H*-cyclobuta (*cd*) pentalen-2-one; Kepone; Decachloroketone		
分子量：490.6	化学式：$C_{10}Cl_{10}O$		
危害/接触类型	急性危害/症状	预防	急救/消防
火　灾	在火焰中释放出刺激性或有毒烟雾（或气体）		周围环境着火时，使用适当的灭火剂
爆　炸			
接　触		避免一切接触！避免孕妇接触！避免哺乳妇女接触！	一切情况均向医生咨询！
# 吸入	运动协调丧失。头痛。震颤。虚弱	局部排气通风或呼吸防护	新鲜空气，休息。给予医疗护理
# 皮肤	可能被吸收！	防护服。防护手套	脱去污染的衣服。冲洗，然后用水和肥皂清洗皮肤。给予医疗护理
# 眼睛		面罩	先用大量水冲洗几分钟（如可能尽量摘除隐形眼镜），然后就医
# 食入	（另见吸入）	工作时不得进食，饮水或吸烟。进食前洗手	催吐（仅对清醒病人！）。（见注解）。用水冲服活性炭浆。给予医疗护理
泄漏处置	将泄漏物清扫进容器中。如果适当，首先润湿防止扬尘。小心收集残余物，然后转移到安全场所。不要让该化学品进入环境。个人防护用具：适用于有毒颗粒物的 P3 过滤呼吸器		
包装与标志	气密。不得与食品和饲料一起运输。污染海洋物质 欧盟危险性类别：T 符号 N 符号　R:24/25-40-50/53　S:1/2-22-36/37-45-60-61 联合国危险性类别：6.1 联合国包装类别：II 中国危险性类别：第 6.1 项毒性物质　中国包装类别：II		
应急响应	运输应急卡：TEC(R)-61GT7-II		
储存	注意收容灭火产生的废水。与酸分开存放		
重要数据	物理状态、外观：白色晶体 化学危险性：燃烧时，生成氯气和氯化氢烟雾。与酸类接触时，该物质分解生成有毒烟雾 职业接触限值：阈限值未制定标准。最高容许浓度：致癌物类别：3B（德国，2002 年） 接触途径：该物质可经皮肤、食入和吸入吸收到体内 吸入危险性：20℃时蒸发可忽略不计，但扩散时可较快达到空气中颗粒物有害浓度 短期接触的影响：该物质可能对中枢神经系统和肝有影响，导致功能损伤和肝损害。影响可能推迟显现 长期或反复接触的影响：反复或长期与皮肤接触可能引起皮炎。该物质可能对内分泌系统有影响。该物质可能是人类致癌物。造成人类生殖或发育毒性		
物理性质	沸点：分解 升华点：350℃ 水中溶解度：20℃时微溶 辛醇/水分配系数的对数值：3.45		
环境数据	该物质对水生生物有极高毒性。该化学品可能在鱼、哺乳动物和牛奶中发生生物蓄积		
注解	商业制剂中使用的载体溶剂可能改变其物理和毒理学性质。不要将工作服带回家中。参考国内立法规定		

IPCS
International
Programme on
Chemical Safety

国际化学品安全卡

1,2,4-三甲基苯			ICSC 编号：1433
CAS 登记号：95-63-6 RTECS 号：DC3325000 UN 编号：1993 EC 编号：601-043-00-3 中国危险货物编号：1993 分子量：120.0		中文名称：1,2,4-三甲基苯；假枯烯 英文名称：1,2,4-TRIMETHYLBENZENE; Pseudocumene 化学式：C_9H_{12}	
危害/接触类型	急性危害/症状	预防	急救/消防
火　灾	易燃的	禁止明火、禁止火花和禁止吸烟	抗溶性泡沫，干粉，二氧化碳
爆　炸	高于 44℃，可能形成爆炸性蒸气/空气混合物	高于 44℃，使用密闭系统、通风和防爆型电气设备。防止静电荷积聚（例如，通过接地）	着火时，喷雾状水保持料桶等冷却
接　触		防止产生烟云！	
# 吸入	意识模糊，咳嗽，头晕，倦睡，头痛，咽喉痛，呕吐	通风，局部排气通风或呼吸防护	新鲜空气，休息，给予医疗护理
# 皮肤	发红，皮肤干燥	防护手套	用大量水冲洗皮肤或淋浴
# 眼睛	发红，疼痛	安全护目镜	先用大量水冲洗几分钟（如可能尽量摘除隐形眼镜），然后就医
# 食入	见吸入	工作时不得进食，饮水或吸烟	漱口。不要催吐，给予医疗护理
泄漏处置	尽可能将泄漏液收集在可密闭的容器中。用砂土或惰性吸收剂吸收残液，并转移到安全场所。不要冲入下水道。不要让该化学品进入环境。个人防护用具：适用于有机气体和蒸气的过滤呼吸器		
包装与标志	欧盟危险性类别：Xn 符号　N 符号　R:10-20-36/37/38-51/53 S:2-26-61 联合国危险性类别：3　　　联合国包装类别：III 中国危险性类别：第 3 类 易燃液体　中国包装类别：III		
应急响应	运输应急卡：TEC(R)-30GFI-III 美国消防协会法规：H0（健康危险性）；F2（火灾危险性）；R0（反应危险性）		
储存	耐火设备（条件）。与强氧化剂分开存放。严格密封。保存在通风良好的室内		
重要数据	**物理状态、外观**：无色液体，有特殊气味 **化学危险性**：燃烧时，该物质分解生成有毒和刺激性烟雾。与强氧化剂激烈反应，有着火和爆炸的危险 **职业接触限值**：阈限值：25ppm（混合异构体）（时间加权平均值）（美国政府工业卫生学家会议，2008 年）。欧盟职业接触限值：20ppm，100mg/m³（时间加权平均值）（欧盟，2001 年） **接触途径**：该物质可通过吸入吸收到体内 **吸入危险性**：20℃时该物质蒸发，相当慢地达到空气中有害污染浓度，但喷洒或扩散时要快得多 **短期接触的影响**：该物质刺激眼睛、皮肤和呼吸道。如果吞咽液体吸入肺中，可能引起化学肺炎。该物质可能对中枢神经系统有影响 **长期或反复接触的影响**：液体使皮肤脱脂。反复或长期接触，肺可能受损伤，导致慢性支气管炎。该物质可能对中枢神经系统和血液有影响。见注解		
物理性质	**沸点**：169℃ **熔点**：-44℃ **相对密度（水=1）**：0.88 **水中溶解度**：难溶 **蒸气相对密度（空气=1）**：4.1	**蒸气/空气混合物的相对密度（20℃，空气=1）**：1.01 **闪点**：44℃（闭杯） **自燃温度**：500℃ **爆炸极限**：空气中 0.9%～6.4%（体积） **辛醇/水分配系数的对数值**：3.8	
环境数据	该物质对水生生物是有毒的。该化学品可能在鱼体内发生生物蓄积		
注解	饮用含酒精饮料增进有害影响。根据接触程度，建议定期进行医疗检查。参见卡片#1155 1,3,5-三甲基苯；#1362 1,2,3-三甲基苯；#1389 三甲基苯（混合异构体）。1,3,5-三甲基苯被划定为污染海洋物质		

IPCS
International
Programme on
Chemical Safety

国际化学品安全卡

氟乙酰胺			ICSC 编号：1434
CAS 登记号：640-19-7 RTECS 号：AC1225000 UN 编号：2811 EC 编号：616-002-00-5 中国危险货物编号：2811		中文名称：氟乙酰胺；2-氟乙酰胺；一氟乙酰胺 英文名称：FLUOROACETAMIDE; 2-Fluoroacetamide; Monofluoroacetamide; Fluoroacetic acid amide	
分子量：77.06		化学式：C_2H_4FNO/FCH_2CONH_2	
危害/接触类型	急性危害/症状	预防	急救/消防
火　灾	在火焰中释放出刺激性或有毒烟雾（或气体）	禁止与酸接触。禁止与高温表面接触	干粉，雾状水，泡沫，二氧化碳
爆　炸			
接　触		防止粉尘扩散！	一切情况均向医生咨询！
# 吸入	惊厥。恶心。呕吐	避免吸入粉尘。通风，局部排气通风或呼吸防护	新鲜空气，休息。必要时进行人工呼吸。给予医疗护理
# 皮肤	可能被吸收！	防护手套。防护服	脱去污染的衣服。用大量水冲洗皮肤或淋浴。给予医疗护理
# 眼睛		面罩，或眼睛防护结合呼吸防护	先用大量水冲洗几分钟（如可能尽量摘除隐形眼镜），然后就医
# 食入	腹部疼痛。恶心。呕吐。瞳孔收缩，肌肉痉挛，多涎	工作时不得进食，饮水或吸烟。进食前洗手	漱口。催吐（仅对清醒病人！）。用水冲服活性炭浆。给予医疗护理
泄漏处置	转移全部引燃源。将泄漏物清扫进有盖的容器中。小心收集残余物，不要让该化学品进入环境。化学防护服，包括自给式呼吸器		
包装与标志	欧盟危险性类别：T+符号　R:24-28　S:1/2-36/37-45 联合国危险性类别：6.1 联合国包装类别：II 中国危险性类别：第 6.1 项毒性物质 中国包装类别：II		
应急响应	运输应急卡：TEC(R)-61GT7-I 美国消防协会法规：H4（健康危险性）；F1（火灾危险性）；R0（反应危险性）		
储存	与酸分开存放		
重要数据	物理状态、外观：无色晶体粉末 化学危险性：加热时或在酸的作用下，该物质分解生成含氮氧化物有毒烟雾 职业接触限值：阈限值未制定标准 接触途径：该物质可通过吸入其气溶胶，经皮肤和食入吸收到体内 吸入危险性：扩散时可较快达到空气中颗粒物有害浓度 短期接触的影响：该物质可能对心血管系统有影响，导致心脏节律障碍和死亡。影响可能推迟显现 长期或反复接触的影响：动物实验表明，该物质可能造成人类生殖或发育毒性		
物理性质	熔点：107℃ 水中溶解度：易溶 辛醇/水分配系数的对数值：-1.05		
环境数据	该物质可能对环境有危害，对鸟类应给予特别注意。该物质在正常使用过程中进入环境。但是要特别注意避免任何额外的释放，例如通过不适当处置活动		
注解	不要将工作服带回家中		

IPCS
International
Programme on
Chemical Safety

国际化学品安全卡

异荧烷			ICSC 编号：1435
CAS 登记号：26675-46-7 RTECS 号：KN6799000	中文名称：异荧烷；1-氯-2,2,2-三氟乙基二氟甲醚；2-氯-2-（二氟甲氧基）-1,1,1-三氟乙烷 英文名称：ISOFLURANE; Ether, 1-chloro-2,2,2-trifluoroethyl difluoromethyl; 2-Chloro-2-(difluoromethoxy)-1,1,1-trifluoroethane		
分子量：184.5	化学式：$C_3H_2ClF_5O$		
危害/接触类型	急性危害/症状	预防	急救/消防
火　灾	不可燃。在火焰中释放出刺激性或有毒烟雾（或气体）		周围环境着火时，使用适当的灭火剂
爆　炸			
接　触			
# 吸入	咳嗽。咽喉痛。头晕。倦睡。头痛。神志不清。（见注解）	通风，局部排气通风或呼吸防护	新鲜空气，休息。必要时进行人工呼吸。给予医疗护理
# 皮肤	发红。皮肤干燥	防护手套	脱去污染的衣服。冲洗，然后用水和肥皂清洗皮肤
# 眼睛	发红。疼痛	安全护目镜，或眼睛防护结合呼吸防护	先用大量水冲洗几分钟（如可能尽量摘除隐形眼镜），然后就医
# 食入	（另见吸入）	工作时不得进食，饮水或吸烟	漱口。给予医疗护理
泄漏处置	尽可能将泄漏液收集在可密闭的容器中。通风。用砂土或惰性吸收剂吸收残液，并转移到安全场所。个人防护用具：自给式呼吸器		
包装与标志			
应急响应			
储存	沿地面通风		
重要数据	**物理状态、外观**：无色液体 **物理危险性**：蒸气比空气重，可能积聚在低层空间，造成缺氧 **化学危险性**：与高温表面或火焰接触时，该物质分解生成含有光气、氯化氢和氟化氢的腐蚀性烟雾 **职业接触限值**：阈限值未制定标准。最高容许浓度：IIb（未制定标准，但可提供数据）（德国，2005年） **接触途径**：该物质可通过吸入其蒸气和经食入吸收到体内 **吸入危险性**：20℃时该物质蒸发，迅速达到空气中有害污染浓度 **短期接触的影响**：该物质刺激眼睛和皮肤。蒸气刺激呼吸道。该物质可能对中枢神经系统和心血管系统有影响。高浓度接触时，可能导致神志不清		
物理性质	**沸点**：48.5℃ **相对密度（水=1）**：1.5 **水中溶解度**：微溶 **蒸气压**：20℃时 32kPa **蒸气/空气混合物的相对密度（20℃，空气=1）**：1.2 **辛醇/水分配系数的对数值**：2.1		
环境数据			
注解	进入工作区域前，检验氧含量。空气中高浓度造成缺氧，有神志不清或死亡危险。商品名称为 Forane		

IPCS
International
Programme on
Chemical Safety

国际化学品安全卡

1,1,1,3,3,3-六氟-2-（氟甲氧基）丙烷			ICSC 编号：1436
CAS 登记号：28523-86-6 RTECS 号：KO0737000 分子量：200.1	中文名称：1,1,1,3,3,3-六氟-2-（氟甲氧基）丙烷；氟甲基-2,2,2-三氟-1-（三氟甲基）乙醚 英文名称：SEVOFLURANE; 1,1,1,3,3,3-Hexafluoro-2-(fluoromethoxy) propane; Ether, fluoromethyl 2,2,2-trifluoro-1-(trifluoromethyl) ethyl 化学式：$C_4H_3F_7O$		

危害/接触类型	急性危害/症状	预防	急救/消防
火　灾	不可燃。在火焰中释放出刺激性或有毒烟雾（或气体）		周围环境着火时，使用适当的灭火剂
爆　炸			
接　触			
# 吸入	头晕，倦睡，头痛，神志不清。见注解	通风，局部排气通风或呼吸防护	新鲜空气，休息。必要时进行人工呼吸，给予医疗护理
# 皮肤	皮肤干燥，发红	防护手套	脱去污染的衣服。冲洗，然后用水和肥皂清洗皮肤
# 眼睛	发红，疼痛	安全护目镜，或眼睛防护结合呼吸防护	先用大量水冲洗几分钟（如可能尽量摘除隐形眼镜），然后就医
# 食入	见吸入	工作时不得进食，饮水或吸烟	漱口，给予医疗护理
泄漏处置	将泄漏液收集在可密闭的容器中。通风。用砂土或惰性吸收剂吸收残液，并转移到安全场所。个人防护用具：自给式呼吸器		
包装与标志			
应急响应			
储存	沿地面通风		
重要数据	**物理状态、外观**：无色液体 **物理危险性**：蒸气比空气重，可能积聚在低层空间，造成缺氧 **化学危险性**：与高温表面或火焰接触时，该物质分解生成氯化氢和氟化氢腐蚀性烟雾 **职业接触限值**：阈限值未制定标准 **接触途径**：该物质可通过吸入其蒸气和经食入吸收到体内 **吸入危险性**：20℃时，该物质蒸发，迅速达到空气中有害污染浓度 **短期接触的影响**：该物质刺激眼睛和皮肤。该物质可能对中枢神经系统和心血管系统有影响。高浓度接触时，可能导致神志不清		
物理性质	沸点：58.5℃ 蒸气压：20℃时 21kPa 蒸气/空气混合物的相对密度（20℃，空气=1）：1.1 辛醇/水分配系数的对数值：1.75		
环境数据			
注解	商品名称为 Sevorane。进入工作区域前，检验氧含量。空气中高浓度造成缺氧，有神志不清或死亡危险		

IPCS
International
Programme on
Chemical Safety

国际化学品安全卡

1,2,2,2-四氟乙基二氟甲基醚			ICSC 编号：1437
CAS 登记号：57041-67-5	中文名称：1,2,2,2-四氟乙基二氟甲基醚 英文名称：DESFLURANE; 1,2,2,2-tetrafluoroethyl difluoromethyl ether		
分子量：168.0	化学式：$C_3H_2F_6O$		

危害/接触类型	急性危害/症状	预防	急救/消防
火　灾	不可燃。在火焰中释放出刺激性或有毒烟雾（或气体）		周围环境着火时，使用适当的灭火剂
爆　炸			
接　触			
# 吸入	咳嗽，咽喉痛，头晕，倦睡，头痛，神志不清。见注解	通风，局部排气通风或呼吸防护	新鲜空气，休息。必要时进行人工呼吸，给予医疗护理
# 皮肤	皮肤干燥，发红	防护手套	脱去污染的衣服。冲洗，然后用水和肥皂清洗皮肤
# 眼睛	发红，疼痛	安全护目镜，或眼睛防护结合呼吸防护	先用大量水冲洗几分钟（如可能尽量摘除隐形眼镜），然后就医
# 食入	见吸入	工作时不得进食，饮水或吸烟	漱口，给予医疗护理
泄漏处置	通风。用砂土或惰性吸收剂吸收残液，并转移到安全场所。个人防护用具：自给式呼吸器		
包装与标志			
应急响应			
储存	沿地面通风		
重要数据	**物理状态、外观**：无色液体 **物理危险性**：蒸气比空气重，可能积聚在低层空间，造成缺氧 **化学危险性**：与高温表面或火焰接触时，该物质分解生成氟化氢腐蚀性气体 **职业接触限值**：阈限值未制定标准 **接触途径**：该物质可通过吸入其蒸气和经食入吸收到体内 **吸入危险性**：20℃时，该物质蒸发，迅速达到空气中有害污染浓度 **短期接触的影响**：该物质刺激眼睛和皮肤。蒸气刺激呼吸道。该物质可能对中枢神经系统和心血管系统有影响。高浓度接触时，可能导致神志不清		
物理性质	沸点：23.5℃ 相对密度（水=1）：1.5 水中溶解度：微溶 蒸气压：20℃时 89kPa 蒸气/空气混合物的相对密度（20℃，空气=1）：1.4		
环境数据			
注解	商品名称为 Suprane。进入工作区域前，检验氧含量。空气中高浓度造成缺氧，有神志不清或死亡危险		

IPCS
International
Programme on
Chemical Safety

国际化学品安全卡

二硫化四乙基秋兰姆			ICSC 编号：1438
CAS 登记号：97-77-8 RTECS 号：JO1225000 EC 编号：006-079-00-8	中文名称：二硫化四乙基秋兰姆；1,1'-二硫代双（*N,N*-二乙基硫代甲酰胺）；TETD 英文名称：DISULFIRAM; Tetraethylthiuramdisulfide; 1,1'-Dithiobis (*N,N*-diethylthioformamide); bis-(*N,N*-Diethylthiocarbamoyl) disulfide; TETD		
分子量：269.6	化学式：$C_{10}H_{20}N_2S_4/((C_2H_5)_2NCS)_2S_2$		

危害/接触类型	急性危害/症状	预防	急救/消防
火　灾	可燃的	禁止明火	干粉，雾状水，泡沫，二氧化碳
爆　炸	微细分散的颗粒物在空气中形成爆炸性混合物	防止粉尘沉积，密闭系统，防止粉尘爆炸型电气设备和照明。防止静电荷积聚（例如，通过接地）	
接　触		防止粉尘扩散！严格作业环境管理！避免孕妇接触！	
# 吸入		通风，局部排气通风或呼吸防护	
# 皮肤		防护手套	用大量水冲洗皮肤或淋浴
# 眼睛		安全护目镜	先用大量水冲洗几分钟（如可能尽量摘除隐形眼镜），然后就医
# 食入	意识模糊。头痛。恶心。呕吐	工作时不得进食，饮水或吸烟	漱口。用水冲服活性炭浆。给予医疗护理
泄漏处置	将泄漏物清扫进容器中。如果适当，首先润湿防止扬尘。不要让该化学品进入环境。个人防护用具：适用于有害颗粒物的 P2 过滤呼吸器		
包装与标志	欧盟危险性类别：Xn 符号 N 符号　R:22-43-48/22-50/53　S:2-24-37-60-61		
应急响应			
储存	与强氧化剂分开存放		
重要数据	**物理状态、外观**：白色至灰色粉末，有特殊气味 **物理危险性**：以粉末或颗粒形状与空气混合，可能发生粉尘爆炸。如果在干燥状态，由于搅拌、空气输送和注入等能够产生静电 **化学危险性**：燃烧时，该物质分解生成含氮氧化物、硫氧化物的有毒和腐蚀性烟雾。与强氧化剂激烈反应。浸蚀铜 **职业接触限值**：阈限值：$2mg/m^3$（时间加权平均值）；A4（不能分类为人类致癌物）（美国政府工业卫生学家会议，2004 年）。最高容许浓度：$2mg/m^3$（可吸入粉尘）；皮肤致敏剂；最高限值种类：II（8）；妊娠风险等级：D（德国，2004 年） **接触途径**：该物质可通过吸入粉尘和经食入吸收到体内 **吸入危险性**：20℃时蒸发可忽略不计，但扩散时可较快达到空气中颗粒物有害浓度，尤其是粉末 **长期或反复接触的影响**：反复或长期接触可能引起皮肤过敏。该物质可能对内分泌系统、肝、神经系统和甲状腺有影响，导致功能损伤。动物实验表明，该物质可能造成人类生殖或发育毒性		
物理性质	**沸点**：2.3kPa 时 117℃ **熔点**：71℃ **密度**：$1.3g/cm^3$ **水中溶解度**：0.02g/100mL **辛醇/水分配系数的对数值**：3.9		
环境数据	该物质对水生生物是有毒的		
注解	该物质与乙醇联合对心血管系统和中枢神经系统有影响，导致心悸、低血压和过度换气。影响可能推迟显现。不要将工作服带回家中。商品名称有 Antabuse 和 Rosulfiram		

IPCS
International
Programme on
Chemical Safety

国际化学品安全卡

<table>
<tr><td colspan="2">L-天冬氨酸</td><td colspan="2">ICSC 编号：1439</td></tr>
<tr><td colspan="2">CAS 登记号：56-84-8
RTECS 号：CI9098500

分子量：133.1</td><td colspan="2">中文名称：L-天冬氨酸；(S)-氨基丁烷二酸；L-氨基丁二酸
英文名称：L-ASPARTIC ACID; L-Asparagic acid; (S)-Aminobutanedioic acid; L-Aminosuccinic acid

化学式：$C_4H_7NO_4$</td></tr>
<tr><th>危害/接触类型</th><th>急性危害/症状</th><th>预防</th><th>急救/消防</th></tr>
<tr><td>火　灾</td><td>可燃的</td><td>禁止明火</td><td>周围环境着火时，使用适当的灭火剂</td></tr>
<tr><td>爆　炸</td><td>微细分散的颗粒物在空气中形成爆炸性混合物</td><td>防止静电荷积聚（例如，通过接地）。防止粉尘沉积，密闭系统，防止粉尘爆炸型电气设备和照明</td><td></td></tr>
<tr><td>接　触</td><td></td><td>防止粉尘扩散！</td><td></td></tr>
<tr><td># 吸入</td><td>咳嗽。咽喉痛</td><td>局部排气通风或呼吸防护</td><td>新鲜空气，休息。给予医疗护理</td></tr>
<tr><td># 皮肤</td><td></td><td>防护手套</td><td>脱去污染的衣服。冲洗，然后用水和肥皂清洗皮肤</td></tr>
<tr><td># 眼睛</td><td>发红。疼痛</td><td>安全护目镜</td><td>先用大量水冲洗几分钟（如可能尽量摘除隐形眼镜），然后就医</td></tr>
<tr><td># 食入</td><td>苦味道。咽喉和胸腔灼烧感</td><td>工作时不得进食，饮水或吸烟</td><td>漱口。不要催吐。大量饮水</td></tr>
<tr><td>泄漏处置</td><td colspan="3">将泄漏物清扫进容器中。如果适当，首先润湿防止扬尘。用大量水冲净残余物。个人防护用具：适用于惰性颗粒物的 P1 过滤呼吸器</td></tr>
<tr><td>包装与标志</td><td colspan="3"></td></tr>
<tr><td>应急响应</td><td colspan="3"></td></tr>
<tr><td>储存</td><td colspan="3">与强氧化剂分开存放</td></tr>
<tr><td>重要数据</td><td colspan="3">物理状态、外观：无色晶体
物理危险性：以粉末或颗粒形状与空气混合，可能发生粉尘爆炸。如果在干燥状态，由于搅拌、空气输送和注入等能够产生静电
化学危险性：燃烧时，该物质分解生成含氮氧化物有毒气体。与氧化剂激烈反应
职业接触限值：阈限值未制定标准
接触途径：该物质可经食入吸收到体内
吸入危险性：20℃时蒸发可忽略不计，但扩散时可较快达到空气中颗粒物公害污染浓度，尤其是粉末
短期接触的影响：该物质刺激眼睛和呼吸道</td></tr>
<tr><td>物理性质</td><td colspan="3">沸点：低于沸点在 324℃分解
熔点：270℃
密度：1.7g/cm³
水中溶解度：0.45g/100mL
辛醇/水分配系数的对数值：-3.89</td></tr>
<tr><td>环境数据</td><td colspan="3"></td></tr>
<tr><td>注解</td><td colspan="3"></td></tr>
</table>

IPCS
International
Programme on
Chemical Safety

国际化学品安全卡

白矿脂			ICSC 编号：1440
CAS 登记号：8009-03-8 RTECS 号：SE6780000 EC 编号：649-254-00-X 化学式：见注解		中文名称：白矿脂；凡士林；石油冻；石蜡膏 英文名称：PETROLATUM (WHITE); Vaseline; Petroleum jelly; Paraffin jelly	

危害/接触类型	急性危害/症状	预防	急救/消防
火 灾	可燃的	禁止明火	泡沫，干粉，二氧化碳或雾状水
爆 炸			
接 触			
# 吸入			
# 皮肤			
# 眼睛		安全护目镜	先用大量水冲洗几分钟（如可能尽量摘除隐形眼镜），然后就医
# 食入		工作时不得进食，饮水或吸烟	
泄漏处置			
包装与标志			
应急响应			
储存			
重要数据	物理状态、外观：无色至白色蜡状膏糊 职业接触限值：阈限值未制定标准 接触途径：该物质可通过食入吸收到体内		
物理性质	沸点：302℃ 熔点：36～60℃ 密度：0.9g/cm³ 水中溶解度：不溶 蒸气压：20℃时 1.3Pa 闪点：182～221℃ 自燃温度：290℃ 爆炸极限：空气中 0.9%～7%（体积）（估计值） 辛醇/水分配系数的对数值：6		
环境数据			
注解	该物质主要由碳链长度为 25 个以上的饱和烃组成。其组成取决于石油的来源和炼制工艺。高度精制的白矿脂用于医药和化妆品。工业上使用的粗炼（黄色、琥珀色或棕色）矿脂可能含有杂质，例如致癌多环芳烃。因此，欧盟规定矿脂的分类标志中使用风险术语 R45（可能致癌）并加有标记 N。标记 N 表示：如果已知该物质全部精炼过程并且可以证明该物质的前身不是致癌物，作为致癌物分类不适用。本标记仅适用于指令（98/98/EC）附录 I 中某些复杂的石油衍生物		

IPCS
International
Programme on
Chemical Safety

国际化学品安全卡

邻苯二胺			ICSC 编号：1441
CAS 登记号：95-54-5 RTECS 号：SS7875000 UN 编号：1673 EC 编号：612-145-00-2 中国危险货物编号：1673		中文名称：邻苯二胺；邻二氨基苯；1,2-苯二胺 英文名称：*o*-PHENYLENEDIAMINE; *o*-Diaminobenzene; 1,2-Benzenediamine; 2-Aminoaniline; 1,2-Phenylenediamine	
分子量：108.16		化学式：$C_6H_8N_2/C_6H_4(NH_2)_2$	
危害/接触类型	急性危害/症状	预防	急救/消防
火　灾	可燃的。在火焰中释放出刺激性或有毒烟雾（或气体）	禁止明火	雾状水，干粉
爆　炸	微细分散的颗粒物在空气中形成爆炸性混合物	防止粉尘沉积，密闭系统，防止粉尘爆炸型电气设备和照明	
接　触		严格作业环境管理！	
# 吸入	嘴唇发青或手指发青。皮肤发青。意识模糊。惊厥。头晕。头痛。恶心。神志不清	局部排气通风或呼吸防护	新鲜空气，休息。必要时进行人工呼吸。给予医疗护理
# 皮肤	发红	防护手套。防护服	脱去污染的衣服。冲洗，然后用水和肥皂清洗皮肤
# 眼睛	发红。疼痛	护目镜，或眼睛防护结合呼吸防护	先用大量水冲洗几分钟（如可能尽量摘除隐形眼镜），然后就医
# 食入	（另见吸入）	工作时不得进食，饮水或吸烟。进食前洗手	漱口。用水冲服活性炭浆。给予医疗护理
泄漏处置	将泄漏物清扫进容器中。如果适当，首先润湿防止扬尘。小心收集残余物，然后转移到安全场所。不要让该化学品进入环境。个人防护用具：适用于有毒颗粒物的 P3 过滤呼吸器		
包装与标志	不得与食品和饲料一起运输 欧盟危险性类别：T 符号 N 符号 标记：C　R:20/21-25-36-40-43-50/53-68 S:1/2-28-36/37-45-60-61 联合国危险性类别：6.1 联合国包装类别：III 中国危险性类别:第 6.1 项毒性物质 中国包装类别:III		
应急响应	运输应急卡：TEC(R)-61S1673-S 美国消防协会法规：H（健康危险性）；F1（火灾危险性）；R0（反应危险性）		
储存	与食品和饲料分开存放。严格密封		
重要数据	**物理状态、外观**：棕色至黄色晶体。遇光时变暗 **物理危险性**：以粉末或颗粒形状与空气混合，可能发生粉尘爆炸 **化学危险性**：燃烧时，该物质分解生成含氮氧化物的有毒烟雾 **职业接触限值**：阈限值：$0.1mg/m^3$，A3（确认的动物致癌物，但未知与人类相关性）（美国政府工业卫生学家会议，2002 年）。最高容许浓度：致癌物类别：3B；皮肤致敏剂，过敏（德国，2002 年） **接触途径**：该物质可通过吸入和经食入吸收到体内 **吸入危险性**：20℃时该物质蒸发不会或很缓慢地达到空气中有害污染浓度，但喷洒或扩散时要快得多 **短期接触的影响**：该物质刺激眼睛，轻微刺激皮肤和呼吸道。该物质可能对血液有影响，导致形成正铁血红蛋白。影响可能推迟显现。需进行医学观察 **长期或反复接触的影响**：反复或长期接触可能引起皮肤过敏。该物质可能对血液有影响，导致贫血。该物质可能是人类致癌物		
物理性质	**沸点**：256～258℃ **熔点**：103～104℃ **水中溶解度**：35℃时 0.4g/100mL **蒸气压**：20℃时 0.0013kPa	**蒸气相对密度（空气=1）**：3.73 **闪点**：156℃（闭杯） **爆炸极限**：空气中 1.5%～?%（体积） **辛醇/水分配系数的对数值**：0.15（计算值）	
环境数据	该物质对水生生物有极高毒性。强烈建议不要让该化学品进入环境		
注解	根据接触程度，建议定期进行医疗检查。该物质中毒时需采取必要的治疗措施。必须提供有指示说明的适当方法。可参考卡片#0805 对苯二胺和卡片#1302 间苯二胺		

IPCS
International
Programme on
Chemical Safety

国际化学品安全卡

二异丁胺			ICSC 编号：1442
CAS 登记号：110-96-3 RTECS 号：TX1750000 UN 编号：2361 中国危险货物编号：2361	中文名称：二异丁胺；*N,N*-二（2-甲基丙基）胺；2-甲基-*N*-（2-甲基丙基）-1-丙胺 英文名称：DIISOBUTYLAMINE; *N,N*-Bis (2-methylpropyl) amine; 1-Propanamine, 2-methyl-*N*-(2-methylpropyl)-; 2-Methyl-*N*-(2-methylpropyl)-1-propanamine		
分子量：129.3	化学式：$C_8H_{19}N/CH_3CH(CH_3)CH_2NHCH_2CH(CH_3)CH_3$		
危害/接触类型	**急性危害/症状**	**预防**	**急救/消防**
火　灾	易燃的。在火焰中释放出刺激性或有毒烟雾（或气体）	禁止明火，禁止火花和禁止吸烟。禁止与氧化剂接触	干粉，抗溶性泡沫，雾状水，二氧化碳
爆　炸	高于 29℃，可能形成爆炸性蒸气/空气混合物	高于 29℃，使用密闭系统、通风和防爆型电气设备	着火时，喷雾状水保持料桶等冷却
接　触		防止产生烟云！避免一切接触！	一切情况均向医生咨询！
# 吸入	灼烧感。咳嗽。咽喉痛。呼吸困难。气促。症状可能推迟显现（见注解）	通风，局部排气通风或呼吸防护	新鲜空气，休息。半直立体位。必要时进行人工呼吸。给予医疗护理
# 皮肤	发红。疼痛。皮肤烧伤	防护手套。防护服	先用大量水冲洗，然后脱去污染的衣服并再次冲洗。给予医疗护理
# 眼睛	发红。疼痛。严重深度烧伤	面罩，或眼睛防护结合呼吸防护	先用大量水冲洗几分钟（如可能尽量摘除隐形眼镜），然后就医
# 食入	灼烧感。腹部疼痛。休克或虚脱	工作时不得进食，饮水或吸烟	漱口。大量饮水。不要催吐。给予医疗护理
泄漏处置	转移全部引燃源。尽可能将泄漏液收集在可密闭的容器中。用砂土或惰性吸收剂吸收残液，并转移到安全场所。用大量水冲净残余物。不要冲入下水道。不要让该化学品进入环境。个人防护用具：全套防护服包括自给式呼吸器		
包装与标志	不得与食品和饲料一起运输。不易破碎包装，将易破碎包装放在不易破碎的密闭容器中 **联合国危险性类别**：3　**联合国次要危险性**：8 **联合国包装类别**：III **中国危险性类别**：第 3 类易燃液体 **中国次要危险性**：8　**中国包装类别**：III		
应急响应	**运输应急卡**：TEC(R)-30GFC-III **美国消防协会法规**：H3（健康危险性）；F3（火灾危险性）R0（反应危险性）		
储存	耐火设备（条件）。与食品和饲料、强氧化剂、强酸分开存放		
重要数据	**物理状态、外观**：无色液体，有特殊气味 **化学危险性**：燃烧时，该物质分解生成含氮氧化物有毒烟雾。该物质是一种中强碱。与酸和氧化剂发生反应，有着火和爆炸的危险。浸蚀铜、锌及其合金，铝和镀锌钢。水溶液缓慢蚀刻玻璃 **职业接触限值**：阈限值未制定标准 **接触途径**：该物质可通过吸入，经皮肤和食入吸收到体内 **吸入危险性**：未指明 20℃时该物质蒸发达到空气中有害浓度的速率 **短期接触的影响**：该物质腐蚀眼睛、皮肤和呼吸道。食入有腐蚀性。吸入可能引起肺水肿（见注解）。影响可能推迟显现。需进行医学观察		
物理性质	沸点：140℃ 熔点：−74℃ 相对密度（水=1）：0.75 水中溶解度：25℃时 0.22g/100mL 蒸气压：25℃时 0.97kPa	蒸气相对密度（空气=1）：4.5 蒸气/空气混合物的相对密度（20℃，空气=1）：1.03 闪点：29℃（闭杯） 辛醇/水分配系数的对数值：2.84/3.04	
环境数据	该物质对水生生物是有害的		
注解	肺水肿症状常常经过几个小时以后才变得明显，体力劳动使症状加重。因而休息和医学观察是必要的。应当考虑由医生或医生指定的人立即采取适当吸入治疗法		

IPCS
International
Programme on
Chemical Safety

国际化学品安全卡

己胺			ICSC 编号：1443
CAS 登记号：111-26-2 RTECS 号：MQ454000 UN 编号：2734 中国危险货物编号：2734		中文名称：己胺；正己胺；1-己胺；1-氨基己烷 英文名称：HEXYLAMINE; *n*-Hexylamine; 1-Hexanamine; 1-Aminohexane	
分子量：101.19		化学式：$C_6H_{15}N/CH_3(CH_2)_5NH_2$	
危害/接触类型	急性危害/症状	预防	急救/消防
火　灾	易燃的。在火焰中释放出刺激性或有毒烟雾（或气体）	禁止明火，禁止火花和禁止吸烟	干粉，抗溶性泡沫，雾状水，二氧化碳
爆　炸	高于 29℃，可能形成爆炸性蒸气/空气混合物	高于 29℃，使用密闭系统、通风和防爆型电气设备	着火时，喷雾状水保持料桶等冷却
接　触		防止产生烟云！避免一切接触！	一切情况均向医生咨询！
# 吸入	灼烧感。咳嗽。咽喉痛。呼吸困难。气促。症状可能推迟显现（见注解）	通风，局部排气通风或呼吸防护	新鲜空气，休息。半直立体位。必要时进行人工呼吸。给予医疗护理
# 皮肤	发红。疼痛。皮肤烧伤	防护手套。防护服	先用大量水冲洗，然后脱去污染的衣服并再次冲洗。给予医疗护理
# 眼睛	发红。疼痛。严重深度烧伤	面罩，或眼睛防护结合呼吸防护	先用大量水冲洗几分钟（如可能尽量摘除隐形眼镜），然后就医
# 食入	灼烧感。腹部疼痛。休克或虚脱	工作时不得进食，饮水或吸烟	漱口。大量饮水。不要催吐。给予医疗护理
泄漏处置	转移全部引燃源。尽可能将泄漏液收集在可密闭的容器中。用砂土或惰性吸收剂吸收残液，并转移到安全场所。用大量水冲净残余物。不要冲入下水道。不要让该化学品进入环境。个人防护用具：全套防护服包括自给式呼吸器		
包装与标志	联合国危险性类别：3　联合国次要危险性：8 联合国包装类别：II 中国危险性类别：第 3 类易燃液体 中国次要危险性：8　中国包装类别：II		
应急响应	运输应急卡：TEC(R)-80GCF1-II 美国消防协会法规：H3（健康危险性）；F3（火灾危险性）；R0（反应危险性）		
储存	耐火设备（条件）。与强氧化剂、强酸分开存放		
重要数据	**物理状态、外观**：无色液体 **化学危险性**：加热时，该物质分解生成含氮氧化物的有毒烟雾。与氧化剂激烈反应，有着火和爆炸的危险。该物质是一种中强碱。 **职业接触限值**：阈限值未制定标准 **接触途径**：该物质可通过吸入，经皮肤和食入吸收到体内 **吸入危险性**：未指明 20℃时该物质蒸发达到空气中有害浓度的速率 **短期接触的影响**：该物质腐蚀眼睛、皮肤和呼吸道。食入有腐蚀性。吸入可能引起肺水肿（见注解）。影响可能推迟显现。需进行医学观察		
物理性质	沸点：131～132℃ 熔点：-22.9℃ 相对密度（水=1）：0.77 水中溶解度：1.2g/100mL 蒸气压：20℃时 0.87kPa 蒸气相对密度（空气=1）：3.5 蒸气/空气混合物的相对密度（20℃，空气=1）：1.02 闪点：29℃（开杯） 辛醇/水分配系数的对数值：1.52/2.34		
环境数据	该物质对水生生物是有毒的。强烈建议不要让该化学品进入环境		
注解	肺水肿症状常常经过几个小时以后才变得明显，体力劳动使症状加重。因而休息和医学观察是必要的。应当考虑由医生或医生指定的人立即采取适当吸入治疗法		

IPCS
International
Programme on
Chemical Safety

国际化学品安全卡

N,N-二甲基环己胺			ICSC 编号：1444
CAS 登记号：98-94-2 RTECS 号：GX1198000 UN 编号：2264 中国危险货物编号：2264	中文名称：*N,N*-二甲基环己胺；环己基二甲胺；*N,N*-二甲基氨基环己烷 英文名称：*N,N*-DIMETHYLCYCLOHEXYLAMINE; Cyclohexylamine, *N,N*-dimethyl-; Cyclohexyldimethylamine; *N,N*-Dimethylaminocyclohexane		
分子量：127.26	化学式：$C_8H_{17}N$		
危害/接触类型	急性危害/症状	预防	急救/消防
火　灾	易燃的。在火焰中释放出刺激性或有毒烟雾（或气体）	禁止明火，禁止火花和禁止吸烟	干粉，抗溶性泡沫，雾状水，二氧化碳
爆　炸	高于 42.2℃，可能形成爆炸性蒸气/空气混合物	高于 42.2℃，使用密闭系统，通风和防爆型电气设备	着火时，喷雾状水保持料桶等冷却
接　触		防止产生烟云！避免一切接触！	一切情况均向医生咨询！
# 吸入	咽喉痛。灼烧感。咳嗽。呼吸困难。气促。症状可能推迟显现。（见注解）	通风，局部排气通风或呼吸防护	新鲜空气，休息。半直立体位。必要时进行人工呼吸。给予医疗护理
# 皮肤	发红。疼痛。皮肤烧伤	防护手套。防护服	先用大量水冲洗，然后脱去污染的衣服并再次冲洗。给予医疗护理
# 眼睛	发红。疼痛。严重深度烧伤	面罩，或眼睛防护结合呼吸防护	先用大量水冲洗几分钟（如可能尽量摘除隐形眼镜），然后就医
# 食入	灼烧感。腹部疼痛。休克或虚脱	工作时不得进食，饮水或吸烟	漱口。大量饮水。不要催吐。给予医疗护理
泄漏处置	将泄漏液收集在可密闭的容器中。小心收集残余物，然后转移到安全场所。不要让该化学品进入环境。个人防护用具：适用于有机气体和蒸气的过滤呼吸器		
包装与标志	不得与食品和饲料一起运输 联合国危险性类别：8 联合国次要危险性：3　　联合国包装类别：II 中国危险性类别：第 8 类腐蚀性物质 中国次要危险性：3　　中国包装类别：II		
应急响应	运输应急卡：TEC(R)-80GCF1-II		
储存	耐火设备（条件）。与强酸、食品和饲料分开存放		
重要数据	物理状态、外观：无色液体 化学危险性：燃烧时，该物质分解生成含氮氧化物的有毒烟雾。该物质是一种中强碱 职业接触限值：阈限值未制定标准 接触途径：该物质可通过吸入其蒸气，经皮肤和食入吸收到体内 吸入危险性：未指明 20℃时该物质蒸发达到空气中有害浓度的速率 短期接触的影响：该物质腐蚀皮肤，眼睛和呼吸道。食入有腐蚀性。吸入可能引起肺水肿（见注解）。影响可能推迟显现。需进行医学观察		
物理性质	沸点：162～165℃ 熔点：−60℃ 相对密度（水=1）：0.85 水中溶解度：20g/100mL 蒸气压：25℃时 0.4kPa 蒸气相对密度（空气=1）：4.4 蒸气/空气混合物的相对密度（20℃，空气=1）：1.01 闪点：42.2℃（闭杯） 自燃温度：215℃ 爆炸极限：空气中 3.6%～19%（体积） 辛醇/水分配系数的对数值：2.01		
环境数据	该物质对水生生物是有害的		
注解	肺水肿症状常常经过几个小时以后才变得明显，体力劳动使症状加重。因而休息和医学观察是必要的。应当考虑由医生或医生指定的人立即采取适当吸入治疗法		

IPCS
International Programme on Chemical Safety

国际化学品安全卡

叔丁基乙酸酯			ICSC 编号：1445
CAS 登记号：540-88-5 RTECS 号：AF7400000 UN 编号：1123 EC 编号：607-026-00-7 中国危险货物编号：1123 分子量：116.2		中文名称：叔丁基乙酸酯；乙酸叔丁酯；乙酸-1,1-二甲基乙酯 英文名称：*tert*-BUTYL ACETATE; Acetic acid, *tert*-butyl ester; Acetic acid, 1,1-dimethylethyl ester 化学式：$C_6H_{12}O_2$	
危害/接触类型	急性危害/症状	预防	急救/消防
火　灾	高度易燃	禁止明火，禁止火花和禁止吸烟	二氧化碳，干粉，泡沫
爆　炸	高于 15.5℃，可能形成爆炸性蒸气/空气混合物	高于 15.5℃，使用密闭系统，通风和防爆型电气设备	着火时，喷雾状水保持料桶等冷却
接　触			
# 吸入	咳嗽。咽喉痛	通风，局部排气通风或呼吸防护	新鲜空气，休息
# 皮肤	皮肤干燥	防护手套	脱去污染的衣服。冲洗，然后用水和肥皂清洗皮肤
# 眼睛	发红。疼痛	安全护目镜，或眼睛防护结合呼吸防护	先用大量水冲洗几分钟（如可能尽量摘除隐形眼镜），然后就医
# 食入		工作时不得进食，饮水或吸烟	漱口
泄漏处置	不要冲入下水道。尽可能将泄漏液收集在可密闭的容器中。用沙土或惰性吸收剂吸收残液，并转移到安全场所		
包装与标志	欧盟危险性类别：F 符号　标记：C　R:11-66　S:2-16-23-25-29-33 联合国危险性类别：3　联合国包装类别：II 中国危险性类别：第 3 类易燃液体　中国包装类别：II		
应急响应	运输应急卡：TEC(R)-30S1123-II		
储存	耐火设备（条件）。与强氧化剂、强碱和强酸分开存放		
重要数据	物理状态、外观：无色液体，有特殊气味 物理危险性：蒸气比空气重，可能沿地面流动，可能造成远处着火 化学危险性：与强酸、强碱、强氧化剂，包括硝酸盐发生反应，有着火和爆炸的危险。浸蚀塑料 职业接触限值：阈限值：200ppm（时间加权平均值）（美国政府工业卫生学家会议，2002 年）。最高容许浓度：20ppm，96mg/m³；最高限值种类：II（4）；妊娠风险等级：D（德国，2002 年） 接触途径：该物质可通过吸入其蒸气吸收到体内 吸入危险性：20℃时该物质蒸发相当慢达到空气中有害污染浓度 短期接触的影响：蒸气刺激呼吸道。该物质轻微刺激眼睛和皮肤。远高于职业接触限值接触时，能够造成意识降低 长期或反复接触的影响：液体使皮肤脱脂		
物理性质	沸点：97.8℃ 相对密度（水=1）：0.86 水中溶解度：微溶 蒸气压：25℃时 6.3kPa 蒸气相对密度（空气=1）：4 蒸气/空气混合物的相对密度（20℃，空气=1）：1.19 闪点：15.5℃（闭杯） 爆炸极限：空气中 1.5%～7.3%（体积） 辛醇/水分配系数的对数值：1.76		
环境数据			
注解			

IPCS
International
Programme on
Chemical Safety

国际化学品安全卡

N-苯基-1,4-苯二胺			ICSC 编号：1446
CAS 登记号：101-54-2 RTECS 号：ST3150000 分子量：184.24	中文名称：*N*-苯基-1,4-苯二胺；4-氨基二苯胺；*N*-（4-氨基苯基）苯胺；*N*-苯基对亚苯基二胺 英文名称：*N*-PHENYL-1,4-BENZENEDIAMINE; 4-Aminodiphenylamine; *N*-(4-Aminophenyl) aniline; *N*-Phenyl-p-phenylenediamine 化学式：$C_{12}H_{12}N_2/C_6H_5NHC_6H_4NH_2$		
危害/接触类型	急性危害/症状	预防	急救/消防
火 灾	可燃的	禁止明火	干粉，二氧化碳
爆 炸			
接 触		防止粉尘扩散！避免一切接触！	
# 吸入	嘴唇发青或手指发青。皮肤发青。意识模糊。惊厥。头晕。头痛。恶心。神志不清	局部排气通风或呼吸防护	新鲜空气，休息。给予医疗护理
# 皮肤	发红。疼痛	防护服。防护手套	脱去污染的衣服。用大量水冲洗皮肤或淋浴
# 眼睛	发红。疼痛	安全护目镜，如为粉末，眼睛防护结合呼吸防护	先用大量水冲洗几分钟（如可能尽量摘除隐形眼镜），然后就医
# 食入	腹部疼痛。呕吐	工作时不得进食，饮水或吸烟。进食前洗手	漱口。大量饮水。不要催吐。给予医疗护理
泄漏处置	将泄漏物清扫进容器中，如果适当，首先润湿防止扬尘。个人防护用具：适用于有害颗粒物的 P2 过滤呼吸器		
包装与标志			
应急响应			
储存	与强氧化剂和强酸分开存放。干燥		
重要数据	**物理状态、外观**：紫色晶体粉末或针状 **化学危险性**：燃烧时，生成一氧化碳、氮氧化物有毒烟雾。与强酸和强氧化剂发生反应 **职业接触限值**：阈限值未制定标准 **接触途径**：该物质可通过吸入和经食入吸收到体内 **吸入危险性**：20℃时蒸发可忽略不计，但扩散时可较快达到空气中颗粒物有害浓度，尤其是粉末 **短期接触的影响**：该物质刺激皮肤和眼睛。食入后，该物质可能对血液有影响，导致形成正铁血红蛋白。需进行医学观察。影响可能推迟显现 **长期或反复接触的影响**：反复或长期接触可能引起皮肤过敏		
物理性质	沸点：354℃ 熔点：75℃ 密度：1.09g/cm^3 水中溶解度：20℃时 0.05g/100mL 蒸气压：20℃时 0.000076Pa 闪点：193℃ 辛醇/水分配系数的对数值：2.4（计算值）		
环境数据	该物质可能对环境有危害，对水生生物应给予特别注意		
注解	该物质中毒时需采取必要的治疗措施。必须提供有指示说明的适当方法。不要将工作服带回家中。熔融物质的 UN 编号是 3077		

IPCS
International
Programme on
Chemical Safety

国际化学品安全卡

发烟硫酸			ICSC 编号：1447
CAS 登记号：8014-95-7 RTECS 号：WS5605000 UN 编号：1831 EC 编号：016-019-00-2 中国危险货物编号：1831 分子量：见注解		中文名称：发烟硫酸；连二硫酸；焦硫酸；硫酸与三氧化硫混合物 英文名称：OLEUM; Sulfuric acid, fuming; Disulphuric acid; Dithionic acid; Pyrosulfuric acid; Mixture of sulfuric acid and sulfur trioxide 化学式：$H_2SO_4 \cdot O_3S$	

危害/接触类型	急性危害/症状	预防	急救/消防
火　灾	不可燃。许多反应可能引起火灾或爆炸。在火焰中放出刺激性或有毒烟雾或气体	禁止与易燃物质接触。禁止与碱、可燃物质、还原剂或水接触	禁用含水灭火剂。禁止用水。周围环境着火时，使用适当的灭火剂
爆　炸	与碱、可燃物质、还原剂或水接触时，有着火和爆炸危险		着火时，喷雾状水保持料桶等冷却，但避免该物质与水接触
接　触		防止产生烟云！避免一切接触！	一切情况均向医生咨询！
# 吸入	灼烧感，咳嗽，呼吸困难，气促，咽喉痛，症状可能推迟显现（见注解）	通风，局部排气通风或呼吸防护	新鲜空气，休息，半直立体位。必要时进行人工呼吸。给予医疗护理
# 皮肤	发红，严重皮肤烧伤，疼痛，水疱	防护手套。防护服	脱去污染的衣服。用大量水冲洗皮肤或淋浴。给予医疗护理
# 眼睛	发红，疼痛，视力模糊，严重深度烧伤	面罩，或眼睛防护结合呼吸防护	先用大量水冲洗几分钟（如可能易行摘除隐形眼镜），然后就医
# 食入	腹部疼痛，灼烧感，恶心，呕吐，休克或虚脱	工作时不得进食，饮水或吸烟	漱口。不要催吐。大量饮水。给予医疗护理

泄漏处置	撤离危险区域!向专家咨询!通风。切勿直接向液体上喷水。不要用锯末或其他可燃吸收剂吸收。将泄漏液收集在有盖的塑料容器中。用干砂土或惰性吸收剂吸收残液，并转移到安全场所。不要让该化学品进入环境。化学防护服，包括自给式呼吸器
包装与标志	不易破碎包装，将易破碎包装放在不易破碎的密闭容器中。气密。不得与食品和饲料一起运输 欧盟危险性类别:C 符号　标记：B　R:14-35-37　S:1/2-26-30-45 联合国危险性类别:8　联合国次要危险性:6.1　联合国包装类别:I 中国危险性类别:第 8 类腐蚀性物质 中国次要危险性:6.1　中国包装类别:I
应急响应	运输应急卡：TEC(R)-80S1831 美国消防协会法规：H3（健康危险性）；F0（火灾危险性）；R2（反应危险性）；W（禁止用水）
储存	与食品和饲料、性质相互抵触的物质分开存放。见化学危险性。干燥。阴凉场所。沿地面通风
重要数据	物理状态、外观：无色至棕色发烟、黏稠、油状吸湿的液体，有特殊气味 物理危险性：蒸气比空气重 化学危险性：加热时，该物质分解生成含硫氧化物有毒和腐蚀性烟雾。该物质是一种强氧化剂，与可燃物质和还原性物质或有机物激烈反应，有着火和爆炸危险。与水或潮湿空气激烈反应，生成硫酸。水溶液是一种强酸。与碱激烈反应，腐蚀金属，生成易燃/爆炸性气体氢（见卡片#0001） 职业接触限值：阈限值未制定标准 接触途径：该物质可通过吸入吸收到体内 吸入危险性：20℃时该物质蒸发较快达到空气中有害污染浓度 短期接触的影响：该物质腐蚀眼睛、皮肤和呼吸道。食入有腐蚀性。吸入可能引起肺水肿（见注解）。 长期或反复接触的影响：反复或长期接触气溶胶，肺可能受损伤。反复或长期接触气溶胶有牙蚀的危险。含该物质的强无机酸雾是人类致癌物
物理性质	沸点：见注解 熔点：见注解 相对密度（水=1）：1.9 水中溶解度：混溶，反应 蒸气压：见注解 蒸气相对密度（空气=1）：3～3.3 蒸气/空气混合物的相对密度（20℃，空气=1）：1.01～1.3
环境数据	该物质对水生生物是有害的
注解	游离的三氧化硫含量可能改变，会改变其物理性质，因此无分子量数据。溶液的沸点：138℃（20%SO_3），116℃（30%SO_3），60℃（65%SO_3）。熔点：2℃（20%SO_3），21℃（30%SO_3），5℃（65%SO_3）。肺水肿症状常常经过几个小时以后才变得明显，体力劳动使症状加重。因而休息和医学观察是必要的。应当考虑由医生或医生指定的人立即采取适当吸入治疗法。切勿将水喷洒在该物质上，溶解或稀释时总要缓慢将它加入到水中。参见卡片#0362 硫酸和#1202 三氧化硫

IPCS
International
Programme on
Chemical Safety

国际化学品安全卡

<table>
<tr><td colspan="2">除草定</td><td colspan="2">ICSC 编号：1448</td></tr>
<tr><td colspan="2">CAS 登记号：314-40-9
RTECS 号：YQ9100000</td><td colspan="2">中文名称：除草定；5-溴-3-仲丁基-6-甲基尿嘧啶；5-溴-6-甲基-3-（1-甲基丙基）尿嘧啶；5-溴-6-甲基-3-（1-甲基丙基）-2,4（1H,3H）嘧啶二酮
英文名称：BROMACIL; 5-Bromo-3-sec-butyl-6-methyl uracil; 5-Bromo-6-methyl-3-(1-methylpropyl) uracil; 5-Bromo-6-methyl-3-(1-methylpropyl)-2,4(1H,3H)-pyrimidinedione; 2,4(1H,3H)-Pyrimidinedione, 5-bromo-6-methyl-3-(1-methylpropyl)-</td></tr>
<tr><td colspan="2">分子量：261.1</td><td colspan="2">化学式：$C_9H_{13}BrN_2O_2$</td></tr>
<tr><th>危害/接触类型</th><th>急性危害/症状</th><th>预防</th><th>急救/消防</th></tr>
<tr><td>火　灾</td><td>不可燃。含有机溶剂的液体制剂可能是易燃的。在火焰中释放出刺激性或有毒烟雾（或气体）</td><td></td><td>周围环境着火时，使用适当的灭火剂</td></tr>
<tr><td>爆　炸</td><td></td><td></td><td></td></tr>
<tr><td>接　触</td><td></td><td>防止粉尘扩散！</td><td></td></tr>
<tr><td># 吸入</td><td>咳嗽</td><td></td><td>新鲜空气，休息</td></tr>
<tr><td># 皮肤</td><td>发红</td><td>防护手套</td><td>脱去污染的衣服。冲洗，然后用水和肥皂清洗皮肤</td></tr>
<tr><td># 眼睛</td><td>发红。疼痛</td><td>护目镜</td><td>先用大量水冲洗几分钟（如可能尽量摘除隐形眼镜），然后就医</td></tr>
<tr><td># 食入</td><td>恶心。呕吐。腹泻</td><td>工作时不得进食，饮水或吸烟</td><td>大量饮水。给予医疗护理</td></tr>
<tr><td>泄漏处置</td><td colspan="3">不要让该化学品进入环境。将泄漏物清扫进容器中。如果适当，首先润湿防止扬尘。小心收集残余物，然后转移到安全场所。个人防护用具：适用于有害颗粒物的 P2 过滤呼吸器</td></tr>
<tr><td>包装与标志</td><td colspan="3"></td></tr>
<tr><td>应急响应</td><td colspan="3"></td></tr>
<tr><td>储存</td><td colspan="3">保存在通风良好的室内。与强氧化剂和强酸分开存放</td></tr>
<tr><td>重要数据</td><td colspan="3">物理状态、外观：无色至白色晶体
化学危险性：加热时，该物质分解生成含溴化氢和氮氧化物的有毒烟雾。与酸或氧化剂接触时，该物质分解
职业接触限值：阈限值：10mg/m³（时间加权平均值），A3（确认的动物致癌物，但未知与人类相关性）（美国政府工业卫生学家会议，2003 年）
接触途径：该物质可经食入吸收到体内
吸入危险性：20℃时蒸发可忽略不计，但可较快达到空气中颗粒物公害污染浓度
短期接触的影响：该物质轻微刺激眼睛、皮肤和呼吸道</td></tr>
<tr><td>物理性质</td><td colspan="3">熔点：158～160℃
密度：1.55g/cm³
水中溶解度：25℃时 0.08g/100mL
蒸气压：25℃时可忽略不计
辛醇/水分配系数的对数值：1.88～2.11</td></tr>
<tr><td>环境数据</td><td colspan="3">该物质对水生生物有极高毒性</td></tr>
<tr><td>注解</td><td colspan="3">商业制剂中使用的载体溶剂可能改变其物理和毒理学性质</td></tr>
</table>

IPCS
International
Programme on
Chemical Safety

国际化学品安全卡

氯乙酸钠			ICSC 编号：1449
CAS 登记号：3926-62-3 RTECS 号：AG1400000 UN 编号：2659 EC 编号：607-158-00-5 中国危险货物编号：2659		中文名称：氯乙酸钠；氯乙酸钠盐；一氯乙酸钠 英文名称：SODIUM CHLOROACETATE; Acetic acid, chloro-, sodium salt; Sodium monochloroacetate; Chloroacetic acid, sodium salt	
分子量：116.5		化学式：$C_2H_2ClO_2Na$	
危害/接触类型	急性危害/症状	预防	急救/消防
火　灾	可燃的	禁止明火	周围环境着火时，用干粉，泡沫，二氧化碳灭火
爆　炸			
接　触		防止粉尘扩散！	
# 吸入	咳嗽。咽喉痛。灼烧感	局部排气通风或呼吸防护	新鲜空气，休息。给予医疗护理
# 皮肤		防护手套	用大量水冲洗皮肤或淋浴
# 眼睛	发红。疼痛。视力模糊	安全护目镜，如为粉末，眼睛防护结合呼吸防护	先用大量水冲洗几分钟（如可能尽量摘除隐形眼镜），然后就医
# 食入	腹部疼痛。恶心。呕吐。惊厥。（另见吸入）	工作时不得进食，饮水或吸烟。进食前洗手	给予医疗护理。漱口。不要催吐。大量饮水
泄漏处置	不要让该化学品进入环境。将泄漏物清扫进容器中。如果适当，首先润湿防止扬尘。小心收集残余物，然后转移到安全场所。用大量水冲净残余物。个人防护用具：适用于有毒颗粒物的 P3 过滤呼吸器		
包装与标志	不得与食品和饲料一起运输 欧盟危险性类别：T 符号 N 符号 R:25-38-50 S:1/2-22-37-45-61 联合国危险性类别：6.1 联合国包装类别：III 中国危险性类别：第 6.1 项毒性物质 中国包装类别：III		
应急响应	运输应急卡：TEC(R)-61GT2-III		
储存	与食品和饲料分开存放		
重要数据	物理状态、外观：无色晶体或白色粉末 化学危险性：燃烧时，生成含氯和氯化氢的有毒和腐蚀性烟雾 职业接触限值：阈限值未制定标准 接触途径：该物质可经食入吸收到体内 吸入危险性：20℃时蒸发可忽略不计，但喷洒时可较快达到空气中颗粒物有害浓度 短期接触的影响：该物质刺激眼睛和呼吸道。该物质可能对中枢神经系统和心血管系统有影响，导致惊厥，心脏病和肾损伤		
物理性质	熔点：150～200℃（分解） 水中溶解度：20℃时 85g/100mL 蒸气压：25℃时可忽略不计 辛醇/水分配系数的对数值：-3.47		
环境数据	该物质可能对环境有危害，对藻类应给予特别注意		
注解			

IPCS
International
Programme on
Chemical Safety

国际化学品安全卡

氯化钾			ICSC 编号：1450
CAS 登记号：7447-40-7		中文名称：氯化钾	
RTECS 号：TS8050000		英文名称：POTASSIUM CHLORIDE	
分子量：74.6		化学式：KCl	
危害/接触类型	急性危害/症状	预防	急救/消防
火　灾	不可燃		周围环境着火时，使用适当的灭火剂
爆　炸			
接　触			
# 吸入	咳嗽。咽喉痛	局部排气通风	新鲜空气，休息
# 皮肤		防护手套	用大量水冲洗皮肤或淋浴
# 眼睛	发红。疼痛	护目镜	先用大量水冲洗几分钟（如可能尽量摘除隐形眼镜），然后就医
# 食入	腹泻。恶心。呕吐。虚弱。惊厥	工作时不得进食，饮水或吸烟	漱口。催吐（仅对清醒病人！）。大量饮水。给予医疗护理
泄漏处置	将泄漏物清扫进容器中。小心收集残余物，然后转移到安全场所。个人防护用具：适用于惰性颗粒物的P1过滤呼吸器		
包装与标志			
应急响应			
储存	干燥		
重要数据	物理状态、外观：无色吸湿的晶体 职业接触限值：阈限值未制定标准 接触途径：该物质可经食入吸收到体内 吸入危险性：20℃时蒸发可忽略不计，但扩散时可较快达到空气中颗粒物公害污染浓度，尤其是粉末 短期接触的影响：该物质刺激眼睛和呼吸道。大剂量食入后，该物质可能对心血管系统有影响，导致心脏节律障碍		
物理性质	升华点：1500℃ 熔点：770～773℃ 密度：1.98g/cm^3 水中溶解度：20℃时溶解		
环境数据			
注解			

IPCS
International
Programme on
Chemical Safety

国际化学品安全卡

硫酸钾			ICSC 编号：1451
CAS 登记号：7778-80-5 RTECS 号：TT5900000		中文名称：硫酸钾；硫酸二钾盐；硫酸二钾 英文名称：POTASSIUM SULFATE; Sulfuric acid dipotassium salt; Dipotassium sulfate	
分子量：174.3		化学式：K_2SO_4	
危害/接触类型	急性危害/症状	预防	急救/消防
火　灾	不可燃		周围环境着火时，使用适当的灭火剂
爆　炸			
接　触			
# 吸入	咳嗽。咽喉痛	局部排气通风	新鲜空气，休息
# 皮肤	发红	防护手套	冲洗，然后用水和肥皂清洗皮肤
# 眼睛	发红。疼痛	护目镜	先用大量水冲洗几分钟（如可能尽量摘除隐形眼镜），然后就医
# 食入	腹部疼痛。腹泻。恶心。呕吐	工作时不得进食，饮水或吸烟	大量饮水
泄漏处置	将泄漏物清扫进容器中。个人防护用具：适用于惰性颗粒物的 P1 过滤呼吸器		
包装与标志			
应急响应			
储存			
重要数据	物理状态、外观：无色至白色晶体 化学危险性：加热时，该物质分解生成硫氧化物 职业接触限值：阈限值未制定标准 吸入危险性：20℃时蒸发可忽略不计，但扩散时可较快达到空气中颗粒物公害污染浓度，尤其是粉末 短期接触的影响：该物质轻微刺激眼睛、皮肤和呼吸道		
物理性质	沸点：1689℃ 熔点：1067℃ 密度：2.66g/cm^3 水中溶解度：25℃时 12g/100mL		
环境数据			
注解			

IPCS
International
Programme on
Chemical Safety

国际化学品安全卡

蓖麻油			ICSC 编号：1452
CAS 登记号：8001-79-4 RTECS 号：FI4100000		中文名称：蓖麻油 英文名称：CASTOR OIL; Ricinus oil	
危害/接触类型	急性危害/症状	预防	急救/消防
火　灾	可燃的	禁止明火	干粉，二氧化碳
爆　炸			
接　触			
# 吸入			
# 皮肤			
# 眼睛			
# 食入	腹部疼痛。腹泻。恶心。呕吐	工作时不得进食，饮水或吸烟	
泄漏处置	将泄漏液收集在有盖的容器中		
包装与标志			
应急响应			
储存			
重要数据	物理状态、外观：无色黏稠液体，有特殊气味 职业接触限值：阈限值未制定标准 短期接触的影响：该物质刺激胃肠道 长期或反复接触的影响：反复或长期与皮肤接触，可能引起皮炎		
物理性质	沸点：313℃ 熔点：-10 ～-18℃ 相对密度（水=1）：0.96 水中溶解度：难溶 闪点：229℃（闭杯） 自燃温度：448℃		
环境数据			
注解			

IPCS
International
Programme on
Chemical Safety

国际化学品安全卡

苯并（*a*）芴			ICSC 编号：1453
CAS 登记号：238-84-6 RTECS 号：DF6382000	中文名称：苯并（*a*）芴；11*H*-苯并（*a*）芴；柯芴；α-萘芴 英文名称：BENZO (*a*) FLUORENE; 11*H*-Benzo (*a*) fluorene; Chrysofluorene; alpha-Naphthofluorene		
分子量：216.3	化学式：$C_{17}H_{12}$		

危害/接触类型	急性危害/症状	预防	急救/消防
火　灾	不可燃		周围环境着火时，使用适当的灭火剂
爆　炸			
接　触		防止粉尘扩散！避免一切接触！	
# 吸入	见长期或反复接触的影响	局部排气通风或呼吸防护	新鲜空气，休息。给予医疗护理
# 皮肤		防护手套	脱去污染的衣服。冲洗，然后用水和肥皂清洗皮肤
# 眼睛	发红。疼痛	安全护目镜	先用大量水冲洗几分钟（如可能尽量摘除隐形眼镜），然后就医
# 食入		工作时不得进食，饮水或吸烟	漱口。大量饮水。给予医疗护理

泄漏处置	将泄漏物清扫进可密闭容器中，如果适当，首先润湿防止扬尘。小心收集残余物，然后转移到安全场所。不要让该化学品进入环境
包装与标志	
应急响应	
储存	保存在通风良好的室内
重要数据	**物理状态、外观：**无色板状晶体 **职业接触限值：**阈限值未制定标准 **接触途径：**该物质可通过吸入其气溶胶吸收到体内 **吸入危险性：**20℃时蒸发可忽略不计，但可较快达到空气中颗粒物有害浓度 **长期或反复接触的影响：**见注解
物理性质	沸点：399℃ 熔点：189℃ 水中溶解度：难溶 辛醇/水分配系数的对数值：5.32
环境数据	该物质对水生生物有极高毒性
注解	该物质通常不以纯物质形式存在，而是作为多芳烃烃混合物的一种组分。对人群的研究证明，接触多环芳烃与癌症和心血管疾病相关。该物质对人体健康影响数据不充分，因此应当特别注意。不要将工作服带回家中

IPCS
International
Programme on
Chemical Safety

国际化学品安全卡

核黄素			ICSC 编号：1454
CAS 登记号：83-88-5 RTECS 号：VJ1400000 分子量：376.4	中文名称：核黄素；乳黄素；维生素 B2 英文名称：RIBOFLAVIN; Lactoflavine; Vitamin B2 化学式：$C_{17}H_{20}N_4O_6$		
危害/接触类型	急性危害/症状	预防	急救/消防
火　灾	可燃的。在火焰中释放出刺激性或有毒烟雾（或气体）	禁止明火	大量喷水，二氧化碳
爆　炸	微细分散的颗粒物在空气中形成爆炸性混合物	防止粉尘沉积，密闭系统，防止粉尘爆炸型电气设备和照明	
接　触		防止粉尘扩散！	
# 吸入	咳嗽。咽喉痛	局部排气通风或呼吸防护	新鲜空气，休息
# 皮肤		防护手套	冲洗，然后用水和肥皂清洗皮肤
# 眼睛	发红。疼痛	安全护目镜	先用大量水冲洗几分钟（如可能尽量摘除隐形眼镜），然后就医
# 食入		工作时不得进食，饮水或吸烟	
泄漏处置	将泄漏物清扫进有盖的容器中；如果适当，首先润湿防止扬尘		
包装与标志			
应急响应	美国消防协会法规：H0（健康危险性）；F3（火灾危险性）；R0（反应危险性）		
储存	严格密封		
重要数据	物理状态、外观：橘黄色晶体 物理危险性：以粉末或颗粒形状与空气混合，可能发生粉尘爆炸 化学危险性：加热时，该物质分解生成有毒烟雾 职业接触限值：阈限值未制定标准 接触途径：该物质可经食入吸收到体内 吸入危险性：扩散时可较快达到空气中颗粒物公害污染浓度		
物理性质	熔点：280℃（分解） 水中溶解度：25℃时 0.01g/100mL 辛醇/水分配系数的对数值：-1.46		
环境数据			
注解			

IPCS
International
Programme on
Chemical Safety

国际化学品安全卡

水合氢氧化铬（III）			ICSC 编号：1455
CAS 登记号：1308-14-1 RTECS 号：GB2670000		中文名称：水合氢氧化铬（III） 英文名称：CHROMIUM (III) HYDROXIDE HYDRATE; Chromic (III) hydroxide hydrate 化学式：$Cr(HO)_3 \cdot nH_2O$	
危害/接触类型	急性危害/症状	预防	急救/消防
火　灾	不可燃		周围环境着火时，使用适当的灭火剂
爆　炸			
接　触			
# 吸入			
# 皮肤		防护手套	脱去污染的衣服。用大量水冲洗皮肤或淋浴
# 眼睛	发红。疼痛	安全护目镜	先用大量水冲洗几分钟（如可能尽量摘除隐形眼镜），然后就医
# 食入		工作时不得进食，饮水或吸烟	休息。给予医疗护理
泄漏处置	将泄漏物清扫进容器中，如果适当，首先润湿防止扬尘。小心收集残余物，然后转移到安全场所。个人防护用具：适用于有害颗粒物的 P2 过滤呼吸器		
包装与标志			
应急响应			
储存			
重要数据	物理状态、外观：蓝色至绿色粉末，或黑色颗粒 化学危险性：加热时，该物质分解生成氧化铬 职业接触限值：阈限值：$0.5mg/m^3$（以 Cr 计）（时间加权平均值），A4（不能分类为人类致癌物）（美国政府工业卫生学家会议，2003 年） 接触途径：该物质可通过吸入和经食入吸收到体内 吸入危险性：20℃时蒸发可忽略不计，但可较快达到空气中颗粒物公害污染浓度，尤其是粉末 短期接触的影响：可能对眼睛引起机械刺激作用		
物理性质	水中溶解度：不溶		
环境数据			
注解	产品名称有：铬酸及铬酸（VI），CAS 登记号：7738-94-5；氧化铬（VI），CAS 登记号：1333-82-0（参见卡片#1194）。分子量可能随水合程度而改变		

IPCS
International
Programme on
Chemical Safety

国际化学品安全卡

<table>
<tr><td colspan="2">四氟化硫</td><td colspan="2">ICSC 编号：1456</td></tr>
<tr><td colspan="2">CAS 登记号：7783-60-0
RTECS 号：WT4800000
UN 编号：2418
中国危险货物编号：2418

分子量：108.06</td><td colspan="2">中文名称：四氟化硫；四氟化硫（钢瓶）
英文名称：SULFUR TETRAFLUORIDE; Tetrafluorosulfurane; (cylinder)

化学式：F_4S</td></tr>
<tr><td>危害/接触类型</td><td>急性危害/症状</td><td>预防</td><td>急救/消防</td></tr>
<tr><td>火　灾</td><td>不可燃。在火焰中释放出刺激性或有毒烟雾（或气体）</td><td></td><td>禁止用水。周围环境着火时，使用适当的灭火剂</td></tr>
<tr><td>爆　炸</td><td></td><td></td><td>着火时，喷雾状水保持钢瓶冷却，但避免该物质与水接触</td></tr>
<tr><td>接　触</td><td></td><td>避免一切接触！</td><td></td></tr>
<tr><td># 吸入</td><td>灼烧感。咳嗽。咽喉痛。头痛。恶心。呕吐。气促。呼吸困难。症状可能推迟显现。（见注解）</td><td>通风，局部排气通风或呼吸防护</td><td>新鲜空气，休息。半直立体位。必要时进行人工呼吸。给予医疗护理</td></tr>
<tr><td># 皮肤</td><td>疼痛。发红。皮肤烧伤。与液体接触：冻伤</td><td>保温手套。防护服</td><td>冻伤时，用大量水冲洗，不要脱去衣服。用大量水冲洗皮肤或淋浴。给予医疗护理</td></tr>
<tr><td># 眼睛</td><td>发红。疼痛。视力模糊。严重深度烧伤</td><td>护目镜，面罩，或眼睛防护结合呼吸防护</td><td>先用大量水冲洗几分钟（如可能尽量摘除隐形眼镜），然后就医</td></tr>
<tr><td># 食入</td><td></td><td>工作时不得进食，饮水或吸烟</td><td></td></tr>
<tr><td>泄漏处置</td><td colspan="3">撤离危险区域！向专家咨询！通风。个人防护用具：气密式化学防护服包括自给式呼吸器</td></tr>
<tr><td>包装与标志</td><td colspan="3">联合国危险性类别：2.3　联合国次要危险性：8
中国危险性类别：第 2.3 项毒性气体　中国次要危险性：8</td></tr>
<tr><td>应急响应</td><td colspan="3">运输应急卡：TEC(R)-20G2TC
美国消防协会法规：H3（健康危险性）；F0（火灾危险性）；R（反应危险性）</td></tr>
<tr><td>储存</td><td colspan="3">保存在通风良好的室内。如果在室内，耐火设备（条件）。阴凉场所。干燥</td></tr>
<tr><td>重要数据</td><td colspan="3">物理状态、外观：无色气体，有特殊气味
物理危险性：气体比空气重
化学危险性：与水和酸激烈反应，生成有毒和腐蚀性烟雾。浸蚀玻璃和金属。
职业接触限值：阈限值：0.1ppm（上限值）（美国政府工业卫生学家会议，2003 年）
接触途径：该物质可通过吸入吸收到体内
吸入危险性：容器漏损时，迅速达到空气中该气体的有害浓度
短期接触的影响：该物质腐蚀眼睛、皮肤和呼吸道。液体可能引起冻伤。吸入气体可能引起肺水肿（见注解）。
长期或反复接触的影响：该物质可能对骨骼和牙齿有影响，导致氟中毒（斑釉）</td></tr>
<tr><td>物理性质</td><td colspan="3">沸点：-40℃
熔点：-124℃
水中溶解度：反应
蒸气相对密度（空气=1）：3.78</td></tr>
<tr><td>环境数据</td><td colspan="3"></td></tr>
<tr><td>注解</td><td colspan="3">工作接触的任何时刻不应超过职业接触限值。肺水肿症状常常经过几个小时以后才变得明显，体力劳动使症状加重。因而休息和医学观察是必要的</td></tr>
</table>

IPCS
International
Programme on
Chemical Safety

本卡片由 **IPCS** 和 **EC** 合作编写 © 2004～2012

国际化学品安全卡

石蜡			ICSC 编号：1457
CAS 登记号：8002-74-2 RTECS 号：RV0350000	中文名称：石蜡；石油蜡；石油烃蜡；（见注解） 英文名称：PARAFFIN WAX; Petroleum wax; Paraffin waxes and hydrocarbon waxes; (See Notes) 化学式：C_nH_{2n+2}		
危害/接触类型	急性危害/症状	预防	急救/消防
火　灾	可燃的		干粉，水，泡沫，二氧化碳，干砂土
爆　炸			
接　触			
# 吸入		处理熔融石蜡时，通风、局部排气通风或呼吸防护	新鲜空气，休息
# 皮肤		处理熔融石蜡时，隔热手套	用大量水冲洗皮肤或淋浴
# 眼睛		处理熔融石蜡时，护目镜	先用大量水冲洗几分钟（如可能尽量摘除隐形眼镜），然后就医
# 食入		工作时不得进食，饮水或吸烟	
泄漏处置			
包装与标志			
应急响应	美国消防协会法规：H0（健康危险性）；F1（火灾危险性）；R0（反应危险性）		
储存			
重要数据	物理状态、外观：白色至黄色蜡状固体，无气味 职业接触限值：阈限值：$2mg/m^3$（烟雾）（美国政府工业卫生学家会议，2003 年） 接触途径：该物质可通过吸入其烟雾吸收到体内 短期接触的影响：烟雾刺激眼睛、鼻和喉咙		
物理性质	熔点：50～57℃（见注解） 水中溶解度：不溶 闪点：199℃（闭杯）		
环境数据			
注解	其他熔点：45～95℃。通过溶剂结晶法（溶剂去油）或者发汗法从石油组分中获得的一种复杂烃类组合物。主要为碳链长度 20 以上的直链烃		

IPCS
International
Programme on
Chemical Safety

国际化学品安全卡

<table>
<tr><td colspan="2">2-氯甲苯</td><td colspan="2">ICSC 编号：1458</td></tr>
<tr><td colspan="2">CAS 登记号：95-49-8
RTECS 号：XS9000000
UN 编号：2238
EC 编号：602-040-00-X
中国危险货物编号：2238</td><td colspan="2">中文名称：2-氯甲苯；1-氯-2-甲苯；邻氯甲苯；邻甲苯基氯
英文名称：2-CHLOROTOLUENE; 1-Chloro-2-methylbenzene; o-Chlorotoluene; o-Tolyl chloride</td></tr>
<tr><td colspan="2">分子量：126.59</td><td colspan="2">化学式：$C_7H_7Cl/CH_3C_6H_4Cl$</td></tr>
<tr><td>危害/接触类型</td><td>急性危害/症状</td><td>预防</td><td>急救/消防</td></tr>
<tr><td>火　灾</td><td>易燃的。在火焰中释放出刺激性或有毒烟雾（或气体）</td><td>禁止明火，禁止火花和禁止吸烟</td><td>二氧化碳，雾状水，泡沫，干粉</td></tr>
<tr><td>爆　炸</td><td>高于 43℃，可能形成爆炸性蒸气/空气混合物</td><td>高于 43℃，使用密闭系统、通风和防爆型电气设备</td><td>着火时，喷雾状水保持料桶等冷却</td></tr>
<tr><td>接　触</td><td></td><td>防止产生烟云！</td><td></td></tr>
<tr><td># 吸入</td><td>咳嗽。气促。头晕</td><td>通风，局部排气通风或呼吸防护</td><td>新鲜空气，休息。给予医疗护理</td></tr>
<tr><td># 皮肤</td><td>皮肤干燥。发红。疼痛</td><td>防护手套</td><td>先用大量水冲洗，然后脱去污染的衣服并再次冲洗</td></tr>
<tr><td># 眼睛</td><td>发红。疼痛</td><td>安全护目镜</td><td>先用大量水冲洗几分钟（如可能尽量摘除隐形眼镜），然后就医</td></tr>
<tr><td># 食入</td><td></td><td>工作时不得进食，饮水或吸烟</td><td>不要催吐。大量饮水。给予医疗护理</td></tr>
<tr><td>泄漏处置</td><td colspan="3">通风。转移全部引燃源。尽可能将泄漏液收集在可密闭的容器中。用砂土或惰性吸收剂吸收残液，并转移到安全场所。不要让该化学品进入环境。个人防护用具：适用于有机气体和蒸气的过滤呼吸器</td></tr>
<tr><td>包装与标志</td><td colspan="3">污染海洋物质
欧盟危险性类别：Xn 符号 N 符号 标记：C　R:20-51/53　S:2-24/25-61
联合国危险性类别：3 联合国包装类别：III
中国危险性类别：第 3 类易燃液体 中国包装类别：III</td></tr>
<tr><td>应急响应</td><td colspan="3">运输应急卡：TEC(R)-30GFI-III
美国消防协会法规：H2（健康危险性）；F2（火灾危险性）；R0（反应危险性）</td></tr>
<tr><td>储存</td><td colspan="3">耐火设备（条件）。与强氧化剂分开存放</td></tr>
<tr><td>重要数据</td><td colspan="3">物理状态、外观：无色液体，有特殊气味
化学危险性：燃烧时，生成含氯化氢和光气有毒和腐蚀性烟雾。与氧化剂发生反应
职业接触限值：阈限值：50ppm（时间加权平均值）（美国政府工业卫生学家会议，2003 年）
接触途径：该物质可通过吸入吸收到体内
吸入危险性：20℃时该物质蒸发相当慢达到空气中有害污染浓度，但喷洒或扩散时要快得多
短期接触的影响：该物质刺激眼睛、皮肤和呼吸道
长期或反复接触的影响：液体使皮肤脱脂</td></tr>
<tr><td>物理性质</td><td colspan="3">沸点：159.2℃
熔点：−35.1℃
相对密度（水=1）：1.08
水中溶解度：20℃时 0.47g/100mL
蒸气压：20℃时 0.35kPa
蒸气相对密度（空气=1）：4.4
蒸气/空气混合物的相对密度（20℃，空气=1）：1.01
闪点：43℃（闭杯）
爆炸极限：空气中 1%～12.6%（体积）
辛醇/水分配系数的对数值：3.4</td></tr>
<tr><td>环境数据</td><td colspan="3">该物质对水生生物是有害的。该物质可能对环境有危害，对甲壳纲动物和鱼应给予特别注意</td></tr>
<tr><td>注解</td><td colspan="3"></td></tr>
</table>

IPCS
International
Programme on
Chemical Safety

国际化学品安全卡

<table>
<tr><td colspan="3">焦亚硫酸钠</td><td>ICSC 编号：1461</td></tr>
<tr><td colspan="2">CAS 登记号：7681-57-4
RTECS 号：UX8225000
EC 编号：016-063-00-2</td><td colspan="2">中文名称：焦亚硫酸钠；焦亚硫酸二钠；偏酸式亚硫酸钠
英文名称：SODIUM DISULFITE; Disodium disulfite; Disodium pyrosulfite; Sodium metabisulfite</td></tr>
<tr><td colspan="2">分子量：190.1</td><td colspan="2">化学式：$Na_2O_5S_2$</td></tr>
<tr><td>危害/接触类型</td><td>急性危害/症状</td><td>预防</td><td>急救/消防</td></tr>
<tr><td>火　灾</td><td>不可燃</td><td></td><td>周围环境着火时，使用适当的灭火剂</td></tr>
<tr><td>爆　炸</td><td></td><td></td><td></td></tr>
<tr><td>接　触</td><td></td><td>防止粉尘扩散！</td><td></td></tr>
<tr><td># 吸入</td><td>咳嗽。喘息</td><td>局部排气通风或呼吸防护</td><td>新鲜空气，休息</td></tr>
<tr><td># 皮肤</td><td></td><td>防护手套</td><td>先用大量水冲洗，然后脱去污染的衣服并再次冲洗</td></tr>
<tr><td># 眼睛</td><td>发红。疼痛</td><td>护目镜</td><td>先用大量水冲洗几分钟（如可能尽量摘除隐形眼镜），然后就医</td></tr>
<tr><td># 食入</td><td>腹部疼痛。腹泻。恶心。呕吐</td><td>工作时不得进食，饮水或吸烟</td><td>漱口。大量饮水。给予医疗护理</td></tr>
<tr><td>泄漏处置</td><td colspan="3">不要用锯末或其他可燃吸收剂吸收。将泄漏物清扫进容器中，如果适当，首先润湿防止扬尘。不要让该化学品进入环境。个人防护用具：适用于有害颗粒物的 P2 过滤呼吸器</td></tr>
<tr><td>包装与标志</td><td colspan="3">欧盟危险性类别：Xn 符号　R:22-31-41　S:2-26-39-46</td></tr>
<tr><td>应急响应</td><td colspan="3"></td></tr>
<tr><td>储存</td><td colspan="3">与酸类和强氧化剂分开存放</td></tr>
<tr><td>重要数据</td><td colspan="3">物理状态、外观：白色粉末
化学危险性：加热时，该物质分解生成硫氧化物。该物质是一种强还原剂，与氧化剂发生反应。与浓亚硝酸钠溶液激烈反应。与酸接触时，该物质分解生成硫氧化物
职业接触限值：阈限值：5mg/m³，A4（不能分类为人类致癌物）（美国政府工业卫生学家会议，2002 年）
接触途径：该物质可通过吸入和经食入吸收到体内
吸入危险性：20℃时蒸发可忽略不计，但扩散时可较快达到空气中颗粒物有害浓度
短期接触的影响：该物质刺激眼睛、呼吸道，严重刺激胃肠道。吸入可能引起类似哮喘反应</td></tr>
<tr><td>物理性质</td><td colspan="3">熔点：低于熔点在 150℃分解
密度：1.4g/cm³
水中溶解度：54g/100mL（溶解）
辛醇/水分配系数的对数值：−3.7</td></tr>
<tr><td>环境数据</td><td colspan="3">该物质对水生生物是有害的</td></tr>
<tr><td>注解</td><td colspan="3">用大量水冲洗工作服（有着火危险）。因这种物质出现哮喘症状的任何人不应当再接触该物质。哮喘症状常常经过几个小时以后才变得明显，体力劳动使症状加重。因而休息和医学观察是必要的</td></tr>
</table>

IPCS
International
Programme on
Chemical Safety

国际化学品安全卡

1,3-二（氨甲基）苯			ICSC 编号：1462
CAS 登记号：1477-55-0 RTECS 号：PF8970000 UN 编号：2735 中国危险货物编号：2735	中文名称：1,3-二（氨甲基）苯；1,3-苯二甲胺；1,3-二氨基甲苯；间亚苯基二（甲胺）；间二甲苯二胺；间二甲苯-α,α'-二胺 英文名称：1,3-BIS (AMINOMETHYL) BENZENE; 1,3-Benzenedimethanamine; 1,3-*bis*-Aminomethylbenzene; *m*-Phenylenebis (methylamine); *m*-Xylylenediamine; *m*-Xylene alpha, alpha'-diamine		
分子量：136.2	化学式：$C_8H_{12}N_2/C_6H_4(CH_2NH_2)_2$		
危害/接触类型	急性危害/症状	预防	急救/消防
火　灾	可燃的	禁止明火	干粉，泡沫，二氧化碳
爆　炸			
接　触		避免一切接触！	一切情况均向医生咨询！
# 吸入	灼烧感。咳嗽。咽喉痛。呼吸困难。气促。症状可能推迟显现（见注解）	通风，局部排气通风或呼吸防护	新鲜空气，休息。半直立体位。必要时进行人工呼吸。给予医疗护理
# 皮肤	发红。疼痛。皮肤烧伤	防护手套。防护服	脱去污染的衣服。用大量水冲洗皮肤或淋浴。给予医疗护理
# 眼睛	疼痛。发红。严重深度烧伤	面罩，或眼睛防护结合呼吸防护	先用大量水冲洗几分钟（如可能尽量摘除隐形眼镜），然后就医
# 食入	腹部疼痛。灼烧感。休克或虚脱	工作时不得进食，饮水或吸烟	漱口。饮用 1～2 杯水。不要催吐。给予医疗护理
泄漏处置	大量泄漏时，向专家咨询！尽可能将泄漏液收集在可密闭的容器中。用砂土或惰性吸收剂吸收残液，并转移到安全场所。小心收集残余物。不要让该化学品进入环境。个人防护用具：适用于有机气体和蒸气的过滤呼吸器		
包装与标志	不得与食品和饲料一起运输 **联合国危险性类别**：8　　**联合国包装类别**：II **中国危险性类别**：第 8 类 腐蚀性物质　**中国包装类别**：II		
应急响应	运输应急卡：TEC(R)-80GC7-II+III		
储存	与食品和饲料分开存放		
重要数据	**物理状态、外观**：无色液体 **化学危险性**：燃烧时，该物质分解生成含氮氧化物的有毒烟雾 **职业接触限值**：阈限值：0.1mg/m^3（上限值，经皮）（美国政府工业卫生学家会议，2002 年）。最高容许浓度：皮肤致敏剂（德国，2007 年） **接触途径**：该物质可通过吸入，经皮肤和食入吸收到体内 **吸入危险性**：20℃时该物质蒸发相当快达到空气中有害污染浓度，但喷洒或扩散时更快 **短期接触的影响**：该物质腐蚀眼睛、皮肤和呼吸道。吸入高浓度烟雾可能引起肺水肿（见注解）。食入有腐蚀性 **长期或反复接触的影响**：反复或长期接触可能引起皮肤过敏		
物理性质	**沸点**：273℃ **熔点**：14.1℃ **相对密度（水=1）**：1.05 **水中溶解度**：溶解 **蒸气压**：25℃时 4Pa **闪点**：134℃（开杯） **辛醇/水分配系数的对数值**：0.18		
环境数据	该物质对水生生物是有害的		
注解	肺水肿症状常常经过几个小时以后才变得明显，体力劳动使症状加重。因而休息和医学观察是必要的。工作接触的任何时刻都不应超过职业接触限值		

IPCS
International Programme on Chemical Safety

国际化学品安全卡

2,2-二甲基-4,4'-亚甲基（环己胺）			ICSC 编号：1464
CAS 登记号：6864-37-5 RTECS 号：GU5980000 EC 编号：612-110-00-1	中文名称：2,2'-二甲基-4,4'-亚甲基（环己胺）；3,3'-二甲基-4,4'-二氨基二环己基甲烷；4,4'-二氨基-3,3'-二甲基二环己基甲烷；4,4'-亚甲基双-（2-甲基环己胺） 英文名称：2,2'-DIMETHYL-4,4'-METHYLENEBIS(CYCLOHEXYLAMINE); 3,3'-Dimethyl-4,4'-diaminodicyclo hexylmethane; 4,4'-Diamino-3,3'-dimethyldicyclohexylmethane; 4,4'-Methylenebis-(2-methylcyclo hexanamine)		
分子量：238.5	化学式：$C_{15}H_{30}N_2$		
危害/接触类型	急性危害/症状	预防	急救/消防
火　灾	可燃的	禁止明火	干粉，抗溶性泡沫，雾状水，二氧化碳
爆　炸			
接　触		避免一切接触！	一切情况均向医生咨询！
# 吸入	灼烧感。咳嗽。咽喉痛。呼吸困难。气促。症状可能推迟显现（见注解）	通风，局部排气通风或呼吸防护	新鲜空气，休息。给予医疗护理。半直立体位。必要时进行人工呼吸
# 皮肤	严重皮肤烧伤。疼痛。发红	防护手套。防护服	脱去污染的衣服。用大量水冲洗皮肤或淋浴。给予医疗护理
# 眼睛	疼痛。发红。严重深度烧伤	面罩，或眼睛防护结合呼吸防护	先用大量水冲洗几分钟（如可能尽量摘除隐形眼镜），然后就医
# 食入	腹部疼痛。灼烧感。休克或虚脱	工作时不得进食，饮水或吸烟。进食前洗手	漱口。大量饮水。不要催吐。给予医疗护理
泄漏处置	向专家咨询！尽可能将泄漏液收集在可密闭的塑料容器中。不要让该化学品进入环境。个人防护用具：全套防护服包括自给式呼吸器		
包装与标志	不得与食品和饲料一起运输 欧盟危险性类别：T 符号 C 符号 N 符号　R:22-23/24-35-51/53　S:1/2-26-36/37/39-45-61		
应急响应			
储存	与食品和饲料分开存放		
重要数据	**物理状态、外观：**无色至黄色液体 **化学危险性：**该物质是一种弱碱。燃烧时，该物质分解生成氮氧化物 **职业接触限值：**阈限值未制定标准 **接触途径：**该物质可通过吸入其气溶胶，经皮肤和食入吸收到体内 **吸入危险性：**20℃时该物质蒸发不会或很缓慢达到空气中有害污染浓度，但喷洒或扩散时要快得多 **短期接触的影响：**该物质严重腐蚀眼睛和皮肤。腐蚀呼吸道。食入有腐蚀性。吸入高浓度气溶胶可能引起肺水肿（见注解） **长期或反复接触的影响：**该物质可能对皮肤有影响，导致慢性疾病（硬皮病）。该物质可能对血液、心血管系统、肾和肝有影响，导致贫血、心脏病、肾损伤和肝损害		
物理性质	沸点：342℃ 熔点：-7℃ 相对密度（水=1）：0.95 水中溶解度：20℃时 0.4g/100mL 蒸气压：20℃时 0.08Pa 辛醇/水分配系数的对数值：2.5		
环境数据	该物质对水生生物是有毒的。强烈建议不要让该化学品进入环境		
注解	商品名称有 Epi-Cure 113, Hardener SL 和 Laromin C。肺水肿症状常常经过几个小时以后才变得明显，体力劳动使症状加重。因而休息和医学观察是必要的		

IPCS
International
Programme on
Chemical Safety

国际化学品安全卡

正丁腈			ICSC 编号：1465
CAS 登记号：109-74-0 RTECS 号：ET8750000 UN 编号：2411 EC 编号：608-005-00-5 中国危险货物编号：2411 分子量：69.1		中文名称：正丁腈；丁腈；丁酸腈；1-氰基丙烷；正丙基氰化物 英文名称：*n*-BUTYRONITRILE; Butanenitrile; Butyric acid nitrile; 1-Cyanopropane; *n*-Propyl cyanide 化学式：$C_4H_7N/CH_3CH_2CH_2CN$	
危害/接触类型	急性危害/症状	预防	急救/消防
火　灾	高度易燃。在火焰中释放出刺激性或有毒烟雾或气体	禁止明火，禁止火花和禁止吸烟。禁止与氧化剂接触	雾状水，泡沫，抗溶性泡沫，干粉，二氧化碳
爆　炸	高于 17℃，可能形成爆炸性蒸气/空气混合物	高于 17℃，使用密闭系统、通风和防爆型电气设备。不要使用压缩空气灌装、卸料或转运	着火时，喷雾状水保持料桶等冷却
接　触		严格作业环境管理！	一切情况均向医生咨询！
# 吸入	头晕，呼吸困难，恶心，呕吐，虚弱，意识模糊，惊厥，神志不清	通风，局部排气通风或呼吸防护	新鲜空气，休息，半直立体位，必要时进行人工呼吸，给予医疗护理，见注解
# 皮肤	可能被吸收！发红。（另见吸入）	防护服。防护手套	脱去污染的衣服，冲洗，然后用水和肥皂清洗皮肤。给予医疗护理
# 眼睛	发红。疼痛。视力模糊	面罩，或眼睛防护结合呼吸防护	先用大量水冲洗几分钟（如可能尽量摘除隐形眼镜），然后就医
# 食入	（另见吸入）	工作时不得进食，饮水或吸烟。进食前洗手	漱口。催吐（仅对清醒病人！）。用水冲服活性炭浆。给予医疗护理。见注解
泄漏处置	转移全部引燃源。尽可能将泄漏液收集在可密闭的容器中。用砂土或惰性吸收剂吸收残液，并转移到安全场所。不要让该化学品进入环境。个人防护用具：自给式呼吸器		
包装与标志	不得与食品和饲料一起运输 欧盟危险性类别：T 符号　R:10-23/24/25　S:1/2-45 联合国危险性类别：3　　联合国次要危险性：6.1 联合国包装类别：II 中国危险性类别：第 3 类易燃液体 中国次要危险性：6.1　　中国包装类别：II		
应急响应	运输应急卡：TEC(R)-30GFT1-II 美国消防协会法规：H3（健康危险性）；F3（火灾危险性）；R0（反应危险性）		
储存	耐火设备（条件）。与强氧化剂、强还原剂、碱、强酸、食品和饲料分开存放。保存在通风良好的室内		
重要数据	**物理状态、外观**：无色液体，有特殊气味 **物理危险性**：蒸气与空气充分混合，容易形成爆炸性混合物 **化学危险性**：燃烧时，与高温表面或火焰或酸接触时，该物质分解生成含氰化氢和氮氧化物的有毒和腐蚀性烟雾。与强酸、强碱、强氧化剂和强还原剂激烈反应 **职业接触限值**：阈限值未制定标准 **接触途径**：该物质可经食入，吸入和经皮肤吸收到体内 **吸入危险性**：20℃时该物质蒸发相当快达到空气中有害污染浓度，但喷洒或扩散时更快 **短期接触的影响**：蒸气轻微刺激眼睛、皮肤和呼吸道。该物质可能抑制细胞呼吸，导致惊厥、心脏病和呼吸衰竭。高浓度接触时，可能导致死亡。影响可能推迟显现。需进行医学观察		
物理性质	沸点：116～118℃ 熔点：-112℃ 相对密度（水=1）：0.8 水中溶解度：25℃时 3g/100mL 蒸气压：20℃时 2kPa 蒸气相对密度（空气=1）：2.4	蒸气/空气混合物的相对密度（20℃，空气=1）：1.02 闪点：17℃ 自燃温度：501℃ 爆炸极限：空气中 1.6%～?%（体积） 辛醇/水分配系数的对数值：0.5～0.6	
环境数据	该物质可能对环境有危害，对鸟类应给予特别注意		
注解	该物质中毒时需采取必要的治疗措施。必须提供有指示说明的适当方法。根据接触程度，建议定期进行医疗检查		

IPCS
International
Programme on
Chemical Safety

国际化学品安全卡

丙二腈			ICSC 编号：1466
CAS 登记号：109-77-3 RTECS 号：OO3150000 UN 编号：2647 EC 编号：608-009-00-7 中国危险货物编号：2647		中文名称：丙二腈；丙二酸二腈；氰基乙腈；亚甲基二腈 英文名称：MALONONITRILE; Propanedinitrile; Malonic acid dinitrile; Cyanoacetonitrile; Methylene dinitrile	
分子量：66.1		化学式：$C_3H_2N_2$/$NCCH_2CN$	
危害/接触类型	急性危害/症状	预防	急救/消防
火　灾	可燃的	禁止明火	雾状水，干粉，泡沫，二氧化碳
爆　炸	着火和爆炸危险：见化学危险性		
接　触		严格作业环境管理!	一切情况均向医生咨询!
# 吸入	头晕，呼吸困难，恶心，呕吐，虚弱，意识模糊，惊厥，神志不清	局部排气通风或呼吸防护	新鲜空气，休息，半直立体位，必要时进行人工呼吸，给予医疗护理
# 皮肤	可能被吸收！发红。疼痛	防护服。防护手套	脱去污染的衣服，冲洗，然后用水和肥皂清洗皮肤，给予医疗护理
# 眼睛	发红。疼痛	护目镜，或眼睛防护结合呼吸防护	先用大量水冲洗几分钟（如可能尽量摘除隐形眼镜），然后就医
# 食入	腹部疼痛（另见吸入）	工作时不得进食，饮水或吸烟。进食前洗手	漱口。用水冲服活性炭浆。催吐（仅对清醒病人!）。大量饮水。给予医疗护理
泄漏处置	转移全部引燃源。真空抽吸泄漏物或将泄漏物清扫进容器中。如果适当，首先润湿防止扬尘。不要让该化学品进入环境。个人防护用具：化学防护服包括自给式呼吸器		
包装与标志	不得与食品和饲料一起运输 欧盟危险性类别：T 符号 N 符号　R:23/24/25-50/53　S:1/2-23-27-45-60-61 联合国危险性类别：6.1　联合国包装类别：II 中国危险性类别：第 6.1 项毒性物质　中国包装类别：II		
应急响应	运输应急卡：TEC(R)-61GT2-II		
储存	阴凉场所。与强碱、食品和饲料分开存放。严格密封。保存在通风良好的室内		
重要数据	**物理状态、外观**：无色晶体或白色粉末 **化学危险性**：在温度 130℃以上或在碱的作用下，该物质发生聚合，有着火或爆炸危险。加热时，该物质分解生成含氰化氢和氮氧化物的有毒和腐蚀性气体。浸蚀许多金属，生成易燃/爆炸性气体氢（见卡片#0001） **职业接触限值**：阈限值未制定标准 **接触途径**：该物质可通过吸入，经皮肤和食入吸收到体内 **吸入危险性**：20℃时该物质蒸发相当慢达到空气中有害污染浓度 **短期接触的影响**：该物质严重刺激眼睛、皮肤和呼吸道。该物质可能抑制细胞呼吸，导致惊厥、心脏病和呼吸衰竭。高浓度接触时，可能导致死亡。需进行医学观察。影响可能推迟显现		
物理性质	沸点：218～220℃ 熔点：30～34℃ 密度：1.19g/cm^3 水中溶解度：20℃时 13.3g/100mL（适度溶解） 蒸气压：25℃时 27Pa 蒸气相对密度（空气=1）：2.3 闪点：112℃（开杯） 辛醇/水分配系数的对数值：-0.6		
环境数据	该物质对水生生物是有毒的		
注解	根据接触程度，建议定期进行医疗检查。该物质中毒时需采取必要的治疗措施。必须提供有指示说明的适当方法		

IPCS
International
Programme on
Chemical Safety

国际化学品安全卡

2,3,7,8-四氯二苯并对二噁英			ICSC 编号：1467
CAS 登记号：1746-01-6 RTECS 号：HP3500000 UN 编号：2811 中国危险货物编号：2811 分子量： 322.0	中文名称：2,3,7,8-四氯二苯并对二噁英；2,3,7,8-四氯二苯并[*b,e*] [1,4]二噁英；2,3,7,8-TCDD；2,3,7,8-四氯-1,4-二噁英；二噁英 英文名称：2,3,7,8-TETRACHLORODIBENZO-p-DIOXIN; Dibenzo [*b,e*] [1,4]dioxin, 2,3,7,8-tetrachloro-; 2,3,7,8-TCDD; 2,3,7,8-Tetrachloro-1,4-dioxin 化学式：$C_{12}H_4Cl_4O_2$		
危害/接触类型	急性危害/症状	预防	急救/消防
火　灾	在火焰中释放出刺激性或有毒烟雾（或气体）		周围环境着火时，使用干粉，雾状水，泡沫，二氧化碳灭火
爆　炸			
接　触		避免一切接触！	一切情况均向医生咨询！
# 吸入	氯痤疮。症状可能推迟显现（见注解）	采取适当工程控制措施	新鲜空气，休息。给予医疗护理
# 皮肤	可能被吸收！（见吸入）。发红。疼痛	防护手套。防护服	脱去污染的衣服。冲洗，然后用水和肥皂清洗皮肤。给予医疗护理
# 眼睛	发红。疼痛	面罩，或眼睛防护结合呼吸防护	先用大量水冲洗几分钟（如可能尽量摘除隐形眼镜），然后就医
# 食入	（另见吸入）	工作时不得进食，饮水或吸烟。进食前洗手	用水冲服活性炭浆。催吐（仅对清醒病人！）。给予医疗护理
泄漏处置	撤离危险区域！向专家咨询！化学防护服，包括自给式呼吸器		
包装与标志	**联合国危险性类别**：6.1　**联合国包装类别**：I **中国危险性类别**：第 6.1 项毒性物质　**中国包装类别**：I		
应急响应	运输应急卡：TEC(R)-61GT2-I		
储存	与食品和饲料分开存放		
重要数据	**物理状态、外观**：无色至白色似针状晶体 **化学危险性**：加热到 750～800℃时和在紫外光的作用下，该物质分解生成氯 **职业接触限值**：阈限值未制定标准。最高容许浓度：10^{-8} mg/m^3（可吸入粉尘）；皮肤吸收；最高限值种类：II（8）；致癌物类别：4；妊娠风险等级：C（德国，2003 年） **接触途径**：该物质可通过吸入粉尘、经皮肤和食入吸收到体内 **吸入危险性**：20℃时蒸发可忽略不计，但扩散时可较快地达到空气中颗粒物有害浓度 **短期接触的影响**：该物质刺激眼睛、皮肤和呼吸道。该物质可能对心血管系统、胃肠道、肝、神经系统和内分泌系统有影响。影响可能推迟显现 **长期或反复接触的影响**：反复或长期与皮肤接触可能引起皮炎。该物质可能对骨髓、内分泌系统、免疫系统、肝和神经系统有影响。该物质是人类致癌物。动物实验表明，该物质可能造成人类生殖或发育毒性		
物理性质	熔点：305～306℃ 密度：1.8g/cm^3 水中溶解度：不溶 蒸气压：25℃时可忽略不计 辛醇/水分配系数的对数值：6.8～7.02		
环境数据	该物质对水生生物有极高毒性。该物质可能对环境有危害，对土壤的污染应给予特别注意。该化学品可能在鱼、植物、哺乳动物和牛奶中发生生物蓄积。强烈建议不要让该化学品进入环境		
注解	虽然该化学品的生产仅用于研究目的，但是可以作为化工过程或燃烧过程的副产物生成		

IPCS
International
Programme on
Chemical Safety

国际化学品安全卡

四硝基甲烷			ICSC 编号：1468
CAS 登记号：509-14-8 RTECS 号：PB4025000 UN 编号：1510 中国危险货物编号：1510 分子量：196.0		中文名称：四硝基甲烷 英文名称：TETRANITROMETHANE 化学式：$CN_4O_8/C(NO_2)_4$	
危害/接触类型	急性危害/症状	预防	急救/消防
火　灾	爆炸性的。在火焰中释放出刺激性或有毒烟雾（或气体）	禁止明火，禁止火花和禁止吸烟。禁止与碱、可燃物质或还原剂接触	大量水，雾状水
爆　炸			着火时，喷雾状水保持料桶等冷却。从掩蔽位置灭火
接　触		避免一切接触！	
# 吸入	咳嗽。嘴唇发青或指甲发青。皮肤发青。头痛。呼吸困难。呕吐。头晕。症状可能推迟显现（见注解）	通风，局部排气通风或呼吸防护	新鲜空气，休息。半直立体位。必要时进行人工呼吸。给予医疗护理
# 皮肤	发红。疼痛	防护手套。防护服	先用大量水冲洗，然后脱去污染的衣服并再次冲洗
# 眼睛	发红。疼痛	安全护目镜，面罩，或眼睛防护结合呼吸防护	先用大量水冲洗几分钟（如可能尽量摘除隐形眼镜），然后就医
# 食入	（另见吸入）	工作时不得进食，饮水或吸烟。进食前洗手	大量饮水。给予医疗护理
泄漏处置	通风。转移全部引燃源。将泄漏液收集在可密闭的塑料容器中。用砂土或惰性吸收剂吸收残液，并转移到安全场所。不要冲入下水道。不要用锯末或其他可燃吸收剂吸收。个人防护用具：适用于有机气体和蒸气的过滤呼吸器		
包装与标志	**联合国危险性类别：**5.1　**联合国次要危险性：**6.1 **联合国包装类别：**I **中国危险性类别：**第 5.1 项氧化性物质　**中国次要危险性：**6.1 **中国包装类别：**II		
应急响应	**运输应急卡：**TEC(R)-51S1510		
储存	耐火设备（条件）。与性质相互抵触的物质分开存放。见化学危险性。严格密封。保存在通风良好的室内		
重要数据	**物理状态、外观：**无色至黄色油状液体，有刺鼻气味 **化学危险性：**该物质是一种强氧化剂，与可燃物质和还原性物质激烈反应。与烃类、棉花、甲苯、1,3-硝基苯、1-硝基甲苯、4-硝基甲苯、1-硝基萘、二戊铁、吡啶和乙氧化钠生成震动敏感的化合物。受热时可能发生爆炸。加热和燃烧时，该物质分解生成含有氮氧化物的有毒烟雾。与胺类、金属粉末和金属铝、铜、铁或锌激烈反应，有着火和爆炸危险。浸蚀橡胶 **职业接触限值：**阈限值：0.005ppm（时间加权平均值）；A3（确认的动物致癌物，但未知与人类相关性）（美国政府工业卫生学家会议，2004 年）。最高容许浓度：致癌物类别：2；皮肤吸收（德国，2005 年） **接触途径：**该物质可通过吸入其蒸气和经食入吸收到体内 **吸入危险性：**20℃时，该物质蒸发，迅速达到空气中有害污染浓度 **短期接触的影响：**该物质严重刺激眼睛，皮肤和呼吸道。吸入蒸气可能引起肺水肿（见注解）。该物质可能对血液有影响，导致形成正铁血红蛋白。该物质可能对肾、肝和肺有影响。需进行医学观察。影响可能推迟显现 **长期或反复接触的影响：**该物质可能是人类致癌物		
物理性质	**沸点：**126℃ **熔点：**13℃ **相对密度（水=1）：**1.6 **水中溶解度：**20℃时 0.009g/100mL（难溶）	**蒸气压：**20℃时 1.1kPa **蒸气相对密度（空气=1）：**0.8 **蒸气/空气混合物的相对密度（20℃，空气=1）：**1.06	
环境数据			
注解	肺水肿症状常常经过几个小时以后才变得明显，体力劳动使症状加重。因而休息和医学观察是必要的。该物质中毒时需采取必要的治疗措施。必须提供有指示说明的适当方法。对接触该物质的环境影响未进行充分调查。不要将工作服带回家中。用大量水冲洗工作服（有着火危险）。商品名称有 Tetan 和 TNM		

IPCS
International
Programme on
Chemical Safety

国际化学品安全卡

三磷酸五钠			ICSC 编号：1469
CAS 登记号：7758-29-4 RTECS 号：YK4570000	中文名称：三磷酸五钠；三聚磷酸钠；三磷酸钠；无水三磷酸五钠 英文名称：PENTASODIUM TRIPHOSPHATE; Sodium tripolyphosphate; Sodium triphosphate; Triphosphoric acid, pentasodium, anhydrous		
分子量：367.9	化学式：$Na_5P_3O_{10}$		
危害/接触类型	急性危害/症状	预防	急救/消防
火 灾	不可燃。在火焰中释放出刺激性或有毒烟雾（或气体）		周围环境着火时，使用适当的灭火剂
爆 炸			
接 触			
# 吸入	咳嗽。咽喉痛	通风（如果没有粉末时）	新鲜空气，休息。给予医疗护理
# 皮肤	发红。疼痛	防护手套	用大量水冲洗皮肤或淋浴
# 眼睛	发红。疼痛	安全护目镜，如为粉末，眼睛防护结合呼吸防护	先用大量水冲洗几分钟（如可能尽量摘除隐形眼镜），然后就医
# 食入		工作时不得进食，饮水或吸烟	漱口。大量饮水
泄漏处置	将泄漏物清扫进容器中。小心收集残余物，然后转移到安全场所。个人防护用具：适用于惰性颗粒物的 P1 过滤呼吸器		
包装与标志			
应急响应			
储存	干燥。严格密封		
重要数据	物理状态、外观：白色晶体或粉末 化学危险性：加热时，该物质分解生成含氧化磷的有毒烟雾 职业接触限值：阈限值未制定标准 接触途径：该物质可通过吸入其气溶胶吸收到体内 吸入危险性：可较快地达到空气中颗粒物公害污染浓度，尤其是粉末 短期接触的影响：气溶胶轻微刺激眼睛、皮肤和呼吸道		
物理性质	熔点：622℃ 密度：2.52g/cm^3 水中溶解度：25℃时 14.5g/100mL		
环境数据			
注解			

IPCS
International
Programme on
Chemical Safety

国际化学品安全卡

十二烷基苯磺酸			ICSC 编号：1470
CAS 登记号：27176-87-0 RTECS 号：DB6600000 UN 编号：2586 中国危险货物编号：2586 分子量：326.5	中文名称：十二烷基苯磺酸；月桂基苯磺酸 英文名称：DODECYL BENZENESULFONIC ACID; Benzenesulfonic acid, dodecyl; Laurylbenzenesulfonic acid 化学式：$C_{18}H_{30}O_3S/C_{12}H_{25}C_6H_4 \cdot SO_3H$		
危害/接触类型	急性危害/症状	预防	急救/消防
火　灾	可燃的。在火焰中释放出刺激性或有毒烟雾（或气体）	禁止明火	周围环境着火时，使用适当的灭火剂
爆　炸			
接　触		避免一切接触！	一切情况均向医生咨询！
# 吸入	灼烧感。咳嗽。呼吸困难。气促。咽喉痛	通风，局部排气通风或呼吸防护	新鲜空气，休息。给予医疗护理
# 皮肤	发红。疼痛。皮肤烧伤。水疱	防护手套。防护服	脱去污染的衣服。用大量水冲洗皮肤或淋浴。给予医疗护理
# 眼睛	发红。疼痛。严重深度烧伤。失明	面罩，或眼睛防护结合呼吸防护	先用大量水冲洗几分钟（如可能尽量摘除隐形眼镜），然后就医
# 食入	腹部疼痛。灼烧感。休克或虚脱	工作时不得进食，饮水或吸烟	漱口。不要催吐。大量饮水。给予医疗护理
泄漏处置	尽可能将泄漏液收集在可密闭的非金属容器中。用石灰或碳酸氢钠小心中和残余物。不要让该化学品进入环境。化学防护服，包括自给式呼吸器		
包装与标志	不得与食品和饲料一起运输 联合国危险性类别：8　联合国包装类别：III 中国危险性类别：第 8 类腐蚀性物质　中国包装类别：III		
应急响应	运输应急卡：TEC(R)-80S2586		
储存	与碱和氧化剂分开存放		
重要数据	**物理状态、外观**：黄色至棕色液体 **化学危险性**：加热至 205℃以上时，该物质分解生成含硫氧化物和硫化氢的有毒烟雾。与碱和氧化剂反应，生成硫氧化物，有中毒的危险。浸蚀金属 **职业接触限值**：阈限值未制定标准 **接触途径**：该物质可通过吸入其蒸气和经食入吸收到体内 **吸入危险性**：未指明 20℃时该物质蒸发达到空气中有害浓度的速率 **短期接触的影响**：该物质腐蚀眼睛、皮肤和呼吸道。食入有腐蚀性		
物理性质	沸点：>204.5℃（分解） 熔点：10℃ 相对密度（水=1）：1 水中溶解度：易溶 闪点：148.9℃（开杯）		
环境数据	该物质对水生生物是有毒的		
注解			

IPCS
International
Programme on
Chemical Safety

国际化学品安全卡

1-乙烯基-2-吡咯烷酮与碘均聚物			ICSC 编号：1471
CAS 登记号：25655-41-8 RTECS 号：TR1579600	中文名称：1-乙烯基-2-吡咯烷酮与碘均聚物；1-乙烯基-2-吡咯烷酮聚合物碘配合物；聚合（1-（2-氧-1-吡咯烷基）乙烯）碘配合物 英文名称：POVIDONE-IODINE; 1-Ethenyl-2-pyrrolidinone homopolymer compound with iodine; 1-Vinyl-2-pyrrolidinone polymers, iodine complex; Poly(1-(2-oxo-1-pyrrolidinyl)ethylene)iodine complex 化学式：$(C_6H_9NO)_x \cdot xI_2$		
危害/接触类型	急性危害/症状	预防	急救/消防
火　灾	在火焰中释放出刺激性或有毒烟雾（或气体）		
爆　炸			
接　触			
# 吸入			
# 皮肤		防护手套	冲洗，然后用水和肥皂清洗皮肤
# 眼睛			
# 食入			
泄漏处置			
包装与标志			
应急响应			
储存	干燥。严格密封		
重要数据	物理状态、外观：黄色至棕色吸湿的粉末 化学危险性：加热时，该物质分解生成氮氧化物和碘有毒烟雾。水溶液是一种弱酸。 职业接触限值：阈限值未制定标准 长期或反复接触的影响：反复或长期与皮肤接触，可能引起皮炎		
物理性质	水中溶解度：溶解		
环境数据			
注解	该物质被广泛用作为局部消毒剂，正常使用时很少发生有害影响。商品名称有 Betadine 和 Isobetadine		

IPCS
International
Programme on
Chemical Safety

国际化学品安全卡

邻仲丁基苯酚			ICSC 编号：1472
CAS 登记号：89-72-5 RTECS 号：SJ8920000 UN 编号：3145 中国危险货物编号：3145	中文名称：邻仲丁基苯酚；2-仲丁基苯酚；2-（1-甲基丙基）苯酚 英文名称：*o*-sec-BUTYLPHENOL; 2-sec-Butylphenol; 2-(1-Methylpropyl) phenol		
分子量：150.2	化学式：$C_{10}H_{14}O/C_2H_5(CH_3)CHC_6H_4OH$		
危害/接触类型	急性危害/症状	预防	急救/消防
火　灾	可燃的	禁止明火	二氧化碳。泡沫。干粉
爆　炸			
接　触		防止产生烟云！	一切情况均向医生咨询！
# 吸入	咳嗽。咽喉痛	通风，局部排气通风或呼吸防护	新鲜空气，休息。给予医疗护理
# 皮肤	疼痛。水疱。皮肤烧伤	防护手套。防护服	脱去污染的衣服。冲洗，然后用水和肥皂清洗皮肤。给予医疗护理
# 眼睛	发红。疼痛。视力模糊。严重深度烧伤	面罩	先用大量水冲洗几分钟（如可能尽量摘除隐形眼镜），然后就医
# 食入	咽喉和胸腔灼烧感。腹部疼痛。休克或虚脱。呕吐	工作时不得进食，饮水或吸烟	漱口。不要催吐。给予医疗护理
泄漏处置	将泄漏液收集在可密闭的容器中。将泄漏物清扫进容器中。小心收集残余物，然后转移到安全场所。 个人防护用具：大量泄漏时使用化学防护服		
包装与标志	不得与食品和饲料一起运输。污染海洋物质 联合国危险性类别：8　联合国包装类别：III 中国危险性类别：第 8 类杂项危险物质和物品　中国包装类别：III		
应急响应			
储存	与酸酐、酰基氯、碱、食品和饲料分开存放		
重要数据	物理状态、外观：无色至琥珀色液体或固体 化学危险性：与氧化剂反应。与碱、酸酐和酰基氯激烈反应。浸蚀钢、铜及其合金 职业接触限值：阈限值：5ppm（时间加权平均值，经皮）（美国政府工业卫生学家会议，2002 年） 接触途径：该物质可通过吸入其蒸气，经皮肤和食入吸收到体内 吸入危险性：20℃时该物质蒸发不会或很缓慢达到空气中有害污染浓度 短期接触的影响：该物质腐蚀眼睛和皮肤。蒸气刺激呼吸道。食入有腐蚀性		
物理性质	沸点：224～237℃ 熔点：14℃ 相对密度（水=1）：0.98 水中溶解度：不溶 蒸气压：20℃时 10Pa 蒸气相对密度（空气=1）：5.2 闪点：107℃ 辛醇/水分配系数的对数值：3.27		
环境数据			
注解	对接触该物质的健康影响未进行充分调查。对该物质的环境影响未进行充分调查		

IPCS
International
Programme on
Chemical Safety

国际化学品安全卡

二乙二醇二硝酸酯			ICSC 编号：1473
CAS 登记号：693-21-0 RTECS 号：ID6825000 UN 编号：0075 EC 编号：603-033-00-4 中国危险货物编号：0075		中文名称：二乙二醇二硝酸酯；二硝酸二乙二醇酯；二硝酸二（羟基乙基）醚；氧化二乙烯二硝酸酯；DEGDN 英文名称：DIETHYLENE GLYCOL DINITRATE; Diglycoldinitrate; Di (hydroxyethyl) ether dinitrate; Oxydiethylene dinitrate; DEGDN	
分子量：196.1		化学式：$C_4H_8N_2O_7/O_2NOC_2H_4OC_2H_4ONO_2$	
危害/接触类型	急性危害/症状	预防	急救/消防
火　灾	爆炸性的。在火焰中释放出刺激性或有毒烟雾（或气体）	禁止明火，禁止火花和禁止吸烟	干粉，雾状水，泡沫，二氧化碳。撤离区域，从掩蔽位置灭火
爆　炸	有着火和爆炸危险	防止静电荷积聚（例如，通过接地）。使用无火花手工具。不要受摩擦或震动	着火时，喷雾状水保持料桶等冷却，但避免该物质与水接触。从掩蔽位置灭火
接　触		严格作业环境管理!	一切情况均向医生咨询!
# 吸入	脸红，低血压，头晕，头痛，恶心，虚弱，嘴唇发青或手指发青，皮肤发青，意识模糊，惊厥，神志不清	通风，局部排气通风或呼吸防护	新鲜空气，休息。给予医疗护理
# 皮肤	可能被吸收！（见吸入）	防护手套。防护服	脱去污染的衣服，冲洗，然后用水和肥皂清洗皮肤。给予医疗护理
# 眼睛		面罩，或眼睛防护结合呼吸防护	先用大量水冲洗几分钟（如可能尽量摘除隐形眼镜），然后就医
# 食入	（另见吸入）	工作时不得进食，饮水或吸烟。进食前洗手	漱口。用水冲服活性炭浆。催吐（仅对清醒病人!）。给予医疗护理
泄漏处置	撤离危险区域！向专家咨询！尽可能将泄漏液收集在可密闭的容器中。用砂土或惰性吸收剂吸收残液，并转移到安全场所。不要让该化学品进入环境。个人防护用具：全套防护服包括自给式呼吸器		
包装与标志	不得与食品和饲料一起运输 **欧盟危险性类别**：E 符号　T+符号　R:3-26/27/28-33-52/53　S:1/2-33-35-36/37-45-61 **联合国危险性类别**：1.1D **中国危险性类别**：第 1.1 项有整体爆炸危险的物质和物品		
应急响应			
储存	耐火设备（条件）。储存在单独的建筑物内。与酸、食品和饲料分开存放。阴凉场所。严格密封		
重要数据	**物理状态、外观**：液体 **物理危险性**：由于流动、搅拌等，可能产生静电 **化学危险性**：加热可能引起激烈燃烧或爆炸，生成氮氧化物有毒烟雾。受撞击、摩擦或震动时，可能发生爆炸性分解。与酸发生反应 **职业接触限值**：最高容许浓度：IIb（见注解），皮肤吸收（德国，2002 年） **接触途径**：该物质可通过吸入其气溶胶，经皮肤和食入吸收到体内 **吸入危险性**：20℃时该物质蒸发相当慢达到空气中有害污染浓度 **短期接触的影响**：该物质可能对心血管系统、中枢神经系统和血液有影响，导致功能损伤和形成正铁血红蛋白。影响可能推迟显现。需进行医学观察 **长期或反复接触的影响**：该物质可能对心血管系统有影响，导致心脏病		
物理性质	沸点：0.9kPa 时 139℃ 熔点：2℃ 蒸气压：20℃时 0.5Pa		
环境数据	该物质对水生生物是有害的		
注解	饮用含酒精饮料增进有害影响。根据接触程度，建议定期进行医疗检查。该物质中毒时，需采取必要的治疗措施。必须提供有指示说明的适当方法。用大量水冲洗工作服（有着火危险）。最高容许浓度值未制定，但可提供完整文件（最高容许浓度 IIb）		

IPCS
International
Programme on
Chemical Safety

国际化学品安全卡

芘			ICSC 编号：1474
CAS 登记号：129-00-0 RTECS 号：UR2450000		中文名称：芘；苯并(*d,e,f*)菲；*β*-芘 英文名称：PYRENE; Benzo (*d,e,f*) phenanthrene; beta-Pyrene	
分子量： 202.26		化学式：$C_{16}H_{10}$	
危害/接触类型	急性危害/症状	预防	急救/消防
火　灾	在火焰中释放出刺激性或有毒烟雾（或气体）	禁止明火，禁止火花和禁止吸烟	雾状水，二氧化碳，干粉，抗溶性泡沫或聚合物泡沫
爆　炸			
接　触			
# 吸入		避免吸入粉尘	新鲜空气，休息
# 皮肤	发红	防护手套	脱去污染的衣服。冲洗，然后用水和肥皂清洗皮肤
# 眼睛	发红	安全眼镜	先用大量水冲洗几分钟（如可能尽量摘除隐形眼镜），然后就医
# 食入		工作时不得进食，饮水或吸烟	不要催吐。饮用 1～2 杯水。给予医疗护理
泄漏处置	将泄漏物清扫进容器中。如果适当，首先润湿防止扬尘。小心收集残余物。不要让该化学品进入环境。个人防护用具：适用于 该物质空气中浓度的颗粒物过滤呼吸器		
包装与标志	不得与食品和饲料一起运输		
应急响应			
储存	与强氧化剂分开存放。保存在通风良好的室内。储存在没有排水管或下水道的场所		
重要数据	**物理状态、外观**：淡黄色或无色各种形态的固体 **化学危险性**：加热时，该物质分解生成刺激性烟雾 **职业接触限值**：阈限值未制定标准。最高容许浓度：皮肤吸收（德国，2009 年） **接触途径**：该物质可通过吸入，经皮肤和食入吸收到体内 **吸入危险性**：20℃时蒸发可忽略不计，但扩散时可较快地达到空气中颗粒物有害浓度 **短期接触的影响**：暴露在阳光下可能诱发芘对皮肤的刺激作用，以及铅对皮肤的慢性脱色作用		
物理性质	**沸点**：404℃ **熔点**：151℃ **密度**：1.27g/cm³ **水中溶解度**：25℃时 0.135 mg/L **蒸气压**：0.08Pa **辛醇/水分配系数的对数值**：4.88		
环境数据	该化学品可能在甲壳纲动物、鱼、牛奶、藻类和软体动物中发生生物蓄积。强烈建议不要让该化学品进入环境		
注解	芘是众多种多环芳香烃中的一种。其标准通常为混合物制定，例如，煤焦油沥青挥发物。但是，纯净的芘可能作为一种实验室用化学品遇到。对接触该物质的健康影响未进行充分调查。参见卡片#1415（煤焦油沥青）		

IPCS
International
Programme on
Chemical Safety

国际化学品安全卡

除虫菊			ICSC 编号：1475
CAS 登记号：8003-34-7 RTECS 号：UR4200000 EC 编号：613-022-00-6		中文名称：除虫菊；除虫菊萃取液；除虫菊油树脂 英文名称：PYRETHRUM; Buhach; Pyrethrum extract; Pyrethrum oleoresin	

危害/接触类型	急性危害/症状	预防	急救/消防
火　灾	可燃的	禁止明火。禁止与氧化剂接触	干粉，雾状水，泡沫，二氧化碳
爆　炸	与氧化剂接触时，有着火和爆炸危险		
接　触		防止产生烟云！	
# 吸入	头痛。恶心。呕吐	通风（如果没有粉末时），局部排气通风或呼吸防护	新鲜空气，休息。给予医疗护理
# 皮肤	发红。疼痛	防护服	脱去污染的衣服。冲洗，然后用水和肥皂清洗皮肤
# 眼睛	发红。疼痛	安全护目镜，或眼睛防护结合呼吸防护	先用大量水冲洗几分钟（如可能尽量摘除隐形眼镜），然后就医
# 食入	舌头麻木和嘴唇麻木。兴奋。惊厥。强直性麻痹。肌肉纤颤。呼吸衰竭致死	工作时不得进食，饮水或吸烟。进食前洗手	用水冲服活性炭浆。给予医疗护理
泄漏处置	通风。尽可能将泄漏液收集在可密闭的容器中。用砂土或惰性吸收剂吸收残液，并转移到安全场所。个人防护用具：适用于有机蒸气和有害粉尘的 A/P2 过滤呼吸器		
包装与标志	不得与食品和饲料一起运输。 欧盟危险性类别：Xn 符号 N 符号　R:20/21/22-50/53　S:2-13-60-61		
应急响应			
储存	与强氧化剂、食品和饲料分开存放。严格密封。注意收容灭火产生的废水		
重要数据	**物理状态、外观**：淡黄色可流动的油状，有特殊气味 **化学危险性**：加热时，该物质分解产生烟和刺激性烟雾。与强氧化剂发生反应，有着火和爆炸的危险 **职业接触限值**：阈限值：5mg/m^3（时间加权平均值）；A4（不能分类为人类致癌物）（美国政府工业卫生学家会议，2004 年）。最高容许浓度：IIb（未制定标准，但可提供数据）；皮肤致敏剂（德国，2008 年） **接触途径**：该物质可通过吸入，经皮肤和食入吸收到体内 **吸入危险性**：20℃时蒸发可忽略不计，但扩散时可较快地达到空气中颗粒物有害浓度 **短期接触的影响**：该物质刺激眼睛、皮肤和呼吸道。该物质可能对神经系统有影响。 **长期或反复接触的影响**：反复或长期接触可能引起皮肤过敏。反复或长期吸入接触可能引起哮喘		
物理性质	沸点：在 0.01kPa 压力下，低于沸点在 170℃时分解 密度：0.84～0.86g/cm^3 水中溶解度：不溶 闪点：76℃（闭杯） 辛醇/水分配系数的对数值：4.3（除虫菊酯 I）；5.9（除虫菊酯 II）		
环境数据	该物质对水生生物有极高毒性。该物质可能对环境有危害，对蜜蜂应给予特别注意		
注解	除虫菊是除虫菊酯 I 和除虫菊酯 II，瓜菊酯 I 和瓜菊酯 II 以及茉莉菊酯 I 和茉莉菊酯 II 的混合物。商业制剂中使用的载体溶剂可能改变其物理和毒理学性质。不要将工作服带回家中。因这种物质出现哮喘症状的任何人不应当再接触该物质。哮喘症状常常经过几个小时以后才变得明显，体力劳动使症状加重。因而休息和医学观察是必要的。应当考虑由医生或医生指定的人立即采取适当吸入治疗法		

IPCS
International
Programme on
Chemical Safety

国际化学品安全卡

对氯邻甲酚			ICSC 编号：1476
CAS 登记号：1570-64-5 RTECS 号：GO7120000 UN 编号：2669 EC 编号：604-050-00-X 中国危险货物编号：2669	中文名称：对氯邻甲酚；4-氯-2-甲基苯酚；4-氯邻甲酚 英文名称：*p*-CHLORO-*o*-CRESOL; para-Chloro-ortho-cresol; Phenol, 4-chloro-2-methyl; 4-Chloro-o-cresol		
分子量： 142.6	化学式：C_7H_7ClO		
危害/接触类型	急性危害/症状	预防	急救/消防
火　灾	可燃的	禁止明火	泡沫，干粉，二氧化碳，雾状水
爆　炸			
接　触		避免一切接触！	
# 吸入	咳嗽。呼吸困难。气促。咽喉痛。灼烧感	通风，局部排气通风或呼吸防护	新鲜空气，休息。半直立体位。必要时进行人工呼吸。给予医疗护理
# 皮肤	皮肤烧伤。疼痛。发红	防护手套。防护服	脱去污染的衣服。用大量水冲洗皮肤或淋浴。给予医疗护理
# 眼睛	疼痛。发红。严重深度烧伤	面罩，或眼睛防护结合呼吸防护	先用大量水冲洗几分钟（如可能尽量摘除隐形眼镜），然后就医
# 食入	腹部疼痛。灼烧感。休克或虚脱。咽喉疼痛	工作时不得进食，饮水或吸烟。进食前洗手	漱口。大量饮水。不要催吐。给予医疗护理
泄漏处置	向专家咨询！将泄漏物清扫进有盖的容器中。如果适当，首先润湿防止扬尘。不要让该化学品进入环境。化学防护服包括自给式呼吸器		
包装与标志	欧盟危险性类别：T 符号 C 符号 N 符号　R:23-35-50　S:1/2-26-36/37/39-45-61 联合国危险性类别：6.1 联合国包装类别：II 中国危险性类别：第 6.1 项毒性物质　中国包装类别：II		
应急响应	运输应急卡：TEC(R)-61GT2-II		
储存			
重要数据	物理状态、外观：晶体 化学危险性：燃烧时，该物质分解生成有毒和腐蚀性烟雾 职业接触限值：阈限值未制定标准。最高容许浓度未制定标准 接触途径：该物质可通过吸入，经皮肤和食入吸收到体内 吸入危险性：未指明 20℃时该物质蒸发达到空气中有害浓度的速率 短期接触的影响：该物质腐蚀眼睛、皮肤和呼吸道。吸入可能引起肺水肿（见注解）。食入有腐蚀性		
物理性质	沸点：231℃ 熔点：46～50℃ 密度：0.48g/cm^3 水中溶解度：20℃时 0.23g/100mL 蒸气压：20℃时 27Pa 辛醇/水分配系数的对数值：3.09		
环境数据	该物质对水生生物有极高毒性		
注解	肺水肿症状常常经过几个小时以后才变得明显，体力劳动使症状加重。因而休息和医学观察是必要的。物质可能以熔融形态运输		

IPCS
International
Programme on
Chemical Safety

国际化学品安全卡

1-癸烯			ICSC 编号：1477
CAS 登记号：1344-95-2 RTECS 号：VV9150000 分子量：116.1		中文名称：硅酸钙（非纤维，晶体二氧化硅<1%）；硅酸钙；合成硅酸钙 英文名称：CALCIUM SILICATE (non-fibrous, <1% crystalline silica); Calcium silicate; Calcium silicate synthetic 化学式：$CaO \cdot SiO_2$	
危害/接触类型	急性危害/症状	预防	急救/消防
火　灾	易燃的	禁止明火，禁止火花和禁止吸烟	干粉，抗溶性泡沫，雾状水，二氧化碳
爆　炸	高于 46℃，可能形成爆炸性蒸气/空气混合物	高于 46℃，使用密闭系统、通风和防爆型电气设备。防止静电荷积聚（例如，通过接地）	着火时，喷雾状水保持料桶等冷却
接　触			
# 吸入		通风，局部排气通风或呼吸防护	新鲜空气，休息
# 皮肤	皮肤干燥	防护手套	用大量水冲洗皮肤或淋浴
# 眼睛		安全眼镜	先用大量水冲洗几分钟（如可能尽量摘除隐形眼镜），然后就医
# 食入		工作时不得进食，饮水或吸烟	漱口。不要催吐
泄漏处置	转移全部引燃源。将泄漏液收集在有盖的容器中。用砂土或惰性吸收剂吸收残液，并转移到安全场所。不要让该化学品进入环境。个人防护用具：适应于该物质空气中浓度的有机气体和颗粒物过滤呼吸器		
包装与标志	联合国危险性类别：3　　联合国包装类别：III 中国危险性类别：第 3 类 易燃液体　中国包装类别：III		
应急响应	运输应急卡：TEC(R)-30GF1-III 美国消防协会法规：H0（健康危险性）；F2（火灾危险性）；R0（反应危险性）		
储存	耐火设备（条件）。注意收容灭火产生的废水。储存在没有排水管或下水道的场所		
重要数据	物理状态、外观：无色液体 物理危险性：由于流动、搅拌等，可能产生静电 化学危险性：浸蚀塑料和橡胶 职业接触限值：阈限值未制定标准。最高容许浓度未制定标准 接触途径：该物质可通过吸入其气溶胶吸收到体内 吸入危险性：未指明 20℃时该物质蒸发达到空气中有害浓度的速率 短期接触的影响：该物质轻微刺激眼睛。吞咽该物质容易进入呼吸道，可能导致吸入性肺炎 长期或反复接触的影响：液体使皮肤脱脂		
物理性质	沸点：172℃ 熔点：-66℃ 相对密度（水=1）：0.74 水中溶解度：难溶 蒸气压：20℃时 0.23kPa 蒸气相对密度（空气=1）： 蒸气/空气混合物的相对密度（20℃，空气=1）：1.01 黏度：在 20℃时 $1.1mm^2/s$ 闪点：46℃（闭杯） 自燃温度：210℃ 爆炸极限：空气中 0.5%～5.4%（体积） 辛醇/水分配系数的对数值：8		
环境数据	该物质对水生生物有极高毒性。该化学品可能在水生生物体内发生生物蓄积。该物质可能在水生环境中造成长期影响。强烈建议不要让该化学品进入环境		
注解	如果呼吸困难和/或发烧，就医		

IPCS
International
Programme on
Chemical Safety

国际化学品安全卡

1-乙烯基-2-吡咯烷酮			ICSC 编号：1478
CAS 登记号：88-12-0 RTECS 号：UY6107000 EC 编号：613-168-00-0	中文名称：1-乙烯基-2-吡咯烷酮；乙烯基丁内酰胺；1-乙烯基吡咯烷-2-酮；*N*-乙烯基-2-吡咯烷酮 英文名称：1-VINYL-2-PYRROLIDONE; Vinylbutyrolactam; 1-Ethenylpyrrolidin-2-one; *N*-Vinyl-2-pyrrolidinone		
分子量：111.14	化学式：C_6H_9NO		
危害/接触类型	急性危害/症状	预防	急救/消防
火灾	可燃的	禁止明火	干粉，雾状水，泡沫，二氧化碳
爆炸			
接触		严格作业环境管理！	
# 吸入	咳嗽。咽喉痛	通风，局部排气通风或呼吸防护	新鲜空气，休息。给予医疗护理
# 皮肤		防护手套	脱去污染的衣服。冲洗，然后用水和肥皂清洗皮肤
# 眼睛	发红。疼痛。严重深度烧伤	安全护目镜，或眼睛防护结合呼吸防护	先用大量水冲洗几分钟（如可能尽量摘除隐形眼镜），然后就医
# 食入	腹部疼痛。腹泻。恶心。呕吐	工作时不得进食，饮水或吸烟	漱口。大量饮水。给予医疗护理
泄漏处置	通风。尽可能将泄漏液收集在可密闭的容器中。用砂土或惰性吸收剂吸收残液，并转移到安全场所。个人防护用具：适用于有机气体和蒸气的过滤呼吸器		
包装与标志	欧盟危险性类别：Xn 符号 标记：D R:20/21/22-37-40-41-48/20 S:26-36/37/39		
应急响应	美国消防协会法规：H0（健康危险性）；F1（火灾危险性）；R0（反应危险性）		
储存	与强酸分开存放。保存在暗处。阴凉场所。稳定后储存		
重要数据	**物理状态、外观**：无色至黄色液体 **化学危险性**：有空气存在时，由于受热，在光和酸的作用下，该物质可能聚合。燃烧时，该物质分解生成氮氧化物有毒和腐蚀性气体 **职业接触限值**：阈限值：0.05ppm（时间加权平均值）；A3（确认的动物致癌物，但未知与人类相关性）（美国政府工业卫生学家会议，2004 年）。最高容许浓度：皮肤吸收；致癌物类别：2（德国，2004 年） **接触途径**：该物质可通过吸入，经皮肤和食入吸收到体内 **吸入危险性**：20℃时，该物质蒸发较快达到达到空气中有害污染浓度 **短期接触的影响**：该物质刺激呼吸道和腐蚀眼睛。 **长期或反复接触的影响**：该物质可能对肝有影响，导致肝损害。在实验动物身上发现肿瘤，但是可能与人类无关		
物理性质	沸点：在 1.3kPa 时 90～93℃ 熔点：13℃ 相对密度（水=1）：1.04 水中溶解度：易溶 蒸气压：20℃时 12Pa 蒸气相对密度（空气=1）：3.83 闪点：93℃ 自燃温度：364℃ 爆炸极限：空气中 1.4%～10%（体积） 辛醇/水分配系数的对数值：0.4		
环境数据			
注解	根据接触程度，建议定期进行医疗检查		

IPCS
International
Programme on
Chemical Safety

国际化学品安全卡

硝酸钡			ICSC 编号：1480
CAS 登记号：10022-31-8 RTECS 号：CQ9625000 UN 编号：1446 EC 编号：056-002-00-7 中国危险货物编号：1446 分子量： 261.4		中文名称：硝酸钡；硝酸钡盐；二硝酸钡 英文名称：BARIUM NITRATE; Nitric acid, barium salt; Barium dinitrate 化学式：BaN_2O_6/$Ba(NO_3)_2$	
危害/接触类型	急性危害/症状	预防	急救/消防
火 灾	不可燃，但可助长其他物质燃烧	禁止与易燃物质接触	周围环境着火时，大量水。禁止用二氧化碳
爆 炸	与可燃物质和还原剂接触时，有着火和爆炸危险		
接 触		防止粉尘扩散！严格作业环境管理！	
# 吸入	咳嗽。气促。咽喉痛。（见食入）	局部排气通风或呼吸防护	新鲜空气，休息。给予医疗护理
# 皮肤	发红。疼痛	防护手套	先用大量水冲洗，然后脱去污染的衣服并再次冲洗
# 眼睛	发红。疼痛	安全护目镜	先用大量水冲洗几分钟（如可能尽量摘除隐形眼镜），然后就医
# 食入	流涎。胃痉挛。腹部疼痛。腹泻。恶心。呕吐。休克或虚脱。虚弱	工作时不得进食，饮水或吸烟	催吐（仅对清醒病人！）。（见注解）。给予医疗护理
泄漏处置	将泄漏物清扫进容器中。如果适当，首先润湿防止扬尘。然后用大量水冲净。不要让该化学品进入环境。个人防护用具：适用于该物质空气中浓度的颗粒物过滤呼吸器		
包装与标志	不得与食品和饲料一起运输。污染海洋物质 欧盟危险性类别：Xn 符号 R:20/22 S:2-28 联合国危险性类别：5.1 联合国次要危险性：6.1 联合国包装类别：II 中国危险性类别：第 5.1 项 氧化性物质 中国次要危险性：6.1 中国包装类别：II		
应急响应	运输应急卡：TEC(R)-51GOT2-I+II+III		
储存	与可燃物质和还原性物质、金属粉末以及食品和饲料分开存放。储存在没有排水管或下水道的场所		
重要数据	物理状态、外观：无色至白色晶体或晶体粉末 化学危险性：加热时，该物质分解生成氮氧化物。该物质是一种强氧化剂。与可燃物质和还原性物质发生反应。与金属粉末反应，有着火和爆炸的危险 职业接触限值：阈限值：（可溶性钡）$0.5mg/m^3$（时间加权平均值）；A4（不能分类为人类致癌物）（美国政府工业卫生学家会议，2004 年）。最高容许浓度：（以 Ba 计）$0.5mg/m^3$，（以上呼吸道可吸入部分计）最高限值种类：II(8)；妊娠风险等级：D；发布生物物质参考值（德国，2009 年） 接触途径：该物质可通过吸入和经食入吸收到体内 吸入危险性：20℃时蒸发可忽略不计，但扩散时可较快地达到空气中颗粒物有害浓度，尤其是粉末 短期接触的影响：该物质刺激眼睛、皮肤和呼吸道。接触能够造成血钙过少，导致心脏病和肌肉失调。接触可能导致死亡		
物理性质	沸点：沸点以下分解 熔点：590℃ 密度：$3.24g/cm^3$ 水中溶解度：20℃时 8.7g/100mL（适度溶解）		
环境数据	该物质对水生生物是有害的		
注解	分解温度未见文献报道。用大量水冲洗工作服（有着火危险）。如果被镁铝合金、硫磺粉末或轻金属粉末污染，转变为对撞击敏感物质。该物质中毒时，需采取必要的治疗措施。必须提供有指示说明的适当方法		

IPCS
International
Programme on
Chemical Safety

国际化学品安全卡

乙胺（50%～70%水溶液）			ICSC 编号：1482
CAS 登记号：75-04-7 RTECS 号：KH2100000 UN 编号：2270 EC 编号：612-002-004 中国危险货物编号：2270	中文名称：乙胺（50%～70%水溶液）；乙胺；氨基乙烷 英文名称：ETHYLAMINE (50%~70% aqueous solution); Ethanamine; Aminoethane		
分子量：45.1	化学式：$C_2H_5NH_2/C_2H_7N$		
危害/接触类型	急性危害/症状	预防	急救/消防
火　灾	极易燃。在火焰中释放出刺激性或有毒烟雾或气体	禁止明火，禁止火花和禁止吸烟	雾状水，干粉，抗溶性泡沫
爆　炸	蒸气/空气混合物有爆炸性	密闭系统，通风，防爆型电气设备和照明	着火时，喷雾状水保持料桶等冷却
接　触		防止产生烟云！严格作业环境管理！	
# 吸入	咳嗽。呼吸困难。咽喉痛	通风，局部排气通风或呼吸防护	新鲜空气，休息。半直立体位。必要时进行人工呼吸。给予医疗护理
# 皮肤	可能被吸收！发红。疼痛	防护服。防护手套	用大量水冲洗皮肤或淋浴。给予医疗护理。脱去污染的衣服
# 眼睛	发红。疼痛。视力模糊	面罩，或眼睛防护结合呼吸防护	先用大量水冲洗几分钟（如可能尽量摘除隐形眼镜），然后就医
# 食入	腹部疼痛。灼烧感。腹泻	工作时不得进食，饮水或吸烟	漱口。不要催吐。饮用 1～2 杯水。给予医疗护理
泄漏处置	撤离危险区域！向专家咨询！通风。转移全部引燃源。小心中和泄漏液体。用砂土或惰性吸收剂吸收残液，并转移到安全场所。个人防护用具：适用于有机气体和蒸气的过滤呼吸器		
包装与标志	欧盟危险性类别：F+符号　Xi 符号　　R:12-36/37　　S:2-16-26-29 联合国危险性类别：3　　　联合国次要危险性：8 联合国包装类别：II 中国危险性类别：第 3 类易燃液体 中国次要危险性：8　　中国包装类别：II		
应急响应	运输应急卡：TEC(R)-30GFC-II 美国消防协会法规：H3（健康危险性）；F4（火灾危险性）；R0（反应危险性）		
储存	耐火设备（条件）。阴凉场所。严格密封。与酸和氧化剂分开存放		
重要数据	物理状态、外观：无色水溶液，有刺鼻气味 物理危险性：蒸气比空气重，可能沿地面流动，可能造成远处着火 化学危险性：该物质是一种强碱，与酸激烈反应并有腐蚀性。与强氧化剂和有机物激烈反应，有着火和爆炸的危险。浸蚀许多有色金属和塑料 职业接触限值：阈限值：5ppm（时间加权平均值）；15ppm（短期接触限值）（经皮）（美国政府工业卫生学家会议，2008 年）。欧盟职业接触限值：5ppm，9.4 mg/m^3（欧盟，2002 年） 接触途径：该物质可通过吸入其蒸气，经皮肤和食入吸收到体内 吸入危险性：20℃时该物质蒸发，迅速达到空气中有害污染浓度 短期接触的影响：该物质严重刺激眼睛、皮肤和呼吸道		
物理性质	沸点：17℃ 熔点：-81℃ 相对密度（水=1）：0.81 蒸气压：2℃时 53.3kPa 蒸气相对密度（空气=1）：1.6 蒸气/空气混合物的相对密度（20℃，空气=1）：1.3 闪点：-18℃（闭杯） 自燃温度：385℃ 爆炸极限：空气中 3.5%～14%（体积）		
环境数据	该物质对水生生物是有害的		
注解	参见卡片#0153 乙胺，钢瓶中气体。全部物理性质是指 70%乙胺溶液		

IPCS
International
Programme on
Chemical Safety

国际化学品安全卡

甲胺（40%水溶液）			ICSC 编号：1483
CAS 登记号：74-89-5 RTECS 号：PF6300000 UN 编号：1235 EC 编号：612-001-01-6 中国危险货物编号：1235	中文名称：甲胺（40%水溶液）；甲胺；氨基甲烷；一甲胺 英文名称：METHYLAMINE (40% aqueous solution); Methanamine; Aminomethane; Monomethylamine		
分子量：31.1	化学式：CH_5N/CH_3NH_2		
危害/接触类型	急性危害/症状	预防	急救/消防
火　灾	高度易燃。在火焰中释放出刺激性或有毒烟雾或气体	禁止明火，禁止火花和禁止吸烟	雾状水，抗溶性泡沫，干粉，二氧化碳
爆　炸	蒸气/空气混合物有爆炸性	密闭系统,通风,防爆型电气设备和照明。使用无火花手工具	着火时，喷雾状水保持料桶等冷却
接　触		避免一切接触！	
# 吸入	灼烧感。咳嗽。头痛。咽喉痛。呼吸困难。气促	通风，局部排气通风或呼吸防护	新鲜空气，休息。半直立体位。必要时进行人工呼吸。给予医疗护理
# 皮肤	发红。疼痛。严重皮肤烧伤	防护手套。防护服	用大量水冲洗皮肤或淋浴。给予医疗护理。脱去污染的衣服
# 眼睛	发红。疼痛。视力模糊。严重深度烧伤	面罩，或眼睛防护结合呼吸防护	先用大量水冲洗几分钟（如可能尽量摘除隐形眼镜),然后就医
# 食入	腹部疼痛。灼烧感。休克或虚脱	工作时不得进食，饮水或吸烟	漱口。不要催吐。大量饮水。给予医疗护理
泄漏处置	撤离危险区域！通风。转移全部引燃源。将泄漏液收集在有盖的容器中。用稀酸小心中和残余物。再用砂土或惰性吸收剂吸收残液，并转移到安全场所。小心收集残余物，然后转移到安全场所。个人防护用具：适用于有机气体和蒸气的过滤呼吸器		
包装与标志	不得与食品和饲料一起运输 欧盟危险性类别：F+符号 C 符号 标记：B R:12-20/22-34 S:2-3-16-26-29-36/37/39-45 联合国危险性类别：3 联合国次要危险性：8 联合国包装类别：II 中国危险性类别：第 3 类易燃液体 中国次要危险性：8 中国包装类别：II		
应急响应	运输应急卡：TEC(R)-30GFC-II 美国消防协会法规：H3（健康危险性）；F4（火灾危险性）；R0（反应危险性）		
储存	耐火设备（条件）。阴凉场所。严格密封。与食品和饲料、强酸、氧化剂、铝、铜、锌及其合金和汞分开存放。保存在通风良好的室内		
重要数据	物理状态、外观：无色水溶液，有刺鼻气味 物理危险性：蒸气与空气充分混合，容易形成爆炸性混合物 化学危险性：与汞化合物激烈反应，有着火和爆炸危险。该物质是一种中强碱。浸蚀塑料、橡胶、铜、铝、锌合金以及镀锌表面 职业接触限值：阈限值：5ppm（时间加权平均值）；15ppm（短期接触限值）（美国政府工业卫生学家会议，2008 年）。最高容许浓度：10ppm，13mg/m³；最高限值类别：I（1）；妊娠风险等级：D（德国，2008 年） 接触途径：该物质可通过吸入和经食入吸收到体内 吸入危险性：20℃时该物质蒸发，迅速达到空气中有害污染浓度 短期接触的影响：该物质腐蚀眼睛和皮肤，蒸气严重刺激呼吸道。食入有腐蚀性		
物理性质	沸点：48℃ 熔点：-39℃ 相对密度（水=1）：0.89 蒸气压：20℃时 31kPa 蒸气相对密度（空气=1）：1.08	蒸气/空气混合物的相对密度（20℃，空气=1）：1.02 闪点：-10℃ 自燃温度：430℃ 爆炸极限：空气中 4.9%～20.8%（体积） 辛醇/水分配系数的对数值：-0.6	
环境数据			
注解	参见卡片#0178 甲胺，钢瓶中气体		

IPCS
International
Programme on
Chemical Safety

国际化学品安全卡

三甲胺（40%水溶液）			ICSC 编号：1484
CAS 登记号：75-50-3 RTECS 号：PA0350000 UN 编号：1297 EC 编号：612-001-01-6 中国危险货物编号：1297	中文名称：三甲胺（40%水溶液）；*N,N*-二甲基甲胺；TMA 英文名称：TRIMETHYLAMINE (40% aqueous solution); *N,N*-Dimethylmethanamine; TMA		
分子量：59.1	化学式：$C_3H_9N/(CH_3)_3N$		
危害/接触类型	急性危害/症状	预防	急救/消防
火　灾	极易燃。在火焰中释放出刺激性或有毒烟雾或气体	禁止明火，禁止火花和禁止吸烟	大量水，抗溶性泡沫，干粉，二氧化碳
爆　炸	蒸气/空气混合物有爆炸性	密闭系统，通风，防爆型电气设备和照明。使用无火花手工具	着火时，喷雾状水保持料桶等冷却
接　触		避免一切接触！	
# 吸入	灼烧感。咳嗽。头痛。咽喉痛。呼吸困难。气促	通风，局部排气通风或呼吸防护	新鲜空气，休息。半直立体位。必要时进行人工呼吸。给予医疗护理
# 皮肤	发红。疼痛。皮肤烧伤	防护手套。防护服	脱去污染的衣服。用大量水冲洗皮肤或淋浴。给予医疗护理
# 眼睛	发红。疼痛。视力模糊。严重深度烧伤	面罩，或眼睛防护结合呼吸防护	先用大量水冲洗几分钟（如可能尽量摘除隐形眼镜），然后就医
# 食入	腹部疼痛。灼烧感。休克或虚脱	工作时不得进食，饮水或吸烟	漱口。不要催吐。大量饮水。给予医疗护理
泄漏处置	撤离危险区域！向专家咨询！通风。转移全部引燃源。喷洒雾状水去除蒸气。个人防护用具：全套防护服包括自给式呼吸器		
包装与标志	不得与食品和饲料一起运输 欧盟危险性类别：F+符号 C 符号 标记：B R:12-20/22-34 S:1/2-3-16-26-29-36/37/39-45 联合国危险性类别：3 联合国次要危险性：8 联合国包装类别：I 中国危险性类别：第 3 类易燃液体 中国次要危险性：8 中国包装类别：I		
应急响应	运输应急卡：TEC(R)-30S1279-I 美国消防协会法规：H3（健康危险性）；F4（火灾危险性）；R0（反应危险性）		
储存	耐火设备（条件）。严格密封。与强酸、氧化剂、铝、铜、锌及其合金和汞分开存放		
重要数据	物理状态、外观：无色水溶液，有刺鼻气味 物理危险性：蒸气比空气重，可能沿地面流动，可能造成远处着火 化学危险性：该物质是一种中强碱。与汞和氧化剂激烈反应，有着火和爆炸危险。浸蚀金属，如铝、铜、锌、锡及其合金 职业接触限值：阈限值：5ppm（时间加权平均值）；15ppm（短期接触限值）（美国政府工业卫生学家会议，2004 年）。最高容许浓度：2ppm，4.9mg/m³；最高限值种类：I（2）；妊娠风险等级：D（德国，2004 年） 接触途径：该物质可通过吸入其蒸气和食入吸收到体内 吸入危险性：20℃时该物质蒸发，迅速达到空气中有害污染浓度 短期接触的影响：该物质腐蚀眼睛和皮肤。蒸气严重刺激呼吸道。食入有腐蚀性		
物理性质	沸点：30℃ 熔点：-3℃ 相对密度（水=1）：0.9 蒸气压：20℃时 67kPa 蒸气相对密度（空气=1）：2.0	蒸气/空气混合物的相对密度（20℃，空气=1）：1.6 闪点：-7℃ 自燃温度：190℃ 爆炸极限：空气中 2%～16.6%（体积） 辛醇/水分配系数的对数值：-0.3	
环境数据			
注解	毒理学数据适用于含 15%以上三甲胺溶液。参见卡片#0206 三甲胺，钢瓶中气体		

IPCS
International
Programme on
Chemical Safety

国际化学品安全卡

二甲胺（水溶液）			ICSC 编号：1485
CAS 登记号：124-40-3 RTECS 号：IP8750000 UN 编号：1160 EC 编号：612-001-01-6 中国危险货物编号：1160	中文名称：二甲胺（水溶液）；*N*-甲基甲胺（水溶液）；DMA（水溶液） 英文名称：DIMETHYLAMINE (aqueous solution); Methanamine, *N*-methyl (aqueous solution); DMA (aqueous solution)		
分子量：45.1	化学式：$(CH_3)_2NH/C_2H_7N$		

危害/接触类型	急性危害/症状	预防	急救/消防
火　灾	高度易燃。在火焰中释放出刺激性或有毒烟雾或气体	禁止明火，禁止火花和禁止吸烟	大量水，抗溶性泡沫，干粉，二氧化碳
爆　炸	蒸气/空气混合物有爆炸性	密闭系统，通风，防爆型电气设备和照明。使用无火花手工具	着火时，喷雾状水保持料桶等冷却
接　触		避免一切接触！	
# 吸入	灼烧感。咳嗽。头痛。咽喉痛。呼吸困难。气促	通风，局部排气通风或呼吸防护	新鲜空气，休息。半直立体位。必要时进行人工呼吸。给予医疗护理
# 皮肤	发红。疼痛。严重皮肤烧伤	防护手套。防护服	脱去污染的衣服。用大量水冲洗皮肤或淋浴。给予医疗护理
# 眼睛	发红。疼痛。视力模糊。严重深度烧伤	面罩，或眼睛防护结合呼吸防护	先用大量水冲洗几分钟（如可能尽量摘除隐形眼镜），然后就医
# 食入	腹部疼痛。灼烧感。休克或虚脱	工作时不得进食，饮水或吸烟	漱口。不要催吐。大量饮水。给予医疗护理
泄漏处置	撤离危险区域！转移全部引燃源。用泡沫覆盖泄漏物料。将泄漏液收集在有盖的容器中。用砂土或惰性吸收剂吸收残液，并转移到安全场所。不要冲入下水道。不要让该化学品进入环境。个人防护用具：适用于有机气体和蒸气的过滤呼吸器		
包装与标志	不得与食品和饲料一起运输 欧盟危险性类别：F+符号 C 符号 标记：B R:12-20/22-34 S:1/2-3-16-26-29-36/37/39-45 联合国危险性类别：3 联合国次要危险性：8 联合国包装类别：II 中国危险性类别：第 3 类易燃液体 中国次要危险性：8 中国包装类别：II		
应急响应	运输应急卡：TEC(R)-30GFC-II 美国消防协会法规：H3（健康危险性）；F4（火灾危险性）；R0（反应危险性）		
储存	耐火设备（条件）。阴凉场所。与强酸、氧化剂、铝、铜及其合金、汞、锌、食品和饲料分开存放。严格密封		
重要数据	物理状态、外观：水溶液，有刺鼻气味 物理危险性：蒸气比空气重，可能沿地面流动，可能造成远处着火 化学危险性：水溶液是一种强碱，与酸激烈反应并有腐蚀性。与强氧化剂和汞激烈反应，有着火和爆炸危险。浸蚀铝、铜、锌合金、镀锌表面和塑料 职业接触限值：阈限值：5ppm（时间加权平均值），15ppm（短期接触限值）；A4（不能分类为人类致癌物）（美国政府工业卫生学家会议，2004 年）。欧盟职业接触限值：2ppm，3.8mg/m^3（时间加权平均值）；5ppm，9.4mg/m^3（短期接触限值）（欧盟，1998 年） 接触途径：该物质可通过吸入其气溶胶和经食入吸收到体内 吸入危险性：20℃时该物质蒸发，迅速达到空气中有害污染浓度 短期接触的影响：该物质腐蚀眼睛和皮肤。蒸气严重刺激呼吸道。食入有腐蚀性		
物理性质	沸点：51℃ 熔点：-37℃ 相对密度（水=1）：0.9 蒸气压：20℃时 26.3kPa 蒸气相对密度（空气=1）：1.6	蒸气/空气混合物的相对密度（20℃，空气=1）：1.14 闪点：-18℃ 自燃温度：400℃ 爆炸极限：空气中 2.8%～14.4%（体积） 辛醇/水分配系数的对数值：-0.2	
环境数据	该物质对水生生物是有害的		
注解	毒性信息适用于含 15%以上二甲胺的水溶液。物理性质依浓度而改变。本卡片的物理性质是指 40%二甲胺溶液。参见卡片#0260 二甲胺，钢瓶中气体		

IPCS
International
Programme on
Chemical Safety

国际化学品安全卡

1,1,1,2-四氯乙烷			ICSC 编号：1486
CAS 登记号：630-20-6 RTECS 号：KI8450000 UN 编号：1702 中国危险货物编号：1702 分子量：167.8		中文名称：1,1,1,2-四氯乙烷 英文名称：1,1,1,2-TETRACHLOROETHANE 化学式：$C_2H_2Cl_4/Cl_3CCH_2Cl$	
危害/接触类型	急性危害/症状	预防	急救/消防
火　灾	在特定条件下是可燃的。在火焰中释放出刺激性或有毒烟雾（或气体）	禁止与高温表面接触。禁止明火	周围环境着火时，使用干粉，雾状水，泡沫，二氧化碳灭火
爆　炸			着火时，喷雾状水保持料桶等冷却
接　触			
# 吸入	头痛。恶心。气促。呕吐	通风，局部排气通风或呼吸防护	新鲜空气，休息
# 皮肤	发红。灼烧感。疼痛	防护手套	脱去污染的衣服。冲洗，然后用水和肥皂清洗皮肤
# 眼睛	发红。疼痛	安全护目镜，或眼睛防护结合呼吸防护	先用大量水冲洗几分钟（如可能尽量摘除隐形眼镜），然后就医
# 食入	灼烧感。头痛。恶心	工作时不得进食，饮水或吸烟	不要催吐。给予医疗护理。大量饮水
泄漏处置	将泄漏液收集在有盖的容器中。用干砂土或惰性吸收剂吸收残液，并转移到安全场所。不要让该化学品进入环境。个人防护用具：适用于有机气体和蒸气的过滤呼吸器		
包装与标志	不得与食品和饲料一起运输 联合国危险性类别：6.1　联合国包装类别：II 中国危险性类别：第 6.1 项毒性物质　中国包装类别：II		
应急响应	运输应急卡：TEC(R)-61GT1-II		
储存	与强氧化剂、强碱分开存放。严格密封		
重要数据	物理状态、外观：黄色至红色液体 化学危险性：加热时，该物质分解生成含有氯化氢的有毒和腐蚀性气体。与强碱和强氧化剂发生反应 职业接触限值：阈限值未制定标准。最高容许浓度未制定标准 接触途径：该物质可经食入和通过吸入吸收到体内 吸入危险性：未指明 20℃时该物质蒸发达到空气中有害浓度的速率 短期接触的影响：该物质刺激眼睛和皮肤。该物质可能对中枢神经系统有影响		
物理性质	沸点：130.5℃ 熔点：−70.2℃ 相对密度（水=1）：1.54 水中溶解度：25℃时 0.11g/100mL 蒸气压：25℃时 1.9kPa 辛醇/水分配系数的对数值：2.66		
环境数据	该物质对水生生物是有害的		
注解	参见卡片#0332　（1,1,2,2-四氯乙烷）		

IPCS
International
Programme on
Chemical Safety

国际化学品安全卡

聚氯乙烯	ICSC 编号：1487
CAS 登记号：9002-86-2 RTECS 号：KV0350000 分子量：60000-150000	中文名称：聚氯乙烯；氯乙烯聚合物；PVC 英文名称：POLYVINYL CHLORIDE; Ethylene, chloro-, polymer; Chloroethylene polymer; PVC 化学式：$(C_2H_3Cl)_n$

危害/接触类型	急性危害/症状	预防	急救/消防
火　灾	可燃的。在火焰中释放出刺激性或有毒烟雾（或气体）	禁止明火	干粉，雾状水，泡沫，二氧化碳
爆　炸	微细分散的颗粒物在空气中形成爆炸性混合物	防止粉尘沉积、密闭系统、防止粉尘爆炸型电气设备和照明	
接　触		防止粉尘扩散！	
# 吸入	咳嗽	避免吸入粉尘	新鲜空气，休息
# 皮肤			
# 眼睛		安全护目镜	先用大量水冲洗几分钟（如可能尽量摘除隐形眼镜），然后就医
# 食入		工作时不得进食，饮水或吸烟	
泄漏处置	将泄漏物清扫进容器中。个人防护用具：适用于该物质空气中浓度的颗粒物过滤呼吸器		
包装与标志			
应急响应			
储存			
重要数据	物理状态、外观：白色粉末或球状颗粒 物理危险性：以粉末或颗粒形状与空气混合，可能发生粉尘爆炸 化学危险性：加热时，该物质分解生成氯化氢和光气有毒烟雾。与氟激烈反应 职业接触限值：阈限值未制定标准。最高容许浓度：1.5mg/m^3（ 以下呼吸道可吸入部分计）；妊娠风险等级：C（德国，2009 年） 吸入危险性：扩散时可较快地达到空气中颗粒物有害浓度，尤其是粉末 长期或反复接触的影响：反复或长期接触粉尘颗粒，肺可能受损伤，导致纤维变性（肺尘病）		
物理性质	密度：1.41g/cm^3 水中溶解度：难溶		
环境数据			
注解	由于生产中使用各种填加剂，聚氯乙烯产品可以制作成各种形态。填加剂成分可能影响该物质的物理和毒理学性质。最终产品可能含有微量氯乙烯单体。参见卡片#0082（氯乙烯）		

IPCS
International
Programme on
Chemical Safety

国际化学品安全卡

聚乙烯			ICSC 编号：1488
CAS 登记号：9002-88-4 RTECS 号：TQ3325000	中文名称：聚乙烯；乙烯均聚物；乙烯聚合物；高密度聚乙烯；低密度聚乙烯；PE；HDPE；LDPE 英文名称：POLYETHYLENE; Ethene, homopolymer; Ethylene polymers; PE; HDPE; LDPE		
分子量：聚合物，分子量可变	化学式：$(C_2H_4)_n$		
危害/接触类型	急性危害/症状	预防	急救/消防
火　灾	可燃的。在火焰中释放出刺激性或有毒烟雾（或气体）	禁止明火	干粉，雾状水，泡沫，二氧化碳
爆　炸	微细分散的颗粒物在空气中形成爆炸性混合物	防止粉尘沉积、密闭系统、防止粉尘爆炸型电气设备和照明	
接　触			
# 吸入	咳嗽	避免吸入。粉尘	新鲜空气，休息
# 皮肤			脱去污染的衣服。冲洗，然后用水和肥皂清洗皮肤
# 眼睛		安全护目镜	先用大量水冲洗几分钟（如可能尽量摘除隐形眼镜），然后就医
# 食入		工作时不得进食，饮水或吸烟	
泄漏处置	将泄漏物清扫进贴有标签的适当容器中，如果适当，首先润湿防止扬尘。个人防护用具：适用于惰性颗粒物的 P1 过滤呼吸器		
包装与标志			
应急响应			
储存	与性质相互抵触的物质分开存放。见化学危险性		
重要数据	**物理状态、外观**：白色各种形态固体 **物理危险性**：以粉末或颗粒形状与空气混合，可能发生粉尘爆炸 **化学危险性**：加热时，该物质分解生成有毒和刺激性烟雾，有着火和爆炸危险。与氟激烈反应。与强酸和强氧化剂发生反应 **职业接触限值**：阈限值未制定标准。最高容许浓度未制定标准 **吸入危险性**：可较快地达到空气中颗粒物公害污染浓度，尤其是粉末		
物理性质	熔点：85～140℃（见注解） 密度：0.91～0.96g/cm³（见注解） 闪点：341℃（见注解） 自燃温度：330～410℃（见注解）		
环境数据			
注解	LDPE 是指低密度聚乙烯；HDPE 是指高密度聚乙烯。理化性质依分子量而异。在 290℃时开始热分解。由于生产中使用各种添加剂，可以提供各种形态的聚乙烯产品。添加剂成分可能影响该物质的物理和毒理学性质		

IPCS
International
Programme on
Chemical Safety

国际化学品安全卡

聚乙烯醇			ICSC 编号：1489
CAS 登记号：9002-89-5 RTECS 号：TR8100000 分子量：聚合物，分子量可变	中文名称：聚乙烯醇；乙烯醇均聚物 英文名称：POLYVINYL ALCOHOL; Ethenol, homopolymer 化学式：$(CH_2CHOH—)_n$		
危害/接触类型	急性危害/症状	预防	急救/消防
火　灾	可燃的。在火焰中释放出刺激性或有毒烟雾（或气体）	禁止明火	干粉，抗溶性泡沫，雾状水，二氧化碳
爆　炸	微细分散的颗粒物在空气中形成爆炸性混合物	防止粉尘沉积、密闭系统、防止粉尘爆炸型电气设备和照明。防止静电荷积聚(例如,通过接地)	
接　触			
# 吸入	咳嗽	避免吸入粉尘	新鲜空气，休息
# 皮肤		防护手套	脱去污染的衣服。冲洗，然后用水和肥皂清洗皮肤
# 眼睛	发红	安全护目镜	先用大量水冲洗几分钟（如可能尽量摘除隐形眼镜），然后就医
# 食入		工作时不得进食，饮水或吸烟	
泄漏处置	将泄漏物清扫进适当的容器中。不要让该化学品进入环境。个人防护用具：适用于惰性颗粒物的 P1 过滤呼吸器		
包装与标志			
应急响应	美国消防协会法规：H0（健康危险性）；F2（火灾危险性）；R0（反应危险性）		
储存	与强氧化剂、强酸分开存放		
重要数据	物理状态、外观：无色至白色各种形态固体 物理危险性：以粉末或颗粒形状与空气混合，可能发生粉尘爆炸。由于流动、搅拌等，可能产生静电 化学危险性：加热时和燃烧时，该物质分解生成有毒烟雾。与氧化剂、强酸发生反应 职业接触限值：阈限值未制定标准。最高容许浓度未制定标准 吸入危险性：未指明 20℃时该物质蒸发达到空气中有害浓度的速率 短期接触的影响：可能引起机械性刺激		
物理性质	熔点：>200℃（分解） 密度：1.19～1.31g/cm^3 水中溶解度：溶解 闪点：79℃（开杯）		
环境数据	该物质可能对环境有危害，对鱼类应给予特别注意		
注解	其他熔点：212～267℃		

IPCS
International
Programme on
Chemical Safety

国际化学品安全卡

1-癸醇			ICSC 编号：1490
CAS 登记号：112-30-1 RTECS 号：HE4375000 UN 编号：3082 中国危险货物编号：3082 分子量： 158.28		中文名称：1-癸醇；癸烷-1-醇；正癸醇；癸醇；壬基甲醇 英文名称：1-DECANOL; Decane-1-ol; n-Decyl alcohol; Capric alcohol; Nonyl carbinol; n-Decanol 化学式：$C_{10}H_{22}O/CH_3(CH_2)_9OH$	
危害/接触类型	急性危害/症状	预防	急救/消防
火　灾	可燃的	禁止明火	雾状水，二氧化碳，抗溶性泡沫，干粉
爆　炸			
接　触			
# 吸入	咳嗽。咽喉痛	通风	新鲜空气，休息
# 皮肤	皮肤干燥。发红	防护手套	脱去污染的衣服。冲洗，然后用水和肥皂清洗皮肤
# 眼睛	发红	安全护目镜	先用大量水冲洗几分钟（如可能尽量摘除隐形眼镜），然后就医
# 食入	腹部疼痛。咽喉和胸腔灼烧感。恶心。呕吐	工作时不得进食，饮水或吸烟	漱口。大量饮水
泄漏处置	不要让该化学品进入环境。用吸收剂覆盖泄漏物料。将泄漏液收集在可密闭的容器中。个人防护用具：适用于有机气体和蒸气的过滤呼吸器		
包装与标志	污染海洋物质 联合国危险性类别：9 联合国包装类别：III 中国危险性类别：第 9 类杂项危险物质和物品 中国包装类别：III		
应急响应	运输应急卡：TEC(R)-90GM6-III 美国消防协会法规：H0（健康危险性）；F2（火灾危险性）；R0（反应危险性）		
储存	与强氧化剂、酸酐和酰基氯分开存放。分开存放。储存在没有排水管或下水道的场所		
重要数据	物理状态、外观：无色液体，有特殊气味 化学危险性：燃烧时，该物质分解生成刺激性烟雾。与酸酐、酰基氯和强氧化剂激烈反应 职业接触限值：阈限值未制定标准。最高容许浓度未制定标准 接触途径：该物质可通过吸入其气溶胶吸收到体内 吸入危险性：20℃时，该物质蒸发不会或很缓慢地达到达到空气中有害污染浓度 短期接触的影响：蒸气刺激眼睛和皮肤。高浓度时，该物质可能对中枢神经系统有影响 长期或反复接触的影响：液体使皮肤脱脂		
物理性质	沸点：230℃ 熔点：7℃ 密度：0.83g/cm^3 水中溶解度：20℃时 0.37g/100mL（难溶） 蒸气压：20℃时 1Pa 蒸气相对密度（空气=1）：5.5 蒸气/空气混合物的相对密度（20℃，空气=1）：1.01 闪点：108℃（闭杯） 自燃温度：255℃ 爆炸极限：空气中 0.7%～5.5%（体积） 辛醇/水分配系数的对数值：4.23（计算值）		
环境数据	该物质对水生生物是有毒的		
注解			

IPCS
International
Programme on
Chemical Safety

国际化学品安全卡

乙二醇异丙醚			ICSC 编号：1491
CAS 登记号：109-59-1 RTECS 号：KL5075000 UN 编号：1993 EC 编号：603-013-00-5 中国危险货物编号：1993	中文名称：乙二醇异丙醚；2-异丙氧基乙醇；2-(1-甲氧基乙氧基)乙醇；异丙基乙二醇；4-甲基-3-氧杂-1-戊醇；异丙基苯基溶纤剂；EGiPE 英文名称：ETHYLENE GLYCOL ISOPROPYL ETHER; 2-Isopropoxyethanol; 2-(1-Methoxyethoxy)-ethanol; Isopropyl glycol; 4-Methyl-3-oxa-1-pentanol; Isopropyl oxitol; EGiPE		
分子量：104.1	化学式：$C_5H_{12}O_2$/$(CH_3)_2CHOCH_2CH_2OH$		
危害/接触类型	急性危害/症状	预防	急救/消防
火　灾	易燃的	禁止明火，禁止火花和禁止吸烟	干粉，雾状水，泡沫，二氧化碳
爆　炸	高于 44℃，可能形成爆炸性蒸气/空气混合物	高于 44℃，使用密闭系统、通风和防爆型电气设备	着火时，喷雾状水保持料桶等冷却
接　触			
# 吸入	咳嗽	通风，局部排气通风或呼吸防护	新鲜空气，休息
# 皮肤	可能被吸收！发红	防护手套。防护服	脱去污染的衣服。用大量水冲洗皮肤或淋浴
# 眼睛	发红。疼痛	安全护目镜	先用大量水冲洗几分钟（如可能尽量摘除隐形眼镜），然后就医
# 食入	恶心	工作时不得进食，饮水或吸烟	漱口。大量饮水
泄漏处置	转移全部引燃源。通风。尽可能将泄漏液收集在可密闭的容器中。个人防护用具：适用于有机气体和蒸气的过滤呼吸器		
包装与标志	欧盟危险性类别：Xn 符号　R:20/21-36　S:2-24/25 联合国危险性类别：3　联合国包装类别：III 中国危险性类别：第 3 类易燃液体　中国包装类别：III		
应急响应	运输应急卡：TEC(R)-30GF1-III 美国消防协会法规：H1（健康危险性）；F3（火灾危险性）；R0（反应危险性）		
储存	阴凉场所。耐火设备（条件）。与强氧化剂分开存放		
重要数据	物理状态、外观：无色液体，有特殊气味 化学危险性：该物质大概能生成爆炸性过氧化物。与强氧化剂激烈反应 职业接触限值：阈限值：25ppm（时间加权平均值）（经皮）（美国政府工业卫生学家会议，2004 年）。最高容许浓度：5ppm，22mg/m³；皮肤吸收；最高限值种类：II（8）；妊娠风险等级：C（德国，2004 年） 接触途径：该物质可通过吸入其蒸气和经皮肤吸收到体内 吸入危险性：20℃时该物质蒸发相当慢地达到空气中有害污染浓度 短期接触的影响：该物质刺激眼睛，轻微刺激皮肤和呼吸道 长期或反复接触的影响：该物质可能对血液有影响，导致贫血		
物理性质	沸点：99kPa 时 139.5～144.5℃ 熔点：-60℃ 相对密度（水=1）：20℃时 0.903 水中溶解度：25℃时 100g/100mL 蒸气压：20℃时 0.44kPa 蒸气相对密度（空气=1）：3.6 闪点：44℃（闭杯） 自燃温度：240℃ 爆炸极限：空气中 1.6%～13%（体积） 辛醇/水分配系数的对数值：0.05		
环境数据			
注解	商品名称为异丙基溶纤剂		

IPCS
International
Programme on
Chemical Safety

国际化学品安全卡

1-丙硫醇			ICSC 编号：1492
CAS 登记号：107-03-9 RTECS 号：TZ7300000 UN 编号：2402 中国危险货物编号：2402	中文名称：1-丙硫醇；1-巯基丙烷；丙烷-1-硫醇；正丙基硫醇 英文名称：1-PROPANETHIOL; 1-Mercaptopropane; Propane-1-thiol; *n*-Propyl mercaptan		
分子量：76.2	化学式：$C_3H_8S/CH_3(CH_2)_2SH$		
危害/接触类型	急性危害/症状	预防	急救/消防
火　灾	高度易燃。在火焰中释放出刺激性或有毒烟雾（或气体）。加热引起压力升高，容器有破裂危险	禁止明火，禁止火花和禁止吸烟	干粉，泡沫，二氧化碳
爆　炸	蒸气/空气混合物有爆炸性	密闭系统，通风，防爆型电气设备和照明	着火时，喷雾状水保持料桶等冷却
接　触			
# 吸入	咳嗽。倦睡。头晕。头痛。恶心	通风，局部排气通风或呼吸防护	新鲜空气，休息
# 皮肤	发红	防护手套	冲洗，然后用水和肥皂清洗皮肤
# 眼睛	发红。疼痛	安全眼镜	先用大量水冲洗几分钟（如可能尽量摘除隐形眼镜），然后就医
# 食入	见吸入	工作时不得进食，饮水或吸烟	不要催吐。饮用 1～2 杯水。给予医疗护理
泄漏处置	转移全部引燃源。撤离危险区域！向专家咨询！将泄漏液收集在可密闭的容器中。用砂土或惰性吸收剂吸收残液，并转移到安全场所。不要冲入下水道个人防护用具：适用于有机气体和蒸气的过滤呼吸器		
包装与标志	联合国危险性类别：3　联合国包装类别：II 中国危险性类别：第 3 类 易燃液体　中国包装类别：II		
应急响应	运输应急卡：TEC(R)-30GF1-I+II		
储存	耐火设备（条件）。阴凉场所。保存在通风良好的室内。与强氧化剂、强碱、强酸分开存放		
重要数据	物理状态、外观：无色液体，有特殊气味 物理危险性：蒸气比空气重。可能沿地面流动，可能造成远处着火 化学危险性：燃烧时，生成含有硫化氢和硫氧化物的腐蚀性烟雾。与氧化剂、还原剂、强酸和强碱激烈发生反应 职业接触限值：阈限值未制定标准。最高容许浓度未制定标准 接触途径：该物质可通过吸入和经食入吸收到体内 吸入危险性：未指明 20℃时该物质蒸发达到空气中有害浓度的速率 短期接触的影响：该物质刺激眼睛、皮肤和呼吸道。接触高浓度时能够造成意识降低		
物理性质	沸点：68℃ 熔点：−113℃ 相对密度（水=1）：0.84 水中溶解度：25℃时 0.190g/100mL 蒸气压：25℃时 20.7kPa（计算值） 蒸气相对密度（空气=1）：2.63 蒸气/空气混合物的相对密度（20℃，空气=1）：1.101 闪点：−20℃ 辛醇/水分配系数的对数值：1.7（估计值）		
环境数据			
注解	对接触该物质的健康影响未进行充分调查。对该物质的环境影响未进行充分调查		

IPCS
International
Programme on
Chemical Safety

国际化学品安全卡

正辛硫醇			ICSC 编号：1493
CAS 登记号：111-88-6	中文名称：正辛硫醇；1-辛硫醇；1-巯基辛烷 英文名称：*n*-OCTYL MERCAPTAN; 1-Octanethiol; 1-Mercaptooctane; 1-Octylthiol		
分子量：146.3	化学式：$C_8H_{18}S/CH_2SH(CH_2)_6CH_3$		
危害/接触类型	急性危害/症状	预防	急救/消防
火　灾	可燃的。在火焰中释放出刺激性或有毒烟雾（或气体）	禁止明火	干粉，二氧化碳，泡沫
爆　炸	高于 69℃，可能形成爆炸性蒸气/空气混合物	高于 69℃，使用密闭系统、通风	
接　触			
# 吸入	咳嗽。咽喉痛。头痛。恶心。呕吐。头晕	通风，局部排气通风或呼吸防护	新鲜空气，休息。给予医疗护理
# 皮肤	发红	防护手套	冲洗，然后用水和肥皂清洗皮肤
# 眼睛	发红	安全眼镜	先用大量水冲洗几分钟（如可能尽量摘除隐形眼镜），然后就医
# 食入	头痛。恶心。呕吐。头晕	工作时不得进食，饮水或吸烟	漱口。给予医疗护理
泄漏处置	尽可能将泄漏液收集在可密闭的容器中。用砂土或惰性吸收剂吸收残液，并转移到安全场所。不要让该化学品进入环境。个人防护用具：适用于有机气体和蒸气的过滤呼吸器		
包装与标志			
应急响应	美国消防协会法规：H2（健康危险性）；F2（火灾危险性）；R1（反应危险性）		
储存	耐火设备（条件）。与强碱、强酸和氧化剂分开存放		
重要数据	**物理状态、外观**：无色液体，有特殊气味 **化学危险性**：燃烧时，该物质分解生成含有硫化氢和硫氧化物的有毒气体。与氧化剂激烈反应，有着火的危险。与强酸、强碱和强还原剂发生反应。浸蚀金属和橡胶 **职业接触限值**：阈限值未制定标准。最高容许浓度未制定标准 **接触途径**：该物质可通过吸入和经食入吸收到体内 **吸入危险性**：未指明 20℃时该物质蒸发达到空气中有害浓度的速率 **短期接触的影响**：该物质轻微刺激眼睛、皮肤和呼吸道。该物质可能对中枢神经系统有影响。接触高浓度时可能导致知觉降低		
物理性质	沸点：199℃ 熔点：-49℃ 相对密度（水=1）：0.84 水中溶解度：不溶 蒸气压：25℃时 0.06kPa 蒸气相对密度（空气=1）：5.0 蒸气/空气混合物的相对密度（20℃，空气=1）：1 闪点：69℃（开杯） 爆炸极限：空气中 0.8%～?%（体积） 辛醇/水分配系数的对数值：4.21（估计值）		
环境数据	该物质对水生生物有极高毒性		
注解			

IPCS
International
Programme on
Chemical Safety

国际化学品安全卡

叔辛硫醇			ICSC 编号：1494
CAS 登记号：141-59-3 RTECS 号：SA3260000 UN 编号：3023 中国危险货物编号：3023	中文名称：叔辛硫醇；2,4,4-三甲基-2-戊硫醇；2-甲基-2-己硫醇 英文名称：*tert*-OCTYL MERCAPTAN; 2,4,4-Trimethyl-2-pentanethiol; *tert*-Octanethiol; 2-Methyl-2-heptanethiol		
分子量：146.3	化学式：$C_8H_{18}S/(CH_3)_2CSHCH_2C(CH_3)_3$		
危害/接触类型	急性危害/症状	预防	急救/消防
火　灾	易燃的。在火焰中释放出刺激性或有毒烟雾（或气体）	禁止明火，禁止火花和禁止吸烟	干粉，二氧化碳，泡沫
爆　炸	高于 46℃，可能形成爆炸性蒸气/空气混合物	高于 46℃，使用密闭系统、通风和防爆型电气设备	着火时，喷雾状水保持料桶等冷却
接　触		严格作业环境管理！	
# 吸入	头痛。恶心。呕吐。头晕。神志不清	通风，局部排气通风或呼吸防护	新鲜空气，休息。必要时进行人工呼吸。给予医疗护理
# 皮肤		防护手套	脱去污染的衣服。冲洗，然后用水和肥皂清洗皮肤
# 眼睛	发红	安全护目镜，或眼睛防护结合呼吸防护	先用大量水冲洗几分钟（如可能尽量摘除隐形眼镜），然后就医
# 食入	（另见吸入）	工作时不得进食，饮水或吸烟。进食前洗手	漱口。催吐（仅对清醒病人！）。给予医疗护理
泄漏处置	尽可能将泄漏液收集在可密闭的容器中。用砂土或惰性吸收剂吸收残液，并转移到安全场所。个人防护用具：化学防护服包括自给式呼吸器		
包装与标志	联合国危险性类别：6.1　联合国次要危险性：3 联合国包装类别：I 中国危险性类别：第 6.1 项毒性物质　中国次要危险性：3 中国包装类别：I		
应急响应	运输应急卡：TEC(R)-61GTF1-I 美国消防协会法规：H2（健康危险性）；F2（火灾危险性）；R0（反应危险性）		
储存	耐火设备（条件）。与强碱、强酸和氧化剂分开存放		
重要数据	物理状态、外观：无色液体，有特殊气味 化学危险性：燃烧时，该物质分解生成含有硫化氢和硫氧化物的有毒气体。与氧化剂激烈反应，有着火的危险。与强酸、强碱和强还原剂发生反应。浸蚀许多金属和橡胶 职业接触限值：阈限值未制定标准。最高容许浓度未制定标准 接触途径：该物质可通过吸入，经皮肤和食入吸收到体内 吸入危险性：未指明 20℃时该物质蒸发达到空气中有害浓度的速率 短期接触的影响：该物质轻微刺激眼睛。该物质可能对中枢神经系统有影响，导致惊厥、意识降低和呼吸抑制。接触可能导致死亡		
物理性质	沸点：155℃ 熔点：−74℃ 相对密度（水=1）：0.85 水中溶解度：不溶 蒸气相对密度（空气=1）：5.0 闪点：46℃（开杯） 爆炸极限：空气中 0.8%～?%（体积）		
环境数据			
注解	对接触该物质的环境影响未进行调查		

IPCS
International
Programme on
Chemical Safety

国际化学品安全卡

甲基乙烯基酮			ICSC 编号：1495
CAS 登记号：78-94-4 RTECS 号：EM9800000 UN 编号：1251 中国危险货物编号：1251 分子量： 70.1	中文名称：甲基乙烯基酮；3-丁烯-2-酮；亚甲基丙酮 英文名称：METHYL VINYL KETONE; 3-Buten-2-one; Methylene acetone 化学式：C_4H_6O		
危害/接触类型	急性危害/症状	预防	急救/消防
火 灾	高度易燃	禁止明火，禁止火花和禁止吸烟	干粉，抗溶性泡沫，雾状水，二氧化碳
爆 炸	蒸气/空气混合物有爆炸性	密闭系统，通风，防爆型电气设备和照明	着火时，喷雾状水保持料桶等冷却
接 触		严格作业环境管理！	
# 吸入	灼烧感。咳嗽。咽喉痛。气促。呼吸困难。头痛。头晕。震颤。症状可能推迟显现。（见注解）	通风，局部排气通风或呼吸防护	新鲜空气，休息。半直立体位。必要时进行人工呼吸。给予医疗护理
# 皮肤	可能被吸收！发红。疼痛。皮肤烧伤。（另见吸入）	防护手套。防护服	脱去污染的衣服。用大量水冲洗皮肤或淋浴。给予医疗护理
# 眼睛	引起流泪。发红。疼痛。严重深度烧伤	面罩，或眼睛防护结合呼吸防护	先用大量水冲洗几分钟（如可能尽量摘除隐形眼镜），然后就医
# 食入	灼烧感。腹部疼痛。休克或虚脱。（另见吸入）	工作时不得进食，饮水或吸烟。进食前洗手	漱口。不要催吐。大量饮水。给予医疗护理
泄漏处置	转移全部引燃源。尽可能将泄漏液收集在可密闭的容器中。用砂土或惰性吸收剂吸收残液，并转移到安全场所。个人防护用具：化学防护服包括自给式呼吸器		
包装与标志	联合国危险性类别：6.1 联合国次要危险性：3 和 8　联合国包装类别：I 中国危险性类别：第 6.1 项毒性物质 中国次要危险性：3 和 8　中国包装类别：I		
应急响应	运输应急卡：TEC(R)-61S1251 美国消防协会法规：H4（健康危险性）；F3（火灾危险性）；R2（反应危险性）		
储存	耐火设备（条件）。阴凉场所。保存在暗处。与强还原剂、强氧化剂和强碱分开存放。稳定后储存		
重要数据	**物理状态、外观**：无色至黄色液体，有刺鼻气味 **物理危险性**：蒸气比空气重，可能沿地面流动，可能造成远处着火。蒸气未经阻聚可能生成聚合物并阻塞通风口 **化学危险性**：在过氧化物、加热、光和氧化剂的作用下，该物质发生聚合。与强碱、强还原剂和强氧化剂发生反应 **职业接触限值**：阈限值：0.2ppm（上限值）（经皮）；致敏剂（美国政府工业卫生学家会议，2003 年）。最高容许浓度：llb（未制定标准，但可提供数据）；皮肤吸收；皮肤致敏剂（德国，2003 年） **接触途径**：该物质可通过吸入，经皮肤和食入吸收到体内 **吸入危险性**：20℃时，该物质蒸发，迅速达到空气中有害污染浓度 **短期接触的影响**：流泪。该物质腐蚀眼睛和皮肤。食入有腐蚀性。该蒸气严重刺激眼睛和呼吸道。吸入可能引起肺水肿（见注解）。该物质可能对中枢神经系统有影响 **长期或反复接触的影响**：反复或长期接触可能引起皮肤过敏		
物理性质	沸点：81℃ 熔点：-7℃ 相对密度（水=1）：0.86 水中溶解度：溶解 蒸气压：25℃时 11kPa 蒸气相对密度（空气=1）：2.4	蒸气/空气混合物的相对密度（20℃，空气=1）：1.1 闪点：-7℃（闭杯） 自燃温度：491℃ 爆炸极限：空气中 2.1%～15.6%（体积） 辛醇/水分配系数的对数值：0.117（估计值）	
环境数据			
注解	工作接触的任何时刻不应超过职业接触限值。肺水肿症状常常经过几个小时以后才变得明显，体力劳动使症状加重。因而休息和医学观察是必要的。添加稳定剂或阻聚剂会影响该物质的毒理学性质。向专家咨询。不要将工作服带回家中		

IPCS
International
Programme on
Chemical Safety

国际化学品安全卡

2-甲氧基-2-甲基丁烷			ICSC 编号：1496
CAS 登记号：994-05-8 RTECS 号：EK4421000 UN 编号：3271 中国危险货物编号：3271 分子量：102.2		中文名称：2-甲氧基-2-甲基丁烷；叔戊基甲醚；TAME；1,1-二甲基丙基甲醚；甲基叔戊醚 英文名称：2-METHOXY-2-METHYLBUTANE; tert-Amyl methyl ether; TAME; tert-Pentyl methyl ether; 1,1-Dimethyl propylmethyl ether; Methyl-tert-pentyl ether 化学式：$C_6H_{14}O$	
危害/接触类型	急性危害/症状	预防	急救/消防
火　灾	极易燃	禁止明火，禁止火花和禁止吸烟	泡沫，抗溶性泡沫，干粉，二氧化碳
爆　炸	蒸气/空气混合物有爆炸性		着火时，喷雾状水保持料桶等冷却
接　触			
# 吸入	头晕。倦睡。虚弱	通风，局部排气通风或呼吸防护	新鲜空气，休息
# 皮肤	皮肤干燥	防护手套	脱去污染的衣服。冲洗，然后用水和肥皂清洗皮肤
# 眼睛		安全眼镜	先用大量水冲洗几分钟（如可能尽量摘除隐形眼镜），然后就医
# 食入	（另见吸入）	工作时不得进食，饮水或吸烟	漱口。不要催吐。给予医疗护理
泄漏处置	通风。转移全部引燃源。尽可能将泄漏液收集在可密闭的容器中。用砂土或惰性吸收剂吸收残液，并转移到安全场所。不要冲入下水道。不要让该化学品进入环境。个人防护用具：适用于有机气体和蒸气的过滤呼吸器		
包装与标志	联合国危险性类别：3　联合国包装类别：II 中国危险性类别：第 3 类易燃液体　中国包装类别：II		
应急响应	运输应急卡：TEC(R)-30GF1-I+II		
储存	耐火设备（条件）		
重要数据	物理状态、外观：无色液体 物理危险性：蒸气比空气重 职业接触限值：阈限值：20ppm（时间加权平均值）（美国政府工业卫生学家会议，2004 年）。最高容许浓度未制定标准 接触途径：该物质可通过吸入和经食入吸收到体内 吸入危险性：未指明 20℃时该物质蒸发达到空气中有害浓度的速率 短期接触的影响：如果吞咽的液体吸入肺中，可能引起化学肺炎。接触高浓度时能够造成意识降低 长期或反复接触的影响：液体使皮肤脱脂		
物理性质	沸点：86.3℃ 熔点：−80℃ 相对密度（水=1）：0.77 水中溶解度：20℃时 1.1g/100 mL 蒸气压：20℃时 9kPa 蒸气相对密度（空气=1）：3.6 蒸气/空气混合物的相对密度（20℃，空气=1）：1.2 闪点：−11℃ 自燃温度：430℃ 爆炸极限：空气中 1.1%～7.1%（体积） 辛醇/水分配系数的对数值：1.6		
环境数据	该物质可能对环境有危害，对地下水污染应给予特别注意		
注解			

IPCS
International Programme on Chemical Safety

国际化学品安全卡

琥珀腈	ICSC 编号：1497
CAS 登记号：110-61-2 RTECS 号：WN3850000 UN 编号：3276 中国危险货物编号：3276	中文名称：琥珀腈；丁二腈；丁二酸二腈；氰化乙烯；二氰化乙烯；二氰基乙烷 英文名称：SUCCINONITRILE; Butanedinitrile; Succinic acid dinitrile; Ethylene cyanide; Ethylene dicyanide; Dicyanoethane
分子量：80.1	化学式：$C_4H_4N_2$/$CNCH_2CH_2CN$

危害/接触类型	急性危害/症状	预防	急救/消防
火　灾	可燃的。在火焰中释放出刺激性或有毒烟雾（或气体）	禁止明火	干粉，抗溶性泡沫，雾状水，二氧化碳
爆　炸			
接　触		防止粉尘扩散！	
# 吸入	咳嗽。咽喉痛。头晕。头痛。恶心。惊厥	局部排气通风或呼吸防护	新鲜空气，休息。必要时进行人工呼吸。给予医疗护理。见注解
# 皮肤	发红。疼痛	防护手套	用大量水冲洗皮肤或淋浴
# 眼睛	发红。疼痛	安全护目镜	先用大量水冲洗几分钟（如可能尽量摘除隐形眼镜），然后就医
# 食入	腹部疼痛。腹泻。头痛。恶心。呕吐。惊厥	工作时不得进食，饮水或吸烟。进食前洗手	漱口。用水冲服活性炭浆。不要催吐。给予医疗护理。（见注解）
泄漏处置	通风。将泄漏物清扫进容器中。如果适当，首先润湿防止扬尘。个人防护用具：适用于有毒颗粒物的 P3 过滤呼吸器		
包装与标志	不得与食品和饲料一起运输 联合国危险性类别：6.1　联合国包装类别：III 中国危险性类别：第 6.1 项毒性物质　中国包装类别：III		
应急响应	运输应急卡：TEC(R)-61GT1-III 美国消防协会法规：H2（健康危险性）；F1（火灾危险性）；R0（反应危险性）		
储存	与强氧化剂、强碱、强酸、强还原剂、食品和饲料分开存放。严格密封		
重要数据	物理状态、外观：无色蜡状晶体 化学危险性：燃烧时和与酸接触时，该物质分解生成含有氮氧化物和氰化物的有毒和腐蚀性烟雾。与强碱发生反应，生成氨。与强氧化剂和强还原剂发生反应 职业接触限值：阈限值未制定标准。最高容许浓度未制定标准 接触途径：该物质可经食入和通过吸入吸收到体内 吸入危险性：20℃时蒸发可忽略不计，但扩散时可较快地达到空气中颗粒物有害浓度 短期接触的影响：该物质刺激眼睛、皮肤和呼吸道。该物质可能对细胞呼吸（抑制）有影响，导致惊厥和呼吸衰竭。影响可能推迟显现。接触高浓度时可能导致死亡		
物理性质	沸点：265℃ 熔点：54℃ 密度：1.02g/cm^3 水中溶解度：20℃时 13g/100mL 蒸气相对密度（空气=1）：2.1 闪点：132℃ 辛醇/水分配系数的对数值：-0.99		
环境数据			
注解	该物质中毒时需采取必要的治疗措施。必须提供有指示说明的适当方法。对接触该物质的环境影响未进行调查		

IPCS
International
Programme on
Chemical Safety

国际化学品安全卡

4-二甲基氨基偶氮苯			ICSC 编号：1498
CAS 登记号：60-11-7 RTECS 号：BX7350000 UN 编号：3143 中国危险货物编号：3143	中文名称：4-二甲基氨基偶氮苯；*N,N*-二甲基-4-苯基偶氮苯胺；对二甲基氨基偶氮苯；*N,N*-二甲基对（苯基偶氮）苯胺 英文名称：4-DIMETHYLAMINOAZOBENZENE; *N,N*-Dimethyl-4-phenylazobenzenamine; *p*-Dimethylaminoazobenzene; *N,N*-Dimethyl-*p*-(phenylazo) aniline		
分子量：225.3	化学式：$C_{14}H_{15}N_3/C_6H_5N{=}NC_6H_4N(CH_3)_2$		

危害/接触类型	急性危害/症状	预防	急救/消防
火　灾	不可燃		周围环境着火时，使用适当的灭火剂
爆　炸			
接　触		防止粉尘扩散！避免一切接触！	
# 吸入	咳嗽。咽喉痛	通风，局部排气通风或呼吸防护	新鲜空气，休息
# 皮肤	发红。疼痛	防护手套。防护服	脱去污染的衣服。冲洗，然后用水和肥皂清洗皮肤
# 眼睛	发红。疼痛	安全护目镜，或眼睛防护结合呼吸防护	先用大量水冲洗几分钟（如可能尽量摘除隐形眼镜），然后就医
# 食入		工作时不得进食，饮水或吸烟。进食前洗手	大量饮水
泄漏处置	将泄漏物清扫进容器中，如果适当，首先润湿防止扬尘。个人防护用具：适用于有害颗粒物的 P2 过滤呼吸器		
包装与标志	联合国危险性类别：6.1　联合国包装类别：III 中国危险性类别：第 6.1 项毒性物质　中国包装类别：III		
应急响应	运输应急卡：TEC(R)-61GT2-III		
储存			
重要数据	**物理状态、外观**：黄色晶体 **化学危险性**：加热时，该物质分解生成氮氧化物 **职业接触限值**：阈限值未制定标准。最高容许浓度未制定标准 **接触途径**：该物质可经食入吸收到体内 **吸入危险性**：20℃时蒸发可忽略不计，但扩散时可较快地达到空气中颗粒物有害浓度 **短期接触的影响**：该物质刺激眼睛、皮肤和呼吸道。 **长期或反复接触的影响**：反复或长期与皮肤接触可能引起皮炎。该物质可能是人类致癌物		
物理性质	沸点：低于沸点时分解 熔点：114～117℃ 水中溶解度：不溶 辛醇/水分配系数的对数值：4.58		
环境数据			
注解	对该物质的环境影响未进行充分调查。常用名称有：C.I.11020、快黄和溶剂黄 2		

IPCS
International
Programme on
Chemical Safety

国际化学品安全卡

氯化铁（无水的）			ICSC 编号：1499
CAS 登记号：7705-08-0 RTECS 号：LJ9100000 UN 编号：1773 中国危险货物编号：1773 分子量： 162.2	中文名称：氯化铁（无水的）；氯化铁；三氯化铁；氯化铁（III） 英文名称：FERRIC CHLORIDE (anhydrous); Iron chloride; Iron trichloride; Iron(III) chloride 化学式：$FeCl_3$		

危害/接触类型	急性危害/症状	预防	急救/消防
火　灾	不可燃。在火焰中释放出刺激性或有毒烟雾（或气体）		周围环境着火时，使用适当的灭火剂
爆　炸			
接　触			
# 吸入	咳嗽。咽喉痛	局部排气通风或呼吸防护	新鲜空气，休息。给予医疗护理
# 皮肤	发红。疼痛	防护手套	脱去污染的衣服。用大量水冲洗皮肤或淋浴
# 眼睛	发红。疼痛。视力模糊	安全护目镜	先用大量水冲洗几分钟（如可能尽量摘除隐形眼镜），然后就医
# 食入	腹部疼痛。呕吐。腹泻。休克或虚脱	工作时不得进食，饮水或吸烟	漱口。大量饮水。不要催吐。给予医疗护理
泄漏处置	将泄漏物清扫进塑料容器中。如果适当，首先润湿防止扬尘。不要让该化学品进入环境。个人防护用具：适用于有害颗粒物的 P2 过滤呼吸器		
包装与标志	联合国危险性类别：8　联合国包装类别：III 中国危险性类别：第 8 类腐蚀性物质　中国包装类别：III		
应急响应	运输应急卡：TEC(R)-80S1773；TEC(R)-80GC1-I		
储存	与强碱和性质相互抵触的物质分开存放。见化学危险性。干燥。严格密封		
重要数据	物理状态、外观：黑色至棕色吸湿的晶体 化学危险性：加热至 200℃以上时，该物质分解生成含有氯和氯化氢的有毒和腐蚀性气体。与水接触时，该物质分解生成氯化氢。水溶液是一种中强酸。与碱金属、烯丙基氯、环氧乙烷、苯乙烯和碱激烈反应，有爆炸的危险。浸蚀金属，生成易燃/爆炸性气体氢（见卡片#0001） 职业接触限值：阈限值：（可溶解铁盐，以 Fe 计）$1mg/m^3$（美国政府工业卫生学家会议，2004 年）。最高容许浓度未制定标准 接触途径：该物质可经食入吸收到体内 吸入危险性：20℃时蒸发可忽略不计，但扩散时可较快地达到空气中颗粒物有害浓度 短期接触的影响：该物质刺激眼睛，皮肤和呼吸道。食入有腐蚀性		
物理性质	熔点：37℃（见注解） 密度：$2.9g/cm^3$ 水中溶解度：20℃时 92g/100mL（反应） 蒸气压：20℃时可忽略不计		
环境数据	该物质对水生生物是有害的		
注解	UN 编号 1773 指无水氯化铁；UN 编号 2582 指氯化铁溶液。给出的是失去结晶水的表观熔点。常用名称有 Flores martis 和 molysite		

IPCS
International
Programme on
Chemical Safety

国际化学品安全卡

氯苯胺灵			ICSC 编号：1500
CAS 登记号：101-21-3 RTECS 号：FD8050000	中文名称：氯苯胺灵；3-氯苯氨基甲酸异丙酯；1-甲基乙基（3-氯苯基）氨基甲酸酯；3-氯苯基氨基甲酸异丙酯 英文名称：CHLORPROPHAM; Isopropyl 3-chlorocarbanilate; 1-Methylethyl (3-chlorophenyl) carbamate; Isopropyl 3-chlorophenylcarbamate		
分子量： 213.7	化学式：$C_{10}H_{12}ClNO_2$		
危害/接触类型	急性危害/症状	预防	急救/消防
火　灾	在特定条件下是可燃的。含有机溶剂的液体制剂可能是易燃的	禁止明火	周围环境着火时，使用适当的灭火剂
爆　炸			
接　触			
# 吸入	咽喉痛	通风（如果没有粉末时）	新鲜空气，休息
# 皮肤	发红	防护手套	脱去污染的衣服。冲洗，然后用水和肥皂清洗皮肤
# 眼睛	发红。疼痛	安全眼镜	先用大量水冲洗几分钟（如可能尽量摘除隐形眼镜），然后就医
# 食入	腹泻。恶心。呕吐	工作时不得进食，饮水或吸烟	大量饮水
泄漏处置	将泄漏物清扫进可密闭的塑料容器中。不要让该化学品进入环境。个人防护用具：适用于有害颗粒物的 P2 过滤呼吸器		
包装与标志	不得与食品和饲料一起运输		
应急响应			
储存	与食品和饲料分开存放		
重要数据	**物理状态、外观**：无色至棕色晶体 **化学危险性**：加热时，该物质分解生成氯化物、氮氧化物和光气 **职业接触限值**：阈限值未制定标准。最高容许浓度未制定标准 **吸入危险性**：20℃时蒸发可忽略不计，但喷洒时可较快地达到空气中颗粒物有害浓度 **短期接触的影响**：该物质轻微刺激眼睛、皮肤和呼吸道		
物理性质	**沸点**：247℃（分解） **熔点**：41℃ **密度**：1.18g/cm^3 **水中溶解度**：0.009g/100mL（难溶） **辛醇/水分配系数的对数值**：3.4		
环境数据	该物质可能对环境有危害，对水生生物应给予特别注意		
注解	商业制剂中使用的载体溶剂可能改变其物理和毒理学性质。如果该物质用溶剂配制，可参考这些溶剂的卡片		

IPCS
International
Programme on
Chemical Safety

国际化学品安全卡

吡虫啉			ICSC 编号：1501
CAS 登记号：138261-41-3 RTECS 号：NJ0560000 UN 编号：2588 中国危险货物编号：2588	中文名称：吡虫啉；1-（6-氯-3-吡啶基甲基）-*N*-硝基咪唑啉-2-基亚胺；1-（（6-氯-3-吡啶基）甲基）-*N*-硝基-2-咪唑啉亚胺；1-（（6-氯-3-吡啶基）甲基）-4,5-二氢-N-硝基-1-*H*-咪唑-2-胺 英文名称：IMIDACLOPRID; 1-(6-Chloro-3-pyridylmethyl)-*N*-nitroimidazolidin-2-ylideneamine; 1-((6-Chloro-3-pyridinyl) methyl)-*N*-nitro-2-imidazolidinimine; 1*H*-Imidazol-2-amine, 1-((6-chloro-3-pyridinyl) methyl)-4,5-dihydro-*N*-nitro		
分子量：255.7	化学式：$C_9H_{10}ClN_5O_2$		

危害/接触类型	急性危害/症状	预防	急救/消防
火 灾	可燃的。在火焰中释放出刺激性或有毒烟雾（或气体）	禁止明火	干粉，雾状水，泡沫，二氧化碳
爆 炸			
接 触			
# 吸入		避免吸入粉尘	新鲜空气，休息
# 皮肤		防护手套	冲洗，然后用水和肥皂清洗皮肤
# 眼睛		安全眼镜	先用大量水冲洗几分钟（如可能尽量摘除隐形眼镜），然后就医
# 食入	头晕。倦睡。震颤。运动不协调	工作时不得进食，饮水或吸烟。进食前洗手	催吐（仅对清醒病人！）
泄漏处置	将泄漏物清扫进容器中。小心收集残余物，然后转移到安全场所。不要让该化学品进入环境。个人防护用具：适用于有害颗粒物的 P2 过滤呼吸器		
包装与标志	不得与食品和饲料一起运输 联合国危险性类别：6.1 联合国包装类别：III 中国危险性类别：第 6.1 项毒性物质 中国包装类别：III		
应急响应	运输应急卡：TEC(R)-61GT7-III		
储存	与食品和饲料分开存放		
重要数据	物理状态、外观：无色晶体或米色粉末 化学危险性：燃烧时生成有毒气体。加热时，该物质分解 职业接触限值：阈限值未制定标准。最高容许浓度未制定标准 接触途径：该物质可经食入吸收到体内 吸入危险性：20℃时蒸发可忽略不计，但喷洒时可较快地达到空气中颗粒物公害污染浓度 短期接触的影响：该物质可能对神经系统有影响		
物理性质	熔点：144℃ 密度：1.54g/cm³ 水中溶解度：20℃时 0.061g/100mL 蒸气压：20℃时可忽略不计 辛醇/水分配系数的对数值：0.57		
环境数据	该物质可能对环境有危害，对鸟类、甲壳纲动物、鱼和蜜蜂应给予特别注意		
注解	其他熔点：136.4℃和 143.8℃，取决于晶体形状。如果该物质用溶剂配制，可参考这些溶剂的卡片。商业制剂中使用的载体溶剂可能改变其物理和毒理学性质		

IPCS
International
Programme on
Chemical Safety

国际化学品安全卡

多杀霉素			ICSC 编号：1502
CAS 登记号：168316-95-8		中文名称：多杀霉素	
RTECS 号：WG9110000		英文名称：SPINOSAD	
		化学式：$C_{41}H_{65}NO_{10}xC_{42}H_{67}NO_{10}$	

危害/接触类型	急性危害/症状	预防	急救/消防
火　灾	可燃的。在火焰中释放出刺激性或有毒烟雾（或气体）	禁止明火	干粉，雾状水，泡沫，二氧化碳
爆　炸			
接　触			
# 吸入		避免吸入粉尘	
# 皮肤		防护手套	
# 眼睛	发红。疼痛	安全眼镜	先用大量水冲洗几分钟（如可能尽量摘除隐形眼镜），然后就医
# 食入		工作时不得进食，饮水或吸烟。进食前洗手	
泄漏处置	将泄漏物清扫进容器中。不要让该化学品进入环境。个人防护用具：适用于惰性颗粒物的 P1 过滤呼吸器		
包装与标志	不得与食品和饲料一起运输		
应急响应			
储存	与食品和饲料分开存放		
重要数据	物理状态、外观：灰色至白色固体 职业接触限值：阈限值未制定标准。最高容许浓度未制定标准 接触途径：该物质可经食入吸收到体内 吸入危险性：20℃时蒸发可忽略不计，但喷洒或扩散时可较快地达到空气中颗粒物公害污染浓度，尤其是粉末 短期接触的影响：该物质轻微刺激眼睛 长期或反复接触的影响：该物质可能对肾和肝有影响，导致体组织损伤		
物理性质	沸点：173℃（分解） 熔点：112～123℃ 水中溶解度：不溶 蒸气压：20℃时可忽略不计 辛醇/水分配系数的对数值：4		
环境数据	该物质对水生生物是有害的。该物质可能对环境有危害，对蜜蜂应给予特别注意。该物质在正常使用过程中进入环境，但是要特别注意避免任何额外的释放，例如通过不适当处置活动		
注解	本化学品是多杀霉素 A（CAS 131929-60-7）和多杀霉素 B（CAS 131929-63-0）的混合物。如果该物质用溶剂配制，可参考这些溶剂的卡片。商业制剂中使用的载体溶剂可能改变其物理和毒理学性质		

IPCS
International
Programme on
Chemical Safety

国际化学品安全卡

氟虫腈			ICSC 编号：1503
CAS 登记号：120068-37-3 RTECS 号：UQ4430250	中文名称：氟虫腈；5-氨基-3-氰基-1-（2,6-二氯-4-三氟甲基苯基）-4-三氟甲基亚磺酰吡唑 英文名称：FIPRONIL; 5-Amino-3-cyano-1-(2,6-dichloro-4-trifluoro-methylphenyl)-4-trifluoromethylsulfinylpyrazole		
分子量：437.1	化学式：$C_{12}H_4Cl_2F_6N_4OS$		
危害/接触类型	急性危害/症状	预防	急救/消防
火　灾	含有机溶剂的液体制剂可能是易燃的。在火焰中释放出刺激性或有毒烟雾（或气体）		周围环境着火时，使用适当的灭火剂
爆　炸			
接　触			
# 吸入	惊厥。震颤	局部排气通风或呼吸防护	新鲜空气，休息。给予医疗护理
# 皮肤		防护手套	脱去污染的衣服。冲洗，然后用水和肥皂清洗皮肤
# 眼睛		安全护目镜，或眼睛防护结合呼吸防护	先用大量水冲洗几分钟（如可能尽量摘除隐形眼镜），然后就医
# 食入	（另见吸入）	工作时不得进食，饮水或吸烟。进食前洗手	用水冲服活性炭浆。给予医疗护理
泄漏处置	将泄漏物清扫进容器中。不要让该化学品进入环境。个人防护用具：适用于有毒颗粒物的 P3 过滤呼吸器		
包装与标志	不得与食品和饲料一起运输		
应急响应			
储存	与食品和饲料分开存放		
重要数据	**物理状态、外观：**白色粉末 **职业接触限值：**阈限值未制定标准。最高容许浓度未制定标准 **接触途径：**该物质可通过吸入和经食入吸收到体内 **吸入危险性：**20℃时蒸发可忽略不计，但扩散时可较快地达到空气中颗粒物有害浓度 **短期接触的影响：**该物质可能对中枢神经系统有影响，导致易怒和惊厥。影响可能推迟显现 **长期或反复接触的影响：**该物质可能对肝有影响，导致体组织损伤		
物理性质	**熔点：**201℃ **水中溶解度：**难溶 **蒸气压：**20℃时可忽略不计 **辛醇/水分配系数的对数值：**4		
环境数据	该物质对水生生物有极高毒性。该物质可能对环境有危害，对鸟类和蜜蜂应给予特别注意。该物质在正常使用过程中进入环境，但是要特别注意避免任何额外的释放，例如通过不适当处置活动		
注解	商业制剂中使用的载体溶剂可能改变其物理和毒理学性质。如果该物质用溶剂配制，可参考这些溶剂的卡片		

IPCS
International
Programme on
Chemical Safety

国际化学品安全卡

2-硝基萘			ICSC 编号：1504
CAS 登记号：581-89-5 RTECS 号：QJ9760000 UN 编号：2538 EC 编号：609-038-00-8 中国危险货物编号：2538 分子量： 173.17		中文名称：2-硝基萘；*β*-硝基萘 英文名称：2-NITRONAPHTHALENE; beta-Nitronaphthalene 化学式：$C_{10}H_7NO_2$	
危害/接触类型	急性危害/症状	预防	急救/消防
火　灾	可燃的	禁止明火	大量水，泡沫，抗溶性泡沫，二氧化碳
爆　炸			
接　触		防止粉尘扩散！	
# 吸入	嘴唇发青或指甲发青。皮肤发青。意识模糊。惊厥。头晕。头痛。恶心。神志不清。（见食入）	局部排气通风或呼吸防护	新鲜空气，休息。给予医疗护理
# 皮肤		防护手套	冲洗，然后用水和肥皂清洗皮肤
# 眼睛		安全护目镜	先用大量水冲洗几分钟（如可能尽量摘除隐形眼镜），然后就医
# 食入		工作时不得进食，饮水或吸烟。进食前洗手	漱口。用水冲服活性炭浆。给予医疗护理
泄漏处置	将泄漏物清扫进容器中。如果适当，首先润湿防止扬尘。个人防护用具：适用于有害颗粒物的 P2 过滤呼吸器		
包装与标志	欧盟危险性类别：T 符号 N 符号　R:45-51/53　S:53-45-61 联合国危险性类别：4.1　联合国包装类别：III 中国危险性类别：第 4.1 项易燃固体　中国包装类别：III		
应急响应	运输应急卡：TEC(R)-41GF1-II+III		
储存	严格密封		
重要数据	物理状态、外观：无色至黄色各种形态固体 化学危险性：燃烧时，该物质分解生成有毒烟雾 职业接触限值：阈限值未制定标准。最高容许浓度：致癌物类别：2（德国，2003 年） 接触途径：该物质可通过吸入和经食入吸收到体内 吸入危险性：20℃时蒸发可忽略不计，但扩散时可较快地达到空气中颗粒物有害浓度，尤其是粉末 短期接触的影响：该物质可能对血液有影响，导致形成正铁血红蛋白。需进行医学观察。影响可能推迟显现		
物理性质	沸点：304℃ 熔点：79℃ 水中溶解度：难溶 蒸气压：25℃时 0.000032kPa 蒸气相对密度（空气=1）：5.89 辛醇/水分配系数的对数值：2.78		
环境数据			
注解	该物质中毒时需采取必要的治疗措施。必须提供有指示说明的适当方法。该物质对人体健康的影响数据不充分，因此应当特别注意。类似物质引起人类膀胱肿瘤。参见卡片#0610（2-萘胺）		

IPCS
International
Programme on
Chemical Safety

国际化学品安全卡

<table>
<tr><td colspan="2">水杨酸甲酯</td><td colspan="2">ICSC 编号：1505</td></tr>
<tr><td colspan="2">CAS 登记号：119-36-8
RTECS 号：VO4725000</td><td colspan="2">中文名称：水杨酸甲酯；冬用绿油；甲基-2-羟基苯甲酸酯；2-(甲氧基羰基)苯酚；甲基水杨酸酯；邻羟基苯甲酸甲酯
英文名称：SALICYLIC ACID, METHYL ESTER; Wintergreen oil; Methyl-2-hydroxybenzoate; 2-(Methoxycarbonyl)phenol; Methyl salicylate; o-Hydroxybenzoic acid, methyl ester</td></tr>
<tr><td colspan="2">分子量：152.1</td><td colspan="2">化学式：$C_8H_8O_3$</td></tr>
<tr><td>危害/接触类型</td><td>急性危害/症状</td><td>预防</td><td>急救/消防</td></tr>
<tr><td>火　灾</td><td>可燃的</td><td>禁止明火</td><td>干粉，抗溶性泡沫，雾状水，二氧化碳</td></tr>
<tr><td>爆　炸</td><td></td><td></td><td></td></tr>
<tr><td>接　触</td><td></td><td>防止产生烟云！</td><td></td></tr>
<tr><td># 吸入</td><td>咳嗽。咽喉痛。另见食入</td><td>通风，局部排气通风或呼吸防护</td><td>新鲜空气，休息。给予医疗护理</td></tr>
<tr><td># 皮肤</td><td>可能被吸收！发红</td><td>防护手套。防护服</td><td>脱去污染的衣服。冲洗，然后用水和肥皂清洗皮肤。给予医疗护理</td></tr>
<tr><td># 眼睛</td><td>发红。疼痛</td><td>安全护目镜，或眼睛防护结合呼吸防护</td><td>先用大量水冲洗几分钟（如可能尽量摘除隐形眼镜），然后就医</td></tr>
<tr><td># 食入</td><td>恶心。呕吐。腹部疼痛。腹泻。换气过度。耳鸣。惊厥</td><td>工作时不得进食，饮水或吸烟</td><td>催吐（仅对清醒病人！）。用水冲服活性炭浆。给予医疗护理</td></tr>
<tr><td>泄漏处置</td><td colspan="3">将泄漏液收集在可密闭的容器中。用砂土或惰性吸收剂吸收残液，并转移到安全场所。不要让该化学品进入环境</td></tr>
<tr><td>包装与标志</td><td colspan="3"></td></tr>
<tr><td>应急响应</td><td colspan="3"></td></tr>
<tr><td>储存</td><td colspan="3">与强氧化剂和强碱分开存放</td></tr>
<tr><td>重要数据</td><td colspan="3">物理状态、外观：无色或黄色至红色油状液体，有特殊气味
化学危险性：与强氧化剂和强碱发生反应
职业接触限值：阈限值未制定标准。最高容许浓度未制定标准
接触途径：该物质可通过吸入、经皮肤和食入吸收到体内
吸入危险性：未指明 20℃时该物质蒸发达到空气中有害浓度的速率
短期接触的影响：该物质刺激眼睛和皮肤。该物质可能对中枢神经系统有影响，导致休克和死亡。影响可能推迟显现。需进行医学观察</td></tr>
<tr><td>物理性质</td><td colspan="3">沸点：222℃
熔点：-8.6℃
相对密度（水=1）：1.18
水中溶解度：20℃时 0.07g/100mL
蒸气压：20℃时 6Pa
蒸气相对密度（空气=1）：5.24
闪点：96℃（闭杯）
自燃温度：451℃
辛醇/水分配系数的对数值：2.55</td></tr>
<tr><td>环境数据</td><td colspan="3">该物质对水生生物是有害的</td></tr>
<tr><td>注解</td><td colspan="3"></td></tr>
</table>

IPCS
International
Programme on
Chemical Safety

国际化学品安全卡

硬脂酸钙			ICSC 编号：1506
CAS 登记号：1592-23-0 RTECS 号：WI3000000	中文名称：硬脂酸钙；二硬脂酸钙；十八（烷）酸钙盐；硬脂酸钙盐 英文名称：CALCIUM STEARATE; Calcium distearate; Octadecanoic acid, calcium salt; Stearic acid, calcium salt		
分子量：607.0	化学式：$C_{36}H_{70}O_4 \cdot Ca$		
危害/接触类型	急性危害/症状	预防	急救/消防
火　灾	可燃的。在火焰中释放出刺激性或有毒烟雾（或气体）	禁止明火	干粉，抗溶性泡沫，雾状水，二氧化碳
爆　炸	微细分散的颗粒物在空气中形成爆炸性混合物	防止粉尘沉积、密闭系统、防止粉尘爆炸型电气设备和照明。防止静电荷积聚(例如，通过接地)	
接　触			
# 吸入	咳嗽	局部排气通风或呼吸防护	新鲜空气，休息
# 皮肤			
# 眼睛	发红	安全护目镜	先用大量水冲洗几分钟（如可能尽量摘除隐形眼镜），然后就医
# 食入		工作时不得进食，饮水或吸烟	漱口
泄漏处置	真空抽吸泄漏物。个人防护用具：适用于惰性颗粒物的 P1 过滤呼吸器		
包装与标志			
应急响应			
储存			
重要数据	物理状态、外观：白色粉末 物理危险性：以粉末或颗粒形状与空气混合，可能发生粉尘爆炸 化学危险性：燃烧时，该物质分解生成刺激性烟雾 职业接触限值：阈限值：（以硬脂酸盐计）10mg/m³（时间加权平均值）；A4（不能分类为人类致癌物）（美国政府工业卫生学家会议，2003 年）。最高容许浓度未制定标准 接触途径：该物质可通过吸入吸收到体内 吸入危险性：扩散时可较快地达到空气中颗粒物公害污染浓度 短期接触的影响：可能引起机械刺激作用		
物理性质	熔点：179℃ 密度：1.12g/cm³ 水中溶解度：15℃时 0.004g/100mL		
环境数据			
注解			

IPCS
International
Programme on
Chemical Safety

国际化学品安全卡

蔗糖			ICSC 编号：1507
CAS 登记号：57-50-1 RTECS 号：WN6500000	中文名称：蔗糖；*β*-D-呋喃果糖基-*α*-D-吡喃葡糖；*α*-D-吡喃葡糖基-*β*-D-呋喃果糖；D（+）蔗糖；甜菜糖 英文名称：SUCROSE; beta-D-Fructofuranosyl-alpha-D-glucopyranoside; alpha-D-Gluco pyranosyl beta-D-fructofuranoside; D(+) Saccharose; Beetsugar		
分子量：342.3	化学式：$C_{12}H_{22}O_{11}$		
危害/接触类型	急性危害/症状	预防	急救/消防
火　灾	可燃的	禁止明火	干粉，抗溶性泡沫，雾状水，二氧化碳
爆　炸	微细分散的颗粒物在空气中形成爆炸性混合物	防止粉尘沉积、密闭系统、防止粉尘爆炸型电气设备和照明	着火时，喷雾状水保持料桶等冷却
接　触			
# 吸入	咳嗽	局部排气通风或呼吸防护	新鲜空气，休息
# 皮肤	发红。粗糙	防护手套	用大量水冲洗皮肤或淋浴
# 眼睛	发红	安全护目镜	先用大量水冲洗几分钟（如可能尽量摘除隐形眼镜），然后就医
# 食入			
泄漏处置	将泄漏物清扫进容器中。如果适当，首先润湿防止扬尘		
包装与标志			
应急响应			
储存	与强氧化剂分开存放		
重要数据	物理状态、外观：白色各种形态固体 物理危险性：以粉末或颗粒形状与空气混合，可能发生粉尘爆炸 化学危险性：与强氧化剂反应，有着火的危险 职业接触限值：阈限值：10mg/m^3（时间加权平均值），A4（不能分类为人类致癌物）（美国政府工业卫生学家会议，2003 年）。最高容许浓度未制定标准 接触途径：该物质可通过吸入和经食入吸收到体内 短期接触的影响：可能引起机械刺激 长期或反复接触的影响：该物质可能对牙齿有影响，导致龋齿。反复或长期与皮肤接触可能引起皮炎		
物理性质	熔点：186℃（分解） 密度：1.6g/cm^3 水中溶解度：25℃时 200g/100mL 辛醇/水分配系数的对数值：-3.67		
环境数据			
注解			

IPCS
International
Programme on
Chemical Safety

国际化学品安全卡

硅			ICSC 编号：1508
CAS 登记号：7440-21-3 RTECS 号：VW0400000 UN 编号：1346 中国危险货物编号：1346		中文名称：硅 英文名称：SILICON	
原子量： 28.09		化学式：Si	
危害/接触类型	急性危害/症状	预防	急救/消防
火　灾	在特定条件下是可燃的	禁止明火	专用粉末，干砂，禁用含水灭火剂
爆　炸	微细分散的颗粒物在空气中形成爆炸性混合物。与卤素氧化剂接触时,有着火和爆炸危险	防止粉尘沉积、密闭系统、防止粉尘爆炸型电气设备和照明。防止静电荷积聚（例如，通过接地）	
接　触			
# 吸入	咳嗽	局部排气通风或呼吸防护	新鲜空气，休息
# 皮肤	发红。粗糙	防护手套	用大量水冲洗皮肤或淋浴
# 眼睛	发红	安全护目镜	先用大量水冲洗几分钟（如可能尽量摘除隐形眼镜），然后就医
# 食入		工作时不得进食，饮水或吸烟	漱口
泄漏处置	将泄漏物清扫进容器中。如果适当，首先润湿防止扬尘		
包装与标志	联合国危险性类别：4.1　　　联合国包装类别：III 中国危险性类别：第 4.1 项 易燃固体 中国包装类别：III		
应急响应	运输应急卡：TEC(R)-41GF3-II+III		
储存	与性质相互抵触的物质分开存放。见化学危险性		
重要数据	**物理状态、外观**：钢灰色晶体或黑色至棕色无定形粉末 **物理危险性**：以粉末或颗粒形状与空气混合，可能发生粉尘爆炸。如果在干燥状态，由于搅拌、空气输送和注入等能产生静电 **化学危险性**：与氧化剂、卤素、金属碳酸盐和金属乙炔化物激烈反应，有着火的危险。与金属六氟化物激烈反应，有着火和爆炸危险。加热时，与水反应生成易燃/爆炸性气体氢（见卡片#0001） **职业接触限值**：阈限值未制定标准。最高容许浓度未制定标准 **接触途径**：该物质可通过吸入吸收到体内 **吸入危险性**：扩散时可较快地达到空气中颗粒物公害污染浓度 **短期接触的影响**：可能对眼睛和呼吸道引起机械刺激		
物理性质	沸点：2355℃ 熔点：1410℃ 密度：2.33g/cm^3 水中溶解度：不溶		
环境数据			
注解	与灭火剂，如水激烈反应		

IPCS
International
Programme on
Chemical Safety

国际化学品安全卡

2,2-二氯丙酸	ICSC 编号：1509
CAS 登记号：75-99-0 RTECS 号：UF0690000 EC 编号：607-162-00-7	中文名称：2,2-二氯丙酸；*α*,*α*-二氯丙酸 英文名称：2,2-DICHLOROPROPIONIC ACID; Dalapon; alpha,alpha-Dichloropropionic acid
分子量： 143.0	化学式：$C_3H_4Cl_2O_2$

危害/接触类型	急性危害/症状	预防	急救/消防
火　灾	在火焰中释放出刺激性或有毒烟雾（或气体）		周围环境着火时，使用适当的灭火剂
爆　炸			
接　触			
# 吸入	灼烧感。咳嗽。咽喉痛	通风，局部排气通风或呼吸防护	新鲜空气，休息。给予医疗护理
# 皮肤	发红。疼痛	防护手套	脱去污染的衣服。用大量水冲洗皮肤或淋浴
# 眼睛	发红。疼痛。视力模糊	安全护目镜，或眼睛防护结合呼吸防护	先用大量水冲洗几分钟（如可能尽量摘除隐形眼镜），然后就医
# 食入	灼烧感。腹泻。恶心。呕吐	工作时不得进食，饮水或吸烟	大量饮水。不要催吐。给予医疗护理
泄漏处置	如果是液体：尽可能将泄漏液收集在可密闭的容器中。如果是固体：将泄漏物清扫进容器中。小心收集残余物，然后转移到安全场所。不要让该化学品进入环境。个人防护用具：适用于有害颗粒物的 P2 过滤呼吸器		
包装与标志	不得与食品和饲料一起运输 欧盟危险性类别：Xn 符号　R:22-38-41-52/53　S:2-26-39-61		
应急响应			
储存	与食品和饲料分开存放。干燥。严格密封		
重要数据	物理状态、外观：白色吸湿的，各种形态固体或无色液体 化学危险性：浸蚀铝、铜及其合金 职业接触限值：阈限值：5mg/m³（可吸入粉尘）（时间加权平均值）；A4（不能分类为人类致癌物）（美国政府工业卫生学家会议，2004 年）。最高容许浓度：IIb（未制定标准，但可提供数据）（德国，2004 年） 接触途径：该物质可通过吸入和经食入吸收到体内 吸入危险性：未指明 20℃时该物质蒸发达到空气中有害浓度的速率 短期接触的影响：该物质刺激眼睛、皮肤和呼吸道		
物理性质	沸点：190℃ 熔点：20℃ 相对密度（水=1）：1.40 水中溶解度：25℃时 90g/100mL 辛醇/水分配系数的对数值：0.76		
环境数据	该物质对水生生物是有害的		
注解			

IPCS
International
Programme on
Chemical Safety

国际化学品安全卡

卡巴氧（抗感染药）			ICSC 编号：1510
CAS 登记号：6804-07-5 RTECS 号：FE2779000 EC 编号：613-050-00-9		中文名称：卡巴氧（抗感染药）；2-甲酰喹喔啉-1,4-二氧化甲酯基腙；2-（甲氧基羰基腙甲基）喹喔啉-1,4-二氧化物；甲基-3-（喹喔啉-2-基亚甲基）肼基甲酸-1,4-二氧化物 英文名称：CARBADOX; 2-Formylquinoxaline-1,4-dioxide carbomethoxyhydrazone; 2-(Methoxycarbonylhydrazonomethyl)quinoxaline 1,4-dioxide; Methyl 3-(quinoxalin-2-ylmethylene)carbazate 1,4-dioxide	
分子量：262.2		化学式：$C_{11}H_{10}N_4O_4$	

危害/接触类型	急性危害/症状	预防	急救/消防
火　灾	易燃的	禁止明火，禁止火花和禁止吸烟	干粉，抗溶性泡沫，雾状水，二氧化碳
爆　炸			
接　触		避免一切接触！	
# 吸入	咳嗽	局部排气通风或呼吸防护	新鲜空气，休息。给予医疗护理
# 皮肤		防护服	脱去污染的衣服。冲洗，然后用水和肥皂清洗皮肤
# 眼睛	发红	安全眼镜，如为粉末，眼睛防护结合呼吸防护	先用大量水冲洗几分钟（如可能尽量摘除隐形眼镜），然后就医
# 食入	恶心。呕吐	工作时不得进食，饮水或吸烟	给予医疗护理
泄漏处置	将泄漏物清扫进容器中。如果适当，首先润湿防止扬尘。用大量水冲净残余物。化学防护服，包括自给式呼吸器		
包装与标志	不得与食品和饲料一起运输 欧盟危险性类别：F 符号 T 符号 标记：E　R:45-11-22　S:53-45		
应急响应			
储存	与食品和饲料分开存放。严格密封		
重要数据	物理状态、外观：黄色晶体 化学危险性：加热时，该物质分解生成氮氧化物有毒烟雾 职业接触限值：阈限值未制定标准 接触途径：该物质可通过吸入其颗粒物和经食入吸收到体内 吸入危险性：20℃时蒸发可忽略不计，但扩散时可较快地达到空气中颗粒物有害浓度 长期或反复接触的影响：可能引起光敏作用。该物质可能是人类致癌物		
物理性质	熔点：239.5℃ 水中溶解度：不溶 蒸气压：25℃时<0.001Pa		
环境数据			
注解	不要将工作服带回家中		

IPCS
International
Programme on
Chemical Safety

国际化学品安全卡

二水合倍半碳酸钠			ICSC 编号：1511
CAS 登记号：6106-20-3 RTECS 号：FG2099000	中文名称：二水合倍半碳酸钠；一水合碳酸钠盐（2:3:2）；二碳酸氢三钠；天然倍半碳酸钠 英文名称：SODIUM SESQUICARBONATE DIHYDRATE; Carbonic acid, sodium salt, hydrate (2:3:2); Trona; Natural sodium sesquicarbonate		
分子量： 226.0	化学式：$C_2H_5Na_3O_8/Na_2CO_3.NaHCO_3.2H_2O$		

危害/接触类型	急性危害/症状	预防	急救/消防
火　灾	不可燃		周围环境着火时，使用适当的灭火剂
爆　炸			
接　触			
# 吸入	咳嗽。咽喉痛	局部排气通风或呼吸防护	新鲜空气，休息
# 皮肤	发红。皮肤干燥	防护手套	用大量水冲洗皮肤或淋浴
# 眼睛	发红	安全护目镜	先用大量水冲洗几分钟（如可能尽量摘除隐形眼镜），然后就医
# 食入		工作时不得进食，饮水或吸烟	漱口
泄漏处置	将泄漏物清扫进容器中。如果适当，首先润湿防止扬尘。用大量水冲净残余物		
包装与标志			
应急响应			
储存	与酸类分开存放		
重要数据	**物理状态、外观**：各种形态固体 **化学危险性**：水溶液是一种弱碱。与酸类发生反应 **职业接触限值**：阈限值未制定标准。最高容许浓度未制定标准 **吸入危险性**：尤其是粉末可较快地达到空气中颗粒物公害污染浓度 **短期接触的影响**：该物质刺激眼睛，皮肤和呼吸道。 **长期或反复接触的影响**：反复或长期与皮肤接触可能引起皮炎		
物理性质	熔点：>70℃（分解） 密度：2.1g/cm^3 水中溶解度：20℃时 16g/100mL		
环境数据			
注解			

IPCS
International
Programme on
Chemical Safety

国际化学品安全卡

二茂铁			ICSC 编号：1512
CAS 登记号：102-54-5 RTECS 号：LK0700000		中文名称：二茂铁；二环戊二烯基铁；二-2,4-环戊二烯-1-基铁 英文名称：FERROCENE; Dicyclopentadienyl iron; Di-2,4-cyclopentadien-1-yl iron	
分子量：186.0		化学式：$C_{10}H_{10}Fe/C_5H_5FeC_5H_5$	

危害/接触类型	急性危害/症状	预防	急救/消防
火　灾	可燃的	禁止明火	干粉，抗溶性泡沫，雾状水，二氧化碳
爆　炸			
接　触		防止粉尘扩散！	
# 吸入	咽喉痛	局部排气通风或呼吸防护	新鲜空气，休息
# 皮肤	发红	防护手套	冲洗，然后用水和肥皂清洗皮肤
# 眼睛	发红。疼痛	安全护目镜	先用大量水冲洗几分钟（如可能尽量摘除隐形眼镜），然后就医
# 食入		工作时不得进食，饮水或吸烟	漱口

泄漏处置	将泄漏物清扫进容器中。如果适当，首先润湿防止扬尘。个人防护用具：适用于惰性颗粒物的 P1 过滤呼吸器
包装与标志	
应急响应	
储存	与强氧化剂分开存放
重要数据	物理状态、外观：橙色晶体，有特殊气味 化学危险性：燃烧时，生成有毒烟雾。与高氯酸铵或四硝基甲烷激烈反应。与硝酸汞（II）发生反应。 职业接触限值：阈限值：（以 Fe 计）$10mg/m^3$（时间加权平均值）（美国政府工业卫生学家会议，2001 年）。最高容许浓度未制定标准 接触途径：该物质可通过吸入和经食入吸收到体内 吸入危险性：20℃时蒸发可忽略不计，但扩散时可较快地达到空气中颗粒物有害浓度 短期接触的影响：可能引起机械刺激作用
物理性质	沸点：249℃ 升华点：100℃以上 熔点：173℃ 水中溶解度：不溶 蒸气压：40℃时 4Pa
环境数据	
注解	

IPCS
International
Programme on
Chemical Safety

国际化学品安全卡

硝酸正丙酯			ICSC 编号：1513
CAS 登记号：627-13-4 RTECS 号：UK0350000 UN 编号：1865 中国危险货物编号：1865 分子量：105.1		中文名称：硝酸正丙酯；硝酸丙酯；硝酸一丙酯； 英文名称：*n*-PROPYL NITRATE; Nitric acid, propyl ester; Monopropyl nitrate 化学式：$C_3H_7NO_3$	
危害/接触类型	急性危害/症状	预防	急救/消防
火　灾	高度易燃。爆炸性的。在火焰中释放出刺激性或有毒烟雾（或气体）	禁止明火，禁止火花和禁止吸烟。禁止与氧化剂、可燃物质和还原剂接触	干粉，抗溶性泡沫，雾状水，二氧化碳
爆　炸	蒸气/空气混合物有爆炸性。与可燃物质接触时，有着火和爆炸危险	不要受摩擦或震动。密闭系统，通风，防爆型电气设备和照明。使用无火花手工具	着火时，喷雾状水保持料桶等冷却。从掩蔽位置灭火
接　触			
# 吸入	嘴唇发青或指甲发青。皮肤发青。头晕。头痛。恶心。意识模糊。惊厥。神志不清	通风，局部排气通风或呼吸防护	新鲜空气，休息。必要时进行人工呼吸。给予医疗护理。见注解
# 皮肤	发红	防护手套	冲洗，然后用水和肥皂清洗皮肤
# 眼睛	发红。疼痛	安全护目镜	先用大量水冲洗几分钟（如可能尽量摘除隐形眼镜），然后就医
# 食入	腹部疼痛。（另见吸入）	工作时不得进食，饮水或吸烟	漱口。给予医疗护理
泄漏处置	通风。转移全部引燃源。将泄漏液收集在可密闭的容器中。用砂土或惰性吸收剂吸收残液，并转移到安全场所。不要冲入下水道。个人防护用具：自给式呼吸器		
包装与标志	联合国危险性类别：3　联合国包装类别：II 中国危险性类别：第 3 类易燃液体　中国包装类别：II		
应急响应	运输应急卡：TEC(R)-30GF1-I+II 美国消防协会法规：H2（健康危险性）；F3（火灾危险性）；R3（反应危险性）；OX（氧化剂）		
储存	严格密封。阴凉场所。耐火设备（条件）。与强氧化剂、可燃物质和还原性物质分开存放		
重要数据	物理状态、外观：无色至黄色液体，有特殊气味 物理危险性：蒸气比空气重，可能沿地面流动，可能造成远处着火 化学危险性：加热可能引起激烈燃烧或爆炸。受撞击、摩擦或震动时，可能爆炸性分解。燃烧时，该物质分解生成氮氧化物。该物质是一种强氧化剂。与可燃物质和还原性物质激烈反应。与强氧化剂激烈反应 职业接触限值：阈限值：25ppm（时间加权平均值）；40ppm（短期接触限值）；公布生物暴露指数（美国政府工业卫生学家会议，2004 年）。最高容许浓度：25ppm，110mg/m³；最高限值种类：II（2）（德国，2003 年） 接触途径：该物质可通过吸入其蒸气和经食入吸收到体内 吸入危险性：20℃时，该物质蒸发相当快地达到空气中有害污染浓度 短期接触的影响：该物质刺激呼吸道，眼睛和皮肤。吸入高浓度该物质可能对血液有影响，导致形成正铁血红蛋白。影响可能推迟显现。需进行医学观察。见注解		
物理性质	沸点：110℃ 相对密度（水=1）：1.05 水中溶解度：微溶 蒸气压：20℃时 2.4kPa 蒸气相对密度（空气=1）：3.6	蒸气/空气混合物的相对密度（20℃，空气=1）：1.06 闪点：20℃（闭杯） 自燃温度：175℃ 爆炸极限：空气中 2%～100%（体积）	
环境数据			
注解	在封闭空间燃烧可能引起爆燃。根据接触程度，建议定期进行医疗检查。该物质中毒时需采取必要的治疗措施。必须提供有指示说明的适当方法		

IPCS
International
Programme on
Chemical Safety

国际化学品安全卡

二甲苯磺酸钠			ICSC 编号：1514
CAS 登记号：1300-72-7 RTECS 号：ZE5100000	中文名称：二甲苯磺酸钠；二甲基苯磺酸钠盐 英文名称：SODIUM XYLENESULFONATE; Benzenesulfonic acid, dimethyl-, sodium salt; Dimethylbenzenesulfonic acid, sodium salt		
分子量： 208.2	化学式：$C_8H_9NaO_3S$		
危害/接触类型	急性危害/症状	预防	急救/消防
火　灾	在火焰中释放出刺激性或有毒烟雾（或气体）		干粉，抗溶性泡沫，雾状水，二氧化碳
爆　炸			
接　触			
# 吸入	咳嗽。咽喉痛	局部排气通风或呼吸防护	新鲜空气，休息
# 皮肤	发红	防护手套	用大量水冲洗皮肤或淋浴
# 眼睛	发红	安全护目镜	先用大量水冲洗几分钟（如可能尽量摘除隐形眼镜），然后就医
# 食入		工作时不得进食，饮水或吸烟	漱口。大量饮水
泄漏处置	将泄漏物清扫进容器中。如果适当，首先润湿防止扬尘。用大量水冲净残余物		
包装与标志			
应急响应			
储存	与强氧化剂分开存放		
重要数据	物理状态、外观：白色晶体或粉末 化学危险性：燃烧时，该物质分解生成硫氧化物。水溶液是一种弱碱。与强氧化剂发生反应 职业接触限值：阈限值未制定标准。最高容许浓度未制定标准 吸入危险性：扩散时可较快地达到空气中颗粒物公害污染浓度 短期接触的影响：该物质刺激眼睛，皮肤和呼吸道		
物理性质	沸点：157℃ 熔点：27℃ 水中溶解度：20℃时 40g/100mL 蒸气相对密度（空气=1）：6.45		
环境数据			
注解			

IPCS
International
Programme on
Chemical Safety

国际化学品安全卡

杀鼠酮			ICSC 编号：1515
CAS 登记号：83-26-1 RTECS 号：NK6300000 UN 编号：2588 EC 编号：606-016-00-X 中国危险货物编号：2588	中文名称：杀鼠酮；2-新戊酰茚-1,3-二酮；2-(2,2-二甲基-1-氧丙基）-1*H*-茚-1,3-(2*H*)-二酮；2-新戊酰-1,3-茚二酮 英文名称：PINDONE; 2-Pivaloylindan-1,3-dione; 2-(2,2-Dimethyl-1-oxopropyl)-1*H*-indene-1,3 (2*H*)-dione; 2-Pivaloyl-1,3-indandione		
分子量：230.3	化学式：$C_{14}H_{14}O_3$		
危害/接触类型	急性危害/症状	预防	急救/消防
火　灾	可燃的	禁止明火	干粉，雾状水，泡沫，二氧化碳
爆　炸			
接　触		严格作业环境管理！	
# 吸入		局部排气通风或呼吸防护	新鲜空气，休息
# 皮肤		防护手套	脱去污染的衣服。冲洗，然后用水和肥皂清洗皮肤
# 眼睛		安全眼镜	先用大量水冲洗几分钟（如可能尽量摘除隐形眼镜），然后就医
# 食入	症状将可能由出血引起并取决于受影响的器官	工作时不得进食，饮水或吸烟。进食前洗手	用水冲服活性炭浆。给予医疗护理
泄漏处置	将泄漏物清扫进容器中。如果适当，首先润湿防止扬尘。不要让该化学品进入环境。个人防护用具：适用于有毒颗粒物的 P3 过滤呼吸器		
包装与标志	不得与食品和饲料一起运输。污染海洋物质 欧盟危险性类别：T 符号 N 符号　R:25-48/25-50/53　S:1/2-37-45-60-61 联合国危险性类别：6.1 联合国包装类别：III 中国危险性类别：第 6.1 项毒性物质 中国包装类别：III		
应急响应	运输应急卡：TEC(R)-61GT7-III		
储存	与食品和饲料分开存放		
重要数据	物理状态、外观：黄色晶体 职业接触限值：阈限值：$0.1mg/m^3$（时间加权平均值）（美国政府工业卫生学家会议，2004 年） 接触途径：该物质可经食入吸收到体内 吸入危险性：20℃时蒸发可忽略不计，但可较快地达到空气中颗粒物有害浓度，尤其是粉末 短期接触的影响：该物质可能对血液有影响，导致出血。影响可能推迟显现。需进行医学观察		
物理性质	沸点：沸点以下发生分解 熔点：108～110℃ 密度：$1.06g/cm^3$ 水中溶解度：25℃时不溶 蒸气压：25℃时可忽略不计		
环境数据	该物质对水生生物有极高毒性。该物质可能对环境有危害，对鸟类和哺乳动物应给予特别注意。该物质在正常使用过程中进入环境，但是要特别注意避免任何额外的释放，例如通过不适当处置活动		
注解	分解温度未见文献报道。根据接触程度，建议定期进行医疗检查。出血症状几小时甚至几天以后才变得明显。该物质中毒时需采取必要的治疗措施。必须提供有指示说明的适当方法		

IPCS
International
Programme on
Chemical Safety

国际化学品安全卡

高氰戊菊酯			ICSC 编号：1516
CAS 登记号：66230-04-4 RTECS 号：CY1576367 UN 编号：3349 EC 编号：650-033-00-5 中国危险货物编号：3349 分子量：419.9	中文名称：高氰戊菊酯；（*S*）-*α*-氰基-3-苯氧苯基-（*S*）-2-（4-氯苯基）-3-甲基丁酸酯；(*S*)-(*R**,*R**)-氰基（3-苯氧苯基）甲基-4-氯-*α*-（1-甲基乙基）苯乙酸酯；4-氯-*α*-（1-甲基乙基）-(*S*-(*R**, *R**))-苯乙酸氰基（3-苯氧苯基）甲酯；（*S*）-*α*-氰基-3-苯氧苯基-（*S*）-2-（4-氯苯基）异戊酸酯；*S*-杀灭菊酯 英文名称：ESFENVALERATE; (*S*)-alpha-Cyano-3-phenoxybenzyl-(*S*)-2-(4-chlorophenyl)-3-methylbutyrate; (*S*)-(*R**, *R**)-Cyano (3-phenoxyphenyl) methyl-4-chloro-alpha-(1-methylethyl) benzene acetate; (*S*-(*R**, *R**))-Benzeneacetic acid, 4-chloro-alpha-(1-methylethyl)-, cyano (3-phenoxyphenyl) methyl ester; (*S*)-alpha-Cyano-3-phenoxybenzyl-(*S*)-2-(4-chlorophenyl) isovalerate; *S*-Fenvalerate 化学式：$C_{25}H_{22}ClNO_3$		
危害/接触类型	急性危害/症状	预防	急救/消防
火　灾	可燃的。在火焰中释放出刺激性或有毒烟雾（或气体）	禁止明火	干粉，雾状水，泡沫，二氧化碳
爆　炸			
接　触		防止粉尘扩散！	
# 吸入	咳嗽。咽喉痛。头晕。头痛。恶心	局部排气通风或呼吸防护	新鲜空气，休息。给予医疗护理
# 皮肤	发红	防护手套。防护服	脱去污染的衣服。冲洗，然后用水和肥皂清洗皮肤
# 眼睛	发红。疼痛	安全护目镜，或眼睛防护结合呼吸防护	先用大量水冲洗几分钟（如可能尽量摘除隐形眼镜），然后就医
# 食入	腹部疼痛，流涎，恶心，呕吐，头痛，头晕，震颤，虚弱，惊厥	工作时不得进食，饮水或吸烟。进食前洗手	用水冲服活性炭浆。给予医疗护理
泄漏处置	将泄漏物清扫进容器中。如果适当，首先润湿防止扬尘。小心收集残余物，然后转移到安全场所。不要让该化学品进入环境。个人防护用具：适用于有毒颗粒物的 P3 过滤呼吸器		
包装与标志	不得与食品和饲料一起运输 欧盟危险性类别：T 符号 N 符号　R:23/25-43-50/53　S:1/2-24-36/37/39-45-60-61 联合国危险性类别：6.1　联合国包装类别：III 中国危险性类别：第 6.1 项毒性物质　中国包装类别：III		
应急响应	运输应急卡：TEC(R)-61GT7-III		
储存	注意收容灭火产生的废水。与食品和饲料分开存放。保存在通风良好的室内		
重要数据	物理状态、外观：无色至白色晶体 职业接触限值：阈限值未制定标准。最高容许浓度未制定标准 接触途径：该物质可通过吸入其气溶胶和经食入吸收到体内 吸入危险性：20℃时蒸发可忽略不计，但喷洒或扩散时可较快地达到空气中颗粒物有害浓度，尤其是粉末 短期接触的影响：该物质轻微刺激眼睛，刺激皮肤和呼吸道。该物质可能对神经系统有影响 长期或反复接触的影响：反复或长期接触可能引起皮肤过敏		
物理性质	熔点：59～60℃ 密度：1.2g/cm³ 水中溶解度：不溶 蒸气压：20℃时可忽略不计 闪点：256℃ 辛醇/水分配系数的对数值：6.2		
环境数据	该物质对水生生物有极高毒性。该物质在正常使用过程中进入环境，但是要特别注意避免任何额外的释放，例如通过不适当处置活动		
注解	商业制剂中使用的载体溶剂可能改变其物理和毒理学性质。如果该物质用溶剂配制，可参考这些溶剂的卡片。不要将工作服带回家中。原药是棕色至黄色液体。熔点在 43～54℃之间和沸点在 151～167℃之间。参见卡片#0273（杀灭菊酯）		

IPCS
International
Programme on
Chemical Safety

国际化学品安全卡

<table>
<tr><td colspan="2">聚乙二醇</td><td colspan="2">ICSC 编号：1517</td></tr>
<tr><td colspan="2">CAS 登记号：25322-68-3
RTECS 号：见注解</td><td colspan="2">中文名称：聚乙二醇(200～600)；PEG；聚氧乙烯；聚（氧-1,2-乙炔二基）
α-氢-ω-羟基
英文名称：POLYETHYLENE GLYCOL (200～600); PEG; Oxyethylene polymer; Poly(oxy-1,2-ethynediyl), alpha-hydro-omega-hydroxy</td></tr>
<tr><td colspan="2">分子量：200.0</td><td colspan="2">化学式：$HO(C_2H_4O)_nH$</td></tr>
<tr><td>危害/接触类型</td><td>急性危害/症状</td><td>预防</td><td>急救/消防</td></tr>
<tr><td>火　灾</td><td>可燃的</td><td>禁止明火</td><td>周围环境着火时，二氧化碳，泡沫，干粉，雾状水</td></tr>
<tr><td>爆　炸</td><td></td><td></td><td></td></tr>
<tr><td>接　触</td><td></td><td></td><td></td></tr>
<tr><td># 吸入</td><td></td><td>通风</td><td>新鲜空气，休息</td></tr>
<tr><td># 皮肤</td><td></td><td></td><td>用大量水冲洗皮肤或淋浴</td></tr>
<tr><td># 眼睛</td><td></td><td>安全眼镜</td><td>先用大量水冲洗几分钟（如可能尽量摘除隐形眼镜），然后就医</td></tr>
<tr><td># 食入</td><td>腹泻。恶心</td><td>工作时不得进食，饮水或吸烟</td><td>漱口</td></tr>
<tr><td>泄漏处置</td><td colspan="3">将泄漏液收集在有盖的容器中。用大量水冲净泄漏液</td></tr>
<tr><td>包装与标志</td><td colspan="3"></td></tr>
<tr><td>应急响应</td><td colspan="3">美国消防协会法规：H0（健康危险性）；F1（火灾危险性）；R0（反应危险性）</td></tr>
<tr><td>储存</td><td colspan="3">干燥。严格密封</td></tr>
<tr><td>重要数据</td><td colspan="3">物理状态、外观：无色黏稠微吸湿的液体
职业接触限值：阈限值未制定标准。最高容许浓度：（可吸入物）1000mg/m³；妊娠风险等级：C（德国，2003 年）
吸入危险性：扩散时可较快地达到空气中颗粒物公害污染浓度</td></tr>
<tr><td>物理性质</td><td colspan="3">沸点：250℃
熔点：见注解：软化点
相对密度（水=1）：1.13
水中溶解度：20℃时易溶
蒸气压：20℃时<10Pa
闪点：171～235℃
自燃温度：约 360℃</td></tr>
<tr><td>环境数据</td><td colspan="3"></td></tr>
<tr><td>注解</td><td colspan="3">本卡片信息适用于以下物质：聚乙二醇 200（RTECS 号 TQ3600000），聚乙二醇 300（RTECS 号 TQ3630000），聚乙二醇 400（RTECS 号 TQ3675000），聚乙二醇 600（RTECS 号 TQ3800000）以及聚乙二醇的混合物，并完全适用于分子量在 200～600 g/mol 的全部聚乙烯。聚乙二醇的软化点分别为：聚乙二醇 200（-65～-50℃）；聚乙二醇 300（-15～-10℃）；聚乙二醇 400（-6～8℃）；聚乙二醇 600（17～22℃）。商品名称为 Carbowax</td></tr>
</table>

IPCS
International
Programme on
Chemical Safety

国际化学品安全卡

二氢化脂二甲基氯化铵			ICSC 编号：1518
CAS 登记号：61789-80-8 RTECS 号：UZ2997000	中文名称：二氢化脂二甲基氯化铵；DHTDMAC（含 15% 异丙醇）；1-十八烷基-*N,N*-二甲基-*N*-十八烷基氯化铵；二（氢化脂烷基）二甲基氯化季铵盐化合物 英文名称：DHTDMAC (with 15% Isopropanol); Dihydrogenated tallow dimethyl ammonium chloride; 1-Octadecanaminium, *N,N*-dimethyl-*N*-octadecyl chloride; Quarternary ammonium compound, bis(hydrogenated tallow alkyl) dimethyl chloride		
分子量：567.0	化学式：$C_{36.4}H_{76.8}NCl$（估计）		
危害/接触类型	急性危害/症状	预防	急救/消防
火　灾	易燃的	禁止明火，禁止火花和禁止吸烟	抗溶性泡沫，二氧化碳，干粉，雾状水
爆　炸	高于 25℃，可能形成爆炸性蒸气/空气混合物	高于 25℃，使用密闭系统、通风和防爆型电气设备	着火时，喷雾状水保持料桶等冷却
接　触			
# 吸入		通风	新鲜空气，休息
# 皮肤	发红。疼痛	防护手套	脱去污染的衣服。用大量水冲洗皮肤或淋浴
# 眼睛	发红。疼痛	安全眼镜	先用大量水冲洗几分钟（如可能尽量摘除隐形眼镜），然后就医
# 食入	咽喉和胸腔灼烧感	工作时不得进食，饮水或吸烟	漱口。不要催吐。大量饮水。给予医疗护理
泄漏处置	将泄漏物收集在容器中。不要让该化学品进入环境		
包装与标志			
应急响应			
储存	耐火设备（条件）		
重要数据	物理状态、外观：无色至白色膏状 化学危险性：加热时，该物质分解生成有毒和腐蚀性烟雾 职业接触限值：阈限值未制定标准。最高容许浓度未制定标准 吸入危险性：20℃时，该物质蒸发不会或很缓慢地达到达到空气中有害污染浓度 短期接触的影响：该物质严重刺激眼睛。该物质刺激皮肤		
物理性质	沸点：135℃（分解） 熔点：30～45℃ 相对密度（水=1）：0.87 水中溶解度：25℃时 10g/100mL 蒸气压：50℃时 17kPa 闪点：25℃ 自燃温度：385℃ 爆炸极限：空气中 2%～13%（体积） 辛醇/水分配系数的对数值：3.8		
环境数据	该物质对水生生物是有毒的		
注解	本卡片的建议不适用于粉末。此外，可参考卡片#0554（异丙醇）		

IPCS
International
Programme on
Chemical Safety

国际化学品安全卡

2,6-二甲代苯胺	ICSC 编号：1519
CAS 登记号：87-62-7 RTECS 号：ZE9275000 UN 编号：1711 EC 编号：612-161-00-X 中国危险货物编号：1711 分子量：121.2	中文名称：2,6-二甲代苯胺；2,6-二甲替苯胺；2,6-二甲基苯胺；1-氨基-2,6-二甲基苯；2-氨基-1,3-二甲苯 英文名称：2,6-XYLIDINE; 2,6-Dimethylaniline; 2,6-Dimethylbenzeneaniline; 1-Amino-2,6-dimethylbenzene; 2-Amino-1,3-xylene 化学式：$C_8H_{11}N/(CH_3)_2C_6H_3NH_2$

危害/接触类型	急性危害/症状	预防	急救/消防
火　灾	可燃的。在火焰中释放出刺激性或有毒烟雾（或气体）	禁止明火	雾状水，二氧化碳，泡沫，干粉
爆　炸	高于 91℃，可能形成爆炸性蒸气/空气混合物	高于 91℃，使用密闭系统、通风	
接　触		避免一切接触！	
# 吸入	头晕，倦睡，头痛，恶心	通风，局部排气通风或呼吸防护	新鲜空气，休息，给予医疗护理
# 皮肤	可能被吸收（见食入）	防护手套，防护服	脱去污染的衣服，冲洗，然后用水和肥皂清洗皮肤，给予医疗护理
# 眼睛		安全眼镜，眼睛防护结合呼吸防护	用大量水冲洗（如可能尽量摘除隐形眼镜）
# 食入	嘴唇发青或指甲发青，皮肤发青，头晕，倦睡，头痛，恶心，神志不清	工作时不得进食，饮水或吸烟	漱口。给予医疗护理

泄漏处置	将泄漏液收集在可密闭的容器中。用砂土或惰性吸收剂吸收残液，并转移到安全场所。不要让该化学品进入环境。个人防护用具：适应于该物质空气中浓度的有机气体和蒸气过滤呼吸器；化学防护服
包装与标志	不得与食品和饲料一起运输 欧盟危险性类别：Xn 符号 N 符号 R:20/21/22-37/38-40-51/53 S:2-23-25-36/37-61 联合国危险性类别：6.1 联合国包装类别：II 中国危险性类别：第 6.1 项 毒性物质 中国包装类别：II GHS 分类：警示词：警告 图形符号：感叹号-健康危险 危险说明：可燃液体；吞咽有害；怀疑致癌；可能引起昏昏欲睡或眩晕；可能对血液造成损害；长期或反复接触可能对血液和肝造成损害
应急响应	运输应急卡：TEC(R)-61S1711-L 美国消防协会法规:H3（健康危险性）；F0（火灾危险性）；R0（反应危险性）
储存	与强氧化剂、酸类、酸酐、酰基氯、次氯酸盐、卤素、食品和饲料分开存放。严格密封。储存在没有排水管或下水道的场所
重要数据	**物理状态、外观**：黄色液体，有特殊气味。遇空气时变棕色 **物理危险性**：蒸气比空气重 **化学危险性**：燃烧时，该物质分解生成含有氮氧化物的有毒和腐蚀性烟雾。与强氧化剂激烈反应。与次氯酸盐发生反应，生成爆炸性氯胺。与酸类、酸酐、酰基氯和卤素发生反应。浸蚀塑料和橡胶。 **职业接触限值**：阈限值未制定标准。见注解。最高容许浓度：皮肤吸收；致癌物类别：2（德国，2006 年） **接触途径**：该物质可通过吸入其气溶胶、经皮肤和食入以有害数量吸收到体内 **吸入危险性**：20℃时，该物质蒸发缓慢地达到空气中有害污染浓度，但喷洒或扩散时要快得多 **短期接触的影响**：高浓度接触时能够造成意识降低。高浓度接触时可能导致形成正铁血红蛋白。影响可能推迟显现。需进行医学观察 **长期或反复接触的影响**：该物质可能对血液有影响，导致贫血。该物质可能对肝脏有影响。该物质可能是人类致癌物
物理性质	沸点：215℃ 熔点：11.2℃ 相对密度（水=1）：0.98 水中溶解度：20℃时 0.7g/100mL 蒸气压：20℃时 0.02kPa 蒸气相对密度（空气=1）：4.2 闪点：91℃ 自燃温度：520℃ 爆炸极限：空气中 1.3%～6.9%（体积） 辛醇/水分配系数的对数值：1.84
环境数据	该物质可能对环境有危害，对水生生物应给予特别注意
注解	不要将工作服带回家中。根据接触程度，建议定期进行医学检查。该物质中毒时，需采取必要的治疗措施；必须提供有指示说明的适当方法。仅混合异构体制定了阈限值 。另见卡片#0600（二甲代苯胺，混合异构体），#0451（2,3-二甲代苯胺），#1562（2,4-二甲代苯胺），#0453（3,4-二甲代苯胺），#1686（2,5-二甲代苯胺），#1687（3,5-二甲代苯胺）

IPCS
International
Programme on
Chemical Safety

国际化学品安全卡

2-硝基茴香醚			ICSC 编号：1520
CAS 登记号：91-23-6 RTECS 号：BZ8790000 UN 编号：2730 EC 编号：609-047-00-7 中国危险货物编号：2730	中文名称：2-硝基茴香醚；1-甲氧基-2-硝基苯；邻硝基苯甲醚；邻硝基茴香醚 英文名称：2-NITROANISOLE; Benzene, 1-methoxy-2-nitro-; 1-Methoxy-2-nitrobenzene; *o*-Nitrophenyl methyl ether; *o*-Nitroanisole		
分子量：153.1	化学式：$NO_2C_6H_4OCH_3/C_7H_7NO_3$		
危害/接触类型	急性危害/症状	预防	急救/消防
火　灾	可燃的	禁止明火	二氧化碳，泡沫，干粉
爆　炸			
接　触		避免一切接触！	
# 吸入	嘴唇发青或指甲发青。头晕。头痛。恶心。意识模糊	通风，局部排气通风或呼吸防护	新鲜空气，休息。必要时进行人工呼吸。给予医疗护理
# 皮肤	皮肤干燥	防护手套。防护服	脱去污染的衣服。冲洗，然后用水和肥皂清洗皮肤
# 眼睛		安全护目镜，或眼睛防护结合呼吸防护	先用大量水冲洗几分钟（如可能尽量摘除隐形眼镜），然后就医
# 食入	（另见吸入）	工作时不得进食，饮水或吸烟。进食前洗手	漱口。用水冲服活性炭浆。休息。给予医疗护理
泄漏处置	将泄漏液收集在可密闭的容器中。用砂土或惰性吸收剂吸收残液，并转移到安全场所。不要让该化学品进入环境。个人防护用具：适用于有机气体和蒸气的过滤呼吸器。化学防护服		
包装与标志	欧盟危险性类别：T 符号　标记：E　R:45-22　S:53-45 联合国危险性类别：6.1　联合国包装类别：III 中国危险性类别：第 6.1 项毒性物质　中国包装类别：III		
应急响应	运输应急卡：TEC(R)-61GT1-III		
储存	严格密封		
重要数据	物理状态、外观：无色至黄色-红色液体 物理危险性：蒸气比空气重 化学危险性：燃烧时，生成有毒和腐蚀性烟雾 职业接触限值：阈限值未制定标准。最高容许浓度：致癌物类别：2（德国，2003 年） 接触途径：该物质可通过吸入和经食入吸收到体内 吸入危险性：喷洒时可较快地达到空气中颗粒物有害浓度 短期接触的影响：接触高浓度时可能导致形成正铁血红蛋白。影响可能推迟显现。需进行医学观察 长期或反复接触的影响：液体使皮肤脱脂。该物质可能是人类致癌物。该物质可能对血液有影响，导致贫血		
物理性质	沸点：277℃ 熔点：10℃ 相对密度（水=1）：1.25 水中溶解度：20℃时不溶 蒸气压：30℃时 0.004kPa 蒸气相对密度（空气=1）：5.29 闪点：124℃ 自燃温度：464℃ 爆炸极限：空气中 1.04%～66%（体积） 辛醇/水分配系数的对数值：1.73		
环境数据	该物质对水生生物是有害的		
注解	不要将工作服带回家中。根据接触程度，建议定期进行医疗检查。该物质中毒时需采取必要的治疗措施。必须提供有指示说明的适当方法		

IPCS
International
Programme on
Chemical Safety

国际化学品安全卡

1-戊硫醇	ICSC 编号：1521

CAS 登记号：110-66-7
RTECS 号：SA3150000
UN 编号：1111
中国危险货物编号：1111

中文名称：1-戊硫醇；戊硫醇；戊基硫氢化物；2-甲基丁基硫醇
英文名称：1-PENTANETHIOL; Amyl mercaptan; Pentyl mercaptan; Amyl hydrosulfide; 2-Methylbutyl mercaptan

分子量：104.2　　化学式：$C_5H_{12}S/CH_3(CH_2)_4SH$

危害/接触类型	急性危害/症状	预防	急救/消防
火　灾	高度易燃。在火焰中释放出刺激性或有毒烟雾（或气体）	禁止明火，禁止火花和禁止吸烟	干粉，水成膜泡沫，泡沫，二氧化碳
爆　炸	蒸气/空气混合物有爆炸性	密闭系统，通风，防爆型电气设备和照明	着火时，喷雾状水保持料桶等冷却
接　触			
# 吸入	头痛。恶心。咳嗽	通风，局部排气通风或呼吸防护	新鲜空气，休息。给予医疗护理
# 皮肤	发红。疼痛	防护手套	脱去污染的衣服。用大量水冲洗皮肤或淋浴
# 眼睛	发红。疼痛	安全眼镜	先用大量水冲洗几分钟（如可能尽量摘除隐形眼镜），然后就医
# 食入	咽喉和胸腔灼烧感。头痛。恶心	工作时不得进食，饮水或吸烟	漱口。大量饮水。不要催吐。给予医疗护理
泄漏处置	转移全部引燃源。用吸收剂覆盖泄漏物。将泄漏物清扫进可密闭容器中。不要冲入下水道。个人防护用具：适用于有机气体和蒸气的过滤呼吸器		
包装与标志	联合国危险性类别：3 联合国包装类别：II 中国危险性类别：第 3 类易燃液体 中国包装类别：II		
应急响应	美国消防协会法规：H2（健康危险性）；F3（火灾危险性）；R0（反应危险性）		
储存	耐火设备（条件）		
重要数据	物理状态、外观：无色液体，有特殊气味 物理危险性：蒸气与空气充分混合，容易形成爆炸性混合物 化学危险性：燃烧时，该物质分解生成含有硫化氢和硫氧化物的有毒和腐蚀性烟雾。与酸类、碱类和强氧化剂发生反应 职业接触限值：阈限值未制定标准。最高容许浓度未制定标准 接触途径：该物质可通过吸入其气溶胶吸收到体内 吸入危险性：未指明 20℃时该物质蒸发达到空气中有害浓度的速率 短期接触的影响：该物质刺激眼睛，皮肤和呼吸道		
物理性质	沸点：61.3kPa 时 126.6℃ 熔点：-75.7℃ 相对密度（水=1）：0.84 水中溶解度：不溶 蒸气压：25℃时 1.84kPa 蒸气相对密度（空气=1）：3.6 蒸气/空气混合物的相对密度（20℃，空气=1）：1.05 闪点：18℃		
环境数据			
注解	对接触该物质的健康影响未进行充分调查		

IPCS
International
Programme on
Chemical Safety

国际化学品安全卡

氧化钒铵			ICSC 编号：1522
CAS 登记号：11115-67-6 RTECS 号：BT5140000 UN 编号：3285 中国危险货物编号：3285 分子量：597.7		中文名称：氧化钒铵；钒酸铵盐 英文名称：AMMONIUM VANADIUM OXIDE; Vanadic acid, ammonium salt 化学式：$(NH_4)_2V_6O_{16}$	
危害/接触类型	急性危害/症状	预防	急救/消防
火　灾	不可燃。在火焰中释放出刺激性或有毒烟雾（或气体）		周围环境着火时，使用适当的灭火剂
爆　炸			
接　触			
# 吸入	咳嗽。呼吸困难	通风，局部排气通风或呼吸防护	新鲜空气，休息。半直立体位。必要时进行人工呼吸。给予医疗护理
# 皮肤	发红	防护手套	脱去污染的衣服。冲洗，然后用水和肥皂清洗皮肤
# 眼睛	发红。疼痛	安全护目镜	先用大量水冲洗几分钟（如可能尽量摘除隐形眼镜），然后就医
# 食入	腹部疼痛。恶心。呕吐。腹泻	工作时不得进食，饮水或吸烟	漱口。催吐（仅对清醒病人！）。大量饮水。给予医疗护理
泄漏处置	将泄漏物清扫进容器中，如果适当，首先润湿防止扬尘。小心收集残余物，然后转移到安全场所。不要让该化学品进入环境。个人防护用具：适用于有毒颗粒物的 P3 过滤呼吸器		
包装与标志	不得与食品和饲料一起运输 **联合国危险性类别**：6.1　**联合国包装类别**：II **中国危险性类别**：第 6.1 项毒性物质　**中国包装类别**：II		
应急响应	运输应急卡：TEC(R)-61GT5-II		
储存	与食品和饲料分开存放。储存在没有排水管或下水道的场所		
重要数据	**物理状态、外观**：橙色粉末 **化学危险性**：加热时，生成有毒烟雾 **职业接触限值**：阈限值未制定标准。最高容许浓度：致癌物类别：2；胚细胞突变物类别：2（德国，2005 年） **接触途径**：该物质可通过吸入其气溶胶和经食入吸收到体内 **吸入危险性**：扩散时可较快地达到空气中颗粒物有害浓度 **短期接触的影响**：该物质刺激眼睛、皮肤和呼吸道。吸入粉尘可能引起肺水肿（见注解）。影响可能推迟显现。需进行医学观察 **长期或反复接触的影响**：该物质可能对呼吸道有影响，导致慢性鼻炎和慢性支气管炎		
物理性质	沸点：>350℃（分解） 密度：3.0g/cm^3 水中溶解度：20℃时 0.04g/100mL（微溶）		
环境数据	该物质对水生生物是有害的		
注解	肺水肿症状常常经过几个小时以后才变得明显，体力劳动使症状加重。因而休息和医学观察是必要的。对接触该物质的健康影响未进行充分调查。参见卡片#0455（三氧化钒）和#0596（五氧化二钒）。偏钒酸铵（NH_4VO_3）的 CAS 登记号：7803-55-6，UN 编号：2859；多钒酸铵的 UN 编号：2861		

IPCS
International
Programme on
Chemical Safety

国际化学品安全卡

正己硫醇			ICSC 编号：1523
CAS 登记号：111-31-9 RTECS 号：MO4550000 UN 编号：3336 中国危险货物编号：3336	中文名称：正己硫醇；1-巯基己烷；1-己硫醇 己硫醇 英文名称：*n*-HEXANETHIOL; 1-Mercaptohexane; 1-Hexylthiol; Hexyl mercaptan		
分子量： 118.2	化学式：$C_6H_{14}S/CH_3(CH_2)_5SH$		
危害/接触类型	急性危害/症状	预防	急救/消防
火　灾	易燃的。在火焰中释放出刺激性或有毒烟雾（或气体）	禁止明火，禁止火花和禁止吸烟	干粉，抗溶性泡沫，雾状水，二氧化碳
爆　炸			
接　触			
# 吸入	头痛。头晕。倦睡。恶心	通风，局部排气通风或呼吸防护	新鲜空气，休息。给予医疗护理
# 皮肤	发红。疼痛	防护手套	脱去污染的衣服。用大量水冲洗皮肤或淋浴
# 眼睛	发红。疼痛	安全眼镜，或眼睛防护结合呼吸防护	先用大量水冲洗几分钟（如可能尽量摘除隐形眼镜），然后就医
# 食入	咽喉和胸腔灼烧感。（另见吸入）	工作时不得进食，饮水或吸烟	漱口。大量饮水。不要催吐。给予医疗护理
泄漏处置	转移全部引燃源。用吸收剂物料覆盖泄漏物。将泄漏物清扫进可密闭容器中。不要冲入下水道。个人防护用具：适用于有机气体和蒸气的过滤呼吸器		
包装与标志	联合国危险性类别：3 联合国包装类别：II 中国危险性类别：第 6.1 项毒性物质 中国包装类别：II		
应急响应	运输应急卡：TEC(R)-30GF1-I+II		
储存	耐火设备（条件）		
重要数据	物理状态、外观：无色液体，有特殊气味 物理危险性：蒸气比空气重，可能沿地面流动，可能造成远处着火 化学危险性：与酸类、碱类和强氧化剂发生反应。燃烧时，该物质分解生成含有硫化氢和硫氧化物的有毒和腐蚀性烟雾 职业接触限值：阈限值未制定标准。最高容许浓度未制定标准 接触途径：该物质可通过吸入和经食入吸收到体内 吸入危险性：未指明 20℃时该物质蒸发达到空气中有害浓度的速率 短期接触的影响：该物质刺激眼睛，皮肤和呼吸道。该物质可能对中枢神经系统有影响，导致意识降低		
物理性质	沸点：151℃ 相对密度（水=1）：0.84 水中溶解度：不溶 蒸气压：40℃时 0.16kPa 蒸气相对密度（空气=1）：5.04 闪点：30℃ 爆炸极限：空气中 0.7%～5.5%（体积） 辛醇/水分配系数的对数值：5.35		
环境数据			
注解	对接触该物质的健康影响未进行充分调查		

IPCS
International
Programme on
Chemical Safety

国际化学品安全卡

1,3-丙磺酸内酯			ICSC 编号：1524
CAS 登记号：1120-71-4 RTECS 号：RP5425000 UN 编号：2811 EC 编号：016-032-00-3 中国危险货物编号：2811 **分子量：** 122.1		**中文名称：** 1,3-丙磺酸内酯；1,2-氧杂硫醇烷-2,2-二氧化物；3-羟基-1-丙烷磺酸内酯；1-丙烷磺酸-3-羟基-γ-内酯 **英文名称：** 1,3-PROPANE SULTONE; 1,2-Oxathiolane -2,2-dioxide; 3-Hydroxy-1-propanesulphonic acid sultone; 1-Propanesulfonic acid, 3-hydroxy-gamma-sultone **化学式：** $C_3H_6O_3S$	
危害/接触类型	**急性危害/症状**	**预防**	**急救/消防**
火　灾	在火焰中释放出刺激性或有毒烟雾（或气体）		周围环境着火时，使用适当的灭火剂
爆　炸			
接　触		避免一切接触！	
# 吸入	咳嗽	密闭系统	新鲜空气，休息
# 皮肤	可能被吸收！发红	防护手套。防护服	脱去污染的衣服。冲洗，然后用水和肥皂清洗皮肤。给予医疗护理
# 眼睛	发红	面罩，或眼睛防护结合呼吸防护	先用大量水冲洗几分钟（如可能尽量摘除隐形眼镜），然后就医
# 食入	见长期或反复接触的影响	工作时不得进食，饮水或吸烟。进食前洗手	漱口。给予医疗护理
泄漏处置	撤离危险区域！向专家咨询！真空抽吸泄漏物，或将泄漏物清扫进可密闭容器中。如果适当，首先润湿防止扬尘。小心收集残余物，然后转移到安全场所。化学防护服，包括自给式呼吸器		
包装与标志	不易破碎包装，将易破碎包装放在不易破碎的密闭容器中。不得与食品和饲料一起运输 **欧盟危险性类别：** T 符号 标记：E　R:45-21/22　S:53-45 **联合国危险性类别：** 6.1　**联合国包装类别：** III **中国危险性类别：** 第 6.1 项毒性物质　**中国包装类别：** III		
应急响应	运输应急卡：TEC(R)-61GT2-III		
储存	与食品和饲料分开存放。储存在没有排水管或下水道的场所		
重要数据	**物理状态、外观：** 白色晶体或无色液体，有特殊气味 **化学危险性：** 加热时，该物质分解生成含硫氧化物的有毒烟雾。与潮湿空气发生反应，生成有毒的 3-丙烷磺酸 **职业接触限值：** 阈限值：L（时间加权平均值）；A3（确认的动物致癌物，但未知与人类相关性）（美国政府工业卫生学家会议，2004 年）。见注解。最高容许浓度：皮肤吸收；致癌物类别：2（德国，2003 年） **接触途径：** 该物质可通过吸入，经皮肤和食入吸收到体内 **吸入危险性：** 扩散时可较快地达到空气中颗粒物有害浓度 **短期接触的影响：** 该物质轻微刺激眼睛和皮肤 **长期或反复接触的影响：** 该物质可能是人类致癌物		
物理性质	**沸点：** 在沸点以下分解 **熔点：** 31℃ **相对密度（水=1）：** 1.393（在 40℃时） **水中溶解度：** 10g/100mL		
环境数据			
注解	根据接触程度，建议定期进行医疗检查。不要将工作服带回家中。阈限值：应当将各种途径的接触小心控制在尽可能低的水平		

IPCS
International
Programme on
Chemical Safety

国际化学品安全卡

邻三联苯			ICSC 编号：1525
CAS 登记号：84-15-1 RTECS 号：WZ6472000		中文名称：邻三联苯；1,2-二苯基苯；邻二苯基苯 英文名称：*o*-TERPHENYL; 1,2-Diphenylbenzene; *o*-Diphenylbenzene	
分子量：230.31		化学式：$C_{18}H_{14}$	
危害/接触类型	**急性危害/症状**	**预防**	**急救/消防**
火　灾	可燃的	禁止明火	雾状水，干粉，二氧化碳
爆　炸			
接　触			
# 吸入	咳嗽。咽喉痛	局部排气通风或呼吸防护	新鲜空气，休息。给予医疗护理
# 皮肤		防护手套	脱去污染的衣服。冲洗，然后用水和肥皂清洗皮肤
# 眼睛	发红。疼痛	安全护目镜，或眼睛防护结合呼吸防护	先用大量水冲洗几分钟（如可能尽量摘除隐形眼镜），然后就医
# 食入	腹泻。恶心。呕吐	工作时不得进食，饮水或吸烟	漱口。大量饮水。给予医疗护理
泄漏处置	真空抽吸泄漏物或将泄漏物清扫进容器中。如果适当，首先润湿防止扬尘。小心收集残余物，然后转移到安全场所。不要让该化学品进入环境。个人防护用具：适用于有害颗粒物的 P2 过滤呼吸器		
包装与标志			
应急响应	美国消防协会法规：H0（健康危险性）；F1（火灾危险性）；R0（反应危险性）		
储存	真空抽吸泄漏物或将泄漏物清扫进容器中。如果适当，首先润湿防止扬尘。小心收集残余物，然后转移到安全场所。不要让该化学品进入环境。个人防护用具：适用于有害颗粒物的 P2 过滤呼吸器		
重要数据	**物理状态、外观**：无色到浅黄色晶体 **化学危险性**：燃烧时，生成含有一氧化碳的有毒烟雾 **职业接触限值**：阈限值：（以三联苯计）5mg/m^3（上限值）（美国政府工业卫生学家会议，2004 年）。最高容许浓度未制定标准 **接触途径**：该物质可经食入和通过吸入吸收到体内 **吸入危险性**：20℃时蒸发可忽略不计，但扩散时可较快地达到空气中颗粒物有害浓度 **短期接触的影响**：该物质刺激眼睛和呼吸道		
物理性质	沸点：332℃ 熔点：56.2℃ 相对密度（水=1）：1.1 水中溶解度：不溶 蒸气压：25℃时 0.0033Pa 蒸气相对密度（空气=1）：7.9 蒸气/空气混合物的相对密度（20℃，空气=1）：<0.9 闪点：163℃（开杯） 辛醇/水分配系数的对数值：5.5		
环境数据	该化学品可能在鱼体内发生生物蓄积		
注解	工作接触的任何时刻都不应超过职业接触限值		

IPCS
International
Programme on
Chemical Safety

国际化学品安全卡

二苯氯胂			ICSC 编号：1526
CAS 登记号：712-48-1 RTECS 号：CG9900000 UN 编号：1699 EC 编号：033-002-00-5 中国危险货物编号：1699 分子量： 264.6		中文名称：二苯氯胂；二苯基氯化胂；二苯基氯胂 英文名称：CHLORODIPHENYLARSINE; Diphenyl arsinous chloride; Diphenyl chloroarsine 化学式：$C_{12}H_{10}AsCl/(C_6H_5)_2AsCl$	
危害/接触类型	**急性危害/症状**	**预防**	**急救/消防**
火　灾			周围环境着火时，使用干粉，二氧化碳，雾状水，泡沫灭火
爆　炸			着火时，喷雾状水保持料桶等冷却
接　触		避免一切接触！	一切情况均向医生咨询！
# 吸入	咽喉痛，咳嗽，头痛，恶心，呕吐，呼吸困难，气促，胸闷，神志不清，症状可能推迟显现（见注解）	通风，局部排气通风或呼吸防护	新鲜空气，休息。半直立体位。给予医疗护理
# 皮肤	发红	防护手套	脱去污染的衣服。用大量水冲洗皮肤或淋浴。给予医疗护理
# 眼睛	引起流泪。发红	安全眼镜，面罩，或眼睛防护结合呼吸防护	先用大量水冲洗几分钟（如可能尽量摘除隐形眼镜），然后就医
# 食入	腹部疼痛。头痛。恶心。呕吐	工作时不得进食，饮水或吸烟	给予医疗护理
泄漏处置	将泄漏物清扫进有盖的容器中。用砂土或惰性吸收剂吸收残液，并转移到安全场所。不要让该化学品进入环境。个人防护用具：化学防护服包括自给式呼吸器		
包装与标志	不易破碎包装，将易破碎包装放在不易破碎的密闭容器中。严重污染海洋物质 **欧盟危险性类别**：T 符号 N 符号 标记：A R：23/25-50/53 S：1/2-20/21-28-45-60-61 **联合国危险性类别**：6.1 **联合国包装类别**：I **中国危险性类别**：第 6.1 项毒性物质 **中国包装类别**：I		
应急响应	**运输应急卡**：TEC(R)-61GT3-I-S （固体）；TEC(R)-61GT3-I-L （液体）		
储存	与强氧化剂分开存放。保存在通风良好的室内		
重要数据	**物理状态、外观**：无色晶体，工业品为暗棕色液体 **化学危险性**：加热时，该物质分解生成含有砷烟雾和氯的有毒烟雾。与强氧化剂发生反应 **职业接触限值**：阈限值未制定标准。最高容许浓度未制定标准 **接触途径**：该物质可通过吸入其气溶胶吸收到体内 **吸入危险性**：20℃时该物质蒸发不会或很缓慢地达到空气中有害污染浓度，但喷洒或扩散时要快得多 **短期接触的影响**：该物质刺激眼睛和皮肤。该物质可能对神经系统有影响。接触高浓度时，能够造成意识降低。吸入高浓度的气溶胶可能引起肺水肿（见注解）。影响可能推迟显现。接触高浓度时，可能导致死亡		
物理性质	沸点：333℃（分解） 熔点：38～44℃ 相对密度（水=1）：在 45℃时 1.4 水中溶解度：0.2g/100mL（微溶） 蒸气压：20℃时 0.06Pa 蒸气相对密度（空气=1）：9.15		
环境数据	该物质对水生生物有极高毒性		
注解	肺水肿症状常常经过几个小时以后才变得明显，体力劳动使症状加重。因而休息和医学观察是必要的		

IPCS
International
Programme on
Chemical Safety

国际化学品安全卡

1,2,3,4-四氢化萘			ICSC 编号：1527
CAS 登记号：119-64-2 RTECS 号：QK3850000 EC 编号：601-045-00-4 分子量：132.20	中文名称：1,2,3,4-四氢化萘；四氢化萘 英文名称：1,2,3,4-TETRAHYDRONAPHTHALENE; Tetralin; Tetrahydronaphthalene; Naphthalene, 1,2,3,4-tetrahydro- 化学式：$C_{10}H_{12}$		
危害/接触类型	急性危害/症状	预防	急救/消防
火　灾	可燃的。在火焰中释放出刺激性或有毒烟雾（或气体）	禁止与氧化剂接触。禁止明火	干粉，雾状水，泡沫，二氧化碳
爆　炸	高于 77℃，可能形成爆炸性蒸气/空气混合物	高于 77℃，使用密闭系统、通风。防止静电荷积聚（例如，通过接地）	着火时，喷雾状水保持料桶等冷却
接　触			
# 吸入	咳嗽。头晕。头痛。恶心。呕吐。虚弱	通风，局部排气通风或呼吸防护	新鲜空气，休息。给予医疗护理
# 皮肤	发红。疼痛	防护手套	用大量水冲洗皮肤或淋浴。脱去污染的衣服
# 眼睛	疼痛。发红。视力模糊	安全眼镜	先用大量水冲洗几分钟（如可能尽量摘除隐形眼镜），然后就医
# 食入	腹部疼痛。（另见吸入）	工作时不得进食，饮水或吸烟	不要催吐。大量饮水。给予医疗护理
泄漏处置	通风。将泄漏液收集在有盖的容器中。用砂土或惰性吸收剂吸收残液，并转移到安全场所。不要让该化学品进入环境。个人防护用具：化学防护服		
包装与标志	欧盟危险性类别：Xi 符号 N 符号　R:19-36/38-51/53　S:2-26-28-61		
应急响应	美国消防协会法规：H1（健康危险性）；F2（火灾危险性）；R0（反应危险性）		
储存	与强氧化剂分开存放。保存在通风良好的室内。严格密封以减少过氧化物的生成		
重要数据	**物理状态、外观：**无色液体，有特殊气味 **物理危险性：**由于流动、搅拌等，可能产生静电 **化学危险性：**该物质能生成爆炸性过氧化物。加热时，该物质分解生成刺激性烟雾。与氧化剂激烈反应 **职业接触限值：**阈限值未制定标准。最高容许浓度未制定标准 **吸入危险性：**20℃时，该物质蒸发不会或很缓慢地达到达到空气中有害污染浓度，但喷洒或扩散时要快得多 **短期接触的影响：**该物质刺激眼睛、皮肤和呼吸道。该物质可能对中枢神经系统有影响。如果吞咽的液体吸入肺中，可能引起化学肺炎 **长期或反复接触的影响：**反复或长期与皮肤接触可能引起皮炎。该物质可能对肾有影响		
物理性质	沸点：207.6℃ 熔点：-35.8℃ 相对密度（水=1）：0.9702 水中溶解度：难溶 蒸气压：25℃时 0.05kPa 蒸气相对密度（空气=1）：4.6 闪点：77℃（开杯） 自燃温度：385℃ 爆炸极限：空气中 0.8%（100℃时）～5.0%（150℃时） 辛醇/水分配系数的对数值：3.78		
环境数据	该物质对水生生物是有毒的。该化学品可能在鱼类体内发生生物蓄积。强烈建议不要让该化学品进入环境		
注解	蒸馏前检验过氧化物，如有，将其去除		

IPCS
International
Programme on
Chemical Safety

国际化学品安全卡

对（甲基氨基）苯酚硫酸盐			ICSC 编号：1528
CAS 登记号：55-55-0 RTECS 号：SL8650000 UN 编号：3077 EC 编号：650-031-00-4 中国危险货物编号：3077 分子量：344.4	**中文名称**：对（甲基氨基）苯酚硫酸盐；二（4-羟基-*N*-甲基苯胺）硫酸盐；米吐尔；4-（甲基氨基）苯酚硫酸盐 **英文名称**：*p*-(METHYLAMINO) PHENOL SULFATE; bis (4-Hydroxy-*N*-methylanilinium) sulfate; Metol; 4-(Methylamino) phenol sulfate **化学式**：$(C_7H_9NO)_2.H_2SO_4$		
危害/接触类型	**急性危害/症状**	**预防**	**急救/消防**
火　灾	可燃的。在火焰中释放出刺激性或有毒烟雾（或气体）	禁止明火	干粉，抗溶性泡沫，雾状水，二氧化碳
爆　炸	微细分散的颗粒物在空气中形成爆炸性混合物	防止粉尘沉积、密闭系统、防止粉尘爆炸型电气设备和照明	
接　触		防止粉尘扩散！避免一切接触！	
# 吸入	咳嗽。咽喉痛	局部排气通风或呼吸防护	新鲜空气，休息。给予医疗护理
# 皮肤	发红	防护手套。防护服	脱去污染的衣服。用大量水冲洗皮肤或淋浴
# 眼睛	发红。疼痛	安全护目镜，或眼睛防护结合呼吸防护	先用大量水冲洗几分钟（如可能尽量摘除隐形眼镜），然后就医
# 食入		工作时不得进食，饮水或吸烟	漱口。大量饮水
泄漏处置	不要让该化学品进入环境。将泄漏物清扫进有盖的容器中。如果适当，首先润湿防止扬尘。个人防护用具：适用于有害颗粒物的 P2 过滤呼吸器		
包装与标志	**欧盟危险性类别**：Xn 符号 N 符号　R:22-43-48/22-50/53　S:2-36/37-46-60-61 **联合国危险性类别**：9　**联合国包装类别**：III **中国危险性类别**：第 9 类杂项危险物质和物品 **中国包装类别**：III		
应急响应	运输应急卡：TEC(R)-90GM7-III		
储存	与性质相互抵触的物质分开存放。见化学危险性		
重要数据	**物理状态、外观**：白色晶体 **物理危险性**：以粉末或颗粒形状与空气混合，可能发生粉尘爆炸 **化学危险性**：加热时，该物质分解生成含有氮氧化物和硫氧化物的有毒烟雾。与酸类、酸酐、酰基氯和氧化剂发生反应 **职业接触限值**：阈限值未制定标准。最高容许浓度未制定标准 **接触途径**：该物质可经食入吸收到体内 **吸入危险性**：未指明是否将达到空气中有害浓度 **短期接触的影响**：该物质轻微刺激皮肤，刺激眼睛和呼吸道。 **长期或反复接触的影响**：反复或长期接触可能引起皮肤过敏。该物质可能对血液有影响，导致血细胞损伤		
物理性质	**熔点**：260℃（分解） **水中溶解度**：15℃时 4.7g/100mL **自燃温度**：531℃		
环境数据	该物质对水生生物有极高毒性		
注解	对接触该物质的健康影响未进行充分调查		

IPCS
International
Programme on
Chemical Safety

国际化学品安全卡

硫化钴			ICSC 编号：1529
CAS 登记号：1317-42-6 RTECS 号：GG3325000 EC 编号：027-003-00-X	中文名称：硫化钴；一硫化钴；硫化钴（II） 英文名称：COBALT SULFIDE; Cobalt monosulfide; Cobalt (II) sulfide		
分子量： 91.0	化学式：CoS		
危害/接触类型	急性危害/症状	预防	急救/消防
火　灾	不可燃。在火焰中释放出刺激性或有毒烟雾（或气体）		周围环境着火时，使用适当的灭火剂
爆　炸			
接　触		防止粉尘扩散！严格作业环境管理！	
# 吸入	咳嗽。咽喉痛。气促。喘息	局部排气通风或呼吸防护	新鲜空气，休息。给予医疗护理
# 皮肤	发红	防护手套。防护服	脱去污染的衣服。用大量水冲洗皮肤或淋浴
# 眼睛	发红。疼痛	安全护目镜，或眼睛防护结合呼吸防护	先用大量水冲洗几分钟（如可能尽量摘除隐形眼镜），然后就医
# 食入	腹部疼痛。恶心。呕吐	工作时不得进食，饮水或吸烟	漱口。给予医疗护理
泄漏处置	将泄漏物清扫进有盖的容器中。如果适当，首先润湿防止扬尘。个人防护用具：适用于该物质空气中浓度的颗粒物过滤呼吸器		
包装与标志	欧盟危险性类别：Xi 符号 N 符号　R:43-50/53　S:2-24-37-60-61		
应急响应			
储存	与强氧化剂分开存放		
重要数据	**物理状态、外观**：灰色粉末或微红银色晶体 **化学危险性**：加热时，该物质分解生成含有硫化氢和硫氧化物的有毒气体和刺激性烟雾。与强氧化剂发生反应 **职业接触限值**：阈限值：（以钴计）0.02mg/m^3（时间加权平均值）；A3（确认的动物致癌物，但未知与人类相关性）；公布生物暴露指数（美国政府工业卫生学家会议，2004 年）。最高容许浓度：（可吸入部分）皮肤吸收；吸入和皮肤致敏剂；致癌物类别：2； 致生殖细胞突变物类别：3A（德国，2009 年） **接触途径**：该物质可通过吸入吸收到体内 **吸入危险性**：扩散时可较快地达到空气中颗粒物有害浓度，尤其是粉末 **短期接触的影响**：可能引起机械刺激 **长期或反复接触的影响**：反复或长期接触可能引起皮肤过敏。反复或长期吸入接触可能引起哮喘		
物理性质	熔点：>1116℃ 密度：5.5g/cm^3 水中溶解度：不溶		
环境数据			
注解	根据接触程度，建议定期进行医疗检查。不要将工作服带回家中。因这种物质出现哮喘症状的任何人不应当再接触该物质。哮喘症状常常经过几个小时以后才变得明显，体力劳动使症状加重。因而休息和医学观察是必要的		

IPCS
International
Programme on
Chemical Safety

国际化学品安全卡

九水合硝酸铬（III）			ICSC 编号：1530
CAS 登记号：7789-02-8 RTECS 号：GB6300000 UN 编号：2720 中国危险货物编号：2720	中文名称：九水合硝酸铬（III）；硝酸铬；三硝酸铬；硝酸铬(III)盐 英文名称：CHROMIUM (III) NITRATE NONAHYDRATE; Chromic nitrate; Chromium trinitrate; Nitric acid, chromium (III) salt		
分子量：400.2	化学式：$Cr(NO_3)_3 \cdot 9H_2O$		
危害/接触类型	急性危害/症状	预防	急救/消防
火　灾	不可燃，但可助长其他物质燃烧。在火焰中释放出刺激性或有毒烟雾（或气体）	禁止明火	周围环境着火时，使用适当的灭火剂
爆　炸	有着火和爆炸危险		
接　触		严格作业环境管理！	
# 吸入	咳嗽。咽喉痛	局部排气通风或呼吸防护	新鲜空气，休息
# 皮肤		防护手套。防护服	脱去污染的衣服。用大量水冲洗皮肤或淋浴
# 眼睛		安全护目镜	先用大量水冲洗几分钟（如可能尽量摘除隐形眼镜），然后就医
# 食入	腹部疼痛。腹泻。恶心。呕吐	工作时不得进食，饮水或吸烟	漱口。不要催吐。给予医疗护理
泄漏处置	将泄漏物清扫进可密闭容器中，如果适当，首先润湿防止扬尘。不要让该化学品进入环境。个人防护用具：适用于有害颗粒物的 P2 过滤呼吸器		
包装与标志	联合国危险性类别：5.1 联合国包装类别：III 中国危险性类别：第 5.1 项氧化性物质 中国包装类别：III		
应急响应	应急运输卡：TEC（R）-51G02-I+II+III		
储存	与可燃物质和还原性物质分开存放		
重要数据	**物理状态、外观**：深紫色晶体 **化学危险性**：该物质是一种氧化剂，与可燃物质和还原性物质发生反应。水溶液是一种弱酸 **职业接触限值**：阈限值：$0.5mg/m^3$（以金属 Cr，三价铬化合物计）（时间加权平均值）；A4（不能分类为人类致癌物）（美国政府工业卫生学家会议，2004 年）。最高容许浓度未制定标准 **吸入危险性**：扩散时可较快地达到空气中颗粒物有害浓度 **短期接触的影响**：该物质刺激呼吸道 **长期或反复接触的影响**：反复或长期接触可能引起皮肤过敏		
物理性质	沸点：低于沸点分解 熔点：66℃ 密度：$1.8g/cm^3$ 水中溶解度：易溶		
环境数据	该物质对水生生物是有毒的		
注解	不要将工作服带回家中。本卡片的建议也适用于硝酸铬（III）水合物		

IPCS
International
Programme on
Chemical Safety

国际化学品安全卡

氧化铬（III）			ICSC 编号：1531
CAS 登记号：1308-38-9		中文名称：氧化铬（III）；氧化铬；三氧化二铬	
RTECS 号：GB6475000		英文名称：CHROMIUM (III) OXIDE; Chromic oxide; Dichromium trioxide	
分子量：152.0		化学式：Cr_2O_3	
危害/接触类型	急性危害/症状	预防	急救/消防
火　灾	不可燃		周围环境着火时，使用适当的灭火剂
爆　炸			
接　触		防止粉尘扩散！	
# 吸入	咳嗽	局部排气通风或呼吸防护	新鲜空气，休息
# 皮肤		防护手套	用大量水冲洗皮肤或淋浴
# 眼睛	发红	安全护目镜	先用大量水冲洗几分钟（如可能尽量摘除隐形眼镜），然后就医
# 食入		工作时不得进食，饮水或吸烟	漱口
泄漏处置	将泄漏物清扫进容器中，如果适当，首先润湿防止扬尘。个人防护用具：适用于有害颗粒物的 P2 过滤呼吸器		
包装与标志			
应急响应			
储存			
重要数据	物理状态、外观：浅绿至暗绿色粉末 职业接触限值：阈限值：0.5mg/m³（以金属 Cr，三价 Cr 化合物计）（时间加权平均值）；A4（不能分类为人类致癌物）（美国政府工业卫生学家会议，2004 年）。最高容许浓度未制定标准 吸入危险性：扩散时可较快地达到空气中颗粒物有害浓度 短期接触的影响：可能对眼睛和呼吸道引起机械刺激		
物理性质	沸点：4000℃ 熔点：2435℃ 密度：5.22g/cm³ 水中溶解度：不溶		
环境数据			
注解	商品名称有氧化铬绿和氧化铬		

IPCS
International
Programme on
Chemical Safety

国际化学品安全卡

六水合氯化铬（III）			ICSC 编号：1532
CAS 登记号：10060-12-5 RTECS 号：GB5450000	中文名称：六水合氯化铬（III）；六水合氯化铬；三氯化铬六水合物 英文名称：CHROMIUM (III) CHLORIDE HEXAHYDRATE; Chromic chloride hexahydrate; Chromium trichloride hexahydrate		
分子量：266.5	化学式：$CrCl_3 \cdot 6H_2O$		

危害/接触类型	急性危害/症状	预防	急救/消防
火　灾	不可燃		周围环境着火时，使用适当的灭火剂
爆　炸			
接　触		严格作业环境管理！	
# 吸入	咳嗽。咽喉痛	局部排气通风或呼吸防护	新鲜空气，休息
# 皮肤		防护手套。防护服	脱去污染的衣服。用大量水冲洗皮肤或淋浴
# 眼睛		安全护目镜	先用大量水冲洗几分钟（如可能尽量摘除隐形眼镜），然后就医
# 食入	腹部疼痛。腹泻。恶心。呕吐	工作时不得进食，饮水或吸烟	漱口。不要催吐。大量饮水。给予医疗护理
泄漏处置	将泄漏物清扫进可密闭容器中，如果适当，首先润湿防止扬尘。不要让该化学品进入环境。个人防护用具：适用于有害颗粒物的 P2 过滤呼吸器		
包装与标志			
应急响应			
储存			
重要数据	**物理状态、外观**：绿色晶体粉末 **化学危险性**：水溶液是一种弱酸 **职业接触限值**：阈限值：$0.5mg/m^3$（以金属 Cr，三价铬化合物计）（时间加权平均值）；A4（不能分类为人类致癌物）（美国政府工业卫生学家会议，2004 年）。最高容许浓度未制定标准 **吸入危险性**：扩散时可较快地达到空气中颗粒物有害浓度 **短期接触的影响**：该物质刺激呼吸道 **长期或反复接触的影响**：反复或长期接触可能引起皮肤过敏		
物理性质	熔点：83～95℃（见注解） 密度：$2.76g/cm^3$ 水中溶解度：20℃时 59g/100mL		
环境数据	该物质对水生生物是有毒的		
注解	不要将工作服带回家中。熔点依晶体结构而异		

IPCS
International
Programme on
Chemical Safety

国际化学品安全卡

叔丁基铬酸酯			ICSC 编号：1533
CAS 登记号：1189-85-1 RTECS 号：GB2900000 分子量：230.2		中文名称：叔丁基铬酸酯；二（叔丁基）铬酸酯；铬酸二叔丁酯 英文名称：*tert*-BUTYL CHROMATE; bis (*tert*-Butyl) chromate; Chromic acid, di-tert-butyl ester 化学式：$C_8H_{18}CrO_4$/$((CH_3)_3CO)_2CrO_2$	
危害/接触类型	**急性危害/症状**	**预防**	**急救/消防**
火　灾	可燃的。在火焰中释放出刺激性或有毒烟雾（或气体）	禁止明火，禁止火花和禁止吸烟。禁止明火	二氧化碳，泡沫，干粉，雾状水，抗溶性泡沫
爆　炸			
接　触		避免一切接触！	
# 吸入	咳嗽。气促。灼烧感。呼吸困难。咽喉痛	通风，局部排气通风或呼吸防护	新鲜空气，休息。必要时进行人工呼吸。给予医疗护理
# 皮肤	皮肤烧伤。疼痛。发红	防护服。防护手套	脱去污染的衣服。用大量水冲洗皮肤或淋浴。给予医疗护理
# 眼睛	严重深度烧伤。疼痛。发红	面罩，或眼睛防护结合呼吸防护	先用大量水冲洗几分钟（如可能尽量摘除隐形眼镜），然后就医
# 食入	灼烧感。腹部疼痛。腹泻。恶心。呕吐。休克或虚脱	工作时不得进食，饮水或吸烟	漱口。饮用 1～2 杯水。给予医疗护理
泄漏处置	将泄漏液收集在可密闭的容器中。用砂土或惰性吸收剂吸收残液，并转移到安全场所。不要让该化学品进入环境。个人防护用具：全套防护服包括自给式呼吸器		
包装与标志			
应急响应			
储存	与强碱、性质相互抵触的物质分开存放。见化学危险性。严格密封。储存在没有排水管或下水道的场所		
重要数据	**物理状态、外观**：无色吸湿液体 **化学危险性**：该物质是一种强氧化剂，与可燃物质和还原性物质激烈反应。燃烧时，该物质分解生成有毒烟雾。水溶液是一种强酸，与碱激烈反应并有腐蚀性 **职业接触限值**：阈限值：0.1mg/m^3（以 CrO_3 计）（上限值，经皮）（美国政府工业卫生学家会议，2008 年）。最高容许浓度未制定标准 **接触途径**：该物质可通过吸入、经皮肤和食入吸收到体内 **吸入危险性**：扩散时可较快地达到空气中颗粒物有害浓度 **短期接触的影响**：该物质腐蚀眼睛、皮肤和呼吸道。食入有腐蚀性 **长期或反复接触的影响**：该物质可能对肾、肝和呼吸道有影响。该物质是人类致癌物。见注解		
物理性质	熔点：-2.8℃ 水中溶解度：混溶 蒸气相对密度（空气=1）：7.9 闪点：见注解		
环境数据	该物质对水生生物有极高毒性		
注解	对接触该物质的健康影响未进行充分调查。与潮湿空气或水接触时，该物质水解生成氧化铬（VI）。参见卡片#1194 氧化铬（IV）。工作接触的任何时刻都不应超过职业接触限值。该物质是可燃的，但闪点未见文献报道。不要将工作服带回家中		

IPCS
International
Programme on
Chemical Safety

国际化学品安全卡

<table>
<tr><td colspan="3">锶（粉末）</td><td>ICSC 编号：1534</td></tr>
<tr><td colspan="2">CAS 登记号：7440-24-6
RTECS 号：WK7700000

原子量：87.6</td><td colspan="2">中文名称：锶（粉末）
英文名称：STRONTIUM (powder)

化学式：Sr</td></tr>
<tr><td>危害/接触类型</td><td>急性危害/症状</td><td>预防</td><td>急救/消防</td></tr>
<tr><td>火　灾</td><td>不可燃，但与水或潮湿空气接触生成易燃气体</td><td>禁止与水接触</td><td>禁止用水。使用干砂，专用粉末灭火</td></tr>
<tr><td>爆　炸</td><td></td><td></td><td></td></tr>
<tr><td>接　触</td><td></td><td>防止粉尘扩散！</td><td></td></tr>
<tr><td># 吸入</td><td></td><td>通风</td><td>新鲜空气，休息</td></tr>
<tr><td># 皮肤</td><td></td><td>防护手套</td><td>用大量水冲洗皮肤或淋浴</td></tr>
<tr><td># 眼睛</td><td></td><td>安全眼镜</td><td></td></tr>
<tr><td># 食入</td><td></td><td>工作时不得进食，饮水或吸烟</td><td>漱口</td></tr>
<tr><td>泄漏处置</td><td colspan="3">将泄漏物清扫进可密闭容器中。不要让该化学品进入环境。个人防护用具：适用于惰性颗粒物的 P1 过滤呼吸器</td></tr>
<tr><td>包装与标志</td><td colspan="3"></td></tr>
<tr><td>应急响应</td><td colspan="3"></td></tr>
<tr><td>储存</td><td colspan="3">干燥。保存在惰性气体下。严格密封。保存在通风良好的室内</td></tr>
<tr><td>重要数据</td><td colspan="3">物理状态、外观：银色，白色各种形态固体
化学危险性：与水反应，生成易燃/爆炸性气体氢（见卡片#0001）
职业接触限值：阈限值未制定标准。最高容许浓度：IIb（未制定标准，但可提供数据）（德国，2004 年）
接触途径：该物质可通过吸入其气溶胶吸收到体内
吸入危险性：扩散时可较快地达到空气中颗粒物公害污染浓度</td></tr>
<tr><td>物理性质</td><td colspan="3">沸点：1384℃
熔点：757℃
密度：2.64g/cm^3
水中溶解度：反应</td></tr>
<tr><td>环境数据</td><td colspan="3">该化学品可能沿食物链发生生物蓄积</td></tr>
<tr><td>注解</td><td colspan="3">与灭火剂，如水激烈反应。本卡片的建议不适用于放射性锶</td></tr>
</table>

IPCS
International
Programme on
Chemical Safety

国际化学品安全卡

锡			ICSC 编号：1535
CAS 登记号：7440-31-5 RTECS 号：XP7320000 原子量：118.7		中文名称：锡（粉末） 英文名称：TIN (powder) 化学式：Sn	
危害/接触类型	急性危害/症状	预防	急救/消防
火　灾	可燃的	禁止明火	专用粉末，干砂土，禁用其他灭火剂
爆　炸			
接　触		防止粉尘扩散！	
# 吸入	咳嗽	局部排气通风或呼吸防护	新鲜空气，休息
# 皮肤		防护手套	冲洗，然后用水和肥皂清洗皮肤
# 眼睛	发红。疼痛	安全护目镜	先用大量水冲洗几分钟（如可能尽量摘除隐形眼镜），然后就医
# 食入		工作时不得进食，饮水或吸烟	漱口
泄漏处置	将泄漏物清扫进有盖的容器中，如果适当，首先润湿防止扬尘。个人防护用具：适用于有害颗粒物的 P2 过滤呼吸器		
包装与标志			
应急响应			
储存	与强氧化剂分开存放		
重要数据	物理状态、外观：白色晶体粉末 化学危险性：与强氧化剂发生反应 职业接触限值：阈限值：2mg/m^3（以 Sn 计）（时间加权平均值）（美国政府工业卫生学家会议，2004 年）。最高容许浓度：IIb（未制定标准，但可提供数据）（德国，2004 年） 吸入危险性：可较快地达到空气中颗粒物有害浓度，尤其是粉末 短期接触的影响：可能对呼吸道引起机械刺激 长期或反复接触的影响：该物质可能对肺有影响，导致良性的肺尘病（锡尘肺）		
物理性质	沸点：2260℃ 熔点：231.9℃ 水中溶解度：不溶		
环境数据			
注解			

IPCS
International
Programme on
Chemical Safety

国际化学品安全卡

<table>
<tr><td colspan="3">苯甲酸钠</td><td>ICSC 编号：1536</td></tr>
<tr><td colspan="2">CAS 登记号：532-32-1
RTECS 号：DH6650000

分子量：144.11</td><td colspan="2">中文名称：苯甲酸钠；苯甲酸钠盐
英文名称：SODIUM BENZOATE; Benzoic acid, sodium salt

化学式：$C_7H_5NaO_2/C_6H_5COONa$</td></tr>
<tr><td>危害/接触类型</td><td>急性危害/症状</td><td>预防</td><td>急救/消防</td></tr>
<tr><td>火　灾</td><td>在特定条件下是可燃的。在火焰中释放出刺激性或有毒烟雾（或气体）</td><td>禁止明火</td><td>干粉，雾状水，泡沫，二氧化碳</td></tr>
<tr><td>爆　炸</td><td>微细分散的颗粒物在空气中形成爆炸性混合物</td><td>防止粉尘沉积、密闭系统、防止粉尘爆炸型电气设备和照明</td><td></td></tr>
<tr><td>接　触</td><td></td><td></td><td></td></tr>
<tr><td># 吸入</td><td>咳嗽</td><td>避免吸入。粉尘</td><td>新鲜空气，休息</td></tr>
<tr><td># 皮肤</td><td>反复性皮疹</td><td>防护手套。防护服</td><td>用大量水冲洗皮肤或淋浴</td></tr>
<tr><td># 眼睛</td><td>发红</td><td>安全护目镜</td><td>先用大量水冲洗几分钟（如可能尽量摘除隐形眼镜），然后就医</td></tr>
<tr><td># 食入</td><td>恶心。呕吐。腹部疼痛</td><td>工作时不得进食，饮水或吸烟</td><td>不要催吐。大量饮水。给予医疗护理</td></tr>
<tr><td>泄漏处置</td><td colspan="3">将泄漏物清扫进有盖的容器中。个人防护用具：适用于惰性颗粒物的 P1 过滤呼吸器</td></tr>
<tr><td>包装与标志</td><td colspan="3"></td></tr>
<tr><td>应急响应</td><td colspan="3"></td></tr>
<tr><td>储存</td><td colspan="3"></td></tr>
<tr><td>重要数据</td><td colspan="3">物理状态、外观：白色吸湿的晶体粉末或细颗粒
物理危险性：以粉末或颗粒形状与空气混合，可能发生粉尘爆炸
化学危险性：加热时，该物质分解生成刺激性烟雾
职业接触限值：阈限值未制定标准。最高容许浓度未制定标准
吸入危险性：扩散时可较快地达到空气中颗粒物公害污染浓度，尤其是粉末
短期接触的影响：该物质轻微刺激眼睛</td></tr>
<tr><td>物理性质</td><td colspan="3">熔点：高于 300℃
相对密度（水=1）：1.44
水中溶解度：20℃时 63g/100mL
闪点：>100℃
自燃温度：>500℃
辛醇/水分配系数的对数值：-2.27（计算值）</td></tr>
<tr><td>环境数据</td><td colspan="3"></td></tr>
<tr><td>注解</td><td colspan="3"></td></tr>
</table>

IPCS
International
Programme on
Chemical Safety

国际化学品安全卡

羟基乙酸	ICSC 编号：1537
CAS 登记号：79-14-1 RTECS 号：MC5250000 UN 编号：3261 中国危险货物编号：3261	中文名称：羟基乙酸；乙醇酸；α-羟基乙酸；羟基乙醇酸 英文名称：HYDROXYACETIC ACID; Glycolic acid; Alpha-hydroxyacetic acid; Hydroxyethanoic acid
分子量： 76.1	化学式：$C_2H_4O_3/HOCH_2COOH$

危害/接触类型	急性危害/症状	预防	急救/消防
火　灾	可燃的	禁止明火	干粉，雾状水，泡沫，二氧化碳
爆　炸			
接　触			
# 吸入	咳嗽。气促。咽喉痛	避免吸入微细粉尘和烟云	半直立体位。新鲜空气，休息。给予医疗护理
# 皮肤	发红。疼痛。严重的皮肤烧伤	防护手套	先用大量水冲洗，然后脱去污染的衣服并再次冲洗
# 眼睛	发红。疼痛。视力模糊。严重深度烧伤	安全护目镜，或眼睛防护结合呼吸防护	先用大量水冲洗几分钟（如可能尽量摘除隐形眼镜），然后就医
# 食入	腹部疼痛。灼烧感。休克或虚脱	工作时不得进食，饮水或吸烟	不要催吐。大量饮水。给予医疗护理

泄漏处置	将泄漏物清扫进有盖的容器中。个人防护用具：化学防护服，包括自给式呼吸器
包装与标志	不得与食品和饲料一起运输 联合国危险性类别：8　联合国包装类别：II 中国危险性类别：第 8 类腐蚀性物质　中国包装类别：II
应急响应	运输应急卡：TEC(R)-80GC4-II+III
储存	与强氧化剂、金属、硫化物、氰化物、强碱、食品和饲料分开存放。干燥
重要数据	物理状态、外观：无色吸湿的晶体 化学危险性：与强氧化剂、氰化物和硫化物发生反应。与铝、锌和锡激烈反应，有着火和爆炸危险。水溶液是一种中强酸 职业接触限值：阈限值未制定标准。最高容许浓度未制定标准 接触途径：该物质可通过吸入和经食入吸收到体内 吸入危险性：喷洒或扩散时可较快地达到空气中颗粒物有害浓度，尤其是粉末 短期接触的影响：该物质腐蚀皮肤和眼睛，刺激呼吸道。食入有腐蚀性。该物质可能对肾有影响，导致肾衰竭 长期或反复接触的影响：反复或长期与皮肤接触可能引起皮炎
物理性质	沸点：100℃（分解） 熔点：80℃ 相对密度（水=1）：1.49 水中溶解度：易溶 蒸气相对密度（空气=1）：2.6 辛醇/水分配系数的对数值：-1.11
环境数据	
注解	商业上该物质经常以 70%水溶液形式供应。其 UN 编号：3265，危险性类别：8，包装类别：II

IPCS
International
Programme on
Chemical Safety

国际化学品安全卡

三碱式磷酸铝			ICSC 编号：1538
CAS 登记号：7784-30-7 RTECS 号：TB6450000	中文名称：三碱式磷酸铝；铝磷酸；正磷酸铝；磷酸一铝 英文名称：ALUMINIUM PHOSPHATE TRIBASIC; Aluminophosphoric acid; Aluminium orthophosphate; Aluminium monophosphate		
分子量：121.95	化学式：$AlPO_4$		
危害/接触类型	急性危害/症状	预防	急救/消防
火　灾	不可燃		周围环境着火时，使用适当的灭火剂
爆　炸			
接　触			
# 吸入	咳嗽	避免吸入。粉尘	新鲜空气，休息
# 皮肤		防护手套	冲洗，然后用水和肥皂清洗皮肤
# 眼睛	发红。疼痛	安全护目镜	先用大量水冲洗几分钟（如可能尽量摘除隐形眼镜），然后就医
# 食入		工作时不得进食，饮水或吸烟	
泄漏处置	将泄漏物清扫进有盖的容器中。个人防护用具：适用于惰性颗粒物的 P1 过滤呼吸器		
包装与标志			
应急响应			
储存	与强碱、强酸分开存放		
重要数据	**物理状态、外观**：白色晶体粉末 **化学危险性**：加热至高温时，该物质分解生成氧化亚磷有毒烟雾。与强酸和强碱激烈反应 **职业接触限值**：阈限值未制定标准。最高容许浓度未制定标准 **吸入危险性**：扩散时可较快地达到空气中颗粒物公害污染浓度，尤其是粉末 **短期接触的影响**：可能引起机械性刺激		
物理性质	**熔点**：高于 1500℃ **密度**：$2.56g/cm^3$ **水中溶解度**：不溶		
环境数据			
注解	对该物质的环境影响未进行调查		

IPCS
International
Programme on
Chemical Safety

国际化学品安全卡

<table>
<tr><td colspan="3">十一烷醇</td><td>ICSC 编号：1539</td></tr>
<tr><td colspan="2">CAS 登记号：30207-98-8
RTECS 号：YQ2730000</td><td colspan="2">中文名称：十一烷醇；1-十一烷醇
英文名称：UNDECYL ALCOHOL; 1-Undecanol</td></tr>
<tr><td colspan="2">分子量：172.3</td><td colspan="2">化学式：$C_{11}H_{24}O/CH_3(CH_2)_9CH_2OH$</td></tr>
<tr><td>危害/接触类型</td><td>急性危害/症状</td><td>预防</td><td>急救/消防</td></tr>
<tr><td>火　灾</td><td>可燃的</td><td>禁止明火</td><td>干粉，抗溶性泡沫，雾状水，二氧化碳</td></tr>
<tr><td>爆　炸</td><td></td><td></td><td></td></tr>
<tr><td>接　触</td><td></td><td></td><td></td></tr>
<tr><td># 吸入</td><td>咳嗽</td><td>通风，局部排气通风或呼吸防护</td><td>新鲜空气，休息。给予医疗护理</td></tr>
<tr><td># 皮肤</td><td>皮肤干燥。发红。粗糙。疼痛</td><td>防护手套</td><td>脱去污染的衣服。冲洗，然后用水和肥皂清洗皮肤</td></tr>
<tr><td># 眼睛</td><td>发红。疼痛。视力模糊</td><td>安全护目镜，或眼睛防护结合呼吸防护</td><td>先用大量水冲洗几分钟（如可能尽量摘除隐形眼镜），然后就医</td></tr>
<tr><td># 食入</td><td>恶心。呕吐。腹泻</td><td>工作时不得进食，饮水或吸烟</td><td>漱口。不要催吐。大量饮水。给予医疗护理</td></tr>
<tr><td>泄漏处置</td><td colspan="3">将泄漏液收集在有盖的容器中。个人防护用具：适用于有机气体和蒸气的过滤呼吸器</td></tr>
<tr><td>包装与标志</td><td colspan="3"></td></tr>
<tr><td>应急响应</td><td colspan="3">美国消防协会法规：H1（健康危险性）；F1（火灾危险性）；R0（反应危险性）</td></tr>
<tr><td>储存</td><td colspan="3">严格密封</td></tr>
<tr><td>重要数据</td><td colspan="3">物理状态、外观：无色液体
职业接触限值：阈限值未制定标准。最高容许浓度未制定标准
吸入危险性：未指明 20℃时该物质蒸发达到空气中有害浓度的速率
短期接触的影响：该物质严重刺激眼睛，刺激皮肤和呼吸道
长期或反复接触的影响：液体使皮肤脱脂</td></tr>
<tr><td>物理性质</td><td colspan="3">沸点：245℃
熔点：15.9℃
相对密度（水=1）：0.83
水中溶解度：不溶
闪点：113℃</td></tr>
<tr><td>环境数据</td><td colspan="3"></td></tr>
<tr><td>注解</td><td colspan="3">对该物质的环境影响未进行调查</td></tr>
</table>

IPCS
International
Programme on
Chemical Safety

国际化学品安全卡

颜料红 53 号钡盐(2:1)			ICSC 编号：1540
CAS 登记号：5160-02-1 RTECS 号：DB5500000 分子量：444.5	中文名称：颜料红 53 号钡盐(2:1)；二(2-氯-5-((2-羟基-1-萘基)偶氮)甲苯-4-磺酸)钡；D 和 C 红 9 号 英文名称：PIGMENT RED 53, BARIUM SALT (2:1); Barium bis (2-chloro-5-((2-hydroxy-1-naphthyl) azo) toluene-4-sulphonate); D&C Red No 9 化学式：$C_{17}H_{13}ClN_2O_4S \cdot 1/2Ba$		
危害/接触类型	急性危害/症状	预防	急救/消防
火　灾	可燃的。在火焰中释放出刺激性或有毒烟雾（或气体）	禁止明火	干粉，二氧化碳，雾状水
爆　炸			
接　触		防止粉尘扩散！	
# 吸入	咳嗽	局部排气通风或呼吸防护	新鲜空气，休息
# 皮肤		防护手套	脱去污染的衣服。用大量水冲洗皮肤或淋浴
# 眼睛	发红	安全护目镜，或如为粉末，眼睛防护结合呼吸防护	先用大量水冲洗几分钟（如可能尽量摘除隐形眼镜），然后就医
# 食入		工作时不得进食，饮水或吸烟	漱口
泄漏处置	将泄漏物清扫进容器中，如果适当，首先润湿防止扬尘。用大量水冲净残余物。个人防护用具：适用于有害颗粒物的 P2 过滤呼吸器		
包装与标志			
应急响应			
储存			
重要数据	**物理状态、外观**：黄色至红色粉末 **化学危险性**：加热时，该物质分解生成含有氮氧化物和硫氧化物的有毒烟雾 **职业接触限值**：阈限值未制定标准。最高容许浓度未制定标准 **接触途径**：该物质可经食入吸收到体内 **吸入危险性**：扩散时可较快地达到空气中颗粒物有害浓度，尤其是粉末 **长期或反复接触的影响**：该物质可能对血液和脾有影响		
物理性质	熔点：低于熔点在 330℃分解 密度：$1.66g/cm^3$ 水中溶解度：20℃时>0.00013g/100mL 自燃温度：>340℃ 辛醇/水分配系数的对数值：−0.49		
环境数据			
注解	对该物质的环境影响进行过调查，但未发现任何数据		

IPCS
International
Programme on
Chemical Safety

国际化学品安全卡

2-硝基对苯二胺			ICSC 编号：1542
CAS 登记号：5307-14-2 RTECS 号：ST3000000	中文名称：2-硝基对苯二胺；2-硝基-1,4-苯二胺；1,4-二氨基-2-硝基苯；2-硝基-4-氨基苯胺 英文名称：2-NITRO-p-PHENYLENEDIAMINE; 2-Nitro-1,4-benzenediamine; 1,4-Diamino-2-nitrobenzene; 2-Nitro-4-aminoaniline		
分子量：153.1	化学式：$C_6H_7N_3O_2/C_6H_3(NH_2)_2NO_2$		

危害/接触类型	急性危害/症状	预防	急救/消防
火 灾	可燃的。在火焰中释放出刺激性或有毒烟雾（或气体）	禁止明火	雾状水，干粉
爆 炸			
接 触	见长期或反复接触的影响	防止粉尘扩散！严格作业环境管理！	
# 吸入		局部排气通风或呼吸防护	新鲜空气，休息
# 皮肤		防护手套。防护服	脱去污染的衣服。用大量水冲洗皮肤或淋浴
# 眼睛		安全护目镜	先用大量水冲洗几分钟（如可能尽量摘除隐形眼镜），然后就医
# 食入		工作时不得进食，饮水或吸烟	漱口
泄漏处置	将泄漏物清扫进容器中，如果适当，首先润湿防止扬尘。不要让该化学品进入环境。个人防护用具：适用于有害颗粒物的 P2 过滤呼吸器		
包装与标志			
应急响应			
储存	与强氧化剂分开存放		
重要数据	**物理状态、外观**：红色至棕色晶体粉末 **化学危险性**：燃烧时，该物质分解生成含氮氧化物有毒烟雾。与强氧化剂发生反应 **职业接触限值**：阈限值未制定标准。最高容许浓度：皮肤吸收；皮肤致敏剂；致癌物类别：3B（德国，2004 年） **接触途径**：该物质可经皮肤吸收到体内 **吸入危险性**：未指明 20℃时该物质蒸发达到空气中有害浓度的速率 **长期或反复接触的影响**：反复或长期接触可能引起皮肤过敏		
物理性质	熔点：137℃ 水中溶解度：0.18℃时 辛醇/水分配系数的对数值：3.7		
环境数据	该物质对水生生物是有害的		
注解	该物质是可燃的，但闪点未见文献报道。不要将工作服带回家中		

IPCS
International
Programme on
Chemical Safety

国际化学品安全卡

4-硝基邻苯二胺			ICSC 编号：1543
CAS 登记号：99-56-9 RTECS 号：ST2975000	中文名称：4-硝基邻苯二胺；4-硝基-1,2-苯二胺；1,2-二氨基-4-硝基苯；2-氨基-4-硝基苯胺 英文名称：4-NITRO-*o*-PHENYLENEDIAMINE; 4-Nitro-1,2-benzenediamine; 1,2-Diamino-4-nitrobenzene; 2-Amino-4-nitroaniline		
分子量：153.1	化学式：$C_6H_7N_3O_2/C_6H_3(NH_2)_2NO_2$		

危害/接触类型	急性危害/症状	预防	急救/消防
火　灾	可燃的。在火焰中释放出刺激性或有毒烟雾（或气体）	禁止明火	雾状水，干粉
爆　炸			
接　触	见长期或反复接触的影响	防止粉尘扩散！严格作业环境管理！	
# 吸入		局部排气通风或呼吸防护	新鲜空气，休息
# 皮肤		防护手套。防护服	脱去污染的衣服。用大量水冲洗皮肤或淋浴
# 眼睛		安全护目镜	先用大量水冲洗几分钟（如可能尽量摘除隐形眼镜），然后就医
# 食入		工作时不得进食，饮水或吸烟	漱口
泄漏处置	将泄漏物清扫进容器中，如果适当，首先润湿防止扬尘。个人防护用具：适用于有害颗粒物的 P2 过滤呼吸器		
包装与标志			
应急响应			
储存	与性质相互抵触的物质分开存放。见化学危险性		
重要数据	物理状态、外观：红色粉末 化学危险性：燃烧时，该物质分解生成氮氧化物有毒烟雾。与强酸、强氧化剂和强还原剂发生反应 职业接触限值：阈限值未制定标准。最高容许浓度未制定标准 吸入危险性：未指明 20℃时该物质蒸发达到空气中有害浓度的速率 长期或反复接触的影响：反复或长期接触可能引起皮肤过敏		
物理性质	熔点：201℃ 水中溶解度：微溶 辛醇/水分配系数的对数值：0.88		
环境数据			
注解	该物质是可燃的，但闪点未见文献报道。对该物质的环境影响未进行调查。不要将工作服带回家中		

IPCS
International
Programme on
Chemical Safety

国际化学品安全卡

硫酸-2,5-甲苯二胺(1:1)			ICSC 编号：1544
CAS 登记号：615-50-9 RTECS 号：XT0525000 UN 编号：2811 EC 编号：612-030-00-7 中国危险货物编号：2811		中文名称：硫酸-2,5-甲苯二胺(1:1)；硫酸-2-甲基对苯二胺；硫酸-2,5-二氨基甲苯 英文名称：2,5-TOLUENEDIAMINE SULFATE (1:1); 2-Methyl-*p*-phenylenediamine sulfate; 2,5-Diaminotoluene sulfate	
分子量： 220.3		化学式：$C_7H_{10}N_2 \cdot H_2SO_4/CH_3C_6H_3(NH_2)_2 \cdot H_2SO_4$	
危害/接触类型	急性危害/症状	预防	急救/消防
火　灾	可燃的。在火焰中释放出刺激性或有毒烟雾（或气体）	禁止明火	雾状水，泡沫，干粉，二氧化碳
爆　炸			
接　触			
# 吸入		局部排气通风或呼吸防护	新鲜空气，休息
# 皮肤	发红	防护手套。防护服	脱去污染的衣服。冲洗，然后用水和肥皂清洗皮肤
# 眼睛	发红	安全护目镜	先用大量水冲洗几分钟（如可能尽量摘除隐形眼镜），然后就医
# 食入		工作时不得进食，饮水或吸烟。进食前洗手	漱口。用水冲服活性炭浆。催吐（仅对清醒病人！）。给予医疗护理
泄漏处置	将泄漏物清扫进容器中，如果适当，首先润湿防止扬尘。个人防护用具：适用于有害颗粒物的 P2 过滤呼吸器		
包装与标志	欧盟危险性类别：T 符号 N 符号 R:20/21-25-43-51/53 S:1/2-24-37-45-61 联合国危险性类别：6.1 联合国包装类别：II 中国危险性类别：第 6.1 项毒性物质 中国包装类别：II		
应急响应	运输应急卡：TEC(R)-61GT2-II		
储存			
重要数据	物理状态、外观：灰色至白色粉末 化学危险性：加热时或燃烧时，该物质分解生成含有氮氧化物和硫氧化物有毒烟雾 职业接触限值：阈限值未制定标准。最高容许浓度未制定标准 接触途径：该物质可经皮肤和食入吸收到体内 吸入危险性：未指明 20℃时该物质蒸发达到空气中有害浓度的速率 短期接触的影响：该物质轻微刺激眼睛和皮肤 长期或反复接触的影响：反复或长期接触可能引起皮肤过敏		
物理性质	熔点：40.6℃ 水中溶解度：溶解		
环境数据			
注解	取决于硫酸盐和胺类之间的比例，可能有不同的 CAS 登记号。对该物质的环境影响未进行调查。对接触该物质的健康影响未进行充分调查		

IPCS
International
Programme on
Chemical Safety

国际化学品安全卡

二（二甲基二硫代氨基甲酸）铅			ICSC 编号：1545
CAS 登记号：19010-66-3 RTECS 号：OF8850000 分子量：447.6	中文名称：二（二甲基二硫代氨基甲酸）铅；二（二甲基氨基甲酸二硫代-*S,S'*）铅 英文名称：LEAD BIS (DIMETHYLDITHIOCARBAMATE); Lead dimethyldithiocarbamate; Bis (dimethylcarbamodithioato-*S,S'*) lead; Ledate; Methyl ledate 化学式：$C_6H_{12}N_2PbS_4$/$((CH_3)_2NCS\cdot S)_2Pb$		
危害/接触类型	**急性危害/症状**	**预防**	**急救/消防**
火　灾	可燃的。在火焰中释放出刺激性或有毒烟雾（或气体）	禁止明火	干粉，雾状水，泡沫，二氧化碳
爆　炸			
接　触			
# 吸入		局部排气通风或呼吸防护	新鲜空气，休息
# 皮肤		防护手套	脱去污染的衣服。冲洗，然后用水和肥皂清洗皮肤
# 眼睛		安全护目镜	先用大量水冲洗几分钟（如可能尽量摘除隐形眼镜），然后就医
# 食入	见长期或反复接触的影响	工作时不得进食，饮水或吸烟。进食前洗手	漱口。给予医疗护理
泄漏处置	将泄漏物清扫进可密闭容器中，如果适当，首先润湿防止扬尘。个人防护用具：适用于有害颗粒物的 P2 过滤呼吸器		
包装与标志			
应急响应			
储存	与食品和饲料分开存放		
重要数据	**物理状态、外观**：白色粉末 **化学危险性**：燃烧时，该物质分解生成有毒烟雾 **职业接触限值**：阈限值未制定标准。最高容许浓度未制定标准 **接触途径**：该物质可通过吸入和经食入吸收到体内 **吸入危险性**：未指明 20℃时该物质蒸发达到空气中有害浓度的速率 **长期或反复接触的影响**：该物质可能对血液和肾脏有影响，导致轻微贫血和肾损伤		
物理性质	熔点：>310℃ 密度：2.43g/cm^3 水中溶解度：不溶		
环境数据			
注解	对接触该物质的健康影响未进行充分调查。对该物质的环境影响未进行调查		

IPCS
International
Programme on
Chemical Safety

国际化学品安全卡

甲基二溴戊二腈			ICSC 编号：1546
CAS 登记号：35691-65-7 RTECS 号：MA5599000	中文名称：甲基二溴戊二腈；2-溴-2-(溴甲基)戊二腈；1,2-二溴-2,4-二氰丁烷；2-溴-2-(溴甲基)戊二腈 英文名称：METHYLDIBROMOGLUTARONITRILE; Glutaronitrile, 2-bromo-2-(bromomethyl)-; 1,2-Dibromo-2,4-dicyanobutane; 2-Bromo-2-(bromomethyl)pentanedinitrile		
分子量：265.94	化学式：$C_6H_6Br_2N_2$		
危害/接触类型	急性危害/症状	预防	急救/消防
火　灾	可燃的,在火焰中释放出刺激性或有毒烟雾（或气体）	禁止明火	干粉，雾状水，泡沫，二氧化碳
爆　炸			
接　触		严格作业环境管理!	
# 吸入		局部排气通风或呼吸防护	新鲜空气，休息
# 皮肤	发红	防护手套。防护服	脱去污染的衣服。冲洗，然后用水和肥皂清洗皮肤
# 眼睛	发红。疼痛	安全护目镜	先用大量水冲洗几分钟（如可能尽量摘除隐形眼镜），然后就医
# 食入	腹部疼痛	工作时不得进食，饮水或吸烟	漱口。大量饮水。给予医疗护理
泄漏处置	将泄漏物清扫进有盖的容器中，如果适当，首先润湿防止扬尘。小心收集残余物，然后转移到安全场所。个人防护用具：适用于有害颗粒物的 P2 过滤呼吸器		
包装与标志			
应急响应			
储存			
重要数据	物理状态、外观：白色晶体，有刺鼻气味 化学危险性：燃烧时，该物质分解生成有毒烟雾 职业接触限值：阈限值未制定标准。最高容许浓度：皮肤致敏剂（德国，2004 年） 接触途径：该物质可经食入吸收到体内 吸入危险性：可较快地达到空气中颗粒物有害浓度 短期接触的影响：该物质刺激眼睛和皮肤 长期或反复接触的影响：反复或长期接触可能引起皮肤过敏		
物理性质	沸点：212℃ 熔点：51～52℃ 相对密度（水=1）：1.1 水中溶解度：不溶		
环境数据			
注解	对该物质的环境影响未进行充分调查。不要将工作服带回家中		

IPCS
International
Programme on
Chemical Safety

国际化学品安全卡

1,4-萘醌			ICSC 编号：1547
CAS 登记号：130-15-4 RTECS 号：QL7175000 UN 编号：2811 中国危险货物编号：2811		中文名称：1,4-萘醌；1,4-二氢-1,4-萘二酮；1,4-萘二酮；1,4-二氢-1,4-二酮萘 英文名称：1,4-NAPHTHOQUINONE; 1,4-Dihydro-1,4-naphthalenedione; 1,4-Naphthalenedione; 1,4-Dihydro-1,4-diketonaphthalene	
分子量：158.15		化学式：$C_{10}H_6O_2$	
危害/接触类型	急性危害/症状	预防	急救/消防
火　灾	可燃的。在火焰中释放出刺激性或有毒烟雾（或气体）	禁止明火	干粉，雾状水，泡沫，二氧化碳
爆　炸			
接　触		防止粉尘扩散！	
# 吸入	咳嗽。咽喉痛。灼烧感	局部排气通风或呼吸防护	新鲜空气，休息。给予医疗护理
# 皮肤	发红。灼烧感。疼痛	防护手套	脱去污染的衣服。用大量水冲洗皮肤或淋浴。给予医疗护理
# 眼睛	发红。疼痛。视力模糊	面罩，或眼睛防护结合呼吸防护	先用大量水冲洗几分钟（如可能尽量摘除隐形眼镜），然后就医
# 食入	腹部疼痛。恶心。呕吐	工作时不得进食，饮水或吸烟	漱口。大量饮水。催吐（仅对清醒病人！）。用水冲服活性炭浆。给予医疗护理
泄漏处置	将泄漏物清扫进有盖的容器中。小心收集残余物，然后转移到安全场所。不要让该化学品进入环境。个人防护用具：适用于有毒颗粒物的 P3 过滤呼吸器		
包装与标志	**联合国危险性类别**：6.1　**联合国包装类别**：III **中国危险性类别**：第 6.1 项毒性物质　**中国包装类别**：III		
应急响应	运输应急卡：TEC(R)-61GT2-III		
储存	严格密封		
重要数据	**物理状态、外观**：黄色晶体或薄片，有刺鼻气味 **化学危险性**：燃烧时，该物质分解生成有毒烟雾 **职业接触限值**：阈限值未制定标准。最高容许浓度未制定标准 **接触途径**：该物质可通过吸入和经食入吸收到体内 **吸入危险性**：扩散时可较快地达到空气中颗粒物有害浓度 **短期接触的影响**：该物质刺激呼吸道，严重刺激眼睛和皮肤。 **长期或反复接触的影响**：反复或长期与皮肤接触可能引起皮炎		
物理性质	升华点：>100℃ 熔点：126℃ 密度：1.4g/cm³ 水中溶解度：25℃时 0.35g/100mL 蒸气压：50℃时 2.6Pa 蒸气相对密度（空气=1）：5.5 辛醇/水分配系数的对数值：1.8		
环境数据	该物质对水生生物有极高毒性		
注解			

IPCS
International
Programme on
Chemical Safety

国际化学品安全卡

十氢化萘（顺/反式混合异构体）			ICSC 编号：1548
CAS 登记号：91-17-8 RTECS 号：QJ3150000 UN 编号：1147 中国危险货物编号：1147 分子量：138.25	中文名称：十氢化萘（顺/反式混合异构体）；萘烷；全氢化萘；双环(4.4.0)癸烷 英文名称：DECAHYDRONAPHTHALENE (cis/trans isomer mixture); Decalin; Perhydronaphthalene; Decahydronaphthalin; Bicyclo(4.4.0)decane 化学式：$C_{10}H_{18}$		
危害/接触类型	急性危害/症状	预防	急救/消防
火　灾	易燃的	禁止明火，禁止火花和禁止吸烟	干粉，二氧化碳。泡沫
爆　炸	高于 57℃，可能形成爆炸性蒸气/空气混合物	高于 57℃，使用密闭系统、通风和防爆型电气设备。防止静电荷积聚（例如，通过接地）	着火时，喷雾状水保持料桶等冷却
接　触		防止产生烟云！	
# 吸入	咳嗽。咽喉痛。头痛。头晕。恶心。呕吐	通风，局部排气通风或呼吸防护	新鲜空气，休息。给予医疗护理
# 皮肤	发红。疼痛。皮肤烧伤	防护手套。防护服	脱去污染的衣服。用大量水冲洗皮肤或淋浴。给予医疗护理
# 眼睛	发红。疼痛。严重深度烧伤	面罩，或眼睛防护结合呼吸防护	先用大量水冲洗几分钟（如可能尽量摘除隐形眼镜），然后就医
# 食入	恶心。呕吐。腹部疼痛。（另见吸入）	工作时不得进食，饮水或吸烟	漱口。不要催吐。大量饮水。给予医疗护理
泄漏处置	通风。将泄漏液收集在可密闭的容器中。小心收集残余物，然后转移到安全场所。不要让该化学品进入环境。个人防护用具：化学防护服包括自给式呼吸器		
包装与标志	联合国危险性类别：3　联合国包装类别：III 中国危险性类别：第 3 类易燃液体　中国包装类别：III		
应急响应	运输应急卡：TEC(R)-30GF1-III 美国消防协会法规：H2（健康危险性）；F2（火灾危险性）；R0（反应危险性）		
储存	耐火设备（条件）。与氧化剂分开存放。阴凉场所。保存在暗处。严格密封以减少过氧化物生成		
重要数据	**物理状态、外观**：无色液体，有特殊气味 **物理危险性**：由于流动、搅拌等，可能产生静电 **化学危险性**：该物质能生成爆炸性过氧化物。燃烧时，生成有毒气体。与氧化剂发生反应 **职业接触限值**：阈限值未制定标准。最高容许浓度未制定标准 **接触途径**：该物质可通过吸入其蒸气吸收到体内 **吸入危险性**：未指明 20℃时该物质蒸发达到空气中有害浓度的速率 **短期接触的影响**：该物质腐蚀皮肤和眼睛。蒸气刺激呼吸道。该物质可能对中枢神经系统有影响。如果吞咽的液体吸入肺中，可能导致化学肺炎 **长期或反复接触的影响**：反复或长期与皮肤接触可能引起皮炎		
物理性质	沸点：185～195℃ 熔点：-40℃ 相对密度（水=1）：0.87～0.90 水中溶解度：25℃时难溶 蒸气压：20℃时 127Pa 蒸气相对密度（空气=1）：4.8 蒸气/空气混合物的相对密度（20℃，空气=1）：1.01 闪点：57℃（闭杯） 自燃温度：255℃ 爆炸极限：空气中 0.7%～5.4%（体积） 辛醇/水分配系数的对数值：4.6		
环境数据	该物质对水生生物是有毒的。该物质可能在水生环境中造成长期影响。该化学品可能在鱼体内发生生物蓄积		
注解	其他熔点：-43℃（顺式十氢化萘），-30℃（反式十氢化萘）。其他沸点：195℃（顺式十氢化萘），187℃（反式十氢化萘）。蒸馏前检验过氧化物，如有，将其去除		

IPCS
International Programme on Chemical Safety

国际化学品安全卡

2-叔丁基苯酚			ICSC 编号：1549
CAS 登记号：88-18-6 RTECS 号：SJ8921000 UN 编号：3145 中国危险货物编号：3145 分子量：150.2	中文名称：2-叔丁基苯酚；邻叔丁基苯酚；2-（1,1-二甲基乙基）苯酚；2-叔丁基-1-羟基苯 英文名称：2-TERT-BUTYLPHENOL; *o*-tert-Butylphenol; 2-(1,1-Dimethylethyl)phenol; 2-tert-Butyl-1-hydroxybenzene 化学式：$C_{10}H_{14}O/(CH_3)_3CC_6H_4OH$		
危害/接触类型	急性危害/症状	预防	急救/消防
火　灾	可燃的	禁止明火	干粉，二氧化碳，泡沫
爆　炸	高于 80℃，可能形成爆炸性蒸气/空气混合物	高于 80℃，使用密闭系统、通风	
接　触		防止产生烟云！	一切情况均向医生咨询！
# 吸入	咳嗽。咽喉痛。气促	通风，局部排气通风或呼吸防护	新鲜空气，休息。半直立体位。给予医疗护理
# 皮肤	发红。疼痛。灼烧感。皮肤烧伤	防护手套。防护服	脱去污染的衣服。用大量水冲洗皮肤或淋浴。给予医疗护理
# 眼睛	发红。疼痛。严重深度烧伤	面罩，或眼睛防护结合呼吸防护	先用大量水冲洗几分钟（如可能尽量摘除隐形眼镜），然后就医
# 食入	咽喉和胸腔灼烧感。腹部疼痛。休克或虚脱	工作时不得进食，饮水或吸烟	漱口。大量饮水。不要催吐。给予医疗护理
泄漏处置	将泄漏液收集在可密闭的塑料容器中。小心收集残余物，然后转移到安全场所。不要让该化学品进入环境。个人防护用具：化学防护服包括自给式呼吸器		
包装与标志	不得与食品和饲料一起运输。污染海洋物质 **联合国危险性类别：**8　**联合国包装类别：**III **中国危险性类别：**第 8 类腐蚀性物质　**中国包装类别：**III		
应急响应			
储存	与强氧化剂、强碱、酸酐、酰基氯、金属、食品和饲料分开存放		
重要数据	**物理状态、外观：**无色至黄色液体，有特殊气味 **物理危险性：**蒸气比空气重 **化学危险性：**与强氧化剂、碱、酸酐和酰基氯激烈反应。浸蚀铜及其合金 **职业接触限值：**阈限值未制定标准。最高容许浓度未制定标准 **接触途径：**该物质可通过吸入、经皮肤和食入吸收到体内 **吸入危险性：**20℃时蒸发可忽略不计，但喷洒时可较快地达到空气中颗粒物有害浓度 **短期接触的影响：**该物质腐蚀皮肤和眼睛。蒸气刺激呼吸道。食入有腐蚀性		
物理性质	沸点：223℃ 熔点：−6.8℃ 相对密度（水=1）：0.98 水中溶解度：20℃时 0.2g/100mL（微溶） 蒸气压：20℃时 5Pa 蒸气相对密度（空气=1）：5.2 闪点：80℃（闭杯） 自燃温度：335℃ 辛醇/水分配系数的对数值：3.3		
环境数据	该物质对水生生物是有毒的		
注解			

IPCS
International
Programme on
Chemical Safety

国际化学品安全卡

N-乙基-*N*-苄基苯胺			ICSC 编号：1550
CAS 登记号：92-59-1 UN 编号：2274 中国危险货物编号：2274	中文名称：*N*-乙基-*N*-苄基苯胺；*N*-苄基-*N*-乙基苯胺；乙基苄基苯胺；*N*-乙基-*N*-苯基苄胺 英文名称：*N*-ETHYL-*N*-BENZYLANILINE; *N*-Benzyl-*N*-ethylaniline; Ethylbenzylaniline; *N*-Ethyl-*N*-phenylbenzylamine		
分子量： 211.3	化学式：$C_{15}H_{17}N$		
危害/接触类型	急性危害/症状	预防	急救/消防
火　灾	可燃的。在火焰中释放出刺激性或有毒烟雾（或气体）	禁止明火	二氧化碳，雾状水，干粉
爆　炸			
接　触			
# 吸入		通风	新鲜空气，休息
# 皮肤	发红	防护手套	脱去污染的衣服。冲洗，然后用水和肥皂清洗皮肤
# 眼睛		安全眼镜	先用大量水冲洗几分钟（如可能尽量摘除隐形眼镜），然后就医
# 食入		工作时不得进食，饮水或吸烟	漱口。大量饮水
泄漏处置	将泄漏液收集在有盖的容器中。小心收集残余物，然后转移到安全场所。不要让该化学品进入环境。 个人防护用具：适用于有害颗粒物的 P2 过滤呼吸器		
包装与标志	联合国危险性类别：6.1　联合国包装类别：III 中国危险性类别：第 6.1 项毒性物质　中国包装类别：III		
应急响应	运输应急卡：TEC(R)-61GT1-III 美国消防协会法规：H2（健康危险性）；F1（火灾危险性）； R0（反应危险性）		
储存			
重要数据	物理状态、外观：浅黄色至棕色油状液体，有特殊气味 化学危险性：燃烧时，该物质分解生成有毒烟雾 职业接触限值：阈限值未制定标准。最高容许浓度未制定标准 吸入危险性：未指明 20℃时该物质蒸发达到空气中有害浓度的速率 短期接触的影响：该物质轻微刺激皮肤		
物理性质	沸点：313℃（分解） 熔点：−30℃ 相对密度（水=1）：1.03 水中溶解度：20℃时不溶 蒸气压：20℃时 129Pa 蒸气相对密度（空气=1）：7.2 蒸气/空气混合物的相对密度（20℃，空气=1）：1.01 闪点：140℃（开杯） 自燃温度：310℃ 辛醇/水分配系数的对数值：4.5		
环境数据	该物质对水生生物是有毒的。该物质可能在水生环境中造成长期影响		
注解	对接触该物质的健康影响未进行充分调查		

IPCS
International
Programme on
Chemical Safety

国际化学品安全卡

氧化钴（II）			ICSC 编号：1551
CAS 登记号：1307-96-6 RTECS 号：GG2800000 UN 编号：3288 EC 编号：027-002-00-4 中国危险货物编号：3288		中文名称：氧化钴(II)；氧化亚钴；CI 颜料黑 13 号 英文名称：COBALT(II) OXIDE; Cobaltous oxide; CI Pigment black 13	
分子量：74.0		化学式：CoO	
危害/接触类型	急性危害/症状	预防	急救/消防
火灾	不可燃		周围环境着火时，使用适当的灭火剂
爆炸			
接触		防止粉尘扩散！避免一切接触！	
# 吸入	咳嗽。咽喉痛。呼吸困难。气促	局部排气通风或呼吸防护	新鲜空气，休息。给予医疗护理
# 皮肤		防护手套。防护服	脱去污染的衣服。冲洗，然后用水和肥皂清洗皮肤
# 眼睛	发红。疼痛	安全护目镜，或眼睛防护结合呼吸防护	先用大量水冲洗几分钟（如可能尽量摘除隐形眼镜），然后就医
# 食入	腹部疼痛。恶心	工作时不得进食，饮水或吸烟	漱口
泄漏处置	将泄漏物清扫进有盖的容器中，如果适当，首先润湿防止扬尘。小心收集残余物，然后转移到安全场所。个人防护用具：适用于 该物质空气中浓度的颗粒物过滤呼吸器		
包装与标志	**欧盟危险性类别**：Xn 符号 N 符号 R:22-43-50/53 S:2-24-37-60-61 **联合国危险性类别**：6.1 **联合国包装类别**：II **中国危险性类别**：第 6.1 项 毒性物质 **中国包装类别**：II		
应急响应	运输应急卡：TEC(R)-61GT5-II		
储存	与过氧化氢分开存放		
重要数据	**物理状态、外观**：黑色至绿色晶体或粉末 **化学危险性**：与过氧化氢发生反应 **职业接触限值**：阈限值：$0.02mg/m^3$（以 Co 计）（时间加权平均值）；A3（确认的动物致癌物，但未知与人类相关性）；公布生物暴露指数（美国政府工业卫生学家会议，2004 年）。最高容许浓度：（可吸入部分） 皮肤吸收；吸入和皮肤致敏剂；致癌物类别：2；致生殖细胞突变物类别：3A（德国，2009 年） **接触途径**：该物质可通过吸入其气溶胶和经食入吸收到体内 **吸入危险性**：扩散时可较快地达到空气中颗粒物有害浓度 **短期接触的影响**：可能引起机械性刺激。吸入可能引起类似哮喘反应 **长期或反复接触的影响**：反复或长期接触可能引起皮肤过敏。反复或长期吸入接触可能引起哮喘。该物质可能是人类致癌物		
物理性质	**熔点**：1935℃ **密度**：5.7～$6.7g/cm^3$ **水中溶解度**：不溶		
环境数据			
注解	根据接触程度，建议定期进行医疗检查。因这种物质出现哮喘症状的任何人不应当再接触该物质。哮喘症状常常经过几个小时以后才变得明显，体力劳动使症状加重。因而休息和医学观察是必要的。不要将工作服带回家中		

IPCS
International
Programme on
Chemical Safety

国际化学品安全卡

2-甲基-3,5-二硝基苯甲酰胺			ICSC 编号：1552
CAS 登记号：148-01-6 RTECS 号：XS4200000 分子量：225.2		中文名称：2-甲基-3,5-二硝基苯甲酰胺；3,5-二硝基-2-甲基苯甲酰胺 英文名称：DINITOLMIDE; 2-Methyl-3,5-dinitrobenzamide; 3,5-Dinitro-2-methylbenzamide 化学式：$C_8H_7N_3O_5/(NO_2)_2C_6H_2(CH_3)CONH_2$	
危害/接触类型	急性危害/症状	预防	急救/消防
火　灾	不可燃		周围环境着火时，使用适当的灭火剂
爆　炸			
接　触			
# 吸入		局部排气通风或呼吸防护	新鲜空气，休息
# 皮肤		防护手套	冲洗，然后用水和肥皂清洗皮肤
# 眼睛		安全护目镜	先用大量水冲洗几分钟（如可能尽量摘除隐形眼镜），然后就医
# 食入		工作时不得进食，饮水或吸烟	漱口
泄漏处置	将泄漏物清扫进容器中，如果适当，首先润湿防止扬尘。个人防护用具：适用于惰性颗粒物的 P1 过滤呼吸器		
包装与标志			
应急响应			
储存			
重要数据	物理状态、外观：黄色晶体粉末 职业接触限值：阈限值：5mg/m³（时间加权平均值）；A4（不能分类为人类致癌物）（美国政府工业卫生学家会议，2004 年）。最高容许浓度未制定标准 接触途径：该物质可经食入吸收到体内 吸入危险性：扩散时可较快地达到空气中颗粒物公害污染浓度		
物理性质	熔点：181℃ 水中溶解度：微溶		
环境数据			
注解	对该物质的环境影响未进行调查		

IPCS
International
Programme on
Chemical Safety

国际化学品安全卡

淀粉			ICSC 编号：1553
CAS 登记号：9005-25-8 RTECS 号：GM5090000	中文名称：淀粉 英文名称：STARCH; Amylum 化学式：$(C_6H_{10}O_5)n$		
危害/接触类型	急性危害/症状	预防	急救/消防
火　灾	可燃的	禁止明火	干粉，雾状水，泡沫，二氧化碳
爆　炸	微细分散的颗粒物在空气中形成爆炸性混合物	防止粉尘沉积、密闭系统、防止粉尘爆炸型电气设备和照明	
接　触			
# 吸入		局部排气通风或呼吸防护	新鲜空气，休息
# 皮肤		防护手套	冲洗，然后用水和肥皂清洗皮肤
# 眼睛		安全护目镜	先用大量水冲洗几分钟（如可能尽量摘除隐形眼镜），然后就医
# 食入		工作时不得进食，饮水或吸烟	漱口
泄漏处置	将泄漏物清扫进容器中，如果适当，首先润湿防止扬尘。个人防护用具：适用于惰性颗粒物的 P1 过滤呼吸器		
包装与标志			
应急响应			
储存			
重要数据	物理状态、外观：白色粉末 物理危险性：以粉末或颗粒形状与空气混合，可能发生粉尘爆炸 职业接触限值：阈限值：$10mg/m^3$（时间加权平均值）；A4（不能分类为人类致癌物）（美国政府工业卫生学家会议，2004 年）。最高容许浓度未制定标准 吸入危险性：扩散时可较快地达到空气中颗粒物公害污染浓度 长期或反复接触的影响：反复或长期与皮肤接触可能引起皮炎		
物理性质	熔点：低于熔点分解 密度：$1.5g/cm^3$ 水中溶解度：不溶 自燃温度：410℃		
环境数据			
注解	许多植物中含有淀粉成分，例如，玉米、木薯、小麦、稻米、大麦、燕麦、小米、滨豆、土豆以及其他粮食作物。大多数淀粉的组成中，22%～26%是直链淀粉，74%～78%是支链淀粉		

IPCS
International
Programme on
Chemical Safety

国际化学品安全卡

果糖			ICSC 编号：1554
CAS 登记号：57-48-7 RTECS 号：LS7120000 分子量：180.2		中文名称：果糖；D-果糖；水果糖；阿拉伯己酮糖；D-左旋糖 英文名称：FRUCTOSE; D-Fructose; Fruit sugar; Arabino-hexulose; D-(-)-Levulose 化学式：$C_6H_{12}O_6$	
危害/接触类型	急性危害/症状	预防	急救/消防
火　灾	可燃的	禁止明火	干粉，雾状水，泡沫，二氧化碳
爆　炸	微细分散的颗粒物在空气中形成爆炸性混合物	防止粉尘沉积、密闭系统、防止粉尘爆炸型电气设备和照明	着火时，喷雾状水保持料桶等冷却
接　触			
# 吸入	咳嗽	局部排气通风或呼吸防护	新鲜空气，休息
# 皮肤			冲洗，然后用水和肥皂清洗皮肤
# 眼睛	发红。疼痛	安全护目镜	先用大量水冲洗几分钟（如可能尽量摘除隐形眼镜），然后就医
# 食入		工作时不得进食，饮水或吸烟	漱口
泄漏处置	将泄漏物清扫进容器中，如果适当，首先润湿防止扬尘。个人防护用具：适用于惰性颗粒物的 P1 过滤呼吸器		
包装与标志			
应急响应			
储存	与强氧化剂分开存放		
重要数据	**物理状态、外观**：白色晶体或粉末 **物理危险性**：以粉末或颗粒形状与空气混合，可能发生粉尘爆炸 **化学危险性**：与强氧化剂发生反应，有着火和爆炸的危险 **职业接触限值**：阈限值未制定标准。最高容许浓度未制定标准 **吸入危险性**：扩散时可较快地达到空气中颗粒物公害污染浓度，尤其是粉末 **短期接触的影响**：可能引起机械性刺激		
物理性质	熔点：103～105℃（分解） 水中溶解度：20℃时溶解 自燃温度：360℃		
环境数据			
注解			

IPCS
International
Programme on
Chemical Safety

国际化学品安全卡

氨基磺酸铵			ICSC 编号：1555
CAS 登记号：7773-06-0 RTECS 号：WO6125000	中文名称：氨基磺酸铵；磺酸一铵盐 英文名称：AMMONIUM SULFAMATE; Sulfamic acid, monoammonium salt; Ammonium amidosulfonate; Ammonium sulfamidate		
分子量：114.1	化学式：$H_6N_2O_3S/NH_4OSO_2NH_2$		

危害/接触类型	急性危害/症状	预防	急救/消防
火灾	不可燃。在火焰中释放出刺激性或有毒烟雾（或气体）		周围环境着火时，使用适当的灭火剂
爆炸			
接触			
# 吸入		局部排气通风或呼吸防护	新鲜空气，休息
# 皮肤		防护手套	用大量水冲洗皮肤或淋浴
# 眼睛	发红。疼痛	安全护目镜	先用大量水冲洗几分钟（如可能尽量摘除隐形眼镜），然后就医
# 食入		工作时不得进食，饮水或吸烟	漱口
泄漏处置	将泄漏物清扫进有盖的容器中。然后用大量水冲净。个人防护用具：适用于有害颗粒物的 P2 过滤呼吸器		
包装与标志			
应急响应			
储存	干燥。严格密封。与强氧化剂、酸类分开存放		
重要数据	**物理状态、外观**：无色至白色吸湿晶体粉末 **化学危险性**：加热到 160℃以上时，该物质分解生成氨、氮氧化物和硫氧化物。水溶液是一种弱酸。浸蚀低碳钢。与热水接触可能产生大量蒸汽。与酸类和强氧化剂发生反应 **职业接触限值**：阈限值：10mg/m^3（时间加权平均值）（美国政府工业卫生学家会议，2004 年）。最高容许浓度：IIb（未制定标准，但可提供数据）（德国，2004 年） **吸入危险性**：喷洒或扩散时可较快地达到空气中颗粒物有害浓度，尤其是粉末 **短期接触的影响**：该物质刺激眼睛		
物理性质	沸点：160℃（分解） 熔点：131℃ 相对密度（水=1）：1.8 水中溶解度：易溶 蒸气压：20℃时可忽略不计		
环境数据			
注解			

IPCS
International
Programme on
Chemical Safety

国际化学品安全卡

亚磷酸三甲酯			ICSC 编号：1556
CAS 登记号：121-45-9 RTECS 号：TH1400000 UN 编号：2329 中国危险货物编号：2329 分子量：124.1	中文名称：亚磷酸三甲酯；三甲基亚磷酸酯；三甲氧基膦；甲基亚磷酸酯 英文名称：TRIMETHYL PHOSPHITE; Phophorous acid, trimethyl ester; Trimethoxy phosphine; Methyl phosphite 化学式：$C_3H_9O_3P/(CH_3O)_3P$		
危害/接触类型	急性危害/症状	预防	急救/消防
火　灾	易燃的。在火焰中释放出刺激性或有毒烟雾（或气体）	禁止明火，禁止火花和禁止吸烟	泡沫，二氧化碳，干粉
爆　炸	高于 23℃，可能形成爆炸性蒸气/空气混合物	高于 23℃，使用密闭系统、通风和防爆型电气设备	着火时，喷雾状水保持料桶等冷却，但避免该物质与水接触
接　触		避免孕妇接触！	
# 吸入	咳嗽。咽喉痛	通风，局部排气通风或呼吸防护	新鲜空气，休息
# 皮肤	发红。疼痛	防护手套	冲洗，然后用水和肥皂清洗皮肤
# 眼睛	发红。疼痛	安全眼镜	先用大量水冲洗几分钟（如可能尽量摘除隐形眼镜），然后就医
# 食入		工作时不得进食，饮水或吸烟	漱口
泄漏处置	尽可能将泄漏液收集在可密闭的容器中。个人防护用具：自给式呼吸器		
包装与标志	**联合国危险性类别**：3　**联合国包装类别**：III **中国危险性类别**：第 3 类易燃液体　**中国包装类别**：III		
应急响应	**运输应急卡**：TEC(R)-30GF1-III **美国消防协会法规**：H1（健康危险性）；F3（火灾危险性）；R1（反应危险性）		
储存	耐火设备（条件）。与氧化剂、强碱分开存放		
重要数据	**物理状态、外观**：无色液体，有刺鼻气味 **化学危险性**：燃烧时，生成含有磷化氢和氧化亚磷的有毒烟雾。与水反应，生成甲醇和二甲基亚磷酸酯。与氧化剂和强碱发生反应。与高氯酸镁反应，有爆炸的危险 **职业接触限值**：阈限值：2ppm（时间加权平均值）（美国政府工业卫生学家会议，2004 年）。最高容许浓度：IIb（未制定标准，但可提供数据）；皮肤吸收（德国，2004 年） **接触途径**：该物质可经皮肤和食入吸收到体内 **吸入危险性**：20℃时，该物质蒸发，迅速达到空气中有害污染浓度 **短期接触的影响**：该物质严重刺激眼睛和皮肤。蒸气刺激呼吸道 **长期或反复接触的影响**：动物实验表明，该物质可能造成人类生殖或发育毒性		
物理性质	沸点：111.5℃ 熔点：-78℃ 相对密度（水=1）：1.1 水中溶解度：反应 蒸气压：25℃时 3.2kPa 蒸气相对密度（空气=1）：4.3 闪点：23℃（闭杯） 自燃温度：250℃		
环境数据			
注解	对该物质的环境影响未进行调查		

IPCS
International
Programme on
Chemical Safety

国际化学品安全卡

对甲苯磺酰胺			ICSC 编号：1557
CAS 登记号：70-55-3 RTECS 号：XT5075000 分子量： 171.2	中文名称：对甲苯磺酰胺；4-甲苯磺酰胺 英文名称：*p*-TOLUENESULFONAMIDE; 4-Toluenesulfonamide; 4-Methylbenzenesulfonamide; *p*-Tosylamide 化学式：$C_7H_9NO_2S$		
危害/接触类型	急性危害/症状	预防	急救/消防
火 灾	可燃的。在火焰中释放出刺激性或有毒烟雾（或气体）	禁止明火	干粉，雾状水，泡沫，二氧化碳
爆 炸			
接 触			
# 吸入		通风	
# 皮肤		防护手套	
# 眼睛	发红。疼痛	安全护目镜	先用大量水冲洗几分钟（如可能尽量摘除隐形眼镜），然后就医
# 食入		工作时不得进食，饮水或吸烟	
泄漏处置	将泄漏物清扫进有盖的容器中，如果适当，首先润湿防止扬尘。个人防护用具：适用于惰性颗粒物的P1 过滤呼吸器		
包装与标志			
应急响应	美国消防协会法规：H1（健康危险性）；F1（火灾危险性）；R0（反应危险性）		
储存	与强氧化剂、酸类、碱类分开存放		
重要数据	**物理状态、外观**：白色晶体 **化学危险性**：燃烧时，该物质分解生成含有氮氧化物和硫氧化物的有毒烟雾。与酸类、碱类和强氧化剂激烈反应 **职业接触限值**：阈限值未制定标准。最高容许浓度未制定标准 **吸入危险性**：扩散时可较快地达到空气中颗粒物公害污染浓度 **短期接触的影响**：可能对眼睛引起机械刺激		
物理性质	**熔点**：138℃ **水中溶解度**：25℃时 0.316g/100mL **蒸气压**：25℃时可忽略不计 **闪点**：202℃（闭杯） **辛醇/水分配系数的对数值**：0.82		
环境数据			
注解	其他熔点：105℃（水合物）。该物质与邻甲苯磺酰胺一起存在于商业混合物中。参见卡片#1581		

IPCS
International
Programme on
Chemical Safety

国际化学品安全卡

壬苯聚醇-9			ICSC 编号：1558
CAS 登记号：26571-11-9	中文名称：壬苯聚醇-9；壬基苯氧基聚乙氧基乙醇 英文名称：NONOXYNOL-9; Nonoxynol-9; Nonyl phenoxypolyethoxyethanol 化学式：$C_9H_{19}(C_6H_4)(OC_2H_4)_9OH$		
危害/接触类型	急性危害/症状	预防	急救/消防
火　灾	可燃的	禁止明火	泡沫，干粉，二氧化碳
爆　炸			
接　触			
# 吸入			新鲜空气，休息
# 皮肤			
# 眼睛	发红	安全眼镜	用大量水冲洗（如可能尽量摘除隐形眼镜）
# 食入		工作时不得进食，饮水或吸烟	漱口
泄漏处置	通风		
包装与标志			
应急响应			
储存			
重要数据	物理状态、外观：黄色液体 职业接触限值：阈限值未制定标准。最高容许浓度未制定标准 接触途径：该物质可通过食入吸收到体内 吸入危险性：未指明 20℃时该物质蒸发达到空气中有害浓度的速率		
物理性质	沸点：250℃ 熔点：6℃ 水中溶解度：适度溶解 蒸气相对密度（空气=1）：>1 闪点：197℃（闭杯）		
环境数据			
注解	本卡片是根据壬苯聚醇-9 数据编制的。对于聚乙烯单（对壬基苯基）醚甘醇类[$C_9H_{19}(C_6H_4)(OC_2H_4)_nOH$]，其 CAS 登记号为 26027-38-3；RTECS 号为 RB1299090。每个分子中环氧乙烷基团的平均数用壬苯聚醇后面的数字表示。这类物质是非离子表面活性剂，被用作为洗涤剂、乳 化剂、增湿剂、分散剂、稳定剂以及合成阴离子表面活性剂和脱泡剂的中间体壬苯聚醇-9 和壬苯聚醇-11 是杀精子剂壬苯聚醇-4、壬苯聚醇-15 和壬苯聚醇-30 被用作为医药助剂（表面活性剂）。该类化合物中环氧乙烷基团（OC_2H_4）数 n< 15 的为黄色至几乎无色的液体；n > 20 的为淡黄色至米色膏状物或蜡状物。基团数 n<6 的化合物可溶解于油中；而环氧乙烷基团较高的化合物可溶解在水中。对接触该物质的健康影响未进行充分调查		

IPCS
International
Programme on
Chemical Safety

国际化学品安全卡

<table>
<tr><td colspan="3">羟基乙基纤维素</td><td>ICSC 编号：1559</td></tr>
<tr><td colspan="2">CAS 登记号：9004-62-0
RTECS 号：FJ5958000</td><td colspan="2">中文名称：羟基乙基纤维素；2-羟基乙基纤维素醚；2-羟基乙基纤维素
英文名称：HYDROXYETHYLCELLULOSE; Cellulose, 2-hydroxyethyl ether; 2-Hydroxyethyl cellulose</td></tr>
<tr><td colspan="2">分子量：聚合物，分子量可变</td><td colspan="2">化学式：$(C_2H_6O_2)x$</td></tr>
<tr><td>危害/接触类型</td><td>急性危害/症状</td><td>预防</td><td>急救/消防</td></tr>
<tr><td>火　灾</td><td>可燃的</td><td>禁止明火</td><td>干粉，雾状水，泡沫，二氧化碳</td></tr>
<tr><td>爆　炸</td><td>微细分散的颗粒物在空气中形成爆炸性混合物</td><td>防止粉尘沉积、密闭系统、防止粉尘爆炸型电气设备和照明。防止静电荷积聚（例如，通过接地）</td><td></td></tr>
<tr><td>接　触</td><td></td><td></td><td></td></tr>
<tr><td># 吸入</td><td>咳嗽</td><td></td><td>新鲜空气，休息</td></tr>
<tr><td># 皮肤</td><td></td><td></td><td></td></tr>
<tr><td># 眼睛</td><td></td><td>安全护目镜</td><td>先用大量水冲洗几分钟（如可能尽量摘除隐形眼镜），然后就医</td></tr>
<tr><td># 食入</td><td></td><td></td><td></td></tr>
<tr><td>泄漏处置</td><td colspan="3">将泄漏物清扫进容器中。个人防护用具：适用于惰性颗粒物的 P1 过滤呼吸器</td></tr>
<tr><td>包装与标志</td><td colspan="3"></td></tr>
<tr><td>应急响应</td><td colspan="3"></td></tr>
<tr><td>储存</td><td colspan="3"></td></tr>
<tr><td>重要数据</td><td colspan="3">物理状态、外观：白色粉末
物理危险性：以粉末或颗粒形状与空气混合，可能发生粉尘爆炸
化学危险性：加热时，该物质分解生成刺激性烟雾
职业接触限值：阈限值未制定标准。最高容许浓度未制定标准
短期接触的影响：可能引起机械性刺激</td></tr>
<tr><td>物理性质</td><td colspan="3">相对密度（水=1）：见注解
水中溶解度：溶解
自燃温度：380℃</td></tr>
<tr><td>环境数据</td><td colspan="3"></td></tr>
<tr><td>注解</td><td colspan="3">软化温度：135～140℃。理化性质可能依分子量而异</td></tr>
</table>

IPCS
International
Programme on
Chemical Safety

国际化学品安全卡

硝化纤维素（氮<12.6%）	ICSC 编号：1560
CAS 登记号：9004-70-0 RTECS 号：QW0970000 UN 编号：(见注解) EC 编号：603-037-01-3 中国危险货物编号：(见注解)	中文名称：硝化纤维素（氮<12.6%）；硝酸纤维素；四硝酸纤维素；焦木素 英文名称：NITROCELLULOSE (less than 12.6% nitrogen); Cellulose nitrate; Cellulose tetranitrate; Pyroxillin
分子量：504.3	化学式：$C_{12}H_{16}(ONO_2)_4O_6$

危害/接触类型	急性危害/症状	预防	急救/消防
火　灾	高度易燃。在火焰中释放出刺激性或有毒烟雾（或气体）	禁止明火，禁止火花和禁止吸烟	大量水
爆　炸			着火时，喷雾状水保持料桶等冷却
接　触			
# 吸入		通风	新鲜空气，休息
# 皮肤		防护手套	脱去污染的衣服。用大量水冲洗皮肤或淋浴
# 眼睛	发红	安全护目镜	先用大量水冲洗几分钟（如可能尽量摘除隐形眼镜），然后就医
# 食入		工作时不得进食，饮水或吸烟	漱口
泄漏处置	转移全部引燃源。保持润湿。将泄漏物收集在有盖的容器中。小心收集残余物，然后转移到安全场所。个人防护用具：适用于有害颗粒物的 P2 过滤呼吸器		
包装与标志	**欧盟危险性类别：** F 符号 R:11 S:2-16-33-37/39 **联合国危险性类别：** 见注解 **联合国包装类别：** 见注解 **中国危险性类别：** 见注解 **中国包装类别：** 见注解		
应急响应	**运输应急卡：** TEC(R)-见注解		
储存	耐火设备（条件）。严格密封。与氧化剂、碱类和酸类分开存放。储存在通风良好的室内		
重要数据	**物理状态、外观：** 白色各种形态固体 **化学危险性：** 干燥时，易自燃。燃烧时，该物质迅速分解生成氮氧化物，有着火和爆炸危险。与氧化剂、碱类和酸类发生反应 **职业接触限值：** 阈限值未制定标准。最高容许浓度未制定标准 **短期接触的影响：** 见注解		
物理性质	**相对密度（水=1）：** 1.66 **水中溶解度：** 不溶		
环境数据			
注解	商业产品是用 30%～35%的水或乙醇或 1-丁醇或异丙醇配制而成。商业制剂中使用的载体溶剂可能改变其物理和毒理学性质。如果该物质用溶剂配制，可参考这些溶剂的卡片。含氮 12.6%以上的制剂专门用作为炸药。其欧盟危险性类别：EC 编号：603-037-00-6；E 符号，R：1-3，S：（2-）35。硝化纤维素[干的或湿的，含水（或醇）小于 25%(质量）]的 UN 编号：0340；联合国危险性类别：1.1D；运输应急卡：TEC（R）-10G1.1。硝化纤维素[未改型的或增塑的，含有增塑剂小于 18%（质量）]的 UN 编号：0341；联合国危险性类别 1.1D；运输应急卡：TEC（R）-10G1.1。硝化纤维素[湿的，含有不小于 25%乙醇（质量）]的 UN 编号：0342；联合国危险性类别：1.3C；运输应急卡：TEC（R）-10G1.3。增塑硝化纤维素[含有不小于 18%增塑剂（质量）] 的 UN 编号：0343；联合国危险性类别 1.3C；运输应急卡：TEC（R）-10G1。含水硝化纤维素[含有不小于 25%水（质量）]的 UN 编号：2555；联合国危险性类别：4.1；联合国包装类别：II；运输应急卡：TEC（R）-41S2555。含乙醇硝化纤维素[含有不小于 25%乙醇（质量），按干重含有不超过 12.6%氮]的 UN 编号：2556；联合国危险性类别：4.1；联合国包装类别：II；运输应急卡：TEC（R）-41S2556。硝化纤维素[按干重含有不超过 12.6%氮，混合物含或不含增塑剂，含或不含颜料]的 UN 编号：2557；联合国危险性类别：4.1；联合国包装类别：II；运输应急卡：TEC（R）-41S2557		

IPCS
International
Programme on
Chemical Safety

国际化学品安全卡

柴油机燃料 2 号			ICSC 编号：1561
CAS 登记号：68476-34-6 RTECS 号：LS9142500 UN 编号：1202 EC 编号：649-227-00-2 中国危险货物编号：1202	中文名称：柴油机燃料 2 号；柴油机油 2 号；汽油(未特指的) 英文名称：DIESEL FUEL No. 2; Fuels, Diesel, No. 2; Diesel oil No. 2; Gasoil -unspecified		

危害/接触类型	急性危害/症状	预防	急救/消防
火　灾	易燃的。在火焰中释放出刺激性或有毒烟雾（或气体）	禁止明火	雾状水，抗溶性泡沫，干粉，二氧化碳
爆　炸	高于 52℃，可能形成爆炸性蒸气/空气混合物	高于 52℃，使用密闭系统、通风和防爆型电气设备	着火时，喷雾状水保持料桶等冷却
接　触			
# 吸入	头晕。头痛。恶心	通风，局部排气通风或呼吸防护	新鲜空气，休息。给予医疗护理
# 皮肤	皮肤干燥。发红	防护手套	冲洗，然后用水和肥皂清洗皮肤
# 眼睛	发红。疼痛	安全护目镜，或眼睛防护结合呼吸防护	先用大量水冲洗几分钟（如可能尽量摘除隐形眼镜），然后就医
# 食入	（另见吸入）	工作时不得进食，饮水或吸烟	漱口。不要催吐。给予医疗护理
泄漏处置	尽可能将泄漏液收集在可密闭的容器中。用砂土或惰性吸收剂吸收残液，并转移到安全场所。个人防护用具：适用于有机气体和蒸气的过滤呼吸器		
包装与标志	欧盟危险性类别：Xn 符号 标记：H　R:40　S:2-36/37 联合国危险性类别：3　　联合国包装类别：III 中国危险性类别：第 3 类易燃液体　中国包装类别：III		
应急响应	运输应急卡：TEC(R)-30S1202 美国消防协会法规：H0（健康危险性）；F2（火灾危险性）；R0（反应危险性）		
储存	严格密封		
重要数据	物理状态、外观：棕色稍黏稠的液体，有特殊气味 职业接触限值：阈限值：100ppm（时间加权平均值）（经皮）；A3（确认的动物致癌物，但未知与人类相关性）（美国政府工业卫生学家会议，2004 年） 接触途径：该物质可通过吸入其气溶胶吸收到体内 吸入危险性：20℃时该物质蒸发不会或很缓慢地达到空气中有害污染浓度 短期接触的影响：该物质刺激眼睛、皮肤和呼吸道。该物质可能对中枢神经系统有影响。如果吞咽的液体吸入肺中，可能引起化学肺炎 长期或反复接触的影响：液体使皮肤脱脂		
物理性质	沸点：282～338℃ 熔点：-30～-18℃ 水中溶解度：20℃时 0.0005g/100mL 闪点：52℃（闭杯） 自燃温度：254～285℃ 爆炸极限：空气中 0.6%～6.5%（体积） 辛醇/水分配系数的对数值：> 3.3		
环境数据	该物质对水生生物是有害的		
注解	在冬季，柴油机燃料中的添加剂可能改变该物质的物理和和毒理学性质。本卡片不适用于柴油机排气		

IPCS
International
Programme on
Chemical Safety

国际化学品安全卡

2,4-二甲代苯胺			ICSC 编号：1562
CAS 登记号：95-68-1 RTECS 号：ZE8925000 UN 编号：1711 EC 编号：612-027-00-0 中国危险货物编号：1711 分子量：121.2	**中文名称**：2,4-二甲代苯胺；2,4-二甲替苯胺；2,4-二甲基苯胺；1-氨基-2,4-二甲基苯；4-氨基-1,3-二甲基苯；4-氨基间二甲苯；4-氨基-1,3-二甲苯 **英文名称**：2,4-XYLIDINE; 2,4-Dimethylaniline; 2,4-Dimethylbenzeneamine; 1-Amino-2,4-dimethylbenzene; 4-Amino-1,3-dimethylbenzene; 4-Amino-m-xylene; 4-Amino-1,3-xylene **化学式**：$C_8H_{11}N/(CH_3)_2C_6H_3NH_2$		
危害/接触类型	**急性危害/症状**	**预防**	**急救/消防**
火　灾	可燃的。在火焰中释放出刺激性或有毒烟雾（或气体）	禁止明火	雾状水，二氧化碳，泡沫，干粉
爆　炸	高于 90℃，可能形成爆炸性蒸气/空气混合物	高于 90℃，使用密闭系统、通风	
接　触		严格作业环境管理!	
# 吸入	头晕，倦睡，头痛，恶心	通风，局部排气通风或呼吸防护	新鲜空气，休息。给予医疗护理
# 皮肤	可能被吸收！发红。（见食入）	防护手套，防护服	脱去污染的衣服，冲洗，然后用水和肥皂清洗皮肤，给予医疗护理
# 眼睛	发红，疼痛	安全护目镜，或眼睛防护结合呼吸防护	先用大量水冲洗几分钟（如可能尽量摘除隐形眼镜），然后就医
# 食入	嘴唇发青或指甲发青，皮肤发青，头晕，倦睡，头痛，恶心，神志不清	工作时不得进食，饮水或吸烟	漱口。给予医疗护理
泄漏处置	将泄漏液收集在可密闭的容器中。用砂土或惰性吸收剂吸收残液，并转移到安全场所。不要让该化学品进入环境。个人防护用具：适应于该物质空气中浓度的有机气体和蒸气过滤呼吸器；化学防护服		
包装与标志	不得与食品和饲料一起运输 **欧盟危险性类别**：T 符号 N 符号 标记：C R:23/24/25-33-51/53 S:1/2-28-36/37-45-61 **联合国危险性类别**：6.1 **联合国包装类别**：II **中国危险性类别**：第 6.1 项 毒性物质 **中国包装类别**：II **GHS 分类**：**警示词**：警告 **图形符号**：感叹号-健康危险 **危险说明**：吞咽有害；造成轻微皮肤刺激；造成眼睛刺激；可能引起昏昏欲睡或眩晕；可能对血液造成损害；长期或反复接触可能对血液、肝和肾造成损害；对水生生物有毒		
应急响应	**运输应急卡**:TEC(R)-61S1711-L **美国消防协会法规**：H3（健康危险性）；F1（火灾危险性）；R0（反应危险性）		
储存	与强氧化剂、酸类、酸酐、酰基氯、次氯酸盐、卤素、食品和饲料分开存放。严格密封。注意收容灭火产生的废水。储存在没有排水管或下水道的场所		
重要数据	**物理状态、外观**：清澈、淡黄色液体，有特殊气味。遇空气时变微红色至棕色 **化学危险性**：燃烧时，该物质分解生成含有氮氧化物的有毒和腐蚀性烟雾。与强氧化剂激烈反应。与次氯酸盐发生反应，生成爆炸性氯胺。与酸类、酸酐、酰基氯和卤素发生反应。浸蚀塑料和橡胶 **职业接触限值**：阈限值未制定标准。见注解。最高容许浓度：皮肤吸收；致癌物类别：2（德国，2006 年） **接触途径**：该物质可通过吸入、经皮肤和食入以有害数量吸收到体内 **吸入危险性**：20℃时，该物质蒸发缓慢地达到空气中有害污染浓度，但喷洒或扩散时要快得多 **短期接触的影响**：该物质刺激眼睛和轻微刺激皮肤。高浓度接触时能够造成意识降低。高浓度接触时可能导致形成正铁血红蛋白。影响可能推迟显现。需进行医学观察 **长期或反复接触的影响**：该物质可能对血液有影响，导致贫血。该物质可能对肾脏和肝脏有影响		
物理性质	**沸点**：214℃ **熔点**：-16℃ **相对密度（水=1）**：0.97 **水中溶解度**：20℃时 0.5g/100mL **蒸气压**：20℃时 11Pa **蒸气相对密度（空气=1）**：4.19	**蒸气/空气混合物的相对密度（20℃，空气=1）**：1.00 **闪点**：90℃ **自燃温度**：520℃ **爆炸极限**：空气中 1.1%～7.0%（体积） **辛醇/水分配系数的对数值**：1.68	
环境数据	该物质对水生生物是有毒的。强烈建议不要让该化学品进入环境		
注解	根据接触程度，建议定期进行医学检查。该物质中毒时，需采取必要的治疗措施，必须提供有指示说明的适当方法。仅混合异构体制定了阈限值，见卡片#0600。另见卡片#0600（二甲代苯胺，混合异构体），#1519（2,6-二甲代苯胺），#0451（2,3-二甲代苯胺），#0453（3,4-二甲代苯胺），#1686（2,5-二甲代苯胺），#1687（3,5-二甲代苯胺）		

IPCS
International
Programme on
Chemical Safety

国际化学品安全卡

2,4,6-三溴苯酚			ICSC 编号：1563
CAS 登记号：118-79-6 RTECS 号：SN1225000 分子量： 330.8	中文名称：2,4,6-三溴苯酚；2,4,6-TBP 英文名称：2,4,6-TRIBROMOPHENOL; 2,4,6-TBP 化学式：$C_6H_3Br_3O$		
危害/接触类型	急性危害/症状	预防	急救/消防
火　灾	不可燃		周围环境着火时，使用适当的灭火剂
爆　炸			
接　触	见长期或反复接触的影响	严格作业环境管理！	
# 吸入		避免吸入粉尘	新鲜空气，休息
# 皮肤		防护手套	冲洗，然后用水和肥皂清洗皮肤
# 眼睛	发红。疼痛	安全护目镜	先用大量水冲洗几分钟（如可能尽量摘除隐形眼镜），然后就医
# 食入		工作时不得进食，饮水或吸烟	漱口。给予医疗护理
泄漏处置	将泄漏物清扫进容器中。不要让该化学品进入环境。个人防护用具：适用于有害颗粒物的 P2 过滤呼吸器		
包装与标志			
应急响应			
储存			
重要数据	**物理状态、外观**：白色至粉红色粉末 **职业接触限值**：阈限值未制定标准。最高容许浓度未制定标准 **接触途径**：该物质可经食入吸收到体内 **吸入危险性**：扩散时可较快地达到空气中颗粒物有害浓度 **短期接触的影响**：该物质刺激眼睛 **长期或反复接触的影响**：反复或长期接触可能引起皮肤过敏		
物理性质	沸点：286℃ 熔点：95.5℃ 密度：2.55 g/cm^3 水中溶解度：25℃时 0.007g/100mL 蒸气压：25℃时 0.007Pa 蒸气相对密度（空气=1）：2.5 辛醇/水分配系数的对数值：4.13		
环境数据	该物质可能对环境有危害，对水生生物应给予特别注意。该化学品可能在鱼类体内发生生物蓄积		
注解	不要将工作服带回家中		

IPCS
International
Programme on
Chemical Safety

国际化学品安全卡

五溴苯酚			ICSC 编号：1564
CAS 登记号：608-71-9 RTECS 号：SM6125000	中文名称：五溴苯酚；2,3,4,5,6-五溴苯酚 英文名称：PENTABROMOPHENOL; 2,3,4,5,6-Pentabromophenol; Pentabromofenol; Phenol, pentabromo-		
分子量： 488.6	化学式：C_6Br_5OH		
危害/接触类型	急性危害/症状	预防	急救/消防
火　灾	不可燃		周围环境着火时，使用适当的灭火剂
爆　炸			
接　触	见注解	严格作业环境管理！	
# 吸入		局部排气通风或呼吸防护	新鲜空气，休息
# 皮肤		防护手套	冲洗，然后用水和肥皂清洗皮肤
# 眼睛	发红	安全护目镜	先用大量水冲洗几分钟（如可能尽量摘除隐形眼镜），然后就医
# 食入		工作时不得进食，饮水或吸烟。进食前洗手	漱口。催吐（仅对清醒病人！）。给予医疗护理
泄漏处置	将泄漏物清扫进容器中。不要让该化学品进入环境		
包装与标志			
应急响应			
储存			
重要数据	物理状态、外观：米色至棕色粉末 化学危险性：与强碱和强氧化剂发生反应。加热时，该物质分解生成溴化氢。 职业接触限值：阈限值未制定标准。最高容许浓度未制定标准 接触途径：该物质可通过吸入其气溶胶和经食入吸收到体内 吸入危险性：扩散时可较快地达到空气中颗粒物有害浓度		
物理性质	沸点：升华 熔点：230℃ 水中溶解度：不溶 蒸气压：25℃时 0.00005Pa 辛醇/水分配系数的对数值：6		
环境数据	该物质对水生生物有极高毒性。该化学品可能在海产食品中发生生物蓄积		
注解	该物质对人体健康的影响数据不充分，因此应当特别注意		

IPCS
International
Programme on
Chemical Safety

国际化学品安全卡

<table>
<tr><td colspan="2">冰晶石</td><td colspan="2">ICSC 编号：1565</td></tr>
<tr><td colspan="2">CAS 登记号：15096-52-3
RTECS 号：WA9625000
EC 编号：009-016-00-2

分子量：209.9</td><td colspan="2">中文名称：冰晶石；氟化铝三钠；氟铝酸钠；氟化铝钠；六氟铝酸钠
英文名称：CRYOLITE; Aluminium trisodium fluoride; Sodium fluoaluminate; Sodium aluminium fluoride; Sodium hexafluoroaluminate

化学式：Na_3AlF_6</td></tr>
<tr><td>危害/接触类型</td><td>急性危害/症状</td><td>预防</td><td>急救/消防</td></tr>
<tr><td>火 灾</td><td>不可燃</td><td></td><td>周围环境着火时，使用适当的灭火剂</td></tr>
<tr><td>爆 炸</td><td></td><td></td><td></td></tr>
<tr><td>接 触</td><td></td><td>防止粉尘扩散！</td><td></td></tr>
<tr><td># 吸入</td><td></td><td>局部排气通风或呼吸防护</td><td>新鲜空气，休息</td></tr>
<tr><td># 皮肤</td><td></td><td>防护手套</td><td>冲洗，然后用水和肥皂清洗皮肤</td></tr>
<tr><td># 眼睛</td><td></td><td>安全护目镜</td><td>先用大量水冲洗几分钟（如可能尽量摘除隐形眼镜），然后就医</td></tr>
<tr><td># 食入</td><td>恶心。呕吐。恶心。呕吐。腹部疼痛</td><td>工作时不得进食，饮水或吸烟</td><td>漱口。大量饮水</td></tr>
<tr><td>泄漏处置</td><td colspan="3">将泄漏物清扫进有盖的容器中，如果适当，首先润湿防止扬尘。不要让该化学品进入环境。个人防护用具：适用于有害颗粒物的 P2 过滤呼吸器</td></tr>
<tr><td>包装与标志</td><td colspan="3">不得与食品和饲料一起运输
欧盟危险性类别：T 符号 N 符号 标记：C R:20/22-48/23/25-51/53 S:1/2-22-37-45-61</td></tr>
<tr><td>应急响应</td><td colspan="3"></td></tr>
<tr><td>储存</td><td colspan="3">与食品和饲料分开存放。严格密封。储存在没有排水管或下水道的场所</td></tr>
<tr><td>重要数据</td><td colspan="3">物理状态、外观：晶体或无定形粉末
职业接触限值：阈限值：2.5mg/m³（以氟化物计）（时间加权平均值）；A4（不能分类为人类致癌物）；公布生物暴露指数（美国政府工业卫生学家会议，2005 年）。最高容许浓度：1mg/m³（以氟化物计）（可吸入粉尘）；最高限值种类：II（4）；皮肤吸收；妊娠风险等级：C（德国，2005 年）
接触途径：该物质可通过吸入其气溶胶和经食入吸收到体内
吸入危险性：扩散时可较快地达到空气中颗粒物有害浓度，尤其是粉末
长期或反复接触的影响：该物质可能对骨骼和牙齿有影响，导致氟中毒。反复或长期接触粉尘颗粒，肺可能受损伤</td></tr>
<tr><td>物理性质</td><td colspan="3">熔点：1009℃
密度：2.95g/cm³
水中溶解度：25℃时 0.042g/100mL（难溶）</td></tr>
<tr><td>环境数据</td><td colspan="3">该物质对水生生物是有毒的</td></tr>
<tr><td>注解</td><td colspan="3"></td></tr>
</table>

IPCS
International
Programme on
Chemical Safety

国际化学品安全卡

1-四癸烯			ICSC 编号：1566
CAS 登记号：1120-36-1	中文名称：1-四癸烯；四癸-1-烯；α-四癸烯 英文名称：1-TETRADECENE; Tetradec-1-ene; aplha-Tetradecene		
分子量：196.4	化学式：$C_{14}H_{28}/CH_3(CH_2)_{11}CH=CH_2$		

危害/接触类型	急性危害/症状	预防	急救/消防
火　灾	可燃的	禁止明火	干粉，干砂，二氧化碳
爆　炸			
接　触			
# 吸入		通风	新鲜空气，休息
# 皮肤	皮肤干燥	防护手套	冲洗，然后用水和肥皂清洗皮肤
# 眼睛		安全眼镜	先用大量水冲洗几分钟（如可能尽量摘除隐形眼镜），然后就医
# 食入		工作时不得进食，饮水或吸烟	漱口。不要催吐
泄漏处置	将泄漏液收集在有盖的容器中。不要让该化学品进入环境		
包装与标志			
应急响应			
储存	与强氧化剂分开存放		
重要数据	物理状态、外观：无色液体 化学危险性：与强氧化剂发生反应。浸蚀橡胶、油漆和衬里材料 职业接触限值：阈限值未制定标准。最高容许浓度未制定标准 吸入危险性：20℃时该物质蒸发不会或很缓慢地达到空气中有害污染浓度，但喷洒或扩散时要快得多 短期接触的影响：如果吞咽的液体吸入肺中，可能引起化学肺炎 长期或反复接触的影响：液体使皮肤脱脂		
物理性质	沸点：252℃ 熔点：-12℃ 相对密度（水=1）：0.8 水中溶解度：不溶 蒸气压：25℃时 2Pa 蒸气相对密度（空气=1）：6.78 闪点：107℃（闭杯） 自燃温度：239℃ 爆炸极限：空气中 0.3%～4.3%（体积） 辛醇/水分配系数的对数值：7.08		
环境数据	该化学品可能在水生生物中发生生物蓄积		
注解			

IPCS
International
Programme on
Chemical Safety

国际化学品安全卡

1-十二碳烯			ICSC 编号：1567
CAS 登记号：112-41-4 RTECS 号：JR5120000	中文名称：1-十二碳烯；十二碳烯；α-十二碳烯；*N*-十二碳-1-烯 英文名称：1-DODECENE; Dodecene; alpha-Dodecene; alpha-Dodecylene; *N*-Dodec-1-ene; Dodecylene		
分子量：168.3	化学式：$C_{12}H_{24}/CH_3(CH_2)_9CH=CH_2$		
危害/接触类型	急性危害/症状	预防	急救/消防
火　灾	可燃的	禁止明火	泡沫，干粉，二氧化碳
爆　炸	高于 77℃，可能形成爆炸性蒸气/空气混合物	高于 77℃，使用密闭系统、通风	
接　触			
# 吸入		通风	新鲜空气，休息
# 皮肤	皮肤干燥	防护手套	冲洗，然后用水和肥皂清洗皮肤
# 眼睛		安全眼镜	先用大量水冲洗几分钟（如可能尽量摘除隐形眼镜），然后就医
# 食入		工作时不得进食，饮水或吸烟	漱口。不要催吐
泄漏处置	将泄漏液收集在有盖的容器中。不要让该化学品进入环境		
包装与标志			
应急响应			
储存	与强氧化剂、卤素和无机酸分开存放		
重要数据	**物理状态、外观**：无色液体，有特殊气味 **化学危险性**：与强氧化剂、卤素和无机酸发生反应。浸蚀橡胶、油漆和衬里材料 **职业接触限值**：阈限值未制定标准。最高容许浓度未制定标准 **吸入危险性**：20℃时该物质蒸发不会或很缓慢地达到空气中有害污染浓度，但喷洒或扩散时要快得多 **短期接触的影响**：如果吞咽的液体吸入肺中，可能引起化学肺炎 **长期或反复接触的影响**：液体使皮肤脱脂		
物理性质	沸点：214℃ 熔点：−35℃ 相对密度（水=1）：0.8 水中溶解度：不溶 蒸气压：25℃时 2Pa 蒸气相对密度（空气=1）：5.81 闪点：77℃（闭杯） 自燃温度：225℃ 辛醇/水分配系数的对数值：6.1		
环境数据	该化学品可能在水生生物发生生物蓄积		
注解	**物理状态、外观**：无色液体，有特殊气味 **化学危险性**：与强氧化剂、卤素和无机酸发生反应。浸蚀橡胶、油漆和衬里材料 **职业接触限值**：阈限值未制定标准。最高容许浓度未制定标准 **吸入危险性**：20℃时该物质蒸发不会或很缓慢地达到空气中有害污染浓度，但喷洒或扩散时要快得多 **短期接触的影响**：如果吞咽的液体吸入肺中，可能引起化学肺炎。 **长期或反复接触的影响**：液体使皮肤脱脂		

IPCS
International
Programme on
Chemical Safety

国际化学品安全卡

乙二醇二甲醚			ICSC 编号：1568
CAS 登记号：110-71-4 RTECS 号：KI1451000 UN 编号：2252 EC 编号：603-031-00-3 中国危险货物编号：2252		中文名称：乙二醇二甲醚；1,2-二甲氧基乙烷；1,2-乙二醇二甲醚；甘醇二甲醚；2,5-二氧杂己烷；EGDME 英文名称：ETHYLENE GLYCOL DIMETHYL ETHER; 1,2-Dimethoxyethane; 1,2-Ethanediol, dimethyl ether; Monoglyme; 2,5-Dioxahexane; EGDME	
分子量：90.1		化学式：$C_4H_{10}O_2$/$CH_3OCH_2CH_2OCH_3$	
危害/接触类型	急性危害/症状	预防	急救/消防
火　灾	高度易燃	禁止明火，禁止火花和禁止吸烟	干粉，雾状水，泡沫，二氧化碳
爆　炸	蒸气/空气混合物有爆炸性	密闭系统，通风，防爆型电气设备和照明	着火时，喷雾状水保持料桶等冷却
接　触	见长期或反复接触的影响	避免一切接触！	
# 吸入		通风，局部排气通风或呼吸防护	新鲜空气，休息
# 皮肤	可能被吸收！	防护手套。防护服	脱去污染的衣服。用大量水冲洗皮肤或淋浴
# 眼睛	发红	安全眼镜	先用大量水冲洗几分钟（如可能尽量摘除隐形眼镜），然后就医
# 食入	恶心	工作时不得进食，饮水或吸烟	漱口。大量饮水
泄漏处置	转移全部引燃源。通风。尽可能将泄漏液收集在可密闭的容器中。个人防护用具：适用于有机气体和蒸气的过滤呼吸器		
包装与标志	欧盟危险性类别：F 符号 T 符号 R:60-61-11-19-20 S:53-45 联合国危险性类别：3 联合国包装类别：II 中国危险性类别：第 3 类易燃液体 中国包装类别：I		
应急响应	运输应急卡：TEC(R)-30S2252 美国消防协会法规：H2（健康危险性）；F2（火灾危险性）；R0（反应危险性）		
储存	阴凉场所。耐火设备（条件）。与强氧化剂分开存放		
重要数据	物理状态、外观：无色液体，有特殊气味 物理危险性：蒸气比空气重。可能沿地面流动；可能造成远处着火 化学危险性：该物质容易生成爆炸性过氧化物。与强氧化剂激烈反应 职业接触限值：阈限值未制定标准。最高容许浓度未制定标准 接触途径：该物质可通过吸入、经食入和皮肤吸收到体内 吸入危险性：未指明 20℃时该物质蒸发达到空气中有害浓度的速率 长期或反复接触的影响：动物实验表明，该物质可能造成人类生殖或发育毒性		
物理性质	沸点：82～83℃ 熔点：-58℃ 相对密度（水=1）：0.86 水中溶解度：混溶 蒸气压：20℃时 6.4kPa 蒸气相对密度（空气=1）：3.1 蒸气/空气混合物的相对密度（20℃，空气=1）：1.13 闪点：-2℃（闭杯） 自燃温度：202℃ 辛醇/水分配系数的对数值：-0.21		
环境数据			
注解	蒸馏前检验过氧化物，如有，将其去除。商品名称为二甲基溶纤剂		

IPCS
International
Programme on
Chemical Safety

国际化学品安全卡

乙二醇二乙醚			ICSC 编号：1569
CAS 登记号：629-14-1 RTECS 号：KI1225000 UN 编号：1153 中国危险货物编号：1153 分子量：118.2	中文名称：乙二醇二乙醚；1,2-二乙氧基乙烷；1,2-乙醇二乙醚；乙基甘醇二甲醚；3,6-二氧杂辛烷；EGDEE 英文名称：ETHYLENE GLYCOL DIETHYL ETHER; 1,2-Diethoxyethane; 1,2-Ethanol, diethyl ether; Ethyl glyme; 3,6-Dioxaoctane; EGDEE 化学式：$C_6H_{14}O_2/CH_3CH_2OCH_2CH_2OCH_2CH_3$		
危害/接触类型	**急性危害/症状**	**预防**	**急救/消防**
火　灾	易燃的	禁止明火，禁止火花和禁止吸烟	干粉，雾状水，泡沫，二氧化碳
爆　炸	高于 35℃，可能形成爆炸性蒸气/空气混合物	高于 35℃，使用密闭系统、通风	着火时，喷雾状水保持料桶等冷却
接　触	见长期或反复接触的影响	避免一切接触！	
# 吸入	咳嗽	通风，局部排气通风或呼吸防护	新鲜空气，休息
# 皮肤	可能被吸收！发红	防护服。防护手套	脱去污染的衣服。用大量水冲洗皮肤或淋浴
# 眼睛	发红。疼痛	安全护目镜	先用大量水冲洗几分钟（如可能尽量摘除隐形眼镜），然后就医
# 食入	恶心	工作时不得进食，饮水或吸烟	漱口。饮用 1～2 杯水
泄漏处置	转移全部引燃源。通风。尽可能将泄漏液收集在可密闭的容器中。个人防护用具：适用于有机气体和蒸气的过滤呼吸器		
包装与标志	**联合国危险性类别：**3　**联合国包装类别：**III **中国危险性类别：**第 3 类易燃液体　**中国包装类别：**III		
应急响应	**运输应急卡：**TEC(R)-30GF1-III **美国消防协会法规：**H2（健康危险性）；F3（火灾危险性）；R0（反应危险性）		
储存	耐火设备（条件）。与强氧化剂分开存放		
重要数据	**物理状态、外观：**无色液体，有特殊气味 **化学危险性：**该物质大概能生成爆炸性过氧化物。与强氧化剂激烈反应。 **职业接触限值：**阈限值未制定标准。最高容许浓度未制定标准 **接触途径：**该物质可通过吸入、经皮肤和食入吸收到体内 **吸入危险性：**未指明 20℃时该物质蒸发达到空气中有害浓度的速率 **短期接触的影响：**该物质刺激眼睛，轻微刺激皮肤和呼吸道。 **长期或反复接触的影响：**动物实验表明，该物质可能造成人类生殖或发育毒性		
物理性质	**沸点：**121.4℃ **熔点：**−74℃ **相对密度（水=1）：**0.85 **水中溶解度：**适度溶解 **蒸气压：**20℃时 1.2kPa **蒸气相对密度（空气=1）：**4.07 **闪点：**35℃（开杯） **自燃温度：**208℃ **辛醇/水分配系数的对数值：**0.66		
环境数据			
注解	蒸馏前检验过氧化物，如有，将其去除。商品名称为二甲基溶纤剂		

IPCS
International
Programme on
Chemical Safety

国际化学品安全卡

三乙二醇二甲醚			ICSC 编号：1570
CAS 登记号：112-49-2 RTECS 号：XF0665000 EC 编号：603-176-00-2	中文名称：三乙二醇二甲醚；2,5,8,11-四氧杂十二烷；三甘醇二甲醚；1,2-二(2-甲氧基乙氧基)乙烷；TEGDME 英文名称：TRIETHYLENE GLYCOL DIMETHYL ETHER; 2,5,8,11-Tetraoxadodecane; Triglyme; 1,2-bis(2-Methoxyethoxy)ethane; TEGDME		
分子量：178.2	化学式：$C_8H_{18}O_4/CH_3(OCH_2CH_2)_3OCH_3$		
危害/接触类型	急性危害/症状	预防	急救/消防
火　灾	可燃的	禁止明火	干粉，雾状水，泡沫，二氧化碳
爆　炸			
接　触	见长期或反复接触的影响	避免一切接触！	
# 吸入		通风，局部排气通风或呼吸防护	新鲜空气，休息
# 皮肤		防护手套。防护服	脱去污染的衣服。用大量水冲洗皮肤或淋浴
# 眼睛		安全眼镜	先用大量水冲洗几分钟（如可能尽量摘除隐形眼镜），然后就医
# 食入		工作时不得进食，饮水或吸烟	漱口。大量饮水
泄漏处置	通风。尽可能将泄漏液收集在可密闭的容器中。个人防护用具：适用于有机气体和蒸气的过滤呼吸器		
包装与标志	欧盟危险性类别：T 符号　R:61-62-19　S:53-45		
应急响应	美国消防协会法规：H1（健康危险性）；F1（火灾危险性）；R0（反应危险性）		
储存	与强氧化剂分开存放		
重要数据	物理状态、外观：无色液体，有特殊气味 化学危险性：该物质大概能生成爆炸性过氧化物。与强氧化剂激烈反应 职业接触限值：阈限值未制定标准。最高容许浓度未制定标准 接触途径：该物质可通过吸入其气溶胶和经食入吸收到体内 吸入危险性：未指明 20℃时该物质蒸发达到空气中有害浓度的速率 长期或反复接触的影响：动物实验表明，该物质可能造成人类生殖或发育毒性		
物理性质	沸点：216℃ 熔点：-45℃ 相对密度（水=1）：0.99 水中溶解度：混溶 蒸气压：20℃时 0.12kPa 蒸气相对密度（空气=1）：6.14 闪点：111℃（开杯） 辛醇/水分配系数的对数值：-0.48		
环境数据			
注解	蒸馏前检验过氧化物，如有，将其去除		

IPCS
International Programme on Chemical Safety

国际化学品安全卡

乙二醇一己醚			ICSC 编号：1571
CAS 登记号：112-25-4 RTECS 号：KL2450000 EC 编号：603-178-00-3	中文名称：乙二醇一己醚；2-（己氧基）乙醇；正己基乙二醇；乙二醇单己醚；EGHE 英文名称：ETHYLENE GLYCOL MONOHEXYL ETHER; 2-(Hexyloxy)ethanol; n-Hexyglycol; Glycol monohexyl ether; EGHE		
分子量：146.2	化学式：$C_8H_{18}O_2$/$C_6H_{13}OCH_2CH_2OH$		
危害/接触类型	急性危害/症状	预防	急救/消防
火　灾	可燃的	禁止明火	干粉，雾状水，泡沫，二氧化碳
爆　炸	高于 81.7℃，可能形成爆炸性蒸气/空气混合物	高于 81.7℃，使用密闭系统、通风	着火时，喷雾状水保持料桶等冷却
接　触		严格作业环境管理！	
# 吸入	咳嗽。咽喉痛。灼烧感。气促	通风，局部排气通风或呼吸防护	新鲜空气，休息。给予医疗护理
# 皮肤	可能被吸收！发红。疼痛	防护手套。防护服	脱去污染的衣服。用大量水冲洗皮肤或淋浴
# 眼睛	发红。疼痛	安全护目镜	先用大量水冲洗几分钟（如可能尽量摘除隐形眼镜），然后就医
# 食入	腹部疼痛。恶心。呕吐。腹泻	工作时不得进食，饮水或吸烟	漱口。大量饮水。给予医疗护理
泄漏处置	通风。尽可能将泄漏液收集在可密闭的容器中。个人防护用具：适用于有机气体和蒸气的过滤呼吸器		
包装与标志	欧盟危险性类别：C 符号　R:21/22-34　S:1/2-26-36/37/39-45		
应急响应			
储存	与强氧化剂分开存放		
重要数据	物理状态、外观：无色液体，有特殊气味 物理危险性：蒸气比空气重 化学危险性：该物质大概能生成爆炸性过氧化物。与强氧化剂激烈反应 职业接触限值：阈限值未制定标准。最高容许浓度未制定标准 接触途径：该物质可通过吸入其气溶胶，经皮肤和食入吸收到体内 吸入危险性：未指明 20℃时该物质蒸发达到空气中有害浓度的速率 短期接触的影响：该物质严重刺激眼睛、皮肤和呼吸道 长期或反复接触的影响：该物质可能对血液有影响		
物理性质	沸点：208.3℃ 熔点：-45℃ 相对密度（水=1）：0.89 水中溶解度：微溶 蒸气压：20℃时 7Pa 蒸气/空气混合物的相对密度（20℃，空气=1）：1.108 闪点：81.7℃（闭杯） 自燃温度：220℃ 爆炸极限：空气中 1.2%～8.1%（体积） 辛醇/水分配系数的对数值：1.57		
环境数据			
注解	蒸馏前检验过氧化物，如有，将其去除。商品名称为己基溶纤剂		

IPCS
International Programme on Chemical Safety

国际化学品安全卡

二乙二醇一己醚			ICSC 编号：1572
CAS 登记号：112-59-4 RTECS 号：KL2625000 EC 编号：603-175-00-7		中文名称：二乙二醇一己醚；3,6-二氧杂-1-十二烷醇；己基卡必醇；2-(2-己氧基乙氧基)乙醇；DEGHE 英文名称：DIETHYLENE GLYCOL MONOHEXYL ETHER; 3,6-Dioxa-1-dodecanol; Hexyl carbitol; 2-(2-Hexyloxyethoxy)ethanol; DEGHE	
分子量：190.3		化学式：$C_{10}H_{22}O_3/C_6H_{13}(OCH_2CH_2)_2OH$	

危害/接触类型	急性危害/症状	预防	急救/消防
火　灾	可燃的	禁止明火	干粉，雾状水，泡沫，二氧化碳
爆　炸			
接　触			
# 吸入		通风	新鲜空气，休息
# 皮肤	发红。疼痛	防护手套	脱去污染的衣服。用大量水冲洗皮肤或淋浴
# 眼睛	发红。疼痛	安全护目镜	先用大量水冲洗几分钟（如可能尽量摘除隐形眼镜），然后就医
# 食入	腹部疼痛。恶心。呕吐。腹泻	工作时不得进食，饮水或吸烟	漱口。大量饮水
泄漏处置	通风。尽可能将泄漏液收集在可密闭的容器中。使用面罩		
包装与标志	欧盟危险性类别：Xn 符号　R:21-41　S:2-26-36/37-46		
应急响应			
储存	与强氧化剂分开存放		
重要数据	物理状态、外观：无色液体，有特殊气味 化学危险性：该物质大概能生成爆炸性过氧化物。与强氧化剂激烈反应 职业接触限值：阈限值未制定标准。最高容许浓度未制定标准 接触途径：该物质可经皮肤吸收到体内 吸入危险性：20℃时，该物质蒸发不会或很缓慢地达到达到空气中有害污染浓度 短期接触的影响：该物质刺激皮肤，严重刺激眼睛		
物理性质	沸点：259.1℃ 熔点：-33.3℃ 相对密度（水=1）：0.935 水中溶解度：20℃时 1.7g/100mL 蒸气压：25℃时< 0.001Pa 蒸气相对密度（空气=1）：6.6 闪点：140.6℃（开杯） 辛醇/水分配系数的对数值：1.70		
环境数据			
注解	蒸馏前检验过氧化物，如有，将其去除		

IPCS
International
Programme on
Chemical Safety

国际化学品安全卡

丙二醇一乙醚			ICSC 编号：1573
CAS 登记号：1569-02-4 RTECS 号：UB5250000 UN 编号：1993 EC 编号：603-177-00-8 中国危险货物编号：1993 分子量：104.2	中文名称：丙二醇一乙醚；1-乙氧基-2-丙醇；2-丙醇-1-乙氧基；2PG1EE 英文名称：PROPYLENE GLYCOL MONOETHYL ETHER; 1-Ethoxy-2-propanol; 2-Propanol-1-ethoxy; 2PG1EE 化学式：$C_5H_{12}O_2/CH_3CH_2OCH_2CHOHCH_3$		
危害/接触类型	急性危害/症状	预防	急救/消防
火　灾	易燃的	禁止明火，禁止火花和禁止吸烟	干粉，雾状水，泡沫，二氧化碳
爆　炸	高于 40℃，可能形成爆炸性蒸气/空气混合物	高于 40℃，使用密闭系统、通风	着火时，喷雾状水保持料桶等冷却
接　触			
# 吸入		通风，局部排气通风或呼吸防护	新鲜空气，休息
# 皮肤		防护手套	脱去污染的衣服。用大量水冲洗皮肤或淋浴
# 眼睛	发红	安全眼镜	先用大量水冲洗几分钟（如可能尽量摘除隐形眼镜），然后就医
# 食入		工作时不得进食，饮水或吸烟	漱口
泄漏处置	转移全部引燃源。通风。尽可能将泄漏液收集在可密闭的容器中。使用面罩。		
包装与标志	欧盟危险性类别：R:10-67　S:2-24 联合国危险性类别：3　联合国包装类别：III 中国危险性类别：第 3 类易燃液体　中国包装类别：III		
应急响应			
储存	耐火设备（条件）。与强氧化剂分开存放		
重要数据	物理状态、外观：无色液体，有轻微气味 化学危险性：该物质大概能生成爆炸性过氧化物。与强氧化剂激烈反应 职业接触限值：阈限值未制定标准。最高容许浓度：50ppm，220mg/m³（见注解）；皮肤吸收；最高限值种类：II(2)；妊娠风险等级：C（德国，2008 年） 吸入危险性：未指明 20℃时该物质蒸发达到空气中有害浓度的速率 短期接触的影响：该物质轻微刺激眼睛		
物理性质	沸点：133℃ 熔点：-100℃ 相对密度（水=1）：0.896 水中溶解度：25℃时 36.6g/100mL 蒸气压：25℃时 1kPa 蒸气相对密度（空气=1）：3.6 闪点：40℃（闭杯） 自燃温度：255℃ 爆炸极限：空气中 1.3%～12%（体积） 辛醇/水分配系数的对数值：0.3 黏度：20℃时 2.32mm²/s		
环境数据			
注解	最高容许浓度值适用于空气中丙二醇一乙醚和 2-丙二醇-1-乙醚乙酸酯的浓度总和。另见卡片#1574		

IPCS
International
Programme on
Chemical Safety

国际化学品安全卡

2-丙二醇-1-乙醚乙酸酯			ICSC 编号：1574
CAS 登记号：54839-24-6 RTECS 号： UN 编号：3272 EC 编号：603-177-00-8 中国危险货物编号：3272	中文名称：2-丙二醇-1-乙醚乙酸酯；1-乙氧基-2-丙醇乙酸酯；2-乙氧基-1-甲基乙基乙酸酯；1-乙氧基-2-乙酰氧基丙醇；1-乙氧基-2-丙基乙酸酯 英文名称：2-PROPYLENEGLYCOL1-ETHYL ETHER ACETATE; 1-Ethoxy-2-propanol acetate; 2-Ethoxy-1-methylethyl acetate; 1-Ethoxy-2-acetoxypropanol; 1-Ethoxy-2-propyl acetate; 2PG1EEA		
分子量：146.2	化学式：$C_7H_{14}O_3/C_2H_5OCH_2CH(CH_3)OCOCH_3$		
危害/接触类型	急性危害/症状	预防	急救/消防
火　灾	易燃的	禁止明火，禁止火花和禁止吸烟	干粉，雾状水，泡沫，二氧化碳
爆　炸	高于 53℃，可能形成爆炸性蒸气/空气混合物	高于 53℃，使用密闭系统、通风	着火时，喷雾状水保持料桶等冷却
接　触			
# 吸入		通风，局部排气通风或呼吸防护	新鲜空气，休息
# 皮肤		防护手套	脱去污染的衣服。用大量水冲洗皮肤或淋浴
# 眼睛	发红	安全护目镜	先用大量水冲洗几分钟（如可能尽量摘除隐形眼镜），然后就医
# 食入		工作时不得进食，饮水或吸烟	漱口
泄漏处置	转移全部引燃源。通风。尽可能将泄漏液收集在可密闭的容器中。然后用大量水冲净		
包装与标志	欧盟危险性类别：R:10-67　S:2-24 联合国危险性类别：3　联合国包装类别：III 中国危险性类别：第 3 类 易燃液体 中国包装类别：III		
应急响应	运输应急卡：TEC(R)-30GF1-III		
储存	耐火设备（条件）		
重要数据	物理状态、外观：无色液体，有特殊气味 化学危险性：燃烧时，生成乙酸烟雾 职业接触限值：阈限值未制定标准。最高容许浓度：50ppm，300mg/m³（见注解）；最高限值种类：II(2)；妊娠风险等级：C（德国，2008 年） 吸入危险性：未指明 20℃时该物质蒸发达到空气中有害浓度的速率 短期接触的影响：该物质轻微刺激眼睛		
物理性质	沸点：160℃ 熔点：-89℃ 相对密度（水=1）：0.98 水中溶解度：20℃时 9.5g/100mL 蒸气压：20℃时 0.227kPa 闪点：53℃（闭杯） 自燃温度：325℃ 爆炸极限：空气中 1.0%～9.8%（体积） 辛醇/水分配系数的对数值：0.76 黏度：20℃时 1.28～1.41mm²/s		
环境数据			
注解	最高容许浓度值适用于空气中丙二醇一乙醚和 2-丙二醇-1-乙醚乙酸酯的浓度总和。另见卡片#1573		

IPCS
International
Programme on
Chemical Safety

国际化学品安全卡

环四次甲基四硝胺			ICSC 编号：1575
CAS 登记号：2691-41-0 UN 编号：0226 (含水的)；0484 (减敏的) 中国危险货物编号：0226；0484 分子量：296.2	中文名称：环四次甲基四硝胺；八氢-1,3,5,7-四硝基-1,3,5,7-四吖辛因；奥克托金 英文名称：CYCLOTETRAMETHYLENE TETRANITRAMINE; HMX; Octahydro-1,3,5,7-tetranitro-1,3,5,7-tetrazocine; Octogen 化学式：$C_4H_8N_8O_8$		
危害/接触类型	**急性危害/症状**	**预防**	**急救/消防**
火　灾	爆炸性的。在火焰中释放出刺激性或有毒烟雾（或气体）	禁止明火，禁止火花和禁止吸烟	周围环境着火时，使用适当的灭火剂
爆　炸	有着火和爆炸危险	密闭系统，通风，防爆型电气设备和照明。不要受摩擦或震动	从掩蔽位置灭火
接　触			
# 吸入	（见食入）	通风（如果没有粉末时），局部排气通风或呼吸防护	新鲜空气，休息
# 皮肤	可能被吸收！发红	防护手套。防护服	脱去污染的衣服。冲洗，然后用水和肥皂清洗皮肤
# 眼睛	发红。疼痛	安全眼镜，或眼睛防护结合呼吸防护	先用大量水冲洗几分钟（如可能尽量摘除隐形眼镜），然后就医
# 食入	意识模糊。倦睡。惊厥。神志不清	工作时不得进食，饮水或吸烟	漱口。给予医疗护理
泄漏处置	撤离危险区域！向专家咨询！转移全部引燃源。用水覆盖泄漏物料。小心收集残余物，然后转移到安全场所。不要冲入下水道。不要让该化学品进入环境。个人防护用具：化学防护服		
包装与标志	联合国危险性类别：1.1D　联合国包装类别：II 中国危险性类别：第 1.1 项有整体爆炸危险的物质和物品 中国包装类别：II		
应急响应	运输应急卡：TEC(R)-10G1.1		
储存	耐火设备（条件）。与强碱、强酸分开存放。储存在没有排水管或下水道的场所		
重要数据	物理状态、外观：无色晶体 物理危险性：由于流动、搅拌等，可能产生静电。以粉末或颗粒形状与空气混合，可能发生粉尘爆炸 化学危险性：受热可能引起激烈燃烧或爆炸。受撞击、摩擦或震动时，可能发生爆炸性分解。加热时，该物质分解生成含氮氧化物有毒气体。与酸和碱激烈反应 职业接触限值：阈限值未制定标准。最高容许浓度未制定标准 接触途径：该物质可通过吸入其气溶胶，经皮肤和食入吸收到体内 吸入危险性：扩散时可较快地达到空气中颗粒物有害浓度 短期接触的影响：该物质刺激眼睛和皮肤。该物质可能对中枢神经系统有影响，导致易怒、惊厥和意识降低。需进行医学观察 长期或反复接触的影响：该物质可能对肾和肝有影响		
物理性质	熔点：275℃ 密度：$1.9g/cm^3$ 水中溶解度：不溶 蒸气压：25℃时<0.1Pa 自燃温度：234℃		
环境数据	该物质可能对环境有危害，对水生生物应给予特别注意		
注解	在封闭空间燃烧可能转为爆燃。该物质只能浸在水里（15%）或者用蜡减敏处理后运输		

IPCS
International
Programme on
Chemical Safety

国际化学品安全卡

季戊四醇四硝酸酯			ICSC 编号：1576
CAS 登记号：78-11-5 RTECS 号：RZ2620000 UN 编号：0411 (减敏的) EC 编号：603-035-00-5 中国危险货物编号：0411	中文名称：季戊四醇四硝酸酯；2,2-二(羟基甲基)-1,3-丙二醇四硝酸酯；四硝酸季戊四醇酯；PETN 英文名称：PENTAERYTHRITOL TETRANITRATE; 2,2-Bis(hydroxymethyl)-1,3-propanedioltetranitrate; PETN; Pentaerythrite-tetranitrate		
分子量：316.1	化学式：$C_5H_8N_4O_{12}/C(CH_2ONO_2)_4$		
危害/接触类型	急性危害/症状	预防	急救/消防
火　灾	爆炸性的。在火焰中释放出刺激性或有毒烟雾（或气体）	禁止明火，禁止火花和禁止吸烟	周围环境着火时，使用适当的灭火剂
爆　炸	有着火和爆炸危险	不要受摩擦或震动。防止粉尘沉积、密闭系统、防止粉尘爆炸型电气设备和照明	从掩蔽位置灭火
接　触			
# 吸入	头晕。头痛	通风（如果没有粉末时），局部排气通风或呼吸防护	新鲜空气，休息。给予医疗护理
# 皮肤		防护手套	脱去污染的衣服。用大量水冲洗皮肤或淋浴
# 眼睛	发红	安全护目镜，或眼睛防护结合呼吸防护	先用大量水冲洗几分钟（如可能尽量摘除隐形眼镜），然后就医
# 食入	头晕。头痛	工作时不得进食，饮水或吸烟	漱口。给予医疗护理
泄漏处置	撤离危险区域！向专家咨询！转移全部引燃源。用水覆盖泄漏物料。小心收集残余物，然后转移到安全场所。不要冲入下水道。个人防护用具：适用于有害颗粒物的 P2 过滤呼吸器		
包装与标志	欧盟危险性类别：E 符号　R:3　S:2-35 联合国危险性类别：1.1D 中国危险性类别：第 1.1 项有整体爆炸危险的物质和物品		
应急响应	运输应急卡：TEC(R)-10G1.1		
储存	耐火设备（条件）。与强氧化剂分开存放。储存在没有排水管或下水道的场所		
重要数据	物理状态、外观：无色至白色晶体或粉末 化学危险性：加热可能引起激烈燃烧或爆炸。受撞击、摩擦或震动时，可能发生爆炸性分解 职业接触限值：阈限值未制定标准。最高容许浓度未制定标准 接触途径：该物质可通过吸入和经食入吸收到体内 吸入危险性：扩散时可较快地达到空气中颗粒物有害浓度 短期接触的影响：该物质可能对心血管系统有影响，导致降低血压。需进行医学观察		
物理性质	沸点：低于沸点发生分解 熔点：138℃ 密度：1.77g/cm³ 水中溶解度：不溶 蒸气压：25℃时可忽略不计 辛醇/水分配系数的对数值：1.6		
环境数据			
注解	其他 UN 编号：0150 （季戊四醇四硝酸酯，含水≥25%），危险性类别：1.1D。减敏处理的物质中含有≥15% 减敏剂		

IPCS
International
Programme on
Chemical Safety

国际化学品安全卡

氧化铁			ICSC 编号：1577
CAS 登记号：1309-37-1 RTECS 号：NO7400000 UN 编号：见注解	中文名称：氧化铁；无水氧化铁；氧化铁(III)；三氧化二铁；三氧化铁 英文名称：FERRIC OXIDE; Anhydrous ferric oxide; Iron (III) oxide; Diiron trioxide; Iron trioxide; Ferric sesquioxide		
分子量： 159.7	化学式：Fe_2O_3		

危害/接触类型	急性危害/症状	预防	急救/消防
火　灾	不可燃		周围环境着火时，使用适当的灭火剂
爆　炸			
接　触			
# 吸入	咳嗽	避免吸入。粉尘	新鲜空气，休息
# 皮肤			
# 眼睛	发红	安全护目镜	先用大量水冲洗几分钟（如可能尽量摘除隐形眼镜），然后就医
# 食入		工作时不得进食，饮水或吸烟	
泄漏处置	将泄漏物清扫进有盖的容器中。个人防护用具：适用于惰性颗粒物的 P1 过滤呼吸器		
包装与标志			
应急响应			
储存			
重要数据	物理状态、外观：微红棕色至黑色晶体或粉末 化学危险性：与一氧化碳发生反应，有爆炸的危险 职业接触限值：阈限值：$5mg/m^3$（以 Fe 计）（时间加权平均值）；A4（不能分类为人类致癌物）（美国政府工业卫生学家会议，2004 年）。最高容许浓度：$1.5mg/m^3$（以可呼吸气溶胶计）（德国，2004 年） 吸入危险性：扩散时可较快地达到空气中颗粒物公害污染浓度，尤其是粉末 短期接触的影响：可能引起机械性刺激 长期或反复接触的影响：反复或长期接触粉尘颗粒，肺可能受损伤，导致铁尘肺		
物理性质	熔点：1565℃ 密度：$5.24g/cm^3$ 水中溶解度：不溶		
环境数据			
注解	还有一个 UN 编号与氧化铁有关，但是该编号是指从可自燃的煤气净化中获得的废弃氧化铁或海绵状铁		

IPCS
International
Programme on
Chemical Safety

国际化学品安全卡

2,4-二氨基苯甲醚			ICSC 编号：1578
CAS 登记号：615-05-4 RTECS 号：BZ8580500 UN 编号：3077 EC 编号：612-200-00-0 中国危险货物编号：3077	中文名称：2,4-二氨基苯甲醚；4-甲氧基-1,3-苯二胺；4-甲氧基-3-苯二胺；4-甲氧基间苯二胺；C.I.氧化显色碱 12 英文名称：2,4-DIAMINOANISOLE; 1,3-Benzenediamine, 4-methoxy-; 4-Methoxy-3-phenylenediamine; 4-Methoxy-m-phenylenediamine; C.I. Oxidation Base 12		
分子量：138.19	化学式：$C_7H_{10}N_2O$		
危害/接触类型	急性危害/症状	预防	急救/消防
火　灾	可燃的	禁止明火	干粉，雾状水，泡沫，二氧化碳
爆　炸			
接　触	见长期或反复接触的影响	避免一切接触！	
# 吸入		局部排气通风或呼吸防护	新鲜空气，休息
# 皮肤	可能被吸收！	防护手套。防护服	脱去污染的衣服。冲洗，然后用水和肥皂清洗皮肤
# 眼睛		面罩，或眼睛防护结合呼吸防护	先用大量水冲洗几分钟（如可能尽量摘除隐形眼镜），然后就医
# 食入		工作时不得进食，饮水或吸烟	漱口。给予医疗护理
泄漏处置	将泄漏物清扫进可密闭容器中。不要让该化学品进入环境。个人防护用具：化学防护服包括自给式呼吸器		
包装与标志	欧盟危险性类别：T 符号 N 符号 标记：E　R:45-22-68-51/53　S:53-45-61 联合国危险性类别：9 联合国包装类别：III 中国危险性类别：第 9 类杂项危险物质和物品 中国包装类别：III		
应急响应	运输应急卡：TEC(R)-90GM7-III		
储存	与强氧化剂分开存放。严格密封		
重要数据	物理状态、外观：无色各种形态固体 化学危险性：加热时，该物质分解生成含氮氧化物的有毒烟雾。与强氧化剂发生反应。 职业接触限值：阈限值未制定标准。最高容许浓度：皮肤吸收；致癌物类别：2（德国，2004 年） 接触途径：该物质可经皮肤和经食入吸收到体内 吸入危险性：未指明 20℃时该物质蒸发达到空气中有害浓度的速率 长期或反复接触的影响：该物质可能是人类致癌物		
物理性质	熔点：68℃ 水中溶解度：混溶 蒸气相对密度（空气=1）：4.77		
环境数据			
注解	不要将工作服带回家中		

IPCS
International
Programme on
Chemical Safety

国际化学品安全卡

1-氨基蒽醌			ICSC 编号：1579
CAS 登记号：117-79-3 RTECS 号：CB5120000 分子量：223.24	中文名称：1-氨基蒽醌；2-氨基-9,10-蒽二酮；2-氨基-9,10-蒽醌；β-氨基蒽醌 英文名称：2-AMINOANTHRAQUINONE; 2-Amino-9,10-anthracenedione; 2-Amino-9,10-anthraquinone; beta-Aminoanthraquinone 化学式：$C_{14}H_9NO_2$		
危害/接触类型	急性危害/症状	预防	急救/消防
火　灾	可燃的。在火焰中释放出刺激性或有毒烟雾（或气体）	禁止明火	干粉，雾状水，泡沫，二氧化碳
爆　炸			
接　触			
# 吸入		通风（如果没有粉末时）	新鲜空气，休息
# 皮肤		防护手套	冲洗，然后用水和肥皂清洗皮肤
# 眼睛		安全眼镜，或眼睛防护结合呼吸防护	先用大量水冲洗几分钟（如可能尽量摘除隐形眼镜），然后就医
# 食入		工作时不得进食，饮水或吸烟	漱口
泄漏处置	将泄漏物清扫进容器中，如果适当，首先润湿防止扬尘。个人防护用具：适用于惰性颗粒物的 P1 过滤呼吸器		
包装与标志			
应急响应			
储存	与强氧化剂分开存放		
重要数据	**物理状态、外观**：红色或橙棕色各种形态固体 **化学危险性**：加热时，该物质分解生成氮氧化物有毒烟雾。与强氧化剂发生反应 **职业接触限值**：阈限值未制定标准。最高容许浓度未制定标准 **吸入危险性**：20℃时蒸发可忽略不计，但扩散时可较快地达到空气中颗粒物有害浓度，尤其是粉末		
物理性质	**沸点**：升华 **熔点**：302℃ **水中溶解度**：难溶 **蒸气压**：180℃时 1.3Pa **闪点**：283℃（闭杯） **辛醇/水分配系数的对数值**：3.3		
环境数据			
注解	其他熔点：289～292℃		

IPCS
International
Programme on
Chemical Safety

国际化学品安全卡

亚硝酰氯			ICSC 编号：1580
CAS 登记号：2696-92-6 RTECS 号：QZ7883000 UN 编号：1069 中国危险货物编号：1069 分子量： 65.46		中文名称：亚硝酰氯；氧氯化氮；氯氧化氮 英文名称：NITROSYL CHLORIDE; Nitrogen oxychloride; Nitrogen chloride oxide 化学式：ClNO	
危害/接触类型	急性危害/症状	预防	急救/消防
火　灾	不可燃。在火焰中释放出刺激性或有毒烟雾（或气体）	禁止与易燃物质接触	周围环境着火时，干粉，二氧化碳，禁止用水
爆　炸			着火时，喷雾状水保持钢瓶冷却，但避免该物质与水接触
接　触		避免一切接触！	一切情况均向医生咨询！
# 吸入	咳嗽。咽喉痛。呼吸困难。气促	通风，局部排气通风或呼吸防护	新鲜空气，休息，半直立体位，必要时进行人工呼吸，给予医疗护理
# 皮肤	发红，疼痛，皮肤烧伤	防护手套。防护服	脱去污染的衣服。用大量水冲洗皮肤或淋浴。给予医疗护理
# 眼睛	发红。疼痛。烧伤	眼睛防护结合呼吸防护	先用大量水冲洗几分钟（如可能尽量摘除隐形眼镜），然后就医
# 食入		工作时不得进食，饮水或吸烟	
泄漏处置	撤离危险区域！向专家咨询！通风。切勿直接向液体上喷水。喷洒雾状水去除气体。不要用锯末或其他可燃吸收剂吸收。个人防护用具：气密式化学防护服，包括自给式呼吸器		
包装与标志	**联合国危险性类别**：2.3　**联合国次要危险性**：8 **中国危险性类别**：第 2.3 项毒性气体　**中国次要危险性**：8		
应急响应	**运输应急卡**：TEC(R)-20G2TC **美国消防协会法规**：H3（健康危险性）；F0（火灾危险性）； R1（反应危险性）		
储存	与性质相互抵触的物质分开存放。见化学危险性。阴凉场所。保存在通风良好的室内		
重要数据	**物理状态、外观**：黄色气体，有刺鼻气味 **物理危险性**：该气体比空气重，可能积聚在低层空间，引起缺氧 **化学危险性**：加热或与水接触时，该物质分解生成含有氯化氢和氮氧化物的有毒和腐蚀性烟雾。与强氧化剂激烈反应。浸蚀金属。该物质是一种强氧化剂，与可燃物质和还原性物质发生反应 **职业接触限值**：阈限值未制定标准。最高容许浓度未制定标准 **吸入危险性**：容器漏损时，迅速达到空气中该气体的有害浓度 **短期接触的影响**：该物质腐蚀眼睛、皮肤和呼吸道。吸入气体可能引起肺水肿（见注解）		
物理性质	**沸点**：−5～−6℃ **熔点**：−64℃ **密度**：2.99g/L **水中溶解度**：反应 **蒸气压**：20℃时 340kPa **蒸气相对密度（空气=1）**：2.3 **蒸气/空气混合物的相对密度（20℃，空气=1）**：5.2		
环境数据	该物质对水生生物是有害的		
注解	与灭火剂，如水激烈反应。肺水肿症状常常经过几个小时以后才变得明显，体力劳动使症状加重。因而休息和医学观察是必要的。用大量水冲洗工作服（有着火危险）。进入工作区域前检验氧含量。空气中高浓度造成缺氧，有神志不清或死亡危险		

IPCS
International
Programme on
Chemical Safety

国际化学品安全卡

邻甲苯磺酰胺		ICSC 编号：1581	
CAS 登记号：88-19-7 RTECS 号：XT4900000		中文名称：邻甲苯磺酰胺；2-甲苯磺酰胺；甲苯-2-磺酰胺 英文名称：*o*-TOLUENESULFONAMIDE; 2-Toluenesulfonamide; Toluene-2-sulfonamide; *o*-Methylbenzenesulfonamide	
分子量：171.2		化学式：$C_7H_9NO_2S$	
危害/接触类型	急性危害/症状	预防	急救/消防
火　灾	可燃的。在火焰中释放出刺激性或有毒烟雾（或气体）	禁止明火	干粉，雾状水，泡沫，二氧化碳
爆　炸			
接　触		防止粉尘扩散！	
# 吸入		通风	
# 皮肤		防护手套	
# 眼睛	发红。疼痛	安全护目镜	先用大量水冲洗几分钟（如可能尽量摘除隐形眼镜），然后就医
# 食入		工作时不得进食，饮水或吸烟	漱口
泄漏处置	将泄漏物清扫进有盖的容器中，如果适当，首先润湿防止扬尘。个人防护用具：适用于有害颗粒物的P2过滤呼吸器		
包装与标志			
应急响应			
储存	与强氧化剂、酸类、碱类分开存放		
重要数据	**物理状态、外观**：无色晶体 **化学危险性**：燃烧时，该物质分解生成含有氮氧化物和硫氧化物的有毒烟雾。与酸类、碱类和强氧化剂发生反应 **职业接触限值**：阈限值未制定标准。最高容许浓度未制定标准 **接触途径**：该物质可经食入吸收到体内 **吸入危险性**：扩散时可较快地达到空气中颗粒物有害浓度 **短期接触的影响**：可能对眼睛引起机械刺激		
物理性质	**沸点**：>270℃ **熔点**：156℃ **密度**：$1.46g/cm^3$ **水中溶解度**：25℃时 0.162g/100mL **蒸气压**：25℃时可忽略不计 **辛醇/水分配系数的对数值**：0.84		
环境数据			
注解	该物质与对甲苯磺酰胺一起存在于商业混合物中，参见卡片#1557		

IPCS
International
Programme on
Chemical Safety

国际化学品安全卡

邻联茴香胺			ICSC 编号：1582
CAS 登记号：119-90-4 RTECS 号：DD0875000 UN 编号：2431 EC 编号：612-036-00-X 中国危险货物编号：2431	中文名称：邻联茴香胺；C.I.分散黑 6；3,3'-二甲氧基联苯胺；3,3'-二茴香胺；3,3'二甲氧基-4,4'-二氨基联苯 英文名称：*o*-DIANISIDINE; C.I. Disperse Black 6; 3,3'-Dimethoxybenzidine; 3,3'-Dianisidine; 3,3'-Dimethoxy-4,4'-diaminobiphenyl		
分子量：244.3	化学式：$C_{14}H_{16}N_2O_2$		
危害/接触类型	急性危害/症状	预防	急救/消防
火　灾	可燃的。在火焰中释放出刺激性或有毒烟雾（或气体）	禁止明火	雾状水，干粉，二氧化碳
爆　炸			
接　触		避免一切接触！	
# 吸入	咳嗽。见长期或反复接触的影响	通风（如果没有粉末时），局部排气通风或呼吸防护	新鲜空气，休息
# 皮肤		防护手套。防护服	脱去污染的衣服。冲洗，然后用水和肥皂清洗皮肤
# 眼睛	发红	面罩，或眼睛防护结合呼吸防护	先用大量水冲洗几分钟（如可能尽量摘除隐形眼镜），然后就医
# 食入		工作时不得进食，饮水或吸烟。进食前洗手	漱口。给予医疗护理
泄漏处置	真空抽吸泄漏物。个人防护用具：适用于有毒颗粒物的 P3 过滤呼吸器。化学防护服		
包装与标志	不得与食品和饲料一起运输 欧盟危险性类别：T 符号 标记：E R:45-22 S:53-45 联合国危险性类别：6.1 联合国包装类别：III 中国危险性类别：第 6.1 项毒性物质 中国包装类别：III		
应急响应	运输应急卡：TEC(R)-61S2431 或 61GT1-III 美国消防协会法规：H-（健康危险性）；F1（火灾危险性）；R0（反应危险性）		
储存	与氧化剂、食品和饲料分开存放。严格密封		
重要数据	物理状态、外观：无色晶体 物理危险性：蒸气比空气重，可能沿地面流动，可能造成远处着火 化学危险性：燃烧时，该物质分解生成氮氧化物有毒烟雾。与氧化剂发生反应 职业接触限值：阈限值未制定标准。最高容许浓度：致癌物类别：2（德国，2004 年） 接触途径：该物质可通过吸入、经皮肤和食入吸收到体内 吸入危险性：喷洒或扩散时可较快地达到空气中颗粒物有害浓度，尤其是粉末 长期或反复接触的影响：该物质很可能是人类致癌物		
物理性质	熔点：137.5℃ 水中溶解度：25℃时 0.006g/100mL 蒸气压：可忽略不计 闪点：206℃（闭杯） 辛醇/水分配系数的对数值：1.81		
环境数据			
注解	不要将工作服带回家中。根据接触程度，建议定期进行医疗检查		

IPCS
International
Programme on
Chemical Safety

国际化学品安全卡

间苯二氰			ICSC 编号：1583
CAS 登记号：626-17-5 RTECS 号：CZ1900000 UN 编号：3276 中国危险货物编号：3276 分子量：128.14	中文名称：间苯二氰；1,3-苯二甲腈；邻苯二甲腈；间二氰苯 英文名称：iso-PHTHALONITRILE; 1,3-Benzenedicarbonitrile; Isophthalodinitrile; m-Dicyanobenzene 化学式：$C_8H_4N_2$		
危害/接触类型	**急性危害/症状**	**预防**	**急救/消防**
火　灾	可燃的。在火焰中释放出刺激性或有毒烟雾（或气体）	禁止明火	干粉，雾状水，泡沫，二氧化碳
爆　炸	微细分散的颗粒物在空气中形成爆炸性混合物	防止粉尘沉积、密闭系统、防止粉尘爆炸型电气设备和照明	着火时，喷雾状水保持钢瓶冷却
接　触		防止粉尘扩散！	
# 吸入	咳嗽	避免吸入粉尘	新鲜空气，休息
# 皮肤			冲洗，然后用水和肥皂清洗皮肤
# 眼睛	发红	安全护目镜	先用大量水冲洗几分钟（如可能尽量摘除隐形眼镜），然后就医
# 食入	腹泻	工作时不得进食，饮水或吸烟。进食前洗手	给予医疗护理
泄漏处置	将泄漏物清扫进容器中，如果适当，首先润湿防止扬尘。个人防护用具：适用于惰性颗粒物的 P1 过滤呼吸器		
包装与标志	不得与食品和饲料一起运输 联合国危险性类别：6.1　联合国包装类别：III 中国危险性类别：第 6.1 项毒性物质 中国包装类别：III		
应急响应	运输应急卡：TEC(R)-GT1-III		
储存	与强氧化剂、食品和饲料分开存放		
重要数据	**物理状态、外观**：无色至白色晶体粉末，有特殊气味 **物理危险性**：以粉末或颗粒形状与空气混合，可能发生粉尘爆炸 **化学危险性**：与强氧化剂发生反应。加热时，该物质分解生成含有氰化氢的有毒气体。燃烧时，生成氮氧化物 **职业接触限值**：阈限值：5mg/m³（时间加权平均值）（美国政府工业卫生学家会议，2004 年）。最高容许浓度未制定标准 **吸入危险性**：20℃时蒸发可忽略不计，但扩散时可较快地达到空气中颗粒物公害污染浓度，尤其是粉末 **短期接触的影响**：该物质刺激眼睛		
物理性质	沸点：>162℃（升华） 密度：1.3g/cm³ 水中溶解度：20℃时 0.07g/100mL 蒸气压：1.33Pa 蒸气相对密度（空气=1）：4.42 闪点：>150℃ 辛醇/水分配系数的对数值：0.39		
环境数据			
注解	对接触该物质的健康影响未进行充分调查		

IPCS
International
Programme on
Chemical Safety

国际化学品安全卡

杀藻铵			ICSC 编号：1584
CAS 登记号：63449-41-2 RTECS 号：BO3150000 UN 编号：2928 EC 编号：612-140-00-5 中国危险货物编号：2928	中文名称：杀藻铵；苄基碳 $_{8-18}$ 烷基二甲基氯季铵盐化合物；烷基二甲基苄基氯化铵；烷基二甲基(苯基甲基)氯化季铵盐；烷基二甲基(苯基甲基)氯化铵 英文名称：BENZALKONIUM CHLORIDE; Quaternary ammonium compounds, benzyl-C_{8-18}-alkyldimethyl chlorides; Alkyldimethylbenzylammonium chloride; Alkyldimethyl(phenylmethyl) quaternary ammonium chloride; Ammonium alkyldimethyl(phenylmethyl) chloride; Ammonium alkyldimethylbenzyl chloride		
分子量：	化学式：$C_6H_5CH_2(CH_3)_2RCl,R=C_8H_{17}-C_{18}H_{37}$		
危害/接触类型	急性危害/症状	预防	急救/消防
火　灾	可燃的。在火焰中释放出刺激性或有毒烟雾（或气体）	禁止明火	干粉，雾状水，泡沫，二氧化碳
爆　炸			
接　触			
# 吸入	咽喉痛。咳嗽。呼吸困难	局部排气通风或呼吸防护	新鲜空气，休息，半直立体位。给予医疗护理
# 皮肤	发红。皮肤烧伤。疼痛	防护手套。防护服	脱去污染的衣服。用大量水冲洗皮肤或淋浴。给予医疗护理
# 眼睛	发红。疼痛。视力模糊。严重深度烧伤	面罩	先用大量水冲洗几分钟（如可能尽量摘除隐形眼镜），然后就医
# 食入	腹部疼痛，恶心，呕吐，灼烧感，腹泻，休克或虚脱	工作时不得进食，饮水或吸烟	饮用 1～2 杯水。给予医疗护理
泄漏处置	将泄漏物清扫进容器中或用砂土或惰性吸收剂吸收泄漏液，并转移到安全场所。不要让该化学品进入环境。个人防护用具：化学防护服包括自给式呼吸器		
包装与标志	不得与食品和饲料一起运输 欧盟危险性类别：C 符号　N 符号　R:21/22-34-50 S:2-36/37/39-45-61 联合国危险性类别：6.1　联合国次要危险性：8　联合国包装类别：II 中国危险性类别：第 6.1 项 毒性物质　中国次要危险性：第 8 类 腐蚀性物质　中国包装类别：II GHS 分类：警示词：危险　图形符号：腐蚀-感叹号-环境　危险说明：吞咽有害；造成严重皮肤灼伤和眼睛损伤；对水生生物毒性非常大		
应急响应	运输应急卡：TEC(R)-61GTC2-II		
储存	与食品和饲料分开存放。注意收容灭火产生的废水。储存在没有排水管或下水道的场所		
重要数据	物理状态、外观：白色至黄色吸湿的粉末，有特殊气味 化学危险性：加热时，该物质分解生成含有氨、氯和氮氧化物的有毒和腐蚀性烟雾 职业接触限值：阈限值未制定标准。最高容许浓度未制定标准。 接触途径：该物质可经皮肤和食入吸收到体内 短期接触的影响：该物质腐蚀眼睛、皮肤和呼吸道。食入有腐蚀性。如果溶液被吞咽，吸入肺中，可能导致化学肺炎		
物理性质	熔点：29～34℃ 水中溶解度：20℃时溶解		
环境数据	该物质对水生生物有极高毒性。强烈建议不要让该化学品进入环境		
注解	欧盟危险性类别是指一类被称为苄基碳 $_{8-18}$ 烷基二甲基氯季铵盐化合物。杀藻铵本身为具有不同链长和分子量的结构类似物质的混合物。其他 CAS 登记号：8001-54-5 。取决于生产厂商的分类，可能有其他 UN 编号和运输应急卡号。肺水肿症状常常经过几个小时以后才变得明显，体力劳动使症状加重。因而休息和医学观察是必要的 。在商业上该物质通常以溶液形式供应。浓溶液(>10%)具有腐蚀性		

IPCS
International
Programme on
Chemical Safety

国际化学品安全卡

硫酸氢钾			ICSC 编号：1585
CAS 登记号：7646-93-7 RTECS 号：TS7200000 UN 编号：2509 EC 编号：016-056-00-4 中国危险货物编号：2509		中文名称：硫酸氢钾；酸式硫酸钾；硫酸一钾盐；硫酸一钾 英文名称：POTASSIUM HYDROGEN SULFATE; Potassium acid sulfate; Sulfuric acid monopotassium salt; Monopotassium sulfate; Potassium bisulfate	
分子量：136.2		化学式：$KHSO_4$	
危害/接触类型	急性危害/症状	预防	急救/消防
火　灾	不可燃。在火焰中释放出刺激性或有毒烟雾（或气体）		周围环境着火时，使用适当的灭火剂
爆　炸			
接　触		防止粉尘扩散！避免一切接触！	
# 吸入	咳嗽。咽喉痛	局部排气通风或呼吸防护	新鲜空气，休息
# 皮肤	发红。疼痛。皮肤烧伤	防护手套。防护服	先用大量水冲洗，然后脱去污染的衣服并再次冲洗。给予医疗护理
# 眼睛	发红。疼痛。严重深度烧伤	面罩，或眼睛防护结合呼吸防护	先用大量水冲洗几分钟（如可能尽量摘除隐形眼镜），然后就医
# 食入	咽喉疼痛。腹部疼痛。灼烧感。休克或虚脱	工作时不得进食，饮水或吸烟	不要催吐。大量饮水。给予医疗护理
泄漏处置	将泄漏物清扫进容器中。润湿残余物。个人防护用具：适用于有毒颗粒物的 P3 过滤呼吸器。化学防护服		
包装与标志	不易破碎包装，将易破碎包装放在不易破碎的密闭容器中。 **欧盟危险性类别**：C 符号 R:34-37 S:1/2-26-36/37/39-45 **联合国危险性类别**：8 **联合国包装类别**：II **中国危险性类别**：第 8 类腐蚀性物质 **中国包装类别**：II		
应急响应	运输应急卡：TEC(R)-80GC2-II+III		
储存	干燥。与强碱、醇类、金属、食品和饲料分开存放		
重要数据	**物理状态、外观**：无色至白色吸湿的晶体或晶体粉末 **化学危险性**：加热时，该物质分解生成有毒烟雾。与醇类和水发生反应。水溶液是一种中强酸。浸蚀许多金属，生成易燃/爆炸性气体（氢，见卡片#0001） **职业接触限值**：阈限值未制定标准。最高容许浓度未制定标准 **吸入危险性**：扩散时可较快地达到空气中颗粒物有害浓度，尤其是粉末 **短期接触的影响**：该物质腐蚀眼睛、皮肤和呼吸道。食入有腐蚀性		
物理性质	熔点：195～214℃（分解） 密度：2.2g/cm^3 水中溶解度：49g/100mL（易溶）		
环境数据			
注解			

IPCS
International
Programme on
Chemical Safety

国际化学品安全卡

二甲二硫			ICSC 编号：1586
CAS 登记号：624-92-0 RTECS 号：JO1927500 UN 编号：2381 中国危险货物编号：2381	中文名称：二甲二硫；甲基化二硫；二甲基二硫；二硫化二甲基 英文名称：DIMETHYL DISULFIDE; Methyl disulfide; Disulfide, dimethyl-		
分子量： 94.2	化学式：$C_2H_6S_2$		
危害/接触类型	急性危害/症状	预防	急救/消防
火　灾	易燃的。在火焰中释放出刺激性或有毒烟雾（或气体）	禁止明火，禁止火花和禁止吸烟	干粉，雾状水，泡沫，二氧化碳
爆　炸	高于 24℃，可能形成爆炸性蒸气/空气混合物	高于 24℃，使用密闭系统、通风和防爆型电气设备	着火时，喷雾状水保持料桶等冷却
接　触			
# 吸入	头痛。恶心。头晕。倦睡	通风，局部排气通风或呼吸防护	新鲜空气，休息。给予医疗护理
# 皮肤	发红	防护手套	脱去污染的衣服。冲洗，然后用水和肥皂清洗皮肤
# 眼睛	发红。疼痛	安全护目镜	先用大量水冲洗几分钟（如可能尽量摘除隐形眼镜），然后就医
# 食入	（另见吸入）	工作时不得进食，饮水或吸烟	漱口。用水冲服活性炭浆。不要催吐。给予医疗护理
泄漏处置	撤离危险区域！向专家咨询！通风。转移全部引燃源。将泄漏液收集在可密闭的容器中。个人防护用具：适用于有机气体和蒸气的过滤呼吸器		
包装与标志	联合国危险性类别：3　联合国包装类别：II 中国危险性类别：第 3 类易燃液体　中国包装类别：II		
应急响应	运输应急卡：TEC(R)-30GF1-I-II		
储存	耐火设备（条件）。储存在没有排水管或下水道的场所		
重要数据	物理状态、外观：液体，有特殊气味 化学危险性：燃烧时，该物质分解生成含有硫氧化物有毒和腐蚀性烟雾。与氧化剂激烈反应 职业接触限值：阈限值 ：0.5ppm（时间加权平均值）；经皮（美国政府工业卫生学家会议，2008 年）最高容许浓度未制定标准 接触途径：该物质可通过吸入和经食入吸收到体内 吸入危险性：未指明 20℃时该物质蒸发达到空气中有害浓度的速率 短期接触的影响：该物质轻微刺激皮肤，刺激眼睛和呼吸道。该物质可能对中枢神经系统有影响		
物理性质	沸点：110℃ 熔点：-85℃ 相对密度（水=1）：1.06 水中溶解度：20℃时 0.25g/100mL（难溶） 蒸气压：25℃时 3.8kPa 蒸气/空气混合物的相对密度（20℃，空气=1）：1.08 闪点：24℃（闭杯） 自燃温度：>300℃ 爆炸极限：空气中 1.1%～16%（体积） 辛醇/水分配系数的对数值：1.77		
环境数据			
注解			

IPCS
International
Programme on
Chemical Safety

国际化学品安全卡

甲基氯硅烷			ICSC 编号：1587
CAS 登记号：993-00-0 UN 编号：2534 中国危险货物编号：2534		中文名称：甲基氯硅烷；氯甲基硅烷（钢瓶） 英文名称：METHYLCHLOROSILANE; Chloro(methyl) silane; (cylinder)	
分子量：80.6		化学式：CH_5ClSi	
危害/接触类型	急性危害/症状	预防	急救/消防
火　灾	极易燃	禁止明火，禁止火花和禁止吸烟	抗溶性泡沫，干粉，二氧化碳，禁止用水
爆　炸			
接　触		避免一切接触！	
# 吸入	灼烧感。咳嗽。呼吸困难。气促。咽喉痛。症状可能推迟显现（见注解）	局部排气通风或呼吸防护	新鲜空气，休息。半直立体位。给予医疗护理
# 皮肤	发红。疼痛。皮肤烧伤	防护手套。防护服	脱去污染的衣服。用大量水冲洗皮肤或淋浴
# 眼睛	疼痛。发红。严重深度烧伤	安全护目镜，或眼睛防护结合呼吸防护。面罩	先用大量水冲洗几分钟（如可能尽量摘除隐形眼镜），然后就医
# 食入	腹部疼痛。灼烧感。休克或虚脱	工作时不得进食，饮水或吸烟	漱口。不要催吐。给予医疗护理
泄漏处置	撤离危险区域！向专家咨询！转移全部引燃源。将泄漏液收集在可密闭的容器中。用砂土或惰性吸收剂吸收残液，并转移到安全场所。不要冲入下水道。个人防护用具：全套防护服包括自给式呼吸器		
包装与标志	**联合国危险性类别：** 2.3　**联合国次要危险性：** 2.1 和 8 **中国危险性类别：** 第 2.1 项易燃气体　**中国次要危险性：** 2.1 和 8		
应急响应	**运输应急卡：** TEC(R)-20G2TFC		
储存	耐火设备（条件）。沿地面通风。阴凉场所。干燥。储存在没有排水管或下水道的场所		
重要数据	**物理状态、外观：** 无色液体 **化学危险性：** 与高温表面或火焰接触时，该物质分解生成含有氯化氢和光气的有毒和腐蚀性烟雾。与碱接触时，该物质分解生成易燃/爆炸性气体氢（见卡片#0001）。与氧化剂激烈反应。与水激烈反应，生成氯化氢（见卡片#0163）。有水存在时，浸蚀许多金属 **职业接触限值：** 阈限值未制定标准。最高容许浓度未制定标准 **接触途径：** 该物质可通过吸入吸收到体内 **吸入危险性：** 20℃时，该物质蒸发迅速达到达到空气中有害污染浓度 **短期接触的影响：** 该物质腐蚀眼睛、皮肤和呼吸道。食入有腐蚀性。吸入可能引起肺水肿（见注解）。影响可能推迟显现。需进行医学观察。见注解 **长期或反复接触的影响：** 反复或长期接触时，肺可能受损伤。该物质可能对肺有影响，导致慢性支气管炎。见注解		
物理性质	**水中溶解度：** 反应 **蒸气压：** 20℃时 18.3kPa **闪点：** −9℃		
环境数据			
注解	肺水肿症状常常经过几个小时以后才变得明显，体力劳动使症状加重。因而休息和医学观察是必要的。应当考虑由医生或医生指定的人立即采取适当吸入治疗法。该物质毒理学性质依据氯化氢，参见卡片#0163		

IPCS
International
Programme on
Chemical Safety

国际化学品安全卡

碳酸钾（无水）			ICSC 编号：1588
CAS 登记号：584-08-7 RTECS 号：TS7750000	中文名称：碳酸钾（无水）；碳酸二钾盐；碳酸二钾 英文名称：POTASSIUM CARBONATE (ANHYDROUS); Carbonic acid, dipotassium salt; Dipotassium carbonate		
分子量：138.2	化学式：K_2CO_3		
危害/接触类型	急性危害/症状	预防	急救/消防
火　灾	不可燃		周围环境着火时，使用适当的灭火剂
爆　炸			
接　触		防止粉尘扩散！	
# 吸入	咽喉痛。咳嗽	局部排气通风或呼吸防护	新鲜空气，休息
# 皮肤	发红。疼痛	防护手套	脱去污染的衣服。用大量水冲洗皮肤或淋浴
# 眼睛	发红。疼痛	安全护目镜	先用大量水冲洗几分钟（如可能尽量摘除隐形眼镜），然后就医
# 食入	咽喉和胸腔灼烧感	工作时不得进食，饮水或吸烟	漱口。不要催吐。大量饮水。给予医疗护理
泄漏处置	将泄漏物清扫进容器中。用大量水冲净残余物。个人防护用具：适用于有害颗粒物的 P2 过滤呼吸器		
包装与标志			
应急响应			
储存	干燥。与强酸分开存放		
重要数据	物理状态、外观：无色吸湿晶体或白色吸湿粉末 化学危险性：水溶液是一种中强碱。与酸、三氟化氯激烈反应。与金属粉末发生反应 职业接触限值：阈限值未制定标准。最高容许浓度未制定标准 接触途径：该物质可经食入吸收到体内 吸入危险性：扩散时可较快地达到空气中颗粒物有害浓度 短期接触的影响：该物质刺激眼睛、皮肤和呼吸道		
物理性质	熔点：891℃ 密度：2.29g/cm^3 水中溶解度：20℃时 112g/100mL		
环境数据			
注解			

IPCS
International
Programme on
Chemical Safety

国际化学品安全卡

硫酸钙（无水）			ICSC 编号：1589
CAS 登记号：7778-18-9 RTECS 号：WS6920000	中文名称：硫酸钙（无水）；硫酸钙盐（1:1） 英文名称：CALCIUM SULFATE (ANHYDROUS); Sulfuric acid, calcium salt (1:1)		
分子量：136.14	化学式：$CaSO_4$		
危害/接触类型	急性危害/症状	预防	急救/消防
火　灾	不可燃。在火焰中释放出刺激性或有毒烟雾（或气体）		周围环境着火时，使用适当的灭火剂
爆　炸			
接　触			
# 吸入	咳嗽	局部排气通风或呼吸防护	新鲜空气，休息
# 皮肤		防护手套	冲洗，然后用水和肥皂清洗皮肤
# 眼睛	发红	安全护目镜。	先用大量水冲洗几分钟（如可能尽量摘除隐形眼镜），然后就医
# 食入	腹部疼痛	工作时不得进食，饮水或吸烟	漱口。饮用 1～2 杯水
泄漏处置	将泄漏物清扫进容器中，如果适当，首先润湿防止扬尘。个人防护用具：适应于该物质空气中浓度的颗粒物过滤呼吸器		
包装与标志			
应急响应			
储存	干燥		
重要数据	物理状态、外观：白色吸湿粉末或结晶粉末 职业接触限值：阈限值：$10mg/m^3$(可吸入粉尘)(美国政府工业卫生学家会议，2009 年)。最高容许浓度：$4mg/m^3$(以上呼吸道可吸入粉尘计)；$1.5mg/m^3$(以下呼吸道可吸入粉尘计)；妊娠风险等级：C(德国，2009 年) 吸入危险性：扩散时可较快地达到空气中颗粒物公害污染浓度 短期接触的影响：可能引起机械刺激。食入可能引起胃肠堵塞 长期或反复接触的影响：反复或长期接触粉尘颗粒，如果结晶二氧化硅存在时，肺可能受影响		
物理性质	熔点：1450℃（分解） 密度：$2.9g/cm^3$ 水中溶解度：20℃时 0.2g/100mL（难溶）		
环境数据			
注解	可能含有少量的结晶二氧化硅。另见化学品安全卡#1215 石膏和#1734 二水合硫酸钙		

IPCS
International
Programme on
Chemical Safety

国际化学品安全卡

硝酸铵尿素			ICSC 编号：1590
CAS 登记号：15978-77-5	中文名称：硝酸铵尿素；硝酸铵与尿素混合物 英文名称：UREA AMMONIUM NITRATE; Nitric acid ammonium salt, mixture with urea		
化学式：$H_2ONH_3HNO_3CO(NH_2)_2$			
危害/接触类型	急性危害/症状	预防	急救/消防
火　灾	在火焰中释放出刺激性或有毒烟雾（或气体）		周围环境着火时，使用适当的灭火剂
爆　炸			
接　触			
# 吸入	咳嗽。咽喉痛	通风，局部排气通风或呼吸防护	新鲜空气，休息
# 皮肤	发红。疼痛	防护手套	用大量水冲洗皮肤或淋浴
# 眼睛	发红。疼痛	安全眼镜	先用大量水冲洗几分钟（如可能尽量摘除隐形眼镜），然后就医
# 食入	嘴唇发青或指甲发青。皮肤发青。腹泻。恶心。呕吐。头晕。头痛	工作时不得进食，饮水或吸烟	漱口。给予医疗护理
泄漏处置	用大量水冲净泄漏液		
包装与标志			
应急响应			
储存	与可燃物质和还原性物质分开存放		
重要数据	**物理状态、外观**：无色液体，有特殊气味 **化学危险性**：加热时，该物质分解生成含有氮氧化物的有毒气体。浸蚀铜及其合金。干燥时，该物质是一种强氧化剂，能增加着火或引燃可燃物质的危险 **职业接触限值**：阈限值未制定标准。最高容许浓度未制定标准 **接触途径**：该物质可经食入吸收到体内 **吸入危险性**：未指明 20℃时该物质蒸发达到空气中有害浓度的速率 **短期接触的影响**：该物质刺激眼睛、皮肤和呼吸道。食入时，该物质可能对血液有影响，导致形成正铁血红蛋白。影响可能推迟显现。需进行医学观察		
物理性质	沸点：107℃ 相对密度（水=1）：1.3 水中溶解度：混溶		
环境数据			
注解	根据接触程度，建议定期进行医疗检查。该物质中毒时需采取必要的治疗措施；必须提供有指示说明的适当方法		

IPCS
International
Programme on
Chemical Safety

国际化学品安全卡

2,5-二硝基甲苯			ICSC 编号：1591
CAS 登记号：619-15-8 RTECS 号：XT1750000 UN 编号：3454 EC 编号：609-055-00-0 中国危险货物编号：3454 分子量：182.14	中文名称：2,5-二硝基甲苯；2-甲基-1,4-二硝基苯；2,5-DNT 英文名称：2,5-DINITROTOLUENE; 2-Methyl-1,4-dinitrobenzene; 2,5-DNT; Toluene, 2,5-dinitro- 化学式：$C_7H_6N_2O_4$		
危害/接触类型	**急性危害/症状**	**预防**	**急救/消防**
火　灾	可燃的。在火焰中释放出刺激性或有毒烟雾（或气体）	禁止明火	干粉，雾状水，泡沫，二氧化碳
爆　炸	微细分散的颗粒物在空气中形成爆炸性混合物	防止粉尘沉积、密闭系统、防止粉尘爆炸型电气设备和照明	着火时，喷雾状水保持料桶等冷却。从掩蔽位置灭火
接　触		避免一切接触！	
# 吸入	咳嗽。咽喉痛。嘴唇发青或指甲发青	局部排气通风或呼吸防护	新鲜空气，休息。给予医疗护理
# 皮肤	可能被吸收！发红。疼痛	防护服。防护手套	脱去污染的衣服。冲洗,然后用水和肥皂清洗皮肤。给予医疗护理
# 眼睛	发红。疼痛	安全护目镜	先用大量水冲洗(如可能易行,摘除隐形眼镜)
# 食入	嘴唇发青或指甲发青。皮肤发青。头晕。头痛。恶心。意识模糊。惊厥。神志不清	工作时不得进食，饮水或吸烟	漱口。用水冲服活性炭浆。给予医疗护理
泄漏处置	向专家咨询！将泄漏物清扫进可密闭容器中。小心收集残余物，然后转移到安全场所。不要让该化学品进入环境。个人防护用具：化学防护服包括自给式呼吸器		
包装与标志	不易破碎包装，将易破碎包装放在不易破碎的密闭容器中。严重污染海洋物质。不得与食品和饲料一起运输 欧盟危险性类别：T 符号 N 符号 标记：E R:45-23/24/25-48/22-62-68-51/53 S:53-45-61 联合国危险性类别：6.1 联合国包装类别：II 中国危险性类别：第 6.1 项 毒性物质 中国包装类别：II		
应急响应	运输应急卡：TEC(R)-61GT2-II。TEC(R)-61S3454 美国消防协会法规：H3（健康危险性）；F1（火灾危险性）；R3（反应危险性）		
储存	耐火设备（条件）。与强氧化剂、食品和饲料及性质相互抵触的物质分开存放。见化学危险性。严格密封。保存在通风良好的室内。储存在没有排水管或下水道的场所。注意收容灭火产生的废水		
重要数据	**物理状态、外观**：黄色至橘黄色晶体，有特殊气味 **物理危险性**：以粉末或颗粒形状与空气混合，可能发生粉尘爆炸 **化学危险性**：受热时可能发生爆炸。加热时，该物质分解，生成含有氮氧化物的有毒烟雾，即使在缺少空气的情况下（见卡片#0727）。与强氧化剂发生反应。与还原剂、强碱、氧化剂、胺类、锌和锡发生反应 **职业接触限值**：阈限值：以混合物计，$0.2mg/m^3$（时间加权平均值）（经皮）；A3（确认的动物致癌物，但未知与人类相关性）；公布生物暴露指数（美国政府工业卫生学家会议，2004 年）。最高容许浓度未制定标准。皮肤吸收；致癌物类别：2（德国，2004 年） **接触途径**：该物质可通过吸入，经皮肤和食入吸收到体内 **吸入危险性**：扩散时可较快地达到空气中颗粒物有害浓度 **短期接触的影响**：该物质刺激眼睛、皮肤和呼吸道。该物质可能对血液有影响，导致形成正铁血红蛋白。影响可能推迟显现。需进行医学观察 **长期或反复接触的影响**：该物质可能对血液有影响，导致形成正铁血红蛋白。该物质可能是人类致癌物		
物理性质	**沸点**：284℃ **熔点**：52.5℃ **密度**：$1.3g/cm^3$ **水中溶解度**：20℃时 0.03g/100mL（难溶）	**蒸气相对密度（空气=1）**：6.3 **闪点**：207℃（闭杯） **辛醇/水分配系数的对数值**：2.03（估计值）	
环境数据	该物质对水生生物是有毒的。强烈建议不要让该化学品进入环境		
注解	在封闭空间燃烧可能引起爆燃。该物质中毒时，需采取必要的治疗措施，必须提供有指示说明的适当方法。不要将工作服带回家中。参见卡片#0726 （2,3-二硝基甲苯）；#0727（2,4-二硝基甲苯）；#0728（2,6-二硝基甲苯）；#0729（3,4-二硝基甲苯）		

IPCS
International
Programme on
Chemical Safety

国际化学品安全卡

氢氧化铯			ICSC 编号：1592
CAS 登记号：21351-79-1 RTECS 号：FK9800000 UN 编号：2682 中国危险货物编号：2682	中文名称：氢氧化铯；铯水合物 英文名称：CESIUM HYDROXIDE; Cesium hydrate; Caesium hydroxide		
分子量：149.91	化学式：CsOH		
危害/接触类型	急性危害/症状	预防	急救/消防
火　灾	不可燃。在火焰中释放出刺激性或有毒烟雾（或气体）。与湿气或水接触可能产生足够热量，引燃可燃物质		周围环境着火时，使用适当的灭火剂
爆　炸	与氧化剂接触时，有爆炸危险		着火时，喷雾状水保持料桶等冷却，但避免该物质与水接触
接　触			
# 吸入	咳嗽。呼吸短促。咽喉痛	局部排气通风或呼吸防护	新鲜空气，休息。半直立体位。给予医疗护理
# 皮肤	皮肤烧伤	防护手套。防护服	脱去污染的衣服。用大量水冲洗皮肤或淋浴。给予医疗护理
# 眼睛	严重深度烧伤	面罩	先用大量水冲洗几分钟（如可能尽量摘除隐形眼镜），然后就医
# 食入	腹部疼痛。灼烧感。休克或虚脱	工作时不得进食，饮水或吸烟	漱口。不要催吐。饮用 1～2 杯水。给予医疗护理
泄漏处置	将泄漏物清扫进可密闭塑料容器中。用大量水冲净残余物。个人防护用具：适用于有害颗粒物的 P2 过滤呼吸器。化学防护服		
包装与标志	不得与食品和饲料一起运输 联合国危险性类别：8　联合国包装类别：II 中国危险性类别：第 8 类 腐蚀性物质 中国包装类别：II		
应急响应	运输应急卡：TEC(R)-80GC6-II+III		
储存	干燥。严格密封。与可燃物质、酸类、强氧化剂、金属、食品和饲料分开存放		
重要数据	物理状态、外观：无色至黄色吸湿的晶体 化学危险性：与水激烈反应，放出热量。该物质是一种强碱，与酸激烈反应并对金属有腐蚀性。浸蚀许多金属，生成易燃/爆炸性气体（氢，见卡片#0001） 职业接触限值：阈限值：2mg/m^3（时间加权平均值）（美国政府工业卫生学家会议，2004 年）。最高容许浓度未制定标准 接触途径：该物质可经食入吸收到体内 吸入危险性：扩散时可较快地达到空气中颗粒物有害浓度 短期接触的影响：该物质腐蚀眼睛、皮肤和呼吸道。食入有腐蚀性		
物理性质	熔点：272℃ 密度：3.68g/cm^3 水中溶解度：15℃时 395g/100mL（易溶）		
环境数据			
注解	氢氧化铯溶液：UN 编号：2681；联合国危险性类别：8；联合国包装类别：II，III。运输应急卡：TEC（R）80GC5-II+III		

IPCS
International
Programme on
Chemical Safety

国际化学品安全卡

氯甲酸正丁酯			ICSC 编号：1593
CAS 登记号：592-34-7 UN 编号：2743 EC 编号：607-138-00-6 中国危险货物编号：2743 分子量：136.6	中文名称：氯甲酸正丁酯；氯碳酸丁酯；氯甲酸丁酯 英文名称：*n*-BUTYL CHLOROFORMATE; Butyl chlorocarbonate; Butyl chloroformate; Chloroformic acid butyl ester; Carbonochloridic acid, butyl ester 化学式：$C_5H_9ClO_2/CH_3(CH_2)_3OCOCl$		
危害/接触类型	急性危害/症状	预防	急救/消防
火　灾	易燃的。在火焰中释放出刺激性或有毒烟雾（或气体）	禁止明火，禁止火花和禁止吸烟	干粉，二氧化碳，抗溶性泡沫。禁止用水
爆　炸	高于 30℃，可能形成爆炸性蒸气/空气混合物	高于 30℃，使用密闭系统、通风和防爆型电气设备	着火时，喷雾状水保持料桶等冷却，但避免该物质与水接触
接　触		严格作业环境管理！	一切情况均向医生咨询！
# 吸入	咽喉痛，灼烧感，咳嗽，呼吸困难，气促，症状可能推迟显现（见注解）	通风，局部排气通风或呼吸防护	新鲜空气，休息，半直立体位，必要时进行人工呼吸，给予医疗护理
# 皮肤	发红。疼痛。皮肤烧伤	防护手套。防护服	脱去污染的衣服。用大量水冲洗皮肤或淋浴。给予医疗护理
# 眼睛	发红。疼痛。严重深度烧伤	面罩，或眼睛防护结合呼吸防护	先用大量水冲洗几分钟（如可能尽量摘除隐形眼镜），然后就医
# 食入	腹部疼痛。灼烧感。休克或虚脱	工作时不得进食，饮水或吸烟。进食前洗手	漱口。不要催吐。大量饮水。给予医疗护理
泄漏处置	撤离危险区域！向专家咨询！将泄漏液收集在可密闭的干燥塑料容器中。用干砂土或惰性吸收剂吸收残液，并转移到安全场所。不要让该化学品进入环境。个人防护用具：化学防护服包括自给式呼吸器		
包装与标志	不得与食品和饲料一起运输。不易破碎包装，将易破碎包装放在不易破碎的密闭容器中 **欧盟危险性类别**：T 符号 R:10-23-34 S:1/2-26-36-45 **联合国危险性类别**：6.1 **联合国次要危险性**：3 和 8 **联合国包装类别**：II **中国危险性类别**：第 6.1 项毒性物质 **中国次要危险性**：3 和 8 **中国包装类别**：II		
应急响应	**运输应急卡**：TEC(R)-61GTFC-II		
储存	耐火设备（条件）。干燥。严格密封。注意收容灭火产生的废水。与食品和饲料分开存放。储存在没有排水管或下水道的场所		
重要数据	**物理状态、外观**：无色液体，有刺鼻气味 **化学危险性**：燃烧时，该物质分解生成有毒和腐蚀性烟雾。与水或湿气发生反应，生成氯化氢 **职业接触限值**：阈限值未制定标准。最高容许浓度：0.2ppm，1.1mg/m^3；最高限值种类：I（2）；妊娠风险等级：C（德国，2005 年） **接触途径**：该物质可通过吸入其蒸气和经食入吸收到体内 **吸入危险性**：20℃时，该物质蒸发，迅速达到空气中有害污染浓度 **短期接触的影响**：该物质腐蚀眼睛、皮肤和呼吸道。食入有腐蚀性。吸入蒸气可能引起肺水肿（见注解）。影响可能推迟显现		
物理性质	**沸点**：138～145℃ **熔点**：<-70℃ **密度**：1.06g/cm^3 **水中溶解度**：反应 **蒸气压**：20℃时 0.72kPa	**蒸气相对密度（空气=1）**：4.72 **蒸气/空气混合物的相对密度**（20℃，空气=1）：1.02 **闪点**：30℃（闭杯） **自燃温度**：285℃ **辛醇/水分配系数的对数值**：1.61（计算值）	
环境数据	该物质对水生生物是有毒的		
注解	与灭火剂，如水激烈反应。肺水肿症状常常经过几个小时以后才变得明显，体力劳动使症状加重。因而休息和医学观察是必要的。应当考虑由医生或医生指定的人立即采取适当吸入治疗法		

IPCS
International
Programme on
Chemical Safety

国际化学品安全卡

<table>
<tr><td colspan="3">氯甲酸异丁酯</td><td>ICSC 编号：1594</td></tr>
<tr><td colspan="2">CAS 登记号：543-27-1
UN 编号：2742
中国危险货物编号：2742

分子量：136.6</td><td colspan="2">中文名称：氯甲酸异丁酯；异丁基氯甲酸酯；2-甲基丙基氯甲酸酯；氯甲酸-2-甲基丙酯
英文名称：ISOBUTYL CHLOROFORMATE; Isobutyl chlorocarbonate; 2-Methylpropyl chloroformate; Formic acid, chloro-, isobutyl ester; Carbonochloridic acid, 2-methylpropyl ester

化学式：$C_5H_9ClO_2/(CH_3)_2CHCH_2OCOCl$</td></tr>
<tr><td>危害/接触类型</td><td>急性危害/症状</td><td>预防</td><td>急救/消防</td></tr>
<tr><td>火　灾</td><td>易燃的。在火焰中释放出刺激性或有毒烟雾（或气体）</td><td>禁止明火，禁止火花和禁止吸烟</td><td>干粉，二氧化碳，抗溶性泡沫。禁止用水</td></tr>
<tr><td>爆　炸</td><td>高于 27℃，可能形成爆炸性蒸气/空气混合物</td><td>高于 27℃，使用密闭系统、通风和防爆型电气设备</td><td>着火时，喷雾状水保持料桶等冷却，但避免该物质与水接触</td></tr>
<tr><td>接　触</td><td></td><td>严格作业环境管理！</td><td>一切情况均向医生咨询!</td></tr>
<tr><td># 吸入</td><td>咽喉痛，灼烧感，咳嗽，呼吸困难，气促，症状可能推迟显现（见注解）</td><td>通风，局部排气通风或呼吸防护</td><td>新鲜空气，休息，半直立体位，必要时进行人工呼吸，给予医疗护理</td></tr>
<tr><td># 皮肤</td><td>发红。疼痛。皮肤烧伤</td><td>防护手套。防护服</td><td>脱去污染的衣服。用大量水冲洗皮肤或淋浴。给予医疗护理</td></tr>
<tr><td># 眼睛</td><td>发红。疼痛。严重深度烧伤</td><td>面罩，或眼睛防护结合呼吸防护</td><td>先用大量水冲洗几分钟（如可能尽量摘除隐形眼镜），然后就医</td></tr>
<tr><td># 食入</td><td>腹部疼痛。灼烧感。休克或虚脱</td><td>工作时不得进食，饮水或吸烟。进食前洗手</td><td>漱口。不要催吐。大量饮水。给予医疗护理</td></tr>
<tr><td>泄漏处置</td><td colspan="3">撤离危险区域！向专家咨询！将泄漏液收集在可密闭的干燥塑料容器中。用干砂土或惰性吸收剂吸收残液，并转移到安全场所。不要让该化学品进入环境。个人防护用具：化学防护服包括自给式呼吸器</td></tr>
<tr><td>包装与标志</td><td colspan="3">不得与食品和饲料一起运输。不易破碎包装，将易破碎包装放在不易破碎的密闭容器中
联合国危险性类别：6.1　联合国次要危险性：3 和 8
联合国包装类别：II
中国危险性类别：第 6.1 项毒性物质 中国次要危险性：3 和 8
中国包装类别：II</td></tr>
<tr><td>应急响应</td><td colspan="3">运输应急卡：TEC(R)-61GTFC-II</td></tr>
<tr><td>储存</td><td colspan="3">耐火设备（条件）。干燥。严格密封。注意收容灭火产生的废水。与食品和饲料分开存放。储存在没有排水管或下水道的场所</td></tr>
<tr><td>重要数据</td><td colspan="3">物理状态、外观：无色液体，有刺鼻气味
化学危险性：燃烧时，该物质分解生成有毒和腐蚀性烟雾。与水或湿气发生反应，生成氯化氢
职业接触限值：阈限值未制定标准。最高容许浓度：0.2ppm，1.1mg/m^3；最高限值种类：I（2）；妊娠风险等级：C（德国，2005 年）
接触途径：该物质可通过吸入其蒸气和经食入吸收到体内
吸入危险性：20℃时，该物质蒸发，迅速达到空气中有害污染浓度
短期接触的影响：该物质腐蚀眼睛、皮肤和呼吸道。食入有腐蚀性。吸入蒸气可能引起肺水肿（见注解）。影响可能推迟显现</td></tr>
<tr><td>物理性质</td><td colspan="3">沸点：129℃
密度：1.04g/cm^3
水中溶解度：反应
蒸气压：20℃时 2.2kPa
蒸气相对密度（空气=1）：4.71
蒸气/空气混合物的相对密度（20℃，空气=1）：1.04
闪点：27℃（闭杯）
辛醇/水分配系数的对数值：1.54（计算值）</td></tr>
<tr><td>环境数据</td><td colspan="3">该物质对水生生物是有毒的</td></tr>
<tr><td>注解</td><td colspan="3">与灭火剂，如水激烈反应。肺水肿症状常常经过几个小时以后才变得明显，体力劳动使症状加重。因而休息和医学观察是必要的。应当考虑由医生或医生指定的人立即采取适当吸入治疗法</td></tr>
</table>

IPCS
International
Programme on
Chemical Safety

国际化学品安全卡

氯甲酸正丙酯			ICSC 编号：1595
CAS 登记号：109-61-5 RTECS 号：LQ6830000 UN 编号：2740 EC 编号：607-142-00-8 中国危险货物编号：2740 分子量：122.6		中文名称：氯甲酸正丙酯；丙基氯甲酸酯；氯碳酸丙酯；氯甲酸丙酯 英文名称：*n*-PROPYL CHLOROFORMATE; Propyl chloroformate; Propyl chlorocarbonate; Formic acid, chloro-, propyl ester; Carbonochloridic acid, propyl ester 化学式：$C_4H_7ClO_2/CH_3(CH_2)_2OCOCl$	
危害/接触类型	急性危害/症状	预防	急救/消防
火　灾	易燃的。在火焰中释放出刺激性或有毒烟雾（或气体）	禁止明火，禁止火花和禁止吸烟	干粉，二氧化碳，抗溶性泡沫。禁止用水
爆　炸	高于 26℃，可能形成爆炸性蒸气/空气混合物	高于 26℃，使用密闭系统、通风和防爆型电气设备	着火时，喷雾状水保持料桶等冷却，但避免该物质与水接触
接　触		严格作业环境管理！	一切情况均向医生咨询!
# 吸入	咽喉痛，灼烧感，咳嗽，呼吸困难，呼吸短促，症状可能推迟显现（见注解）	通风，局部排气通风或呼吸防护	新鲜空气，休息，半直立体位，必要时进行人工呼吸，给予医疗护理
# 皮肤	发红。疼痛。皮肤烧伤	防护手套。防护服	脱去污染的衣服。用大量水冲洗皮肤或淋浴。给予医疗护理
# 眼睛	发红。疼痛。严重深度烧伤	面罩，或眼睛防护结合呼吸防护	先用大量水冲洗几分钟（如可能尽量摘除隐形眼镜），然后就医
# 食入	腹部疼痛。灼烧感。休克或虚脱	工作时不得进食，饮水或吸烟。进食前洗手	漱口。不要催吐。大量饮水。给予医疗护理
泄漏处置	撤离危险区域！向专家咨询！将泄漏液收集在可密闭的干燥塑料容器中。用干砂土或惰性吸收剂吸收残液，并转移到安全场所。不要让该化学品进入环境。个人防护用具：化学防护服包括自给式呼吸器		
包装与标志	不得与食品和饲料一起运输。不易破碎包装，将易破碎包装放在不易破碎的密闭容器中 欧盟危险性类别：T 符号 R:10-23-34 S:1/2-26-36-45 联合国危险性类别：6.1 联合国次要危险性：3 和 8　联合国包装类别：I 中国危险性类别：第 6.1 项毒性物质 中国次要危险性：3 和 8　中国包装类别：I		
应急响应	运输应急卡:TEC（R）-61GTFC-I 美国消防协会法规：H3（健康危险性）；F3（火灾危险性）；R0（反应危险性）		
储存	耐火设备（条件）。注意收容灭火产生的废水。与酸类、醇类、胺类、碱类、氧化剂、食品和饲料分开存放。干燥。严格密封。储存在没有排水管或下水道的场所		
重要数据	物理状态、外观：无色液体，有刺鼻气味 化学危险性：燃烧时，该物质分解生成有毒和腐蚀性烟雾。与水或湿气发生反应，生成氯化氢。与酸类、醇类、胺类、碱类和氧化剂激烈反应。浸蚀金属 职业接触限值：阈限值未制定标准。最高容许浓度未制定标准 接触途径：该物质可通过吸入其蒸气和经食入吸收到体内 吸入危险性：20℃时，该物质蒸发，迅速达到空气中有害污染浓度 短期接触的影响：该物质腐蚀眼睛、皮肤和呼吸道。食入有腐蚀性。吸入蒸气可能引起肺水肿（见注解）。影响可能推迟显现		
物理性质	沸点：115℃ 熔点：<-70℃ 密度：1.09g/cm³ 水中溶解度：反应 蒸气压：20℃时 2.6kPa	蒸气相对密度（空气=1）：4.23 蒸气/空气混合物的相对密度（20℃，空气=1）：1.06 闪点：26℃（闭杯） 自燃温度：475℃ 辛醇/水分配系数的对数值：1.12	
环境数据	该物质对水生生物是有毒的		
注解	与灭火剂，如水激烈反应。肺水肿症状常常经过几个小时以后才变得明显，体力劳动使症状加重。因而休息和医学观察是必要的。应当考虑由医生或医生指定的人立即采取适当吸入治疗法		

IPCS
International
Programme on
Chemical Safety

国际化学品安全卡

钽			ICSC 编号：1596
CAS 登记号：7440-25-7 RTECS 号：WW5505000 UN 编号：3089 中国危险货物编号：3089 原子量：180.9		中文名称：钽（粉末） 英文名称：TANTALUM (powder) 化学式：Ta	
危害/接触类型	急性危害/症状	预防	急救/消防
火　灾	可燃的。与空气接触时，干燥钽粉末可能发生自燃	禁止明火，禁止火花和禁止吸烟	干粉，干砂，专用粉末，禁止用二氧化碳、泡沫和水
爆　炸	微细分散的颗粒物在空气中形成爆炸性混合物	防止粉尘沉积、密闭系统、防止粉尘爆炸型电气设备和照明	着火时，喷雾状水保持料桶等冷却，但避免该物质与水接触
接　触		防止粉尘扩散！	
# 吸入	咳嗽	避免吸入粉尘	新鲜空气，休息
# 皮肤		防护手套	脱去污染的衣服。冲洗，然后用水和肥皂清洗皮肤
# 眼睛	发红	安全眼镜	先用大量水冲洗几分钟（如可能尽量摘除隐形眼镜），然后就医
# 食入		工作时不得进食，饮水或吸烟	漱口
泄漏处置	转移全部引燃源。用惰性吸收剂覆盖泄漏物料。真空抽吸泄漏物，然后转移到安全场所。个人防护用具：适用于惰性颗粒物的 P1 过滤呼吸器		
包装与标志	气密 联合国危险性类别：4.1　联合国包装类别：II 中国危险性类别：第 4.1 项易燃固体　中国包装类别：II		
应急响应	运输应急卡：TEC(R)-41GF3-II+III 美国消防协会法规：H1（健康危险性）；F3（火灾危险性）；R1（反应危险性）		
储存	耐火设备（条件）。与强氧化剂和卤素分开存放		
重要数据	物理状态、外观：黑色各种形态固体 物理危险性：以粉末或颗粒形状与空气混合，可能发生粉尘爆炸 化学危险性：与卤素和氧化剂发生反应，有着火和爆炸的危险 职业接触限值：阈限值：5mg/m^3（时间加权平均值）（美国政府工业卫生学家会议，2005 年）。最高容许浓度：4mg/m^3（可吸入粉尘）；1.5mg/m^3（可呼吸粉尘）（德国，2005 年） 吸入危险性：扩散时可较快地达到空气中颗粒物公害污染浓度 短期接触的影响：可能引起机械刺激		
物理性质	沸点：5425℃ 熔点：2996℃ 密度：14.5g/cm^3 水中溶解度：不溶 闪点：>250℃		
环境数据			
注解	在封闭空间燃烧可能引起爆燃		

IPCS
International
Programme on
Chemical Safety

国际化学品安全卡

石蜡油			ICSC 编号：1597
CAS 登记号：8042-47-5 RTECS 号：PY8047000	中文名称：石蜡油；矿脂；凡士林油 英文名称：WHITE MINERAL OIL; Paraffinum liquidum; Paraffin oil		
危害/接触类型	急性危害/症状	预防	急救/消防
火　灾	可燃的	禁止明火	雾状水，泡沫，干粉，二氧化碳，干砂
爆　炸			
接　触			
# 吸入			
# 皮肤		防护手套	冲洗，然后用水和肥皂清洗皮肤
# 眼睛		安全眼镜	先用大量水冲洗几分钟（如可能尽量摘除隐形眼镜），然后就医
# 食入	腹泻	工作时不得进食，饮水或吸烟	不要催吐
泄漏处置	将泄漏液收集在有盖的容器中。用砂土或惰性吸收剂吸收残液，并转移到安全场所		
包装与标志			
应急响应			
储存	与强氧化剂分开存放		
重要数据	**物理状态、外观：**无色黏稠的液体 **化学危险性：**燃烧时，生成含有一氧化碳的有毒气体。与强氧化剂发生反应 **职业接触限值：**阈限值未制定标准。最高容许浓度未制定标准 **短期接触的影响：**如果吞咽的液体吸入肺中，可能引起化学肺炎		
物理性质	沸点：218～643℃ 密度：0.81～0.894g/cm^3 水中溶解度：20℃时不溶 蒸气压：20℃时可忽略不计 闪点：115℃（开杯） 自燃温度：260～371℃ 辛醇/水分配系数的对数值：>6		
环境数据			
注解	高级精炼油一般为 C_{14}～C_{20} 的馏分。化学肺炎症状直到几小时或甚至几天以后才变得明显。如果呼吸困难和/或高烧不退，给予医疗护理		

IPCS
International
Programme on
Chemical Safety

UNEP

国际化学品安全卡

石油磺酸钠盐			ICSC 编号：1598
CAS 登记号：68608-26-4 RTECS 号：WR7150000 分子量：500		中文名称：石油磺酸钠盐；石油磺酸钠 英文名称：PETROLEUM SULFONATE, SODIUM SALT; Sodium petroleum sulfonate; Sulfonic acids, petroleum, sodium salt; Petroleum sulfonic acid, sodium salt 化学式：RSO_3Na	
危害/接触类型	急性危害/症状	预防	急救/消防
火　灾	可燃的	禁止明火	雾状水，泡沫，抗溶性泡沫，二氧化碳
爆　炸			
接　触			
# 吸入	咳嗽。恶心。咽喉痛	通风，局部排气通风或呼吸防护	新鲜空气，休息
# 皮肤	发红。疼痛	防护手套	冲洗，然后用水和肥皂清洗皮肤
# 眼睛	发红。疼痛	安全护目镜	先用大量水冲洗几分钟（如可能尽量摘除隐形眼镜），然后就医
# 食入	腹泻。恶心。呕吐	工作时不得进食，饮水或吸烟	漱口。大量饮水。不要催吐。给予医疗护理
泄漏处置	将泄漏液收集在有盖的容器中。用砂土或惰性吸收剂吸收残液，并转移到安全场所。个人防护用具：适用于有机气体和蒸气的过滤呼吸器。使用面罩，化学防护服		
包装与标志			
应急响应			
储存	与食品和饲料分开存放		
重要数据	**物理状态、外观**：无色黏稠液体 **职业接触限值**：阈限值未制定标准。最高容许浓度未制定标准 **吸入危险性**：未指明20℃时该物质蒸发达到空气中有害浓度的速率 **短期接触的影响**：该物质严重刺激眼睛、皮肤和呼吸道		
物理性质	沸点：>150℃ 相对密度（水=1）：1.08～1.12 闪点：>160℃（开杯）		
环境数据			
注解	对接触该物质的健康影响未进行充分调查。对该物质的环境影响未进行调查		

IPCS
International
Programme on
Chemical Safety

UNEP

国际化学品安全卡

亚磷酸氢二甲酯			ICSC 编号：1599
CAS 登记号：868-85-9 RTECS 号：SZ7710000	中文名称：亚磷酸氢二甲酯；亚磷酸二甲酯；膦酸氢二甲酯；二甲基膦酸酯 英文名称：DIMETHYL HYDROGEN PHOSPHITE; Dimethylphosphite; Dimethyl hydrogen phosphonate; Phosphorous acid dimethyl ester; Dimethylphosphonate		
分子量：110.1	化学式：$C_2H_7O_3P$		
危害/接触类型	急性危害/症状	预防	急救/消防
火　灾	可燃的	禁止明火，禁止火花和禁止吸烟	泡沫，抗溶性泡沫，二氧化碳
爆　炸	高于 70℃，可能形成爆炸性蒸气/空气混合物	高于 70℃，使用密闭系统、通风	着火时，喷雾状水保持料桶等冷却，但避免该物质与水接触。从掩蔽位置灭火
接　触			
# 吸入	咳嗽。恶心。咽喉痛	通风，局部排气通风或呼吸防护	新鲜空气，休息。给予医疗护理
# 皮肤	可能被吸收！发红。疼痛	防护服。防护手套	先用大量水冲洗，然后脱去污染的衣服并再次冲洗
# 眼睛	发红。疼痛	安全护目镜	先用大量水冲洗几分钟（如可能尽量摘除隐形眼镜），然后就医
# 食入	腹泻。恶心。呕吐	工作时不得进食，饮水或吸烟	漱口。不要催吐。给予医疗护理
泄漏处置	用吸收剂覆盖泄漏物料。将泄漏液收集在可密闭的容器中。不要让该化学品进入环境。个人防护用具：适用于酸性气体的过滤呼吸器。化学防护服		
包装与标志			
应急响应			
储存	干燥。储存在没有排水管或下水道的场所。与食品和饲料分开存放。见化学危险性		
重要数据	**物理状态、外观：**无色液体 **物理危险性：**蒸气比空气重 **化学危险性：**加热时，该物质迅速分解，生成含有氧化亚磷和磷化氢的有毒烟雾。与潮湿空气接触，在 220℃以上时，生成磷酸和甲醇。水溶液是一种强酸，与碱激烈反应并有腐蚀性。与酸类和氧化剂激烈反应 **职业接触限值：**阈限值未制定标准。最高容许浓度：致癌物类别：3B（德国，2005 年） **接触途径：**该物质可通过吸入，经皮肤和食入吸收到体内 **吸入危险性：**20℃时，该物质蒸发缓慢达到空气中有害污染浓度，但喷洒或扩散时要快得多 **短期接触的影响：**该物质刺激眼睛和皮肤 **长期或反复接触的影响：**该物质可能对眼睛有影响，导致白内障		
物理性质	沸点：171℃ 熔点：<-60℃ 相对密度（水=1）：1.2 水中溶解度：20℃时>10g/100mL 蒸气压：20℃时 0.135kPa 闪点：70℃（闭杯） 自燃温度：237℃ 爆炸极限：空气中 5.8%～38.1%（体积） 辛醇/水分配系数的对数值：-1.2		
环境数据	该物质对水生生物是有害的		
注解	不要在火焰或高温表面附近或焊接时使用		

IPCS
International
Programme on
Chemical Safety

国际化学品安全卡

N-甲基二乙醇胺			ICSC 编号：1600
CAS 登记号：105-59-9 RTECS 号：KL7525000 EC 编号：603-079-00-5		中文名称：*N*-甲基二乙醇胺；2,2'-(甲基亚氨基)二乙醇；二乙醇甲胺；二(2-羟基乙基)甲胺 英文名称：*N*-METHYL DIETHANOLAMINE; 2,2'-(Methylimino) bis-ethanol; Diethanolmethylamine; Bis (2-hydroxyethyl) methylamine	
分子量：119.2		化学式：$C_5H_{13}O_2N/CH_3N(C_2H_4OH)_2$	
危害/接触类型	急性危害/症状	预防	急救/消防
火　灾	可燃的	禁止明火	泡沫，抗溶性泡沫，干粉，雾状水
爆　炸			
接　触			
# 吸入	咳嗽。恶心。咽喉痛	通风，局部排气通风或呼吸防护	新鲜空气，休息
# 皮肤	发红。疼痛	防护手套	用大量水冲洗皮肤或淋浴
# 眼睛	发红。疼痛	安全护目镜	先用大量水冲洗几分钟（如可能尽量摘除隐形眼镜），然后就医
# 食入	恶心。腹泻。呕吐	工作时不得进食，饮水或吸烟	漱口。不要催吐。给予医疗护理
泄漏处置	将泄漏液收集在有盖的容器中。用砂土或惰性吸收剂吸收残液，并转移到安全场所。不要让该化学品进入环境。个人防护用具：适用于有机气体和蒸气的过滤呼吸器		
包装与标志	欧盟危险性类别：Xi 符号　R:36　S:2-24		
应急响应	美国消防协会法规：H1（健康危险性）；F1（火灾危险性）；R0（反应危险性）		
储存	储存在没有排水管或下水道的场所。与强酸分开存放		
重要数据	物理状态、外观：无色液体，有特殊气味 物理危险性：蒸气比空气重 化学危险性：加热时，该物质分解生成有毒烟雾。水溶液是一种中强碱。与酸类和氧化剂激烈反应 职业接触限值：阈限值未制定标准。最高容许浓度：IIb（未制定标准，但可提供数据）（德国，2005年） 接触途径：该物质可经食入吸收到体内 吸入危险性：20℃时蒸发可忽略不计，但喷洒时可较快地达到空气中颗粒物有害浓度 短期接触的影响：该物质刺激眼睛和皮肤		
物理性质	沸点：247℃ 熔点：-21℃ 相对密度（水=1）：1.04 水中溶解度：25℃时 100g/100mL 蒸气压：25℃时 0.03Pa 蒸气相对密度（空气=1）：4.12 闪点：136℃（闭杯） 自燃温度：265℃ 爆炸极限：空气中 0.9%～8.4%（体积） 辛醇/水分配系数的对数值：-1.08		
环境数据	该物质对水生生物是有害的		
注解			

IPCS
International
Programme on
Chemical Safety

国际化学品安全卡

硫二甘醇			ICSC 编号：1601
CAS 登记号：111-48-8 RTECS 号：KM2975000 EC 编号：603-081-00-6	中文名称：硫二甘醇；2,2'-硫代二乙醇；二(2-羟基乙基)硫化物；硫化二乙醇；硫二乙二醇 英文名称：THIODIGLYCOL; 2,2'-Thiodiethanol; Di (2-hydroxyethyl) sulfide; Diethanolsulfide; Thiodiethylene glycol		
分子量：122.2	化学式：$C_4H_{10}O_2S$		
危害/接触类型	急性危害/症状	预防	急救/消防
火　灾	可燃的	禁止明火	雾状水，泡沫，抗溶性泡沫，二氧化碳
爆　炸			
接　触			
# 吸入	咳嗽。恶心	通风，局部排气通风或呼吸防护	新鲜空气，休息
# 皮肤		防护手套	用大量水冲洗皮肤或淋浴
# 眼睛	发红。疼痛	安全护目镜	先用大量水冲洗几分钟（如可能尽量摘除隐形眼镜），然后就医
# 食入	腹泻。恶心。呕吐	工作时不得进食，饮水或吸烟	漱口。不要催吐
泄漏处置	将泄漏液收集在有盖的容器中。用砂土或惰性吸收剂吸收残液，并转移到安全场所。个人防护用具：防护手套，安全护目镜		
包装与标志	欧盟危险性类别：Xi 符号　R:36　S:(2)		
应急响应			
储存	见化学危险性		
重要数据	物理状态、外观：无色黏稠液体，有特殊气味 化学危险性：加热时，该物质分解生成含有乙酸、硫化氢和硫氧化物的有毒和腐蚀性烟雾。与强酸和强氧化剂激烈反应，生成硫化氢 职业接触限值：阈限值未制定标准。最高容许浓度未制定标准 吸入危险性：20℃时蒸发可忽略不计，但喷洒时可较快地达到空气中颗粒物有害浓度 短期接触的影响：该物质轻微刺激眼睛和呼吸道		
物理性质	熔点：-18～-10℃ 相对密度（水=1）：1.18 水中溶解度：20℃时 100g/100mL 蒸气压：25℃时 0.43Pa 蒸气相对密度（空气=1）：4.22 闪点：160℃（开杯） 自燃温度：260℃ 爆炸极限：空气中 1.2%～5.2%（体积） 辛醇/水分配系数的对数值：-0.75		
环境数据			
注解	其沸点高于自燃温度		

IPCS
International
Programme on
Chemical Safety

国际化学品安全卡

碳 $_{10\sim13}$ 烷基苯磺酸钠盐			ICSC 编号：1602
CAS 登记号：68411-30-3	中文名称：碳 $_{10\sim13}$ 烷基苯磺酸钠盐；烷基苯磺酸钠；直链烷基苯磺酸钠盐；直链烷基苯磺酸钠； LAS 英文名称：$C_{10\sim13}$ ALKYLBENZENESULFONIC ACID, SODIUM SALT; Sodium alkylbenzene sulfonate; Linear alkylbenzene sulfonic acid sodium salt; Linear alkylbenzene sodium sulfonate; LAS		
分子量：342.4	化学式：$C_{11.6}H_{24.2}C_6H_4SO_3Na$		
危害/接触类型	急性危害/症状	预防	急救/消防
火　灾	不可燃。在火焰中释放出刺激性或有毒烟雾（或气体）		周围环境着火时，使用适当的灭火剂
爆　炸			
接　触			
# 吸入	咳嗽。咽喉痛	局部排气通风或呼吸防护	新鲜空气，休息
# 皮肤	发红。疼痛	防护手套	用大量水冲洗皮肤或淋浴
# 眼睛	发红。疼痛。灼伤	安全护目镜	先用大量水冲洗几分钟（如可能尽量摘除隐形眼镜），然后就医
# 食入	腹泻。恶心。呕吐	工作时不得进食，饮水或吸烟	漱口。不要催吐
泄漏处置	将泄漏物清扫进容器中，如果适当，首先润湿防止扬尘。不要让该化学品进入环境。个人防护用具：适用于有害颗粒物的 P2 过滤呼吸器		
包装与标志			
应急响应			
储存	储存在没有排水管或下水道的场所。与酸类分开存放		
重要数据	**物理状态、外观**：各种形态固体 **化学危险性**：加热时，该物质分解，生成含有硫氧化物的有毒和腐蚀性烟雾。与酸反应生成含有硫氧化物的有毒和腐蚀性烟雾 **职业接触限值**：阈限值未制定标准。最高容许浓度未制定标准 **接触途径**：该物质可经食入吸收到体内 **吸入危险性**：扩散时可较快地达到空气中颗粒物有害浓度 **短期接触的影响**：该物质刺激皮肤和呼吸道，腐蚀眼睛		
物理性质	沸点：637℃ 熔点：277℃ 相对密度（水=1）：1.06 水中溶解度：20℃时 25g/100mL 蒸气压：可忽略不计 辛醇/水分配系数的对数值：3.32		
环境数据	该物质对水生生物是有毒的		
注解	该物质是通常以 50%浓溶液销售。直链烷基链上一般有 10～13 个碳原子，其组成摩尔比（%）大致如下 ：C_{10}：C_{11}：C_{12}：C_{13}=13：30：33：24。美国生产的直链烷基苯磺酸钠制剂还含有 0～5%的 *C*14 成分		

IPCS
International
Programme on
Chemical Safety

国际化学品安全卡

亚砷酸钠			ICSC 编号：1603
CAS 登记号：7784-46-5 RTECS 号：CG3675000 UN 编号：2027 EC 编号：033-002-00-5 中国危险货物编号：2027 分子量：129.9		中文名称：亚砷酸钠；亚砷酸钠盐；偏亚砷酸钠；二氧砷酸钠 英文名称：SODIUM ARSENITE; Arsenious acid, sodium salt; Sodium meta-arsenite; Sodium dioxoarsenate 化学式：$NaAsO_2$	
危害/接触类型	急性危害/症状	预防	急救/消防
火　灾	不可燃。在火焰中释放出刺激性或有毒烟雾（或气体）		周围环境着火时，使用适当的灭火剂
爆　炸			
接　触		防止粉尘扩散!避免一切接触!避免孕妇接触!	一切情况均向医生咨询！
# 吸入	咳嗽。头痛。呼吸困难。咽喉痛。见食入	密闭系统和通风	新鲜空气，休息。给予医疗护理
# 皮肤	可能被吸收！发红。疼痛	防护手套。防护服	脱去污染的衣服。冲洗，然后用水和肥皂清洗皮肤。给予医疗护理
# 眼睛	发红。疼痛	面罩，或眼睛防护结合呼吸防护	先用大量水冲洗几分钟（如可能尽量摘除隐形眼镜），然后就医
# 食入	腹部疼痛，咽喉和胸腔灼烧感，呕吐，腹泻，头晕，头痛，休克或虚脱	工作时不得进食，饮水或吸烟。进食前洗手	漱口，用水冲服活性炭浆，催吐（仅对清醒病人!）。给予医疗护理
泄漏处置	使用特殊设备，真空抽吸泄漏物。将泄漏物清扫进可密闭塑料容器中。小心收集残余物，然后转移到安全场所。不要让该化学品进入环境。个人防护用具：化学防护服包括自给式呼吸器		
包装与标志	不易破碎包装，将易破碎包装放在不易破碎的密闭容器中。不得与食品和饲料一起运输 **欧盟危险性类别**：T 符号 N 符号 标记：A，1 R:23/25-50/53 S:1/2-20/21-28-45-60-61 **联合国危险性类别**：6.1 **联合国包装类别**：II **中国危险性类别**：第 6.1 项 毒性物质 **中国包装类别**：II		
应急响应	运输应急卡：TEC(R)-61GT5-II		
储存	储存在没有排水管或下水道的场所。严格密封。干燥。与酸类、强氧化剂、食品和饲料分开存放		
重要数据	**物理状态、外观**：白色或灰色吸湿的粉末 **化学危险性**：加热时，生成有毒烟雾。与酸和强氧化剂反应，生成有毒气体胂（见卡片#0222）。浸蚀许多金属，生成易燃/爆炸性气体（氢，见卡片#0001） **职业接触限值**：阈限值：0.01mg/m^3（以 As 计）(时间加权平均值)；A1（确认的人类致癌物）；公布生物暴露指数（美国政府工业卫生学家会议，2005 年）。最高容许浓度：致癌物类别：1；胚细胞突变物类别：3（德国，2005 年） **接触途径**：该物质可通过吸入其气溶胶，经皮肤和食入吸收到体内 **吸入危险性**：扩散时可较快地达到空气中颗粒物有害浓度 **短期接触的影响**：该物质刺激眼睛、皮肤和呼吸道。该物质可能对心血管系统、神经系统、胃肠道和肾脏有影响，导致严重胃肠炎，体液和电解液丧失、肾损伤、心脏病、虚脱和休克。接触可能导致死亡。影响可能推迟显现。需进行医学观察 **长期或反复接触的影响**：反复或长期与皮肤接触可能引起皮炎、色素沉着病。该物质可能对末梢神经系统、心血管系统、骨髓、肾、肝和黏膜有影响，导致神经病、心血管疾病、血细胞损伤、肾损伤，硬变和鼻中膈穿孔。该物质是人类致癌物。动物实验表明，该物质可能造成人类生殖或发育毒性		
物理性质	**熔点**：615℃ **密度**：1.87g/cm^3 **水中溶解度**：易溶		
环境数据	该物质对水生生物是有毒的		
注解	其他 UN 编号：1686 亚砷酸钠水溶液。根据接触程度，建议定期进行医疗检查。不要将工作服带回家中		

IPCS
International
Programme on
Chemical Safety

国际化学品安全卡

1,5-萘二酚			ICSC 编号：1604
CAS 登记号：83-56-7 RTECS 号：QJ4740000	中文名称：1,5-萘二酚；1,5-二羟基萘；萘-1,5-二酚 英文名称：1,5-NAPHTHALENEDIOL; 1,5-Dihydroxynaphthalene; Naphthalene-1,5-diol		
分子量：160.2	化学式：$C_{10}H_8O_2/C_{10}H_6(OH)_2$		
危害/接触类型	急性危害/症状	预防	急救/消防
火　灾	可燃的	禁止明火	雾状水，干粉
爆　炸			
接　触			
# 吸入		局部排气通风或呼吸防护	新鲜空气，休息
# 皮肤		防护手套	冲洗，然后用水和肥皂清洗皮肤
# 眼睛	发红	安全护目镜	先用大量水冲洗几分钟（如可能尽量摘除隐形眼镜），然后就医
# 食入		工作时不得进食，饮水或吸烟	漱口
泄漏处置	将泄漏物清扫进容器中，如果适当，首先润湿防止扬尘。个人防护用具：适用于惰性颗粒物的 P1 过滤呼吸器		
包装与标志			
应急响应			
储存	与强氧化剂分开存放		
重要数据	**物理状态、外观**：橙色粉末 **化学危险性**：燃烧时，生成有毒烟雾。与强氧化剂发生反应 **职业接触限值**：阈限值未制定标准。最高容许浓度未制定标准 **接触途径**：该物质可经食入吸收到体内 **短期接触的影响**：该物质轻微刺激眼睛		
物理性质	熔点：250℃（分解） 水中溶解度：20℃时 0.06g/100mL 闪点：252℃（闭杯） 辛醇/水分配系数的对数值：1.82		
环境数据			
注解	该物质对人体健康的影响数据不充分，因此应当特别注意		

IPCS
International
Programme on
Chemical Safety

国际化学品安全卡

蒽醌			ICSC 编号：1605
CAS 登记号：84-65-1 RTECS 号：CB4725000 分子量：208.2		中文名称：蒽醌；9,10-蒽醌；9,10-蒽二酮；二苯基甲酮 英文名称：ANTHRAQUINONE; 9,10-Anthraquinone; 9,10-Anthracendione; Diphenyl ketone 化学式：$C_{14}H_8O_2/C_6H_4(CO)_2C_6H_4$	
危害/接触类型	急性危害/症状	预防	急救/消防
火　灾	可燃的	禁止明火	干粉，雾状水，泡沫，二氧化碳
爆　炸			
接　触			
# 吸入	咳嗽	局部排气通风或呼吸防护	新鲜空气，休息
# 皮肤		防护手套	冲洗，然后用水和肥皂清洗皮肤
# 眼睛	疼痛。发红	安全护目镜	先用大量水冲洗几分钟（如可能尽量摘除隐形眼镜），然后就医
# 食入		工作时不得进食，饮水或吸烟	漱口
泄漏处置	将泄漏物清扫进容器中。不要让该化学品进入环境。个人防护用具：适用于惰性颗粒物的 P1 过滤呼吸器		
包装与标志			
应急响应	美国消防协会法规：H2（健康危险性）；F1（火灾危险性）；R0（反应危险性）		
储存	储存在没有排水管或下水道的场所		
重要数据	物理状态、外观：浅黄色晶体 化学危险性：燃烧时，该物质分解生成有毒烟雾 职业接触限值：阈限值未制定标准。最高容许浓度未制定标准 短期接触的影响：可能引起机械刺激		
物理性质	沸点：380℃ 熔点：286℃ 密度：$1.4g/cm^3$ 水中溶解度：难溶 蒸气压：20℃时可忽略不计 蒸气相对密度（空气=1）：7.16 闪点：185℃（闭杯） 自燃温度：650℃ 辛醇/水分配系数的对数值：3.39		
环境数据	该物质对水生生物是有害的。该物质可能在水生环境中造成长期影响		
注解			

IPCS
International
Programme on
Chemical Safety

国际化学品安全卡

过氧化钠			ICSC 编号：1606
CAS 登记号：1313-60-6 UN 编号：1504 EC 编号：011-003-00-1 中国危险货物编号：1504	中文名称：过氧化钠；二氧化钠；超氧化钠；过氧化二钠 英文名称：SODIUM PEROXIDE; Sodium dioxide; Sodium superoxide; Disodium peroxide		
分子量：78.0	化学式：Na_2O_2		
危害/接触类型	急性危害/症状	预防	急救/消防
火　灾	不可燃，但可助长其他物质燃烧	禁止与水、可燃物质和还原剂接触	干粉。禁止用水
爆　炸	与可燃物质接触时，有着火和爆炸危险		着火时，喷雾状水保持料桶等冷却，但避免该物质与水接触
接　触		防止粉尘扩散！避免一切接触！	一切情况均向医生咨询！
# 吸入	灼烧感。咳嗽。呼吸困难。呼吸短促。咽喉痛	局部排气通风或呼吸防护	新鲜空气，休息。半直立体位。必要时进行人工呼吸。给予医疗护理
# 皮肤	发红。严重皮肤烧伤。疼痛	防护手套。防护服	先用大量水冲洗，然后脱去污染的衣服并再次冲洗。给予医疗护理
# 眼睛	发红。疼痛。视力模糊。严重深度烧伤	面罩，或如为粉末，眼睛防护结合呼吸防护	先用大量水冲洗几分钟（如可能尽量摘除隐形眼镜），然后就医
# 食入	咽喉疼痛。腹部疼痛。恶心。休克或虚脱。灼烧感	工作时不得进食，饮水或吸烟	漱口。不要催吐。给予医疗护理
泄漏处置	将泄漏物清扫进容器中，然后转移到安全场所。不要用锯末或其他可燃吸收剂吸收。不要让该化学品进入环境。个人防护用具：全套防护服包括自给式呼吸器		
包装与标志	欧盟危险性类别：O 符号　C 符号　R:8-35　S:1/2-8-27-39-45 联合国危险性类别：5.1　联合国包装类别：I 中国危险性类别：第 5.1 项氧化性物质　中国包装类别：I		
应急响应	运输应急卡：TEC(R)-51S1504 美国消防协会法规：H3（健康危险性）；F0（火灾危险性）；R1（反应危险性）。OX（氧化剂）		
储存	储存在没有排水管或下水道的场所。与可燃物质、还原性物质、酸类和金属粉末分开存放。干燥		
重要数据	物理状态、外观：黄色至白色粉末 化学危险性：与水发生反应，有着火的危险。与有机物和金属粉末发生反应，有爆炸的危险。该物质是一种强氧化剂，与可燃物质和还原性物质激烈反应 职业接触限值：阈限值未制定标准。最高容许浓度未制定标准 接触途径：该物质可通过吸入和经食入吸收到体内 吸入危险性：扩散时可较快地达到空气中颗粒物有害浓度 短期接触的影响：该物质对眼睛、皮肤和呼吸道有极强腐蚀性。食入有腐蚀性。吸入可能引起肺水肿（见注解）		
物理性质	熔点：460℃（分解） 密度：2.8g/cm^3 水中溶解度：反应		
环境数据	该物质对水生生物是有害的		
注解	用大量水冲洗工作服（有着火危险）。肺水肿症状常常经过几个小时以后才变得明显，体力劳动使症状加重。因而休息和医学观察是必要的		

IPCS
International
Programme on
Chemical Safety

国际化学品安全卡

铬酸钡			ICSC 编号：1607
CAS 登记号：10294-40-3 RTECS 号：CQ8760000		中文名称：铬酸钡；铬酸(VI)钡；铬酸钡(1:1)；铬酸钡盐(1:1)；C.I. 77103；C.I.颜料黄 31 英文名称：BARIUM CHROMATE; Barium chromate (VI); Barium chromate (1:1); Chromic acid, barium salt 1:1; C.I. 77103; C.I. Pigment Yellow 31	
分子量：253.3		化学式：$BaCrO_4$	
危害/接触类型	急性危害/症状	预防	急救/消防
火　灾	不可燃		周围环境着火时，使用适当的灭火剂
爆　炸			
接　触		防止粉尘扩散！避免一切接触！	
# 吸入	咳嗽。咽喉痛	局部排气通风或呼吸防护	新鲜空气，休息
# 皮肤	发红	防护手套。防护服	冲洗，然后用水和肥皂清洗皮肤
# 眼睛	发红。疼痛	安全护目镜	先用大量水冲洗（如可能尽量摘除隐形眼镜）
# 食入	灼烧感	工作时不得进食，饮水或吸烟	漱口
泄漏处置	将泄漏物清扫进有盖的容器中，如果适当，首先润湿防止扬尘。然后转移到安全场所。个人防护用具：适用于有毒颗粒物的 P3 过滤呼吸器		
包装与标志	不得与食品和饲料一起运输 GHS 分类：**警示词**：危险 **图形符号**：火焰在圆环上-健康危险 **危险说明**：氧化剂，可能加剧燃烧；长期或反复吸入对鼻子造成损害；可能致癌		
应急响应			
储存	与强还原剂、食品和饲料分开存放		
重要数据	**物理状态、外观**：黄色晶体 **化学危险性**：与还原剂发生反应 **职业接触限值**：阈限值（以不溶性六价铬化合物计）：0.01mg/m^3（时间加权平均值）；A1（确认的人类致癌物）（美国政府工业卫生学家会议，2006 年）。最高容许浓度未制定标准 **接触途径**：该物质可通过吸入其气溶胶和经食入吸收到体内 **吸入危险性**：扩散时可较快地达到空气中颗粒物有害浓度，尤其是粉末 **短期接触的影响**：该物质刺激眼睛、皮肤和呼吸道 **长期或反复接触的影响**：反复或长期接触可能引起皮肤过敏。反复或长期吸入接触可能引起哮喘。该物质可能对呼吸道和肾脏有影响，导致鼻中膈穿孔和肾损伤。该物质是人类致癌物		
物理性质	熔点：1380℃ 密度：4.5g/cm^3 水中溶解度：20℃时 0.00026g/100mL（不溶）		
环境数据			
注解	不要将工作服带回家中		

IPCS
International
Programme on
Chemical Safety

国际化学品安全卡

磷酸二氢钾			ICSC 编号：1608
CAS 登记号：7778-77-0 RTECS 号：TC6615500		中文名称：磷酸二氢钾；磷酸一钾；磷酸一钾盐 英文名称：POTASSIUM DIHYDROGEN PHOSPHATE; Potassium phosphate, monobasic; Phosphoric acid, monopotassium salt	
分子量：136.1		化学式：KH_2PO_4	
危害/接触类型	急性危害/症状	预防	急救/消防
火　灾	不可燃。在火焰中释放出刺激性或有毒烟雾（或气体）		周围环境着火时，使用适当的灭火剂
爆　炸			
接　触			
# 吸入	咳嗽	通风（如果没有粉末时），局部排气通风或呼吸防护	新鲜空气，休息
# 皮肤	发红	防护手套	用大量水冲洗皮肤或淋浴
# 眼睛	发红。疼痛	安全护目镜	先用大量水冲洗几分钟（如可能尽量摘除隐形眼镜），然后就医
# 食入	腹部疼痛。呕吐。腹泻。恶心	工作时不得进食，饮水或吸烟	漱口。大量饮水
泄漏处置	将泄漏物清扫进有盖的容器中。个人防护用具：适用于有害颗粒物的 P2 过滤呼吸器		
包装与标志			
应急响应			
储存	与强碱分开存放		
重要数据	物理状态、外观：无色晶体或白色晶体粉末 化学危险性：加热时，该物质分解生成有毒气体。水溶液是一种弱酸 职业接触限值：阈限值未制定标准。最高容许浓度未制定标准 接触途径：该物质可经食入吸收到体内 吸入危险性：扩散时可较快地达到空气中颗粒物有害浓度，尤其是粉末 短期接触的影响：该物质刺激眼睛、皮肤和呼吸道		
物理性质	熔点：253℃ 密度：2.34g/cm³ 水中溶解度：22g/100mL		
环境数据			
注解			

IPCS
International
Programme on
Chemical Safety

国际化学品安全卡

N,N-二乙基苯胺			ICSC 编号：1609
CAS 登记号：91-66-7 RTECS 号：BX3400000 UN 编号：2432 EC 编号：612-054-00-8 中国危险货物编号：2432 分子量：149.3	中文名称：*N,N*-二乙基苯胺；（二乙基氨基）苯；苯基二乙胺 英文名称：*N,N*-DIETHYLANILINE; (Diethylamino) benzene; Phenyldiethylamine 化学式：$C_{10}H_{15}N/C_6H_5N(C_2H_5)_2$		
危害/接触类型	急性危害/症状	预防	急救/消防
火　灾	可燃的。在火焰中释放出刺激性或有毒烟雾（或气体）	禁止明火。禁止与氧化剂接触	干粉，雾状水，泡沫，二氧化碳
爆　炸	高于 79℃，可能形成爆炸性蒸气/空气混合物	高于 79℃，使用密闭系统、通风	
接　触		防止产生烟云！	
# 吸入	嘴唇发青或指甲发青，皮肤发青，惊厥，头晕，呼吸困难，呕吐，症状可能推迟显现（见注解）	通风，局部排气通风或呼吸防护	新鲜空气，休息。给予医疗护理
# 皮肤	发红。可能被吸收！（另见吸入）	防护手套。防护服	脱去污染的衣服，冲洗，然后用水和肥皂清洗皮肤，给予医疗护理
# 眼睛	发红。疼痛	面罩，或眼睛防护结合呼吸防护	先用大量水冲洗几分钟（如可能尽量摘除隐形眼镜），然后就医
# 食入	（另见吸入）	工作时不得进食，饮水或吸烟。进食前洗手	漱口。大量饮水。用水冲服活性炭浆。给予医疗护理。见注解
泄漏处置	将泄漏液收集在可密闭的容器中。用砂土或惰性吸收剂吸收残液，并转移到安全场所。不要让该化学品进入环境。个人防护用具：全套防护服包括自给式呼吸器		
包装与标志	不得与食品和饲料一起运输 欧盟危险性类别：T 符号 N 符号　R:23/24/25-33-51/53　S:1/2-28-37-45-61 联合国危险性类别：6.1 联合国包装类别：III 中国危险性类别：第 6.1 项毒性物质 中国包装类别：III		
应急响应	运输应急卡：TEC(R)-61GT1-III 美国消防协会法规：H3（健康危险性）；F2（火灾危险性）；R0（反应危险性）		
储存	储存在没有排水管或下水道的场所。严格密封。与食品和饲料分开存放		
重要数据	物理状态、外观：无色至黄色液体，有特殊气味 化学危险性：加热时，该物质分解生成含有氮氧化物的有毒烟雾 职业接触限值：阈限值未制定标准。最高容许浓度未制定标准 接触途径：该物质可通过吸入其蒸气，经食入和皮肤吸收到体内 吸入危险性：未指明 20℃时该物质蒸发达到空气中有害浓度的速率 短期接触的影响：该物质刺激皮肤和眼睛。该物质可能对血液有影响，导致形成正铁血红蛋白。需进行医学观察。影响可能推迟显现。 长期或反复接触的影响：该物质可能对血液有影响，导致贫血		
物理性质	沸点：215℃（分解） 熔点：−38℃ 相对密度（水=1）：0.93 水中溶解度：25℃时 0.014g/100mL 蒸气压：20℃时 19Pa 蒸气相对密度（空气=1）：5.1 闪点：79℃（闭杯） 自燃温度：630℃ 辛醇/水分配系数的对数值：3.31		
环境数据	该物质对水生生物是有毒的。该化学品可能发生生物蓄积。强烈建议不要让该化学品进入环境。该物质可能在水生环境中造成长期影响		
注解	根据接触程度，建议定期进行医疗检查。该物质中毒时需采取必要的治疗措施；必须提供有指示说明的适当方法。参见卡片#0011 苯胺		

IPCS
International
Programme on
Chemical Safety

国际化学品安全卡

1-十八（碳）醇			ICSC 编号：1610
CAS 登记号：112-92-5 RTECS 号：RG2010000		中文名称：1-十八（碳）醇；十八烷醇；十八烷-1-醇；正十八醇；1-羟基十八烷；十八烷基醇 英文名称：1-OCTADECANOL; Stearyl alcohol; Octadecan-1-ol; n-Octadecanol; 1-Hydroxyoctadecane; Octadecyl alcohol	
分子量：270.5		化学式：$C_{18}H_{38}O/CH_3(CH_2)_{17}OH$	
危害/接触类型	急性危害/症状	预防	急救/消防
火　灾	可燃的	禁止明火	周围环境着火时，使用适当的灭火剂
爆　炸			
接　触	见注解		
# 吸入			
# 皮肤			
# 眼睛		安全眼镜	先用大量水冲洗几分钟（如可能尽量摘除隐形眼镜），然后就医
# 食入		工作时不得进食，饮水或吸烟	漱口
泄漏处置	将泄漏物清扫进容器中。小心收集残余物，然后转移到安全场所		
包装与标志			
应急响应			
储存	与强氧化剂、强酸分开存放		
重要数据	物理状态、外观：无色至白色似蜡状的薄片或叶片 化学危险性：与强酸和强氧化剂发生反应 职业接触限值：阈限值未制定标准。最高容许浓度：IIb（未制定标准，但可提供数据）（德国，2005年）		
物理性质	沸点：336℃ 熔点：59.8℃ 相对密度（水=1）：0.81（液体） 水中溶解度：不溶 蒸气压：150℃时 133Pa 闪点：170℃ 自燃温度：450℃ 爆炸极限：空气中 1%～8%（体积） 辛醇/水分配系数的对数值：8.22		
环境数据			
注解	虽然进行过广泛调查，但未发现接触该物质对健康的影响		

IPCS
International
Programme on
Chemical Safety

国际化学品安全卡

<table>
<tr><td colspan="3">2,6-二叔丁基苯酚</td><td>ICSC 编号：1611</td></tr>
<tr><td colspan="2">CAS 登记号：128-39-2
RTECS 号：SK8265000
UN 编号：3077
中国危险货物编号：3077</td><td colspan="2">中文名称：2,6-二叔丁基苯酚; 2,6-二(1,1-二甲基乙基)苯酚; 2,6-DTBP
英文名称：2,6-DI-TERT-BUTYLPHENOL; Phenol, 2,6-bis (1,1-dimethylethyl)-; Phenol, 2,6-di-tert-butyl-; 2,6-Bis (1,1-dimethylethyl) phenol; 2,6-DTBP</td></tr>
<tr><td colspan="2">分子量：206.3</td><td colspan="2">化学式：$C_{14}H_{22}O$</td></tr>
<tr><td>危害/接触类型</td><td>急性危害/症状</td><td>预防</td><td>急救/消防</td></tr>
<tr><td>火　灾</td><td>可燃的</td><td>禁止明火</td><td>干粉，雾状水，泡沫，二氧化碳</td></tr>
<tr><td>爆　炸</td><td></td><td></td><td></td></tr>
<tr><td>接　触</td><td></td><td>防止粉尘扩散！</td><td></td></tr>
<tr><td># 吸入</td><td>咳嗽。咽喉痛</td><td>局部排气通风或呼吸防护</td><td>新鲜空气，休息</td></tr>
<tr><td># 皮肤</td><td>发红。疼痛</td><td>防护手套</td><td>脱去污染的衣服。冲洗，然后用水和肥皂清洗皮肤</td></tr>
<tr><td># 眼睛</td><td>发红。疼痛</td><td>安全护目镜</td><td>先用大量水冲洗几分钟（如可能尽量摘除隐形眼镜），然后就医</td></tr>
<tr><td># 食入</td><td>咽喉疼痛。咽喉和胸腔灼烧感</td><td>工作时不得进食，饮水或吸烟</td><td>漱口。大量饮水。给予医疗护理</td></tr>
<tr><td>泄漏处置</td><td colspan="3">将泄漏物清扫进有盖的塑料容器中。小心收集残余物，然后转移到安全场所。不要让该化学品进入环境。个人防护用具：适用于有机气体和蒸气的过滤呼吸器</td></tr>
<tr><td>包装与标志</td><td colspan="3">污染海洋物质
联合国危险性类别：9　联合国包装类别：III
中国危险性类别：第 9 类杂项危险物质和物品　中国包装类别：III</td></tr>
<tr><td>应急响应</td><td colspan="3">运输应急卡：TEC(R)-GM7-III</td></tr>
<tr><td>储存</td><td colspan="3">储存在没有排水管或下水道的场所。与食品和饲料分开存放。见化学危险性</td></tr>
<tr><td>重要数据</td><td colspan="3">物理状态、外观：无色至黄色晶体粉末，有特殊气味
化学危险性：与酸酐、酰基氯、碱类和氧化剂发生反应。浸蚀钢、黄铜和铜。
职业接触限值：阈限值未制定标准。最高容许浓度：IIb（未制定标准，但可提供数据）（德国，2005 年）
吸入危险性：扩散时可较快地达到空气中颗粒物有害浓度
短期接触的影响：该物质刺激眼睛、皮肤和呼吸道</td></tr>
<tr><td>物理性质</td><td colspan="3">沸点：253℃
熔点：36～37℃
密度：0.91g/cm^3
水中溶解度：25℃时 0.04g/100mL（难溶）
蒸气压：20℃时 1.0Pa
闪点：118℃（开杯）
自燃温度：375℃
辛醇/水分配系数的对数值：4.5</td></tr>
<tr><td>环境数据</td><td colspan="3">该物质对水生生物有极高毒性。该化学品可能沿食物链，例如在鱼体内发生生物蓄积</td></tr>
<tr><td>注解</td><td colspan="3"></td></tr>
</table>

IPCS
International
Programme on
Chemical Safety

国际化学品安全卡

<table>
<tr><td colspan="3">五溴二苯醚（工业级）</td><td>ICSC 编号：1612</td></tr>
<tr><td colspan="2">CAS 登记号：32534-81-9
RTECS 号：DD6625350
UN 编号：3077
EC 编号：602-083-00-4
中国危险货物编号：3077</td><td colspan="2">中文名称：五溴二苯醚（工业级）；五溴二苯醚衍生物；1,1'-氧双五溴苯
英文名称：PENTABROMODIPHENYL ETHER (Technical product); Diphenyl ether, pentabromo derivative; 1,1'-Oxybispentabromo benzene</td></tr>
<tr><td colspan="2">分子量：564.7</td><td colspan="2">化学式：$C_{12}H_5Br_5O$</td></tr>
<tr><td>危害/接触类型</td><td>急性危害/症状</td><td>预防</td><td>急救/消防</td></tr>
<tr><td>火　灾</td><td>不可燃</td><td></td><td>周围环境着火时，使用适当的灭火剂</td></tr>
<tr><td>爆　炸</td><td></td><td></td><td></td></tr>
<tr><td>接　触</td><td>见长期或反复接触的影响</td><td>严格作业环境管理！</td><td></td></tr>
<tr><td># 吸入</td><td></td><td>避免吸入烟云</td><td>新鲜空气，休息</td></tr>
<tr><td># 皮肤</td><td>可能被吸收！</td><td>防护手套。防护服</td><td>冲洗，然后用水和肥皂清洗皮肤</td></tr>
<tr><td># 眼睛</td><td></td><td>安全眼镜</td><td>先用大量水冲洗几分钟（如可能尽量摘除隐形眼镜），然后就医</td></tr>
<tr><td># 食入</td><td></td><td>工作时不得进食，饮水或吸烟</td><td>漱口</td></tr>
<tr><td>泄漏处置</td><td colspan="3">将泄漏液收集在可密闭的容器中。小心收集残余物，然后转移到安全场所。不要让该化学品进入环境。
个人防护用具：适用于有机蒸气和有害粉尘的 A/P2 过滤呼吸器</td></tr>
<tr><td>包装与标志</td><td colspan="3">污染海洋物质
欧盟危险性类别：Xn 符号 N 符号　R:48/21/22-50/53-64　S:1/2-36/37-45-60-61
联合国危险性类别：9　联合国包装类别：III
中国危险性类别：第 9 类杂项危险物质和物品　中国包装类别：III</td></tr>
<tr><td>应急响应</td><td colspan="3">运输应急卡：TEC(R)-90GM7-III</td></tr>
<tr><td>储存</td><td colspan="3">储存在没有排水管或下水道的场所。与食品和饲料分开存放</td></tr>
<tr><td>重要数据</td><td colspan="3">物理状态、外观：琥珀色黏稠液体
化学危险性：加热时，该物质分解生成含有溴化氢或溴的有毒烟雾
职业接触限值：阈限值未制定标准。最高容许浓度未制定标准
接触途径：该物质可通过吸入其气溶胶，经皮肤和食入吸收到体内
吸入危险性：20℃时蒸发可忽略不计，但喷洒时可较快地达到空气中颗粒物有害浓度
长期或反复接触的影响：该物质可能对肝脏有影响</td></tr>
<tr><td>物理性质</td><td colspan="3">沸点：200～300℃（分解）
熔点：-7～-3℃
相对密度（水=1）：2.25～2.28
水中溶解度：20℃时 0.0013g/100mL（难溶）
蒸气压：21℃时可忽略不计
辛醇/水分配系数的对数值：6.57</td></tr>
<tr><td>环境数据</td><td colspan="3">该物质对水生生物有极高毒性。该化学品可能沿食物链，例如在海产食品中发生生物蓄积</td></tr>
<tr><td>注解</td><td colspan="3">该物质蓄积在脂肪组织中并可以在哺乳动物奶水中排泄出。工业级的五溴二苯醚是四溴、五溴和六溴二苯醚的混合物</td></tr>
</table>

IPCS
International
Programme on
Chemical Safety

国际化学品安全卡

全氟辛酸			ICSC 编号：1613
CAS 登记号：335-67-1 RTECS 号：RH0781000 UN 编号：3261 中国危险货物编号：3261 分子量：414.1	中文名称：全氟辛酸；十五氟辛酸；十五氟正辛酸 英文名称：PERFLUOROOCTANOIC ACID; Pentadecafluorooctanoic acid; Pentadecafluoro-n-octanoic acid; Perfluorocaprylic acid 化学式：$C_8HF_{15}O_2$		
危害/接触类型	急性危害/症状	预防	急救/消防
火　灾	不可燃。在火焰中释放出刺激性或有毒烟雾（或气体）		周围环境着火时，使用适当的灭火剂
爆　炸			
接　触		防止粉尘扩散！	
# 吸入	咳嗽。咽喉痛	局部排气通风或呼吸防护	新鲜空气，休息。给予医疗护理
# 皮肤	发红。疼痛	防护手套	脱去污染的衣服。冲洗，然后用水和肥皂清洗皮肤
# 眼睛	发红。疼痛。视力模糊	安全护目镜，或眼睛防护结合呼吸防护	先用大量水冲洗几分钟（如可能尽量摘除隐形眼镜），然后就医
# 食入	腹部疼痛。恶心。呕吐	工作时不得进食，饮水或吸烟	漱口。大量饮水。给予医疗护理
泄漏处置	将泄漏物清扫进有盖的非金属容器中。如果适当，首先润湿防止扬尘。小心收集残余物，然后转移到安全场所。不要让该化学品进入环境。个人防护用具：适用于有害颗粒物的 P2 过滤呼吸器		
包装与标志	不得与食品和饲料一起运输 **联合国危险性类别**：8 **联合国包装类别**：III **中国危险性类别**：第 8 类腐蚀性物质 **中国包装类别**：III		
应急响应	运输应急卡：TEC(R)-80GC4-II+III		
储存	与强氧化剂、强碱、强酸、强还原剂、食品和饲料分开存放		
重要数据	**物理状态、外观**：白色粉末，有刺鼻气味 **化学危险性**：加热至 300℃以上或燃烧时，该物质分解生成含有氟化氢的有毒气体。水溶液是一种弱酸。与碱类、氧化剂和还原剂发生反应。浸蚀许多金属，生成易燃/爆炸性气体（氢，见卡片#0001） **职业接触限值**：阈限值未制定标准。最高容许浓度：0.005mg/m^3；皮肤吸收；最高限值种类：II（8）；致癌物类别：4；妊娠风险等级：C（德国，2005 年） **接触途径**：该物质可通过吸入其气溶胶和经食入吸收到体内 **吸入危险性**：扩散时可较快地达到空气中颗粒物有害浓度 **短期接触的影响**：该物质刺激眼睛、皮肤和呼吸道 **长期或反复接触的影响**：在实验动物身上发现肿瘤，但是可能与人类无关		
物理性质	沸点：189℃ 熔点：52～54℃ 密度：1.79g/cm^3 水中溶解度：不溶 辛醇/水分配系数的对数值：6.3		
环境数据	该物质可能在水生环境中造成长期影响		
注解	常用名称为 PFOA		

IPCS
International
Programme on
Chemical Safety

国际化学品安全卡

<table>
<tr><td>丙二醇正丁醚</td><td colspan="3">ICSC 编号：1614</td></tr>
<tr><td>CAS 登记号：5131-66-8
RTECS 号：UA7700000
EC 编号：603-052-00-8

分子量：132.23</td><td colspan="3">中文名称：丙二醇正丁醚；1-丁氧基-2-丙醇；正丁氧基丙醇
英文名称：PROPYLENE GLYCOL n-BUTYL ETHER; 1-Butoxy-2-propanol; n-Butoxypropanol

化学式：$C_7H_{16}O_2/CH_3CH(OH)CH_2O(CH_2)_3CH_3$</td></tr>
<tr><td>危害/接触类型</td><td>急性危害/症状</td><td>预防</td><td>急救/消防</td></tr>
<tr><td>火　灾</td><td>可燃的。在火焰中释放出刺激性或有毒烟雾（或气体）</td><td>禁止明火</td><td>干粉，雾状水，泡沫，二氧化碳</td></tr>
<tr><td>爆　炸</td><td>高于 63℃，可能形成爆炸性蒸气/空气混合物</td><td>高于 63℃，使用密闭系统、通风和防爆型电气设备</td><td></td></tr>
<tr><td>接　触</td><td></td><td></td><td></td></tr>
<tr><td># 吸入</td><td></td><td>通风</td><td>新鲜空气，休息</td></tr>
<tr><td># 皮肤</td><td>发红。疼痛</td><td>防护手套</td><td>用大量水冲洗皮肤或淋浴</td></tr>
<tr><td># 眼睛</td><td>发红。疼痛</td><td>安全护目镜</td><td>先用大量水冲洗几分钟（如可能尽量摘除隐形眼镜），然后就医</td></tr>
<tr><td># 食入</td><td></td><td>工作时不得进食，饮水或吸烟</td><td>漱口</td></tr>
<tr><td>泄漏处置</td><td colspan="3">将泄漏液收集在可密闭的容器中。用砂土或惰性吸收剂吸收残液，并转移到安全场所。然后用大量水冲净</td></tr>
<tr><td>包装与标志</td><td colspan="3">欧盟危险性类别：Xi 符号　R:36/38　S:(2)</td></tr>
<tr><td>应急响应</td><td colspan="3"></td></tr>
<tr><td>储存</td><td colspan="3">保存在暗处。与强氧化剂分开存放</td></tr>
<tr><td>重要数据</td><td colspan="3">物理状态、外观：无色清澈液体，有特殊气味
化学危险性：该物质大概能生成爆炸性过氧化物。与强氧化剂发生反应
职业接触限值：阈限值未制定标准。最高容许浓度未制定标准
接触途径：该物质可经皮肤和经食入吸收到体内
吸入危险性：未指明 20℃时该物质蒸发达到空气中有害浓度的速率
短期接触的影响：该物质刺激眼睛和皮肤</td></tr>
<tr><td>物理性质</td><td colspan="3">沸点：171℃
熔点：−75℃以下
相对密度（水=1）：25℃时 0.879
水中溶解度：6℃时适度溶解
蒸气压：25℃时 0.187kPa
蒸气相对密度（空气=1）：4.55
蒸气/空气混合物的相对密度（20℃，空气=1）：1.007
闪点：63℃（闭杯）
自燃温度：260℃
爆炸极限：空气中 1.1%（80℃）～8.4%（145℃）（体积）
辛醇/水分配系数的对数值：1.15（计算值）
黏度：25℃时 $2.9mm^2/s$</td></tr>
<tr><td>环境数据</td><td colspan="3"></td></tr>
<tr><td>注解</td><td colspan="3">蒸馏前检验过氧化物，如有，将其去除</td></tr>
</table>

IPCS
International Programme on Chemical Safety

国际化学品安全卡

1-叔丁氧基-2-丙醇			ICSC 编号：1615
CAS 登记号：57018-52-7 RTECS 号：UB3772000 UN 编号：1993 EC 编号：603-129-00-6 中国危险货物编号：1993 分子量：132.2		中文名称：1-叔丁氧基-2-丙醇；丙二醇叔丁醚；1-甲基-2-叔丁氧基乙醇；1-(1,1-二甲基乙氧基)-2-丙醇；PGTBE 英文名称：1-tert-BUTOXY-2-PROPANOL; Propylene glycol tert-butyl ether; 1-Methyl-2-tert-butoxyethanol; 1-(1,1-Dimethylethoxy)-2-propanol; PGTBE 化学式：$C_7H_{16}O_2/(CH_3)_3COCH_2CHOHCH_3$	
危害/接触类型	急性危害/症状	预防	急救/消防
火　灾	易燃的	禁止明火，禁止火花和禁止吸烟。禁止与强氧化剂接触	干粉，抗溶性泡沫，雾状水，二氧化碳
爆　炸	高于 44℃，可能形成爆炸性蒸气/空气混合物	高于 44℃，使用密闭系统、通风和防爆型电气设备	
接　触			
# 吸入		通风，局部排气通风或呼吸防护	新鲜空气，休息
# 皮肤		防护手套	脱去污染的衣服。用大量水冲洗皮肤或淋浴
# 眼睛	发红。疼痛	安全护目镜	先用大量水冲洗几分钟（如可能尽量摘除隐形眼镜），然后就医
# 食入	咳嗽。恶心。咽喉疼痛	工作时不得进食，饮水或吸烟	漱口。饮用 1～2 杯水。不要催吐
泄漏处置	转移全部引燃源。使用面罩。尽可能将泄漏液收集在可密闭的容器中。用砂土或惰性吸收剂吸收残液，并转移到安全场所		
包装与标志	欧盟危险性类别：Xi 符号　R:10-41　S:2-26-39 联合国危险性类别：3　联合国包装类别：III 中国危险性类别：第 3 类易燃物质　中国包装类别：III		
应急响应	运输应急卡：TEC(R)-30GF1-III		
储存	耐火设备（条件）。阴凉场所。与强氧化剂分开存放		
重要数据	物理状态、外观：无色液体，有特殊气味 化学危险性：该物质大概能生成爆炸性过氧化物。与强氧化剂发生反应 职业接触限值：阈限值未制定标准。最高容许浓度未制定标准 接触途径：该物质可通过吸入其蒸气吸收到体内 吸入危险性：未指明 20℃时该物质蒸发达到空气中有害浓度的速率 短期接触的影响：该物质严重刺激眼睛		
物理性质	沸点：151℃ 相对密度（水=1）：0.87 水中溶解度：19℃时≥10g/100mL 蒸气压：20℃时 0.64kPa 蒸气相对密度（空气=1）：4.6 闪点：44.4℃（开杯） 自燃温度：373℃ 爆炸极限：空气中 1.8%～6.8%（体积）		
环境数据			
注解	蒸馏前检验过氧化物，如有，将其去除。对该物质的环境影响未进行调查		

IPCS
International
Programme on
Chemical Safety

国际化学品安全卡

1-（2-丁氧基丙氧基）-2-丙醇			ICSC 编号：1616
CAS 登记号：24083-03-2 EC 编号：603-050-00-7		中文名称：1-（2-丁氧基丙氧基）-2-丙醇；二丙二醇一丁醚；二丙二醇丁醚；DPGnBE；1-(2-甲基-2-丁氧基乙氧基)-2-丙醇 英文名称：1-(2-BUTOXYPROPOXY)-2-PROPANOL; Dipropylene glycol monobutyl ether; Dipropylene glycol butyl ether; DPGnBE; 1-(2-Methyl-2-butoxy-ethoxy)-2-propanol	
分子量：190.3		化学式：$C_{10}H_{22}O_3$/$CH_3(CH_2)_3OCHCH_3CH_2OCH_2CHOHCH_3$	
危害/接触类型	急性危害/症状	预防	急救/消防
火　灾	可燃的	禁止明火。禁止与强氧化剂接触	周围环境着火时，使用适当的灭火剂
爆　炸			
接　触			
# 吸入		通风	新鲜空气，休息
# 皮肤		防护手套	用大量水冲洗皮肤或淋浴
# 眼睛		安全眼镜	先用大量水冲洗几分钟（如可能尽量摘除隐形眼镜），然后就医
# 食入		工作时不得进食，饮水或吸烟	饮用 1～2 杯水
泄漏处置	将泄漏液收集在可密闭的容器中。用砂土或惰性吸收剂吸收残液，并转移到安全场所。然后用大量水冲净		
包装与标志	欧盟危险性类别：Xn 符号　R:21/22　S:2		
应急响应			
储存	与强氧化剂分开存放		
重要数据	物理状态、外观：无色液体 化学危险性：该物质大概能生成爆炸性过氧化物。与强氧化剂发生反应 职业接触限值：阈限值未制定标准。最高容许浓度未制定标准 吸入危险性：未指明 20℃时该物质蒸发达到空气中有害浓度的速率		
物理性质	沸点：229℃ 熔点：<-75℃ 相对密度（水=1）：1.03 水中溶解度：20℃时 5g/100mL 蒸气压：20℃时 0.008kPa		
环境数据			
注解	该物质是可燃的，但闪点未见文献报道。对该物质的环境影响未进行充分调查。参见卡片#1617		

IPCS
International
Programme on
Chemical Safety

国际化学品安全卡

1-（1-甲基-2-丁氧基乙氧基）-2-丙醇			ICSC 编号：1617
CAS 登记号：29911-28-2 RTECS 号：UA8200000		中文名称：1-（1-甲基-2-丁氧基乙氧基）-2-丙醇；正丁氧基甲基乙氧基丙醇；正丁氧基丙氧基丙醇；DPGnBE；二丙二醇正丁醚 英文名称：1-(1-METHYL-2-BUTOXY-ETHOXY)-2-PROPANOL; n-Butoxy-methylethoxy-propanol; *n*-Butoxy-propoxy-propanol; DPGnBE; Dipropylene glycol-n-butyl ether	
分子量：190.3		化学式：$C_{10}H_{22}O_3$	
危害/接触类型	急性危害/症状	预防	急救/消防
火　灾	可燃的	禁止明火。禁止与强氧化剂接触	周围环境着火时，使用适当的灭火剂
爆　炸			
接　触			
# 吸入		通风	新鲜空气，休息
# 皮肤		防护手套	用大量水冲洗皮肤或淋浴
# 眼睛		安全眼镜	先用大量水冲洗几分钟（如可能尽量摘除隐形眼镜），然后就医
# 食入		工作时不得进食，饮水或吸烟	漱口
泄漏处置	将泄漏液收集在可密闭的容器中。用砂土或惰性吸收剂吸收残液，并转移到安全场所。然后用大量水冲净		
包装与标志			
应急响应			
储存	与强氧化剂分开存放		
重要数据	物理状态、外观：无色液体 化学危险性：该物质大概能生成爆炸性过氧化物。与强氧化剂发生反应 职业接触限值：阈限值未制定标准。最高容许浓度未制定标准 吸入危险性：未指明 20℃时该物质蒸发达到空气中有害浓度的速率		
物理性质	沸点：230℃ 熔点：<-75℃ 相对密度（水=1）：0.91 水中溶解度：20℃时 5g/100mL 蒸气压：20℃时 6Pa 蒸气相对密度（空气=1）：6.6 闪点：111℃（闭杯） 自燃温度：194℃ 爆炸极限：空气中 0.6%～20.4%（体积） 辛醇/水分配系数的对数值：1.5		
环境数据			
注解	参见卡片#1616		

IPCS
International
Programme on
Chemical Safety

国际化学品安全卡

1,4-二氯-2-硝基苯			ICSC 编号：1618
CAS 登记号：89-61-2 RTECS 号：CZ5260000 UN 编号：1578 中国危险货物编号：1578 分子量：192.0	中文名称：1,4-二氯-2-硝基苯；2,5-二氯硝基苯；1-硝基-2,5-二氯苯；硝基对二氯苯 英文名称：1,4-DICHLORO-2-NITROBENZENE; 2,5-Dichloronitrobenzene; 1-Nitro-2,5-dichlorobenzene; Nitro-*p*-dichlorobenzene 化学式：$C_6H_3Cl_2NO_2/Cl_2C_6H_3NO_2$		
危害/接触类型	急性危害/症状	预防	急救/消防
火　灾	可燃的。在火焰中释放出刺激性或有毒烟雾（或气体）	禁止明火	雾状水，干粉，泡沫，二氧化碳
爆　炸			
接　触		防止粉尘扩散！	
# 吸入		通风（如果没有粉末时），局部排气通风或呼吸防护	新鲜空气，休息
# 皮肤		防护手套	冲洗，然后用水和肥皂清洗皮肤
# 眼睛	发红	安全眼镜	用大量水冲洗（如可能尽量摘除隐形眼镜）
# 食入		工作时不得进食，饮水或吸烟	漱口，饮用 1 杯或 2 杯水
泄漏处置	将泄漏物清扫进可密闭容器中，如果适当，首先润湿防止扬尘。小心收集残余物，然后转移到安全场所。不要让该化学品进入环境。个人防护用具：适应于该物质空气中浓度的颗粒物过滤呼吸器		
包装与标志	不得与食品和饲料一起运输 **联合国危险性类别**：6.1　　**联合国包装类别**：II **中国危险性类别**：第 6.1 项 毒性物质　**中国包装类别**：II GHS 分类：**警示词**：警告 **图形符号**：感叹号 **危险说明**：吞咽有害；对水生生物有毒		
应急响应	运输应急卡：TEC(R)-61S1578 或 61GT2-II		
储存	与碱类、强氧化剂、食品和饲料分开存放。储存在没有排水管或下水道的场所。注意收容灭火产生的废水		
重要数据	**物理状态、外观**：黄色薄片 **化学危险性**：加热时，该物质分解，生成含有氯化氢和氮氧化物的有毒和腐蚀性烟雾。与强氧化剂和碱发生反应 **职业接触限值**：阈限值未制定标准。最高容许浓度未制定标准 **接触途径**：该物质可经食入和经皮肤吸收到体内 **吸入危险性**：扩散时，可较快地达到空气中颗粒物公害污染浓度，尤其是粉末		
物理性质	**沸点**：261℃ **熔点**：55℃ **密度**：$1.67g/cm^3$ **水中溶解度**：20℃时 0.01g/100mL（难溶） **蒸气压**：25℃时 0.5Pa **蒸气相对密度（空气=1）**：6.6 **蒸气/空气混合物的相对密度**（20℃，空气=1）：1.00 **闪点**：135℃ **自燃温度**：465℃ **爆炸极限**：空气中 2.4%～8.5%（体积） **辛醇/水分配系数的对数值**：2.93		
环境数据	该物质对水生生物是有毒的。该物质可能在水生环境中造成长期影响。强烈建议不要让该化学品进入环境		
注解	对接触该物质的健康影响未进行充分调查		

IPCS
International
Programme on
Chemical Safety

国际化学品安全卡

正庚硫醇			ICSC 编号：1619
CAS 登记号：1639-09-4 RTECS 号：MJ1400000 UN 编号：3336 中国危险货物编号：3336	中文名称：正庚硫醇；正硫代庚醇；1-硫醇庚烷；庚基硫醇 英文名称：*n*-HEPTANETHIOL; *n*-Heptylthiol; *n*-Thioheptyl alcohol; 1-Mercaptoheptane; Heptyl mercaptan		
分子量：132.3	化学式：$C_7H_{16}S/CH_3(CH_2)_6SH$		
危害/接触类型	急性危害/症状	预防	急救/消防
火　灾	易燃的。在火焰中释放出刺激性或有毒烟雾（或气体）	禁止明火，禁止火花和禁止吸烟	干粉，抗溶性泡沫，雾状水，二氧化碳
爆　炸	高于 46℃，可能形成爆炸性蒸气/空气混合物	高于 46℃，使用密闭系统、通风和防爆型电气设备	
接　触			
# 吸入	头晕。倦睡。头痛。恶心	通风，局部排气通风或呼吸防护	新鲜空气，休息
# 皮肤	发红。疼痛	防护手套	脱去污染的衣服。冲洗，然后用水和肥皂清洗皮肤
# 眼睛	发红。疼痛	安全眼镜	先用大量水冲洗几分钟（如可能尽量摘除隐形眼镜），然后就医
# 食入	另见吸入	工作时不得进食，饮水或吸烟	不要催吐。饮用 1～2 杯水。给予医疗护理
泄漏处置	转移全部引燃源。将泄漏液收集在可密闭的容器中。用砂土或惰性吸收剂吸收残液，并转移到安全场所。不要冲入下水道。个人防护用具：适用于有机气体和蒸气的过滤呼吸器		
包装与标志	联合国危险性类别：3　　联合国包装类别：III 中国危险性类别：第 3 类 易燃液体　中国包装类别：III		
应急响应	运输应急卡：TEC(R)-30GF1-III		
储存	耐火设备（条件）。与强氧化剂、强碱、强酸分开存放		
重要数据	物理状态、外观：无色液体，有特殊气味 物理危险性：蒸气比空气重。可能沿地面流动，可能造成远处着火 化学危险性：与氧化剂、强酸、强碱和还原剂发生反应。加热时，该物质分解生成含有硫化氢和硫氧化物的有毒和腐蚀性烟雾 职业接触限值：阈限值未制定标准。最高容许浓度未制定标准 接触途径：该物质可通过吸入和经食入吸收到体内 吸入危险性：未指明 20℃时该物质蒸发达到空气中有害浓度的速率 短期接触的影响：该物质刺激眼睛、皮肤和呼吸道。接触高浓度时能够造成意识降低		
物理性质	沸点：176℃ 熔点：-43℃ 相对密度（水=1）：0.84 水中溶解度：难溶 蒸气压：0.17kPa 蒸气相对密度（空气=1）：4.6 蒸气/空气混合物的相对密度（20℃，空气=1）：1.006 闪点：46℃（闭杯） 爆炸极限：空气中 0.9%～?%（体积） 辛醇/水分配系数的对数值：3.7		
环境数据			
注解	对接触该物质的健康影响未进行充分调查。对该物质的环境影响未进行充分调查		

IPCS
International
Programme on
Chemical Safety

国际化学品安全卡

1-壬硫醇			ICSC 编号：1620
CAS 登记号：1455-21-6 UN 编号：3334 中国危险货物编号：3334	中文名称：1-壬硫醇；正壬基硫醇；1-硫醇壬烷 英文名称：1-NONANETHIOL; *n*-Nonylmercaptan; *n*-Nonylthiol; 1-Mercaptononane		
分子量：160.3	化学式：$C_9H_{20}S/CH_3(CH_2)_8SH$		
危害/接触类型	急性危害/症状	预防	急救/消防
火　灾	可燃的	禁止明火	干粉，雾状水，泡沫，二氧化碳
爆　炸	高于 78℃，可能形成爆炸性蒸气/空气混合物	高于 78℃，使用密闭系统、通风和防爆型电气设备	
接　触			
# 吸入	咳嗽。咽喉痛。头痛。恶心	通风	新鲜空气，休息
# 皮肤	发红	防护手套	脱去污染的衣服。冲洗，然后用水和肥皂清洗皮肤
# 眼睛	发红。疼痛	安全眼镜	先用大量水冲洗几分钟（如可能尽量摘除隐形眼镜），然后就医
# 食入	头痛。恶心。呕吐	工作时不得进食，饮水或吸烟	不要催吐。饮用 1～2 杯水
泄漏处置	将泄漏液收集在可密闭的容器中。用砂土或惰性吸收剂吸收残液，并转移到安全场所。个人防护用具：适用于有机气体和蒸气的过滤呼吸器		
包装与标志	联合国危险性类别：9 中国危险性类别：第 9 类 杂类危险物质和物品		
应急响应			
储存	与强氧化剂、强碱、强酸分开存放		
重要数据	物理状态、外观：无色液体，有特殊气味 物理危险性：该液体能浮在水面上，并可能沿地面流动，可能造成远处着火 化学危险性：与氧化剂、还原剂、强酸和强碱激烈反应。加热时，该物质分解生成含有硫化氢和硫氧化物的有毒和腐蚀性烟雾 职业接触限值：阈限值未制定标准。最高容许浓度未制定标准 吸入危险性：未指明 20℃时该物质蒸发达到空气中有害浓度的速率 短期接触的影响：该物质刺激眼睛、呼吸道和皮肤		
物理性质	沸点：220℃ 熔点：-20℃ 相对密度（水=1）：0.84 水中溶解度：难溶 蒸气相对密度（空气=1）：5.5 闪点：78℃（闭杯）		
环境数据			
注解	对接触该物质的健康影响未进行充分调查。对该物质的环境影响未进行充分调查		

IPCS
International
Programme on
Chemical Safety

国际化学品安全卡

1-十一（烷）硫醇			ICSC 编号：1621
CAS 登记号：5332-52-5		中文名称：1-十一（烷）硫醇；正十一（烷）硫醇；十一（烷）硫醇 英文名称：1-UNDECANETHIOL; *n*-Undecyl mercaptan; Undecyl mercaptan; Undecanethiol	
分子量：188.4		化学式：$C_{11}H_{24}S/CH_3(CH_2)_{10}SH$	
危害/接触类型	急性危害/症状	预防	急救/消防
火　灾	可燃的。在火焰中释放出刺激性或有毒烟雾（或气体）	禁止明火	干粉，抗溶性泡沫，雾状水，二氧化碳
爆　炸			
接　触			
# 吸入	咳嗽。咽喉痛。头痛。恶心	通风	新鲜空气，休息
# 皮肤	发红	防护手套	脱去污染的衣服。冲洗，然后用水和肥皂清洗皮肤
# 眼睛	发红	安全眼镜	先用大量水冲洗几分钟（如可能尽量摘除隐形眼镜），然后就医
# 食入	头痛。恶心。呕吐	工作时不得进食，饮水或吸烟	饮用 1～2 杯水
泄漏处置	将泄漏液收集在可密闭的容器中。用砂土或惰性吸收剂吸收残液，并转移到安全场所。个人防护用具：适用于有机气体和蒸气的过滤呼吸器		
包装与标志			
应急响应			
储存	与强氧化剂、强碱、强酸和强还原剂分开存放		
重要数据	**物理状态、外观**：液体，有特殊气味 **物理危险性**：蒸气比空气重。可能沿地面流动，可能造成远处着火 **化学危险性**：与氧化剂、还原剂、强酸和强碱激烈反应。加热时，该物质分解生成含有硫化氢和硫氧化物的有毒和腐蚀性烟雾 **职业接触限值**：阈限值未制定标准。最高容许浓度未制定标准 **吸入危险性**：未指明 20℃时该物质蒸发达到空气中有害浓度的速率 **短期接触的影响**：该物质刺激眼睛、皮肤和呼吸道		
物理性质	沸点：257～259℃ 熔点：-3℃ 相对密度（水=1）：0.84 水中溶解度：不溶 闪点：109℃ 爆炸极限：空气中 0.6%～?%（体积）		
环境数据			
注解	对接触该物质的健康影响未进行充分调查。对该物质的环境影响未进行充分调查。参见卡片#0042		

IPCS
International
Programme on
Chemical Safety

国际化学品安全卡

1-十八（烷）硫醇			ICSC 编号：1622
CAS 登记号：2885-00-9	中文名称：1-十八（烷）硫醇；硬脂酰硫醇；正十八烷硫醇；1-硫醇十八烷 英文名称：1-OCTADECANETHIOL; Stearyl mercaptan; *n*-Octadecyl mercaptan; 1-Octadecyl mercaptan; 1-Mercaptooctadecane; *n*-Octadecanethiol		
分子量：286.6	化学式：$C_{18}H_{38}S/CH_3-(CH_2)_{17}-SH$		

危害/接触类型	急性危害/症状	预防	急救/消防
火　灾	可燃的。在火焰中释放出刺激性或有毒烟雾（或气体）	禁止明火	干粉，抗溶性泡沫，雾状水，二氧化碳
爆　炸			
接　触			
# 吸入		通风	新鲜空气，休息
# 皮肤		防护手套	冲洗，然后用水和肥皂清洗皮肤
# 眼睛	发红	安全眼镜	先用大量水冲洗（如可能尽量摘除隐形眼镜）
# 食入	头痛。恶心。呕吐	工作时不得进食，饮水或吸烟	漱口
泄漏处置	清扫或铲起泄漏物质，并转移到安全场所		
包装与标志			
应急响应			
储存	与强氧化剂、强酸、碱类和强还原剂分开存放		
重要数据	**物理状态、外观**：白色油状，各种形态固体，有特殊气味 **化学危险性**：与氧化剂、还原剂、强酸和强碱激烈反应。加热时，该物质分解生成含有硫化氢和硫氧化物的有毒和腐蚀性烟雾 **职业接触限值**：阈限值未制定标准。最高容许浓度未制定标准 **吸入危险性**：20℃时该物质蒸发不会或很缓慢地达到空气中有害污染浓度 **短期接触的影响**：该物质轻微刺激眼睛		
物理性质	沸点：366℃（分解） 熔点：24～31℃ 相对密度（水=1）：0.85 水中溶解度：不溶 闪点：185℃（闭杯） 辛醇/水分配系数的对数值：9.12（估计值）		
环境数据			
注解	对接触该物质的健康影响未进行充分调查。对该物质的环境影响未进行充分调查		

IPCS
International
Programme on
Chemical Safety

国际化学品安全卡

2,2'-二硫代二苯甲酸			ICSC 编号：1623
CAS 登记号：119-80-2 RTECS 号：DG9660000	中文名称：2,2'-二硫代二苯甲酸；2,2'-二硫代二(苯甲酸)；二(2-羧基苯基)二硫化物；二苯基二硫化-2,2'-二羧酸；2,2'-二硫代水杨酸 英文名称：2,2'-DITHIODIBENZOIC ACID; 2, 2'-Dithiobis [benzoic acid]; Benzoic acid, 2,2'-dithiobis-; Bis (2-carboxyphenyl) disulfide; Diphenyldisulfide-2,2'-dicarboxylic acid; 2,2'-Dithiosalicylic acid		
分子量：306.35	化学式：$C_{14}H_{10}O_4S_2$/COOH-C_6H_4-S-S-C_6H_4-COOH		
危害/接触类型	急性危害/症状	预防	急救/消防
火 灾	可燃的。在火焰中释放出刺激性或有毒烟雾（或气体）	禁止明火	干粉，雾状水，泡沫，二氧化碳
爆 炸			
接 触	见注解		
# 吸入	咳嗽		
# 皮肤	发红	防护手套	用大量水冲洗皮肤或淋浴
# 眼睛	发红	安全眼镜	先用大量水冲洗几分钟（如可能尽量摘除隐形眼镜），然后就医
# 食入		工作时不得进食，饮水或吸烟	漱口。饮用 1～2 杯水。给予医疗护理
泄漏处置	将泄漏物清扫进容器中，如果适当，首先润湿防止扬尘。不要让该化学品进入环境。个人防护用具：适用于有害颗粒物的 P2 过滤呼吸器		
包装与标志			
应急响应			
储存	与强氧化剂分开存放。储存在没有排水管或下水道的场所		
重要数据	物理状态、外观：白色至黄色粉末 化学危险性：燃烧时，该物质分解生成含有硫氧化物的腐蚀性烟雾 职业接触限值：阈限值未制定标准。最高容许浓度未制定标准		
物理性质	熔点：287～290℃ 水中溶解度：不溶		
环境数据			
注解	该物质对人体健康的影响数据不充分，因此应当特别注意。对该物质的环境影响未进行调查		

IPCS
International
Programme on
Chemical Safety

国际化学品安全卡

砷酸（80%水溶液）			ICSC 编号：1625
CAS 登记号：7778-39-4 RTECS 号：CG0700000 UN 编号：1553 EC 编号：033-005-00-1 中国危险货物编号：1553		中文名称：砷酸（80%水溶液）；半水合砷酸；原砷酸 英文名称：ARSENIC ACID (80% in water); Arsenic acid hemihydrate; ortho-Arsenic acid solution	
分子量：141.94		化学式：H_3AsO_4	
危害/接触类型	急性危害/症状	预防	急救/消防
火　灾			周围环境着火时，使用适当的灭火剂
爆　炸			
接　触		避免一切接触！	
# 吸入	咳嗽。气促。见食入	密闭系统和通风	新鲜空气，休息。给予医疗护理
# 皮肤	发红。疼痛。灼烧感	防护手套。防护服	脱去污染的衣服。用大量水冲洗皮肤或淋浴。给予医疗护理
# 眼睛	发红。疼痛	安全眼镜	先用大量水冲洗几分钟（如可能尽量摘除隐形眼镜），然后就医
# 食入	咽喉疼痛。恶心。呕吐。腹泻。惊厥	工作时不得进食，饮水或吸烟。进食前洗手	漱口。催吐（仅对清醒病人！）。休息。给予医疗护理
泄漏处置	撤离危险区域！向专家咨询！将泄漏液收集在可密闭的塑料容器中。用砂土或惰性吸收剂吸收残液，并转移到安全场所。不要让该化学品进入环境。个人防护用具：全套防护服包括自给式呼吸器		
包装与标志	不易破碎包装，将易破碎包装放在不易破碎的密闭容器中。不得与食品和饲料一起运输 欧盟危险性类别：T 符号 N 符号 标记：A，E　R:45-23/25-50/53　S:53-45-60-61 联合国危险性类别：6.1 联合国包装类别：I 中国危险性类别：第 6.1 项毒性物质 中国包装类别：I		
应急响应	运输应急卡：TEC(R)-61S1553 或 61GT4-I		
储存	储存在没有排水管或下水道的场所。与强氧化剂、强碱、金属、强还原剂、食品和饲料分开存放。不要使用铝、铜、铁或锌制容器储存或运输		
重要数据	**物理状态、外观**：无色黏稠的吸湿液体 **化学危险性**：加热时，该物质分解生成有毒和腐蚀性烟雾。该物质是一种强氧化剂，与可燃物质和还原性物质发生反应。该物质是一种中强酸。浸蚀金属，生成有毒和易燃的胂（见卡片#0222） **职业接触限值**：阈限值：0.01mg/m^3（以 As 计）（时间加权平均值）；A1（确认的人类致癌物）；公布生物暴露指数（美国政府工业卫生学家会议，2005 年）。最高容许浓度：致癌物类别：1；胚细胞突变物类别：3A（德国，2005 年） **接触途径**：该物质可通过吸入其蒸气，经皮肤和食入吸收到体内 **吸入危险性**：20℃喷洒时，该物质蒸发，迅速达到空气中有害污染浓度 **短期接触的影响**：该物质刺激眼睛、皮肤和呼吸道。该物质可能对血液、心血管系统、胃肠道、肝脏和末梢神经系统有影响。影响可能推迟显现。见注解 **长期或反复接触的影响**：该物质可能对末梢神经系统和皮肤有影响，导致多神经病和皮肤损害。该物质可能对心血管系统有影响。该物质是人类致癌物		
物理性质	沸点：120℃ 水中溶解度：20℃时易溶		
环境数据	该物质对水生生物有极高毒性		
注解	根据接触程度，建议定期进行医疗检查。急性中毒症状数小时以后才变得明显。不要将工作服带回家中		

IPCS
International
Programme on
Chemical Safety

国际化学品安全卡

苯磺酸			ICSC 编号：1626
CAS 登记号：98-11-3 RTECS 号：DB4200000 UN 编号：2585 中国危险货物编号：2585 分子量：158.2		中文名称：苯磺酸；苯一磺酸；苯基磺酸 英文名称：BENZENESULFONIC ACID; Benzenemonosulfonic acid; Phenylsulfonic acid 化学式：$C_6H_6O_3S$	
危害/接触类型	急性危害/症状	预防	急救/消防
火 灾	可燃的。在火焰中释放出刺激性或有毒烟雾（或气体）	禁止明火	干粉，抗溶性泡沫，大量水，二氧化碳
爆 炸			
接 触		严格作业环境管理！	
# 吸入	咳嗽。咽喉痛。气促。呼吸困难。灼烧感。头痛。恶心	通风（如果没有粉末时），局部排气通风或呼吸防护	新鲜空气，休息。半直立体位。必要时进行人工呼吸。给予医疗护理
# 皮肤	发红。灼烧感。疼痛。皮肤烧伤	防护手套。防护服	脱去污染的衣服。用大量水冲洗皮肤或淋浴。给予医疗护理
# 眼睛	发红。疼痛。严重深度烧伤	面罩和眼睛防护结合呼吸防护	先用大量水冲洗几分钟（如可能尽量摘除隐形眼镜），然后就医
# 食入	咽喉疼痛。咽喉和胸腔灼烧感。腹部疼痛。休克或虚脱	工作时不得进食，饮水或吸烟	漱口。大量饮水。不要催吐。给予医疗护理
泄漏处置	将泄漏物清扫进塑料容器中。用大量水冲净残余物。个人防护用具：适用于有害颗粒物的 P2 过滤呼吸器。使用面罩，化学防护服		
包装与标志	不得与食品和饲料一起运输 **联合国危险性类别**：8 **联合国包装类别**：III **中国危险性类别**：第 8 类腐蚀性物质 **中国包装类别**：III		
应急响应	运输应急卡：TEC(R)-80GC4-II+III		
储存	与氧化剂、碱类、金属、食品和饲料分开存放。干燥。严格密封。沿地面通风		
重要数据	**物理状态、外观**：灰色至黄色吸湿的晶体或薄片，有刺鼻气味 **化学危险性**：加热时，该物质分解生成有毒和腐蚀性烟雾。水溶液是一种强酸，与碱激烈反应并有腐蚀性。与氧化剂激烈反应。浸蚀许多金属，生成易燃/爆炸性气体（氢，见卡片#0001） **职业接触限值**：阈限值未制定标准。最高容许浓度未制定标准 **接触途径**：该物质可通过吸入和经食入吸收到体内 **吸入危险性**：喷洒时可较快地达到空气中颗粒物有害浓度 **短期接触的影响**：该物质腐蚀眼睛、皮肤和呼吸道。食入有腐蚀性		
物理性质	沸点：190℃ 熔点：51℃ 相对密度（水=1）：1.3（47℃时） 水中溶解度：20℃时 93g/100mL 蒸气相对密度（空气=1）：5.5 闪点：113℃ 辛醇/水分配系数的对数值：−1.2		
环境数据			
注解			

IPCS
International
Programme on
Chemical Safety

UNEP

国际化学品安全卡

硫化锌			ICSC 编号：1627
CAS 登记号：1314-98-3 RTECS 号：ZH5400000 分子量：97.45		中文名称：硫化锌；一硫化锌 英文名称：ZINC SULFIDE; Zinc monosulfide; Zinc sulphide 化学式：ZnS	
危害/接触类型	急性危害/症状	预防	急救/消防
火　灾	不可燃		周围环境着火时，使用适当的灭火剂
爆　炸			
接　触			
# 吸入	咳嗽	局部排气通风或呼吸防护	新鲜空气，休息
# 皮肤		防护手套	脱去污染的衣服。用大量水冲洗皮肤或淋浴
# 眼睛	发红。疼痛	安全护目镜	先用大量水冲洗几分钟（如可能尽量摘除隐形眼镜），然后就医
# 食入		工作时不得进食，饮水或吸烟	
泄漏处置	将泄漏物清扫进容器中，如果适当，首先润湿防止扬尘。个人防护用具：适用于该物质空气中浓度的颗粒物过滤呼吸器		
包装与标志			
应急响应			
储存	与强酸分开存放		
重要数据	物理状态、外观：白色至黄色晶体或粉末 化学危险性：与强酸发生反应，生成有毒的硫化氢 职业接触限值：阈限值未制定标准。最高容许浓度：（以下呼吸道可吸入部分计）0.1mg/m^3，最高限值种类：I(4)；（以上呼吸道可吸入部分计）2mg/m^3，最高限值种类：I(2)；妊娠风险等级：C（德国，2009 年） 吸入危险性：扩散时可较快地达到空气中颗粒物公害污染浓度 短期接触的影响：可能引起机械刺激		
物理性质	升华点：1180℃ 密度：4.0g/cm^3 水中溶解度：不溶		
环境数据			
注解			

IPCS
International
Programme on
Chemical Safety

国际化学品安全卡

溴化钙			ICSC 编号：1628
CAS 登记号：7789-41-5 RTECS 号：EV9328000 分子量：199.9		中文名称：溴化钙；二溴化钙 英文名称：CALCIUM BROMIDE; Calcium dibromide 化学式：$CaBr_2$	
危害/接触类型	急性危害/症状	预防	急救/消防
火　灾	不可燃		周围环境着火时，使用适当的灭火剂
爆　炸			
接　触			
# 吸入	咳嗽	局部排气通风或呼吸防护	新鲜空气，休息
# 皮肤	发红。疼痛	防护手套	脱去污染的衣服。用大量水冲洗皮肤或淋浴
# 眼睛	发红。疼痛	安全护目镜	先用大量水冲洗几分钟（如可能尽量摘除隐形眼镜），然后就医
# 食入	咽喉疼痛。恶心。呕吐	工作时不得进食，饮水或吸烟	漱口。不要催吐。给予医疗护理
泄漏处置	将泄漏物清扫进容器中，如果适当，首先润湿防止扬尘。用大量水冲净残余物。个人防护用具：适用于惰性颗粒物的 P1 过滤呼吸器		
包装与标志			
应急响应			
储存	干燥。与强氧化剂分开存放		
重要数据	**物理状态、外观**：白色吸湿的粉末 **化学危险性**：与高温表面或火焰接触时，该物质分解生成有毒和腐蚀性烟雾。与强酸反应，生成腐蚀性烟雾 **职业接触限值**：阈限值未制定标准。最高容许浓度未制定标准 **接触途径**：该物质可经食入吸收到体内 **吸入危险性**：扩散时可较快地达到空气中颗粒物公害污染浓度 **短期接触的影响**：该物质刺激眼睛、皮肤和呼吸道 **长期或反复接触的影响**：反复或长期与皮肤接触可能引起皮炎。食入时，该物质可能对中枢神经系统有影响		
物理性质	沸点：810℃（分解） 熔点：730℃ 密度：$3.4g/cm^3$ 水中溶解度：30℃时 142g/100mL		
环境数据			
注解	还可能以溴化钙水合物形式存在（CAS 登记号：71626-99-8）		

IPCS
International
Programme on
Chemical Safety

国际化学品安全卡

双光气			ICSC 编号：1630
CAS 登记号：503-38-8 RTECS 号：LQ7350000		中文名称：双光气；氯甲酸三氯甲酯；氯甲酸三氯甲基酯 英文名称：DIPHOSGENE; Formic acid, chloro-, trichloromethyl ester; Trichloromethyl chloroformate	
分子量：197.83		化学式：$ClCOOCCl_3$	
危害/接触类型	急性危害/症状	预防	急救/消防
火　灾	不可燃		周围环境着火时，使用适当的灭火剂
爆　炸			
接　触		严格作业环境管理！	
# 吸入	灼烧感，胸闷。咽喉痛，咳嗽，呼吸困难，呼吸短促。症状可能推迟显现(见注解)	呼吸防护。密闭系统和通风	新鲜空气，休息。半直立体位。必要时进行人工呼吸。给予医疗护理
# 皮肤	发红	防护手套	冲洗，然后用水和肥皂清洗皮肤
# 眼睛	引起流泪，发红	安全护目镜	先用大量水冲洗几分钟（如可能尽量摘除隐形眼镜），然后就医
# 食入	咽喉疼痛	工作时不得进食，饮水或吸烟	漱口
泄漏处置	将泄漏液收集在可密闭的容器中。用砂土或惰性吸收剂吸收残液，并转移到安全场所。个人防护用具：化学防护服包括自给式呼吸器		
包装与标志	GHS 分类：警示词：危险　图形符号：骷髅和交叉骨　危险说明：吸入蒸气致命；可能引起呼吸道刺激		
应急响应			
储存	干燥。严格密封。保存在通风良好的室内		
重要数据	物理状态、外观：无色液体，有特殊气味 物理危险性：蒸气比空气重 化学危险性：加热时，该物质分解生成含有氯和光气的有毒和腐蚀性烟雾。与水发生反应，生成有毒和腐蚀性烟雾 职业接触限值：阈限值未制定标准。最高容许浓度未制定标准 接触途径：该物质可通过吸入以有害数量吸收到体内 吸入危险性：20℃时，该物质蒸发，迅速达到空气中有害污染浓度 短期接触的影响：该物质刺激呼吸道、皮肤和眼睛。流泪。吸入该物质可能引起肺水肿（见注解）		
物理性质	沸点：101.3kPa 时 128℃ 熔点：-57℃ 密度：$1.6g/cm^3$ 水中溶解度：（反应） 蒸气压：20℃时 1.3kPa 蒸气相对密度（空气=1）：6.83 蒸气/空气混合物的相对密度（20℃，空气=1）：1.08 辛醇/水分配系数的对数值：1.49		
环境数据			
注解	肺水肿症状常常经过几个小时以后才变得明显，体力劳动使症状加重。因而休息和医学观察是必要的。见光气：卡片#0007		

IPCS
International
Programme on
Chemical Safety

国际化学品安全卡

苦味酸铵			ICSC 编号：1631
CAS 登记号：131-74-8 UN 编号：0004 EC 编号：609-010-00-5 中国危险货物编号：0004 分子量：246.14		中文名称：苦味酸铵；2,4,6-三硝基苯酚铵盐 英文名称：AMMONIUM PICRATE; Phenol, 2,4,6-trinitro-,ammonium salt; Ammonium carbazoate 化学式：$NH_4C_6H_2N_3O_7$	
危害/接触类型	急性危害/症状	预防	急救/消防
火　灾	可燃的。在火焰中释放出刺激性或有毒烟雾（或气体）。许多反应可能引起火灾或爆炸。见注解	禁止明火	大量水，雾状水，干粉，二氧化碳
爆　炸	撞击或摩擦和与还原剂接触时，有爆炸危险	不要受摩擦或撞击	着火时，喷雾状水保持料桶等冷却
接　触		防止粉尘扩散！	
# 吸入	灼烧感。咳嗽。见食入	通风（如果没有粉末时），局部排气通风或呼吸防护	新鲜空气，休息
# 皮肤	发红，粗糙	防护手套	脱去污染的衣服。冲洗，然后用水和肥皂清洗皮肤
# 眼睛	发红，疼痛，视力模糊	安全护目镜	先用大量水冲洗（如可能尽量摘除隐形眼镜）。给与医疗护理
# 食入	腹部疼痛，腹泻，头痛，头晕。恶心，呕吐。虚弱。红色尿	工作时不得进食，饮水或吸烟	漱口。饮用 1～2 杯水
泄漏处置	向专家咨询！撤离危险区域！不要让该化学品进入环境。个人防护用具：适应于该物质空气中浓度的颗粒物过滤呼吸器		
包装与标志	R:3-23/24/25　S:1/2-28-35-37-45 **联合国危险性类别**：1　**联合国包装类别**：I　**中国危险性类别**：第 1 类 爆炸品　**中国包装类别**：I GHS 分类：**警示词**：危险　**图形符号**：爆炸的炸弹-感叹号　**危险说明**：爆炸物，整体爆炸危险；造成严重眼睛刺激；对水生生物有害		
应急响应	运输应急卡：TEC(R)-10G1.1		
储存	与性质相互抵触的物质分开存放。见化学危险性。储存在没有排水管或下水道的场所		
重要数据	**物理状态、外观**：红色或黄色晶体 **化学危险性**：受撞击、摩擦或震动时，可能发生爆炸性分解。受热时可能发生爆炸。燃烧时，生成含有氮氧化物的有毒气体。与金属和还原剂发生激烈反应，有着火和爆炸危险。与混凝土和灰泥反应，生成比苦味酸铵对撞击更敏感的苦味酸盐 **职业接触限值**：阈限值未制定标准。最高容许浓度未制定标准。 **接触途径**：该物质可通过吸入和经食入吸收到体内 **吸入危险性**：扩散时，可较快地达到空气中颗粒物有害浓度 **短期接触的影响**：该物质刺激皮肤和眼睛。该物质可能对血液有影响，导致血细胞破坏和酸毒症 **长期或反复接触的影响**：反复或长期与皮肤接触可能引起皮炎		
物理性质	熔点：265℃(分解) 密度：1.72g/cm³ 水中溶解度：20℃时 1.1g/100mL. 辛醇/水分配系数的对数值：-1.4		
环境数据	该物质对水生生物是有害的		
注解	为运输安全，通常加入 10%～20%的水常规条件下，是可燃的，如果被氧化可能具有爆炸性。其他 UN 编号：1310，含水不低于 10%（质量），危险性类别：4.1，包装类别：I		

IPCS
International
Programme on
Chemical Safety

国际化学品安全卡

丙二醛			ICSC 编号：1632
CAS 登记号：542-78-9 RTECS 号：TX6475000		中文名称：丙二醛；1,3-丙二醛 英文名称：MALONALDEHYDE; Malondialdehyde; Propanedial; Malonic aldehyde; 1,3-Propanedialdehyde	
分子量：72.1		化学式：$OCHCH_2CHO$	
危害/接触类型	急性危害/症状	预防	急救/消防
火　灾	不可燃		周围环境着火时，使用适当的灭火剂
爆　炸			
接　触			
# 吸入	咳嗽	通风，局部排气通风或呼吸防护	新鲜空气，休息。给予医疗护理
# 皮肤		防护手套	冲洗，然后用水和肥皂清洗皮肤
# 眼睛	发红	安全护目镜	用大量水冲洗（如可能尽量摘除隐形眼镜）
# 食入		工作时不得进食，饮水或吸烟	漱口。饮用 1～2 杯水
泄漏处置	将泄漏物清扫进容器中，如果适当，首先润湿防止扬尘。小心收集残余物，然后转移到安全场所。个人防护用具：适应于该物质空气中浓度的颗粒物过滤呼吸器		
包装与标志	GHS 分类：警示词：警告　图形符号：感叹号　危险说明：吞咽有害		
应急响应			
储存			
重要数据	物理状态、外观：针状 化学危险性：加热时，该物质分解生成有毒烟雾 职业接触限值：阈限值未制定标准。最高容许浓度未制定标准 接触途径：该物质可经食入吸收到体内 吸入危险性：可较快地达到空气中颗粒物有害浓度		
物理性质	熔点：72℃ 辛醇/水分配系数的对数值：-1.16		
环境数据			
注解	对接触该物质的健康影响未进行充分调查		

IPCS
International
Programme on
Chemical Safety

国际化学品安全卡

<table>
<tr><td colspan="2">1-氯-3-硝基苯</td><td colspan="2">ICSC 编号：1633</td></tr>
<tr><td colspan="2">CAS 登记号：121-73-3
RTECS 号：CZ0940000
UN 编号：1578
中国危险货物编号：1578
分子量：157.6</td><td colspan="2">中文名称：1-氯-3-硝基苯；间氯硝基苯
英文名称：1-CHLORO-3-NITROBENZENE; Benzene, 1-chloro-3-nitro-; m-Chloronitrobenzene
化学式：$ClC_6H_4NO_2$</td></tr>
<tr><td>危害/接触类型</td><td>急性危害/症状</td><td>预防</td><td>急救/消防</td></tr>
<tr><td>火　灾</td><td>可燃的。在火焰中释放出刺激性或有毒烟雾（或气体）</td><td>禁止明火</td><td>雾状水，泡沫，二氧化碳</td></tr>
<tr><td>爆　炸</td><td>微细分散的颗粒物在空气中形成爆炸性混合物</td><td></td><td></td></tr>
<tr><td>接　触</td><td></td><td>防止粉尘扩散！严格作业环境管理！</td><td></td></tr>
<tr><td># 吸入</td><td>嘴唇发青或指甲发青。头晕，头痛，恶心。意识模糊，惊厥</td><td>局部排气通风。呼吸防护</td><td>新鲜空气，休息。给予医疗护理。见注解</td></tr>
<tr><td># 皮肤</td><td>可能被吸收！（见吸入）</td><td>防护手套，防护服</td><td>脱去污染的衣服。冲洗，然后用水和肥皂清洗皮肤。如果感觉不舒服，需就医</td></tr>
<tr><td># 眼睛</td><td>发红</td><td>安全护目镜</td><td>用大量水冲洗（如可能尽量摘除隐形眼镜）</td></tr>
<tr><td># 食入</td><td>皮肤发青。（另见吸入）</td><td>工作时不得进食，饮水或吸烟</td><td>漱口。立即给予医疗护理</td></tr>
<tr><td>泄漏处置</td><td colspan="3">将泄漏物清扫进可密闭容器中，如果适当，首先润湿防止扬尘。小心收集残余物，然后转移到安全场所。不要让该化学品进入环境。个人防护用具：化学防护服包括自给式呼吸器</td></tr>
<tr><td>包装与标志</td><td colspan="3">不得与食品和饲料一起运输
联合国危险性类别：6.1　联合国包装类别：II
中国危险性类别：第 6.1 项 毒性物质　中国包装类别：II
GHS 分类：警示词：危险　图形符号：骷髅和交叉骨-健康危险　危险说明：吞咽有害；皮肤接触会中毒；对水生生物有毒；对血液造成损害</td></tr>
<tr><td>应急响应</td><td colspan="3">运输应急卡：TEC(R)-61GT2-II 和 61S1578
美国消防协会法规：H2（健康危险性）；F1（火灾危险性）；R0（反应危险性）</td></tr>
<tr><td>储存</td><td colspan="3">与可燃物质和还原性物质、食品和饲料分开存放。储存在没有排水管或下水道的场所。注意收容灭火产生的废水</td></tr>
<tr><td>重要数据</td><td colspan="3">物理状态、外观：淡黄色晶体，有特殊气味
物理危险性：以粉末或颗粒形状与空气混合，可能发生粉尘爆炸
化学危险性：燃烧时，该物质分解生成含有氮氧化物、氯（见卡片#0126）、氯化氢（见卡片#0163）和光气（见卡片#0007）的有毒和腐蚀性烟雾，有着火和爆炸的危险。该物质是一种强氧化剂，与可燃物质和还原性物质发生反应
职业接触限值：阈限值未制定标准。最高容许浓度：IIb（未制定标准，但可提供数据）；经皮吸收（德国，2006 年）
接触途径：该物质可通过吸入、经皮肤和食入吸收到体内
吸入危险性：扩散时，可较快地达到空气中颗粒物有害浓度，尤其是粉末
短期接触的影响：该物质轻微刺激眼睛。该物质可能对血液有影响，导致形成正铁血红蛋白。影响可能推迟显现。需进行医学观察。见注解
长期或反复接触的影响：该物质可能对血液有影响，导致形成正铁血红蛋白</td></tr>
<tr><td>物理性质</td><td colspan="2">沸点：236℃
熔点：44℃
密度：1.3g/cm^3
水中溶解度：20℃时（难溶）
蒸气压：20℃时 5Pa</td><td>蒸气相对密度（空气=1）：5.44
闪点：103℃（闭杯）
自燃温度：500℃
辛醇/水分配系数的对数值：2.41</td></tr>
<tr><td>环境数据</td><td colspan="3">该物质对水生生物是有毒的。强烈建议不要让该化学品进入环境</td></tr>
<tr><td>注解</td><td colspan="3">阈限值（以对硝基氯苯计）：0.1ppm（皮肤）；A3（确认的动物致癌物，但未知与人类相关性）；公布生物暴露指数（美国政府工业卫生学家会议，2006 年）。见卡片#0028。根据接触程度，建议定期进行医学检查。该物质中毒时，需采取必要的治疗措施；必须提供有指示说明的适当方法。用大量水冲洗工作服（有着火危险）</td></tr>
</table>

IPCS
International Programme on Chemical Safety

国际化学品安全卡

甲酸钙			ICSC 编号：1634
CAS 登记号：544-17-2 RTECS 号：LQ5600000 分子量：130.1	中文名称：甲酸钙；二甲酸钙；甲酸钙盐 英文名称：CALCIUM FORMATE; Calcium diformate; Formic acid, Calcium salt 化学式：$C_2H_2CaO_4/Ca(HCO_2)_2$		
危害/接触类型	急性危害/症状	预防	急救/消防
火　灾	不可燃		周围环境着火时，使用适当的灭火剂
爆　炸	微细分散的颗粒物在空气中形成爆炸性混合物		
接　触		防止粉尘扩散！	
# 吸入	咳嗽	局部排气通风或呼吸防护	新鲜空气，休息
# 皮肤		防护手套	用大量水冲洗皮肤或淋浴
# 眼睛	发红。疼痛	安全护目镜	先用大量水冲洗几分钟（如可能尽量摘除隐形眼镜），然后就医
# 食入		工作时不得进食，饮水或吸烟	漱口
泄漏处置	将泄漏物清扫进有盖的容器中，如果适当，首先润湿防止扬尘。用大量水冲净残余物。个人防护用具：适用于有害颗粒物的 P2 过滤呼吸器		
包装与标志			
应急响应			
储存	与强氧化剂和强酸分开存放		
重要数据	物理状态、外观：白色至黄色晶体或晶体粉末 化学危险性：加热时，该物质分解生成易燃氢气和含草酸钙、碳酸钙和氧化钙的刺激性烟雾。与强酸和强氧化剂发生反应 职业接触限值：阈限值未制定标准。最高容许浓度未制定标准 吸入危险性：扩散时，可较快地达到空气中颗粒物有害浓度 短期接触的影响：该物质刺激眼睛		
物理性质	熔点：>800℃（分解） 密度：1150kg/m³（块状） 水中溶解度：20℃时 16g/100mL 自燃温度：475℃ 辛醇/水分配系数的对数值：-2.47		
环境数据			
注解	对接触该物质的健康影响未进行充分调查		

IPCS
International
Programme on
Chemical Safety

国际化学品安全卡

N-(1,3-二甲基丁基）-*N*'-苯基对苯二胺			ICSC 编号：1635
CAS 登记号：793-24-8 RTECS 号：ST1100000 UN 编号：3077 中国危险货物编号：3077	**中文名称**：*N*-(1,3-二甲基丁基）-*N*'-苯基对苯二胺；*N*-(4-甲基-2-戊基)-*N*'-苯基-1,4-二氨基苯；*N*-(1,3-二甲基丁基）-*N*'-苯基-1,4-苯二胺；6PPD **英文名称**：*N*-(1,3-DIMETHYLBUTYL)-*N*'-PHENYL-*p*-PHENYLENEDIAMINE; *N*-(4-Methyl-2-pentyl)-*N*'-phenyl-1,4-diaminobenzene; 1,4-Benzenediamine, *N*-(1,3-dimethylbutyl)-*N*'-phenyl-; p-Phenylenediamine, *N*-(1,3-dimethylbutyl)-*N*'-phenyl-; 6PPD		
分子量：268.4	化学式：$C_{18}H_{24}N_2$		
危害/接触类型	**急性危害/症状**	**预防**	**急救/消防**
火　灾	可燃的。在火焰中释放出刺激性或有毒烟雾（或气体）	禁止明火	雾状水，干粉
爆　炸			
接　触		严格作业环境管理！	
# 吸入	咳嗽	局部排气通风或呼吸防护	新鲜空气，休息
# 皮肤	发红	防护服。防护手套	脱去污染的衣服。冲洗，然后用水和肥皂清洗皮肤
# 眼睛	发红	安全护目镜	先用大量水冲洗几分钟（如可能尽量摘除隐形眼镜），然后就医
# 食入		工作时不得进食，饮水或吸烟	漱口。给予医疗护理
泄漏处置	将泄漏物清扫进有盖的容器中，如果适当，首先润湿防止扬尘。不要让该化学品进入环境。个人防护用具：适用于有害颗粒物的 P2 过滤呼吸器。防护手套		
包装与标志	**联合国危险性类别**：9　　**联合国包装类别**：III **中国危险性类别**：第 9 类 杂项危险物质和物品　**中国包装类别**：III		
应急响应	**运输应急卡**：TEC(R)-90GM7-III		
储存	注意收容灭火产生的废水。储存在没有排水管或下水道的场所。与强氧化剂分开存放		
重要数据	**物理状态、外观**：棕色至紫色各种形态固体。遇光时变暗棕色 **化学危险性**：燃烧时，该物质分解生成含有氮氧化物的有毒烟雾。与强氧化剂发生反应 **职业接触限值**：阈限值未制定标准。最高容许浓度未制定标准 **接触途径**：该物质可经食入吸收到体内 **吸入危险性**：扩散时，可较快地达到空气中颗粒物有害浓度，尤其是粉末 **短期接触的影响**：该物质轻度刺激眼睛和皮肤 **长期或反复接触的影响**：反复或长期接触可能引起皮肤过敏		
物理性质	**沸点**：370℃ **熔点**：45～48℃ **密度**：1.02g/cm^3 **水中溶解度**：20℃时 0.01g/100mL **蒸气压**：25℃时可忽略不计 **蒸气/空气混合物的相对密度**（20℃，空气=1）：1.00 **闪点**：200℃（闭杯） **自燃温度**：约 500℃ **辛醇/水分配系数的对数值**：5.4		
环境数据	该物质对水生生物有极高毒性。强烈建议不要让该化学品进入环境		
注解	不要将工作服带回家中		

IPCS
International
Programme on
Chemical Safety

国际化学品安全卡

甲氧基荧烷			ICSC 编号：1636
CAS 登记号：76-38-0 RTECS 号：KN7820000 分子量：165.0	中文名称：甲氧基荧烷；2,2-二氯-1,1-二氟乙基甲醚；2,2-二氯-1,1-二氟-1-甲氧基乙烷 英文名称：METHOXYFLURANE; 2,2-Dichloro-1,1-difluoroethyl methyl ether; 2,2-Dichloro-1,1-difluoro-1-methoxyethane; Methoflurane; Penthrane 化学式：$C_3H_4Cl_2F_2O/CH_3OCF_2CHCl_2$		
危害/接触类型	急性危害/症状	预防	急救/消防
火　灾	可燃的	禁止明火	干粉，雾状水，泡沫，二氧化碳
爆　炸	高于 63℃，可能形成爆炸性蒸气/空气混合物	高于 63℃，使用密闭系统、通风	
接　触			
# 吸入	头晕。倦睡。神志不清	通风，局部排气通风或呼吸防护	新鲜空气，休息
# 皮肤		防护手套	用大量水冲洗皮肤或淋浴
# 眼睛	发红	安全眼镜，眼睛防护结合呼吸防护	先用大量水冲洗几分钟（如可能尽量摘除隐形眼镜），然后就医
# 食入		工作时不得进食，饮水或吸烟	漱口。给予医疗护理
泄漏处置	将泄漏液收集在可密闭的金属容器中。用砂土或惰性吸收剂吸收残液，并转移到安全场所。个人防护用具：适用于有机气体和蒸气的过滤呼吸器		
包装与标志	GHS 分类：警示词：警告　图形符号：健康危险　危险说明：可燃液体；吸入可能对肾造成损害		
应急响应			
储存			
重要数据	物理状态、外观：无色液体，有特殊气味 化学危险性：燃烧时，该物质分解生成含有氯化氢和氟化氢有毒烟雾。浸蚀某些塑料和橡胶 职业接触限值：阈限值未制定标准。最高容许浓度未制定标准 接触途径：该物质可通过吸入其蒸气吸收到体内 吸入危险性：未指明 20℃时该物质蒸发达到空气中有害浓度的速率 短期接触的影响：高浓度时，接触可能导致神志不清 长期或反复接触的影响：该物质可能对肾脏有影响，导致肾损伤		
物理性质	沸点：105℃ 熔点：−35℃ 相对密度（水=1）：1.42 水中溶解度：37℃时 2.83g/100mL（微溶） 蒸气压：20℃时 3.1kPa 蒸气相对密度（空气=1）：5.7 蒸气/空气混合物的相对密度（20℃，空气=1）：1.1 闪点：63℃ 爆炸极限：空气中 7%～?%（体积） 辛醇/水分配系数的对数值：2.21		
环境数据			
注解			

IPCS
International
Programme on
Chemical Safety

国际化学品安全卡

N-羟甲基丙烯酰胺			ICSC 编号：1637
CAS 登记号：924-42-5 RTECS 号：AS3600000 分子量：101.1	**中文名称**：*N*-羟甲基丙烯酰胺；*N*-(羟甲基)丙烯酰胺；*N*-(羟甲基)-2-丙烯酰胺；一羟甲基丙烯酰胺；*N*-甲醇丙烯酰胺 **英文名称**：*N*-METHYLOLACRYLAMIDE; *N*-(Hydroxymethyl) acrylamide; *N*-(Hydroxymethyl)-2-propenamide; Monomethylolacrylamide; *N*-Methanolacrylamide **化学式**：$C_4H_7NO_2$		
危害/接触类型	**急性危害/症状**	**预防**	**急救/消防**
火　灾	可燃的	禁止明火	干粉，抗溶性泡沫，雾状水，二氧化碳
爆　炸			着火时，喷雾状水保持料桶等冷却
接　触		避免一切接触！	一切情况均向医生咨询！
# 吸入	咳嗽。咽喉痛	局部排气通风或呼吸防护	新鲜空气，休息
# 皮肤	发红	防护手套	脱去污染的衣服。冲洗，然后用水和肥皂清洗皮肤
# 眼睛	发红	安全护目镜，或眼睛防护结合呼吸防护	先用大量水冲洗几分钟（如可能尽量摘除隐形眼镜），然后就医
# 食入	腹部疼痛	工作时不得进食，饮水或吸烟	漱口。用水冲服活性炭浆。给予医疗护理
泄漏处置	不要让该化学品进入环境。将泄漏物清扫进容器中。然后转移到安全场所。个人防护用具：适用于有害颗粒物的 P2 过滤呼吸器。		
包装与标志			
应急响应			
储存	与酸类分开存放。稳定后储存。储存在没有排水管或下水道的场所		
重要数据	**物理状态、外观**：白色晶体 **化学危险性**：加热和在酸的作用下，该物质可能发生聚合。燃烧时，该物质分解生成含有氮氧化物的有毒烟雾 **职业接触限值**：阈限值未制定标准。最高容许浓度未制定标准 **接触途径**：该物质可通过吸入和经皮肤和食入吸收到体内 **吸入危险性**：扩散时可较快地达到空气中颗粒物有害浓度，尤其是粉末 **短期接触的影响**：该物质轻微刺激眼睛和皮肤。该物质可能对神经系统有影响 **长期或反复接触的影响**：该物质可能对末梢神经系统有影响。动物实验表明，该物质可能造成人类生殖或发育毒性		
物理性质	**沸点**：277℃ **熔点**：75℃ **水中溶解度**：20℃时 188g/100mL **蒸气压**：25℃时 0.03Pa（可忽略不计） **辛醇/水分配系数的对数值**：−1.81（计算值）		
环境数据	该物质对水生生物是有毒的。强烈建议不要让该化学品进入环境		
注解	添加稳定剂或阻聚剂会影响该物质的毒理学性质。向专家咨询		

IPCS
International
Programme on
Chemical Safety

国际化学品安全卡

酞菁铜			ICSC 编号：1638
CAS 登记号：147-14-8 RTECS 号：GL8510000	中文名称：酞菁铜；29*H*,31*H*-酞菁(2-)-N29,N30,N31,N32 铜；(29*H*,31*H*-酞菁(2-)-N29,N30,N31,N32) (SP-4-1)铜；C.I. 颜料蓝 15 英文名称：COPPER PHTHALOCYANINE; 29*H*,31*H*-Phthalocyaninato (2-)-N29,N30,N31,N32 copper; Copper, (29*H*,31H-phthalocyaninato (2-)-N29,N30,N31,N32)-, (SP-4-1)-; Tetrabenzo-5,10,15,20-diazaporphyrinephthalocyanine; C.I. Pigment blue 15		
分子量：576.1	化学式：$C_{32}H_{16}CuN_8$		

危害/接触类型	急性危害/症状	预防	急救/消防
火　灾	不可燃。在火焰中释放出刺激性或有毒烟雾（或气体）		周围环境着火时，使用适当的灭火剂
爆　炸			
接　触			
# 吸入		避免吸入粉尘	新鲜空气，休息
# 皮肤		防护手套	脱去污染的衣服
# 眼睛		安全护目镜	先用大量水冲洗几分钟（如可能尽量摘除隐形眼镜），然后就医
# 食入	腹部疼痛。恶心	工作时不得进食，饮水或吸烟	漱口
泄漏处置	将泄漏物清扫进容器中。小心收集残余物，然后转移到安全场所。个人防护用具：适用于惰性颗粒物的 P1 过滤呼吸器		
包装与标志			
应急响应			
储存			
重要数据	物理状态、外观：鲜蓝色晶体 化学危险性：加热时，该物质分解生成有毒烟雾 职业接触限值：阈限值未制定标准。最高容许浓度未制定标准 吸入危险性：未指明该物质蒸发达到空气中有害浓度的速率		
物理性质	熔点：>250℃时分解（见注解） 密度：1.62g/cm^3 水中溶解度：不溶 辛醇/水分配系数的对数值：6.6（计算值）		
环境数据			
注解	据文献报道，分解温度在 250-600 ℃范围内。分解时可能生成可燃物质，但温度在 350℃以下时不会发生自燃		

IPCS
International
Programme on
Chemical Safety

国际化学品安全卡

氰氨化钙			ICSC 编号：1639
CAS 登记号：156-62-7 RTECS 号：GS6000000 UN 编号：1403 EC 编号：615-017-00-4 中国危险货物编号：1403	中文名称：氰氨化钙；异氰酸钙；氨基氰化钙盐 英文名称：CALCIUM CYANAMIDE; Calcium carbimide; Cyanamide, calcium salt		
分子量：80.1	化学式：$CN_2 \cdot Ca$		
危害/接触类型	急性危害/症状	预防	急救/消防
火　灾	不可燃（杂质有着火危险）。在火焰中释放出刺激性或有毒烟雾（或气体）	禁止与水接触	干粉。禁用二氧化碳、泡沫或水
爆　炸	与水或金属接触时，有着火和爆炸危险		
接　触		严格作业环境管理！	
# 吸入	咳嗽。灼烧感。咽喉痛。见注解	局部排气通风或呼吸防护	新鲜空气，休息
# 皮肤	发红	防护手套	脱去污染的衣服。用大量水冲洗皮肤或淋浴
# 眼睛	发红。疼痛	安全护目镜，或如为粉末，眼睛防护结合呼吸防护	先用大量水冲洗（如可能尽量摘除隐形眼镜）。立即给予医疗护理
# 食入	咽喉疼痛。咽喉和胸腔灼烧感。腹部疼痛。见注解	工作时不得进食，饮水或吸烟	漱口。饮用 1 杯或 2 杯水。给予医疗护理
泄漏处置	用不可燃的惰性干燥吸收剂覆盖泄漏物料。将泄漏物清扫进有盖的塑料容器中。不要冲入下水道。个人防护用具：适用于有害颗粒物的 P2 过滤呼吸器		
包装与标志	欧盟危险性类别：Xn 符号　R:22-37-41　S:2-22-26-36/37/39 联合国危险性类别：4.3　联合国包装类别：III 中国危险性类别：第 4.3 项 遇水放出易燃气体的物质　中国包装类别：III GHS 分类：信号词：警告 图形符号：感叹号 危险说明：吞咽有害；造成严重眼睛刺激		
应急响应	运输应急卡：TEC(R)-43GW2-II+III 美国消防协会法规：H-（健康危险性）；F3（火灾危险性）；R1（反应危险性）。W（禁止用水）		
储存	保存在通风良好的室内。干燥。严格密封。与食品和饲料分开存放。		
重要数据	**物理状态、外观**：无色晶体 **化学危险性**：在水的作用下，该物质分解生成氨基氰（见卡片#0424）、氨、氢氧化钙和乙炔，有着火和爆炸危险。浸蚀许多金属，生成易燃/爆炸性气体氢（见卡片#0001） **职业接触限值**：阈限值：$0.5mg/m^3$（美国政府工业卫生学家会议） **接触途径**：该物质可通过吸入和经食入以有害数量吸收到体内 **吸入危险性**：扩散时可较快地达到空气中颗粒物有害浓度 **短期接触的影响**：该物质严重刺激眼睛和呼吸道		
物理性质	熔点：加热时分解 密度：$2.3g/cm^3$ 水中溶解度：反应		
环境数据	该物质可能对环境有危害，对水生生物应给予特别注意		
注解	即使与少量的醇类一起，该物质也对心血管系统和中枢神经系统有影响，导致脸红、心悸、低血压和换气过度。影响可能推迟显现。商品级氰氨化钙为晶体物质，含有在生产装置或容器中可以生产乙炔的微量碳化钙。与灭火剂，如水激烈反应。UN 编号 1403：氰氨化钙，含碳化钙高于 0.1%		

IPCS
International
Programme on
Chemical Safety

国际化学品安全卡

全氢化-1,3,5-三硝基-1,3,5-三吖嗪		ICSC 编号：1641	
CAS 登记号：121-82-4 RTECS 号：XY9450000 分子量：222.1		**中文名称**：全氢化-1,3,5-三硝基-1,3,5-三吖嗪；1,3,5-三吖-1,3,5-三硝基环己烷；RDX；黑索金；旋风炸药；环三亚甲基三硝基胺 **英文名称**：PERHYDRO-1,3,5-TRINITRO-1,3,5-TRIAZINE; 1,3,5-Triaza-1,3,5-trinitrocyclohexane; RDX (Royal Demolition Explosive); Hexogen; Cyclonite; Cyclotrimethylenetrinitramine 化学式：$C_3H_6N_6O_6$	
危害/接触类型	**急性危害/症状**	**预防**	**急救/消防**
火　灾	爆炸性的。在火焰中释放出刺激性或有毒烟雾（或气体）	禁止明火，禁止火花和禁止吸烟	大量水，干粉，二氧化碳
爆　炸	有爆炸危险	不要受摩擦或撞击。防止粉尘沉积、密闭系统、防止粉尘爆炸型电气设备和照明	从掩蔽位置灭火。着火时，喷雾状水保持料桶等冷却
接　触		严格作业环境管理！	一切情况均向医生咨询！
# 吸入	虚弱，头晕，头痛，恶心，惊厥，神志不清	密闭系统和通风	新鲜空气，休息。给予医疗护理
# 皮肤		防护手套	脱去污染的衣服，冲洗，然后用水和肥皂清洗皮肤
# 眼睛	发红，疼痛	安全护目镜，或如为粉末，眼睛防护结合呼吸防护	先用大量水冲洗几分钟（如可能尽量摘除隐形眼镜），然后就医
# 食入	（另见吸入）	工作时不得进食，饮水或吸烟。进食前洗手	漱口，不要催吐，用水冲服活性炭浆，立即给予医疗护理
泄漏处置	撤离危险区域！向专家咨询！转移全部引燃源。不要让该化学品进入环境。		
包装与标志	**联合国危险性类别**：1.1 **中国危险性类别**：第 1.1 项 有整体爆炸危险的物质和物品 **GHS 分类**：**警示词**:危险 **图形符号**:爆炸的炸弹-骷髅和交叉骨-健康危险 **危险说明**:爆炸物，整体爆炸危险；吞咽会中毒；对中枢神经系统造成损害；长期或反复接触对中枢神经系统造成损害；对水生生物有害		
应急响应	运输应急卡：TEC(R)-10G1.1。		
储存	该物质应当保持湿润。耐火设备（条件）。严格密封。与可燃物质和强氧化剂分开存放。储存在没有排水管或下水道的场所。		
重要数据	**物理状态、外观**：白色晶体粉末或无色晶体 **化学危险性**：受撞击、摩擦或震动时，可能发生爆炸性分解。受热时，生成氮氧化物，可能发生爆炸。与强氧化剂和可燃物质发生反应 **职业接触限值**：阈限值：0.5mg/m³（时间加权平均值）（经皮）；A4 （不能分类为人类致癌物）（美国政府工业卫生学家会议，2006 年）。最高容许浓度未制定标准 **接触途径**：该物质可通过吸入和经食入以有害数量吸收到体内 **吸入危险性**：可较快地达到空气中颗粒物有害浓度 **短期接触的影响**：该物质可能对中枢神经系统有影响，导致易怒、失眠、惊厥和神志不清 **长期或反复接触的影响**：该物质可能对中枢神经系统有影响。反复或长期与皮肤接触可能引起皮炎		
物理性质	**熔点**：205.5℃ **密度**：1.8g/cm³ **水中溶解度**：不溶 **蒸气压**：可忽略不计 **辛醇/水分配系数的对数值**：0.87		
环境数据	该物质对水生生物是有害的		
注解	不要将工作服带回家中。工业品中可能含有其改变健康影响的杂质。该物质只能按 UN0072 或 UN0483 进行运输。UN0072 为：环三亚甲基三硝基胺(旋风炸药；黑索金；RDX)，湿的，含不低于 15%的水分（质量）；UN0483 为：环三亚甲基三硝基胺(旋风炸药；六素精；RDX)，减敏的		

IPCS
International
Programme on
Chemical Safety

国际化学品安全卡

异氰酸正丁酯			ICSC 编号：1642
CAS 登记号：111-36-4 RTECS 号：NQ8250000 UN 编号：2485 中国危险货物编号：2485 分子量：99.1		中文名称：异氰酸正丁酯；1-异氰酸丁酯 英文名称：*n*-BUTYL ISOCYANATE; 1-Isocyanatobutane 化学式：$C_5H_9NO/CH_3(CH_2)_3NCO$	
危害/接触类型	急性危害/症状	预防	急救/消防
火　灾	高度易燃，加热引起压力升高，容器有破裂危险	禁止明火，禁止火花和禁止吸烟	干粉，泡沫，二氧化碳，禁止用水
爆　炸	蒸气/空气混合物有爆炸性	密闭系统，通风，防爆型电气设备和照明	着火时，喷雾状水保持料桶等冷却，但避免该物质与水接触，从掩蔽位置灭火
接　触		避免一切接触!	一切情况均向医生咨询!
# 吸入	咳嗽，咽喉痛，呼吸困难，灼烧感	通风，局部排气通风或呼吸防护	新鲜空气，休息，半直立体位，必要时进行人工呼吸，立即给予医疗护理
# 皮肤	发红，疼痛，皮肤烧伤	防护手套，防护服	脱去污染的衣服，用大量水冲洗皮肤或淋浴，给予医疗护理
# 眼睛	发红，疼痛，烧伤	安全护目镜，或眼睛防护结合呼吸防护	用大量水冲洗（如可能尽量摘除隐形眼镜），立即给与医疗护理
# 食入	腹部疼痛，灼烧感，休克或虚脱	工作时不得进食，饮水或吸烟	漱口，不要催吐，饮用 1～2 杯水，立即给予医疗护理
泄漏处置	撤离危险区域！通风。转移全部引燃源。将泄漏液收集在可密闭的容器中。用砂土或惰性吸收剂吸收残液，并转移到安全场所。不要冲入下水道。不要让该化学品进入环境。个人防护用具：气密式化学防护服包括自给式呼吸器		
包装与标志	不得与食品和饲料一起运输 **联合国危险性类别**：6.1　**联合国次要危险性**：3　**联合国包装类别**：I **中国危险性类别**：第 6.1 项 毒性物质 **中国次要危险性**:第 3 类 易燃液体 **中国包装类别**：I **GHS 分类**：**警示词**：危险 **图形符号**：火焰-腐蚀-骷髅和交叉骨-健康危险 **危险说明**：高度易燃液体和蒸气；吸入（蒸气）致命；吞咽有害； 造成严重皮肤烧伤和眼睛损伤；可能导致皮肤过敏反应；吸入对肺造成损害。		
应急响应	**运输应急卡**：TEC (R)-61S2485 或 61GTF1-I **美国消防协会法规**：H3（健康危险性）；F3（火灾危险性）；R2（反应危险性）；W（禁止用水）		
储存	耐火设备（条件）。与强氧化剂、食品和饲料分开存放。阴凉场所。见化学危险性。储存在没有排水管或下水道的场所		
重要数据	**物理状态、外观**：无色液体 **物理危险性**：蒸气与空气充分混合，容易形成爆炸性混合物 **化学危险性**：受热时，该物质可能发生聚合。燃烧时，该物质分解生成含有氮氧化物和氰化氢的有毒气体。与强氧化剂和水激烈反应 **职业接触限值**：阈限值未制定标准。最高容许浓度未制定标准 **接触途径**：各种接触途径都有严重的局部影响 **吸入危险性**：20℃时，该物质蒸发较快地达到空气中有害污染浓度 **短期接触的影响**：该物质腐蚀眼睛、皮肤和呼吸道。吸入可能引起肺水肿（见注解） **长期或反复接触的影响**：反复或长期接触可能引起皮肤过敏。见注解		
物理性质	**沸点**：115℃ **熔点**：<-70℃ **密度**：0.9g/cm^3 **水中溶解度**：（反应） **蒸气压**：20℃时 2.1kPa	**蒸气相对密度（空气=1）**：3.4 **蒸气/空气混合物的相对密度（20℃，空气=1）**：1.05 **闪点**：11℃（闭杯） **自燃温度**：425℃ **爆炸极限**：空气中 1.3%～10%（体积）	
环境数据	该物质可能对环境有危害，对水生生物应给予特别注意		
注解	众所周知有些异氰酸盐会引起呼吸过敏，但是却未见关于异氰酸正丁酯或其他单异氰酸酯引起呼吸过敏的报告。肺水肿症状常常经过几个小时以后才变得明显，体力劳动使症状加重，因而休息和医学观察是必要的		

IPCS
International
Programme on
Chemical Safety

国际化学品安全卡

环己烷二甲酸酐			ICSC 编号：1643
CAS 登记号：85-42-7 EC 编号：607-102-00-X	中文名称：环己烷二甲酸酐；六氢-1,3-异苯并呋喃二酮；环己烷-1,2-二甲酸酐；六氢异苯并呋喃-1,3-二酮；六氢邻苯二甲酸酐；HHPA 英文名称：CYCLOHEXANEDICARBOXYLIC ACID ANHYDRIDE; hexahydro-1,3-Isobenzofurandione; Cyclohexane-1,2-dicarboxylic acid anhydride; Hexahydro-isobenzofuran-1,3-dionne; Hexahydrophthalic anhydride; HHPA		
分子量：154.2	化学式：$C_8H_{10}O_3$		

危害/接触类型	急性危害/症状	预防	急救/消防
火　灾	可燃的。在火焰中释放出刺激性或有毒烟雾（或气体）	禁止明火	大量水
爆　炸			
接　触		避免一切接触！	
# 吸入	咳嗽，喘息，症状可能推迟显现（见注解）	通风，局部排气通风或呼吸防护	新鲜空气，休息，给予医疗护理
# 皮肤	发红	防护手套。防护服	脱去污染的衣服，冲洗，然后用水和肥皂清洗皮肤
# 眼睛	发红。疼痛	面罩，和眼睛防护结合呼吸防护	先用大量水冲洗几分钟（如可能尽量摘除隐形眼镜），然后就医
# 食入	咽喉疼痛。灼烧感。腹部疼痛。腹泻	工作时不得进食，饮水或吸烟	漱口。给予医疗护理
泄漏处置	将泄漏物清扫进有盖的容器中。不要让该化学品进入环境。个人防护用具：全套防护服包括自给式呼吸器		
包装与标志	欧盟危险性类别：Xn 符号 标记：C　R:41-42/43　S:(2)-23-24-26-37/39 GHS 分类：**警示词**：危险 **图形符号**：健康危险 **危险说明**：吸入可能造成过敏 、哮喘症状或呼吸困难；可能造成皮肤过敏反应；导致严重的眼睛刺激；造成皮肤刺激；对水生生物有害		
应急响应			
储存	干燥。储存在没有排水管或下水道的场所		
重要数据	**物理状态、外观**：各种形态的固体 **化学危险性**：与水接触时，该物质缓慢分解生成酸 **职业接触限值**：阈限值：（可吸入粉尘或蒸气）0.005mg/m^3（上限）；致敏剂（美国政府工业卫生学家会议，2008 年）。最高容许浓度： 呼吸道致敏剂（德国，2008 年） **接触途径**：该物质可通过吸入吸收到体内 **吸入危险性**：扩散时可较快地达到空气中颗粒物有害浓度，尤其是粉末 **短期接触的影响**：该物质刺激皮肤和严重刺激眼睛 **长期或反复接触的影响**：反复或长期接触可能引起皮肤过敏。反复或长期吸入接触可能引起哮喘		
物理性质	**沸点**：296℃ **熔点**：35～36℃ **水中溶解度**：反应 **蒸气压**：25℃时 0.9Pa **蒸气相对密度（空气=1）**：5.3 **辛醇/水分配系数的对数值**：21.4		
环境数据	该物质对水生生物是有害的		
注解	哮喘症状常常经过几个小时以后才变得明显，体力劳动使症状加重。因而休息和医学观察是必要的		

IPCS
International
Programme on
Chemical Safety

国际化学品安全卡

甲基六氢邻苯二甲酸酐			ICSC 编号：1644
CAS 登记号：25550-51-0 EC 编号：607-241-00-6	中文名称：甲基六氢邻苯二甲酸酐；六氢甲基邻苯二甲酸酐；六氢甲基-1,3-异苯并呋喃二酮；MHHPA 英文名称：METHYLHEXAHYDROPHTHALIC ACID ANHYDRIDE; Hexahydromethylphthalic acid anhydride; 1,3-Isobenzofurandione, hexahydromethyl-; MHHPA		
分子量：168.2	化学式：$C_9H_{12}O_3$		

危害/接触类型	急性危害/症状	预防	急救/消防
火　灾	可燃的。在火焰中释放出刺激性或有毒烟雾（或气体）	禁止明火	干粉，雾状水，泡沫，二氧化碳
爆　炸			
接　触		避免一切接触！	
# 吸入	咳嗽。喘息。症状可能推迟显现（见注解）	通风，局部排气通风或呼吸防护	新鲜空气，休息。给予医疗护理
# 皮肤	发红	防护手套。防护服	脱去污染的衣服。冲洗，然后用水和肥皂清洗皮肤
# 眼睛	发红。疼痛	面罩，和眼睛防护结合呼吸防护	先用大量水冲洗几分钟（如可能尽量摘除隐形眼镜），然后就医
# 食入	腹部疼痛。腹泻	工作时不得进食，饮水或吸烟	漱口。给予医疗护理
泄漏处置	将泄漏液收集在有盖的容器中。个人防护用具：全套防护服包括自给式呼吸器		
包装与标志	欧盟危险性类别：Xn 符号 标记：C　R:41-42/43　S:2-22-24-26-37/39 GHS 分类：警示词：危险　图形符号：健康危险　危险说明：吸入可能造成过敏、哮喘症状或呼吸困难；可能造成皮肤过敏反应；导致严重的眼睛刺激；造成皮肤刺激		
应急响应			
储存	与食品和饲料分开存放。干燥		
重要数据	**物理状态、外观**：无色液体 **化学危险性**：与水接触时，该物质缓慢生成酸。与酸类、醇类、碱类和氧化剂发生反应 **职业接触限值**：阈限值未制定标准。最高容许浓度未制定标准 **接触途径**：该物质可通过吸入和经食入吸收到体内 **吸入危险性**：20℃时蒸发可忽略不计，但喷洒时可较快地达到空气中颗粒物有害浓度 **短期接触的影响**：该物质刺激皮肤和严重刺激眼睛 **长期或反复接触的影响**：反复或长期接触可能引起皮肤过敏。反复或长期吸入接触可能引起哮喘		
物理性质	沸点：290℃ 熔点：−29℃ 密度：1.15 g/cm³ 水中溶解度：20℃时反应 蒸气压：20℃时 1Pa 蒸气/空气混合物的相对密度（20℃，空气=1）：5.81 闪点：145℃		
环境数据			
注解	哮喘症状常常经过几个小时以后才变得明显，体力劳动使症状加重。因而休息和医学观察是必要的。该物质对人体健康的影响数据不充分，因此应当特别注意		

IPCS
International
Programme on
Chemical Safety

国际化学品安全卡

甲基四氢邻苯二甲酸酐	ICSC 编号：1645
CAS 登记号：26590-20-5 RTECS 号：I3325000 EC 编号：607-240-00-0	中文名称：甲基四氢邻苯二甲酸酐；3*a*,4,7,7*a*-四氢甲基-1,3-异苯并呋喃二酮；四氢甲基-1,3-异苯并呋喃二酮；MTHPA 英文名称：METHYLTETRAHYDROPHTHALIC ANHYDRIDE; 1,3-Isobenzofurandione,3*a*,4,7,7*a*-tetrahydromethyl-; Tetrahydromethyl-1,3-isobenzofuranedione; MTHPA
分子量：166.2	化学式：$C_9H_{10}O_3$

危害/接触类型	急性危害/症状	预防	急救/消防
火　灾	可燃的	禁止明火	周围环境着火时，使用适当的灭火剂
爆　炸			
接　触		避免一切接触！	
# 吸入	咳嗽	通风，局部排气通风或呼吸防护	新鲜空气，休息
# 皮肤	发红	防护手套，防护服	脱去污染的衣服。冲洗，然后用水和肥皂清洗皮肤。如果出现皮肤刺激，给予医疗护理
# 眼睛	发红	面罩，眼睛防护结合呼吸防护	先用大量水冲洗（如可能尽量摘除隐形眼镜）
# 食入		工作时不得进食、饮水或吸烟	漱口

泄漏处置	将泄漏液收集在有盖的容器中。个人防护用具：化学防护服，包括自给式呼吸器
包装与标志	欧盟危险性类别：Xn 符号　标记：C　　R:41-42/43　　S:2-22-24-26-37/39 GHS 分类：警示词：危险　图形符号：健康危险　危险说明：吸入可能导致过敏或哮喘症状或呼吸困难；可能导致皮肤过敏反应
应急响应	
储存	
重要数据	物理状态、外观：油状液体 职业接触限值：阈限值未制定标准。最高容许浓度未制定标准 接触途径：该物质可通过吸入吸收到体内 长期或反复接触的影响：反复或长期吸入接触可能引起哮喘，见注解。该物质可能对皮肤有影响，引起接触性荨麻疹
物理性质	沸点：124℃ 熔点：−29℃ 闪点：350℃
环境数据	
注解	哮喘症状常常经过几个小时以后才变得明显，体力劳动使症状加重。因而休息和医学观察是必要的。因该物质出现哮喘症状的任何人不应当再接触该物质

IPCS
International
Programme on
Chemical Safety

国际化学品安全卡

异丁基亚硝酸酯			ICSC 编号：1651
CAS 登记号：542-56-3 RTECS 号：RA0805000 UN 编号：1992 EC 编号：007-017-00-2 中国危险货物编号：1992 分子量：103.1	中文名称：异丁基亚硝酸酯；亚硝酸-2-甲基丙酯；亚硝酸异丁酯 英文名称：ISOBUTYL NITRITE; Nitrous acid, 2-methylpropyl ester; Nitrous acid, isobutyl ester 化学式：$C_4H_9NO_2/(CH_3)_2CHCH_2NO_2$		
危害/接触类型	急性危害/症状	预防	急救/消防
火 灾	高度易燃。在火焰中释放出刺激性或有毒烟雾（或气体）	禁止明火，禁止火花和禁止吸烟	干粉，二氧化碳
爆 炸	蒸气/空气混合物有爆炸性	密闭系统，通风，防爆型电气设备和照明。不要使用压缩空气灌装、卸料或转运	着火时，喷雾状水保持料桶等冷却
接 触		避免一切接触！	
# 吸入	咽喉痛。头痛。头晕。嘴唇发青或指甲发青。皮肤发青。恶心。意识模糊。惊厥。神志不清。症状可能推迟显现（见注解）	通风，局部排气通风或呼吸防护	新鲜空气，休息。必要时进行人工呼吸。给予医疗护理
# 皮肤		防护手套。防护服	冲洗，然后用水和肥皂清洗皮肤
# 眼睛		安全眼镜	先用大量水冲洗（如可能尽量摘除隐形眼镜）
# 食入	见吸入	工作时不得进食，饮水或吸烟。进食前洗手	漱口。用水冲服活性炭浆。给予医疗护理
泄漏处置	撤离危险区域！向专家咨询！通风。转移全部引燃源。将泄漏液收集在可密闭的容器中。用砂土或惰性吸收剂吸收残液，并转移到安全场所。不要冲入下水道。个人防护用具：自给式呼吸器		
包装与标志	不得与食品和饲料一起运输 **欧盟危险性类别：** F 符号 T 符号 标记：E R:11-20/22-45-68 S:53-45 **联合国危险性类别：** 3 **联合国次要危险性：** 6.1 **联合国包装类别：** III **中国危险性类别:** 第 3 类 易燃液体 **中国次要危险性:** 第 6.1 项 毒性物质 **中国包装类别：** III **GHS 分类：警示词：** 危险 **图形符号：** 火焰-骷髅和交叉骨-健康危险 **危险说明：** 高度易燃液体和蒸气；吞咽有害；吸入蒸气会中毒；怀疑致癌；对血液造成损害		
应急响应	运输应急卡：TEC(R)-30GTF1-III		
储存	耐火设备（条件）。与酸类分开存放。严格密封		
重要数据	**物理状态、外观：** 无色液体 **物理危险性：** 蒸气比空气重。可能沿地面流动，可能造成远处着火 **化学危险性：** 燃烧时，该物质分解生成含有氮氧化物的有毒气体 **职业接触限值：** 阈限值：1ppm（上限值）；A3（确认的动物致癌物，但未知与人类相关性）；公布生物暴露指数（美国政府工业卫生学家会议，2006 年）。最高容许浓度未制定标准 **接触途径：** 该物质可通过吸入和经食入吸收到体内 **吸入危险性：** 20℃时，该物质蒸发，迅速达到空气中有害污染浓度 **短期接触的影响：** 该物质可能对血液和心血管系统有影响，导致心脏障碍和形成正铁血红蛋白。影响可能推迟显现。需进行医学观察。接触高浓度时可能导致死亡。见注解 **长期或反复接触的影响：** 该物质可能是人类致癌物		
物理性质	沸点：67℃ 相对密度（水=1）：0.87 水中溶解度：难溶 蒸气压：20℃时 1.3kPa	蒸气相对密度（空气=1）：3.56 蒸气/空气混合物的相对密度（20℃，空气=1）：1.19 闪点：−21℃ 爆炸极限：空气中 1.2%～26.9%（体积）	
环境数据			
注解	根据接触程度，建议定期进行医学检查。该物质中毒时，需采取必要的治疗措施，必须提供有指示说明的适当方法		

IPCS
International
Programme on
Chemical Safety

国际化学品安全卡

2-氨基-4-氯苯酚			ICSC 编号：1652
CAS 登记号：95-85-2 RTECS 号：SJ5700000 UN 编号：2673 中国危险货物编号：2673	中文名称：2-氨基-4-氯苯酚；对氯邻氨基苯酚；2-羟基-5-氯苯胺；4-氯-2-氨基苯酚；C.I. 76525 英文名称：2-AMINO-4-CHLOROPHENOL; *p*-Chloro-*o*-aminophenol; 2-Hydroxy-5-chloroaniline; 4-Chloro-2-aminophenol; C.I. 76525		
分子量：143.6	化学式：$C_6H_6ClNO/HOC_6H_3(NH_2)Cl$		
危害/接触类型	急性危害/症状	预防	急救/消防
火　灾	可燃的。在火焰中释放出刺激性或有毒烟雾（或气体）	禁止明火	干粉，雾状水，泡沫，二氧化碳
爆　炸			
接　触		避免一切接触！	
# 吸入		局部排气通风	新鲜空气，休息
# 皮肤		防护手套。防护服	冲洗，然后用水和肥皂清洗皮肤
# 眼睛	发红	安全护目镜	先用大量水冲洗（如可能尽量摘除隐形眼镜）
# 食入		工作时不得进食，饮水或吸烟	漱口
泄漏处置	将泄漏物清扫进容器中，如果适当，首先润湿防止扬尘。小心收集残余物，然后转移到安全场所。个人防护用具：适用于有害颗粒物的 P2 过滤呼吸器		
包装与标志	联合国危险性类别：6.1　联合国包装类别：II 中国危险性类别：第 6.1 项 毒性物质　中国包装类别：II　GHS 分类：警示词：警告　图形符号：感叹号　危险说明：吞咽有害；可能导致皮肤过敏反应		
应急响应	运输应急卡：TEC(R)-61GT2-II		
储存	与氧化剂、食品和饲料分开存放。沿地面通风		
重要数据	物理状态、外观：棕色晶体粉末，有特殊气味 物理危险性：蒸气比空气重 化学危险性：加热时或燃烧时，该物质分解生成含有氯化氢和氮氧化物的有毒和腐蚀性烟雾。与氧化剂发生反应。 职业接触限值：阈限值未制定标准。最高容许浓度未制定标准 接触途径：该物质可通过吸入和经食入吸收到体内 吸入危险性：扩散时可较快地达到空气中颗粒物公害污染浓度，尤其是粉末 长期或反复接触的影响：反复或长期接触可能引起皮肤过敏		
物理性质	熔点：140℃ 水中溶解度：20℃时 0.3g/100mL 蒸气压：25℃时 0.2Pa 蒸气相对密度（空气=1）：5.0 闪点：170℃ 自燃温度：500℃ 辛醇/水分配系数的对数值：1.24		
环境数据			
注解	对接触该物质的健康影响未进行调查。对该物质的环境影响未进行调查		

IPCS
International
Programme on
Chemical Safety

国际化学品安全卡

氧化钠			ICSC 编号：1653
CAS 登记号：1313-59-3 UN 编号：1825 中国危险货物编号：1825 分子量：62.0		中文名称：氧化钠；一氧化钠；氧化二钠；一氧化二钠 英文名称：SODIUM OXIDE; Sodium monoxide; Disodium oxide; Disodium monoxide 化学式：Na_2O	
危害/接触类型	急性危害/症状	预防	急救/消防
火　灾	不可燃，但可助长其他物质燃烧		干粉，干砂。禁止用水
爆　炸			
接　触		避免一切接触！防止粉尘扩散！	一切情况均向医生咨询！
# 吸入	咽喉痛。咳嗽。灼烧感。呼吸困难。呼吸短促	局部排气通风。呼吸防护	新鲜空气，休息。半直立体位。必要时进行人工呼吸。立即给予医疗护理
# 皮肤	发红。疼痛。严重皮肤烧伤	防护手套。防护服	脱去污染的衣服。用大量水冲洗皮肤或淋浴。立即给予医疗护理
# 眼睛	发红。疼痛。烧伤	面罩，或如为粉末，眼睛防护结合呼吸防护	用大量水冲洗（如可能尽量摘除隐形眼镜）。立即给予医疗护理
# 食入	咽喉疼痛。咽喉和胸腔灼烧感。休克或虚脱	工作时不得进食，饮水或吸烟	漱口。不要催吐。立即给予医疗护理
泄漏处置	将泄漏物清扫进干燥有盖的塑料容器中。用大量水冲净残余物。个人防护用具：化学防护服包括自给式呼吸器		
包装与标志	不得与食品和饲料一起运输 联合国危险性类别：8　联合国包装类别：II 中国危险性类别：第 8 类 腐蚀性物质　中国包装类别：II		
应急响应	运输应急卡：TEC(R)-80GC6-II+III		
储存	与强酸、食品和饲料分开存放。干燥		
重要数据	**物理状态、外观**：白色块状物或粉末 **化学危险性**：水溶液是一种强碱，与酸激烈反应并有腐蚀性。与水激烈反应，生成氢氧化钠。加热至400℃以上时，该物质分解生成过氧化钠和钠。有水存在时，浸蚀许多金属 **职业接触限值**：阈限值未制定标准。最高容许浓度未制定标准 **接触途径**：各种接触途径都有严重的局部影响 **吸入危险性**：扩散时可较快地达到空气中颗粒物有害浓度，尤其是粉末 **短期接触的影响**：该物质腐蚀眼睛、皮肤和呼吸道。食入有腐蚀性。吸入气溶胶可能引起肺水肿（见注解）。需进行医学观察		
物理性质	**熔点**：1275℃ **密度**：$2.3g/cm^3$ **水中溶解度**：反应		
环境数据			
注解	与灭火剂，如水激烈反应。肺水肿症状常常经过几个小时以后才变得明显，体力劳动使症状加重。因而休息和医学观察是必要的。应当考虑由医生或医生指定的人立即采取适当吸入治疗法。参见卡片 #0360（氢氧化钠）		

IPCS
International
Programme on
Chemical Safety

国际化学品安全卡

环烷酸			ICSC 编号：1654
CAS 登记号：1338-24-5 RTECS 号：QK8750000		中文名称：环烷酸；环烷羧酸；酸性石油馏分 英文名称：NAPHTHENIC ACIDS; Carboxylic-acids, -naphthenic-; Acidic petroleum fraction	
分子量：180～350		化学式：$C_nH_{2n-1}COOH$	
危害/接触类型	急性危害/症状	预防	急救/消防
火　灾	可燃的	禁止明火	专用粉末，二氧化碳，泡沫，水可能无效
爆　炸			着火时，喷雾状水保持料桶等冷却
接　触			
# 吸入	咳嗽，头晕	局部排气通风	新鲜空气，休息
# 皮肤	发红，疼痛	防护手套	脱去污染的衣服。冲洗，然后用水和肥皂清洗皮肤
# 眼睛	发红，疼痛	安全护目镜	先用大量水冲洗几分钟（如可能尽量摘除隐形眼镜），然后就医
# 食入	恶心，呕吐，腹泻。倦睡	工作时不得进食，饮水或吸烟	漱口。饮用 1～2 杯水。不要催吐
泄漏处置	将泄漏液收集在有盖的容器中。不要让该化学品进入环境。个人防护用具：适应于该物质空气中浓度的有机气体和蒸气过滤呼吸器		
包装与标志	GHS 分类：**警示词**：危险 **图形符号**：感叹号-健康危险-环境 **危险说明**：吞咽有害；长期或反复吞咽对神经系统造成损害；对水生生物有毒		
应急响应	美国消防协会法规：H2（健康危险性）；F1（火灾危险性）；R0（反应危险性）		
储存	与强氧化剂和金属分开存放。注意收容灭火产生的废水		
重要数据	**物理状态、外观**：淡黄色至黑色黏稠液体 **化学危险性**：加热时，该物质分解生成刺激性烟雾。浸蚀金属 **职业接触限值**：阈限值未制定标准。最高容许浓度未制定标准 **接触途径**：该物质可经皮肤和食入吸收到体内 **吸入危险性**：未指明 20℃时该物质蒸发达到空气中有害浓度的速率 **短期接触的影响**：该物质刺激眼睛和皮肤。该物质可能对中枢神经系统有影响 **长期或反复接触的影响**：反复或长期与皮肤接触可能引起皮炎。该物质可能对肝脏和中枢神经系统有影响		
物理性质	沸点：140～370℃ 熔点：-35～2℃ 相对密度（水=1）：0.982（液体） 水中溶解度：微溶 闪点：149℃（开杯） 爆炸极限：下限：1%（体积） 辛醇/水分配系数的对数值：5～>6（计算值）		
环境数据	该物质对水生生物是有毒的		
注解	组成可能改变其物理性质和毒理学性质		

IPCS
International
Programme on
Chemical Safety

国际化学品安全卡

<table>
<tr><td colspan="2">乙基双(2-氯乙基)胺</td><td colspan="2">ICSC 编号：1655</td></tr>
<tr><td colspan="2">CAS 登记号：538-07-8
RTECS 号：YE1225000
UN 编号：2810
中国危险货物编号：2810

分子量：170.1</td><td colspan="2">中文名称：乙基双(2-氯乙基)胺；双(2-氯乙基)乙胺；2-氯-N-(2-氯乙基)-N-乙基乙胺；二(2-氯乙基)乙胺；2,2'-二氯三乙胺；HN1；氮芥
英文名称：ETHYLBIS (2-CHLOROETHYL) AMINE; Bis (2-chloroethyl) ethylamine; 2-Chloro-N-(2-chloroethyl)-N-ethylethanamine; 2-Chloro-N-(2-chloroethyl)-N-ethyl-ethanamine; 2,2'-Dichloro-triethylamine; HN1; Nitrogen Mustard

化学式：$C_6H_{13}Cl_2N/(ClCH_2CH_2)_2NC_2H_5$</td></tr>
<tr><th>危害/接触类型</th><th>急性危害/症状</th><th>预防</th><th>急救/消防</th></tr>
<tr><td>火　灾</td><td>可燃的。加热引起压力升高，容器有破裂危险。在火焰中释放出刺激性或有毒烟雾（或气体）</td><td>禁止明火</td><td>雾状水，抗溶性泡沫，二氧化碳，干粉</td></tr>
<tr><td>爆　炸</td><td></td><td></td><td>着火时，喷雾状水保持料桶等冷却</td></tr>
<tr><td>接　触</td><td></td><td>避免一切接触!</td><td>一切情况均向医生咨询!</td></tr>
<tr><td># 吸入</td><td>咽喉痛，灼烧感，咳嗽，震颤，运动失调，惊厥，呼吸困难，呼吸短促，喘息，症状可能推迟出现（见注解）</td><td>密闭系统</td><td>半直立体位。必要时进行人工呼吸。禁止口对口进行人工呼吸。立即给予医疗护理</td></tr>
<tr><td># 皮肤</td><td>可能被吸收！发红，疼痛，水疱。这些症状可能推迟出现。（另见吸入）</td><td>防护手套，防护服</td><td>急救时戴防护手套，脱去污染的衣服，冲洗，然后用水和肥皂清洗皮肤，立即给予医疗护理</td></tr>
<tr><td># 眼睛</td><td>蒸气将被吸收!引起流泪，发红，疼痛，痉挛，畏光和瞳孔散大，视力模糊，严重深度烧伤，视力丧失</td><td>安全护目镜。面罩，或眼睛防护结合呼吸防护</td><td>用大量水冲洗（如可能尽量摘除隐形眼镜）。立即给与医疗护理</td></tr>
<tr><td># 食入</td><td>咽喉疼痛，腹部疼痛，咽喉和胸腔灼烧感，恶心，呕吐，腹泻（另见吸入）</td><td>工作时不得进食、饮水或吸烟。进食前洗手</td><td>漱口，饮用 1 杯或 2 杯水，不要催吐，立即给予医疗护理（见注解）</td></tr>
<tr><td>泄漏处置</td><td colspan="3">立即撤离危险区域！向专家咨询！将泄漏液收集在可密闭的气密容器中。用砂土或惰性吸收剂吸收残液，并转移到安全场所。切勿直接向液体上喷水。不要让该化学品进入环境。个人防护用具：气密式化学防护服，包括自给式呼吸器</td></tr>
<tr><td>包装与标志</td><td colspan="3">不得与食品和饲料一起运输
联合国危险性类别：6.1　　联合国包装类别：I
中国危险性类别：第 6.1 项 毒性物质　中国包装类别：I
GHS 分类：警示词：危险 图形符号：骷髅和交叉骨-腐蚀-健康危险 危险说明：吸入致命；皮肤接触致命；造成皮肤刺激；造成严重眼睛损伤；可能引起遗传性缺陷；可能致癌；对神经系统造成损害和骨髓；可能引起呼吸道刺激；长期或反复接触对神经系统和骨髓造成损害</td></tr>
<tr><td>应急响应</td><td colspan="3">运输应急卡：TEC(R)-61GT1-I
美国消防协会法规：H4（健康危险性）；F2（火灾危险性）；R0（反应危险性）</td></tr>
<tr><td>储存</td><td colspan="3">保存在暗处。与食品、饲料和金属分开存放。保存在通风良好的室内。储存在没有排水管或下水道的场所</td></tr>
<tr><td>重要数据</td><td colspan="3">物理状态、外观：无色至黄色液体，有特殊气味
化学危险性：该物质在热和光的作用下发生聚合。浸蚀许多金属，生成易燃/爆炸性气体（氢，见卡片 0001）
职业接触限值：阈限值未制定标准。最高容许浓度未制定标准
接触途径：该物质可通过吸入其蒸气、气溶胶、经皮肤和食入吸收到体内。各种接触途径都产生严重的局部影响和系统影响
吸入危险性：20℃时，该物质蒸发，较快达到空气中有害污染浓度；但喷洒或扩散时要快得多
短期接触的影响：起疱剂。流泪。该物质严重刺激眼睛、皮肤和呼吸道。该物质可能对中枢神经系统和骨髓有影响。吸入该物质可能引起肺水肿（见注解）。影响可能推迟出现。需进行医学观察
长期或反复接触的影响：该物质可能对骨髓和中枢神经系统有影响。很可能是人类致癌物。可能引起人类生殖细胞可继承的遗传损伤。见注解</td></tr>
<tr><td>物理性质</td><td colspan="2">沸点：194℃时分解
熔点：−34℃
密度：$1.09g/cm^3$
水中溶解度：25℃时难溶</td><td>蒸气压：25℃时 0.03kPa
蒸气相对密度（空气=1）：5.9
蒸气/空气混合物的相对密度（20℃，空气=1）：1.00</td></tr>
<tr><td>环境数据</td><td colspan="3">无数据</td></tr>
<tr><td>注解</td><td colspan="3">不要将工作服带回家中。根据接触程度，建议定期进行医学检查。肺水肿症状常常经过几个小时以后才变得明显，体力劳动使症状加重。因而休息和医学观察是必要的。由于许多影响类似电离辐射效应，因此常使用术语“类放射的”</td></tr>
</table>

IPCS
International
Programme on
Chemical Safety

国际化学品安全卡

2-氯-6-三氯甲基吡啶			ICSC 编号：1658
CAS 登记号：1929-82-4 RTECS 号：US7525000 UN 编号：3077 EC 编号：006-057-00-8 中国危险货物编号：3077	中文名称：2-氯-6-三氯甲基吡啶；三氯甲基吡啶；*α*,*α*,*α*,6-四氯-2-甲基吡啶；2-氯-6-(三氯甲基)吡啶 英文名称：2-CHLORO-6-TRICHLOROMETHYLPYRIDINE; Nitrapyrin; alpha,alpha,alpha,6-Tetrachloro-2-picoline; 2-Chloro-6-(trichloromethyl)pyridine		
分子量：230.9	化学式：$C_6H_3Cl_4N$		
危害/接触类型	急性危害/症状	预防	急救/消防
火　灾	可燃的。在火焰中释放出刺激性或有毒烟雾（或气体）	禁止明火	干粉，二氧化碳，雾状水，泡沫
爆　炸			
接　触		防止粉尘扩散！	
# 吸入	咳嗽	局部排气通风或呼吸防护	新鲜空气，休息
# 皮肤		防护手套，防护服	脱去污染的衣服。冲洗，然后用水和肥皂清洗皮肤。给予医疗护理
# 眼睛	发红	安全眼镜	先用大量水冲洗几分钟（如可能尽量摘除隐形眼镜），然后就医
# 食入		工作时不得进食，饮水或吸烟	漱口。给予医疗护理
泄漏处置	将泄漏物清扫进塑料容器中。润湿残余物。不要让该化学品进入环境。个人防护用具：适应于该物质空气中浓度的颗粒物过滤呼吸器		
包装与标志	欧盟危险性类别：Xn 符号 N 符号 R:22-51/53 S:2-24-61 联合国危险性类别：9　联合国包装类别：III 中国危险性类别：第 9 类 杂项危险物质和物品　中国包装类别：III GHS 分类：警示词：危险　图形符号：骷髅和交叉骨　危险说明：吞咽有害；皮肤接触会中毒；对水生生物有毒		
应急响应	运输应急卡：TEC(R)-90GM7-III		
储存	注意收容灭火产生的废水。与铝和镁分开存放。储存在没有排水管或下水道的场所		
重要数据	物理状态、外观：无色至白色晶体，有特殊气味 化学危险性：加热时，该物质分解生成有毒烟雾。 职业接触限值：阈限值：10mg/m³（时间加权平均值）；20mg/m³（短期接触限值）；A4（不能分类为人类致癌物）（美国政府工业卫生学家会议，2008 年）。最高容许浓度未制定标准 接触途径：该物质可经皮肤和食入以有害数量吸收到体内。该物质可通过吸入吸收到体内 吸入危险性：20℃时，该物质蒸发不会或很缓慢地达到空气中有害污染浓度 短期接触的影响：见注解。		
物理性质	沸点：在 1.5kPa 时 136℃ 熔点：63℃ 水中溶解度：不溶 蒸气压：23℃时 0.4Pa 蒸气/空气混合物的相对密度（20℃，空气=1）：1.0 闪点：100℃（闭杯） 辛醇/水分配系数的对数值：3.4		
环境数据	该物质对水生生物是有毒的。该物质在正常使用过程中进入环境。但是要特别注意避免任何额外的释放，例如通过不适当处置活动		
注解	该物质对人体健康的影响数据不充分，因此应当特别注意。商品名称有:N-Serve 和 Dowco-163		

IPCS
International
Programme on
Chemical Safety

国际化学品安全卡

杀扑磷			ICSC 编号：1659
CAS 登记号：950-37-8 RTECS 号：TE2100000 UN 编号：2783 EC 编号：015-069-00-2 中国危险货物编号：2783	中文名称：杀扑磷；*O,O*-二甲基-*S*-(2,3-二氢-5-甲氧基-2-氧-1,3,4-噻二唑-3-基甲基）二硫代磷酸酯；*O,O*-二甲基-*S*-(5-甲氧基-1,3,4-噻二唑-3-甲基）二硫代磷酸酯 英文名称：METHIDATHION; *O,O*-Dimethyl *S*-(2,3-dihydro-5-methoxy-2-oxo-1,3,4-thiadiazol-3-ylmethyl) phosphorodithioate; *O,O*-Dimethyl-*S*-(5-methoxy-1,3,4-thiadiazolinyl-3-methyl) dithiophosphate		
分子量：302.3	化学式：$C_6H_{11}N_2O_4PS_3$		
危害/接触类型	急性危害/症状	预防	急救/消防
火　灾	可燃的。含有机溶剂的液体制剂可能是易燃的。在火焰中释放出刺激性或有毒烟雾（或气体）	禁止明火	雾状水，干粉，二氧化碳
爆　炸			
接　触		防止粉尘扩散！	一切情况均向医生咨询!
# 吸入	头晕，恶心，出汗，肌肉抽搐，瞳孔收缩，肌肉痉挛，多涎，呼吸困难，惊厥，神志不清	局部排气通风或呼吸防护	新鲜空气，休息。必要时进行人工呼吸。立即给予医疗护理
# 皮肤	可能被吸收！见吸入	防护手套。防护服	脱去污染的衣服，冲洗，然后用水和肥皂清洗皮肤，立即给予医疗护理，急救时戴防护手套
# 眼睛	视力模糊	面罩，或眼睛防护结合呼吸防护	先用大量水冲洗几分钟（如可能尽量摘除隐形眼镜），然后就医
# 食入	胃痉挛。腹泻。呕吐。另见吸入	工作时不得进食，饮水或吸烟。进食前洗手	漱口，用水冲服活性炭浆，立即给予医疗护理
泄漏处置	将泄漏物清扫进可密闭容器中。小心收集残余物，然后转移到安全场所。不要让该化学品进入环境。个人防护用具：全套防护服包括自给式呼吸器		
包装与标志	不得与食品和饲料一起运输。污染海洋物质 **欧盟危险性类别**：T+符号 N 符号　R:21-28-50/53　S:1/2-22-28-36/37-45-60-61 **联合国危险性类别**：6.1　**联合国包装类别**：II **中国危险性类别**：第 6.1 项 毒性物质　**中国包装类别**：II **GHS 分类**：**警示词**：危险　**图形符号**：骷髅和交叉骨-健康危险-环境　**危险说明**：吞咽致命；皮肤接触致命；吸入致命；对神经系统造成损害；对水生生物毒性非常大		
应急响应	运输应急卡：TEC(R)-(61GT7-II)		
储存	注意收容灭火产生的废水。与食品和饲料分开存放。严格密封。储存在没有排水管或下水道的场所		
重要数据	**物理状态、外观**：无色晶体 **化学危险性**：加热时，该物质分解生成有毒烟雾 **职业接触限值**：阈限值未制定标准。最高容许浓度未制定标准 **接触途径**：该物质可通过吸入、经皮肤和食入以有害数量吸收到体内 **吸入危险性**：扩散时可较快地达到空气中颗粒物有害浓度 **短期接触的影响**：胆碱酯酶抑制剂。该物质可能对神经系统有影响，导致惊厥和呼吸抑制。接触可能导致死亡。影响可能推迟显现。需进行医学观察 **长期或反复接触的影响**：胆碱酯酶抑制剂。可能发生累积作用：见急性危害/症状		
物理性质	**熔点**：39℃ **密度**：1.5g/cm³ **水中溶解度**：20℃时 0.0187g/100mL **蒸气压**：20℃时可忽略不计 **闪点**：100℃ **辛醇/水分配系数的对数值**：2.2		
环境数据	该物质对水生生物有极高毒性。该物质在正常使用过程中进入环境。但是要特别注意避免任何额外的释放，例如通过不适当处置活动		
注解	商业制剂中使用的载体溶剂可能改变其物理和毒理学性质。该物质中毒时，需采取必要的治疗措施；必须提供有指示说明的适当方法。不要将工作服带回家中		

IPCS
International
Programme on
Chemical Safety

国际化学品安全卡

灭线磷			ICSC 编号：1660
CAS 登记号：13194-48-4 RTECS 号：TE4025000 UN 编号：3018 EC 编号：015-107-00-8 中国危险货物编号：3018 分子量：242.3	中文名称：灭线磷；*O*-乙基-*S,S*-二丙基二硫代磷酸酯；二硫代磷酸-*O*-乙基-*S,S*-二丙酯;灭克磷 英文名称：ETHOPROPHOS; *O*-ethyl-*S,S*-dipropyl phosphorodithioate; Phosphorodithioic acid, *O*-ethyl *S,S*-dipropyl ester; Ethoprop 化学式：$C_8H_{19}O_2PS_2$		
危害/接触类型	**急性危害/症状**	**预防**	**急救/消防**
火　灾	可燃的。在火焰中释放出刺激性或有毒烟雾（或气体）。加热引起压力升高，容器有破裂危险	禁止明火	雾状水，干粉，二氧化碳，抗溶性泡沫
爆　炸			着火时，喷雾状水保持料桶等冷却，但避免该物质与水接触
接　触		防止产生烟云！严格作业环境管理！	一切情况均向医生咨询！
# 吸入	头晕，恶心，出汗，肌肉抽搐，瞳孔收缩，肌肉痉挛，多涎，呼吸困难，惊厥，神志不清	局部排气通风或呼吸防护	新鲜空气，休息。必要时进行人工呼吸。立即给予医疗护理
# 皮肤	可能被吸收！见吸入	防护手套。防护服	脱去污染的衣服，冲洗，然后用水和肥皂清洗皮肤，立即给予医疗护理，急救时戴防护手套
# 眼睛	可能被吸收!视力模糊	面罩，或眼睛防护结合呼吸防护	先用大量水冲洗几分钟（如可能尽量摘除隐形眼镜），然后就医
# 食入	胃痉挛。腹泻。呕吐。另见吸入	工作时不得进食，饮水或吸烟。进食前洗手	漱口，用水冲服活性炭浆，立即给予医疗护理
泄漏处置	将泄漏液收集在可密闭的容器中。用砂土或惰性吸收剂吸收残液，并转移到安全场所。不要让该化学品进入环境。个人防护用具：全套防护服包括自给式呼吸器		
包装与标志	不得与食品和饲料一起运输。污染海洋物质 **欧盟危险性类别**：T+符号 N 符号　R:25-26/27-43-50/53　S:1/2-27/28-36/37/39-45-60-61 **联合国危险性类别**：6.1　**联合国包装类别**：I **中国危险性类别**：第 6.1 项 毒性物质　**中国包装类别**：I **GHS 分类**：**警示词**：危险　**图形符号**：骷髅和交叉骨-健康危险-环境　**危险说明**：吞咽致命；皮肤接触致命；吸入致命；对神经系统造成损害；对水生生物毒性非常大		
应急响应	运输应急卡：TEC(R)-G1GT6-I		
储存	注意收容灭火产生的废水。与食品和饲料分开存放。储存在没有排水管或下水道的场所。沿地面通风		
重要数据	**物理状态、外观**：淡黄色液体，有特殊气味 **化学危险性**：在室温下，该物质分解生成易燃的正丙基硫醇（见卡片#1492）。加热时生成含有磷氧化物和硫氧化物的有毒烟雾 **职业接触限值**：阈限值未制定标准。最高容许浓度未制定标准 **接触途径**：该物质可通过吸入、经皮肤、眼睛和食入以有害数量吸收到体内 **吸入危险性**：20℃时蒸发可忽略不计，但扩散时可较快地达到空气中颗粒物有害浓度 **短期接触的影响**：胆碱酯酶抑制剂。该物质可能对神经系统有影响，导致惊厥和呼吸抑制。接触可能导致死亡。影响可能推迟显现。需进行医学观察 **长期或反复接触的影响**：胆碱酯酶抑制剂。可能发生累积作用：见急性危害/症状		
物理性质	沸点：在 0.03kPa 时 86～91℃ 熔点：−13℃ 相对密度（水=1）：1.09 水中溶解度：20℃时 0.075g/100mL	蒸气压：20～25℃时 0.05Pa 蒸气相对密度（空气=1）：8.4 闪点：见注解 辛醇/水分配系数的对数值：3.6	
环境数据	该物质对水生生物有极高毒性。该物质在正常使用过程中进入环境。但是要特别注意避免任何额外的释放，例如通过不适当处置活动		
注解	不要将工作服带回家中。该物质是可燃的，但闪点未见文献报道。根据接触程度，建议定期进行医学检查。该物质中毒时，需采取必要的治疗措施；必须提供有指示说明的适当方法。商业制剂中使用的载体溶剂可能改变其物理和毒理学性质		

IPCS
International
Programme on
Chemical Safety

国际化学品安全卡

二氯化硫			ICSC 编号：1661
CAS 登记号：10545-99-0 UN 编号：1828 EC 编号：016-013-00-X 中国危险货物编号：1828 分子量：103.0		中文名称：二氯化硫；硫化氯；二氯硫烷；二氯化一硫 英文名称：SULFUR DICHLORIDE; Chlorine sulfide; Dichlorosulfane; Monosulfur dichloride 化学式：Cl_2S	
危害/接触类型	急性危害/症状	预防	急救/消防
火　灾	不可燃，在火焰中释放出刺激性或有毒烟雾（或气体），接触金属可能释放出易燃氢气，加热引起压力升高，容器有破裂危险		干粉，二氧化碳，禁止用水。遇水分解，放热并生成有毒和腐蚀性蒸气
爆　炸			着火时，喷雾状水保持料桶等冷却，但避免该物质与水接触
接　触		避免一切接触！	一切情况均向医生咨询!
# 吸入	咳嗽，咽喉痛，灼烧感，呼吸困难	通风，局部排气通风或呼吸防护	新鲜空气，休息，半直立体位，必要时进行人工呼吸，立即给予医疗护理
# 皮肤	发红，疼痛，严重皮肤烧伤	防护手套，防护服	先用大量水冲洗，然后脱去污染的衣服并再次冲洗，给予医疗护理
# 眼睛	发红，疼痛，严重深度烧伤	面罩，或眼睛防护结合呼吸防护	先用大量水冲洗几分钟（如可能尽量摘除隐形眼镜），然后就医
# 食入	灼烧感，咽喉疼痛，腹部疼痛，休克或虚脱	工作时不得进食，饮水或吸烟	漱口，不要催吐，立即给予医疗护理
泄漏处置	用干燥吸收剂覆盖泄漏物料。小心收集残余物到塑料容器中，然后转移到安全场所。不要让该化学品进入环境。个人防护用具：气密性化学防护服包括自给式呼吸器		
包装与标志	不得与食品和饲料一起运输 欧盟危险性类别：C 符号 N 符号　R:14-34-37-50　S:1/2-26-45-61 联合国危险性类别：8　联合国包装类别：I 中国危险性类别：第 8 类 腐蚀性物质　中国包装类别：I GHS 分类：警示词：危险 图形符号：腐蚀-健康危险-环境 危险说明：可能腐蚀金属；造成严重皮肤灼伤和眼睛损伤；可能对肺造成损害；对水生生物毒性非常大		
应急响应	运输应急卡：TEC(R)-80S1828 或 80GC1-I-X 美国消防协会法规：H3（健康危险性）；F1（火灾危险性）；R2（反应危险性）；W（禁止用水）		
储存	注意收容灭火产生的废水。与氨、水、氧化剂、食品和饲料分开存放。阴凉场所。干燥。严格密封。保存在通风良好的室内。储存在没有排水管或下水道的场所		
重要数据	物理状态、外观：红色至棕色发烟液体，有刺鼻气味 物理危险性：蒸气比空气重 化学危险性：加热时，该物质分解生成含有氯化氢和硫氧化物的有毒和腐蚀性烟雾。与强氧化剂、丙酮和氨激烈反应。与水发生反应，生成氯化氢（见卡片#0163）。有水存在时，浸蚀许多金属 职业接触限值：阈限值未制定标准。最高容许浓度未制定标准 接触途径：各种接触途径都有严重的局部影响 吸入危险性：20℃时，该物质蒸发，迅速达到空气中有害污染浓度 短期接触的影响：该物质腐蚀眼睛、皮肤和呼吸道。食入有腐蚀性。吸入可能引起肺水肿（见注解）		
物理性质	沸点：59℃时分解 熔点：−78℃ 相对密度（水=1）：1.6 水中溶解度：(反应)	蒸气压：20℃时 23kPa 蒸气相对密度（空气=1）：3.6 蒸气/空气混合物的相对密度（20℃，空气=1）：1.5 自燃温度：234℃	
环境数据	该物质对水生生物有极高毒性。强烈建议不要让该化学品进入环境		
注解	与灭火剂，如水激烈反应。肺水肿症状常常经过几个小时以后才变得明显，体力劳动使症状加重，因而休息和医学观察是必要的。应当考虑由医生或医生指定的人员立即采取适当吸入治疗法		

IPCS
International
Programme on
Chemical Safety

国际化学品安全卡

1,2-二甲基肼	ICSC 编号：1662
CAS 登记号：540-73-8 RTECS 号：MV2625000 UN 编号：2382 EC 编号：007-013-00-0 中国危险货物编号：2382	中文名称：1,2-二甲基肼；对称二甲基肼；*N,N'*-二甲基肼；SDMH 英文名称：1,2-DIMETHYLHYDRAZINE; Symmetrical dimethylhydrazine; *N,N'*-Dimethylhydrazine; SDMH
分子量：60.1	化学式：$C_2H_8N_2/H_3CNHNHCH_3$

危害/接触类型	急性危害/症状	预防	急救/消防
火　灾	高度易燃，在火焰中释放出刺激性或有毒烟雾(或气体)	禁止明火，禁止火花和禁止吸烟，禁止与氧化剂接触	干粉，抗溶性泡沫，大量水，二氧化碳
爆　炸	蒸气/空气混合物有爆炸性。与氧化剂接触时有着火和爆炸危险	密闭系统，通风，防爆型电气设备和照明，不要使用压缩空气灌装、卸料或转运	着火时，喷雾状水保持料桶等冷却
接　触		避免一切接触!	一切情况均向医生咨询!
# 吸入	咳嗽，咽喉痛，见注解	通风，局部排气通风或呼吸防护	新鲜空气，休息，立即给予医疗护理
# 皮肤	可能被吸收!见注解	防护手套，防护服	先用大量水冲洗，然后脱去污染的衣服并再次冲洗，立即给予医疗护理
# 眼睛	发红，疼痛	面罩和眼睛防护结合呼吸防护	先用大量水冲洗几分钟（如可能尽量摘除隐形眼镜），然后就医
# 食入	见注解	工作时不得进食，饮水或吸烟，进食前洗手	漱口，立即给予医疗护理

泄漏处置	撤离危险区域！向专家咨询！不要让该化学品进入环境。将泄漏液收集在可密闭的容器中。用砂土或惰性吸收剂吸收残液，并转移到安全场所。不要用锯末或其他可燃吸收剂吸收。个人防护用具：全套防护服包括自给式呼吸器
包装与标志	不得与食品和饲料一起运输 **欧盟危险性类别**：T 符号 N 符号 标记：E　R:45-23/24/25-51/53　S:53-45-61 **联合国危险性类别**：6.1　**联合国次要危险性**：3　**联合国包装类别**：I **中国危险性类别**：第 6.1 项 毒性物质；**中国次要危险性**：3　**中国包装类别**：I GHS 分类：警示词：危险　图形符号：火焰-骷髅和交叉骨-健康危险　危险说明：高度易燃液体和蒸气；吞咽致命；皮肤接触致命；吸入致命；造成眼睛刺激；怀疑导致遗传性缺陷；可能致癌；长期或反复接触对肝和肾造成损害
应急响应	运输应急卡：TEC(R)-61GTF1-1
储存	耐火设备(条件)。与强氧化剂分开存放。严格密封。储存在没有排水管或下水道的场所
重要数据	**物理状态、外观**：无色、发烟、吸湿液体，有刺鼻气味。遇空气时变黄色 **物理危险性**：蒸气比空气重，可能沿地面流动；可能造成远处着火 **化学危险性**：燃烧时，该物质分解生成含有氮氧化物的有毒烟雾。该物质是一种强还原剂，与氧化剂激烈反应。与酸激烈反应 **职业接触限值**：阈限值未制定标准。最高容许浓度：皮肤吸收；皮肤致敏剂；致癌物类别：2（德国，2006 年） **接触途径**：该物质可通过吸入、经皮肤和食入吸收到体内 **吸入危险性**：20℃时，该物质蒸发，迅速达到空气中有害污染浓度 **短期接触的影响**：该物质刺激眼睛和呼吸道。接触可能导致死亡 **长期或反复接触的影响**：该物质可能对肾脏和肝脏有影响，导致组织损伤。该物质很可能是人类致癌物

物理性质	沸点：81℃ 熔点：-9℃ 密度：0.83g/cm³ 水中溶解度：25℃时 100g/100mL 蒸气压：25℃时 9kPa	蒸气相对密度（空气=1）：2.07 蒸气/空气混合物的相对密度（20℃，空气=1）：1.1 闪点：<5℃ 爆炸极限：在空气中 2.4%~20%(体积) 辛醇/水分配系数的对数值：-0.54(估计值)
环境数据	该物质可能对环境有危害，对鱼类应给予特别注意	
注解	该物质对人体健康的影响数据不充分，因此应当特别注意。用大量水冲洗工作服(有着火危险)。对该物质的环境影响未进行调查。同类物质的数据显示，该物质可能对环境有影响	

IPCS
International
Programme on
Chemical Safety

国际化学品安全卡

3-氯-1,2-丙二醇（外消旋混合物）			ICSC 编号：1664
CAS 登记号：96-24-2 RTECS 号：TY4025000 UN 编号：2689 中国危险货物编号：2689 分子量：110.5		中文名称：3-氯-1,2-丙二醇(外消旋混合物)；α-氯乙醇；α-单氯甘油；氯醇；3-氯-1,2-二羟基丙烷 英文名称：3-CHLORO-1,2-PROPANEDIOL (RACEMIC MIXTURE); alpha-Chlorohydrin; Glycerol alpha-monochlorohydrin; Chlorhydrin; 3-Chloro-1,2-dihydroxypropane 化学式：$C_3H_7ClO_2$/$HOCH_2CHOHCH_2Cl$	
危害/接触类型	急性危害/症状	预防	急救/消防
火　灾	可燃的	禁止明火	抗溶性泡沫，干粉，二氧化碳
爆　炸	与强氧化剂接触时，有爆炸的危险		
接　触		防止产生烟云！	
# 吸入	咳嗽。咽喉痛。（另见食入）	避免吸入烟云	新鲜空气，休息。给予医疗护理
# 皮肤	（见食入）	防护手套	脱去污染的衣服。用大量水冲洗皮肤或淋浴
# 眼睛	发红。疼痛	安全护目镜	用大量水冲洗（如可能尽量摘除隐形眼镜）给与医疗护理
# 食入	咳嗽。咽喉疼痛。头痛。头晕。倦睡	工作时不得进食，饮水或吸烟	漱口。饮用 1～2 杯水。立即给予医疗护理
泄漏处置	将泄漏液收集在可密闭的容器中。用砂土或惰性吸收剂吸收残液，并转移到安全场所。个人防护用具：适应于该物质空气中浓度的有机气体和颗粒物过滤呼吸器		
包装与标志	不得与食品和饲料一起运输 联合国危险性类别：6.1　　联合国包装类别：III 中国危险性类别：第 6.1 项 毒性物质　中国包装 类别：III		
应急响应			
储存	干燥。严格密封。与强氧化剂、食品和饲料分开存放		
重要数据	物理状态、外观：无色至淡黄色吸湿液体 化学危险性：加热或燃烧时该物质分解，生成含有氯化氢（见卡片 0163）的有毒烟雾。与强氧化剂发生反应，有着火和爆炸危险 职业接触限值：阈限值未制定标准。最高容许浓度：IIb（未制定标准但可提供数据）（德国，2008 年） 接触途径：该物质可通过吸入、经皮肤和食入吸收到体内 吸入危险性：20℃时，该物质蒸发，迅速达到空气中有害污染浓度 短期接触的影响：该物质刺激眼睛和呼吸道。该物质可能对中枢神经系统产生影响 长期或反复接触的影响：该物质可能对肾脏有影响，导致肾损伤。在实验动物身上发现肿瘤，但是可能与人类无关。动物实验表明，该物质可能造成人类生殖或发育毒性		
物理性质	沸点：213℃时分解。在 1.9kPa 时 114～120℃ 熔点：−40℃ 相对密度（水=1）：1.32 水中溶解度：混溶 蒸气压：20℃时 27Pa 蒸气相对密度（空气=1）：3.8 蒸气/空气混合物的相对密度（20℃，空气=1）：1.00 黏度：在 20℃时 182mm^2/s 闪点：闪点：113℃（闭杯） 辛醇/水分配系数的对数值：−0.53（估计值）		
环境数据			
注解	对接触该物质的健康影响未进行充分调查。光学的异构体的 CAS 编号是：*R*(-)异构体：57090-45-6；*S*(+)异构体：60827-45-4		

IPCS
International
Programme on
Chemical Safety

国际化学品安全卡

1-溴-3-氯丙烷			ICSC 编号：1665
CAS 登记号：109-70-6 RTECS 号：TX4113000 UN 编号：2688 中国危险货物编号：2688	中文名称：1-溴-3-氯丙烷；1-氯-3-溴丙烷；三亚甲基氯溴 英文名称：1-BROMO-3-CHLOROPROPANE; 1-Chloro-3-bromopropane; Trimethylene chlorobromide		
分子量：157.4	化学式：$C_3H_6BrCl/Cl(CH_2)_3Br$		
危害/接触类型	急性危害/症状	预防	急救/消防
火　灾	易燃的。在火焰中释放出刺激性或有毒烟雾（或气体）	禁止明火，禁止火花和禁止吸烟	干粉，雾状水，泡沫，二氧化碳
爆　炸	高于 57℃，可能形成爆炸性蒸气/空气混合物	高于 57℃，使用密闭系统、通风和防爆型电气设备	着火时，喷雾状水保持料桶等冷却
接　触			
# 吸入	震颤，倦睡	通风，局部排气通风或呼吸防护	新鲜空气，休息。给予医疗护理
# 皮肤		防护手套	脱去污染的衣服。冲洗，然后用水和肥皂清洗皮肤
# 眼睛		安全眼镜	用大量水冲洗（如可能尽量摘除隐形眼镜）
# 食入	（见吸入）	工作时不得进食，饮水或吸烟	漱口。给予医疗护理
泄漏处置	将泄漏液收集在可密闭的容器中。用砂土或惰性吸收剂吸收残液，并转移到安全场所。不要让该化学品进入环境。个人防护用具：适应于该物质空气中浓度的有机气体和蒸气过滤呼吸器		
包装与标志	不得与食品和饲料一起运输 联合国危险性类别：6.1　　联合国包装类别：III 中国危险性类别：第 6.1 项 毒性物质　中国包装类别：III GHS 分类：警示词：危险　图形符号：火焰-骷髅和交叉骨-健康危险　危险说明：易燃液体和蒸气；吞咽有害；　皮肤接触可能有害；吸入有毒；可能对中枢神经系统和肝脏造成损害；对水生生物有害		
应急响应	运输应急卡：TEC(R)-61S2688		
储存	与食品和饲料分开存放。严格密封。储存在没有排水管或下水道的场所		
重要数据	物理状态、外观：无色液体 化学危险性：燃烧时,该物质分解生成含有溴化氢(见卡片#0282)和氯化氢(见卡片#0163)的有毒和腐蚀性气体 职业接触限值：阈限值未制定标准。最高容许浓度未制定标准 接触途径：该物质可通过吸入其蒸气和经食入吸收到体内 吸入危险性：未指明 20℃时该物质蒸发达到空气中有害浓度的速率 短期接触的影响：该物质可能对中枢神经系统和肝脏有影响，导致功能损伤		
物理性质	沸点：143.3℃ 熔点：−58.9℃ 相对密度（水=1）：1.6 水中溶解度：25℃时 0.224g/100mL 蒸气压：25℃时 0.85kPa	蒸气相对密度（空气=1）：5.4 蒸气/空气混合物的相对密度（20℃，空气=1）：1.03 闪点：57℃ 爆炸极限：空气中 3.2%～8.6%（体积） 辛醇/水分配系数的对数值：2.18	
环境数据	该物质对水生生物是有害的		
注解			

IPCS
International
Programme on
Chemical Safety

国际化学品安全卡

3,3'-二氨基联苯胺			ICSC 编号：1666
CAS 登记号：91-95-2 RTECS 号：DV8750000		中文名称：3,3'-二氨基联苯胺；3,3',4,4'-联苯四胺；(1,1'-联苯基)-3,3',4,4'-四胺；3,3',4,4'-二苯基四胺；3,3',4,4'-四氨基联苯；联苯-3,3',4,4'-四基四胺 英文名称：3,3'-DIAMINOBENZIDINE; 3,3',4,4'-Biphenyltetramine; (1,1'-Biphenyl)-3,3',4,4'-tetraamine; 3,3',4,4'-Diphenyltetramine; 3,3',4,4'-Tetraaminobiphenyl; Biphenyl-3,3',4,4'-tetrayltetraamine	
分子量：214.3		化学式：$C_{12}H_{14}N_4/(NH_2)_2C_6H_3C_6H_3(NH_2)_2$	
危害/接触类型	急性危害/症状	预防	急救/消防
火　灾	可燃的	禁止明火	干粉，抗溶性泡沫，雾状水，二氧化碳
爆　炸			
接　触		避免一切接触！	
# 吸入		密闭系统和通风	新鲜空气，休息
# 皮肤		防护手套，防护服	脱去污染的衣服。冲洗，然后用水和肥皂清洗皮肤
# 眼睛	发红	安全眼镜	用大量水冲洗（如可能尽量摘除隐形眼镜）
# 食入		工作时不得进食，饮水或吸烟。进食前洗手	漱口。饮用 1～2 杯水。如果（食入后）感觉不舒服，需就医
泄漏处置	将泄漏物清扫进容器中，如果适当，首先润湿防止扬尘。不要让该化学品进入环境。个人防护用具：适应于该物质空气中浓度的颗粒物过滤呼吸器		
包装与标志	GHS 分类：警示词：警告 图形符号：健康危险-感叹号 危险说明：吞咽有害；怀疑导致遗传性缺陷；怀疑致癌		
应急响应			
储存	干燥。严格密封。与食品和饲料及强氧化剂分开存放。储存在没有排水管或下水道的场所		
重要数据	**物理状态、外观**：红色至棕色、吸湿的各种形态固体 **化学危险性**：燃烧时，该物质分解生成氮氧化物。与强氧化剂发生反应 **职业接触限值**：阈限值未制定标准。最高容许浓度：致癌物类别：3B（德国，2006 年） **接触途径**：该物质可通过吸入其气溶胶和经食入以有害数量吸收到体内 **吸入危险性**：可较快地达到空气中颗粒物有害浓度 **短期接触的影响**：可能对眼睛引起机械刺激 **长期或反复接触的影响**：该物质可能是人类致癌物		
物理性质	熔点：176℃ 水中溶解度：（难溶） 闪点：>200℃ 自燃温度：560℃ 辛醇/水分配系数的对数值：0.09		
环境数据			
注解	不要将工作服带回家中。根据接触程度，建议定期进行医学检查。对该物质的环境影响未进行调查。本卡片中的建议也适用于 3,3'-二氨基联苯胺四盐酸盐，CAS 登记号 7411-49-6		

IPCS
International
Programme on
Chemical Safety

UNEP

国际化学品安全卡

八溴联苯醚			ICSC 编号：1667
CAS 登记号：32536-52-0 RTECS 号：DA6626666 分子量：801.38	中文名称：八溴联苯醚；八溴二苯醚；1,1'-氧代双八溴苯 英文名称：DIPHENYLETHER, OCTABROMO DERIVATIVE; Octabromodiphenyl Ether; 1,1'-Oxybisoctabromo benzene; Octabromodiphenyl oxide 化学式：$C_{12}H_2Br_8O/C_6HBr_4$-O-C_6HBr_4		

危害/接触类型	急性危害/症状	预防	急救/消防
火 灾	不可燃		周围环境着火时，使用适当的灭火剂
爆 炸			
接 触		避免哺乳妇女接触！	
# 吸入	咳嗽	避免吸入粉尘。通风	新鲜空气，休息
# 皮肤		防护手套	冲洗，然后用水和肥皂清洗皮肤
# 眼睛		安全眼镜	用大量水冲洗（如可能尽量摘除隐形眼镜）
# 食入		工作时不得进食，饮水或吸烟	漱口。饮用 1～2 杯水
泄漏处置	将泄漏物清扫进容器中，如果适当，首先润湿防止扬尘。个人防护用具：适应于该物质空气中浓度的颗粒物过滤呼吸器		
包装与标志	欧盟危险性类别：T 符号 R:61-62 S:53-45 GHS 分类：信号词：警告 图形符号：健康危险 危险说明：怀疑对生育能力或未出生婴儿造成伤害；可能对母乳喂养的儿童造成伤害		
应急响应			
储存	与食品和饲料分开存放		
重要数据	物理状态、外观：白色薄片或粉末 化学危险性：加热时，该物质分解生成腐蚀性气体 职业接触限值：阈限值未制定标准。最高容许浓度未制定标准 接触途径：该物质可通过吸入和经食入吸收到体内 吸入危险性：可较快地达到空气中颗粒物公害污染浓度 长期或反复接触的影响：动物实验表明，该物质可能造成人类生殖或发育毒性。该物质可能对肝脏有影响		
物理性质	熔点：167～257℃（见注解） 相对密度（水=1）：2.9 水中溶解度：难溶 蒸气压：可忽略不计 辛醇/水分配系数的对数值：6.29		
环境数据	尚未对该物质的环境影响进行充分调查		
注解	其他熔点：130～155℃；70～150℃和 167～257℃。该物质具有可变的熔融和沸腾范围，反映出物料性质和不同加工过程		

IPCS
International
Programme on
Chemical Safety

国际化学品安全卡

缩水甘油三甲基氯化铵（70%～75%水溶液）			ICSC 编号：1668
CAS 登记号：3033-77-0 RTECS 号：BQ3480000 分子量：151.7	**中文名称**：缩水甘油三甲基氯化铵（70%～75%水溶液）；2,3-环氧丙基三甲基氯化铵；*N,N,N*-三甲基环氧乙烷甲基氯化铵；缩水甘油三甲基氯化铵；EPTAC **英文名称**：EPTAC (70%～75% aqueous solution); 2,3-Epoxypropyltrimethylammonium chloride; *N,N,N*-Trimethyloxiranemethanaminium chloride; Glycidyltrimethylammonium chloride **化学式**：$C_6H_{14}NOCl$		
危害/接触类型	**急性危害/症状**	**预防**	**急救/消防**
火　灾	不可燃。在火焰中释放出刺激性或有毒烟雾（或气体）		周围环境着火时，使用适当的灭火剂
爆　炸	加热时，由于分解有着火和爆炸危险		着火时，喷雾状水保持料桶等冷却
接　触	见长期或反复接触的影响	避免一切接触！	
# 吸入	咽喉痛，咳嗽	密闭系统和通风	新鲜空气，休息
# 皮肤		防护手套，防护服	脱去污染的衣服。冲洗，然后用水和肥皂清洗皮肤
# 眼睛	发红，疼痛，灼伤	安全护目镜，或面罩	先用大量水冲洗（如可能尽量摘除隐形眼镜）。立即给与医疗护理
# 食入	咽喉疼痛，腹部疼痛	工作时不得进食，饮水或吸烟	漱口。给予医疗护理
泄漏处置	将泄漏液收集在可密闭的容器中。用砂土或惰性吸收剂吸收残液，并转移到安全场所。不要让该化学品进入环境。个人防护用具：化学防护服包括自给式呼吸器		
包装与标志	GHS 分类：警示词：危险 图形符号：感叹号-腐蚀-健康危险 危险说明：吞咽有害；接触皮肤有害；造成严重眼睛损伤；可能导致皮肤过敏反应；怀疑导致遗传性缺陷；可能致癌；怀疑对生育能力或未出生婴儿造成伤害；长期或反复吞咽可能对肾造成损害；对水生生物有害并具有长期持久影响		
应急响应			
储存	阴凉场所。储存在没有排水管或下水道的场所		
重要数据	**物理状态、外观**：无色到淡黄色、清澈、无嗅液体 **化学危险性**：温度在 35℃以上时，该物质分解产生有毒和刺激性烟雾，有着火或爆炸危险 **职业接触限值**：阈限值未制定标准。最高容许浓度：皮肤吸收；皮肤致敏剂；致癌物类别：2（德国，2008 年） **接触途径**：该物质可经皮肤、通过吸入其气溶胶和经食入以有害数量吸收到体内 **吸入危险性**：20℃时蒸发可忽略不计，但喷洒时可较快地达到空气中颗粒物有害浓度 **短期接触的影响**：该物质严重刺激眼睛和呼吸道 **长期或反复接触的影响**：反复或长期接触可能引起皮肤过敏。该物质可能对肾有影响。该物质很可能是人类致癌物。动物实验表明，该物质可能造成人类生殖或发育毒性		
物理性质	密度：$1.1g/cm^3$ 水中溶解度：混溶 **辛醇/水分配系数的对数值**：<-1.3		
环境数据	该物质对水生生物是有害的。该物质可能在水生环境中造成长期影响。强烈建议不要让该化学品进入环境		
注解	根据接触程度，建议定期进行医学检查。不要将工作服带回家中		

IPCS
International
Programme on
Chemical Safety

国际化学品安全卡

(3-氯-2-羟丙基)三甲基氯化铵（50%～70%水溶液）			ICSC 编号：1669
CAS 登记号：3327-22-8 RTECS 号：BP5275400	中文名称：(3-氯-2-羟丙基)三甲基氯化铵(50%～70%水溶液)；3-氯-2-羟基-*N,N,N*-三甲基-1-丙烷氯化铵；CHPTAC 英文名称：(3-Chloro-2-hydroxypropyl) trimethylammonium chloride (50%～70 % aqueous solution); 3-Chloro-2-hydroxy-*N,N,N*-trimethyl-1-propanaminium chloride; CHPTAC		
分子量：188.1	化学式：$C_6H_{15}NOCl_2$		

危害/接触类型	急性危害/症状	预防	急救/消防
火　灾	不可燃。在火焰中释放出刺激性或有毒烟雾（或气体）		周围环境着火时，使用适当的灭火剂
爆　炸			着火时，喷雾状水保持料桶等冷却
接　触	见长期或反复接触的影响	避免一切接触！	
# 吸入		密闭系统和通风	新鲜空气，休息
# 皮肤		防护手套，防护服	脱去污染的衣服。冲洗，然后用水和肥皂清洗皮肤
# 眼睛		安全眼镜	用大量水冲洗（如可能尽量摘除隐形眼镜）
# 食入		工作时不得进食，饮水或吸烟	漱口
泄漏处置	将泄漏液收集在可密闭的容器中。用砂土或惰性吸收剂吸收残液，并转移到安全场所。不要让该化学品进入环境。个人防护用具：化学防护服包括自给式呼吸器		
包装与标志	GHS 分类：警示词：警告 图形符号：健康危险 危险说明：吞咽可能有害；怀疑致癌；对水生生物有害并具有长期持久影响		
应急响应			
储存	储存在没有排水管或下水道的场所		
重要数据	物理状态、外观：无色到淡黄色、清澈、无嗅液体 化学危险性：加热时，该物质分解生成有毒和易燃蒸气 职业接触限值：阈限值未制定标准。最高容许浓度未制定标准 接触途径：该物质可通过吸入其气溶胶、经皮肤和食入以有害数量吸收到体内 吸入危险性：20℃时蒸发可忽略不计，但喷洒时可较快地达到空气中颗粒物有害浓度 长期或反复接触的影响：该物质可能是人类致癌物		
物理性质	密度：1.2g/cm³ 水中溶解度：混溶 辛醇/水分配系数的对数值：<-1.5		
环境数据	该物质对水生生物是有害的。该物质可能在水生环境中造成长期影响。强烈建议不要让该化学品进入环境		
注解	根据接触程度，建议定期进行医学检查。不要将工作服带回家中。在碱性条件下，该物质生成缩水甘油三甲基氯化铵，见卡片#1668		

IPCS
International
Programme on
Chemical Safety

国际化学品安全卡

四氢化硼酸钠			ICSC 编号：1670
CAS 登记号：16940-66-2 RTECS 号：ED3325000 UN 编号：1426 中国危险货物编号：1426 分子量：37.8	中文名称：四氢化硼酸钠；硼氢化钠 英文名称：SODIUM TETRAHYDROBORATE; Sodium borohydride 化学式：$NaBH_4$		
危害/接触类型	急性危害/症状	预防	急救/消防
火　灾	可燃的	禁止明火	干砂。干粉，禁止用水。禁止用泡沫。禁止用二氧化碳
爆　炸	与酸(类)、醇、氧化剂、水接触时，有着火和爆炸的危险		
接　触		避免一切接触！	一切情况均向医生咨询！
# 吸入	灼烧感。咳嗽。咽喉痛。呼吸困难。呼吸短促	局部排气通风或呼吸防护	新鲜空气，休息。立即给予医疗护理
# 皮肤	发红。疼痛。皮肤烧伤	防护手套。防护服	先用大量水冲洗，然后脱去污染的衣服并再次冲洗。给予医疗护理
# 眼睛	发红。疼痛。严重深度烧伤	安全护目镜，或眼睛防护结合呼吸防护	用大量水冲洗（如可能尽量摘除隐形眼镜）。立即给予医疗护理
# 食入	咽喉和胸腔灼烧感。腹部疼痛。呕吐。休克或虚脱	工作时不得进食，饮水或吸烟	漱口。饮用 1 杯或 2 杯水。不要催吐。立即给予医疗护理
泄漏处置	转移全部引燃源。将泄漏物清扫进干燥，塑料容器中。小心收集残余物，然后转移到安全场所。个人防护用具：适用于有毒颗粒物的 P3 过滤呼吸器。化学防护服		
包装与标志	联合国危险性类别：4.3　联合国包装类别：I 中国危险性类别：第 4.3 项 遇水放出易燃气体的物质 中国包装类别：I GHS 分类：警示词：危险　图形符号：火焰-腐蚀-骷髅和交叉骨　危险说明：遇水放出可自燃的易燃气体；吞咽会中毒；造成严重皮肤灼伤和眼睛损伤		
应急响应	运输应急卡：TEC(R)-43GW2-I		
储存	干燥。严格密封。与强酸、醇类、金属粉末和水分开存放		
重要数据	物理状态、外观：白色晶体粉末 化学危险性：加热时和与酸、金属粉末、水或湿气接触时，该物质分解生成易燃/爆炸性气体氢（见卡片#0001）。该物质是一种强还原剂，与氧化剂激烈反应，有着火和爆炸危险 职业接触限值：阈限值未制定标准。最高容许浓度未制定标准 接触途径：各种接触途径都有严重的局部影响 吸入危险性：扩散时。可较快地达到空气中颗粒物有害浓度 短期接触的影响：该物质腐蚀眼睛，皮肤和呼吸道。食入有腐蚀性		
物理性质	熔点：温度> 250℃时分解 密度：$1.07g/cm^3$ 水中溶解度：25℃时 55g/100mL 自燃温度：约 220℃ 爆炸极限：空气中 3.02%～?%（体积）		
环境数据			
注解	与灭火剂，如水激烈反应		

IPCS
International
Programme on
Chemical Safety

国际化学品安全卡

硫氰酸			ICSC 编号：1671
CAS 登记号：463-56-9 EC 编号：615-003-00-8 分子量：59.1		中文名称：硫氰酸；硫氰化氢 英文名称：THIOCYANIC ACID; Hydrogen rhodanide 化学式：HSCN	
危害/接触类型	急性危害/症状	预防	急救/消防
火　灾	不可燃。在火焰中释放出刺激性或有毒烟雾（或气体）	禁止与酸类、碱类和氧化剂接触	周围环境着火时，使用适当的灭火剂
爆　炸			
接　触	见注解		
# 吸入		通风，局部排气通风或呼吸防护	新鲜空气，休息
# 皮肤		防护手套	脱去污染的衣服。冲洗，然后用水和肥皂清洗皮肤
# 眼睛		安全眼镜	先用大量水冲洗几分钟（如可能尽量摘除隐形眼镜），然后就医
# 食入		工作时不得进食，饮水或吸烟	漱口。饮用 1 杯或 2 杯水。给予医疗护理
泄漏处置	将泄漏液收集在有盖的容器中。小心收集残余物，然后转移到安全场所。个人防护用具：适用于酸性气体的过滤呼吸器		
包装与标志	不得与食品和饲料一起运输 欧盟危险性类别：Xn 符号　R:20/21/22-32-52/53　S:2-13-61 GHS 分类：警示词：警告　图形符号：感叹号-健康危险　危险说明：吞咽有害；长期或反复接触可能对甲状腺造成损害		
应急响应			
储存	与强氧化剂、强碱、食品和饲料分开存放。沿地面通风		
重要数据	物理状态、外观：无色液体 物理危险性：蒸气比空气重 化学危险性：由于加温，该物质发生聚合。加热时，该物质分解生成有毒烟雾。与强碱和强氧化剂激烈反应，生成含有氰化氢的有毒烟雾 职业接触限值：阈限值未制定标准。最高容许浓度未制定标准 接触途径：该物质可通过吸入其蒸气和经食入吸收到体内 吸入危险性：未指明 20℃时该物质蒸发达到空气中有害浓度的速率 短期接触的影响：见注解 长期或反复接触的影响：该物质可能对甲状腺有影响，导致甲状腺机能减退		
物理性质	熔点：5℃ 水中溶解度：溶解 蒸气相对密度（空气=1）：2.0 辛醇/水分配系数的对数值：0.58（估计值）		
环境数据			
注解	该物质对人体健康的影响数据不充分，因此应当特别注意		

IPCS
International
Programme on
Chemical Safety

国际化学品安全卡

苯并[a]菲			ICSC 编号：1672
CAS 登记号：218-01-9 RTECS 号：GC0700000 UN 编号：3077 EC 编号：601-048-00-0 中国危险货物编号：3077		中文名称：苯并[a]菲；1,2-苯并菲；1,2,5,6-二苯并萘 英文名称：CHRYSENE; Benzo [a] phenanthrene; 1,2-Benzophenanthrene; 1,2,5,6-Dibenzonaphthalene	
分子量：228.3		化学式：$C_{18}H_{12}$	
危害/接触类型	急性危害/症状	预防	急救/消防
火　灾	可燃的	禁止明火	雾状水，干粉，泡沫，二氧化碳
爆　炸	微细分散的颗粒物在空气中形成爆炸性混合物	防止粉尘沉积、密闭系统、防止粉尘爆炸型电气设备和照明	
接　触	见长期或反复接触的影响	避免一切接触！	
# 吸入		局部排气通风或呼吸防护	新鲜空气，休息
# 皮肤		防护手套。防护服	脱去污染的衣服。冲洗，然后用水和肥皂清洗皮肤
# 眼睛		安全护目镜	先用大量水冲洗几分钟（如可能尽量摘除隐形眼镜），然后就医
# 食入		工作时不得进食，饮水或吸烟	漱口
泄漏处置	将泄漏物清扫进可密闭容器中，如果适当，首先润湿防止扬尘。小心收集残余物，然后转移到安全场所。不要让该化学品进入环境。个人防护用具：适用于有毒颗粒物的 P3 过滤呼吸器		
包装与标志	欧盟危险性类别：T 符号 N 符号　R:45-68-50/53　S:53-45-60-61 联合国危险性类别：9　联合国包装类别：III 中国危险性类别：第 9 类 杂项危险物质和物品　中国包装类别：III GHS 分类：警示词：警告　图形符号：健康危险-环境　危险说明：怀疑致癌；对水生生物毒性非常大；对水生生物有毒并具有长期持续影响		
应急响应	运输应急卡：TEC(R)-90GM7-III		
储存	与强氧化剂分开存放。注意收容灭火产生的废水。储存在没有排水管或下水道的场所		
重要数据	物理状态、外观：无色至浅棕色晶体或粉末 物理危险性：以粉末或颗粒形状与空气混合，可能发生粉尘爆炸 化学危险性：燃烧时，该物质分解生成有毒烟雾。与强氧化剂激烈反应 职业接触限值：阈限值：A3（确认的动物致癌物，但未知与人类相关性）（美国政府工业卫生学家会议，2006 年）。最高容许浓度：皮肤吸收；致癌物类别：2（德国，2007 年） 接触途径：该物质可通过吸入其气溶胶，经皮肤和食入吸收到体内 吸入危险性：扩散时可较快地达到空气中颗粒物有害浓度 长期或反复接触的影响：该物质可能是人类致癌物		
物理性质	沸点：448℃ 熔点：254～256℃ 密度：1.3g/cm³ 水中溶解度：难溶 辛醇/水分配系数的对数值：5.9		
环境数据	该物质对水生生物有极高毒性。该化学品可能在海产食品中发生生物蓄积。强烈建议不要让该化学品进入环境		
注解	根据接触程度，建议定期进行医学检查。不要将工作服带回家中。该物质通常不以纯物质形式存在，而是作为多环芳烃混合物的一种组分。人群研究证明接触多环芳烃与癌症和心血管疾病相关		

IPCS
International
Programme on
Chemical Safety

国际化学品安全卡

三氟乙酸			ICSC 编号：1673
CAS 登记号：76-05-1 RTECS 号：AJ9625000 UN 编号：2699 EC 编号：607-091-00-1 中国危险货物编号：2699 分子量：114.0		中文名称：三氟乙酸；全氟乙酸；三氟醋酸 英文名称：TRIFLUOROACETIC ACID; Perfluoroacetic acid; Trifluoroethanoic acid 化学式：$C_2HF_3O_2$/CF_3COOH	
危害/接触类型	急性危害/症状	预防	急救/消防
火　灾	不可燃。在火焰中释放出刺激性或有毒烟雾（或气体）	禁止与碱类接触	周围环境着火时，使用适当的灭火剂
爆　炸			着火时，喷雾状水保持料桶等冷却
接　触		避免一切接触！	一切情况均向医生咨询！
# 吸入	咳嗽，咽喉痛，灼烧感，呼吸困难	通风，局部排气通风或呼吸防护	新鲜空气，休息。半直立体位。立即给予医疗护理
# 皮肤	发红，疼痛，严重皮肤烧伤	防护手套，防护服	脱去污染的衣服。用大量水冲洗皮肤或淋浴。立即给予医疗护理
# 眼睛	发红，疼痛，严重深度烧伤	面罩，或眼睛防护结合呼吸防护	先用大量水冲洗（如可能尽量摘除隐形眼镜）。立即给与医疗护理
# 食入	咽喉和胸腔灼烧感，腹部疼痛。休克或虚脱	工作时不得进食，饮水或吸烟	漱口。不要催吐。立即给予医疗护理
泄漏处置	将泄漏液收集在可密闭的塑料容器中。用砂土或惰性吸收剂吸收残液，并转移到安全场所。小心收集残余物，然后转移到安全场所。不要让该化学品进入环境。个人防护用具：气密式化学防护服，包括自给式呼吸器		
包装与标志	不易破碎包装，将易破碎包装放在不易破碎的密闭容器中。不得与食品和饲料一起运输 欧盟危险性类别：C 符号 标记：B　R:20-35-52/53　S:1/2-9-26-27-28-45-61 联合国危险性类别：8　联合国包装类别：I 中国危险性类别：第 8 类 腐蚀性物质 中国包装类别：I GHS 分类：警示词：危险 图形符号：腐蚀-健康危险 危险说明：造成严重皮肤灼伤和眼睛损伤；吸入对呼吸道造成损害；对水生生物有害		
应急响应	运输应急卡：TEC(R)-80GC3-I		
储存	与强碱、金属、氧化剂、食品和饲料分开存放。保存在通风良好的室内。储存在没有排水管或下水道的场所		
重要数据	物理状态、外观：无色发烟液体，有刺鼻气味 物理危险性：蒸气比空气重 化学危险性：与高温表面或火焰接触时，该物质分解生成有毒烟雾。该物质是一种中强酸。与强碱、还原剂和氧化剂激烈反应，生成含有氟化氢的有毒和腐蚀性烟雾。浸蚀许多金属，生成易燃/爆炸性气体（氢，见卡片#0001）。浸蚀某些橡胶 职业接触限值：阈限值未制定标准。最高容许浓度未制定标准 接触途径：各种接触途径都有严重的局部影响 吸入危险性：20℃时，该物质蒸发，迅速达到空气中有害污染浓度 短期接触的影响：该物质腐蚀眼睛、皮肤和呼吸道。食入有腐蚀性。吸入烟雾可能引起肺水肿（见注解）		
物理性质	沸点：72℃ 熔点：-15℃ 相对密度（水=1）：1.5 水中溶解度：20℃时 100g/100mL（易溶）	蒸气压：20℃时 11kPa 蒸气相对密度（空气=1）：3.9 蒸气/空气混合物的相对密度（20℃，空气=1）：1.3 辛醇/水分配系数的对数值：-2.1	
环境数据	该物质对水生生物是有害的		
注解	肺水肿症状常常经过几个小时以后才变得明显，体力劳动使症状加重。因而休息和医学观察是必要的		

IPCS
International
Programme on
Chemical Safety

国际化学品安全卡

二氢苊			ICSC 编号：1674
CAS 登记号：83-32-9 RTECS 号：AB1000000 UN 编号：3077 中国危险货物编号：3077 分子量：154.2		中文名称：二氢苊；1,2-二氢苊；1,8-苊 英文名称：ACENAPHTHENE; 1,2-Dihydroacenaphthylene; 1,8-Ethylenenaphthalene 化学式：$C_{12}H_{10}$	
危害/接触类型	急性危害/症状	预防	急救/消防
火　灾	可燃的	禁止明火	雾状水，干粉，泡沫，二氧化碳
爆　炸	微细分散的颗粒物在空气中形成爆炸性混合物	防止粉尘沉积、密闭系统、防止粉尘爆炸型电气设备和照明	
接　触	见注解	防止粉尘扩散！	
# 吸入		局部排气通风或呼吸防护	新鲜空气，休息
# 皮肤		防护手套	脱去污染的衣服。冲洗，然后用水和肥皂清洗皮肤
# 眼睛		安全护目镜	先用大量水冲洗几分钟（如可能尽量摘除隐形眼镜），然后就医
# 食入		工作时不得进食，饮水或吸烟	漱口
泄漏处置	将泄漏物清扫进有盖的容器中，如果适当，首先润湿防止扬尘。小心收集残余物，然后转移到安全场所。不要让该化学品进入环境。个人防护用具：适用于有害颗粒物的 P2 过滤呼吸器		
包装与标志	联合国危险性类别：9　　联合国包装类别：III 中国危险性类别：第 9 类 杂项危险物质和物品 中国包装类别：III GHS 分类：警示词：警告 图形符号：环境 危险说明：对水生生物毒性非常大并具有长期持续影响		
应急响应	运输应急卡：TEC(R)-90GM7-III		
储存	与强氧化剂分开存放。注意收容灭火产生的废水。储存在没有排水管或下水道的场所		
重要数据	物理状态、外观：白色至米黄色晶体 物理危险性：以粉末或颗粒形状与空气混合，可能发生粉尘爆炸 化学危险性：燃烧时，生成含有一氧化碳的有毒气体。与强氧化剂发生反应 职业接触限值：阈限值未制定标准。最高容许浓度未制定标准 接触途径：该物质可通过吸入其气溶胶，经皮肤和食入吸收到体内 吸入危险性：扩散时可较快地达到空气中颗粒物有害浓度 长期或反复接触的影响：见注解		
物理性质	沸点：279℃ 熔点：95℃ 密度：1.2g/cm^3 水中溶解度：25℃时 0.0004g/100mL 蒸气压：25℃时 0.3Pa 蒸气相对密度（空气=1）：5.3 闪点：135℃（开杯） 自燃温度：>450℃ 辛醇/水分配系数的对数值：3.9～4.5		
环境数据	该物质对水生生物有极高毒性。该物质可能在水生环境中造成长期影响。强烈建议不要让该化学品进入环境		
注解	该物质以纯物质形式存在，也作为多环芳烃（PAH）混合物的一种组分存在。人群研究证明接触多环芳烃与癌症和心血管疾病相关。该物质对人体健康的影响数据不充分，因此应当特别注意		

IPCS
International
Programme on
Chemical Safety

国际化学品安全卡

三氯异氰尿酸	ICSC 编号：1675
CAS 登记号：87-90-1 RTECS 号：XZ1925000 UN 编号：2468 EC 编号：613-031-00-5 中国危险货物编号：2468	中文名称：三氯异氰尿酸；1,3,5-三氯-*s*-三吖嗪-2,4,6(1*H*,3*H*,5*H*)-三酮；氯氧三嗪；三氯-*s*-三吖嗪三酮 英文名称：TRICHLOROISOCYANURIC ACID; 1,3,5-Trichloro-*s*-triazine-2,4,6(1*H*,3*H*,5*H*)-trione; Symclosene; Trichloro-*s*-triazinetrione
分子量：232.4	化学式：$C_3Cl_3N_3O_3$

危害/接触类型	急性危害/症状	预防	急救/消防
火　灾	不可燃，但可助长其他物质燃烧。在火焰中释放出刺激性或有毒烟雾（或气体）	禁止与可燃物质接触	大量水，泡沫，干粉
爆　炸	加热时和与可燃物质及其他物质接触时，有爆炸危险（见化学危险性）		着火时，喷雾状水保持料桶等冷却，但避免该物质与水接触
接　触		严格作业环境管理!	
# 吸入	咳嗽，咽喉痛，呼吸困难	局部排气通风或呼吸防护	新鲜空气，休息，半直立体位，必要时进行人工呼吸，给予医疗护理
# 皮肤	发红	防护手套	先用大量水冲洗，然后脱去污染的衣服并再次冲洗
# 眼睛	发红，疼痛，灼伤	安全护目镜	先用大量水冲洗（如可能尽量摘除隐形眼镜）。立即给与医疗护理
# 食入	腹部疼痛，灼烧感，休克或虚脱	工作时不得进食，饮水或吸烟	漱口，饮用 1～2 杯水，不要催吐，给予医疗护理

泄漏处置	将泄漏物清扫进可密闭的干燥容器中。小心收集残余物，然后转移到安全场所。不要让该化学品进入环境。个人防护用具：适应于该物质空气中浓度的颗粒物过滤呼吸器
包装与标志	**欧盟危险性类别**：O 符号 Xn 符号 N 符号　R:8-22-36/37-31-50/53　S:2-8-26-41-60-61 **联合国危险性类别**：5.1　**联合国包装类别**：II **中国危险性类别**：第 5.1 项 氧化性物质　**中国包装类别**：II GHS 分类：**警示词**：危险　**图形符号**：火焰在圆环上-骷髅和交叉骨-腐蚀-环境　**危险说明**：可能加剧燃烧，氧化剂；吞咽有害；吸入粉尘致命；造成轻微皮肤刺激；造成严重眼睛损伤；对水生生物毒性非常大
应急响应	**运输应急卡**：TEC(R)-51GO2-I+II+III **美国消防协会法规**：H2（健康危险性）；F0（火灾危险性）；R2（反应危险性）；OX（氧化剂）
储存	干燥。严格密封。储存在没有排水管或下水道的场所。注意收容灭火产生的废水。见化学危险性
重要数据	**物理状态、外观**：白色晶体粉末，有刺鼻气味 **化学危险性**：加热时，该物质分解生成有毒烟雾。受热时可能发生爆炸。该物质是一种强氧化剂，与可燃物质和还原性物质激烈反应。与氨、铵盐和胺类、碳酸钠(纯碱)激烈反应，有着火和爆炸危险。与强酸发生反应，生成有毒气体（氯，见卡片#0126） **职业接触限值**：阈限值未制定标准。最高容许浓度未制定标准 **接触途径**：该物质可通过吸入和经食入以有害数量吸收到体内 **吸入危险性**：扩散时，可较快地达到空气中颗粒物有害浓度 **短期接触的影响**：该物质严重刺激眼睛和呼吸道，轻微刺激皮肤。食入有腐蚀性。吸入粉尘可能引起肺水肿（见注解）
物理性质	**熔点**：>225℃时分解 **密度**：$2.07g/cm^3$ **水中溶解度**：25℃时 1.2g/100mL **蒸气压**：可忽略不计 **辛醇/水分配系数的对数值**：0.26
环境数据	该物质对水生生物有极高毒性。强烈建议不要让该化学品进入环境
注解	在水中，该物质分解生成次氯酸和氰尿酸。肺水肿症状常常经过几个小时以后才变得明显，体力劳动使症状加重，因而休息和医学观察是必要的。应当考虑由医生或医生指定的人员立即采取适当吸入治疗法。见卡片#1313（氰尿酸）

IPCS
International
Programme on
Chemical Safety

国际化学品安全卡

溴化乙锭			ICSC 编号：1676
CAS 登记号：1239-45-8 RTECS 号：SF7950000 UN 编号：2811 EC 编号：999-118-00-0 中国危险货物编号：2811 分子量：394.4	中文名称：溴化乙锭；溴化-3,8-二氨基-5-乙基-6-苯基菲啶鎓；2,7-二氨基-10-乙基-9-苯基菲啶溴化鎓;溴化乙菲啶 英文名称：ETHIDIUM BROMIDE; Phenanthridinium, 3,8-diamino-5-ethyl-6-phenyl-, bromide; 2,7-Diamino-10-ethyl-9-phenylphenanthridinium bromide; Homidium bromide 化学式：$C_{21}H_{20}N_3 \cdot Br$		
危害/接触类型	**急性危害/症状**	**预防**	**急救/消防**
火　灾	可燃的。在火焰中释放出刺激性或有毒烟雾（或气体）	禁止明火。禁止与强氧化剂接触	干粉，抗溶性泡沫，雾状水，二氧化碳
爆　炸			
接　触		避免一切接触！	
# 吸入	咳嗽	局部排气通风。呼吸防护	新鲜空气，休息
# 皮肤		防护手套	冲洗，然后用水和肥皂清洗皮肤
# 眼睛	发红	安全护目镜	用大量水冲洗（如可能尽量摘除隐形眼镜）
# 食入	咽喉疼痛	工作时不得进食，饮水或吸烟	漱口
泄漏处置	将泄漏物清扫进可密闭容器中。然后用大量水冲净		
包装与标志	不得与食品和饲料一起运输 **联合国危险性类别**：6.1　**联合国包装类别**：I **中国危险性类别**：第 6.1 项 毒性物质　**中国包装类别**：I **GHS 分类**：**警示词**：危险　**图形符号**：感叹号-健康危险　**危险说明**：吞咽有害；怀疑导致遗传性缺陷		
应急响应	运输应急卡：TEC(R)-61GT2-I		
储存	耐火设备（条件）。与强氧化剂、食品和饲料分开存放		
重要数据	**物理状态、外观**：红色至棕色晶体 **化学危险性**：加热时，该物质分解生成含有溴化氢（卡片#0282）和氮氧化物（#0930 和#1311）的有毒气体。与强氧化剂激烈反应 **职业接触限值**：阈限值未制定标准。最高容许浓度：致癌物类别：3B（德国） **接触途径**：该物质可通过吸入和经食入吸收到体内 **吸入危险性**：扩散时可较快地达到空气中颗粒物有害浓度，尤其是粉末 **短期接触的影响**：该物质刺激眼睛和呼吸道 **长期或反复接触的影响**：见注解		
物理性质	熔点：238～240℃ 密度：0.34 g/cm³ 水中溶解度：20℃时 5g/100mL 蒸气压：25℃时可忽略不计 闪点：>100℃ 辛醇/水分配系数的对数值：-1.1		
环境数据			
注解	对该物质的环境影响未进行调查。对接触该物质的健康影响未进行充分调查		

IPCS
International
Programme on
Chemical Safety

国际化学品安全卡

磷酸三（2-氯乙酯）			ICSC 编号：1677
CAS 登记号：115-96-8 RTECS 号：KK2450000 UN 编号：3082 EC 编号：204-118-5 中国危险货物编号：3082	中文名称：磷酸三(2-氯乙酯)；磷酸三(β-氯乙酯)；正磷酸三(2-氯乙酯)；2-氯磷酸乙醇酯(3:1)；TCEP 英文名称：TRIS(2-CHLOROETHYL) PHOSPHATE; Tri(beta-chloroethyl) phosphate; Tris(2-chloroethyl) orthophosphate; Ethanol, 2-chloro-, phosphate (3:1); TCEP		
分子量：285.5	化学式：$C_6H_{12}Cl_3O_4P/(ClCH_2CH_2O)_3PO$		
危害/接触类型	急性危害/症状	预防	急救/消防
火　灾	可燃的。在火焰中释放出刺激性或有毒烟雾（或气体）	禁止明火，禁止火花和禁止吸烟	干粉，雾状水，泡沫，二氧化碳
爆　炸	蒸气/空气混合物有爆炸性		
接　触	见长期或反复接触的影响	避免一切接触！	
# 吸入		通风，局部排气通风或呼吸防护	新鲜空气，休息
# 皮肤		防护手套，防护服	冲洗，然后用水和肥皂清洗皮肤
# 眼睛		安全眼镜	用大量水冲洗（如可能尽量摘除隐形眼镜）
# 食入		工作时不得进食，饮水或吸烟	漱口。给予医疗护理
泄漏处置	将泄漏液收集在有盖的容器中。用砂土或惰性吸收剂吸收残液，并转移到安全场所。不要让该化学品进入环境。个人防护用具：适用于 该物质空气中浓度的有机气体和蒸气过滤呼吸器		
包装与标志	欧盟危险性类别：Xn 符号 N 符号　R:22-40-51/53　S:2-36/37-61 联合国危险性类别：9　联合国包装类别：III 中国危险性类别：第 9 类 杂项危险物质和物品　中国包装类别：III GHS 分类：警示词：警告　图形符号：感叹号-健康危险　危险说明：吞咽有害；怀疑致癌；怀疑对生育能力或未出生儿童造成伤害；对水生生物有毒		
应急响应	运输应急卡：TEC(R)-90GM6-III		
储存	保存在通风良好的室内。储存在没有排水管或下水道的场所。与食品和饲料分开存放。注意收容灭火产生的废水		
重要数据	物理状态、外观：无色至黄色液体 化学危险性：加热至 320℃以上时，该物质分解生成氯化氢和磷氧化物。与强碱和强氧化剂发生反应 职业接触限值：阈限值未制定标准。最高容许浓度未制定标准 接触途径：该物质可通过食入以有害数量吸收到体内 吸入危险性：20℃时，该物质蒸发不会或很缓慢地达到空气中有害污染浓度 长期或反复接触的影响：该物质可能是人类致癌物。动物实验表明，该物质可能造成人类生殖或发育毒性		
物理性质	沸点：分解 熔点：−51℃ 相对密度（水=1）：1.4 水中溶解度：20℃时 0.78g/100mL（难溶） 蒸气压：可忽略不计 蒸气相对密度（空气=1）：9.8 闪点：202℃（闭杯） 自燃温度：480℃ 辛醇/水分配系数的对数值：1.78		
环境数据	该物质对水生生物是有毒的。强烈建议不要让该化学品进入环境		
注解	不要将工作服带回家中。根据接触程度，建议定期进行医学检查。TCEP 是缩写，也指代三氯乙醇-1-磷酸酯，通常称其为磷酸三氯乙酯，是一种不同的物质		

IPCS
International
Programme on
Chemical Safety

国际化学品安全卡

N,N'-二乙酰联苯胺	ICSC 编号：1678
CAS 登记号：613-35-4 RTECS 号：DT2800000 EC 编号：612-044-00-3	中文名称：*N,N'*-二乙酰联苯胺；4,4'-二乙酰氨基联苯；*N,N'*-(1,1'-联苯基)-4,4'-二基双乙酰胺；4,4'''-二-*N*-乙酰苯胺；4,4'-二乙酰基联苯胺；DABZ 英文名称：*N,N'*-DIACETYLBENZIDINE; 4,4'-Diacetamidobiphenyl; *N,N'*-(1,1'-Biphenyl)-4,4'-diylbisacetamide; 4',4'''-Biacetanilide; 4,4'-Diacetylbenzidine; DABZ
分子量：268.3	化学式：$C_{16}H_{16}N_2O_2/(C_6H_4NHCOCH_3)_2$

危害/接触类型	急性危害/症状	预防	急救/消防
火　灾			周围环境着火时，使用适当的灭火剂
爆　炸			
接　触		避免一切接触！	
# 吸入	咳嗽	密闭系统和通风	新鲜空气，休息
# 皮肤		防护手套，防护服	脱去污染的衣服。冲洗，然后用水和肥皂清洗皮肤
# 眼睛	发红	安全眼镜	用大量水冲洗（如可能尽量摘除隐形眼镜）
# 食入		工作时不得进食，饮水或吸烟。进食前洗手	漱口。饮用 1～2 杯水。给予医疗护理

泄漏处置	将泄漏物清扫进容器中，如果适当，首先润湿防止扬尘。不要让该化学品进入环境。个人防护用具：适应于该物质空气中浓度的颗粒物过滤呼吸器
包装与标志	欧盟危险性类别：Xn 符号　R:20/21/22　S:2-22-36 GHS 分类：警示词：警告　图形符号：健康危险　危险说明：怀疑导致遗传性缺陷；怀疑致癌；长期或反复接触可能对血液和肾造成损害
应急响应	
储存	与强氧化剂、食品和饲料分开存放。严格密封。储存在没有排水管或下水道的场所
重要数据	**物理状态、外观**：白色晶体 **化学危险性**：与高温表面或火焰接触时，该物质分解生成氮氧化物。与强氧化剂发生反应 **职业接触限值**：阈限值未制定标准。最高容许浓度未制定标准 **接触途径**：该物质可通过吸入其气溶胶和经食入以有害数量吸收到体内 **吸入危险性**：扩散时，可较快地达到空气中颗粒物有害浓度 **短期接触的影响**：可能对眼睛和呼吸道引起机械刺激。 **长期或反复接触的影响**：该物质可能对血液和肾脏有影响，导致形成正铁血红蛋白、贫血和肾损伤。该物质可能是人类致癌物
物理性质	**熔点**：327～330℃ **水中溶解度**：不溶 **辛醇/水分配系数的对数值**：1.97
环境数据	
注解	不要将工作服带回家中。根据接触程度，建议定期进行医学检查。对该物质的环境影响未进行调查

IPCS
International
Programme on
Chemical Safety

国际化学品安全卡

甲基丙烯酸缩水甘油酯			ICSC 编号：1679
CAS 登记号：106-91-2 RTECS 号：OZ4375000 UN 编号：2810 EC 编号：607-123-00-4 中国危险货物编号：2810	中文名称：甲基丙烯酸缩水甘油酯；2,3-环氧丙基甲基丙烯酸酯；α-甲基丙烯酸缩水甘油酯；甲基丙烯酸-2,3-环氧丙酯；1-丙醇-2,3-环氧基甲基丙烯酸酯 英文名称：GLYCIDYL METHACRYLATE; 2,3-Epoxypropyl methacrylate; Glycidyl alpha-methyl acrylate; Methacrylic acid, 2,3-epoxypropyl ester; 1-propanol-2,3-epoxy methacrylate		
分子量：142.2	化学式：$C_7H_{10}O_3$		

危害/接触类型	急性危害/症状	预防	急救/消防
火灾	可燃的	禁止明火	干粉，二氧化碳，泡沫
爆炸	高于 61℃，可能形成爆炸性蒸气/空气混合物	高于 61℃，使用密闭系统、通风	着火时，喷雾状水保持料桶等冷却
接触		避免一切接触！	
# 吸入	咳嗽。咽喉痛。呼吸困难	通风，局部排气通风或呼吸防护	新鲜空气，休息。半直立体位。给予医疗护理
# 皮肤	发红。疼痛。皮肤烧伤	防护手套。防护服	脱去污染的衣服。用大量水冲洗皮肤或淋浴。给予医疗护理
# 眼睛	发红。疼痛。烧伤	面罩，或眼睛防护结合呼吸防护	先用大量水冲洗几分钟（如可能尽量摘除隐形眼镜），然后就医
# 食入	咽喉疼痛。咽喉和胸腔灼烧感。腹部疼痛	工作时不得进食，饮水或吸烟	漱口。不要催吐。饮用 1～2 杯水。给予医疗护理

泄漏处置	将泄漏液收集在有盖的容器中。不要让该化学品进入环境。个人防护用具：适用于有机气体和蒸气的过滤呼吸器
包装与标志	欧盟危险性类别：Xn 符号 标记：D R:20/21/22-36/38-43 S:2-26-28 联合国危险性类别：6.1 联合国包装类别：III 中国危险性类别：第 6.1 项 毒性物质 中国包装类别：III GHS 分类：警示词：危险 图形符号：火焰-骷髅和交叉骨 危险说明：易燃液体和蒸气；吞咽有害；皮肤接触会中毒；造成皮肤刺激；造成眼睛刺激；可能导致皮肤过敏反应；对水生生物有毒
应急响应	运输应急卡：TEC(R)-61GT1-III
储存	稳定后储存。阴凉场所。严格密封。保存在暗处。与强氧化剂，强碱，强酸分开存放。与食品和饲料分开存放。储存在没有排水管或下水道的场所。注意收容灭火产生的废水
重要数据	物理状态、外观：无色液体，有特殊气味 化学危险性：由于加热和在光，过氧化物和碱的作用下，该物质可能发生聚合。与强酸、强碱和强氧化剂激烈反应，有着火的危险 职业接触限值：阈限值未制定标准。最高容许浓度未制定标准 接触途径：该物质可通过吸入和经皮肤和食入吸收到体内 吸入危险性：20℃时，该物质蒸发，迅速达到空气中有害污染浓度 短期接触的影响：该物质严重刺激眼睛、皮肤和呼吸道 长期或反复接触的影响：反复或长期接触可能引起皮肤过敏
物理性质	沸点：189℃ 熔点：<-10℃ 相对密度（水=1）：1.08 水中溶解度：25℃时 5g/100mL（适度溶解） 蒸气压：25℃时 0.42kPa 蒸气相对密度（空气=1）：4.9 闪点：<61℃（闭杯） 辛醇/水分配系数的对数值：0.96
环境数据	该物质对水生生物是有毒的。强烈建议不要让该化学品进入环境
注解	添加稳定剂或阻聚剂会影响该物质的毒理学性质。向专家咨询

IPCS
International
Programme on
Chemical Safety

国际化学品安全卡

2,4-二氨基-6-苯基-1,3,5-三吖嗪			ICSC 编号：1680
CAS 登记号：91-76-9 RTECS 号：XY700000 EC 编号：613-038-00-3	中文名称：2,4-二氨基-6-苯基-1,3,5-三吖嗪；6-苯基-1,3,5-三吖嗪-2,4-二基二胺；苯胍胺；6-苯基-1,3,5-三吖嗪-2,4-二胺 英文名称：2,4-DIAMINO-6-PHENYL-1,3,5-TRIAZINE; 6-Phenyl-1,3,5-triazine-2,4-diyldiamine; Benzoguanamine; 6-Phenyl-1,3,5-triazine-2,4-diamine		
分子量：187.2	化学式：$C_9H_9N_5/C_6H_5(C_3N_3)(NH_2)_2$		

危害/接触类型	急性危害/症状	预防	急救/消防
火 灾	不可燃。在火焰中释放出刺激性或有毒烟雾（或气体）		周围环境着火时，使用适当的灭火剂
爆 炸			
接 触		防止粉尘扩散！	
# 吸入			新鲜空气，休息
# 皮肤		防护手套	冲洗，然后用水和肥皂清洗皮肤
# 眼睛	发红	安全眼镜	先用大量水冲洗（如可能尽量摘除隐形眼镜）
# 食入		工作时不得进食，饮水或吸烟	漱口。饮用 1 杯或 2 杯水。给予医疗护理。见注解

泄漏处置	将泄漏物清扫进容器中，如果适当，首先润湿防止扬尘。不要让该化学品进入环境。个人防护用具：适用于有毒颗粒物的 P3 过滤呼吸器
包装与标志	不得与食品和饲料一起运输 欧盟危险性类别：Xn 符号 R:22-52/53 S:2-61
应急响应	
储存	注意收容灭火产生的废水。与强氧化剂、食品和饲料分开存放。储存在没有排水管或下水道的场所
重要数据	**物理状态、外观：** 白色晶体或粉末 **化学危险性：** 加热时，该物质分解生成有毒气体和刺激性烟雾。与强氧化剂发生反应 **职业接触限值：** 阈限值未制定标准。最高容许浓度未制定标准 **接触途径：** 该物质可经食入吸收到体内 **吸入危险性：** 扩散时可较快地达到空气中颗粒物公害污染浓度，尤其是粉末 **短期接触的影响：** 该物质轻度刺激眼睛
物理性质	沸点：>350℃（分解） 熔点：228℃ 密度：$1.42g/cm^3$ 水中溶解度：20℃时 0.03g/100mL（难溶） 辛醇/水分配系数的对数值：1.38
环境数据	该物质对水生生物是有害的。强烈建议不要让该化学品进入环境
注解	对接触该物质的健康影响未进行充分调查

IPCS
International
Programme on
Chemical Safety

国际化学品安全卡

氯氧磷			ICSC 编号：1681
CAS 登记号：54593-83-8 RTECS 号：TF6150000 UN 编号：3018 中国危险货物编号：3018 分子量：336.0	中文名称：氯氧磷；硫代磷酸-*O,O*-二乙基-*O*-(1,2,2,2-四氯乙基)酯；*O,O*-二乙基-*O*-(1,2,2,2-四氯乙基)硫代磷酸酯 英文名称：CHLORETHOXYFOS; Phosphorothioic acid, *O,O* diethyl *O*-(1,2,2,2-tetrachloroethyl) ester; *O,O* Diethyl *O*-(1,2,2,2-tetrachloroethyl) phosphorothioate 化学式：$C_6H_{11}Cl_4O_3PS$		
危害/接触类型	急性危害/症状	预防	急救/消防
火　灾	可燃的。在火焰中释放出刺激性或有毒烟雾（或气体）	禁止明火	干粉，雾状水，泡沫，二氧化碳
爆　炸			
接　触		严格作业环境管理!	一切情况均向医生咨询!
# 吸入	头晕，恶心，出汗，肌肉抽搐，瞳孔收缩，肌肉痉挛，多涎，呼吸困难，惊厥，神志不清	局部排气通风或呼吸防护	新鲜空气，休息。必要时进行人工呼吸。立即给予医疗护理
# 皮肤	可能被吸收! 见吸入	防护手套，防护服	脱去污染的衣服。冲洗，然后用水和肥皂清洗皮肤。立即给予医疗护理。急救时戴防护手套
# 眼睛	视力模糊	面罩，或眼睛防护结合呼吸防护	先用大量水冲洗几分钟（如可能尽量摘除隐形眼镜），然后就医
# 食入	胃痉挛。腹泻。呕吐。另见吸入	工作时不得进食，饮水或吸烟。进食前洗手	漱口。用水冲服活性炭浆。立即给予医疗护理
泄漏处置	将泄漏液收集在可密闭的容器中。用砂土或惰性吸收剂吸收残液，并转移到安全场所。不要让该化学品进入环境。个人防护用具：全套防护服包括自给式呼吸器		
包装与标志	不得与食品和饲料一起运输 **联合国危险性类别**：6.1　　**联合国包装类别**：I **中国危险性类别**：第 6.1 项 毒性物质　　**中国包装类别**：I　　**GHS 分类**：**警示词**：危险　**图形符号**：骷髅和交叉骨-健康危险-环境　**危险说明**：吞咽致命；皮肤接触致命；吸入致命；对神经系统造成损害；对水生生物毒性非常大		
应急响应	运输应急卡：TEC(R)-61GT6-I		
储存	注意收容灭火产生的废水。与食品和饲料分开存放。严格密封。储存在没有排水管或下水道的场所		
重要数据	**物理状态、外观**：无色液体 **化学危险性**：燃烧时，该物质分解生成含有磷氧化物和硫氧化物的有毒和腐蚀性烟雾。 **职业接触限值**：阈限值未制定标准。公布生物暴露指数。最高容许浓度未制定标准。 **接触途径**：该物质可通过吸入，经皮肤和食入以有害数量吸收到体内 **吸入危险性**：未指明该物质达到空气中有害浓度的速率 **短期接触的影响**：胆碱酯酶抑制剂。该物质可能对神经系统有影响，导致惊厥和呼吸抑制。接触可能导致死亡。影响可能推迟显现。需进行医学观察 **长期或反复接触的影响**：胆碱酯酶抑制剂。可能发生累积作用：见急性危害/症状		
物理性质	**相对密度**（水=1）：1.41 **水中溶解度**：20℃时<0.0001g/100mL（难溶） **蒸气压**：20℃时 0.106Pa **闪点**：>230℃ **辛醇/水分配系数的对数值**：4.59		
环境数据	该物质对水生生物有极高毒性。该物质在正常使用过程中进入环境。但是要特别注意避免任何额外的释放，例如通过不适当处置活动		
注解	根据接触程度，建议定期进行医学检查。不要将工作服带回家中。该物质中毒时，需采取必要的治疗措施；必须提供有指示说明的适当方法。商业制剂中使用的载体溶剂可能改变其物理和毒理学性质		

IPCS
International
Programme on
Chemical Safety

国际化学品安全卡

氯甲磷			ICSC 编号：1682
CAS 登记号：24934-91-6 RTECS 号：TD5170000 UN 编号：3018 EC 编号：015-114-00-6 中国危险货物编号：3018 分子量：234.7	中文名称：氯甲磷；氯甲硫磷；*S*-(氯甲基)-*O,O*-二乙基二硫代磷酸酯；二硫代磷酸-*S*-(氯甲基)-*O,O*-二乙酯 英文名称：CHLORMEPHOS; Clormethylphos; *S*-(Chloromethy) *O,O*-diethyl phosphorodithioate; Phosphorodithioic acid, *S*-(chloromethyl) *O,O*-diethyl ester 化学式：$C_5H_{12}ClO_2PS_2$		
危害/接触类型	急性危害/症状	预防	急救/消防
火　灾	可燃的。在火焰中释放出刺激性或有毒烟雾（或气体）	禁止明火	干粉，雾状水，泡沫，二氧化碳
爆　炸			
接　触		严格作业环境管理!	一切情况均向医生咨询!
# 吸入	头晕，恶心，出汗，肌肉抽搐，瞳孔收缩，肌肉痉挛，多涎，呼吸困难，惊厥，神志不清	局部排气通风或呼吸防护	新鲜空气，休息。必要时进行人工呼吸。立即给予医疗护理
# 皮肤	可能被吸收！见吸入	防护手套。防护服	脱去污染的衣服。冲洗，然后用水和肥皂清洗皮肤。立即给予医疗护理。急救时戴防护手套
# 眼睛	视力模糊	面罩，或眼睛防护结合呼吸防护	先用大量水冲洗几分钟（如可能尽量摘除隐形眼镜），然后就医
# 食入	胃痉挛。腹泻。呕吐。另见吸入	工作时不得进食，饮水或吸烟。进食前洗手	漱口。用水冲服活性炭浆。立即给予医疗护理
泄漏处置	将泄漏液收集在可密闭的塑料容器中。用砂土或惰性吸收剂吸收残液，并转移到安全场所。不要让该化学品进入环境。个人防护用具：全套防护服包括自给式呼吸器		
包装与标志	污染海洋物质。不得与食品和饲料一起运输 欧盟危险性类别：T+符号 N 符号　R:27/28-50/53　S:1/2-28-36/37-45-60-61 联合国危险性类别：6.1　联合国包装类别：I 中国危险性类别：第 6.1 项 毒性物质　中国包装类别：I GHS 分类：警示词：危险 图形符号：骷髅和交叉骨-健康危险 危险说明：皮肤接触致命；吞咽致命；吸入致命；对神经系统造成损害；对水生生物有毒		
应急响应	运输应急卡：TEC(R)-61GT6-I		
储存	注意收容灭火产生的废水。与食品和饲料分开存放。严格密封。储存在没有排水管或下水道的场所		
重要数据	物理状态、外观：无色液体 化学危险性：燃烧时，该物质分解生成含有磷氧化物和硫氧化物的有毒和腐蚀性烟雾。浸蚀某些金属。 职业接触限值：阈限值未制定标准。公布生物暴露指数。最高容许浓度未制定标准 接触途径：该物质可通过吸入，经皮肤和食入以有害数量吸收到体内 吸入危险性：未指明达到空气中有害浓度的速率 短期接触的影响：胆碱酯酶抑制剂。该物质可能对神经系统有影响，导致惊厥和呼吸抑制。接触可能导致死亡。影响可能推迟出现。需进行医学观察 长期或反复接触的影响：胆碱酯酶抑制剂。可能发生累积作用：见急性危害/症状		
物理性质	相对密度（水=1）：1.26 水中溶解度：20℃时 0.006g/100mL（难溶） 蒸气压：20℃时可忽略不计 闪点：>100℃ 辛醇/水分配系数的对数值：3.0（估计值）		
环境数据	该物质对水生生物是有毒的。该物质在正常使用过程中进入环境。但是要特别注意避免任何额外的释放，例如通过不适当处置活动		
注解	根据接触程度，建议定期进行医学检查。不要将工作服带回家中。该物质中毒时，需采取必要的治疗措施；必须提供有指示说明的适当方法。商业制剂中使用的载体溶剂可能改变其物理和毒理学性质		

IPCS
International Programme on Chemical Safety

国际化学品安全卡

荧光增白剂 220			ICSC 编号：1683
CAS 登记号：16470-24-9 RTECS 号：GD0120200	中文名称：荧光增白剂 220；C.I.荧光增白剂 220；见注解 英文名称：FLUORESCENT BRIGHTENER 220; C.I. Fluorescent brightener 220; See notes		
分子量：1128	化学式：$C_{40}H_{44}N_{12}O_{16}S_4 \cdot 4Na$		
危害/接触类型	急性危害/症状	预防	急救/消防
火　灾	不可燃。在火焰中释放出刺激性或有毒烟雾（或气体）		周围环境着火时，使用适当的灭火剂
爆　炸			
接　触			
# 吸入		局部排气通风。呼吸防护	新鲜空气，休息
# 皮肤		防护手套	冲洗，然后用水和肥皂清洗皮肤
# 眼睛	发红	安全护目镜	用大量水冲洗（如可能尽量摘除隐形眼镜）
# 食入		工作时不得进食，饮水或吸烟	漱口
泄漏处置	将泄漏物清扫进容器中，如果适当，首先润湿防止扬尘。小心收集残余物，然后转移到安全场所。个人防护用具：适用于有害颗粒物的 P2 过滤呼吸器。防护手套		
包装与标志			
应急响应			
储存			
重要数据	**物理状态、外观：**白色至黄色粉末 **化学危险性：**加热时和燃烧时，该物质分解生成含有氮氧化物和硫氧化物的有毒和腐蚀性气体 **职业接触限值：**阈限值未制定标准。最高容许浓度未制定标准 **吸入危险性：**扩散时可较快地达到空气中颗粒物公害污染浓度，尤其是粉末 **短期接触的影响：**该物质轻度刺激眼睛		
物理性质	**沸点：**低于沸点在约 330℃分解 **熔点：**>300℃ **水中溶解度：**20℃时 15g/100mL（溶解） **辛醇/水分配系数的对数值：**-2.8		
环境数据			
注解	IUPAC 全名为:4,4'-双（（4-（二（2-羟乙基）氨基）-6-（4-磺化苯胺）-1,3,5-三吖嗪-2-基）氨基）芪-2,2'-二磺酸四钠。		

IPCS
International
Programme on
Chemical Safety

国际化学品安全卡

<table>
<tr><td colspan="2">4-硝基苯甲酸</td><td colspan="2">ICSC 编号：1684</td></tr>
<tr><td colspan="2">CAS 登记号：62-23-7
RTECS 号：DH5075000</td><td colspan="2">中文名称：4-硝基苯甲酸；对硝基苯甲酸；对羧基硝基苯
英文名称：4-NITROBENZOIC ACID; para-Nitrobenzoic acid; para-Carboxynitrobenzene</td></tr>
<tr><td colspan="2">分子量：167.1</td><td colspan="2">化学式：$C_7H_5NO_4/HOOCC_6H_4NO_2$</td></tr>
<tr><td>危害/接触类型</td><td>急性危害/症状</td><td>预防</td><td>急救/消防</td></tr>
<tr><td>火　灾</td><td>可燃的。在火焰中释放出刺激性或有毒烟雾（或气体）</td><td>禁止明火</td><td>泡沫，干粉，二氧化碳</td></tr>
<tr><td>爆　炸</td><td>与氢氧化钾接触有爆炸危险</td><td></td><td></td></tr>
<tr><td>接　触</td><td></td><td>防止粉尘扩散！</td><td></td></tr>
<tr><td># 吸入</td><td>咳嗽</td><td>局部排气通风</td><td>新鲜空气，休息</td></tr>
<tr><td># 皮肤</td><td>发红</td><td>防护手套</td><td>脱去污染的衣服。冲洗，然后用水和肥皂清洗皮肤</td></tr>
<tr><td># 眼睛</td><td>发红</td><td>安全眼镜</td><td>用大量水冲洗（如可能尽量摘除隐形眼镜）</td></tr>
<tr><td># 食入</td><td>恶心，呕吐</td><td></td><td>漱口。给予医疗护理</td></tr>
<tr><td>泄漏处置</td><td colspan="3">将泄漏物清扫进有盖的容器中。个人防护用具：适应于该物质空气中浓度的颗粒物过滤呼吸器</td></tr>
<tr><td>包装与标志</td><td colspan="3">GHS 分类：警示词：警告 图形符号：感叹号 危险说明：造成皮肤刺激；造成眼睛刺激；可能引起呼吸道刺激</td></tr>
<tr><td>应急响应</td><td colspan="3"></td></tr>
<tr><td>储存</td><td colspan="3">与强氧化剂、碱类和强还原剂分开存放</td></tr>
<tr><td>重要数据</td><td colspan="3">物理状态、外观：白色至黄色晶体
物理危险性：以粉末或颗粒形状与空气混合，可能发生粉尘爆炸。如果在干燥状态，由于搅拌、空气输送和注入等能产生静电
化学危险性：与碱类、还原剂和强氧化剂发生反应。加热和燃烧时，该物质分解，生成含有氮氧化物的有毒烟雾
职业接触限值：阈限值未制定标准。最高容许浓度未制定标准
接触途径：该物质可经食入吸收到体内
吸入危险性：扩散时，可较快地达到空气中颗粒物公害污染浓度，尤其是粉末
短期接触的影响：该物质刺激眼睛、呼吸道和皮肤
长期或反复接触的影响：动物实验表明，该物质可能对人类生殖或发育产生毒性</td></tr>
<tr><td>物理性质</td><td colspan="3">沸点：350℃（分解）
熔点：242℃
密度：1.61g/cm^3
水中溶解度：25℃时 0.03g/100mL（微溶）
蒸气压：50℃时 1Pa
闪点：201℃ （闭杯）
自燃温度：300℃
爆炸极限：空气中 1.8%～?%（体积）
辛醇/水分配系数的对数值：1.89</td></tr>
<tr><td>环境数据</td><td colspan="3"></td></tr>
<tr><td>注解</td><td colspan="3"></td></tr>
</table>

IPCS
International
Programme on
Chemical Safety

国际化学品安全卡

<table>
<tr><td colspan="2">癸二酸</td><td colspan="2">ICSC 编号：1685</td></tr>
<tr><td colspan="2">CAS 登记号：111-20-6
RTECS 号：VS0875000
EC 编号：203-845-5</td><td colspan="2">中文名称：癸二酸；1,10-癸二酸；1,8-辛烷二甲酸
英文名称：SEBACIC ACID; 1,10-Decanedioic acid; 1,8-Octanedicarboxylic acid; Decanedioic acid</td></tr>
<tr><td colspan="2">分子量：202.3</td><td colspan="2">化学式：$C_{10}H_{18}O_4$/$HOOC(CH_2)_8COOH$</td></tr>
<tr><td>危害/接触类型</td><td>急性危害/症状</td><td>预防</td><td>急救/消防</td></tr>
<tr><td>火　灾</td><td>可燃的</td><td>禁止明火</td><td>泡沫，干粉，二氧化碳</td></tr>
<tr><td>爆　炸</td><td>微细分散的颗粒物在空气中形成爆炸性混合物</td><td>防止粉尘沉积，密闭系统，防止粉尘爆炸型电气设备和照明</td><td></td></tr>
<tr><td>接　触</td><td></td><td>防止粉尘扩散！</td><td></td></tr>
<tr><td># 吸入</td><td></td><td>局部排气通风</td><td>新鲜空气，休息</td></tr>
<tr><td># 皮肤</td><td></td><td>防护手套</td><td>冲洗，然后用水和肥皂清洗皮肤</td></tr>
<tr><td># 眼睛</td><td></td><td>安全眼镜</td><td>用大量水冲洗（如可能尽量摘除隐形眼镜）</td></tr>
<tr><td># 食入</td><td></td><td>工作时不得进食、饮水或吸烟</td><td>漱口</td></tr>
<tr><td>泄漏处置</td><td colspan="3">将泄漏物清扫进有盖的容器中，如果适当，首先润湿防止扬尘。个人防护用具：适应于该物质空气中浓度的颗粒物过滤呼吸器</td></tr>
<tr><td>包装与标志</td><td colspan="3"></td></tr>
<tr><td>应急响应</td><td colspan="3"></td></tr>
<tr><td>储存</td><td colspan="3">与强氧化剂和强碱分开存放</td></tr>
<tr><td>重要数据</td><td colspan="3">物理状态、外观：白色粉末，有特殊气味
物理危险性：以粉末或颗粒形状与空气混合，可能发生粉尘爆炸。如果在干燥状态，由于搅拌、空气输送和注入等能产生静电
化学危险性：与碱类和氧化剂发生激烈反应
职业接触限值：阈限值未制定标准。最高容许浓度未制定标准
接触途径：该物质可经食入吸收到体内
吸入危险性：扩散时，可较快地达到空气中颗粒物公害污染浓度，尤其是粉末
短期接触的影响：见注解
长期或反复接触的影响：见注解</td></tr>
<tr><td>物理性质</td><td colspan="3">沸点：13.3kPa 时 294℃（见注解）
熔点：131℃
密度：1.2g/cm³
水中溶解度：0.1g/100mL（不溶）
闪点：220℃
辛醇/水分配系数的对数值：2.2</td></tr>
<tr><td>环境数据</td><td colspan="3"></td></tr>
<tr><td>注解</td><td colspan="3">沸腾前分解。分解温度未见文献报道。对接触该物质的健康影响未进行充分调查</td></tr>
</table>

IPCS
International
Programme on
Chemical Safety

国际化学品安全卡

2,5-二甲代苯胺	ICSC 编号：1686
CAS 登记号：95-78-3 RTECS 号：ZE9100000 UN 编号：1711 EC 编号：612-027-00-0 中国危险货物编号：1711	中文名称：2,5-二甲代苯胺；2,5-二甲替苯胺；2,5-二甲基苯胺；1-氨基-2,5-二甲基苯；2-氨基-1,4-二甲基苯；2-氨基对二甲苯；2-氨基-1,4-二甲苯 英文名称：2,5-XYLIDINE; 2,5-Dimethylaniline; 2,5-Dimethylbenzeneamine; 1-Amino-2,5-dimethylbenzene; 2-Amino-1,4-dimethylbenzene; 2-Amino-*p*-xylene; 2-Amino-1,4-xylene
分子量：121.2	化学式：$C_8H_{11}N/(CH_3)_2C_6H_3NH_2$

危害/接触类型	急性危害/症状	预防	急救/消防
火　灾	可燃的。在火焰中释放出刺激性或有毒烟雾（或气体）	禁止明火	雾状水，二氧化碳，泡沫，干粉
爆　炸	高于 93℃，可能形成爆炸性蒸气/空气混合物	高于 93℃，使用密闭系统、通风	
接　触		严格作业环境管理！	
# 吸入	头晕，倦睡，头痛，恶心	通风，局部排气通风或呼吸防护	新鲜空气，休息，给予医疗护理
# 皮肤	可能被吸收！（见食入）	防护手套，防护服	脱去污染的衣服，冲洗，然后用水和肥皂清洗皮肤，给予医疗护理
# 眼睛		安全眼镜，或眼睛防护结合呼吸防护	用大量水冲洗（如可能尽量摘除隐形眼镜）
# 食入	嘴唇发青或指甲发青，皮肤发青，头晕，倦睡，头痛，恶心，神志不清	工作时不得进食，饮水或吸烟	漱口，给予医疗护理
泄漏处置	将泄漏液收集在可密闭的容器中。用砂土或惰性吸收剂吸收残液，并转移到安全场所。不要让该化学品进入环境。个人防护用具：适应于该物质空气中浓度的有机气体和蒸气过滤呼吸器；化学防护服		
包装与标志	不得与食品和饲料一起运输 **欧盟危险性类别**：T 符号 N 符号 标记：C　R:23/24/25-33-51/53　S:1/2-28-36/37-45-61 **联合国危险性类别**：6.1　**联合国包装类别**：II **中国危险性类别**：第 6.1 项 毒性物质　**中国包装类别**：II **GHS 分类**：**警示词**：警告 **图形符号**：感叹号-健康危险 **危险说明**：吞咽有害；可能引起昏昏欲睡或眩晕；可能对血液造成损害；长期或反复接触可能对血液和肝造成损害		
应急响应	**运输应急卡**：TEC(R)-61S1711-L **美国消防协会法规**：H3（健康危险性）；F1（火灾危险性）；R0（反应危险性）		
储存	与强氧化剂、酸类、酸酐、酰基氯、次氯酸盐、卤素、食品和饲料分开存放。严格密封。储存在没有排水管或下水道的场所		
重要数据	**物理状态、外观**：清澈、淡黄色至橙色液体，有特殊气味。遇空气时变微红色至棕色 **化学危险性**：燃烧时，该物质分解生成含有氮氧化物的有毒和腐蚀性烟雾。与强氧化剂激烈反应。与次氯酸盐发生反应，生成爆炸性氯胺。与酸类、酸酐、酰基氯和卤素发生反应。浸蚀塑料和橡胶 **职业接触限值**：阈限值未制定标准。见注解。最高容许浓度：皮肤吸收；致癌物类别：3A（德国，2006 年） **接触途径**：该物质可通过吸入、经皮肤和食入以有害数量吸收到体内 **吸入危险性**：20℃时，该物质蒸发缓慢地达到空气中有害污染浓度，但喷洒或扩散时要快得多 **短期接触的影响**：高浓度接触时能够造成意识降低。高浓度接触时可能导致形成正铁血红蛋白。影响可能推迟显现。需进行医学观察。 **长期或反复接触的影响**：该物质可能对血液有影响，导致贫血。该物质可能对肝脏有影响		
物理性质	**沸点**：218℃ **熔点**：15.5℃ **相对密度（水=1）**：0.98 **水中溶解度**：18℃时 0.5g/100mL **蒸气压**：96℃时 1.3kPa	**蒸气相对密度（空气=1）**：4.19 **蒸气/空气混合物的相对密度（20℃，空气=1）**：1.00 **闪点**：93℃ **自燃温度**：520℃ **辛醇/水分配系数的对数值**：1.83	
环境数据	该物质可能对环境有危害，对水生生物应给予特别注意		
注解	根据接触程度，建议定期进行医学检查。该物质中毒时，需采取必要的治疗措施；必须提供有指示说明的适当方法。仅混合异构体制定了阈限值 。另见卡片#0600（二甲代苯胺，混合异构体），#1519（2,6-二甲代苯胺），#0451（2,3-二甲代苯胺），#0453（3,4-二甲代苯胺），#1562（2,4-二甲代苯胺），#1687（3,5-二甲代苯胺）		

IPCS
International
Programme on
Chemical Safety

国际化学品安全卡

3,5-二甲代苯胺			ICSC 编号：1687
CAS 登记号：108-69-0 RTECS 号：ZE9625000 UN 编号：1711 EC 编号：612-027-00-0 中国危险货物编号：1711 分子量：121.2	中文名称：3,5-二甲代苯胺；3,5-二甲替苯胺；3,5-二甲基苯胺；1-氨基-3,5-二甲基苯；5-氨基间二甲苯；5-氨基-1,3-二甲苯 英文名称：3,5-XYLIDINE; 3,5-Dimethylaniline; 3,5-Dimethylbenzeneamine; 1-Amino-3,5-dimethylbenzene; 5-Amino-m-xylene; 5-Amino-1,3-xylene 化学式：$C_8H_{11}N/(CH_3)_2C_6H_3NH_2$		
危害/接触类型	**急性危害/症状**	**预防**	**急救/消防**
火　灾	可燃的。在火焰中释放出刺激性或有毒烟雾（或气体）	禁止明火	雾状水，二氧化碳，泡沫，干粉
爆　炸	高于 93℃，可能形成爆炸性蒸气/空气混合物	高于 93℃，使用密闭系统、通风	
接　触		严格作业环境管理!	
# 吸入	头晕，倦睡，头痛，恶心	通风，局部排气通风或呼吸防护	新鲜空气，休息，给予医疗护理
# 皮肤	可能被吸收！（见食入）	防护手套，防护服	脱去污染的衣服，冲洗，然后用水和肥皂清洗皮肤，给予医疗护理
# 眼睛		安全眼镜，或眼睛防护结合呼吸防护	用大量水冲洗（如可能尽量摘除隐形眼镜）
# 食入	嘴唇发青或指甲发青，皮肤发青，头晕，倦睡，头痛，恶心。神志不清	工作时不得进食，饮水或吸烟	漱口。给予医疗护理
泄漏处置	将泄漏液收集在可密闭的容器中。用砂土或惰性吸收剂吸收残液，并转移到安全场所。不要让该化学品进入环境。个人防护用具：适应于该物质空气中浓度的有机气体和蒸气过滤呼吸器；化学防护服。		
包装与标志	不得与食品和饲料一起运输 **欧盟危险性类别**：T 符号 N 符号 标记：C　R:23/24/25-33-51/53　S:1/2-28-36/37-45-61 **联合国危险性类别**：6.1　**联合国包装类别**：II **中国危险性类别**：第 6.1 项 毒性物质 **中国包装类别**：II GHS 分类：**警示词**：警告 **图形符号**：感叹号-健康危险 **危险说明**：吞咽有害；可能引起昏昏欲睡或眩晕；可能对血液造成损害；长期或反复接触可能对血液造成损害		
应急响应	**运输应急卡**：TEC(R)-61S1711-L **美国消防协会法规**：H3（健康危险性）；F1（火灾危险性）；R0（反应危险性）		
储存	与强氧化剂、酸类、酸酐、酰基氯、次氯酸盐、卤素、食品和饲料分开存放。严格密封。储存在没有排水管或下水道的场所		
重要数据	**物理状态、外观**：清澈、淡黄色液体，有特殊气味。遇空气时变微红色至棕色 **化学危险性**：燃烧时，该物质分解生成含有氮氧化物的有毒和腐蚀性烟雾。与强氧化剂激烈反应。与次氯酸盐发生反应，生成爆炸性氯胺。与酸类、酸酐、酰基氯和卤素发生反应。浸蚀塑料和橡胶 **职业接触限值**：阈限值未制定标准。见注解。最高容许浓度：皮肤吸收；致癌物类别：3A（德国，2006 年） **接触途径**：该物质可通过吸入、经皮肤和食入以有害数量吸收到体内 **吸入危险性**：20℃时，该物质蒸发缓慢地达到空气中有害污染浓度，但喷洒或扩散时要快得多 **短期接触的影响**：高浓度接触时能够造成意识降低。高浓度接触时可能导致形成正铁血红蛋白。影响可能推迟显现。需进行医学观察 **长期或反复接触的影响**：该物质可能对血液有影响，导致贫血		
物理性质	**沸点**：220℃ **熔点**：9.8℃ **相对密度（水=1）**：0.97 **水中溶解度**：20℃时 0.48g/100mL **蒸气压**：20℃时 0.13kPa	**蒸气相对密度（空气=1）**：4.19 **蒸气/空气混合物的相对密度（20℃，空气=1）**：1.00 **闪点**：93℃ **自燃温度**：590℃	
环境数据	该物质可能对环境有危害，对水生生物应给予特别注意		
注解	根据接触程度，建议定期进行医学检查。该物质中毒时，需采取必要的治疗措施；必须提供有指示说明的适当方法。只为混合异构体制定了阈限值。另见 国际化学品安全卡#0600（二甲代苯胺，混合异构体），#1519（2,6-二甲代苯胺），#0451（2,3-二甲代苯胺），#0453（3,4-二甲代苯胺），#1562（2,4-二甲代苯胺），#1686（2,5-二甲代苯胺）		

IPCS
International
Programme on
Chemical Safety

国际化学品安全卡

乙二胺四乙酸四钠			ICSC 编号：1688
CAS 登记号：64-02-8 RTECS 号：AH5075000	中文名称：乙二胺四乙酸四钠；乙二胺四乙酸四钠盐；*N,N'*-乙二胺二乙酸四钠盐；EDTA 四钠 英文名称：TETRASODIUM ETHYLENEDIAMINETETRAACETATE; Ethylenediaminetetraacetic acid tetrasodium salt; Acetic acid, (ethylenedinitrilo)tetra-, tetrasodium salt; *N,N'*-Ethylenediaminediacetic acid tetrasodium salt; EDTA Tetrasodium		
分子量：380.2	化学式：$C_{10}H_{12}N_2O_8Na_4$/$((NaOOCCH_2)_2NCH_2)_2$		
危害/接触类型	急性危害/症状	预防	急救/消防
火　灾	可燃的。在火焰中释放出刺激性或有毒烟雾（或气体）	禁止明火	干粉，雾状水，泡沫，二氧化碳
爆　炸	微细分散的颗粒物在空气中形成爆炸性混合物	防止粉尘沉积、密闭系统、防止粉尘爆炸型电气设备和照明	
接　触		防止粉尘扩散！	
# 吸入	咳嗽。咽喉痛	局部排气通风或呼吸防护	新鲜空气，休息
# 皮肤	发红	防护手套	用大量水冲洗皮肤或淋浴
# 眼睛	发红。疼痛	安全护目镜	先用大量水冲洗几分钟（如可能尽量摘除隐形眼镜），然后就医
# 食入	咽喉和胸腔灼烧感。腹部疼痛。腹泻	工作时不得进食，饮水或吸烟	漱口。给予医疗护理
泄漏处置	将泄漏物清扫进容器中，如果适当，首先润湿防止扬尘。用大量水冲净残余物。个人防护用具：适用于有害颗粒物的 P2 过滤呼吸器		
包装与标志			
应急响应			
储存	与强氧化剂和强碱分开存放		
重要数据	物理状态、外观：无色晶体粉末 物理危险性：以粉末或颗粒形状与空气混合，可能发生粉尘爆炸 化学危险性：加热时，该物质分解生成含氮氧化物的有毒烟雾。与强碱和强氧化剂发生反应 职业接触限值：阈限值未制定标准。最高容许浓度未制定标准 接触途径：该物质可通过吸入其气溶胶和经食入吸收到体内 吸入危险性：扩散时可较快地达到空气中颗粒物有害浓度 短期接触的影响：该物质刺激眼睛		
物理性质	熔点：在大于 200℃时分解 相对密度（水=1）：0.7 水中溶解度：20℃时 100～110g/100mL 自燃温度：>200℃ 辛醇/水分配系数的对数值：5.01（计算值）		
环境数据			
注解			

IPCS
International Programme on Chemical Safety

国际化学品安全卡

双（五溴苯）醚			ICSC 编号：1689
CAS 登记号：1163-19-5 RTECS 号：KN3525000	中文名称：双（五溴苯）醚；十溴代联苯醚；十溴二苯醚；氧化十溴二苯；十溴苯氧基苯；DBDPE；DBDPO；DBBE；DBBO 英文名称：BIS (PENTABROMOPHENYL) ETHER; Decabromodiphenyl ether; Decabromo biphenyl oxide; Decabromo phenoxybenzene; Benzene 1,1′oxybis-, decabromo derivative; DBDPE; DBDPO; DBBE; DBBO		
分子量：959.2	化学式：$C_{12}Br_{10}O$		
危害/接触类型	急性危害/症状	预防	急救/消防
火　灾	不可燃		周围环境着火时，使用适当的灭火剂
爆　炸			
接　触			
# 吸入		通风	新鲜空气，休息
# 皮肤		防护手套	冲洗，然后用水和肥皂清洗皮肤
# 眼睛		安全眼镜	用大量水冲洗（如可能尽量摘除隐形眼镜）
# 食入		工作时不得进食，饮水或吸烟	漱口。饮用 1～2 杯水
泄漏处置	将泄漏物清扫进容器中，如果适当，首先润湿防止扬尘。个人防护用具：适应于该物质空气中浓度的颗粒物过滤呼吸器		
包装与标志	GHS 分类：信号词：危险 图形符号：健康危险 危险说明：长期或反复接触对甲状腺造成损害		
应急响应			
储存	与食品和饲料分开存放		
重要数据	**物理状态、外观**：白色晶体粉末 **化学危险性**：燃烧时，生成有毒烟雾 **职业接触限值**：阈限值未制定标准。最高容许浓度未制定标准 **吸入危险性**：可较快地达到空气中颗粒物公害污染浓度 **长期或反复接触的影响**：该物质可能对甲状腺有影响		
物理性质	熔点：300～310℃（见注解） 相对密度（水=1）：3.0 水中溶解度：不溶 蒸气压：21℃时可忽略不计 辛醇/水分配系数的对数值：6.27		
环境数据	尚未对该物质的环境影响进行充分调查		
注解	该物质具有可变的熔融和沸腾范围，反映出物料性质和不同加工过程		

IPCS
International
Programme on
Chemical Safety

UNEP

国际化学品安全卡

碳酸锶			ICSC 编号：1695
CAS 登记号：1633-05-2 RTECS 号：WK8305000	中文名称：碳酸锶；菱锶矿；碳酸锶盐(1:1) 英文名称：STRONTIUM CARBONATE; Strontianite; Carbonic acid, strontium salt (1:1)		
分子量：147.6	化学式：$SrCO_3$		
危害/接触类型	急性危害/症状	预防	急救/消防
火　灾	不可燃		周围环境着火时，允许采用各种灭火剂
爆　炸			
接　触		防止粉尘扩散！	
# 吸入	咳嗽	避免吸入粉尘	新鲜空气，休息
# 皮肤		防护手套	冲洗，然后用水和肥皂清洗皮肤
# 眼睛	发红	安全护目镜	用大量水冲洗（如可能尽量摘除隐形眼镜）
# 食入		工作时不得进食，饮水或吸烟	漱口。饮用 1～2 杯水
泄漏处置	将泄漏物清扫进容器中，如果适当，首先润湿防止扬尘。个人防护用具：适应于该物质空气中浓度的颗粒物过滤呼吸器		
包装与标志			
应急响应			
储存	与酸分开存放		
重要数据	**物理状态、外观**：白色、无气味粉末 **化学危险性**：与酸类发生反应 **职业接触限值**：阈限值未制定标准。最高容许浓度：IIb（未制定标准，但可提供数据）（德国，2006 年） **吸入危险性**：可较快地达到空气中颗粒物公害污染浓度 **短期接触的影响**：可能对眼睛和呼吸道引起机械刺激。 **长期或反复接触的影响**：见注解		
物理性质	**熔点**：>1200℃时分解 **密度**：3.5g/cm^3 **水中溶解度**：18℃时 0.011g/100mL（难溶）		
环境数据			
注解	锶离子对骨骼和牙齿中的钙含量有影响，但是有关碳酸锶的有害剂量数据不充分。碳酸锶以菱锶矿形式存在于自然环境中。其物理化学性质及以菱锶矿形式存在于自然环境中的事实表明：固态碳酸锶是稳定的和相当惰性的。可以预计该物质是持久的并主要分布在土壤中		

IPCS
International
Programme on
Chemical Safety

国际化学品安全卡

硫酸锶			ICSC 编号：1696
CAS 登记号：7759-02-6 RTECS 号：WT1210000 分子量：183.7	中文名称：硫酸锶；天青石；硫酸锶盐(1:1) 英文名称：STRONTIUM SULFATE; Celestite; Sulfuric acid, strontium salt (1:1); Celestine; Strontium sulphate 化学式：$SrSO_4$		
危害/接触类型	急性危害/症状	预防	急救/消防
火　灾	不可燃。在火焰中释放出刺激性或有毒烟雾（或气体）		周围环境着火时，允许使用各种灭火剂
爆　炸			
接　触		防止粉尘扩散！	
# 吸入	咳嗽	避免吸入粉尘	新鲜空气，休息
# 皮肤		防护手套	冲洗，然后用水和肥皂清洗皮肤
# 眼睛	发红	安全护目镜	用大量水冲洗（如可能尽量摘除隐形眼镜）
# 食入		工作时不得进食，饮水或吸烟	漱口。饮用 1～2 杯水
泄漏处置	将泄漏物清扫进容器中，如果适当，首先润湿防止扬尘。个人防护用具：适应于该物质空气中浓度的颗粒物过滤呼吸器		
包装与标志			
应急响应			
储存			
重要数据	**物理状态、外观**：无气味、白色晶体粉末 **化学危险性**：缓慢地加热到 1580℃以上时，该物质分解生成含有硫氧化物的有毒和腐蚀性烟雾 **职业接触限值**：阈限值未制定标准。最高容许浓度：IIb（未制定标准，但可提供数据）（德国，2006 年） **吸入危险性**：可较快地达到空气中颗粒物公害污染浓度 **短期接触的影响**：可能对眼睛和呼吸道引起机械刺激 **长期或反复接触的影响**：见注解		
物理性质	熔点：1605℃ 密度：3.96g/cm^3 水中溶解度：25℃时 0.0135g/100mL（难溶）		
环境数据			
注解	锶离子对骨骼和牙齿中的钙含量有影响，但有关硫酸锶的有害剂量数据不充分。以天青石矿物形式存在于自然环境中		

IPCS
International
Programme on
Chemical Safety

国际化学品安全卡

全氟-1-丁基乙烯			ICSC 编号：1697
CAS 登记号：19430-93-4 RTECS 号：MP7360000 UN 编号：1993 中国危险货物编号：1993		中文名称：全氟-1-丁基乙烯；3,3,4,4,5,5,6,6,6-九氟-1-己烯；全氟-1-己烯 英文名称：PERFLUOROBUTYLETHYLENE; 3,3,4,4,5,5,6,6,6-nonafluoro-1-hexene	
分子量：246.1		化学式：$C_6H_3F_9/CF_3(CF_2)_3CH=CH_2$	

危害/接触类型	急性危害/症状	预防	急救/消防
火　灾	高度易燃	禁止明火，禁止火花和禁止吸烟	干粉，抗溶性泡沫，雾状水，二氧化碳
爆　炸	蒸气/空气混合物有爆炸性	密闭系统，通风，防爆型电气设备和照明。不要使用压缩空气灌装、卸料或转运	着火时，喷雾状水保持料桶等冷却
接　触			
# 吸入		通风	新鲜空气，休息
# 皮肤			用大量水冲洗皮肤或淋浴
# 眼睛	发红	安全眼镜	用大量水冲洗（如可能尽量摘除隐形眼镜）
# 食入		工作时不得进食、饮水或吸烟	漱口
泄漏处置	转移全部引燃源。向专家咨询！用泡沫覆盖泄漏物料。不要冲入下水道。个人防护用具：自给式呼吸器		
包装与标志	联合国危险性类别：3　联合国包装类别：II 中国危险性类别：第 3 类 易燃液体　中国包装类别：II GHS 分类：警示词：危险 图形符号：火焰 危险说明：高度易燃液体和蒸气；造成眼睛刺激		
应急响应	运输应急卡：TEC(R)-30GF1-I+II		
储存	耐火设备（条件）。与强氧化剂分开存放。储存在没有排水管或下水道的场所		
重要数据	物理状态、外观：无色液体 物理危险性：蒸气比空气重，可能沿地面流动；可能造成远处着火。可能积聚在低层空间，造成缺氧 化学危险性：燃烧时，生成含有氟化氢的有毒和腐蚀性气体。与强氧化剂发生反应 职业接触限值：阈限值：100ppm（时间加权平均值）（美国政府工业卫生学家会议，2007 年）。最高容许浓度未制定标准 吸入危险性：未指明 20℃时该物质蒸发达到空气中有害浓度的速率 短期接触的影响：该物质轻微刺激眼睛		
物理性质	沸点：58℃ 密度：1.4g/L 水中溶解度：不溶 蒸气压：20℃时 31.7kPa 蒸气相对密度（空气=1）：8.5 蒸气/空气混合物的相对密度（20℃，空气=1）：3.3 闪点：−17℃（闭杯）		
环境数据			
注解	对该物质的环境影响未进行充分调查。空气中高浓度造成缺氧，人员有神志不清或死亡的危险。进入工作区域前检验氧含量		

IPCS
International
Programme on
Chemical Safety

国际化学品安全卡

硫酸锌			ICSC 编号：1698
CAS 登记号：7733-02-0 RTECS 号：ZH5260000 UN 编号：3077 EC 编号：030-006-00-9 中国危险货物编号：3077	中文名称：硫酸锌；硫酸锌(无水)；硫酸锌盐(1:1) 英文名称：ZINC SULFATE; Zinc sulfate (anhydrous); Sulfuric acid, zinc salt (1:1); Zinc sulphate		
分子量：161.4	化学式：$ZnSO_4$		
危害/接触类型	急性危害/症状	预防	急救/消防
火　灾	不可燃		周围环境着火时，使用适当的灭火剂
爆　炸			
接　触		防止粉尘扩散！	
# 吸入	咳嗽，咽喉痛	局部排气通风或呼吸防护	新鲜空气，休息。如果感觉不舒服，需就医
# 皮肤	发红	防护手套	用大量水冲洗皮肤或淋浴
# 眼睛	发红，疼痛	安全眼镜	用大量水冲洗（如可能尽量摘除隐形眼镜）。立即给予医疗护理
# 食入	腹部疼痛。恶心。呕吐	工作时不得进食，饮水或吸烟	漱口。饮用 1～2 杯水。给予医疗护理
泄漏处置	将泄漏物清扫进容器中，如果适当，首先润湿防止扬尘。不要让该化学品进入环境。个人防护用具：适用于该物质空气中浓度的颗粒物过滤呼吸器		
包装与标志	欧盟危险性类别：Xn 符号 N 符号　R:22-41-50/53　S:2-22-26-39-46-60-61 联合国危险性类别：9　联合国包装类别：III 中国危险性类别：第 9 类 杂项危险物质和物品　中国包装类别：III GHS 分类：警示词：警告　图形符号：感叹号-环境　危险说明：吞咽有害；造成严重眼睛刺激；对水生生物毒性非常大		
应急响应	运输应急卡：TEC(R)-90GM7-III		
储存	干燥。注意收容灭火产生的废水。储存在没有排水管或下水道的场所		
重要数据	物理状态、外观：无色吸湿晶体 化学危险性：水溶液是一种弱酸 职业接触限值：阈限值未制定标准。最高容许浓度：（以下呼吸道可吸入部分计）$0.1mg/m^3$，最高限值种类：I(4)；（以上呼吸道可吸入部分计）$2mg/m^3$，最高限值种类：I(2)；妊娠风险等级：C（德国，2009 年） 接触途径：该物质可经食入吸收到体内 吸入危险性：扩散时，可较快地达到空气中颗粒物有害浓度，尤其是粉末 短期接触的影响：该物质严重刺激眼睛，刺激胃肠道和呼吸道		
物理性质	熔点：680℃(分解) 密度：$3.8g/cm^3$ 水中溶解度：20℃时 22g/100mL(溶解) 辛醇/水分配系数的对数值：-0.07		
环境数据	该物质对水生生物有极高毒性。强烈建议不要让该化学品进入环境		
注解			

IPCS
International
Programme on
Chemical Safety

国际化学品安全卡

新癸酸			ICSC 编号：1699
CAS 登记号：26896-20-8		中文名称：新癸酸；2,2-二甲基辛酸；2,2,3,5-四甲基己酸；2,4-二甲基-2-异丙基戊酸；2,5-二甲基-2-乙基己酸 英文名称：NEODECANOIC ACID; 2,2-Dimethyl octanoic acid; 2,2,3,5-Tetramethylhexanoic acid; 2,4-Dimethyl-2-isopropylpentanoic acid; 2,5-Dimethyl-2-ethylhexanoic acid	
分子量：172.3		化学式：$C_{10}H_{20}O_2$	
危害/接触类型	急性危害/症状	预防	急救/消防
火　灾	可燃的	禁止明火	干粉，雾状水，泡沫，二氧化碳
爆　炸	高于94℃时，可能形成爆炸性蒸气/空气混合物	高于94℃，使用密闭系统、通风	着火时，喷雾状水保持料桶等冷却
接　触		防止产生烟云！	
# 吸入		通风	新鲜空气，休息
# 皮肤		防护手套	冲洗，然后用水和肥皂清洗皮肤
# 眼睛	发红	安全眼镜	先用大量水冲洗（如可能尽量摘除隐形眼镜）
# 食入		工作时不得进食，饮水或吸烟	不要催吐。如果感觉不舒服，需就医
泄漏处置	不要让该化学品进入环境。将泄漏液收集在可密闭的塑料容器中。用砂土或惰性吸收剂吸收残液，并转移到安全场所。个人防护用具：适用于有机气体和蒸气的过滤呼吸器		
包装与标志	GHS 分类：信号词：警告 危险说明：吞咽可能有害；造成眼睛刺激；对水生生物有害		
应急响应			
储存	与强氧化剂分开存放。沿地面通风。储存在没有排水管或下水道的场所		
重要数据	**物理状态、外观**：无色液体 **化学危险性**：与强氧化剂发生反应，有着火和爆炸危险。浸蚀金属 **职业接触限值**：阈限值未制定标准。最高容许浓度未制定标准 **吸入危险性**：未指明该物质达到空气中有害浓度的速率 **短期接触的影响**：该物质刺激眼睛。如果吞咽该物质，可能引起呕吐，可能导致吸入性肺炎 **长期或反复接触的影响**：反复或长期与皮肤接触可能引起皮炎		
物理性质	沸点：243～253℃ 熔点：-39℃ 相对密度（水=1）：0.91 水中溶解度：25℃时 0.025g/100mL（难溶） 蒸气压：50℃时 29Pa（计算值） 蒸气相对密度（空气=1）：5.9 黏度：在 20℃时 $45mm^2/s$ 闪点：94℃（闭杯） 辛醇/水分配系数的对数值：3.6（计算值）		
环境数据	该物质对水生生物是有害的		
注解	新癸酸，CAS 登记号为 26896-20-8，包括不同的异构体。有些列在同义词中。对接触该物质的健康影响未进行充分调查。如果呼吸困难和/或发烧，就医		

IPCS
International
Programme on
Chemical Safety

国际化学品安全卡

酮康唑			ICSC 编号：1700
CAS 登记号：65277-42-1 RTECS 号：TK7912300 UN 编号：2811 EC 编号：613-283-00-6 中国危险货物编号：2811 分子量：531.5	中文名称：酮康唑；酮哌噁咪唑 英文名称：KETOCONAZOLE; Ketoconazol 化学式：$C_{26}H_{28}Cl_2N_4O_4$		
危害/接触类型	急性危害/症状	预防	急救/消防
火　灾	不可燃		周围环境着火时，使用适当的灭火剂
爆　炸			
接　触		严格作业环境管理！	
# 吸入	咳嗽	局部排气通风或呼吸防护	新鲜空气，休息
# 皮肤		防护手套	冲洗，然后用水和肥皂清洗皮肤。
# 眼睛	发红	安全护目镜	先用大量水冲洗（如可能尽量摘除隐形眼镜）
# 食入	恶心。头痛。头晕。呕吐。腹泻	工作时不得进食，饮水或吸烟	漱口。用水冲服活性炭浆。立即给予医疗护理
泄漏处置	将泄漏物清扫进有盖的容器中，如果适当，首先润湿防止扬尘。小心收集残余物，然后转移到安全场所。不要让该化学品进入环境。个人防护用具：适应于该物质空气中浓度的有机气体和颗粒物过滤呼吸器		
包装与标志	不得与食品和饲料一起运输 欧盟危险性类别：T 符号 N 符号 标记：E　R:60-25-48/22-50/53　S:53-45-60-61 联合国危险性类别：6.1　联合国包装类别：III 中国危险性类别：第 6.1 项 毒性物质　中国包装类别：III		
应急响应			
储存	注意收容灭火产生的废水。严格密封。与食品和饲料分开存放。储存在没有排水管或下水道的场所		
重要数据	物理状态、外观：无色晶体或粉末 职业接触限值：阈限值未制定标准。最高容许浓度未制定标准 接触途径：该物质可经食入吸收到体内 吸入危险性：扩散时，尤其是粉末可较快地达到空气中颗粒物有害，浓度 长期或反复接触的影响：该物质可能对内分泌系统和肝脏有影响。动物实验表明，该物质可能造成人类生殖或发育毒性		
物理性质	熔点：148～152℃ 水中溶解度：不溶 蒸气压：25℃时可忽略不计 辛醇/水分配系数的对数值：4.35		
环境数据	该物质对水生生物有极高毒性。强烈建议不要让该化学品进入环境		
注解	物理状态、外观：无色晶体或粉末 职业接触限值：阈限值未制定标准。最高容许浓度未制定标准 接触途径：该物质可经食入吸收到体内 吸入危险性：扩散时，尤其是粉末可较快地达到空气中颗粒物有害，浓度 长期或反复接触的影响：该物质可能对内分泌系统和肝脏有影响。动物实验表明，该物质可能造成人类生殖或发育毒性		

IPCS
International
Programme on
Chemical Safety

国际化学品安全卡

四(3-(3,5-二叔丁基-4-羟基苯基)丙酸)季戊四醇酯			ICSC 编号：1701
CAS 登记号：6683-19-8 RTECS 号：DA8340900 分子量：1177.8	中文名称：四(3-(3,5-二叔丁基-4-羟基苯基)丙酸)季戊四醇酯；四(3,5-二叔丁基-4-羟基氢化肉桂基羟甲基)甲烷；3,5-二叔丁基-4-羟基新戊四基氢化肉桂酸酯；四(亚甲基-(3,5-二叔丁基-4-氢化肉桂酸))甲烷 英文名称：PENTAERYTHRITOL TETRAKIS(3-(3,5-DI-TERT-BUTYL-4-HYDROXYPHENYL) PROPIONATE); Tetrakis (3,5-di-tert-butyl-4-hydroxyhydrocinnamoyloxymethyl) methane; Hydrocinnamic acid, 3,5-di-tert-butyl-4-hydroxy-, neopentanetetrayl ester (8CI); Tetrakis-(methylene-(3,5-di-(tert)-butyl-4-hydrocinnamate)) methane 化学式：$C_{73}H_{108}O_{12}$		
危害/接触类型	**急性危害/症状**	**预防**	**急救/消防**
火　灾	可燃的	禁止明火	雾状水，泡沫，干粉，二氧化碳
爆　炸	微细分散的颗粒物在空气中形成爆炸性混合物	防止粉尘沉积、密闭系统、防止粉尘爆炸型电气设备和照明	
接　触			
# 吸入	咳嗽	避免吸入粉尘	新鲜空气，休息
# 皮肤			冲洗，然后用水和肥皂清洗皮肤
# 眼睛	发红	安全眼镜	先用大量水冲洗（如可能尽量摘除隐形眼镜）
# 食入		工作时不得进食，饮水或吸烟	漱口
泄漏处置	转移全部引燃源。将泄漏物清扫进容器中，如果适当，首先润湿防止扬尘。个人防护用具：适应于该物质空气中浓度的颗粒物过滤呼吸器		
包装与标志			
应急响应			
储存	与强氧化剂、强碱、强酸分开存放		
重要数据	物理状态、外观：白色晶体粉末 物理危险性：以粉末或颗粒形状与空气混合，可能发生粉尘爆炸 化学危险性：与强氧化剂、强酸和强碱发生反应 职业接触限值：阈限值未制定标准。最高容许浓度未制定标准 吸入危险性：扩散时可较快地达到空气中颗粒物公害污染浓度 短期接触的影响：可能对眼睛和呼吸道引起机械刺激		
物理性质	熔点：110～125℃ 密度：$1.15g/cm^3$ 水中溶解度：不溶 蒸气压：可忽略不计 闪点：297℃（开杯） 自燃温度：410℃ 辛醇/水分配系数的对数值：23		
环境数据			
注解			

IPCS
International
Programme on
Chemical Safety

国际化学品安全卡

烟酸			ICSC 编号：1702
CAS 登记号：59-67-6 RTECS 号：QT0525000 分子量：123.1	中文名称：烟酸；尼克酸；3-吡啶羧酸；3-羧基吡啶；吡啶-β-羧酸；维生素 PP 英文名称：NICOTINIC ACID; 3- Pyridinecarboxylic acid; 3-Carboxypyridine; Pyridine-beta-carboxylic; Niacin 化学式：$C_6H_5NO_2$/$HOOC_5H_4N$		
危害/接触类型	急性危害/症状	预防	急救/消防
火　灾	可燃的。在火焰中释放出刺激性或有毒烟雾（或气体）	禁止明火	干粉，雾状水，泡沫，二氧化碳
爆　炸	微细分散的颗粒物在空气中形成爆炸性混合物	防止粉尘沉积，密闭系统，防止粉尘爆炸型电气设备和照明	
接　触		防止粉尘扩散！	
# 吸入	咳嗽	避免吸入粉尘	新鲜空气，休息
# 皮肤		防护手套	用大量水冲洗皮肤或淋浴
# 眼睛	发红	安全护目镜	用大量水冲洗（如可能尽量摘除隐形眼镜）
# 食入	脸红	工作时不得进食、饮水或吸烟	漱口，饮用 1 杯或 2 杯水
泄漏处置	将泄漏物清扫进容器中，如果适当，首先润湿防止扬尘。小心收集残余物，然后转移到安全场所。不要让该化学品进入环境。个人防护用具：适应于该物质空气中浓度的颗粒物过滤呼吸器		
包装与标志	GHS 分类：警示词：警告 危险说明：造成眼睛刺激；对水生生物有害		
应急响应			
储存	储存在没有排水管或下水道的场所。与强酸、碱类和氧化剂分开存放		
重要数据	物理状态、外观：白色晶体或晶体粉末 物理危险性：以粉末或颗粒形状与空气混合，可能发生粉尘爆炸 化学危险性：燃烧时，生成含有氮氧化物的有毒气体。与氧化剂、强酸和碱类发生反应 职业接触限值：阈限值未制定标准。最高容许浓度未制定标准 吸入危险性：扩散时，可较快地达到空气中颗粒物公害污染浓度，尤其是粉末 短期接触的影响：该物质轻微刺激眼睛		
物理性质	熔点：236.6℃ 密度：1.5g/cm^3 水中溶解度：20℃时 1.8g/100mL（适度溶解） 闪点：193℃（闭杯） 自燃温度：580℃ 爆炸极限：空气中 25%～?%(体积) 辛醇/水分配系数的对数值：-2.43		
环境数据	该物质对水生生物是有害的		
注解			

IPCS
International
Programme on
Chemical Safety

国际化学品安全卡

烟酰胺			ICSC 编号：1701
CAS 登记号：98-92-0 RTECS 号：QS3675000 分子量：122.1	中文名称：烟酰胺；吡啶-3-甲酰胺；3-吡啶甲酰胺；尼克酰胺 英文名称：NICOTINAMIDE; Pyridine-3-carboxylamide; 3-Pyridinecarboxamide; Niacinamide 化学式：$C_6H_6N_2O$		
危害/接触类型	急性危害/症状	预防	急救/消防
火　灾	可燃的。在火焰中释放出刺激性或有毒烟雾（或气体）		雾状水，泡沫，干粉，二氧化碳
爆　炸	微细分散的颗粒物在空气中形成爆炸性混合物	防止粉尘沉积，密闭系统，防止粉尘爆炸型电气设备和照明	
接　触		防止粉尘扩散！	
# 吸入	咳嗽	避免吸入粉尘	新鲜空气，休息
# 皮肤		防护手套	用大量水冲洗皮肤或淋浴
# 眼睛	发红，疼痛	安全护目镜	用大量水冲洗（如可能尽量摘除隐形眼镜）
# 食入		工作时不得进食、饮水或吸烟	漱口。饮用 1 杯或 2 杯水
泄漏处置	将泄漏物清扫进容器中，如果适当，首先润湿防止扬尘。用大量水冲净残余物。个人防护用具：适应于该物质空气中浓度的颗粒物过滤呼吸器		
包装与标志	GHS 分类：警示词：警告　危险说明：造成眼睛刺激		
应急响应			
储存	与氧化剂分开存放		
重要数据	物理状态、外观：白色晶体粉末 物理危险性：以粉末或颗粒形状与空气混合，可能发生粉尘爆炸 化学危险性：燃烧时，生成含有氮氧化物的有毒气体。与氧化剂发生反应 职业接触限值：阈限值未制定标准。最高容许浓度未制定标准 吸入危险性：扩散时，可较快地达到空气中颗粒物公害污染浓度，尤其是粉末 短期接触的影响：该物质刺激眼睛		
物理性质	沸点：升华 熔点：127～131℃ 密度：$1.4g/cm^3$ 水中溶解度：20℃时 100g/100mL（易溶） 蒸气压：35℃时 3.1kPa 蒸气相对密度（空气=1）：4.2 闪点：182℃ 自燃温度：480℃ 辛醇/水分配系数的对数值：-0.38		
环境数据			
注解			

IPCS
International
Programme on
Chemical Safety

国际化学品安全卡

莰烯			ICSC 编号：1704
CAS 登记号：79-92-5 RTECS 号：EX1055000 UN 编号：1325 中国危险货物编号：1325	中文名称：莰烯；2,2-二甲基-3-亚甲基降冰片烷；2,2-二甲基-3-亚甲基二环[2.2.1]庚烷；二环[2.2.1]庚烷-2,2-二甲基-3-亚甲基 英文名称：CAMPHENE; 2,2-Dimethyl-3-methylene-norborane; 2,2-Dimethyl-3-methylenebicyclo (2.2.1) heptane; Bicyclo (2.2.1) heptane, 2,2-dimethyl-3-methylene		
分子量：136.2	化学式：$C_{10}H_{16}$		
危害/接触类型	急性危害/症状	预防	急救/消防
火　灾	易燃的	禁止明火，禁止火花和禁止吸烟	雾状水，干粉，二氧化碳
爆　炸	高于 26℃，可能形成爆炸性蒸气/空气混合物	高于 26℃，使用密闭系统、通风和防爆型电气设备	
接　触		防止粉尘扩散！	
# 吸入	咳嗽	避免吸入粉尘	新鲜空气，休息
# 皮肤		防护手套	用大量水冲洗皮肤或淋浴
# 眼睛	发红，疼痛	安全护目镜	用大量水冲洗（如可能尽量摘除隐形眼镜）
# 食入		工作时不得进食、饮水或吸烟	漱口，饮用 1 杯或 2 杯水
泄漏处置	将泄漏物清扫进容器中。小心收集残余物，然后转移到安全场所。不要让该化学品进入环境。个人防护用具：适应于该物质空气中浓度的颗粒物过滤呼吸器		
包装与标志	联合国危险性类别：4.1　联合国包装类别：II 中国危险性类别：第 4.1 项 易燃固体　中国包装类别：II GHS 分类：警示词：警告　图形符号：火焰-环境　危险说明：易燃固体；造成眼睛刺激；对水生生物毒性非常大并具有长期持续影响		
应急响应	运输应急卡：TEC(R)-41GF1-II+III		
储存	注意收容灭火产生的废水。储存在没有排水管或下水道的场所。耐火设备（条件）		
重要数据	物理状态、外观：无色各种形态固体，有特殊气味 职业接触限值：阈限值未制定标准。最高容许浓度未制定标准 吸入危险性：扩散时，可较快地达到空气中颗粒物公害污染浓度，尤其是粉末 短期接触的影响：该物质刺激眼睛		
物理性质	沸点：156～160℃ 熔点：46℃ 密度：0.87g/cm^3 水中溶解度：20℃时 0.0004g/100mL（难溶） 蒸气压：20℃时 0.4kPa 蒸气相对密度（空气=1）：4.7 蒸气/空气混合物的相对密度（20℃，空气=1）：1.01 闪点：26℃（闭杯） 自燃温度：265℃ 辛醇/水分配系数的对数值：4.1（计算值） 黏度：50℃时 1.84mm^2/s		
环境数据	该物质对水生生物有极高毒性。该化学品可能在鱼体内发生生物蓄积。强烈建议不要让该化学品进入环境		
注解	虽然该物质是可燃的，且闪点<61℃，但爆炸极限未见文献报道。其他：CAS 登记号 565-00-4：(+−)-莰烯，EC 编号 209-275-3；CAS 登记号 5794-03-6：(1R)-莰烯，EC 编号 227-336-2；CAS 登记号 5794-04-7：(1S)-莰烯，EC 编号 227-337-8		

IPCS
International
Programme on
Chemical Safety

国际化学品安全卡

己二酸二丁酯			ICSC 编号：1705
CAS 登记号：105-99-7 RTECS 号：AV09000000 UN 编号：3082 中国危险货物编号：3082		中文名称：己二酸二丁酯；己二酸二正丁酯 英文名称：DIBUTYL ADIPATE; Di-n-butyl adipate; Dibutyl hexanedioate; Hexanedioic acid dibutyl ester	
分子量：258.4		化学式：$C_{14}H_{26}O_4$/$[CH_2CH_2CO_2(CH_2)_3CH_3]_2$	
危害/接触类型	急性危害/症状	预防	急救/消防
火　灾	可燃的	禁止明火	雾状水，干粉
爆　炸			
接　触		防止产生烟云！	
# 吸入	咳嗽	通风	新鲜空气，休息
# 皮肤	发红	防护手套	用大量水冲洗皮肤或淋浴
# 眼睛		安全眼镜	用大量水冲洗（如可能尽量摘除隐形眼镜）
# 食入		工作时不得进食、饮水或吸烟	漱口，饮用 1 杯或 2 杯水
泄漏处置	将泄漏液收集在可密闭的容器中。小心收集残余物，然后转移到安全场所。不要让该化学品进入环境。个人防护用具：防护手套		
包装与标志	联合国危险性类别：9　　联合国包装类别：III 中国危险性类别：第 9 项 杂项危险物质和物品 中国包装类别：III GHS 分类：警示词：警告 危险说明：造成轻微皮肤刺激；对水生生物有毒		
应急响应	运输应急卡：TEC(R)-90GM6-III		
储存	与强氧化剂和强酸分开存放。注意收容灭火产生的废水。储存在没有排水管或下水道的场所		
重要数据	物理状态、外观：无色液体 职业接触限值：阈限值未制定标准。最高容许浓度未制定标准 吸入危险性：20℃时蒸发可忽略不计，但喷洒时，可较快地达到空气中颗粒物公害污染浓度 短期接触的影响：该物质轻微刺激皮肤		
物理性质	沸点：183℃ 熔点：−38℃ 相对密度（水=1）：0.96 水中溶解度：25℃时 0.0035g/100mL（难溶） 蒸气压：25℃时 0.021Pa 蒸气相对密度（空气=1）：8.9 蒸气/空气混合物的相对密度（20℃，空气=1）：1.00 闪点：113℃（闭杯） 辛醇/水分配系数的对数值：4.17		
环境数据	该物质对水生生物是有毒的。强烈建议不要让该化学品进入环境		
注解			

IPCS
International
Programme on
Chemical Safety

国际化学品安全卡

乙基叔丁基醚			ICSC 编号：1706
CAS 登记号：637-92-3 RTECS 号：KN4730200 UN 编号：1179 中国危险货物编号：1179		中文名称：乙基叔丁基醚；ETBE；2-乙氧基-2-甲基丙烷；乙基-1,1-二甲基乙基醚 英文名称：ETHYL tert- BUTYL ETHER; ETBE; 2-Ethoxy-2-methylpropane; Ethyl 1,1-dimethylethyl ether	
分子量：102.2		化学式：$C_6H_{14}O$	
危害/接触类型	急性危害/症状	预防	急救/消防
火　灾	高度易燃	禁止明火，禁止火花和禁止吸烟	干粉，抗溶性泡沫，大量水，二氧化碳
爆　炸	蒸气/空气混合物有爆炸性	密闭系统，通风，防爆型电气设备和照明。不要使用压缩空气灌装、卸料或转运	着火时，喷雾状水保持料桶等冷却
接　触		防止产生烟云！	
# 吸入	咳嗽。倦睡。神志不清	通风，局部排气通风或呼吸防护	新鲜空气，休息。如果感觉不舒服，需就医
# 皮肤	皮肤干燥。发红	防护手套	先用大量水冲洗至少 15min，然后脱去污染的衣服并再次冲洗
# 眼睛	发红。疼痛	安全眼镜，眼睛防护结合呼吸防护	用大量水冲洗（如可能尽量摘除隐形眼镜）
# 食入	咽喉疼痛。吸入危险！（另见吸入）	工作时不得进食，饮水或吸烟	漱口。不要催吐。立即给予医疗护理
泄漏处置	向专家咨询！通风。转移全部引燃源。将泄漏液收集在可密闭的容器中。用砂土或惰性吸收剂吸收残液，并转移到安全场所。不要冲入下水道。个人防护用具：适应于该物质空气中浓度的有机气体和蒸气过滤呼吸器		
包装与标志	联合国危险性类别：3　　联合国包装类别：II 中国危险性类别：第 3 类 易燃液体　中国包装类别：II GHS 分类：信号词：危险　图形符号：火焰-感叹号-健康危险　危险说明：高度易燃液体和蒸气；造成眼睛刺激；造成轻微皮肤刺激；可能引起昏昏欲睡或眩晕；吞咽和进入呼吸道可能致命		
应急响应			
储存	耐火设备（条件）。与氧化剂分开存放。阴凉场所。严格密封。保存在暗处。储存在没有排水管或下水道的场所		
重要数据	**物理状态、外观**：无色液体，有特殊气味 **物理危险性**：蒸气比空气重，可能沿地面流动；可能造成远处着火。由于流动、搅拌等，可能产生静电 **化学危险性**：加热时和与高温表面或火焰接触时，该物质分解，生成刺激性烟雾。在空气和光的作用下，该物质很可能生成爆炸性过氧化物 **职业接触限值**：阈限值：5ppm（时间加权平均值）（美国政府工业卫生学家会议，2009 年）。最高容许浓度未制定标准 **接触途径**：该物质可通过吸入其蒸气和经食入吸收到体内 **吸入危险性**：20℃时，扩散时该物质蒸发，迅速达到空气中有害污染浓度 **短期接触的影响**：该物质刺激眼睛，皮肤和呼吸道。如果吞咽该物质，容易进入气道，可导致吸入性肺炎。该物质可能对中枢神经系统有影响。接触可能导致意识水平下降 **长期或反复接触的影响**：反复或长期与皮肤接触可能引起皮炎		
物理性质	**沸点**：70～73℃ **熔点**：−94℃ **相对密度（水=1）**：0.75 **水中溶解度**：25℃时 1.2g/100mL（微溶） **蒸气压**：20℃时 12.8kPa **蒸气相对密度（空气=1）**：3.5	**蒸气/空气混合物的相对密度（20℃，空气=1）**：1.3 **黏度**：在 40℃时小于 $7mm^2/s$ **闪点**：−19℃（闭杯） **自燃温度**：375℃ **爆炸极限**：空气中 1.2%～7.7%（体积） **辛醇/水分配系数的对数值**：1.28	
环境数据			
注解	蒸馏前检验过氧化物，如有，将其去除		

IPCS
International
Programme on
Chemical Safety

国际化学品安全卡

1-氯萘			ICSC 编号：1707
CAS 登记号：90-13-1 RTECS 号：QJ2100000 UN 编号：3082 中国危险货物编号：3082 分子量：162.6	中文名称：1-氯萘；α-氯萘；α-氯代萘 英文名称：1-CHLORONAPHTHALENE; alpha-Chloronaphthalene; alpha-Naphthyl chloride 化学式：$C_{10}H_7Cl$		
危害/接触类型	急性危害/症状	预防	急救/消防
火　灾	可燃的。在火焰中释放出刺激性或有毒烟雾（或气体）	禁止明火	干粉，二氧化碳，泡沫
爆　炸			
接　触			
# 吸入	咳嗽	通风，局部排气通风或呼吸防护	新鲜空气，休息。如果感觉不舒服，需就医
# 皮肤	发红	防护手套	脱去污染的衣服。冲洗，然后用水和肥皂清洗皮肤
# 眼睛	发红。疼痛	安全眼镜，或眼睛防护结合呼吸防护	先用大量水冲洗几分钟（如可能尽量摘除隐形眼镜），然后就医
# 食入	咽喉疼痛。恶心	工作时不得进食，饮水或吸烟	漱口，饮用 1～2 杯水，如果感觉不舒服，需就医
泄漏处置	不要让该化学品进入环境。将泄漏液收集在可密闭容器中。用干砂土或惰性吸收剂吸收残液，并转移到安全场所。个人防护用具：适应于该物质空气中浓度的有机气体和蒸气过滤呼吸器		
包装与标志	**联合国危险性类别**：9　**联合国包装类别**：III **中国危险性类别**：第 9 类 杂项危险物质和物品　**中国包装类别**：III **GHS 分类**：信号词：警告 图形符号：感叹号 危险说明：吞咽有害；造成轻微皮肤刺激；造成眼睛刺激；可能导致呼吸刺激作用；对水生生物有毒		
应急响应	**运输应急卡**：TEC(R)-90GM6-III **美国消防协会法规**：H2（健康危险性）；F1（火灾危险性）；R0（反应危险性）		
储存	注意收容灭火产生的废水。与强氧化剂分开存放。沿地面通风。储存在没有排水管或下水道的场所		
重要数据	**物理状态、外观**：油状无色液体 **化学危险性**：加热时，该物质分解生成含有氯化氢的有毒和腐蚀性气体。与强氧化剂发生反应 **职业接触限值**：阈限值未制定标准。最高容许浓度未制定标准 **接触途径**：该物质可通过吸入、经皮肤和经食入吸收到体内 **吸入危险性**：20℃时，该物质蒸发相当慢地达到空气中有害污染浓度；但是，大量快速喷洒或扩散时快得多 **短期接触的影响**：该物质刺激眼睛，皮肤和呼吸道 **长期或反复接触的影响**：该物质可能对肝脏有影响，导致功能损伤		
物理性质	**沸点**：260℃ **熔点**：−2.3℃ **相对密度（水=1）**：1.2 **水中溶解度**：25℃时 0.02g/100mL（微溶） **蒸气压**：25℃时 4Pa **蒸气相对密度（空气=1）**：5.6 **蒸气/空气混合物的相对密度（20℃，空气=1）**：1.00 **闪点**：121℃ （闭杯） **自燃温度**：>558℃ **辛醇/水分配系数的对数值**：4.0		
环境数据	该物质对水生生物是有毒的。该化学品可能在鱼体内发生生物蓄积。强烈建议不要让该化学品进入环境。该物质可能在水生环境中造成长期影响		
注解			

IPCS
International
Programme on
Chemical Safety

国际化学品安全卡

2-氯萘			ICSC 编号：1708
CAS 登记号：91-58-7 RTECS 号：QJ2275000 UN 编号：3077 中国危险货物编号：3077	中文名称：2-氯萘；β-氯萘；β-氯化萘 英文名称：2-CHLORONAPHTHALENE; beta-Chloronaphthalene; beta-Naphthyl chloride		
分子量：162.6	化学式：$C_{10}H_7Cl$		
危害/接触类型	急性危害/症状	预防	急救/消防
火　灾	可燃的。在火焰中释放出刺激性或有毒烟雾（或气体）	禁止明火	泡沫，干粉，二氧化碳
爆　炸			
接　触		防止产生烟云！	
# 吸入	咳嗽	通风，局部排气通风或呼吸防护	新鲜空气，休息。如果感觉不舒服，需就医
# 皮肤	发红	防护手套	脱去污染的衣服。冲洗，然后用水和肥皂清洗皮肤
# 眼睛	发红	安全眼镜	用大量水冲洗（如可能尽量摘除隐形眼镜）
# 食入	咽喉疼痛。恶心	工作时不得进食，饮水或吸烟	漱口。饮用 1～2 杯水。如果感觉不舒服，需就医
泄漏处置	将泄漏物清扫进可密闭容器中，如果适当，首先润湿防止扬尘。小心收集残余物，然后转移到安全场所。不要让该化学品进入环境。个人防护用具：适应于该物质空气中浓度的有机气体和颗粒物过滤呼吸器		
包装与标志	联合国危险性类别：9　　联合国包装类别：III 中国危险性类别：第 9 类 杂项危险物质和物品 中国包装类别：III		
应急响应			
储存	注意收容灭火产生的废水。与强氧化剂分开存放。储存在没有排水管或下水道的场所		
重要数据	物理状态、外观：白色晶体粉末 化学危险性：加热时该物质分解，生成含有氯化氢的有毒和腐蚀性气体。与强氧化剂发生反应 职业接触限值：阈限值未制定标准。最高容许浓度未制定标准 接触途径：该物质可通过吸入、经皮肤和食入吸收到体内 吸入危险性：20℃时，该物质蒸发相当慢地达到空气中有害污染浓度，但喷洒或扩散时要快得多 短期接触的影响：该物质刺激眼睛、皮肤和呼吸道 长期或反复接触的影响：该物质可能对肝脏有影响，导致功能损伤		
物理性质	沸点：在 101kPa 时 259℃ 熔点：59.5℃ 密度：1.18g/cm^3 水中溶解度：(不溶) 蒸气压：25℃时 1Pa 蒸气相对密度（空气=1）：5.6 蒸气/空气混合物的相对密度（20℃，空气=1）：1.00 闪点：125℃ 辛醇/水分配系数的对数值：4.2		
环境数据			
注解			

IPCS
International
Programme on
Chemical Safety

国际化学品安全卡

硫氢化钠			ICSC 编号：1710
CAS 登记号：16721-80-5 RTECS 号：WE1900000 UN 编号：见注解 中国危险货物编号：见注解 分子量：56.1	中文名称：硫氢化钠；氢硫化钠；硫醇钠；硫化氢钠 英文名称：SODIUM HYDROGENSULFIDE; Sodium sulhydrate; Sodium bisulfide; Sodium mercaptan; Sodium mercaptide; Sodium hydrosulfide 化学式：NaHS		
危害/接触类型	**急性危害/症状**	**预防**	**急救/消防**
火　灾	可燃的。在火焰中释放出刺激性或有毒烟雾（或气体）	禁止明火	雾状水，泡沫，干粉，二氧化碳
爆　炸			着火时，喷雾状水保持料桶等冷却，但避免该物质与水接触
接　触		避免一切接触！	一切情况均向医生咨询！
# 吸入	咽喉痛。灼烧感。呼吸短促，呼吸困难。神志不清	局部排气通风或呼吸防护	半直立体位。必要时进行人工呼吸。立即给予医疗护理
# 皮肤	发红，疼痛，皮肤烧伤	防护手套，防护服	用大量水冲洗皮肤或淋浴。立即给予医疗护理
# 眼睛	发红，疼痛，烧伤	安全护目镜，或眼睛防护结合呼吸防护	用大量水冲洗（如可能尽量摘除隐形眼镜）。立即给与医疗护理
# 食入	咽喉疼痛。口腔和咽喉烧伤。腹部疼痛，呕吐。休克或虚脱	工作时不得进食、饮水或吸烟	漱口，饮用 1 杯或 2 杯水。不要催吐。立即给予医疗护理
泄漏处置	将泄漏物清扫进塑料容器中，然后转移到安全场所。个人防护用具：适应于该物质空气中浓度的颗粒物过滤呼吸器，及无机气体和蒸气过滤呼吸器		
包装与标志	不得与食品和饲料一起运输。 **GHS 分类：警示词：**危险 **图形符号：**腐蚀-骷髅和交叉骨 **危险说明：**吞咽致命；皮肤接触会中毒；造成严重皮肤灼伤和眼睛损伤；可能引起呼吸道刺激		
应急响应	运输应急卡：TEC(R)-80S2949 或 80GC6-II+III（UN 编号 2949）；42GS4-II+III（UN 编号 2318）		
储存	耐火设备(条件)。干燥。保存在通风良好的室内。与酸和强氧化剂分开存放		
重要数据	**物理状态、外观：**白色吸湿的晶体，有特殊气味 **化学危险性：**水溶液是一种强碱，与酸激烈反应并具有腐蚀性。加热时，该物质分解，生成硫氧化物与水接触时，该物质分解生成硫化氢。腐蚀金属。与强氧化剂反应生成硫氧化物 **职业接触限值：**阈限值未制定标准。最高容许浓度未制定标准 **接触途径：**各种接触途径均产生严重的局部影响 **吸入危险性：**20℃时蒸发可忽略不计，但扩散时，可较快地达到空气中颗粒物有害浓度 **短期接触的影响：**该物质腐蚀眼睛、皮肤和呼吸道。吸入可能引起肺水肿（见注解）。食入有腐蚀性。该物质遇湿迅速水解，释放出硫化氢，见卡片#0165		
物理性质	沸点：分解 熔点：350℃ 密度：$1.8g/cm^3$ 水中溶解度：20℃时 50～60g/100mL（溶解） 蒸气压：可忽略不计 辛醇/水分配系数的对数值：−3.5		
环境数据			
注解	水合硫氢化钠的 CAS 登记号为：207683-19-0。UN 编号 2318 是指含有低于 25%结晶水的硫氢化钠，其危险性类别：4.2（易于自燃的物质），包装类别：II。UN 编号 2949 是指含有不少于 25%结晶水的硫氢化钠，其危险性类别：8（腐蚀性物质），包装类别：II。应当考虑由医生或医生指定的人员立即采取适当的吸入治疗法。		

IPCS
International Programme on Chemical Safety

国际化学品安全卡

1,3-二氯-2-丙醇			ICSC 编号：1711
CAS 登记号：96-23-1 RTECS 号：UB1400000 UN 编号：2750 EC 编号：602-064-00-0 中国危险货物编号：2750	中文名称：1,3-二氯-2-丙醇；*α*-二氯丙醇；*α*-二氯甘油；均二氯异丙醇 英文名称：1,3-DICHLORO-2-PROPANOL; alpha-Dichlorohydrin; sym-Glycerol dichlorohydrin; sym-Dichloroisopropyl alcohol; 1,3-Dichloro-propanol-2; 1,3-Dichloro-propan-2-ol		
分子量：129.0	化学式：$C_3H_6Cl_2O/CH_2ClCHOHCH_2Cl$		
危害/接触类型	急性危害/症状	预防	急救/消防
火　灾	可燃的	禁止明火	细雾状水，抗溶性泡沫，干粉，二氧化碳
爆　炸			
接　触		防止产生烟云！	
# 吸入	咳嗽。咽喉痛	通风，局部排气通风或呼吸防护	新鲜空气，休息。半直立体位。立即给予医疗护理
# 皮肤	可能被吸收！发红	防护手套。防护服	脱去污染的衣服。冲洗，然后用水和肥皂清洗皮肤
# 眼睛	发红。疼痛	面罩，和眼睛防护结合呼吸防护	用大量水冲洗（如可能尽量摘除隐形眼镜）。给与医疗护理
# 食入	（另见吸入）	工作时不得进食，饮水或吸烟	漱口。饮用 1～2 杯水。立即给予医疗护理
泄漏处置	将泄漏液收集在可密闭的容器中。个人防护用具：化学防护服包括自给式呼吸器		
包装与标志	不得与食品和饲料一起运输 欧盟危险性类别：T 符号 标记：E　R:45-21-25　S:53-45 联合国危险性类别：6.1　联合国包装类别：II 中国危险性类别：第 6.1 项 毒性物质　中国包装类别：II GHS 分类：信号词：危险 图形符号：骷髅和交叉骨-健康危险 危险说明：吞咽会中毒；皮肤接触会中毒；吸入烟雾致命；造成眼睛刺激；怀疑致癌；对肝脏造成损害；可能导致呼吸刺激作用；长期或反复接触可能对肝和肾造成损害		
应急响应	运输应急卡：TEC(R)-61GT1-II 美国消防协会法规：H3（健康危险性）；F2（火灾危险性）；R0（反应危险性）		
储存	与强氧化剂、食品和饲料分开存放。严格密封		
重要数据	物理状态、外观：无色液体 化学危险性：加热或燃烧时，该物质分解生成含有氯化氢（见卡片#0163）的有毒烟雾。与强氧化剂发生反应。浸蚀金属粉末和塑料 职业接触限值：阈限值未制定标准。最高容许浓度：皮肤吸收；致癌物类别：2（德国，2008 年） 接触途径：该物质可通过吸入、经皮肤和经食入吸收到体内 吸入危险性：20℃时，该物质蒸发，迅速达到空气中有害污染浓度 短期接触的影响：该物质刺激眼睛和呼吸道，轻微刺激皮肤。该物质可能对肝脏有影响 长期或反复接触的影响：该物质可能对肝脏和肾有影响。该物质可能是人类致癌物		
物理性质	沸点：174.3℃ 熔点：−4℃ 相对密度（水=1）：1.35 水中溶解度：20℃时 11g/100mL 蒸气压：20℃时 100Pa 蒸气相对密度（空气=1）：4.4 蒸气/空气混合物的相对密度（20℃，空气=1）：1.00 闪点：74℃（开杯） 辛醇/水分配系数的对数值：0.78		
环境数据			
注解			

IPCS
International
Programme on
Chemical Safety

国际化学品安全卡

<table>
<tr><td colspan="2">1,1-二氯-1-氟代乙烷</td><td colspan="2">ICSC 编号：1712</td></tr>
<tr><td colspan="2">CAS 登记号：1717-00-6
RTECS 号：KI0997000
EC 编号：602-084-00-X</td><td colspan="2">中文名称：1,1-二氯-1-氟代乙烷；1,1-二氯-1-氟乙烷；1-氟-1,1-二氯乙烷；二氯氟乙烷；HCFC-141b
英文名称：1,1-DICHLORO-1-FLUOROETHANE; Ethane, 1,1-dichloro-1-fluoro; Dichlorofluoroethane; HCFC-141b</td></tr>
<tr><td colspan="2">分子量：117</td><td colspan="2">化学式：$C_2H_3Cl_2F/CH_3CCl_2F$</td></tr>
<tr><td>危害/接触类型</td><td>急性危害/症状</td><td>预防</td><td>急救/消防</td></tr>
<tr><td>火　灾</td><td>在火焰中释放出刺激性或有毒烟雾（或气体）</td><td>禁止与高温表面接触</td><td>雾状水，泡沫，干粉，二氧化碳</td></tr>
<tr><td>爆　炸</td><td></td><td></td><td>着火时，喷雾状水保持料桶等冷却</td></tr>
<tr><td>接　触</td><td></td><td></td><td></td></tr>
<tr><td># 吸入</td><td>倦睡，意识模糊，神志不清</td><td>密闭系统和通风</td><td>新鲜空气，休息。给予医疗护理</td></tr>
<tr><td># 皮肤</td><td>发红，疼痛</td><td>防护手套</td><td>冲洗，然后用水和肥皂清洗皮肤</td></tr>
<tr><td># 眼睛</td><td>发红，疼痛</td><td>安全护目镜</td><td>用大量水冲洗（如可能尽量摘除隐形眼镜）</td></tr>
<tr><td># 食入</td><td></td><td></td><td>不要催吐</td></tr>
<tr><td>泄漏处置</td><td colspan="3">通风。将泄漏液收集在可密闭的容器中。用砂土或惰性吸收剂吸收残液，并转移到安全场所。小心收集残余物，然后转移到安全场所。不要让该化学品进入环境。个人防护用具：自给式呼吸器</td></tr>
<tr><td>包装与标志</td><td colspan="3">欧盟危险性类别：N 符号　R:52/53-59　S:59-61
GHS 分类：警示词：警告　图形符号：感叹号　危险说明：造成眼睛刺激；可能引起昏昏欲睡或眩晕；对水生生物有害</td></tr>
<tr><td>应急响应</td><td colspan="3"></td></tr>
<tr><td>储存</td><td colspan="3">与强酸分开存放。阴凉场所。保存在通风良好的室内。储存在没有排水管或下水道的场所</td></tr>
<tr><td>重要数据</td><td colspan="3">物理状态、外观：无色液体，有特殊气味
物理危险性：蒸气比空气重，可能积聚在低层空间，造成缺氧
化学危险性：与高温表面或火焰接触时，该物质分解，生成氯化氢、氟化氢和光气。与强酸发生反应
职业接触限值：阈限值未制定标准。最高容许浓度未制定标准
接触途径：该物质可通过吸入吸收到体内
吸入危险性：在封闭空间内，容器漏损时，该液体迅速蒸发，空气被置换，有窒息的严重危险
短期接触的影响：该物质轻微刺激眼睛。该物质可能对中枢神经系统和心血管系统有影响，导致意识降低和心脏病。窒息</td></tr>
<tr><td>物理性质</td><td colspan="3">沸点：32℃
熔点：−103.5℃
密度：1.24g/cm^3
水中溶解度：20℃时 0.4g/100mL
蒸气压：25℃时 76.3kPa
蒸气相对密度（空气=1）：4.0
蒸气/空气混合物的相对密度（20℃，空气=1）：3.3（计算值）
自燃温度：530～550℃
爆炸极限：空气中 5.6%～17.7%（体积）
辛醇/水分配系数的对数值：2.3
黏度：25℃时 0.33mm^2/s</td></tr>
<tr><td>环境数据</td><td colspan="3">该物质对水生生物是有害的。该物质可能对环境有危害，对臭氧层的影响应给予特别注意</td></tr>
<tr><td>注解</td><td colspan="3">空气中高浓度造成缺氧，有神志不清或死亡危险。进入工作区域前检验氧含量</td></tr>
</table>

IPCS
International
Programme on
Chemical Safety

国际化学品安全卡

氯化溴	ICSC 编号：1713
CAS 登记号：13863-41-7 RTECS 号：EF9200000 UN 编号：2901 中国危险货物编号：2901	中文名称：氯化溴 英文名称：BROMINE CHLORIDE; Bromochloride
分子量：115.4	化学式：BrCl

危害/接触类型	急性危害/症状	预防	急救/消防
火　灾	不可燃，但可促进其他物质燃烧。许多反应可能引起火灾或爆炸。在火焰中释放出刺激性或有毒烟雾（或气体）	禁止与易燃物质接触。禁止与性质相互抵触的物质（见化学危险性）	周围环境着火时，使用适当的灭火剂
爆　炸	有着火和爆炸危险（见化学危险性）		着火时，喷雾状水保持钢瓶冷却，但避免该物质与水接触
接　触		避免一切接触！	一切情况均向医生咨询！
# 吸入	咳嗽。咽喉痛。呼吸短促。喘息。呼吸困难。症状可能推迟显现（见注解）	呼吸防护。密闭系统和通风	新鲜空气，休息。半直立体位。立即给予医疗护理。必要时进行人工呼吸。见注解
# 皮肤	发红。灼烧感。疼痛。严重的皮肤烧伤	保温手套。防护服	先用大量水冲洗至少 15min，然后脱去污染的衣服并再次冲洗。立即给予医疗护理
# 眼睛	引起流泪。发红。视力模糊。疼痛。烧伤	面罩，和眼睛防护结合呼吸防护	用大量水冲洗（如可能尽量摘除隐形眼镜）。立即给与医疗护理
# 食入		工作时不得进食，饮水或吸烟	

泄漏处置	撤离危险区域！向专家咨询！通风。喷洒雾状水去除气体。如果可能，关闭钢瓶。隔离该区域直到气体已经扩散为止。切勿直接向液体上喷水。不要让该化学品进入环境。个人防护用具：气密式化学防护服，包括自给式呼吸器
包装与标志	不得与食品和饲料一起运输 **联合国危险性类别**：2.3　**联合国次要危险性**：5.1 和 8 **中国危险性类别**：第 2.3 项 毒性气体 **中国次要危险性**：第 5.1 项 氧化性物质 第 8 类 腐蚀性物质
应急响应	
储存	如果在建筑物内，耐火设备(条件)。注意收容灭火产生的废水。与食品和饲料分开存放，见化学危险性。阴凉场所。干燥。保存在通风良好的室内。储存在没有排水管或下水道的场所
重要数据	**物理状态、外观**：气体，有刺鼻气味 **化学危险性**：不稳定物质。室温下部分分解成氯和溴。与湿气接触时该物质分解，生成含有氯和溴的有毒气体。（见国际化学品安全卡#0107 和#0126）。该物质是一种强氧化剂，与可燃物质和还原性物质发生激烈反应 **职业接触限值**：阈限值未制定标准。最高容许浓度未制定标准 **接触途径**：各种接触途径均产生严重的局部影响 **吸入危险性**：容器漏损时，迅速达到空气中该气体的有害浓度 **短期接触的影响**：流泪。该物质腐蚀眼睛、皮肤和呼吸道。吸入可能引起类似哮喘反应。吸入可能引起肺炎。吸入可能引起肺水肿，但只在对眼睛和/或呼吸道的最初腐蚀性影响已经显现后。见注解。接触可能导致死亡 **长期或反复接触的影响**：该物质可能对呼吸道和肺有影响，导致慢性炎症和功能损伤
物理性质	沸点：5℃ 熔点：-66℃ 密度：在 25℃时 2.32g/mL 水中溶解度：20℃时溶解 蒸气压：25℃时 2.368kPa
环境数据	该物质对水生生物有极高毒性。强烈建议不要让该化学品进入环境
注解	肺水肿症状常常经过几个小时以后才变得明显，体力劳动使症状加重。因而休息和医学观察是必要的。应当考虑由医生或医生指定的人立即采取适当吸入治疗法。超过接触限值时，气味报警不充分。不要在火焰或高温表面附近或焊接时使用。不要向泄漏钢瓶上喷水（防止钢瓶腐蚀）。转动泄漏钢瓶使漏口朝上，防止液态气体逸出。另见国际化学品安全卡#0107（溴）和#0126（氯）

IPCS
International
Programme on
Chemical Safety

国际化学品安全卡

<table>
<tr><td colspan="3">二异丙苯（混合物）</td><td>ICSC 编号：1714</td></tr>
<tr><td colspan="2">CAS 登记号：25321-09-9
RTECS 号：CZ6330000
UN 编号：3082
中国危险货物编号：3082

分子量：162.3</td><td colspan="2">中文名称：二异丙苯（混合物）；双（1-甲基乙基）苯
英文名称：DIISOPROPYLBENZENE (mixture); Benzene, bis(1-methylethyl); Bis(1-methylethyl)benzene

化学式：$C_{12}H_{18}$</td></tr>
<tr><td>危害/接触类型</td><td>急性危害/症状</td><td>预防</td><td>急救/消防</td></tr>
<tr><td>火　灾</td><td>可燃的</td><td>禁止明火</td><td>干粉，二氧化碳</td></tr>
<tr><td>爆　炸</td><td>高于 77℃，可能形成爆炸性蒸气/空气混合物</td><td>高于 77℃，使用密闭系统、通风</td><td>着火时，喷雾状水保持料桶等冷却</td></tr>
<tr><td>接　触</td><td></td><td>防止产生烟云！</td><td></td></tr>
<tr><td># 吸入</td><td>头痛。倦睡</td><td>通风</td><td>新鲜空气，休息</td></tr>
<tr><td># 皮肤</td><td></td><td>防护手套</td><td>冲洗，然后用水和肥皂清洗皮肤</td></tr>
<tr><td># 眼睛</td><td></td><td>安全眼镜</td><td>用大量水冲洗（如可能尽量摘除隐形眼镜）</td></tr>
<tr><td># 食入</td><td></td><td>工作时不得进食、饮水或吸烟</td><td>漱口。休息</td></tr>
<tr><td>泄漏处置</td><td colspan="3">转移全部引燃源。通风。将泄漏液收集在有盖的容器中。用砂土或惰性吸收剂吸收残液，并转移到安全场所。不要让该化学品进入环境</td></tr>
<tr><td>包装与标志</td><td colspan="3">联合国危险性类别：9　　联合国包装类别：III
中国危险性类别：第 9 项 杂项危险物质和物品 中国包装类别：III
GHS 分类：警示词：警告 图形符号：感叹号-环境 危险说明：可燃液体；可能引起昏昏欲睡或眩晕；对水生生物毒性非常大</td></tr>
<tr><td>应急响应</td><td colspan="3">运输应急卡：TEC(R)-90GM6-III
美国消防协会法规：H1（健康危险性）；F2（火灾危险性）；R0（反应危险性）</td></tr>
<tr><td>储存</td><td colspan="3">注意收容灭火产生的废水。保存在通风良好的室内。储存在没有排水管或下水道的场所</td></tr>
<tr><td>重要数据</td><td colspan="3">物理状态、外观：无色液体，有刺鼻气味
职业接触限值：阈限值未制定标准。最高容许浓度未制定标准
吸入危险性：未指明该物质达到空气中有害浓度的速率
短期接触的影响：高浓度接触时能够造成意识降低</td></tr>
<tr><td>物理性质</td><td colspan="3">沸点：203～205℃
密度：0.9g/cm^3
水中溶解度：25℃时微溶
蒸气相对密度（空气=1）：5.6
蒸气/空气混合物的相对密度（20℃，空气=1）：1
闪点：77℃（开杯）
自燃温度：449℃
辛醇/水分配系数的对数值：5.2</td></tr>
<tr><td>环境数据</td><td colspan="3">该物质对水生生物有极高毒性。强烈建议不要让该化学品进入环境</td></tr>
<tr><td>注解</td><td colspan="3">本卡片根据间二异丙苯（CAS 登记号：99-62-7）和对二异丙苯（CAS 登记号：100-18-5）的混合物编制而成</td></tr>
</table>

IPCS
International
Programme on
Chemical Safety

国际化学品安全卡

氯化亚铁			ICSC 编号：1715
CAS 登记号：7758-94-3 RTECS 号：NO5400000 UN 编号：3260 中国危险货物编号：3260 分子量：126.8		中文名称：氯化亚铁；氯化铁（II） 英文名称：IRON DICHLORIDE; Iron (II) chloride; Ferrous chloride 化学式：$FeCl_2$	
危害/接触类型	急性危害/症状	预防	急救/消防
火　灾	不可燃		周围环境着火时，使用适当的灭火剂
爆　炸			
接　触		防止粉尘扩散！	
# 吸入	咽喉痛。灼烧感	局部排气通风或呼吸防护	新鲜空气，休息。如果感觉不舒服，需就医
# 皮肤	发红	防护手套。防护服	用大量水冲洗皮肤或淋浴
# 眼睛	发红。疼痛。视力模糊。烧伤	安全护目镜	用大量水冲洗（如可能尽量摘除隐形眼镜）。立即给与医疗护理
# 食入	咽喉疼痛。腹部疼痛。恶心。呕吐。腹泻	工作时不得进食，饮水或吸烟	漱口。饮用 1～2 杯水。不要催吐。给予医疗护理
泄漏处置	将泄漏物清扫进非金属的有盖容器中。不要让该化学品进入环境。个人防护用具：适应于该物质空气中浓度的颗粒物过滤呼吸器		
包装与标志	联合国危险性类别：8　　联合国包装类别：III 中国危险性类别：第 8 类 腐蚀性物质　中国包装 类别：III		
应急响应			
储存	干燥。严格密封。与强氧化剂、醇类和强还原剂分开存放。储存在没有排水管或下水道的场所		
重要数据	物理状态、外观：白色至浅绿色吸湿晶体 化学危险性：与醇、强氧化剂和强还原剂发生剧烈反应。有水存在时，浸蚀许多金属。燃烧时，生成含有氯化氢的有毒和腐蚀性气体 职业接触限值：阈限值：（铁盐，可溶解，以 Fe 计）$1mg/m^3$(时间加权平均值)(美国政府工业卫生学家会议，2009 年)。最高容许浓度未制定标准 接触途径：该物质可经食入吸收到体内 吸入危险性：扩散时，尤其是粉末可较快地达到空气中颗粒物有害浓度 短期接触的影响：该物质腐蚀眼睛，轻微刺激皮肤		
物理性质	沸点：1023℃ 熔点：674℃ 密度：3.2 水中溶解度：20℃时 62.5g/100mL（溶解） 辛醇/水分配系数的对数值：-0.15		
环境数据	该物质对水生生物是有害的		
注解			

IPCS
International
Programme on
Chemical Safety

国际化学品安全卡

乙酸里哪酯			ICSC 编号：1716
CAS 登记号：115-95-7 RTECS 号：RG5910000 分子量：196.3	中文名称：乙酸里哪酯；3,7-二甲基-1,6-辛二烯-3-基酯；1,5-二甲基-1-乙烯基己-4-烯基酯；乙酸芳樟酯；里哪醇乙酸酯 英文名称：LINALYL ACETATE; 3,7-dimethyl-1,6-octadien-3-yl acetate; 1,5-dimethyl-1-vinylhex-4-enyl acetate; Acetic acid linalool ester; Linalool acetate 化学式：$C_{12}H_{20}O_2$/$CH_3COOC_{10}H_{17}$		

危害/接触类型	急性危害/症状	预防	急救/消防
火 灾	可燃的	禁止明火	干粉，抗溶性泡沫，雾状水，二氧化碳
爆 炸	高于 85℃，可能形成爆炸性蒸气/空气混合物	高于 85℃，使用密闭系统、通风	
接 触			
# 吸入		通风	新鲜空气，休息
# 皮肤		防护手套	冲洗，然后用水和肥皂清洗皮肤
# 眼睛	发红	安全眼镜	用大量水冲洗（如可能尽量摘除隐形眼镜）
# 食入		工作时不得进食，饮水或吸烟	漱口

泄漏处置	将泄漏液收集在可密闭的容器中。不要让该化学品进入环境。个人防护用具：适用于该物质空气中浓度的有机气体和蒸气过滤呼吸器
包装与标志	
应急响应	美国消防协会法规：H2（健康危险性）；F2（火灾危险性）；R0（反应危险性）
储存	注意收容灭火产生的废水。储存在没有排水管或下水道的场所。沿地面通风
重要数据	物理状态、外观：无色液体，有特殊气味 化学危险性：燃烧时该物质分解，生成刺激性烟雾 职业接触限值：阈限值未制定标准。最高容许浓度未制定标准 吸入危险性：未指明 20℃时该物质蒸发达到空气中有害浓度的速率 短期接触的影响：该物质轻微刺激眼睛
物理性质	沸点：220℃ 熔点：小于-20℃ 相对密度（水=1）：0.9 水中溶解度：微溶 蒸气压：20℃时 0.6Pa 蒸气相对密度（空气=1）：6.77 蒸气/空气混合物的相对密度（20℃，空气=1）：1.01 黏度：在 23℃时 $2.4mm^2/s$ 闪点：85℃（闭杯） 自燃温度：225℃ 爆炸极限：空气中 0.7%～4.3%（体积） 辛醇/水分配系数的对数值：3.9
环境数据	该物质对水生生物是有毒的。强烈建议不要让该化学品进入环境
注解	

IPCS
International
Programme on
Chemical Safety

国际化学品安全卡

连二亚硫酸钠			ICSC 编号：1717
CAS 登记号：7775-14-6 UN 编号：1384 EC 编号：016-028-00-1 中国危险货物编号：1384	中文名称：连二亚硫酸钠；保险粉；连二亚硫酸二钠；低亚硫酸钠 英文名称：SODIUM DITHIONITE; Sodium hypodisulfite; Disodium hydrosulfite; Sodium hydrosulfite; Sodium hyposulfite		
分子量：174.1	化学式：$Na_2S_2O_4$		
危害/接触类型	急性危害/症状	预防	急救/消防
火 灾	可燃的。在火焰中释放出刺激性或有毒烟雾（或气体）	禁止明火。禁止与可燃物质和水接触	二氧化碳，干砂，专用粉末，大量水
爆 炸			
接 触		防止粉尘扩散！	
# 吸入	咳嗽，咽喉痛	局部排气通风或呼吸防护	新鲜空气，休息。如果感觉不舒服，需就医
# 皮肤		防护手套	脱去污染的衣服。冲洗，然后用水和肥皂清洗皮肤
# 眼睛	发红，疼痛	安全护目镜	用大量水冲洗（如可能尽量摘除隐形眼镜）。给与医疗护理
# 食入	恶心，腹部疼痛，呕吐，腹泻	工作时不得进食、饮水或吸烟	漱口，不要催吐，饮用 1 杯或 2 杯水
泄漏处置	将泄漏物清扫进有盖的容器中。小心收集残余物，然后转移到安全场所。不要用锯末或其他可燃吸收剂吸收。不要让该化学品进入环境。个人防护用具：适用于该物质空气中浓度的颗粒物和酸性气体的过滤呼吸器		
包装与标志	欧盟危险性类别：Xn 符号 R:7-22-31 S:2-7/8-26-28-43 联合国危险性类别：4.2 联合国包装类别：II 中国危险性类别：第 4.2 易于自燃的物质 中国包装类别：II GHS 分类：警示词：警告 图形符号：火焰 危险说明：数量大时自热，可能着火；吞咽可能有害；造成眼睛刺激；对水生生物有害		
应急响应	运输应急卡：TEC(R)-42GS4-II+III 美国消防协会法规：H2（健康危险性）；F1（火灾危险性）；R2（反应危险性）		
储存	干燥。严格密封。避免接触湿气。与强氧化剂、酸类分开存放。储存在没有排水管或下水道的场所		
重要数据	物理状态、外观：白色晶体粉末 化学危险性：加热到 100℃以上时，该物质分解，生成含有硫氧化物的有毒烟雾。该物质是一种强还原剂，与氧化剂发生反应。与酸（类）接触时，该物质分解生成有毒气体。与水、湿气或潮湿空气接触可引起自燃 职业接触限值：最高容许浓度未制定标准。阈限值未制定标准 接触途径：该物质可经食入吸收到体内 吸入危险性：扩散时，可较快地达到空气中颗粒物有害浓度，尤其是粉末 短期接触的影响：该物质刺激眼睛和呼吸道		
物理性质	熔点：>100℃时分解 密度：$2.4g/cm^3$ 水中溶解度：20℃时 25g/100mL（适度溶解） 闪点：>100℃（开杯） 辛醇/水分配系数的对数值：<-4.7		
环境数据	该物质对水生生物是有害的		
注解			

IPCS
International
Programme on
Chemical Safety

国际化学品安全卡

四亚乙基五胺			ICSC 编号：1718
CAS 登记号：112-57-2 RTECS 号：KH8585000 UN 编号：2320 EC 编号：612-060-00-0 中国危险货物编号：2320		中文名称：四亚乙基五胺；三缩四乙二胺；四乙烯五胺；四乙五胺；TEPA 英文名称：TETRAETHYLENEPENTAMINE; 3,6,9-Triazaundecamethylenediamine; 1,11-Diamino-3,6,9-triazaundecane; Tetrene; TEPA	
分子量：189.3		化学式：$C_8H_{23}N_5/(NH_2CH_2CH_2NHCH_2CH_2)_2NH$	
危害/接触类型	急性危害/症状	预防	急救/消防
火　灾	可燃的，在火焰中释放出刺激性或有毒烟雾（或气体）	禁止明火	干粉，二氧化碳，大量水，泡沫
爆　炸			
接　触		避免一切接触！	一切情况均向医生咨询！
# 吸入	咳嗽，咽喉痛，灼烧感，呼吸短促，呼吸困难	局部排气通风或呼吸防护	新鲜空气，休息，半直立体位，立即给予医疗护理
# 皮肤	发红，疼痛，皮肤烧伤	防护手套，防护服	急救时戴防护手套，脱去污染的衣服，用大量水冲洗皮肤或淋浴至少 15min，把衣服放入可密闭容器（见注解），立即给予医疗护
# 眼睛	发红，疼痛，烧伤	面罩，和眼睛防护结合呼吸防护	用大量水冲洗（如可能尽量摘除隐形眼镜）。立即给与医疗护理
# 食入	口腔和咽喉烧伤，咽喉和胸腔灼烧感，休克或虚脱	工作时不得进食、饮水或吸烟	漱口，不要催吐，立即给予医疗护理
泄漏处置	不要让该化学品进入环境。将泄漏液收集在可密闭的容器中。用砂土或惰性吸收剂吸收残液，并转移到安全场所。个人防护用具：全套防护服包括自给式呼吸器。		
包装与标志	不得与食品和饲料一起运输 **欧盟危险性类别**：C 符号 N 符号　R:21/22-34-43-51/53　S:1/2-26-36/37/39-45-61 **联合国危险性类别**：8　**联合国包装类别**：III **中国危险性类别**：第 8 类 腐蚀性物质 **中国包装类别**：III **GHS 分类**：信号词：危险 图形符号：腐蚀-骷髅和交叉骨-环境 危险说明：吞咽可能有害；皮肤接触会中毒；造成严重皮肤灼伤和眼睛损伤；可能导致呼吸刺激作用；可能导致皮肤过敏反应；对水生生物有毒；对水生生物有毒并具有长期持续影响		
应急响应	**运输应急卡**：TEC(R)-80GC7-II+III **美国消防协会法规**：H3（健康危险性）；F1（火灾危险性）；R0（反应危险性）		
储存	注意收容灭火产生的废水。与强酸、强氧化剂、氯化烃类和食品、饲料分开存放。干燥。储存在没有排水管或下水道的场所		
重要数据	**物理状态、外观**：无色至黄色吸湿、黏稠液体 **化学危险性**：燃烧时，该物质分解生成含有氨、氮氧化物的有毒烟雾。该物质是一种强碱，与酸激烈反应并有腐蚀性。与氧化剂和氯化烃类发生反应 **职业接触限值**：阈限值未制定标准。最高容许浓度未制定标准 **接触途径**：各种接触途径均产生严重的局部影响 **吸入危险性**：20℃时，该物质蒸发不会或很缓慢地达到空气中有害污染浓度；但喷洒或扩散时要快得多 **短期接触的影响**：该物质腐蚀眼睛、皮肤和呼吸道。食入有腐蚀性。吸入烟云可能引起严重咽喉肿胀。 **长期或反复接触的影响**：反复或长期接触可能引起皮肤过敏		
物理性质	**沸点**：320～340℃ **熔点**：-46～-30℃ **相对密度（水=1）**：0.99 **水中溶解度**：混溶 **蒸气压**：20℃时 1.3Pa **蒸气相对密度（空气=1）**：6.5	**蒸气/空气混合物的相对密度（20℃，空气=1）**：1.00 **黏度**：在 20℃时 96.9mm^2/s **闪点**：163℃ 开杯 **自燃温度**：321℃ **爆炸极限**：空气中 0.1%～15%(体积) **辛醇/水分配系数的对数值**：-3.16(计算值)	
环境数据	该物质对水生生物是有毒的。该物质可能在水生环境中造成长期影响。强烈建议不要让该化学品进入环境		
注解	不要将工作服带回家中。通过密封到袋或其他容器隔离污染衣服		

IPCS
International
Programme on
Chemical Safety

国际化学品安全卡

2-甲基-3-丁烯-2-醇			ICSC 编号：1719
CAS 登记号：115-18-4 RTECS 号：EM9472000 UN 编号：1993 中国危险货物编号：1993 分子量：86.1	中文名称：2-甲基-3-丁烯-2-醇；3-羟基-3-甲基丁烯；二甲基乙烯基甲醇 英文名称：2-METHYLBUT-3-EN-2-OL; 3-Hydroxy-3-methylbutene; 2-Methyl-3-buten-2-ol; Dimethylvinylmethanol 化学式：$C_5H_{10}O$		
危害/接触类型	急性危害/症状	预防	急救/消防
火　灾	高度易燃。加热引起压力升高，容器有破裂危险	禁止明火，禁止火花和禁止吸烟	二氧化碳，干粉
爆　炸	蒸气/空气混合物有爆炸性	密闭系统，通风，防爆型电气设备和照明。使用无火花手工工具	着火时，喷雾状水保持料桶等冷却
接　触			
# 吸入	咳嗽。咽喉痛	通风	新鲜空气，休息
# 皮肤		防护手套	用大量水冲洗皮肤或淋浴
# 眼睛	发红	安全眼镜	用大量水冲洗（如可能尽量摘除隐形眼镜）
# 食入		工作时不得进食，饮水或吸烟	漱口。饮用 1～2 杯水。如果感觉不舒服，需就医
泄漏处置	撤离危险区域！向专家咨询！转移全部引燃源。将泄漏液收集在可密闭的容器中。用砂土或惰性吸收剂吸收残液，并转移到安全场所。不要冲入下水道。个人防护用具：全套防护服包括自给式呼吸器		
包装与标志	联合国危险性类别：3　　联合国包装类别：II 中国危险性类别：第 3 类 易燃液体　　中国包装类别：II GHS 分类：信号词：危险 图形符号：火焰-感叹号 危险说明：高度易燃液体和蒸气；吞咽有害；造成眼睛刺激		
应急响应	运输应急卡：TEC(R)-30GF1-I+II 美国消防协会法规：H1（健康危险性）；F4（火灾危险性）；R0（反应危险性）		
储存	耐火设备（条件）。与氧化剂分开存放。严格密封。沿地面通风。储存在没有排水管或下水道的场所		
重要数据	物理状态、外观：无色液体，有特殊气味 物理危险性：蒸气与空气充分混合，容易形成爆炸性混合物 化学危险性：与氧化剂发生激烈反应 职业接触限值：阈限值未制定标准。最高容许浓度未制定标准 接触途径：该物质可经食入吸收到体内 吸入危险性：未指明该物质达到空气中有害浓度的速率 短期接触的影响：该物质刺激眼睛		
物理性质	沸点：97℃ 熔点：−28℃ 密度：0.8g/cm³ 水中溶解度：20℃时 19g/100mL（溶解） 蒸气压：25℃时 3.13kPa 蒸气相对密度（空气=1）：3.0 蒸气/空气混合物的相对密度（20℃，空气=1）：1.06 闪点：10℃ 闭杯 自燃温度：380℃ 爆炸极限：空气中 1.5%～9.4%（体积） 辛醇/水分配系数的对数值：0.66		
环境数据			
注解			

IPCS
International
Programme on
Chemical Safety

国际化学品安全卡

对氨基苯乙醚			ICSC 编号：1720
CAS 登记号：156-43-4 RTECS 号：SI6465500 UN 编号：2311 EC 编号：612-207-00-9 中国危险货物编号：2311		中文名称：对氨基苯乙醚；4-乙氧基苯胺；乙基对氨基苯酚；4-氨基-1-乙氧基苯 英文名称：*p*-PHENETIDINE; 4-Ethoxyaniline; Ethyl p-aminophenol; 4-Ethoxybenzenamine; 4-Amino-1-ethoxy benzene	
分子量：137.2		化学式：$C_8H_{11}NO$	

危害/接触类型	急性危害/症状	预防	急救/消防
火　灾	可燃的	禁止明火	干粉，抗溶性泡沫，雾状水，二氧化碳
爆　炸			
接　触			
# 吸入		避免吸入烟云	新鲜空气，休息
# 皮肤		防护手套	脱去污染的衣服。冲洗，然后用水和肥皂清洗皮肤
# 眼睛	发红	安全护目镜	用大量水冲洗（如可能尽量摘除隐形眼镜）
# 食入		工作时不得进食，饮水或吸烟	漱口。如果感觉不舒服，需就医

泄漏处置	用砂土或惰性吸收剂吸收残液，并转移到安全场所。将泄漏液收集在可密闭的容器中。个人防护用具：适应于该物质空气中浓度的有机气体和蒸气过滤呼吸器
包装与标志	不得与食品和饲料一起运输 欧盟危险性类别：Xn 符号　R:20/21/22-36-43-68　S:2-36/37-46 联合国危险性类别：6.1　联合国包装类别：III 中国危险性类别：第 6.1 项 毒性物质　中国包装类别：III GHS 分类：信号词：危险 图形符号：骷髅和交叉骨-健康危险 危险说明：吞咽有害；吸入蒸气会中毒；造成眼睛刺激；长期或反复接触可能对血液造成损害
应急响应	运输应急卡：TEC(R)-61GT1-III 美国消防协会法规：H2（健康危险性）；F1（火灾危险性）；R0（反应危险性）
储存	与强氧化剂、食品和饲料分开存放
重要数据	物理状态、外观：无色液体。遇到空气和光时变暗红色 物理危险性：蒸气与空气充分混合，容易形成爆炸性混合物 化学危险性：燃烧时，生成氮氧化物。与强氧化剂发生反应 职业接触限值：阈限值未制定标准。最高容许浓度未制定标准 接触途径：该物质可通过吸入其蒸气和经食入吸收到体内 吸入危险性：未指明 20℃时该物质蒸发达到空气中有害浓度的速率 短期接触的影响：该物质刺激眼睛 长期或反复接触的影响：该物质可能对血液有影响，导致形成正铁血红蛋白症
物理性质	沸点：253～255℃ 熔点：2.4℃ 密度：$1.1g/cm^3$ 水中溶解度：20℃时 2g/100mL(适度溶解) 蒸气压：50℃时 10Pa 蒸气相对密度（空气=1）：4.7 蒸气/空气混合物的相对密度（20℃，空气=1）：1.0 闪点：120℃ 闭杯 自燃温度：425℃ 辛醇/水分配系数的对数值：1.24
环境数据	尚未对该物质的环境影响进行充分调查
注解	饮用含酒精饮料增进有害影响

IPCS
International
Programme on
Chemical Safety

本卡片由 **IPCS** 和 **EC** 合作编写 © 2004～2012

国际化学品安全卡

<table>
<tr><td colspan="2">咪唑</td><td colspan="2">ICSC 编号：1721</td></tr>
<tr><td colspan="2">CAS 登记号：288-32-4
RTECS 号：NI3325000
UN 编号：3263
中国危险货物编号：3263</td><td colspan="2">中文名称：咪唑；1,3-二氮杂-2,4-环戊二烯；1,3-二氮唑；1,3-二氮杂茂
英文名称：IMIDAZOLE; 1,3-Diaza-2,4-cyclopentadiene; 1,3-Diazole; Glyoxaline; Miazole</td></tr>
<tr><td colspan="2">分子量：68.1</td><td colspan="2">化学式：$C_3H_4N_2$</td></tr>
<tr><td>危害/接触类型</td><td>急性危害/症状</td><td>预防</td><td>急救/消防</td></tr>
<tr><td>火　灾</td><td>可燃的。在火焰中释放出刺激性或有毒烟雾（或气体）</td><td>禁止明火</td><td>干粉，雾状水，泡沫，二氧化碳</td></tr>
<tr><td>爆　炸</td><td>微细分散的颗粒物在空气中形成爆炸性混合物</td><td>防止粉尘沉积，密闭系统，防止粉尘爆炸型电气设备和照明</td><td>着火时，喷雾状水保持料桶等冷却</td></tr>
<tr><td>接　触</td><td></td><td></td><td></td></tr>
<tr><td># 吸入</td><td>咳嗽。咽喉痛。灼烧感</td><td>局部排气通风或呼吸防护。避免吸入粉尘</td><td>新鲜空气，休息。给予医疗护理</td></tr>
<tr><td># 皮肤</td><td>发红。疼痛。严重的皮肤烧伤</td><td>防护服</td><td>脱去污染的衣服。用大量水冲洗皮肤或淋浴。立即给予医疗护理</td></tr>
<tr><td># 眼睛</td><td>发红。疼痛。视力模糊。暂时视力丧失</td><td>面罩，或如为粉末，眼睛防护结合呼吸防护</td><td>用大量水冲洗（如可能尽量摘除隐形眼镜）。立即给与医疗护理</td></tr>
<tr><td># 食入</td><td>咽喉疼痛。咽喉和胸腔灼烧感</td><td>工作时不得进食，饮水或吸烟</td><td>漱口。休息。不要催吐。饮用 1～2 杯水。立即给予医疗护理</td></tr>
<tr><td>泄漏处置</td><td colspan="3">将泄漏物清扫进有盖的容器中。然后用大量水冲净。个人防护用具：全套防护服包括自给式呼吸器</td></tr>
<tr><td>包装与标志</td><td colspan="3">不得与食品和饲料一起运输
联合国危险性类别：8　　联合国包装类别：III
中国危险性类别：第 8 类 腐蚀性物质　　中国包装类别：III
GHS 分类：信号词：危险 图形符号：腐蚀-感叹号-健康危险 危险说明：吞咽有害；造成严重皮肤灼伤和眼睛损伤；怀疑对生育能力或未出生胎儿造成伤害</td></tr>
<tr><td>应急响应</td><td colspan="3">运输应急卡：TEC(R)-80GC8-II+III</td></tr>
<tr><td>储存</td><td colspan="3">与强酸、食品和饲料分开存放</td></tr>
<tr><td>重要数据</td><td colspan="3">物理状态、外观：无色至黄色晶体，有特殊气味
物理危险性：以粉末或颗粒形状与空气混合，可能发生粉尘爆炸
化学危险性：燃烧时，该物质分解生成含有氮氧化物的有毒烟雾。水溶液是一种弱碱。激烈地与强酸发生反应
职业接触限值：阈限值未制定标准。最高容许浓度：IIb（未制定标准，但可提供数据）（德国，2009 年）
接触途径：该物质可通过食入吸收到体内
吸入危险性：未指明 20℃时该物质蒸发达到空气中有害浓度的速率
短期接触的影响：该物质腐蚀皮肤，严重刺激眼睛，刺激呼吸道
长期或反复接触的影响：动物实验表明，该物质可能造成人类生殖或发育毒性</td></tr>
<tr><td>物理性质</td><td colspan="3">沸点：268℃
熔点：89℃
相对密度（水=1）：1.03g/cm^3
水中溶解度：20℃时 63.3g/100mL(溶解)
蒸气压：20℃时 0.3Pa
蒸气相对密度（空气=1）：2.35
蒸气/空气混合物的相对密度（20℃，空气=1）：1.0
黏度：在 100℃时 2.617mm^2/s
闪点：145℃（闭杯）
自燃温度：480℃
辛醇/水分配系数的对数值：-0.02</td></tr>
<tr><td>环境数据</td><td colspan="3"></td></tr>
<tr><td>注解</td><td colspan="3"></td></tr>
</table>

IPCS
International
Programme on
Chemical Safety

国际化学品安全卡

1,3-戊二烯			ICSC 编号：1722
CAS 登记号：504-60-9 RTECS 号：RZ2464000 UN 编号：3295 中国危险货物编号：3295		中文名称：1,3-戊二烯；戊-1,3-二烯；1-甲基丁二烯；戊间二烯 英文名称：1,3-PENTADIENE; Penta-1,3-diene; 1-Methylbutadiene; Piperylene	
分子量：68.1		化学式：$CH_2(CH)_3CH_3$	
危害/接触类型	急性危害/症状	预防	急救/消防
火　灾	高度易燃	禁止明火，禁止火花和禁止吸烟	雾状水，泡沫，干粉，二氧化碳
爆　炸	蒸气/空气混合物有爆炸性。受热引起压力升高，有爆裂危险	密闭系统，通风，防爆型电气设备和照明。不要使用压缩空气灌装、卸料或转运。使用无火花手工工具	着火时，喷雾状水保持料桶等冷却
接　触		防止产生烟云！	
# 吸入		通风	新鲜空气，休息。如果感觉不舒服，需就医
# 皮肤	发红	防护手套	脱去污染的衣服。冲洗，然后用水和肥皂清洗皮肤。如果产生皮肤刺激，给予医疗护理
# 眼睛	发红	安全眼镜	用大量水冲洗（如可能尽量摘除隐形眼镜）
# 食入	恶心。呕吐。吸入危险！	工作时不得进食，饮水或吸烟	漱口。不要催吐。如果感觉不舒服，需就医
泄漏处置	撤离危险区域！向专家咨询！转移全部引燃源。通风。将泄漏液收集在有盖的容器中。用砂土或惰性吸收剂吸收残液，并转移到安全场所。不要冲入下水道。个人防护用具：适用于该物质空气中浓度的有机气体和蒸气的过滤呼吸器		
包装与标志	联合国危险性类别：3　联合国包装类别：II 中国危险性类别：第 3 类 易燃液体　中国包装类别：II GHS 分类：信号词：危险 图形符号：火焰-健康危险 危险说明：高度易燃液体和蒸气；吞咽可能有害；吸入蒸气可能有害；造成轻微皮肤刺激；造成眼睛刺激；吞咽和进入呼吸道可能有害		
应急响应	运输应急卡：TEC(R)-30GF1-I+II 美国消防协会法规：H2（健康危险性）；F3（火灾危险性）；R2（反应危险性）		
储存	与强氧化剂分开存放。耐火设备（条件）。储存在没有排水管或下水道的场所。沿地面通风		
重要数据	物理状态、外观：无色液体 物理危险性：蒸气比空气重，可能沿地面流动，可能造成远处着火 化学危险性：与强氧化剂发生激烈反应，可生成可能引发聚合反应的过氧化物 职业接触限值：阈限值未制定标准。最高容许浓度未制定标准 接触途径：该物质可通过吸入吸收到体内 吸入危险性：20℃时，该物质蒸发不能或很缓慢地达到空气中有害污染浓度 短期接触的影响：该蒸气刺激眼睛和皮肤。如果吞咽该物质，可能引起呕吐，可能导致吸入性肺炎。影响可能推迟显现		
物理性质	沸点：42℃ 熔点：−87℃ 密度：$0.7g/cm^3$ 水中溶解度：0.069g/100mL（难溶） 蒸气压：25℃时 53.3kPa 蒸气相对密度（空气=1）：2.35 蒸气/空气混合物的相对密度（20℃，空气=1）：1.7 闪点：−28℃ 闭杯 爆炸极限：空气中 2.0%～8.3%（体积） 辛醇/水分配系数的对数值：1.5（估计值）		
环境数据			
注解	1,3-戊二烯的商业混合物由 80%的反式异构体(CAS 号：2004-70-8)和 20%的顺式异构体(CAS 号：1574-41-0)组成。CAS 号为 504-60-9 的是未指定的或混合异构体。不要将工作服带回家中		

IPCS
International
Programme on
Chemical Safety

国际化学品安全卡

<table>
<tr><td colspan="3">丙烯酸-2-羟乙基酯</td><td>ICSC 编号：1723</td></tr>
<tr><td colspan="2">CAS 登记号：818-61-1
RTECS 号：AT1750000
UN 编号：2927
EC 编号：607-072-00-8
中国危险货物编号：2927

分子量：116.1</td><td colspan="2">中文名称：丙烯酸-2-羟乙基酯；2-丙烯酸-2-羟乙基酯；乙二醇单丙烯酸酯；丙烯酸羟乙酯
英文名称：2-HYDROXYETHYL ACRYLATE; 2-Propenoic acid, 2-hydroxyethylester; Ethylene glycol monoacrylate; Acrylic acid hydroxyethyl ester

化学式：$C_5H_8O_3$</td></tr>
<tr><td>危害/接触类型</td><td>急性危害/症状</td><td>预防</td><td>急救/消防</td></tr>
<tr><td>火　灾</td><td>可燃的</td><td>禁止明火</td><td>雾状水，干粉，抗溶性泡沫，二氧化碳</td></tr>
<tr><td>爆　炸</td><td>受热引起压力升高，有爆裂危险</td><td></td><td>着火时，喷雾状水保持料桶等冷却</td></tr>
<tr><td>接　触</td><td></td><td>防止产生烟云!避免一切接触!</td><td></td></tr>
<tr><td># 吸入</td><td>咳嗽，咽喉痛，灼烧感，呼吸困难</td><td>通风（如果没有粉末时），局部排气通风或呼吸防护</td><td>新鲜空气，休息，半直立体位，立即给予医疗护理</td></tr>
<tr><td># 皮肤</td><td>可能被吸收!发红，疼痛</td><td>防护手套，防护服</td><td>先用大量水冲洗，然后脱去污染的衣服并再次冲洗，立即给予医疗护理</td></tr>
<tr><td># 眼睛</td><td>发红，疼痛，视力模糊</td><td>安全眼镜，和眼睛防护结合呼吸防护</td><td>用大量水冲洗（如可能尽量摘除隐形眼镜）。立即给与医疗护理</td></tr>
<tr><td># 食入</td><td>咽喉疼痛，灼烧感，虚弱。吸入危险!</td><td>工作时不得进食，饮水或吸烟，进食前洗手</td><td>漱口，不要催吐，饮用 1～2 杯水，立即给予医疗护理</td></tr>
<tr><td>泄漏处置</td><td colspan="3">将泄漏液收集在有盖的容器中。用砂土或惰性吸收剂吸收残液，并转移到安全场所。不要让该化学品进入环境。个人防护用具：化学防护服，适用于有机气体和蒸气的过滤呼吸器</td></tr>
<tr><td>包装与标志</td><td colspan="3">不得与食品和饲料一起运输。污染海洋物质
欧盟危险性类别：T 符号 N 符号 标记：D　R:24-34-43-50　S:1/2-26-36/39-45-61
联合国危险性类别：6.1　联合国包装类别：II
中国危险性类别：第 6.1 项 毒性物质 中国包装类别：II
GHS 分类：信号词：危险 图形符号：骷髅和交叉骨-健康危险-环境 危险说明：吞咽有害；皮肤接触致命；吸入蒸气致命；造成皮肤刺激；造成严重眼睛刺激；可能导致皮肤过敏反应；吞咽和进入呼吸道可能有害；对水生生物毒性非常大</td></tr>
<tr><td>应急响应</td><td colspan="3">运输应急卡：TEC(R)-61GTC1-II
美国消防协会法规：H3（健康危险性）；F1（火灾危险性）；R2（反应危险性）</td></tr>
<tr><td>储存</td><td colspan="3">稳定后储存。保存在暗处。阴凉场所。沿地面通风。注意收容灭火产生的废水。储存在没有排水管或下水道的场所</td></tr>
<tr><td>重要数据</td><td colspan="3">物理状态、外观：无色液体，有特殊气味
化学危险性：该物质由于受热、与过氧化物接触时和光的作用下将发生聚合。加热可能引起激烈燃烧或爆炸，生成辛辣烟雾。该物质如果是不稳定的，还可能发生自聚
职业接触限值：阈限值未制定标准。最高容许浓度：皮肤过敏（德国，2008 年）
接触途径：该物质可通过吸入其蒸气、经皮肤和经食入吸收到体内
吸入危险性：20℃时，该物质蒸发，迅速达到空气中有害污染浓度
短期接触的影响：该物质严重刺激眼睛、皮肤和呼吸道。吞咽液体可能吸入肺中，有引起化学肺炎的危险
长期或反复接触的影响：反复或长期接触可能引起皮肤过敏。见注解</td></tr>
<tr><td>物理性质</td><td colspan="2">沸点：210℃
熔点：-60.2℃
密度：1.1g/cm^3
水中溶解度：混溶
蒸气压：25℃时 7.0Pa</td><td>蒸气相对密度（空气=1）：4.0
蒸气/空气混合物的相对密度（20℃，空气=1）：1.0
黏度：在 15℃时 5.2mm^2/s
闪点：101℃ 闭杯
辛醇/水分配系数的对数值：-0.21</td></tr>
<tr><td>环境数据</td><td colspan="3">该物质对水生生物有极高毒性。强烈建议不要让该化学品进入环境</td></tr>
<tr><td>注解</td><td colspan="3">添加稳定剂或阻聚剂会影响该物质的毒理学性质。向专家咨询。与其他丙烯酸盐可能引起交叉过敏</td></tr>
</table>

IPCS
International
Programme on
Chemical Safety

国际化学品安全卡

甲基丙烯酸-2-羟乙酯			ICSC 编号：1724
CAS 登记号：868-77-9 RTECS 号：OZ4725000 EC 编号：607-124-00-X 分子量：130.1		中文名称：甲基丙烯酸-2-羟乙酯；乙二醇单甲基丙烯酸酯；2-丙烯酸-2-甲基-2-羟乙酯；HEMA 英文名称：2-HYDROXYETHYL METHACRYLATE; Ethylene glycol monomethacrylate; 2-Propenoic acid, 2-methyl-,2-hydroxiethyl ester; HEMA 化学式：$C_6H_{10}O_3$	
危害/接触类型	急性危害/症状	预防	急救/消防
火　灾	可燃的	禁止明火	雾状水，干粉，抗溶性泡沫
爆　炸	高于 97℃，可能形成爆炸性蒸气/空气混合物	高于 97℃，使用密闭系统、通风	着火时，喷雾状水保持料桶等冷却
接　触		防止产生烟云！	
# 吸入	咳嗽。咽喉痛	通风（如果没有粉末时），局部排气通风或呼吸防护	新鲜空气，休息。给予医疗护理
# 皮肤	发红	防护手套。防护服	先用大量水冲洗，然后脱去污染的衣服并再次冲洗。给予医疗护理
# 眼睛	发红	安全眼镜，和眼睛防护结合呼吸防护	先用大量水冲洗几分钟（如可能尽量摘除隐形眼镜），然后就医
# 食入	咽喉疼痛。吸入危险！	工作时不得进食，饮水或吸烟	漱口。不要催吐。饮用 1～2 杯水。立即给予医疗护理
泄漏处置	用砂土或惰性吸收剂吸收残液，并转移到安全场所。个人防护用具：化学防护服，适用于有机气体和蒸气的过滤呼吸器将泄漏液收集在有盖的容器中		
包装与标志	欧盟危险性类别：Xi 符号 标记：D　R:36/38-43　S:2-26-28 GHS 分类：信号词：警告 图形符号：感叹号-健康危险 危险说明：吞咽可能有害；造成皮肤刺激；造成眼睛刺激；可能导致皮肤过敏反应；吞咽和进入呼吸道可能有害		
应急响应			
储存	稳定后储存。保存在暗处。阴凉场所。沿地面通风		
重要数据	物理状态、外观：无色液体 化学危险性：该物质由于受热、与过氧化物接触时和在光的作用下将发生聚合。加热可能引起激烈燃烧或爆炸，生成辛辣烟雾。该物质如果是不稳定的，还可能发生自聚 职业接触限值：阈限值未制定标准。最高容许浓度：皮肤致敏剂（德国，2008 年） 吸入危险性：未指明该物质达到空气中有害浓度的速率 短期接触的影响：该物质刺激眼睛、皮肤和呼吸道。吞咽液体可能吸入肺中，有引起化学肺炎的危险 长期或反复接触的影响：反复或长期接触可能引起皮肤过敏。见注解		
物理性质	沸点：250℃(计算值)(见注解) 熔点：<-60℃ 密度：1.07g/cm³ 水中溶解度：混溶 蒸气压：25℃时 17Pa 蒸气相对密度（空气=1）：4.5 黏度：在 20℃时 8.4mm²/s 闪点：97℃ 闭杯 辛醇/水分配系数的对数值：0.42		
环境数据			
注解	沸点无法由试验测定：在 1.013×10^5Pa 升高温度时发生聚合，其他沸点：4.6×10^2Pa 时 67℃。甲基丙烯酸酯通常在运输和储存时通过添加酚类阻聚剂进行稳定。添加稳定剂或阻聚剂会影响该物质的毒理学性质，向专家咨询。与其他丙烯酸盐可能引起交叉过敏		

IPCS
International
Programme on
Chemical Safety

国际化学品安全卡

柠檬醛			ICSC 编号：1725
CAS 登记号：5392-40-5 RTECS 号：RG5075000 EC 编号：605-019-00-3		中文名称：柠檬醛；3,7-二甲基-2,6-辛二烯醛；橙花醛 英文名称：CITRAL; 2,6-Octadienal,3,7-dimethyl-; 3,7-Dimethyl-2,6 octadienal; Lemonal	
分子量：152.2		化学式：$C_{10}H_{16}O$	
危害/接触类型	急性危害/症状	预防	急救/消防
火　灾	可燃的	禁止明火	泡沫，干粉，二氧化碳
爆　炸	高于 82℃，可能形成爆炸性蒸气/空气混合物	高于 82℃，使用密闭系统、通风	
接　触		防止产生烟云！	
# 吸入	咳嗽	通风，局部排气通风或呼吸防护	新鲜空气，休息
# 皮肤	发红	防护手套。防护服	冲洗，然后用水和肥皂清洗皮肤
# 眼睛		安全眼镜	用大量水冲洗（如可能尽量摘除隐形眼镜）
# 食入		工作时不得进食，饮水或吸烟	漱口
泄漏处置	转移全部引燃源。将泄漏液收集在有盖的容器中。用砂土或惰性吸收剂吸收残液，并转移到安全场所。不要让该化学品进入环境。个人防护用具：化学防护服，适用于有机气体和蒸气的过滤呼吸器		
包装与标志	欧盟危险性类别：Xi 符号　R:38-43　S:2-24/25-37 GHS 分类：信号词：警告 图形符号：感叹号 危险说明：可燃液体；吞咽可能有害；接触皮肤可能有害；造成皮肤刺激；可能导致皮肤过敏反应；对水生生物有毒		
应急响应	美国消防协会法规：H2（健康危险性）；F1（火灾危险性）；R0（反应危险性）		
储存	阴凉场所。沿地面通风。注意收容灭火产生的废水。储存在没有排水管或下水道的场所		
重要数据	物理状态、外观：黄色液体，有特殊气味 化学危险性：燃烧时，该物质分解生成刺激性烟雾。该物质可能于受热发生聚合 职业接触限值：阈限值未制定标准。最高容许浓度未制定标准 吸入危险性：未指明 20℃时该物质蒸发达到空气中有害浓度的速率 短期接触的影响：该物质刺激皮肤 长期或反复接触的影响：反复或长期接触可能引起皮肤过敏		
物理性质	沸点：226～228℃ 熔点：<-10℃ 密度：$0.9g/cm^3$ 水中溶解度：25℃时 0.059g/100mL（难溶） 蒸气压：100℃时<130Pa 蒸气相对密度（空气=1）：5.3 闪点：82℃ 闭杯 自燃温度：225℃ 爆炸极限：空气中 4.3%～9.9%（体积） 辛醇/水分配系数的对数值：2.76		
环境数据	该物质对水生生物是有毒的。强烈建议不要让该化学品进入环境		
注解	柠檬醛是两种几何异构体的混合物，牻牛儿醛(反式构型，55%～70%)和橙花醛(顺式构型，35%～45%)		

IPCS
International
Programme on
Chemical Safety

国际化学品安全卡

2,4-二氯甲苯			ICSC 编号：1727
CAS 登记号：95-73-8 RTECS 号：XT0730000 UN 编号：3082 中国危险货物编号：3082 分子量：161.0	中文名称：2,4-二氯甲苯；2,4-二氯-1-甲基苯；2,4-二氯-1-甲苯 英文名称：2,4-DICHLOROTOLUENE; 2,4-Dichloro-1-methylbenzene; Benzene, 2,4-dichloro-1-methyl-; Toluene, 2,4-dichloro- 化学式：$C_7H_6Cl_2$		
危害/接触类型	**急性危害/症状**	**预防**	**急救/消防**
火　灾	可燃的。在火焰中释放出刺激性或有毒烟雾（或气体）	禁止明火	二氧化碳，干粉，雾状水
爆　炸	高于 87℃，可能形成爆炸性蒸气/空气混合物	高于 87℃，使用密闭系统、通风	
接　触	见注解。		
# 吸入		通风，局部排气通风或呼吸防护	新鲜空气，休息
# 皮肤	发红	防护手套	冲洗，然后用水和肥皂清洗皮肤
# 眼睛		安全护目镜	用大量水冲洗（如可能尽量摘除隐形眼镜）
# 食入		工作时不得进食，饮水或吸烟	漱口
泄漏处置	用砂土或惰性吸收剂吸收残液，并转移到安全场所。喷洒雾状水去除蒸气。不要让该化学品进入环境。个人防护用具：适用于该物质空气中浓度的有机气体和蒸气过滤呼吸器		
包装与标志	**联合国危险性类别**：9　　**联合国包装类别**：III **中国危险性类别**：第 9 类 杂项危险物质和物品 **中国包装类别**：III		
应急响应			
储存	注意收容灭火产生的废水。与强碱、强氧化剂分开存放。阴凉场所。保存在通风良好的室内。储存在没有排水管或下水道的场所		
重要数据	**物理状态、外观**：无色液体，有特殊气味 **物理危险性**：由于流动、搅拌等，可能产生静电 **化学危险性**：加热时该物质分解，生成一氧化碳、氯、氯化氢和氯乙烯。与强氧化剂和强碱发生剧烈反应 **职业接触限值**：阈限值未制定标准。最高容许浓度未制定标准 **吸入危险性**：未指明 20℃时该物质蒸发达到空气中有害浓度的速率 **短期接触的影响**：该物质轻微刺激皮肤		
物理性质	**沸点**：在 101.3kPa 时 200℃ **熔点**：-13.5℃ **密度**：1.25g/cm^3 **水中溶解度**：20℃时（难溶） **蒸气压**：50℃时 0.4kPa **蒸气相对密度（空气=1）**：5.56 **蒸气/空气混合物的相对密度（20℃，空气=1）**：1.02 **闪点**：闪点：87℃（闭杯） **爆炸极限**：空气中 1.9%～4.5%（体积） **辛醇/水分配系数的对数值**：4.24		
环境数据	该物质对水生生物是有毒的。强烈建议不要让该化学品进入环境		
注解	对接触该物质的健康影响未进行充分调查		

IPCS
International
Programme on
Chemical Safety

国际化学品安全卡

2,6-二氯甲苯			ICSC 编号：1728
CAS 登记号：118-69-4 UN 编号：3082 中国危险货物编号：3082	中文名称：2,6-二氯甲苯；1,3-二氯-2-甲基苯；1,3-二氯-2-甲苯 英文名称：2,6-DICHLOROTOLUENE; Benzene, 1,3-dichloro-2-methyl-; Toluene, 2,6-dichloro-		
分子量：161.0	化学式：$C_7H_6Cl_2$		
危害/接触类型	急性危害/症状	预防	急救/消防
火　灾	可燃的。在火焰中释放出刺激性或有毒烟雾（或气体）	禁止明火	干粉，雾状水，二氧化碳
爆　炸	高于 82℃，可能形成爆炸性蒸气/空气混合物	高于 82℃，使用密闭系统、通风	
接　触	见注解		
# 吸入		通风，局部排气通风或呼吸防护	新鲜空气，休息
# 皮肤		防护手套	冲洗，然后用水和肥皂清洗皮肤
# 眼睛		安全护目镜	用大量水冲洗（如可能尽量摘除隐形眼镜）
# 食入		工作时不得进食，饮水或吸烟	漱口
泄漏处置	用砂土或惰性吸收剂吸收残液，并转移到安全场所。喷洒雾状水去除蒸气。不要让该化学品进入环境。个人防护用具：适用于该物质空气中浓度的有机气体和蒸气过滤呼吸器		
包装与标志	联合国危险性类别：9 联合国包装级别：III 中国危险性类别：第 9 类 杂项危险物质和物品 中国危险货物包装标志：III		
应急响应			
储存	注意收容灭火产生的废水。与强碱强氧化剂分开存放。阴凉场所。严格密封。保存在通风良好的室内。储存在没有排水管或下水道的场所		
重要数据	物理状态、外观：无色液体，有特殊气味 化学危险性：加热时该物质分解，生成一氧化碳，氯和氯化氢。与强氧化剂和强碱发生剧烈反应 职业接触限值：阈限值未制定标准。最高容许浓度未制定标准 吸入危险性：未指明 20℃时该物质蒸发达到空气中有害浓度的速率		
物理性质	沸点：198℃ 熔点：2.8℃ 密度：1.28g/cm^3 水中溶解度：25℃时难溶 蒸气压：25℃时 34Pa 蒸气/空气混合物的相对密度（20℃，空气=1）：1.00 闪点：82℃ 辛醇/水分配系数的对数值：4.29		
环境数据	该物质对水生生物是有毒的。强烈建议不要让该化学品进入环境		
注解	对接触该物质的健康影响未进行充分调查		

IPCS
International
Programme on
Chemical Safety

国际化学品安全卡

1,1-二氟乙烷			ICSC 编号：1729
CAS 登记号：75-37-6 RTECS 号：KI1410000 UN 编号：1030 中国危险货物编号：1030 分子量：66.1	中文名称：1,1-二氟乙烷；1,1-二氟代乙烷；氟化乙烯；HFC-152a；氟利昂152a（钢瓶） 英文名称：1,1-DIFLUOROETHANE; Ethane, 1,1,-difluoro-; Ethylene fluoride; HFC-152a; Freon 152a; (cylinder) 化学式：$C_2H_4F_2$		
危害/接触类型	急性危害/症状	预防	急救/消防
火　灾	极易燃。在火焰中释放出刺激性或有毒烟雾（或气体）	禁止明火，禁止火花和禁止吸烟	二氧化碳，干粉，雾状水
爆　炸	气体/空气混合物有爆炸性	密闭系统，通风，防爆型电气设备和照明。防止静电荷积聚（例如，通过接地）。使用无火花手工工具	着火时，喷雾状水保持钢瓶冷却。从掩蔽位置灭火
接　触			
# 吸入	头晕。倦睡。神志不清。窒息	通风	新鲜空气，休息
# 皮肤	与液体接触：冻伤	保温手套	冻伤时，用大量水冲洗，不要脱去衣服。给予医疗护理
# 眼睛	（见皮肤）	安全护目镜，或眼睛防护结合呼吸防护	先用大量水冲洗几分钟（如可能尽量摘除隐形眼镜），然后就医
# 食入		工作时不得进食，饮水或吸烟	
泄漏处置	撤离危险区域！向专家咨询！通风。转移全部引燃源。喷洒雾状水去除蒸气。切勿直接向液体上喷水。个人防护用具：化学防护服包括自给式呼吸器		
包装与标志	联合国危险性类别：2.1 中国危险性类别：第 2.1 项 易燃气体		
应急响应			
储存	耐火设备（条件）。与性质相互抵触的物质分开存放。保存在通风良好的室内		
重要数据	物理状态、外观：压缩液化气体，无色，无气味 物理危险性：气体与空气充分混合，容易形成爆炸性混合物。由于流动、搅拌等，可能产生静电 化学危险性：加热和燃烧时该物质迅速地分解，生成含有氟化氢，一氧化碳和光气的有毒烟雾和刺激性烟雾。与胺、还原剂、强氧化剂和环氧化合物发生反应 职业接触限值：阈限值未制定标准。最高容许浓度未制定标准 接触途径：该物质可通过吸入吸收到体内 吸入危险性：容器漏损时，由于降低封闭空间的氧含量该气体能够造成窒息 短期接触的影响：液体迅速蒸发可能引起冻伤。该物质可能对血管系统有影响心，导致心脏病。高浓度接触时可能导致神志不清		
物理性质	沸点：-24.7℃ 熔点：-117℃ 密度：0.91g/cm^3（液体）；3.04kg/m^3 水中溶解度：25℃时 0.02g/100mL（难溶） 蒸气压：20℃时 516kPa 蒸气相对密度（空气=1）：2.3 闪点：易燃气体 自燃温度：455℃ 爆炸极限：空气中 3.7%～18%（体积） 辛醇/水分配系数的对数值：0.75		
环境数据			
注解	转动泄漏钢瓶使漏口朝上，防止液态气体逸出。进入工作区域前检验氧含量。通用名称：制冷剂气体 R 152a		

IPCS
International
Programme on
Chemical Safety

国际化学品安全卡

磷酸三乙酯			ICSC 编号：1730
CAS 登记号：78-40-0 RTECS 号：TC7900000 UN 编号：3278 EC 编号：015-013-00-7 中国危险货物编号：3278		**中文名称**：磷酸三乙酯；磷酸三乙基酯；三乙基磷酸酯；三乙氧基氧化膦；TEP **英文名称**：TRIETHYLPHOSPHATE; Ethyl phosphate; Phosphoric acid, triethyl ester; Triethoxyphosphine oxide; TEP	
分子量：182.2		**化学式**：$C_6H_{15}O_4P/(C_2H_5)_3PO_4$	
危害/接触类型	急性危害/症状	预防	急救/消防
火　灾	可燃的。在火焰中释放出刺激性或有毒烟雾（或气体）	禁止明火	干粉，抗溶性泡沫，雾状水，二氧化碳
爆　炸			
接　触			
# 吸入	（见食入）	通风，局部排气通风或呼吸防护	新鲜空气，休息
# 皮肤		防护手套	用大量水冲洗皮肤或淋浴
# 眼睛	发红	安全护目镜	用大量水冲洗（如可能易行,摘除隐形眼镜）
# 食入	头晕。倦睡。虚弱。神志不清	工作时不得进食，饮水或吸烟	漱口。给予医疗护理
泄漏处置	将泄漏液收集在可密闭的容器中。用砂土或惰性吸收剂吸收残液，并转移到安全场所。用大量水冲净残余物。个人防护用具：适应于该物质空气中浓度的有机气体和蒸气过滤呼吸器		
包装与标志	欧盟危险性类别：Xn 符号　R:22　S:2-25 联合国危险性类别：6.1　联合国包装类别：III 中国危险性类别：第 6.1 项 毒性物质　中国包装类别：III		
应急响应	美国消防协会法规：H1（健康危险性）；F1（火灾危险性）；R1（反应危险性）		
储存	与强氧化剂、强碱分开存放。严格密封。沿地面通风		
重要数据	物理状态、外观：无色液体，有特殊气味 化学危险性：燃烧时该物质分解，生成含有磷氧化物的有毒烟雾。与强碱和强氧化剂发生激烈反应，放热 职业接触限值：阈限值未制定标准。最高容许浓度未制定标准 接触途径：该物质可经食入吸收到体内 吸入危险性：20℃时，该物质蒸发不会或很缓慢地达到空气中有害污染浓度 短期接触的影响：该物质轻微刺激眼睛。该物质可能对中枢神经系统产生影响		
物理性质	沸点：215℃ 熔点：-57℃ 相对密度（水=1）：1.07 水中溶解度：混溶 蒸气压：20℃时 20Pa 蒸气相对密度（空气=1）：6.3 蒸气/空气混合物的相对密度（20℃，空气=1）：1.00 闪点：闪点：116℃（开杯） 自燃温度：452℃ 辛醇/水分配系数的对数值：0.8		
环境数据			
注解			

IPCS
International
Programme on
Chemical Safety

国际化学品安全卡

甲醇钾			ICSC 编号：1731
CAS 登记号：865-33-8 UN 编号：3206 EC 编号：603-040-00-2 中国危险货物编号：3206		中文名称：甲醇钾；甲醇钾盐；甲氧基钾 英文名称：POTASSIUM METHYLATE; Methanol, potassium salt; Potassium methanolate; Methoxy potassium; Potassium methoxide	
分子量：70.1		化学式：CH_3OK	
危害/接触类型	**急性危害/症状**	**预防**	**急救/消防**
火　灾	高度易燃。许多反应可能引起火灾或爆炸	禁止明火，禁止火花和禁止吸烟。禁止与水接触	禁止用水。禁用含水灭火剂。干粉，干砂
爆　炸	微细分散的颗粒物在空气中形成爆炸性混合物。有着火和爆炸的危险	防止粉尘沉积、密闭系统、防止粉尘爆炸型电气设备和照明	着火时，喷雾状水保持料桶等冷却，但避免该物质与水接触
接　触		避免一切接触！	一切情况均向医生咨询!
# 吸入	咽喉痛。咳嗽。灼烧感。呼吸短促。呼吸困难	局部排气通风。呼吸防护	新鲜空气，休息，半直立体位，必要时进行人工呼吸，立即给予医疗护理
# 皮肤	发红。疼痛。严重的皮肤烧伤	防护手套。防护服	先用大量水冲洗至少 15min，然后脱去污染的衣服并再次冲洗。立即给予医疗护理
# 眼睛	发红。疼痛。视力模糊。严重深度烧伤	面罩，和眼睛防护结合呼吸防护	用大量水冲洗（如可能尽量摘除隐形眼镜）。立即给与医疗护理
# 食入	口腔和咽喉烧伤。咽喉和胸腔有灼烧感。休克或虚脱	工作时不得进食，饮水或吸烟	漱口。不要催吐。立即给予医疗护理
泄漏处置	转移全部引燃源。撤离危险区域！向专家咨询！用干砂覆盖泄漏物料。将泄漏物清扫进干燥有盖的塑料容器中。小心收集残余物，然后转移到安全场所。不要冲入下水道。个人防护用具：全套防护服包括自给式呼吸器		
包装与标志	气密。不易破碎包装，将易破碎包装放在不易破碎的密闭容器中。不得与食品和饲料一起运输 **欧盟危险性类别**：F 符号 C 符号　R:11-14-34 S:1/2-8-16-26-43-45 **联合国危险性类别**:4.2　**联合国次要危险性**:8　**联合国包装类别**:III **中国危险性类别**：第 4.2 易于自燃的物质　**中国次要危险性**：第 8 类 腐蚀性物质　**中国包装类别**：III		
应急响应			
储存	耐火设备（条件）。与强氧化剂、酸、金属、食品和饲料分开存放。干燥。阴凉场所。严格密封。储存在铺设耐腐蚀混凝土地面的场所。储存在没有排水管或下水道的场所		
重要数据	**物理状态、外观**：白色至黄色吸湿的粉末 **物理危险性**：以粉末或颗粒形状与空气混合，可能发生粉尘爆炸 **化学危险性**：加热可能引起激烈燃烧或爆炸。与水发生剧烈反应，生成易燃的甲醇和腐蚀性的氢氧化钠。该物质与潮湿空气接触时可能发生自燃。该物质是一种强还原剂，与氧化剂发生剧烈反应。该物质是一种强碱，与酸激烈反应并具有腐蚀性。浸蚀许多金属，生成易燃/爆炸性气体（氢，见国际化学品安全卡#0001） **职业接触限值**：阈限值未制定标准。最高容许浓度未制定标准 **接触途径**：各种接触途径均产生严重的局部影响 **吸入危险性**：扩散时可较快地达到空气中颗粒物有害浓度 **短期接触的影响**：该物质腐蚀眼睛、皮肤和呼吸道。食入有腐蚀性。吸入可能引起肺水肿，但只在对眼睛和/或呼吸道的最初腐蚀性影响已经显现后		
物理性质	**熔点**：在大于 50℃时分解 **密度**：1.7g/cm³ **水中溶解度**：反应 **蒸气压**：25℃时可忽略不计 **闪点**：闪点：11℃（闭杯） **自燃温度**：>50℃ **辛醇/水分配系数的对数值**：-0.74		
环境数据	该物质可能对环境有危害，对水生生物应给予特别注意		
注解	与灭火剂如水激烈反应。由于有着火危险，用大量水冲洗工作服		

IPCS
International
Programme on
Chemical Safety

国际化学品安全卡

2-丁炔-1,4-二醇			ICSC 编号：1733
CAS 登记号：110-65-6 RTECS 号：ES0525000 UN 编号：2716 EC 编号：603-076-00-9 中国危险货物编号：2716	中文名称：2-丁炔-1,4-二醇；1,4-丁炔二醇；1,4-二羟基-2-丁炔；2-丁炔二醇 英文名称：2-BUTYNE-1,4-DIOL; 1,4-Butynediol; 1,4-Dihydroxy-2-butyne; But-2-yne-1,4-diol; 2-Butynediol		
分子量：86.1	化学式：$C_4H_6O_2/OHCH_2CCCH_2OH$		

危害/接触类型	急性危害/症状	预防	急救/消防
火　灾	可燃的	禁止明火	雾状水，抗溶性泡沫，干粉，二氧化碳
爆　炸	接触碱（类）、氧化剂、卤素时，有爆炸危险		
接　触		严格作业环境管理！	
# 吸入	咳嗽。咽喉痛。灼烧感。呼吸短促。呼吸困难	通风（如果没有粉末时）	新鲜空气，休息。半直立体位。立即给予医疗护理
# 皮肤	发红。疼痛。皮肤烧伤	防护服。防护手套	脱去污染的衣服。冲洗，然后用水和肥皂清洗皮肤。立即给予医疗护理
# 眼睛	发红。疼痛。烧伤	面罩，或如为粉末，眼睛防护结合呼吸防护	用大量水冲洗（如可能尽量摘除隐形眼镜）。立即给与医疗护理
# 食入	口腔和咽喉烧伤。咽喉和胸腔灼烧感。腹部疼痛	工作时不得进食，饮水或吸烟。进食前洗手	漱口。不要催吐。立即给予医疗护理

泄漏处置	撤离危险区域！向专家咨询！将泄漏物清扫进容器中，如果适当，首先润湿防止扬尘。小心收集残余物，然后转移到安全场所。不要让该化学品进入环境。个人防护用具：化学防护服，包括自给式呼吸器
包装与标志	不得与食品和饲料一起运输 **欧盟危险性类别**：C 符号 T 符号　R:21-23/25-34-43-48/22　S:1/2-25-26-36/37/39-45-46 **联合国危险性类别**：6.1　**联合国包装类别**：III **中国危险性类别**：第 6.1 项 毒性物质　**中国包装类别**：III GHS 分类：信号词：危险 图形符号：腐蚀-骷髅和交叉骨-健康危险 危险说明：吞咽会中毒；接触皮肤有害；吸入烟雾会中毒；造成严重皮肤灼伤和眼睛损伤；可能导致皮肤过敏反应；长期或反复接触可能对肝、肾和血液造成损害；对水生生物有害
应急响应	运输应急卡：TEC(R)-61GT2-III
储存	与性质相互抵触的物质分开存放。见化学危险性。阴凉场所。储存在没有排水管或下水道的场所
重要数据	**物理状态、外观**：黄色，各种形态的固体 **化学危险性**：该物质加热时分解生成毒性和腐蚀性烟雾 **职业接触限值**：阈限值未制定标准。最高容许浓度：（可吸入粉尘）$0.2mg/m^3$；皮肤吸收；皮肤致敏剂；最高限值种类：I（1）；妊娠风险等级：C（德国，2008 年） **接触途径**：该物质可通过吸入、经皮肤和食入吸收到体内。各种接触途径均产生严重的局部影响 **吸入危险性**：20℃时，该物质蒸发不会或很缓慢地达到空气中有害污染浓度，但喷洒或扩散时要快得多 **短期接触的影响**：腐蚀作用。吸入可能引起肺水肿，但只在对眼睛和（或）呼吸道的最初刺激影响显现以后。需进行医学观察 **长期或反复接触的影响**：该物质可能对血液有影响，导致贫血
物理性质	**沸点**：>160℃时分解 **熔点**：58℃ **相对密度（水=1）**：1.1 **水中溶解度**：20℃时 75g/100mL（溶解） **蒸气压**：20℃时 0.2Pa **蒸气相对密度（空气=1）**：3.0 **闪点**：152℃ **自燃温度**：335℃ **辛醇/水分配系数的对数值**：-0.73
环境数据	该物质对水生生物是有害的
注解	达中毒浓度时无气味报警。该物质对人体健康的影响数据不充分，因此应当特别注意

IPCS
International
Programme on
Chemical Safety

国际化学品安全卡

二水合硫酸钙			ICSC 编号：1734
CAS 登记号：10101-41-4	中文名称：二水合硫酸钙；生石膏；二水硫酸钙；矿物白 英文名称：CALCIUM SULFATE DIHYDRATE; Magnesia white; Sulfuric acid, calcium salt, dihydrate; Mineral white		
分子量：172.2	化学式：$CaSO_4 \cdot 2H_2O$		
危害/接触类型	急性危害/症状	预防	急救/消防
火　灾	不可燃。在火焰中释放出刺激性或有毒烟雾（或气）		周围环境着火时，使用适当的灭火剂
爆　炸			
接　触			
# 吸入	咳嗽	局部排气通风或呼吸防护	新鲜空气，休息
# 皮肤			冲洗，然后用水和肥皂清洗皮肤
# 眼睛	发红	安全眼镜	先用大量水冲洗几分钟（如可能尽量摘除隐形眼镜），然后就医
# 食入		工作时不得进食，饮水或吸烟	漱口
泄漏处置	将泄漏物清扫进容器中，如果适当，首先润湿防止扬尘。个人防护用具：适应于该物质空气中浓度的颗粒物过滤呼吸器		
包装与标志			
应急响应			
储存			
重要数据	**物理状态、外观：** 结晶粉末 **职业接触限值：** 阈限值：$10mg/m^3$（可吸入粉尘）（美国政府工业卫生学家会议，2009 年）。最高容许浓度：$4mg/m^3$（以上呼吸道可吸入粉尘计）；$1.5mg/m^3$（以下呼吸道可吸入粉尘计）；妊娠风险等级：C（德国，2009 年） **吸入危险性：** 扩散时可较快地达到空气中颗粒物公害污染浓度 **短期接触的影响：** 可能引起机械刺激 **长期或反复接触的影响：** 反复或长期接触其粉尘颗粒，肺可能受影响		
物理性质	熔点：100～150℃（见注解） 密度：$2.32g/cm^3$ 水中溶解度：20℃时 0.2g/100mL（难溶）		
环境数据			
注解	给出的是失去结晶水的表观熔点。另见化学品安全卡#1215 石膏和#1589 无水硫酸钙		

IPCS
International
Programme on
Chemical Safety

国际化学品安全卡

癸烯（异构体混合物）			ICSC 编号：1735
CAS 登记号：25339-53-1 UN 编号：1993 中国危险货物编号：1993		中文名称：癸烯（异构体混合物）；癸烯异构体；癸烯 英文名称：DECENE (ISOMER MIXTURE); Decene, Isomers; Decylene; Decenes	
分子量：140.3		化学式：$C_{10}H_{20}$	

危害/接触类型	急性危害/症状	预防	急救/消防
火　灾	易燃的	禁止明火，禁止火花和禁止吸烟	粉末，抗溶性泡沫，雾状水，二氧化碳
爆　炸		防止静电荷积聚（例如，通过接地）	
接　触			
# 吸入		通风，局部排气通风或呼吸防护	新鲜空气，休息
# 皮肤	皮肤干燥	防护手套	用大量水冲洗皮肤或淋浴
# 眼睛	发红	安全眼镜	先用大量水冲洗几分钟（如可能尽量摘除隐形眼镜），然后就医
# 食入		工作时不得进食、饮水或吸烟	漱口。不要催吐

泄漏处置	转移全部引燃源。将泄漏液收集在有盖的容器中。用砂土或惰性吸收剂吸收残液，并转移到安全场所。不要让该化学品进入环境。个人防护用具：适应于该物质空气中浓度的有机气体和颗粒物过滤呼吸器
包装与标志	联合国危险性类别：3　联合国包装类别：III 中国危险性类别：第 3 类 易燃液体　中国包装类别：III
应急响应	
储存	耐火设备(条件)。注意收容灭火产生的废水。储存在没有排水管或下水道的场所
重要数据	物理状态、外观：无色液体 物理危险性：由于流动、搅拌等，可能产生静电 化学危险性：浸蚀塑料和橡胶 职业接触限值：阈限值未制定标准。最高容许浓度未制定标准 接触途径：该物质可通过吸入吸收到体内 吸入危险性：未指明 20℃时该物质蒸发达到空气中有害浓度的速率 短期接触的影响：该物质刺激皮肤。吞咽该物质容易进入呼吸道，可能导致吸入性肺炎 长期或反复接触的影响：液体使皮肤脱脂
物理性质	沸点：146～170℃ 熔点：-66℃ 密度：0.74g/cm^3 水中溶解度：不溶 蒸气压：20℃时 0.227kPa 蒸气相对密度（空气=1）：4.8 蒸气/空气混合物的相对密度（20℃，空气=1）：1.01 黏度：在 20℃时 0.98mm^2/s 闪点：闪点：45℃（闭杯） 辛醇/水分配系数的对数值：5.12
环境数据	该物质对水生生物有极高毒性。该化学品可能在水生生物体内发生生物蓄积。该物质可能在水生环境中造成长期影响。强烈建议不要让该化学品进入环境
注解	CAS 号 25339-53-1 是内双键位置不同的一群线性癸烯的编号。异构体 1-癸烯(CAS 号为 872-05-9)见国际化学品安全卡#1477。如果呼吸困难和/或发烧，就医

IPCS
International
Programme on
Chemical Safety

国际化学品安全卡

葡萄糖酸钙			ICSC 编号：1736
CAS 登记号：299-28-5 RTECS 号：EW2100000 分子量：430.4	中文名称：葡萄糖酸钙；D-葡糖糖酸钙盐(2:1)；D-葡萄糖酸钙 英文名称：CALCIUM GLUCONATE; D-Gluconic acid, calcium salt (2:1); Calcium D-gluconate 化学式：$C_{12}H_{22}CaO_{14}$		
危害/接触类型	急性危害/症状	预防	急救/消防
火　灾	可燃的	禁止明火	干粉，抗溶性泡沫，雾状水，二氧化碳
爆　炸			
接　触			
# 吸入		局部排气通风或呼吸防护	新鲜空气，休息
# 皮肤			用大量水冲洗皮肤或淋浴
# 眼睛	发红		用大量水冲洗（如可能尽量摘除隐形眼镜）
# 食入		工作时不得进食，饮水或吸烟	漱口
泄漏处置	将泄漏物清扫进有盖的容器中，如果适当，首先润湿防止扬尘。用大量水冲净残余物。个人防护用具：适应于该物质空气中浓度的颗粒物过滤呼吸器		
包装与标志			
应急响应			
储存	与强氧化剂分开存放		
重要数据	物理状态、外观：白色各种形态固体 化学危险性：燃烧时，生成一氧化碳。与强氧化剂发生反应 职业接触限值：阈限值未制定标准。最高容许浓度未制定标准 吸入危险性：20℃时蒸发可忽略不计，但扩散时可较快地达到空气中颗粒物公害污染浓度		
物理性质	熔点：178℃ 密度：0.30～0.65g/cm³ 水中溶解度：25℃时 3.5g/100mL（适度溶解） 辛醇/水分配系数的对数值：-7.51（估计值）		
环境数据			
注解			

IPCS
International
Programme on
Chemical Safety

国际化学品安全卡

葡萄糖酸钠			ICSC 编号：1737
CAS 登记号：527-07-1 RTECS 号：LZ5235000	中文名称：葡萄糖酸钠；D-葡糖酸单钠盐；D-葡萄糖酸钠 英文名称：SODIUM GLUCONATE; D-Gluconic acid, monosodium salt; Sodium D-gluconate		
分了量：218.1	化学式：$C_6H_{11}NaO_7$		

危害/接触类型	急性危害/症状	预防	急救/消防
火　灾	可燃的	禁止明火	干粉，抗溶性泡沫，雾状水，二氧化碳
爆　炸			
接　触			
# 吸入		局部排气通风或呼吸防护	新鲜空气，休息
# 皮肤			用大量水冲洗皮肤或淋浴
# 眼睛	发红		用大量水冲洗（如可能尽量摘除隐形眼镜）
# 食入		工作时不得进食，饮水或吸烟	漱口
泄漏处置	将泄漏物清扫进有盖的容器中，如果适当，首先润湿防止扬尘。用大量水冲净残余物。个人防护用具：适应于该物质空气中浓度的颗粒物过滤呼吸器		
包装与标志			
应急响应			
储存	与强氧化剂分开存放		
重要数据	物理状态、外观：白色结晶 化学危险性：与强氧化剂发生反应 职业接触限值：阈限值未制定标准。最高容许浓度未制定标准 吸入危险性：20℃时蒸发可忽略不计，但扩散时可较快地达到空气中颗粒物公害污染浓度		
物理性质	熔点：170～175℃ 在 196～198℃时分解。 密度：1.8g/cm^3 水中溶解度：25℃时 59g/100mL（溶解） 辛醇/水分配系数的对数值：-5.99（估计值）		
环境数据			
注解			

IPCS
International
Programme on
Chemical Safety

国际化学品安全卡

葡糖酸			ICSC 编号：1738
CAS 登记号：526-95-4 RTECS 号：LZ5057100		中文名称：葡糖酸；D-葡糖酸；2,3,4,5,6-五羟基己酸；葡萄糖酸 英文名称：GLUCONIC ACID; D-Gluconic acid; 2,3,4,5,6-Pentahydroxyhexanoic acid; Glycogenic acid	
分子量：196.2		化学式：$C_6H_{12}O_7$	
危害/接触类型	急性危害/症状	预防	急救/消防
火　灾	可燃的	禁止明火	干粉，抗溶性泡沫，雾状水，二氧化碳
爆　炸			
接　触			
# 吸入		局部排气通风或呼吸防护	新鲜空气，休息
# 皮肤			用大量水冲洗皮肤或淋浴
# 眼睛	发红		用大量水冲洗（如可能尽量摘除隐形眼镜）
# 食入		工作时不得进食，饮水或吸烟	漱口
泄漏处置	将泄漏物清扫进有盖的容器中，如果适当，首先润湿防止扬尘。用大量水冲净残余物。个人防护用具：适应于该物质空气中浓度的颗粒物过滤呼吸器		
包装与标志			
应急响应			
储存	与强碱、强氧化剂分开存放		
重要数据	物理状态、外观：白色结晶粉末 化学危险性：该物质轻微刺激眼睛。如果吞咽该物质，可能引起呕吐，可导致吸入性肺炎 职业接触限值：该物质对人体健康的影响数据不充分，因此应当特别注意 吸入危险性：20℃时蒸发可忽略不计，但扩散时可较快地达到空气中颗粒物公害污染浓度		
物理性质	熔点：131℃ 密度：1.23g/cm^3 水中溶解度：25℃时 100g/100mL（溶解） 辛醇/水分配系数的对数值：-1.87（估计值）		
环境数据			
注解	与强氧化剂发生反应		

IPCS
International
Programme on
Chemical Safety

国际化学品安全卡

香草醛			ICSC 编号：1740
CAS 登记号：121-33-5 RTECS 号：YW5775000 分子量：152.14	中文名称：香草醛；4-羟基-3-甲氧基苯甲醛；2-甲氧基-4-甲酰基苯酚；香兰素 英文名称：VANILLIN; 4-Hydroxy-3-methoxybenzaldehyde; 2-Methoxy-4-formylphenol; Vanillic aldehyde 化学式：$C_8H_8O_3$		
危害/接触类型	急性危害/症状	预防	急救/消防
火　灾	可燃的	禁止明火	雾状水，泡沫，干粉，二氧化碳
爆　炸	微细分散的颗粒物在空气中形成爆炸性混合物	防止粉尘沉积，密闭系统、防止粉尘爆炸型电气设备和照明	
接　触			
# 吸入	咳嗽	避免吸入粉尘	新鲜空气，休息
# 皮肤			冲洗，然后用水和肥皂清洗皮肤
# 眼睛	发红	安全护目镜	用大量水冲洗（如可能尽量摘除隐形眼镜）
# 食入		工作时不得进食、饮水或吸烟	漱口
泄漏处置	将泄漏物清扫进有盖的容器中，如果适当，首先润湿防止扬尘。小心收集残余物，然后转移到安全场所。个人防护用具：适应于该物质空气中浓度的颗粒物过滤呼吸器		
包装与标志	GHS 分类：危险说明：吞咽可能有害；对水生生物有害		
应急响应			
储存	与强氧化剂、强碱和卤素分开存放		
重要数据	物理状态、外观：白色至黄色晶体粉末，有特殊气味 物理危险性：以粉末或颗粒状与空气混合，可能发生粉尘爆炸 化学危险性：阈限值未制定标准。最高容许浓度未制定标准 吸入危险性：扩散时，尤其是粉末可较快地达到空气中颗粒物公害污染浓度		
物理性质	沸点：285℃ 熔点：81～83℃ 密度：$1.06g/cm^3$ 水中溶解度：25℃时 1.0g/100mL 蒸气压：25℃时可忽略不计 蒸气相对密度（空气=1）：5.2 闪点：153℃（闭杯） 自燃温度：>400℃ 辛醇/水分配系数的对数值：1.21		
环境数据	该物质对水生生物是有害的		
注解			

IPCS
International
Programme on
Chemical Safety

国际化学品安全卡

ε-己内酯			ICSC 编号：1741
CAS 登记号：502-44-3 RTECS 号：MO8400000	中文名称：ε-己内酯；6-羟基己酸内酯；己内酯；6-己内酯；1,6-己内酯 英文名称：epsilon-CAPROLACTONE; 6-Hydroxycaproic acid lactone; 2-Oxepanone; Hexan-6-olide; 1,6-Hexanolide		
分子量：114.2	化学式：$C_6H_{10}O_2$		
危害/接触类型	急性危害/症状	预防	急救/消防
火　灾	可燃的	禁止明火	干粉，抗溶性泡沫，雾状水，二氧化碳
爆　炸			着火时，喷雾状水保持料桶等冷却
接　触			
# 吸入		通风	新鲜空气，休息
# 皮肤		防护手套	用大量水冲洗皮肤或淋浴
# 眼睛	发红。疼痛	安全护目镜	用大量水冲洗（如可能尽量摘除隐形眼镜）。给与医疗护理
# 食入		工作时不得进食、饮水或吸烟	漱口
泄漏处置	将泄漏液收集在有盖的容器中。用砂土或惰性吸收剂吸收残液，并转移到安全场所。个人防护用具：安全护目镜		
包装与标志	GHS 分类：信号词：警告 危险说明：吞咽可能有害；造成眼睛刺激		
应急响应			
储存	与强碱、强酸、强氧化剂分开存放。干燥。严格密封		
重要数据	**物理状态、外观**：无色吸湿液体，有特殊气味 **化学危险性**：该物质很可能生成爆炸性过氧化物。与强酸、强碱和强氧化剂发生反应。燃烧时该物质分解。浸蚀某些橡胶 **吸入危险性**：20℃时蒸发可忽略不计，但喷洒时可较快地达到空气中颗粒物公害污染浓度 **短期接触的影响**：阈限值未制定标准。最高容许浓度未制定标准		
物理性质	沸点：237℃ 熔点：−1.5℃ 密度：1.07g/cm³ 水中溶解度：混溶 蒸气压：25℃时 0.8Pa 蒸气相对密度（空气=1）：3.9 蒸气/空气混合物的相对密度（20℃，空气=1）：1.00 闪点：127℃（开杯） 自燃温度：204℃ 爆炸极限：空气中 1.2%～9%（体积） 辛醇/水分配系数的对数值：0.68		
环境数据			
注解			

IPCS
International
Programme on
Chemical Safety

国际化学品安全卡

丙烯酸羟丙酯,异构体			ICSC 编号：1742
CAS 登记号：25584-83-2 RTECS 号：UD3610000 UN 编号：2810 EC 编号：607-108-00-2 中国危险货物编号：2810 分子量：130.1	中文名称：丙烯酸羟丙酯,异构体；丙二醇一丙烯酸酯；丙烯酸丙-1,2-二醇单酯；2-丙烯酸丙-1,2-二醇单酯 英文名称：HYDROXYPROPYL ACRYLATE, ISOMERS; Propylene glycol monoacrylate; Acrylic acid, monoester with propane-1,2-diol; 2-Propenoic acid, monoester with propane-1,2-diol 化学式：$C_6H_{10}O_3$		
危害/接触类型	急性危害/症状	预防	急救/消防
火 灾	可燃的。在火焰中释放出刺激性或有毒烟雾（或气体）	禁止明火	雾状水，干粉，抗溶性泡沫，二氧化碳
爆 炸	高于 97℃，可能形成爆炸性蒸气/空气混合物	高于 97℃，使用密闭系统、通风	着火时，喷雾状水保持料桶等冷却
接 触		避免一切接触！防止产生烟云！	
# 吸入	咳嗽。咽喉痛。灼烧感	通风，局部排气通风或呼吸防护	新鲜空气，休息。给予医疗护理
# 皮肤	可能被吸收！发红。疼痛	防护手套。防护服	脱去污染的衣服。用大量水冲洗皮肤或淋浴。给予医疗护理
# 眼睛	发红。疼痛	面罩，或眼睛防护结合呼吸防护	用大量水冲洗（如可能尽量摘除隐形眼镜）。给与医疗护理。
# 食入	腹部疼痛。咽喉和胸腔有灼烧感。呕吐	工作时不得进食、饮水或吸烟	漱口。不要催吐。休息。给予医疗护理
泄漏处置	将泄漏液收集在有盖的容器中。用砂土或惰性吸收剂吸收残液，并转移到安全场所。不要让该化学品进入环境。个人防护用具：化学防护服，适应于该物质空气中浓度的有机气体和蒸气过滤呼吸器		
包装与标志	不得与食品和饲料一起运输 **欧盟危险性类别**：T 符号 标记：C 和 D R:23/24/25-34-43 S:1/2-26-36/37/39-45 **联合国危险性类别**：6.1 **联合国包装类别**：II **中国危险性类别**：第 6.1 项 毒性物质 **中国包装 类别**：II		
应急响应	美国消防协会法规：H3（健康危险性）；F1（火灾危险性）；R2（反应危险性）		
储存	与食品和饲料、强碱、强酸分开存放。只能稳定后储存。见注解。阴凉场所。保存在暗处。储存在没有排水管或下水道的场所。注意收容灭火产生的废水		
重要数据	**物理状态、外观**：无色液体 **化学危险性**：由于加热及在光和过氧化物的作用下，该物质可能发生聚合。加热时该物质分解，生成含有丙烯醛的有毒和腐蚀性烟雾。与强酸、强碱、强氧化剂和过氧化物发生剧烈反应，有着火的危险 **职业接触限值**：阈限值未制定标准。（见注解）。最高容许浓度：IIb（未制定标准但可提供数据）；皮肤致敏剂（德国，2008 年） **接触途径**：该物质可经皮肤和经食入吸收到体内 **吸入危险性**：20℃时，该物质蒸发相当慢地达到空气中有害污染浓度 **短期接触的影响**：该物质严重刺激皮肤和眼睛。该物质刺激呼吸道。如果吞咽该物质，可能引起呕吐，导致吸入性肺炎 **长期或反复接触的影响**：反复或长期与皮肤接触可能引起皮炎。反复或长期接触可能引起皮肤过敏。见注解		
物理性质	沸点：205.7℃ 熔点：-23.4℃ 密度：1.05 g/cm^3 水中溶解度：25℃时 30.7g/100mL（溶解） 蒸气压：25℃时 4Pa 蒸气相对密度（空气=1）：4.5	蒸气/空气混合物的相对密度（20℃，空气=1）：1.00 黏度：在 20℃时 8.2mm^2/s 闪点：闪点：97℃（闭杯） 爆炸极限：空气中 1.8%～?%（体积） 辛醇/水分配系数的对数值：0.35	
环境数据	该物质对水生生物是有毒的。强烈建议不要让该化学品进入环境		
注解	不要将工作服带回家中。可能与其他丙烯酸酯引起皮肤交叉过敏。典型的商业丙烯酸羟丙酯样品含有约 75%～80%的丙烯酸（-2-羟丙基）酯和 20%～25%的 1-甲基丙烯酸（-2-羟丙基）酯。适于销售的该产品纯度为至少含有 97%的混合异构体。另见国际化学品安全卡#0899。添加稳定剂或阻聚剂会影响该物质的毒理学性质，向专家咨询。酚类阻聚剂的效果取决于氧的存在。储存在空气中而不是惰性气体中		

IPCS
International
Programme on
Chemical Safety

国际化学品安全卡

丙烯酸异辛酯			ICSC 编号：1743
CAS 登记号：29590-42-9 RTECS 号：UD3391000 UN 编号：3082 EC 编号：607-244-00-2 中国危险货物编号：3082		中文名称：丙烯酸异辛酯；2-丙烯酸异辛酯 英文名称：ISOOCTYL ACRYLATE; 2-Propenoic acid, isooctyl ester; Acrylic acid, isooctyl ester	
分子量：184.3		化学式：$C_{11}H_{20}O_2$	
危害/接触类型	急性危害/症状	预防	急救/消防
火　灾	可燃的	禁止明火	雾状水，干粉，抗溶性泡沫，二氧化碳
爆　炸	高于 91℃，可能形成爆炸性蒸气/空气混合物	高于 91℃，使用密闭系统、通风	着火时，喷雾状水保持料桶等冷却
接　触		避免一切接触！	
# 吸入	咳嗽	通风，局部排气通风或呼吸防护	新鲜空气，休息
# 皮肤	发红	防护服。防护手套	脱去污染的衣服。冲洗，然后用水和肥皂清洗皮肤
# 眼睛	发红	安全眼镜	用大量水冲洗（如可能尽量摘除隐形眼镜）
# 食入	呕吐。吸入危险!	工作时不得进食，饮水或吸烟	漱口。饮用 1～2 杯水。如果感觉不舒服，需就医。（见注解）
泄漏处置	将泄漏液收集在有盖的容器中。用砂土或惰性吸收剂吸收残液，并转移到安全场所。不要让该化学品进入环境。个人防护用具：适用于该物质空气中浓度的有机气体和蒸气过滤呼吸器		
包装与标志	欧盟危险性类别：Xi 符号 N 符号　R:36/37/38-50/53　S:2-26-28-60-61 联合国危险性类别：9　联合国包装类别：III 中国危险性类别：第 9 类 杂项危险物质和物品　中国包装 类别：III		
应急响应			
储存	注意收容灭火产生的废水。只能稳定后储存。见注解。阴凉场所。保存在暗处。沿地面通风。储存在没有排水管或下水道的场所		
重要数据	物理状态、外观：无色液体 化学危险性：由于加热该物质可能发生聚合。加热时该物质分解，生成辛辣烟雾 职业接触限值：阈限值未制定标准。最高容许浓度未制定标准 吸入危险性：未指明 20℃时该物质蒸发达到空气中有害浓度的速率 短期接触的影响：该物质刺激眼睛、皮肤和呼吸道。如果吞咽该物质容易进入呼吸道，可能导致吸入性肺炎 长期或反复接触的影响：反复或长期接触可能引起皮肤过敏。见注解		
物理性质	沸点：196.8℃ 密度：0.9g/cm^3 水中溶解度：23℃时 0.001g/100mL（难溶） 蒸气压：25℃时 133.3Pa 蒸气相对密度（空气=1）：6.4 蒸气/空气混合物的相对密度（20℃，空气=1）：1.01 黏度：在 25℃时 2mm^2/s 闪点：闪点：91℃（闭杯） 辛醇/水分配系数的对数值：3.93		
环境数据	该物质对水生生物有极高毒性。强烈建议不要让该化学品进入环境		
注解	可能与其他丙烯酸酯引起皮肤交叉过敏。不要将工作服带回家中。如果呼吸困难和/或发烧，就医。添加稳定剂或阻聚剂会影响该物质的毒理学性质，向专家咨询。对接触该物质的健康影响未进行充分调查		

IPCS
International
Programme on
Chemical Safety

国际化学品安全卡

过碳酸钠			ICSC 编号：1744
CAS 登记号：15630-89-4 UN 编号：3378 中国危险货物编号：3378 分子量：314.1		中文名称：过碳酸钠；过二碳酸钠 英文名称：SODIUM PERCARBONATE; Sodium carbonate peroxyhydrate 化学式：$2Na_2CO_3 \cdot 3H_2O_2$	
危害/接触类型	急性危害/症状	预防	急救/消防
火　灾	不可燃，但可助长其他物质燃烧	禁止与可燃物质接触	周围环境着火时，大量水，雾状水
爆　炸	有着火和爆炸的危险。见化学危险性		着火时，喷雾状水保持料桶等冷却，但避免该物质与水接触
接　触		防止粉尘扩散！	
# 吸入	咳嗽。咽喉痛	局部排气通风或呼吸防护	新鲜空气，休息
# 皮肤	发红	防护手套	用大量水冲洗皮肤或淋浴
# 眼睛	发红。疼痛。视力模糊	安全护目镜，或眼睛防护结合呼吸防护	用大量水冲洗（如可能尽量摘除隐形眼镜）。给与医疗护理
# 食入	咽喉疼痛。有灼烧感。腹部疼痛	工作时不得进食，饮水或吸烟。进食前洗手	漱口。不要催吐。给予医疗护理
泄漏处置	将泄漏物清扫进干燥有盖的塑料容器中。不要让该化学品进入环境。个人防护用具：适应于该物质空气中浓度的颗粒物过滤呼吸器		
包装与标志	联合国危险性类别：5.1　　联合国包装类别：III 中国危险性类别：第 5.1 项 氧化性物质　中国包装类别：III GHS 分类：信号词：警告 图形符号：火焰在圆环上-感叹号 危险说明：氧化剂，可能加剧燃烧；吞咽有害；造成严重眼睛刺激；可能导致呼吸刺激作用；对水生生物有毒		
应急响应			
储存	分开存放：见化学危险性。阴凉场所。见化学危险性。储存在没有排水管或下水道的场所		
重要数据	**物理状态、外观**：白色晶体粉末 **化学危险性**：该与水接触时物质分解，有着火和爆炸危险。水溶液是一种弱碱。与金属及其盐、有机物酸类和还原剂发生反应 **职业接触限值**：阈限值未制定标准。最高容许浓度未制定标准 **接触途径**：该物质可经食入吸收到体内 **吸入危险性**：扩散时，尤其是粉末，可较快地达到空气中颗粒物有害浓度 **短期接触的影响**：该物质严重刺激眼睛。该物质刺激呼吸道。该物质轻微刺激皮肤 **长期或反复接触的影响**：反复或长期接触，肺可能受损伤。反复或长期与皮肤接触可能引起皮炎		
物理性质	沸点：>50℃时分解。（见注解） 密度：2.1 g/cm^3 水中溶解度：20℃时 14g/100mL（溶解） 蒸气压：25℃时可忽略不计		
环境数据	该物质对水生生物是有毒的。强烈建议不要让该化学品进入环境		
注解	如果温度超过 50℃，可发生自加速分解反应，释放出热、氧气和蒸汽。见碳酸钠（ICSC#1135）。见过氧化氢（ICSC#0164）		

IPCS
International
Programme on
Chemical Safety

国际化学品安全卡

1,3-二甲脲			ICSC 编号：1745
CAS 登记号：96-31-1 RTECS 号：YS9868000	中文名称：1,3-二甲脲；*N,N'*-二甲基脲；均二甲脲；*N,N'*-二甲脲 英文名称：1,3-DIMETHYLUREA; *N,N'*-Dimethylurea; sym-Dimethylurea; *N,N'*-Dimethylharnstoff		
分子量：88.1	化学式：$(CH_3NH)_2CO/C_3H_8N_{20}$		
危害/接触类型	急性危害/症状	预防	急救/消防
火　灾	可燃的。在火焰中释放出刺激性或有毒烟雾（或气体）。在火焰中释放出刺激性或有毒烟雾（或气体）	禁止明火	二氧化碳，雾状水
爆　炸	微细分散的颗粒物在空气中形成爆炸性混合物		
接　触		防止粉尘扩散！	
# 吸入	咳嗽	局部排气通风	新鲜空气，休息
# 皮肤	发红	防护手套	冲洗，然后用水和肥皂清洗皮肤
# 眼睛	发红	安全护目镜	用大量水冲洗（如可能尽量摘除隐形眼镜）
# 食入		工作时不得进食、饮水或吸烟	漱口。饮用 1～2 杯水
泄漏处置	将泄漏物清扫进容器中，如果适当，首先润湿防止扬尘。用大量水冲净残余物。个人防护用具：适应于该物质空气中浓度的颗粒物过滤呼吸器		
包装与标志	GHS 分类：信号词：警告 危险说明：造成轻微皮肤刺激；造成眼睛刺激		
应急响应			
储存			
重要数据	物理状态、外观：无色至白色晶体粉末 物理危险性：以粉末或颗粒状与空气混合，可能发生粉尘爆炸 化学危险性：该物质轻微刺激眼睛。如果吞咽该物质，可能引起呕吐，可导致吸入性肺炎 职业接触限值：蒸馏前检验过氧化物，如有，将其去除 吸入危险性：未指明该物质达到空气中有害浓度的速率 短期接触的影响：与强酸和强氧化剂发生反应		
物理性质	沸点：268～270℃ 熔点：102～107℃ 密度：$1.1g/cm^3$ 水中溶解度：21.5℃时 76.5g/100mL（溶解） 蒸气压：20℃时 0.042Pa 闪点：154℃ 自燃温度：400℃ 辛醇/水分配系数的对数值：-0.78		
环境数据			
注解			
IPCS International Programme on Chemical Safety			

国际化学品安全卡

2-甲基丁-3-炔-2-醇			ICSC 编号：1746
CAS 登记号：115-19-5 RTECS 号：ES0810000 UN 编号：1987 中国危险货物编号：1987 分子量：84.1		中文名称：2-甲基丁-3-炔-2-醇；2-甲基-3-丁炔-2-醇；乙炔基二甲基甲醇 英文名称：2-METHYLBUT-3-YN-2-OL; 2-Methyl-3-butyn-2-ol; Ethynyldimethylcarbinol 化学式：$C_5H_8O/(CH_3)_2C(OH)CCH$	
危害/接触类型	**急性危害/症状**	**预防**	**急救/消防**
火　灾	高度易燃	禁止明火，禁止火花和禁止吸烟	二氧化碳，泡沫，干粉，禁止用水
爆　炸	蒸气/空气混合物有爆炸性。与铜接触有爆炸危险	密闭系统，通风，防爆型电气设备和照明。不要使用压缩空气灌装、卸料或转运	着火时，喷雾状水保持料桶等冷却，但避免该物质与水接触
接　触			
# 吸入	咳嗽	通风	新鲜空气，休息
# 皮肤		防护手套	用大量水冲洗皮肤或淋浴
# 眼睛	发红。疼痛	安全护目镜	用大量水冲洗（如可能尽量摘除隐形眼镜）。给与医疗护理
# 食入	头晕	工作时不得进食、饮水或吸烟	漱口
泄漏处置	个人防护用具：适用于该物质空气中浓度的有机气体和蒸气过滤呼吸器。将泄漏液收集在可密闭的容器中。用砂土或惰性吸收剂吸收残液，并转移到安全场所。不要冲入下水道		
包装与标志	联合国危险性类别：3　　联合国包装类别：II 中国危险性类别：第 3 类 易燃液体　中国包装类别：II GHS 分类：信号词：危险 图形符号：火焰-感叹号 危险说明：高度易燃液体和蒸气；吞咽有害；造成眼睛刺激		
应急响应	美国消防协会法规：H1（健康危险性）；F3（火灾危险性）；R1（反应危险性）		
储存	耐火设备（条件）。与强氧化剂、酸、铜分开存放。阴凉场所		
重要数据	物理状态、外观：无色液体 物理危险性：蒸气与空气充分混合，容易形成爆炸性混合物 化学危险性：阈限值未制定标准。最高容许浓度未制定标准 职业接触限值：与水接触，该物质水解为双丙甘醇甲基醚。见化学品安全卡#0884 接触途径：该物质可吸收到体内。经食入 吸入危险性：未指明该物质达到空气中有害浓度的速率		
物理性质	沸点：104～105℃ 熔点：2.6℃ 密度：$0.9kg/m^3$ 水中溶解度：混溶 蒸气压：20℃时 2kPa 蒸气相对密度（空气=1）：2.9 蒸气/空气混合物的相对密度（20℃，空气=1）：1.04 闪点：20℃（闭杯） 自燃温度：350℃ 爆炸极限：空气中 1.8%～16%（体积） 辛醇/水分配系数的对数值：0.318		
环境数据			
注解			

IPCS
International
Programme on
Chemical Safety

国际化学品安全卡

3-甲基丁醛			ICSC 编号：1748

CAS 登记号：590-86-3
RTECS 号：ES3450000
UN 编号：2058
中国危险货物编号：2058

中文名称：3-甲基丁醛；异戊醛
英文名称：3-METHYLBUTANAL; Isovaleraldehyde; Isopentaldehyde; Isopentanal

分子量：86.1

化学式：$C_5H_{10}O/(CH_3)_2CHCH_2CHO$

危害/接触类型	急性危害/症状	预防	急救/消防
火 灾	高度易燃	禁止明火，禁止火花和禁止吸烟	干砂，二氧化碳，干粉，禁止用水
爆 炸	蒸气/空气混合物有爆炸性	密闭系统，通风，防爆型电气设备和照明。不要使用压缩空气灌装、卸料或转运	着火时，喷雾状水保持料桶等冷却
接 触			
# 吸入	咽喉痛。咳嗽	通风。避免吸入烟云	新鲜空气，休息
# 皮肤	发红	防护手套	冲洗，然后用水和肥皂清洗皮肤
# 眼睛	发红	安全眼镜	用大量水冲洗（如可能尽量摘除隐形眼镜）
# 食入		工作时不得进食、饮水或吸烟	漱口。不要催吐

泄漏处置	撤离危险区域！向专家咨询！个人防护用具：适用于该物质空气中浓度的有机气体和蒸气过滤呼吸器。转移全部引燃源。将泄漏液收集在可密闭的容器中。用砂土或惰性吸收剂吸收残液，并转移到安全场所。不要冲入下水道。不要让该化学品进入环境
包装与标志	**联合国危险性类别**：3 **联合国包装类别**：II **中国危险性类别**：第 3 类 易燃液体 **中国包装类别**：II GHS 分类：信号词：危险 图形符号：火焰-健康危险 危险说明：高度易燃液体和蒸气；造成轻微皮肤刺激；造成眼睛刺激；吞咽和进入呼吸道可能有害；对水生生物有毒
应急响应	美国消防协会法规：H1（健康危险性）；F3（火灾危险性）；R0（反应危险性）
储存	耐火设备（条件）。严格密封。储存在没有排水管或下水道的场所。注意收容灭火产生的废水
重要数据	**物理状态、外观**：无色液体，有刺鼻气味 **物理危险性**：蒸气比空气重，可能沿地面流动；可能造成远处着火。蒸气与空气充分混合，容易形成爆炸性混合物 **化学危险性**：加热时，该物质分解，生成含有氯化氢的有毒和腐蚀性烟雾 **职业接触限值**：阈限值未制定标准。最高容许浓度未制定标准 **吸入危险性**：未指明 20℃时该物质蒸发达到空气中有害浓度的速率 **短期接触的影响**：该物质可能对血液有影响，导致出血。影响可能推迟显现。需进行医学观察。见注解。接触可能导致死亡
物理性质	沸点：92.5℃ 熔点：-51℃ 相对密度（水=1）：0.8 水中溶解度：2g/100mL (微溶) 蒸气压：20℃时 6.1kPa 蒸气相对密度（空气=1）：3.0 蒸气/空气混合物的相对密度（20℃，空气=1）：1.1 黏度：在 20℃时 $0.725mm^2/s$ 闪点：-3℃（闭杯） 自燃温度：175℃ 爆炸极限：空气中 1.0%～6.8%（体积） 辛醇/水分配系数的对数值：1.31
环境数据	该物质对水生生物是有毒的。强烈建议不要让该化学品进入环境
注解	

IPCS
International Programme on Chemical Safety

国际化学品安全卡

<table>
<tr><td colspan="2">四甘醇甲基醚</td><td colspan="2">ICSC 编号：1749</td></tr>
<tr><td colspan="2">CAS 登记号：23783-42-8</td><td colspan="2">中文名称：四甘醇甲基醚；3,6,9,12-四羰基合成十三醇；3,6,9,12-四氧杂十三烷-1-醇；甲氧基四甘醇
英文名称：TETRAETHYLENE GLYCOL METHYL ETHER; 3,6,9,12-Tetraoxotridecanol; 3,6,9,12-Tetraoxatridecan-1-ol; Methoxytetraethylene glycol</td></tr>
<tr><td colspan="2">分子量：208.3</td><td colspan="2">化学式：$C_9H_{20}O_5$/$HO(CH_2CH_2O)_4CH_3$</td></tr>
<tr><td>危害/接触类型</td><td>急性危害/症状</td><td>预防</td><td>急救/消防</td></tr>
<tr><td>火　灾</td><td>可燃的</td><td>禁止明火</td><td>雾状水，干粉，抗溶性泡沫，二氧化碳</td></tr>
<tr><td>爆　炸</td><td></td><td></td><td></td></tr>
<tr><td>接　触</td><td></td><td></td><td></td></tr>
<tr><td># 吸入</td><td></td><td>通风</td><td>新鲜空气，休息</td></tr>
<tr><td># 皮肤</td><td>发红</td><td>防护手套</td><td>用大量水冲洗皮肤或淋浴</td></tr>
<tr><td># 眼睛</td><td>发红</td><td>安全护目镜</td><td>用大量水冲洗（如可能尽量摘除隐形眼镜）</td></tr>
<tr><td># 食入</td><td></td><td>工作时不得进食，饮水或吸烟</td><td>漱口。不要催吐</td></tr>
<tr><td>泄漏处置</td><td colspan="3">个人防护用具：适用于该物质空气中浓度的有机气体和蒸气过滤呼吸器。通风。将泄漏液收集在可密闭的容器中。用大量水冲净泄漏液</td></tr>
<tr><td>包装与标志</td><td colspan="3">GHS 分类：信号词：警告 图形符号：健康危险 危险说明：造成眼睛刺激；吞咽和进入呼吸道可能有害</td></tr>
<tr><td>应急响应</td><td colspan="3"></td></tr>
<tr><td>储存</td><td colspan="3">与强氧化剂分开存放</td></tr>
<tr><td>重要数据</td><td colspan="3">物理状态、外观：无色至浅黄色液体
化学危险性：该物质可能对血液有影响，导致出血
职业接触限值：根据接触程度，建议定期进行医学检查。该物质中毒时，需采取必要的治疗措施；必须提供有指示说明的适当方法。不要将工作服带回家中。将污染的衣物密封在袋子或其他容器中进行隔离
吸入危险性：20℃时，该物质蒸发不会或很缓慢地达到空气中有害污染浓度</td></tr>
<tr><td>物理性质</td><td colspan="3">沸点：280～350℃
熔点：-39℃
密度：1.06g/cm^3
水中溶解度：混溶
蒸气压：20℃时<10Pa
蒸气相对密度（空气=1）：7.2(计算值)
蒸气/空气混合物的相对密度（20℃，空气=1）：1.00
黏度：在 20℃时 11.5～12.5mm^2/s
闪点：161℃ (闭杯)
自燃温度：325℃
辛醇/水分配系数的对数值：-0.6</td></tr>
<tr><td>环境数据</td><td colspan="3"></td></tr>
<tr><td>注解</td><td colspan="3">加热时该物质分解，生成刺激性烟雾。与强氧化剂发生反应</td></tr>
</table>

IPCS
International
Programme on
Chemical Safety

国际化学品安全卡

四甘醇丁基醚			ICSC 编号：1750
CAS 登记号：1559-34-8	中文名称：四甘醇丁基醚；3,6,9,12-四氧杂十六烷-1-醇；丁氧基四甘醇 英文名称：TETRAETHYLENE GLYCOL BUTYL ETHER; 3,6,9,12-Tetraoxahexadecan-1-ol; Butoxytetraethylene glycol		
分子量：250	化学式：$C_{12}H_{26}O_5$		
危害/接触类型	**急性危害/症状**	**预防**	**急救/消防**
火　灾	可燃的	禁止明火	雾状水，干粉，抗溶性泡沫，二氧化碳
爆　炸			
接　触			
# 吸入		通风	新鲜空气，休息
# 皮肤	发红	防护手套	用大量水冲洗皮肤或淋浴
# 眼睛	发红	安全护目镜	用大量水冲洗（如可能尽量摘除隐形眼镜）
# 食入		工作时不得进食，饮水或吸烟	漱口。不要催吐
泄漏处置	通风。将泄漏液收集在可密闭的容器中。用大量水冲净泄漏液		
包装与标志	GHS 分类：信号词：警告 图形符号：健康危险 危险说明：造成轻微皮肤刺激；造成眼睛刺激；吞咽和进入呼吸道可能有害		
应急响应			
储存			
重要数据	**物理状态、外观**：无色液体 **化学危险性**：阈限值未制定标准。最高容许浓度未制定标准 **职业接触限值**：该物质刺激皮肤和严重刺激眼睛 **吸入危险性**：20℃时，该物质蒸发不会或很缓慢地达到空气中有害污染浓度 **短期接触的影响**：反复或长期与皮肤接触可能引起皮炎。该物质可能对肾脏、肝脏和内分泌系统有影响		
物理性质	沸点：304℃ 熔点：-33℃ 密度：1.0g/cm^3 水中溶解度：混溶 蒸气压：<0.01Pa 蒸气相对密度（空气=1）：8.6 蒸气/空气混合物的相对密度（20℃，空气=1）：1.00 黏度：在 20℃时 13.9mm^2/s 闪点：166℃ (开杯) 辛醇/水分配系数的对数值：-0.26		
环境数据			
注解			

IPCS
International
Programme on
Chemical Safety

国际化学品安全卡

二缩三丙二醇甲基醚			ICSC 编号：1751
CAS 登记号：25498-49-1 RTECS 号：UB8070000 分子量．206.3	中文名称：二缩三丙二醇甲基醚；[2-(2-甲氧基甲基乙氧基)甲基乙氧基]丙醇；邻甲基三丙烯乙二醇 英文名称：TRIPROPYLENE GLYCOL METHYL ETHER; [2-(2-Methoxymethylethoxy)methylethoxy]propanol; *O*-Methyltripropylene glycol 化学式：$C_{10}H_{22}O_4$		
危害/接触类型	急性危害/症状	预防	急救/消防
火　灾	可燃的	禁止明火	雾状水，干粉，抗溶性泡沫，二氧化碳
爆　炸			
接　触			
# 吸入		通风	新鲜空气，休息
# 皮肤		防护手套	用大量水冲洗皮肤或淋浴
# 眼睛	发红	安全护目镜	用大量水冲洗（如可能尽量摘除隐形眼镜）
# 食入		工作时不得进食、饮水或吸烟	漱口不要催吐
泄漏处置	通风。将泄漏液收集在可密闭的容器中。用大量水冲净泄漏液		
包装与标志	GHS 分类：信号词：警告 图形符号：健康危险 危险说明：吞咽可能有害；造成眼睛刺激；吞咽和进入呼吸道可能有害		
应急响应	美国消防协会法规：H1（健康危险性）；F1（火灾危险性）；R0（反应危险性）		
储存	与强氧化剂、强碱和强酸分开存放		
重要数据	物理状态、外观：无色液体，有特殊气味 化学危险性：对接触该物质的健康影响未进行充分调查 职业接触限值：阈限值未制定标准。最高容许浓度未制定标准 吸入危险性：未指明 20℃时该物质蒸发达到空气中有害浓度的速率 短期接触的影响：该物质严重刺激皮肤和眼睛		
物理性质	沸点：243℃ 熔点：-77.8℃ 密度：0.97g/cm^3 水中溶解度：混溶 蒸气压：20℃时 3Pa 蒸气相对密度（空气=1）：7.1 蒸气/空气混合物的相对密度（20℃，空气=1）：1.00 黏度：在 25℃时 5.7mm^2/s 闪点：121℃ 闭杯 自燃温度：270℃ 爆炸极限：空气中 1.1%～7%（体积） 辛醇/水分配系数的对数值：0.31		
环境数据			
注解	加热时，该物质分解，生成氯化氢		

IPCS
International
Programme on
Chemical Safety

国际化学品安全卡

<table>
<tr><td colspan="2">二丙二醇甲醚醋酸酯</td><td colspan="2">ICSC 编号：1752</td></tr>
<tr><td colspan="2">CAS 登记号：88917-22-0
RTECS 号：UB7875850DX</td><td colspan="2">中文名称：二丙二醇甲醚醋酸酯；丙醇-1(或 2)-(2-甲氧基甲基乙氧基)-醋酸酯；丙醇-(2-甲氧基甲基乙氧基)-醋酸酯
英文名称：DIPROPYLENE GLYCOL METHYL ETHER ACETATE; Propanol, 1(or 2)-(2-methoxymethylethoxy)-, acetate; Propanol, (2-methoxymethylethoxy)-, acetate</td></tr>
<tr><td colspan="2">分子量：190.2</td><td colspan="2">化学式：$C_9H_{18}O_4$</td></tr>
<tr><td>危害/接触类型</td><td>急性危害/症状</td><td>预防</td><td>急救/消防</td></tr>
<tr><td>火　灾</td><td>可燃的</td><td>禁止明火</td><td>雾状水，干粉，抗溶性泡沫，二氧化碳</td></tr>
<tr><td>爆　炸</td><td>高于 86℃，可能形成爆炸性蒸气/空气混合物</td><td>高于 86℃，使用密闭系统、通风</td><td></td></tr>
<tr><td>接　触</td><td></td><td></td><td></td></tr>
<tr><td># 吸入</td><td></td><td>通风</td><td>新鲜空气，休息</td></tr>
<tr><td># 皮肤</td><td></td><td>防护手套</td><td>用大量水冲洗皮肤或淋浴</td></tr>
<tr><td># 眼睛</td><td></td><td>安全护目镜</td><td></td></tr>
<tr><td># 食入</td><td></td><td>工作时不得进食、饮水或吸烟</td><td>漱口。不要催吐</td></tr>
<tr><td>泄漏处置</td><td colspan="3">个人防护用具：适用于该物质空气中浓度的有机气体和蒸气过滤呼吸器。通风。将泄漏液收集在可密闭的容器中。用大量水冲净泄漏液</td></tr>
<tr><td>包装与标志</td><td colspan="3">GHS 分类：信号词：警告 图形符号：健康危险 危险说明：可燃液体；吞咽和进入呼吸道可能有害</td></tr>
<tr><td>应急响应</td><td colspan="3"></td></tr>
<tr><td>储存</td><td colspan="3">与强酸和强氧化剂分开存放</td></tr>
<tr><td>重要数据</td><td colspan="3">物理状态、外观：无色至黄色液体，有特殊气味
化学危险性：阈限值未制定标准。最高容许浓度未制定标准
职业接触限值：该蒸气刺激呼吸道和眼睛。该物质严重刺激眼睛和腐蚀皮肤
吸入危险性：未指明 20℃时该物质蒸发达到空气中有害浓度的速率
短期接触的影响：高浓度吸入，肺可能受损伤</td></tr>
<tr><td>物理性质</td><td colspan="3">沸点：209℃
熔点：−25.2℃
密度：0.98g/cm³
水中溶解度：16g/100mL（溶解）
蒸气压：25℃时 17Pa
蒸气相对密度（空气=1）：6.56（计算值）
蒸气/空气混合物的相对密度（20℃，空气=1）：1.00
黏度：在 25℃时 1.7mm²/s
闪点：86℃
自燃温度：285℃
爆炸极限：空气中 1.21%～5.35%（体积）
辛醇/水分配系数的对数值：0.803</td></tr>
<tr><td>环境数据</td><td colspan="3"></td></tr>
<tr><td>注解</td><td colspan="3">另见 1,3-二氯丙烯（混合异构体）（见化学品安全卡#0995）</td></tr>
</table>

IPCS
International
Programme on
Chemical Safety

国际化学品安全卡

乙硫苯威			ICSC 编号：1754
CAS 登记号：29973-13-5 RTECS 号：FC2628000 UN 编号：2757 EC 编号：006-048-00-9 中国危险货物编号：2757 分子量：225.3	**中文名称：**乙硫苯威；2-(乙硫基甲基)苯基-*N*-氨基甲酸甲酯；*α*-(乙硫基)-邻甲苯基氨基甲基甲酯；2-[(乙硫基)甲基]苯基氨基甲酸甲酯 **英文名称：**ETHIOFENCARB; 2-(Ethylthiomethyl) phenyl *N*-methylcarbamate; alpha-(Ethylthio)-o-tolyl methylcarbamate; 2-[(Ethylthio) methyl] phenyl methylcarbamate **化学式：**$C_{11}H_{15}NO_2S$		
危害/接触类型	**急性危害/症状**	**预防**	**急救/消防**
火　灾	可燃的。含有机溶剂的液体制剂可能是易燃的。遇火释放出腐蚀性和有毒烟雾（或气体）	禁止明火	雾状水，泡沫，干粉，二氧化碳
爆　炸			
接　触		防止粉尘扩散！	
# 吸入	头晕。恶心。肌肉抽搐。出汗。瞳孔收缩，肌肉痉挛,多涎。呕吐,腹泻。呼吸困难。咳嗽。视力模糊	局部排气通风或呼吸防护	立即给予医疗护理
# 皮肤	（见吸入）	防护手套	冲洗,然后用水和肥皂清洗皮肤。给予医疗护理
# 眼睛		安全眼镜，或眼睛防护结合呼吸防护	用大量水冲洗（如可能易行,摘除隐形眼镜）
# 食入	（另见吸入）	工作时不得进食,饮水或吸烟。进食前洗手	漱口。立即给予医疗护理
泄漏处置	将泄漏物清扫进容器中，如果适当，首先润湿防止扬尘。小心收集残余物，然后转移到安全场所。不要让该化学品进入环境。个人防护用具：适应于该物质空气中浓度的颗粒物过滤呼吸器		
包装与标志	不得与食品和饲料一起运输 **欧盟危险性类别：**Xn 符号 N 符号 R:22-50/53 S:2-60-61 **联合国危险性类别：**6.1 **联合国包装类别：**III **中国危险性类别：**第 6.1 项 毒性物质 **中国包装类别：**III **GHS 分类：**信号词：危险 图形符号：骷髅和交叉骨-环境 危险说明：吞咽会中毒；皮肤接触可能有害；对水生生物毒性非常大		
应急响应			
储存	注意收容灭火产生的废水。与食品和饲料分开存放。储存在没有排水管或下水道的场所		
重要数据	**物理状态、外观：**无色晶体 **化学危险性：**加热时或燃烧时，该物质分解，生成含有氮氧化物和硫氧化物的有毒和腐蚀性烟雾 **职业接触限值：**阈限值未制定标准。最高容许浓度未制定标准 **接触途径：**该物质可通过吸入、经皮肤和经食入吸收到体内 **吸入危险性：**喷洒或扩散时，尤其是粉末，可较快地达到空气中颗粒物有害浓度 **短期接触的影响：**胆碱酯酶抑制剂。该物质可能对神经系统有影响，导致呼吸抑制。影响可能推迟显现。需进行医学观察		
物理性质	沸点：分解 熔点：33.4℃ 密度：1.23g/cm^3 水中溶解度：20℃时 0.18g/100mL（微溶）	蒸气压：20℃时可忽略不计 闪点：123℃ **辛醇/水分配系数的对数值：**2.04	
环境数据	该物质对水生生物是有极高毒性。该物质可能对环境有危害，对鸟类应给予特别注意。该物质在正常使用过程中进入环境。但是要特别注意避免任何额外的释放，例如通过不适当处置活动		
注解	根据接触程度，建议定期进行医学检查。该物质中毒时，需采取必要的治疗措施；必须提供有指示说明的适当方法。商业制剂中使用的载体溶剂可能改变其物理和毒理学性质。如果该物质用溶剂配制，可参考这些溶剂的卡片		

IPCS
International
Programme on
Chemical Safety

国际化学品安全卡

灭蚜磷			ICSC 编号：1755
CAS 登记号：2595-54-2 RTECS 号：FB385000 UN 编号：3018 EC 编号：015-045-00-1 中国危险货物编号：3018	中文名称：灭蚜磷；*S*-(*N*-乙酯基-*N*-甲基氨基甲酰基甲基)-*O,O*-二乙基二硫代磷酸酯；乙基-*N*-(二乙氧基硫代磷酰基硫代)乙酰基-*N*-氨基甲酸甲酯；乙基-6-乙氧基-2-甲基-3-氧代-7-氧杂-5-硫杂-2-氮杂-6-磷杂-6-硫化壬酸酯 英文名称：MECARBAM; *S*-(*N*-ethoxycarbonyl-*N*-methylcarbamoylmethyl) *O, O*-diethyl phosphorodithioate; Ethyl *N*-(diethoxythiophosphorylthio) acetyl-*N*-methylcarbamate; Ethyl 6-ethoxy-2-methyl-3-oxo-7-oxa-5-thia-2- aza-6-phosphanonanoate 6-sulfide		
分子量：329.4	化学式：$C_{10}H_{20}NO_5PS_2$		

危害/接触类型	急性危害/症状	预防	急救/消防
火　灾	可燃的。含有机溶剂的液体制剂可能是易燃的。遇火释放出腐蚀性和有毒烟雾或气体。含有机溶剂的液体制剂可能是易燃的	禁止明火	雾状水，泡沫，干粉，二氧化碳
爆　炸			
接　触		防止产生烟云！	
# 吸入	头晕，恶心，肌肉抽搐，出汗，瞳孔收缩，肌肉痉挛，多涎，呕吐，腹泻，呼吸困难，惊厥，咳嗽，视力模糊，神志不清	通风，局部排气通风或呼吸防护	立即给予医疗护理
# 皮肤	（见吸入）	防护手套	脱去污染的衣服，冲洗，然后用水和肥皂清洗皮肤，立即给予医疗护理
# 眼睛		安全眼镜，或眼睛防护结合呼吸防护	用大量水冲洗（如可能尽量摘除隐形眼镜）
# 食入	（另见吸入）	工作时不得进食，饮水或吸烟，进食前洗手	漱口。立即给予医疗护理
泄漏处置	砂土或惰性吸收剂小心收集残余物，依照当地规定储存和处置。不要让该化学品进入环境。个人防护用具：自给式呼吸器		
包装与标志	不得与食品和饲料一起运输 **欧盟危险性类别**：T 符号 N 符号　R:24/25-50/53　S:1/2-36/37-45-60-61 **联合国危险性类别**：6.1　**联合国包装类别**：II **中国危险性类别**：第 6.1 项 毒性物质　**中国包装类别**：II **GHS 分类**：信号词：危险 图形符号：骷髅和交叉骨-环境 危险说明：吞咽致命；皮肤接触或吸入有毒；对水生生物毒性非常大		
应急响应			
储存	注意收容灭火产生的废水。与强碱、强氧化剂、食品和饲料分开存放。严格密封。储存在没有排水管或下水道的场所		
重要数据	**物理状态、外观**：油状无色液体 **化学危险性**：燃烧时该物质分解，生成含有磷氧化物、氮氧化物和硫氧化物的有毒和腐蚀性烟雾。与强碱和强氧化剂发生反应 **职业接触限值**：阈限值未制定标准。最高容许浓度未制定标准 **接触途径**：该物质可通过吸入其气溶胶、经皮肤和经食入吸收到体内 **吸入危险性**：20℃时，该物质蒸发不会或很缓慢地达到空气中有害污染浓度，喷洒或扩散时要快得多 **短期接触的影响**：胆碱酯酶抑制剂。该物质可能对神经系统有影响，导致惊厥和呼吸抑制。影响可能推迟显现。需进行医学观察。接触可能导致死亡 **长期或反复接触的影响**：胆碱酯酶抑制剂。可能发生累积作用：见急性危害/症状		
物理性质	**沸点**：在 0.003kPa 时 144℃ **熔点**：9℃ **密度**：1.2g/cm^3 **水中溶解度**：21℃时 0.1g/100mL	**蒸气压**：20℃时可忽略不计 **蒸气相对密度（空气=1）**：11.4 **蒸气/空气混合物的相对密度（20℃，空气=1）**：1.02 **辛醇/水分配系数的对数值**：2.29（估计值）	
环境数据	该物质对水生生物有极高毒性。该物质可能对环境有危害，对蜜蜂应给予特别注意。该物质在正常使用过程中进入环境。但是要特别注意避免任何额外的释放，例如通过不适当处置活动		
注解	根据接触程度，建议定期进行医学检查。该物质中毒时，需采取必要的治疗措施；必须提供有指示说明的适当方法。商业制剂中使用的载体溶剂可能改变其物理和毒理学性质。如果该物质用溶剂配制，可参考这些溶剂的卡片		

IPCS
International
Programme on
Chemical Safety

国际化学品安全卡

氯鼠酮			ICSC 编号：1756
CAS 登记号：3691-35-8 RTECS 号：NK5335000 UN 编号：2761 EC 编号：606-014-00-9 中国危险货物编号：2761 分子量：374.8		中文名称：氯鼠酮；2-[2-(4-氯苯基)-2-苯乙酰]茚满-1,3-二酮；2-[(4-氯苯基)苯乙酰]1*H*-茚-1,3(2*H*)-二酮 英文名称：CHLOROPHACINONE; 2-[2-(4-chlorophenyl)-2-phenylacetyl]indan-1,3-dione; 2-[(4-chlorophenyl) phenylacetyl]-1*H*-indene-1,3(2*H*)-dione 化学式：$C_{23}H_{15}ClO_3$	
危害/接触类型	**急性危害/症状**	**预防**	**急救/消防**
火　灾	可燃的。在火焰中释放出刺激性或有毒烟雾（或气体）。含有机溶剂的液体制剂可能是易燃的	禁止明火	干粉、雾状水、泡沫、二氧化碳
爆　炸			
接　触		防止粉尘扩散！避免一切接触！	一切情况均向医生咨询！急救：使用个人防护用具
# 吸入	咯血。尿中带血。皮下出血。症状可能推迟显现（见注解）	密闭系统	立即给予医疗护理
# 皮肤	易于吸收。（见吸入）	防护手套。防护服	急救时戴防护手套。脱去污染的衣服。（见注解）。冲洗，然后用水和肥皂清洗皮肤。立即给予医疗护理
# 眼睛		面罩，或如为粉末，眼睛防护结合呼吸防护	用大量水冲洗（如可能尽量摘除隐形眼镜）。立即给与医疗护理
# 食入	腹部疼痛。（另见吸入）	工作时不得进食，饮水或吸烟。进食前洗手	漱口。用水冲服活性炭浆。立即给予医疗护理
泄漏处置	将泄漏物清扫进容器中，如果适当，首先润湿防止扬尘。小心收集残余物，然后转移到安全场所。不要让该化学品进入环境。个人防护用具：化学防护服包括自给式呼吸器		
包装与标志	不得与食品和饲料一起运输 **欧盟危险性类别**：T+符号 N 符号　R:23-27/28-48/24/25-50/53　S:1/2-36/37-45-60-61 **联合国危险性类别**：6.1　**联合国包装类别**：I **中国危险性类别**：第 6.1 项 毒性物质　**中国包装类别**：I **GHS 分类**：信号词：危险 图形符号：骷髅和交叉骨-健康危险-环境 危险说明：吞咽、皮肤接触或吸入致命；对血液系统造成损害；长期或反复接触对血液系统造成损害；对水生生物毒性非常大并具有长期持续影响		
应急响应			
储存	注意收容灭火产生的废水。与食品和饲料分开存放。严格密封。储存在没有排水管或下水道的场所		
重要数据	**物理状态、外观**：淡黄色粉末 **化学危险性**：性烟雾。与水、潮湿空气发生反应，生成氯化氢（见化学品安全卡#0163） **接触途径**：该物质可通过吸入其气溶胶、经皮肤和经食入吸收到体内 **吸入危险性**：扩散时，可较快地达到空气中颗粒物有害浓度 **短期接触的影响**：阈限值未制定标准。最高容许浓度未制定标准 **长期或反复接触的影响**：与灭火剂，如水、泡沫，发生剧烈反应		
物理性质	沸点：250℃时分解 熔点：143℃ 密度：1.43g/cm^3 水中溶解度：难溶 蒸气压：20℃时可忽略不计 辛醇/水分配系数的对数值：4.2		
环境数据	该物质对水生生物有极高毒性。该物质可能在水生环境中造成长期影响。该物质在正常使用过程中进入环境。但是要特别注意避免任何额外的释放，例如通过不适当处置活动		
注解	燃烧时，该物质分解生成氯化氢		

IPCS
International
Programme on
Chemical Safety

国际化学品安全卡

敌鼠			ICSC 编号：1757
CAS 登记号：82-66-6 RTECS 号：NK5600000 UN 编号：2588 EC 编号：606-038-00-X 中国危险货物编号：2588 分子量：340.4		中文名称：敌鼠；2-(二苯基乙酰基)-1,3-茚满二酮；2-(二苯基乙酰基)-1*H*-茚并-1,3(2*H*)-二酮 英文名称：DIPHACINONE; 2-(Diphenylacetyl) indan-1,3-dione; 2-(Diphenylacetyl)-1*H*-indene-1,3(2*H*)-dione 化学式：$C_{23}H_{16}O_3$	
危害/接触类型	急性危害/症状	预防	急救/消防
火　灾	可燃的	禁止明火	雾状水，泡沫，干粉，二氧化碳
爆　炸			
接　触		避免一切接触！防止粉尘扩散！	一切情况均向医生咨询！急救：使用个人防护用具
# 吸入	咯血。尿中带血。皮下出血。症状可能推迟显现(见注解)	密闭系统	立即给予医疗护理
# 皮肤	易于吸收。（见吸入）	防护手套。防护服	急救时戴防护手套。脱去污染的衣服。（见注解）。冲洗，然后用水和肥皂清洗皮肤。立即给予医疗护理
# 眼睛		面罩，或如为粉末，眼睛防护结合呼吸防护	用大量水冲洗（如可能尽量摘除隐形眼镜）
# 食入	腹部疼痛。（另见吸入）	工作时不得进食,饮水或吸烟。进食前洗手	漱口。用水冲服活性炭浆。立即给予医疗护理
泄漏处置	将泄漏物清扫进容器中，如果适当，首先润湿防止扬尘。小心收集残余物，然后转移到安全场所。不要让该化学品进入环境。个人防护用具：化学防护服包括自给式呼吸器		
包装与标志	不得与食品和饲料一起运输 欧盟危险性类别：T+符号　R:28-48/23/24/25　S:1/2-36/37-45 联合国危险性类别：6.1　联合国包装类别：I 中国危险性类别：第 6.1 项 毒性物质　中国包装类别：I GHS 分类：信号词：危险 图形符号：骷髅和交叉骨-健康危险 危险说明：吞咽、皮肤接触或吸入致命；对血液系统造成损害；长期或反复接触对血液系统造成损害；对水生生物有毒		
应急响应			
储存	注意收容灭火产生的废水。与食品和饲料分开存放。严格密封。储存在没有排水管或下水道的场所		
重要数据	物理状态、外观：黄色至白色晶体 化学危险性：加热时，该物质分解生成刺激性烟雾 职业接触限值：阈限值未制定标准。最高容许浓度未制定标准 接触途径：该物质可通过吸入其气溶胶、经皮肤和经食入吸收到体内 吸入危险性：扩散时，可较快地达到空气中颗粒物有害浓度 短期接触的影响：该物质可能对血液有影响，导致出血。影响可能推迟显现。需进行医学观察。见注解。接触可能导致死亡。出血 长期或反复接触的影响：该物质可能对血液有影响，导致出血		
物理性质	沸点：338℃时分解 熔点：147℃ 密度：$1.3g/cm^3$ 水中溶解度：难溶 蒸气压：25℃时可忽略不计 辛醇/水分配系数的对数值：4.3		
环境数据	该物质对水生生物是有毒的。该物质在正常使用过程中进入环境。但是要特别注意避免任何额外的释放，例如通过不适当处置活动		
注解	根据接触程度，建议定期进行医学检查。该物质中毒时，需采取必要的治疗措施；必须提供有指示说明的适当方法。不要将工作服带回家中。将污染的衣物密封在袋子或其他容器中进行隔离		

IPCS
International
Programme on
Chemical Safety

国际化学品安全卡

杀稻瘟菌素			ICSC 编号：1758
CAS 登记号：2079-00-7 RTECS 号：EC4900000 UN 编号：2588 EC 编号：607-155-00-9 中国危险货物编号：2588	中文名称：杀稻瘟菌素；1-(4-氨基-1,2-二氢-2-氧代嘧啶-1-基)-4-[(*S*)-3-氨基-=5-(1-甲基胍基)戊酰胺基]-1,2,3,4-四脱氧-*β*-*D*-赤己-2-烯吡喃醛酸；(*S*)-4-4[[3-氨基-5-[(氨基亚氨甲基)甲氨基]-=1-氧代戊烷基]氨基]-1-[4-氨基-2-氧代-1(2*H*)-吡啶基]-1,2,3,4-四脱氧-*β*-*D*-赤己-=2-烯吡喃醛酸；布拉叶斯；稻瘟散；灭瘟素 英文名称：BLASTICIDIN-*S*; 1-(4-amino-1,2-dihydro-2-oxopyrimidin-1-yl)-4-[(*S*)-3-amino-=5- (1-methylguanidino) valeramido]-1,2,3,4-tetradeoxy-beta-*D*-erythro-hex-2-enopyranuronic acid; (*S*)-4-4[[3-amino-5-[(aminoiminomethyl) methylamino]-=1-oxopentyl]amino]-1-[4-amino		
分子量：422.4	化学式：$C_{17}H_{26}N_8O_5$		

危害/接触类型	急性危害/症状	预防	急救/消防
火　灾	可燃的。在火焰中释放出刺激性或有毒烟雾（或气体）	禁止明火	干粉，雾状水，泡沫，二氧化碳
爆　炸			
接　触		防止粉尘扩散！严格作业环境管理！避免青少年和儿童接触！	一切情况均向医生咨询！
# 吸入	咽喉痛。咳嗽。头痛。呼吸困难。另见食入。恶心。呕吐。腹泻。发烧或体温升高	避免吸入粉尘。局部排气通风或呼吸防护	新鲜空气，休息。立即给予医疗护理
# 皮肤	发红。	防护手套。防护服	脱去污染的衣服，冲洗，然后用水和肥皂清洗皮肤，如果发生皮肤刺激作用，给予医疗护理
# 眼睛	发红。疼痛	面罩，或如为粉末，眼睛防护结合呼吸防护	用大量水冲洗（如可能尽量摘除隐形眼镜）。立即给与医疗护理
# 食入	腹部疼痛。虚弱。头晕。休克或虚脱	工作时不得进食，饮水或吸烟。进食前洗手	漱口，用水冲服活性炭浆，立即给予医疗护理
泄漏处置	个人防护用具：适应于该物质空气中浓度的颗粒物过滤呼吸器。将泄漏物清扫进可密闭容器中；如果适当，首先润湿防止扬尘。小心收集残余物，然后转移到安全场所		
包装与标志	不得与食品和饲料一起运输 欧盟危险性类别：T+符号　R:28　S:1/2-24/25-36/37-45 联合国危险性类别：6.1　联合国包装类别：II 中国危险性类别：第 6.1 项 毒性物质 中国包装类别：II GHS 分类：信号词：危险 图形符号：骷髅和交叉骨-健康危险 危险说明：吞咽致命；皮肤接触可能有害；造成轻微皮肤刺激；造成严重眼睛刺激；可能导致呼吸刺激作用；吞咽对胃肠道造成损害		
应急响应			
储存	与食品和饲料分开存放。严格密封		
重要数据	物理状态、外观：无色晶体 化学危险性：加热时，该物质分解生成含有氮氧化物的有毒烟雾 职业接触限值：阈限值未制定标准。最高容许浓度未制定标准 接触途径：该物质可通过吸入其气溶胶和经食入吸收到体内 吸入危险性：扩散时，尤其是粉末可较快地达到空气中颗粒物有害浓度 短期接触的影响：该物质严重刺激眼睛，刺激呼吸道和皮肤。食入有腐蚀性。高浓度接触时，可能导致死亡		
物理性质	熔点：在 253～255℃时分解 水中溶解度：20℃时>3g/100mL（适度溶解） 蒸气压：25℃时可忽略不计 辛醇/水分配系数的对数值：-4.7		
环境数据	对该物质的环境影响未进行充分调查。该物质在正常使用过程中进入环境。但是要特别注意避免任何额外的释放，例如通过不适当处置活动		
注解	不要将工作服带回家中		

IPCS
International
Programme on
Chemical Safety

国际化学品安全卡

2-羟基萘甲酸			ICSC 编号：1759
CAS 登记号：92-70-6 RTECS 号：QL1755000	中文名称：2-羟基萘甲酸；3-羟基-2-萘甲酸；*β*-羟基萘甲酸 英文名称：HYDROXY-2-NAPHTHOIC ACID; 3-Hydroxy-2-naphthalenecarboxylic acid; 3-Hydroxy-2-naphthoic acid; beta-Hydroxynaphthoic acid		
分子量：188.2	化学式：$C_{11}H_8O_3$/$HOC_{10}H_6COOH$		
危害/接触类型	急性危害/症状	预防	急救/消防
火　灾	可燃的。在火焰中释放出刺激性或有毒烟雾（或气体）	禁止明火	雾状水，泡沫，干粉
爆　炸			
接　触		防止粉尘扩散！	
# 吸入	咽喉痛。咳嗽	局部排气通风或呼吸防护	新鲜空气，休息
# 皮肤	发红。疼痛	防护手套。防护服	脱去污染的衣服。冲洗，然后用水和肥皂清洗皮肤
# 眼睛	发红。疼痛。烧伤	安全护目镜	用大量水冲洗（如可能尽量摘除隐形眼镜）。立即给与医疗护理
# 食入	咽喉疼痛。恶心。呕吐。腹泻	工作时不得进食，饮水或吸烟	漱口。饮用 1～2 杯水。如果感觉不舒服，需就医
泄漏处置	将泄漏物清扫进有盖的容器中，如果适当，首先润湿防止扬尘。小心收集残余物，然后转移到安全场所。不要让该化学品进入环境。个人防护用具：适应于该物质空气中浓度的有机气体和颗粒物过滤呼吸器		
包装与标志	GHS 分类：信号词：危险 图形符号：感叹号 危险说明：吞咽有害；造成严重眼睛损伤；对水生生物有害		
应急响应			
储存	与强氧化剂分开存放。储存在没有排水管或下水道的场所		
重要数据	**物理状态、外观**：黄色晶体 **化学危险性**：加热时该物质分解，生成刺激性烟雾 **职业接触限值**：阈限值未制定标准。最高容许浓度未制定标准 **接触途径**：该物质可经皮肤、经食入吸收到体内 **吸入危险性**：未指明该物质达到空气中有害浓度的速率 **短期接触的影响**：该物质刺激眼睛、皮肤和呼吸道 **长期或反复接触的影响**：对接触该物质的健康影响未进行充分调查		
物理性质	**熔点**：220℃ **水中溶解度**：0.047g/100mL（难溶） **蒸气压**：25℃时可忽略不计 **闪点**：>150℃（闭杯） **自燃温度**：>400℃ **辛醇/水分配系数的对数值**：3.4～3.59		
环境数据	该物质对水生生物是有害的		
注解			

IPCS
International
Programme on
Chemical Safety

国际化学品安全卡

3-甲基-2-丁烯-1-醇	ICSC 编号：1760
CAS 登记号：556-82-1 RTECS 号：EM9472500 UN 编号：1987 中国危险货物编号：1987	中文名称：3-甲基-2-丁烯-1-醇；3,3-二甲基丙烯醇；异戊烯醇 英文名称：3-METHYLBUT-2-EN-1-OL; 2-Buten-1-ol, 3-methyl-; 3,3-Dimethylallyl alcohol; Prenyl alcohol; Prenol
分子量：86.1	化学式：$C_5H_{10}O$

危害/接触类型	急性危害/症状	预防	急救/消防
火　灾	易燃的	禁止明火，禁止火花和禁止吸烟	泡沫，二氧化碳，干粉，大量水
爆　炸	高于 50℃，可能形成爆炸性蒸气/空气混合物	高于 50℃，使用密闭系统、通风和防爆型电气设备	着火时，喷雾状水保持料桶等冷却
接　触		防止产生烟云！	
# 吸入	咽喉痛。咳嗽	通风，局部排气通风或呼吸防护	新鲜空气，休息。如果感觉不舒服，需就医
# 皮肤	发红。疼痛	防护手套。防护服	先用大量水冲洗至少 15min，然后脱去污染的衣服并再次冲洗。给予医疗护理
# 眼睛	发红。疼痛	面罩，或眼睛防护结合呼吸防护	先用大量水冲洗几分钟（如可能尽量摘除隐形眼镜），然后就医
# 食入	咽喉疼痛	工作时不得进食，饮水或吸烟	漱口。饮用 1～2 杯水。给予医疗护理

泄漏处置	将泄漏液收集在可密闭的容器中。小心收集残余物，然后转移到安全场所。用不可燃物覆盖泄漏物料。不要让该化学品进入环境。个人防护用具：防护手套
包装与标志	联合国危险性类别：3　　联合国包装类别：III 中国危险性类别：第 3 类 易燃液体　中国包装类别：III GHS 分类：信号词：警告　图形符号：火焰-感叹号　危险说明：易燃液体和蒸气；吞咽有害；造成皮肤刺激；造成严重眼睛刺激；对水生生物有害
应急响应	
储存	耐火设备（条件）。保存在通风良好的室内。严格密封。储存在没有排水管或下水道的场所
重要数据	物理状态、外观：无色液体，有特殊气味 物理危险性：蒸气比空气重 化学危险性：最高容许浓度未制定标准。阈限值未制定标准 职业接触限值：该物质刺激眼睛 接触途径：该物质可经食入、通过吸入其蒸气吸收到体内 吸入危险性：未指明 20℃时该物质蒸发达到空气中有害浓度的速率 短期接触的影响：加热时该物质分解，生成氮氧化物。水溶液是一种弱碱。与强还原剂发生反应，有着火的危险
物理性质	沸点：140℃ 熔点：−59.3℃ 密度：0.85g/cm^3 水中溶解度：20℃时 17g/100mL（溶解） 蒸气压：20℃时 140Pa 蒸气相对密度（空气=1）：3.0 蒸气/空气混合物的相对密度（20℃，空气=1）：1.1 黏度：在 25℃时 3.5mm^2/s 闪点：50℃（闭杯） 自燃温度：305℃ 爆炸极限：空气中 2.7%～16.3%（体积） 辛醇/水分配系数的对数值：0.91
环境数据	该物质对水生生物是有害的
注解	

IPCS
International
Programme on
Chemical Safety

国际化学品安全卡

1,3-二氯-2-丁烯			ICSC 编号：1761
CAS 登记号：926-57-8 RTECS 号：EM4760000 UN 编号：1993 中国危险货物编号：1993 分子量：125.0		中文名称：1,3-二氯-2-丁烯；1,3-二氯丁烯；1,3-DCB 英文名称：1,3-DICHLORO-2-BUTENE; 2-butene,1,3-dichloro-; 1,3-dichlorobutylene; 1,3-DCB 化学式：$C_4H_6Cl_2$	
危害/接触类型	**急性危害/症状**	**预防**	**急救/消防**
火　灾	易燃的。在火焰中释放出刺激性或有毒烟雾（或气体）	禁止明火，禁止火花和禁止吸烟	细雾状水，二氧化碳
爆　炸	高于 27℃，可能形成爆炸性蒸气/空气混合物	高于 27℃，使用密闭系统、通风	着火时，喷雾状水保持料桶等冷却
接　触		严格作业环境管理！	
# 吸入	咳嗽。咽喉痛	通风，局部排气通风或呼吸防护	新鲜空气，休息。给予医疗护理。给予医疗护理
# 皮肤	发红。疼痛。皮肤烧伤	防护手套。防护服	脱去污染的衣服。用大量水冲洗皮肤或淋浴。立即给予医疗护理
# 眼睛	发红。疼痛	面罩，或眼睛防护结合呼吸防护	用大量水冲洗（如可能尽量摘除隐形眼镜）。立即给与医疗护理
# 食入	咳嗽。咽喉和胸腔有灼烧感	工作时不得进食，饮水或吸烟	漱口。不要催吐。饮用 1～2 杯水。立即给予医疗护理
泄漏处置	将泄漏液收集在可密闭的容器中。用砂土或惰性吸收剂吸收残液，并转移到安全场所。不要让该化学品进入环境。个人防护用具：全套防护服，包括自给式呼吸器		
包装与标志	**联合国危险性类别**：3　**联合国包装类别**：III **中国危险性类别**：第 3 类 易燃液体　**中国包装类别**：III **GHS 分类**：信号词：危险 图形符号：火焰-腐蚀-骷髅和交叉骨 危险说明：易燃液体和蒸气；吞咽会中毒；吸入蒸气会中毒；造成严重皮肤灼伤和眼睛损伤；对水生生物有毒		
应急响应	**美国消防协会法规**：H3（健康危险性）；F3（火灾危险性）；R2（反应危险性）		
储存	耐火设备（条件）。沿地面通风。严格密封。与强氧化剂、食品和饲料分开存放。储存在没有排水管或下水道的场所。注意收容灭火产生的废水		
重要数据	**物理状态、外观**：无色至黄色液体，有特殊气味 **化学危险性**：阈限值未制定标准。最高容许浓度未制定标准 **职业接触限值**：该物质轻微刺激眼睛和皮肤 **接触途径**：该物质以有害数量通过吸入其蒸气、经皮肤和经食入吸收到体内。各种接触途径均产生严重的局部影响 **吸入危险性**：20℃时，该物质蒸发，迅速达到空气中有害污染浓度 **短期接触的影响**：与强碱、强酸和强氧化剂发生反应 **长期或反复接触的影响**：阈限值未制定标准。最高容许浓度未制定标准		
物理性质	**沸点**：126℃ **熔点**：−75℃ **相对密度（水=1）**：1.2g/cm^3 **水中溶解度**：反应 **蒸气压**：25℃时 1.33kPa **蒸气相对密度（空气=1）**：4.3 **蒸气/空气混合物的相对密度（20℃，空气=1）**：1.07 **闪点**：27℃（闭杯） **爆炸极限**：空气中 2%～13%（体积） **辛醇/水分配系数的对数值**：2.84		
环境数据	该物质对水生生物是有毒的。强烈建议不要让该化学品进入环境		
注解	该物质刺激眼睛		

IPCS
International
Programme on
Chemical Safety

国际化学品安全卡

对甲苯磺酰氯			ICSC 编号：1762
CAS 登记号：98-59-9 RTECS 号：DB8929000	中文名称：对甲苯磺酰氯；甲苯磺酰氯；4-甲苯磺酰氯；4-甲基苯磺酰氯 英文名称：*p*-TOLUENESULFONYL CHLORIDE; Tosyl chloride; 4-Toluenesulfonyl chloride; 4-Methylbenzenesulfonyl chloride		
分子量：190.6	化学式：$C_7H_7ClO_2S$		
危害/接触类型	急性危害/症状	预防	急救/消防
火　灾	可燃的。在火焰中释放出刺激性或有毒烟雾（或气体）	禁止明火	干粉，二氧化碳，禁止用水，禁止用泡沫
爆　炸			
接　触		防止粉尘扩散！	
# 吸入	咳嗽	局部排气通风或呼吸防护	新鲜空气，休息
# 皮肤	发红。疼痛	防护手套	脱去污染的衣服。用大量水冲洗皮肤或淋浴
# 眼睛	发红。疼痛	安全护目镜，或如为粉末，眼睛防护结合呼吸防护	用大量水冲洗（如可能尽量摘除隐形眼镜）。立即给与医疗护理
# 食入	咽喉疼痛	工作时不得进食、饮水或吸烟	漱口。饮用 1～2 杯水。给予医疗护理
泄漏处置	将泄漏物清扫进容器中。小心收集残余物，然后转移到安全场所。不要让该化学品进入环境。个人防护用具：适应于该物质空气中浓度的有机气体和颗粒物过滤呼吸器		
包装与标志	不易破碎包装，将易破碎包装放在不易破碎的密闭容器中 联合国危险性类别：8　　联合国包装类别：II 中国危险性类别：第 8 类 腐蚀性物质　中国包装类别：II GHS 分类：信号词：警告 图形符号：感叹号 危险说明：造成皮肤刺激；造成严重眼睛刺激；对水生生物有害		
应急响应			
储存	干燥。严格密封。储存在没有排水管或下水道的场所		
重要数据	**物理状态、外观**：无色至黄色吸湿的晶体，有刺鼻气味 **化学危险性**：加热时该物质分解，生成刺激性烟雾。与卤素、强碱和强氧化剂发生剧烈反应 **职业接触限值**：燃烧时，生成一氧化碳。与强氧化剂发生反应。水溶液是一种中强酸 **吸入危险性**：扩散时，尤其是粉末，可较快地达到空气中颗粒物有害浓度		
物理性质	熔点：69～71℃ 密度：1.3g/cm^3 水中溶解度：（反应） 蒸气压：25℃时 0.16Pa 蒸气相对密度（空气=1）：6.6 闪点：128℃ 闭杯 自燃温度：492℃ 辛醇/水分配系数的对数值：3.49		
环境数据	该物质对水生生物是有害的		
注解	阈限值未制定标准。最高容许浓度未制定标准		

IPCS
International
Programme on
Chemical Safety

国际化学品安全卡

1-氯-2-(氯甲基)苯			ICSC 编号：1763
CAS 登记号：611-19-8 RTECS 号：CZ0195000 UN 编号：2235 中国危险货物编号：2235		中文名称：1-氯-2-(氯甲基)苯；2-氯氯苯基氯；α,2-二氯甲苯 英文名称：1-CHLORO-2-(CHLOROMETHYL)BENZENE; 2-Chlorobenzyl chloride; alpha, 2-Dichlorotoluene; Benzene, 1-chloro-2-(chloromethyl)-	
分子量：161.0		化学式：$C_7H_6Cl_2$	
危害/接触类型	**急性危害/症状**	**预防**	**急救/消防**
火　灾	可燃的。在火焰中释放出刺激性或有毒烟雾（或气体）	禁止明火	泡沫，雾状水，干粉，二氧化碳
爆　炸	高于 91℃，可能形成爆炸性蒸气/空气混合物	高于 91℃，使用密闭系统、通风	
接　触			
# 吸入	咳嗽	通风。局部排气通风	新鲜空气，休息。如果感觉不舒服，需就医
# 皮肤	发红	防护手套	冲洗，然后用水和肥皂清洗皮肤。如果皮肤刺激发生，给予医疗护理
# 眼睛	发红。疼痛	安全眼镜	用大量水冲洗（如可能尽量摘除隐形眼镜）
# 食入	咽喉疼痛	工作时不得进食、饮水或吸烟	漱口。不要催吐。如果感觉不舒服，给予医疗护理
泄漏处置	将泄漏液收集在可密闭的塑料容器中。小心收集残余物，然后转移到安全场所。不要让该化学品进入环境。个人防护用具：适用于该物质空气中浓度的有机气体和蒸气过滤呼吸器		
包装与标志	不得与食品和饲料一起运输。海洋污染物 **联合国危险性类别**：6.1　**联合国包装类别**：III **中国危险性类别**：第 6.1 项 毒性物质　**中国包装类别**：III GHS 分类：信号词：警告 图形符号：感叹号-健康危险-环境 危险说明：吞咽有害；皮肤接触有害；吸入烟雾有害；造成皮肤刺激；造成眼睛刺激；吞咽和进入呼吸道可能有害；对水生生物毒性非常大		
应急响应			
储存	沿地面通风。储存在原始容器中，储存在没有排水管或下水道的场所。注意收容灭火产生的废水		
重要数据	**物理状态、外观**：无色液体，有刺鼻气味 **化学危险性**：商业制剂为 50%的水溶液，无色至浅棕色液体 **职业接触限值**：燃烧时，生成一氧化碳。与强氧化剂发生反应 **接触途径**：该物质可通过吸入其气溶胶、经皮肤和食入吸收到体内 **吸入危险性**：20℃时，该物质蒸发相当慢地达到空气中有害污染浓度，但喷洒或扩散时要快得多 **短期接触的影响**：阈限值未制定标准。最高容许浓度未制定标准		
物理性质	沸点：213℃ 熔点：−17℃ 密度：1.3g/cm^3 水中溶解度：25℃时 0.01g/100mL（难溶） 蒸气压：25℃时 0.02kPa 蒸气相对密度（空气=1）：5.5 蒸气/空气混合物的相对密度（20℃，空气=1）：1.00 黏度：在 20℃时 1.95mm^2/s 闪点：91℃ 自燃温度：634℃ 爆炸极限：空气中 2.0%～8.6%（体积） 辛醇/水分配系数的对数值：3.32		
环境数据			
注解			

IPCS
International
Programme on
Chemical Safety

附录一　风险术语（R 术语）的代码一览表

代码	术语（英文）	术语（中文）
R1	Explosive when dry	干燥时有爆炸性
R2	Risk of explosion by shock, friction, fire or other sources of ignition	在冲击、摩擦、着火或其他引燃源作用下有爆炸危险
R3	Extreme risk of explosion by shock, friction, fire or other	在冲击、摩擦、着火或其他引燃源作用下有极高爆炸危险
R4	Forms very sensitive explosive metallic compounds	生成非常敏感的爆炸性金属化合物
R5	Heating may cause an explosion	加热可能引起爆炸
R6	Explosive with or without contact with air	接触或不接触空气都会发生爆炸
R7	May cause fire	可能引起火灾
R8	Contact with combustible material may cause fire	与可燃物料接触可能引起火灾
R9	Explosive when mixed with combustible material	与可燃物料混合时发生爆炸
R10	Flammable	易燃
R11	Highly flammable	高度易燃
R12	Extremely flammable	极易燃
R14	Reacts violently with water	遇水剧烈反应
R15	Contact with water liberates extremely flammable gases	遇水释放出极易燃气体
R16	Explosive when mixed with oxidising substances	与氧化性物质混合时发生爆炸
R17	Spontaneously flammable in air	空气中自燃
R18	In use, may form flammable/explosive vapour-air mixture	使用中可能形成易燃/爆炸性蒸汽空气混合物
R19	May form explosive peroxides	可能形成爆炸性过氧化物
R20	Harmful by inhalation	吸入有害
R21	Harmful in contact with skin	与皮肤接触有害
R22	Harmful if swallowed	吞食有害
R23	Toxic by inhalation	吸入有毒
R24	Toxic in contact with skin	与皮肤接触有毒
R25	Toxic if swallowed	吞食有毒
R26	Very toxic by inhalation	吸入有很高毒性
R27	Very toxic in contact with skin	与皮肤接触有很高毒性
R28	Very toxic if swallowed	吞食有很高毒性
R29	Contact with water liberates toxic gas.	遇水释放有毒气体
R30	Can become highly flammable in use	使用中可变得高度易燃
R31	Contact with acids liberates toxic gas	遇酸释放有毒气体
R32	Contact with acids liberates very toxic gas	遇酸释放很高毒性气体
R33	Danger of cumulative effects	有累积影响的危险
R34	Causes burns	引起灼伤
R35	Causes severe burns	引起严重灼伤
R36	Irritating to eyes	刺激眼睛
R37	Irritating to respiratory system	刺激呼吸系统
R38	Irritating to skin	刺激皮肤
R39	Danger of very serious irreversible effects	有非常严重不可恢复影响的危险

R40	Limited evidence of a carcinogenic effect	有限证据证明有致癌影响
R41	Risk of serious damage to eyes	对眼睛有严重损害危险
R42	May cause sensitisation by inhalation	吸入可能引起过敏
R43	May cause sensitisation by skin contact	皮肤接触可能引起过敏
R44	Risk of explosion if heated under confinement	密闭加热有爆炸危险
R45	May cause cancer	可能致癌
R46	May cause inheritable genetic damage	可能引起遗传性基因损伤
R48	Danger of serious damage to health by prolonged exposure	长期接触有严重损害健康的危险
R49	May cause cancer by inhalation	吸入可能致癌
R50	Very toxic to aquatic organisms	对水生生物有很高毒性
R51	Toxic to aquatic organisms	对水生生物有毒
R52	Harmful to aquatic organisms	对水生生物有害
R53	May cause long-term adverse effects in the aquatic environment	可能在水生环境中造成长期不利影响
R54	Toxic to flora	对植物有毒
R55	Toxic to fauna	对动物有毒
R56	Toxic to soil organisms	对土壤生物有毒
R57	Toxic to bees	对蜜蜂有毒
R58	May cause long-term adverse effects in the environment	可能在环境中造成长期不利影响
R59	Dangerous for the ozone layer	对臭氧层有危害
R60	May impair fertility	可能损害生育能力
R61	May cause harm to the unborn child	可能对胎儿造成伤害（重点讨论）
R62	Possible risk of impaired fertility	可能有损害生育能力的危险
R63	Possible risk of harm to the unborn child	可能有对胎儿造成伤害的危险
R64	May cause harm to breast-fed babies	可能对哺乳期婴儿造成伤害
R65	Harmful: may cause lung damage if swallowed	有害：吞食可能造成肺部损伤
R66	Repeated exposure may cause skin dryness or cracking	反复接触可能引起皮肤干燥或皲裂
R67	Vapours may cause drowsiness and dizziness	其蒸汽可能造成困倦和眩晕
R68	Possible risk of irreversible effects	可能有不可恢复影响的危险
R14/15	Reacts violently with water, liberating extremely flammable gases	遇水剧烈反应，释放极易燃气体
R15/29	Contact with water liberates toxic, extremely flammable gases	遇水释放有毒、极易燃气体
R14/15/29	Reacts violently with water, liberating toxic, extremely flammable gases	遇水剧烈反应，释放有毒、极易燃气体
R20/21	Harmful by inhalation and in contact with skin	吸入及皮肤接触有害
R20/22	Harmful by inhalation and if swallowed	吸入及吞食有害
R20/21/22	Harmful by inhalation, in contact with skin and if swallowed	吸入、皮肤接触及吞食有害
R21/22	Harmful in contact with skin and if swallowed	皮肤接触及吞食有害
R23/24	Toxic by inhalation and in contact with skin	吸入及皮肤接触有毒
R23/25	Toxic by inhalation and if swallowed	吸入及吞食有毒
R23/24/25	Toxic by inhalation, in contact with skin and if swallowed	吸入、皮肤接触和吞食有毒
R24/25	Toxic in contact with skin and if swallowed	皮肤接触及吞食有毒
R26/27	Very toxic by inhalation and in contact with skin	吸入及皮肤接触有很高毒性

R26/28	Very toxic by inhalation and if swallowed	吸入及吞食有很高毒性
R26/27/28	Very toxic by inhalation, in contact with skin and if swallowed	吸入、皮肤接触及吞食有很高毒性
R27/28	Very toxic in contact with skin and if swallowed	皮肤接触及吞食有很高毒性
R36/37	Irritating to eyes and respiratory system	刺激眼睛和呼吸系统
R36/38	Irritating to eyes and skin	刺激眼睛和皮肤
R36/37/38	Irritating to eyes, respiratory system and skin	刺激眼睛、呼吸系统和皮肤
R37/38	Irritating to respiratory system and skin	刺激呼吸系统和皮肤
R39/23	Toxic: danger of very serious irreversible effects through inhalation	有毒：吸入有非常严重不可恢复影响的危险
R39/24	Toxic: danger of very serious irreversible effects in contact with skin	有毒：皮肤接触有非常严重不可恢复影响的危险
R39/25	Toxic: danger of very serious irreversible effects if swallowed	有毒：吞食有非常严重不可恢复影响的危险
R39/23/24	Toxic: danger of very serious irreversible effects through inhalation and in contact with skin	有毒：吸入及皮肤接触有非常严重不可恢复影响的危险
R39/23/25	Toxic: danger of very serious irreversible effects through inhalation and if swallowed	有毒：吸入及吞食有非常严重不可恢复影响的危险
R39/24/25	Toxic: danger of very serious irreversible effects in contact with skin and if swallowed	有毒：皮肤接触及吞食有非常严重不可恢复影响的危险
R39/23/24/25	Toxic: danger of very serious irreversible effects through inhalation, in contact with skin and if swallowed	有毒：吸入、皮肤接触及吞食有极严重不可恢复影响的危险
R39/26	Very Toxic: danger of very serious irreversible effects through inhalation	很有毒：吸入有非常严重不可恢复影响的危险
R39/27	Very Toxic: danger of very serious irreversible effects in contact with skin	很有毒：皮肤接触有非常严重不可恢复影响的危险
R39/28	Very Toxic: danger of very serious irreversible effects if swallowed	很有毒：吞食有非常严重不可恢复影响的危险
R39/26/27	Very Toxic: danger of very serious irreversible effects through inhalation and in contact with skin	很有毒：吸入及皮肤接触有非常严重不可恢复影响的危险
R39/26/28	Very Toxic: danger of very serious irreversible effects through inhalation and if swallowed	很有毒：吸入及吞食有非常严重不可恢复影响的危险
R39/27/28	Very Toxic: danger of very serious irreversible effects in contact with skin and if swallowed	很有毒：皮肤接触及吞食有非常严重不可恢复影响的危险
R39/26/27/28	Very Toxic: danger of very serious irreversible effects through inhalation, in contact with skin and if swallowed	很有毒：吸入、皮肤接触及吞食有非常严重不可恢复影响的危险
R42/43	May cause sensitization by inhalation and skin contact	吸入及皮肤接触可能引起过敏
R45/46	May cause cancer and heritable genetic damage	可能致癌和引起遗传性基因损伤
R48/20	Harmful: danger of serious damage to health by prolonged exposure through inhalation	有害：长期吸入有严重损害健康的危险
R48/21	Harmful: danger of serious damage to health by prolonged exposure in contact with skin	有害：长期皮肤接触有严重损害健康的危险
R48/22	Harmful: danger of serious damage to health by prolonged exposure if swallowed	有害：长期吞食有严重损害健康的危险
R48/20/21	Harmful: danger of serious damage to health by prolonged exposure through inhalation and in contact with skin	有害：长期吸入及皮肤接触有严重损害健康的危险

R48/20/22	Harmful: danger of serious damage to health by prolonged exposure through inhalation and if swallowed	有害：长期吸入及吞食有严重损害健康的危险
R48/21/22	Harmful: danger of serious damage to health by prolonged exposure in contact with skin and if swallowed	有害：长期皮肤接触及吞食有严重损害健康的危险
R48/20/21/22	Harmful: danger of serious damage to health by prolonged exposure through inhalation, in contact with skin and if swallowed	有害：长期吸入、皮肤接触及吞食有严重损害健康的危险
R48/23	Toxic: danger of serious damage to health by prolonged exposure through inhalation	有毒：长期吸入有严重损害健康的危险
R48/24	Toxic: danger of serious damage to health by prolonged exposure in contact with skin	有毒：长期皮肤接触有严重损害健康的危险
R48/25	Toxic: danger of serious damage to health by prolonged exposure if swallowed	有毒：长期吞食有严重损害健康的危险
R48/23/24	Toxic: danger of serious damage to health by prolonged exposure through inhalation and in contact with skin	有毒：长期吸入及皮肤接触有严重损害健康的危险
R48/23/25	Toxic: danger of serious damage to health by prolonged exposure through inhalation and if swallowed	有毒：长期吸入及吞食有严重损害健康的危险
R48/24/25	Toxic: danger of serious damage to health by prolonged exposure in contact with skin and if swallowed	有毒：长期皮肤接触及吞食有严重损害健康的危险
R48/23/24/25	Toxic: danger of serious damage to health by prolonged exposure through inhalation, in contact with skin and if swallowed	有毒：长期吸入、皮肤接触及吞食有严重损害健康的危险
R50/53	Very toxic to aquatic organisms, may cause long-term adverse effects in the aquatic environment	对水生生物有很高毒性，可能在水生环境中造成长期不利影响
R51/53	Toxic to aquatic organisms, may cause long-term adverse effects in the aquatic environment	对水生生物有毒，可能在水生环境中造成长期不利影响
R52/53	Harmful to aquatic organisms, may cause long-term adverse effects in the aquatic environment	对水生生物有害，可能在水生环境中造成长期不利影响
R68/20	Harmful: possible risk of irreversible effects through inhalation	有害：吸入可能有不可恢复影响的危险
R68/21	Harmful: possible risk of irreversible effects in contact with skin	有害：皮肤接触可能有不可恢复影响的危险
R68/22	Harmful: possible risk of irreversible effects if swallowed	有害：吞食可能有不可恢复影响的危险
R68/20/21	Harmful: possible risk of irreversible effects through inhalation and in contact with skin	有害：吸入及皮肤接触可能有不可恢复影响的危险
R68/20/22	Harmful: possible risk of irreversible effects through inhalation and if swallowed	有害：吸入及吞食可能有不可恢复影响的危险
R68/21/22	Harmful: possible risk of irreversible effects in contact with skin and if swallowed	有害：皮肤接触及吞食可能有不可恢复影响的危险
R68/20/21/22	Harmful: possible risk of irreversible effects through inhalation, in contact with skin and if swallowed	有害：吸入、皮肤接触及吞食可能有不可恢复影响的危险

附录二　安全术语（S术语）的代码一览表

代码	术语（英文）	术语（中文）
S1	Keep locked up	上锁
S2	Keep out of the reach of children	避免儿童触及
S3	Keep in a cool place	保存在阴凉处
S4	Keep away from living quarters	远离生活区
S5	Keep contents under ... (*appropriate liquid to be specified by the manufacturer*)	将该物质保存在……（生产厂家指定的适当液体）中
S6	Keep under ... (*inert gas to be specified by the manufacturer*)	将该物质保存在……（生产厂家指定的惰性气体）中
S7	Keep container tightly closed	保存在密闭容器中
S8	Keep container dry	保持容器干燥
S9	Keep container in a well-ventilated place	保持容器在通风良好的场所
S10	Keep contents wet	保持内容物湿润
S11	*not specified*	无特殊说明
S12	Do not keep the container sealed	不要将容器密封
S13	Keep away from food, drink and animal foodstuffs	远离食品、饮品和动物饲料
S14	Keep away from ... (*incompatible materials to be indicated by the manufacturer*)	远离……（生产厂家指定的不相容物质）
S15	Keep away from heat	远离热源
S16	Keep away from sources of ignition - No smoking	远离火源，禁止吸烟
S17	Keep away from combustible material	远离易燃材料
S18	Handle and open container with care	小心搬运和开启容器
S20	When using do not eat or drink	使用时，不得进食、饮水
S21	When using do not smoke	使用时，不得吸烟
S22	Do not breathe dust	不要吸入其粉尘
S23	Do not breathe gas/fumes/vapour/spray (*appropriate wording to be specified by the manufacturer*)	不要吸入其气体/烟雾/蒸汽/喷雾（使用生产厂家指定的适当语言表达）
S24	Avoid contact with skin	避免皮肤接触
S25	Avoid contact with eyes	避免眼睛接触
S26	In case of contact with eyes, rinse immediately with plenty of water and seek medical advice	一旦眼睛接触，立即用大量水冲洗并就医
S27	Take off immediately all contaminated clothing	立即脱掉全部污染的衣服
S28	After contact with skin, wash immediately with plenty of ... (*to be specified by the manufacturer*)	皮肤接触后，立即用大量……（生产厂家指定）冲洗
S29	Do not empty into drains	不要排入下水道
S30	Never add water to this product	切勿将水加入该产品中
S33	Take precautionary measures against static discharges	采取措施预防静电
S35	This material and its container must be disposed of in a safe way	该物质及其容器必须以安全方式处置
S36	Wear suitable protective clothing	穿戴适宜的防护服

S37	Wear suitable gloves	戴适当手套
S38	In case of insufficient ventilation wear suitable respiratory equipment	通风不良时，佩戴适宜的呼吸器
S39	Wear eye/face protection	佩戴眼睛/面部保护器具
S40	To clean the floor and all objects contaminated by this material use ... (*to be specified by the manufacturer*)	使用……（由生产厂家指定）清洗地面和被这种物质污染的所有物品
S41	In case of fire and/or explosion do not breathe fumes	着火和/或爆炸时，不要吸入烟气
S42	During fumigation/spraying wear suitable respiratory equipment (*appropriate wording to be specified by the manufacturer*)	熏蒸/喷洒时，须佩戴适宜的呼吸器（由生产厂家指定）
S43	In case of fire use ... (*indicate in the space the precise type of fire-fighting equipment. If water increases the risk add - **Never use water***)	着火时使用……（指出具体的消防器材种类，如果用水增加风险，注明“禁止用水”）
S45	In case of accident or if you feel unwell seek medical advice immediately (show the label where possible)	发生事故或感觉不适时，立即就医（可能时出示标签）
S46	If swallowed, seek medical advice immediately and show this container or label	若吞食，立即就医并出示该容器或标签
S47	Keep at temperature not exceeding ... °C (*to be specified by the manufacturer*)	保持温度不超过……℃（生产厂家指定）
S48	Keep wet with ... (*appropriate material to be specified by the manufacturer*)	用……（生产厂家指定的适当物质）保持湿润
S49	Keep only in the original container	仅保存在原始容器中
S50	Do not mix with ... (*to be specified by the manufacturer*)	不要与……（有生产厂家指定）混合
S51	Use only in well-ventilated areas	仅在通风良好的场所使用
S52	Not recommended for interior use on large surface areas	不推荐在室内大面积使用
S53	Avoid exposure - obtain special instructions before use	避免接触——使用前须得到专门指导
S56	Dispose of this material and its container at hazardous or special waste collection point	在危险或特殊废物收集点处置该物料及其容器
S57	Use appropriate containment to avoid environmental contamination	采用适当的收容方式避免污染环境
S59	Refer to manufacturer/supplier for information on recovery/recycling	参考生产厂家/供应商提供的回收/再生信息
S60	This material and its container must be disposed of as hazardous waste	该物质及其容器必须作为危险废物处置
S61	Avoid release to the environment. Refer to special instructions/safety data sheet	避免释放到环境中。参考特殊说明/安全技术说明书
S62	If swallowed, do not induce vomiting: seek medical advice immediately and show this container or label where possible	若吞食，不要催吐：立即就医，可能时出示该容器或标签
S63	In case of accident by inhalation: remove casualty to fresh air and keep at rest	一旦发生吸入事故：将受害人移到新鲜空气处并休息
S64	If swallowed, rinse mouth with water (only if the	若吞食，用水漱口（仅在人尚神志清醒时）

	person is conscious)	
S1/2	Keep locked up and out of the reach of children	上锁保管并避免儿童触及
S3/7	Keep container tightly closed in a cool place	将容器密闭保存在阴凉处
S3/7/9	Keep container tightly closed in a cool, well-ventilated place	将容器密闭保存在阴凉、通风良好场所
S3/9/14	Keep in a cool, well-ventilated place away from ... (*incompatible materials to be indicated by the manufacturer*)	保存在阴凉、通风良好场所，远离……（生产厂家指定的不宜同时存放的物料）
S3/9/14/49	Keep only in the original container in a cool, well-ventilated place away from ... (*incompatible materials to be indicated by the manufacturer*)	仅保存在原容器中，放在阴凉、通风良好场所，远离……（生产厂家指定的不宜同时存放的物质）
S3/9/49	Keep only in the original container in a cool, well-ventilated place	仅保存在原容器中，放在阴凉、通风良好场所
S3/14	Keep in a cool place away from ... (*incompatible materials to be indicated by the manufacturer*)	保存在阴凉场所，远离……（生产厂家指定的不宜同时存放的物质）
S7/8	Keep container tightly closed and dry	保持容器密闭和干燥
S7/9	Keep container tightly closed and in a well-ventilated place	保持容器密闭并置于通风良好的场所
S7/47	Keep container tightly closed and at temperature not exceeding ... °C (*to be specified by the manufacturer*)	保持容器密闭和温度不超过……℃（生产厂家指定）
S8/10	Keep container wet, but keep the contents dry	保持容器湿润，但需保持内容物干燥
S20/21	When using do not eat, drink or smoke	使用时，不得进食、饮水或吸烟
S24/25	Avoid contact with skin and eyes	避免与皮肤和眼睛接触
S27/28	After contact with skin, take off immediately all contaminated clothing, and wash immediately with plenty of ... (*to be specified by the manufacturer*)	皮肤接触后，立即脱掉全部污染的衣服，马上用大量……（生产厂家指定）冲洗
S29/35	Do not empty into drains; dispose of this material and its container in a safe way	不要排入下水道，该物质及其容器必须以安全方式处置
S29/56	Do not empty into drains, dispose of this material and its container at hazardous or special waste collection point	不要排入下水道，在危险或特殊废物收集点处置该物料及其容器
S36/37	Wear suitable protective clothing and gloves	穿戴适宜的防护服和手套
S36/37/39	Wear suitable protective clothing, gloves and eye/face protection	穿戴适宜的防护服、手套和眼睛/面部保护器具
S36/39	Wear suitable protective clothing and eye/face protection	穿戴适宜的防护服和眼睛/面部保护器具
S37/39	Wear suitable gloves and eye/face protection	穿戴适宜的手套和眼睛/面部保护器具
S47/49	Keep only in the original container at temperature not exceeding ... °C (*to be specified by the manufacturer*)	仅保存在原容器中，保持温度不超过……℃（生产厂家指定）

附录三　GHS 图形符号

<table>
<tr><th colspan="3">全球化学品统一分类和标签制度（GHS）危险性图形符号</th></tr>
<tr><td>图形符号</td><td></td><td></td></tr>
<tr><td>符号名称</td><td>爆炸的炸弹</td><td>火焰在圆环上</td></tr>
<tr><td>危险性类别</td><td>不稳定爆炸物；
爆炸物；
自反应物质；
有机过氧化物</td><td>氧化性气体；
氧化性液体；
氧化性固体</td></tr>
<tr><td>图形符号</td><td></td><td></td></tr>
<tr><td>符号名称</td><td>气瓶</td><td>骷髅和交叉骨</td></tr>
<tr><td>危险性类别</td><td>高压气体</td><td>急性毒性物质</td></tr>
<tr><td>图形符号</td><td></td><td></td></tr>
<tr><td>符号名称</td><td>腐蚀</td><td>感叹号</td></tr>
<tr><td>危险性类别</td><td>金属腐蚀剂；
眼睛损伤/刺激；
皮肤腐蚀/刺激</td><td>急性毒性物质；
眼睛损伤/刺激；
皮肤腐蚀/刺激；
致敏性（皮肤）；
特定靶器官毒性（单次）</td></tr>
<tr><td>图形符号</td><td></td><td></td></tr>
<tr><td>符号名称</td><td>火焰</td><td>健康危险</td></tr>
<tr><td>危险性类别</td><td>易燃气体；
易燃气溶胶；
易燃液体；
易燃固体；
自反应物质；
发火固体；
发火液体；
自热物质；
有机过氧化物；
遇水放出易燃气体物质</td><td>致敏性（呼吸）；
生殖细胞致突变性；
致癌性；
生殖毒性；
特定靶器官毒性（单次）；
特定靶器官毒性（重复）；
吸入危险</td></tr>
<tr><td>图形符号</td><td></td><td></td></tr>
<tr><td>符号名称</td><td>环境</td><td></td></tr>
<tr><td>危险性类别</td><td>危害水生环境物质
—急性毒性；
—慢性毒性</td><td></td></tr>
</table>